全国建设职业教育系列教材

管道安装基本理论知识

全国建设职业教育教材编委会

张金和　主编

中国建筑工业出版社

图书在版编目（CIP）数据

管道安装基本理论知识/张金和主编 . —北京：
中国建筑工业出版社，2000
全国建设职业教育系列教材
ISBN 7-112-04197-X

Ⅰ. 管… Ⅱ. 张… Ⅲ. 管道施工-职业教育-教材
Ⅳ. TU175

中国版本图书馆 CIP 数据核字（2000）第 13950 号

全国建设职业教育系列教材
管道安装基本理论知识
全国建设职业教育教材编委会
张金和　主编
*
中国建筑工业出版社出版(北京西郊百万庄)
新华书店总店科技发行所发行
北京市兴顺印刷厂印刷
*
开本：787×1092 毫米　1/16　印张：48¼　字数：1169 千字
2000 年 12 月第一版　2000 年 12 月第一次印刷
印数：1—2000 册　定价：**69.00** 元
ISBN 7-112-04197-X
G · 325（9678）

本书以管道安装工艺为主,同时介绍了相关工种的基本知识、流体力学与热工理论基础、水暖管道基本知识、中小型锅炉安装、企业管理与环境保护等方面的知识。

本套教材力求深入浅出、通俗易懂。在编排上采用双栏排版,图文结合、新颖直观,增强了阅读效果。

本书可作为技工学校、职业高中普通中砖相关专业的教学用书,并可作为管道安装不同层次的岗位培训教材,亦可作为一线施工管理、技术人员参考用书。

"管道安装"专业教材(共四册)

总主编　秦　飙

《管道安装基本理论知识》

主　编　张金和

主　审　薛振宇

参　编　张建成　许　胜　莫纪梁　吴绪发
　　　　　王　倩　张华明　刘学来　吕金全
　　　　　索荣利　付光强　李国华　马锦华
　　　　　白生武　王文宣　张进武

序

　　随着我国国民经济持续、健康、快速的发展，建筑业在国民经济中的支柱产业地位日益突出，对建筑施工一线操作层实用人才的需求也日益增长。为了培养大量合格的人才，不断提高人才培养的质量和效益，改革和发展建筑业的职业教育，在借鉴德国"双元制"职业教育经验并取得显著成效的基础上，在赛德尔基金会德国专家的具体指导和帮助下，根据《中华人民共和国建设部技工教育专业目录（建筑安装类）》并参照国家有关的规范和标准，我们委托中国建设教育协会组织部分试点学校编写了建设类"建筑结构施工"、"建筑装饰"、"管道安装"和"电气安装"等专业的教学大纲和计划以及相应的系列教材。教材的内容，符合建设部1996年颁发的《建设行业职业技能标准》和《建设职业技能岗位鉴定规范》的要求，经审定，现印发供各学校试用。

　　这套专业教材，是建筑安装类技工学校和职业高中教学用书，同时适用于相应岗位的技能培训，也可供有关施工管理和技术人员参考。

　　各地在使用本教材的过程中，应贯彻国家对中等职业教育的改革要求，结合本地区的实际，不断探索和实践，并对教材提出修改意见，以便进一步完善。

建设部人事教育司

2000 年 6 月 27 日

前　言

　　"管道安装"专业教材是根据"建设部技工学校建筑安装类专业目录"和双元制教学试点管道专业教学大纲编写而成。这套教材突破了传统教材按学科体系设置课程，以及各门课程自成系统的编排方式，依据建设部《建设行业职业技能标准》对培养中级技术工人的要求，遵循教育规律，按专业理论、专业计算、专业制图和专业实践四大部分，分别形成《管道安装基本理论知识》、《管道安装基本计算》、《管道安装识图与放样》和《管道安装实际操作》四门课程，以突出能力本位、技能培养的原则，力求形成新的课程体系。

　　本套教材教学内容具有实用性和针对性，紧密结合生产实际，将施工现场最基本、最实用的知识和技能经筛选、优化，按照初、中、高三个层次由浅入深进行编写。本套教材形成纵向以管道施工安装为主轴线、横向以四本书基本形成理论与实践相结合的一个整体，但每本书又根据门类分工形成自己的独立体系。

　　本套教材力求深入浅出、通俗易懂。在编排上采用双栏排版，图文结合、新颖直观，增强了阅读效果。为了便于读者掌握学习重点，以及教学培训单位组织练习和考核，每章节后附有提纲挈领的小结和精心编制的习题，供参考、选用。

　　《管道安装基本理论知识》一书以管道安装工艺为主，同时介绍了相关工种的基本知识，流体力学与热工理论基础，水暖管道基本知识，中小型锅炉安装，企业管理与环境保护等方面的知识。

　　《管道安装基本理论知识》一书由山东省建筑安装技工学校张金和主编(编写第 2 章、5.1、5.3，第 6～7 章，第 11～23 章)，参加编写的有四川省攀枝花建筑安装技校张建成、许胜(第 1 章)，浙江省建筑安装技工学校莫纪梁(第 4 章)，云南省建筑技工学校吴绪发(第 3 章)，山东省建筑安装技工学校王倩(5.2)、张华明(5.4)、刘学来(第 24 章)、吕金全(第 25 章、25.1～25.7)，内蒙古建筑技工学校索荣利(第 10 章)，四川省攀枝花建筑安装技工学校付光强(第 8 章、25.8)、李国华(25.9)，河南省安装公司技工学校马锦华(第 9 章)。参加编写的还有山东省建筑安装技工学校白生武、湖南省建筑安装技工学校王文宣、张进武等。

　　本教材由陕西省建筑安装技工学校薛振宇主审。

　　本套教材在编写中，建设部人事教育司有关领导给予了积极有力的支持，德国赛德尔基金会及其派出的职教专家威茨勒(Wetzler)先生等给予了大力的支持和指导，在此，一并表示衷心的感谢。

　　由于双元制的试点工作尚在逐步推广过程中，本套教材又是一次全新的尝试，加之编者水平有限，书中定有不少缺点和错误，望各位专家和读者批评指正。

目　　录

第1章　钳工基本知识

钳工大多是用手工方法并经常要在台虎钳上进行操作的一个工种。钳工的基本操作有划线、錾削、锯割、锉削、钻孔、铰孔、攻丝、套丝及刮削等。目前，钳工大部分仍由手工操作来完成。因此，生产率低，劳动强度大，对工人技术要求也较高。但在采用机械方法不太适宜或不能解决的某些工作中，钳工是必不可少的。对管道专业人员来讲，钳工的基本操作知识，也是管道工操作技能的组成部分之一。因此，管道工必须掌握钳工的基本操作知识。

1.1　钳工概述

1.1.1　钳工工作的主要内容

钳工是机械制造、设备安装等不可缺少的一个工种，它的工作范围很广。钳工的主要工作是对产品进行零件加工和装配，此外还担负机械设备的装配和修理，各种工、夹、量具以及各种专用设备的制造等。

随着生产事业的日益发展，钳工工种已有了很多专业的分工，有普通钳工、划线钳工、机修钳工和安装钳工等等。无论哪一种钳工，要完成本职任务，首先应掌握好钳工的各项基本操作技能。它包括：划线、錾削（凿削）、锉削、锯割、钻孔、扩孔、锪孔、铰孔、攻丝和套丝、矫正和弯曲、铆接、刮削、研磨以及测量和简单的热处理等。

为了提高劳动生产率，减轻工人的体力劳动，提高产品质量，不断改进工具和工艺，逐步实现半机械化和机械化，也是钳工的重要任务。

1.1.2　钳工常用设备

（1）钳台

钳台也称钳桌，用来安装台虎钳、放置工具和工件等，见图 1-1 (a)。钳台是钳工工作的主要设备，用木料或钢材制成。其高度约 800～900mm，使装上台虎钳后，操作者工作时的高度比较合适，一般多以钳口高度恰好与肘齐平为宜，见图 1-1 (b)，钳台的长度和宽度则随工作需要而定。

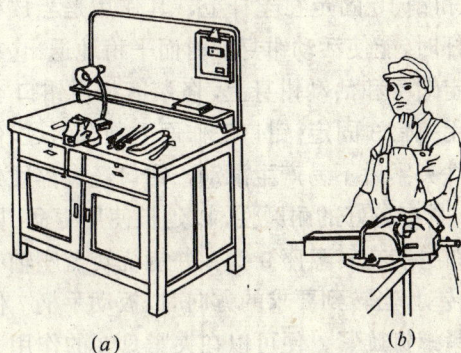

(a)　　　　　　　　(b)

图 1-1　钳桌及台虎钳的适宜高度
(a) 钳桌高度；(b) 台虎钳高度

（2）台虎钳

台虎钳是用来夹持工件的通用夹具，见图 1-2 所示。其规格以钳口的宽度表示，有100mm、125mm、150mm 等。

台虎钳有固定式（见图 1-2 (a)）和回转式（见图 1-2 (b)）两种。由于回转式台虎钳使用方便，故应用广泛。其主要构造和工作原理如下：

回转式台虎钳的主体部分由固定钳身 5 和活动钳身 2 组成，都是由铸铁制造。活动钳身通过方形导轨与固定钳身的方孔配合，

1

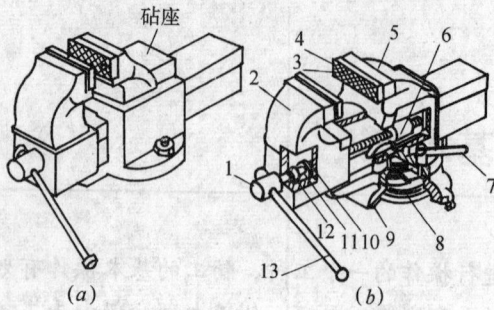

图 1-2 台虎钳

(a) 固定式台虎钳；(b) 回转式台虎钳

1—丝杆；2—活动钳身；3—螺钉；4—钳口；5—固定钳身；6—螺母；7—手柄；8—夹紧盘；9—转盘座；10—销；11—挡圈；12—弹簧；13—手柄

可作前后滑动。丝杆 1 装在活动钳身上，并与安装在固定钳身内的螺母 6 配合。摇动手柄 13 使丝杆旋转，就可带动活动钳身移动，起夹紧或放松工件的作用。弹簧 12 靠挡圈 11 和销 10 固定在丝杆上，其作用是当放松丝杆时，能使活动钳身及时而平稳地退出。在固定钳身和活动钳身上，各装有钢质钳口 4，并用螺钉 3 固定。钳口工作面上制有斜纹，使工件夹紧后不易产生滑动，钳口经过淬硬处理，具有较好的耐磨性，以延长使用寿命。固定钳身装在转盘座 9 上，并能绕转盘座轴心线转动，当转到要求的方向时，扳动手柄 7 使夹紧螺钉旋紧，便可以在夹紧盘 8 的作用下把固定钳身紧固。转盘座上有三个螺栓孔，通过螺栓可与钳台固定。

台虎钳安装在钳台时，必须使固定钳身的钳口处于钳台边缘以外，以保证能垂直夹持长条形工件。

使用虎钳时，应注意下列事项：

1) 工件应尽量夹在虎钳钳口中部，以使钳口受力均匀。

2) 当转动手柄来夹紧工件时，只能用手扳紧手柄，决不能接长手柄或用手锤敲击手柄，以免虎钳丝杆或螺母上的螺纹损坏。

3) 锤击工件只可在砧座上进行，其他各部不许用手锤直接打击。

(3) 砂轮机

砂轮机用来刃磨錾子（凿子）、钻头和刮刀等刀具或其他工具，也可用来磨去工件或材料的毛刺、锐边等。

砂轮机分台式和立式两种，主要由砂轮、电动机和机体组成，如图 1-3 所示。砂轮的质地较脆，工作时转速较高，因此使用砂轮机时应遵守安全操作规程，严防产生砂轮碎裂和人身事故。工作时应注意以下几点：

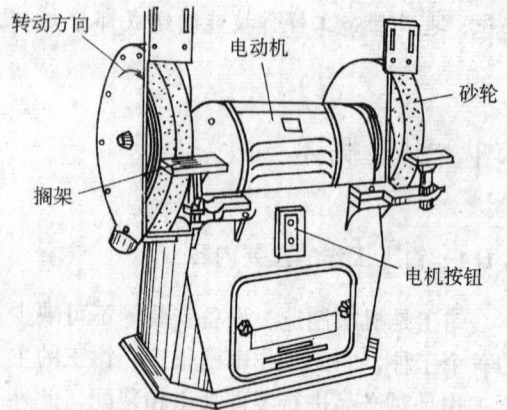

图 1-3　立式砂轮机

1) 砂轮的旋转方向应正确（如图中砂轮罩壳上箭头所示），使磨屑向下方飞离砂轮。

2) 启动以后，要待砂轮转速达到正常后才能进行磨削。

3) 磨削时，操作者尽量不要站立在砂轮的对面，而应站在砂轮的侧面或斜侧位置。

4) 磨削时要防止刀具或工件等对砂轮发生剧烈的撞击或施加过大的压力。

5) 砂轮机的搁架与砂轮间的距离，一般应保持在 3mm 以内，否则容易造成磨削件被轧入的事故。

6) 当砂轮表面跳动严重时，应及时用修整器修整。

(4) 钻床和电钻

钻床和电钻是用来对工件进行孔加工的设备。钳工常用的钻床有台式钻床、立式钻床和摇臂钻床三类。

1.1.3 钳工常用的工量具和刃具

（1）常用工具和刃具

有划线用的划线平台、划针、划规、单脚规、划针盘、高度尺、样冲及各种支持用工具；錾削用的手锤和錾子；锉削用的各种锉刀；锯割用的手锯；孔加工用的麻花钻、各种锪钻和铰刀；攻丝和套丝用的各种丝锥、板牙和铰杠；刮削用的各种平面刮刀和曲面刮刀；各种扳手和施具等等。

（2）常用量具

有钢直尺、刀口形直尺、游标卡尺、内外卡钳、千分尺、高度游标卡尺、90°角尺、卷尺、万能游标量角器、厚薄规、百分表和水平仪等等。

1.1.4 安全文明生产

加强劳动保护工作，搞好安全文明生产，保护职工在生产中的安全和健康，是我们党的一贯方针，是社会主义企业管理的一项基本原则。做好安全文明生产，不仅关系到每个职工在生产中的安全与健康，也是关系到社会和国家安定团结的大事，对发展经济建设，都具有十分重大的意义。

合理组织好钳工的工作场地，进行安全文明生产，也是提高劳动生产率和产品质量的一项重要措施。因此，必须做到：

1）主要设备的布置要合理适当。如钳台要放在便于工作和光线适宜的地方；砂轮机和钻床一般都安装在工作场地的边沿，以保证安全。

2）毛坯和工件要规则的存放，并尽量放在搁架上，搁架的位置要考虑到便于工作及保证安全。工件存放中避免碰伤已加工的表面。

3）两对面使用的钳台中间要装安全防护网；在钳台上进行錾削时，也要有防护网。清除切屑要用刷子，不得直接用手或棉纱清除，也不可用嘴吹，以免切屑飞进眼里伤害眼睛。

4）开始工作前必须按规定穿戴好劳保用品，女工必须戴工作帽。在进行某些操作时，必须使用防护用具（如防护眼镜、胶皮手套和胶鞋等），如发现防护用具失效，应立即修补或更换。

5）使用设备、工具要经常检查，发现损坏，要停止使用，修好再用。

6）使用电器设备时，必须严格遵守操作规程，防止触电，造成人身伤害事故。如果发现有人触电，不要慌张，及时切断电源，进行抢救。

7）两个人以上进行操作时，要互相协同，行动一致，不准开玩笑。

小　　结

1. 钳工的基本操作技能有：划线、錾削、锉削、锯割、钻孔、扩孔、锪孔、铰孔、攻丝和套丝、矫正和弯曲、铆接、刮削、研磨以及测量和简单的热处理等。管道工必须掌握钳工的基本操作技能知识。

2. 钳工常用的设备有钳台、台虎钳、砂轮机、钻床和电钻等；常用工具主要有划线用的、金属切削用的和测量用各种工具、刃具和量具。

3. 加强劳动保护工作，按规定穿戴和使用劳动保护用品用具，严格遵守操作规程，防止触电等人身伤害事故是提高劳动生产率和产品质量的重要措施。

1. 钳工的基本操作技能有哪些？
2. 怎样正确使用台虎钳？
3. 使用砂轮机时要注意哪些事项？
4. 钳工要搞好安全文明生产，必须做到哪些？

1.2　平面划线

根据图纸的要求，准确地在工件表面上划出加工界限，这种操作叫划线。

划线分平面划线和立体划线两种。平面划线是只需在工件的一个表面上进行划线（图1-4）；立体划线是在工件几个不同的表面上进行划线（图1-5）。

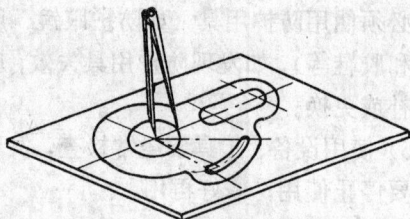

图1-4　平面划线

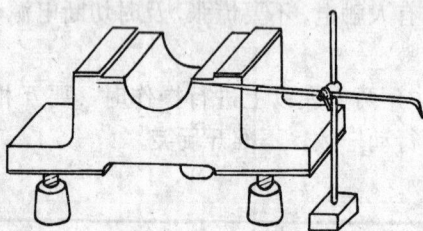

图1-5　立体划线

划线的作用是使工件在加工时有明确的标志；还可以检查毛坯是否正确，有些不合格的毛坯通过划线合理分配加工余量（借料）的方法可以得到补救。

1.2.1　划线工具及使用

在划线工作中，为了保证划线尺寸的准确性和提高划线工作的效率，首先要熟悉各种划线工具和正确使用这些工具。

（1）划线平台

划线平台又叫划线平板（图1-6）。它用铸铁制造，表面经过刨、刮等精加工而成，是划线工作的基准面。因此要保证平台的精确性，严禁敲打，用完后涂上机油以防生锈。

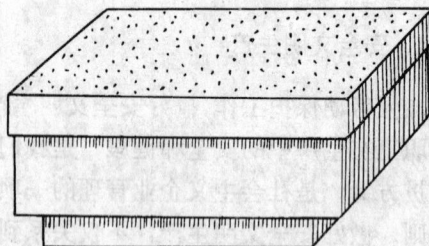

图1-6　划线平板

（2）划针

划针（图1-7）用弹簧钢丝或高速钢制成，直径为3～6mm，长约200～300mm，尖端磨锐淬火，其角度为15°～20°。划针的使用方法与铅笔相似。

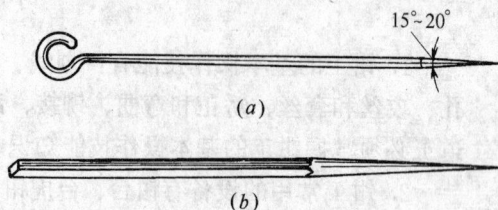

图1-7　划针
(a) 钢丝划针；(b) 高速钢划针

（3）划规

划规又称圆规（图1-8）在划线工作中的

用途很多，可以划圆和圆弧、等分线段、等分角度以及量取尺寸等。划规用中碳钢或工具钢制成，两脚尖端经过磨锐及淬火。

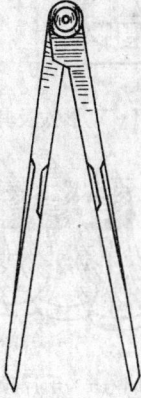

图 1-8　普通划规

（4）划针盘

划针盘（图 1-9）是用来在划线平台上对工件进行划线或找正位置，划针的直端用于划线、弯端常用于对工件的位置找正。

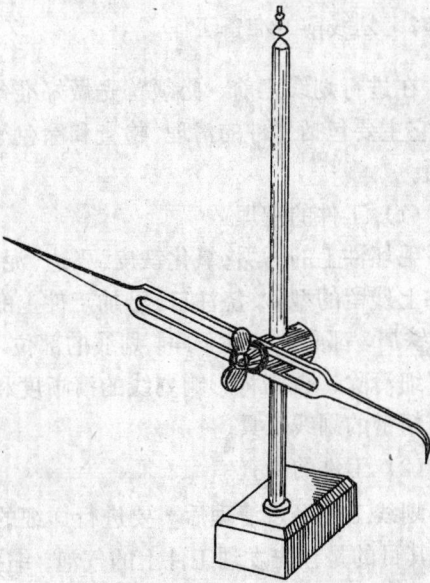

图 1-9　划针盘

（5）高度尺

高度尺（图 1-10）配合划针盘一起使用，以决定划针在平台上高度尺寸。它由钢尺和底座组成。

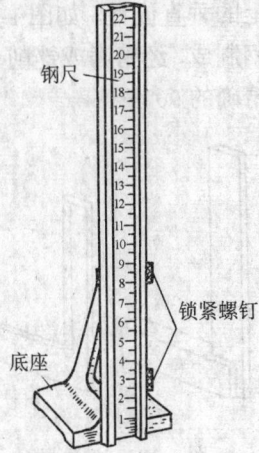

图 1-10　高度尺

（6）高度游标卡尺

高度游标卡尺（图 1-11）是根据游标原理制成的划线工具。一般精度为 1/50mm，广泛用于已加工表面和较高精度的划线。

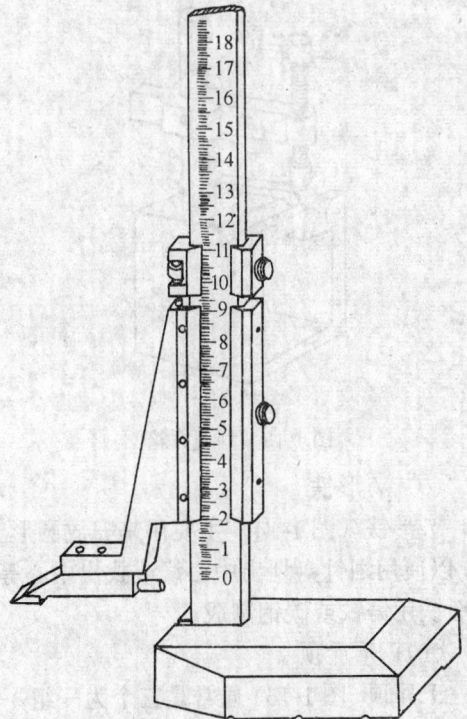

图 1-11　高度游标卡尺

（7）角尺

90°角尺在划线时常用作划平行线或垂直线的导向工具，也可用来找正工件平面在划线平板上的垂直位置,如图 1-12 所示。角尺用中碳钢制成,经精磨或锉削、刮研后,两边之间呈精确的 90°角。

图 1-12　90°角尺

（8）方箱

划线方箱（图 1-13）是一个空心的立方体或长方体,用铸铁制成。相邻平面互相垂直,相对平面互相平行。此外,还有放置圆柱形工件的 V 形槽和夹紧装置。

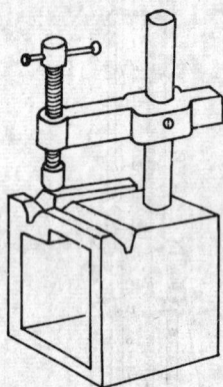

图 1-13　划线方箱

（9）V 形铁

V 形铁（图 1-14）主要用来安放圆形工件,以便用划针盘划出中心线或找出中心等。V 形铁用铸铁或碳钢制成。

（10）千斤顶

千斤顶（图 1-15）通常是三个为一组,一般用于垫平和调整不规则的工件。

（11）样冲

样冲（图 1-16）用来对划好的线上打出适当的冲眼作标记,以避免划出的线条被擦掉,用划规划圆和定钻孔中心时,也需要先打上

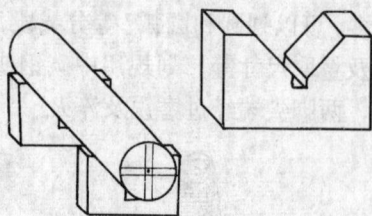

图 1-14　V 形铁及其应用

图 1-15　千斤顶

冲眼,样冲用工具钢制成,样冲的头部磨尖淬火,尖角一般为 45°～60°。

图 1-16　样冲

1.2.2　划线前的准备工作

在进行划线之前,必须首先做好准备工作,它主要包括工件的清理、检查和涂色等几方面。

（1）工件的清理

毛坯件上的污垢、氧化铁皮、飞边、泥土,铸件上残留的型砂、浇注口,已加工件上的毛刺、铁屑,都必须清除干净。划线的部位,更须仔细清除,否则将影响划线的清晰度和损伤较精密的划线工具。

（2）工件的检查

划线工件经过清理后,要进行详细的检查,其目的是预先发现工件上的气泡、缩孔、砂眼、裂纹、歪斜,以及形状和尺寸等方面的缺陷。要尽可能地认定经过划线之后能够消除缺陷或这种缺陷不致造成废品时,才进行下一步工作。

（3）工件表面的涂色

为了使划出的线条清楚,一般都要在工

件的划线部位涂上一层涂料。常用的涂料及其适用的场合如下：

1）铸铁和锻件毛坯一般用石灰水，如再加入适量的牛皮胶，则附着力较强，效果更好。

2）对于已加工表面划线时，一般涂紫色水（由 2%～4% 龙胆紫、3%～5% 虫胶漆和 91%～95% 酒精配制而成）。

无论哪一种涂料，都要尽可能涂得薄而均匀，才能保证划线清楚。

（4）在工件孔中装中心塞块

在有孔工件上划圆或等分圆周时，必须先求出孔的中心。为此，一般要在孔中装上中心塞块。对于不大的孔，通常可用铅块敲入，较大的孔则可用木料或可调节的塞块，见图 1-17 所示。

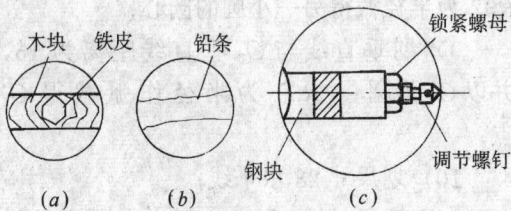

图 1-17　在孔中装中心塞块

(a) 木块；(b) 铅块；(c) 可调节塞块

1.2.3　平面划线基准的确定

一个工件有很多线条要划，究竟从哪一根线开始呢? 通常都要遵守一个规则，即从基准开始。基准就是零件上用来确定其他点、线、面的位置的依据。在零件图上用来确定其他点、线、面位置的基准，称为设计基准。在划线时，划线基准与设计基准一致。

由于划线时在工件的每一个方向的各尺寸中都需选择一个基准，因此，平面划线时一般要选择两个划线基准。

平面划线基准一般可根据以下三种类型来确定。

（1）以两个互相垂直的线为基准

如图 1-18 所示，该工件上有垂直两个方向的尺寸。可以看出，每一方向的许多尺寸都

是依照它们的外缘线而确定的，此时，这两条外缘线就分别是每一方向的划线基准。

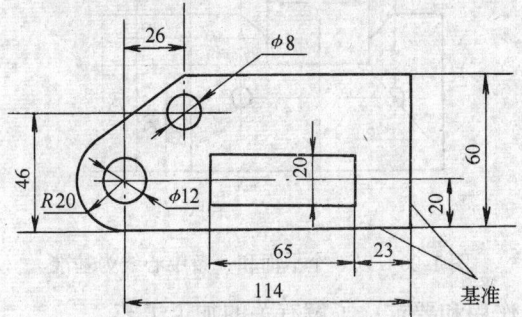

图 1-18　以两个互相垂直的平面为基准

（2）以两条中心线为基准

如图 1-19 所示，该零件上两个方向的尺寸与其中心线具有对称性，且其他尺寸也从中心线起始标注。此时，这两条中心线就分别是这两个方向的划线基准。

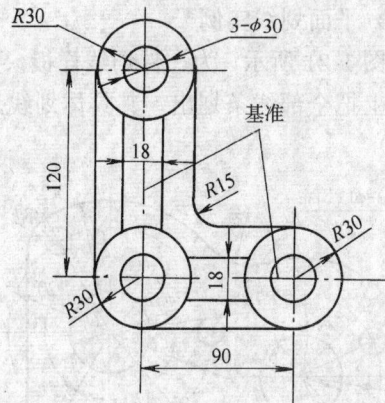

图 1-19　以两条中心线为基准

（3）以一个平面和一条中心线为基准

如图 1-20 所示，该工件上高度方向的尺寸是以底边为依据的，此底边就是高度方向的划线基准；而宽度方向的尺寸对称于中心线，故中心线就是宽度方向的划线基准。

1.2.4　划线的步骤

（1）划线的步骤

1）看清楚图纸，详细了解工件上需要划线的部位；明确工件及其划线的有关部分的

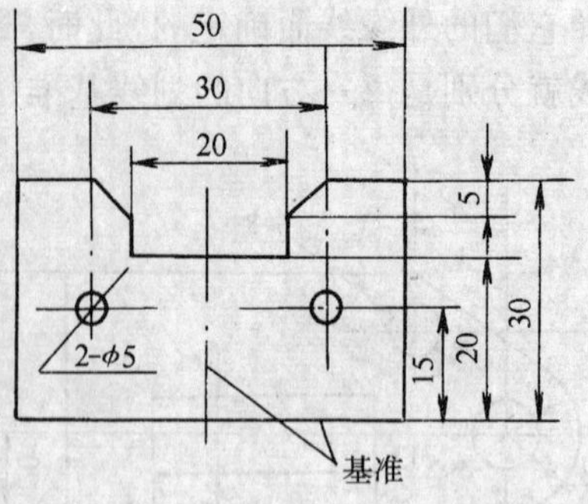

图 1-20   以一个平面和一条中心线为基准

作用和要求；了解有关的加工工艺。

2）选定划线基准。

3）初步检查毛坯的误差情况。

4）正确安放工件和选用工具。

5）划线。

6）详细检查划线的准确性以及是否有线条漏划。

7）在线条上冲眼。

（2）平面划线实例

如图 1-21 所示，为一件划线样板，要求在板料上把全部线条划出，其具体划线过程如下：

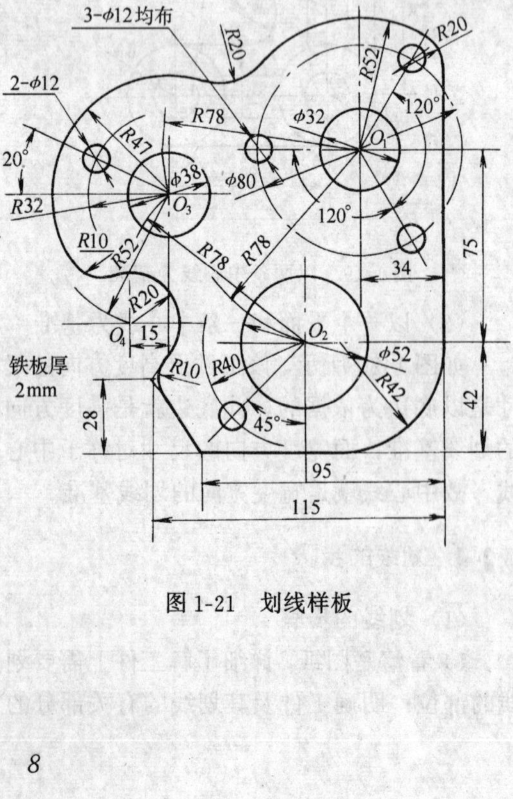

图 1-21   划线样板

按图中尺寸所示，应首先确定以底边和右侧边这两条直线为基准。

1）沿板料边缘划两条垂直基准线；

2）划尺寸 42 水平线；

3）划尺寸 75 水平线；

4）划尺寸 34 垂直线；

5）以 O_1 为圆心，$R78$ 为半径作弧并截 42 水平线得 O_2 点，通过 O_2 点作垂直线；

6）分别以 O_1、O_2 点为圆心、$R78$ 为半径作弧相交得 O_3 点，通过 O_3 点作水平线和垂直线；

7）通过 O_2 点作 45°线，并以 $R40$ 为半径截得小圆的圆心；

8）通过 O_3 点作与水平成 20°线，并以 $R32$ 为半径截得另一小圆的圆心；

9）划垂直线与 O_3 垂直线距离为 15，并以 O_3 为圆心，$R52$ 为半径作弧截得 O_4 点；

10）划尺寸 28 水平线；

11）按尺寸 95 和 115 划出左下方的斜线；

12）划出 $\phi32$、$\phi80$、$\phi52$、$\phi38$ 圆周线；

13）把 $\phi80$ 圆周按图作三等分；

14）划出五个 $\phi12$ 圆周线；

15）以 O_1 为圆心，$R52$ 为半径划圆弧，并以 $R20$ 为半径作相切圆弧；

16）以 O_3 为圆心，$R47$ 为半径划圆弧，并以 $R20$ 为半径作相切圆弧；

17）以 O_4 为圆心，$R20$ 为半径划圆弧，并以 $R10$ 为半径作两处的相切圆弧；

18）以 $R42$ 为半径作右下方的相切圆弧。

至此全部线条划完。在划线过程中，圆心找出后即应冲眼，以备用圆规划圆弧。

1．划线的目的是使工件在加工时有明确的标志；还可以检查毛坯是否正确，有些不合格的毛坯通过划线借料的方法可以得到补救。

2．在划线工作中，必须首先熟悉各种划线工具，并能正确使用它们，以保证划线尺寸的准确性，提高划线工作的效率。

3．在划线之前，要对工件进行清理、检查、涂色和在工件孔中装中心塞块等准备工作。

4．确定工件几何形状、位置的线或面叫做划线基准。正确地选择划线基准是划好线的关键，有了合理的基准，才能使划线准确、方便和提高效率。

5．要对工件划出加工界限，必须清楚划线的步骤。

习　题

1．什么叫划线？其目的是什么？

2．划线时主要使用哪些工具？

3．划线前应做好哪些准备工作？

4．什么叫划线基准？平面划线要选定几个基准？为什么？

5．划线工作的全过程包括哪些步骤？

6．试叙述如图 1-22 所示工件的划线具体步骤。

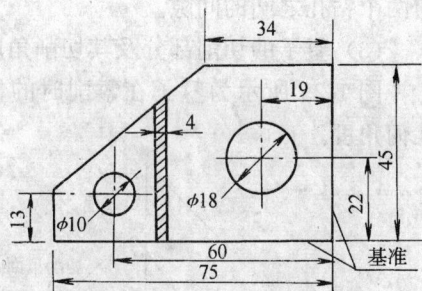

图 1-22　以两个互成直角的外平面为基准

1.3　錾削

錾削是用手锤敲击錾子对工件进行切削加工的一种方法。它主要适用于清除毛坯件表面的多余金属、分割材料、开油槽以及不便于机械加工的场合。錾削是钳工工作中一项较重要的基本技能。

1.3.1　錾子

錾子一般用碳素工具钢锻成，刃部经淬火和回火处理。

（1）錾子的构造

錾子主要由工作部分、柄部和头部组成，

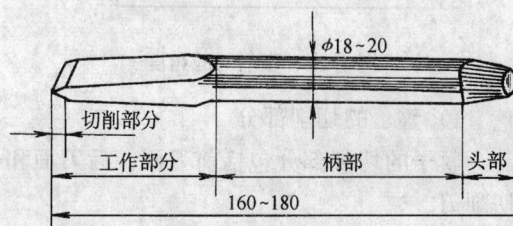

见图 1-23 所示。柄部做成八棱柱状，头部呈圆锥形，顶端略带球形。

图 1-23　錾子的构造

（2）錾子的种类

根据錾削情况的不同，錾子的种类很多，如图 1-24 所示。

1）阔錾（扁錾）（图 1-24（a）），主要用以錾切平面和分割材料。

2）狭錾（尖錾）（图 1-24（b）），用于錾

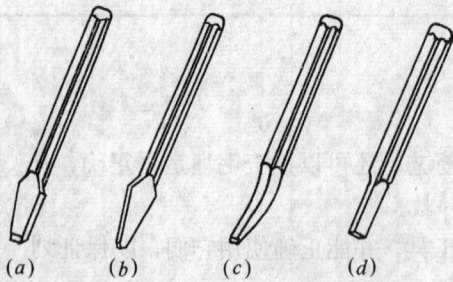

图 1-24 錾子的种类
(a) 阔錾；(b) 狭錾；(c) 油槽錾；(d) 扁冲錾

槽。

3）油槽錾（图 1-24（c）），用于錾油槽。

4）扁冲錾（图 1-24（d）），主要用于打通两个钻孔之间的间隙。

（3）錾子的切削部分及其切削角度

图 1-25 所示为錾子在錾削时的情况和几何角度。

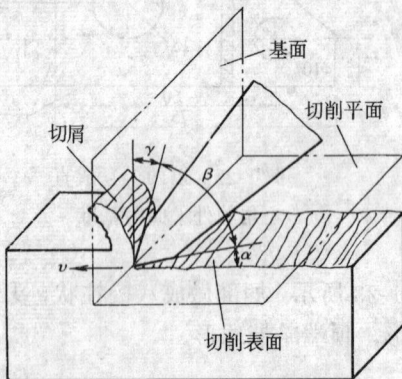

图 1-25 錾削时的角度

1）錾子的切削部分

錾子的切削部分包括前刀面、后刀面和切削刃。

前刀面：与切屑接触的表面；

后刀面：与切削表面相对的表面；

切削刃（或刀刃）：前刀面与后刀面的交线。

2）坐标平面

为了确定錾子在空间的角度，需要选定切削平面和基面两个坐标平面。

切削平面：通过切削刃与切削表面相切的平面，图 1-25 中切削平面与切削表面重合。

基面：通过切削刃上任一点，与切削速度 v 垂直的平面。

切削平面与基面互相垂直，构成确定錾子几何角度的坐标平面。

3）錾子的切削角度

錾子的切削角度有楔角 β、前角 γ 和后角 α，见图 1-25 所示。

楔角 β：前刀面与后刀面之间的夹角。显然，楔角愈大，切削部分的强度愈高，但錾削阻力也愈大。根据錾削的工件材料软硬不同，选择不同的楔角，见表 1-1。

前角 γ：前刀面与基面之间的夹角，其作用是减少切屑的变形和使切削轻快。

按材料选用楔角　　　　表 1-1

工 作 材 料	錾 子 楔 角
硬钢、硬铸铁等	$65° \sim 70°$
碳素钢、软铸铁	$60°$
铜合金	$45° \sim 60°$
铝、锌	$35°$

后角 α：后刀面与切削平面之间的夹角，后角的大小是由錾削时錾子被掌握的位置而决定的，其作用是减少后刀面与切削表面之间的摩擦。一般取 α 为 $5° \sim 8°$。后角不能太大，会使錾子切入过深，錾削困难。后角不能太小，否则容易滑出工件表面，不能顺利地切入，尤其当錾削余量很小时，见图 1-26 所示。

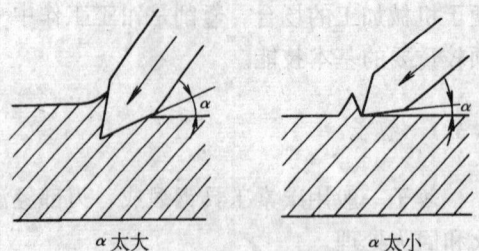

图 1-26 后角 α 对錾削的影响

1.3.2 手锤

手锤是钳工最常用的工具，它由锤头和木柄两部分组成（图1-27）。其种类很多，一般分为硬头手锤和软头手锤两种。

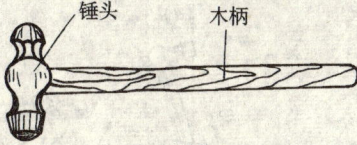

图1-27　手锤

软头手锤的锤头是铅、铜、硬木、牛皮或橡皮制成的，多用于装配工作中。

硬头手锤的锤头用碳钢制成，锤头两端都经过适当的热处理。

常用硬头手锤中，按其形状分圆头和方头两种；按其大小分为0.25kg、0.5kg和1kg三种。英制手锤则为0.5磅、1磅和1.5磅三种。

锤头用T7钢制成，并经淬硬处理。木柄用胡桃木、檀木等硬而不脆的木材制成，手握处的断面应为椭圆形，以便于锤头定向和防止挥锤时锤柄转动。木柄的长度，如图1-28所示，左手握锤头，右手握锤柄，右手小指刚好对齐左胳膊肘部。手柄的粗细要适当，要和锤头相称。

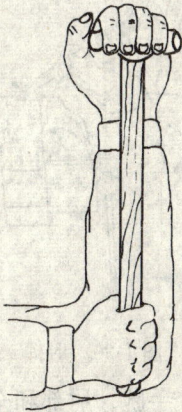

图1-28　锤柄的长度

锤头和手柄安装必须稳固可靠，以防止脱落而造成事故。为此锤头上的锤柄安装孔，应制成两端都呈喇叭口状，锤柄嵌入后，端部再打入楔子，如图1-29所示，就不易松动了。

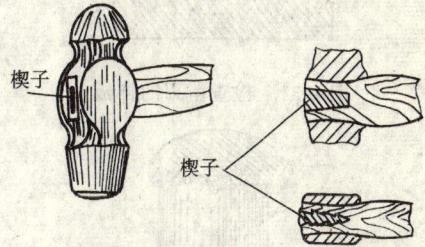

图1-29　锤柄端部打入楔子

1.3.3 錾子刃磨

新锻制的或用钝了的錾子，都需要用砂轮磨锐。磨錾子的方法是，将錾子搁在旋转着的砂轮的轮缘上，但必须高于砂轮中心，两手拿住錾身，一手在上，一手在下，在砂轮的全宽上作左右移动，如图1-30所示。刃磨过程中，要不断地蘸水冷却，以避免摩擦产生的热使刃口退火变软。

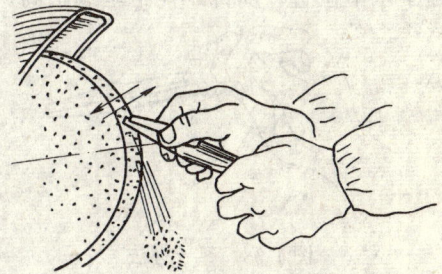

图1-30　錾子的刃磨

刃磨后的錾子楔角，应用样板或角度尺进行检查，如图1-31所示。楔角的中心应和錾身的中心一致，刃口与刃面要正。如果把楔角磨偏了或把刃口磨斜了，都会影响錾削的质量。

錾顶是未经热处理的，使用后常出现卷边及毛翅，如图1-32所示，应及时磨削消除之，使其恢复至正确形状，避免碎裂伤手。

1.3.4 錾削方法

（1）錾子握法

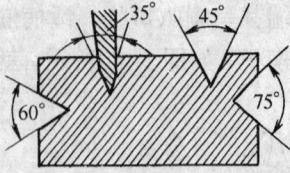

图 1-31　检查凿刃的样板

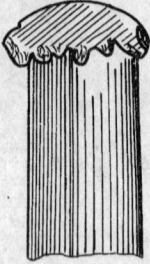

图 1-32　錾子头部的毛翅

錾子主要用左手的中指、无名指和小指握住，食指和大拇指自然地接触，头部伸出约 20mm，如图 1-33 所示。錾子要自如而松地握着，不要握得太紧，以免敲击时掌心承受的振动过大。錾削时握錾子的手要保持小臂处于水平位置，肘部不能下垂或抬高。

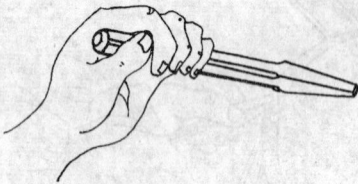

图 1-33　錾子握法

（2）手锤握法

手锤用右手握住，采用五个手指满握的方法，大拇指轻轻压在食指上，虎口对准锤头（即木柄椭圆形的长轴）方向，不要歪在一侧，木柄尾端露出约 15～30mm，如图 1-34 所示。

手锤在敲击过程中手指的握法有两种：

1）紧握法是五个手指的握法无论在挥起手锤或进行敲击时都保持不变，如图 1-34（a）所示。

2）松握法是在挥起手锤时小指、无名指和中指都要放松，在进行敲击时再握紧，如

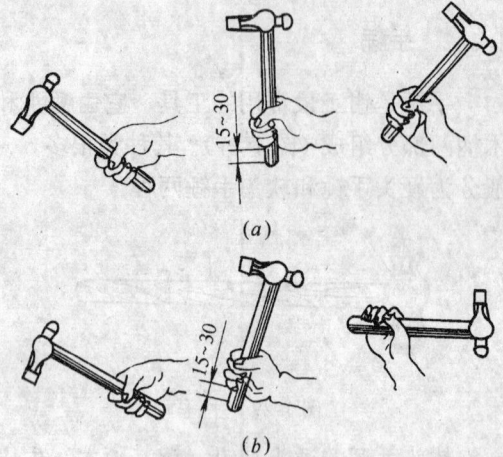

图 1-34　手锤握法
(a) 紧握法；(b) 松握法

图 1-34（b）所示。松握法由于手指放松，故不易疲劳，且可以增大敲击力量。

（3）挥锤法

挥锤的方法有手挥、肘挥和臂挥三种。

1）手挥：只作手腕的挥动，敲击力较小，一般用于錾削的开始和结尾时。錾油槽时由于切削量不大，也常用手挥法。

2）肘挥：手腕和肘部一起挥动，敲击力较大，运用最广，如图 1-35 所示。

图 1-35　肘挥

3）臂挥：手腕、肘部和全臂一起挥动，敲击力最大，用于需要大力的錾削工作，如图 1-36 所示。

（4）錾削姿势

图 1-36 臂挥

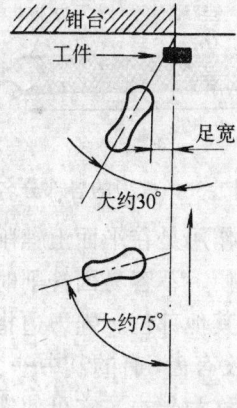

图 1-37 在钳台上錾切时的站立位置

为了充分发挥较大的敲击力量，操作者必须保持正确的站立姿势，在一般场合下，左脚超前半步，两腿自然站立，人体重心稍微偏于后脚，视线要落在工件的切削部位，如图 1-37 所示。

为了获得要求的錾削质量，除了敲击应该准确以外，錾子的位置也必须保持正确和稳定不变。特别要注意刀刃在每次敲击时都保证接触在工件原来的切削部位，而不能脱离。否则，将不能錾削出平滑的表面来。

小 结

1. 錾削是钳工的一项基本技能，它用于两种情况：一是錾削；二是分割。
2. 正确使用錾削工具及操作方法是保证錾削质量、提高工效的前提。

习 题

1. 錾子有哪些切削角度？其作用如何？
2. 常用錾子有哪几种？各有什么用途？
3. 试说明錾子的刃磨方法。
4. 錾削时怎样握錾子、怎样挥手锤？
5. 錾削时怎样调节錾削深度？

1.4 锉削

用锉刀从工件表面锉掉多余的金属，使工件达到所需的尺寸、形状和表面粗糙度，这种操作叫做锉削。它可以锉削工件外表面、曲面、内外角、沟槽、孔和各种形状相配合的表面。锉削是钳工工作中主要操作方法之一，因此，必须掌握这项技能。

1.4.1 锉刀

（1）锉刀的材料及构造

锉刀是用高碳工具钢 T13 或 T12 制成，并经过热处理，硬度达 HRC 62—67。是专业厂生产的一种标准工具。

锉刀由锉身和木柄组成，各部分的名称，如图 1-38 所示。

锉削的主要工作面是锉刀面，其前端做

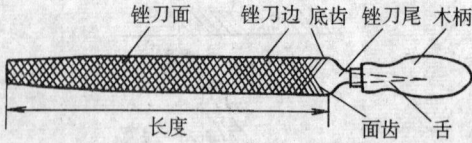

图 1-38 锉刀的各部分名称

成凸弧形,作用是在平面上锉削局部隆起部分时比较方便,不容易因锉削时锉刀的上下摆动而锉去其他部位。锉刀边指锉刀的两个侧面,有的没有齿,有的其中一个边有齿。没有齿的一边称为光边,它可使锉削内直角的一边时不会碰伤另一相邻的面。

(2) 锉刀的齿纹

1) 锉齿的形成和构造

锉刀的齿通常是由剁锉机剁成,有的用铣齿法制成。如图 1-39 (a) 所示是经剁齿的锉刀,它的切削角 δ 大于 90°,工作时锉齿在刮削。如图 1-39 (b) 所示是经铣制的锉刀,它的切削角小于 90°,工作时锉齿在切削。铣齿在制造单齿级的锉刀时采用,主要用来锉软的材料,如铝、镁和锡等。

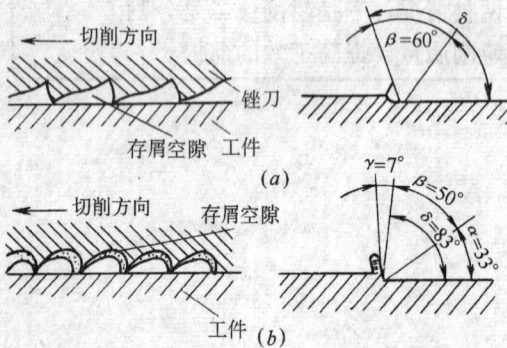

图 1-39 锉齿的形成
(a) 剁齿的;(b) 铣齿的

2) 锉纹的种类

锉刀的齿纹有单齿纹和双齿纹两种,如图 1-40 所示。

A. 单齿纹:齿纹按同一方向排列,锉削宽度等于齿纹长度。锉削时需要较大的切削力,切屑易堵塞,适用于锉软金属。如图 1-41 所示为单齿纹铝板锉。

图 1-40 齿纹的种类
(a) 单齿纹;(b) 双齿纹

B. 双齿纹:锉刀上齿纹按两个方向排列,如图 1-40 (b) 所示。浅的齿纹是底齿纹;深的齿纹是面齿纹。齿纹与锉刀中心线之间的夹角叫齿角,面齿角制成 65°,底齿角制成 45°。由于面齿角与底齿角不相同,使许多锉齿沿锉刀中心线方向形成倾斜和有规律的排列。这样,可使锉出的锉痕交错而不重叠,表面就比较光滑,如图 1-42 (a) 所示。

图 1-41 铝板锉

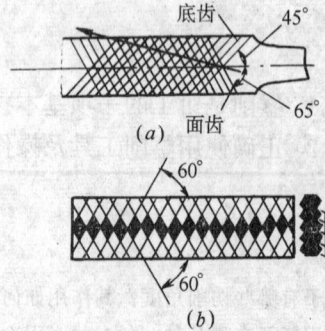

图 1-42 锉齿的排列

如图 1-42 (b) 所示,如果面齿角与底齿角相同,则许多锉齿沿锉刀中心线平行地排列,锉出的表面就要产生沟纹,而得不到光滑的效果。

双齿纹锉刀由于锉削时切屑是碎断的,故锉削硬材料时比较省力。

(3) 锉刀的种类

锉刀共分普通锉、特种锉和整形锉(什锦锉)三类。

普通锉按其断面形状的不同分为平锉(板锉)、方锉、三角锉、半圆锉和圆锉等五种,如图1-43所示。

平锉　方锉　三角锉　半圆锉　圆锉

图1-43　普通锉的断面

特种锉用来加工工件的特殊表面，分为刀口锉、菱形锉、扁三角锉、椭圆锉和圆肚锉五种，如图1-44所示。

刀口锉　菱形锉　扁三角锉　椭圆锉　圆肚锉

图1-44　特种锉的断面

整形锉（什锦锉）也叫组锉，用于修整工件上的细小部位，也有各种断面形状。每5根、6根、8根、10根或12根为一组，如图1-45所示。

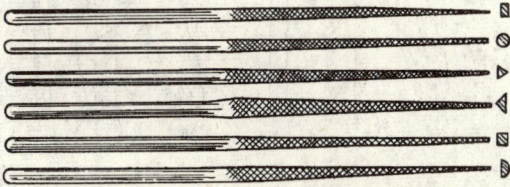

图1-45　整形锉（什锦锉）

（4）锉刀的规格

普通锉的规格，除圆锉用直径大小表示，方锉的规格以方形尺寸表示外，都用锉刀的长度表示。有100mm、150mm、200mm、250mm、300mm、350mm、400mm等。

锉刀的粗细规格是按锉刀齿纹的齿距大小来表示的。其粗细等级分以下几种：

1号：用于粗锉刀，齿距为2.3～0.83mm。

2号：用于中粗锉刀，齿距为0.77～0.42mm。

3号：用于细锉刀，齿距为0.33～0.25mm。

4号：用于双细锉刀，齿距为0.25～0.20mm。

5号：用于油光锉，齿距为0.20～

0.16mm。

（5）锉刀的选择

在工作中，要注意选择锉刀。选择哪一种形状的锉刀，取决于加工件的形状；选择哪一级的锉刀，则取决于工件的加工余量、精度要求和材料性质。对于粗锉刀，应用于锉削软金属，加工余量大、精度等级低和表面粗糙度低的工件；细锉刀应用于跟粗锉刀相反的场合。此外，新锉刀的齿比较锐利，适合锉软金属；旧锉刀的齿比较钝，适合锉硬金属。

1.4.2　锉削方法

（1）锉刀握法

锉刀的握法掌握得正确与否，对锉削质量、锉削力量的发挥和疲劳程度有一定的影响。由于锉刀的大小和形状不同，锉刀的握法也不同。

比较大的锉刀（250mm以上的），用右手握锉刀柄，柄端顶住掌心，大拇指放在柄的上部，其余手指满握锉刀柄，如图1-46（a）所示。

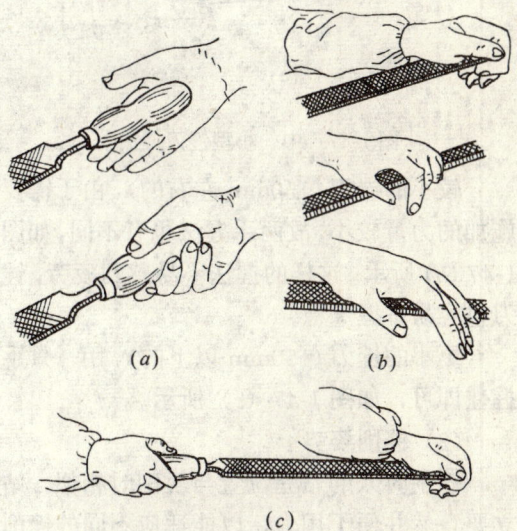

(a)　(b)

(c)

图1-46　较大锉刀的握法

左手的姿势可以有三种，如图1-46(b)所示。

两手在锉削时的姿势，如图1-46（c）所示。其中左手的肘部要适当抬起，不要有下垂的姿态，否则不能发挥力量。

中型的锉刀（200mm 左右的），右手握法与大锉刀相同，左手只需用大拇指和食指、中指轻轻扶持即可，不必像大锉刀那样施加很大的力量，如图 1-47 (a) 所示。

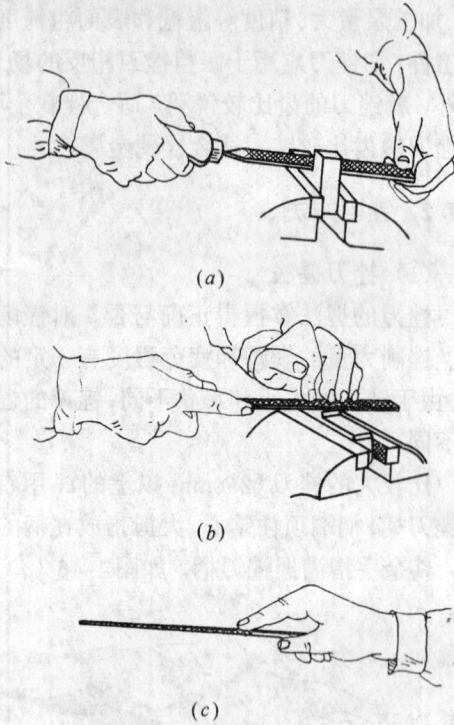

(a)

(b)

(c)

图 1-47　中、小型锉刀握法

较小的锉刀（150mm 左右的），由于需要施加的力量较小，故两手握法也有不同，如图 1-47 (b) 所示。这样的握法不易感到疲劳，锉刀也容易掌握平稳。

更小的锉刀（150mm 以下的），用一只手握住即可，如图 1-47 (c) 所示。

（2）锉削姿势

锉削时人的站立位置与錾削时相似。站立要自然并便于用力，以能适应不同的锉削要求为准。

锉削时身体的重心要落在左脚上，右膝伸直，左膝随锉削时的往复运动而屈伸。锉刀向前锉削的动作过程中，身体和手臂的运动情况，见图 1-48 所示。

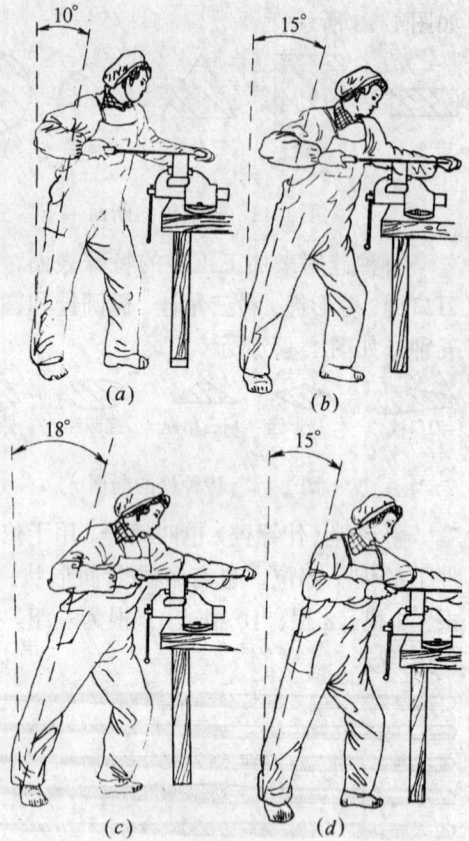

(a)　　(b)

(c)　　(d)

图 1-48　锉削姿势

开始锉削时，身体稍向前倾 10° 左右，重心落在左脚上，右脚伸直，右臂在后准备将锉刀向前推进，如图 1-48 (a) 所示。推进三分之一行程时，身体前倾到 15° 左右，如图 1-48 (b) 所示。再推进三分之一行程时，身体前倾到 18° 左右，如图 1-48 (c) 所示。当推到最后三分之一行程时，身体自然地退回到 15° 左右，两臂则继续将锉刀向前推进到头，如图 1-48 (d) 所示。锉削行程结束时，手和身体都恢复到原来姿势，同时，锉刀略提起退回原位。

（3）锉削力的运用和锉削速度

推进锉刀时两手加在锉刀上的压力，应保证锉刀平稳而不上下摆动，这样，才能锉出平整的平面。那么必须满足：锉刀在工件上任意位置时，锉刀前后两端所受的力矩应相等。推进锉刀时的推力大小，主要由右手控制，而压力的大小，是由两手控制的。显然，要求两手所加的压力要随锉刀的位置的改变作相应的改变。即随着锉刀的推进，左手所加的压力是由大逐渐减小，而右手所加的压力应是由小逐渐增大，如图1-49所示。锉削时，压力不能太大，否则，小锉刀易折断，压力太小，易打滑。

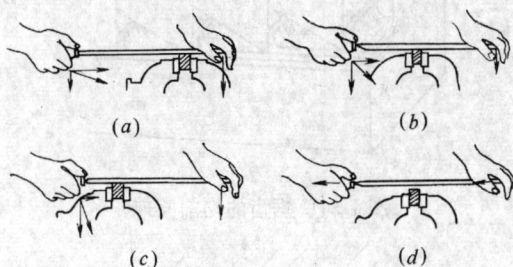

图1-49　锉削力矩的平衡

锉削速度不能太快，否则容易疲劳和加快锉齿的磨损；速度太慢，效率不高。一般为每分钟30～60次左右为宜。

（4）工件的夹持

工件夹持的正确与否，直接影响着锉削的质量，因此，应按以下要求进行夹持。

1）工件最好夹持在虎钳中央，使虎钳受力均匀；

2）工件夹持要紧，但不能把工件夹变形；

3）工件伸出钳口不宜过高，以防锉削时产生振动；

4）夹持不规则的工件应加衬垫，薄工件可以钉在木板上，再将木板夹在虎钳上进行锉削；锉大而薄的工件边缘时，可用两块三角块或夹板夹紧，再将其夹在虎钳上进行锉削；

5）夹持已加工表面和精密工件时，应用软钳口（铝或紫铜制成），以免夹伤工件表面。

（5）锉削废品的种类

1）工件损坏。这是由于夹持方法不正确（如精加工过的表面被钳口夹出伤痕）或夹紧力过大（如空心工件被夹扁）等造成的。

2）工件形状不正确（如工件中间凸起、塌边、塌角等）。这是由于锉刀选用不正确、操作技术不熟练造成的。

3）尺寸超过规定范围。这是由于划线不正确或锉削时检查测量有误差，还由于锉削量过大而又不及时检查等造成的。

4）表面不光洁。这是由于选择锉刀不当，或打光方法不正确造成的。

小　　结

1. 锉刀是锉削的主要工具，了解锉刀的构造，正确地使用锉刀可以延长其使用寿命。

2. 正确的锉削姿势和动作要领，能减少疲劳，提高工作效率，保证锉削质量。

习　题

1. 锉刀的光边有何用途？锉刀的工作面为什么做成凸弧形？

2. 双齿纹锉刀的面齿角与底齿角为什么不一样大小？

3. 怎样选择粗、细锉刀？

4. 工件的正确夹持方法有哪些？

5. 锉削时产生废品的主要原因是什么？

1.5 锯割

用手锯把金属材料分割开，或在工件上锯出沟槽的操作叫锯割。

1.5.1 手锯

手锯是由锯弓和锯条两部分组成。

（1）锯弓

锯弓是用来夹持和拉紧锯条的工具，有固定式和可调节式两种，如图1-50所示。

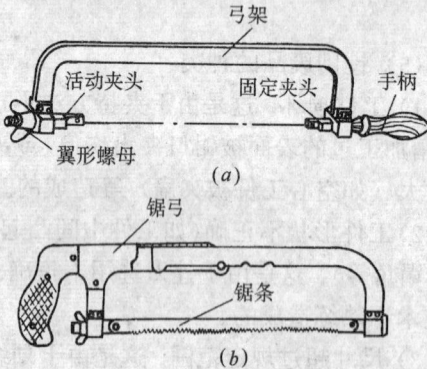

图 1-50 锯弓的构造
（a）固定式；（b）可调节式

固定式锯弓只使用一种规格的锯条；可调节式锯弓弓架是两段组成，可使用几种不同规格的锯条。因此，可调节式锯弓使用较为方便。

（2）锯条

1）锯条的材料及规格

锯条一般用渗碳软钢冷轧而成，也有用碳素工具钢或合金钢制成，并经热处理淬硬。

锯条规格是以两端安装孔的中心距来表示的，钳工常用锯条规格是 300mm。

2）锯齿的角度

锯条的切削部分是由许多锯齿组成，相当于一排同样形状的錾子，每个齿都起到切削的作用，如图1-51所示。由于锯割时要求能获得较高的工作效率，必须使切削部分有足够的容屑槽，因此锯齿的后角较大。为了保

证锯齿具有一定的强度，楔角也不宜太小，如图 1-52 所示。目前使用的锯条的锯齿角度为：后角 $\alpha = 40°$，楔角 $\beta = 50°$，前角 $\gamma = 0°$。

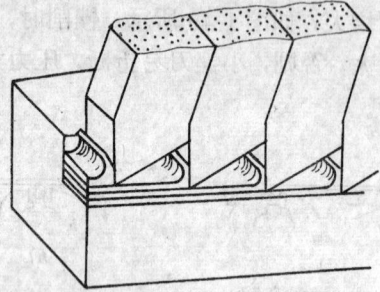

图 1-51 锯齿的切削原理

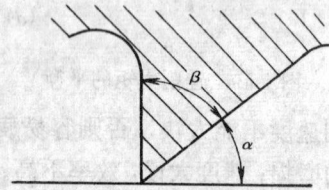

图 1-52 锯齿的角度

3）锯路

锯条的许多锯齿在制造时按一定的规则左右错开，排列成一定的形状，称为锯路。锯路有交叉形和波浪形等，如图1-53所示。锯条有了锯路后，使工作上的锯缝宽度大于锯条背的厚度，这样，锯割时锯条既不会被卡住，又能减少锯条与锯缝的摩擦阻力，工作比较轻松顺利，锯条也不致过热而加快磨损。

4）锯齿粗细

锯齿的粗细是以锯条每 25mm 长度内的齿数来表示的，有 14、18、24 和 32 等几种，14～18 个齿的为粗齿锯条；24～32 齿的为细齿锯条。

粗齿锯条的容屑槽较大，适用于锯软材料和锯较厚、较大的表面，因为此时每锯一次的铁屑较多，容屑空间大就不致产生堵塞而影响切削效率，如图 1-53（a）所示。

细齿锯条适用于锯割硬材料，因硬材料不易锯入，每锯一次的铁屑较少，不会堵塞容屑空间。而锯齿增多后，可使每齿的锯削量减

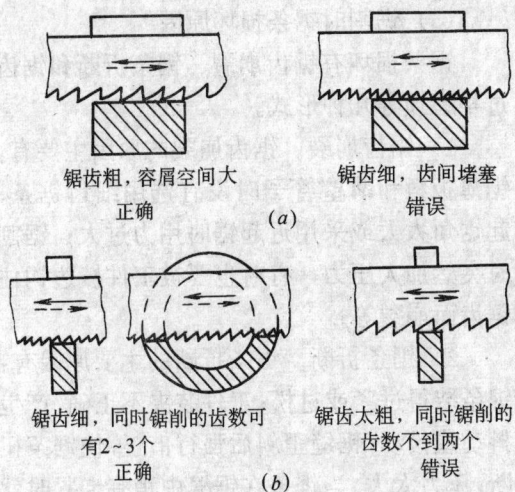

锯齿粗,容屑空间大　　　　　锯齿细,齿间堵塞
　　　正确　　　　　　　　　　　错误
　　　　　　(a)

锯齿细,同时锯削的齿数可　　锯齿太粗,同时锯削的
有2~3个　　　　　　　　　　齿数不到两个
　　　正确　　　　　　　　　　错误
　　　　　　(b)

图1-53　锯齿粗细要合适
(a) 厚工件要用粗齿;(b) 薄工件要用细齿

少,材料容易被切除,故推锯过程比较省力,锯齿也不易磨损。在锯割管子或薄板时必须用细齿锯条,如图1-53 (b) 所示,否则锯齿很易被钩住以致崩断。严格而言,薄壁材料的锯割截面上至少有两齿以上同时参加锯割,才能避免锯齿被钩住和崩断的现象。

5) 锯条的安装

安装锯条时,必须注意安装方向,因手锯在向前推进时才起到切削作用,所以应将齿尖的方向朝前,如图1-54 (a) 所示。如果方向相反,如图1-54 (b) 所示,则锯齿的前角为负值,就不能正常锯割。

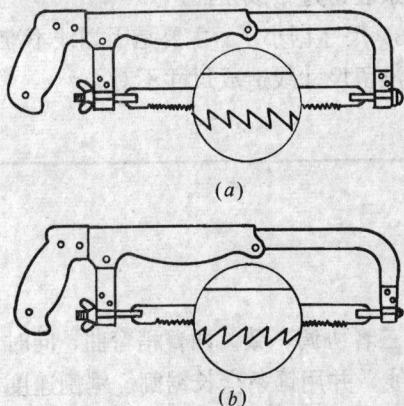

(a)

(b)

图1-54　锯条的安装
(a) 正确;(b) 错误

锯条的松紧也要控制适当,太紧锯条受力太大,锯割时稍有阻止而产生弯折时,就很易崩断;太松则锯割时锯条容易扭曲,也很可能折断,而且锯缝容易发生歪斜。锯条安装调节后,应检查锯条的平面要与锯弓中心平面平行,不可倾斜或扭曲,否则锯割时锯缝极易歪斜。

1.5.2　锯割方法

(1) 握锯方法

如图1-55 所示,用右手握锯柄,左手压在锯弓前端,锯割时,右手主要控制推力;左手主要配合右手扶正锯弓,并施加压力。

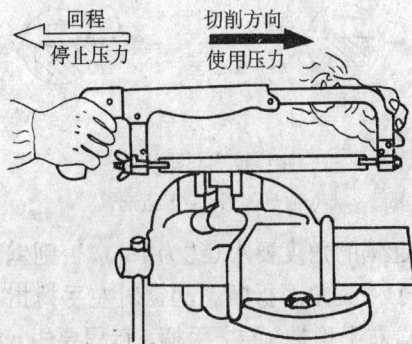

图1-55　手锯的握法

(2) 锯割姿势

锯割时的站立和身体摆动的姿势与锉削相似,如图1-56 所示。

图1-56　锯割姿势

推锯时锯弓的运动方式有两种:一种是直线运动,适用于锯缝底面要求平直的槽子

和薄壁工件的锯割；除此以外，锯弓一般可上下摆动，这样可使操作自然，两手不易疲劳。手锯在退回时不用压力，以免锯齿磨损。

锯割的速度以每分钟20～40次为宜，锯割软材料可以快些；锯割硬材料应该慢些。

（3）起锯方法

有远边起锯和近边起锯两种，如图1-57所示。

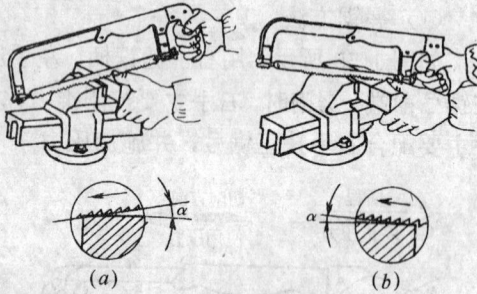

图1-57　起锯方法
(a) 远起锯；(b) 近起锯

起锯的角度要小（约为15°），否则锯齿会卡住工件棱角而折断。起锯时左手拇指靠住锯条，右手稳推（拉）手柄，行程要短，压力要小，速度要慢。

（4）工件的夹持

1）工件伸出钳口不应过长，防止锯割时产生振动。锯割线应和钳口垂直，并夹在虎钳的左面，以便操作。

2）工件要夹紧，避免在锯割时工件移动。

3）工件夹持过程中，防止工件变形和夹坏已加工表面。

（5）锯割时锯条损坏原因

锯条损坏有锯齿崩裂、锯条折断和锯齿过早磨损等几种形式。

1）锯齿崩裂。锯齿崩裂的原因主要有：锯薄板料和薄壁管子时没有选用细齿锯条；起锯角太大或采用近起锯时用力过大；锯割时突然加大压力，有时也要被工件棱边钩住锯齿而崩裂等。

2）锯条折断。锯条折断的主要原因有：锯条装得过紧或过松；工件装夹不正确，产生抖动或松动；锯缝歪斜后强行借正，使锯条扭断；压力太大，当锯条在锯缝中稍有卡紧时就容易折断，锯割时突然用力也易折断；新换锯条在旧锯缝中被卡住而折断，一般应改换方向再锯割；工件锯断时没有掌握好，致使手锯碰撞台虎钳等物，而使锯条折断等。

3）锯齿过早磨损。主要原因是：锯割速度太快，使锯条发热过度而锯齿磨损加剧；锯割较硬材料时没有加冷却液；锯割过硬的材料等。

（6）锯割时的废品分析

锯割时废品产生的原因主要有以下几点：

1）工件表面拉伤，主要是起锯角过小或压力不均引起。

2）锯缝歪斜过多，超出要求范围，主要是锯条装得过松或扭曲。

3）尺寸锯小了，主要是因划线不准或锯割时没留尺寸线造成尺寸不对。

小　　结

1. 正确地使用手锯是锯割操作的关键。

2. 锯割的要领是：锯割时两臂、两脚和上身三者协调一致。两臂稍弯曲，同时用力推进，手锯回程时不加压力。锯条往返走直线，并用锯条全长锯割。锯割速度和压力应根据材料性质、工件截面大小而定。

习　题

1. 什么叫锯条的锯路？有什么作用？
2. 锯齿的前角、楔角和后角约多少度？锯条装反后对锯割有何影响？
3. 推锯速度为什么不宜太快或太慢？
4. 怎样按加工对象正确选择锯条的粗细？
5. 试分析锯条损坏的原因？

1.6　钻孔

用钻头在实心工件上加工出孔叫做钻孔。钻孔时，钻头装在钻床（或其他机械）上，一般工件固定不动，钻头同时完成切削运动和进刀运动来进行孔加工，如图 1-58 所示。

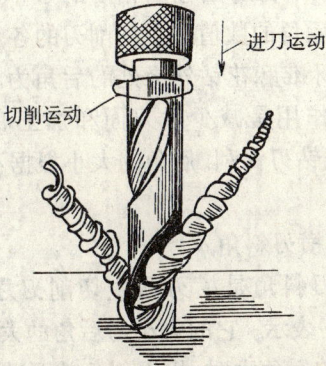

图 1-58　钻孔时钻头的运动

切削运动——钻头绕轴心所作的旋转运动，也就是切下切屑的运动。

进刀运动——钻头对着工件所作的直线前进运动，也是使被切削金属层继续投入切削的运动。

1.6.1　麻花钻

钻头的种类很多，如麻花钻、扁钻、深孔钻、中心钻等。它们的形状虽有不同，但切削原理是一样的。钻头多用高速钢制成，并经淬火和回火处理。因为麻花钻最常用，这里主要介绍麻花钻。

（1）麻花钻的构造

麻花钻主要由柄部、颈部和工作部分组成，如图 1-59 所示。

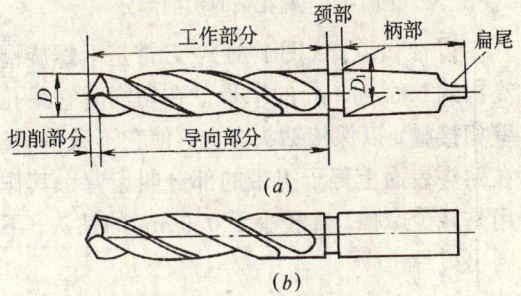

图 1-59　麻花钻
(a) 锥柄的；(b) 直柄的

1）柄部

柄部是钻头的夹持部分，用来传递钻孔时所需的扭矩和轴向力。它有直柄和锥柄两种。直柄所能传递的扭矩较小，其钻头直径在 13mm 以内；莫氏锥柄可以传递较大的扭矩，钻头直径大于 13mm 的一般都是这种锥柄。锥柄的扁尾用来增加传递的扭矩，避免钻头在主轴孔或钻套中打滑，并作为把钻头从主轴孔或钻套中打出之用。

2）颈部

颈部为磨制钻头时供砂轮退刀之用，一般多在此处刻印出钻头规格和商标。

3）工作部分

工作部分由切削部分和导向部分组成。

切削部分（图 1-60）担任主要的切削工作，它包括横刃和两个主切削刃。

导向部分在切削时起着引导钻头方向的作用，还可作钻头的备磨部分。导向部分由下列部分组成：

螺旋槽：在麻花钻上有两条相对称的螺旋槽，其功用是正确地形成切削刃和前角，并起着排屑和输送冷却液的作用。

21

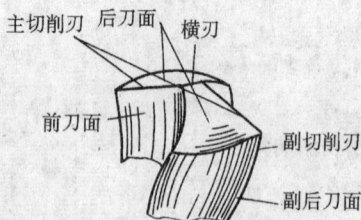

图 1-60 麻花钻的切削部分

刃带和齿背（图 1-61）：刃带是沿螺旋槽高出约 0.5～1mm 的窄带，在切削时它跟孔壁相接触，以保持钻头方向，使它不致偏斜。在钻头表面上低于刃带的部分叫齿背，其作用是减少摩擦。直径小于 0.5mm 的钻头，不制出刃带。

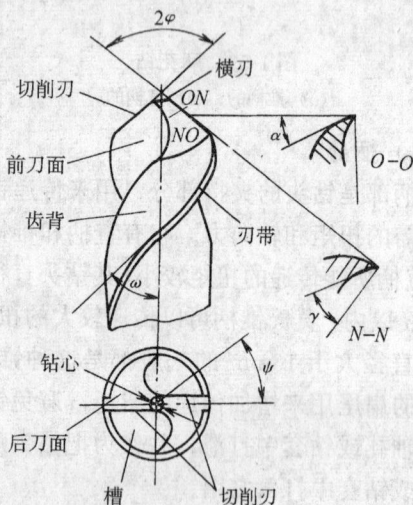

图 1-61 麻花钻的主要角度

倒锥：钻头的直径看起来好像整个引导部分都是一样大小的，其实并不是这样，而是做成带一点倒锥度的，即靠近前端的直径大，靠近柄部的直径小。每 100mm 长度内直径减少 0.013～0.12mm。这样做的目的是减少钻削时的摩擦和发热。

钻心：钻头两螺旋槽的实心部分叫钻心，它是用来连接两个刃瓣以保持钻头的强度和刚度的。

（2）麻花钻的主要角度

麻花钻的主要角度，如图 1-61 所示。

1）顶角 2φ

顶角又称锋角或顶尖角，是两个主切削刃相交所成的角度，用 2φ 表示。有了顶角，钻头才容易钻入工件。顶角的大小与所钻材料的性质等有关，设计时标准麻花钻的 $2\varphi=118°\pm2°$，常用的顶角为 $116°～118°$。

2）前角 γ

前角是前刀面的切线与垂直切削平面的垂线所夹的角，用 γ 表示（在主截面 $N-N$ 中测量）。前角的大小在主切削刃的各点是不同的，越靠近外径，前角就越大（约为 $18°～30°$），靠近中心约为 $0°$ 左右。

3）后角 α

后角是切削平面与后面切线所夹的角，用 α 表示（在与圆柱面相切的 $O-O$ 截面内测量）。后角的数值在主切削刃的各点上也不相同，标准麻花钻外缘处的后角为 $8°～14°$。后角的作用是减少后刀面和加工底面的摩擦，保证钻刃锋利。后角的大小根据不同材料来选择。

4）横刃斜角 ψ

横刃斜角是横刃和主切削刃之间的夹角，用 ψ 表示。它的大小与后角的大小有关，当刃磨的后角大时，横刃斜角就要减小，相应地横刃长度就变长一些。一般 $\psi=50°～55°$。横刃越长，进给抗力越大，且不易定心，所以开始钻孔时应将横刃修磨短些。

5）螺旋槽斜角 ω

螺旋槽斜角是钻头的轴线和切于刃带的切线间所构成的角，用 ω 表示。一般 $\omega=18°～30°$，小直径钻头取小的角度，以提高强度。

（3）麻花钻的刃磨

由于钻头在钻削中磨钝或工件材料的不同，钻头的切削部分和角度经常需要刃磨。刃磨的方法如图 1-62 所示，右手握住钻头的头部，左手握住柄部，使钻头处于水平位置。钻头轴心线与砂轮面成 φ 角，使刃口在略高于砂轮中心处与砂轮轻轻接触，右手缓慢地使钻头绕本身轴线由下向上转动。使整个后刀面都能均匀地磨去一层，左手配合右手同时使钻柄向下摆动，便于磨出后角。这样不断反复轮换刃磨两面，并随时观察主切削刃是否对称，顶角、后角和横刃斜角大小是否合适。刃磨时压力不可过大，并要经常蘸水冷却，防止钻头因过热退火而降低硬度。

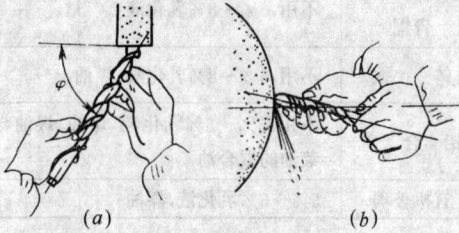

(a)   (b)

图 1-62　钻头的刃磨

钻头刃磨后，可用检验样板检验其几何角度及两主切削刃的对称性，如图 1-63 所示。但是常用目测法进行检查，目测时，将钻头竖起，立在眼前，两眼平视，观看刃口。因为两钻刃一前一后，会产生视差，因此，观看两刃时，往往感到左刃（前刃）高。然后将钻头绕轴心线旋转 180°，这样反复几次，如果看的结果一样，则说明钻头对称。钻头后角的大小，则观察横刃斜角是否接近 55°，横刃斜角大，则后角太小；横刃斜角小，则后角太大。另外，横刃要基本平直。

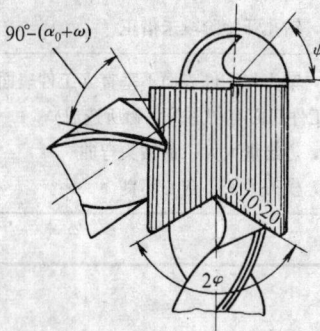

图 1-63　用样板检查刃磨角度

1.6.2　钻孔方法

（1）工件的夹持

工件钻孔时，要根据工件的形状和钻孔直径的大小，采用不同的装夹方法，以保证钻孔的质量和安全。常用的装夹方法见《管道专业实训》中钻孔工件的夹持部分。

（2）钻孔的一般方法

1）钻孔径精度要求低的孔，钻孔前先把孔中心的样冲眼冲大些，麻花钻横刃直接对准冲眼就可进行钻削。

2）钻孔径精度较高、孔的位置精度也较高的孔时，先以孔中心的样冲眼为中心划参考圆或方框，然后使钻头对准钻孔中心，先试钻一浅坑，检查是否偏斜，可及时予以纠正。可通过移动工件或移动钻床主轴及其他方法来解决。

3）钻孔时进刀力要适当，特别是在孔将要钻穿时，应减小进刀力，而且最好改成手动进给。

（3）钻孔时的切削用量

钻孔时的切削用量是指切削速度、进给量和吃刀深度。

切削速度（v）：是钻削时钻头直径上一点的线速度。可由下式计算：

$$v=\frac{\pi D n}{60\times1000}\ (\text{m/s}) \qquad (1-1)$$

式中　D——钻头直径（mm）；

　　　n——钻头的转速（r/min）。

进给量（s）：是钻头每转一周向下移动的距离，如图 1-64 所示。单位以 mm/r 计算。

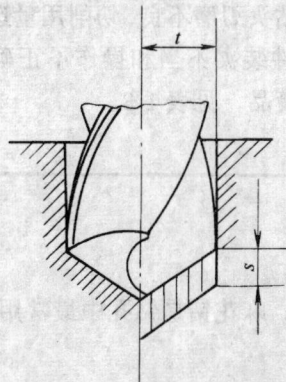

图 1-64　钻孔时的进给量
和吃刀深度

吃刀深度（t）：钻孔时的吃刀深度等于钻

头的半径，如图 1-64 所示。

$$t=\frac{D}{2} \text{（mm）} \tag{1-2}$$

切削用量的选择：

选择切削用量的目的，是保证加工表面粗糙度和精度，保证钻头合理的耐用度的前提下，使生产效率最高；同时不允许超过机床的功率和机床、刀具、工件、夹具等的强度和刚度。

钻孔时，由于吃刀深度已由钻头直径所定，所以只需选择切削速度和进给量。一般选择原则是：用小钻头钻孔时，切削速度应快些，进给量要小些；用大钻头钻孔时，切削速度要慢些，进给量要适当大些。钻硬材料时，切削速度要慢些，进给量要小些；钻软材料时，切削速度要快些，进给量要大些。若用小钻头钻硬材料时，可以适当减慢速度。

（4）钻孔时冷却液的选择

钻头在切削过程中所产生的热量，会使钻头的温度升高，从而使钻头迅速磨损，甚至退火而失掉切削性能。因此，钻孔时必须不断地向钻头工作部分输送冷却液，以降低温度，延长钻头使用寿命，提高钻孔质量和效率。冷却液的使用必须根据材料性质来选用，见表1-2。

（5）钻孔时的废品分析

由于钻头刃磨不良、切削用量选择不当、钻头或工件装夹不当和操作不正确等原因，都会出现废品，见表1-3。

钻各种材料用的冷却润滑液　表1-2

工件材料	冷却润滑液
各类结构钢	3%～5%乳化液，7%硫化乳化液
不锈钢、耐热钢	3%肥皂加2%亚麻油水溶液，硫化切削油
紫铜、黄铜、青铜	不用，5%～8%乳化液
铸　　铁	不用，5%～8%乳化液，煤油
铝合金	不用，5%～8%乳化液，煤油，煤油与菜油的混合油
有机玻璃	5%～8%乳化液，煤油

钻孔时的废品分析　　表1-3

废品形式	产　生　原　因
孔径大于规定尺寸	1. 钻头两切削刃长度不等，角度不对称 2. 钻头摆动（钻头弯曲、钻床主轴有摆动、钻头在钻夹头中未装好和钻头套表面不清洁等引起）
孔壁粗糙	1. 钻头不锋利 2. 进给量太大 3. 后角太大 4. 冷却润滑不充分
钻孔偏移	1. 划线或样冲眼中心不准 2. 工件装夹不稳固 3. 钻头横刃太长 4. 钻孔开始阶段未借正
钻孔歪斜	1. 钻头与工件表面不垂直（工件表面不平整和工件底面有切屑等污物所造成） 2. 进给量太大，使钻头弯曲 3. 横刃太长，定心不良

小　　结

1. 麻花钻是钻孔中最常用的钻头，了解其构造、主要角度及其刃磨方法是很重要的。

2. 掌握钻孔的一般方法，正确选择切削用量及冷却液，是保证钻孔质量和提高效率的关键。

习 题

1. 试述麻花钻各组成部分的名称及其作用
2. 麻花钻有哪几个主要角度？
3. 钻孔时的切削用量包括哪些？如何选择？
4. 钻孔时的冷却有何作用？
5. 钻孔时废品主要产生的原因有哪些？

1.7 攻丝

用丝锥在孔壁上切削螺纹的操作叫攻丝。

1.7.1 螺纹基本知识

（1）螺纹的形成

如果将一个底边为 AB，长度等于 πd 的直角三角形 ABC，裹绕在一个直径为 d 的圆柱体上，且使底边与圆柱体的底边相重合，则它的斜边 AC 在圆柱表面上，便形成一螺旋线，如图 1-65 所示。螺旋线是一切螺纹的基础。螺旋线转一周升高的距离，叫做螺旋线的导程，即 BC 长度。AC、AB 边所夹的角（α），叫螺旋升角。

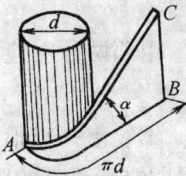

图 1-65 螺旋线的形成

螺旋线有左、右之分。从圆柱外面看，螺旋线自左向右升起的叫右螺旋线；相反叫左螺旋线，如图 1-66 所示。

如果在圆柱表面上沿螺旋线加工成一定形状的凹槽，则在圆柱面上便形成了一定形状的螺纹。

在圆柱形工件上加工出的螺纹叫做外螺纹，在工件孔壁上加工出的螺纹叫做内螺纹。

（2）螺纹的种类

1）按螺纹径向剖面形状（也称牙形）分

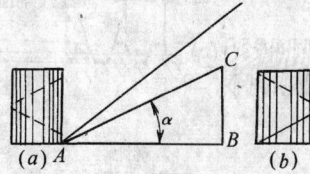

图 1-66 左、右螺旋线

(a) 左螺旋线的圆柱；

(b) 右螺旋线的圆柱

（图 1-67）：有三角螺纹（图 1-67（a））；矩形螺纹（图 1-67（b））；梯形螺纹（图 1-67（c））；半圆形螺纹（图 1-67（d））和锯齿形螺纹（图 1-67（e））。

2）按螺纹旋转方向分：有右螺纹和左螺纹。可用手来辨别，如图 1-68 所示，手心对着自己，螺纹的旋向与右手大拇指的指向一致为右螺纹，如与左手大拇指的指向一致为左螺纹。

3）按螺旋线数量（头数）分：有单头螺纹（一条螺旋线）和多头螺纹（两条及两条以上的螺旋线）。

螺纹的种类较多，详细分类可归纳如下：

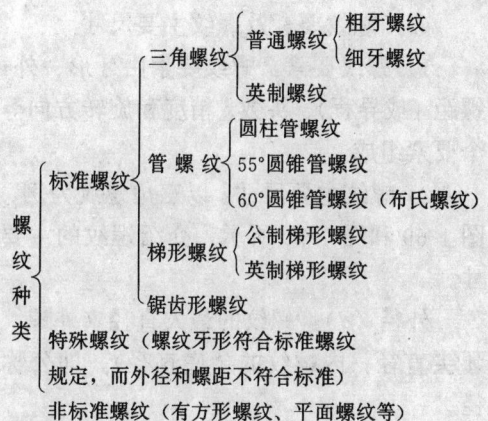

螺纹种类
- 标准螺纹
  - 三角螺纹
    - 普通螺纹
      - 粗牙螺纹
      - 细牙螺纹
    - 英制螺纹
  - 管螺纹
    - 圆柱管螺纹
    - 55°圆锥管螺纹
    - 60°圆锥管螺纹（布氏螺纹）
  - 梯形螺纹
    - 公制梯形螺纹
    - 英制梯形螺纹
  - 锯齿形螺纹
- 特殊螺纹（螺纹牙形符合标准螺纹规定，而外径和螺距不符合标准）
- 非标准螺纹（有方形螺纹、平面螺纹等）

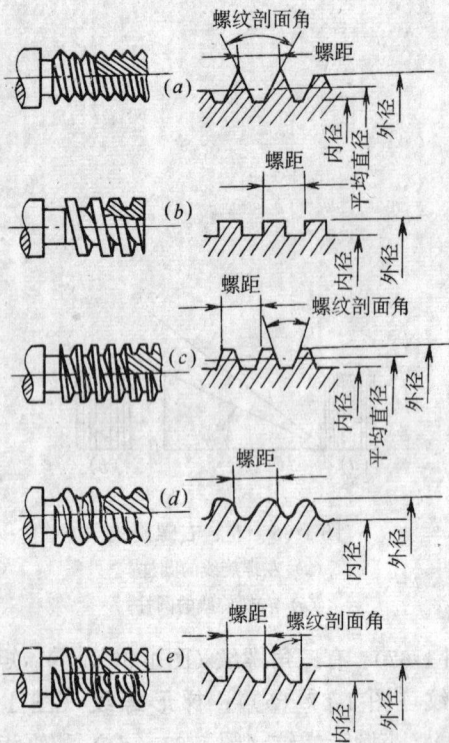

图 1-67 各种螺纹的剖面形状

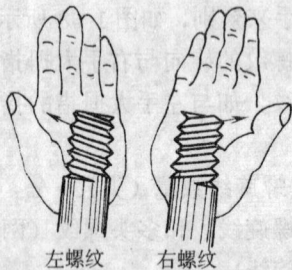

图 1-68 左、右螺纹的辨别

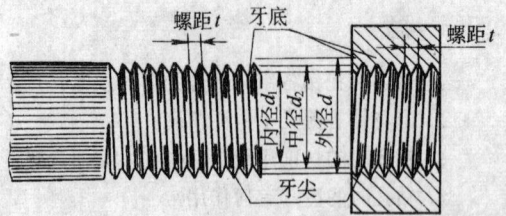

图 1-69 螺纹的主要尺寸

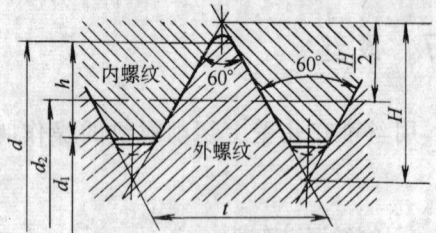

图 1-70 普通螺纹的各部名称

内径（d_1）：螺纹的最小直径（外螺纹的牙底直径、内螺纹的牙尖直径）。

中径（d_2）：螺纹的平均直径，在这个直径上牙宽与牙间相等，$d_2 = \dfrac{d+d_1}{2}$。

螺纹的工作高度（h）：螺纹顶点到根部的垂直距离，或称牙形高度。

螺纹剖面角（β）：在螺纹剖面上两侧面所夹的角，也称牙形角。公制三角形螺纹为 60°。

螺距（t）：相邻两牙对应点间的轴向距离。

导程（s）：螺纹上一点沿螺旋线转一周时，该点沿轴线方向所移动的距离称为导程。单头螺纹的导程等于螺距。导程与螺距的关系如下：

螺纹导程（s）= 头数（z）× 螺距（t）

（4）螺纹的应用

1）三角形螺纹：应用最广泛，主要应用在联接件上，如螺栓、螺母等。

2）梯形螺纹和矩形螺纹：主要用在传动和受力大的机械上，如机床上的丝杠，千斤顶的螺杆和虎钳上的丝杠等。

3）半圆形螺纹：主要应用在管子联接上，如水管、螺丝口灯泡等。

4）锯齿形螺纹：用于承受单面压力的机

（3）螺纹要素及螺纹主要尺寸

1）螺纹要素：螺纹要素由牙形、外径、螺距（或导程）、头数、精度和旋转方向等六个要素组成。

2）螺纹主要尺寸：以三角螺纹为例，如图 1-69 和图 1-70 所示，介绍螺纹的主要尺寸。

外径（d）：螺纹的最大直径（外螺纹的牙尖直径、内螺纹的牙底直径），即公称直径。

械上，如压床、冲床上的螺杆等。

（5）螺纹的代号

标准螺纹的代号，按国家标准规定的表示顺序如下：

牙形、外径×螺距（或导程/头数）——精度等级、旋向。

其标注示例见表1-4

国家标准对标注有如下规定：

1）螺纹外径和螺距用数字表示。细牙普通螺纹、梯形螺纹和锯齿形螺纹必须加注螺距，其他螺纹不必注出。

2）多头螺纹在外径后面要注"导程/头数"。

3）普通螺纹的等级精度允许不标注。

4）左旋螺纹必须注出"左"字。

5）管螺纹的名义尺寸是指管子内径，不是指管螺纹的外径。

非标准螺纹和特殊螺纹没有规定的代号，螺纹各要素一般都标注在工件图纸的牙形图上。

1.7.2 攻丝工具

（1）丝锥

丝锥是在孔内攻出内螺纹的一种刀具，也叫螺丝攻。手用丝锥的材料一般用合金工具钢制造，机用丝锥都是用高速钢制造。

1）丝锥的构造

丝锥由切削部分、定径（修光）部分和柄部组成，如图1-71所示。

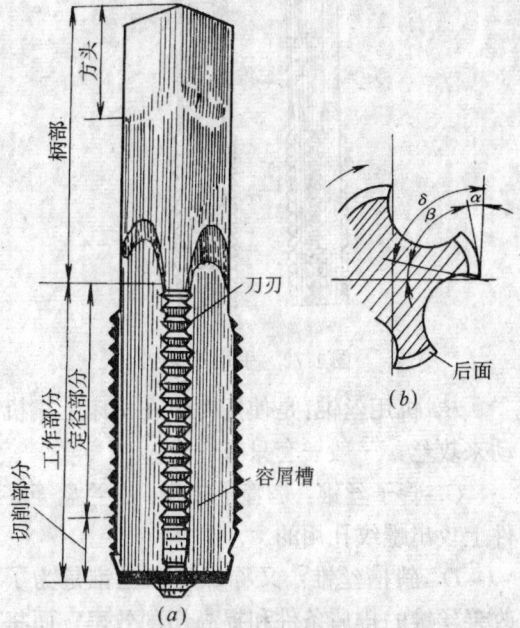

图1-71 丝锥的构造

切削部分是丝锥前部圆锥部分，有锋利的切削刃，起主要切削作用。刀刃的前角 γ 为 $8°\sim10°$，后角 α 为 $4°\sim6°$，如图1-71（b）所示。

定径部分是确定螺纹直径及修光螺纹和作为丝锥的备磨部分，其后角 α 为 $0°$。柄部有方榫，用来传递切削扭矩。

2）丝锥的种类

A．手用丝锥：如图1-72所示，一般是由两支组成一套，分头锥、二锥。丝螺距大于 2.5mm 时常制成三支为一套的丝锥。

标准螺纹代号　　　　　　　　　　　　　　　　表1-4

螺纹类型	牙形代号	代号示例	代 号 示 例 说 明
粗牙普通螺纹	M	M10	粗牙普通螺纹，外径10mm
细牙普通螺纹	M	M16×1	细牙普通螺纹，外径16mm，螺距1mm
梯 形 螺 纹	T	T36×12/2-3 左	梯形螺纹，外径36mm，导程12mm，头数2，3级精度，左旋
锯齿形螺纹	S	S70×10	锯齿形螺纹，外径70mm，螺距10mm
圆柱管螺纹	G	G3/4″	圆柱管螺纹，管子内径3/4″
55°圆锥管螺纹	ZG	ZG5/8″	55°圆锥管螺纹，管子内径5/8″
60°圆锥管螺纹	Z	Z1″	60°圆锥管螺纹，管子内径1″

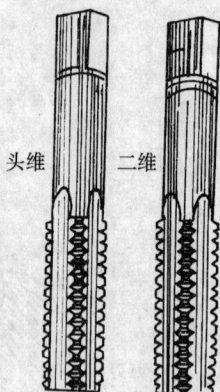

图 1-72　手用丝锥

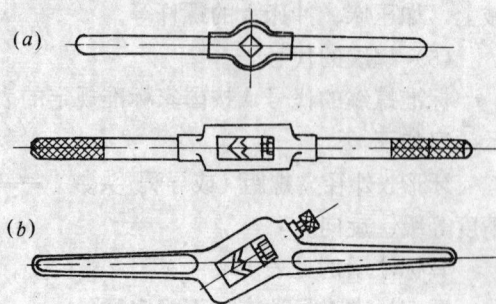

图 1-74　普通绞手
(a) 固定绞手；(b) 活络绞手

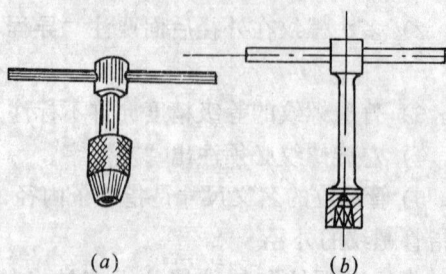

图 1-75　丁字绞手
(a) 活络丁字绞手；(b) 固定丁字绞手

B. 机用丝锥：是使用时装在机床上靠机动来攻丝，一般一套只有一支。

C. 管子丝锥：是管子接头、法兰盘等零件上攻出螺纹孔用的。

D. 斜槽丝锥：又称螺旋槽丝锥是为了改善丝锥的排屑条件和提高切削效率，而将容屑槽做成斜槽（螺旋槽）的形式，如图1-73所示。

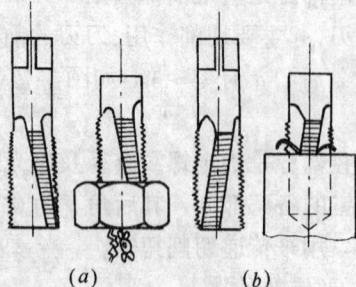

图 1-73　容屑槽的方向
(a) 左旋的；(b) 右旋的

(2) 绞手

手用丝锥攻丝时一定要用绞手又称绞杠。绞手有普通绞手（图1-74）和丁字绞手（图1-75）两类。

普通绞手有固定绞手（图1-74（a））和活络绞手（图1-74（b））两种，固定绞手常用在攻M5以下的螺纹。丁字绞手主要用来攻制工件凸台旁的螺孔或机体内部的螺孔，也分固定式和活络式两种。

(3) 机用攻丝夹头

在钻床上攻丝时，要用攻丝夹头夹持丝锥，攻丝夹头能起安全保护作用，防止丝锥在负荷过大或攻不通孔到底时被折断。机用攻丝夹头的种类和结构形式较多，如图1-76所示为用摩擦片传动的一种机用攻丝夹头。

1.7.3　攻丝方法

(1) 攻丝前底孔直径的确定

用丝锥攻丝时，每个切削刃除起切削作用外，还对材料产生挤压。被挤压出来的材料嵌在丝锥的牙间，如图1-77所示，甚至接触到丝锥内径把丝锥挤住。工件是韧性材料时，这种现象比较明显。所以钻孔直径一定要略大于螺纹规定的内径尺寸，但不能太大，否则因攻出的螺纹太浅而不能使用。

考虑到攻丝时丝锥牙对工件金属的挤压作用，也考虑到钻孔的扩张量等。从实践中总结出钻普通螺纹底孔用钻头直径的计算公式如下：

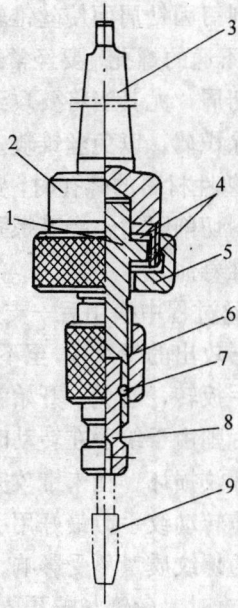

图 1-76　机用攻螺纹夹头

1—中心轴；2—夹头体；3—锥柄；4—摩擦片；5—调节螺母；6—左旋螺纹锥套；7—钢球；8—可换套；9—丝锥

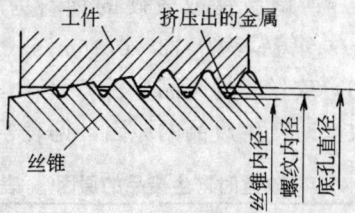

图 1-77　攻丝时的挤压现象

1）加工钢和塑性较大的材料、扩张量中等的条件下：

钻头直径　　$D=d-t$　　　　（1-3）

式中　d——螺纹外径，mm；

　　　t——螺距，mm。

2）加工铸铁和塑性较小的材料、扩张量较小的条件下：

钻头直径　　$D=d-(1.05t\sim1.1t)$

3）攻不通孔螺纹时，由于丝锥切削部分不能切出完整的螺纹牙形，所以钻孔深度要大于所需的螺孔深度。一般取：

钻孔深度＝所需螺孔深度＋0.7d

攻丝前钻底孔的钻头直径也可以从表1-5～表1-7查得。

普通螺纹攻丝前钻底孔的钻头直径（mm）

表 1-5

螺纹直径 d	螺距 t	钻头直径 D	
		铸铁、青铜、黄铜	钢、可锻铸铁、紫铜、层压板
2	0.4	1.6	1.6
	0.25	1.75	1.75
2.5	0.45	2.05	2.05
	0.35	2.15	2.15
3	0.5	2.5	2.5
	0.35	2.65	2.65
4	0.7	3.3	3.3
	0.5	3.5	3.5
5	0.8	4.1	4.2
	0.5	4.5	4.5
6	1	4.9	5
	0.75	5.2	5.2
8	1.25	6.6	6.7
	1	6.9	7
	0.75	7.1	7.2
10	1.5	8.4	8.5
	1.25	8.6	8.7
	1	8.9	9
	0.75	9.1	9.2
12	1.75	10.1	10.2
	1.5	10.4	10.5
	1.25	10.6	10.7
	1	10.9	11
14	2	11.8	12
	1.5	12.4	12.5
	1	12.9	13
16	2	13.8	14
	1.5	14.4	14.5
	1	14.9	15
18	2.5	15.3	15.5
	2	15.8	16
	1.5	16.4	16.5
	1	16.9	17
20	2.5	17.3	17.5
	2	17.8	18
	1.5	18.4	18.5
	1	18.9	19
22	2.5	19.3	19.5
	2	19.8	20
	1.5	20.4	20.5
	1	20.9	21
24	3	20.7	21
	2	21.8	22
	1.5	22.4	22.5
	1	22.9	23

英制螺纹、圆柱管螺纹
攻丝前钻底孔的钻头直径　表1-6

英　制　螺　纹				圆柱管螺纹		
螺纹 直径 (in)	每英寸 牙数	钻头直径(mm)		螺纹直径 (in)	每英寸 牙数	钻头直径 (mm)
		铸铁、青 铜、黄铜	钢、可 锻铸铁			
3/16	24	3.8	3.9	1/8	28	8.8
1/4	20	5.1	5.2	1/4	19	11.7
5/16	18	6.6	6.7	3/8	19	15.2
3/8	16	8	8.1	1/2	14	18.9
1/2	12	10.6	10.7	3/4	14	24.4
5/8	11	13.6	13.8	1	11	30.6
3/4	10	16.6	16.8	1¼	11	39.2
7/8	9	19.5	19.7	1⅜	11	41.6
1	8	22.3	22.5	1½	11	45.1
1⅛	7	25	25.2			
1¼	7	28.2	28.4			
1½	6	34	34.2			
1¾	5	39.5	39.7			
2	4½	45.3	45.6			

圆锥管螺纹攻丝前钻底孔的钻头直径
表1-7

55°圆锥管螺纹			60°圆锥管螺纹		
公称直径 (in)	每英寸 牙数	钻头直径 (mm)	公称直径 (in)	每英寸 牙数	钻头直径 (mm)
1/8	28	8.4	1/8	27	8.6
1/4	19	11.2	1/4	18	11.1
3/8	19	14.7	3/8	18	14.5
1/2	14	18.3	1/2	14	17.9
3/4	14	23.6	3/4	14	23.2
1	11	29.7	1	11½	29.2
1¼	11	38.3	1¼	11½	37.9
1½	11	44.1	1½	11½	43.9
2	11	55.8	2	11½	56

（2）攻丝时要点

1）工件上螺纹底孔的孔口要倒角，通孔螺纹两端都倒角。可使丝锥开始切削时容易切入，并可防止孔口的螺纹牙崩裂。

2）工件的装夹位置要正确，尽量使螺孔中心线置于水平或垂直位置。

3）在开始攻丝时，要尽量把丝锥放正，然后对丝锥加压力并转动绞手，当切1～2圈时，再仔细观察和校正丝锥的位置。

4）攻丝时，每扳转绞手1/2～1圈，就应倒转约1/2圈，使切屑碎断后容易排除，并

可减少切削刃因钻屑而使丝锥轧住的现象。

5）攻不通的螺孔，要经常退出丝锥，排除孔中的切屑，尤其当将要攻到孔底时，更应及时清除积屑，以免丝锥攻入时被轧住。

6）攻塑性材料的螺孔时，要加润滑冷却液，以减少切削阻力，提高螺孔表面粗糙度和延长丝锥寿命。

7）攻丝过程中换用后一支丝锥时，要用手先旋入已攻出的螺纹中，至不能再旋进时，然后用绞手扳转，避免一开始就用绞手把丝锥旋入，否则由于绞手在转动时难免的晃动和压力把螺纹损坏。在未锥攻完退出时，也要避免快速转动绞手，最好用手旋出，以保证已攻好的螺纹质量不受影响。

8）机攻时，丝锥与螺孔要保持同轴性。丝锥的校准部分不能全部出头，否则在反车退出丝锥时会产生乱牙。而且根据材料不同，选择不同的切削速度，一般钢料为0.1～0.25m/s；调质钢或较硬的钢料为0.08～0.16m/s；铸铁为0.13～0.16m/s。

（3）攻丝时的废品分析

攻丝时产生废品的原因，见表1-8。

攻丝时产生废品的原因　表1-8

废品形式	产　生　的　原　因
烂　牙	1. 螺纹底孔直径太小，丝锥不易切入，孔口烂牙 2. 换用二锥、三锥时，与已切出的螺纹没有旋合好就强行攻削 3. 头锥攻丝不正，用二锥、三锥时强行纠正 4. 对塑性材料未加润滑冷却液或丝锥不经常倒转，而把已切出的螺纹啃伤 5. 丝锥磨钝或刃刃有粘屑 6. 丝锥绞手掌握不稳，攻铝合金等强度较低的材料时，容易被切烂
滑　牙	1. 攻不通孔螺纹时，丝锥已到底仍继续扳转 2. 在强度较低的材料上攻较小螺纹时，丝锥已切出螺纹仍继续加压力，或攻完退出时连绞手转出
螺孔攻歪	1. 丝锥位置不正 2. 机攻时丝锥与螺孔不同心
螺纹牙深 不　够	1. 攻丝前底孔直径太大 2. 丝锥磨损

小　结

1. 形成螺纹的基准线叫螺旋线，螺旋线有左、右之分。按螺旋线切槽，就得出螺纹。

2. 螺纹的要素由牙形，外径、螺距（或导程）、头数、精度和旋转方向等六个要素组成。

3. 攻丝工具主要是丝锥、绞手和机用攻丝夹头，掌握其类型及使用范围，是进行攻丝的前提。

4. 攻丝前底孔直径的大小要考虑丝锥牙对工件金属的挤压作用及钻孔的扩张量，可用经验公式计算或查表查得。

5. 掌握攻丝时要点，是保证攻丝质量和提高生产效率的关键。

习　题

1. 螺纹是怎样形成的？试说明常用螺纹的种类和用途。

2. 怎样确定螺纹底孔直径？试分别用计算法和查表法确定攻丝前钻底孔的直径。

(1) 在钢料上攻 M8 的螺孔。

(2) 在铸铁上攻 M18 的螺孔。

3. 试说明螺纹各部分的名称和代号。

4. 试述攻丝的操作要点。

5. 分析攻丝时产生各种废品的原因。

1.8　套丝

用板牙在圆杆或管子上加工出外螺纹称为套丝。

1.8.1　套丝工具

（1）板牙

板牙是加工外螺纹的刀具，如图 1-78 所示。圆板牙结构就像一个圆螺母，只是在它上面钻有几个排屑孔并形成刀刃。

板牙的切削部分是板牙两端的锥角（2φ）部分，不是圆锥面，而是经过铲磨形成的阿基米德螺旋面，形成后角 $\alpha = 7° \sim 9°$。锥角的大小一般是 $\varphi = 20° \sim 25°$。

板牙的中间一段是校准部分，也是套丝时导向部分。

圆板牙的前刀面为曲线形，因此前角大

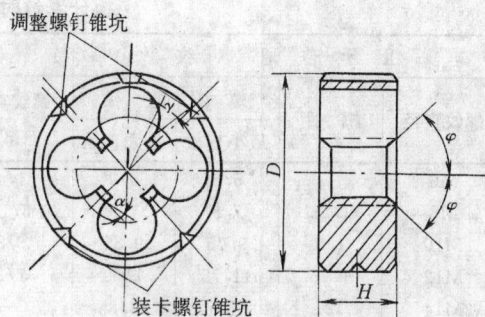

图 1-78　圆板牙

小沿切削刃而变化，在内径处前角 γ_d 最大，外径处前角 γ_{do} 最小，如图 1-79 所示。一般 $\gamma_{do} = 8° \sim 12°$，粗牙 $\gamma_d = 30° \sim 35°$，1、2 级细牙 $\gamma_d = 25° \sim 30°$。

（2）板牙绞手

板牙绞手结构如图 1-80 所示，在圆周上共有五个螺钉，下面两个紧定螺钉用来固定圆板牙，上面两侧紧定螺钉可使板牙尺寸缩小，中间螺钉可顶在板牙 V 形槽内，使板牙

31

尺寸增大。

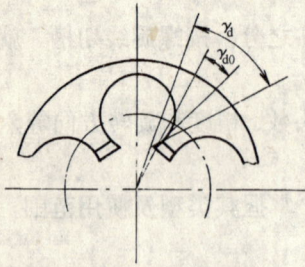

图 1-79　圆板牙的前角变化

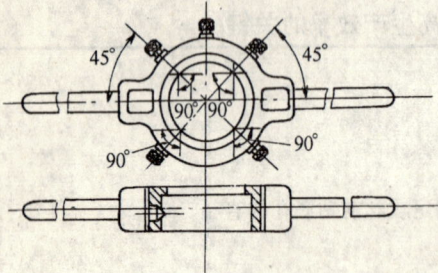

图 1-80　圆板牙绞手

1.8.2　套丝方法

（1）套丝前圆杆直径的确定

用板牙在钢料上套丝时，其牙尖也要被挤高一些。所以，圆杆直径应比螺纹的外径小一些。圆杆直径根据螺纹直径和材料性质，参照表 1-9 来选择。一般硬质材料直径可稍大些，软质材料可稍小些。

套丝圆杆直径也可用经验公式来确定：

圆杆直径　$D=d-0.13t$　　　　（1-4）

式中　d——螺纹外径，mm；

　　　t——螺距，mm。

（2）套丝时的要点

1）为了使板牙容易对准工件和切入材料，圆杆端头要倒成 15°～20°的角，如图 1-81 所示。

2）套丝时切削力矩很大，圆杆要用硬木材料的 V 形块或厚的钢板作衬垫夹紧，如图 1-82 所示。而且圆杆套丝部分离钳口要尽量近。

板牙套丝时圆杆的直径（mm）　　　　　　　　表 1-9

粗 牙 普 通 螺 纹			英 制 螺 纹			圆 柱 管 螺 纹		
螺纹直径	螺 距	螺杆直径		螺纹直径	螺杆直径		螺纹直径	管子外径	
		最小直径	最大直径	（in）	最小直径	最大直径	（in）	最小直径	最大直径
M6	1	5.8	5.9	1/4	5.9	6	1/8	9.4	9.5
M8	1.25	7.8	7.9	5/16	7.4	7.6	1/4	12.7	13
M10	1.5	9.75	9.85	3/8	9	9.2	3/8	16.2	16.5
M12	1.75	11.75	11.9	1/2	12	12.2	1/2	20.5	20.8
M14	2	13.7	13.85	—			5/8	22.5	22.8
M16	2	15.7	15.85	5/8	15.2	15.4	3/4	26	26.3
M18	2.5	17.7	17.85	—			7/8	29.8	30.1
M20	2.5	19.7	19.85	3/4	18.3	18.5	1	32.8	33.1
M22	2.5	21.7	21.85	7/8	21.4	21.6	1⅛	37.4	37.7
M24	3	23.65	23.8	1	24.5	24.8	1¼	41.4	41.7
M27	3	26.65	26.8	1¼	30.7	31	1⅜	43.8	44.1
M30	3.5	29.6	29.8	—			1½	47.3	47.6
M36	4	35.6	35.8	1½	37	37.3	—		
M42	4.5	41.55	41.75	—			—		
M48	5	47.5	47.7	—			—		
M52	5	51.5	51.7	—			—		
M60	5.5	59.45	59.7	—			—		
M64	6	63.4	63.7	—			—		
M68	6	67.4	67.7	—			—		

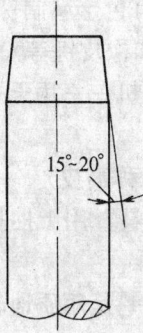

15°~20°

图 1-81 套丝时圆杆的倒角

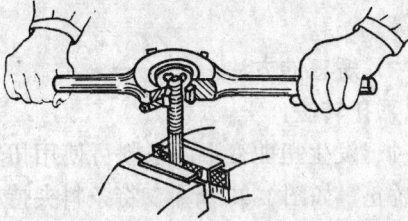

图 1-82 圆杆的夹持方法

3) 套丝时,要保持板牙的端面与圆杆轴线垂直,否则切出的螺纹牙齿一面深一面浅,螺纹长度较大时,甚至由于切削阻力太大而不能继续套丝,烂牙现象也特别严重。

4) 套丝开始时,要在转动板牙时施加轴向压力,转动要慢,压力要大。待板牙已旋入切出的螺纹时,就不要再加压力,以免损坏螺纹和板牙。

5) 套丝时,为了断屑,板牙也要时常侧转一下,但与攻丝相比,堵塞现象不易产生。

6) 在钢料上套丝要加润滑冷却液,以提高螺纹表面粗糙度和延长板牙使用寿命。一般用加浓的乳化液或机油,要求较高时用菜油或二硫化钼。

(3) 套丝时的废品分析

套丝时,废品产生的原因见表 1-10。

套丝时的废品分析　　　　表 1-10

废品形式	废品产生的原因
烂　牙	1. 未进行必要的润滑,板牙把工件上螺纹粘去一部分 2. 板牙一直不倒转,切屑堵塞把螺纹啃坏 3. 圆杆直径太大 4. 板牙歪斜太多,借正时造成烂牙
螺纹歪斜	1. 圆杆端部倒角不良,使板牙位置不易放准,切入时歪斜 2. 两手用力不均,使板牙位置发生歪斜
螺纹中径小 (齿形瘦小)	1. 板牙绞手经常摆动和借正位置,使螺纹切去过多 2. 板牙已切入,仍继续加压力
螺纹太浅	1. 圆杆直径太小 2. 板牙调节得直径过大

小　　结

1. 套丝是用板牙在圆杆上加工出外螺纹的操作。套丝工具主要是板牙和板牙绞手。

2. 套丝前圆杆直径应比螺纹的外径小一些,可通过经验公式计算或由相应表中查得。

3. 正确地掌握好套丝操作的要点,是保证套丝质量和提高套丝生产效率的关键。

习　题

1. 试述圆板牙的各组成部分名称、结构特点和作用。

2. 套丝圆杆的直径怎样确定?

3. 螺杆端头在套丝前如果不倒角将有何不良影响?

4. 分析套丝时产生各种废品的原因。

1.9 矫正和弯曲

1.9.1 矫正

(1) 矫正的概念

用手工或机械消除原材料或工件因受热或在外力的作用下而造成的不平、不直、翘曲变形等缺陷的操作叫做矫正。

1) 矫正的种类

矫正分为手工矫正和机械矫正两种：

手工矫正是钳工用手工工具在平台、铁砧或台虎钳上进行的，它包括扭转、延展、伸张等操作方法，使工件恢复到原来的形状。

机械矫正是在校直机、压力机上进行的。这里主要讲的是钳工用手工矫正方法。

2) 金属变形的种类

矫正主要取决于材料的机械性能、特别是金属材料的变形性能。金属材料的变形有两种：弹性变形和塑性变形。

弹性变形是在外力作用下，材料发生变形，当外力去除后，仍能恢复原状的变形。

塑性变形是当外力去除后，材料不能恢复原来形状的永久变形。

矫正是对塑性变形而言，所以只有塑性好的材料，才能进行矫正。矫正过程中，材料由于受到锤击，金属组织变得紧密，材料表面硬度增加，性质变脆，塑性降低，这种现象叫做冷硬现象(即冷作硬化)。冷硬后的材料进一步的矫正或其他冷加工都较困难，必要时可进行退火处理，使其恢复到原来的机械性能。

(2) 矫正工具

钳工手工矫正常用工具有：

1) 矫正平板——用作矫正较大面积板料或工件的基座。

2) 铁砧——用作敲打条料或角钢时的砧座。

3) 软、硬手锤——矫正一般材料，通常使用钳工手锤和方头手锤。矫正已加工过的表面、薄钢件或有色金属制件，应使用软手锤(如铜锤、木锤和橡皮锤等)。

4) 螺旋压力机——用于矫正较长轴类零件或棒料。

5) 抽条(又称豁皮)——是用条状薄板料弯成的简易工具，用于抽打较大面积的薄板料。

6) 木方条——是用质地较硬的檀树木制成的专用工具，用于敲打板料。

7) 检验工具——平板、角尺、直尺和百分表等。

(3) 矫正的方法

1) 扭转法：

对于发生扭曲变形的条料可使用扭转法进行矫正，如图1-83所示。将条料夹持在台虎钳上，用活动扳手等工具，把条料变形部分扭转到原来的形状。

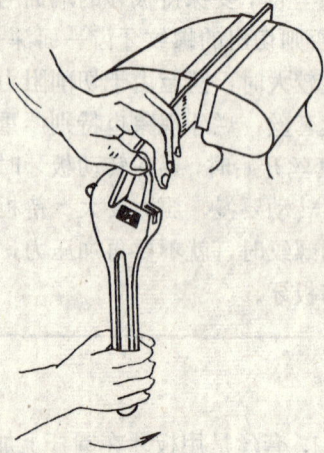

图1-83 扭转法

2) 伸张法：

矫正线料时，可采用伸张法，如图1-84所示。把线料的一端夹紧在虎钳上，在靠近钳口处把线绕一圈在圆木(如旧锉刀柄)上。然后用左手握紧圆木，并使线在食指和中指之间穿过，随后把圆木向后拉，右手展开线料，并适当拉紧，线料在拉力的作用下就得到伸张矫直。操作中，要注意防止线料割破手指或拉力过大拉断线料。

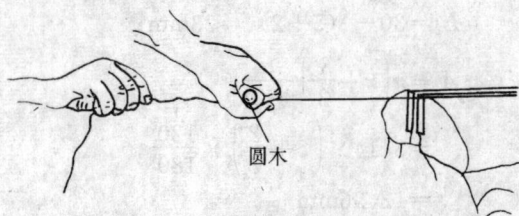

图1-84 伸张法

3）弯曲法：

矫正弯曲的棒料和在宽的方向上弯曲的条料，可采用弯曲法进行。直径小的棒料和厚度小的条料，可以夹在虎钳上，用手把弯曲部分扳直，也可以用锤在铁砧上矫直；直径大的棒料和厚度大的条料，常用压力机矫直。工件用平垫铁或V形铁支承，支承位置可根据工件变形情况来调节，如图1-85所示。

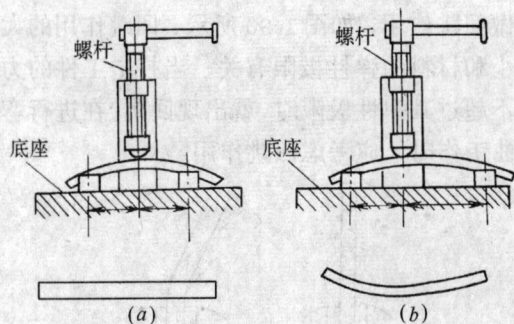

图1-85 用压力机矫直
（a）正确；（b）错误

4）延展法：

延展法是用手锤敲打材料，使它延长和展开，达到矫正的目的，所以又叫锤击矫正法。

如图1-86所示是中部凸起的板料，如果锤击突起部分（图1-86（b）），由于材料的延展，就会凸起更高。因此必须在凸起部分的四周锤击（图1-86（a）），使材料延展，凸起部分自然消除。锤击时锤要端平，用锤顶球面锤击材料，防止锤边接触材料而打出麻点；并要不断翻转板料，反正两面进行锤击；需要材料延展多的地方，锤击要重，次数要多，锤击点要密。

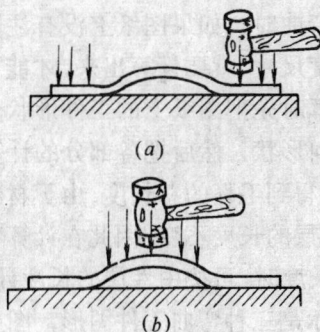

图1-86 板料的矫正
（a）正确；（b）错误

1.9.2 弯曲

（1）弯曲的概念

将棒料、条料、钢丝、管子等弯曲成所要求的形状，叫做弯曲。弯曲有冷弯和热弯两种。弯曲工作是使材料产生塑性变形，只有塑性好的材料才能进行弯曲。

材料经过弯曲以后，弯曲部分靠外面的材料由于受拉力作用而伸长，靠里面的材料受挤压力的作用而缩短，中间有一层材料既没有伸长又没有缩短，叫中性层。如图1-87所示为钢板弯曲前后的情况，若将钢板分成若干层，它的外层材料 $e-e$ 和 $d-d$ 伸长，内层材料 $a-a$ 和 $b-b$ 缩短，而中间一层材料 $c-c$ 则长度不变。

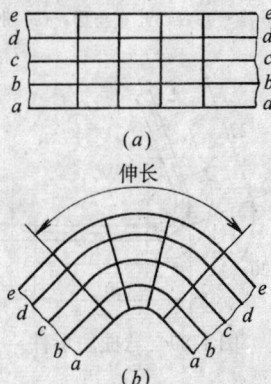

图1-87 钢板弯曲前后的情况
（a）弯曲前；（b）弯曲后

（2）弯曲前毛坯长度的计算

在弯曲时，如果图纸上没有注明毛坯的展开长度尺寸，就要计算出来，才能下料和弯曲。计算时先把图纸上的工件形状分成最简单的几何形状，然后把各部分的计算结果加起来，就得到毛坯的总长度。由于材料在弯曲后，中性层的长度不变，因此在计算弯曲工件的毛坯长度时，可按中性层的长度计算。如图1-88所示是三种弯曲工件图形，图上直线部分长度可以直接计算出来，圆弧部分长度可用下式计算：

$$A = \pi \left(r + \frac{s}{2} \right) \frac{\alpha}{180°} \qquad (1-5)$$

式中　A——圆弧长度，mm；

　　　r——内弯曲半径，mm；

　　　s——材料厚度，mm；

　　　α——与圆弧相对的圆心角（弯曲整圆时，$\alpha=360°$；弯曲直角时，$\alpha=90°$）。

【例】　弯曲如图1-89所示的肘形件，求出毛坯展开长度。

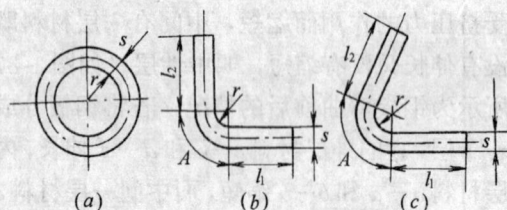

图1-88　三种弯曲图形

（a）圆环形；（b）直角形；（c）肘形

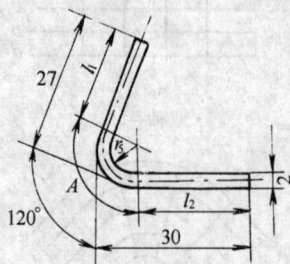

图1-89　弯曲肘形件

【解】　从图中可知：圆心角 $\alpha=120°$，内弯曲半径 $r=5$mm，材料厚度 $s=2$mm。

毛坯总长度　$L=L_1+L_2+A$；

$L_1=27-(5+2)=20$mm；

$L_2=30-(5+2)=23$mm；

$$A=\pi \left(r + \frac{s}{2} \right) \frac{\alpha}{180°} ;$$

$$=3.14 \times \left(5 + \frac{2}{2} \right) \times \frac{120°}{180°}$$

$$=12.56\text{mm}$$

$$L=20+23+12.56$$

$$=55.56\text{mm}$$

（3）弯曲的方法

常温下进行的弯曲叫做冷弯，加热后进行的弯曲叫做热弯。当工件或坯料较厚、较硬以及要求避免冷作硬化的情况时，应采取加热弯曲的方法。

一个弯曲了的工件，有一种回到原来形状的倾向。弯曲中，常出现这种情形：即工件经打击使它弯曲后，而当打击的力量减退和消失时，被弯曲处又弹回来了，这种现象，叫做回跳作用，如图1-90所示。回跳作用的大小和材料的弹性极限有关，当打击工件的力不超过其弹性极限时，就出现回跳。在进行弯曲工作时，应考虑回跳作用。

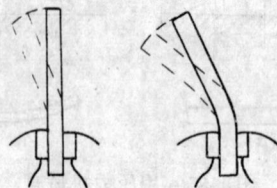

图1-90　回跳作用

较薄的板料和较细的条料，弯曲加工比较容易，可以不用辅助工具直接在虎钳上和直接用圆嘴钳子进行，如图1-91和图1-92所示。但当工件较厚、较硬及形状比较复杂、要求比较严格时，还必须借助辅助工具进行弯曲，如图1-93所示。

图1-91　直接在虎钳上弯直角

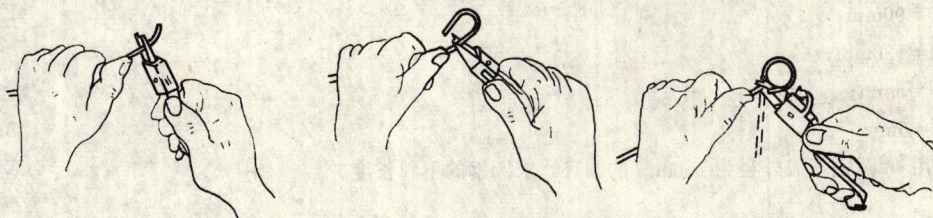

图 1-92　直接用圆嘴钳子弯圆环

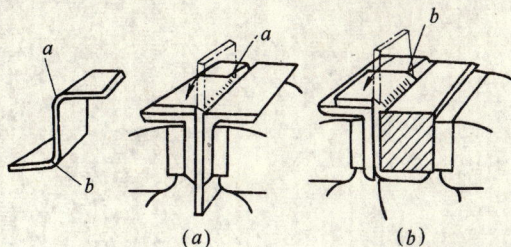

图 1-93　弯凵形铁

(a) 在角铁衬垫中弯 a 角；(b) 加入方垫铁后弯 b 角

小　　结

1. 无论是矫正还是弯曲，都是对塑性变形而言，只有塑性好的材料，才能进行矫正和弯曲。

2. 常用矫正的方法有：扭转法、伸张法、弯曲法和延展法等。

3. 常温下进行的弯曲叫冷弯，加热后进行的弯曲叫热弯。弯曲中要注意回跳作用。

习　题

1. 什么叫矫正？矫正有哪些方法？

2. 矫正的工具有哪些？

3. 金属变形种类有哪些？矫正和弯曲是针对什么材料而言的？

4. 求如图 1-94 所示的工件毛坯长度。

已知　$a = 80mm$；

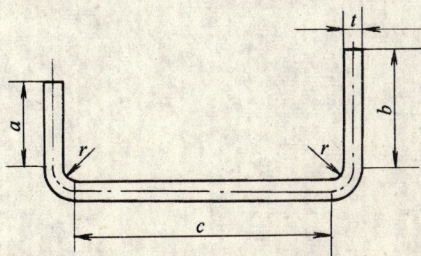

图 1-94　凵形工件

$b=90\text{mm}$;

$c=120\text{mm}$;

$r=5\text{mm}$;

$s=5\text{mm}$;

5. 用 $\phi6$ 圆钢弯成外径为 150mm 的圆环，求圆钢的下料长度。

第2章　常用工程材料和热处理的基本知识

工程中常用的材料有金属材料和非金属材料。

凡是由金属元素或以金属元素为主而形成的并具有一般金属特性的材料通称为金属材料。通常把金属材料分为黑色金属材料和有色金属材料两大类。以铁、锰、铬或以其为主而形成的具有金属特性的物质称为黑色金属材料，如碳素钢、合金钢、铸铁等。黑色金属材料以外的其他金属材料称为有色金属材料，如铜、铝、锡、银等。

金属的热处理在工业生产中占有十分重要的地位。金属经正确的热处理后，可以提高其使用性能、改善工艺性能、充分发挥材料潜力提高产品质量，延长其使用寿命。

本章主要讲述常用工程材料的性能、特点以及应用方面的基本知识，在材料的介绍中主要以金属为主，适当介绍一些常用的塑料、橡胶等非金属材料，最后介绍热处理的基本知识。

2.1 金属材料的性能

2.1.1 金属材料的机械性能

材料在外力作用下所表现出来的特性叫做材料的机械性能或称力学性能，常用的机械性能有强度、硬度、塑性、韧性和疲劳强度等。

（1）强度

材料在外力作用下抵抗塑性变形和断裂的能力称为强度，抵抗能力越大，则强度越高。根据承受外力的作用不同，强度可分为抗拉、抗压、抗弯、抗扭、抗剪等几种。

1）弹性极限：弹性极限（弹性强度）是材料所能承受的不产生永久变形的最大应力称为弹性极限。一般用 σ_p 表示。

2）屈服极限：屈服极限（屈服强度）是材料开始产生明显的塑性变形（即屈服）时的应力。对于塑性材料，一般用 σ_s 表示，对于脆性材料一般用 $\sigma_{0.2}$ 表示。

（2）塑性

金属材料在外力作用下发生塑性变形而不破坏的能力叫塑性。常用的塑性指标是伸长率和断面收缩率。

1）伸长率：材料在拉伸断裂后的总伸长量与原来长度的比值称为伸长率，用符号 δ 表示。

2）断面收缩率：材料截面积的缩减量与原始截面面积的比值，称为断面收缩率，用符号 ψ 表示。

伸长率与断面收缩率是材料的重要性能指标，它们的数值越大，材料的塑性越好。

（3）硬度

硬度是衡量材料软硬的一个指标，硬度的物理意义随着试验方法的不同而不同，在应用最广泛的压入法硬度试验中，硬度是指金属抵抗比它更硬的物体压入其表面的能力，常用的硬度指标有布氏硬度、洛氏硬度二种。

1）布氏硬度

用一定直径的淬火钢球（或硬质合金球），以相应的载荷压入被测材料表面，经规定的保持时间，然后卸除荷载，则在金属表面留下一个压痕，试验载荷除以压痕球形面积所得的商，即为布氏硬度值。当荷载与球体直径一定时，压痕面积越小，布氏硬度值就越大，即材料的硬度越高。相反，当压痕面积越大时，布氏硬度值越小，则硬度越低。

布氏硬度用 HB 表示，当压头为淬火钢球时用 HBS 表示，适用于布氏硬度值在 450 以下的材料。当压头为硬质合金球时用 HBW 表示，适用于布氏硬度值为 450～650 的材料。

布氏硬度试验的优点是测定的数据准确、稳定、数据重复性强，常用于测定灰口铸铁、结构钢、有色金属及非金属材料等的硬度，其缺点是压痕大，易损坏成品表面，也不能来测定薄片材料硬度。

2）洛氏硬度

以一定尺寸的钢球（直径为 1.588mm 的淬火钢球）或锥顶角为 120°的金钢石圆锥体作为压头，在专门的试验机上对材料进行压入试验，硬度值可以从硬度计上直接读出。洛氏硬度的符号用 HR 表示。为了能用一种硬度计测定从软到硬不同金属材料的硬度，可以采用不同的压头和载荷，组成各种不同的洛氏硬度标度，每种标度用一字母在 HR 字样后加以注明，如 HRA、HRB、HRC 等，其中 HRA 与 HRC 是用顶角为 120°的金钢石圆锥体作为压头。

洛氏硬度的优点是操作简单迅速，能直接从刻度盘上读出硬度值，压痕较小，可以测定成品及薄的工件，测试的硬度范围大。缺点是压痕较小，当材料内部组织不均匀时，硬度数据大。通常需要在不同部位上测试数次，取其平均值代表金属材料硬度。

（4）冲击韧性

材料抵抗冲击载荷的能力称为冲击韧性。以很快的速度作用于零件上的载荷称为冲击载荷。如火车在开车、刹车或改变速度时，车辆间的挂钩、连杆以及曲轴等都将受

冲击，还有一些机械本身就是利用冲击载荷工作的，如锻锤、冲床、凿岩机、铆钉枪等，其中一些零件必然要受到冲击。对于承受冲击载荷的零件的机械性能就不能只以强度和硬度指标来衡量了，这是因为一些强度较高、硬度较高的金属，在冲击载荷作用下也往往会发生脆断。冲击韧性的大小用冲击韧度 α_{KU} 表示。

冲击韧度值与试验的温度有关，有些材料在室温时并不显示脆性，而在较低温度下则可能发生脆断。冲击韧度值发生突然下降时所对应的温度范围称为材料的脆性转变温度范围（又称冷脆转变温度）。此温度越低，材料的低温冲击韧性越好。在低温和严寒地区工作的构件（如贮气罐、船体、桥梁、制冷管道等）或零件要对脆性转化温度及在最低使用温度下应具有的最低韧性值作出规定。

（5）疲劳

许多机械零件，如各种轴、齿轮、弹簧等，经常受到大小不同和方向变化的交变载荷作用，这种交变载荷常常会使材料在小于其强度极限甚至小于弹性极限的情况下，经多次循环后，并无显著的外观变形却会发生断裂，这种现象叫做材料的疲劳。

金属材料在无限多次交变荷载作用下，而不致断裂的最大应力称为疲劳强度或疲劳极限。因实际上不可能进行无数次试验，故一般给各种材料规定一个应力循环基数。对钢材来说，如应力循环次数达 1×10^7 次仍不发生疲劳破坏，就认为不会再发生疲劳破坏，所以钢以 1×10^7 次为基数。有色金属和超高强钢则常取 1×10^8 为基数。

金属的疲劳强度受到诸多因素的影响，如工作条件、表面状态、材料本质及残余应力等。改善零件的结构形状，降低零件表面粗糙度以及对零件表面进行强化处理等，都能提高零件的疲劳强度。

2.1.2 金属的工艺性能

金属的工艺性能是指机械零件或工具在加工制造过程中，金属材料在冷热加工条件表现出来的适应性，主要包括铸造性、可锻性、可焊接性、切削加工性、热处理特性。

（1）铸造性

金属材料用铸造的方法制成铸件的性能称为铸造性，铸造性包括流动性、收缩性和偏析（化学成分不均匀现象）倾向等。凡流动性好，收缩性小，偏析倾向小的金属材料，其铸造就良好，铸铁具有优良的铸造性。

（2）可锻性

金属材料在压力加工过程中，能获得优良锻压件的性能，称为可锻性。可锻性同材料的变形抗力和塑性有关。变形抗力愈小，塑性愈高，可锻性愈好。低碳钢比高碳钢的可锻性好，铸铁的可锻性差。

（3）焊接性

金属材料是否可用一般的焊接方法进行焊接的性能称为焊接性，俗称可焊性。可焊性好的材料没有裂缝、气孔等缺陷，并且焊接接头具有良好的机械性能。

（4）切削加工性

金属材料能用一般的切削方法进行加工的性能称为切削加工性。通俗一点讲，金属的切削加工性能也是指金属切削加工的难易程度，切削性好的金属，切削时速度快、效率高，刀具磨损小，切削表面质量好，切削性差的金属，切削时速度慢，效率低，刀具磨损重，操作难度也大。

（5）热处理特性

金属能够用热处理方式改变其内压性质的特性，称为热处理特性。如碳素钢可用淬火、退火、回火等方式改变其性能，拓宽其使用范围。

小 结

金属材料有许多可贵的性能，这些性能分为两类：一类是使用性能，反映材料在使用过程中所表现出来的特性，如机械性能（强度、硬度、塑性、韧性等），物理性能（导电性、导热性、热膨胀性等）和化学性能（如抗氧化性、耐腐蚀性）等；另一类叫工艺性性能，反映材料在加工制造过程中所表现出来的特性，即热处理性能、铸造性能、压力加工性能、焊接性能和切削加工性能等。工程中，只有全面了解材料的各种性能，才能正确、经济合理地选用材料。

习 题

1. 何谓材料的机械性能？常用的机械性能指标有哪些？
2. 什么叫强度？
3. 什么叫塑性？它用什么指标表示？
4. 什么是硬度？常用的硬度有哪几种？
5. 什么叫冲击韧性？
6. 什么叫疲劳强度？提高疲劳强度的方法有哪些？
7. 什么叫金属的工艺性能？它包括哪些性能？

2.2 常用的金属材料

2.2.1 碳素钢

通常将含碳量小于 2.11% 的铁碳合金称为碳钢。实际使用的碳钢，其含碳量一般不超过 1.4%。

由于碳钢容易冶炼，价格低廉，性能可以满足一般工程机械、普通机械的零件、工具及建筑安装所用钢材的要求。因此，碳钢在工业中得到广泛的应用。在我国碳钢产量约占钢总产量的 90%。因此，碳钢的生产和应用在国民经济中占有重要地位。

(1) 常有杂质对碳钢的影响

实际使用中的碳钢并不单纯是铁碳合金，其中或多或少包含一些杂质元素。常有的杂质元素有硅 (Si)、锰 (Mn)、硫 (S)、磷 (P)、氢 (H) 等。现分述如下：

1) 硫的影响：

硫是在冶炼过程中，由生铁及燃料而带入钢中的杂质。在固态下，硫在铁中的溶解度极小。硫在钢中以 FeS 的形式存在，而 FeS 和 Fe 形成熔点较低（985℃）的共晶体分布在奥氏体的晶界上，冷却时最晚结晶，加热时最先熔化。当钢加热到 1000~1200℃ 进行压力加工时，FeS 共晶体已熔化，并使晶粒脱开，导致钢材沿晶界开裂，使钢材变得极脆。这种现象称为热脆。硫对钢的焊接有不良影响，导致焊缝容易产生热裂，在焊接过程中硫易于氧化，生成 SO_2 气体，使焊缝中产生气孔和疏松。铸钢件，含硫高时，也会由于铸造应力的作用发生热裂。因此，为了避免热脆，必须严格控制钢中的含硫量，通常硫的含量应小于 0.050%。

2) 磷的影响：

磷一般由生铁带入钢中，磷在钢中是有害元素。磷在钢中能溶解于铁素体内，使铁素体的强度、硬度显著提高，但磷使塑性、韧性

剧烈下降。在低温情况下，这种现象会更加严重，此现象称为冷脆。加上磷的偏析倾向大，更易发生冷脆现象。因此，钢中的含磷量要严格控制，一般磷的含量应小于 0.045%。

3) 锰的影响：

锰由生铁和脱氧剂带入钢中。在碳钢中一般含锰量在 0.25%~0.8% 范围之内，锰大部分溶于铁素体中，形成置换固溶体并使铁素体强化。锰与硫形成 MnS 以消除硫的有害作用。锰还能增加珠光体的相对含量，并细化珠光体，从而提高钢的强度，因此，锰是钢中的有益元素。碳素钢中必须保证一定的含锰量，锰作为杂质而存在于钢中时，其含量一般不应超过 0.8%。

4) 硅的影响：

硅由生铁和脱氧剂带入钢中。硅在钢中作为杂质存在时，通常小于 0.4%，硅能溶于铁素体，使铁素体强化，从而使钢的强度、硬度、弹性均提高，但塑性、韧性均降低。

5) 氢的影响：

氢在钢中也是有害元素。由于氢在钢中的溶解度随温度降低而显著下降，先析出的原子氢存在于钢的间隙里，随后原子氢又形成分子氢，这使氢的扩散更加困难。随温度降低而不断增多的这些氢分子的压力会导致钢的开裂。因裂纹的内壁呈白色，所以也称白点。钢中含氢将使钢变脆，称为氢脆。

(2) 碳素钢的分类、牌号、性能和用途

碳钢的分类方法很多，这里只介绍几种常用的分类方法。

1) 按钢的含碳量分类：

A. 低碳钢：含碳量≤0.25% 的钢。

B. 中碳钢：含碳量在 0.25%~0.60% 的钢。

C. 高碳钢：含碳量≥0.60% 的钢。

2) 按钢的用途分类：

A. 碳素结构钢。

这类钢主要用于制造各类工程构件和各种机器零件。它多属于低碳钢和中碳钢。

B. 碳素工具钢。

这类钢主要用于制造各种刀具、量具和模具。这类钢含碳量较高，一般属于高碳钢。

3）按质量分类。按钢中有害杂质硫、磷的含量分为：

A. 普通钢：

钢中含硫量 ≤ 0.055%，含磷量 ≤0.045%。

B. 优质钢：

钢中含硫量和含磷量≤0.04%。

C. 高级优质钢：

钢中含硫、磷杂质最低，含硫量 ≤0.030%，含磷量≤0.035%。

4）按脱氧程度分类：

氧是炼钢过程中起主要积极作用的元素，但存在钢水中将影响到钢的质量，按钢水中脱氧的程度可分为以下三类：

A. 镇静钢：

镇静钢完全脱氧，钢的质量好，是专业用钢。

B. 沸腾钢：

沸腾钢不完全脱氧，钢质严重不均匀。

C. 半镇静钢：

脱氧程度介于镇静钢和沸腾钢之间。

5）钢的牌号、性能和用途：

A. 碳素结构钢：这类钢的杂质及非金属杂物要求不高，冶炼容易，工艺性能好，价格低廉，在性能上也能满足一般工程结构及普通零件的要求，所以，应用较普遍。

碳素结构钢的牌号，用钢材的屈服点来表示，代号用 Q，牌号用 Q＋数字表示。Q 为"屈"汉字拼音字首，数字表示屈服点数值。例如 Q275，表示屈服点 $\sigma_s = 275MPa$。如在牌号后面标注字母 A、B、C、D，则表示钢材含硫、磷不同。A 级，含硫、磷量最低。若牌号后面标注字母"F"，则为沸腾钢；标注"b"为半镇静钢，不标注"F"或"b"的为镇静钢。

表 2-1 为碳素结构钢的牌号、化学成分及力学性能。

碳素结构钢的化学成分及力学性能（摘自 GB 700—88）　　　　表 2-1

牌号	等级	化学成分（%）					力学性能												
		C	Mn	Si	S	P	σ_s(MPa)						σ_b (MPa)	δ_5(%)					
				不 大 于			钢材厚度（直径）(mm)							钢材厚度（直径）(mm)					
							≤16	>16~40	>40~60	>60~100	>100~150	>150		≤16	>16~40	>40~60	>60~100	>100~150	>150
Q195		0.06~0.12	0.25~0.50	0.30	0.050	0.045	(195)	(185)	—	—	—	—	315~390	33	32	—	—	—	—
Q215	A	0.09~0.15	0.25~0.55	0.30	0.05	0.045	215	205	195	185	175	165	335~410	31	30	29	28	27	26
	B				0.045														
Q235	A	0.14~0.22	①	0.30	0.050	0.045	235	225	215	205	195	185	375~470	26	25	24	23	22	21
	B	0.12~0.20	0.30~0.68		0.045														
	C	≤0.18			0.040	0.040													
	D	≤0.17			0.035	0.035													
Q255	A	0.18~0.28	0.40~0.70	0.30	0.050	0.045	255	245	235	225	215	205	410~510	24	23	22	21	20	19
	B				0.045														
Q275	—	0.28~0.38	0.50~0.80	0.35	0.050	0.045	275	265	255	245	235	225	490~610	20	19	18	17	16	15

① Q235-A、B 级沸腾钢锰含量上限为 0.60%。

B. 优质碳素结构钢：优质碳素结构钢的含硫、磷量均限制严格，在 0.04% 以下。非金属杂物也较少，出厂时，既保证化学成分，又保证力学性能。因此，塑性和韧性都比碳素结构钢好，主要用作机械零件及弹簧等。

根据化学成分的不同，优质碳素结构钢又分为普通含锰量和较高含锰量两类。

优质碳素结构钢的表示方法如下：

a. 正常含锰量的优质碳素结构钢。所谓的正常含锰量，对于含碳量小于 0.25% 的优质碳素结构钢，含锰量为 0.35%～0.65%；而对于含碳量大于 0.25% 的优质碳素结构钢，含锰量为 0.50%～0.80%。

这类钢的牌号用两位数字表示，表示含碳的万分之几。例如，钢号 20，表示平均含碳量为 0.20%；钢号 08，表示平均含碳量为 0.08%；钢号 45，表示平均含碳量为 0.45%。

b. 较高含锰量的优质碳素结构钢。所谓较高的含锰量，对于含碳量为 0.15%～0.60% 的优质碳素结构钢，含锰量为 0.70%～1.00%，而含碳量大于 0.60% 的优质碳素结构钢，含锰量为 0.90～1.20%。

这类钢的表示方法在含碳量的两位数字后面附以汉字"锰"或化学元素符号"Mn"。例如，钢号 20Mn，表示平均含碳量为 0.20%，含锰量为 0.70%～1.00% 的钢；钢号为 65Mn，表示平均含碳量为 0.65%，其含锰量为 0.90%～1.2% 的高锰钢。

常用优质碳素结构钢的牌号、化学成分和力学性能列于表 2-2 中。

优质碳素结构钢的钢号及力学性能 (GB 699—88) 表 2-2

钢号	化 学 成 分 （%）					机 械 性 能					硬 度	
	C	Si	Mn	P	S	屈服点 (MPa)	抗拉强度 (MPa)	伸长率 (%)	断面收缩率 (%)	冲击韧度 (J/cm²)	HBS≤	
						不		小	于		热轧钢	退火钢
05F	≤0.06	≤0.03	≤0.04	≤0.035	≤0.040	—	—	—	—	—	—	—
08F	0.05～0.11	≤0.03	0.25～0.50	≤0.040	≤0.040	180	300	35	60	—	131	—
08	0.05～0.12	0.17～0.37	0.35～0.65	≤0.035	≤0.040	200	330	33	60	—	131	—
10F	0.07～0.14	≤0.07	0.25～0.50	≤0.040	≤0.040	190	320	33	55	—	137	—
10	0.07～0.14	0.17～0.37	0.35～0.65	≤0.035	≤0.040	210	340	31	55	—	137	—
15F	0.12～0.19	≤0.07	0.25～0.50	≤0.040	≤0.040	210	360	29	55	—	143	—
15	0.12～0.19	0.17～0.37	0.35～0.65	≤0.040	≤0.040	230	380	27	55	—	143	—
20F	0.17～0.24	≤0.07	0.25～0.50	≤0.040	≤0.040	230	390	27	55	—	156	—
20	0.17～0.24	0.17～0.37	0.35～0.65	≤0.040	≤0.040	250	420	25	55	—	156	—
25	0.22～0.30	0.17～0.37	0.50～0.80	≤0.040	≤0.040	280	460	23	50	90	170	—
30	0.27～0.35	0.17～0.37	0.50～0.80	≤0.040	≤0.040	300	500	21	50	80	179	—
35	0.32～0.40	0.17～0.37	0.50～0.80	≤0.040	≤0.040	320	540	20	45	70	187	—
40	0.37～0.45	0.17～0.37	0.50～0.80	≤0.040	≤0.040	340	580	19	45	60	217	187
45	0.42～0.50	0.17～0.37	0.50～0.80	≤0.040	≤0.040	360	610	16	40	50	241	197
50	0.47～0.55	0.17～0.37	0.50～0.80	≤0.040	≤0.040	380	640	14	40	40	241	207
55	0.52～0.60	0.17～0.37	0.50～0.80	≤0.040	≤0.040	390	660	13	35	—	255	217
60	0.57～0.65	0.17～0.37	0.50～0.80	≤0.040	≤0.040	410	690	12	35	—	255	229
65	0.62～0.70	0.17～0.37	0.50～0.80	≤0.040	≤0.040	420	710	10	30	—	255	229
70	0.67～0.75	0.17～0.37	0.50～0.80	≤0.040	≤0.040	430	730	9	30	—	269	229
75	0.72～0.80	0.17～0.37	0.50～0.80	≤0.040	≤0.040	900	1100	7	20	—	285	241
80	0.77～0.85	0.17～0.37	0.50～0.80	≤0.040	≤0.040	950	1100	6	30	—	285	241
85	0.82～0.90	0.17～0.37	0.50～0.80	≤0.040	≤0.040	1000	1150	6	30	—	302	255
15Mn	0.12～0.19	0.17～0.37	0.70～1.00	≤0.040	≤0.040	250	420	26	55	—	163	

钢号	化 学 成 分 （%）					机 械 性 能					硬 度	
	C	Si	Mn	P	S	屈服点 (MPa)	抗拉强度 (MPa)	伸长率 (%)	断面收缩率 (%)	冲击韧度 (J/cm²)	HBS≤	
						不		小		于	热轧钢	退火钢
20Mn	0.17~0.24	0.17~0.37	0.70~1.00	≤0.040	≤0.040	280	460	24	50	—	197	
25Mn	0.22~0.30	0.17~0.37	0.70~1.00	≤0.040	≤0.040	300	500	22	50	90	207	
30Mn	0.27~0.35	0.17~0.37	0.70~1.00	≤0.040	≤0.040	320	550	20	45	80	217	187
35Mn	0.32~0.40	0.17~0.37	0.70~1.00	≤0.040	≤0.040	340	570	18	45	70	229	197
40Mn	0.37~0.45	0.17~0.37	0.70~1.00	≤0.040	≤0.040	360	600	17	45	60	229	207
45Mn	0.42~0.50	0.17~0.37	0.70~1.00	≤0.040	≤0.040	380	630	15	40	50	241	217
50Mn	0.48~0.56	0.17~0.37	0.70~1.00	≤0.040	≤0.040	400	660	13	40	40	255	217
60Mn	0.57~0.65	0.17~0.37	0.70~1.00	≤0.040	≤0.040	420	710	11	35	—	269	229
65Mn	0.62~0.70	0.17~0.37	0.90~1.20	≤0.040	≤0.040	440	750	9	30	—	285	229
70Mn	0.67~0.75	0.17~0.37	0.90~1.20	≤0.040	≤0.040	460	800	8	30	—	285	229

C. 碳素工具钢。这类钢的编号则是在碳或"T"的后面附以数字来表示。数字表示钢中平均含碳量为千分之几。例如 T7、T8、……、T13 等，分别表示平均含碳量为 0.7%、0.8%、……、1.3%。若为高级优质碳素工具钢，则在牌号后再附以"高"或"A"字，例如 T12A 等。

这类钢热处理后具有高的硬度和耐磨性，主要用于制造各种刀具、量具、模具和耐磨零件。这类钢随着含碳量的增加，韧性逐渐下降，因此 T7、T8 用于制造要求具有较高韧性的工具，如，冲头、锻模、锤等。T9、T10、T11 钢用于制造要求中韧性、高硬度的刀具，T12、T13 钢具有高的硬度及耐磨性，但韧性低，可用于制造量具、锉刀、精车刀等。

碳素工具钢的牌号、化学成分及硬度列于表2-3中。

碳素工具钢的钢号、成分及用途（摘自 GB 1298—86） 表 2-3

钢 号	化 学 成 分 （%）			硬 度		用 途 举 例
	C	Si	Mn	供应状态 HBS (不大于)	淬火后① HRC (不小于)	
T7 T7A	0.65~0.74	≤0.35	≤0.40	187	62	承受冲击，韧性较好、硬度适当的工具，如扁铲、手钳、大锤、改锥、木工工具
T8 T8A	0.75~0.84	≤0.35	≤0.40	187	62	承受冲击，要求较高硬度的工具，如冲头、压缩空气工具、木工工具
T8Mn T8MnA	0.80~0.90	≤0.35	0.40~0.60	187	62	同上，但淬透性较大，可制断面较大的工具
T9 T9A	0.85~0.94	≤0.35	≤0.40	192	62	韧性中等，硬度高的工具，如冲头、木工工具，凿岩工具
T10 T10A	0.95~1.04	≤0.35	≤0.40	197	62	不受剧烈冲击，高硬度耐磨的工具，如车刀、刨刀、丝锥、钻头、手锯条
T11 T11A	1.05~1.14	≤0.35	≤0.40	207	62	同 上
T12 T12A	1.15~1.24	≤0.35	≤0.40	207	62	不受冲击，要求高硬度高耐磨的工具，如锉刀、刮刀、精车刀、丝锥、量具
T13 T13A	1.25~1.35	≤0.35	≤0.40	217	62	同上，要求更耐磨的工具，如刮刀、剃刀

①淬火后硬度不是指用途举例中各种工具的硬度，而是指碳素工具钢材料在淬火后的最低硬度。

D. 碳素铸钢。铸钢含碳量一般在 0.15%～0.60%之间，铸钢的熔化温度较高，铸钢在铸态时晶粒粗大，因此，铸钢件均需进行热处理。

铸钢在机械制造业中，用于制造一些形状复杂难以进行锻造或切削加工，又要求较高强度和塑性的零件。但是由于铸钢的铸造性能不佳，炼钢设备价格昂贵，故近年来有以球墨铸铁部分代替铸钢的趋势。

铸钢的牌号前面是"ZG"二字，为"铸钢"的汉语拼音字首。后面的第一组数表示屈服点，第二组数表示抗拉强度。例如 ZG200-400 表示铸钢，其屈服强度为 200MPa，其抗拉强度为 400MPa。

2.2.2　铸铁

铸铁是工业生产和日常生活中常见的一种金属材料，它是含碳量大于 2.11%的铁碳合金，除铁和碳以外，还含有硅、锰、硫、磷等元素。有时为了进一步提高铸铁的性能或得到某种特殊性能，还加入一些合金元素，所得到的铸铁称为合金铸铁。

铸铁与钢相比，强度、塑性和韧性较差，不能进行锻造，但铸铁具有优良的铸造性，减振性和切削加工性等特点，而且它的生产设备和工艺简单，成本低，因此，在工程中得到广泛的应用。

（1）铸铁的分类

根据碳在铸铁中存在的形式不同，分为白口铸铁，灰口铸铁等，根据铸铁中石墨存在的形态不同，分为普通灰铸铁、可锻铸铁、球墨铸铁、蠕墨铸铁等。

1）白口铸铁：碳除少量溶于铁素体外，绝大部分以渗碳体的形式存于铸铁中，其断口呈银白色。由于存在大量的渗碳体，故性能硬而脆，很难机械加工。除铸造成冷硬铸铁外，还制造一些高耐磨的机件。

2）灰铸铁：碳主要以片状石墨的形式存在，其断口为暗灰色，常见的铸铁件多数是灰铸铁。

3）可锻铸铁：由一定成分的白口铸铁经石墨化退火后制成，碳主要以团絮状石墨形式存在，由于具有比铸铁好的塑性和韧性，故习惯上称为可锻铸铁。

4）球墨铸铁：铁水经球化处理后，碳主要以球状或团状石墨形式存在。

5）蠕墨铸铁：碳以蠕虫状石墨状态存在，它是介于片状石墨和球状石墨之间的一种石墨。

（2）灰铸铁

灰口铸铁是应用最广的一种铸铁，这类铸铁的碳大部分以片状石墨形式存在。因片状石墨的影响，使其断口呈暗灰色，因此称为灰铸铁。灰铸铁的化学成分一般应控制在下列范围：碳：2.8%～3.6%，硅：1.1%～2.5%，锰：0.6%～1.2%，磷≤0.5%，硫≤0.15%。

灰铸铁组织的特点是：片状石墨分布在基体上。由于石墨的抗拉强度、硬度和塑性很低，它的存在如同在钢的基体上有了孔洞和裂缝一样，破坏了基体组织的连续性，减少了基体受载荷时的有效面积，同时在片状的石墨的尖角处易产生应力集中，当受到外力作用时，先从尖角处局部破裂并迅速扩展，形成脆性断裂。因此，普通铸铁的抗拉强度和塑性比同样基体的钢低得多。石墨越多，越粗大分布越不均匀，则抗拉强度和塑性越低。

石墨是良好的减摩润滑材料，铸铁中由于石墨的存在，造成了大量的内在切口，使外来切口的作用相对减弱，因而灰铸铁对表面缺陷和切口等不敏感。

灰铸铁的牌号是由"HT"和其后的一组数字组成的，其中"HT"是"灰铁"两字的汉语拼音字首，其中的一组数字表示抗拉强度，如 HT150 表示抗拉强度为 150MPa 的灰铸铁。灰铸铁的牌号、力学性能及用途见表2-4。

（3）可锻铸铁

灰铸铁的牌号、抗拉强度及用途

（按 GB 9439—88 修正）[①]　表 2-4

牌 号	铸件壁厚(mm) 大于	至	最小抗拉强度 σ_b (MPa)	用　途
HT100	2.5	10	130	适用于载荷小,对摩擦、磨损无特殊要求的零件,如盖、外罩、油盘、手轮、支架、底板、重锤等
	10	20	100	
	20	30	90	
	30		80	
HT150	2.5	10	175	适于承受中等应力的零件,如普通机床上的支柱、底座、齿轮箱、刀架、床身、轴承座、工作台、皮带轮等
	10	20	145	
	20	30	130	
	30		120	
HT200	2.5	10	220	适于承受大载荷的重要零件,如汽车、拖拉机的汽缸体、汽缸盖、刹车轮等
	10	20	195	
	20	30	170	
	30		160	
HT250	4.0	10	270	适于承大应力和重要零件,如联轴器盘、油缸、阀体、泵体、圆周速度 12～20m/s 的带轮、化工容器、泵壳及活塞等
	10	20	240	
	20	30	220	
	30	50	200	
HT300	10	20	290	适用于承受高载荷、要求耐磨和高气密性重要零件,如剪床、压力机等重型机床的床身、机座、机架及受力较大的齿轮、凸轮、衬套、大型发动机的汽缸体、缸套、汽缸盖、油缸、泵体、阀体等
	20	30	250	
	30	50	230	
HT350	10	20	340	
	20	30	290	
	30	50	260	

①　GB 9439—88 未列出用途。

可锻铸铁又称马铁或玛钢。它是由白口铸铁经长时间墨化退化而得到团絮状石墨的一种高强度铸铁。因其塑性优于灰铸铁而得名,但实际上并不能进行锻造。

可锻铸铁的生产必须分为两个步骤,第一步先浇注成白口铸铁,第二步再经高温长时间的石墨化退火,以得到团絮状的石墨。可锻铸铁中的石墨呈团絮状,较之片状石墨对基体的割裂要小得多,应力集中也大为减少,所以可锻铸铁的强度、塑性和韧性比灰铸铁高。

可锻铸的化学成分应控制在下列范围,C：2.2%～2.8%, Si：1.20%～2.0%, Mn：0.4%～1.2%, P≤0.1%, S≤0.2%。

可锻铸铁的牌号是由"KTH"（或"KTZ"、"KTB"）和其后的两组数字组成,其中"KT"是"可锻"二字汉语拼音字首,"H"表示黑心可锻铸铁,"Z"则表示珠光体可锻铸铁,"B"表示白心可锻铸铁;其后两组数字,第一组为抗拉强度,第二组为延伸率。如 KTH300-06 表示黑心可锻铸铁,抗拉强度 $\sigma_b=300MPa$, 延伸率 $\sigma=6\%$。

可锻铸铁的牌号、力学性能及用途见表 2-5。

可锻铸铁的牌号、性能和用途

（按 GB 9440—88 修正）　表 2-5

类型	牌号	试样直径(mm)	力学性能 $\sigma_b \geqslant$ (MPa)	$\sigma_{0.2} \geqslant$ (MPa)	$\delta(\%) \geqslant$	特性和用途[②]
黑心可锻铸铁和珠光体可锻铸铁	KTH 300-06	12 或 13	300	—	6	有一定韧性和强度,用于承受低动载荷、要求气密性好的零件,如管道配件、中低压阀门等
	KTH[①] 330-08		330	—	8	有一定韧性和强度,用于承受中等动载荷和静载荷的零件,如犁刀 犁柱、车轮壳、机床用扳手及钢丝绳轧头等
	KTH 350-10		350	200	10	有较高的韧性和强度,用于承受较大冲击、振动及扭转载荷零件,如汽车、拖拉机后轮壳、差速机壳、转向节壳、制动器壳等,铁道零件、冷暖器接头、船用电机壳、犁刀、犁柱等
	KTH[①] 370-12		370	—	12	
	KTZ 450-06		450	270	6	韧性低、强度大、硬度高、耐磨性好,且切削加工性好。可用来带替低、中碳钢、低合金钢及有色金属做的承受较高载荷、要求耐磨和具有刃性的重要零件,如曲轴、凸轮轴、连杆、齿轮、摇臂、活塞环、轴承、犁刀、耙片闸、万向接头、棘轮、扳手、传动链条、矿车轮等
	KTZ 550-04		550	340	4	
	KTZ 650-02		650	430	2	
	KTZ 700-02		700	530	2	

类型	牌号	试样直径(mm)	力学性能 $\sigma_b \geqslant$ (MPa)	力学性能 $\sigma_{0.2} \geqslant$ (MPa)	$\delta(\%)$ $\geqslant$	特性和用途[2]
白心可锻铸铁	KTB 350-04	9 12 15	340 350 350		5 4 3	①薄壁铸件仍有较高韧性;②焊接性非常优良,可与钢钎焊;③切削性好。但工艺复杂、生产周期长、强度及耐磨性较差,在机械工业很少应用,适宜壁厚度在15mm以下的薄壁铸件和焊接后不需进行热处理的零件
	KTB 380-12	9 12 15	320 380 400	170 200 210	13 12 8	
	KTB 400-05	9 12 15	360 400 420	200 220 230	8 5 4	
	KTB 450-07	9 12 15	400 450 480	230 260 280	10 7 4	

①为推荐牌号;②GB 9440—88 未列用途。

(4) 球墨铸铁

球墨铸铁是在浇注前往灰铸铁成分的铁水中加入适量的球化剂和孕育剂,获得具有球状石墨的铸铁。由于球墨铸铁是基体组织上分布着球状石墨。使石墨对基体组织的割裂作用和应力集中作用减到最小,因此球墨铸铁的强度、塑性和韧性得到很大的提高。另外球墨铸铁还可以通过热处理来改善其组织和性能,从而进一步提高其力学性能。

球墨铸铁的化学成分大致是:C 3.8% ~4.0%,Si 2.0%~2.8%,Mn 0.6%~ 0.8%,S≤0.04%,P≤0.1%,Mg 0.03% ~0.05%,Re(稀土)≤0.05%。

球墨铸铁的牌号由"QT"及其后面的两组数字组成。其中"QT"是"球铁"二字的汉语拼音字首,两组数字,第一组表示抗拉强度,第二组表示延伸率。例如QT400-17表示球墨铸铁,其抗拉强度为400MPa,延伸率为17%。

球墨铸铁有许多优良性能。因此,在机械工业中得到广泛的应用。它已成功地代替了可锻铸铁。铸钢及锻钢,可用来制造一些受力复杂,强度、韧性和耐磨性要求高的零件。球墨铸铁的牌号、力学性能及用途见表2-6。

球墨铸铁的牌号、力学性能及用途举例　　　　　　表 2-6

基体类型	牌号	机械性能 σ_b (MPa) 不小于	$\sigma_{0.2}$(MPa) 不小于	δ_5 (%) 不小于	α_K (J/cm) 不小于	硬度(HBS)	用途举例
铁素体	QT400-17	392	245	17	60	<197	汽车拖拉机的牵引框、轮毂、离合器及减速器等的壳体,农具的犁铧、犁托、牵引架、高压阀门的阀体、阀盖、车架等
	QT420-10	411	264	10	30	<207	
铁素体-珠光体	QT500-5	490	343	5	—	147~241	内燃机油泵齿轮,水轮机的阀门体、机车车轴的轴瓦等
珠光体	QT600-2	588	411	2	—	229~302	柴油机和汽油机的曲轴、连杆、凸轮轴、汽缸套,空压机、气压机泵的曲轴、缸体、缸套、球磨机齿轮及桥式起重机大小车滚轮等
	QT700-2	686	480	2	—	231~304	
	QT800-2	784	548	2	—	241~321	
下贝氏体	QT1200-1	1176	828	1	30	HRC≥38	汽车螺旋伞齿轮,拖拉机减速齿轮,农具犁铧、耙片等

2.2.3 合金钢

为了提高钢的性能，以满足生产发展的需要，有意识地在碳钢中加入一定量的合金元素，以得到多元合金具有所需的性能，这种在碳钢中加入合金元素所得到的钢种，称为合金钢。

与碳钢相比，合金钢的淬透性好、强度高、有的还有某些特殊的物理和化学性能。向钢中加的合金元素可以是金属元素，也可以是非金属元素。常用的有：锰（Mn、Mn＞0.8%）、硅（Si、Si＞0.4%），铬（Cr）、镍（Ni）、钨（W）、钼（Mo）、钒（V）、钛（Ti）、铌（Ni）、铝（Al）、铜（Cu）、硼（B）、氮（N）和稀土（Re）元素等。

(1) 合金钢的分类

合金钢的种类很多，分类方法也很多。常用的分类方法有：按合金元素含量分类和按用途分类。

1) 按合金元素含量分类：

低合金钢：合金元素总含量小于5%；

中合金钢：合金元素总含量在5%～10%；

高合金钢：合金元素总含量大于10%。

2) 按用途分类：

有合金结构钢、合金工具钢、特殊性能钢。

(2) 合金钢牌号表示方法

按照国家标准的规定，合金钢的牌号采用"数字＋合金元素符号＋数字"的方法来表示。

1) 合金结构钢：前两位数字表示钢的平均含碳量，以万分数计，合金元素符号的数字为该元素平均含量的百分数，若合金元素含量小于1.5%，一般不标明含量；当含量在1.5%～2.5%、2.5%～3.5%、……时，则相应地用2、3、……来表示。例如60Si2Mn表示平均含碳量为0.6%，含硅量为2%，含锰量小于1.5%的合金结构钢。

2) 合金工具钢：前一位数字表示钢的平均含碳量，以千分数计；若含碳量超过1%时，一般不标出。合金元素及其含量的表示方法与合金结构钢相同。例如9SiCr表示平均含碳量为0.9%，含硅量与含铬量均小于1.5%的合金工具钢。

3) 特殊性能钢：牌号表示法与合金工具钢相同，只是当平均含碳量小于0.1%时用"0"表示；平均含碳量≤0.03%时用"00"表示。例如0Cr13表示含碳量小于0.1%，含铬量为13%的不锈钢。

2.2.4 有色金属及其合金

通常将金属分为两大类，即黑色金属和有色金属。钢铁被称为黑色金属，铝、铜、镁、锌、铅等及其合金被称为有色金属。由于有色金属及其合金具有独特的性能，如质轻、耐腐蚀及特殊的电、磁、热膨胀等物理性能，所以是现代工业不可缺少的工程材料。

(1) 铝及铝合金

1) 工业纯铝：

工业上使用的纯铝，其纯度为99.7%～98%。纯铝的密度为2.7，约为钢铁的密度的$\frac{1}{3}$左右，纯铝的熔点为660℃。

铝具有良好的导热性和导电性，仅次于铜、银、金，室温下铝的导电能力为铜的62%，但按单位质量的导电能力计算，则铝的导电能力约为铜的2倍。

纯铝抗大气腐蚀性能好，在空气中铝的表面上形成致密的氧化膜，这层膜隔开了铝和空气的接触，阻止铝继续被氧化，从而起到了保护作用，但纯铝不耐酸、碱、盐的腐蚀。

纯铝的强度低（σ_b为80～100MPa），塑性好（$\delta=60\%$，$\psi=80\%$），可通过冷热加工制成线、板、带、棒、管等型材，经冷变形加工后，可提高到 $\sigma_b=150\sim250$ MPa，而塑性则降低至 ψ 为 $50\%\sim60\%$。

2）铝合金：

纯铝强度低，不宜制作承受重荷载的结构件。为了提高其强度，可在纯铝中加入一定量的合金元素（如硅、铜、镁、锰等），制成强度高的铝合金。铝合金密度小，导热性好，比强度高。铝合金广泛应用于民用与航空工业。

根据铝合金的成分及生产工艺特点，可将铝合金分为变形铝合金和铸造铝合金两大类。

A. 变形铝合金：

常用的变形铝合金有：防锈铝合金、硬铝合金、超硬铝合金和锻铝合金，各种变形铝合金的牌号、化学成分、力学性能和用途见表2-7。

常用变形铝合金的牌号、化学成分、力学性能及用途举例　　　　　　表 2-7

类别	牌号	化学成分（%）					材料状态	力学性能			用途举例
		Cu	Mg	Mn	Zn	其他		σ_b (MPa)	δ_{10} (%)	HBS	
防锈铝合金	LF5	0.10	4.8~5.5	0.3~0.6	0.20		M	280	20	70	焊接油箱、油管、焊条、铆钉以及中载零件及制品
	LF11	0.10	4.8~5.5	0.3~0.6	0.20	Ti 或 V 0.02~0.15	M	280	20	70	油箱、油管、焊条、铆钉以及中载零件及制品
	LF21	0.20	0.05	1.0~1.6	0.10	Ti0.15	M	130	20	30	焊接油箱、油管、焊条、铆钉以及轻载零件及制品
硬铝合金	LY1	2.2~3.0	0.2~0.5	0.20	0.10	Ti0.15	CZ	300	24	70	工作温度不超过100℃的结构用中等强度铆钉
	LY11	3.8~4.8	0.4	0.4~0.8	0.30	Ni0.10 Ti0.15	CZ	420	15	100	中等强度的结构零件，如骨架模锻的固定接头，支柱，螺旋桨叶片，局部镦粗零件，螺栓和铆钉
超硬铝合金	LC4	1.4~2.0	1.8~2.8	0.2~0.6	5.0~7.0	Cr0.1~0.25	CS	600	12	150	结构中主要受力件，如飞机大梁、桁架、加强框、起落架
锻铝合金	LD5	1.8~2.6	0.4~0.8	0.4~0.8	0.30	Ni0.10 Ti0.15	CS	420	13	105	形状复杂中等强度的锻件及模锻件
	LD6	1.8~2.6	0.4~0.8	0.4~0.8	0.30	Ni0.10 Cr0.01~0.2 Ti0.02~0.1	CS	390	10	100	形状复杂的锻件和模锻件，如压气机轮和风扇叶轮
	LD7	1.9~2.5	1.4~1.8	0.20	0.30	Ni0.9~1.5 Ti0.02~0.1	CS	440	12	120	内燃机活塞和在高温下工作的复杂锻件、板材，可作高温下工作的结构件

注：1. 表内化学成分摘自 GB 3190—82《铝及铝合金加工产品的化学成分》。

2. M——退火，CZ——淬火＋自然时效，CS——淬火＋人工时效。

a. 防锈铝合金。防锈铝合金用"铝防"汉语字首"LF"加顺序号表示，属 Al—Mn 系合金及 Al—Mg 系合金。加入锰主要用于提高合金的耐蚀能力和产生固溶强化。加入镁用于起固溶强化作用和降低密度。

防锈铝合金强度比纯铝高，并有良好的耐蚀性、塑性和焊接性，但切削加工性较差，这类铝合金不能进行热处理强化，而只能进行冷塑性变形强化。

防锈铝合金主要用于制造构件、容器、管道及需要拉伸、弯曲的零件和制品。

b. 硬铝合金：硬铝合金用"铝硬"的汉语拼音字首"LY"加顺序号表示，属 Al—Cu—Mg 系合金，加入铜和镁是为了在时效过程中产生强化相。这类合金可通过热处理（时效处理）强化来获得较高的强度和硬度，还可以进行变形强化。硬铝在航空工业中获得了广泛的应用。

c. 超硬铝：超硬铝代号用"铝超"的汉语拼音字首"LC"表示，后面用数字表示顺序号，属 Al—Cu—Mg—Zn 系合金。这类合金经淬火加人工时效后，可产生多种复杂的第二相，具有很高的强度和硬度，切削性能良好，但耐腐蚀性较差，常用作飞机上的主要受力部件。

d. 锻铝合金：锻铝合金用"铝锻"的汉语拼音字首"LD"加顺序号表示，属 Al—Cu—Mg—Si 系合金。元素种类多，但含量少，因而合金的热塑性好，适用于锻造，故称"锻铝"。锻铝通过固溶处理和人工时效来强化。主要用于制造外形复杂的锻件和模锻件。

B. 铸造铝合金：

铸造铝合金可分为四大类：Al—Si 系，Al—Cu 系，Al—Mg 系和 Al—Zn 系。其中 Al—Si 系合金具有良好的力学性能和铸造性能，应用最广。

铸造铝合金的牌号用"铸铝"汉字拼音字母"ZL"加顺序号表示。顺序号的三位数字中：第一位数字为合金系列，1 表示 Al—Si 系，2 表示 Al—Cu 系，3 表示 Al—Mg 系，4 表示 Al—Zn 系，后两位数字为顺序号。

（2）铜及铜合金

1）纯铜：

纯铜又称紫铜，其密度为 8.9×10^3 kg/m³，熔点为 1083℃。纯铜的强度较低，σ_b 约为 200～250MPa，塑性高，δ 约为 35%～45%，便于承受冷、热锻压加工。

纯铜的抗蚀性较好，在大气、水蒸气、水和热水中基本不受腐蚀，在海水中易受腐蚀，纯铜具有很高的导电、导热特性，其导电性仅次于银，居第二位，故可用来制造各类导线，换热设备等。

纯铜的牌号用"铜"字的汉语拼音字首"T"加顺序号表示，如表 2-8 所列。

纯铜的牌号、成分、
性能和用途　　　　　表 2-8

牌号	成分 (%)	力学性能		用途
		σ_b	δ	
	(%)	(MPa)	(%)	
T1	99.95			电线电缆导电螺钉等
T2	99.90	200～250	35～45	
T3	99.70			电气联垫圈、铆钉、油管等
T4	99.50			

2）铜合金：

纯铜的强度较低，不适于作结构件，为此常加入适量的合金制成铜合金。铜合金是工业生产中广泛使用的有色金属材料。按化学成分的不同，铜合金可分为黄铜、青铜和白铜。

A. 黄铜：

以锌为主要合金元素的铜合金，因其颜色呈金黄色，故称为黄铜，按其化学成分的不同，分为普通黄铜和特殊黄铜。

a. 普通黄铜。以锌和铜组成的合金叫普通黄铜，锌加入铜中，不但能使强度增高，也能使塑性增高，当锌的含量增加到 30%～

32％时，塑性最高。当增至40％～42％时，其塑性下降而强度最高，当锌的含量超过45％以上时，黄铜的强度急剧下降，塑性太差，已无使用价值。

普通黄铜的牌号用"黄"的汉语拼音字首"H"加数字表示，数字表示铜的平均含量，如H68表示铜的含量为68％，其余为锌。

b. 特殊黄铜。在普通黄铜的基础上加入其他合金元素的铜合金，称为特殊黄铜，常加入的合金元素有铅、铝、锰、锡、铁、镍、硅等。这些元素的加入都能提高黄铜的强度，其中铝、锰、镍还能提高黄铜的抗蚀性和耐磨性。

特殊黄铜的牌号仍以"H"为首，后跟添加元素的化学符号，再跟数字，依次表示含铜量和加入元素的含量。铸造用黄铜的牌号前面还加—"Z"字。例如HPb59—1表示加入铅的特殊黄铜，其含铜量为59％，其含铅量为1％。

黄铜的牌号、化学成分、力学性能及用途见表2-9。

B. 青铜：

青铜原指铜与锡的合金。现在，除铜锌合金的黄铜及铜镍合金的白铜外，铜与其他元素所组成的合金均称青铜。按其化学成份的不同分为无锡青铜和锡青铜。

a. 锡青铜。锡青铜是由铜与锡组成的合金。其机械性能与含锡量有关。当含锡量小于5％～6％时，塑性良好，超过5％～6％时，强度增加而塑性急剧下降，当含锡量大于20％时，强度也急剧下降。因此，工业生产中使用的青铜含锡量大多在3％～14％之间，含锡量小于8％的锡青铜具有较好的塑性，适用于锻压加工；含锡量大于10％的锡青铜塑性低，只适用于铸造。

锡青铜抗大气、海水、蒸汽的腐蚀性能比黄铜和纯铜好，此外，冲击时不产生火花，无冷脆现象，耐磨性高。

常用黄铜的牌号、化学成分、力学性能及用途举例　　　　　表 2-9

类别	牌号	主要成分（%）			制品种类	力学性能		用途举例
		Cu	Zn	其他		σ_b (MPa)	δ_5 (%)	
普通黄铜	H80	79～81	余量		板，条，带，箔，棒，线，管	320	52	色泽美观，用于镀层及装饰
	H70	69～72	余量			320	55	多用于制造弹壳，有弹壳黄铜之称
	H68	67～70	余量			300	40	管道、散热器，铆钉、螺母，垫片等
	H62	60.5～63.5	余量			330	49	散热器，垫圈，垫片等
特殊黄铜	HPb59-1	57～60	余量	Pb 0.8～1.9	板，带，管，棒，线	400	45	切削加工性好，强度高，用于热冲压和切削零件
	HMn58-2	57～60	余量	Mn 1.0～2.0	板，带，棒，线	400	40	耐腐蚀和弱电用零件
铸铝黄铜	ZCuZn31Al2	66～68	余量	Al 2.0～3.0	砂型铸造金属型铸造	295 390	12 15	在常温下要求耐蚀性较高的零件
铸硅黄铜	ZCuZn16Si4	79～81	余量	Si 2.5～4.5	砂型铸造金属型铸造	345 390	15 20	接触海水工作的管配件及水泵叶轮，旋塞等

注：1. 铸造黄铜摘自 GB 1176—87《铸造铜合金技术条件》。

　　2. 其他黄铜摘自 YB146—71《黄铜加工产品化学成分》；力学性能系 600℃ 退火后。

b. 无锡青铜。无锡青铜是含铝、硅、铅、铍、锰、钛等合金元素的铜基合金。包括铝青铜、硅青铜、铍青铜、锰青铜、钛青铜等。由于各合金元素所起的作用不同，合金的组织和性能自然也就各不相同，故无锡青铜的品种较多，各具特色，在实际生产中有着广泛的用途。如铝青铜的机械性能、耐腐蚀性能以及耐磨性能均比黄铜和锡青铜好，铸造性能好，价格又低廉，多用于制造齿轮、轴套、蜗轮、弹簧和具有耐腐蚀性能的弹性元件，铍青铜的弹性极限、疲劳极限都很高，耐磨性和耐腐蚀性也很优异，有良好的导电性和导热性，并且具有无磁性等一系列优点，主要用于制作各种精密仪器、仪表的重要弹簧和其他弹性元件，钟表齿轮、高速高压下工作的轴承、衬套等耐磨零件，以及电焊机电极、防爆工具、航海罗盘等其他重要机件。

　　青铜的牌号以字母"Q"表示，Q 为"青"字的汉语拼音字首，后面加第一个主加元素符号及除铜以外的各元素的百分含量。如 QSn4-3、QBe2。如果是铸造青铜，牌号前面还应加一"Z"字。常用青铜的牌号、化学成份、力学性能及用途见表 2-10。

常用青铜的牌号、化学成分、力学性能及用途举例　　　　　表 2-10

类　别	牌　号	主要成分（%）			制品种类	力学性能		用　途　举　例
		Sn	Cu	其他		σ_b (MPa)	δ_5 (%)	
压力加工锡青铜	QSn4-3	3.5～4.5	余量	Zn 2.7～3.3	板，带，棒，线	350	40	弹簧、管配件和化工机械等，较次要的零件
压力加工锡青铜	QSn6.5-0.1	6.0～7.0	余量	P 0.1～0.25	板，带，棒	300 500 600	38 5 1	耐磨及弹性零件
	QSn4-4-2.5	3.0～5.0	余量	Zn3.0～5.0 Pb1.5～3.5	板，带	300 ～350	35 ～45	轴承和轴套的衬垫等
铸造锡青铜	ZCuSn10Zn2	9.0～11.0	余量	Zn 1.0～3.0	金属型铸造 砂型铸造	245 240	6 12	在中等及较高负荷下工作的重要管配件，阀、泵、齿轮等
	ZCuSn10P1	9.0～11.5	余量	P 0.5～1.0	金属型铸造 砂型铸造	310 220	2 3	重要的轴瓦、齿轮、连杆和轴套等
特殊青铜（无锡青铜）	ZCuAl10Fe3	Al 8.5～11.0	余量	Fe 2.0～4.0	金属型铸造 砂型铸造	540 490	15 13	重要用途的耐磨、耐蚀的重型铸件，如轴套、螺母、蜗轮
	QBe2	Be 1.9～2.2	余量	Ni 0.2～0.5	板，带，棒，线	500	3	重要仪表的弹簧、齿轮等
	ZCuPb30	Pb 27.0～33.0	余量		金属型铸造	—	—	高速双金属轴瓦、减磨零件等

　　注：1. 压力加工锡青铜、无锡青铜化学成分摘自 YB 147—71《青铜加工产品化学成分》，力学性能系 600℃退火后。

　　　　2. 铸造锡青铜、铸造无锡青铜摘自 GB 1176—87《铸造铜合金技术条件》。

小　结

工程中常用的材料，金属材料占主导地位。常用的金属材料有碳钢、铸铁、合金钢、铝及铝合金、铜及铜合金。

通常将含碳量小于2.11％的铁碳合金称为碳钢，实际使用的碳钢含碳量一般不超过1.4％。碳钢容易冶炼、价格低廉，性能能够满足一般工程机械、普通机械的零件，工具日常轻工产品及各类管道的使用要求，因此碳钢得以广泛的应用。

含碳量大于2.11％的铁碳合金称为铸铁。铸铁是工业生产和日常生活中常用的金属材料。铸铁的生产设备和熔炼工艺简单，价格低廉，并且有优良的铸造性能，切削加工性、减摩性和减振性等一系列性能特点。

在碳钢中加入合金元素所得到的钢种，称为合金钢，合金钢的淬透性好，强度高，耐热性能好，有的还有某些特殊的物理和化学性能。工业管道工程中所用的高温高压的管道都是合金钢钢管。

铝的密度小，导电导热能力好，耐腐蚀性能好，管道工程中常用于做换热设备及输送腐蚀介质的管道。

铜具有很好的导热导电性能，具有较好的耐蚀性能。管道工程中常用来做换热设备的换热面及输送腐蚀性介质的管道。

习　题

1. 什么是碳钢？怎样划分低碳钢、中碳钢、高碳钢？
2. 碳素工具钢和优质碳素结构钢牌号表示方法有什么区别？
3. 什么是铸铁？它是如何分类的？它们有什么不同？
4. 什么是灰铸铁：可锻铸铁、球墨铸铁？
5. 注释以下牌号的铸铁：
   HT200、QT400-15、QT800-2、KTH-300-08、KTZ700-2
6. 什么是合金钢？
7. 合金钢如何分类？
8. 工业纯铝有何特点？
9. 铝合金如何分类？
10. 工业纯铜有哪些特点？
11. 铜合金如何分类？各有何特点？

2.3　常用的非金属材料

2.3.1　塑料

（1）塑料的组成

塑料的主要成分是合成树脂，还根据性能需要加入添加剂，这两部分组成了塑料。

1）合成树脂：

合成树脂是经聚合反应制成的高分子化合物，性能与天然树脂相似，通常为粘稠状的液体或固体,受热后软化或呈熔融状态。合成树脂有的可直接用作塑料,在加热、加压条件下塑造成一定形状的产品,如聚乙烯、聚苯乙烯、聚酰胺等,有的则必须加入添加剂,如聚氯乙烯、酚醛树脂、氨基树脂等。不论哪种情况,合成树脂是塑料的主要成分,含量为40%~100%,它的性能决定着塑料的性能。同时,因合成树脂可把塑料中的其他物质粘结起来,故又称塑料的粘结剂。

2）添加剂:

为改善和获得某些性能,通常需要向合成树脂中加入添加剂,以形成实用性强,满足工程实际需要的塑料。常用的添加剂有以下几种:

A. 填料。

填料主要起增强作用,还可以使塑料获得新的性能。例如加入玻璃纤维和碳纤维,可提高塑料的强度;加入石棉粉或石棉纤维可提高耐热性;加入金属氧化物粉（氧化铝、氧化钛等）和二氧化硅,可提高硬度和耐磨性等,填料的用量可达20%~50%。

B. 增塑剂。

增塑剂的作用是提高树脂可塑性和柔软性,以满足塑料的成型和使用要求。常用的增塑剂是液态或低熔点固体有机化合物,主要有中酸酯类、磷酸酯类和氯化石蜡等。

C. 固化剂。

固化剂将在高聚物中生成横链;通过分子链的交联,使受热可塑的线型结构变成体型结构,成型后获得较坚硬和稳定的塑料制品。

D. 稳定剂。

稳定剂的作用是防止塑料老化,以延长其使用寿命。

E. 其他添加剂。

如润滑剂、着色剂、阻燃剂、发泡剂、抗静电剂等。

（2）塑料的分类及用途

塑料的品种较多,按用途分为通用塑料和工程塑料,按树脂的性质不同分为热固性塑料和热塑性塑料。

1）热固性塑料:

热固性塑料能在一定的温度下先软化并有部分熔融,可塑制成各种形状的制品。继续加热,伴随着化学反应的发生而变硬。变硬后再加热也不会软化,也不再具有可塑性。如果温度过高则分解。常用的热固性塑料有:酚醛塑料、氨基塑料、有机硅塑料和环氧树脂塑料等。

2）热塑性塑料:

这类塑料的合成树脂具有线型结构的分子链,加热可以熔融,冷却后即成型固化。此过程为物理变化,可以反复多次进行而不影响性能。如聚乙烯、聚氯乙烯、聚酰胺、ABS、聚砜聚四氟乙烯等均构成热塑料性材料。其特点是成型加工简便,但是刚度和耐热性较差。

塑料按应用范围分为通用塑料、工程塑料和耐高温塑料。

通用塑料一般指产量大、用途广、价格低的塑料;工程塑料具有优良的力学性能和特殊性能,可替代金属作工程结构材料;耐高温塑料产量小,价格贵,常用于国防工业和尖端技术中。

（3）常用工程塑料

塑料相对于金属来说,具有密度小、比强度高、化学稳定性好,电绝缘性能好,耐磨和自润滑性好,还有透光性和绝热性等优点,其缺点是强度低、耐热性差,容易蠕变和老化。现介绍几种常用的工程塑料。

1）聚乙烯（PE）:

聚乙烯是乙烯的聚合物。按合成的方法不同分为高压、中压和低压三种。高压聚乙烯是聚乙烯中最轻的一种,它具有优良的化学稳定性,高频绝缘性,柔软性,耐冲击性和透明性均好，适宜吹塑成薄膜，供农业和包装材料用，也可制成电缆护套和通讯绝缘材料，还可作化工设备衬里。低压聚乙烯则质地刚硬，由于耐蚀性和电绝缘性能很好，适宜作管道、化工设备，也因其减摩性好，可用作承载不高的齿轮和轴承等。还可以喷涂于金属表面，以提高金属构件的减摩性和耐蚀性。

2）聚丙烯（PP）：

聚丙烯是丙烯的聚合物，它是塑料中较轻的一种，也是日用塑料中唯一能在水中煮沸、消毒的耐热性较好的塑料。

聚丙烯的强度和刚度均优于低压聚乙烯，且刚性好，具有优良的电绝缘性能，但是它的耐磨性不高，可用作化工设备、管道、机电设备中箱、盖类的结构材料。

3）聚氯乙烯（PVC）：

聚氯乙烯的耐蚀性和电绝缘性优良。加入的添加剂不同，可分别得到：硬质聚氯乙烯、软质聚氯乙烯、泡沫聚氯乙烯等。

A. 硬质聚氯乙烯。

强度高，可用作化工和建筑方面的结构材料，如泵、阀、容器、瓦楼板、管道等。

B. 软质聚氯乙烯。

性能不如硬质聚氯乙烯，且容易老化，但伸缩率大。可用于薄膜、人造革、电绝缘材料等。

C. 泡沫聚氯乙烯。

质轻、隔声、绝热等，故可用于包装材料和衬垫等。

聚氯乙烯不耐高温，使用温度为$-15 \sim 60 \text{℃}$。

4）聚苯乙烯（PS）：

聚苯乙烯是无色透明的塑料，其透光性仅次于有机玻璃，表面富有光泽。它的密度小、耐蚀性能好，特别是电绝缘性能极好，是高频绝缘必需的材料。聚苯乙烯的特点是冲击韧性差，易脆裂，耐热性不高，受阳光照射会变黄。

5）ABS塑料：

ABS塑料是由丙烯腈（A）、丁二烯（B）和苯乙烯（S）构成的三元共聚物，因此具有单体的共同性能：质硬、坚韧、刚性，它的性能可以由改变单体的含量来调整，丙烯腈可提高塑料的耐热、耐蚀性和表面硬度；丁二烯可提高弹性和韧性；苯乙烯可以改善电绝缘性能和成型能力。

ABS塑料是一种原料来源广、综合性能好、价格低廉的工程塑料，在机械制造业和化工行业得到广泛的应用。ABS塑料可用来制造齿轮、轴承、汽车挡泥板和车身、纺织器材、化工设备、管道等。

6）聚酰胺（PA）：

聚酰胺又称尼龙，它由二元胺与二元酸缩合而成，或由氨基酸脱水成内酰胺再聚合而得。尼龙的品种很多，它具有突出的减摩耐磨性，坚韧、耐疲劳、耐蚀性好。因此用于齿轮、蜗轮、铰链等减摩传动件，并可作尼龙纤维布及高压密封圈等。

尼龙的缺点是成型收缩率大（$1\% \sim 2.5\%$），耐热性差（使用温度小于$80 \sim 100 \text{℃}$）。

7）聚四氟乙烯（F-4）：

聚四氟乙烯是氟塑料的一种，它比其他塑料具有更优越的耐高、低温，耐蚀性，电绝缘性，不吸水和摩擦系数低。聚四氟乙烯是一种晶态高聚物，它的使用温度范围为$-180 \sim 260 \text{℃}$。它不受任何化学介质的腐蚀，可用作热交换器、化工零部件、高频和潮湿条件下的绝缘材料。氟塑料的缺点是强度低、刚性差、冷流性高、加工工艺性差。

8）聚甲基丙烯酸甲酯（PMMA）：

这种塑料俗称"有机玻璃"，是单体甲基丙烯酸甲酯聚合而成的，为典型的线型无定形结构。它的透光性比无机玻璃还好，而且密度小、强度高、抗老化，成型加工性好。其缺点是表面硬度低、易擦伤、耐热性差、易溶于有机溶剂。被广泛用作飞机弦窗，显示屏幕和光学镜片等。

9）酚醛塑料（PF）：

酚醛塑料的原料是由酚类和醛类经化学反应而得到的酚醛树脂。酚醛树脂按制备条件不同，有固态和液态两种。固态多用于生产压塑粉，以供模压成型用，可制成电器开关、插座等绝缘零件。液态多用于生产层压塑料，即由油浸过的酚醛树脂的片状填料（如纸、布、石棉或玻璃布）制成的塑料制品，如轴承、汽车刹车片等。

酚醛塑料是一种热固性塑料，它的刚性大，耐磨性高，耐蚀性和耐热性好（使用温度可达150～200℃），绝缘性好，但是它的脆性大，不耐碱。

10）环氧塑料（EP）：

环氧塑料是以热塑性还氧树脂为原料，加入胺类和酸酐类固化剂后形成的热固性塑料。它的强度高，热稳定性和化学稳定性好，成型工艺性能好，可用作塑料模具、精密量具等。环氧塑料的缺点是有毒。

环氧树脂本身是一种很好的胶粘剂，对各种金属或非金属材料都有很强的胶粘能力，可用于制备复合材料及工件补焊。

2.3.2 橡胶

橡胶也是一种高分子材料，与塑料的主要区别是它在常温下处于一种高弹性状态，在较小的外力作用下能产生较大的变形，当外力取消后，又能恢复原状，同时橡胶有着良好的耐磨性、隔声性和阻尼性。因此，橡胶常用作弹性材料、密封材料、减振材料和绝缘材料。

（1）橡胶的种类和用途

根据橡胶的来源不同，橡胶分为天然橡胶与合成橡胶；根据应用范围的宽窄可分为通用橡胶与特殊橡胶。

1）天然橡胶：

天然橡胶是含有碳和氢的高分子化合物。它是由橡胶树或橡胶草的浆液经去杂质和分离水分等加工程序而提炼的。主要成分（90％以上）是天然的聚异戊二烯，通常呈非晶态，具有较好的弹性，其伸长率为700％。它很容易溶解在醚、汽油、苯和其他有机溶剂中，也溶解在矿物油中。不适用于温度100℃以上的场所。

天然橡胶制品因有很好的综合性能，故广泛应用于轮胎、胶带、胶管等。

2）合成橡胶：

天然橡胶虽然有较好的性能，但其产量远远不能满足生产和使用的需要，于是合成橡胶应运而生。人工合成橡胶多以石油、天然气、煤和农副产品为原料，通过有机合成方法制成单体，经聚合或缩聚制得类似天然橡胶的弹性很高的高分子材料——合成橡胶。常用的有以下几种：

A．丁苯橡胶（SBR）。

这是目前产量最多，应用最广的合成橡胶，占合成橡胶用量的80％。丁苯橡胶是丁二烯和苯乙烯的共聚物，其中苯乙烯愈多，橡胶的硬度越大，但耐寒性愈差。丁苯橡胶的性能和天然橡胶很相似（如抗拉强度和耐磨性），耐老化和耐热性比天然橡胶好，加工性能不及天然橡胶好。广泛用于制作轮胎、胶布、胶板及其他通用橡胶件。

B．顺丁橡胶（BR）。

顺丁橡胶的产量仅次于丁苯橡胶，它是丁二烯的定向聚合体。顺丁橡胶的性能与天然橡胶相似，尤以弹性好和耐磨性为突出，比丁苯橡胶的耐磨性高26％。它是制造轮胎的优良材料，还常用于耐寒运输带及其他橡胶制品。

C．氯丁橡胶。

它是氯丁二烯的弹性高聚物。氯丁橡胶不仅物理性能和力学性能可与天然橡胶相媲美，而且还具有耐油、耐溶剂、耐氧化、耐老化、耐酸碱、耐热、不燃、透气性好等多种优良特性，被誉为"万能橡胶"，它广泛用于电缆包覆、输油胶管、轮胎、模压制品、地下采矿运输带等各个方面，是橡胶工业的重要原料。氯丁橡胶的主要缺点是耐寒性较差，密度大（ρ 为 1.25）。

除了以上通用合成橡胶外，还有一类应用于特殊工作条件的特种合成橡胶。例如丁腈橡胶为耐油橡胶；硅橡胶具有独特的耐低温和耐高温的性能，使用温度为 $-70\sim300$ ℃；氟橡胶有着很好耐腐蚀性能。此外，还可以根据使用要求对橡胶改性，以获得或提高某些方面的性能。

（2）橡胶制品的加工

1）橡胶的塑炼

橡胶的塑炼是使橡胶分子裂解而减小分子量，从而提高橡胶塑性的工艺过程，塑炼可以在较高温度下由氧的作用完成，也可以在较低温度下由机械作用而完成。天然橡胶通常采用机械塑炼二橡胶分子在两个转速不同的滚筒之间因扭裂、摩擦和挤压而发生裂解，使塑性急剧增加，形成橡胶片。

2）混炼：

混炼是将各种配合剂分散到橡胶中去的混合过程。其机械作用与塑炼相似。配合剂正确的加料顺序为：塑炼胶、防老剂、填充剂、软化剂，最后是硫化剂和硫化促进剂。经多次反复捣胶压炼，借助炼胶机强烈的机械作用，使橡胶与配合剂互相混合，以得到均匀的混炼胶。

3）成型：

混炼好的胶即可成型，由压延机获得板材和片材，由挤出机获得管、棒等型材，在织物上贴覆得到胶布。

4）硫化：

硫化是橡胶最后也是一个最重要的工艺过程。前述的橡胶制品经硫化后，其物理机械性能与化学性能获得很大的改善。如弹性和硬度随时间的增加而逐渐增高。抗拉强度随不同胶料有不同的规律，例如，天然橡胶

当硫化时间增加到一定程度后逐渐下降，而丁苯橡胶就无下降的现象等。橡胶的硫化是一个复杂的化学反应过程，一般是通过硫化剂来实现的，根据橡胶品种不同，分硫磺硫化和非硫磺硫化（有机过氧化物、氧化锌等），使用最普遍的是硫磺。

硫化的方法很多，如传动带、运输带和工业胶板等在平板硫化机上硫化。平板硫化机的平板用蒸汽或电加热，常用温度为 140℃。

轮胎用立式硫化罐硫化，它是将轮胎放入罐内，通入蒸汽进行的。

胶布、胶管、胶鞋和球类等橡胶制品可以在卧式硫化罐中硫化。夹布胶管、胶辊用缠布硫化法，在硫化前先将布条缠于制品的表面上，然后在硫化罐内直接通入蒸汽进行硫化。缠布的目的是为了制品表面不与蒸汽直接接触，避免在硫化开始时橡胶制品因受热软化而引起变形。

胶鞋、胶靴等制品要求外表美观，色泽鲜艳，可在卧式硫化罐中用混气硫化法，即先用热空气硫化使橡胶制品定型，然后再通入蒸汽加强硫化。

2.3.3 陶瓷

陶瓷是一类无机非金属材料，它是人类制造和使用最早的材料之一。随着生产和科学技术的发展，陶瓷的使用范围已逐步扩大，它和金属材料、高分子材料等构成主要的固体工程材料。

（1）陶瓷的特性

陶瓷是多晶体，由无数细小晶体聚集组成。晶粒内部和晶界上常有气孔和杂质，某些陶瓷还含有相当数量的玻璃相。陶瓷具有下列特性：

硬度高[如氧化铝陶瓷硬度达（85～86）HRA] 抗压强度高，但脆性大，抗拉强度低。

陶瓷是耐高温材料，它的熔点高，抗蠕变能力强，热膨胀系数和导热系数小。

陶瓷的化学性质非常稳定,不会被氧化,也不被酸、碱、盐和熔融的有色金属侵蚀,不会发生老化。

室温下的大多数陶瓷是电绝缘体。一些特种陶瓷具有导电性和导磁性,是作为功能材料而开发的新品种陶瓷。

(2) 陶瓷的分类和用途

陶瓷的种类较多,按原料和用途分为普通陶瓷和特种陶瓷两大类。

普通陶瓷是用粘土、长石和石英等天然原料制成的,主要用于日常生活中(如日用陶瓷、卫生陶瓷、建筑陶瓷)和工业上(如电瓷、耐酸陶瓷、过滤陶瓷等)。

特种陶瓷是用人工化合物(如氧化物、氮化物、碳化物等)为原料制成的,因其有独特的性能,可满足工程上的特殊需要。为区别普通陶瓷,故称特种陶瓷。主要用于化工、冶金、电子、机械和某些新技术上。

现就工业上常用的几种陶瓷品种简介如下:

1) 电瓷:

电瓷的主要成分是二氧化硅(SiO_2)、Al_2O_3 和少量的碱金属氧化物(如 K_2O、Na_2O)与碱土金属氧化物(如 CaO、MgO 等)。电瓷具有良好的绝缘性能、用它来制作绝缘子。

2) 耐酸陶瓷:

耐酸陶瓷的种类较多,如以高硅酸性粘土、长石和石英等天然原料可制成耐酸陶、耐酸耐温陶和硬质陶瓷。耐酸陶瓷的特点是耐酸、耐碱,主要用作化工设备,如容器、反应器、塔附件、热交换器、泵、管道、管件等。

3) 过滤陶瓷:

过滤陶瓷是一种多孔陶瓷,它是以石英砂、河砂、硫化硅或刚玉砂等原料为管架而制成的。过滤陶瓷含有大量一定孔径的开口

气孔,开口气孔率一般为 $30\% \sim 40\%$,气孔半径在 $0.2 \sim 200 \mu m$ 之间,并具有耐酸碱、耐高温、强度较高等性能,制品有薄膜、管道、板等,可用于气体、液体、尘埃、细菌等的过滤和分离。液体从气孔通过时,达到净化过滤及均匀化的效果。

4) 常用的特种陶瓷:

A. 氧化铝陶瓷。

氧化铝陶瓷的主要成分是 Al_2O_3,又被称作刚玉瓷。它的硬度高,在 1200℃时为 80HRA,高温时其绝缘性和耐蚀性好。它优异的综合性能,使其成为应用最广的高温陶瓷,被广泛用于刀具、内燃机火花塞、坩埚,热电偶的绝缘套管等。氧化铝陶瓷的抗热震性差,不能承受温度突变。

B. 氮化硅陶瓷。

氮化硅陶瓷的突出优点是抗热震性好、具有自润滑性和优异的电绝缘性。常用作高温轴承、耐蚀水泵密封环等。

C. 碳化硅陶瓷。

这是目前高温状态下强度最高的陶瓷,在 1400℃高温时仍可保持 $500 \sim 600MPa$ 的抗弯强度。常用于火箭尾喷嘴,燃气轮机的叶片,核燃料的包装材料等,也可用作耐磨密封圈。

D. 敏感陶瓷。

敏感陶瓷是一种采用粉末冶金方法制成的精细陶瓷,按功能特性和敏感效应又分为半导体陶瓷、介电陶瓷、铁电陶瓷、热电陶瓷、压电陶瓷、导电陶瓷和磁性陶瓷(铁氧化)等。

陶瓷类敏感元件或传感器是借助敏感陶瓷的物理量或化学量对电参量变化的敏感性,实现对温度、湿度、气氛、电、磁、声、光、力和射线等信息进行检测的器件,敏感瓷作为其主体材料而得到日益广泛的应用。

　　随着科学技术的发展,非金属材料的使用日益增多,工程中,它不但能部分替代金属材料,而且逐渐成为一类独立使用的材料,非金属材料的优点是:材料来源广、成型工艺简单,价格低廉、耐蚀性强。塑料、橡胶、陶瓷是工程中最常用的非金属材料。

　　塑料是树脂(树脂占塑料全部组成成分的 $40\%\sim50\%$)加入填充剂、增塑剂、稳定剂、润滑剂和着色剂等填料制成。它具有密度小、绝缘性能好、耐腐蚀、强度高、成型工艺简单等优点,缺点是耐热性差、表面硬度小、容易老化等。

　　橡胶是一种高分子材料,它具有很好的弹性和良好的吸收振动能力,同时还具有较好的耐蚀性。橡胶的缺点是易老化。橡胶用途广泛,广泛应用于轮胎、胶鞋、胶管、胶带、密封材料、减振零件等。

　　陶瓷是无机非金属材料。它具有硬度高、耐蚀性能好,绝缘性能好等优点,缺点是塑性变形差,冲击韧性值很低,不能敲打、碰撞。

习　题

1. 塑料是如何分类的?
2. 工程常用的塑料有哪几种?各有何用途?
3. 什么是橡胶?它具有哪些特性?
4. 简述陶瓷的特性、分类及在工业上的应用。

2.4　钢的热处理

　　钢的热处理是通过将钢在固态下加热,保温和冷却来改变其内部组织,从而获得所需性能的一种工艺方法。

　　热处理工艺在机械制造业中应用极为广泛。它能提高零件的使用性能,充分发挥钢材的潜力,延长零件的使用寿命,此外,热处理还可改善工件的加工工艺性能,提高加工质量,减少刀具磨损,因此,热处理在工业生产中占有非常重要的地位。

　　热处理工艺的种类很多,通常根据其加热、冷却方法的不同及钢组织和性能变化的特点分为以下几类:

　　(1) 普通热处理

　　包括退火、正火、淬火及回火。

　　(2) 表面热处理

　　包括表面淬火和化学热处理。

　　尽管热处理种类繁多,但其基本过程都是由加热、保温和冷却三个阶段组成。图2-1为最基本的热处理工艺曲线变动。加热温度、保温时间、冷却速度都可改变钢的组织,从而改变钢的性能。

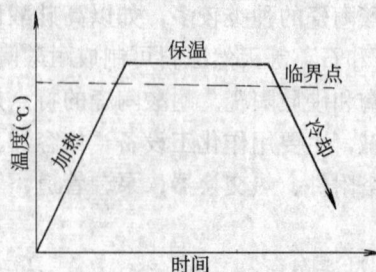

图 2-1　钢的热处理工艺曲线

　　1) 退火与正火:

　　A. 钢的退火。

　　退火是将钢加热到适当温度,保温一定

时间，然后缓慢冷却的热处理工艺。

退火的目的是降低硬度、提高塑性、改善切削加工性能、消除钢中的内应力、细化晶粒，均匀组织，为以后的热处理作好准备。常用的钢的退火方法可分为扩散退火，完全退火，球化退火，去应力退火和再结晶退火等。

a. 扩散退火。主要用于质量要求较高的合金钢铸锭，铸件和锻坯，以减少化学成份偏析和组织不均匀性。它通常将钢加热至临界点以上 150～200℃，长期保温（保温 10～20h），然后随炉缓慢冷却至 350℃ 左右出炉空冷，这种退火标为扩散退火，又称为均匀退火。

扩散退火是通过高温长时间加热，使钢中不均匀的元素进行扩散。扩散退火，耗能很大，烧损严重，成本很高，且使晶粒粗大，为细化晶粒，扩散退火后应进行一次完全退火或正火。

b. 完全退火。将钢加热到临界点以上 30～50℃ 保温一定时间，然后随炉缓慢冷却至 600℃ 以下，再在空气中冷却，这种退火方法称为完全退火。

完全退火的目的在于细化晶粒，消除内应力降低硬度和改善切削加工性能。

c. 球化退火。将钢加热到临界点以上 20～30℃，保温一定时间，以不大于 50℃/h 的冷却速度随炉冷却，获得球状珠光体组织的退火方法，称为球化退火。

球化退火适用于共析钢及过共析钢，如碳素工具钢、合金刃具钢、轴承钢等，在锻压加工以后，必须进行球化退火，才适于切削加工，同时也为最后的淬火热处理作好组织准备。

d. 去应力退火。把钢加热到 500～650℃，经保温后缓慢冷却的退火方法，称为去应力退火。在去应力退火过程中，钢的组织不发生变化，只是消除内应力。

零件中存在的内应力是十分有害的，如不及时消除，将使零件在加工及使用过程中发生变形，影响工件的精度。此外，内应力与外加荷载叠加在一起还会引起材料发生意外的断裂。因此，锻造、铸造、焊接以及切削加工后（精度要求高）的工件应采用去应力退火，以消除加工过程中产生的内应力。

e. 再结晶退火。将工件加热至钢材再结晶温度以上 150～250℃，即 650～750℃，保温后空冷。主要用于冷轧、冷拉、冷冲等发生加工硬化的钢材。其目的在于使冷变形后所引起的晶粒长大或破碎得到恢复，硬度降低，塑性提高并消除应力，以利于再次冷加工继续进行。

B. 钢的正火。

将钢加热到临界点或临界点以上 30～50℃，保温一定时间，随后在空气中冷却下来的热处理工艺，称为正火。

正火与退火两者的目的基本相同，但正火的冷却速度比退火稍快，故正火钢的组织比较细，它的强度、硬度比退火高。

正火的主要应用范围：

a. 作为最终热处理，主要用于性能要求不高的普通结构件，目的是为了改善锻件或铸件的组织，细化其晶粒，提高力学性能。

b. 作为预先热处理，主要用于以低、中碳钢制造的重要零件，经过正火、细化组织，提高硬度，不仅可改善切削加工性，而且还可减少淬火时变形、开裂的倾向。

c. 作为过共析钢球化退火前的预先热处理。

2）钢的淬火：

将钢加热到临界温度以上的适当温度，经保温后快速冷却（达到或大于临界冷却速度），以获得马氏体组织的热处理工艺，称为淬火。淬火的目的主要是为了获得马氏体组织，以提高钢的硬度和耐磨性。

对于大多数工件来说，淬火后的马氏体组织不能满足其使用的要求，因此，淬火后必须配以适当的回火，在此意义上说，获得马氏体组织,只是为工件的最终热处理(回火)作好准备。

A. 淬火冷却介质。

淬火后要求得到马氏体组织,因此淬火冷却速度必须大于临界冷却速度。但是冷却过快,工件的体积收缩及组织转变都很剧烈,不可避免地要引起很大的内应力,才能保证热处理的质量。

常用的淬火冷却介质有水、矿物油、盐水溶液等。

水的冷却特性是在 650~550℃ 范围内冷却速度很快,但在 300~200℃ 范围内,冷却速度过快,常会引起淬火开裂。因此,主要适用于形状简单的碳钢零件的淬火。

矿物油的冷却特性是在 300~200℃ 时冷却速度较小,这是其优点,但在 650~550℃ 范围内冷却速度过低,用于碳钢淬火,不能避免珠光体转变,使钢不能淬硬。故主要用于合金钢零件的淬火。

B. 淬火冷却方法。

由于实用淬火的冷却介质性能不理想,故需要配以适当的冷却方法进行淬火,才能保证零件的热处理质量。

a. 单液淬火法。工件加热到淬火温度,保温后在单一淬火介质中冷却到室温的处理,称为单液淬火法。碳钢一般在水中冷却,合金钢可在油中冷却。

这种方法操作简单,易实现机械化,自动化,但由于单独使用水或油,冷却特性不够理想,所以容易产生硬度不足或开裂等淬火缺陷。

b. 双液淬火法。将工件加热到淬火温度后,先将冷却能力较强的介质(如水或盐水溶液)中冷却到 400~300℃,再把工件迅速转移到冷却能力较弱的介质(如矿物油)中继续冷却到室温的处理,称为双液淬火。

双液淬火可减少淬火内应力,但操作比较困难,主要应用于高碳工具钢所制造的易开裂工件,如丝锥、板牙等。

c. 分级淬火法。将加热的工件投入到温度为 150~260℃ 的盐浴中,稍加停留(约 2~5min),然后取出空冷,以获得马氏体组织的处理方法称为分级淬火。

分级淬火通过在中点(150~260℃)附近的保温,使工件内外的温差减到最小,以减轻淬火应力,防止工件变形和开裂。但由于盐浴的冷却能力较差,对碳钢零件,淬火后会出现珠光体组织,所以,此法主要用于合金钢制的工件或尺寸较小,形状复杂的碳钢工件。

C. 淬火缺陷。

在热处理生产中,由于淬火工艺控制不当会产生下列缺陷:

a. 硬度不足。当淬火加热温度过低,保温时间不足或冷却速度不够时,会造成硬度低于所要求的数值,这种现象称为硬度不足,如果在工作的局部区域产生硬度不足,则称为软点。

b. 过热与过烧。淬火时加热温度过高或保温时间过长,会引起奥氏体晶粒显著粗大,此现象称为过热。它将使钢的机械性能变差,特别是脆性增加。当加热温度更高时,不但奥氏体晶粒很粗大,而且出现沿奥氏体晶界氧化或局部熔化的现象,这种现象称为过烧,过烧的工件要报废。

c. 变形与开裂。淬火时,由于冷却速度很快,容易产生很大的内应力。当工件的内应力超过材料的强度极限时,将导致工件开裂,从而造成废品。

3) 钢的回火:

将淬火后的钢加热到临界点以下的某一温度,保温一定时间,待组织转变完成后,冷却到室温,这种热处理方法称为回火。

淬火后的钢具有高的硬度和强度,但较脆,并且工件内部残留着淬火内应力,必须经回火处理后才能使用。

回火的主要目的是:减少或消除内应力,以防开裂;获得所要求的机械性能;稳定工件尺寸，对于难以用退火来进行软化的某些合金钢，在淬火（或正火）后采用高温回火，使钢中的碳化物适当聚集，将硬度降低，以利于切削加工。

4）钢的表面热处理：

在机械设备中，有许多零件（如齿轮、活塞销、曲轴等）是在冲击荷载及表面摩擦条件下工作的。这类零件表面应具有高的硬度和耐磨性，而心部应具有足够的塑性和韧性，为满足这类零件的性能要求，应进行表面热处理。

常用的表面热处理方法有表面淬火及化学处理两种。

A. 表面淬火。

钢的表面淬火是一种不改变钢表面化学成分，但改变其组织的局部热处理方法，它是利用火焰或感应电流等快速加热，使钢件表面层很快地达到淬火温度，而使热量来不及传到中心，立即迅速冷却的方法来实现的。结果是表面层获得硬而耐磨的马氏体组织而心部仍保持着原来的退火、正火或调质状态，保持足够的塑性和韧性。工程中应用最多的是火焰加热表面淬火法和感应力加热表面淬火法。

a. 火焰加热表面淬火法。是用乙炔——氧或煤气——氧的混合气体燃烧的火焰，喷射在零件表面上，快速加热，当达到淬火温度后立即喷水或用乳化液进行冷却的方法。火焰加热表面淬火的淬硬层深度一般为 2~6mm。这种方法的特点是：加热温度及淬硬层深度不易控制，淬火质量不稳定，但不需要特殊设备，故适用于单件或小批量生产，如中碳钢，中碳合金钢制造的大型工件的表面淬火（大型铸铁工件也可用火焰加热表面淬火）。

b. 感应加热表面淬火。把工件放在紫铜管作成的感应器内（铜管中应通水冷却），使感应器通过一定频率的交流电以产生交变磁场。结果在工件内就会产生频率相同、方向相反的感应电流（涡流）。由于电流的集映效应涡流在工件截面上的分布是不均匀的，表面电流密度大，中心电流密度小，感应器中的电流

频率越高，涡流越集中于工件的表层。由于工件表面涡流产生的热量，使工件表层迅速加热到淬火所需温度，而心部温度仍接近室温，随即快速冷却，从而达到了表面淬火的目的。

感应加热表面淬火特点：

①加热速度极快，一般只要几秒到几十秒的时间就把零件加热到淬火温度。

②淬火质量好。奥氏体晶粒细小均匀，淬火后获得的马氏体组织也为极细小的隐晶马氏体，工件硬度比普通淬火的高 2~3HRC，且脆性较低。

③零件表面层存在残余压应力，可提高疲劳极限，且变形小，不易氧化和脱碳。

④生产效率高。工艺操作易于实现机械化和自动化，适宜于大批生产。

B. 钢的化学处理。

将工件放在一定的活性介质中加热，使某些元素渗入工件表层，以改变表层化学成份和组织，从而改善表层性能的热处理工艺，称为化学热处理。化学热处理与其他热处理相比，不仅改变了钢的组织，而且表层的化学成份也发生了变化。

它与表面淬火相比，其主要特点是不仅使表层的组织发生变化；而且表面的化学成份也发生变化，它能使渗层分布轮廓与钢件形状相似，不受钢件形状的限制；它的性能不受原始成分的局限；节省贵重金属等。

化学热处理可分为渗碳、氮化、碳氮共渗，渗金属、渗硼和多元共渗等多种。不论哪一种方法，都是通过以下三个基本过程来完成的。

a. 分解。介质在一定温度下，发生化学分解，产生渗入元素的活性原子。

b. 吸收。活性原子被工件表面吸收。例如，活性原子溶入铁的晶格中形成固溶体，与铁化合成金属氧化物等。

c. 扩散。渗入的活性原子，在一定的温度下，由表面向中心扩散，形成一定厚度的扩散层（渗碳层）。

小　结

在固态状况下，对金属材料、毛坯或零件进行加热、保温和冷却，改变其内部组织，获得具有所需机械性能的生产方法称为热处理。

热处理的方法可以使金属具有优良的机械性能——高的强度、硬度、塑性和弹性等，从而扩大了材料的使用范围，提高了材料的利用率，也满足了一些特殊的使用要求。因此，热处理在现代工业中有着广泛的应用，如各类机床中有 80％的零件都要进行热处理，而象刀具、模具等几乎 100％都要进行热处理。

热处理分预备热处理和最终热处理两种。预备热处理的目的是为了清除前道工序所造成的缺陷和为后继加工提供有利条件；而最终热处理则在于满足零件在使用时的性能要求。

在进行热处理时，要根据零件的形状、大小、材料及其成份和性能要求，采用不同的加热速度、加热温度、保温时间以及冷却速度。根据零件性能的要求不同，分别采用不同的热处理方法，常用的热处理方法有退火、正火、淬火、回火及表面处理等。

将钢加热到某个温度（碳钢为 $740 \sim 880℃$），保温一定时间，随后缓慢冷却（一般随炉冷却约 $100℃/h$）的处理方法，称为退火。

退火的目的是降低硬度，提高塑性，改善切削加工性能、消除内应力，细化晶粒、均匀组织。

将钢加热到某个温度（碳钢为 $760 \sim 920℃$），保温一定时间，随后从炉中取出，在空气中冷却的处理方法称为正火。

正火的目的与退火基本相同，但正火的冷却速度比退火快，故正火后的组织比较细，强度和硬度较高。

将钢加热到临界温度以上某一温度，经保温后快速冷却（大于或等于临界冷却速度），以获得马氏体组织的热处理工艺称为淬火。

淬火的目的主要是为了获得马氏体组织。以提高钢的硬度和耐磨性。

将钢加热到某个温度（碳钢为 $150 \sim 650℃$），保温一定时间后，在空气中、油中或水中冷却的处理方法称为回火。

回火的主要目的是减少或消除内应力，以防开裂，稳定工件尺寸，获得所需的机械性能。

机械制造中有不少零件（如齿轮、凸轮轴、曲轴、主轴、床身导轨等），是在动载荷和强烈摩擦条件下工作的。这些零件表面要求具有较高的硬度和耐磨性，而心部要求具有足够的塑性和韧性，这些要求很难通过选材来解决。为满足零件表面和心部的不同要求，可以采用对零件表层进行强化的热处理方法，这种表层强化的热处理方法称为钢的表面热处理。

钢的表面热处理主要有表面淬火、渗碳、氮化、渗金属等。

1. 何谓退火？退火的目的是什么？
2. 何谓正火？正火的目的是什么？退火与正火有何异同？
3. 何谓淬火？淬火的目的是什么？
4. 何谓回火？淬火钢为什么要回火？
5. 何谓表面热处理？为什么要进行表面热处理？常用的表面热处理有哪几种？

2.5　钢的火花鉴别

在工作中，经常要对钢材进行鉴别，尤其是非专业生产企业,受到种种因素的影响，使得钢材的存放、领用可能出现混乱，为了减少和防止此类事故的发生，在没有科学检验条件的情况下，我们可以通过一些行之有效的经验方法来鉴别钢材。

首先，可以观察钢材的表面组织，凡颗粒粗糙，疏松色暗的都是档次低的钢材，反之，则钢材的品位较高。此外，还可以通过撞击的声音来初步鉴定钢材，凡声音清脆悠扬的，钢材质量较高，反之，则品位较低，上述两种方法仅是在实际工作中粗略判断钢材质量的经验方法，最行之有效的是火花鉴别法。

2.5.1　火花形成的原理

火花鉴别法是用一定压力将钢在一定直径和一定转速的砂轮上打磨，观察射出的火花形状、颜色等以此来确定成分的一种方法。

钢材与高速旋转的砂轮接触时，由于与砂轮的摩擦产生高温，并被切削成细小的钢末抛射出来，钢末温度很高，在高速射出过程中与空气中的氧产生剧烈氧化，加上与空气的摩擦，产生大量的热量，使之处在熔融状态,故钢末的运动呈现出条条明亮线条,这就是火花的"流线"。高温旋转的钢末被空气氧化，表面形成氧化膜，而内部含有一定量的碳。碳在较高温度时，其化学性质比较活泼，要夺取氧化铁中的氧而使铁还原，生成

一氧化碳，在钢末中的一氧化碳压力超过一定值时，它会突破氧化膜而逸出，这就形成"爆花"。对加有各种合金元素的合金钢，因合金元素本身的作用，也将影响流线的颜色和爆花形态。因此，可根据流线和爆花的形状、色泽，鉴别各类钢材的成份。

2.5.2　火花各部分名称及特征

（1）火花束

钢材在砂轮上磨削时所产生的全部火花形状，称为火花束。火花束分为根部火花、中部火花、尾部火花三部分，如图2-2所示。在火花束中每条流线上又有节点，爆花和尾花等。

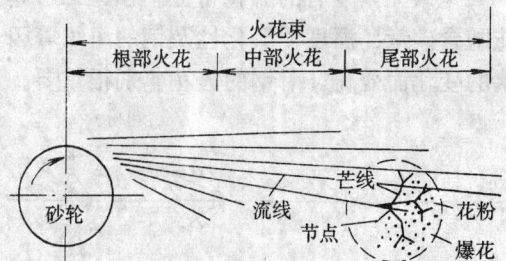

图 2-2　火花束

（2）流线

线条状火花称为流线，流线的长短、粗细、色泽取决于钢材成份。流线有直线、断续、波状三种类型，如图2-3所示。

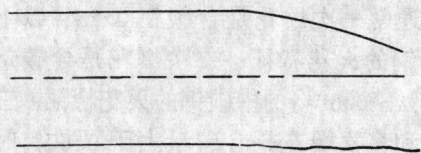

图 2-3　流线的类型

1) 直线流线：碳素钢及含有少量合金元素的合金钢都具有此流线。

2) 断续流线：它呈暗红色或暗橙色。一般含钨、多量的镍、铜的合金钢和灰口铸铁有这种火花。

3) 波状流线：在碳素钢或合金钢火花鉴别时偶然产生。一般为红橙与橙色，它是钢末磨出时速度很快，受空气抗力而产生粒子回转形成。

（3）节点

火花爆裂时，在流线上呈明亮而稍肥的亮点。如图2-4所示。

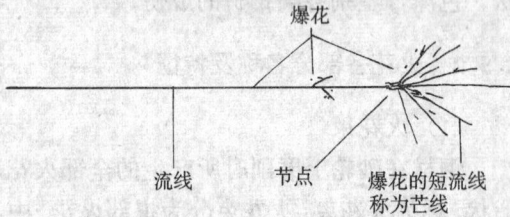

图2-4　节点、爆花及芒线

（4）爆花

是碳元素专有的火花特征。见图2-5。爆花随含碳量、温度、氧化性及钢的组织等因素的变化而变化，对钢的火花鉴别很重要。

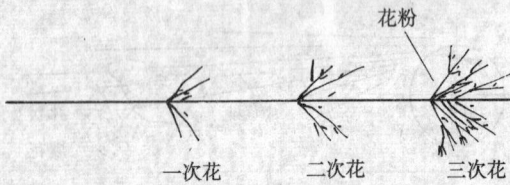

图2-5　爆花的形式

爆花的流线称为"芒线"。散在芒线间的点状火花称为"花粉"，由节点、芒线、花粉构成爆花。爆花可分一次、二次、三次及多次，如图2-5所示。

通常一次爆花是含碳在0.25%以下的低碳钢的火花特征；二次爆花是含碳量在0.30%～0.60%的中碳钢的火花特征；三次爆花和多次爆花是含碳量大于0.60%时高碳钢具有的火花特征。

（5）尾花

尾花是流线尾部火花的统称。随钢材的化学成分不同，尾花可分为狐尾尾花和枪尖尾花等。

1) 狐尾尾花：

如图2-6所示，狐尾尾花的长度及数量随钢中的钨含量的增加而递减，色泽也由橙红——暗橙——暗红。

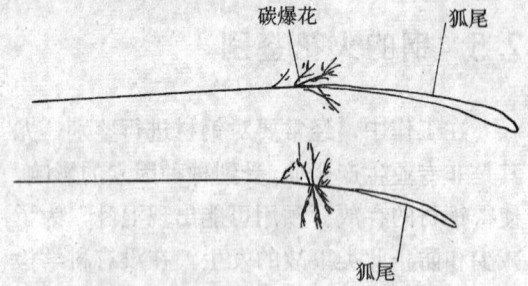

图2-6　狐尾尾花

2) 枪尖尾花：

如图2-7所示，是钼元素的火花特征，有时在碳素钢、锰钢、镍钢和铬钢中也能出现。

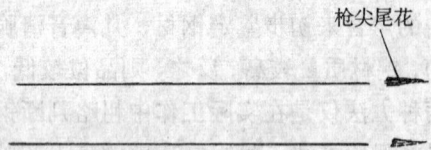

图2-7　枪尖尾花

（6）色泽和光辉度

整个火花束或某部分火花的颜色和它的明暗程度，称为色泽和光辉度。根据火花束的色泽和光辉度的不同，可判别钢中合金元素的种类和碳的含量。

由上可以得出：依据火花束中的流线、节点、爆花、尾花、色泽和光辉度等，确定钢的种类、含碳量及合金元素含量。

2.5.3　常用钢的火花图例

（1）碳素钢火花特征

随着含碳量的增加，流线形式由挺直转向抛物线，流线逐渐增多，火束长度逐渐缩短，粗流线变细，芒线逐渐细而短，由一次爆花转向多次爆花，花的数量和花粉逐渐增多,光辉度随着含碳量的升高而增加,砂轮附近的晦暗面积增大,在砂轮磨削时,手的感觉也由软而渐渐变硬。

含碳 0.20% 的碳素钢,火花流线多,略呈弧形。火束长,呈草黄色,带红。芒线稍粗。爆花呈多分叉,如图 2-8 所示。

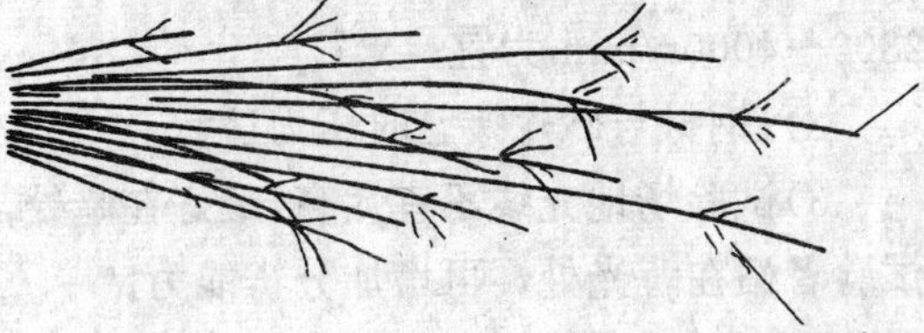

图 2-8　含碳 0.20% 碳钢的火花

含碳 0.40% 的碳素钢,整个火束呈黄而明亮,流线较细,多而长。爆花接近流线尾端,呈二次爆裂。摸时手感稍硬,如图 2-9 所示。

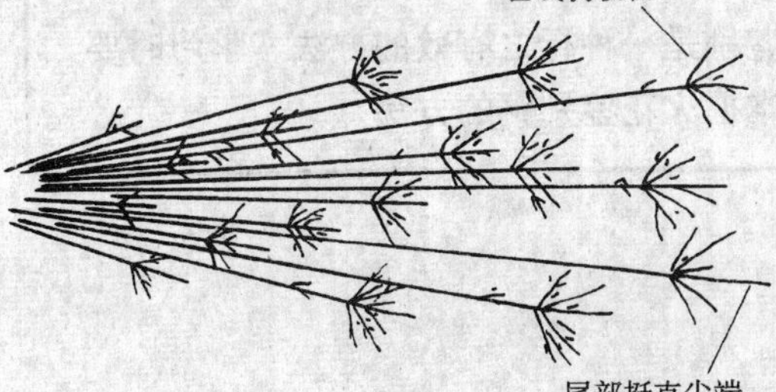

图 2-9　含碳 0.40% 碳钢的火花

含碳 0.80% 的碳素钢,火束橙红带暗色。流线细,多而密,形状直而短,射力强。爆花呈多分叉,三次爆裂。芒线细密,花粉较多,摸时手感稍硬。如图 2-10 所示。

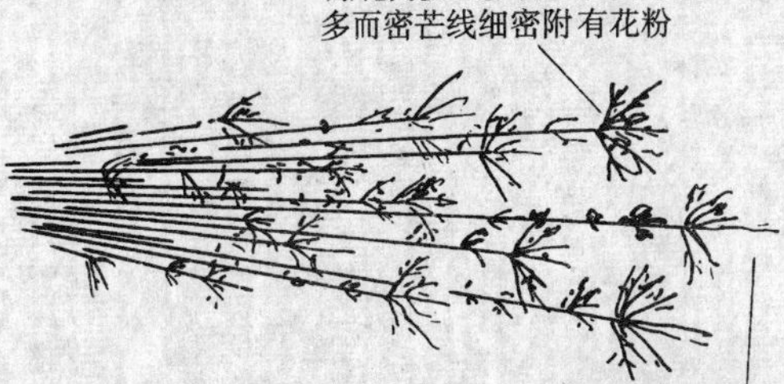

图 2-10　含碳 0.80% 碳钢的火花

含碳 1.30% 的碳素钢,火束短粗,呈暗红色,流线多,细而密。爆花为多次爆裂,花量多而重叠,碎花、花粉量多。摸时手感较硬,如图 2-11 所示。

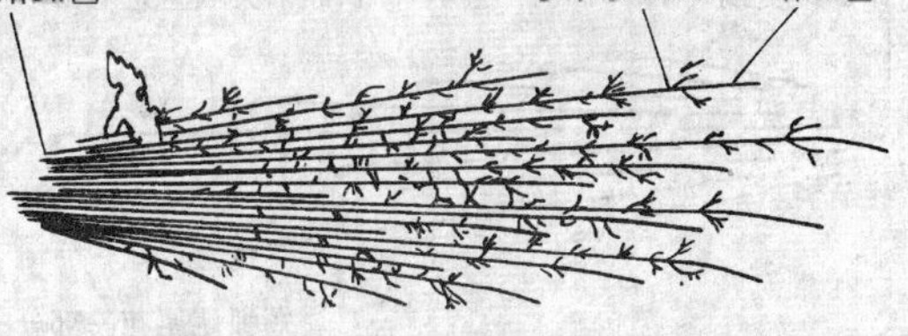

图 2-11　含碳 1.30% 碳钢的火花

(2) 合金钢的火花

由于其加入的合金元素不同而改变。常用的几种合金钢火花特征如下:

1) 中碳铬钢:

火束白亮,流线较同碳量的碳素钢要粗、量多。爆花属二次花,爆花核附近有明亮节点。芒线较长,明晰可分,花形较大,如图 2-12 所示。

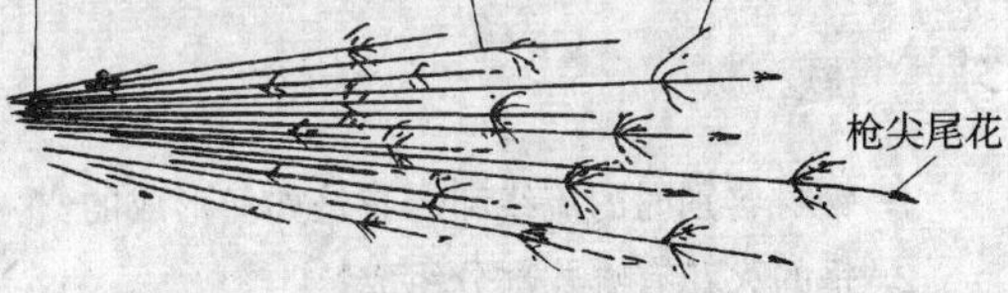

图 2-12　中碳铬钢的火花含碳 0.40%;
含铬 1%;含锰 0.70%

2) 硅锰弹簧钢:

火束呈橙红色而微暗,根部为暗红色。流线粗、短、量多。爆花为二次爆裂,形小而稀散、芒线短而少,如图 2-13 所示。

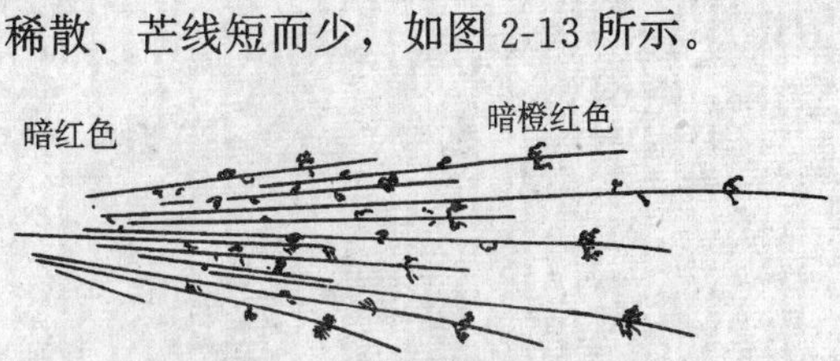

图 2-13　硅锰弹簧钢的火花含碳 0.60%;
硅 1.5%～2%;锰 0.80%

3）高速钢：

火束细长，呈赤橙色，发光暗。流线呈断续状，较长，量稀少、色较暗，膨胀性差，尾部呈短的狐尾尾花，如图2-14所示。

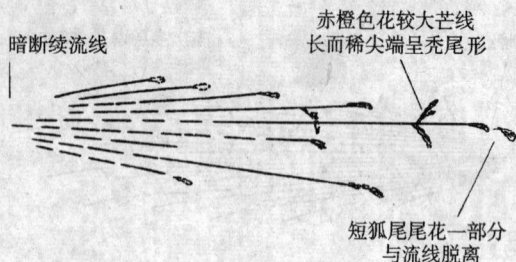

图 2-14　高速钢的火花含碳 0.42%；
钨 8%～10%；铬 1.5%～2%；钒 0.2%

2.5.4　火花鉴别的方法及设备

火花鉴别使用的主要设备是手提式砂轮机或固定式砂轮机，要求精确鉴别时，砂轮直径为 150mm，氧化铝材料，粒度为 36～60 度，并需要准备一套标准式样，以进行比较。

进行火花鉴别时，操作者应戴上无色平镜，同时还需注意以下几点：

1）砂轮机转速不宜太快或太慢，控制在 2800～4000r/min 为宜；

2）钢材与砂轮接触时压力适宜；

3）试验场地光线不宜太亮，最好在暗处，试验者站在背光处，可增加分辨能力；

4）注意安全，钢材接触砂轮时，不要用力过猛，以免发生意外，鉴别时，最好两人配合观察。

小　　结

实际工作中，采用火花鉴别法对钢进行鉴别是一种行之有效的方法。学习时要领会火花鉴别的原理，并通过技能训练达到掌握火花鉴别钢的方法。

习　题

1. 钢材鉴别时的流线和爆花是如何形成的？
2. 钢的火花有哪几部分组成？
3. 碳素钢的火花鉴别时，随着含碳量的增加，火花中的流线、爆花等在形状、数量、色泽等方面各有什么变化？

第3章　电工基本知识及安全用电

安全用电、电气消防、电气照明是电工在从事本工种作业时所必备的操作技能及基本知识。因此，必须掌握电路的有关知识和安全用电的技术规程、规范。本章在概述电路、电路组成、电路特征及电路相关物理量的基础上，对安全用电、电气消防、电气照明电路等作简要的叙述。

3.1　电路的组成及电路图

3.1.1　电路

(1) 电路

电流通过的路径称为电路。如图 3-1 所示，这是一个最简单的电路。电流从电源 E 的正端流出，经过导线到用电器 R 上端，流出下端到开关 SA 的上端子，当开关合闸接通时流出下端子经导线回到电源的负端，如箭头所指。这是一个完整的电路（也称回路）。

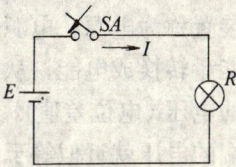

图 3-1　电路

电路分为外电路和内电路两部分。从电源一端开始经过用电器再回到电源另一端的电路称为外电路；电源内部的电路称为内电路，如电池的两极之间就是内电路。

电路通常有三种状态，通路——SA 闭合，构成回路，电路中有电流通过；开路——SA 断开（分断），电路中没有电流流过；短路——电源两极被导线直接接通，电流比通路时大很多倍，一般不许短路。

(2) 电路的几个物理量

1) 电流：

电荷有规律的定向运动称作电流。金属导体中的大量自由电子,在电源的作用下,电路中的自由电子或离子就沿着一定的方向运动，形成了电流。

电流的方向：规定电流的方向为正电荷移动的方向。虽然实际等量的负电荷向相反方向移动是电流的真实方向，这并不影响讨论后面的问题。今后所讲电流方向均指正电荷移动的方向。

电流强度：电流的发生总会伴随会发生化学、热和磁的效应，电流所产生的各种效应具有不同程度，为了进行量的比较，给电流强度定义：单位时间内通过导体（或电场、磁场）横截面的电荷量，称为电流强度，简称电流，用"I"表示。

$$I = \frac{Q}{t} \tag{3-1}$$

式中　I——电流强度，(A)；

　　　Q——电量，(C)；

　　　t——时间，(s)。

若在 1s（秒）内流过导体横截面的电量是 1C（库仑）那么导体内的电流强度为 1A（安培）。

实测单位有时也用 mA（毫安）、μA（微安）来表示，它们之间的关系是：

$$1mA = 10^{-3}A$$

$$1\mu A = 10^{-3}mA = 10^{-6}A$$

在生产应用中当导线的材料确定后，电

流密度 J 是选用不同规格、型号导线载流量的一个重要参数。可详查有关数据资料，也可按式 3-2 计算电流密度 J 与之比较在规定值范围内就能保证用电容量和用电安全。

单位时间通过单位横截面积的电量，称为电流密度。

$$J = \frac{I}{S} = \frac{Q}{tS} \qquad (3-2)$$

式中 S——导线横截面积（mm^2）；

其他符号同前。

测量电路中电流强度的仪表叫电流仪表，电流表必须串联在被测电路里。使用直流电流表时必须注意仪表量程及电流表的极性与电源一致，否则会使表损坏，如图 3-2 所示。

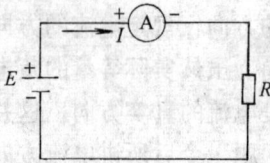

图 3-2　电流表联接

2）电位和电压（电位差）：

电位：对于选定的电路，认定电路中某一点的电位是指电场力将单位正电荷从该点移到参考点（零电位）所做的功。在图 3-3 中，取 B 点作为参考点，那么 A 点电位就是电场力将单位正电荷从 A 点经过负载 R 移到 B 点所做的功。

$$\varphi_A = \frac{W}{Q} \qquad (3-3)$$

式中 φ_A——A 点电位，（V）；

Q——电位所带的电量，（C）；

W——电场力移动电荷所做的功，（J）。

在电工技术中常以大地或电气设备的外壳作为零电位（参考点）。电路中某点电位的高低与参考点的选择有关，参考点选择不同，电路中电位就不同。

电压：电路中某两点间的电位之差称为电压，用"U"表示。如图 3-3 中，选 B 为参考点，则 AB 两点的电压 U_{AB} 为：

$$U_{AB} = \varphi_A - \varphi_B = \frac{W_A}{Q} - \frac{W_B}{Q}$$

$$= \frac{W_A - W_B}{Q} = \frac{W_{AB}}{Q}$$

即 $U_{AB} = \dfrac{W_{AB}}{Q}$ $\qquad (3-4)$

式中 W_{AB}——电场力将正电荷 Q 从 A 移到 B 点所做的功。

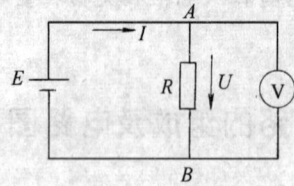

图 3-3　电路中电位

电压的单位是伏特，用"V"表示，实测中用毫伏（mV），微伏（μV）和千伏（kV），它们之间的换算关系是：

$$1kV = 10^3 V$$
$$1V = 10^3 mV$$
$$1mV = 10^3 \mu V$$

3）电源的电动势：

维持电路中电流并不断保持电路具有一定电位差的装置称为电源。电源的作用是将其他形式的能量转换成电能，从而使电源两端具有一定的电压（电位差值），当电源开路时，电源两端的电压就近似等于电源的电动势。

如图 3-4 所示，当 SA 断开，电压表测的值即为电源电动势的数值。电压表是测量电路中任意两点间电压的仪表。电压表必须并联在被测电路两端，如图 3-4 所示。使用直流

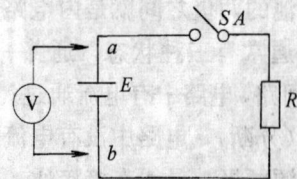

图 3-4　电动势及电压的测量

电压表时，注意电压表的极性与电源的电位高低一致，量限选择得当。

电动势表示非电场力（外力）做功即电源产生电能的本领，其值等于把单位正电荷从负极移到正极所做的功。其方向是低电位指向高电位，电位升的方向。数学表达式：

$$E = \frac{W_外}{Q} \qquad (3-5)$$

式中　E——电源的电动势（V）；

　　　$W_外$——非电场把正电荷从负极移到正极所做的功（J）。

3.1.2　电路的组成及电路图

（1）电路的组成

一般电路都是由电源、负载、开关和连接导线四个基本部分组成。

电源是把非电能转换成电能，向负载提供电能的装置，常见的电源有干电池、蓄电瓶和发电机等。负载通称为用电器，它是将电能转变成其他形式能的元器件或设备。如电灯可将电能转变成光能，电炉和电烙铁可将电能转变成热能，扬声器可将电能转换成声能，而电动机则可以把电能转变成机械能等。开关是控制电路接通或断开的器件。联接导线负责传输电能，使电源和负载连成一个闭合的回路。

（2）电路图

根据国家规定的标准，采用相应的图形符号，文字符号和线条联接来表明各个电器元件、设备的连接关系和电路的具体安排的图形叫做电路图。

按电路图的不同用途，要绘制成不同形式和类别。有的电路只绘制工作原理图，以便了解电路的工作过程及特点的，属电气原理图；有的电路只是绘制装配图以便了解各电器元件的安装位置和配线方式的，属安装接线图；对于比较复杂的电路，通常绘制工作原理图和安装接线图。必要时绘制展开接线图、平面布置图等图形，供生产部门和用户使用。

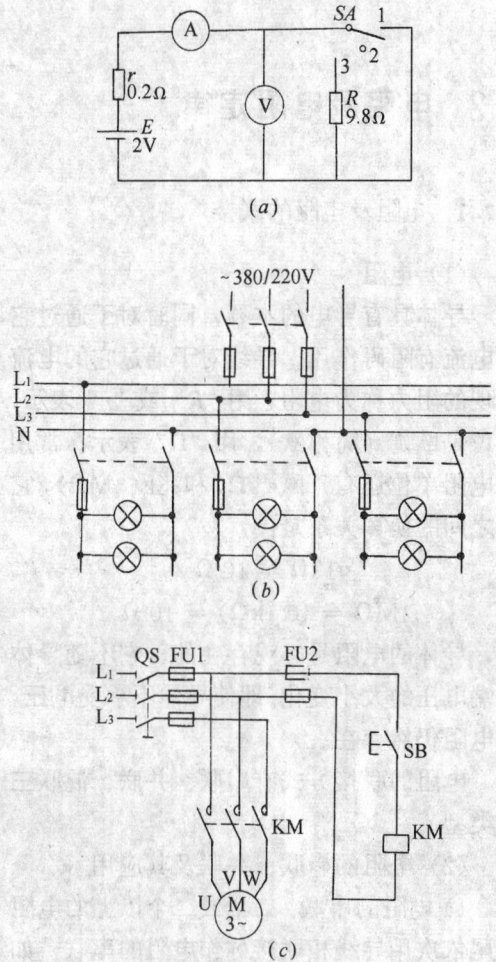

图 3-5　电路图

（a）直流电路；（b）一般白炽灯电路；

（c）电动机点动控制线路

电路图中的文字说明和元件明细表等，总称为技术说明。文字说明中注明电路的某些要点及安装要求。文字说明通常写在电路图的右上方。元件明细表列出电路元器件的名称、符号、规格和数量等。元件明细表一般以表格形式写在标题栏上方，元件明细表中序号自下而上地编写。

标题栏在电路图的右下角，其中有工程名称，图名、图号，还有设计、制图、审核、

71

批准人签名和日期等。标题栏中签名者对图中的技术内容要尽职尽责。标题栏在电路图中是重要的技术档案，注意保管备查。

3.2 电阻及电阻定律

3.2.1 电阻及电阻的联接

(1) 电阻

导体具有导电的本领，同时对于通过它的电流有阻碍作用。导线对于通过它的电流呈现的阻力称为电阻，用"R"或"r"表示，单位是欧姆（简称欧），用"Ω"表示。常用的电阻单位还有千欧($k\Omega$)和兆欧($M\Omega$)，它们之间的换算关系是：

$$1k\Omega = 10^3\Omega$$
$$1M\Omega = 10^3(k\Omega) = 10^6\Omega$$

导体的电阻是客观存在的，它不随导体两端电压的大小变化。即使导体不承受电压，其电阻仍然存在。

电阻的联接方式有串联、并联、混联三种类型。

(2) 电阻的串联、并联及其应用

1) 电阻的串联。二个或二个以上的电阻首尾依次用导线相联接称作电阻的串联，如图 3-6 (a) 中的 R_1，R_2，R_3 是三个串联的电阻。图 3-6 (b) 为等效电路图。

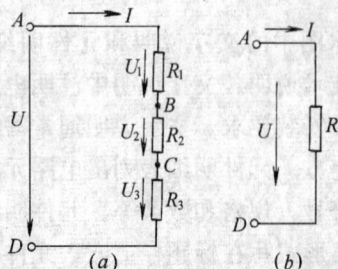

图 3-6 电阻的串并联电路

串联电路的性质：流经每一个电阻的电流相等，即：

$$I_总 = I_1 = I_2 = I_3 \tag{3-6}$$

总电阻等于各电阻之和，即：

$$R_总 = R_1 + R_2 + R_3 \tag{3-7}$$

总电压等于每个电阻上电压降之和，即：

$$U_总 = U_1 + U_2 + U_3 \tag{3-8}$$

串联电路的分压计算式是由 (3-8) 式得出。对于选定的电路，电阻上的电压降与该电阻阻值成正比，可作为实际应用的规则来遵循。

因为 $\quad I = \dfrac{U}{R_1 + R_2 + R_3}$

所以 $U_1 = IR_1 = U\dfrac{R_1}{R_1 + R_2 + R_3}$

$U_2 = IR_2 = U\dfrac{R_2}{R_1 + R_2 + R_3}$ $\qquad$ (3-9)

$U_3 = IR_3 = U\dfrac{R_3}{R_1 + R_2 + R_3}$

式中 $\dfrac{R_1}{R_1 + R_2 + R_3}, \dfrac{R_2}{R_1 + R_2 + R_3}, \dfrac{R_3}{R_1 + R_2 + R_3}$ 称为分压系数。

【例 3-1】 有一照明灯额定电压 36V，电阻 12Ω，现欲将其接到电源电压 220V 的线路上使用，为保证电灯工作在额定电压下，计算应串联多大的电阻（电阻功率不计）。

【解】 由式 3-9 可得

$$U_1 = U\frac{R_1}{R_1 + R_2 + R_3}$$

$$U_2 = U\frac{R_2}{R_1 + R_2 + R_3}$$

$$\frac{U_1}{U_2} = \frac{R_1}{R_2}$$

$$R_2 = \frac{R_1 U_2}{U_1} = \frac{R_1(U - U_1)}{U_1}$$

$$= \frac{(220 - 36)12}{36} = 61.33\Omega$$

2) 电阻的并联。两个或两个以上的电阻在闭合的外路中，首尾两端分别联在一起，在首端用导线接通电源一极，而尾端用导线接通电源另一极的联接形式称作电阻的并联。如图 3-7 (a) 中 R_1，R_2，R_3 是并联，E 为闭合电路的电源。图 3-7 (b) 为等效电路。

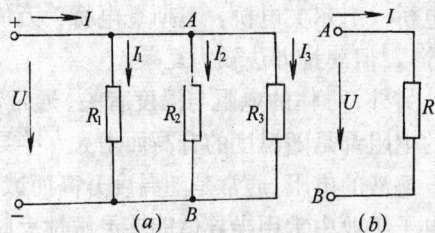

图 3-7 三个电阻的并联

并联电路的性质：并联电路上每个电阻两端承受电压相同，即并联电阻两端电压相等，且等于电路两端的电压：

$$U = U_1 = U_2 = U_3 \qquad (3\text{-}10)$$

并联电路总电流 I 等于各分支电路的电流之和，即：

$$I = I_1 + I_2 + I_3 \qquad (3\text{-}11)$$

并联电路总电阻的倒数等于各并联支路电阻的倒数之和。若几个相同电阻，如 R_1、R_2、$R_3 \cdots R_n$ 并联，则总电阻为一个电阻的几分之一。由 $I = I_1 + I_2 + I_3 + \cdots + I_n$ 式可知并联电阻 $R_{总} = \dfrac{R}{n}$。当 $n = 2$ 时，$R_{总} = \dfrac{1}{2}R$；也就是两个电阻并联时 $\dfrac{1}{R} = \dfrac{1}{R_1} + \dfrac{1}{R_2}$ 求得：

$$R = \frac{R_1 R_2}{R_1 + R_2} \qquad (3\text{-}12)$$

并联电阻愈多，总电阻愈小。

并联分支电路可作分流之用，分支电路电阻愈小，分流的电流愈大。

例如，两个电阻并联：

$$U = IR = I\frac{R_1 R_2}{R_1 + R_2}、$$

$$\left. \begin{aligned} I_1 &= \frac{U}{R_1} = \frac{I\dfrac{R_1 R_2}{R_1 + R_2}}{R_1} = I\frac{R_2}{R_1 + R_2} \\ I_2 &= \frac{U}{R_2} = \frac{I\dfrac{R_1 R_2}{R_1 + R_2}}{R_2} = I\frac{R_1}{R_1 + R_2} \end{aligned} \right\} \qquad (3\text{-}13)$$

式中 $\dfrac{R_1}{R_1 + R_2}$、$\dfrac{R_2}{R_1 + R_2}$ 称为分流系数。式(3-13)表明分流在 R_1、R_2 上电流与其阻值成反比。

并联电路的优点是用电器额定电压不受其他负载的影响。现场用电设备、电器都接成并联。在电工测量中，广泛应用并联分流的作用来扩大电流表的量程。

【例 3-2】 有一块微安表，它的最大量程为 $100\mu A$，内阻 R_0 为 $1k\Omega$，如果要改装成最大量程为 $10mA$ 的毫安表，必须并联一只分流电阻 R_f（分流器）。试计算分流电阻 R_f 的值。

【解】 用改装后的表测量 $10mA$ 电流时，流过分流器的电流 I_f 为：

$$I_f = I_{总} - I_0 = 10 - 0.1 = 9.9mA$$

由并联支路的电流与电阻成反比可得：

$$I_f : I_0 = R_0 : R_f$$

故 $\quad R_f = \dfrac{R_0 I_0}{I_f} = \dfrac{1000 \times 0.1}{9.9} = 10.1\Omega$

3）电阻的混联。在电路中既有并联又有负载串联的电路称为混联电路。混联电路在实际应用中应根据串并联性质简化电路。对较复杂的电路在进行分析过程中，要逐步求出并联或串联部分的等效电阻，计算出总电流，然后再求各部分的电压、电流和功率等。

如图 3-8 所示，R_2 与 R_4 是串联，然后与

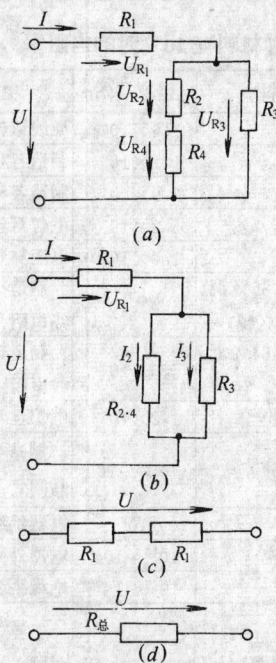

图 3-8 混联电路的简化

R_3 并联，最后与 R_1 串联。在图 3-8 (b) 中等效电阻 $R_{2.4}$ 等效了图 3-8 (a) 中 R_2 和 R_4 值；图 3-8 (c) 中，R' 是计算 $R_{2.4}$ // R_3 的值（"//" 符号为并联），图 3-8 (d) 中 $R_总$ 是最后求得 R_1 与 R' 串联值。等效电路是指加在电路两端电压与通过电路电流和原电路参数完全相同电路。

3.2.2 电阻定律

实验的方法证明，导体的材料确定后，温度一定时，导体的电阻跟长度 L 成正比，跟导体的横截面积 S 成反比。可用下式表示：

$$R = \rho \frac{L}{S} \qquad (3-14)$$

式中　R——导体的电阻（Ω）；

　　　L——导体的长度（m）；

　　　S——导体的横截面积（mm^2）；

　　　ρ——导体的电阻率，（$\Omega \cdot m$）。

导体的电阻率 ρ 与材料性质有关。电阻率的大小等于长度为 1m，截面为 $1mm^2$ 的导体在温度为 20℃ 时所具有的电阻值。表 3-1 列出了几种材料的电阻率及主要用途。

几种材料在 20℃ 时的电阻率　表 3-1

材　料		电阻率（Ωm）	主要用途
纯金属	银	1.6×10^{-8}	导线镀银
	铜	1.7×10^{-8}	制造各种导线
	铝	2.9×10^{-8}	制造各种导线
	钨	5.3×10^{-8}	电灯灯丝，电器触头
	铁	1.0×10^{-7}	电工材料、制造钢材
合金	锰铜（85%铜、12%锰、3%镍）	4.4×10^{-7}	制造标准电阻、滑线电阻
	康铜（54%铜、46%镍）	5.0×10^{-7}	制造标准电阻、滑线电阻
	铝铬铁电阻丝	1.2×10^{-6}	电炉丝
半导体	硒、锗、硅等	$10^{-4} \sim 10^7$	制造各种晶体管、晶闸管
绝缘体	赛璐珞	10^8	电器绝缘
	电木、塑料	$10^{10} \sim 10^{14}$	电器外壳、绝缘支架
	橡胶	$10^{13} \sim 10^{16}$	绝缘手套、鞋、垫

测量电阻的仪表有：欧姆表（或万用表的欧姆档），操作方便，但精度不高；另一种是电桥（凯尔文电桥、惠斯登电桥、万能电桥等），但测量方法较为复杂。

另外，导体的电阻与温度有关。通常，金属的电阻都是随温度的升高而增大。半导体和电解液的电阻，通常是随温度升高而减小。在电子工业中常用半导体能够灵敏地反映温度变化的热敏电阻。利用导体的电阻制成的各种用途、不同阻值不同形状的电阻器被广泛应用。

3.3　欧姆定律

3.3.1　部分电路的欧姆定律

如图 3-9 所示 AB 部分，为电路中一段电阻电路。

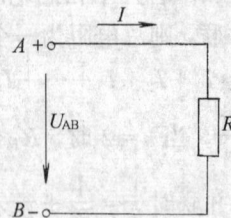

图 3-9　部分电路欧姆定律

部分电路欧姆定律的内容是：流过电路的电流与加在这段电路两端的电压成正比，与这段电路的电阻成反比，数学表达式为

$$I = \frac{U}{R} \text{ 或 } U = IR \qquad (3-15)$$

式中　I——电路中的电流，（A）；

　　　U——电路两端的电压，（V）；

　　　R——电路的电阻，（Ω）。

【例 3-3】　有一安全照明灯，其电阻 R 为 24Ω，接到 36V 的电源上，求电灯中灯丝流过的电流。

【解】　根据部分电路的欧姆定律

$$I = \frac{U}{R} = \frac{36}{24} = 1.5A$$

【例 3-4】　有一量程为 300V（即测量范围是 0～300V）的电压表，它的内阻是 40kΩ。

用它测量电压时,允许流过的最大电流是多少?

【解】 图 3-10 (a) 所示为电压表测量电路,依题意,可将 (a) 图看成图 (b) 所示电路。电压表的内阻是一个定值,所测量的电压越大,通过电压表的电流也就愈大,因此,被测电压是 300V 时,流过电压表的电流最大,允许的最大电流为:

$$I = \frac{U}{R} = \frac{300}{40000} = 0.0075A = 7.5mA$$

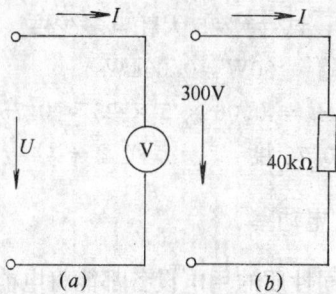

图 3-10 电压表测量电路

3.3.2 全电路欧姆定律

如图 3-11 所示,由电源 E,电源内电阻 r_0,联接导线及电阻(负载)组成的闭合回路称作全电路。

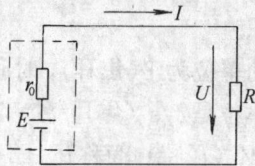

图 3-11 具有一个电源的全电路

为了看图方便,通常在电路图上把 r_0 单独画出。事实上,内阻是在电源内部,与电动势是分不开的,有时可以不单独画出,而在电源符号的旁边注明内阻的数值就行了。

当电流 I 通过负载 R 和电源内阻 r_0 时会分别在负载电阻 R、内阻 r_0 上产生压降。在这闭合的电路中,各段电路通过的电路 I 是相等的。因此用欧姆定律表达电压是 $U_0 = Ir_0,U = IR$,电源电动势应与这两个电压相平衡。

即 $E = U_0 + U = Ir_0 + IR$
$$= I(r_0 + R)$$

求得 $I = \dfrac{E}{R + r_0}$ (3-16)

式中 E——电源电动势,(V);

R——负载电阻,(Ω);

r_0——电源内阻 (Ω);

I——电流,(A)。

式 3-16 表明:在一个闭合电路中,电流强度与电源的电动势成正比,与电路中内阻和外阻之和成反比。这个规律称为全电路欧姆定律。

在有源闭合电路中,如图 3-11 所示,对一定的电源来讲 E、r_0 都是定值,或按一定规律变化的值,都不受外电路的影响。只有 I 是一个由外电路的电阻 R 所决定的量。外电阻越大,整个电路中电流 I 就越小,相应 Ir_0 的值也就越小,外电路电压几乎接近电源电动势;当 R 为无穷大(断路),I 为零,Ir_0 也为零,则 $U_外 = E$,这就是电路开路时,用电压表测得电压值认为是电源电动势数值的道理。

当外电阻 R 越小,整个电路中电流 I 越大,使路端电压(外电压)越小。当外电阻为零,即为短路。外电路电压降为零,这时 $E = Ir_0$,即 $I = \dfrac{E}{r_0}$,由于 r_0 很小,I 将是一个很大的值。严重时足以彻底损坏电源。

表 3-2 是外电路 R 变化时,根据 $I = \dfrac{E}{R + r_0}$ 和 $U_外 = E - Ir_0$ 的规律所引起的电路变化情况。

外电路电阻变化引起
路端变化一览表　　表 3-2

外电路电阻 ($R_外$)	电流强度 (I)	内电压降 ($U_0 = Ir_0$)	外电压 ($U_外 = IR$)
增大↗	减小↘	减小↘	增大↗
∞(断路)	0	0	$U_外 = E$
减小↘	增大↗	增大↗	减小↘
0(短路)	$I_短 = \dfrac{E}{r_0}$(极大)	$U_0 = E$	0

【例3-5】 有一电源电动势为6V，内阻 r_0 为 0.3Ω，外接负载电阻为 2.7Ω，求电源端电压和内压降。

【解】 $I = \dfrac{E}{R+r_0} = \dfrac{6}{2.7+0.3} = 2A$

内压降 $U_0 = Ir_0 = 2 \times 0.3 = 0.6V$

端电压 $U = IR = 2 \times 2.7 = 5.4V$

或 $U = E - U = 6 - 0.6 = 5.4V$

【例3-6】 已知电池的开路电压 U_k 为 1.5V，接上 9Ω 负载电阻时，其端电压为 1.35V，求电池的内电阻。

【解】 开路时 $E = U_k = 1.5V$

$U = 1.35V$，$R = 9\Omega$

内压降 $U_0 = E - U = 1.5 - 1.35 = 0.15V$

电流 $I = \dfrac{U}{R} = \dfrac{1.35}{9} = 0.15A$

内阻 $r_0 = \dfrac{U_0}{I} = \dfrac{0.15}{0.15} = 1\Omega$

由计算可知，电源内阻越小，输出的端电压就越高。

3.4 电功、电功率

3.4.1 电功

电流的热效应、化学效应、磁效应就是电能转换成为热能、化学能、磁能。其过程是电流做了功。

电流所做的功，简称电功。电功用符号 "W" 表示，其大小与电流强度和通电时间有关。根据电量 $Q = It$ 代入 $W = QU$，得 $W = UIt$，即电流在某段电路上所做的功为：

$$W = UIt \text{ 或 } W = I^2Rt \text{ 或 } W = \dfrac{U^2}{R}t$$

$$(3-17)$$

上式中，若电压单位是 V（伏），电流单位为 A（安），电阻的单位为 Ω（欧），时间单位为 s（秒），则电功单位就是焦耳，简称焦，用字母 J 表示。

式（3-17）说明电流在一段电路上所做的

功，跟这段电路两端的电压、电路中的电流强度和通电时间成正比。倘若这段电路中的电阻已定，路端电压不变，则电流程度也不会变，电功的大小只和通电时间成正比。

$1J = 1V \times 1A \times 1s$；实际应用中电功单位是千瓦小时（kWh）。即 $1kWh = 3600000J = 1$ 度电，电功用电度表来计量，电度表有单相、三相式。

【例3-7】 一盏 60W 的白炽灯，日平均照明 5h，试计算 25 天耗电多少度。

【解】 $60W = 0.06kW$

$W = Pt = 0.06 \times 5 \times 25 = 0.75kWh$
$= 0.75$ 度

3.4.2 电功率

不同性质的用电设备都能将电能转换或其他形式的能量。为衡量这些电气设备将电能转换成其他形式能量的速率，引入电功率的概念。电功率是指某一电路在单位时间内电流所做的电功。用字母 "P" 表示，即：

$$P = \dfrac{W}{t} = \dfrac{UIt}{t} = UI \qquad (3-18)$$

上式表明电功率等于路端电压与电路中电流的乘积。

若电功单位为 J（焦耳），时间为 s（秒），则电功率单位是 J/s（焦耳/秒）。J/s（焦耳/秒）又称 W（瓦特）简称瓦。

功率的单位还有：kW（千瓦），mW（毫瓦）及 PH（马力）等。

$$1W = 1J/s$$
$$1kW = 10^3W$$
$$1W = 10^3mW$$
$$1PH = 0.735kW$$

电功率最常见计算公式还有：

$$P = I^2R \qquad (3-19)$$
$$P = \dfrac{U^2}{R} \qquad (3-20)$$

式3-20表明，在并联电路中，当加在用电器两端电压一定时，电功率与电阻值成反比。比如在 220V 电路上接 40W 的灯泡要比 25W 亮。这是因为 40W 灯泡的电阻是 1210Ω，25 瓦灯泡的电阻却是 1936Ω。

由 $E=U_0+U$ 式可得：

$$EI = UI + U_0I \qquad (3-21)$$

上式中 EI 是电源产生的功率，UI 是负载取用的功率（实际输出功率），U_0I 是内电路损失功率。它表明，电源产生的电功率等于负载取用的电功率与内电路损失的电功率之和。这个关系式称为电路的功率平衡方程式。

【例 3-8】 接在 220V 电网内的电灯电流为 0.8A，试求电灯的功率和它 1h 内能消耗的能量。

【解】 $P=UI=220\times0.8=176W$

$W = Pt = 176 \times 1 = 176Wh$

$= 0.176kWh$

3.4.3 焦耳——楞次定律

电流通过电阻时，电流所做的功（电功）W 被电阻吸收并全部转换为热能，而以热量的形式表现出来。那么电阻产生的热量 Q 为：

$$Q = W = I^2Rt \qquad (3-22)$$

或 $\qquad Q = IUt \quad Q = \dfrac{U^2}{R}t$

Q 的单位是 J（焦耳）。式（3-22）是由英国物理学家焦耳和俄国科学家楞次各自独立地用实验方法得出的，故称为焦耳——楞次定律。文字叙述是：电流流过导体产生的热量，与电流强度的平方、导体的电阻及通电时间成正比。

电流通过导体时使导体发热的现象，通常称为电流的热效应。或者说，电流的热效应就是电能转换或热能的效应。

3.4.4 额定值

电气设备（电气元件）都有一块铭牌，铭牌上标出了该设备的一些技术数据，像一个简单的产品说明书，对其使用、维修、管理起到重要作用。由于电气设备的功能不同，所列项目含意又有所区别。

为保证电气元件和电气设备能长期安全工作，都规定一个最高工作温度。显然，工作温度取决于热量，而热量又由电流、电压或功率决定的。电气元件和电气设备所允许的最大电流、电压和功率分别叫做额定电流、额定电压、额定功率。简称该电气设备的额定值，一般用 P_e(kW)，U_e(V)，I_e(A) 等标注。

额定功率，指电气设备（电气元件）能在单位时间内将电能转为其他形式能量的快慢程度（速率）。例如，电动机额定功率是电动机轴上输出机械功率，它与相应的机械设备配套。

额定电压，指在这个规定电压下电气设备能正常运行。电压过高会使电气设备电流增大，温升过高，加速设备（元器件）老化；电压过低，使设备难以起动或不能正常运行。因而规定电器设备只准在电源电压为额定电压的±10%范围内变化运行。

电流额定值是指在额定电压，输出的是额定功率时，电源线路上测得的电流值。

除以上数据外，倘若是电动机、电器设备类，还有接线方式，转速，功率因数、效率、相数、温升、执行标准、出厂年月、厂名等。

3.5 电路的三种状态

3.5.1 通路

通路就是电路中开关闭合，电路中有电流通过。电源端电压与负载电流的关系可用电源的外特性确定。根据 $U_{外}=E-Ir$ 绘制电源外特性曲线如图 3-12 所示。

按负载的大小，又分为满载、轻载、过载三种情况。负载在额定功率下的工作状态

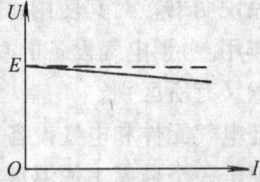

图 3-12 电源外特性曲线

叫做额定工作状态或满载；低于额定功率的工作状态叫轻载；高于额定功率的工作状态叫过载或超载。由于过载很容易烧坏电器，一般情况都不允许出现过载。

3.5.2 断路

断路就是电源两端或电路某处断开，电路中没有电流通过。电源不向负载输送电能的一种状态，对电源来说是空载。断路状态的主要特点是：电路中的电流为零；电源端电压和电动势相等。

3.5.3 短路

电源两端阻值近似为零的导体接通，这时电源就处于短路状态，如图 3-13 所示。

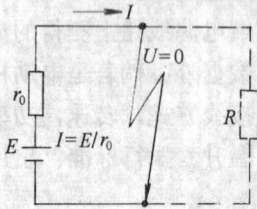

图 3-13 短路状态

在短路状态下，电路中的电流（短路电流）$I \approx \dfrac{E}{r_0}$ 电源的内阻一般都很小，因而短路电流可达到非常大的数值，有可能烧毁电源，必须防止这种现象发生。防止短路的最常见方法是在电路中安装熔断器。熔断器中的熔丝（也称保险丝）用低熔点的铅锡合金丝制成。当电流增大到一定数值时，熔丝先被熔断，切断电路，达到保护电源的目的。

在短路状态下，电源的端电压为：

$$U = E - Ir \approx E - \frac{E}{r} \cdot r \approx 0$$

可见，短路状态的主要特点是：短路电流很大，电源端电压为零。

3.6 安全用电

3.6.1 电流对人体的危害

普及电气安全知识是为了掌握电的客观规律，遵守安全用电的规程规定，避免发生触电伤亡或损坏设备事故。

厂矿或建筑安装施工现场的电气事故可分为两大类，即人身事故和设备事故。

人体接触或接近带电体，电流通过人体所引起的局部受伤或死亡现象称为触电。触电可分为电伤和电击两种；间接伤害如电击引起二次人身事故，电气着火、爆炸、设备倾倒冲击等带来的人身伤亡。

电伤是指人体外部受伤，常与电击同时发生。一般是指由于电流的热效应，化学效应和机械效应对人体外部造成的局部伤害，如电弧烧伤、电灼伤等。电弧烧伤是最危险也是最常见的电伤，烧伤部位多发生于手部、胳膊、脸颊及眼睛。烧伤时夹杂着熔化的金属颗粒的侵蚀以及电化学作用，对人体产生强烈的伤害，伤痕一般难治愈。特别是对眼睛刺伤，后果是很严重的。

电击是指电流通过人体，对人体内部造成的生理机能的伤害，即人身触电事故。电击伤人的程度，由流过人体电流的频率、大小、途径、持续时间的长短，以及触电者本身的情况而言。实践证明，频率为 25～300Hz（赫兹）的电流最危险，随着频率的升高危险性将减小。人体通过 1mA（毫安）的工频电流（50Hz），会使人有麻的感觉；50mA 的工频电流就会使人有生命危险；100mA 的工频电流足以使人死亡。电流通过人体的心脏和大脑，最容易死亡，所以头部触电及左手、右脚触电最危险。另外，人在触电时由于肌肉发生收缩，受害者常常不能立即脱离带电体，使电流持续长时间地通过人体，造成呼吸困难，心脏麻痹，导致死亡，危险性极大。

3.6.2 触电的形式

(1) 触电的原因及规律

触电的原因很多，从对部分触电事故的统计资料分析来看，造成触电事故的原因主要是缺乏电气安全使用知识，违犯操作规程，输电线或用电设备的绝缘损坏，即安全用电的技术水平低下，管理不善，安全教育不够，领导人员、指挥人员、监护人员和直接工作人员安全意识缺乏，思想麻痹、粗心大意和疏忽失误，再加上电气设备在设计、制造、安装、维修等环节存在质量问题，防护措施不具体，不完善及其他一些意外因素。

触电事故多发生在炎热潮湿的夏季或秋季，在厂矿企业、施工安装现场的用电部门和低压电力系统中，非专职电工人员身上。夏秋季电气设备易受潮、绝缘降低；人体因天热多汗，皮肤湿润而电阻降低（通常人体电阻为 800 至几千欧不等），这时可能减到 600Ω 左右；外加衣着短小单薄，触及带电体的可能和危险性增加了。低压供电系统中的厂矿企业、建筑安装行业及民用部门等同高压设备运行系统相比，安全措施与组织管理较为疏松，多数人员认为低压危险性不大，因而对低压设备的防护不严。输电线路接地点（高压或低压）不可靠或失效，从而跨步电压引起电伤触电等。

触电事故的原因及规律不是绝对的。当触电事故发生后，要及时采取正确的措施，根据实际情况对事故加以总结，制定出有关操作规程，管理规范，并监督执行。认真贯彻检查是可以大大减少触电事故发生的。

(2) 人体触电的三种形式

在低压电力系统中，人体触电方式有单相触电、两相线触电及跨步电压电伤触电。

1) 单相触电：当人站在地面上，触及电源的一根相线或漏电设备的外壳而触电，称为单相触电。如图 3-14 (a) 所示为变压器的中性点通过接地装置和大地作良好联接的供电系统（即 Y/Y₀ 系统），在这种电力系统中发生单相触电时，相当于电源变压器的输出相电压加在了人体电阻与接地电阻的串联电路上。由于接地电阻比人体电阻小得多，所以加在人体的电压值接近于电源的相电压，在 380/220V 的系统中，人体承受了 220V 电压。人体电阻按 1000Ω 计，则通过人体的电流将达到 220mA 足以危及生命。

图 3-14 (b) 所示为电源变压器的中心点不接地的供电系统（即 Y/△ 或 △/△ 系统）的单相触电。由于线路与大地之间存在对地电容，当人触电时，电流经过人体和另外两相导线对大地分布电容构成通路，触电电流仍可达到危害生命的程度。

2) 两相触电：图 3-15 所示，当人体两处，如两手或手和脚，同时触及电源的两根相线发生触电，称为两相线触电。在 380V 线电压作用下，触电电流高达 380mA（人体电阻取 1000Ω 计），这是最危险的触电方式。

3) 跨步电压的电伤触电：在高压电网接地点或防雷装置接地处，有电流流入大地时，电流在接地装置周围的土壤中产生电压降，接地点的电位很高，越远离接地点，电位越低，真电位分布情况如图 3-16 所示。当人、畜在接地点附近行走时，由于两脚所踩的地方具有不同电位，而使人承受的电压叫跨步电压。由电位分布曲线可以看出，越接近接地点，跨步电压越大；人畜的步子越大，则两脚之间承受的电压越大；如果接地点潮湿有泥水，则危险更大。这时应双脚并拢，跳出危险区域。

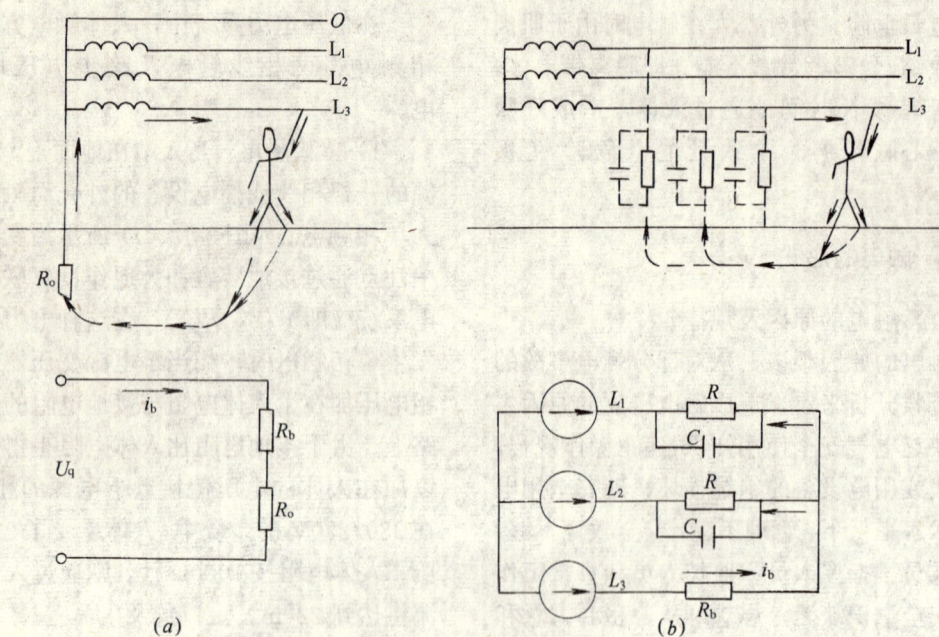

图 3-14　单相触电示意图及等值电路

(a) 中性点直接接地电网；(b) 中性点不接地电网

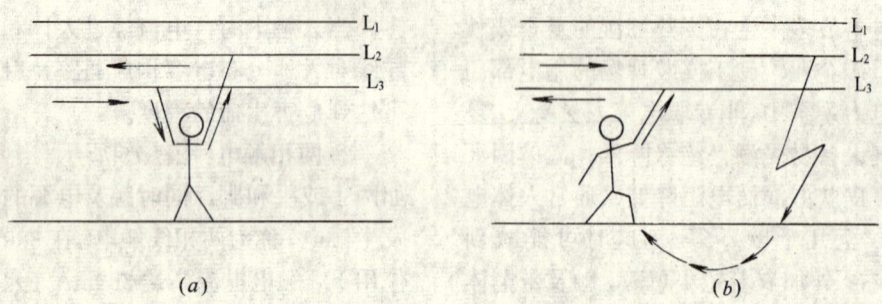

图 3-15　两相触电

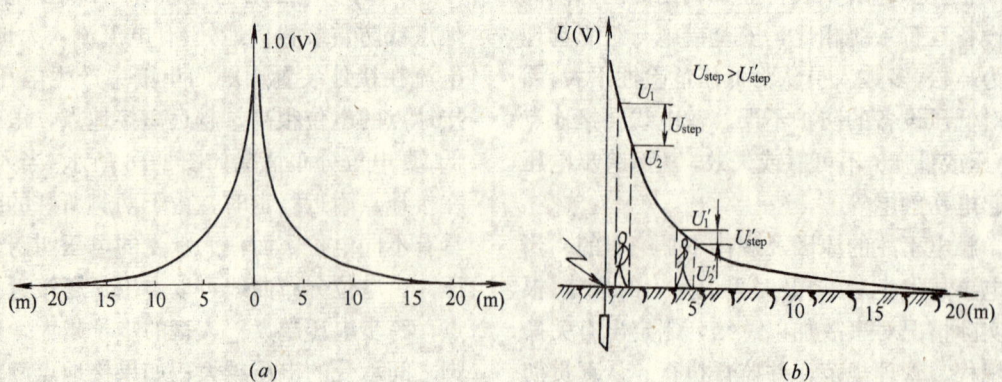

图 3-16　跨步电压

(a) 电流入地点周围的地面电位分布；(b) 跨步电压触电示意图

3.6.3　预防触电的技术措施

保障用电工作人员的人身安全及电气设备和线路的安全运行，应尽可能实施各种安全措施，避免用电人员触电和减少电气事故的发生，不断提高安全用电的技术水平。

防止用电人员触电及电气事故应从设备的设计、制造、安装、运行、使用和维修保养、配置专门的监督管理机制开始。对人员的教育、培训、考核，等方面采取综合措施；还要认真贯彻执行由国家主管部门制定的一系列有关安全的规程、制度和技术标准，并经常监督检查，及时做到信息收集、整理、分析、研究不断完善和提高相应的安全技术水平，尽快靠拢国际标准。

作为用电工作人员在严格遵守操作规程和安全规程的同时，应积极宣传推广安全用电常识。

（1）安全用电常识

建立健全安全操作规程，坚持岗位责任制；非专业电工不准带电作业；专业电工带电作业必须有监护人在场，严格按安全操作规程作业。

电气设备临时照明灯和经常移动的照明灯，如地下、沟道照明灯等都应用 36V 以下安全电压；若遇线路停电，应立即拉闸，等恢复供电后重新起动设备投入正常运行。

操作者应熟悉设备性能和操作要领。当发现设备有异常，如冒烟、烧焦、烧糊怪味、声音不正常、打火、放炮甚至起火等应立即切断电源，停止设备的运行，然后进行相应处理。

遇雷雨天气，野外用电人员不应站在树下或独立高处，室内人员要远离电线，不应走近接地体。发现架空线断线，不得进入断线落点 8m 以内，并应派人看守，迅速通知有关人员进行抢修。

用电工作人员必须坚持岗位责任制，做到文明生产，工作中要保持清醒的头脑和高度警惕性。感觉灵敏，反应迅速，分析判断准确，动作敏捷。熟悉有关安全用电操作规程内容，具备必要的电气知识。如能够认真贯彻电业安全工作规程及其他专业规程，能熟练掌握并一丝不苟地执行用电工作的基本法规。对用电设备和接线分布情况，各种运行方式和倒闸操作步骤能熟练掌握和操作；能对现场运用电设备进行检修、安全事故处理等。

用电工作人员必须掌握紧急救护法。首先，应学会触电现场急救法（即自救、互救、医务救护），学会人工呼吸法和胸外心脏挤压法。同时要学会使用各种电气安全用具与消防器材。一旦发生触电事故，能够迅速、安全、正确有效地进行救护。

（2）保护接地和保护接零

1）保护接地。将电气设备的金属外壳通过导线与接地体和大地之间做良好地联接起来的装置，叫保护接地。

一般适用于 1000V 以下中性点不接地或没有中性点（如 $Y/\triangle$，$Y_0/\triangle$）的电力系统中。变压器（电源）接地电阻为 4Ω，电动机等为 10Ω。

相线对地绝缘电阻 R 越大，或人体电阻越大，或接地电阻 $R_{地}$ 越小，都能使流经人体的电流减小。即使电气设备外壳带电而被人触及，人体电阻远大于设备的接地电阻。再说，这时人体电阻与接地电阻相并联，则漏电流几乎全部经接地电阻流入大地，通过人体的电流极微，从而保证了人身安全，如图 3-17 所示。

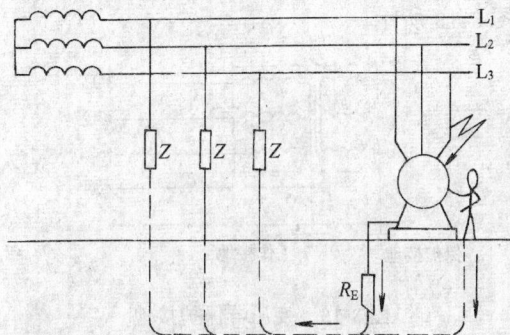

图 3-17　保护接地

2) 保护接零。将电气设备的金属外壳用导线与电源的零线联接起来的装置，称作保护接零，如图 3-18 所示。

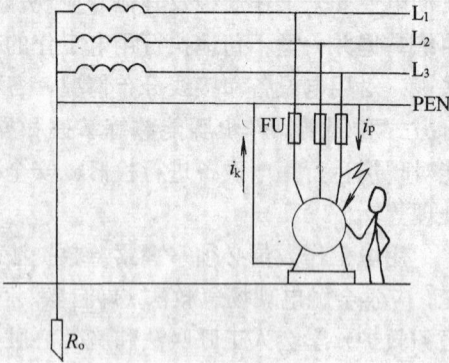

图 3-18　保护接零

保护接零装置措施适用于在 1000V 以下中性点接地良好的三相四线配电系统中，如 380/220V 系统。

当电气设备某相绝缘损坏时，相电压经设备外壳到零线，形成通路从而产生短路，使熔丝熔断或使保护装置迅速动作，立即切断电源，保证人身和设备的安全。

为保证零线折断时仍能减轻故障程度，每隔一定距离将零线接地，称作重复接地。尤其是照明线路中，三相负载不平衡，零线折断，重复接地又没做，就会使灯泡烧毁。

在三相四线制供电系统中，变压器（电源）的金属外壳接地，称为变压器的保护接地。变压器二次侧三相星形联接的中性点引出的导线与地联接，则中性线即为零线，中性点接地的方式，叫做变压器的工作接地，如图 3-19 所示。

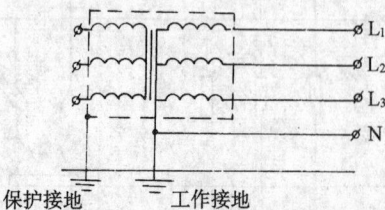

图 3-19　变压器保护接地

另外，在三相四线制供电系统中，重复接地的方式可靠，不会因某台设备带电而使其他设备外壳有一定的电压。特别是在同一台变压器供电系统中，绝不允许有的设备接零，而有的设备接地。否则，在接地设备漏电时，接零的设备外壳上将有较高的对地电压，造成更多的触电事故，如图 3-20 所示。通常在 1000V 以下的三相四线制接地系统中，不采取保护接地，而一律保护接零。

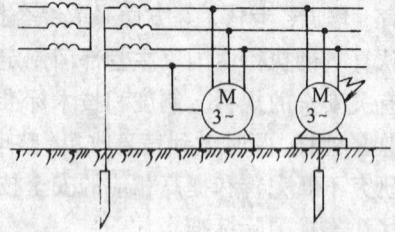

图 3-20　不正确的接地、接零保护

(3) 三相五线制

电源系统有一点（通常是中性点）接地，负载设备的外露可导电部分（如金属外壳）通过保护线连接到此接地点的低压配电系统，统称为 TN 系统。依据零线 N 和保护线 PE 的不同安排方式 TN 系统可以分为以下三种形式：

1) TN-C 系统　这种系统的 N 和 PE 线合为一根保护零线（PEN 线），所有设备的外露可导电部分 PEN 线相连。如图 3-18 所示三相和单相设备连线。当三相负荷不平衡或只有单相用电设备时；PEN 线中有电流通过。这种系统投资较省，节约导线，在一般情况下，如开关保护装置和 PEN 线截面选择适当，是能满足供电的可靠性和用电的安全性要求的。目前国内应用较为普遍。

TN-C 系统的缺点是当 PEN 线断时，在断线点 P 后的设备机壳上，由于负载中性点偏移，可能出现危险电压。更有甚者，在断线后某一点设备发生"碰壳"故障，开关保护装置不会动作，致使断线点后所有采用保护接零的设备外壳上都长时间带有相电压，如图 3-21 所示。

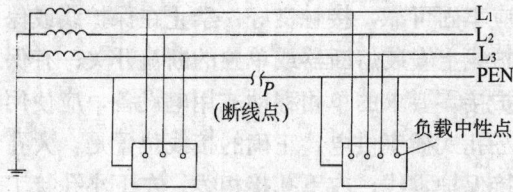

图 3-21 TN-C 系统 PEN 断线时，断线点后的
所有接零设备外壳上将出现危险电压

2）TN-S 系统。这种系统的 N 线和 PE
线是分开设置的，所有设备的外露可导电部
分只与公共的 PE 线相连，如图 3-22 所示。
在 TN-S 系统中，N 线的作用仅仅用来通过
单相负载电流，三相不平衡电流，称它为工
作零线。对触电起保护作用的是 PE 线，称为
保护零线。显然，N 线和 PE 线的功能不同，
作用有别，故自电源中性点后，N 线与 PE
线，电源相线 L_1，L_2，L_3，之间以及对地之
间均须加以绝缘。习惯称 L_1，L_2，L_3，三相
及 E 线和 PE 线为三相五线制。

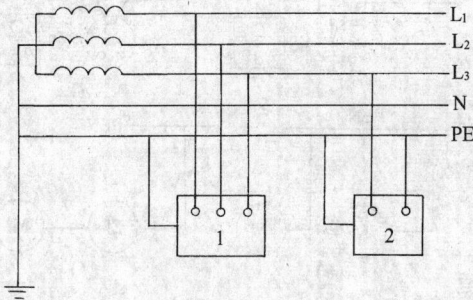

图 3-22 TN-S 低压配电系统
1—三相设备；2—单相设备

TN-S 系统的优点是：一旦 N 线断线，只
影响用电设备不能正常工作，而不会导致断
线点后的设备外壳上出现危险电压；即使负
荷电流在零线上产生较大的电位差，与 PE
线相连的设备外壳上仍能保持零电位；PE
线在正常情况下没有电流通过，因此用电设
备之间不会产生磁干扰，适用于对数据处理，
精密检测装置的供电。

TN-S 系统消耗的导电材料较多，投资

较大，但基于上述优点，适宜于环境条件较
差、对安全可靠性要求较高及设备对电流对
电磁干扰要求较严格的场所。

3）TN-C-S 系统。这种低压配电系统前
边为 TN-C 系统（N 线与 PE 线合一），后边
是 TN-S 系统，即 N 线与 PE 线分开，分开后
不允许再合并，如图 3-23 所示。该系统保护
性能介于 TN-C 和 TN-S 之间。兼有两系统
的特点。

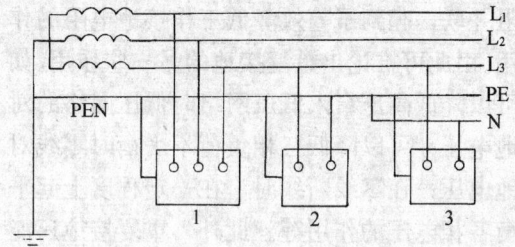

图 3-23 TN-C-S 低压配电系统
1—三相设备；2—单相设备；3—单相设备

4）PE 线或 PEN 线的重复接地，在 TN
系统中，除在电源中性点进行工作接地外，还
在一定的处所把 PE 线或 PEN 线再行接地，
如图 3-24 所示。

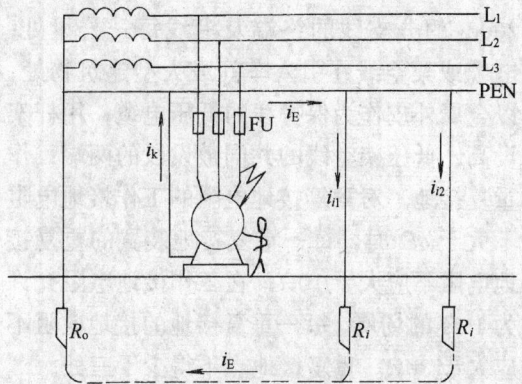

图 3-24 重复接地作用

重复接地作用是：PE 线或 PEN 线完整
时，重复接地可以降低故障时所有被保护设
备外露可导电部分的对地电压；在 PE 线或
PEN 断线情况下，重复接地可以降低断线点
后面碰壳故障时 PE 线或 PEN 线对地电压。
经过计算检测可知断线点前、后采取保护接

零的电气设备的外壳电压都小于相电压，触电的危险程度有所减轻，但依然对人体有较大的威胁。所以严禁在保护线或保护零线上安装熔断器或单极开关；重复接地还可以降低电网一相接地故障时，非故障相的对地电压。重复接地的次数越多，等值重复接地电阻越小，保护零线及非故障相的对地电压越低，对人和设备的安全越有利；由于保护线或保护零线重复接地电阻与电源工作接地电阻并联，起到了等效降低工作接地电阻的作用。由此可推论出重复接地的另一些作用。如可以降低高压窜入低压网络时低压网络的对地电压；可以降低三相负荷不平衡时零线对地电压；在零线断线时，在一定程度上起平衡各相电压的作用等。此外，重复接地还能增加单相接地短路电流，加速了线路保护装置的动作，缩短了事故的持续时间。架空线路的重复接地对雷电流有分流作用，起到改善防雷性能。

对重复接地装置应按有关技术要求规定做法安装施工。TN 系统的保护线或保护零线必须在：户外架空线的干线和长度超过 200m 的分支线的终端及沿线每一公里处；电缆或架空线在引入车间或大型建筑物处；以金属外皮作为保护线的低压电缆；用杆架设高、低压架空线的共同敷设段的两端；作重复接地。对重复接地电阻的工作接地电阻不大于 4Ω 时，每一重复接地装置的重复接地电阻不应大于 10Ω；在工作接地电阻允许为 10Ω 的场所，每一重复接地的接地电阻不应大于 30Ω，重复接地点不得少于三处。

5）对 PE 线或 PEN 线截面的规定保护线或保护零线截面积的选择，应从通过保护零线 PEN 的电流；保护接零系统对相零回路阻抗的要求；机械强度三个方面进行考虑。一般要求 TN 系统的保护线或保护零线截面不应小于相线截面的一半，同时还应具有足够的机械强度。

另外对保护线或保护零线连接的要求规定：设备与保护线或保护零线之间的连接处应牢固可靠，接触良好；禁止在保护线或保护线上安装熔断器或单独的断流开关；有保护接零要求的单相移动式用电设备，应使用三孔式插座供电。正确的接线位置是：大孔接保护零线，右下孔接相线，左下小孔接工作零线，如图 3-25 所示。接线时不得借用工作零线作为保护线，否则一旦熔断器熔断或零线断线，设备外壳将直接带上相电压，对使用者是很危险的。一般不借用工作零线当作保护零线。

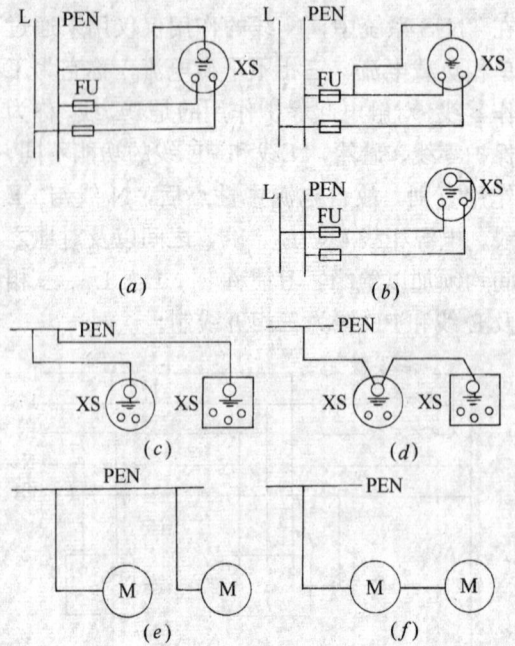

图 3-25 保护接零的正确接法和错误接法比较
XS—插座 M—电动机 FU—熔断器
(a)、(c)、(e) 正确；(b)、(d)、(f) 错误

（4）触电保安器（漏电保护器）

1）漏电保护器的类型。漏电保护器称谓不尽相同。这是由于市场上漏电保护器产品的型号、规格多种多样所致。如触电保护器，触电保安器，漏电断路器，漏电保护插座，触电保护继电器及漏电继电器等。它们之间的主要区别在于：凡名称称为"保安器"、"开关"、"断路器"、"插座"者均指本身已有脱扣装置，能直接接通和切断电路；而名为

"继电器"的，其结构本身只能反映故障，还要与交流接触器、自动空气开关等配套使用。

按反映信号的种类分，主要有电压型和电流型两大类。目前世界各国广泛采用电流型。我国近年颁布的国标也只适用于电流型漏电保护器。按有无中间机构分为直接传动型和间接传动型，前者是指纯电磁或漏电保护品，直接利用检测来的信号推动执行机构；后者又分为储能型和放大型，分别以储能器和放大器作为中间机构。储能器，能积累信号，积累到一定程度再通过开关设备切断电源，如电容储能式等。放大器多采用半导体元件如晶体管、晶闸管、集成电路等组成，将信号放大后再通过开关设备断开电源。用放大器作为中间机构的漏电保护器又称为电子式漏电保护器。

按执行机构分，有机械脱扣和电磁脱扣两种。前者是通过机械装置使开关跳闸，后者是通过触点的分断使接触器分闸。

按照级数和线数，可分为单极二线、二极三线、三极、三极四线、四级等保护器。根据国标还可以按其他的方式分类。

2）主要技术参数。脱扣器额定电流（I_n）在规定的条件下，漏电保护器正常工作所允许长期通过的最大电流值。额定漏电动作电流（$I_{\Delta n}$）制造厂规定的漏电保护器必须动作的漏电动作电流值。额定漏电不动作电流（$I_{\Delta no}$）制造厂规定的漏电保护器必须不动作的漏电不动作电流值。分断时间（$t_{\Delta n}$）指保护器检测元件从实加漏电动作电流起到被保护电路切断为止的时间。短路通断能力（I_m）指保护器在规定条件下所能接通和分断的预期短路电流值。额定漏电能力（$I_{\Delta m}$）在规定条件下，漏电保护器能接通和分断和预期接地短路电流值。

3）漏电保护器的安装和使用。漏电保护器的安装与使用应符合选择条件，即电网的额定电压等级应等于保护器的额定电压，保护器的额定电流应大于或等于线路的最大工作电流；保护器的试验按钮回路的工作电压不能接错。电源侧和负载侧也不能接错；总保护和干线保护装在配电室内，支线或终端线保护装置在配电箱或配电板上。并要保持干燥通风、无腐蚀性气体的损害；在保护器

部分国产电流动作型漏电保护器的性能参数　　　　表3-3

型　号	名　称	极　数	额定电压（V）	额定电流（A）	额定漏电动作电流（mA）	漏电动作时间（s）	保护功能
DZ 5-20L	漏电开关	3	380	3、4、5	30、50	<0.1	过载、短路、漏电保护
DZ 15L-40	漏电断路器	3、4	380	6、10、16、20、25、32、40	30、50、75、100	<0.1	过载、短路、漏电保护
DZ 15L-63	漏电断路器	3、4	380	10、16、20、25、32、40、50、63	30、50、75、100	<0.1	过载、短路、漏电保护
DZL 18-20	漏电开关	2	220	20以内	10、15、30	≤0.1	漏电保护
		3、4					
JC	漏电开关	2、3、4	220	6、10、16、25、40	30	<0.1	漏电保护
JD 1-100	漏电继电器	贯穿孔φ30	380（500）	100	100、200、300、500	<0.1	漏电保护
JD 1-200	漏电继电器	贯穿孔φ40	380（500）	200	200、300、500	<0.1	漏电保护
20安集成电路漏电开关		2	220	6、10、15、20	15、30	<0.1	过载漏电保护
200安集成电路漏电继电器		贯穿孔φ40	380	200	30、50、100、200、300、500	延时0.2~1	漏电保护

的负荷侧零线不得重复接地或与设备的保护接地线相连接；设备的保护接地线不可穿过零序电流互感器的贯穿孔；当负载为单相、三相混合电路时，零线必须穿过零序电流互感器的贯穿孔并采用四极漏电保护器；零序电流互感器安装在电源开关的负荷侧出线中，应尽量远离外磁场；与接触器应保持300～400mm的距离，以防止外磁场影响而引起保护器误动作；保护器应远离大电流母线。穿过零序电流互感器的导线应捆扎在一起形成集束线，置于零序电流互感器贯穿孔的中心位置；保护器本身供整流或脱扣线圈用的交流电源应从零序电流互感器的同一侧取得。

电路接好后，应首先检查接线是否正确，测量绝缘电阻，确认无误，合格后通电试车。步骤不能错由按钮进行试验。按下试验按钮，保护器应能动作。或用灯泡对各相进行试验，具体方法是：按保护器的动作电流值选择适当的灯泡（功率瓦数），将零序电流互感器下面的出线断开，用灯泡分别接触各相（灯泡的另一端接地），则保护器应动作跳闸。

漏电保护器投入运行后，对保护器的误动作和拒动，应及时查找原因修复或更换。责任人员必须掌握保护器的构造、性能、工作原理以及保护器的保护范围，以便正确处理保护器的故障，保证保护器的可靠、安全运行。

4）安全电压、安全距离、屏护及安全标志。安全电压是为防止触电事故而采用的由特定电源供电的电压及电压系列。采用安全电压可防止触电事故的发生；安全电压有一系列的数值，各适用于一定的用电环境；安全电压必须由特定的电源供电。

安全电压值的规定是以通过人体的电流（不超过安全电流）与人体电阻的乘积为依据的。人体电阻是非线性电阻又因人而异，安全电流与通电持续时间有关，另外还与人

的皮肤干湿状况，作业环境条件（湿干、脏洁、粉尘情况）等因素有关。按一定条件下对安全电压值做出一般性的标准规定。国际电工委员会（IEC）以及我国颁布的《低压电路接地保护导则》都对安全电压系列的值作出了规定：即人体状态正常、手脚皮肤干燥的情况下，在接触电压后有较大危险性的场所，可取安全电流 $I_s = 30mA$，人体电阻 $R_b = 1700\Omega$，相应的工频安全电压下限值 $U_s = I_s R_b = 0.03 \times 1700 \approx 50V$。这项导则还给出了人体浸于水中和显著淋湿状态下的安全电压分别为 2.5V 和 25V，见表 3-4 所示。

不同接触状态下的安全电压值　　表 3-4

类别	接 触 状 态	通过人体的容许电流（mA）	人体电阻（Ω）	安全电压（V）
第一种	人体大部分浸于水中的状态	5	500	2.5 以下
第二种	人体显著淋湿状态；人体一部分经常接触到电气装置金属外壳和构造物的状态	50	500	25 以下
第三种	除一、二两种状态外的情况，对人体加有接触电压后危险性高的状态	30	1700Ω（接触电压为50的人体电阻）	50 以下
第四种	除一、二两种状态以外的情况，对人体加有接触电压后，危险性低或无危险的情况	不规定		无限制

我国安全电压标准如表 3-5 所示。表中所列安全电压空载上限值是指负荷变小或空载时安全变压器的电压将升高，若变压器此时超过规定的上限值，即使其额定电压符合规定，仍不能认为符合上述国家标准。

安全电压等级及选用举例　表 3-5

安全电压（交流有效值）		选用举例
额定值（V）	空载上限值（V）	
42	50	在有触电危险的场所使用的手持式电动工具等
36	43	在矿井、多导电粉尘等场所的行灯等
24	29	可供某些具有人体可能偶然触及的带电体设备选用
12	15	
6	8	

　　安全电压等级的选用。首先从用电场所和用电器具对安全影响的电压等级出发考虑。凡高度不足 2.5m 的照明装置，机床局部照明灯具，移动行灯，手持电动工具（手持电锤，手电钻等）以及潮湿场所的电气设备，其安全电压可采用 36V。凡工作地点狭窄，工作人员活动困难、周围有大面接地导体或金属结构（如在金属容器内），因而存在高度触电危险的环境以及特别潮湿的场所，则采用 12V 安全电压。

　　安全距离是为了防止发生人身触电事故和设备短路或接地故障，规定出带电体之间、带电体与地面之间、带电体与其他设施之间，工作人员与带电体之间必须保持的最小空气间隙，称为安全距离或安全间距。防止线路、设备相间短路或接地故障，介绍了防止人体接近带电体而触电的相关技术措施（如保护接地、保护接零、三相五线制）等。

　　屏护及安全标志。采用屏护措施将带电体间隔离起来，用以有效防止用电人员触及带电体。屏护装置与带电体之间距离应符合安全距离的要求及有关规定，并明显标志，以引起人们的注意。所有的屏护装置，都应根据环境条件符合防火、防风要求，并具有足够的机械强度与稳定性。安全标志是在有触电危险的处所或容易产生误判断，误操作的地方，以及存在不安全因素的现场，设置醒目的文字或图形标志，提示人们识别，对防

止偶然触及或过分接近带电体而触及具有重要作用。

3.7　电气消防

　　（1）先断电后灭火

　　电气设备或电气线路发生火灾，应先切断电源，而后再扑救，切断电源时应注意以下几点安全事项：

　　1）应遵照规定的操作程序拉闸，切忌在忙乱中带负荷拉刀闸。由于烟熏火燎，开关设备的绝缘能力会下降，操作时应注意自身的安全。在操作高压开关时，操作者应戴绝缘手套和穿绝缘靴；操作低压开关时，亦应尽可能使用绝缘工具。

　　2）剪断电线时应使用绝缘手柄完好的电工钳；非同相导线或火线或零线应分在不同部位剪断，断点应选择在靠电源方向有绝缘支持物的附近，防止被剪断的导线落地后触及人体或导体造成短路。

　　3）断电范围不宜过大，如果需要电力部门切断电源的应及时电话联系。若是夜间救火还要设置临时照明。切断电源后，可按一般性火灾组织人员扑救，同时向公安消防部门报警求助。

　　（2）带电灭火的安全要求

　　为争取灭火时间，来不及断电或因生产需要等原因，不得停电，则需要带电灭火，带电灭火需注意以下几点：

　　1）为防止跨步电压和接触电压，救火人员及所使用的消防器材与接地故障点要保持足够的安全距离：在高压室内为 4m，室外为 8m，进入上述范围的救火人员要穿上绝缘靴。

　　2）带电灭火应使用不导电的灭火剂。如二氧化碳、四氯化碳、1211 干粉灭火机。不得使用泡沫灭火剂和喷射水流导电性灭火剂。

　　3）用水枪灭火时，为防止通过水柱泄漏

电流通过人体，应将水枪喷嘴接地或让灭火人员穿戴绝缘手套和绝缘鞋，喷嘴主带电体的距离不应小于 3m；用喷雾水枪灭火，通过水柱的泄漏电流较小，带电灭火较安全。

4) 对架空线路或空中电气设备进行灭火时，人体位置与带电体之间仰角不超过 45°，以防止导线断落伤人。

5) 倘若带电导线断落地面，应划出半径 8～10m 的警戒区，以避免跨步电压触电。未穿绝缘靴的扑救人员，要防止因地面积水触电。

（3）充油电气设备的灭火要求

1) 变压器、油断路器等充油电气设备着火时，如果只是设备外部着火，且火势小，可用除泡沫灭火器外的灭火器带电扑救；如果火势较大，应立即切断电源进行扑救（可用水灭火）。备有事故贮油池者应将油放进贮油池，池内的油火可用干砂或泡沫灭火剂灭火，地面上的油火不得用水喷射，以防止油火漂浮水面蔓延扩大。防止燃烧的油流入电缆沟，沟内的油火只能用泡沫灭火剂覆盖扑灭。

2) 旋转电机着火时，为防止转轴和轴承变形，可边盘动边灭火。可用喷雾水、二氧化碳灭火，但不得用泥沙、干粉灭火，以免砂土落入内部，损坏机件，并给清理带来不便。

（4）日用电气设备的灭火

在非生产建筑和民用建筑中，日用或家用电器引起的火灾时有发生。电气火灾发生的原因主要是线路过负荷、电器安装不当、运行维修不善、绝缘老化严重等。针对这些原因采取的防火措施有：

1) 在设计和选择供配电系统的设备、导线时，要求设备的容量和导线的载流量不小于计算负荷。当用电负荷增加后，应通过负荷计算来检查线路和配电设备是否还能承受，如不能承受则应更换，相应的保护装置也应根据计算负荷整定。

2) 正确安装电气连接部位的接头应保证连接部分的绝缘强度和机械强度。电源线及电器应避开热源。电灯、电炉、电视机等在运行中能散发热量应避开易燃物，与墙壁保持 100～200mm 的距离，以利通风。电视机内高压达上万伏，可能发生放电，在其附近更不能摆放易燃物品，以免放电火花引燃这些物品。

3) 对运行中的电器，应经常检查和清扫，以防止积尘引起漏电和短路。电器用完后应及时切断电源。如使用中意外停电，一定勿忘要断开电源。

3.8 电气照明电路

3.8.1 照明

电气照明是通过电光源将电能转换成光能，在夜间或天然采光不足的情况下提供明亮的环境，以保证生产、学习、生活的需要。合理的电气照明，对于保护视力，减少生产事故，提高工作效率，保证产品质量是十分重要的。同时，电气照明装置还能装饰建筑物，美化环境，是完整建筑的有机组成部分。

照明装置按其作用可分为常用照明及事故照明两类。

常用照明是满足一般生产、生活需要的照明。正常照明按照明装置的分布特点又分为三种方式：一般照明；局部照明；混合照明。一般照明是指在整个房间内普遍产生需要的照明要求，也称为均匀一般照明。局部照明是为了满足室内某一局部工作地点的照明要求，在工作地点（或作业工件上）附近设置照明灯具的方式。局部照明还可分为固定式局部照明和移动式局部照明两种方式。固定式局部照明灯具是固定安装的；移动式局部照明的灯具可以移动，如临时检修设备用的手持式灯具。

一般照明和局部照明共同组成的照明方式叫混合照明。

在正常照明突然停电的情况下，供暂时继续工作和使人员迅速及时向外疏散用的照明称为事故照明。如供（配）电站、手术室、急救室、高层建筑的楼梯及人员密集的公共场所等。事故照明应采用能瞬间点燃的照明光源，一般采用白炽灯。当事故灯作为正常照明的一部分时，一旦事故发生，在不需切换电源的情况下，也可采用荧光灯。

目前最常用的就是白炽体发光和紫外线激励荧光物质发光两种。提供电光源的器具习惯上称电灯。照明电源线取自三相四线制（也有三相五线式）低压线路上任一根相线和中性线，构成照明电路的线路，叫做照明线路，简称灯线。电力网提供照明电源的电压一般标准是交流50Hz、220V。

3.8.2 白炽灯照明电路

白炽灯是常用的电光源，它是由电流通过灯丝时产生热量，使灯丝温度升高到白炽状态发光。白炽灯属于热辐射光源类。

白炽灯是由玻璃泡壳、灯丝、支架、引线和灯头组成。灯丝选用高熔点材料（钨丝）绕成。一般小功率（40W以下）玻璃抽成真空；大功率的玻璃泡抽成真空后充入惰性气体，充气是为了减少使用时钨丝蒸发，以延长灯泡的使用寿命。一般往灯泡里充入氩、氮或氩氮混合气等惰性气体。

灯头用黄铜皮或镀锌铁皮压制而成，是固定灯泡和接通电路的装置。常用的灯头型式有螺口灯头和插口灯头，与灯座配套使用。

白炽灯灯丝在用于交流电源时，由于灯丝热惯性，光波动不大，光色较受人们欢迎；灯丝能瞬时点燃，可用于事故照明的一般采光；其构造简单，照明可靠，使用方便，价格便宜，广泛应用于开关频繁的环境中。

白炽灯照明电路，一般由室内（外）布线，开关，灯头，白炽灯泡及附件所组成。额定电压为220V。在敷设线路、安装灯具时，

应根据使用、维修、控制和安全等各种因素综合考虑。通常是按应用开关结构分单联及双联控制电路，如图3-26所示。白炽灯开关的容量一般在1000W以下，其结构和性能按不同的环境要求安装位置选用和安装。

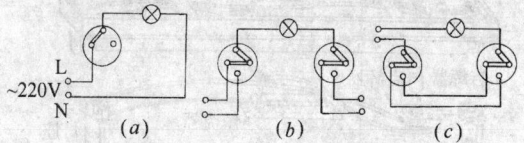

图3-26 单、双联控制开关接线图
(a) 单控线路；(b) 双控方案Ⅰ；(c) 双控方案Ⅱ

图3-26（a）为白炽灯照明线路原理图。灯座上两个接线桩，一个与电源N（零）线连接，另一个与来自开关的一根连接（L—相线或称火线）连接。插口灯座两个接线桩，可任意连接；螺口灯座上规定把来自开关的连线接到通中心铜簧片的接线桩上，零线线头连接在通螺纹圈的接线桩上，为使用安全，不能错接。吊灯灯头（灯座）必须采用花线（或塑料软线）作为电源引线。

图3-26（b）所示为双控方案Ⅰ接线图，节省线路用料。安装时，只要是同根相线的照明线路，可分别就近取相线和零线；注意，检修时必须停电，否则易发生短路事故。

图3-26（c）所示为双控方案Ⅱ接线图，比较安全，线路用料较多，在不是同一根相线的场合必须采用该路线。

3.8.3 日光灯照明电路

日光灯又称荧光灯，属气体放电光源，是应用比较普遍的另一类电气照明光源。

荧光灯构造主要由灯管、镇流器、启辉器、灯架、灯座组成，如图3-27所示。

灯管的结构是在玻璃管的两端各装有钨丝电极，电极与两根引入线焊接，并固定在玻璃芯柱上，引入线与灯帽的两根灯脚联接。管内抽真空后充入少量汞和惰性气体氩。管内壁均匀地涂一层荧光粉。

镇流器是一个具有铁芯的线圈。

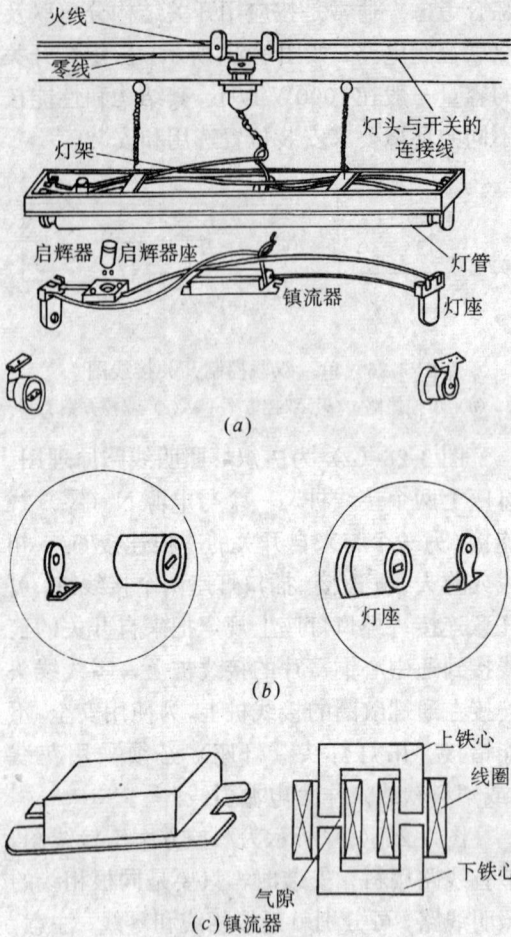

(a)

灯座

(b)

上铁心
线圈
气隙
下铁心

(c)镇流器

图 3-27 荧光灯线路及构造

启辉器的结构是在一个充有氖气的玻璃泡中装有固定触片和 U 形的可动触片,可动触片由膨胀系数不同的两种金属材料粘合而成,称双金属片,如图 3-28 所示。

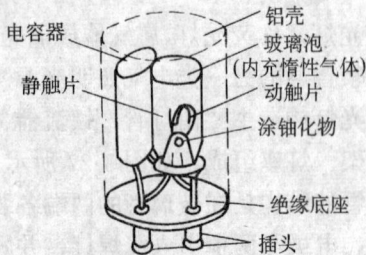

电容器
铝壳
玻璃泡
(内充惰性气体)
静触片
动触片
涂铀化物
绝缘底座
插头

图 3-28 启辉器

日光灯发光效率高,使用寿命可达 2000

~3000h,光线柔和。但要求工作环境温度在 18~25℃ 的范围内,否则启辉困难或光效下降;开或关频繁会影响使用寿命,功率因数较低,有频闪现象,不能在有转(移)动物体所在场所中使用,否则容易造成人身事故。

荧光灯的工作原理如图 3-29 所示。

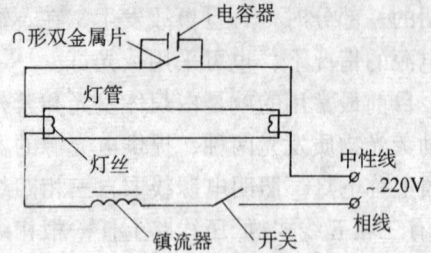

∩形双金属片
电容器
灯管
灯丝
中性线
~220V
镇流器
开关
相线

图 3-29 荧光灯的原理图

开关合上后,日光灯的灯丝通电发热;启辉器的"U"型动触片和静触片之间电压较高,引起辉光放电,放电时产生的热量使 U 型动触片与静触片相接触,两片间电压为零而停止辉光放电,U 形动触片冷却并复原脱离静触片在断开瞬间,镇流器两端会产生一个比电源高得多的感应电势;这个感应电动势加在灯管两端,使灯管内惰性气体被电离而引起弧光放电,随着灯管内温度升高,液态汞就气化游离,引起汞蒸气弧光放电而发出肉眼看不见的紫外线,紫外线激发灯管内壁的荧光粉后,发生近似日光的灯光。电路中镇流器有两个作用,一是灯丝预热时,限制灯丝所需的预热电流值,防止预热过高而烧断,并保证灯丝电子的发射能力;二是灯管启辉后,维持灯管的工作电压;限制灯管工作电流在额定值内,保证灯管能稳定工作。镇流器线圈四个线头的接线原理图如 3-30 所示。

线路安装时应将荧光灯灯管置于被照面上方,并使灯管与被照面保持平行;吊式灯架的挂链吊钩应与支持点固定牢靠;接线时把相线(L—线)接入控制开关,开关出线必须与镇流器相联,再按镇流器接线图接线。

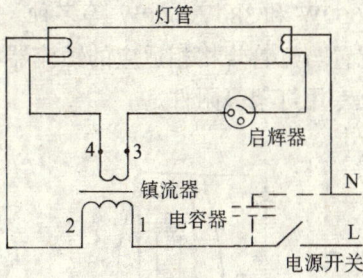

图 3-30 四线头镇流器接线原理图

3.8.4 其他常用照明灯具简介

常用照明电光源有碘钨灯、高压汞灯、高压纳灯和金属卤化物灯。这些电灯均属强光灯，已被广泛地作为大面积场地照明使用。

（1）碘钨灯

碘钨灯属热发射光源，它既具备白炽灯光色好、辨色率高的优点，又克服了白炽灯光效较低，寿命短的缺点。碘钨灯一般被制成圆柱状玻璃管，两端灯脚为电源触点，管内中心的螺旋状灯丝（钨丝）安置在灯丝支架上，管内支架上充有微量的碘，在高温下，利用碘循环而提高发光效率和延长灯丝寿命，如图 3-31 所示。

碘钨灯照明线路在灯管配套的（含灯架、反光罩等）基础上套装。灯架离可燃建筑面的净距不得小于 1m，固定安装垂直高度不宜低于 6m；灯管工作时必须处于水平状态，倾斜不超过 4°；灯管两端管脚连接导线应采用裸铜线穿套瓷管绝缘，耐高温；电源线由灯架至挂线盒引线宜采用耐热性能较好的橡胶绝缘软线。

（2）高压汞灯

高压汞灯与荧光灯一样，同属于气体放电光源。在发光管内都充以汞，均依靠汞蒸气放电而发光。高压汞灯发光时的汞蒸气压力较高，具有较高光效，较长的寿命和较好的防振性能等；但也存在辨色率较低，点燃时间较长和电源电压跌落时会出现自熄等不

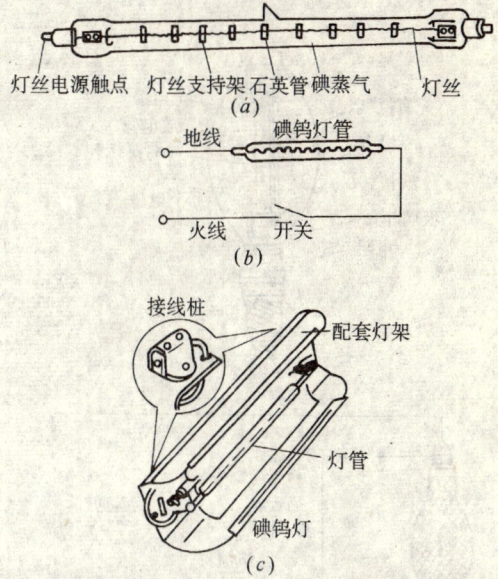

图 3-31 碘钨灯照明线路
(a) 碘钨灯；(b) 接线图；(c) 灯的安装

足之处。

高压汞灯的安装接线如图 3-32 所示。功率在 125W 及以下的应配 E27 型的瓷质灯座；功率在 175W 及以上的应配用 E40 型的瓷质灯座；所用镇流器，规格必须符合要求，即灯泡与镇流器功率一致；镇流器在灯具附近安装，并应装在人体触及不到的位置；在镇流器接线桩的端面上应覆盖保护物，置户外，应有防雨措施。

（3）高压钠灯

高压钠灯也是一种放电光源，是利用钠蒸气而发光。分有高压和低压两种，作为照明的大多数是高压钠灯。高压钠灯除具有比高压汞灯激发电位低、光效高、使用寿命更长等特点外，其辐射的波长范围集中在人眼较敏感的区域内，光色呈桔黄偏红，具有较强的穿透性，用于多雾或多尘垢的环境中，作为一般照明，有着较好的照明效果。在城市中已较普遍地采用高压钠灯作为街道、广场照明。

高压钠灯主要由灯丝、双金属热继电器、放电管、玻璃外壳等组成，如图 3-33 所

示。

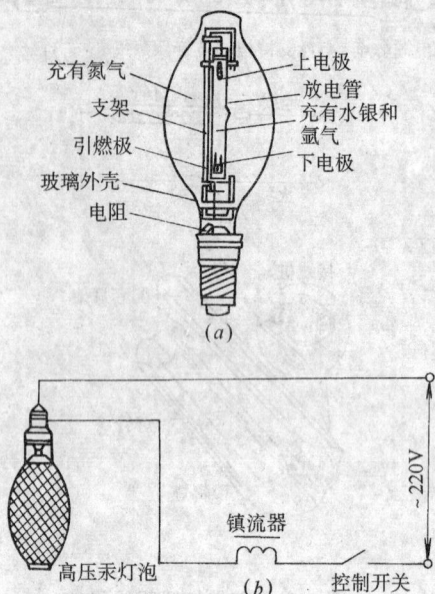

图 3-32 高压水银荧光灯
(a) 高压汞灯；(b) 接线图

目前市场上高压钠灯有 GN—400 型，其额定电压为 220V，额定功率为 400W，光通量为 3600lm（流明），其最大直径 D 为 60mm，全长为 275 ± 5mm。钠灯同汞灯一样必须选用 E 型瓷质灯座，配套用镇流器。由于玻璃外壳温度很高，必须具有良好的散热条件。

高压钠灯的放电管是半透明的，灯具的反射光不宜通过放电管。否则，放电管因吸热而升温，影响寿命，易自熄。灯泡破碎后要及时妥善处理，防止汞害。

（4）金属卤化物灯

这种新光源，在发光管内充以卤化物，就是为了克服高压汞灯和高压钠灯显色性较差的缺点。从而使之进一步提高光效，辐射出近似日光（近似连续光谱）的白色。目前常用的金属卤化物灯有钠铊铟灯和镝灯两种，前者灯泡内充有碘化钠——碘化铊——碘化铟；后者灯管内充有碘化镝。

钠铊铟灯的常用规格：有 220V、250W、400W 和 1000W 等多种；镝灯有

220V1000W 和 380V3500W 等多种。选用时均需配置与灯管规格相适应的镇流器和触发器以及专用灯架等附件。

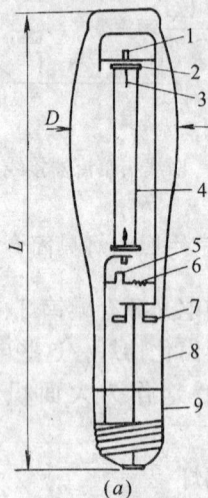

(a) 高压钠灯
1—铌排气管；2—铌帽；3—钨丝电极；4—放电管；5—双金属片；6—电阻丝；7—钡钛消气剂；8—玻璃外壳；9—灯帽

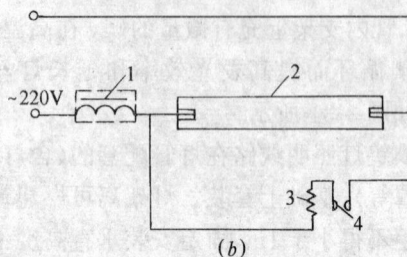

(b) 高压钠灯原理图
1—镇流器；2—放电管；3—热电阻；4—热继电器
图 3-33 高压钠灯

安装时，必须注意灯位离地的足够高度，不得低装，以免对人体产生较高的紫外线辐射量以及眩光。各种规格、型号产品有着不同的安装高度，要照产品说明书上规定执行。

上述几种灯具常见故障有灯座接触不良，触发器失灵，灯管漏气以及电源电压变化大于 $\pm5\%$ 等。

小　结

　　电流通过的途径称电路。电路由电源、开关、用电器（负载）连接导线四部分组成。根据国家标准的统一图形，以文字符号、线条表明各个电器元件、设备先后次序和功能的图形称为电路图。电阻是物质对电流特有的一种阻碍力；它只与选定的材料有关，电阻与导体的长度成正比，与截面成反比。电阻串联，是指电阻首尾相接，再分别接在电源两极；电阻并联是指首端相联，尾端联在一起，再分别接在电源两极的电路；电路里既有串联又有并联的电路称为混联电路。无论哪种形式的电路，按电路的性质、特点简化成串、并联电路的同时，一步一步进行计算。

　　对选定电路的某部分进行计算时，导体通过的电流与这段电路两端的电压成正经，与其电阻成反比；对含有电源的电路应考虑电动势的内阻。全电路欧姆定律叙述为：电路中流过的电流与电动势成正比，与电路负载电阻及内阻之和成反比。这种电路在电动势不变时有三种情况。通路：是指负载电阻为额定值时，电路电流是额定电流；当负载电阻增大到无穷大时，电路的电流为零，称为断路；在负载电阻减少到很小，接近零时，电路电流值比额定值大许多倍，称为短路。短路是不允许的。根据焦耳楞次定律，电路中电流做功会转换成其它能，其它能以电流的平方、电阻、时间来核定，单位为焦耳。单位时间所做的功称为功率。功率是时间为核算单位考核用电器将电能转换成其他形式能量的概念。

　　用电安全知识是着重介绍以防为主的原则。安全措施有安全电压，安全电流是指人体无论哪种形式触及到带电体，承受电位差不至于引起伤残或死亡的电压。按规范通过人体的安全电流为 30mA 以下。三相五线制供电是将保护接地线、保护接零线及三根相线引至用电器进行牢固可靠连接的一项安全用电技术措施。目前厂矿及家用电源都采取了自动漏电保护装置——触电保安器，当用户的线路漏电电流达到 30mA 时，触电保护器能在 0.1s 之内自动断开电源，使触及漏电设备人体免受触电之苦，从而保证了用电安全。

　　电气消防有两种情况，用电器着火时，一方面消防时必须先断开电源，按常规方式灭火；另一方面是在线路或用电设备不允许停电情况下灭火，就应该特别注意消防人员的安全，防护措施要齐备。

　　电气照明电路在了解不同照明装置性质情况下，要选择配套的线路、开关、灯具支架，按接线规定要求敷设、安装。

习　题

1. 电路由哪几部分组成，各部分功能是什么？
2. 什么是电路图，有哪几种类型，图中有什么样的规定？
3. 叙述金属导体的电阻、电阻定律。
4. 要把一额定电压 24V，电阻为 240Ω 的指示灯接到 36V 电源电路中使用，应串多大电阻？

5. 已知电炉的电阻是 44Ω，使用时电流是 5A，试求供电线路的电压。

6. 如题 3-1 图所示，$R_1=10Ω$，$R_2=20Ω$，$R_3=5Ω$，求：$\dfrac{U_1}{U_2}$，$\dfrac{I_2}{I_3}$。

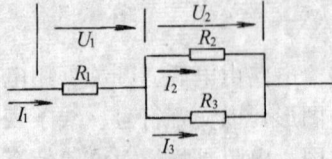

题 3-1 图

7. 如题 3-2 图中，已知 $R_1=100Ω$，$I=3A$，$I_1=2A$，求 I_2、R_2。

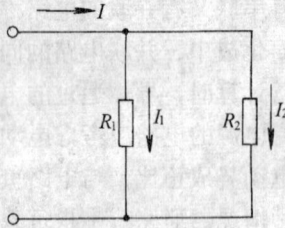

题 3-2 图

8. 如题 3-3 图所示，$E=12V$，$r=1Ω$，$R_1=1Ω$，$R_2=R_3=4Ω$（设电表对电路无影响），求①开关断开时电压表的读数；②当开关闭合时，电压表读数又是多少？

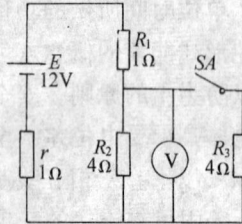

题 3-3 图

9. 已知 $R_1=R_2=5Ω$，$R_3=10Ω$，试画出草图说明，把它们按不同方式连接，一共有几种方式？并计算出各种接法的等效电阻。

10. 如题 3-4 图所示，$R_1=8Ω$，$R_2=3Ω$，$R_3=6Ω$，$R_4=10Ω$，$E=6V$，$r=1Ω$ 求 U_{AB}。

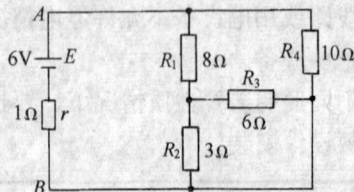

题 3-4 图

11. 电功率的表达式有（1）$P=I^2R$，（2）$P=\dfrac{U^2}{R}$ 等。由（1）看出 P 与 R 成正比；由（2）看出 P 与 R 成反比。问这两个公式是否有矛盾，为什么？

12. 某车间原使用 50 只额定电压为 220V，功率为 60W 的白炽灯照明，现改为 40 只额定电压为 220V，功率为 47W 的日光灯（灯管 40W，镇流器 7W），不但照度提高而且省电。若每天使用 8 小时，问一年（按

300 天工作日计算）可节省电多少度？

13. 什么叫触电，电击伤人的程度与哪些因素有关？

14. 常见触电方式和原因有哪几种？

15. 常见的安全用电措施有哪些，什么是保护接地，保护接零，三相五线制供电？

16. 触电保安器的安装和使用有哪些要求？

17. 安全用电有哪些主要内容？

18. 安全电压，安全距离，屏护及安全标志。请你分别叙述是怎么规定的？

19. 对触电者应如何进行急救，应如何进行电火警的紧急处理，灭火措施是什么？

20. 日用电气设备的防火措施有哪些要求？

21. 常用照明装置按分布特点是哪几种方式？

22. 简述荧光灯的工作原理。

23. 叙述碘钨灯照明线路安装的要求。

第4章　焊接与气割基本知识

焊接是现代化工业生产中广泛应用的一种金属连接的加工方法。焊接是通过加热或加压、或两者并用，并且用或不用填充材料，使焊件达到原子结合的一种加工方法。在管道工程中，焊接是最重要的、应用最广泛的连接方法。管道焊接的主要优点是：接头牢固紧密，不易渗漏，不需管道配件，成本低，施工速度快，使用后不需要经常管理。缺点是：接口固定，拆卸困难，操作工艺复杂，需专门焊接设备和取得相应等级焊缝合格证的焊工焊接。

管道工在管道焊接工作中，要作好管子的加工和组对、点焊固定管子与管件等，因此应熟悉焊接的基本知识，和焊工一起共同保证焊接接头的质量。

根据焊接过程中金属所处的状态不同，可以把焊接分为熔焊、压焊和钎焊三类，在这三类中，又包括许多焊接方法。

管道安装工程中最为常用的焊接方法是手工电弧焊、气焊和气体保护焊。气割是金属材料加工的主要方法之一，它设备简单，操作方便，成本低，在管道工程中应用较广。

本章主要学习手工电弧焊、气焊、气割及其他焊接的一些基本知识

4.1 手工电弧焊

熔焊是利用局部加热使连接处的金属熔化再加入（或不加入）填充金属而结合的方法。手工电弧焊是熔焊中最基本的一种焊接方法，几乎适用于各种钢材的焊接，也适用于有色金属及合金的焊接。

手工电弧焊使用设备简单，操作灵活、维护方便，具有以下优点：

1）工艺灵活、适应性强　可在室内、野外、高空等各种环境下工作；能适应平、横、立、仰各种位置及不同厚度、结构形状的焊接；适用于碳钢、低合金钢、耐热钢、不锈钢等的焊接，也可用于铸铁、有色金属（铝、铜及合金）的焊接。

2）质量好　与气焊埋弧焊相比，金相组织细，热影响小，接头性能好，强度高。

3）易于通过工艺调整来控制变形和改善应力。

手工电弧焊的缺点是：

1）生产率低　受焊工体质的影响，焊接工艺参数选择较小，故生产率低。

2）对焊工要求高　焊工的操作技术和经验直接影响产品质量好坏。

3）劳动条件差　焊工工作时手脑并用，精神高度集中，而且还受高温烘烤、有毒、烟和金属蒸汽的危害。

4.1.1　电弧焊的过程

手工电弧焊主要回路如图4-1所示，它由电源设备、软电缆、焊钳、焊条、焊件及地线组成。

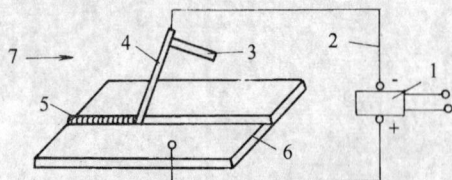

图 4-1　手工电弧焊主要回路示意图

1—直流弧焊机；2—软电缆；3—焊钳；4—焊条；
5—焊缝；6—焊件；7—焊接方向

电弧焊是分别以焊件与焊条作两个电极，利用两极间产生的电弧作为热源，熔化焊条和焊件的基本金属，焊条作为填充剂，使两块分离的金属熔合为一体的过程，这个过程称为电弧焊的过程。

焊接过程中，在电弧的吹力作用下，使焊件的熔化金属的底部形成陷窝，这个陷窝称为熔池。填充金属和基本金属不断熔合而构成熔化状态的金属，待冷却后形成了焊缝，焊缝表面覆盖的一层渣壳称为焊渣。

4.1.2 焊接电弧

(1) 焊接电弧性质、构造

两电极间强烈而持久的放电现象称电弧（例如：电源短路的一瞬间产生的耀眼火花）。

电弧是一种空气导电现象，它具有两个特性，即能放出强烈的光和大量的热。

由焊接电源供给的具有一定电压的两电极间或电极与焊件间，在气体介质中产生的强烈而持久的放电现象叫焊接电弧。

焊接电弧是手弧焊的热源，利用电弧的热量可将焊条和焊件接头处溶化，形成熔池，熔池冷凝成焊缝，而将焊工件连接成整体。

焊接电弧在放热时，同时发出强光，容易对人体产生危害，如刺伤眼睛，灼伤皮肤，因此应注意对人体的保护。

焊接电弧的构造分为三个区域：阴极区、阳极区、弧柱，如图4-2所示。

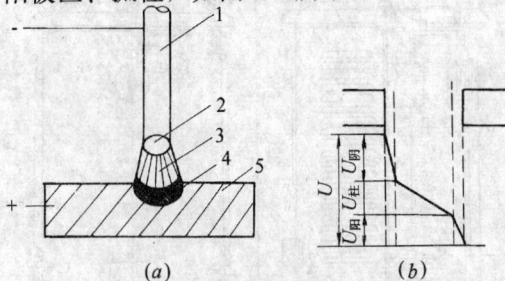

图 4-2 焊接电弧结构
(a) 电弧结构；(b) 电弧压降
U—电弧的压降；$U_{阳}$—阳极区压降；
$U_{柱}$—弧柱区压降；$U_{阴}$—阴极区压降；
$$U=U_{阳}+U_{柱}+U_{阴}$$
1—电极；2—阴极区；3—弧柱；4—阳极区；5—焊件

1) 阴极区：电弧紧靠负电极的区域为阴极区。阴极区很窄，在阴极区的阴极表面有一明亮的斑，称为阴极斑点。阴极区的温度一般达到2130~3230℃，放出热量占36%左右。

2) 阳极区：电弧紧靠正电极的区域为阳极区。阳极区较阴极区宽，在阳极表面也有一个光亮的斑点，称为阳极斑点。阳极区的温度一般达2330~3930℃，放出热量占43%左右。

3) 弧柱区：在阴极区和阳极区之间为弧柱区。弧柱的长度基本上等于弧长，弧柱的中心温度可达5730~7730℃，在手工电弧焊中放出热量占21%。

电弧两端（两电极）之间电压降，称为电弧电压。电弧电压由三部分组成，即阴极电压降、阳极电压降和弧柱电压降。

当电极材料、电源种类及极性和气体介质一定时，弧长拉长时，电弧电压升高；反之则降低。

(2) 焊接电弧的引燃方法

焊接方法不同，引燃电弧方法也不同，主要有如下两种：

1) 接触短路引燃法：将焊条与焊件接触短路产生短路电流，然后迅速提起焊条2~4mm，这时焊条与焊件表面间立即产生一个电压，使空气电离产生电弧。手工电弧焊、埋弧焊等均采用此方法。接触短路引燃法一般用击法和划法来实现。

2) 高频高压引燃法：利用高压直接将两电极间的空气间隙击穿电离，引发电弧。主要用于氩弧焊等。

4.1.3 弧焊电源

焊机是完成焊接工艺操作的专用设备，包括焊接电源、焊钳等。焊接电源是焊接电路中为焊接电弧提供电能的设备，为区别其他电源，这些电源称为弧焊电源。手工电弧焊电源有弧焊发电机（直流弧焊机）、弧焊变压器（交流弧焊机）和弧焊整流器（整流弧焊机)。

(1) 手弧焊时对弧焊电源的基本要求

1) 对空载电压的要求:

空载电压是焊机没有接负载(即没有电弧时)、焊接电流为零时输出端的电压。

空载电压过低,则引弧困难,且电弧燃烧也不够稳定;空载电压过高,则制造成本高且会危及焊工的安全,因此我国有关标准规定最大空载电压 $U_{空最大}$ 为:

弧焊变压器 $U_{空最大} \leqslant 80V$;

弧焊整流器 $U_{空最大} \leqslant 90V$;

弧焊发电机 $U_{空最大} \leqslant 100V$(单头焊机);

$U_{空最大} = 60V$(多头焊机)。

2) 对短路电流的要求:

焊条和焊件接触短路时,电压为零,焊机输出的电流为短路电流。短路电流过大,电源将出现过载而引起焊机烧坏,同时会使焊条过热,药皮脱落,并使飞溅增加。但短路电流过小,会使引弧和熔滴过渡发生困难。因此,要求满足以下条件:

$$1.25 < \frac{I_{短}}{I_{工}} < 2$$

式中 $I_{短}$——短路电流,A;

$I_{工}$——工作电流,A。

3) 对弧焊电源外特性的要求:

弧焊电源输出电压与输出电流之间的关系称为电源外特性。外特性可用曲线来表示,称为外特性曲线。

手弧焊时,弧长有时可能发生变化。如弧长变化时,焊接电流显著变化,则会影响焊缝质量。当电源具有陡降的外特性时,弧长改变而引起的电流变化最小,因此要求手弧焊电源具有陡降的外特性,如图 4-3 所示。

4) 对弧焊电源动特性的要求:

焊接电弧在焊接电路中作为一个负载,是一个一直在变化的动态负载。因为在焊接过程中,引弧会产生短路,熔池过渡时也会产生短路,使电弧长度、电弧电压和焊接电流产生瞬间变化。弧焊电源动特性指负载状

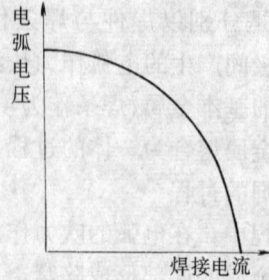

图 4-3 陡降外特性

态发生瞬时变化时,弧焊电源输出电流和电压与时间的关系,它表示弧焊电源对动态负载瞬时变化的反应能力。

手弧焊时,要求弧焊电源具有良好的动特性,才能获得预期有规则的熔滴过渡、稳定电弧、较小的飞溅和良好的焊缝成形。

5) 对弧焊电源调节特性的要求:

焊接时,需要根据焊接材料的性质、厚度、焊接接头形式等的不同选用不同的焊接电流。但当弧长一定时,一条外特性曲线只能有一个稳定工作点,即只有一个对应的电流值,所以,要求电源能通过调节,得出不同的外特性曲线,即电源具有灵活的调节特性。

(2) 手工弧焊机的种类

1) 交流弧焊机(弧焊变压器)是将电网的交流电变成适宜于电弧焊的交流弧焊电源。图 4-4 为 BX 3-300 型弧焊变压器。

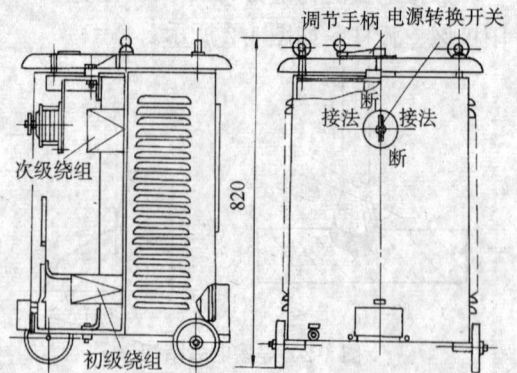

图 4-4 BX3-300 型弧焊变压器

常用的弧焊变压器有:第一系列(BX1)

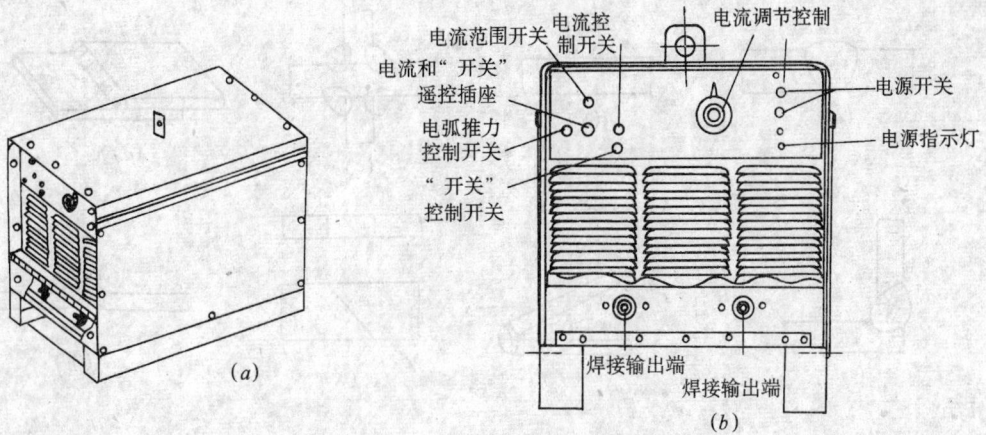

图 4-5 GS 系列晶闸管弧焊整流器示意图

(a) 外形图；(b) 前面板示意图

为"动铁式"、第二系列（BX2）为"同体式"、第三系列（BX3）为"动圈式"和第六系列（BX6）为"抽头式"。常用国产弧焊变压器型号见表 4-1。

弧焊变压器的型号   表 4-1

类 型	型 式	国产常用牌号
串联电抗器类	分体式	BP
	同体式	BX-500；BX₂-500, 700, 1000
增强漏磁类	动铁心式	BX₁-135, 300, 500
	动圈式	BX₃-300, 500；BX₃-1-300, 500
	抽头式	BX₆-120, 160

2）直流弧焊机（弧焊发电机）由直流发电机和原动机两部分组成。直流弧焊机体积大、笨重、耗材多、噪声大、效率低。如 AX 型旋转式直流弧焊机已属淘汰产品。

3）弧焊整流器是一种将交流电经变压、整流转换成直流电的焊接电源，采用硅整流器做整流元件称为硅整流焊机，采用晶闸管（可控硅）的称为晶闸管整流弧焊机，如图4-5为 GS 型弧焊整流器外形图和前面示意图。

可控硅弧焊整流器有耗材少、体积小、重量轻、功率因数高、省电、动特性良好，且调节性能好，电网电压波动和工作电压波动可以补偿，输出电压稳定等优点。

4.1.4 手工电弧焊工艺

（1）焊接接头形式

用焊接方法连接的接头称为焊接接头（简称接头）。由焊缝区、熔合区和热影响区三部分组成，如图 4-6 所示。

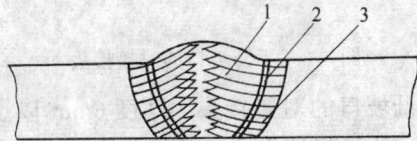

图 4-6 焊接接头的组成

1—焊缝区；2—熔合区；3—热影响区

焊接接头可分为对接接头、T 形接头、十字接头、搭接接头、角接接头、端接接头、套管接头、斜对接接头、卷边接头和锁底对接接头等十种，如图 4-7 所示。

对接接头、T 形接头，角接接头、搭接接头为应用最广泛的四种接头。

1）对接接头：

两焊件端面相对平行的接头称为对接接头。可分为开坡口和不开坡口两种。

不开口的对接接头：一般用于厚度 6mm 以下的焊件，焊接时两焊件之间留 1～2mm 根部间隙，如图 4-8 所示。

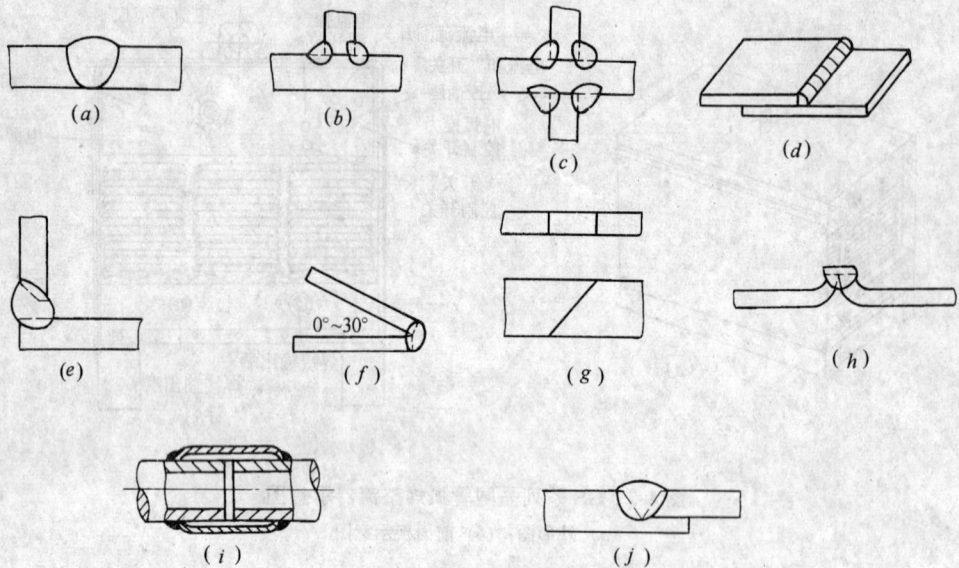

图 4-7 焊接接头的形式

(a) 对接接头；(b) T形接头；(c) 十字接头；(d) 搭接接头；(e) 角接接头；

(f) 端接接头；(g) 斜对接接头；(h) 卷边接头；(i) 套管接头；(j) 锁底对接接头

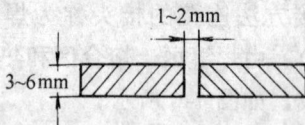

图 4-8 不开坡口的对接接头

开坡口的对接接头：厚度 6mm 以上的焊件，为了保证焊透，焊前必须开坡口。

所谓开坡口，就是用机械、火焰或电弧等在焊件的待焊部位加工一定几何形状沟槽（坡口）的过程。对接接头的几种坡口形式见表 4-2。

对接接头常见几种接头型式 表 4-2

坡口型式	坡口	间隙与钝边	特 点
钝边 V 型坡口		参照图及自选	加工方便，焊后易产生朝坡口侧的焊接变形
V 型坡口		自选	

续表

坡口型式	坡口	间隙与钝边	特 点
单边钝边 V 型坡口		自选	加工方便，焊后易产生朝坡口侧的焊接变形
单边 V 型坡口		自选	
X 型坡口		参照图及自选	焊后变形小，内应力小，与 V 型坡口相比，在同样材料厚度下可节省金属材料 1/2 左右
U 型坡口		参照图及自选	焊着金属量最少，变形小，焊缝中母材占的比例小，坡口加工较困难，一般用于较重要焊接结构
单边 U 型坡口		参照图及自选	

坡口型式	坡 口	间隙与钝边	特 点
双U型坡口		参照图及自选	焊着金属量最少，变形小，焊缝中母材占的比例小，坡口加工较困难，一般用于较重要焊接结构

2）角接接头：

两焊件端面构成大于 30°，并小于 135° 夹角的接头，称为角接接头。角接接头形式见图 4-9。

3）T 形接头：

一焊件之端面与另一焊件表面构成直角或近似直角的接头，称为 T 形接头。T 形接头的形式，如图 4-10 所示。

4）搭接接头：

两焊件部分重叠构成的接头称为搭接接头。可分为不开坡口、塞焊缝和槽焊缝，如图 4-11 所示。

（2）手工电弧焊的工艺参数

焊接工艺参数（焊接规范）是指焊接时为保证焊接质量而选定的诸物理量的总称。

手工电弧焊的焊接工艺参数通常包括：焊条选择、焊接电流、电弧电压、焊接速度、焊接层数等。焊接工艺参数适当，可提高焊接质量和生产效率。

1）焊条种类和直径选择。主要根据母材

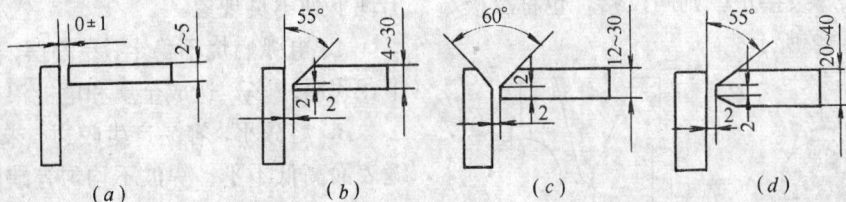

图 4-9 角接接头

(a) I 形坡口；(b) 单边 V 形坡口；
(c) 带钝边 V 形坡口；(d) 带钝边双单边 V 形坡口

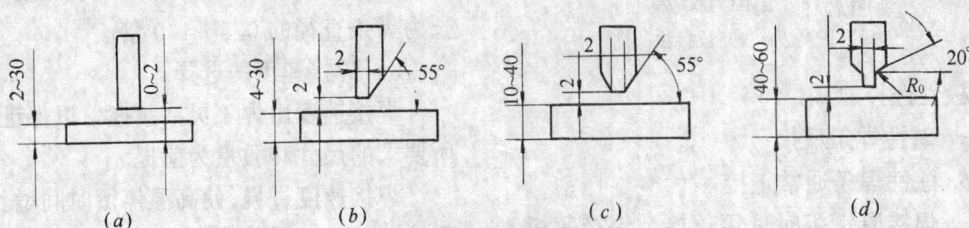

图 4-10 T 形接头

(a) I 形坡口；(b) 单边 V 形坡口；(c) 带钝边双单边 V 形坡口；(d) 带钝边双 J 形坡口

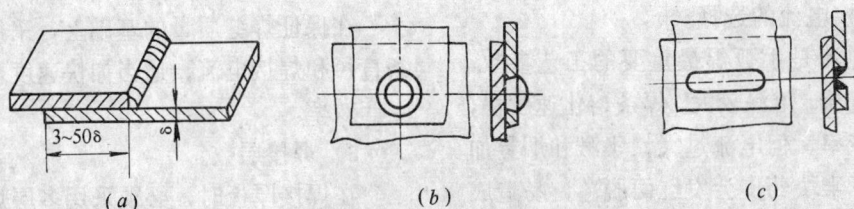

图 4-11 搭接接头

(a) 不开坡口；(b) 塞焊缝；(c) 槽焊缝

的性能、接头的刚度和工作条件选择焊条。焊条种类定下后，再选择焊条直径，可根据焊件厚度进行选择，厚度越大，选用的焊条直径应越粗。

2）弧焊电源种类和极性的选择。

A. 弧焊电源种类选择。弧焊电源种类，根据焊条类型选择。通常酸性焊条可同时采用交、直流两种弧焊电源，一般优先选用交流弧焊机，碱性焊条由于电弧稳定性差，必须使用直流弧焊电源。

B. 极性选择。采用直流电源时，焊件与弧焊电源输出端正、负极的接法，叫极性。

焊件接在弧焊电源的正极，焊条接在弧焊电源的负极的接线法叫正接，也称正极性。焊件接负，焊条接正，则叫反接，也称反极性，如图4-12所示。

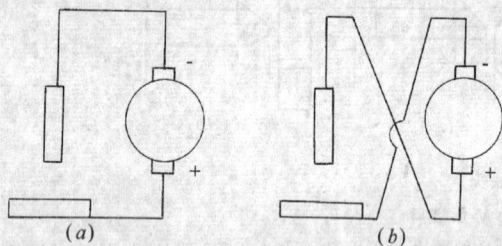

图4-12　正接与反接
(a) 正接法；(b) 反接法

极性选择原则：

a. 碱性焊条反接；

b. 酸性焊条通常正接；

c. 焊接厚钢板时采用正接，焊接薄板、铸铁、有色金属时，应采用反接，采用交流电焊时，由于极性是交替变化的，所以不存在正接和反接的接线法。

3）焊接电流的选择。

焊接电流是手弧焊最重要的工艺参数，增大焊接电流，熔深较大，焊条熔化速度快，能提高生产率，但电流过大，飞溅和烟雾加大，焊条下半块药皮会发红而脱落，易造成焊缝咬边、烧穿、焊瘤等缺陷。焊接电流过小，则引弧困难，焊条易粘连，易造成夹渣、

未焊透等缺陷，降低焊接接头的力学性能。

选择焊接电流时，要考虑的因素很多，如焊条直径、药皮类型、工件厚度、接头类型、焊接位置，焊接层数等，但主要由焊条直径、焊接位置、钢板厚度、焊接层数等综合考虑，最后，还要由焊工本人实际验证，才能确定焊接电流值。

4）电弧电压的选择。

手工电弧焊时，电弧电压主要由电弧长度确定。电弧长，电弧电压高；反之，则低。电弧电压由焊工根据具体情况灵活掌握，其原则一是保证焊缝具有合乎要求的尺寸和外形，二是保证焊透。

在焊接过程中，电弧不宜过长，过长会出现下列不良现象：

A. 电弧燃烧不稳定，易偏摆，热量不集中，飞溅增多，造成金属和电能浪费。

B. 熔深小，容易产生咬边、未焊透、焊缝表面高低不平、焊波不均匀等缺陷。

C. 对熔化金属的保护差，有害气体易侵入，使焊缝产生气孔，降低焊缝力学性能。

因此，在焊接过程中，一般希望弧长始终保持一致，且尽量用短弧焊接。短弧指弧长为焊条直径的0.5～1.0倍。

5）焊接速度的选择。

焊接速度由焊工灵活掌握，以保证焊缝所要求的尺寸和质量为前提。

焊接速度过慢，使高温停留时间增长，热影响区加宽，焊接接头晶粒变粗，力学性能降低，变形增大；速度过快，熔池温度不够，易造成未焊透、未熔合、焊缝成形不良等缺陷。

在保证焊缝质量的基础上，采用较大焊条直径和焊接电流，适当加快速度，可提高生产效率。

6）焊接层数。

在焊接厚板时，必须采用多层焊或多层多道焊。多层焊的前一条焊道对后一条焊道起预热作用，而后一条焊道对前一条焊道起

热处理作用，相当于退火和缓冷，有利于提高焊缝金属的塑性和韧性。每层焊道厚度不大于4～5mm。

4.1.5 焊条

涂有药皮的供手弧焊用的熔化电极叫焊条。

手工电弧焊应用的初期，人们曾用没有药皮的光焊条进行焊接，焊接的质量不够理想，后来人们研制出了带药皮的焊条，使手弧焊得到了优质的焊缝，手弧焊的应用也更加广泛了。

(1) 焊条的组成及作用

焊条由药皮和焊芯两部分组成。

手工电弧焊条的药皮主要分以下八种类型：钛型、钛钙型、钛钙矿型、氧化铁型、纤维素型、低氢钠型和低氢钾型、石墨型及盐基型。

焊芯可分为碳素结构钢、合金结构钢和不锈钢三类。

焊芯和药皮的作用见表4-3所示。

焊芯及药皮的作用　　表4-3

剖面图	作　　用
焊条直径 夹持部分 焊条长度 焊芯 药皮	焊芯：传导焊接电流；用做填充金属
	药皮：(1) 保护作用：造气、造渣防止有害气体侵入熔池 (2) 冶金处理作用：通过熔渣与熔化金属的冶金反应，除去有害杂质；填加有益合金元素 (3) 改善焊接工艺性能：使电弧易引燃并稳定燃烧，改善焊缝成形，容易脱渣等

(2) 焊条的分类

1) 按焊条的用途可分为碳钢焊条、低合金钢焊条、不锈钢焊条、堆焊焊条、铸铁焊条、镍及镍合金焊条、铜及铜合金焊条、铝及铝合金焊条、特殊用途焊条共9种。

2) 按焊条药皮熔化后的熔渣特性可分为酸性焊条和碱性焊条。

酸性焊条：其熔渣成分主要是酸性氧化物，如氧化钛型、氧化钛钙型、钛铁矿型、氧化铁型、纤维素型等，有较强的氧化性，合金元素烧损多，因而力学性能较差，特别是塑性和冲击韧性比碱性焊条差，同时脱氧、脱磷硫能力低，热裂纹倾向大。酸性焊条电弧稳定，脱渣容易，对弧长、铁锈不敏感，焊缝成形好，广泛用于一般结构。

碱性焊条：其熔渣的成分主要是碱性氧化物的铁合金。其焊缝金属机械性能较高，抗裂性较好，但焊条工艺性能差，引弧困难，电弧稳定性差，飞溅较大，不易脱渣，对铁锈、水分、油污及电弧长度较敏感，可用于合金钢和重要碳钢的焊接。

(3) 焊条型号的编制方法

1) 按国家标准规定碳钢焊条型号的编制方法：

【例4-1】　E 4303

E 表示焊条；

43 表示熔敷金属抗拉强度数值为 43×10 MPa；

0 表示适用于全位置焊接（平、立、横、仰焊）。

提示："0"及"1"表示焊条用于全位置焊接，"2"表示焊条适用于平焊及平角焊，"4"表示焊条适用于向下立焊。

03 表示焊条药皮为钛钙型，可采用交流或直流正反接。

2) 按国家标准规定低合金钢焊条型号的编制方法：

【例4-2】　E 5018-A1

E 5018-A1 的编制方法与碳钢焊条相同，短划"-"与前面数字分开，后缀字母为熔敷金属的化学成份分类代号。如还有附加化学成份时，附加化学成份直接用元素符号表示，并用"短划"与前面后缀字母分开。例如，E 5515-B3-VWB。

（4）焊条的选择及保管

1）焊条选用规则：低碳钢、合金钢焊条的选用原则是选用强度等级相应的焊条，对于刚性大，受力情况大的焊缝，可考虑选用比焊件强度低的焊条。焊条强度等级确定后，再决定选用酸性还是碱性焊条。

异种钢的焊接，一般选用与强度等级低的材料相匹配的焊条。特定要求的焊件，应根据具体要求选用焊条。

2）焊条的保管：焊条是极易返潮变质的材料，应注意贮存和保管。

A. 焊条应分类存放，以免混乱，用错焊条；

B. 存放处应通风良好、干燥，防止受潮；

C. 注意合理周转使用，避免过期变质；

D. 搬运时应小心，防止焊条药皮损坏；

E. 焊条使用前应按规定烘干，重复烘干次数不得超过三次，烘干应有记录。

4.1.6 电弧焊缺陷及防止

在焊接过程中，由于结构设计不当，焊接工艺、焊前准备和操作方法不恰当等，会产生各种各样的焊接缺陷。这些缺陷有些在外部，有些在内部，由于这些缺陷的存在，影响了焊接结构的安全使用。因此，了解焊接缺陷的性质、产生原因，以防止缺陷的产生，确保焊件质量和使用性能。

（1）焊缝表面尺寸不符合要求

焊缝外表形状高低不平、焊缝宽窄不齐、尺寸过大或过小、角焊缝单边以及焊脚尺寸不符合要求，均属焊缝表面尺寸不符合要求。见图4-13。

1）产生原因：焊件坡口开得不当，装配间隙不均，焊接工艺参数选用不适当，焊接操作不正确、不熟练等都会造成这种缺陷。

2）预防措施：选择适当的坡口角度和装配间隙，正确选择焊接工艺参数，注意操作方法。

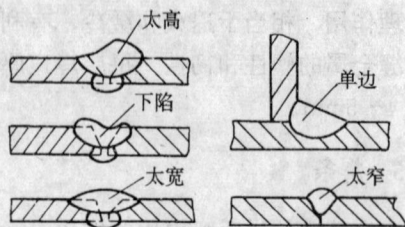

图4-13　焊缝表面尺寸不符合要求

（2）焊接裂纹

在焊接应力及其他致脆因素共同作用下，焊接接头中局部地区的金属原子结合力遭到破坏，形成新界面而产生缝隙，它具有尖锐的缺口和大的长宽比特征，见图4-14。

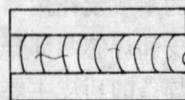

图4-14　裂纹

按照裂纹在生产过程中产生的时间，可分为热裂纹和冷裂纹。

1）热裂纹。焊接过程中，焊缝和热影响区金属冷却到固相线附近的高温区产生的焊接裂纹。

A. 产生原因：熔池内存在较多杂质和铁形成低熔点共晶，在熔池结晶快结束时，低熔点共晶在晶间形成液态薄膜，在拉应力作用下而裂。

B. 预防措施：

a. 控制焊缝中的有害杂质碳、硫、磷的含量，减少熔池中低熔点共晶的形成。

b. 适当预热，采用合适的焊接工艺参数，减小焊接应力。

c. 采用熔渣具有较强脱硫、脱磷能力的碱性焊条。

2）冷裂纹。焊接接头冷却到较低温度时产生的焊接裂纹。

A. 产生原因：焊材本身具有较大的淬硬倾向，焊接熔池中熔解了多量的氢，焊接应力较大等。

B. 预防措施：

a. 按规定烘干焊条，减少氢来源。

b. 采用低氢型碱性焊条。

c. 采用焊接预热、焊后加势。

d. 适当增加焊接电流，减慢焊接速度，尽量减小焊接应力。

（3）咬边

沿焊缝边缘产生凹陷或沟槽叫咬边，见图 4-15。

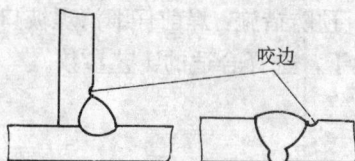

图 4-15 咬边

1）产生原因：焊接工艺参数选择不当，电流过大、电弧过长、运条速度和焊条角度不适当等。

2）预防措施：选择正确焊接电流和焊接速度，电弧不可过长，运条方法和运条角度要适当。

（4）焊瘤

焊接过程中，熔化金属流淌到焊缝未熔化的母材上，所形成的金属瘤叫焊瘤，如图 4-16 所示。

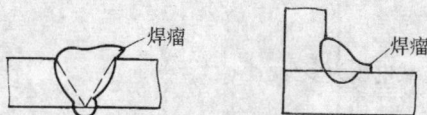

图 4-16 焊瘤

1）产生原因：操作不熟练，焊条角度或运条方法不正确，焊接速度太慢等。

2）预防措施：提高操作水平，适当增加焊接速度，保证正确的焊条角度。

（5）烧穿

焊接过程中，熔化金属从焊缝背面流出，形成穿孔的现象叫烧穿，如图 4-17 所示。

图 4-17 烧穿

1）产生原因：对焊件加热过甚（如焊接电流过大）、焊接速度过慢、焊件间隙太大等。

2）预防措施：正确选择焊接电流、焊接速度，严格控制焊件的装配间隙。另外，还可采用衬垫、焊剂垫等防止烧穿。

（6）未焊透

焊接时接头根部未完全熔透的现象叫未焊透，如图 4-18 所示。

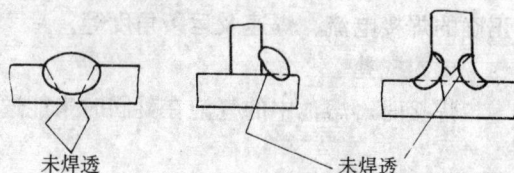

图 4-18 未焊透

1）产生原因：焊缝坡口钝边过大，坡口角度过小，焊根未清理干净，间隙太小；运条速度过快，运条角度不正确；焊接电流过小，焊条直径太大等。

2）预防措施：正确选用和加工坡口尺寸，保证必须的装配间隙，正确选用焊接电流和焊接速度，认真操作，防止焊偏。

（7）未熔合

熔焊时，焊道与母材之间或焊道与焊道之间，未完全熔化结合的部分叫未熔合，如图 4-19 所示。

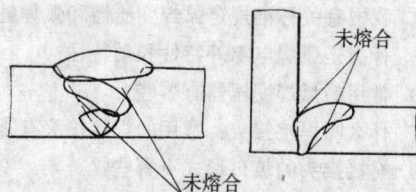

图 4-19 未熔合

1）产生原因：层间清渣不干净，焊接电流过小，焊条摆动幅度窄等。

2）预防措施：加强清理，选择合适的焊接电流，注意焊条摆动等。

（8）夹渣

焊接熔渣残留于焊缝金属中的现象叫夹渣，如图 4-20 所示。

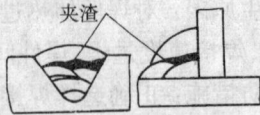

图 4-20 夹渣

1) 产生原因：工件焊前清理不好，焊接电流过小，焊速过快，运条不当等。

2) 预防措施：认真清理坡口边缘，选择正确的焊接电流、焊速及运条角度等。

（9）气孔

焊接时，熔池中的气泡在凝固时未能逸出，残存下来形成的空穴叫气孔，如图 4-21 所示。

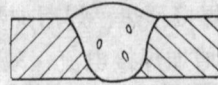

图 4-21　气孔

1) 产生原因：焊前坡口不清洁，电焊条受潮未烘干，工艺参数选择不当等。

2) 预防措施：焊前仔细清理坡口，焊条严格烘干，选择合适的工艺参数。

小　　结

手工电弧焊操作方便，适用范围广，在管道工程中应用较广，通过学习焊接电弧、弧焊电源、接口形式、焊接工艺参数选择、焊条选用、保管知识，了解焊接过程，熟悉产生焊接缺陷的原因，并在工作中加以预防，和焊工一起，保证管道焊接的质量。

习　题

1. 手工电弧焊有哪些优缺点？
2. 什么叫焊接电弧？
3. 什么是接触短路引燃法？
4. 我国有关标准规定弧焊变压器和弧焊整流器的最大空载电压为多少？
5. 什么是弧焊电源外特性和动特性？
6. 常用的弧焊变压器有哪些？
7. 什么叫焊接接头？常用的焊接接头有哪些？
8. 对接接头的坡口形式有哪些？
9. 手工电弧焊的焊接工艺参数有哪些？
10. 什么叫正接？什么叫反接？
11. 焊接速度过快和过慢会产生什么后果？
12. 酸性焊条有哪些特点？碱性焊条有哪些特点？
13. 简述焊条选用原则？
14. 焊条贮存与保管应注意哪些问题？
15. 常见的焊接缺陷有哪些？产生的原因是什么？应如何预防？

4.2 气焊与气割

气焊和气割是利用可燃气体（乙炔、液化石油气、天然气及其他可燃气体）和助燃气体（氧气）形成的火焰为气焊（气割）热源，对焊件和割件进行加工的一种方法（图4-22）。目前广泛使用氧气乙炔作为气焊与气割的热源。

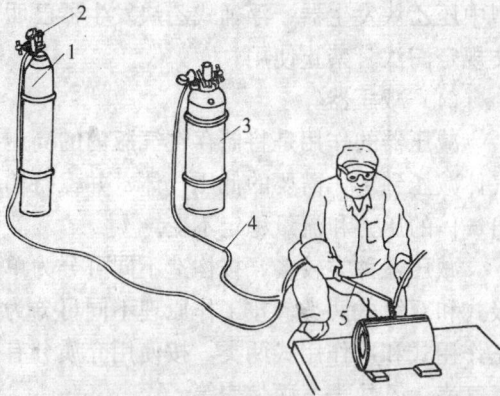

图 4-22　气焊设备
1—氧气瓶；2—减压器；3—乙炔瓶；
4—胶管；5—焊矩

4.2.1 气焊与气割使用的气体

（1）氧气

氧气在常温常压下为气态，无色、无味、无毒。氧气本身不会燃烧，但它能与许多元素化合，是一种极活泼的助燃气体。氧气一般储存在氧气瓶内供使用。

（2）乙炔

乙炔是碳氢化合物，常温常压下为无色、易燃、有特殊气味的气体。乙炔能溶解于水、丙酮等液体中。目前气焊、气割用的乙炔气来源主要有二种，一种是在工厂中制取后装入瓶中的乙炔，另一种是利用乙炔发生器来制取的。乙炔在空气中燃烧温度可达 2300℃左右，而与氧气混合燃烧可达 3300℃左右。乙炔是一种具有爆炸性的危险气体，当气体温度达到 580～600℃，压力超过 0.15MPa

时可自行爆炸，当乙炔与氧气或空气混合，达到一定比例时，在常压下遇火星也会引起爆炸。乙炔与铜、银长期接触也会产生具有爆炸性的物质。因此，凡是与乙炔接触的物质均不使用含铜或银量大于 70％的合金制造。

4.2.2 气焊、气割使用的材料

（1）焊剂

主要用于改善焊缝质量，防止金属化合物及消除已形成的氧化物。

通常焊接铜及铜合金、铝及铝合金、不锈钢及铸铁材料时才采用焊剂。

（2）气焊丝

在气焊过程中，气焊丝作为填充金属不断地送入熔池内，并与熔化的母材金属熔合形成焊缝。气焊丝的正确使用对气焊的质量来说十分重要。选择焊丝的原则要求焊丝的化学成分基本上与焊件相符，无有害物质。有时，也允许在焊丝中加入一定的其他合金元素，来保证焊缝的质量。

4.2.3 气焊、气割设备及工具

（1）氧气瓶

氧气瓶是用来贮存和运输氧气的一种高压容器，如图 4-23 所示，它由瓶体、瓶箍、瓶阀和瓶帽等组成。

最常用的氧气瓶瓶体外径为 219mm，瓶体高度为 1370 ± 20mm，容积为 40L，氧气瓶额定压力为 15MPa，可储存 $6m^3$ 氧气。氧气瓶体外表涂成天蓝色，并用黑漆标明"氧气"字样。

（2）乙炔瓶

乙炔瓶是贮存和运输乙炔的高压容器，外形与氧气瓶相似，如图 4-24 所示。

乙炔瓶的构造比氧气瓶复杂，主要由瓶体、瓶阀、瓶帽和多孔性填料组成。乙炔瓶瓶体外表涂成白色，并用红漆标明"乙炔"字样。乙炔瓶内装入浸满丙酮的多孔性填料，当把乙炔压入瓶后，乙炔便溶解于丙酮中，使

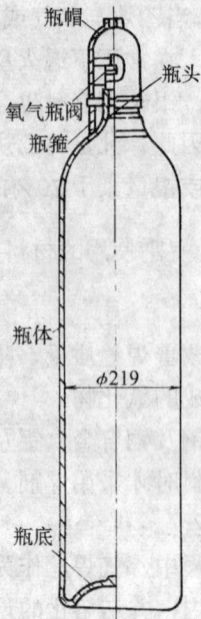

图 4-23　氧气瓶的构造

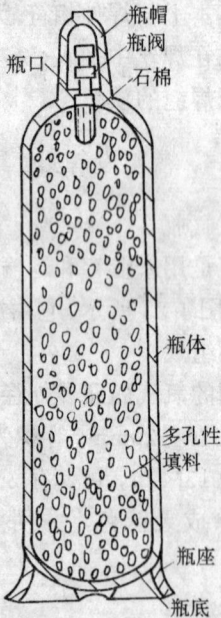

图 4-24　乙炔瓶的构造

乙炔安全而稳定地贮存在瓶内。目前，常用乙炔瓶的瓶体外径为 250mm，容积为 40L，一般乙炔瓶中能溶解 6～7kg 乙炔。

对于气焊和气割来说，由乙炔瓶供给乙炔，具有压力高、稳定、纯度高、安全可靠、使用方便等优点，因此，得到广泛应用。

（3）乙炔发生器

乙炔发生器是利用电石和水相互作用以制取乙炔的装置，按制取的乙炔压力不同分为低压式和中压式两种。

由于乙炔发生器使用不方便、不安全、不卫生，我国已停止使用，改为乙炔瓶。在瓶装乙炔供应有困难的地区和少数偏僻地区，仍有使用乙炔发生器的。较常用的为 Q3-1 型中压乙炔发生器。浮桶式乙炔发生器已明文规定淘汰、禁止使用。

（4）减压器

减压器的作用是将储存在气瓶内的高压气体减压到工作需要的低压气体，并保持输出气体的压力和流量稳定不变。

减压器种类较多，按构造不同可分为单级式和双级式两类，按工作原理不同可分为正作用式和反作用式两类，按使用介质分有氧气表、乙炔表、丙烷表等。

（5）焊炬

焊炬也称焊枪，是进行气焊的基本工具。它使可燃气体与氧气按比例混合均匀，然后以一定速度由喷嘴喷出，经点火燃烧，产生一定形状的焊接火焰。

焊炬按可燃气体与氧气混合方式不同可分为：低压焊炬（射吸式）和等压式焊炬两类。目前国内使用的基本上是射吸式焊炬，如图 4-25 所示。射吸式焊炬分为换嘴式和换管式。

国产低压焊炬的型号有 H01-6、H01-12、H01-20 和 H02-1 四种，前三种低压焊炬各配有五只不同孔径的焊嘴以适应焊接不同厚度的需要，H02-1 型焊炬属换管式焊炬。

（6）割炬

割炬又称割刀，是进行气割的基本工具，它使可燃气体与氧气按一定比例和方式混合后，形成具有一定热量和形状的预热火焰，并在预热火焰的中心喷射出切割氧气进行气割。

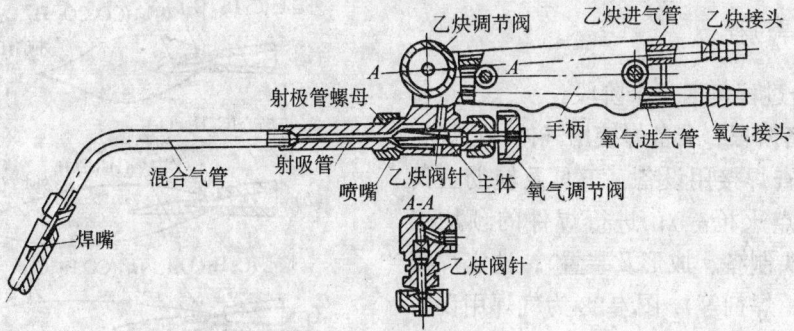

图 4-25　低压焊炬的构造

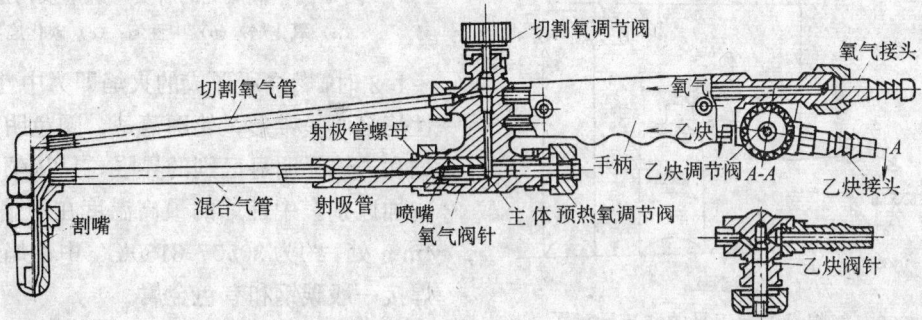

图 4-26　低压割炬的构造

割炬按可燃气体与氧气混合的方式不同可分为：低压割炬（射吸式）和等压式割炬两类，其中低压割矩使用较普遍。低压割炬的构造，如图 4-26 所示。

低压割炬的型号有 G01-30、G01-100、G01-300 三种。

割炬割嘴的构造与焊嘴不同，焊嘴的喷射孔是小圆孔，而割嘴的喷孔呈环形或梅花形，如图 4-27 所示。

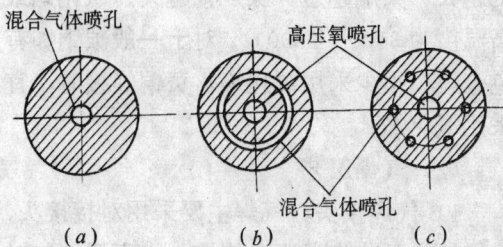

图 4-27　割嘴与焊嘴的截面比较
（a）焊嘴；（b）环形割嘴；（c）梅花形割嘴

（7）气焊、气割辅助工具

1）护目镜：保护焊工眼睛不受火焰光的刺激，在焊接过程中，使焊工能仔细观察熔池金属，又可防止金属微粒溅入眼睛内。

2）点火枪：点火枪是气焊、气割的点火用工具，点火比较安全。

3）橡皮管：氧气瓶和乙炔瓶中的气体，须用橡皮管输送到焊炬和割炬中。根据规定，氧气管为黑色，乙炔管为红色。氧气管工作压力为 1.5MPa，试验压力为 3.0MPa，爆破压力不低于 6MPa，内径为 8mm。乙炔管内径为 10mm，乙炔管允许工作压力为 0.5MPa，连接于焊炬、割炬的胶管长度不能短于 5m，但太长了会增加气体流动阻力，一般 10～15m 为宜。

4）其他工具：其他工具有钢丝刷、錾子、锤子、锉刀、钢丝钳、活扳手、卡子、铁丝、通针等。

4.2.4 气焊过程

气焊全过程包括三个阶段：

1) 准备阶段：准备焊接用气体（乙炔和氧气）；检查焊接用设备、工具及辅助工具（橡皮管、点火枪等）；进行焊件的预加工（下料、接头制备、成形及装置）；选定焊接材料（焊丝、焊剂等）。图 4-28 为气焊用设备和工具示意图。

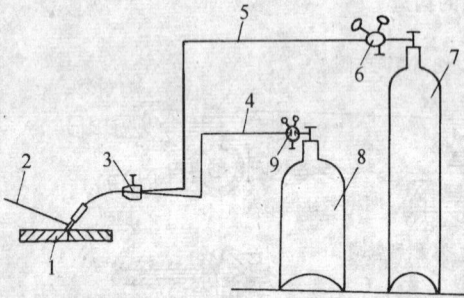

图 4-28　气焊设备和工具的联接示意图
1—焊件；2—焊丝；3—焊炬；4—乙炔胶管；
5—氧气胶管；6—氧气减压阀；7—氧气瓶；
8—溶解乙炔瓶；9—乙炔减压阀

2) 施焊阶段：带上护目镜，右手拿焊炬、点火、调节火焰后，左手拿焊丝，将火焰移至焊接区，焰心距工件表面约 2~4mm，稍许集中加热待形成熔池后，由右向左（左焊法）或由左向右（右焊法）移动，沿接头移动焊炬的同时连续向熔池送进焊丝，当火焰离开熔池后，熔池很快冷却凝固形成焊缝。

3) 检查阶段：检查焊接质量，清理工作地点，恢复设备、工具和辅助工具的常态。

4.2.5 气焊火焰和气焊工艺

（1）焊接火焰

乙炔和氧气混合燃烧形成的火焰叫氧乙炔焰。

根据氧气与乙炔混合比例，可得到三种不同性质的火焰，即中性焰、碳化焰和氧化焰，其构造形状和分布如图 4-29 所示。

1) 中性焰：当氧气与乙炔混合比为 1.1

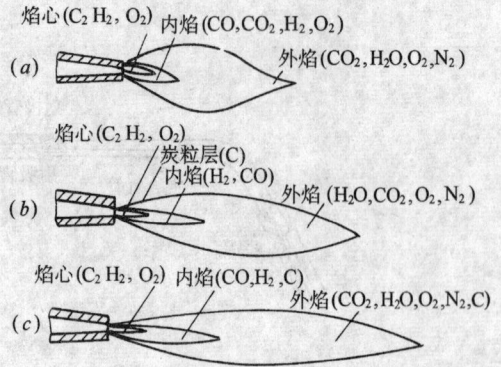

图 4-29　氧炔焰的种类　外形及构造
(a) 氧化焰；(b) 中性焰；(c) 碳化焰

~1.2 时，燃烧所形成的火焰即为中性焰。中性焰焰心呈锥形，轮廓清楚，颜色明亮。内焰和外焰无明显区别的界限，只从颜色上可略加区别。中性焰的最高温度在距焰心 2~4mm 处，约为 3050~3150℃，中性焰适用于焊接一般碳钢和有色金属。

2) 碳化焰：当氧与乙炔混合比值小于 1.1 时，得到的火焰为碳化焰。碳化焰焰心呈蓝白色，内焰呈淡白色，外焰呈桔红色，碳化焰整个火焰比中心焰长而柔软，由于乙炔供应较多而冒黑烟，碳化焰最高温度为 2700~3000℃，用于含碳量较高的高碳钢、铸铁及硬质合金的焊接。

3) 氧化焰：当氧气与乙炔的混合比大于 1.2 时，得到的火焰为氧化焰。由于氧气量较多，氧化反映剧烈，焰心变尖，内焰和外焰变短，且层次不清，火焰呈淡紫色，火焰挺直，燃烧时发出急剧的"嘶、嘶"声。氧比例越大，火焰越短，噪声也越大。氧化焰最高温度为 3100~3300℃，对于一般碳钢和有色金属，很少采用氧化焰，黄铜焊接时，宜采用氧化焰。

（2）气焊工艺

1) 气焊接头：气焊主要采用对接接头，对接接头又分为卷边对接接头，不开坡口对接接头和开坡口对接接头，如图 4-30 所示。当材料厚度大于 5mm，必须坡口，才能气焊。

应注意厚焊件只有在不得已情况下才气焊，一般应采用电弧焊等其他焊接方法。

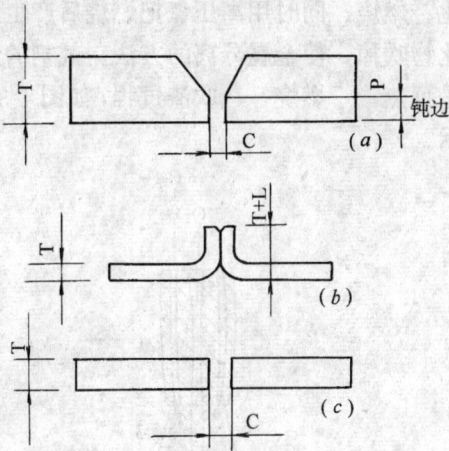

图 4-30　气焊接头
(a) 开 V 形坡口接头；(b) 卷边接头；
(c) 不开坡口接头

2) 气焊工艺参数：正确选择气焊工艺参数，是保证焊接质量的重要技术依据。工艺参数包括焊丝的牌号、焊丝的直径、熔剂、火焰的性质及能率、焊炬的倾角、焊接方向和焊接速度。

A. 焊丝的牌号。焊丝牌号选择应根据焊件材料的力学性能或化学成份，选择相应性能或成份的焊丝。

B. 焊丝直径。焊丝直径应根据焊件厚度、坡口形式、焊缝位置和火焰能率等因素来确定。焊丝直径过细易造成未熔合和焊缝高低不平、宽窄不一；焊丝直径过粗易使热影响区过热，导致焊缝产生未焊透等缺陷。一般平焊应比其他焊接位置选用的焊丝粗，右焊法比左焊法粗；多层焊时，第一、二层选用较细的焊丝，以后各层可采用较粗的焊丝。

C. 气焊熔剂。气焊熔剂的选择要根据焊件的成份及其性质而定，一般碳素结构钢气焊时不需要气焊熔剂，而铜及铜合金、不锈钢、铸铁等则采用气焊熔剂，才能保证焊接质量。

D. 火焰性质及能率。火焰能率是以每小时可燃气体的消耗量来表示的。材料性能

不同，选用火焰能率就不同。焊件较厚、金属材料熔点高，导热性较好，焊缝又是平焊位置，则应选择较大的火焰能率，反之则应小。

在实际生产中，在确保焊接质量的前提下，应尽量选择较大的火焰能率，以提高生产率。

E. 焊炬倾角的选择。焊炬倾斜角是指焊嘴中心线与焊件平面之间的夹角 α，如图 4-29 所示。焊炬倾斜角大小与焊件的厚度、母材的熔点及导热性以及焊接位置有关。倾斜角越大，热量散失越小，升温越快。焊件厚、导热性及熔点高，则应采用较大的倾斜角。焊接碳素钢时，焊炬倾斜角与焊接厚度的关系，如图 4-31 所示。

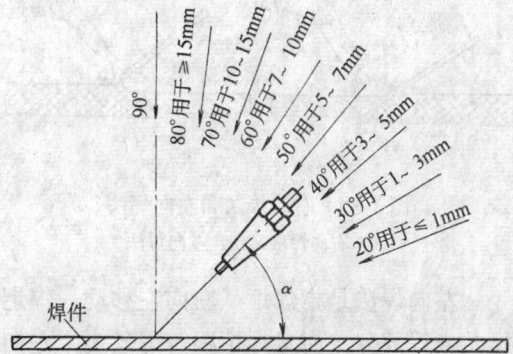

图 4-31　焊炬倾斜角与焊件厚度的关系

在实际焊接过程中，焊炬的倾斜角是需要改变的。在焊接开始时，采用焊炬倾斜角为 80°～90° 有利于对焊件加热。焊接过程中，可适当减小倾角，结束时，为更好填满弧坑和避免烧穿，可将焊炬倾角减小，并使火焰上下跳动，断续地对焊丝和熔池加热。

在气焊过程中，焊丝与焊件表面的倾角一般为 30°～40°，它与焊炬中心线的角度为 90°～100°，如图 4-32 所示。

F. 焊接速度。焊接速度的快慢，将影响焊件质量与生产率。一般情况下，厚度大、熔点高的焊件，焊接速度要慢些；反之，则速度可快些。要在保证焊接质量的前提下，尽量加快焊接速度。

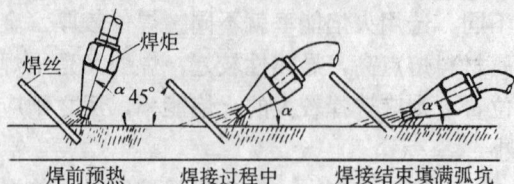

图 4-32 焊炬与焊丝的位置

G. 焊接方向。气焊时，按照焊炬和焊丝的移动方向，可分为左向焊法与右向焊法，如图 4-33 所示。

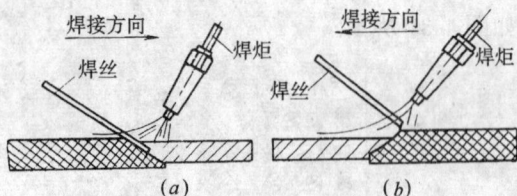

图 4-33 右向焊法和左向焊法
(a) 右向焊法；(b) 左向焊法

左向焊法是指焊炬从右向左移动，焊炬指向未焊部分，而且焊炬跟着焊丝走。左向焊法对焊件有预热作用，因此焊接薄板时生产率高，且易掌握，应用较普遍。缺点是焊缝易氧化，冷却较快，热量利用率低。

右向焊法焊炬指向焊缝，焊接过程自左向右，焊炬在焊丝前移动。采用右向焊法，能减少周围空气对熔池的侵入，防止焊缝金属的氧化和气孔的产生，焊缝冷却较慢，改善了焊缝组织，热量利用率较高，适合焊接厚度较大、熔点及导热性较高的焊件。右向焊法对焊件预热效果差，不易掌握，一般较少采用。

4.2.6 气割工艺

(1) 气割原理及条件

1) 气割原理。气割是利用气体火焰的热能将工件待切割处附近预热到一定温度后，喷出高速切割氧流，使割缝处的金属剧烈氧化、燃烧，同时用高压氧把燃烧后产生的氧化物吹掉，使金属分离的方法。气割的过程是预热——燃烧——吹渣过程，如图 4-34 所示。

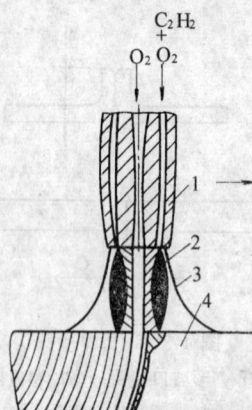

图 4-34 气割过程示意图
1—割嘴；2—切割氧射流；3—预热焰；4—割件

2) 氧气切割条件。用氧气切割金属是有条件的，并不是所有金属都能用氧气切割的方法切割，只有符合下列条件的金属才能进行氧气切割。

A. 金属的熔点应高于本身的燃点。以低碳钢为例，燃点为 1350℃ 左右，而熔点约为 1500℃。在气割时，低碳钢在固态下被燃掉，从而保证了割口平齐。而铜、铝及铸铁的燃点比熔点高，金属在燃烧前已经熔化，不能获得平齐的割口，所以不能气割。

B. 金属气割时形成的氧化物的熔点要低于金属本身熔点且流动性要好。气割时产生的氧化物熔点低于金属本身熔点且流动性好，可以使氧化物能以液态被顺利从割缝处吹掉。若氧化物熔点高，就会在割口表面形成固态氧化物薄膜，阻碍下层金属燃烧。例如铝的熔点为 658℃，而氧化物（三氧化二铝）的熔点高达 2050℃，所以不能采用气割。

C. 金属在切割氧流中燃烧应该是放热反应。在气割过程中，金属燃烧是放热反应。

112

金属在氧射流中燃烧后放出热量，能对下层金属起到预热作用。如果是吸热反应，则下层金属得不到预热，气割就不能顺利进行。例如低碳钢切割中，燃烧产生的热量占70%，而由火焰提供的热量仅占30%。

D. 金属的导热性不应太高　如果被割金属的导热性太高，则预热火焰及气割过程中氧化所放出的热量被大量传导散失，使切割处温度急剧下降而低于金属燃点，使气割发生困难。例如铜和铝等金属，具有较高的导热性，不能气割。

E. 金属中阻碍气割过程和提高钢的可淬性杂质要少　碳、铬、硅会阻碍气割过程顺利进行，因此在金属中，它们的含量要少。而钨、钼等元素会提高钢的可淬性，因此此类元素的含量也应少。

综上所述，用普通气割方法，我们只能对纯铁、低碳钢等能满足上述五个条件的金属进行切割。而铸铁、高铬钢、铬镍钢、铜、铝及其合金则不能用普通气割方法切割。

(2) 气割工艺参数

气割工艺参数主要包括切割氧压力、气割速度、预热火焰能率、割嘴与割件的倾斜角度、割嘴离割件表面的距离等。气割工艺参数的选择正确与否，直接关系到切割的质量，而选择气割工艺参数的主要依据是割件的厚度。

1) 切割氧气压力。切割氧压力与割件的厚度、割嘴号码、氧气纯度有关。割件厚、应选大号码割嘴，氧气压力也相应提高；反之减小。在割件厚度、割嘴型号、氧气纯度都已确定的情况下，切割氧压力的大小对气割有极大影响。压力过大会造成氧气浪费，而且使割缝加宽、割口断面粗糙、切割速度降低。压力过小，则切割速度慢、熔渣吹不掉，甚至可能产生割不透。

2) 气割速度。气割速度主要取决于割件

厚度。切割速度太慢，会造成切口不齐，有局部熔化现象，切割速度太快，造成后拖量过大，也有切不透现象。

3) 预热火焰能率。预热火焰应调成中性焰或轻微氧化焰，全过程要随时保持火焰性质。

一般来说，割件厚度越大，火焰能率越大，但能率过大，会产生割缝边缘熔化、圆角、下缘沾渣增多，影响气割质量。

4) 割嘴与割件间的倾角。割嘴与割件的倾角（见图4-35所示）主要决定于割件厚度。当割件厚度4mm以下，割炬后倾25°～45°；厚度4～20mm，割炬后倾20°～30°；厚度20～30mm时，割嘴垂直于割件；厚度大于30mm时，开始时向前倾20°～30°，待割透后将割嘴垂直于割件，当接近割完，逐渐向后倾斜20°～30°；当进行曲线切割时，不论割件多大，割炬必须与割件表面垂直，以保证切口平齐。

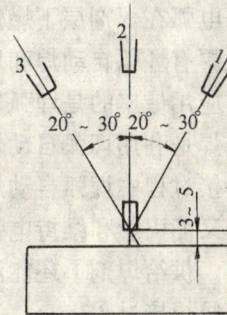

图4-35　割嘴的倾角与割件厚度的关系
1—厚度为4～20mm时；2—厚度为20～30mm时；
3—厚度大于30mm

5) 割嘴与割件表面间距。当割件厚度较薄时，割嘴与割件表面保持5mm为好；较厚时，以3mm为宜。

除上述因素外，气割质量的好坏还与钢材的质量及表面状况（涂料、氧化情况）、割件的割缝形状、燃气种类等因素有关。

小　结

　　气焊（气割）时，既要正确选择气焊（气割）工艺参数，掌握正确操作方法，提高气焊（气割）质量，又要注意气焊（气割）的危险性，遵守操作规范。

习　题

1. 乙炔性质如何？为什么说乙炔是一种危险气体？
2. 使用焊剂的目的是什么？哪些材料焊接时需要焊剂？
3. 氧乙炔焰按混合比不同可分为几种火焰？
4. 气焊工艺参数包括哪些？
5. 什么是左焊法？什么是右焊法？各有哪些优缺点？
6. 气割原理是什么？
7. 金属用氧乙炔气割的条件是什么？
8. 气割工艺参数包括哪些？

4.3　其他焊接方法简介

4.3.1　埋弧自动焊

　　埋弧焊是电弧在焊剂层下燃烧进行焊接的方法。埋弧焊有埋弧自动焊和埋弧半自动焊两种。目前应用最广的是埋弧自动焊。

　　埋弧自动焊是利用埋弧自动焊机来进行焊接的。在焊接过程中埋弧自动焊机既能供给焊接电流，又能引燃和维持电弧，并且可自动送进焊丝，供给焊剂，还能沿焊件接缝自动行走，完成焊接过程。

　　埋弧自动焊实质是一种电弧在颗粒状焊剂下燃烧的熔焊方法，如图4-36所示。

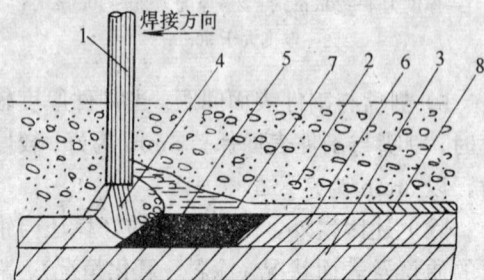

图 4-36　埋弧自动焊示意图
1—焊丝；2—焊剂；3—焊件；4—电弧；
5—熔池；6—焊缝；7—熔渣；8—渣壳

　　焊丝被送入颗粒状的焊剂下，与焊件之间产生电弧，在电弧作用下，焊丝、焊件熔化形成熔池，熔池金属结晶为焊缝，部分熔剂熔化形成熔渣，并在电弧区域形成一封闭空间，液态熔渣凝固后成为渣壳，覆盖在焊缝金属上面，随着电弧沿焊接方向移动，焊丝不断地送进并熔化，焊剂也不断地撒在电弧周围，使电弧埋在焊剂层下燃烧，由此进行自动焊接过程。埋弧自动焊与手弧焊相比，优点是：

　　（1）焊接生产率高

　　由于保护效果好，可以使用较大电流和较快的焊接速度，节省了焊接速度，节省了换焊条时间。

　　（2）劳动条件好

　　由于实现了焊接过程机械化，操作较简单，焊工仅需调整和管理好焊机，劳动强度减少了。由于没有弧光，放出烟尘也较少，改善了焊工的劳动条件。

　　（3）焊接质量好

　　因熔池有熔渣和焊剂的保护，减少空气中氮、氧的侵入，提高了焊缝质量，焊缝表面光洁、平整。

　　缺点是：不如手弧焊灵活，一般只适用

于平焊，并对焊件边缘的加工和装配质量要求较高，而且埋弧自动焊的设备比较复杂，维修保养工作量大。

埋弧自动焊主要适用于低碳钢及合金钢中的厚板焊接。

4.3.2 气体保护电弧焊

在焊接过程中，为获得性能良好的焊缝，必须设法保护焊接区，防止空气中有害气体侵入。目前焊接中常用的有渣气保护（手工电弧焊、埋弧自动焊），渣保护（电渣焊）及气保护（气体保护焊）。气体保护焊属于电弧为热源的熔化焊接方法。

根据保护气体不同气体保护电弧焊可分为氩弧焊、氦弧焊、二氧化碳气体保护焊等。

根据所用电极材料，可分为不熔化极气体保护焊和熔化极气体保护焊。

(1) 二氧化碳气体保护焊

二氧化碳气体保护电弧焊是利用 CO_2 作为保护气体的气体保护电弧焊，简称 CO_2 焊

1) CO_2 气体保护焊焊接过程：

CO_2 焊焊接过程如图 4-37 所示，电源的两输出端分别接在焊枪和焊件上，盘状焊丝由送丝机构带动，经软管和导嘴不断地向电弧区域送给；同时，CO_2 气体以一定压力和流量送入焊枪，通过喷咀后，形成一股保护气流，使熔池和电弧不受空气侵入。随着焊枪的移动，熔池金属冷却凝固而形成焊缝，从而将被焊的焊件连成一体。

2) CO_2 气体保护焊的特点：

与埋弧自动焊、手工电弧焊相比，CO_2 气体保护焊具有下列优点：

生产效率高，焊接成本低，能耗低，抗锈能力强，焊件变形小，操作性能好，焊后不需要清渣，适用范围广等。

不足之处：合金元素烧损，增加金属飞溅，引起 CO 气孔。

CO_2 气体保护焊主要用于焊接低碳钢及低合金钢等黑色金属。

(2) 氩弧焊

氩弧焊是用氩气作为保护气体的一种气体保护电弧焊，有熔化极氩弧焊和非熔化极氩弧焊两种。氩弧焊是利用以喷嘴喷出的氩气流，在电弧区形成连续封闭的保护气层，使电极和金属熔池与空气隔绝，防止有害气体（氧、氮等）侵入，同时利用电极与焊件之间产生的电弧热量，来熔化附加的填充焊丝或自动送给的焊丝及基本金属，待液态熔池金属凝固后即形成焊缝，如图 4-38 所示。

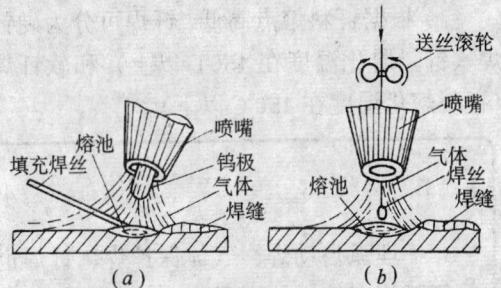

图 4-38　氩弧焊示意图
(a) 钨极氩弧焊；(b) 熔化极氩弧焊

氩弧焊具有以下特点：

1) 氩气是一种惰性气体，不与金属反应，也不熔于液体金属，从而使被焊金属中的合金元素不会烧损，焊缝不易产生气孔。

2) 由于电弧受到氩气流的压缩和冷却作用，使电弧能量比较集中，热影响区小，在

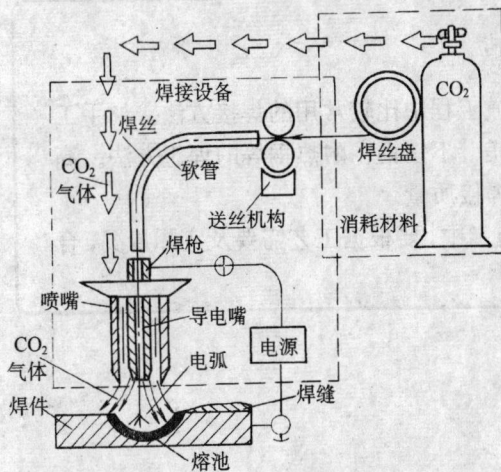

图 4-37　CO_2 气体保护焊焊接过程示意图

焊接薄板时比采用气焊变形小。

3）焊缝区无渣，焊工在操作时可以清楚看到熔池和焊缝的形成过程，便于操作。

4）操作时不受空间位置的限制，适用全位置焊接。

5）易实现机械化和半机械化。

6）生产率高。

但氩弧焊价格较贵，焊接成本较高。

氩弧焊可焊接的材料范围相当广，几乎所有的金属材料都可进行焊接，特别适宜焊接化学性质活泼的金属。氩弧焊常用于焊接有色金属及其合金、不锈钢、高温合金、特殊合金钢，以及难熔的活性金属（如 Mo、Nb、Zr）等，也用于结构钢管及薄壁件的焊接。氩弧焊有手工、半自动和自动三种操作形式。

4.3.3 火焰钎焊

钎焊就是采用比母材熔点低的金属材料作为钎料，将焊件和钎料加热到高于钎料熔点而低于母材熔点的温度，利用液态钎料润湿母材，填充接头间隙与母材相互扩散，实现连接的焊接方法，钎焊过程如图 4-39 所示。

（1）钎焊分类

1）根据钎料熔点高低，钎焊可分为硬钎焊（钎料熔化温度在 450℃以上）和软钎焊（钎料熔化温度在 450℃以下）。

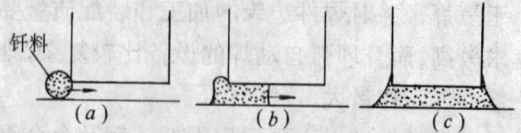

图 4-39　钎焊过程的示意图

(a) 在接头处安置钎料，并对焊件和钎料进行加热；

(b) 钎料熔化并开始流入钎缝间隙；

(c) 钎料填满整个钎缝间隙，凝固后形成钎焊接头

2）根据所用钎料的种类不同，可分为银钎焊、铜钎焊、锡钎焊等。

3）根据所用加热热源不同，钎焊可分为铬铁钎焊、火焰钎焊、高频钎焊、电接触钎焊等。

气体火焰钎焊是钎焊方法的一种，一般采用氧乙炔焰加热。由于使用设备简单、轻便、灵活，因此应用较广。

（2）钎焊主要特点

1）钎焊主要优点：加热温度低，钎料熔化而焊件不熔化，焊件金属的组织和性能变化较小，焊件变形也小，接头光滑平整，生产率高，钎焊不仅可以焊接同种金属和焊接异种金属（如紫铜与铝的钎焊），而且还可以焊接金属与非金属。

2）钎焊主要缺点：钎焊接头强度和耐热能力较低。

目前，钎焊在电机、机械、无线电、仪表等工业部门都得到了广泛的应用。

小　　结

埋弧自动焊、气体保护焊、钎焊也是管道工程中比较常用的焊接方法。如手工氩弧焊在管道施工中应用很广，是焊接铝、镁、不锈钢、耐热钢等的理想方法。高压管的焊接一般也用氩弧焊打底，以便提高焊接质量。

各种焊接方法都有自己的特点，在实际施工中，要根据工艺需要及实际情况，合理选用。

习　题

1. 埋弧焊与手工电弧焊相比有哪些优缺点？

2. 什么是 CO_2 保护焊？主要适用于哪些材料的焊接？

3. 氩弧焊适用于哪些材料的焊接？

4. 钎焊如何分类？钎焊有哪些特点？

第5章 相关工种的基本知识

管道工程施工中，管道工常需要有关工种配合方能保证工作的顺利进行；为了与有关工种默契配合，本章介绍相关工种——通风、测量、起重吊装、脚手架搭拆的一些基本知识。学习本章并通过技能训练，做到与有关工种良好配合，并初步掌握有关工种的基本技能。

5.1 通风工基本知识

5.1.1 通风工程常用材料

(1) 金属薄板

金属薄板是制作风管、配件和部件的主要材料，其表面应平整、光滑、厚度一致，允许有紧密的氧化物薄膜，但不能有结疤、划痕、裂缝，通常使用的有普通薄钢板、镀锌钢板、铝板、不锈钢板和塑料复合钢板等。

1) 普通薄钢板：普通薄钢板俗称黑铁皮，由碳素钢热轧而成，有良好的机械强度和加工性能在通风工程中使用最为广泛。但其表面易锈蚀，因此，使用前要进行防腐。

2) 镀锌钢板：镀锌钢板由普通钢板镀锌制成，俗称白铁皮，其表面镀层有良好的防腐作用，一般不再作油漆防腐处理。常用于输送不受酸雾作用的潮湿环境中的通风，空调系统的风管及配件部件的制作。

3) 铝合金板：铝合金板以铝为主，加入一种或几种其他元素（如铜、镁、锰等）制成铝合金，由于铝的强度低，使其用途受到了限制，而铝合金有足够的强度，单位质量较小，塑性及耐腐蚀性能好，易于加工成型，且摩擦时不易产生火花，常用于通风工程中防爆系统。

4) 不锈钢板：不锈钢板又叫不锈耐蚀钢板。在空气、酸及碱性溶液或其他介质中有较高的化学稳定性、在高温下具有耐酸碱腐蚀的能力，因而多用于化学工业中输送具有腐蚀性气体的通风系统。不锈钢的钢号较多，其用途也不相同，施工时应按设计要求选用。

5) 塑料复合钢板：塑料复合钢板是在普通钢板表面喷涂一层 0.2~0.4mm 厚的塑料层，这种复合钢板具有强度高、耐腐蚀性能好等优点，常用于防尘系统要求较高的空调系统和温度在 −10~70℃ 以下的耐腐蚀系统的风管制作。

(2) 非金属风管材料

1) 硬聚氯乙烯板：硬聚氯乙烯板又称硬塑料板，是由硬聚氯乙烯树脂加稳定剂和增塑剂热压加工而成。它在普通酸类、碱类和盐类作用下，有良好的化学稳定性，有一定的机械强度、弹性和良好的耐腐蚀性，便于加工成型，在通风风管、部件和风机制造中，得到较广泛的应用。

2) 玻璃钢：用玻璃钢制成的风管在通风空调工程中得到广泛的应用。玻璃钢风管的显著特点是具有良好的耐腐蚀性能，且不同规格的风管和法兰一道在工厂加工成整体管段，极大地加快了施工安装速度。近年来，在玻璃钢材料中添加了耐火、耐蚀无机材料，进一步拓宽了玻璃钢管的用途。

3) 其他风管材料：在通风工程中，有时可因地制宜，就地取材，采用砖、混凝土、矿渣石膏板、木丝板等材料做成不同材质的非金属风道。

（3）各种型钢

通风与空调工程使用大量角钢、扁钢、圆钢及槽钢等型钢材料制作风管法兰、支吊架和风管部件。

（4）辅助材料

1）石棉绳：石棉绳由矿物石棉纤维加工编织而成。一般使用为 3～5mm，用于输送介质温度高于 70℃ 的空气及烟气的风管法兰垫料，有时也可用作密封填料。

2）石棉橡胶板：石棉橡胶板由石棉纤维和橡胶等材料合成加工制作，常用厚度为 3～5mm，多用于输送高温气体风管的垫料。

3）橡胶板：橡胶板具有良好的弹性，多用于严密性要求较高的除尘或空调系统的垫料。

4）软聚氯乙烯塑料板具有良好的弹性和耐腐蚀性，适用于含有腐蚀性气体风管的垫料。

5）闭孔海棉橡胶板：闭孔海棉橡胶板是一种成型垫料，其表面光滑内部有空隙，弹性良好，最适合作输送产生凝结水或含有蒸汽的湿空气风管的垫料。

6）螺栓、螺母及铆钉：螺母、螺栓及垫圈用于通风、空调系统中支吊架的安装及风管的法兰连接。螺栓用直径×长度表示，其中长度指螺栓杆净长度，螺母用直径表示，常用螺母规格应与螺栓规格相配套。

铆钉有半圆头、平头和抽芯铆钉三种，用于板材与板材，风管或配件与法兰之间的连接，即铆接用料。

抽芯铆钉又叫拉拔铆钉，由防锈铝合金铆钉与钢丝芯子制成。使用时用拉铆枪抽出钢芯，铝合金铆钉即自行膨胀，形成肩胛，将材料紧密铆接牢固。使用这种铆钉施工方便，工效很高，并可消除手工敲打噪音。

（5）消耗材料

消耗材料指施工过程中必须使用，但施工后又无其形象存在（未构成工程实体）的材料。如切割、焊接用的氧气、乙炔气、风管法兰煨制时用的焦炭、木柴，施工用的锯条、破布、清洗时用的盐酸、水等。

5.1.2 风管加工基本操作技术

（1）划线

对于用金属薄板加工制作风管时，用几何作图的基本方法，在板面上划出各种线段和加工件的展开图形是首要的操作工序、划线时常用以下工具：钢板尺、角尺、圆规、量角器、划针、样冲、曲线板、锤子等。

（2）剪切

金属薄板的剪切就是按划线的形状进行剪切下料。剪切前必须对所划出的剪切线进行仔细的复核，避免下料错误造成材料浪费，剪切时应对准划线，做到剪切位置准确，切口整齐。

剪切分手工剪均和机械剪切。

1）手工剪切：

手工剪切是常用的剪切方法，是基本操作技术之一。手工剪切工艺简单，不受施工场所的限制，可在任何场所进行，缺点是劳动强度大，手工剪切工具是手剪和台剪。

A. 手剪。如图 5-1 所示，手剪分直线剪和弯剪两种。适用于剪切金属薄板的直线和曲线外圆，弯剪则用来剪切曲线的内圆，常

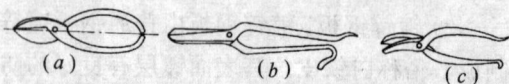

图 5-1 手剪

(a) 小手剪刀；(b) 大手剪刀；(c) 弯头手剪刀

用规格有 300mm 和 400mm 两种。手剪的剪切厚度一般不大于 1.2mm。

B. 台剪。为了能剪切较厚的板料，可在手柄与刀刃间增添杠杆，目的在于增大剪力。如图 5-2 所示，台剪可剪 3～4mm 厚的钢板。

C. 手剪工艺。手工剪切是利用手剪刀等工具进行剪切。剪切时按划好的线进行剪切，如图 5-3 所示。

剪切时，剪刀要胀开大约 3/4 刀刃长，剪刀上下两刃应彼此紧密地相靠，以便将板材

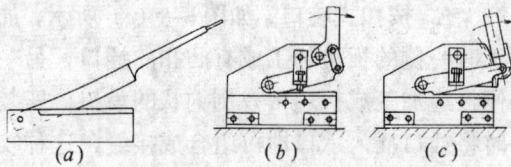

图 5-2　台剪
(a) 小型台剪；(b) 杠杆式大型台剪；
(c) 齿轮杠杆式大型台剪

顺利剪下。上下两刃口间若有间隙，会出现下述两种情况：一是两刃口有较小间隙、板料被两刃刀撕拉扯下，会有尖棱和毛刺出现；其二，若间隙过大，板材在两刃刀间只产生塑性变形，被刀咬住而剪不下来。因此右手握剪时，应尽量使剪刀下柄往右拉，使上刀片往左移，上下刀片的间隙就能消除。

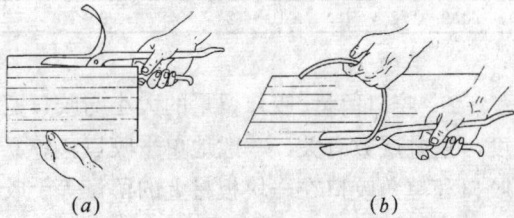

图 5-3　手剪剪直料
(a) 剪短料；(b) 剪长料

在使用柄部滞弯勾的大剪刀时，正确的操作方法是：将柄部弯勾紧靠工作台面或地面。这样操作不仅省力，而且剪刀稳定性好，剪切质量较高。

剪切时一般以右手握住剪刀柄的尾部，以左手将板材稍稍向上抬起，以右脚踩住被剪板料的右半边，以利于剪刀的插入与移动。若剪短直料时，被剪去的部分，一般需放置于剪刀的右边，如图 5-3 (a)；而剪长直料时，被剪去部分，则应放置于左边，大块放置于右边，如图 5-3 (b)，否则，板料较长、较宽，剪刀的刀口较短，剪切过程中就必须将左边的大块料向上弯曲，很费力，而将剪去的较小部分放在左边，就容易向上弯曲了。

剪切圆料时，剪切外圆弧应顺时针剪切，而剪切内圆弧时则应逆时针剪切。因为内圆

弧若顺时针剪切，剪刀上片会把所划的线遮住，影响操作，如图 5-4 所示。

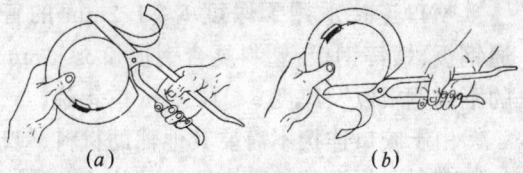

图 5-4　剪切圆料
(a) 正确；(b) 不正确

大的手剪可夹持在台虎钳上使用。如图 5-5 (a) 所示，只需将剪切的下柄用虎钳夹住，上柄可套一根管子，用右手握住上柄，使剪刀能张合，就可以剪切了，这样剪切不仅省力，而且能剪切较厚的板材。

用手剪剪切较厚板料时，还可用一种被称作"敲剪"的手剪。其特点类似大剪刀，上刀刃背部稍厚实一些。当剪切较厚板料时，需两人操作，一人持剪掌握剪切方向，一人持木锤击打上刃背部，即所谓的敲剪法，如图 5-5 (b)。

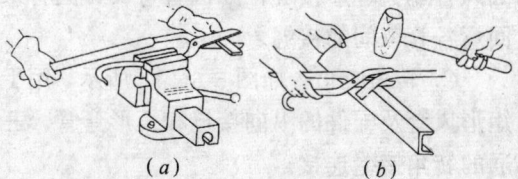

图 5-5　手剪刀的使用
(a) 在虎钳上剪切；(b) 敲剪

2) 机械剪切：

用机械剪切金属板材可成倍地提高工作效率，且切口质量好。常用的剪切机械有：龙门剪板机、振动式曲线剪板机、双轮直线剪板机。

(3) 咬口连接

通风与空调工程中制作金属风管和各种配件、部件时，需要将板材进行连接。连接的方法有咬口连接、铆钉连接和焊接。而通风空调工程中应用最广泛的连接是咬口连接。咬口连接是将两块需相互接合的板材用手工或机械方法折成能互相咬合的各种钩形，钩挂后压紧打实、折边，以形成咬合的

一种连接方法。

1) 咬口连接的特点、种类与适用范围：

咬口连接适用于厚度 $\delta \leqslant 1.2\text{mm}$ 的普通钢板、镀锌钢板、塑料复合钢板和 $\delta \leqslant 1\text{mm}$ 的不锈钢板以及厚度 $\delta \leqslant 1.5\text{mm}$ 的铝板。

由于咬口连接不需要其他辅助材料。咬口缝可以增加风管的强度，与其他几种连接方式相比，又有变形小，外形美观等优点，因此在选择连接方式时应尽可能优先选用。

咬口根据接头构造，咬口分为单咬口、双咬口、联合角咬口、单角咬口、按扣式咬口、插条式咬口；根据外形分为平咬口与立咬口；根据位置又可分为纵咬口与横咬口；根据操作方法可分为手工咬口与机械咬口，常用的咬口型式有：

A. 单平咬口。如图5-6（a）所示，用于板材的拼接缝和圆管的纵向的闭合缝，以及严密性要求不高的制品接缝。

B. 单立咬口。如图5-6（b）所示，用于圆风管端头环形接缝，如圆管弯头，圆管来回弯各管节间的接缝。

C. 转角咬口。如图5-6（c）所示，用于矩形风管及配件的纵向接缝和矩形弯管、三通的转角接缝连接。

D. 联合角咬口。如图5-6（d）所示，也称为角咬口。咬口缝处于矩形管角边上，用于矩形风管、弯管、三通、四通、转角缝，应用于在有曲率的矩形弯管的角缝连接更为合适。

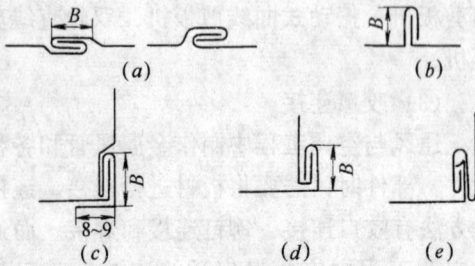

图 5-6　各种咬口形式
（a）单平咬口；（b）单立咬口；（c）联合角咬口；
（d）转角咬口；（e）按扣式咬口

E. 按扣式咬口。如图5-6（e）所示，加工时一侧的板边加工成有凸扣的插口，另一侧板边加工成折边带有倒钩状的承口，安装时将插口插入承口即可组合成接缝，这种咬口的特点是咬合紧密，运行可靠，适用于矩形风管转角咬口。

2) 咬口宽度与留量：

A. 咬口宽度。咬口宽度 B 与加工件的板厚 δ 以及咬口机的类型有关，加工时可参考表5-1选用，或用经验公式 $B \approx (8-12)\delta$ 估算，但当 $\delta < 0.7\text{mm}$ 时，B 不得小于6mm。

咬 口 宽 度 数 （mm）　　表 5-1

板厚 δ	平咬口宽度 B	角咬口宽度 B
<0.7	$6\sim8$	$6\sim7$
$0.7\sim0.82$	$8\sim10$	$7\sim8$
$0.9\sim1.2$	$10\sim12$	$9\sim10$

B. 咬口留量。咬口留量的大小与咬口宽度，重叠层数有关，一般地单平咬口，单立咬口和单角咬口在一块板材上的留量等于咬口宽度 B，而在另一块板材上应为两倍的咬口宽度 $2B$，这样咬口总留量实际就等于 $3B$。如板厚 $\delta = 1\text{mm}$ 的风管，咬口宽度 B 等于10mm，其总留量就等于 $3B$，即30mm。联合角咬口留量在一块板材上为咬口宽度 B，在另一块板材上为3倍咬口宽度，即 $3B$ 这样联合角咬口的咬口总留量就等于4倍咬口宽度 $4B$。若风管 $\delta = 0.8\text{mm}$，$B = 8\text{mm}$，实际总留量为 $4 \times 8 = 32\text{mm}$。

咬口留量需要根据材料与咬口需要分别留在板料的两边。上述咬口宽度与留量的确定主要适用于手工拍制咬口的宽度与留量，主要取决于板厚，有时制作如水壶、水桶、水盆等小物件时，则应视管段长度的大小而有所变化，一般地说，管段较短，咬口宽度可相应小一些，留量也自然小些。

3) 手工拍制各种咬口的工艺：

手工操作咬口的工具如图5-7所示。1为木方尺，也称为木拍板，其规格为45mm×

35mm×450mm 以硬木制成,用来拍打咬口;木锤2,用硬质木制成,用来打紧打实咬口;方锤3,也称为鸭舌锤,用来制作风管的单立咬口的展延与咬合,修整矩形风管的角咬口;工作台5,用来加工制作风管及部配件,工作台上固定有角钢,槽钢或方钢4,用作拍制咬口的垫铁,三种型钢垫铁必须平直且应有尖锐的棱角,制作圆风管时使用的钢管应固定在工作台上用作垫铁;衬铁6是垫铁的一种,手持衬铁,用作修整咬口,咬口套7用于压平咬口。

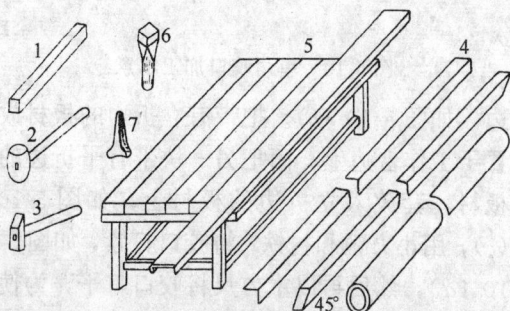

图 5-7　手工咬口工具

1—木方尺；2—木锤；3—方锤；
4—角钢、方钢及钢管；5—槽钢工作台；
6—手持垫铁；7—咬口套

手工拍制咬口的加工过程,主要是要掌握好拍制折边和咬口压实两道工序。为此,要求折边宽度一致,既平直角度又合适,才能为压实咬口创造条件。

A. 单平咬口的加工工艺。

如图 5-8 所示,将要加工的板材置于工作台上。根据咬口宽度,确定折边宽度,折边宽度较咬口宽度小 1mm,因为一部分咬口宽度变成了咬口厚度。若咬口宽度为 8mm,折边便为 7mm。并用划线板划出折线。将被加工的板材伸出工作台边,使其折线与型钢棱处重合。此时以左手按住板料,右手持木方尺,先将板材两头拍打至 90°,再将全长折线拍打成 90°,如图 5-8 (a) 所示,翻转板材,检查并修整折边宽度,初学者再用方尺把 90°拍打成 45°左右,如图 5-8 (b) 所示。

将咬口处伸出工作平台型钢棱处一个咬口宽度再加 3～5mm 的边宽,用木方尺对准型钢棱处拍打成图 5-8 (c) 所示的夹角(约为 140°)。

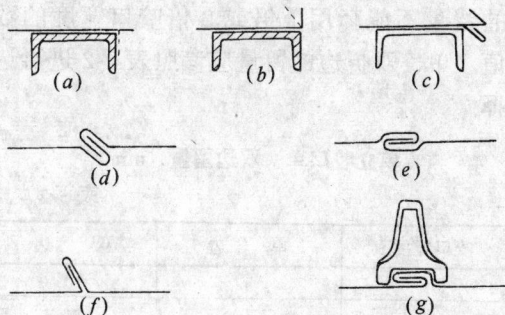

图 5-8　单平咬口加工步骤示意图

用同样的方法加工另一块板材,然后将两块板材互相挂钩,如图 5-8 (d) 所示。

用木锤先从咬口一端打紧一处,中间拍实一处,另一端再拍打实,最后全长打实打平至咬口严密平直为止,如图 5-8 (e) 所示。

有时为了使风管表面平整,常把一块加工如图 5-8 (b) 的折边,而另一块加工成如图 5-8 (c) 的折边,两折边挂钩后如图 5-8 (f),再用木锤打实打平后如图 5-8 (g) 所示。

B. 单立咬口的加工工艺。

单立咬口是将圆管的一端加工成单折边,而将另一段圆管的一端加工成双折边,二者咬合成一体,即为单立咬口如图 5-9 所示。

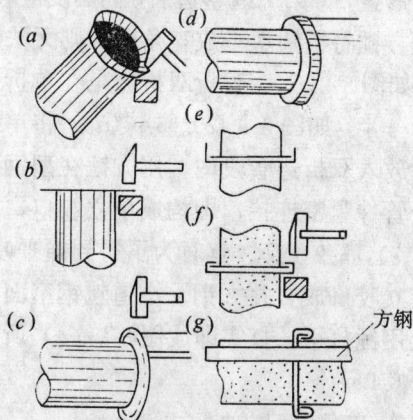

图 5-9　单立咬口加工步骤

121

在进行单立咬口加工时，首先应确定单、双折边的宽度，由于加工单、双折边时需用钢制方锤加以錾折，故板材均会产生塑性变形，出现一定量的伸展率。因此，单双折边的留量不能套用1倍或2倍咬口宽度的数值。单、双折边的留量应参照表5-2进行选择。

单立咬口单、双边留量（mm）

表5-2

咬口宽度 B	单　边	双　边
6	5	10
8	7	14
10	8	17

按照单、双边咬口留量分别在两个圆管端划线，将被加工管端放置在型钢端头，使边线与型钢棱角处重合，用方锤的窄面均匀敲打延展，同时徐徐地转动圆管，使整个圆周均匀錾出一道折印，如图5-9（a），再逐步地錾折三遍錾折单双边时，挥锤力量一定要均匀，转动圆管速度要合适，使其延展率基本一致。只有这样，圆管口才会基本不失圆。用方锤窄面錾边时，一定要先将外缘展开，不能只錾折线处，否则就会使折线处延展，而外缘没有延展，錾折过程中就会产生胀裂。在錾边第一遍、第二遍时，如发生失圆时，应随时修整，待第二遍錾边后，椭圆度应较小，当用方锤将折边錾平成直角后，则无法再修圆，如图5-9（b），錾折双折边是在单折边上回折一半，如图5-9（c）、5-9（d），将单折边管段放入双折边管段内，用方锤在型钢上将两个管件紧密连接，即构成单立咬口，如图5-9（e）、5-9（f）。有时为了得到横平咬口，可将立咬口放置在方钢、小道轨钢窄面或圆管上用锤打平，打实即成图5-9（g）所示之横平咬口。

C. 单角咬口的加工工艺。

单角咬口的加工和单平咬口的加工方法有基本类似的地方，将连接板中的一块放置

于工作台；如图5-10所示，先按单边留量划好线后向前移动至折线与型钢棱线重合，以木方尺将其拍制为90°的折边，如图5-10（a）。再将另一块相连接的板也以同法，拍制成90°后，将板翻转，用木方尺将其拍成平折

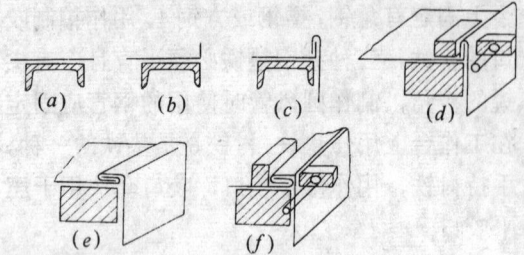

图5-10　单角咬口加工示意

边，如图5-10（b）。把带有立折边的板材放置于工作台边上，而把另一块带有平折边的板材，套放入立折边的板材上，如图5-10（c），用小方锤和衬铁，将咬口打紧，如图5-10（d），然后再以木方尺将咬口打平，为使咬口平直，可用小方锤和衬铁加以修整。使之棱角平直，如图5-10（e）、5-10（f）。

D. 联合角咬口的加工工艺。

联合角咬口主要应用于矩形风管或配件的纵向闭合缝及矩形弯头，三通的转角缝，联合角咬口加工工艺过程如图5-11所示。联合角咬口的留量在一块板材上咬口宽度为1B，而在另一块板材上则是3倍咬口宽度为3B。

加工时，先将留大边的板材放置于工作台上并伸出2B宽度与工作台型钢棱线重合，用方尺拍打至90°，如图5-11（a）。再翻转板材将90°轻拍至180°；此道工序拍打时切忌用力过猛将90°转角处打得过死，拍打时掌握方尺应前低后高使转角处略显一点小圆弧，以使组装时单边容易插入，如图5-11（b）。把板材重叠处伸出1B与型钢棱线重合，并以木方尺拍打至90°，如图5-11（c）。翻转板材并以木方尺向左用力将被加工处拍打至180°，如图5-11（d），将被加工重叠处伸出型钢棱线略多一点，以方尺拍打平卧，大边即加工完成，如图5-11（e）。

将留单边板材放置工作台上，伸出 $1B$ 与型钢棱线重合，用木方尺拍打至 90°，单边即告完成。注意此板折线处棱线要清晰，角度只能略小于 90°，而不能大于 90°，否则，组装时易放尺寸，且不牢靠，如图 5-11（f）。

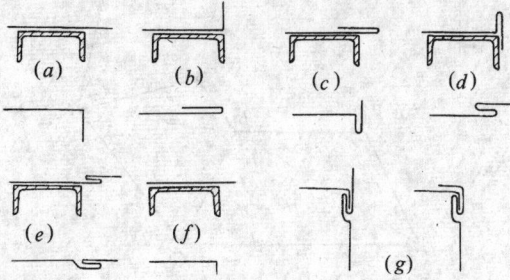

图 5-11 联合角咬口加工步骤

组装时，将单边插入双边中，以小方锤先选择几点，将单边紧包，待修整确无胀裂相碰现象后依次用木方尺或木锤紧包，如图 5-11（g）。

5.1.3 基本形体放样

（1）正圆锥任意斜截管的展开

现以图 5-12 所示斜截正圆锥为例，说明其展开的方法。

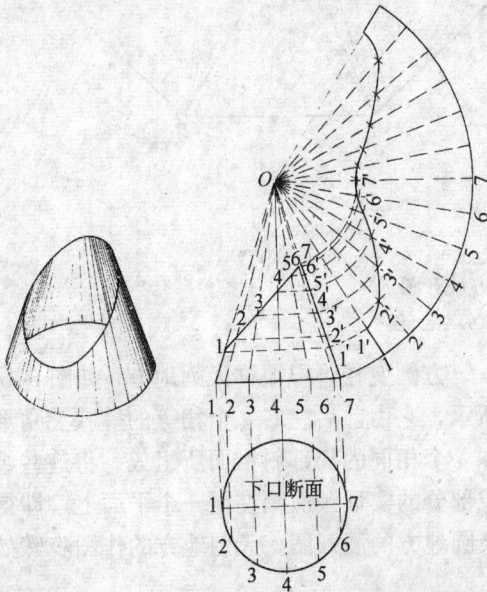

图 5-12 上部斜截正圆锥的展开

1）作出斜截圆锥的主视图和下口断面图。

2）将主视图上两斜边向上延长，与锥体中心线交于共有点 O，形成一个正圆锥。

3）采用旋转法求出主视图上 2—2，3—3，……6—6 各线的实长。即自斜口线上 2，3，4，5，6 各点做下口 1—7 线的平行线，与 $O7$ 线相交于 $2'$，$3'$，$4'$，$5'$，$6'$ 各点。

4）先按正圆锥展开，结果展开图为一扇形，该扇形的弧长即为圆锥底圆周长；再在展开图的放射线上截取 1—1′ 和 7—7′，使其分别等于主视图上 1—1 和 7—7′ 的长度，在主视图上量 7—2′、7—3′、7—4′、7—5′、7—6′ 分别等于展开图上 2—2′、3—3′、4—4′、5—5′、6—6′ 得出各交点。

5）将展开图上 1′、2′、3′……各点用圆滑的曲线连结起来，所得几何图形即为斜截圆锥管展开图。

（2）吸气罩的展开

吸气罩一般做成矩形管大小头的形式，如图 5-13 所示从图中可知，吸气罩的侧面是由四个等腰梯形平面围成。为了作出它的展开图，必须先求出这四个梯形平面的实形（其中前后、左右两个梯形相同）。

求梯形平面的实形时，可以把每个梯形分成两个三角形，只要求出三角形三条边的实长就可以得到三角形的实形，依次连续做出 8 个三角形的实形，就可以得到这个吸气罩的展开图。

吸气罩展开图的作图步骤如下：

1）在图 5-13（a）的俯视图上，把前边的一个梯形分成 abd 和 bcd 两个三角形，把右边的一个梯形分成 bce 和 bef 两个三角形。其中边长 ab、cd 和 bf、ce 分别等于 AB、CD 和 BF、CE 的实长。

2）用直角三角形法求得三角形另外几条边 BC、BD 和 BE 的实长 B_1C_1、B_1D_1 和 B_1E_1，如图 5-13（b）所示。

123

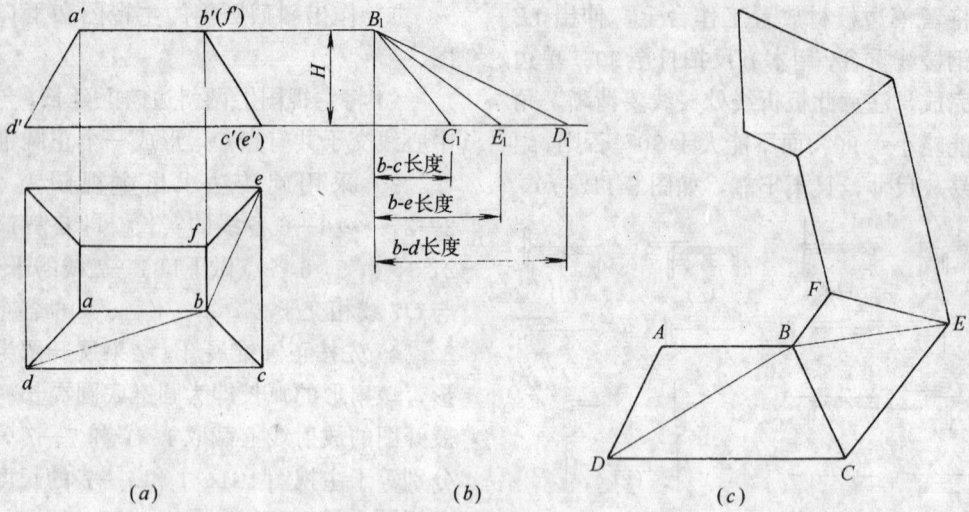

图 5-13　吸气罩的展开

(a) 视图；(b) 实长图；(c) 展开图

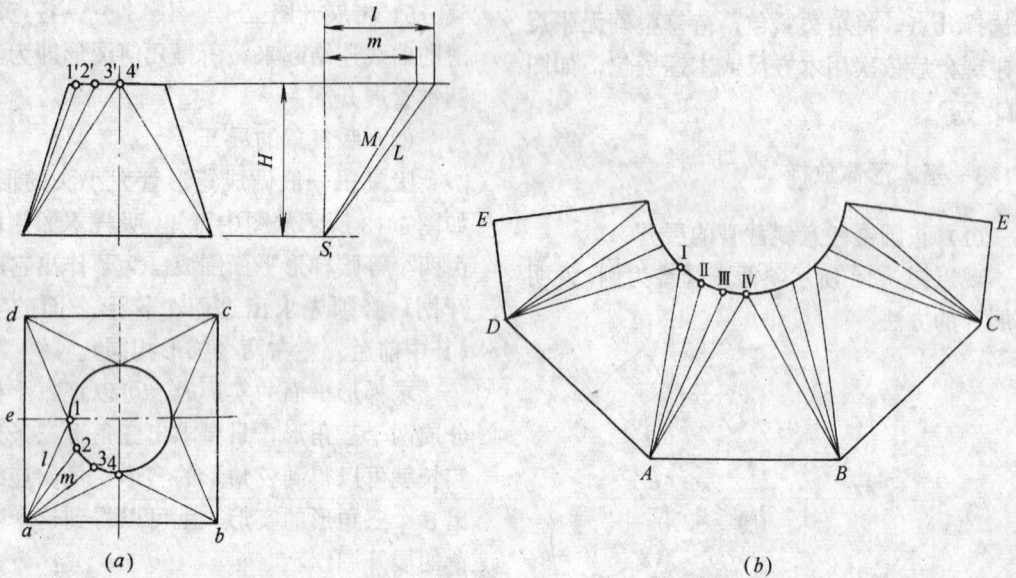

图 5-14　天圆地方展开图

(a) 视图和实长图；(b) 展开图

3) 按图 5-13（c）所示，取 $AB=ab$，$BD=B_1D_1$，$AD=BC=B_1C_1$，$DC=dc$ 就可顺次画出△ABD 和△BCD，得前面的展开图 $ABCD$。依次连续作△BCE 和△BEF，得右侧面的展开图。然后再继续后侧面和左侧面，于是就作出了吸气罩的展开图。

（3）方圆变径管的展开

方圆变径管习惯称天圆地方，如图 5-14 所示，它由前后左右 4 个相等的等腰三角形和 4 个相同的局部斜锥面所组成。将这些组成部分的实形顺次画在同一个平面上，即得天圆地方的展开图。天圆地方的作图步骤如下：

1）将圆口 1/4 圆弧的俯视图⌒14分成三等

124

分，得分点 2、3、a_1、a_2、a_3、a_4，即为斜锥面上素线 AⅠ、AⅡ、AⅢ、AⅣ 的俯视图。斜锥面素线的长度 AⅠ$=A$Ⅳ、AⅡ$=A$Ⅲ，用直角三角形法求出 AⅠ、AⅣ 和 AⅡ、AⅢ 的实长，分别为 L 和 M，见图 5-14（a）。

2）在展开图上取 $AB=ab$，分别以 A、B 为圆心，L 为半径作圆弧交于Ⅳ点，作得 ABⅣ三角形，再以Ⅳ和 A 为圆心，分别以 $\overset{\frown}{3\ 4}$ 的弧长和 M 为半径划弧，交于Ⅲ点，作得

AⅢⅣ三角形，用同样的方法可依次作出各个三角形 AⅢⅢ，AⅢⅡ。

3）用圆滑的曲线，连接Ⅰ、Ⅱ、Ⅲ、Ⅳ 等各点，即得一个等腰三角形和一个局部斜锥面的展开图。

4）用同样的方法依次作出其他各组成部分的表面展开图，即完成整个天圆地方展开图，如图 5-14（b）。

小　　结

用金属薄板制作风管，配件和部件是通风空调管道的主要材料。风管道加工的基本操作技术是：划线、剪切、卷制（或折方）、咬口。其中尤以咬口为重要的操作技术。咬口的形式有单平咬口，单立咬口，单角咬口，联合角咬口，按扣式角咬口等。

通风空调系统中管件，部件钢形体展开种类很多。本节主要介绍了斜截圆锥管，矩形变径管，天圆地方的展开放样，其他如虾壳弯头、等径正三通、斜三通、裤挡三通等部件的展开，可参见本专业教材《专业制图》。

习　题

1. 通风工程常用的金属材料有哪些？各有何特点？
2. 通风工程常用的非金属材料有哪些？各有何用途？
3. 何谓咬口连接，其特点是什么？
4. 咬口的形式有哪几种？各适用于何种情况
5. 试用 1：10 的比例绘制一矩形管大小头的展开图。已知矩形管大头为 500mm×300mm，小头为 200mm×200mm 高为 200mm。
6. 试用 1：10 的比例画出天圆地方展开图，已知上圆直径为 200mm，下矩形为 500×300mm，高 h 为 200mm。

5.2　测量基本知识

5.2.1　水准测量

高程是确定地面点位的要素之一。测量地面点高程的测量工作，称为高程测量。

（1）水准测量基本原理

1）水准点：

1956 年，我国统一规定了绝对高程的起算面，从此统一了全国高程控制系统。为了满足各种测量的需要，在全国范围内，由专业测量单位根据国家水准测量规范的精度要求，按四个等级测定了高程控制网，即水准网。并埋设了各个等级的永久性高程标志，称为水准点，常用"BM"（英文水准点的缩写）表示。其中，一、二等水准网是国家高程系统的高级控制网，主要用于科学研究及作为三、四等水准测量的依据；三、四等水准网主要用于国防建设、经济建设及地形测

量的高程起算。由于精度要求不同，主要用途各异，因而对各等级水准测量路线的布设、水准点的密度、使用的仪器及水准测量的具体操作等，都作了相应的规定。

为了满足建筑工程的需要，在施工中，可以国家三、四等水准点为依据，进行工程水准测量，将高程引测至施工现场，并埋设一些必要的永久性或临时性的水准点。永久性水准点一般用混凝土制成，顶部嵌入半球状金属标志，如图5-15 (a) 所示。临时性水准点可利用地面突起的坚硬岩石或永久性建筑物的基础，亦可用大木桩打入地下，桩顶钉一半球形的铁钉，如图5-15 (b) 所示。

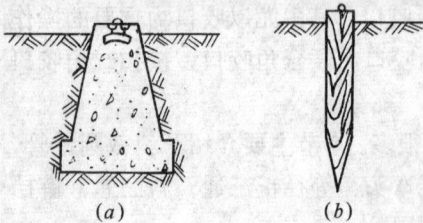

图5-15　水准点

(a) 永久性；(b) 临时性

埋设水准点后应绘制点位略图，称为点之记，以便于日后寻找与使用。

有时在施工现场附近没有国家等级的水准点，在不影响设计和施工要求的情况下，可在施工现场根据具体情况，选择某一点为假定高程起算面，以此作为施工中控制标高的依据。

2) 水准测量的基本原理：

水准测量原理是利用水准仪提供的一条水平视线，借助竖立在地面点上的水准尺，直接测定地面上各点间的高差，然后再根据其中一点的已知高程推算其他各点的高程。如图5-16所示，若A点的高程H_A已知，欲求B点的高程H_B，则可在A、B两点上各竖立一根有刻划的水准尺，在其间安置一架水准仪，用水准仪的水平视线分别读取A、B尺上的读数a、b，则B点对于A点的高差为：

$$h_{AB} = a - b \qquad (5-1)$$

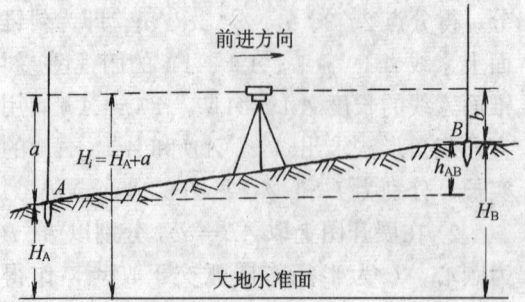

图5-16　水准测量基本原理

则B点的高程为：

$$H_B = H_A + h_{AB} \qquad (5-2)$$

如果测量是由A点向B点前进，我们称A点为后视点，B点为前视点则a、b分别为后视读数与前视读数。因此，地面上两点间的高差，等于后视读数减去前视读数。高差有正，有负。当h_{AB}为正值时，表示B点高于A点，h_{AB}为负值时，表示B点低于A点。在计算高程时，高差应连同其符号一并运算。在书写h_{AB}时，必须注意h的下标，h_{AB}表示B点对于A点的高差。

B点的高程也可通过仪器的视线高程H_i求得。如图5-16所示：

$$H_i = H_A + a \qquad (5-3)$$

$$H_B = H_i - b \qquad (5-4)$$

即：已知点高程加后视读数等于视线高程，视线高程减去前视读数等于欲求点高程。

由式5-2根据高差推算高程，称为高差法；由式5-4利用视线高程推算高程，称为视线高法，这两种计算方法各适用于不同的情况。前一种方法适用于引测高程，如建立永久性或临时性水准点，从已知高程点引测高程；后一种方法适用于安置一次仪器测定若干个前视点高程，如工程上抄平测量和纵断面水准测量。当用水准仪测量地面点高程时，最重要的要求是水准仪的视线必须水平。

3) 水准仪的使用：

使用微倾水准仪的基本操作程序为：安置仪器和粗略整平(简称粗平)、调焦和照准、精确整平（简称精平）和读数。

A. 安置仪器和粗平。

首先,在测站上松开架脚的固定螺旋,按需要的高度调整架腿长度,拧紧固定螺旋,再张开三脚架。然后从仪器箱中取出水准仪,用连接螺旋将仪器固连在三脚架头上。将脚架两条腿的脚尖踏实,用手持第三条架腿前后或左右移动,使圆水准器气泡大致居中,并将此脚尖踏实,再转动脚螺旋使圆水准器气泡居中。

利用脚螺旋使圆水准器气泡居中的操作步骤是:如图5-17所示,先用两手按箭头所指的相对方向转动脚螺旋1和2,使气泡沿着1、2连线方向由*a*移至*b*,再用左手按箭头所指方向转动脚螺旋3,使气泡由*b*移至中心。

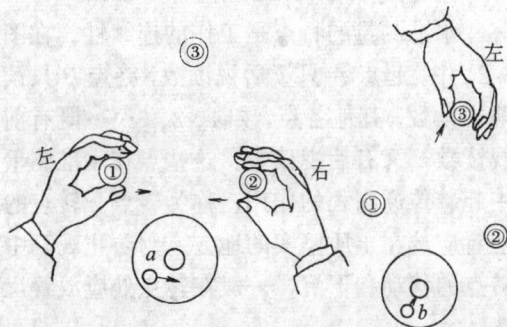

图 5-17 粗平

整平过程中,注意气泡的移动方向与左手大拇指转动脚螺旋的方向一致。

B. 调焦和照准。

a. 目镜调焦(对光):把望远镜转向明亮的背景,转动目镜对光螺旋,使十字丝像最清晰;

b. 概略照准:先松开制动螺旋(或扳手),转动望远镜,用望远镜上的照门和准星照准水准尺,拧紧制动螺旋,把望远镜固定;

c. 物镜调焦:转动物镜对光螺旋,使水准尺图像最清晰,然后转动微动螺旋,使十字丝纵丝照准水准尺边缘或中央,如图5-18所示。

d. 消除视差:当尺象与十字丝网平面不重合时,眼睛在目镜端微微上下移动,发现

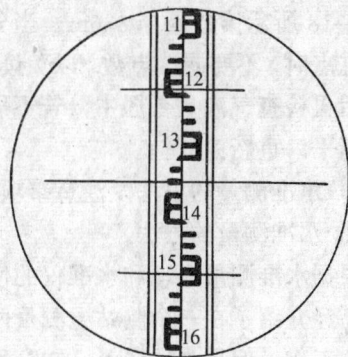

图 5-18 物镜调焦

十字丝和目标影象有相对运动,如图5-19(*a*)所示,这种现象称为视差。(产生这种现象的原因是目标影象与十字丝分划板不重合)视差对读数精度颇有影响。消除视差的方法是仔细地转动物镜对光螺旋,直至尺象与十字丝网平面重合,如图5-19(*b*)所示。

图 5-19 视差现象
(*a*)存有视差;(*b*)消除视差

C. 精平和读数。

眼睛从符合水准气泡观察窗内观察气泡,用右手缓慢而均匀地转动微倾螺旋,使气泡两端的影像吻合,如图5-20(*b*)所示。微倾螺旋的旋转方向与左侧半气泡影象的移动方向一致。

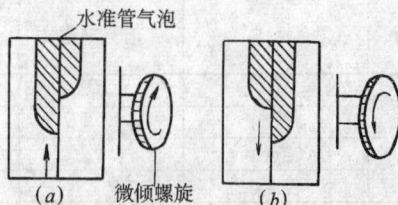

图 5-20 精平

当符合水准器气泡居中时,接着用中丝读取标尺读数,读数以注字为准,由小数到大数由上而下(在倒象水准尺)的顺序读取米、分米、厘米,并估读到毫米共四位数。例

如图 5-18 所示读数是 1.336m。当分米注记上有红点时，不要漏读点数，以免读错米数。读数后再检查气泡是否居中，若不居中，应再次精平，重新读数。

4）水准测量的方法及注意事项：

A. 水准测量的方法。

根据水准测量原理和水准仪的使用，在前面已经介绍了在一个测站上测量两点高差的基本工作。但是当地面上已知高程点距施工现场较远或高差较大时，安置一次仪器测量两地面点高差，将高程引测至施工现场是不可能的，这就需要转站连续观测来求得两地面点的高差，从而完成高程的引测。

图 5-21 中，当地面上 A、B 两点相距较远时，可将 AB 之间分成若干站，依次观测各站高差，然后根据已知高程点 A 的高程和各段观测的高差，依次推算出转点 1、2、3……和终点 B 的高程。B 点对 A 点的高差，也就是各站高差的代数和，即：

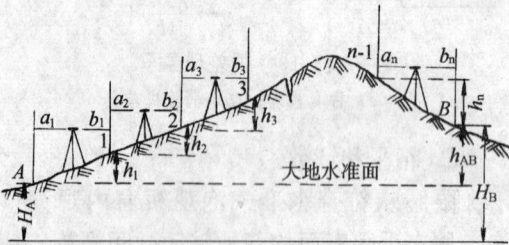

图 5-21 水准测量方法

$$h_1 = a_1 - b_1$$
$$h_2 = a_2 - b_2$$
$$+)\ h_n = a_n - b_n$$

$$h_1 + h_2 + \cdots + h_n = (a_1 + a_2 + \cdots + a_n)$$
$$- (b_1 + b_2 + \cdots + b_n)$$
$$h_{AB} = \Sigma h = \Sigma a - \Sigma b \qquad (5-5)$$

式中　Σh——各站高差的代数和，即
　　　　$\Sigma h = h_1 + h_2 + \cdots + h_n$；

　　　　Σa——后视读数总和，即
　　　　$\Sigma a = a_1 + a_2 + \cdots + a_n$；

　　　　Σb——前视读数总和，即
　　　　$\Sigma b = b_1 + b_2 + \cdots + b_n$。

式 5-5 可用作水准测量计算校核。

水准测量的特点是工作的连续性。在图 5-21 中，起点 A 只读后视读数，终点 B 只读前视读数。其他各点，如 1、2、3……既有前视读数，又有后视读数。这些点在水准测量中起着传递高程的作用，称为转点。转点的位置应选在土质坚实的地方。为防止观测中转点的移动和下沉，一般在转点处应放置尺垫。

图 5-22 为一段水准测量实测示意图。表 5-3 和表 5-4 为采用式 5-2 和式 5-4 进行水准测量记录的格式。

水 准 测 量 记 录　　　　　　　　表 5-3

测站	测点	后视读数	前视读数	高差 +	高差 −	高　程
1	Ⅱ₂	0.663				49.111
	转点 1		1.865		1.202	47.909
2	转点 1	1.422				
	转点 2		1.731		0.309	47.600
3	转点 3	1.890		0.927		
	临 1		0.963			48.527
计算校核		$\Sigma a = 3.975$	$\Sigma b = 4.559$	+0.927	−1.511	48.527 −49.111 −0.584
		$\Sigma a - \Sigma b = -0.584$	$\Sigma h = +0.927 + (-1.511) = -0.584$			计算无误

水　准　测　量　记　录　　　　表 5-4

| 测　　　点 | 后视读数 | 视线高程 | 前视读数 | | 高　　　程 |
			转　　点	中间点	
II₂	0.663	49.774			49.111
转点 1	1.422	49.331	1.865		47.909
转点 2	1.890	49.490	1.731		47.600
临 1			0.963		48.527
计 算 校 核	$\Sigma a=3.975$ $\Sigma a-\Sigma b=-0.584$		$\Sigma b=4.559$		48.527 −49.111 − 0.584

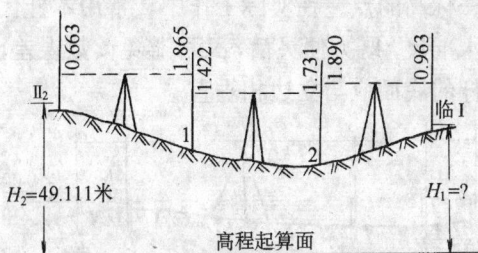

图 5-22　水准测量实例示意图

B. 水准测量注意事项。

测量工作都是由人们使用仪器，在自然条件下进行的。因此，观测者、仪器本身和自然环境必然会给观测的结果带来影响。为了防止出现错误和减少以上影响，在水准测量中应注意下列事项：

a. 施测前，应对所用的水准仪、水准尺等进行检验、校正。

b. 水准仪、水准尺应安置稳固，防止仪器和尺子下沉。

c. 前、后视距离应尽量相等，以消除水准仪水准管轴与视准轴不平行的误差，及其他自然条件（地球曲率和大气折光等）的影响。

d. 转点选择要适当，前、后视距不宜太长，一般不大于 100m。中丝在尺上读数，一般距尺端不小于 0.3m，以减少尺子不竖直及大气折光的影响。

e. 尺身要扶直，尺下要清洁，转点处应放置尺垫。

f. 读数时，水准管气泡要严格居中，并注意消除视差。

g. 读数时，应由小向大读，并估读至毫米。

h. 记录员要复诵，以便核对。记录要原始、整洁，不得涂改和誊抄。如遇错误，应将原读数划去（划去的数字要看得见）重写。

i. 仪器应避免强阳光照射，必要时用伞遮阳。

j. 测量成果必须经过校核，方能认为是准确可靠的。

5.2.2　测设已知高程点与抄平

施工中，除了要确定建筑物的平面位置外，还必须对建筑物的设计高程进行具体的测设。如建筑物的基础、室内外地坪、楼板、窗台等设计高程如何测设至实地，并设立必要的高程标志，作为施工过程控制高程的依据，这种工作称为已知高程点的测设。根据附近已知水准点的高程，用水准测量的方法，将设计高程测设到地面上。

（1）一般方法

图 5-23 中，水准点（BM）A 的高程 $H_A=49.053\text{m}$，从设计图上查得新建筑物的室内地坪±0.00m 的高程 $H_设=50.120\text{m}$，现要将 $H_设$ 的位置测设到木桩 B 上，测设步骤如下：

1）将水准仪安置在已知点 A 和待测设点 B 之间。水准仪视线水平时，后视 A 点水准尺，读得后视读数 $a=1.650\text{m}$。则水准仪视线高程 $H_i=H_A+a=49.053+1.650=50.703\text{m}$。

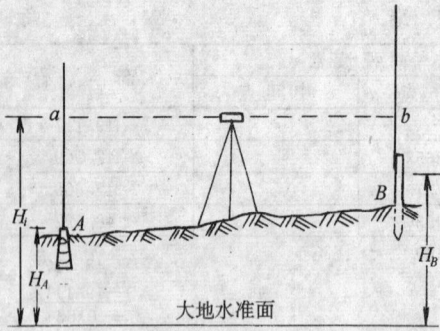

图 5-23　高程测设的一般方法

2）根据 H_i 和 $H_设$，计算 B 桩上 $H_设$ 处应读的前视读数 $b_应=(H_A+a)-H_设=H_i-H_设=50.703-50.120=0.583m$。

3）在 B 桩处立水准尺并沿 B 桩上下移动，直至水准仪视线在尺上读数为 0.583m 时，沿水准尺底面在 B 桩侧面划一红线，此线即为新建筑物室内地坪设计高程 $H_设$ 的位置。

（2）高程传递

在开挖较深的基槽、用竖井开拓地下建筑或安装吊车轨道时，只用水准尺已无法测定点位的高程，就必须用高程传递法。如图 5-24 所示，需要将地面上 A 点的高程 H_A，沿竖井传递到地下，求 B 点的高程 H_B，或者将 B 点的设计高程 H 测设至井底的木桩上。这时可在竖井内悬挂一钢尺，尺下挂一垂球，钢尺零点在下端。先在地面上安置水准仪，后视 A 点读数 a_1，前视钢尺读数 b_1；再在竖井内安置水准仪，后视钢尺读数 a_2，当前视尺

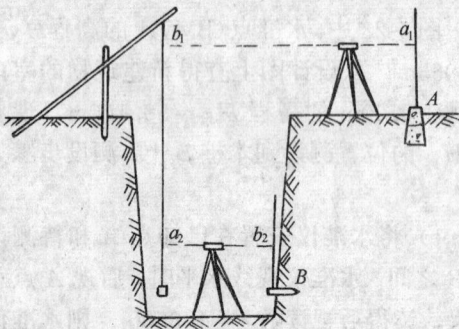

图 5-24　高程传递法

读数恰为 b_2 时，沿水准尺底面在竖井侧面钉设木桩，则木桩顶面即为 B 点设计高程 H_B 的位置。B 点应读前视读数 b_2 为：

$$b_2=H_A+a_1-b_1+a_2-H_B$$

（3）抄平测量

施工中常需同时测设若干同一标高点，如测设龙门板、设置水平桩等，称为抄平。为了提高工作效率，仪器要经过精确整平，利用视线高法原理，安置一次仪器可测出几个同一标高的点。在实际工作中，常用木杆代替水准尺，既方便灵活，又可避免读数误差，木杆的底面应与立边相垂直。

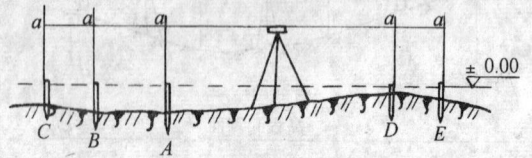

图 5-25　抄平测量

图 5-25 中，A 点是建立的 ±0.00 标高点，欲在 B、C、D、E 各桩上分别测出 ±0.00 标高线，操作方法如下：

安置仪器后，将木杆立在 A 点 ±0.00 标志上，扶尺员平持铅笔在约视线高度按观测员指挥沿木杆上下移动，在中丝照准位置处停住，并画一横线，即视线高。然后移木杆于抄平桩侧面，按观测员指挥上下移动木杆（注意随时调整微倾螺旋，保持水准管气泡居中），当木杆上的横线恰好与中丝重合时，沿尺底面画一横线，此线即为 ±0.00 位置。不移动仪器，同法即可在各桩上测出同一标高线。

当仪器高发生变动（重新安置仪器或重新调整）时，注意应再将木杆立在已知高程点上，重新在木杆上测出视线高，不能利用以前所画横线。杆上以前所画没用的线要抹掉，防止观测中发生错误。

5.2.3　角度测量和测设

角度测量是测量的三项基本工作之一，

它包括水平角测量和竖直角测量。水平角用以测定地面点的平面位置，测竖直角用以间接测定地面点的高程。经纬仪是测量角度的主要仪器，它既能测量水平角又能测量竖直角。

（1）水平角测量原理

水平角是一点到两目标的方向线垂直投影在水平面上的夹角，用 β 表示。如图5-26所示，A、O、B 为地面上任意三个点，其高程不相等，OA 和 OB 两个方向线所夹的水平角，就是通过 OA 和 OB 沿两个竖直面投影在水平面 P 上的 oa 和 ob 两条水平线的夹角 $\beta = \angle aob$。由此可见，地面上一点到两目标的方向线之间的水平角，就是通过该两方向线所作竖直面间的二面角。因此，在两面角的交线 OO_1 上任一点均可测出水平角。

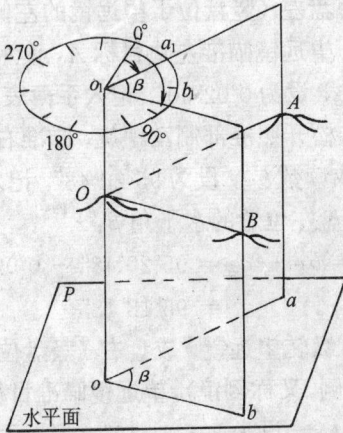

图5-26　水平角测量原理

为了测出水平角的大小，现设想在两竖直面的交线上的一点 O_1，水平地放置一个顺时针方向刻划的圆形度盘，过 OA 方向线沿竖直面投影在水平度盘上，得一读数 a_1，过 OB 方向线沿竖直面投影在水平度盘上，得另一读数 b_1，由式5-6可得水平角：

$$\beta = b_1 - a_1 \qquad (5-6)$$

（2）经纬仪的使用

经纬仪的使用包括对中、整平、调焦和照准及读数四项基本操作。现将其操作方法介绍如下：

1）对中：

对中的目的是使仪器中心与测站点标志中心位于同一铅垂线上。

对中时，先松开三脚架腿固定螺旋，按观测者身高调整架腿长度，将螺旋拧紧。再将三脚架张开，用目估使其高度适中，架头大致水平，架头中心大致与测站点在同一铅垂线上；然后在连接螺旋上挂垂球初步对中。如果相差太大，可前后左右摆动三脚架架腿，使垂球尖大致对准测站点标志，将三脚架的脚尖踩入土中，架头基本保持水平；将仪器从仪器箱中取出，用连接螺旋将仪器装在三脚架上。此时若垂球尖偏离测站点标志中心，可稍松连接螺旋，两手扶住仪器基座，在架头上平移仪器，使垂球尖精确对准标志中心，再将连接螺旋旋紧。

对中可用光学对中器进行。由于光学对中器的视线与仪器竖轴平行，因此，只有在仪器整平后视线才处于铅垂位置。对中时，可先用垂球大致对中，概略整平仪器后取下垂球，调节对中器的目镜，使分划板清晰；再拉出或推进对中器的镜管，使测站点标志成象清晰；然后在架头上平移仪器，使分划板上小圆圈中心与测站点重合。平移仪器，整平可能受到影响，需要重新整平，整平后光学对中器的分划圈中心可能偏离测站点，需要重新对中。因此，这两项工作需要反复进行，直到对中和整平都满足为止。

用垂球对中时，对中误差一般不应大于3mm；光学对中器的对中误差一般不应大于1mm。

2）整平：

整平的目的是使仪器竖轴竖直和水平度盘处于水平位置。

如图5-27（a）所示，整平时，先转动仪器的照准部，使水准管平行于任意一对脚螺旋的连线，然后用两手同时相反方向转动两脚螺旋，使水准管气泡居中，注意气泡移动的方向与左手大拇指转动方向一致；再将照准部转动 90°，如图 5-27 (b) 所示，使水准管垂直于原两脚螺旋的连线，转动另一（第3个）脚螺旋，使水准管气泡居中。如此重复操作，直到在这两个方向气泡都居中为止。

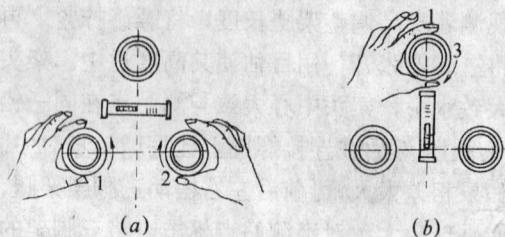

图 5-27　整平方法

整平误差一般不应大于一个水准管分划值，即水准管气泡最大偏离量不应超过一个格。

3）调焦和照准：

照准就是使望远镜十字丝交点精确照准目标。照准前先松开望远镜制动螺旋与照准部制动螺旋，将望远镜朝向天空或明亮背景，调节目镜使十字丝清晰；然后利用望远镜上的照门和准星（或瞄准器）粗略照准目标，使在望远镜内能够看到物象，立即旋紧照准部及望远镜制动螺旋；转动物镜对光螺旋，使目标的影象清晰；转动照准部和望远镜微动螺旋，精确照准目标：测水平角时，是使十字丝精确地照准目标，并尽量照准目标的底部，如图 5-28 (b) 所示；测竖直角时，使十字丝的横丝精确照准目标。

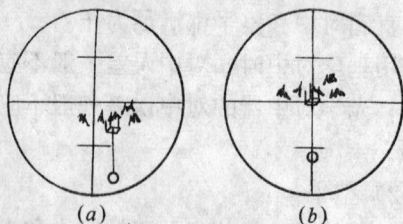

图 5-28　照准

4）读数：

调节反光镜及读数显微镜目镜，使度盘与测微尺影像清晰，亮度适中，再根据仪器的读数设备，按不同的读数方法读数。

（3）水平角测量方法

水平角观测的方法，一般根据施测时所用的仪器、测角的精度要求和目标的多少而定。下面介绍工程上常用的测回法进行水平角观测的步骤。如图 5-29 所示。

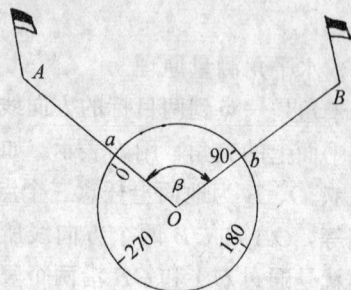

图 5-29　水平角测量方法

1）安置经纬仪于测站点 O 上，进行对中、整平，并在 A、B 两点竖立标杆或测钎，作为照准标志。

2）盘左（竖盘位于望远镜的左侧，又称正镜），望远镜瞄准左边目标 A，读水平度盘读数 $a_左$，设为 $0°02'30''$，记入手簿表 5-5 中。

3）松开照准部制动螺旋，瞄准右边目标 B，读取读数 $b_左$，设为 $95°20'48''$，记入手簿，并计算盘左位置的水平角 β：

$$\beta_左 = b_左 - a_左 = 95°20'48'' - 0°02'30''$$
$$= 95°18'18''$$

4）纵转望远镜，成盘右（竖盘位于望远镜的右侧，又称倒镜），望远镜瞄准目标 B，度盘读数 $b_右$，设为 $275°21'12''$，记入手簿。

5）逆时针方向转动照准部，照准左边目标 A，读取水平度盘读数 $a_右$，设为 $180°02'42''$，记入手簿，计算盘右位置水平角 β：

$$\beta_右 = b_右 - a_右$$
$$= 275°21'12'' - 180°02'42''$$
$$= 95°18'30''$$

6）若 $\beta_左$、$\beta_右$ 之差不大于 $40''$，则水平角值为：$\beta = \frac{1}{2}(\beta_左 + \beta_右) = 95°18'24''$。

为了提高观测精度，消除由于度盘刻划不均匀的误差，观测中，对角度需要观测几

测 站	竖盘位置	目 标	水平度盘读数			半测回角值			一测回角值			各测回平均值			备 注
			(°)	(′)	(″)	(°)	(′)	(″)	(°)	(′)	(″)	(°)	(′)	(″)	
第一测回	左	A	0	02	30	95	18	18							
		B	95	20	48				95	18	24				
O	右	A	180	02	42	95	18	30							
		B	275	21	12							95	18	20	
第二测回	左	A	90	03	06	95	18	32							
		B	185	21	38				95	18	16				
O	右	A	270	02	54	95	18	00							
		B	5	20	54										

个测回,各测回应根据测回数 n,按 $180°/n$ 改变起始方向水平度盘位置。各测回值互差若不超过 $40″$（对于 J_6 级），取各测回平均值作为最后结果,记入表 5-5。

（4）注意事项

1）开、装箱:

A. 开箱时,应注意仪器在箱内的位置,以便装箱时按原来位置放入,仪器箱上严禁坐人。

B. 取出仪器时,应双手握住仪器支架,或一手抓住支架,另一手托住基座,不得用手提望远镜。

C. 仪器使用完毕后,要用软毛刷弹去灰尘,再装入箱内。仪器上如果落有雨点或汗珠,要用软布擦去,待仪器凉干后,再装入箱内。镜头上的灰尘和手印,要用擦镜纸或麂皮纸擦拭,严禁用手指或其他物品擦镜头。装箱前,应松开制动扳手,待各部位在箱内放妥贴后,再稍微旋紧制动扳手。

D. 关箱时不可强压,关不上时应查明原因。注意锁好箱子,并检查背带是否牢固。

2）使用:

A. 三脚架放置稳固后再取出仪器,仪器放在三脚架上后,应立即旋紧连接螺旋。

B. 转动仪器各部分螺旋时,要慢慢地旋转,切不可拧得过紧,以免损坏仪器或造成螺旋滑丝。制动扳手未松开前,不得转动仪器。

C. 仪器的对中、整平,应严格遵守限差要求。

D. 观测时,手不要碰扶三脚架,走动时要离三脚架一定距离。

E. 目标要竖直,瞄准时应尽量瞄准目标的底部。

F. 记录要原始、整洁,要随测、随记、随算,待检查合格后才能搬站。

G. 仪器短距离移站时,最好直立抱持或夹三脚架与腋下,并用一手托住仪器。长距离搬站时,仪器要装箱后再搬运。

H. 在野外作业时,必须有人守护仪器。在行人过多的地方作业时,要提高警惕,以确保人和仪器的安全。

I. 仪器不宜在阳光下暴晒,必要时用伞遮阳,同时不要使仪器被雨淋或受潮。

3）运输:

短途乘车,要将仪器箱背在身上或提在手中,以免震、碰。长途运输,要将仪器箱装入运输箱内,并用稻草、刨花或碎纸塞满箱内的空隙,以防仪器受到振动。

4）存放:

仪器应存放在凉爽、干燥、通风良好的地方,防止仪器受热、受潮。仪器箱内要放置干燥剂,吸收水分。仪器要定期拆洗、上油及检验、校正。

（5）竖直角观测

1）竖直角测量原理:

竖直角是在同一竖直面内，一点到目标的方向线与水平线之间的夹角，又称倾角，用 α 表示。如图 5-30 所示，方向线在水平线上方，竖直角为仰角，其角值为"+"；方向线在水平线下方，竖直角为俯角，其角值为"—"，竖直角的角值从 $0° \sim 90°$。

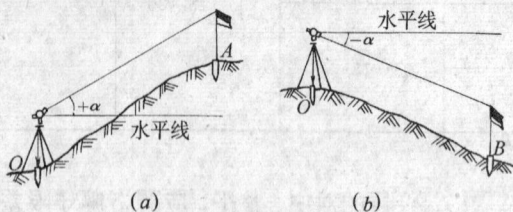

图 5-30　竖直角测量原理

(a) 仰角；(b) 俯角

竖直角是用经纬仪的竖直度盘来量度的。竖直角测量是利用望远镜照准目标的方向线与水平线分别在竖直度盘上的读数，计算出竖直角的。两读数之差即为竖直角的角值。

2) 竖直角的观测与计算：

A. 竖直角的计算。

根据竖直角测量原理，竖直角是在竖直面内目标方向线与水平线的夹角，测定竖直角也就是测出这两个方向线在竖直度盘上的读数差。由于竖盘注记形式不同，竖直角有正（仰角）、负（俯角）之分。在计算竖直角时，要先观察竖盘注记形式，注意望远镜仰起时，竖盘读数是增加还是减少，据此决定计算公式。若望远镜仰起时，竖盘读数比视线水平时竖盘读数增加，则

竖直角 α = 瞄准目标时竖盘读数 — 视线水平时竖盘读数

若望远镜仰起时，竖盘读数比视线水平时竖盘读数减少，则

竖直角 α = 视线水平时竖盘读数 — 瞄准目标时竖盘读数

以上规定，不论是何种竖盘型式；不论是盘左，还是盘右；不论是仰角，还是俯角，都是适用的。

如图 5-31 为常用的 J_6 型光学经纬仪的竖盘注记形式。设盘左时视线照准目标的读数为 L，盘右时视线照准目标的读数为 R。

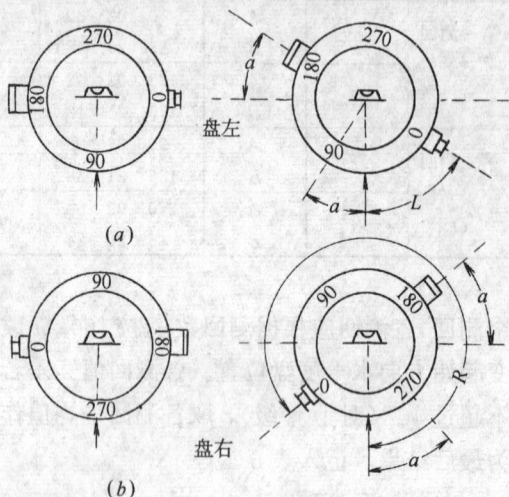

图 5-31　光学经纬仪竖盘注记

由表 5-6 可知，盘左位置，视线水平时竖盘读数为 $90°$，当望远镜仰起，读数减少；盘右位置，视线水平时竖盘读数为 $270°$，当望远镜仰起，读数增加。根据上列竖直角计算公式，

盘左　　　　$\alpha_L = 90° - L$　　　　(5-7)

盘右　　　　$\alpha_R = R - 270°$　　　(5-8)

平均竖直角值为：

$$\alpha = \frac{1}{2}(\alpha_L + \alpha_R)$$

$$= \frac{1}{2}(R - L - 180°)$$

(5-9)

B. 竖直角的观测。

a. 安置经纬仪于测站点 O，对中、整平，量仪器高。如图 5-30 所示。

b. 盘左，望远镜瞄准目标 B，使十字丝横丝准确地切于目标顶端。

c. 转动竖盘指标水准管微动螺旋，使竖盘指标水准管气泡居中，读取盘左的竖盘读数 L，记录，并计算得 α_L。

d. 为提高观测精度，消除竖盘指标差的影响，需要纵转望远镜成盘右，仍瞄准目标 B 同一位置，转动竖盘指标水准管微动螺旋，

测　站	目　标	竖盘位置	竖盘读数	竖　直　角	平均竖直角	备　　注
O	M	左	72° 58′ 10″	+17° 01′ 50″	+17° 01′ 45″	
		右	287 01 40	+17 01 40		
	N	左	95 44 30	−5 44 30	−5 44 35	
		右	264 15 20	−5 44 40		

当竖盘指标水准管气泡居中时，读取盘右时的竖盘读数 R，记录，并计算得 α_R。

竖直角　$\alpha = 1/2\ (\alpha_L + \alpha_R)$。

（6）测设已知数据的水平角

测设水平角是根据地面上已有的一个方向，按设计的水平角值，用经纬仪在地面上定出该角的另一个方向。其测设方法如下：

1）一般方法：

当测设水平角的精度要求不高时，可用盘左、盘右取中数的方法。如图 5-32 所示，设 OA 为地面上已知方向线，要在 O 点以 OA 为起始方向，顺时针方向测设出给定的水平角 β。其测法是：将经纬仪安置于 O 点，盘左位置，将水平度盘配置在 $0°00′00″$，瞄准 A 点；松开照准部制动螺旋，顺时针方向转动照准部，使水平度盘读数增加 β 角值，沿视线方向在地面上定出 B_1 点；为了检核和提高测设精度，纵转望远镜成盘右位置，重复上述操作，并沿视线方向标出 B_2，若 B_1、B_2 两点不重合，则取 B_1、B_2 之中点 B，则 $\angle AOB$ 即为设计的角值。

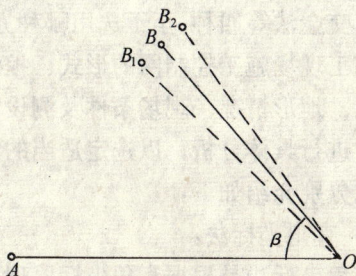

图 5-32　水平角测设的一般方法

2）精密方法

当测设水平角的精度要求较高时，可采

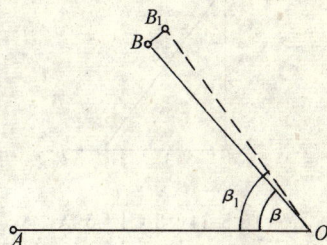

图 5-33　水平角测设的精密方法

用作垂线改正的方法，以提高测设的精度。如图 5-33 所示，可先用一般方法定出 B_1 点，再用测回法对 $\angle AOB_1$ 观测若干测回，测回数由精度要求决定，取各测回的平均值 β_1，当 β 与 β_1 的差值超过限差（±10″）时，则需改正 B_1 的位置。改正时，先根据角值 $\Delta\beta$ 和 OB 的长度，计算出垂直距离：

$$B_1B = OB_1 \cdot \tan\Delta\beta'' = OB_1 \cdot \frac{\Delta\beta''}{\rho''}$$

(5-10)

式中　$\rho'' = 206265''$。

例如，求得 $\Delta\beta = 48''$，$OB_1 = 50.00\text{m}$，则

$$B_1B = 50 \times 48 \div 206265 = 0.012\text{m}$$

然后过 B_1 点作 OB_1 的垂线，再从 B_1 点沿垂直方向，向左量取 0.012m，定出 B 点。则 $\angle AOB$ 即为设计的 β 角。

作垂线 B_1B 时应先注意方向，当 β 小于 β_1 时，$\Delta\beta = \beta_1 - \beta > 0$，$B$ 点在 OB_1 的左侧，见图 5-33，反之 $\Delta\beta = \beta_1 - \beta < 0$ 时，在右侧。

3）简易方法：

在施工现场，如果测设水平角的精度要求不高，可以采用简易方法测设。现介绍如下：

A. 测设直角：

a. 用钢尺按 3：4：5 法测设直角。3：4：5法，是根据几何学上勾股定理，斜边的平方等于对边与底边的平方和。

由图 5-34 可知：

$$CD^2 = AD^2 + AC^2$$
$$CD = \sqrt{AD^2 + AC^2}$$

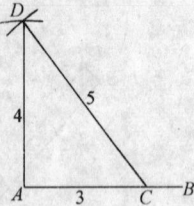

图 5-34　3：4：5 法

所以，若 $AC=3$，$AD=4$，则 $CD=5$。据此，要在已知线段 AB 上的 A 点处测设直角，可用钢尺在 AB 线上，量取 3m 定出 C 点，再以 A 点为圆心，4m 为半径画弧；然后以 C 点为圆心，5m 为半径画弧，两弧相交于 D 点。则 $\angle DAB$ 为直角。如 AD 要求有较长的距离，各边可同时放大 n 倍或缩小 $\frac{1}{n}$ 倍，即 $3n$：$4n$：$5n$ 或 $\frac{3}{n}$：$\frac{4}{n}$：$\frac{5}{n}$ 来测设直角，式中 n 为任意整数。

b. 等腰直角法。如图 5-35 所示，欲在直线 MN 的定点 D 上测设直角，可用钢尺自 D 点在直线 MN 上，分别量出相等的线段 DA、DB，然后，以大于 DA 之长为半径，再分别以 A、B 两点为圆心画弧，相交于 C 点。则 $\angle ADC$ 与 $\angle BDC$ 为所求之直角。

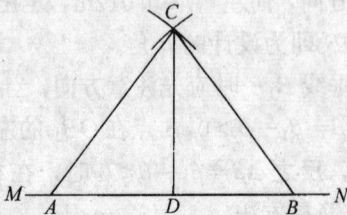

图 5-35　等腰直角法

B. 测设任意角：

如图 5-36 所示，要在地面已知线段 AD 上，测设 β 角。首先在 AD 线段上量取一段距离 AB（可取一整数），并计算垂线：

$$BC = AB \cdot \tan\beta$$

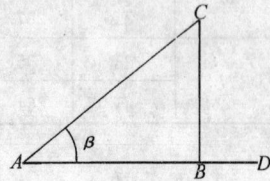

图 5-36　水平角测设简易法（Ⅰ）

然后过 B 点作 AB 的垂线，在垂线上量取 BC 值，连接 AC。则 $\angle CAB$ 即为所测设的 β 角。

若 $180° > \beta > 90°$ 时，如图 5-37 所示，则

$$BC = AB \cdot \tan(180° - \beta)$$

求出 BC 后，在 DA 的延长线上量取 AB，过 B 点作 AB 的垂线，在垂线上量取 BC 值，连接 AC。则 $\angle CAD$ 即为所测设的 β 角。

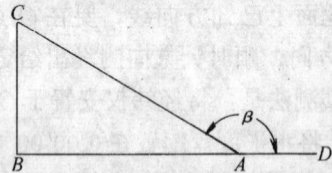

图 5-37　水平角测设简易法（Ⅱ）

5.2.4　点的标定，长度的测量与测设

(1) 点的标定

在地面上测设点的平面位置常用的方法有：直角坐标方法、极坐标法、角度交会法和距离交会法等四种。至于选用哪种方法，可根据施工现场施工控制网的形式、控制点分布情况、地形情况、现场条件及测设精度要求等，进行具体分析，以选定适当的测设方法。现分别介绍如下：

1) 直角坐标法：

直角坐标法是根据直角坐标原理，测设地面点的平面位置。当欲测设建筑物的轴线与建筑场地上已有控制网成平行或垂直关系或在施工现场设置有互相垂直的主轴线或建

筑格网线,待测设的点靠近控制网的边线,且量距方便时,可采用直角坐标法。如图5-38所示,设Ⅰ、Ⅱ、Ⅲ、Ⅳ为建筑场地的建筑方格网点,a、b、c、d为需测设的某厂房的四个角点,根据设计图上各点坐标,可求出建筑物的长度、宽度及测设数据。现以a点为例,说明测设方法。

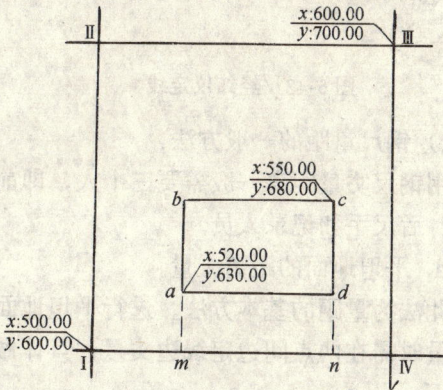

图5-38　直角坐标法

欲将a点测设于地面,首先根据Ⅰ点的坐标及a点的设计坐标算出纵、横距(坐标差):

$$\Delta x = x_a - x_I$$
$$= 520.00 - 500.00 = 20.00m$$
$$\Delta y = y_a - y_I$$
$$= 630.00 - 600.00 = 30.00m$$

然后安置经纬仪于Ⅰ点,瞄准Ⅳ点,沿ⅠⅣ方向测设长度Δy(30.00m),定出m点;搬仪器于m点,瞄准Ⅳ点向左测设90°角,得ma方向线,在该方向上测设长度Δx(20.00m),即得a点在地面上的位置。用同样方法可测设建筑物其余各点的位置。最后应检查建筑物的四个角是否等于90°,各边是否等于设计长度,误差应在允许范围之内。

上述方法计算简单、施测方便、精度较高,是应用较广泛的一种方法。

2) 距离交会法:

距离交会法是根据测设的两段距离交会出地面点的平面位置。此法适于待测设点至控制点的距离不超过一尺段的长度,且便于量距的地方。在施工中细部的测设常用此法。

如图5-39所示,先根据控制点A、B的坐标及P点的设计坐标,计算测设距离D_1和D_2,同时用两盘钢尺分别从A、B控制点量取D_1、D_2,其交点即为P点的平面位置。

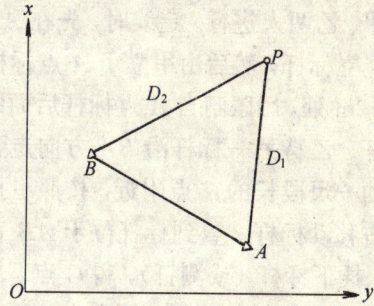

图5-39　距离交会法

(2) 距离丈量

水平距离是确定地面点位关系的必要元素。距离丈量就是丈量两地面点之间的水平距离。水平距离是指地面上两点垂直投影到同一水平面上的直线距离。所以丈量地面上不在同一水平面上两点间的水平距离时,应将丈量工具放平丈量。直接量出斜距后,要将其换算为水平距离,如图5-40所示。测定水平距离的方法很多,如用钢尺量距、视距、光电测距等方法。

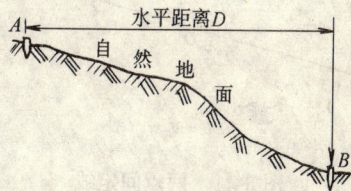

图5-40　水平距离

1) 直线定线:

当地面上两点间的距离超过尺子的全长或地势起伏较大时,量距前必须在通过直线两端点的竖直面内,定出若干中间点,并竖立标杆或测钎标明直线方向,以便分段丈量。这种把多根标杆树立在已知直线上的工作称为直线定线。直线定线在精度要求较高时,应使用经纬仪定线；在一般情况下，可采用标杆目测定线。

A. 目估定线。

图 5-41 中 A、B 为地面上互相通视的两点，要测量 A、B 两点之间的距离，应先在过 AB 线的竖直面内定出 C、D 等点。定线工作可由甲、乙两人进行。定线时，先在 A、B 两点上竖立标杆，然后由甲立于 A 点标杆后面约 1~2m 处，用眼睛自 A 点标杆后面瞄准 B 点标杆。乙持另一标杆沿 BA 方向走到离 B 点大约一尺段长的 C 点附近，按照甲指挥手势左右移动标杆，直到标杆位于 AB 直线上为止，插下标杆（或测钎），得 C 点。然后乙又带着标杆走到 D 点处，同法在 AB 直线上竖立标杆（或测钎）定出 D 点，如此类推。这种从直线远端 B 走向近端 A 的定线方法，称为走近定线。反之，由近端 A 走向远端 B 的定线方法称为走远定线，走近定线法比走远定线法较为准确。这是因为在定线的过程中，已设定标杆对新立标杆的影响，走近定线比走远定线为小。在平坦地区，直线定线工作常与距离丈量同时进行，即边定线边丈量。

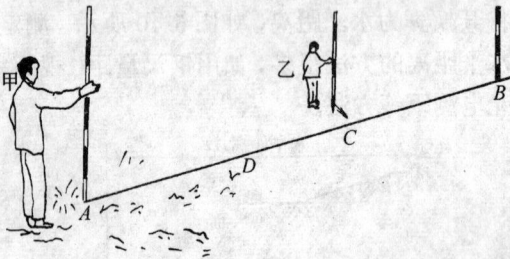

图 5-41 两点间定线

B. 经纬仪定线。

当直线定线精度要求较高时，可用经纬仪定线。如图 5-42 所示，欲在 AB 线内精确定出 1、2 点的位置。可由甲将经纬仪安置于直线的一端 A 点上，对中，整平，用望远镜照准 B 点，固定照准部制动螺旋，自另一端 B 点起，由远及近用经纬仪指挥定线。将望远镜向下俯视，用手势指挥乙移动标杆直至与十字丝纵丝重合时，便在标杆的位置打下木桩，再根据十字丝在木桩上钉小钉，准确定出 1 点的位置。

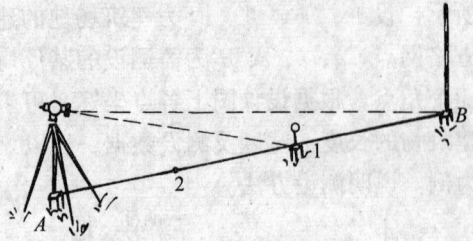

图 5-42 经纬仪定线

2）钢尺量距的一般方法：

用钢尺丈量距离一般需要三个人，即前尺手、后尺手和记录人员。

A. 平坦地面的距离丈量。

此法为量距的基本方法。进行平坦地面的丈量时需在两点间边定线边丈量，具体做法如下：

a. 如图 5-43 所示，量距时，先在 A、B 两点上竖立标杆，标定直线方向。后尺手先在直线起点 A 插上一测钎，然后持钢尺的零端位于 A 点的后面，前尺手持尺的末端并携带一束测钎，沿 AB 方向前进，至一尺段处时停止，两人都蹲下。

图 5-43 钢尺量距的一般方法

b. 后尺手以手势指挥前尺手将测钎立在 AB 方向上；后尺手以尺的零点对准 A 点标志中心、两人同时将钢尺拉紧、拉平、拉稳后，前尺手发出"预备"口令，后尺手将钢尺零点准确对准 A 点标志中心，并喊"好"，前尺手随即将测钎对准钢尺末端刻划竖直插入地面，得 1 点。这样便完成了第一尺段 A—1 的丈量工作。

c. 接着后尺手拔起 A 点上的测钎，与前尺手共同抬尺前进，当后尺手达到 1 点测钎处、乙前进约一尺段停下。再用同样方法完成第二尺段1～2的丈量工作。如此继续丈量下去，直至最后不足一整尺段 $n-B$ 时，后尺手将钢尺零点对准 n 点测钎，由前尺手读 B 端点余尺读数，此读数即为余长长度。这样就完成了由 A 点到 B 点的往测工作。于是，得往测 AB 的水平距离为：

$$D_往 = nl + l' \qquad (5\text{-}11)$$

式中　n——尺段数（即后尺手手中的测钎数）；

　　　l——钢尺长度；

　　　l'——不足一整尺的余长，称零尺段。

为了检核和提高精度，一般要往、返各丈量一次。最后，以往、返两次丈量结果的平均值作为最后结果。以往、返丈量距离之差的绝对值 ΔD 与距离平均值 D 之比，并化为分子为1的分数，称为相对误差 K，作为衡量距离丈量的精度，即

AB 距离：$D_{平均} = \dfrac{1}{2}(D_往 + D_返) \qquad (5\text{-}12)$

相对误差：$K = \dfrac{|D_往 - D_返|}{D_{平均}}$

$$= \dfrac{|\Delta D|}{D_{平均}} = \dfrac{1}{\dfrac{D_{平均}}{|\Delta D|}} \qquad (5\text{-}13)$$

例如，由30m长的钢尺往、返丈量 A、B 两点间的距离，丈量结果分别为：往测为85.309m；返测为85.327m。则

AB 距离：$D_{平均} = \dfrac{1}{2}(85.309 + 85.327)$

$= 85.318\text{m}$

相对误差：$K = \dfrac{85.327 - 85.309}{85.318} \approx \dfrac{1}{4700}$

相对误差分母愈大、则 K 值愈小，精度愈高；反之，精度愈低。量距精度取决于工程的要求和地面起伏情况，在平坦地区，钢尺量距的相对误差一般不应大于1/3000；在量距较困难的地区，其相对误差也不应大于1/1000。

B. 倾斜地面的距离丈量。

a. 平量法。如图5-44所示，当地面倾斜或高低起伏较大时，可沿斜坡由高向低分小

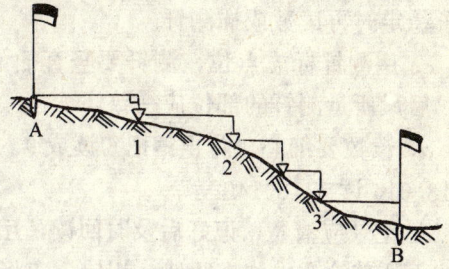

图 5-44　平量法

段拉平钢尺进行丈量。各小段丈量结果的总和，即为 AB 的水平距离。丈量时，后尺手将尺的零点对准地面点 A，并指挥前尺手将钢尺拉在 AB 直线方向上，前尺手抬高尺子的一端，并目估使尺子水平，将垂球绳紧靠钢尺上某一分划，用垂球尖投影于地面上，再插测钎，得1点。此时尺上分划读数即为 A、1 两点的水平距离。同法继续丈量其余各尺段。当丈量至 B 点时，应注意垂球尖必须对准 B 点。为了方便起见，返测仍由高向低丈量。若精度符合要求，则取其平均值作为最后结果。

b. 斜量法。当地面的倾斜坡度较大但较均匀时，如图5-45所示，可以沿斜坡丈量出

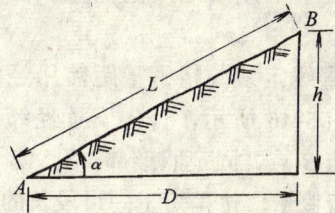

图 5-45　斜量法

A、B 两点间的斜距 L，测出地面倾斜角 α，或用水准仪测定 A、B 两点间的高差 h，按下式计算 AB 的水平距离：

$$D = L \cdot \cos\alpha \qquad (5\text{-}14)$$

或 $$D = \sqrt{L^2 - h^2} \qquad (5\text{-}15)$$

C. 钢尺量距的注意事项。

a. 应用经过检定的钢尺量距。

b. 前、后尺手动作要配合好，定线要直，尺身要水平，尺子要拉紧，用力要均匀，待

尺子稳定时再读数或插测钎。

c. 用测钎标志点位，测钎要竖直插下。前、后尺所量测钎的部位应一致。

d. 读数要细心，防止错把 6 读成 9、或将 18.014 读成 18.140 等。

e. 记录应清楚，记好后及时回读，互相校核，严禁涂改。如有听错、记错，应将错误数字整齐划去，将正确的数字写在其上方。

f. 钢尺性脆易折断，防止打环、扭曲、拖拉，并严禁车碾、人踏，以免损坏。钢尺易锈，用毕需擦净、涂油。

3) 钢尺量距的精密方法：

前面介绍的用目估定线和用钢尺量距的一般方法，精度不高，相对误差一般只能达到 1/2000～1/5000。但在建筑工地，例如测设建筑基线、建筑方格网的主要轴线，量距误差要求达到 1/10000 以上。若用钢尺量距，必须用精密量距的方法。具体作法如下：

A. 准备工作。

a. 清理现场。在欲丈量的两点方向线上，首先要清除影响丈量的障碍物，如杂草，树丛等。必要时要适当平整场地，使钢尺在每一尺段中不致因地面高低起伏而产生绕曲。

b. 直线定线。精密量距需用经纬仪定线。如图 5-46 所示，首先安置经纬仪于 A 点，照准 B 点，固定照准部，沿 AB 方向用钢尺进行概量，按稍短于一尺段长的位置打下木桩。桩顶高出地面约 10～20cm，并在桩顶钉一铁皮或铝片，再用经纬仪精确定出 AB 直线方向，并用小刀将其划在金属片上，在与方向线相垂直再划一横线，其交点作为丈量时的标志。

图 5-46　精密量距直线后线

c. 测桩顶间高差。用水准仪用双面尺法或往、返测法测出各相邻桩顶间高差。尺段高差之差不大于 10mm，在限差内取其平均值作为相邻桩顶间的高差。以便沿桩顶丈量的倾斜距离化算成水平距离。

B. 丈量方法。

精密量距一般由 5 人组成，两人拉尺，两人读数，一人测温度兼记录。

丈量时，后尺手挂弹簧秤于钢尺的零端，前尺手持尺子末端，两人同时拉紧钢尺，把钢尺有刻划的一侧贴切于木桩顶十字线交点，待弹簧秤指示钢尺检定时标准拉力时，如图 5-47 所示，由后尺手发出"预备"口令，两人拉稳尺子，由前尺手回答"好"。在此瞬间，前、后读尺员同时读取读数，估读至 0.5mm，记录员依次记入手簿，见表 5-7，并计算尺段长度。

图 5-47　精密量距丈量方法

前、后移动钢尺 2～3cm，同法再次丈量，每一尺段要读三组读数，由三组读数算得的长度之差应小于 2mm，否则应重测。如在限差之内，取三次结果的平均值，作为该尺段的观测成果。每一尺段应该记温度一次，估读至 0.5℃。如此继续丈量至终点，即完成一次往测。完成往测后，应立即返测。为了校核，并使所量直线的长度达到规定的丈量精度，一般应往返若干次。

C. 成果计算。

将每一尺段丈量结果经过尺长改正、温度改正和倾斜改正化算成水平距离，并求总和，得到直线往测或返测的全长。往、返测较差合乎精度要求后，取往、返测平均值为最后成果。

钢尺号码：No:12　　　　钢尺膨胀系数：0.000012　　　　钢尺检定时温度 t_0：20℃

钢尺名义长度 l_0：30m　　　钢尺检定长度 l'：30.005m　　　钢尺检定时拉力：100N

尺段编号	实测次数	前尺读数 (m)	后尺读数 (m)	尺段长度 (m)	温度 (℃)	高差 (m)	温度改正数 (mm)	倾斜改正数 (mm)	尺长改正数 (mm)	改正后尺段长 (m)
A～1	1	29.4350	0.0410	29.3940						
	2	510	580	930	+25.5	+0.36	+1.9	−2.2	+4.9	29.3976
	3	025	105	920						
	平均			29.3930						
1～2	1	29.9360	0.0700	29.8660						
	2	400	755	645	+26.0	+0.25	+2.2	−1.0	+5.0	29.8714
	3	500	850	650						
	平均			29.8652						
2～3	1	29.9230	0.0175	29.9055						
	2	300	250	050	+26.5	−0.66	+2.3	−7.3	+5.0	29.9057
	3	380	315	065						
	平均			29.9057						
3～4	1	29.9235	0.0185	29.9050						
	2	305	255	050	+27.0	−0.54	+2.5	−4.9	+5.0	29.9083
	3	380	310	070						
	平均			29.9057						
4～B	1	15.9755	0.0765	15.8990						
	2	540	555	985	+27.5	+0.42	+1.4	−5.5	+2.6	15.8975
	3	805	810	995						
	平均			15.8990						
总　和				134.9686			+10.3	−20.9	+22.5	134.9805

a. 尺段长度计算。

ⓐ尺长改正：

$$\Delta l_d = \frac{\Delta l}{l_0} \cdot l \qquad (5\text{-}16)$$

式中　Δl_d——尺段的尺长改正数；

　　　l——尺段的倾斜距离。

例如，表 5-7 中的 A～1 尺段，$l=$ 29.3930m，$\Delta l=+0.005$m，$l_0=30$m，故 A～1 尺段的尺长改正数为：

$$\Delta l_d = \frac{+0.005}{30} \cdot 29.3930$$

$$= +0.0049\text{m}$$

ⓑ温度改正：

$$\Delta l_t = \alpha \cdot (t - t_0) \cdot l \qquad (5\text{-}17)$$

例如，表 5-7 中的 A～1 尺段，$\alpha=1.20 \times 10^{-5}$，$t=25.5$℃，$t_0=20$℃，$l=29.3930$m，

故 A～1 尺段的温度改正数为：

$$\Delta l_t = 1.20 \times 10^{-5} \times (25.5° - 20°)$$

$$\times 29.3930 = +0.0019\text{m}$$

ⓒ倾斜改正：

l 为量得的倾斜距离；h 为尺段两端点间的高差；d 为水平距离；Δl_h 为倾斜改正数。

$$\Delta l_h = -\frac{h^2}{2l} - \frac{h^4}{8l^3} \qquad (5\text{-}18)$$

当高差 h 不大时，可只取式 5-18 的第一项。由式 5-18 中可见倾斜改正数永远为负值。

例如，表 5-7 中的 A～1 尺段，$l=$ 29.3930m，$h=0.36$m，故 A～1 段的倾斜改正数为：

$$\Delta l_h = -\frac{(0.36)^2}{2 \times 29.393} = -0.0022\text{m}$$

ⓓ改正后的水平距离：

综上所述，改正后的水平距离为：

$$d = l + \Delta l_d + \Delta l_t + \Delta l_h \quad (5-19)$$

例如，表 5-7 中的 $A\sim1$ 尺段，$l = 29.3930\text{m}$，$\Delta l_d = +0.0049\text{m}$，$\Delta l_t = +0.0019\text{m}$，$\Delta l_h = -0.0022\text{m}$，

故 $A\sim1$ 尺段的水平距离为：

$$d = 29.3930 + 0.0049 + 0.0019$$
$$- 0.0022 = 29.3976\text{m}$$

b. 计算全长。将各个尺段改正后的水平距离相加，便得到直线的全长。表 5-7 中为往测的总长：

$$D_{往} = 134.9805\text{m}$$

同样，按返测记录，计算出返测的直线总长为：

$$D_{返} = 134.9868\text{m}$$

取平均值， $D_{平均} = 134.9837\text{m}$

其相对误差为：

$$K = \frac{|D_{往} - D_{返}|}{D_{平均}}$$

$$= \frac{0.0063}{134.9837} \approx \frac{1}{21000}$$

相对误差如果在限差以内，则取其平均值作为观测成果。若相对误差超限，应重新丈量。

（3）测设已知长度的水平距离

通过已知数据水平角的测设，确定了建筑物轴线的方向。为了把建筑物轴线交点的位置测设到地面上，必须根据建筑物轴线的设计长度，沿轴线方向测设轴线交点的位置。已知直线起点、直线的方向、直线的长度，在地面上测设终点位置的工作，称为已知长度的水平距离的测设。根据测设精度要求不同，可采用以下两种方法进行测设。

1）一般方法：

图 5-48 中，A 为某建筑轴线交点在地面上的位置，AE 表示建筑物轴线的方向，现根据建筑物轴线的尺寸，需要自 A 点沿 AE 方向测设建筑物轴线长为 60m，求建筑物轴线交点 B 在实地的位置。具体做法如下：

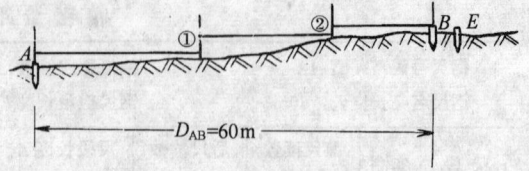

图 5-48　水平距离测设的一般方法

在 A 点安置经纬仪，对中、整平后，瞄准 E 点。利用经纬仪在 AE 之间定线，并分段丈量水平距离 $A①$、$①②$ 及 $②B$，使 $D_{AB1} = 60\text{m}$，在 B_1 点处钉木桩，桩上定点 B_1。再从 B_1 点沿 B_1A 方向量 B_1A 的水平距离，往返量距之差若在相对精度允许范围之内，取其平均值，并改动木桩上 B_1 点的位置至 B 点，使 $D_{AB} = 60\text{m}$。

2）精确方法：

当测设精度要求较高的水平距离时，要考虑尺长、温度以及地面倾斜等改正数，并对测设的距离加以改正，以提高测设的精度。

图 5-49 中，欲测设 $D_{AB} = 60.000\text{m}$，所用钢尺名义长度为 30m，在 $t_0 = 20℃$ 时，检定其实际长度为 30.006m，假定测设时的平均温度 $t = 6℃$，预先用钢尺概量 B 点位置，用水准仪测得 AB 的高差 $h_{AB} = 0.80\text{m}$，试计算沿倾斜地面丈量 $L_{AB} = ?$ 时，才能使 AB 的水平距离 $D_{AB} = 60.000\text{m}$。

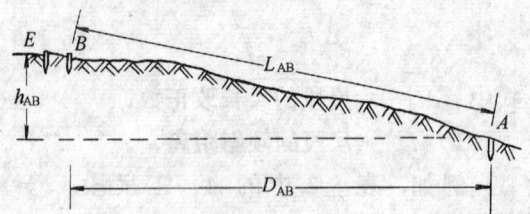

图 5-49　钢尺量距的精密方法

尺长改正：$\Delta l_d = \dfrac{30.006 - 30.000}{30.000}$
$\times 60.000 = +0.012\text{m}$

温度改正：$\Delta l_t = 1.20 \times 10^{-5} \times (6° - 20°)$
$\times 60.000 = -0.010\text{m}$

倾斜改正：$\Delta l_h = -\dfrac{0.8^2}{2 \times 60.000} =$

—0.005m

测设距离时，尺长、温度、倾斜改正数的符号与距离丈量时改正数的符号相反，故应沿地面丈量 AB 的倾斜距离：

$$L_{AB} = D_{\overline{AB}}(\Delta l_d + \Delta l_t + \Delta l_h)$$
$$= 60.000 - (0.012 - 0.010 - 0.005)$$
$$= 59.997\text{m}$$

5.2.5 管道工程测量

管道工程测量是为各种管道设计和施工服务的，主要包括中线测量、纵、横断面测量、施工测量等。

管道工程一般多属于地下构筑物，特别是在较大的城镇街道或厂矿地区，管道上下穿插，纵横交错，必须采用城市或厂矿的统一坐标和高程系统，做好测量工作，为设计和施工提供可靠的测量资料和标志。

（1）中线测量

中线测量的任务是将设计的管线位置在地面上测设出来。主要工作是钉管线主点桩、里程桩和加桩等。

1）测设主点桩：

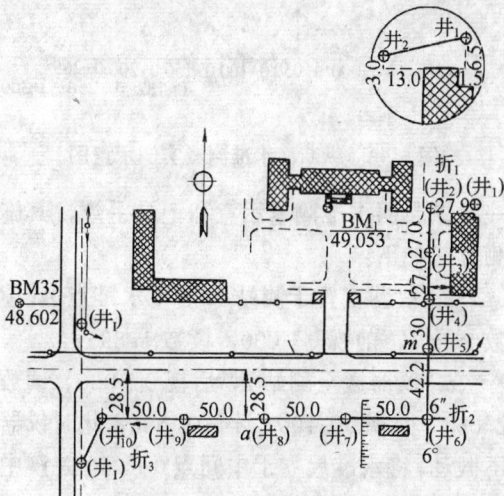

图 5-50 某污水管线平面图

管道的起点、终点和转折点，通称为主点。城镇中管线一般都与道路中心线或永久性建筑物的轴线平行或垂直，因此可以根据管线与附近地物的关系来测设主点的位置。如图 5-50 中，井₁ 和井₂ 的位置是根据它们与办公楼的关系确定的。在测设井₁ 时，可先沿办公楼北墙边延长向东量 1.5m，再作该线的垂线，沿垂线方向，向北量 6.5m 钉桩，即得井₁ 的位置。井₂ 的测设方法同上。另外，根据设计平面图上井₂ 到井₆ 和井₁₀ 到井₆ 两已知方向的交点，又可以定出井₆ 的位置。具体做法是：先在井₂ 架设经纬仪，瞄准办公楼南墙向西量 13.0m，钉出 m 点，根据设计尺寸，自井₂ 并沿井₂m 方向丈量 27.0＋27.0＋30.0＋42.2＝126.2m，在井₆ 的前后钉骑马桩 6′ 和 6″。同时在道路中心线上确定 A、B 两点，在 A、B 分别作垂线，量出 28.5m，得 a、b 两点，则 a、b 即为管线的方向。安置经纬仪于 b 点，瞄准 a 点，沿此方向定出与 6′6″ 连线的交点，就是井₆ 的位置。

钉好主点桩以后，其他检查井的位置，就可以根据主点沿管线方向用钢尺丈量距离测定，并用经纬仪测量转折角的大小。在某些情况下，当管线的方向是根据定型的管道弯头来确定走向时，例如给水铸铁管弯头的折角有 90°、45°、22.5° 等几种。这些交点处的转折角就要根据上述角度进行测设。

2）钉里程桩和加桩：

为了测定管线的长度和测绘管线的纵、横断面图，可沿管道中心线，自起点每 50m 或 100m 钉一里程桩。如果在定管道线路时，已把沿线各检查井位定出，可以不再钉里程桩，而用井位桩及主点桩代替；在里程桩之间地势变化较大处，要钉加桩；在新建管线与旧管线、道路、桥涵、房屋等交叉处，也要钉加桩。里程桩和加桩都以该桩管线中线到起点的距离编定里程桩号（见图 5-51），加号前为公里数，加号后为米数，用红漆写在桩的侧面，字面要朝向管线的起始方向。污水管线一般以下游出口作为起点，给水管线一般以水源作为起点，煤气和热力管线一般以来气方向作为起点。

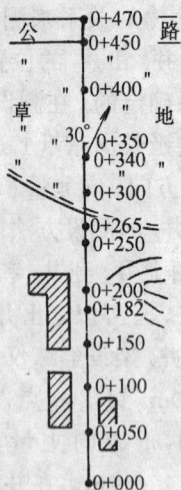

图 5-51　里程桩手簿

测设里程桩的同时，要现场测绘管线两侧各20m内的地物和地貌图，称为里程桩手簿，如图5-51所示。图中的粗直线表示管线的中心线，0+000为起点，0+340为转折点，箭头表示转折的方向，并注明转折角（图中转向角 $X_右=30°$）。0+450和0+470是管线穿越公路的加桩，0+182和0+265是地面坡度变化处的加桩。主要用皮尺以交会法或直角坐标法进行测绘，当该地区已有大比例尺地形图时，可直接由地形图描绘里程桩手簿。

（2）纵、横断面测量

1）纵断面图测量：

纵断面图测量的任务，是根据水准点的高程，测量中线上各桩的地面高程，然后根据测得的高程和相应的各桩桩号绘制纵断面图。纵断面图表示了管道中线方向上高低起伏的情况，是设计管道埋深、坡度及计算土方量的主要依据，其工作内容如下：

A. 水准点的布设。

为了保证管道全线高程测量的精度，在纵断面水准测量之前，应先沿管线设立足够的水准点，当线路较长时，要求沿管线方向，每1～2km有一个永久水准点，作为水准测量的依据。在较短的线路上和较长线路的永久水准点之间，一般每隔300～500m，还要设立临时水准点，作为纵断面水准测量分段附合和施工时引测高程的依据。水准点应埋设在不受施工影响，使用方便和易于保存的地方。

B. 纵断面水准测量。

纵断面水准测量一般是以相邻两水准点为一测段，从一个水准点出发，逐点测量中桩的高程，再附合到另一水准点上，以资校核。纵断面水准测量视线长度可适当放宽，一般采用中桩作为转点，但也可另设，在两转点间的各桩，通称为中间点，中间点的高程通常用视线高程法求得，故中间点只需一个读数（即中间视）。由于转点起传递高程的作用，所以转点上读数必须读至毫米，中间点读数只是为了计算转点本身的高程，故读至厘米即可。

图5-52、表5-8是由水准点 A 至0+300

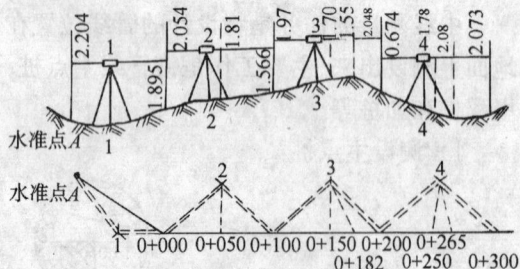

图 5-52　纵断面水准测量实例示意图

一段纵断面水准测量示意和记录手簿，其施测方法如下：

a. 仪器安置于测站1，后视水准点 A，读数2.204，前视0+000，读数1.895；

b. 仪器搬至测站2，后视0+000，读数2.054，前视0+100，读数1.566；此时仪器不搬动，将水准尺立于中间点0+050并读中间视读数1.81；

c. 仪器搬至测站3，后视0+100，读数1.970，前视0+200，读数2.048，然后再读中间视0+150、0+182，分别读得1.70、1.55。

纵断面水准测量记录手簿 　　　　　　　　　　表 5-8

测站	桩号	水准尺读数			高差		仪器视线高程	高程
		后视	前视	中间视	+	−		
1	水准点 A	2.204			0.309			156.800
	0+000		1.895					157.109
2	0+000	2.054					159.163	157.109
	0+050			1.81				157.35
	0+100		1.566		0.488			157.597
3	0+100	1.970					159.567	157.597
	0+150			1.70				157.87
	0+182			1.55				158.02
	0+200		2.048			0.078		157.519
4	0+200	0.674					158.193	157.519
	0+250			1.78				156.41
	0+265			2.08				156.11
	0+300		2.073			1.399		156.120
⋮	⋮	⋮	⋮	⋮	⋮	⋮	⋮	⋮

以后各站依上法进行，直至附合于另一水准点为止。为了完成一个测段的纵断面水准测量，要根据观测数据进行下列计算工作：

a. 高差闭合差的计算。纵断面水准测量附合在两水准点间所组成的附合水准路线，其高差闭合差若小于 $\pm 40\sqrt{L}\,\mathrm{mm}$（$L$ 为路线长度，以 km 计），就认为成果合格。一般情况下，闭合差不必进行调整。

b. 用高差法计算各转点的高程。

c. 用视线高程法计算中间点的高程。

【例】 为了要计算中间点 0+050 高程，首先计算这一站的仪器视线高程：

$$157.109 + 2.054 = 159.163$$

中间点 0+050 高程＝159.163−1.81＝157.35（凑整到 cm）

当管线较短时，纵断面水准测量可与测量水准点的高程一起进行，由一水准点开始按上述纵断面水准测量方法，测出中线上各桩的高程后，附合到高程未知的另一水准点上，然后再以一般水准测量方法（即不测中间点）返测到起始水准点上，以资校核。若往返闭合差在允许范围内，取高差平均数来推算出下一水准点的高程，然后再进行下一段的测量工作。

在纵断面水准测量中，应特别注意做好与其他管线交叉的调查工作，记录管线交叉口的桩号，测量原有管线的高程和管径等数据，供设计人员参考。

C. 纵断面图的绘制。

绘制纵断面图，一般在毫米方格纸上进行，绘制时，以管线的里程为横坐标，高程为纵坐标。为了更明显地表示地面的起伏，一般纵断面图的高程比例尺要比水平比例尺放大 10 倍或 20 倍。将具体绘制方法介绍如下：

a. 如图 5-53 所示，在方格纸上适当位置，绘出水平线（图中的水平粗线）。水平线以下各栏注记实测、设计和计算的有关数据，水平线上面绘管线的纵断面图。

b. 根据水平比例尺，在距离、桩号和管线平面图等各栏内，标明整桩和加桩位置。在距离栏内标明各桩的桩号。根据里程桩手簿绘出管线平面图。在地面高程栏内注各桩的高程，并凑整到厘米（排水管道技术设计的断面图上高程应注记到毫米）。

c. 在水平粗线上部，按高程比例尺，根

145

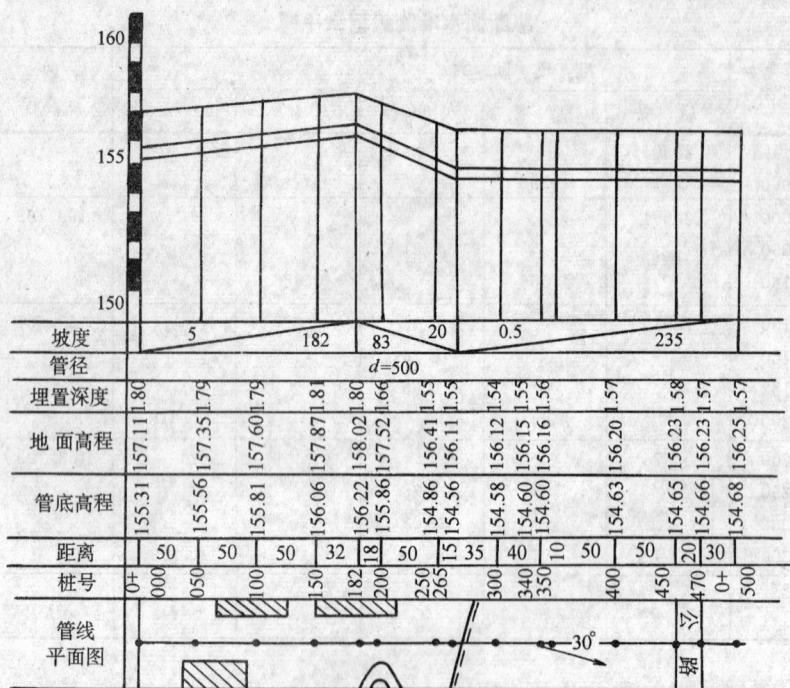

图 5-53　纵断面图

坡度	5	182	83	20	0.5	235

管径	$d=500$

埋置深度	1.80	1.79	1.79	1.81	1.80	1.66	1.55	1.55	1.54	1.55	1.56	1.57	1.58	1.57	1.57
地面高程	157.11	157.35	157.60	157.87	158.02	157.52	156.41	156.11	156.12	156.15	156.16	156.20	156.23	156.23	156.25
管底高程	155.31	155.56	155.81	156.06	156.22	155.86	154.86	154.56	154.58	154.60	154.60	154.63	154.65	154.66	154.68
距离		50	50	50	32	18	50	15	35	40	10	50	50	20	30
桩号	0+000	050	100	150	182	200	250	265	300	340	350	400	450	470	0+500

管线平面图

据整桩和加桩的地面高程，在相应的垂直线上确定各点的位置，再用直线连接相邻点，即得纵断面图。

d．根据设计要求，在纵断面图上绘出管道的设计线，在坡度栏内注记坡度方向，用 / 、\ 和—表示上、下坡和平坡。坡度线之上注记坡度值，以千分数表示，线下注记这段坡度的距离。

e．管底高程是根据管道起点的高程、设计坡度以及各桩之间的距离，逐点推算出来的。例如 0+000 的管底高程为 155.31m（管道起点高程一般由设计者决定），管道坡度 i 为 +5‰（+号表示上坡），求得 0+050 的管底高程为

$$155.31 + 5‰ \times 50 = 155.31 + 0.25$$
$$= 155.56m$$

f．地面高程减去管底高程即是管道的埋深。

2）横断面测量：

在中线各桩处，作垂直于中线的方向线，测出该方向线上各特征点距中线的平距和高差，根据这些数据绘制断面图，就是横断面图。横断面图表示了垂直于管线方向上的地面起伏情况，供设计时计算土方量和施工时确定开挖边界之用。

横断面施测的宽度，由管道的直径和埋深来确定，一般每侧为 20m。测量时，横断面的方向可用十字架（图 5-54）定出，用小木桩或测钎插入地上，以标志地面特征点。特征点到管道中线的距离用皮尺丈量。横断面上地面特征点的高程，通常与纵断面水准测量同时施测，横断面上各点均作为中间点看待。现以图 5-52 中的测站 3 为例，说明 0+

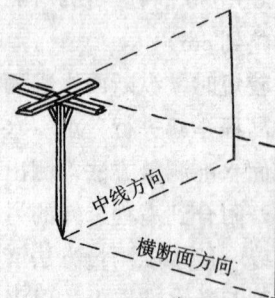

中线方向

横断面方向

图 5-54　十字方向架

100 横断面水准测量的方法。水准仪安置在点 3 上，后视 0+100，读数为 1.970；前视 0+200，读数为 2.048；此时，仪器视线高程为 159.567。然后逐点测出横断面上各点：左$_{11}$（在管通中线左面，离中线距离 11m）、左$_{20}$、右$_{20}$ 的中间视，记入表 5-9 所示的横断面水准测量手簿中：仪器视线高程减去各点的中间视，即得横断面各点的高程，高程凑整到厘米。

横断面水准测量手簿   表 5-9

测站	桩 号	水准尺读数			仪器视线高程	高 程	备注
		后 视	前 视	中间视			
3	0+100	1.970			159.567	157.597	
	左$_{11}$			1.40		158.17	
	左$_{20}$			0.40		150.17	
	右$_{20}$			2.97		156.60	
	0+200		2.048			157.519	

图 5-55 是 0+100 整桩处的横断面图。横断面图一般均在毫米方格纸上绘制。绘制时，以中线上的地面点为坐标原点，以水平距离为横坐标，高程为纵坐标。图 5-55 中，最下一栏为相邻地面特征点之间的距离，竖写的数字是特征点的高程，为了计算横断面的面积和确定管线开挖边界的需要，其水平比例尺和高程比例尺相同。

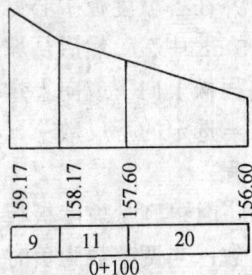

159.17	158.17	157.60	156.60
9	11	20	

0+100

图 5-55 横断面图

管道工程对横面的精度要求一般不高，可利用大比例尺地形图绘制横断面图；如果管道施工时开挖管槽不宽，管线两侧地势较平坦，则横断面测量可不必进行。计算土方量时，横断面上地面高程可视为与中桩高程一样。

（3）管道施工测量

管道施工测量的主要任务，是根据工程进度的要求，为施工测设各种标志，使施工人员随时掌握中线方向和高程位置。施工测量的工作内容广泛，方法灵活多样，现将其主要工作内容介绍如下。

1）施工前的准备工作：

A. 熟悉图纸和现场情况。

在施工前要准备管道测设、施工所需要的管道平面图、断面图以及有关资料，并认真熟悉和校对设计图纸，了解设计意图、精度要求和工程进度安排等。在熟悉图纸的基础上，还要深入施工现场，熟悉地形现状，找出各主点桩、里程桩及水准点的位置，必要时还要进行校测。在确认无误后，才能进行管道测设工作。

B. 校核中线并测设施工控制桩。

中线测量当中所钉的主点桩、里程桩等，在施工中可能有一部分被碰歪或丢失，为了保证中线位置准确可靠，应根据设计要求进行复核，扶正或补齐已丢失的桩，并同时定出管线的附属构筑物及支线的位置。

在施工中，为了随时控制中线方向，应在不受施工影响，引测方便，易于保存桩位处，测设施工控制桩。施工控制桩分中线控制桩和附属构筑物位置控制桩两种。

测设中线方向控制桩时，一般是在中线 1 的延长线上钉设大木桩或铁桩，如图 5-56 中 4。测设附属构筑物位置控制桩 3 时，一般是在垂直于中线方向上钉两个木桩或铁桩。恢复构筑物位置时，将两桩用细线连起，细

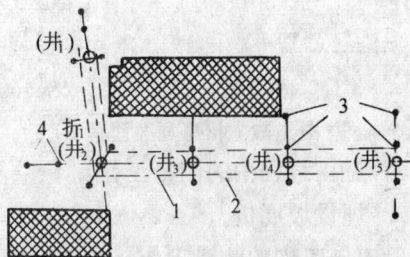

图 5-56 测设施工控制桩

线与中线的交点即为其中心位置。位置控制桩要钉在槽口外约 0.5m 处，与中线的距离最好为整米数，以便使用。当管道直线段较长时，可在中线一侧测设一条与其平行的轴线，利用该轴线来恢复中线和构筑物的位置。

C. 加密水准点。

在施工过程中，为了便于引测高程，应根据原有的水准点，在沿线附近约每 150m 增设一个临时水准点。精度要求按工程性质和有关规范确定。

D. 槽口放线。

根据管道的埋置深度、土质情况和管径的大小等，计算出开槽宽度，然后在地面上放线定出槽边线（图 5-56 中 2），作为开槽的依据。

当横断面比较平坦时，槽口宽度的计算方法，如图 5-57 (a) 所示。即：

半槽口宽　$\dfrac{B}{2} = \dfrac{b}{2} + mh$

当横断面高程变化较大时，中线两侧槽口的宽度也不一致，应分别计算或根据横断面图，用图解法计算槽口宽度，如图 5-57 (b) 所示。即：

半槽口宽度　$B_1 = \dfrac{b}{2} + m_1 h_1 + m_3 h_3 + c$

$B_2 = \dfrac{b}{2} + m_2 h_2 + m_3 h_3 + c$

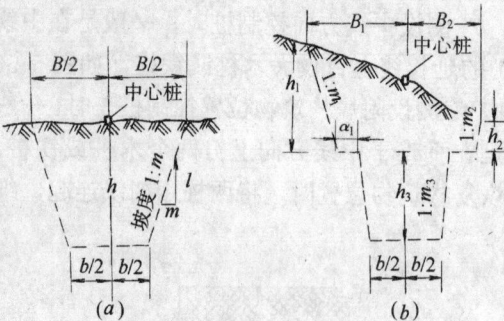

图 5-57　槽口宽度计算

2）施工过程中的测量工作：

A. 埋设坡度板。

管道施工中的测量工作，主要是控制中线和高程。坡度板是控制中线和构筑物位置，掌握管道设计高程的基本标志，一般跨槽埋设，如图 5-58 中 1。坡度板应根据工程进度要求及时埋设，一般沿中线每隔 10～15m 埋设一块。如遇检查井、支线等构筑物时，应加设坡度板。坡度板必须埋设牢固，板面一般不露出地面，并要保持水平。

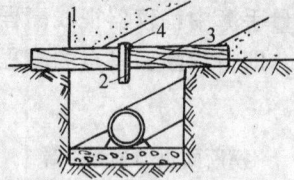

图 5-58　坡度板的设置

坡度板埋好后，以中线控制桩为准，用经纬仪把管线中心线投测到坡度板上，并钉小钉 4，称为中心钉。同时，将里程桩、检查井或附属构筑物的编号写在坡度板侧面。

B. 测设坡度钉。

为了标明沟槽开挖的深度，还要在坡度板上测设高程标志。先根据附近的水准点，用水准仪测出中心线上各坡度板板顶的高程，见表 5-10。板顶高程与管底设计高程之差就是从板顶开挖到管底的深度，通常称为下反数。下反数往往不是整数，并且各坡度板上的下反数都不一致，使用起来很不方便。为此，需要根据地形情况，确定一个整分米数的下反数，并在各坡度板中心钉的一侧钉一高程板（图 5-58 中 2）。然后从坡度板顶高程起算，在高程板上向下或向上量取调整数：

调整数＝选定的下反数－（板顶高程－管底设计高程）

当调整数为正时，则从坡度板板顶沿高程板向上量调整数；当调整数为负时，则从坡度板板顶沿高程板向下量调整数，并钉一无头小钉 3（即坡度钉），使由该钉起的下反数为预先选定的整分米下反数。这样，在施工中只要用一根木杆，并在木杆上标注下反数的位置，便可以随时检查是否挖到管底的设计高程。板顶高程测量记录见表 5-10，坡度钉测设记录见表 5-11。

板　　号	后　视	仪器高程	前　视		高　程	备　　　注
			转　点	中间点		
BM.132	1.875	46.635			44.760	
0+000				1.343	45.292	
0+010				1.579	45.056	
0+020				1.634	45.001	
⋮				⋮	⋮	BM.133 高程为 45.099，说明观
⋮				⋮	⋮	测和计算无误。
BM.133			1.537		45.098	

板　号	距离	坡　度	管底高程	板顶高程	（板—管）高差	下反数	板顶高程调整数	块度钉高程
0+000			42.800	45.292	2.492		0.008	45.300
0+010	10	↓	42.770	45.056	2.286		0.214	45.270
0+020	10	30‰	42.740	45.001	2.261		0.239	45.240
0+030	10		42.710	45.057	2.347	2.500	0.153	45.210
0+040	10		42.680	45.319	2.639		−0.139	45.180
⋮			⋮	⋮	⋮		⋮	⋮

现举例说明管底高程施工测量的方法。先用水准仪测量各坡度板的板顶高程，见表 5-11。0+000 管底设计高程为 42.800（图 5-59），坡度 $i=-3‰$，0+000 到 0+010 距离为 10m，则 0+010 的管底设计高程为：

$$42.800 - 30‰ \times 10 = 42.800 - 0.030$$
$$= 42.770m$$

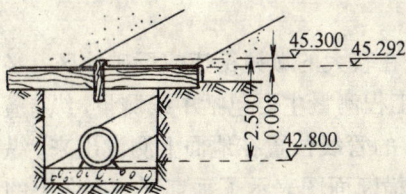

图 5-59　坡度钉的测设

同法可以计算出其他各处管底的设计高程。下反数为坡度板板顶高程与管底设计高程之差，例如 0+000 下反数为：45.292−42.800 =2.492m，若以此作为下反数，则不是整数。为了施工方便，确定下反数为 2.500m，列在表 5-11 内。这样只要从板顶向上量取 2.500 −2.492=0.008m，并用小钉在坡度板上标

出这一点位，则由这一点向下量 2.50m 即为管底高程。用同样方法在这一段管线的其他坡度立板上也定出下反数为 2.50m 的高程点，这些点的连线则与管底的坡度线平行，且下反数均为 2.50m。对于下一管线，则根据实际情况，另行确定下反数。

测设坡度钉时，应注意以下几点：

1）每段水准测量都必须组成附合水准线路，以便校核。如表 5-10。

2）在施工中，除经常校测坡度钉的高程外，在浇灌混凝土基础、稳定管道等重要工序前后和雨雪天后，更应做好校测工作。

3）在测设坡度钉时，除对本工段校测外，还要连测已建成的管道或已测好的坡度钉，以防由于测量错误而造成各段接不上茬的现象。

为了节省木材，在管道工程施工中，有的不设置坡度板，而在管槽壁上每隔 10～20m 钉一个水平桩，来控制管道挖土深度。

小　结

1. 水准测量原理是建立在视线水平的基础上，在前后视距相等和标尺竖直的条件下测出两点间的高差，从而求得未知点的高程。水准测量要注意架稳仪器，用圆水准器粗略调平仪器。应掌握用脚螺旋调平仪器的规律：两手按相反方向旋转，气泡移动的方向，恒与左手大拇指旋转的方向一致。要特别注意照准后消除视差，每次读数前一定要调微倾螺旋，使符合水准气泡两端的影像精确吻合以保证视线精确水平。读数前后要养成检查符合水准气泡是否符合的习惯。

2. 角度测量原理是建立在竖直面和水平面的基础上。水平角是一点到两目标的方向线垂直投影在水平面上的夹角。在同一竖直面内，水平线与目标方向线之间的仰角或俯角都是竖直角。水平角观测中最基本的方法是测回法，一个测回包括前半测回（盘左位置）和后半测回（盘右位置）。在计算水平角值时注意，由于度盘刻度是顺时针注记，且一周为360°，水平角总是等于右边目标的读数减去左边目标的读数，如果被减数不够减时，应先加360°后再减。两半侧回角值之差，一般不超过±40″，要根据精度要求而定。

3. 距离丈量一般是丈量两点间的水平距离，钢尺量距的一般方法是先进行直线定线，后将钢尺拉直，放平进行往返丈量，精度要求一般为1/3000。精密方法尚须测温度、测高差等。精度要求为1/10000～1/40000。计算丈量长度时要进行尺长、温度及倾斜改正等。

4. 测设是与测定相反的一项工作。具体地说，它是测量基本方法在工程建设中的具体应用。建筑物的测设，一般的讲，就是按设计要求将图纸上设计好的平面位置和高程测设到施工现场，作为施工的依据。实质上是运用测量仪器，按给定的已知水平距离、水平角和高程在地面上标定点位。测设数据可从设计图上获得。每一项基本工作都包括一般测法和精密测法，通过学习应懂得每项基本工作的两项测设方法。根据现场的条件可以选择不同的测设方法。

5. 地下敷设的管道属于地下构筑物，特别是在较大的城镇街道或厂矿地区，必须采用城市或厂矿的统一坐标和高程系统。管道工程测量主要包括中线测量、纵、横断面测量、施工测量等。中线测量的任务是将设计的管线位置在地面上测设出来。纵断面图表示了管道中线方向上高低起伏的情况，横断面图表示了垂直管线方向上的地面起伏情况。管道施工测量的主要任务，是根据工程进度的要求，为施工测设各种标志，使施工人员随时掌握中线方向和高程位置。

习　题

1. 设 A 为后视点，B 为前视点，A 点高程为20.016m。当后视读数为1.124m，前视读数为1.428m，问 A、B 两点高差是多少？B 点比 A 点高还是比 A 点低？B 点高程是多少？并绘图说明之。

2. 将图5-60中的数据填入表5-12中，计算出各点的高差及 B 点高程。

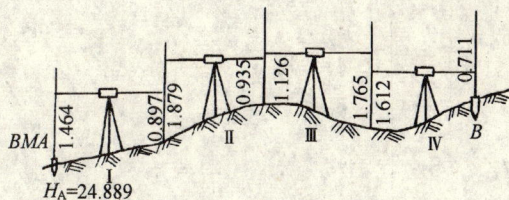

图 5-60 （题 2 图）

表 5-12

测 站	测 点	后视读数	前视读数	高 差		高 程	备 注
				+	−		
I							
II							
III							
IV							

3. 观测水平角时，对中和整平的目的是什么？试述光学经纬仪的对中、整平和照准的操作方法。

4. 整理下列用测回法观测水平角的记录。

表 5-13

测 站	竖盘位置	目 标	水平度盘读数			半测回角值			一测回角值			各测回平均角值			备 注
			°	′	″	°	′	″	°	′	″	°	′	″	
第一测回	左	1	0	00	06										
			78	48	54										
O	右	2	180	00	36										
			258	49	06										
第二测回	左	1	90	00	12										
			168	49	06										
O	右	2	270	00	30										
			348	49	12										

5. 要在坡度均匀的地面上，测设长度为 100.00m 的轴线 AB，如图 5-61 所示。现先沿 AB 方向概略丈量 100.00m 定出 B' 点后，再用名义长度为 30m 的钢尺精确丈量 $AB'=99.950$m。该钢尺在温度为 $+20°$ 时实际长度为 29.994m，钢尺的膨胀系数 $a=1.20\times10^{-5}$。若丈量时的温度 $t=+29℃$，A、B' 两点的高差 $h=+1.84$m，丈量时拉力与检定时拉力相同。问 B' 点沿 AB 方向改正多少才能定出 B 点的准确位置？

图 5-61 （题 5 图）

6. 如图 5-62 所示，测设出 $\angle AOB'$ 后，又用经纬仪精确测得 $\angle AOB=89°59'08''$。已知 OB' 长度为 50m，问在垂直于 OB' 方向上，B' 点应移动多少距离才能得到 90° 的角度？

7. 利用高程为 8.765m 的水准点 A，欲测设出高程为 9.354m 的 B 点。若水准仪安置在 A、B 两点之间，A 点水准尺读数为 1.736m，问 B 点水准尺读数应是多少？并绘图说明。

图 5-62 (题 6 图)

8. 中线测量包括哪些工作内容？怎样进行？

9. 根据下表观测的数据，计算各点的高程，并按记录画出实测草图（注明桩号、测站、视线等）。

纵 断 面 水 准 测 量 记 录　　　　　　　　　　表 5-14

测　点	测点桩号	视线高程	水 准 尺 读 数			高　程	备　注
			后　视	前　视	中间点		
1	0+000		1.580			46.100	
	0+038				1.73		
	0+070				1.98		
	0+100			1.005			
2	0+100		1.479				
	0+200			0.378			
3	0+200		1.378				
	0+224				1.04		
	0+268				1.58		
	0+300			0.259			
4	0+300		1.566				
	0+349.8				1.79		
	0+400			1.132			

10. 已知管线坡度为 1‰ 下坡，请选择适当的下反数，完成下表的计算。

表 15-15

板号	距离	坡度	管底设计高程	板顶测量高程	(板一管)高差	下反数	板顶高程调整数	坡度钉高程
1	2	3	4	5	6	7	8	9
0+000			41.72	44.410				
0+020				44.440				
0+040				44.325				
0+060				44.234				
0+080				44.492				
0+100				44.483				
0+120				44.451				
0+140				44.594				
0+160				44.515				
0+180				44.437				
0+200				44.315				

5.3 起重吊装与搬运的基本知识

在建筑安装工程施工中，常会遇到起重吊装与搬运工作，为保证安全，减轻劳动强度，提高生产效率，施工人员必须掌握起重吊装与搬运的基本知识，以适应工作的需要。

5.3.1 起重常用索具、吊具与机具

(1) 绳索及附件

绳索及附件在起重工作中是用来捆绑、搬运和提升设备的，通称为索具。常用的尼龙绳、麻绳、钢丝绳、吊索、绳扣和绳夹等。

1) 麻绳及尼龙绳：

A. 麻绳。麻绳是起重作业中常用的一种绳索，它具有轻便、柔软、易捆绑等优点；但强度低、易磨损、破断和腐蚀。因此在起重吊装作业中只适用于吊装小型设备及管道，或用作辅助作业。

麻绳种类较多，按制造方法分为人工制造和机器制造两种，按使用的原料不同分为：用龙舌兰麻制成的白棕绳，用大麻制成的线麻绳，用龙舌兰麻和萱麻各半再掺入10%的大麻制成的混合绳，其技术性能见表5-16。

在选择使用麻绳时，可根据麻绳的破断拉力计算出麻绳的许用拉力，其计算公式如下：

$$p = \frac{p_p}{K}(N) \qquad (5\text{-}20)$$

式中　p——麻绳的许用拉力（N）；

　　　p_p——麻绳的破断拉力（N）；

　　　K——麻绳的使用安全系数，一般人工操作时 $K=5$。

当施工现场缺少资料时，可采用下列公式估算麻绳的许用拉力：

$$p = 8d^2(N) \qquad (5\text{-}21)$$

式中　p——麻绳的许用拉力（N）；

　　　d——麻绳的直径（mm）。

由于麻绳容易磨损和腐烂，在使用前必须进行认真的检查。对表面磨损的可降级使用，局部损伤严重的可截去损伤部分，接好后继续使用，断丝的禁止使用，使用完毕的麻绳应妥善保管，要防止潮湿、油污及化学物品的腐蚀。

B. 尼龙绳。尼龙绳是用尼龙纤维捻制而成的，它的断面结构和尺寸及打结方法与麻绳相似，尼龙绳和麻绳比较，除具有挠性好，打结容易，使用方便的优点外，还具有强度较高和耐腐蚀等性能；但尼龙绳具有易着火、捆绑易打滑和打结易脱扣的缺点。尼龙绳常用于软金属制品，加工精度较高的设备零件和表面不允许损伤的设备起运和吊装。

机 制 麻 绳 技 术 规 格　　　　　表 5-16

直　径		延伸率 (%)	股组织经（系）数	白棕绳		混合绳		线麻绳	
(mm)	(in)			重量 (kg)	破断力 (N)	重量 (kg)	破断力 (N)	重量 (kg)	破断力 (N)
10	3/8″		3×3	15	3040	16	3990	20	
13	1/2″		5×3	28	4410	30	5785	26	8680
16	5/8″		8×3	42	9800	47	10200	38	12415
19	3/4″	14	10×3	50	13780	65		62	16280
22	7/8″	22	14×3	72	14700	84		80	18015
25	1″	29	20×3	100	21560	118	216140	109	31400
28	1⅛″	38	26×3	120	26460	145		140	40747
32	1¼″	25	32×3	155		180		136	47778
38	1½″	22	42×3	212		239			

注：表中所列重量为每盘218m的重量；未填写数字者为未做试验的项目。

153

2）钢丝绳：

钢丝绳又称钢索或绳索，是由高强度的碳钢丝制成的，具有自重轻、强高度、耐磨损、断面相等、挠性好、弹性大能承受冲击荷载，破断前有断丝的预兆，在高速下运转平稳无噪声等优点。钢丝绳具有刚性大、不易弯曲等缺点。

A. 钢丝绳的分类。

钢丝绳的种类较多，通常可根据钢丝绳的股数、捻制方向、结构形式、韧性、强度及表面外观情况等进行分类。

最常用的钢丝绳为普通结构的钢丝绳，是由强度为 $1400\sim2000N/cm^2$，直径为 $0.4\sim3mm$ 的高强度钢丝捻制成钢丝绳股，称为子绳，再由子绳绕浸油的植物纤维绳芯捻制成钢丝绳。如 $6\times19+1$ 钢丝绳，是由子绳 6 股，每股有 19 根高强度的钢丝组成，1 表示一根芯绳，芯绳是由棉、麻、石棉等浸油纤维制成。

钢丝绳按捻制的方向和方法可分为：交互捻钢丝绳、同向捻钢丝绳、混合捻钢丝绳。

a. 交互捻钢丝绳。交互捻钢丝绳又称为交绕钢丝绳，它的特征是子绳的钢丝捻绕方向和子绳间的捻绕方向相反。可分为右交互捻和左交互捻，右交互捻钢丝绳即钢丝左捻、子绳右捻，左交互捻钢丝绳即钢丝右捻子绳左捻。这种钢丝绳的钢丝和子绳间，由于弹性力所产生的扭转变形相反，具有相互抵消作用，不易自行松散，故在起重机械和吊装作业中应用最广。它的缺点是挠性好，表面不平滑，与滑轮和卷筒的接触面积小，因而磨损较快，如图 5-63 (a) 所示。

b. 同向捻钢丝绳。同向捻钢丝绳又称顺绕钢丝绳，它的特征是绳中子绳的钢丝捻绕方向和子绳间的捻绕方向相同，可分为右向捻和左向捻。它具有较大的挠性，易弯曲，且表面平滑，钢丝的磨损较小，但使用时有自行扭转和松散的缺点，因此，不常采用，如图 5-63 (b) 所示。

c. 混合捻钢丝绳。混合捻钢丝绳又称混绕钢丝绳。这种钢丝绳的相邻两股子绳的钢丝捻制方向相反，是交互捻和同向捻的混合，具有上述两种钢丝绳的优点，不易自行松散和扭结，如图 5-63 (c) 所示，但这种钢丝绳制造困难，价高较高。

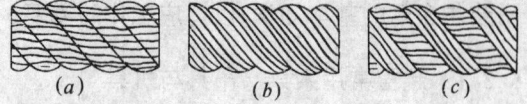

图 5-63　钢丝绳捻制形式
(a) 交互捻；(b) 同向捻；(c) 混合捻

根据钢丝绳的构造不同还可以分为点接触，线接触和面接触三种。点接触钢丝绳又称普通式钢丝绳，这种钢丝绳的钢丝直径均相等，各层钢丝的螺距不相等，在相互交叉点上接触，如图 5-64 (a) 所示；线接触式钢丝绳又称复合式钢丝绳，子绳中的钢丝不尽相等，绕捻时各层钢丝螺距相等，内外层钢丝在一条螺旋线上相互接触，比点接触钢丝绳耐磨性高，承载能力大，挠性也较好，且可选用小直径的滑轮与卷筒。因此，在起重机械上，现已确定为必须采用的钢丝绳，如图 5-64 (b) 所示；面接触钢丝绳又称封闭式钢丝绳，是由外层的异形钢丝包一束直径相等的钢丝，采用特殊方法捻制而成，如图 5-64 (c) 所示，性能优于线接触钢丝绳，但制造工艺复杂，价格昂贵，使用较少。

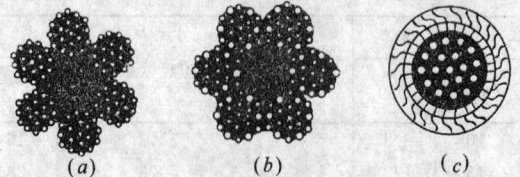

图 5-64　钢丝绳按结构分类
(a) 点接触；(b) 线接触；(c) 面接触

B. 钢丝绳的选择。

在起重作业中，钢丝绳是使用最为广泛的一种绳索，为了确保工程施工安全，在施工前必须对钢丝进行认真的选择。

选择钢丝绳时，首先要考虑钢丝绳的使用场所，使用条件，以满足其使用要求。

在起重吊装作业中，常使用国产的普通结构钢丝绳，选用时应了解其性能和特点，特别是钢丝绳的绳芯和钢丝绳中的钢丝数，带有浸油植物纤维绳芯的钢丝绳比较柔软，容易弯曲，绳芯中的油质对钢丝绳起润滑和防锈作用，但不耐高温和挤压。带石棉绳芯的钢丝绳则能够耐高温。在直径相同的情况下，子绳中的钢丝数越多，则钢丝的直径越细，钢丝绳就越柔软，越不耐磨，相反，子绳中的钢丝数越少，则钢丝绳就越硬，也就越耐磨，表 5-17 列出了国产常用的各种普通结构的钢丝绳，选用时供参考。

各种常用的普通钢丝绳的主要用途

表 5-17

钢丝绳结构	钢丝绳的主要用途
6×7+1	无极绳缆车、钢丝绳皮带运输机、索道牵引、斜井卷扬
6×19+1	绞车、绞磨、滑轮组、索道车引缆风绳
6×37+1	绞车、绞磨、滑轮组、索道承载
7×7	船舶张拉桅杆、竖井、吊桥
7×19	船舶张拉桅杆、吊桥
8×19+1	电梯、起重机械
6×61+1	重型起重机械
6×12+7	捆绑
6×24+7	拖船、货网、浮运木材
6×30+7	拖船、货网、浮运木材
8×37+1	起重机械、打捞沉船
8×7+1	矿井提升、索道承载及要求钢丝绳不旋转的用途

C. 钢丝绳的使用与保养。

钢丝绳在使用时应平稳运行，不得超负荷运行，不得有冲击荷载，如发现芯绳有油挤出时，应立即停止工作进行检查，待查明负荷过大的原因后，消除隐患方可继续工作，

使用钢丝绳时，不得使钢丝绳发生锐角曲折或套环，不得被夹、砸及压成扁平状。穿钢丝绳的滑轮边缘不应有毛刺和破裂现象，以免损坏钢丝绳。钢丝绳在捆绑有棱角的设备和构件时，应以木板旧布或棉花进行保护。在起重作业中，应防止钢丝绳与电焊线或其他电线接触，以免发生触电或电弧打坏钢丝绳。整根钢丝绳一般不应随意切断，如确需切断时，应先将切口两侧用铁丝扎好，其缠绕长度为钢丝绳周长的 2～3 倍，切断时，可用特制的铡刀、钢锯、錾子或氧——乙炔焰切断，端部也可用低熔点金属焊实（锡焊），以免绳头松散。

经常使用的钢丝绳，每隔半年应进行一次检查，经试验在两倍许用拉力下，20min 内钢丝绳仍保持完好状态即为检查合格。

钢丝绳存放，应卷成盘平放在干燥库房内的木板上，经常保持清洁并定期涂抹特制防锈油。

D. 钢丝绳的报废标准。

钢丝绳在长期使用过程中，由于反复受力产生疲劳，加之摩擦损伤及自然风化和化学腐蚀等原因，会使钢丝绳强度降低产生断裂。因此，为了确保安全生产，当钢丝绳强度降低到一定限度时，应予以报废不得再用。

常用的检验和鉴别报废标准的方法如下：

a. 直径减小。钢丝绳直径磨损不超过30%时，允许降低拉力继续使用，若超过30%，则应报废处理。

b. 表面腐蚀。钢丝绳经长期使用受自然和化学腐蚀，若整根钢丝绳的表面麻面明显可见时，则钢丝绳应予报废。

c. 结构破坏。钢丝绳在使用中，当整根钢丝绳的纤维芯被挤出或子绳断裂时，则不准再用，应予以报废。当每一个捻距内断裂的钢丝数超过表 5-18 中规定时，钢丝绳应予以报废。

钢丝绳报废标准　　表 5-18

安全系数 K	钢　丝　绳　结　构					
	6×19		6×37		6×61	
	交互捻	同向捻	交互捻	同向捻	交互捻	同向捻
<6	12	6	22	11	36	18
6~7	14	7	36	13	38	19
>7	16	8	40	15	40	20

注：一个捻距是指每股子绳缠绕一周相应位置的距离。

3）吊索：

吊索是用钢丝绳插制而成的绳扣，一般称为吊索，吊索的特点是自重小、挠性和使用方便。但不能用于起吊高温的重物。根据结构不同，常用的吊索如图 5-65 所示。

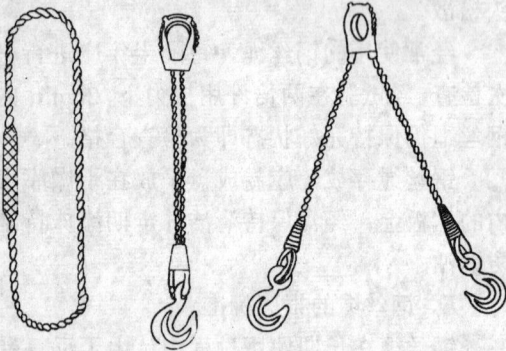

图 5-65　吊索

4）夹具及其他配件：

在起重吊装作业中，用钢丝绳捆绑和连接设备或拉紧绳索，必须使用特制的一些夹具和附件将钢丝绳固结和连接起来，这些夹具和附件在起重吊装作业中起着重要的组合连接的作用。

A. 绳夹。

绳夹是用于固结钢丝绳末端的钢丝绳卡，又称绳夹子、夹头或扎头等。常用的绳夹有骑马式绳夹、马鞍式绳夹、抱合式绳夹、楔式绳夹。

马鞍式绳夹也称 U 形绳卡，如图 5-66 所示，由承压板和 U 形夹构成，构造简单，可现场自行制作。

抱合式绳夹也称 L 形绳卡，如图 5-67 所示，由于没有承压板，使用时易损坏钢丝绳，故应用较少。

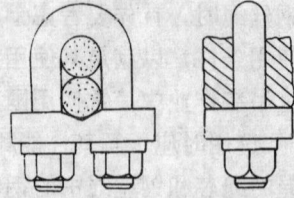

图 5-66　马鞍式绳夹

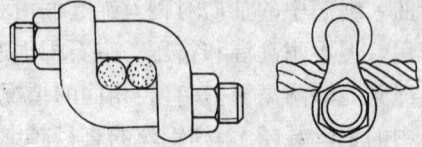

图 5-67　抱合式绳夹

骑马式绳夹如图 5-68 所示，与马鞍式、抱合式比较，固定作用较为安全可靠。故应用较广。

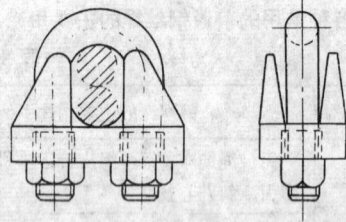

图 5-68　骑马式绳夹

楔式绳夹如图 5-69 所示，是将钢丝绳一端绕过带槽的楔子，装入楔形钢套内，当钢丝绳受力时，则夹子就越拉越紧。

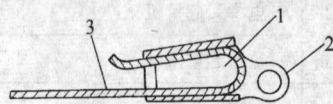

图 5-69　楔形绳夹
1—钢楔；2—楔形钢套；3—钢丝绳

B. 绳扣。

在起重吊装作业中，麻绳和钢丝绳需要打结成各种绳扣进行连接和固定。绳扣的质量好坏直接影响着起重吊装作业的安全，因此，要求打结的绳扣在受力后不松动、不脱扣、结扣和解扣方法简便，绕圈较少，弯转缓和，尽量减少对绳子的损伤。绳扣种类繁多，不同的使用场合有不同的打结方法，最常使用的钢丝绳扣如图 5-70 所示。

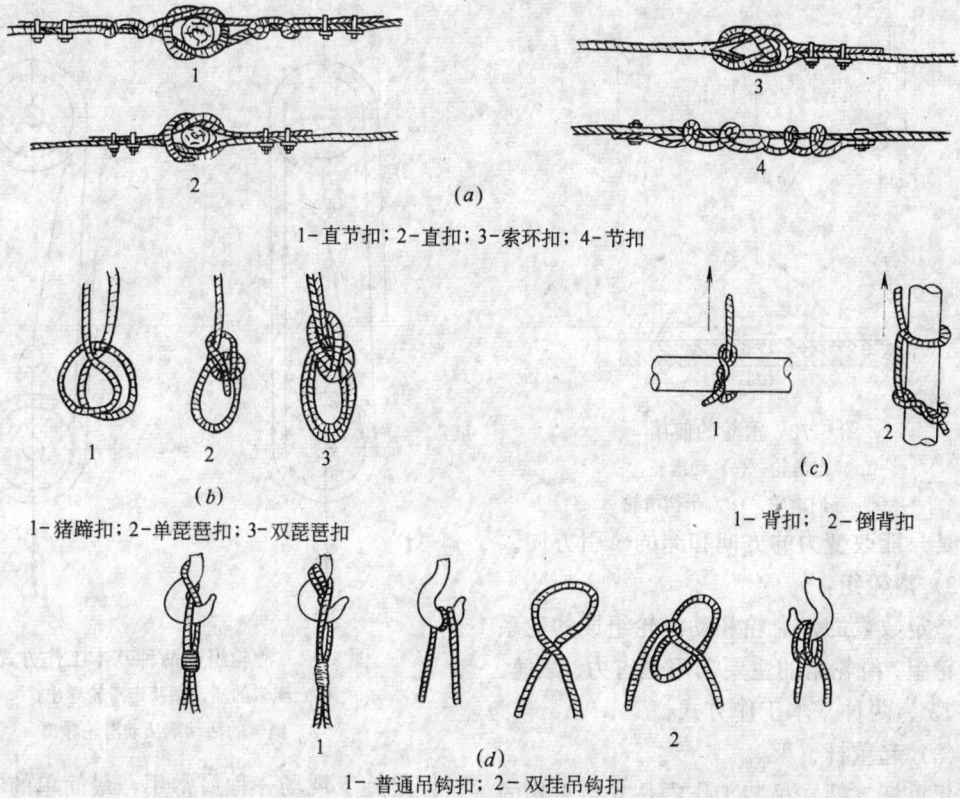

1-直节扣；2-直扣；3-索环扣；4-节扣

(a)

(b)

1-猪蹄扣；2-单琵琶扣；3-双琵琶扣

(c)

1-背扣；2-倒背扣

(d)

1-普通吊钩扣；2-双挂吊钩扣

图 5-70　常用的绳扣

(a) 钢丝绳平扣；(b) 环扣；(c) 管子扣；(d) 吊钩扣

(2) 滑轮及滑轮组

1) 滑轮：

滑轮的构造如图 5-71 所示，是由吊钩、拉杆、夹板、中央枢轴和滑轮等主要部件组成。

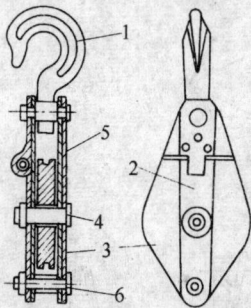

图 5-71　滑轮

1—吊钩；2—拉杆；3—夹板；
4—中央枢轴；5—滑轮；6—横拉杆

滑轮的拉杆是由优质钢板制成，和中央枢轴同为主要受力部件；滑轮在中央枢轴上

可以转动，为了减少摩擦，延长轴与轮的使用，可在滑轮孔内装上铜制滑动衬套或滚动轴承，滑轮的外缘加工成半圆形的钢丝绳导向槽，为了防止钢丝绳跑出滑轮槽外，在滑轮两侧装有夹板保护。

滑轮按使用方法分为定滑轮、动滑轮、导向滑轮。

A. 定滑轮。定滑轮如图 5-72 (a)，是安装在固定位置的滑轮，起重吊装时，绳索受力，轮轴位置不变，定滑轮只能改变用力方向，它不省力。

B. 动滑轮。动滑轮如图 5-72 (b)，是安装在能运动的轴上的滑轮，起重吊装时，滑轮和被牵引的物体一起升降或移动，其特点是省力，但不能改变用力方向。

C. 导向滑轮。导向滑轮如图 5-72 (c)，是安装在固定位置、滑轮转动而位置不变。其

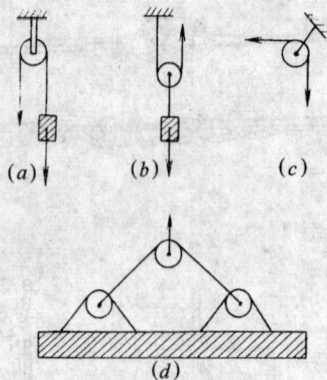

图 5-72 滑轮的使用
(a) 定滑轮；(b) 动滑轮；
(c) 导向滑轮；(d) 平衡滑轮

特点是只能改变力的方向和绳的牵引方向。

2) 滑轮组：

一定数量的定滑轮和动滑轮组成的轮系叫滑轮组。滑轮组的主要功用是省力、减速。图 5-73 为两种基本工作方式。

（3）起重杆、架

起重杆、架在吊装工作中是支持重物的构件。在管段组合件的吊装工作中，常采用的有起重杆、人字架、三角架、龙门架等，它

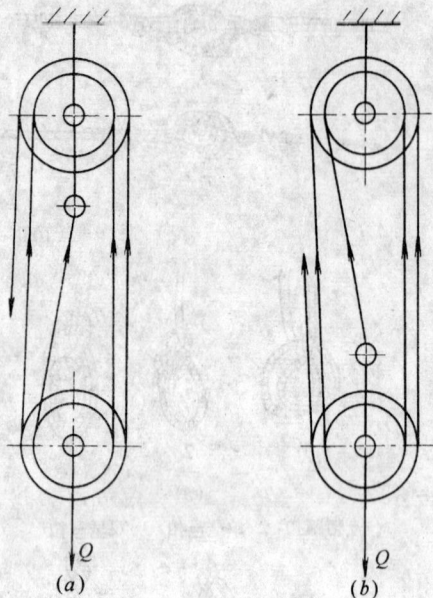

图 5-73 滑轮组的两种基本工作方式
(a) 绳索的活动端从定滑轮导出；
(b) 绳索的活动端从动滑轮导出

们是施工现场一种最常用，最简单的临时性支撑，如图 5-74 所示。起重杆、架的结构材料一般采用钢结构或木结构材料。

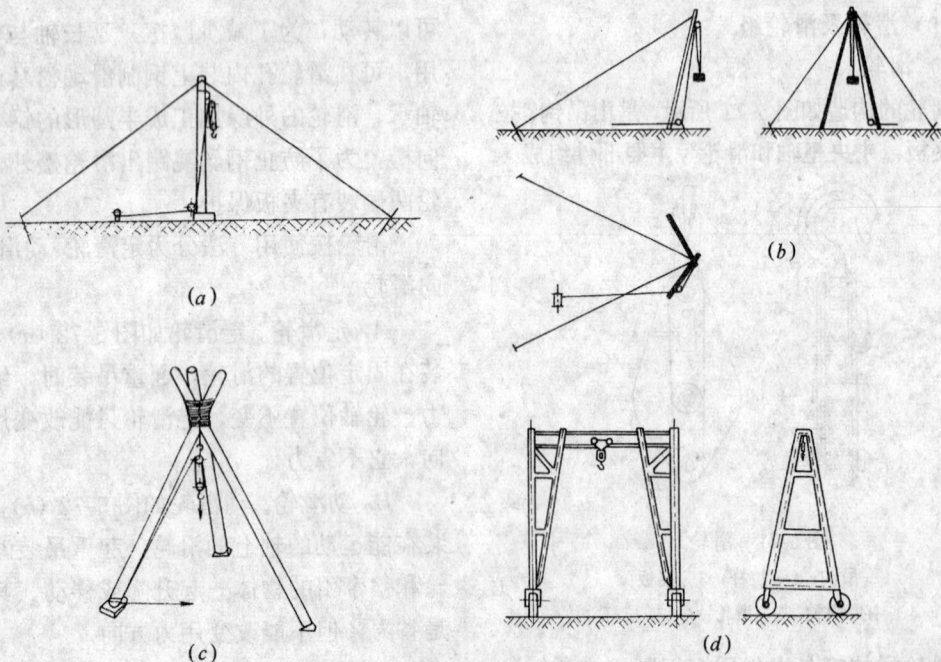

图 5-74 常用起重杆、架示意图
(a) 起重杆；(b) 人字架；(c) 三角架；(d) 龙门架

（4）千斤顶与手动葫芦

1）千斤顶：

千斤顶是一种常用的起重机械，其结构简单、携带方便、工作安全可靠，常用的千斤顶有螺旋式千斤顶和油压千斤顶。

A. 螺旋式千斤顶。如图 5-75 所示的螺旋式千斤顶，它是由螺杆、螺母、框架、手柄和顶头等主要部件组成，它是利用螺杆的旋转使重物随螺杆上升或下降。

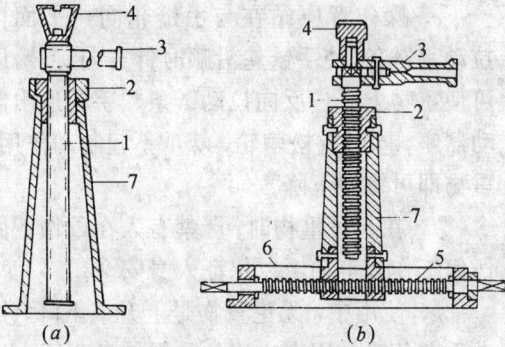

图 5-75　螺旋千斤顶
1—螺杆；2—螺母；3—棘轮手柄；4—顶头；
5—水平螺杆；6—底座；7—外壳

B. 液压千斤顶。如图 5-76 所示的液压千斤顶，它主要由起重活塞、活塞缸、贮液室、液泵、进液阀、出液阀等主要部件组成。

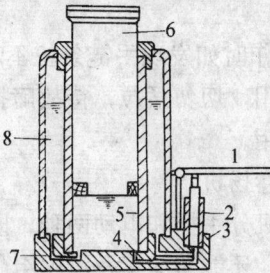

图 5-76　液压千斤顶
1—手柄；2—液泵；3—进液阀；4—出液阀；
5—活塞缸；6—活塞；7—回液阀；8—贮液室

C. 千斤顶使用时应注意的事项：

a. 使用千斤顶时不得超负荷使用；

b. 使用前应详细检查各零部件有无损坏，活动是否灵活，以确保使用安全；

c. 千斤顶放置位置应正确，使之与被顶物件保持垂直，底座下面应垫以坚硬的木板，以免工作时发生沉陷和歪斜；

d. 重物与顶头之间应垫以木板防止滑动；

e. 千斤顶的顶升高度不得超过规定长度，如无标志时，其顶升高度不应超过螺杆或活塞总高的 $\frac{3}{4}$；

f. 在操作时，不得随意加长千斤顶的手柄，且应均匀用力，平稳起升；

g. 顶升时，应随重物的上升及时在重物下垫保险木垫，以防千斤顶倾斜或回油而引起重物突然下降，造成事故；

h. 同时使用几台千斤顶来顶升一件重物时，宜选用同一型号的千斤顶，并应统一步调，统一速度。

2）手动葫芦：

手动葫芦又称手拉葫芦、倒链、链式滑车等，是起重吊装技术中常用的轻便的起重吊装机具。它具有操作简单、携带方便、体积小、重量轻、效率高等特点。它的起重量一般为 10t 以下，但最大可达 20t。起吊高度一般不超过 3m。

手动葫芦的种类较多，按其操作方法可分为手拉葫芦和手扳葫芦两种；按结构型式又可分为链条式和钢丝两种。安装工程中应用最多的是链条式手拉葫芦，链条式手拉葫芦按传动方式又可分为齿轮传动和蜗杆传动两种。

A. 蜗杆式手拉葫芦。

如图 5-77 所示的蜗杆式手拉葫芦，其起重量为 0.5～10t，起重高度可达 10m。由于其传动比较大，机械效率则较低，且因体积较大，零件也易磨损，故目前应用较少。

B. 齿轮式手拉葫芦。

如图 5-78 所示的齿轮传动的手拉葫芦，应用比较广泛，其型号有 HS 型、WA 型和 SBL 型等几种，其中以 HS 型使用居多。齿轮

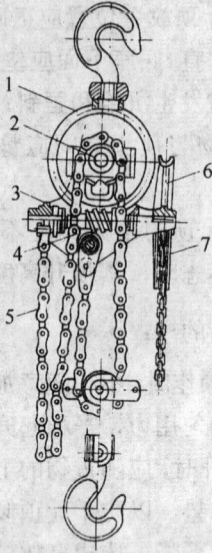

图 5-77　蜗杆式手拉葫芦

1—蜗轮；2—定链轮；3—棘轮停止器；
4—蜗杆；5—起重链；6—牵引链轮；7—牵引链

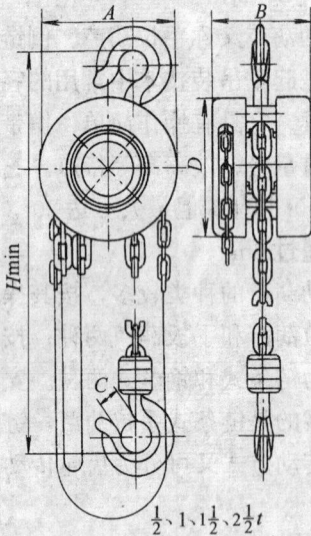

图 5-78　齿轮式手拉葫芦

式手拉葫芦结构紧凑、自重较轻，效率高达
90%，起重量为 0.5～20t，操作灵活稳定且
省力。

C. 使用注意事项。

a. 使用前须对机件（如吊钩、起重链条、
制动器等）以及润滑情况进行仔细检查，认
为完好无损后方可使用。

b. 不得超荷载使用，重物起吊前应先估
一下是否超出手拉葫芦的额定载荷。

c. 起重前检查上下吊钩是否挂牢，吊钩
不得有歪斜及重物吊在吊钩端等不良现象。
起重链条应垂直悬挂，不得错扭的链环，以
免起吊时链条卡住，影响机件的正常工作。

d. 操作时，缓缓升吊重物，待重物离地
后，停止起吊进行检查，确定安全无误时，方
可继续操作。

e. 操作者应站在与手链轮同一平面内
拉动手链条，使手链轮沿顺时针方向旋转，即
可使重物上升；反向拉动链条，手轮退出制
动器座，同时放松棘轮，棘爪不起制动作用，
重物即可缓缓下降。

f. 在起吊重物时，严禁有人在重物下做
任何工作或走动、以保证人身安全。

g. 使用中，无论重物是上升或下降，拉
动手链条时，用力应均匀和缓，不要用力过
猛，以免手链条跳动或卡坏。

h. 葫芦不应在作用荷载下长时间停放，
必要时应将手拉链拴在起重链上，以防自锁
失灵发生事故。

i. 传动部分应经常注润滑油，以减少摩
擦，但切勿将润滑油渗进摩擦胶木中，以防
自锁失灵。

j. 操作时如发现手链条拉不动时，应立
即停止使用，切勿猛拉，待故障排除后，方
可继续使用。

（5）卷扬机

卷扬机分手摇和电动两种，既能单独作
牵引工具，还能与绳索及滑轮组配套使用作
起吊用具。

如图 5-79 所示的手动卷扬机，一般多用
于小型或轻便起重吊装工作中，或用于辅助
性的吊装、拖拉等工作。

手动卷扬机主要由机架、卷筒、齿轮、棘
轮、制动器和手摇柄等组成，卷筒直径一般
为 13～35cm，卷筒长度为其直径的 2～4 倍。
起重量一般为 0.5～10t。

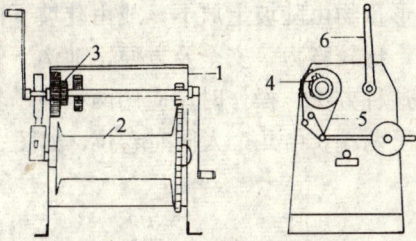

图 5-79 手动卷扬机
1—机架；2—卷筒；3—传动齿轮；
4—棘轮装置；5—摩擦制动器；6—手摇柄

电动卷扬机是起重吊装中的重要机械，它具有起重能力大，速度可快可慢，操作安全方便等优点。它主要由机架座、蜗轮减速箱、卷筒、刹车装置和电气设备等部件组成，如图 5-80 所示。

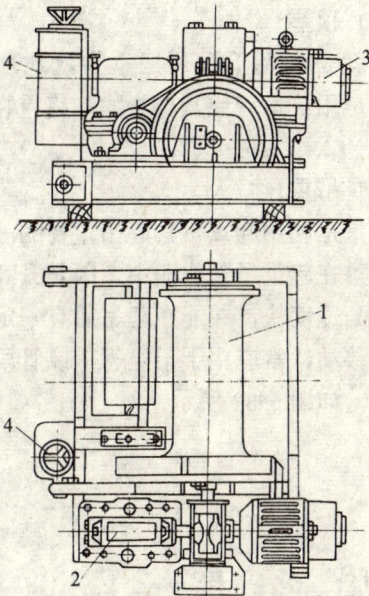

图 5-80 电动卷扬机
1—卷筒；2—减速箱；
3—电动机；4—制动电磁抱闸

使用卷扬机应注意以下事项：

1）卷扬机应安装在平坦没有障碍物，便于操作者和指挥者观察的地方；

2）卷扬机应安装在起吊重物的 1.5m 以外，如采用桅杆式起重机时，其距离不得小于桅杆的高度；

3）为防止电动机和电气设备风吹雨淋，应搭设雨棚，并在卷扬机底座下垫以木板和枕木；

4）卷扬机应固定牢靠，坚实稳固，防止在起吊时移动或倾倒；

5）卷扬机的电气设备应有可靠的接地装置，电气开关应有保护罩；

6）卷扬机使用前应严格检查各部件转动是否正常，制动装置是否安全可靠；

7）卷扬机不得超负荷使用；

8）操作人员必须熟悉机械的结构与性能，且受过专门培训；

9）起吊要缓慢，操作要平稳，起吊物离地后稍作停留，确认无误方可起吊，起吊时严禁突然起动、突然加速；

10）操作人员要服从指挥，缓慢起落，确保安全；

11）操作现场，严禁无关人员停留；

12）停车时，应切断电源，控制器放回零位，制动装置要刹住。

5.3.2 起重搬运的基本方法

起重搬运的方法有：撬重、点移、滑动、滚动、卷、扛抬、顶垫、吊重等。

（1）撬重

撬重是根据杠杆的作用原理，利用撬棍把重物撬起，这种方法能使重物垂直向上抬起，但升高的距离不大，常用在管子组对或绳索捆绑管子时将重物抬高一点。

（2）点移

点移是用撬棍将较轻的重物撬起后，使撬棍向左或右摆动一点距离，而使重物在水平位置上向右或左移动一点位置，其操作方法与撬重相似。

（3）滑动

滑动是在平面或斜面上，用外力使重物作横向或纵向的平行移动。滑动时摩擦阻力很大，耗用动力较多，一般只用于短距离移动重物。

（4）滚动

滚动是在平面或斜面上，用外力使重物做横向或纵向的平行移动，但移动重物时，在重物的下面安放滚杠（用圆木或钢管制作），以减少摩擦阻力。滚动比滑动摩擦阻力小得多，因而省力。由于滚杠可以调整位置，因而易于控制重物行走方向，如图 5-81 所示。

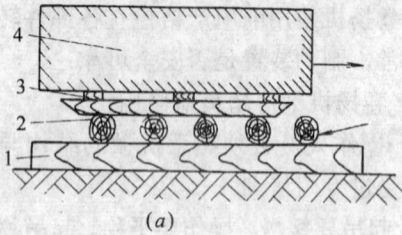

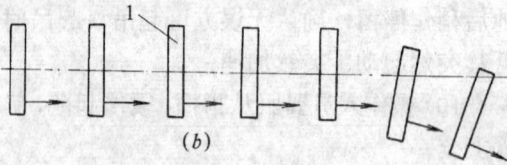

图 5-81　滚动搬运

(a) 滚动；(b) 控制重物行走方向

1—滚杠；2—垫板；3—托板；4—重物

（5）卷拉

卷拉是用绳索缠绕在长条形的重物上，并将一端固定，拉动另一端，使重物本身在绳套内滚动而卷上或放下的方法。此法对于长条形重物由陡坡上放下，或由陡坡下向上提起，比较省力，安全及方便，地沟下管常采用这种方法。操作时，应用两根绳子卷绕在管子两端，由几个人同时卷拉，如图 5-82 所示。

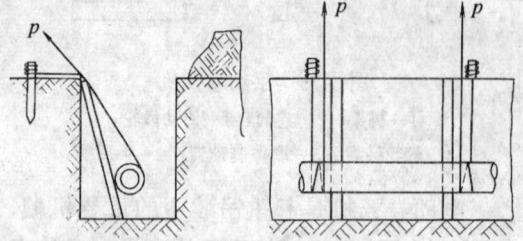

图 5-82　管子下地沟时的卷拉

（6）扛抬

扛抬是利用人的肩、手来移动重物的方法。

（7）顶垫

顶就是利用千斤顶把重物就地顶高架起；垫是用枕木（或其他垫物）将重物支承起来。

（8）吊重

吊重是利用起重机具起吊重物的一种方法，吊重在起重吊装作业中，因其升高距离大，升高速度快，并能在起吊后有一定范围的水平移动，常应用于架空管道或管段组合的吊装，如图 5-83 所示。

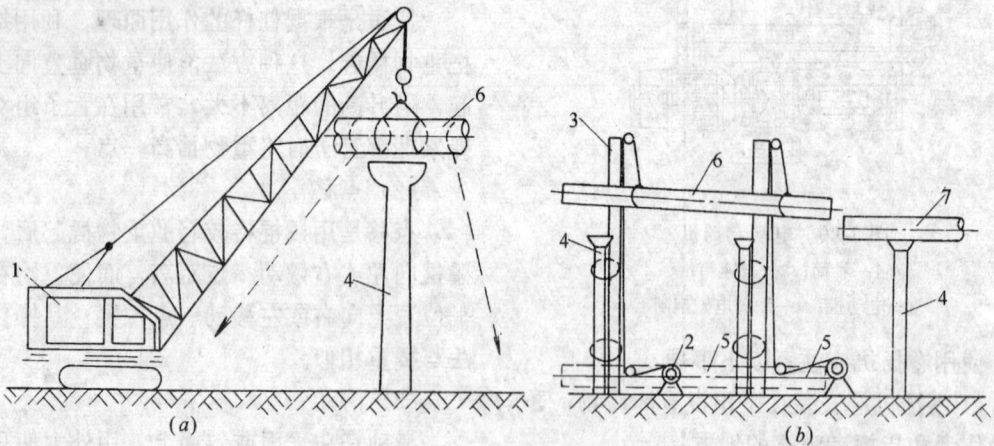

图 5-83　架空管管吊装

(a) 机械吊装；(b) 桅杆吊装

1—吊车；2—卷扬机；3—桅杆；4—管架；5—待吊管段；6—起吊管段；7—已安装的管子

小　　结

在管道安装工程中,起重吊装与搬运工作是施工过程中不可缺少的一项重工作,本节讲述了起重吊装与搬运的一些基本知识。通过学习要达到以下目的:

1. 掌握钢丝绳的构造及分类,了解钢丝绳的选择,掌握钢丝绳的使用与保养方面的知识,掌握钢丝绳的报废标准。

2. 了解夹具,吊索及其他附件的性能、特点及使用要求。

3. 了解滑轮的构造及各种滑轮的特点。

4. 了解常用机具(千斤顶、手动葫芦、卷扬机)的构造、性能,掌握其使用要求。

5. 掌握起重吊装与搬运方法的知识。

习　题

1. 钢丝绳有什么优点?如何分类?

2. 钢丝绳使用时应注意哪些事项?

3. 钢丝绳平时应如何保养?

4. 钢丝绳的报废标准是怎样的?

5. 滑轮主要由哪些部件组成?

6. 按滑轮的作用可分为几类?各有什么特点?

7. 常用千斤顶有几种?各有什么特点?

8. 常用的手拉葫芦有几种?简述使用时应注意的事项。

9. 使用卷扬机时应注意哪些事项?

10. 简述起重搬运的基本操作方法。

5.4　脚手架的搭设与拆除

5.4.1　脚手架的基本知识

(1) 脚手架的作用

脚手架是建筑安装工程施工中的一种临时设施。工人借助脚手架进行高处的施工作业,并堆放建筑安装材料和施工工具,有时还要在脚手架上进行短距离的水平运输。同时,脚手架搭设的质量将直接影响施工人员的人身安全、工程进度和工程质量。因此,要特别重视脚手架的搭设质量。

(2) 脚手架的分类

脚手架在建筑安装工程施工中是不可缺少的工具和设备,并且种类繁多。

1) 按用途分为结构脚手架、装修脚手架、安装脚手架和修缮脚手架等;

2) 按搭设位置分为外脚手架和里脚手架;

3) 按使用材料分为木脚手架、竹脚手架和金属脚手架,其中金属脚手架又有扣件式钢管脚手架和角钢脚手架等;

4) 按构造形式分为多立杆式脚手架、框式脚手架、门式脚手架、桥式脚手架、提升式吊篮、挂架子和挑架子等,以及适用于层间作业的工具式脚手架。

(3) 脚手架的基本要求

163

无论搭设何种形式的脚手架，都必须满足下述基本要求：

1）脚手架要具有足够的强度、刚度和稳定性。在施工期间，脚手架在允许荷载和气候条件的作用下，不产生变形、倾斜和摇晃，必须确保施工人员的人身安全。

2）脚手架要具有足够的面积，能满足工人操作、材料堆放和运输的要求。脚手架的宽度一般为 1.5～2m。

3）脚手架要构造简单、装拆方便，并能多次周转使用。

4）脚手架要因地制宜，就地取材，尽量节约用料。

5）脚手板要铺满、铺稳，不能有空头板。

6）脚手架所用材料的规格、质量和构造必须符合安全技术操作规程。

（4）脚手架的安全技术

1）脚手架搭设前，必须制定合理的施工方案，并进行安全技术交底。对高大异形脚手架，应报上级技术部门审批后方可搭设。

2）搭设脚手架所用的料具必须为合格品，使用前必须进行检验，不合格者不得使用。对安全网和安全带应每半年进行一次荷载试验。

3）所有操作人员进入施工现场必须穿工作服和防滑鞋，戴好安全帽，系好安全带，听从指挥人员的指挥。

4）在 2m 以上的高空作业时，必须佩带安全带，并挂牢在已绑好的立、横杆上，不得挂在铅丝扣或其他不牢固的地方，不得"走过档"，也不得跳跃架子。所用钎子应拴 2m 长的钎绳。

5）遇有恶劣气候影响安全施工时，应停止高空作业。

6）在递杆、拔杆时，上下、左右操作人员应密切配合，协调一致。拔杆人员注意不得碰撞上方操作人员和已绑好的杆件，下方递杆人员应在上方操作人员接住杆件后方可松手，并应躲离其垂直操作距离 3m 以外。

7）用人力吊料，大绳必须坚固，并严禁在其垂直下方 3m 以内拉绳吊料。用机械吊料时，应设天地轮，天地轮必须加固，并应遵守机械吊装安全操作规程。吊运杆件时应绑扎牢固，接料平台外侧不准站人，接料人员应在起重机停车后再接料、摘钩、解绑扎绳。

8）脚手架的外侧、斜道和上料平台，必须绑 1m 高的护身栏杆和 180mm 高的挡脚板或挂防护拦网，网的上下口应用麻绳或棕绳与顺水杆绑牢，网与网应搭接锁住。

9）未搭设完的脚手架，非架子施工人员一律不准上架。脚手架搭设完毕后，必须经过相关人员检查验收，合格后办理交接验收手续方可投入使用。

10）使用中的脚手架必须保持完整，禁止随意拆、移动脚手架或挪用脚手板，必须拆改时，应经施工负责人批准，由架子工负责拆改。

11）所有脚手架，经过大风雨、雪、冰冻和暂停工程复工后，都要进行检查，如发现倾斜、下沉、松扣和崩扣等现象要及时处理。

12）雨雪、冰冻天施工，架子上要有防滑措施，并在施工前将积雪、冰碴清扫干净。

13）在雷雨季节，高度超过 15m 的金属脚手架必须安装避雷设备，并要有可靠的接地装置。

14）在金属脚手架上安装照明装置时，电线不得与脚手架接触，并要做绝缘处理。

15）对跨度过大，负载过重等特殊脚手架，必须经过设计、计算、试验和鉴定，认为合格，并经上级技术部门批准后方可使用。

5.4.2 扣件式钢管脚手架的搭、拆

扣件式钢管脚手架广泛应用于工业与民用建筑施工中，虽然一次性投资较大，但其周转次数多，摊销费用较低，搭拆方便、灵活，能适应建筑物平立面的变化，强度高，坚固耐用，搭设高度大。

（1）材料的规格和要求

扣件式钢管脚手架是由钢管、底座和扣件构成的。

1）钢管：一般采用外径 48～51mm，壁厚 3～3.5mm 的焊接钢管，长度以 4～6.5m 和 2.1～2.3m 为宜。有严重锈蚀、弯曲、压扁或裂缝的钢管禁止使用。

2）底座：有钢板底座和铸铁底座两种。钢板底座是由套管和底板焊接而成。套管一般采用外径57mm，壁厚3.5mm 的钢管或外径 60mm，壁厚 3～4mm 的钢管，长为 150mm。底板一般用边长或直径为150mm，厚为 8mm 的钢板，见图 5-84 所示。

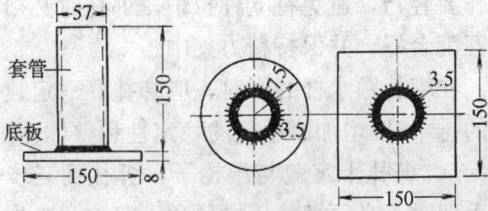

图 5-84　底座

3）扣件：扣件是用铸铁锻制而成，螺栓是用 A_3 钢制成，其形式有以下三种，见图 5-85 所示。

A. 回转扣件：用于连接和扣紧呈任意角度相交的两根钢管，如立杆与十字盖的连接。

B. 直角扣件：又称十字扣件，用于连接和扣紧两根垂直相交的钢管，如立杆与顺水杆的连接。

C. 对接扣件：又称一字扣件，用于两根钢管的对接，如立杆、顺水杆的接长。

扣件应有出厂合格证，坚持进场验收抽查和使用前的检查制度，发现有脆裂、变形和滑丝者禁止使用。

（2）基本构造和要求

扣件式钢管脚手架主要有立杆、顺水杆、排木、十字盖和压栏子等杆件，见图 5-86 所示。

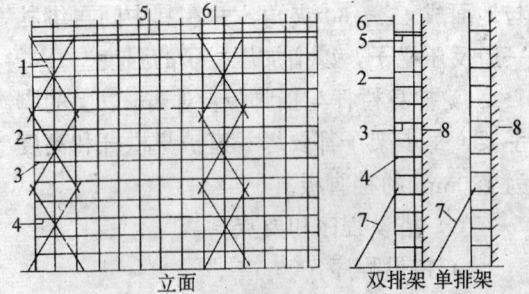

图 5-86　扣件式钢管脚手架构造
1—十字盖；2—立杆；3—排木；4—顺水杆；
5—脚手板；6—栏杆；7—抛撑；8—墙

多立杆钢管脚手架的搭设形式有双排架和单排架，见图 5-86 所示。

1）立杆、又称立柱、竖杆、站杆、冲天。立杆是脚手架最主要的受力杆件，必须按照安全技术操作规程的要求搭设，其纵向间距为 1.5～2m；单排脚手架立杆距墙面为 1.2～1.5m，双排脚手架立杆横向间距为 1.5～2m，里排立杆距墙面 0.4～0.6m。

2）顺水杆：又称大横杆、纵向水平杆。顺水杆也是主要受力杆件，它应绑扎在立杆的里侧。单排脚手架顺水杆的步距为 1.2～1.4m，双排脚手架为 1.2～1.8m。

3）排木：又称小横杆、横向水平杆、横担、楞木、六尺杆等。排木压绑在顺水杆上，其间距为 1.2～1.5m，双排脚手架排木的里

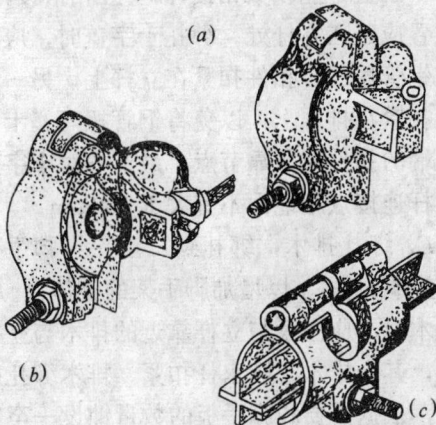

图 5-85　扣件形式
（a）直角扣件；（b）回转扣件；（c）对接扣件

165

端距墙面和外端头伸出顺水杆均为100～150mm，单排脚手架的排木搁进墙内长度不得小于240mm。

4) 十字盖：又称十字撑、斜撑、剪刀撑。十字盖绑扎在立杆的外侧，其主要作用是增加脚手架的纵向稳定性和整体性，宽度占两个跨间，七步以上的脚手架要从下至上连续设置，其间距不得大于7根立杆的宽度，与地面的夹角为45°～60°。

5) 压栏子：又称抛撑、斜撑、支撑。压栏子的主要作用是增加脚手架侧平面的稳定性，防止脚手架向外倾斜。三步以上脚手架必须设压栏子，其间距不得大于7根立杆宽，与地面成45°～60°夹角，并在其中间再绑扎一道反压栏子，以增加压栏子的强度。

6) 护身栏杆与挡脚板：对2m以上的脚手架，每步架子都要绑一道护身栏杆和高度为180mm的挡脚板。

(3) 搭设程序和要点

1) 搭设程序：

做好搭设前的准备工作→按要求放线→铺垫板→按立杆间距排放底座→竖立杆→绑扎顺水杆→绑扎排木→铺脚手板→绑护身栏杆和挡脚板→绑扎压栏子、马梁和反压栏子→绑扎十字盖→绑扎封顶杆→绑护身栏杆和挡脚板→立挂安全网。

2) 搭设要点：

A. 做好搭设前的准备工作：扣件式钢管脚手架搭设前，应将搭设现场的障碍物和杂物清除，并平整好，夯实基土。根据使用要求，确定脚手架的搭设形式并将合格的钢管和扣件运至搭设现场。

B. 放立杆线、铺垫板：按脚手架构造要求放好立杆位置线后，按线铺设厚度不小于50mm的垫板，然后按立杆间距放好底座。

C. 竖立杆与绑顺水杆：垫板和底座放好后，即可竖立杆。搭设双排脚手架时，要先竖里排立杆，后竖外排立杆，每排立杆要先将两端的立杆竖起，并将纵横方向校垂直，然

后再竖中间立杆，并校正垂直。竖其他立杆时，均以这三根立杆为标准穿看整齐。

竖立杆时，一般需要工人配合操作，一人拿起立杆，将一头顶在底座处，另一人用左脚将立杆底端踩住，再用左手扶住立杆，右手用力将立杆竖起，待立杆竖起后再插入底座内。一人不松手继续扶住立杆，另一人再拿起顺水杆用直角扣件与立杆连接住，要求里、外排立杆要同时竖立。

搭设第一步脚手架时，最好有6～8人配合操作。绑扎第一步顺水杆时，要先检查立杆是否垂直，如有偏差，先校正好，然后拿起顺水杆进行绑扎。

绑扎第二步顺水杆时，要注意上架子的动作要轻巧，避免将立杆拉歪，绑扎时必须相互配合好，并保持精力集中。

在绑扎顺水杆的同时，应绑扎好一定数量的排木，以增加脚手架的稳定性和整体性。

D. 绑扎十字盖与压栏子：绑扎到三步脚手架时，必须绑扎压栏子和十字盖。三步架以下要用临时支撑将脚手架撑住，防止脚手架向外倾斜造成倒塌事故。

绑扎压栏子时，下端可与扫地杆绑扎牢固，上端与立杆绑扎牢固。

十字盖要从下至上连续绑扎牢固，上下两对十字盖不能顶头相接，而要互相搭接，搭接位置应赶在立杆处。绑扎十字盖时，应将一根钢管用回转扣件扣紧在立杆上，另一根钢管扣紧在排木上，以免将钢管扭弯。十字盖两端的扣件应紧靠节点，最下一对十字盖与立杆连接点距地面不宜大于500mm。

E. 绑扎排木：绑扎到二至三步脚手架时，应绑扎排木，以增加脚手架的整体性。绑扎排木时，应注意与立杆靠近的排木与立杆扣住，其余排木与顺水杆扣紧。排木绑扎好以后，根据需要和脚手板的数量铺设一至二步架的脚手板，脚手板应交替使用。

F. 封顶：脚手架应紧跟施工层往上搭设，到封顶时，里排立杆低于檐口或安装设

备顶面的距离不得小于 150～200mm，外排立杆应高出不小于 1m。

（4）拆除的操作程序和要点

1）拆除的操作程序：

扣件式钢管脚手架的拆除顺序与搭设顺序相反，应先从脚手架的顶端拆起，即：安全网→护栏→挡脚板→脚手板→排木→顺水杆→立杆→连墙杆→十字盖→压栏子。

2）拆除的操作要点：

A. 拆除钢管脚手架至少需要 5～8 人配合操作，其中，3 人在脚手架上拆除，2 人在下面配合，1 人指挥，1 人负责拆除区域的安全，另外 1～2 人负责清运钢管。

B. 拆除脚手架的人员必须听从指挥，相互配合。从事拆除操作的人员必须挂好安全带，佩带安全帽，穿工作服和防滑软底鞋。

C. 拆除顺水杆时，一般先松开两端扣件，然后松开中间扣件，在中间扣件松开时，两端的操作人员应托住杆件，防止杆件在拆除时掉落，造成伤亡事故。

D. 所有拆下的杆件和扣件不得随意往下扔，以免损坏杆件和扣件，甚至伤人。拆下的扣件要放到工具袋内，用绳子顺下去。

E. 拆除连墙杆和压栏子时，必须事先计划好，不得随意乱拆，以免造成倒塌事故。

F. 禁止非拆除人员进入拆架区，最好用绳子将拆架区围住，并有专人负责看管。如果其他人员必须进入时，应事先征得拆除人员的同意后，方可进入。

G. 拆下的杆件和扣件不得乱扔，要及时清运到指定场地，按规格分类堆放好。

5.4.3 桥式脚手架的搭设

桥式脚手架又称桥架，按其支承形式不同分为三角挂架支承桥架和支承架支承桥架两种，前者搭设较简便，后者搭设较复杂。

（1）支承架支承的桥架

1）桥架的规格：

桥架又称桁架式工作台，一般由两个单片桁架用水平横杆和剪刀撑或小桁架连接组装而成，并在其上面铺设脚手板。

常用的桥式脚手架长度有 3.6m、4.5m、6m 等几种；宽度有 1.0～1.4m，也有大于 2.0m 的，可在其上行驶架子车，最窄的为 0.6m，可以拼合使用。

2）桥架的构造：

桥架可用钢管或钢筋等材料制成，每个桥架的质量约为 300kg，其允许荷载为 2700N/m²，见图 5-87 所示。

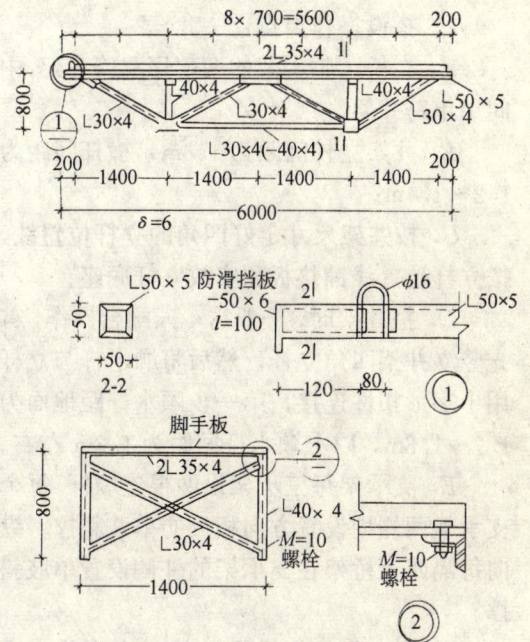

图 5-87　桥架的构造

桥架上嵌铺 30mm 厚的定型拼制木脚手板，桁架的搁置部分长为 200mm，加焊短角钢使之成为方形予以加固，以便支搁。在桥架端部焊以 φ16 钢筋吊环，作为升降时吊挂之用，同时焊设防滑挡板或留设销孔，用于插入防滑销子。在桥架外侧桁架上焊承插管，以便装插栏杆。

3）扣件式钢管搭设的井式支承架：

这种支承架是先用扣件和钢管搭设而成的方形井架，然后在两支承架之间搁置桥架，两井架的间距视桥架的跨度而定，支承架的构造见图 5-88 所示。

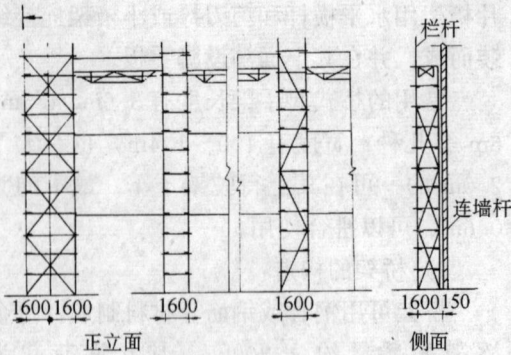

图 5-88 支承架的构造

4）搭设操作要点：

A. 在桥式脚手架的两端用双跨井架，中间用单跨井架。

B. 井架立杆间距为 1.6m，横杆间距为 1.2～1.4m。

C. 按井架尺寸定好四角的立杆位置线，按立杆位置线铺垫板和安放立杆底座。

D. 搭井架时，一般需 4 人配合操作，首先竖立井架四角立杆，然后将顺水杆与立杆用十字形扣件连接，第一步顺水杆距地面为 1.7～1.8m，以上顺水杆间距为 1.3m 左右。

E. 支承架每三步架设两根连墙杆。每个支承架两侧均设置方向相反的单肢斜撑，纵向每隔四个桥架在支承架的外侧设置单肢斜撑。

F. 在支承架间每隔四步，内外各设一道水平拉杆，并在搁桥架的横杆下面增设一道水平栏杆，这个栏杆可以随桥架的提升向上拆移。

G. 支承架的搭设工艺与扣件式钢管脚手架相同。

（2）轻型三角挂架式桥架

1）构造要求：

A. 轻型三角挂架式桥架是由三角挂架和轻型桥架（轻型桁架）等部分组成。三角挂架附挂在柱子上，再在三角挂架之间安装桥架，并在桥架顶面铺设脚手板，沿桥架外侧安装栏杆，见图 5-89 所示。

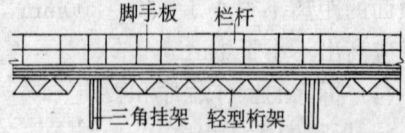

图 5-89 三角挂架式桥架的构造

B. 三角挂架一般由角钢和钢筋焊接而成，并在挂架的水平杆和竖杆连接处焊有挂钩，在竖杆的下端焊有支承板。挂架的高度一般为 1.2～1.5m，宽度为 1.0～1.2m，见图 5-90 所示。

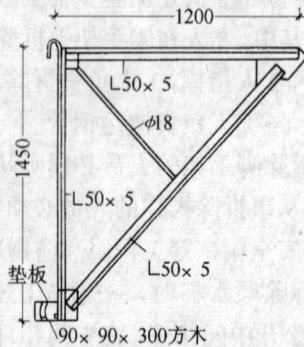

图 5-90 三角挂架的构造

C. 桥架也可用角钢和钢筋焊接而成，可做成单片，也可做成三角体，每对挂架之间装设两榀桁架。为保证单片桁架的稳定性，应在桁架间加设支撑。桁架的两端搁于挂架上，并用螺栓连接牢固。

2）安装操作程序：

在柱子上安装卡箍→安装三角挂架→安装桥架→绑排木→铺脚手板→绑扎护身栏杆。

3）安装操作要点：

A. 该种桥架有两种安装方法：一种是在柱上预埋吊环；另一种是柱中每隔 1.2m 预留一孔眼，再用角钢与螺栓组成卡箍，将角钢部分搁在已砌好的墙上，再将螺栓穿过柱的孔眼和两边角钢孔，然后拧紧螺栓，使两边角钢夹紧柱子。

B. 卡箍安装完毕后，可把挂架安上，将挂钩插入吊环，其底脚支在墙面上，然后在两个挂架之间安装桁架及支撑，再在桁架上铺排木，脚手板，并绑扎护身栏杆，即可成为轻型三角挂架式桥架。

5.4.4 设备脚手架的搭拆

对独立的构筑物或设备，常设独立的脚手架进行施工或安装。其平面形式有正方形、六角形和八角形等，其中以六角形居多，见图 5-91 所示。不论采用何种平面形式，均要搭设成双排脚手架。其主要杆件有立杆、顺水杆、排木、十字盖、压栏子，此外还有地锚和缆风绳等。

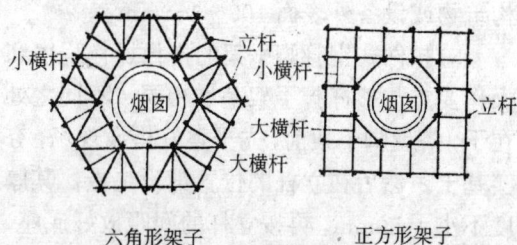

图 5-91 六角形和正方形架子

（1）构造要求

1）杉槁立杆的间距不得大于 1.4m，钢管立杆的间距不得大于 1m，在出口处的立杆间距不得大于 2m。

2）脚手架的高度在 30m 以内时，四角和每边中间的立杆必须使用"头顶头双抱杆"，超过 30m 时，必须全部使用"头顶头双抱杆"。杉槁立杆埋地深度不得小于 500mm。里排立杆离构筑物或设备表面最大距离不得超过 1.4m，最小不得小于 450mm。

3）顺水杆的间距不得大于 1.2m，封顶应绑双杆。杉槁搭接长度不得小于两根立杆。

4）十字盖四面均须绑扎到顶，斜杆与地面夹角不得超过 60°，最下六步应打腿戗。高度超过 30m 的脚手架，十字盖必须全部采用双杆。

5）排木间距不得超过 1m，并需全部绑扎。脚手板必须铺严，并设两道护栏和挡脚板。高度超过 10m 时，脚手板下方应加铺一

层安全板，并随每步架上升。

6）附属于脚手架的之字形马道，其宽度不得小于 1m，坡度为 1∶3，脚手板必须铺牢并加钉防滑条。

7）构筑物高度在 10～15m 时，要对称地设一组 4～6 根缆风绳，其与地面的夹角为 45°～60°，缆风绳直径不得小于 12.5mm。

（2）操作程序

根据构筑物或设备尺寸确定脚手架立杆的位置→挖立杆坑→竖里外立杆→绑顺水杆→绑排水→绑压栏子→铺脚手板→绑护身栏杆和挡脚板→绑十字盖→拉临时缆风绳→封顶和挂安全网→拉缆风绳。

（3）搭设操作要点

1）确定脚手架立杆位置：立杆位置的确定要根据构筑物或设备的尺寸和脚手架的平面形式进行。下面以圆形构筑物或设备搭设正方形或六角形脚手架为例来说明立杆位置的确定方法。

如图 5-92 所示，已知构筑物或设备的底外径为 3m，而里排立杆到构筑物或设备外表面的最近距离为 500mm。

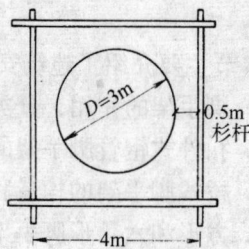

图 5-92 正方形脚手架立杆位置确定方法

A. 正方形脚手架立杆位置的确定：里排脚手架的搭设长度为 $3+2\times0.5=4m$，再选四根长度大于 4m 的杆件，在每根杆件上量出 4m 长的边线，然后将四根划好尺寸线的杆件在构筑物或设备外围摆成正方形，使杆上所划的线十字相交，杆件中线对准构筑物或设备的直径中线，杆件转角处即是里排立杆的位置。然后根据脚手架的构造要求，来确定中间立杆和外排立杆的位置。

B. 六角形脚手架立杆位置的确定:其方法与正方形脚手架基本相同,只是里排边长计算方法不同。根据上述已知条件,六角形里排边长为:(1.5+0.5)×1.15=2.3m。选六根 3m 长左右的杆件,两端留出余头,量出 2.3m 划上线,按上述同样方法,在构筑物或设备外围摆成六角形,即可确定里排立杆的位置,如图 5-93 所示。

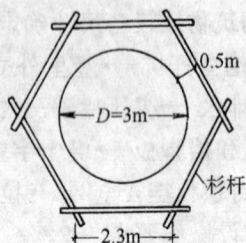

图 5-93 六角形脚手架立杆位置确定方法

2)挖立杆坑:里、外排立杆位置确定后,就可依次挖立杆坑。挖好后坑底垫砖或石块。

3)竖里、外排立杆:竖立杆时,应先竖里排立杆,后竖外排立杆,每排立杆先竖转角处的立杆,后竖中间部位的立杆。同一排立杆要相互看齐、对正,相邻立杆的接头要上、下错开 500mm 以上。立杆的搭接长度不小于 1.5m,并要绑扎三道,接头要相互错开,不能在同一步架内。

4)绑扎顺水杆:顺水杆应绑在立杆内侧,在同一步架内顺水杆的大头要朝向一致,相邻两步顺水杆的大头朝向要相反,搭接处小头要压在大头上面。

排木要按规定间距与顺水杆绑扎牢固。十字盖要随脚手架的升高及时绑扎。搭到一定高度时应及时拉上缆风绳。排木的端头距构筑物或设备外表面 100~150mm。

5)扣件式钢管脚手架的搭设操作程序和操作要点与杉杆脚手架基本相同,不同之处在于,搭设脚手架前,先平整好搭设现场,夯实基土。然后在立杆的位置铺设垫板,其厚度不小于 50mm,再按立杆的间距放好底座,并在立杆的下端绑扎扫地杆。

小 结

本节主要介绍了建筑安装工程施工中常用脚手架的基本知识,主要内容有:

1. 脚手架的作用、分类、基本要求和安全技术;
2. 扣件式钢管脚手架的构造和搭、拆操作工艺要点;
3. 桥式脚手架的构造和搭设操作工艺要点;
4. 方形和六角形脚手架的构造与搭设操作要点。

通过本节的学习,应该对建筑安装工程施工中常用脚手架有一个基本的了解,要求如下:

1. 掌握扣件式钢管脚手架的基本构造,要求以及搭设和拆除操作要点;
2. 掌握桥式脚手架的构造和搭设操作要点;
3. 掌握方形和六角形脚手架的基本构造、立杆位置的确定方法及搭设操作要点;
4. 掌握脚手架的质量与安全技术要求;
5. 了解脚手架的基本要求以及所用材料的规格和要求。

习　题

1. 脚手架有哪些作用和基本要求？
2. 搭设脚手架有哪些安全技术要求？
3. 扣件式钢管脚手架由哪几部构成？
4. 扣件式钢管脚手架有哪些主要杆件和要求？
5. 简述扣件式钢管脚手架的搭设操作要点。
6. 桥式脚手架有哪几种型式？有哪些规格？
7. 简述桥式脚手架的搭设操作要点。
8. 方形和六角形脚手架由哪些杆件构成？
9. 如何确定方形和六角形脚手架立杆的位置？
10. 简述方形和六角形脚手架的搭设操作程序和要点。

第6章 流体力学基本知识

液体和气体，统称为流体。

流体力学是力学的一个分支，它研究流体静止和运动的力学规律及其在工程技术中的应用。

流体在管道工程中应用非常广泛。学好流体力学就能对专业范围内的流体力学现象作出合乎实际的定性判断，进行足够精确的定量估计。本章主要讲述流体的主要物理性质，流体静压强及其应用，恒定流的连续方程，能量方程及应用，流动阻力及能量损失。学习流体力学应把注意力放在基本原理、基本概念、基本方法的理解和掌握方面，要学会理论联系实际地分析和解决工程中的各种流体力学问题。

6.1 流体的主要物理性质

6.1.1 流体的特性

物质有三种形态：固态、液态和气态。液体和气体统称为流体。固体和流体有根本的区别，固体有一定的形状和体积，具有抗拉、抗压、抗剪的能力。而流体则不同，流体没有固定的形状。流体的抗剪能力很小，当流体受到微小的剪切力作用时，会发生连续不断的变形，流体质点之间必然产生相对运动，因此，流体具有流动性，也是流体适宜作为介质便于采用管渠输送的主要原因。另一方面，流体和固体一样，能够承受较大的压力。

液体与气体又有质的差别，液体没有固定的形状，但有一定的体积。这是因为液体各质点间的内聚力很小，不能承受拉力和抵抗剪切变形，所以不能有固定的形状，而气体既没有固定的形状，也没有一定的体积。气体各质点间的内聚力很小，不能承受压力，在外力作用下，很容易被压缩。

6.1.2 流体的主要物理性质

（1）密度和重力密度

1）密度：流体和固体一样具有质量，质量愈大，惯性愈大。对于均质流体，单位体积的流体质量称为流体的密度，其表达式为：

$$\rho = \frac{M}{V} \qquad (6-1)$$

式中 ρ ——流体的密度（kg/m³）；

M ——流体的质量（kg）；

V ——流体的体积（m³）。

2）重力密度：流体和固体一样，也具有重力，对于均质流体，单位体积流体的重力称为流体的重力密度，又称为重度，其表达式为：

$$\gamma = \frac{G}{V} \qquad (6-2)$$

式中 γ ——流体的重力密度（N/m³）；

G ——流体的重力（N）；

V ——流体的体积（m³）。

由于物体的重力等于质量和重力加速度的乘积，所以式（6-2）可以写成

$$\gamma = \frac{G}{V} = \frac{M}{V}g = \rho g \qquad (6-3)$$

式6-3表明：流体的重力密度等于流体的密度和重力加速度的乘积。

常见液体的密度和重力密度见表6-1。

常见流体的密度、重力、密度

表 6-1

流体名称		密　度 (kg/m^3)	重力密度 (N/m^3)	测定条件 (℃)
液体	汽　油	680～740	6670.8～7259.4	15
	乙　醚	740	7259.4	0
	纯乙醇	790	7749.9	15
	甲　醇	810	7946.1	4
	煤　油	800～850	7848～8338.5	15
	重　油	900～950	8829～9319.5	15
	蒸馏水	1000	9810	4
	海　水	1020～1030	10006.2～10104.3	15
	无水甘油	1260	12360.6	0
	水　银	13590	133318	0
气体	氢	0.0899	0.8819	
	甲　烷	0.7168	7.0318	标准状况
	氨	0.7714	7.5674	
	乙　炔	1.1709	11.4865	
	一氧化碳	1.2500	12.2625	
	氮	1.2505	12.2674	
	空　气	1.2928	12.6824	
	氧	1.4290	14.0185	
	二氧化碳	1.9768	19.3924	
	氯	3.2200	31.5882	

(2) 流体的粘滞性

在日常生活中，人们会发现，从瓶里向外倒水比倒油快，这就是说，水比油流得快。这个现象说明流体具有一种性质，即粘滞性。水的粘滞性较油的粘滞性小因而流得快。当流体处在静止状态时，粘滞性显示不出来，因此，粘滞性与运动有关。粘滞性对流体运动起着阻碍作用。

以管内流体流动为例，来研究流体的粘滞性，如图 6-1 所示，当流体在圆管中缓慢流动时，水流断面上出现了速度快慢不一的无数流层，紧贴管壁处的流速为零，各层流速向着管轴心方向逐渐增大，在管轴中心流速最大，呈现曲线形状变化。位于管壁与管中心之间的流层将以不同的流速向前运动，由于各流层的流速不同，使质点间产生了相对运动，其中流速较大的流层对流速较小的流层便产生了一个拖力，相反，流速较小的流层对流速较大的流层也产生了一个阻挠拖动的阻力，拖力和阻

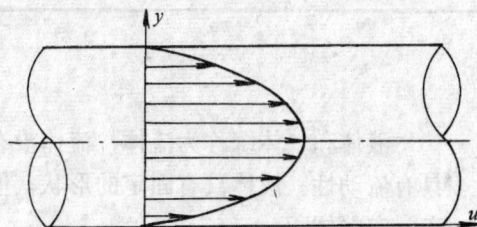

图 6-1　流体质点在圆管中的流速分布图

力是大小相等方向相反的一对力，分别作用在相邻两流层的表面上。我们将这一对力叫粘滞力或内摩擦力。流体运动能够产生粘滞力的性质称为流体的粘滞性。

实验证明，压力对同一流体的粘度影响不大，而温度对流体的粘度影响较大。如水的粘度随温度的升高而减小，这是因为粘滞性是分子间的吸引力和分子不规则的热运动产生动量交换的结果。温度升高，分子间的吸引力降低，动量增大。反之，温度降低，分子间的吸引力增大，动量减小。对于液体，分子间的吸引力是决定性的因素，所以液体的粘滞性随温度的升高而减小；对于气体，分子间的热运动产生动量交换是决定性因素，所以，气体的粘滞性随温度的升高而增大。

(3) 流体的压缩性和膨胀性

1) 压缩性：当温度不变时，流体所受的压强增大，流体体积被压缩变小的性质称为流体的压缩性。

2) 膨胀性：当压强不变时，流体的温度升高，流体体积膨胀的性质称为流体的膨胀性。

水的膨胀性和压缩性是很小的，在通常情况下均可以不考虑，但在某些特殊情况下就不能忽略。例如，水在管道中流动，当阀门突然关闭产生水击时，就必须考虑水的压缩性。热水供应及热水供暖系统中，水的膨胀性就必须考虑。

气体与液体不同，具有显著的压缩性和膨胀性，温度和压强的变化都会引起气体重力密度和密度较大的改变。

小　结

液体和气体统称为流体，流体没有一定的形状，其抗剪抗拉的能力极小，因而具有流动性。液体没有固定的形状，但有一定的体积。气体既没有固定的形状也没有一定的体积。

单位体积流体的质量是流体的密度；单位体积流体的重力是流体的重力密度；流体的重力密度等于流体的密度和重力加速度的乘积。

当温度不变时，流体所受压强增大，流体体积变小的性质，称为流体的压缩性。当压强不变时，流体的温度升高，流体体积膨胀的性质称为流体的膨胀性。液体的压缩性和膨胀性都很小，气体与液体不同，具有显著的压缩性和膨胀性，温度和压强的变化都会引起气体重力密度和密度的变化。

流体运动时能够产生粘滞力的性质称为流体的粘滞性，压力对流体的粘滞性影响很小。但温度对粘滞性的影响却很大。

习　题

1. 什么是流体
2. 液体与固体有哪些区别？流体具有哪些特性？液体和气体有哪些区别？
3. 什么是流体的密度？什么是流体的重力密度？流体的重度与密度有何关系？
4. 什么是流体的粘滞性？影响粘滞性的因素有哪些？
5. 水的膨胀性很小，在什么情况下必须考虑水的膨胀性？

6.2　流体静压强

6.2.1　流体静压强及其特性

（1）流体静压强

流体处在静止状态时，质点间无相对运动，故不存在粘滞力，但存在压力和重力的作用。流体静止时产生的压力称为静压力。如果在一个盛满水的水箱侧壁上开一个孔口，水立即会从孔口喷射出来。这个现象说明静止的流体中有压力，这个压力是流体的静压力，用符号"P"表示。

作用在整个面积上的静压力，称为流体的总静压力，作用在单位面积上所承受的流体静压力，称为流体的静压强，用"p"表示。

如图 6-2 所示，一个充满水的水箱，水箱

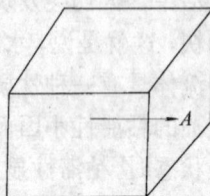

图 6-2　流体的平均静压强

底和侧壁均存在静水压力，如果水箱的某一侧壁面积为 A，作用在面积 A 上的总静水压力为 P，作用在面积 A 上的流体平均静压强为

$$p_{pj} = \frac{P}{A} \qquad (6\text{-}4)$$

式中　p_{pj}——作用面上流体平均静压器（N/m²）；

P——作用面上流体总静压力（N）；

A——作用面面积（m²）。

受压面上某点的压强称为流体静压强。

流体平均静压强是作用在受压面上各静压强的平均值，而静压强则精确地反映了作用面上各流体质点的静压强。

（2）流体静压强的特性

1）静压强的方向与作用面垂直，并指向作用面，如图6-3所示。

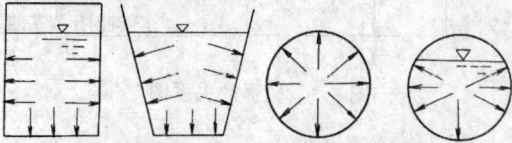

图6-3　几种容器和管道流体静压强的方向

2）静止流体中任意一点压强，在各个方向上都相等。

6.2.2　流体静压强的基本方程式

（1）流体静压强的基本方程式

从静止的流体中，取出一铅直微小的圆柱体作为隔离体，如图6-4所示，微小圆柱体高为 h，端面积为 A，我们分析研究微小圆柱体的受力平衡问题。

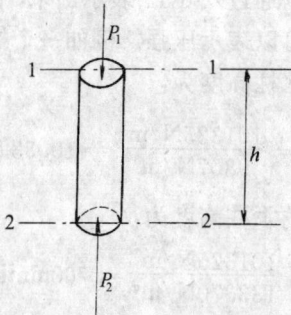

图6-4　静压强基本方程式的推导

1）微小圆柱体上端面压力为 P_1：

$P_1 = p_1 A$　方向垂直向下。

2）微小圆柱体下端面压力为 P_2：

$P_2 = p_2 A$　方向垂直向上。

3）微小圆柱体自身重力：

$G = \rho g h A$　方向垂直向下。

4）微小圆柱体的侧面力，方向是水平的，作用在微小圆柱体的水平方向的压力相互抵消。因为流体处在静止状态，作用在垂直方向上的合力为零。即：

$$P_2 - P_1 - G = 0$$
$$p_2 A - p_1 A - \rho g h A = 0$$
$$p_2 - p_1 = \rho g h = \gamma h \qquad (6-5)$$

式中　p_1——流体端面1处的压强（Pa）；

p_2——流体端面2处的压强（Pa）；

ρ——流体的密度（kg/m³）；

γ——流体的重力密度（N/m³）。

从式6-5的推证来看，微小圆柱体的两个端面是任意选取的，因此可以得出结论：静止流体中任意两点的压强差等于两点间的深度差乘以重力密度。

将式6-5压差关系改写成压强关系，则为

$$p_2 = p_1 + \rho g h = p_1 + \gamma h \qquad (6-6)$$

现在把压强关系应用于求静止流体内某一点的压强，如图6-5所示，设液面压强为 p_0，液体的重度为 γ，该点在液面下的深度为 h，根据式6-6得

$$p = p_0 + \gamma h \qquad (6-7)$$

式中　p——液面内某点压强（Pa）；

p_0——液面气体压强（Pa）；

γ——液体的重力密度（N/m³）；

h——某点在液面下深度（m）。

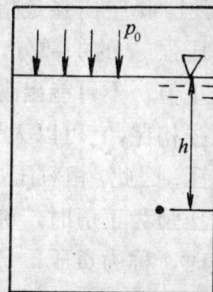

图6-5　密闭容器内某点压强

式6-7就是流体静压强的基本方程式。它表示静止流体中的压强随深度按直线变化的规律。静止流体中任意点的压强是由液面的压强和该点深度与重力密度的乘积两部分组成，因此，压强的大小与容器的形状无关。

如果把图6-5改成敞开容器，液面压强等于大气压强 Pa，则式6-7就可写成

$$p = p_a + \gamma h \qquad (6\text{-}8)$$

从式 6-7 可以看出，深度相同的各点压强也相同，这些深度相同的点所组成的面是一个水平面，由于水平面上各点的压强均相等，因此称这个水平面为等压面。

6.2.3　流体静压强的表示

在工程中，量度流体中某一点或某一空间点的压强，可以用不同的基准和量度单位。

（1）压强的两种计算基准：绝对压强和相对压强。

1）绝对压强：以没有气体存在的完全真空为零点起算的压强称为绝对压强，用符号 p_j 表示。

2）相对压强：以大气压强为零点起算的压强值称为相对压强，用符号 p_x 表示。采用相对压强基准，则大气压强的相对压强值为零。即 $p_a = 0$。

相对压强与绝对压强的关系为：

$$p_x = p_j - p_a \qquad (6\text{-}9)$$

在容器开敞的情况下，相对压强可从式 6-8 简化为：

$$p = \gamma h \qquad (6\text{-}10)$$

3）真空压强：真空压强是指某点的绝对压强小于大气压强 p_a 的那部分，某一点的绝对压强只能是正值，不可能出现负值。但是拿它与大气压强相比，它可以大于大气压，也可以小于大气压。因此，相对压强可以正，也可以负。相对压强为正值时，称为正压，相对压强为负值时，称为负压，负压的绝对值称为真空度，用 p_k 表示，即

$$p_k = | - p_x |$$

以上三种压强的关系可用图 6-6 所示。

（2）压强的单位

第一种单位是从压强的基本定义出发，用单位面积上的力表示，即力/面积。国际单位为 N/m^2（Pa），kN/m^2（kPa）。工程单位为 kgf/m^2 或 kgf/cm^2。

第二种单位是用大气压的倍数来表示，

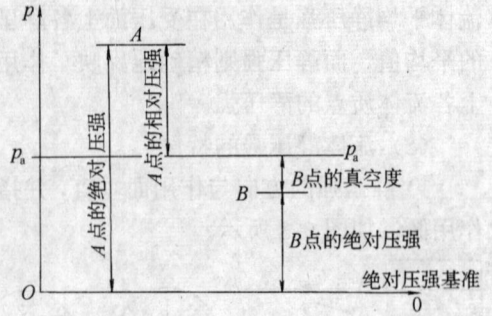

图 6-6　压强的关系图

国际上规定：1 标准大气压（atm）＝101325Pa＝101.325kPa。

1 工程大气压（at）＝98070Pa＝98.07kPa

第三种单位是用液柱高度来表示，常用的有水柱高度或汞柱高度。

这种单位可从式 6-10 $p = \gamma h$ 改写成：

$$h = \frac{p}{\gamma} \qquad (6\text{-}11)$$

只要知道液体的重力密度 γ、h 和 p 的关系就可以通过式 6-11 表示出来，因此，液柱高度也可以表示压强。例如一个标准大气压相应的水柱高度为：

$$h = \frac{p}{\gamma} = \frac{101325 N/m^2}{9807 N/m^3} = 10.33 \ m H_2 O$$

相应的汞柱高度为：

$$h' = \frac{101325 N/m^2}{133370 N/m^3} = 760 mmHg$$

同理，一工程大气压相应的水柱高度为：

$$h = \frac{98070 N/m^2}{9807 N/m^3} = 10 m H_2 O$$

相应的汞柱高度为：

$$h' = \frac{98070 N/m^2}{133370 N/m^3} = 736 mmHg$$

我国习惯用的工程单位制中，压强的单位为 kgf/cm^2 和 kgf/m^2，或者以大气压的倍数以及采用液柱高度作为压强单位，这些单位已经废除，但考虑到人们的使用习惯，现将它们之间的换算关系列表 6-2 中，供读者在使用时参考。

法定压强单位		习用非法定单位		
名　称	符　号	名　称	符　号	单位换算关系
牛顿/平方米 （帕斯卡）	N/m² （Pa）	千克力/平方米	kgf/m²	1kgf/m²=9.807N/m²（Pa）
千牛/平方米 （千帕斯卡）	kN/m² （kPa）	千克力/平方厘米	kgf/cm²	1kgf/cm²=98.07kN/m²（kPa）
兆帕斯卡	MPa	标准大气压	atm	1atm=0.101325MPa
兆帕斯卡	MPa	工程大气压	at	1at=0.09807MPa
帕斯卡	Pa	毫米水柱	mmH₂O	1mmH₂O=9.807Pa
千帕斯卡	kPa	米水柱	mH₂O	1mH₂O=9.807kPa
帕斯卡	Pa	毫米汞柱	mmHg	1mmHg=133.32Pa

6.2.4　流体静压强基本方程式的应用

流体静压强的基本方程式在实际工程中应用广泛，现举例说明。

（1）连通器

1）如图 6-7 所示，连通器的两个容器内，装有同一种液体，液面上的气体压强（表面压强）相等，即 $p_{01}=p_{02}$，因此可以确定两个容器内液面高度就一定相等，即 $h_1=h_2$。现证明如下：

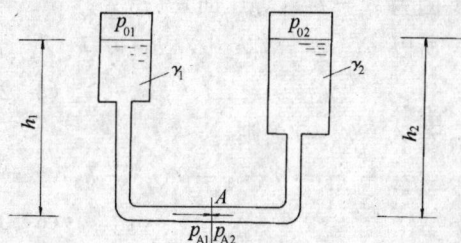

图 6-7　连通器 I

在连通器的连接管中取一点 A，分别列出容器 I、II 内液体对 A 点产生的绝对压强。

$$p_{A1} = p_{01} + \gamma_1 h_1$$
$$p_{A2} = p_{02} + \gamma_2 h_2$$

由于液体处于静止状态，所以 A 点是静止的，即 $p_{A1}=p_{A2}$，亦即

$$p_{01} + \gamma_1 h_1 = p_{02} + \gamma_2 h_2$$

由于 $p_{01}=p_{02}$，$\gamma_1=\gamma_2$，所以

$$h_1 = h_2$$

结论：装有同一种流体，而表面压强又相等的连通器，其液面高度相等。工程上用的水位计就是根据这个原理制作的。

2）如图 6-8 所示，连通器内装有相同的液体，即 $\gamma_1=\gamma_2$，但表面压强不相等，即 $p_{01}>p_{02}$。在这种情况下，根据静压强的基本方

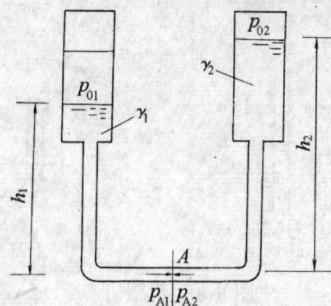

图 6-8　连通器 II

程式，A 点的绝对压强为

$$p_{A1} = p_{01} + \gamma_1 h_1$$
$$p_{A2} = p_{02} + \gamma_2 h_2$$

由于液体处于静止状态，$p_{A1}=p_{A2}$，亦即

$$p_{01} + \gamma_1 h_1 = p_{02} + \gamma_2 h_2$$

因为 $\gamma_1=\gamma_2=\gamma$

所以 $p_{01}-p_{02}=\gamma_2 h_2-\gamma_1 h_1=\gamma\,(h_2-h_1)$

结论：装有同一种液体的连通器，由于容器表面的压强不相同，液面的高度也不相

同，表面压强的差可用 $\gamma(h_2-h_1)$ 来表示，工程上常用的 U 形管就是根据这个原理来测量压强的。

（2）液柱测压计

在工程中，经常需要测量流体的压强，如锅炉、水泵、风机、管道试压等，常常用到压差计来测量流体的压强，常用的测压计和真空计又分弹簧式、电测式和液柱式三类。由于液柱式测压计直观、方便和经济，因而在工程上得到了广泛的应用，下面介绍几种常用的液柱式测压计。

1）测压管：

测压管是一根玻璃直管或 U 形管，一端连接在需要测定的管道或容器壁的孔口上，另一端开口直接和大气相通，如图 6-9 所示。由于液面和大气接触，液面的相对压强为零，测压管所测出的压强当然是相对压强。

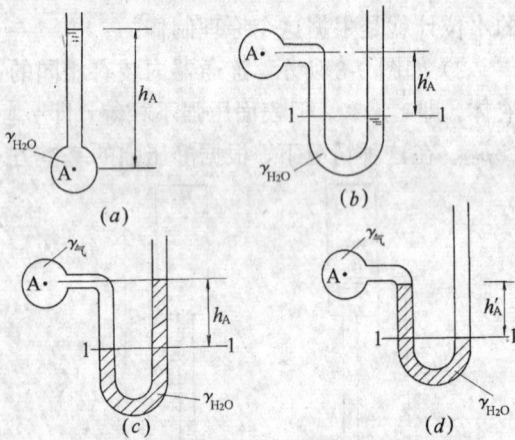

图 6-9　测压管

在图 6-9（a）中测压管水面高于 A 点，p_A 为正值，即 $p_A = \gamma_{H_2O} h_A$

在图 6-9（b）中，测压管水面低于 A 点，以 1-1 为等压面，则 $p_A + \gamma h_A' = 0$

故 A 点负压为 $p_A = -\gamma h_A'$

或真空度为 $p_k = \gamma h_A'$

如果需要测定气体压强，则可以采用 U 形管盛水，如图 6-9（c）所示。由于空气的重力密度远小于水，一般容器中的气柱高度又不大，所以可以忽略气柱高度所产生的压

强。仍以 1-1 为等压面，则 $p_A = \gamma h_A$。

在图 6-9（d）中，测压管水面低于 A 点。仍以 1-1 为等压面，则

$$p_A + \gamma h_A' = 0$$

故容器内气体的压强为负压 $p_A = -\gamma h_A'$

或 $p_k = \gamma h_A'$

2）压差计：

压差计是测量两点间压强差的仪器，常用 U 形管制成，根据压差的大小，U 形管中采用空气或各种不同重度的液体，应用等压面进行压差计算。如图 6-10 所示，根据 U 形管中水银面的高度差就可计算 A、B 两点的压差。

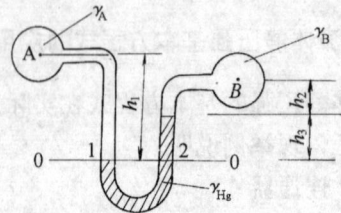

图 6-10　压差计

取 0-0 为等压面，根据静压强的基本方程式：$p_1 = p_A + \gamma_A h_1$

$$p_2 = p_B + \gamma_B h_2 + \gamma_{Hg} h_3$$

因为 $p_1 = p_2$（等压面）

所以 $p_A - p_B = \gamma_B h_2 + \gamma_{Hg} h_3 - \gamma_A h_1$

$$(6-12)$$

若 $\gamma_A = \gamma_B = \gamma$，则

$$p_A - p_B = \gamma_{Hg} h_3 - \gamma(h_1 - h_2)$$

$$(6-13)$$

若 A、B 两处被测流体均为气体时，则

$$p_A - p_B = \gamma_{Hg} h_3$$

3）微压计：

在测量微小压强或压差时，为了提高量测的精度，可以采用微压计，微压计一般用于测定气体压强，它的测压管是倾斜放置的，倾角为 α，如图 6-11 所示，左边的容器与需要测压强的点相连，该容器与斜管液面的高差为 h，高差 h 在测压管中的读数为 l，则 $h = l\sin\alpha$

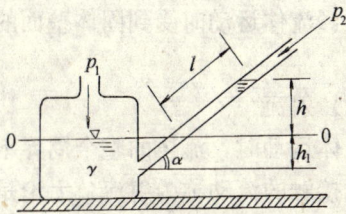

图 6-11　微压计

所以，　$p_1 - p_2 = \gamma l \sin\alpha$　　　　（6-14）

若 $p_2 = p_a$，则左边容器的相对压强为：

$$p_1 = \gamma l \sin\alpha \qquad (6-15)$$

小　　结

　　流体静压强具有两个重要特性：静压强的方向与作用面垂直，并指向作用面；静止流体中任意点的压强在各个方向上都相等。

　　流体静压强的基本方程式：$p = p_0 + \gamma h$，表明静止流体中任意一点的压强由液面压强和该点深度与重力密度的乘积两部分组成。

　　工程中压强的表示方法有绝对压强、相对压强和真空压强，实际工程中如未作特别说明，所提压强均指相对压强。

　　流体静压强的基本方程在实际工程中应用广泛，本专业常用的是：连通器和测压计。

习　题

1. 流体静压强的特点是什么？

2. 流体静压强的表示方法有哪几种？它们之间的关系怎样？

3. 如图 6-12 所示的五个容器底面积 A 相等，盛水高度 h 也相等，试说明底部水静压强是否相等？总静水压力是否相等？为什么？

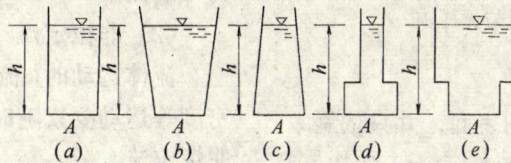

图 6-12　题 3 图

4. 如图 6-13 所示，重力密度不同的两种液体，置于同一容器中，问甲、乙两根测压管中的液面哪一个高？为什么？

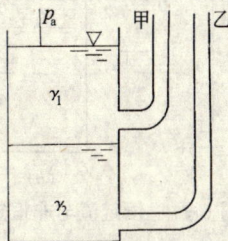

图 6-13　题 4 图

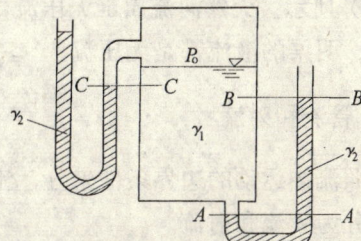

图 6-14　题 5 图

5. 如图 6-14 所示，容器内液体重力密度为 γ_1，容器左侧和底部各连接测压管，其中液体重力密度为 γ_2，试问 $A\text{-}A$、$B\text{-}B$、$C\text{-}C$ 水平面是否是等压面？为什么？

6.3 恒定流连续性方程

6.3.1 压力流与无压流

按照促使流体运动的作用力来分，流体运动可分为压力流和无压流。

（1）压力流

流体运动时，流体充满整个流动空间并依靠压力作用而流动的液流或气流，称为压力流。压力流的特点是没有自由表面，对固体壁面的各处包括顶部（如管壁顶部）有一定的压力，如图 6-15（a）所示，在压力流中，流体的压强一般大于大气压强，局部地区（如水泵吸水管和虹吸管）可以小于大气压强。工业管道工程中管道内的介质流动，一般都是压力流。

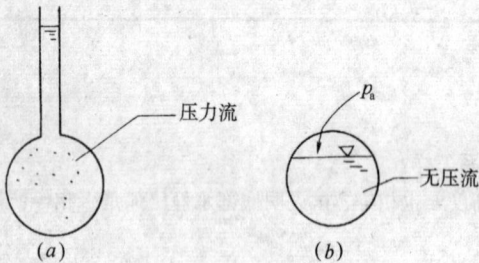

图 6-15 压力流与无压流

（2）无压流

具有与大气相接触的表面，并只依靠本身的重力作用而流动的液流，称为无压流。无压流的特点是液体的部分周界不和固体壁相接触，自由面上的压强等于大气压强，如图 6-15（b）所示。天然河流属于无压流，各种排水管、明渠的液流都是无压流。

6.3.2 管流和射流

按照流体运动的边界条件来分，流体运动可以分为管流和射流。

（1）管流

流体运动时，流体的整个周界或部分周界和管壁相接触的流动，称为管流。管流的特点是：流体运动时受到固体壁面的约束和影响。

（2）射流

流体运动时，流体的整个周界不和固体壁面相接触的流动称为射流。无论是气体射流还是液体射流，进入同相流体的射流称为淹没射流，进入异相流体的射流称为自由射流。在图 6-16 中，（a）图水从侧孔流入大气属于自由射流。（b）图水从侧孔流入水中属于淹没射流。

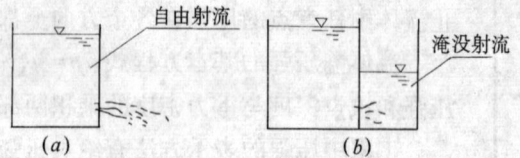

图 6-16 液体的射流

6.3.3 恒定流与非恒定流

按流体的运动要素是否随时间变化，流体流动可以分为恒定流和非恒定流。

（1）恒定流

流体运动时，流体任意点的流速、压强、密度等运动要素不随时间发生变化的流动称为恒定流。

（2）非恒定流

流体运动时，流体任意点的流速、压强、密度等运动要素随时间发生变化的流动称为非恒定流。

在图 6-17（a）中，当水从水箱侧孔出流时，由于水箱上部的水管不断充水，使水箱

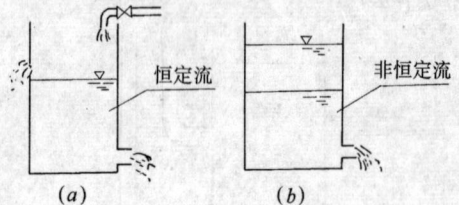

图 6-17 恒定流与非恒定流

中的水位保持不变，这样，水流的压强、流速均不随时间发生变化，所以是恒定流。在图 6-17（b）中，水箱上部无充水管，水箱中

的水位逐渐下降，导致水流的压强、流速等均随时间发生变化，所以是非恒定流。

应该说明的是：恒定流并不是在所有的断面处的流速和压强都不变，如果流体在变径的管道作恒定流动时，沿程各断面处的流速压强虽不相等，但在每一个断面处的流速压强是不随时间变化的，这就是说，恒定流中的压强可以随位置改变，但在同一位置，流速、压强是不随时间改变的。对于非恒定流，流速和压强不仅随位置改变，同时各个位置上的流体压强、流速又随时间改变。实际上和一切平衡现象一样，恒定流只具有相对的性质，客观上并不存在绝对的恒定流动，但工程中为了便于分析一般都将流体运动视为恒定流。

6.3.4 均匀流和非均匀流

（1）均匀流

流体运动中各过流断面上相应点的流速相等，流速沿流向不变的流动称为均匀流。

（2）非均匀流

流体运动中各过流断面上相应点的流速不相等，流速沿流向变化，这样的流体运动称为非均匀流。非均匀流又按流速随流向变化的缓急分为渐变流和急变流，如图6-18所示。

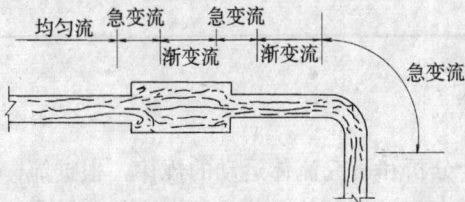

图 6-18　均匀流和非均匀流

1）渐变流：流体运动时，流速沿流向变化缓慢，这样的流体运动是渐变流。

2）急变流：流体运动时，流速沿流向变化剧烈，这样的流体运动是急变流。

6.3.5 过流断面、流量和平均流速

（1）过流断面

与流体运动方向垂直的流体横断面，称为过流断面。

（2）平均流速

单位时间内流体所移动的距离称为流速。由于粘滞性的影响，在过流断面上各点的实际流速是不同的。工程中常用的平均流速为过流断面上各点流速的算术平均值。

（3）流量

流量分为体积流量和质量流量两种。

单位时间内通过某一过流断面的流体体积称为体积流量；单位时间内通过某一过流断面的流体质量称为质量流量。

体积流量、平均流速和过流断面的关系如下式：

$$Q = vA \qquad (6-16)$$

质量流量与体积流量的关系为：

$$G = \rho Q = \rho vA \qquad (6-17)$$

式中　Q——体积流量（m^3/s）；

v——平均流速（m/s）；

G——质量流量（kg/s）；

A——过流断面积（m^2）；

ρ——流体密度（kg/m^3）。

6.3.6 恒定流的连续性方程

恒定流的连续性方程是质量守恒定律在流体力学中的具体体现。质量守恒定律告诉我们：质量不会凭空产生，也不会自然消失，它只能由一种形式转变为另一种形式，且在转变过程中质量总和不变。流体在恒定流的条件下，我们把流体看成是一种连续介质的流动，一部分流体紧跟一部分流体，中间没有空隙，也没有流体质点的超越。如图6-19所示，在流体流动中，任取两个断面1-1及2-2，过流断面面积分别为 A_1 和 A_2，由于是恒定流，两断面间各处的压强、流速和密度都不随时间变化，同时没有流体的流入和流出，因此，流体只能从断面 A_1 流入，由断面 A_2 流出。因此，流体在流经断面1-1至2-2的过程中，质量是不变的，亦即

$$G_1 = G_2$$

而

$$G_1 = \rho_1 Q_1$$

$$G_2 = \rho_2 Q_2$$

所以

$$\rho_1 Q_1 = \rho_2 Q_2 \qquad (6\text{-}18)$$

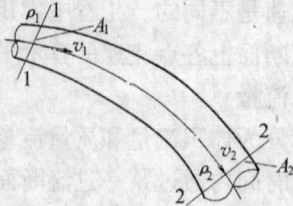

图 6-19　恒定流连续方程

对于不可压缩流体

$$\rho_1 = \rho_2$$

则

$$Q_1 = Q_2 \qquad (6\text{-}19)$$

式 6-19 是恒定流不可压缩流体的连续性方程式，表明恒定流不可压缩流体的体积流量 Q 沿程不变。如果断面 1-1 和 2-2 的平均流速为 v_1 和 v_2，由 $Q = vA$ 知

$$Q_1 = v_1 A_1$$

$$Q_2 = v_2 A_2$$

则

$$v_1 A_1 = v_2 A_2 \qquad (6\text{-}20a)$$

或

$$\frac{v_1}{v_2} = \frac{A_2}{A_1} \qquad (6\text{-}20b)$$

公式 6-20a 和公式 6-20b 是恒定流不可压缩流体连续性方程的两种表达形式，表明断面平均流速与过流断面面积成反比的变化规律。

应用恒定流连续性方程必须注意：

1）流体流动必须是恒定流，非恒定流不能应用；

2）必须是连续流体，连续性遭到破坏的不能应用；

3）要分清流体是否可压缩：若为可压缩流体，应用式 6-18 即 $\rho_1 Q_1 = \rho_2 Q_2$，这个公式是恒定流质量流量连续方程，若为不可压缩流体则应用式 6-19 即 $Q_1 = Q_2$；

4）流体在流动过程中有流量输入、输出，连续性方程仍可应用，但公式的表达形式应相应的改变。如图 6-20 所表示的管路，恒定流不可压缩流体的连续方程式应改写为：

$$Q_1 + Q_2 = Q_3 + Q_4$$

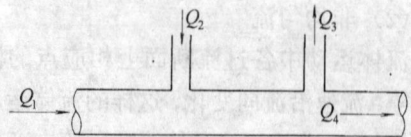

图 6-20　中途有流量输入和输出的管路

小　　结

实际流体的运动是千变万化的，为了便于分析和研究流体运动的规律，根据流体运动的一些特征进行了分类，按流体运动要素与时间的关系分为恒定流与非恒定流。按流体运动的作用力分为压力流、无压流、按流体运动的边界条件分为管流、射流。按流速是否随流向变化分均匀流和非均匀流。

$Q = vA$ 表明过流断面积与断面平均流速的乘积等于体积流量。质量流量与体积流量的关系为 $G = \rho Q$

连续性方程是质量守恒定律在流体力学中的具体应用。$Q_1 = Q_2$ 是不可压缩流体作恒定流动时的连续性方程式，它表明在恒定流的条件下，任一过流断面上流体的体积流量相等。

习　题

1. 什么是恒定流、非恒定流？什么是压力流、无压流？什么是射流？分别举例说明。
2. 什么是体积流量？什么是质量流量？两者之间的关系是怎样的？
3. 如图所示的管道；求管子小端处的流速 v_2。
4. 如图所示，写出图中 Q_1、Q_2 与 Q_3、Q_4、Q_5 及 Q_6 的关系。

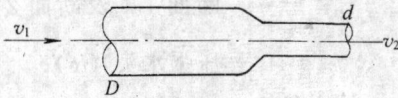

图 6-21　题 3 图

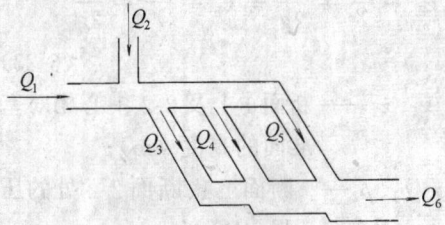

图 6-22　题 4 图

6.4　恒定流的能量方程

能量守恒定律是自然界中的普遍规律之一，即能量不会凭空产生，也不会自然消失，它只能由能的一种形式转变为另一种形式，且在能量转化过程中能量总和不变。流体作恒定流动中，当然遵循能量守恒定律。

6.4.1　能量方程的表达式

在恒定流中取一管段如图 6-23 所示，流体自左向右流动，入口断面为 1-1，出口断面为 2-2，断面中心至基准面的高度为 z_1 和 z_2，断面平均流速分别为 v_1 和 v_2，断面压强分别为 p_1 和 p_2，该管段过流断面上所具有的能量有：

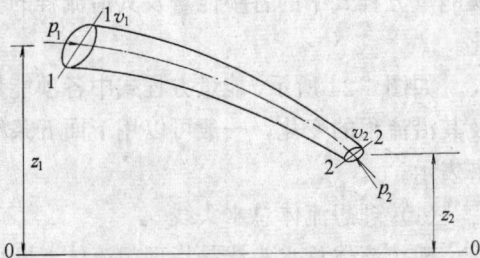

图 6-23　恒定流过流断面能量分析

（1）位能

单位质量的流体，因其位置高出某一基准面而具有做功的能力称为位置势能，简称为位能。当过流断面的位置高度为 z 时，位能为 $\rho g z$。

（2）动能

单位质量的流体因其运动所具有的做功的能力称为动能。当流体的平均流速为 v 时，其动能为 $\frac{1}{2}\rho v^2$。

（3）压能

单位质量的流体，因其压强所具有的做功的能力称为压力势能，简称压能，即流体的压强 p。

单位质量流体的位能、动能和压能之和，称为单位质量流体的总能量。

如图 6-23 流体在断面 1-1 处的总能量为：

$$\rho g z_1 + p_1 + \frac{1}{2}\rho v_1^2$$

流体在断面 2-2 处的总能量为：

$$\rho g z_2 + p_2 + \frac{1}{2}\rho v_2^2$$

我们把讨论的流体按理想流体（绝对无粘性流体）来考虑，流体在流动过程中无能量损失，根据能量守恒定律知，两个断面上单位质量流体的总能量应相等，则

$$\rho g z_1 + p_1 + \frac{1}{2}\rho v_1^2 = \rho g z_2 + p_2 + \frac{1}{2}\rho v_2^2$$

$$\text{（6-21）}$$

将式 6-21 中的各项除以 ρg 得

$$z_1 + \frac{p_1}{\rho g} + \frac{v_1^2}{2g} = z_2 + \frac{p_2}{\rho g} + \frac{v_2^2}{2g}$$

$$(6-22)$$

因为 $\gamma = \rho g$

式（6-22）又可写成

$$z_1 + \frac{p_1}{\gamma} + \frac{v_1^2}{2g} = z_2 + \frac{p_2}{\gamma} + \frac{v_1^2}{2g}$$

$$(6-23)$$

式中 z_1、z_2——断面 1-1 及 2-2 中心相对基准面的高度（m）；

p_1、p_2——断面 1-1、断面 2-2 处的压强（Pa）；

v_1、v_2——断面 1-1、断面 2-2 处的平均流速（m/s）；

ρ——流体的密度（kg/m³）；

g——重力加速度（m/s²）；

γ——流体的重力密度（N/m³）。

式（6-21）、（6-22）称为理想流体总流能量方程式。式（6-21）与式（6-22）的不同之处是能量的单位不同，式（6-21）中的各项能量单位为 Pa，而式（6-22）各项能量单位为 mH₂O。

为了更明确的表达流体流动过程中的能量及能量转换，我们引入一个新的名词——水头，单位质量流体所具有的能量称为水头，位能称为位置水头，压能称为压强水头，动能称为速度水头。单位质量流体的总能量称为总水头。以符号 H 表示，即

$$H = z + \frac{p}{\gamma} + \frac{v^2}{2g} \qquad (6-24)$$

式中 H——流体的总水头（m）；

z——流体相对基准面的位置水头（m）；

$\frac{p}{\gamma}$——流体的压强水头（m）；

$\frac{v^2}{2g}$——流体的速度水头（m）。

实际上，流体具有粘滞性，流体流动过程中需要克服阻力而消耗能量，被消耗的这部分能量，称为能量损失，也叫水头损失，以符号 h_w 表示，如图 6-23 所示的流体，由断面 1-1 流至断面 2-2 实际流体的能量方程为

$$z_1 + \frac{p_1}{\gamma} + \frac{v_1^2}{2g} = z_2 + \frac{p_2}{\gamma} + \frac{v_2^2}{2g} + h_w$$

$$(6-25)$$

式中 z_1、z_2——断面 1-1、断面 2-2 处相对基准面的位置水头（m）；

$\frac{p_1}{\gamma}$、$\frac{p_2}{\gamma}$——断面 1-1 及断面 2-2 处的压强水头（m）；

$\frac{v_1^2}{2g}$、$\frac{v_2^2}{2g}$——断面 1-1 及断面 2-2 处的速度水头（m）；

h_w——流体由断面 1-1 流至断面 2-2 过程中的水头损失（m）。

公式（6-25）称为恒定流的实际流体能量方程式，其意义为：在恒定流的条件下，流体在流动过程中，单位质量的流体位能、压能和动能三者之间可以相互转化，其中有一部分能量由于克服阻力而损失，但能量总和保持不变。

6.4.2 总水头线和测压管水头线

用能量方程能够求出流体在某断面的流速和压强，但不能回答流体流动过程中的全线问题，用总水头线和测压管水头线即能反映能量方程式中的各项能量及其沿流程的变化。

如图 6-24 所示，能量方程式中各项能量及其沿流程的变化，一般可以用下面五条线来表示。

（1）理想流体总水头线

理想流体总水头线是指理想流体各断面总水头的连线。它反映了理想流体在各断面上流体总能量守恒，由于理想流体不计能量损失，各断面总水头相等，所以该线为一水平线。

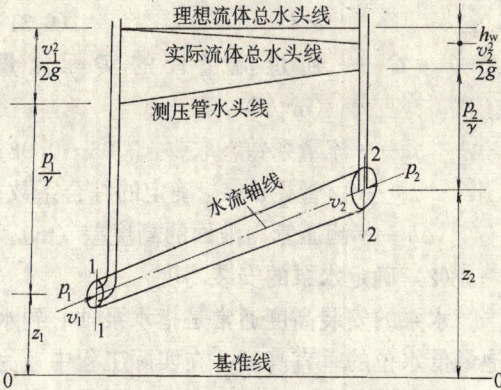

图 6-24　总水头线和测压管水头线

（2）实际流体总水头线

实际流体总水头线是指实际流体各断面总水头的连线，反映流体总能量沿程的变化，由于实际流体运动时要克服阻力损失能量，所以该线沿程下降。理想流体与实际流体水头线的垂直距离反映了流体各断面的能量损失。

（3）测压管水头线

测压管水头线是指流体各断面上测压管水头的连线，反映流体势能的沿程变化，由于流体的势能和动能之间可以相互转化，因此测压管水头线沿程可以下降，也可以上升。

测压管水头线可分为理想流体测压管水头线和实际流体测压管水头线。与理想流体总水头线相对应的测压管水头线称为理想测压管水头线。而与实际流体总水头线相对应的称为实际测压管水头线，总水头线与测压管水头线的垂直距离反映了流体各断面的流速水头。

（4）水流轴线

水流轴线是指管道流体各断面中心的连线，它与测压管水头线的垂直距离反映了流体各断面的压强水头。

（5）基准线

基准线是根据实际情况确定的一水平线或水平面，以此作为分析各断面上各项能量的统一基准。基准线与管道轴线的垂直距离反映流体各断面中心的位置水头。

通过以上分析得知，在用几何图形表示能量方程时，首先应确定基准线，水流轴线和理想流体总水头线，然后再从理想流体总水头线上减去各管段的能量损失，绘出实际流体总水头线，再从实际总水头线上减去各管段的流速水头，得出测压管水头线。

6.4.3　能量方程的应用

（1）应用条件

在应用能量方程时，必须满足下列条件：

1）流体运动必须是恒定流；

2）流体是不可压缩的；

3）建立方程式的两断面必须是渐变流断面；

4）建立方程式的两断面间无能量的输入和输出；

5）建立方程式的两断面间无流量的输入和输出。

（2）使用的步骤与方法

1）选取合适的过流断面；

2）选取合适的基准面；

3）根据选定的过流断面、根据能量方程式列方程；

4）解方程。

6.4.4　能量方程在工程中的应用

在工程流体力学中，恒定流的能量方程式作为最基本的方程之一，得到了广泛的应用。下面介绍能量方程式在工程中应用的几个实例。

（1）文丘里流量计

文丘里流量计是一种装置在管道中量测流体流量的仪器。其构造如图 6-25 所示，它是由进水锥形管、喉管、出水锥形管所组成。在管道上游和喉管上分别装有测压管，在喉管处的管径较小，取 1-1 和 2-2 两个渐变流断面，建立能量方程式：

$$z_1 + \frac{p_1}{\gamma} + \frac{v_1^2}{2g} = z_2 + \frac{p_2}{\gamma} + \frac{v_2^2}{2g} + h_w$$

185

因为 $z_1=z_2=0$，能量损失忽略不计 $h_w=0$。

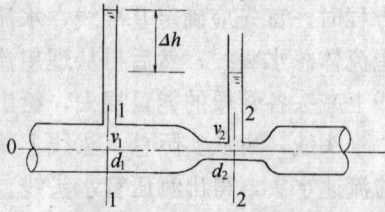

图 6-25　文丘里流量计

则
$$\frac{p_1}{\gamma}+\frac{v_1^2}{2g}=\frac{p_2}{\gamma}+\frac{v_2^2}{2g}$$

移项
$$\frac{p_1}{\gamma}-\frac{p_2}{\gamma}=\frac{v_2^2}{2g}-\frac{v_1^2}{2g}=\Delta h \qquad (6\text{-}26)$$

根据连续性方程
$$v_1A_1=v_2A_2$$

$$v_1\times\frac{\pi}{4}d_1^2=v_2\times\frac{\pi}{4}d_2^2$$

得
$$\frac{v_2}{v_1}=\left(\frac{d_1}{d_2}\right)^2$$

$$v_2=\left(\frac{d_1}{d_2}\right)^2 v_1$$

$$v_2^2=\left(\frac{d_1}{d_2}\right)^4 v_1^2 \qquad (6\text{-}27)$$

把式（6-27）代入式（6-26）

$$\frac{v_1^2}{2g}\left(\frac{d_1}{d_2}\right)^4-\frac{v_1^2}{2g}=\Delta h$$

求出流速
$$v_1=\sqrt{\frac{2g\Delta h}{\left(\dfrac{d_1}{d_2}\right)^4-1}} \qquad (6\text{-}28)$$

流量
$$Q=v_1\cdot\frac{\pi}{4}d_1^2=\frac{\pi d_1^2}{4}\sqrt{\frac{2g\Delta h}{\left(\dfrac{d_1}{d_2}\right)^4-1}}$$

对 $\dfrac{\pi}{4}d_1^2\sqrt{\dfrac{2g}{\left(\dfrac{d_1}{d_2}\right)^4-1}}$ 而言，只和 d_1、d_2 有

关，对于一定的流量计，它是一个常数。

令
$$k=\frac{\pi d_1^2}{4}\sqrt{\frac{2g}{\left(\dfrac{d_1}{d_2}\right)^4-1}} \qquad (6\text{-}29)$$

则
$$Q=k\sqrt{\Delta h} \qquad (6\text{-}30)$$

在推导（6-30）式的过程中，把流体视为理想流体，因而求出的流量比实际流量大，因此，在实际应用式（6-30）时，应乘以流量系数 μ 予以修正，修正后的流量公式为

$$Q=\mu k\sqrt{\Delta h} \qquad (6\text{-}31)$$

式中　Q——通过流量计的实际流量（m³/s）；

μ——流量系数，取 $\mu=0.95\sim0.98$；

k——由管径 d_1、d_2 确定的综合系数；

Δh——测压管内液面的高度差（m）。

（2）确定水泵的安装高度

水泵的安装高度通常是指水泵轴心到水池最低水位的垂直高度。在实际工程中，为保证水泵的正常运转，水泵的安装高度往往有一定的限制，否则水泵就不能正常工作。

水泵的安装高度在一定的条件下，可以通过水泵进水口和吸水池最低水面之间建立能量方程式来确定。

如图 6-26 所示，把水泵运转时管中的水流视为恒定流，以吸水池最低水位为基准面 0-0，列出最低水面 1-1 与水泵进口断面 2-2 的能量方程式：

$$z_1+\frac{p_1}{\gamma}+\frac{v_1^2}{2g}=z_2+\frac{p_2}{\gamma}+\frac{v_2^2}{2g}+h_w$$

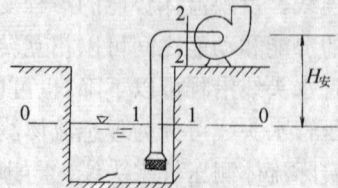

图 6-26　水泵的安装高度

以 0-0 作为基准面，$z_1=0$，断面 1-1 处接大气，$p_1=p_a=0$。1-1 断面为水池平面，面积较大，流速较小，则 $\dfrac{v_1^2}{2g}=0$。

断面 2-2 处的中心距基准面 0-0 的垂直高度 $z_2=H_安$，就是所要求的水泵的安装高度。将上述条件代入能量方程式得

$$0+0+0=H_安+\frac{p_2}{\gamma}+\frac{v_2^2}{2g}+h_w$$

p_2 为断面 2-2 处的相对压强，相对压强为负值，则水泵的安装高度为

$$H_安=\frac{p_2}{\gamma}-\frac{v_2^2}{2g}-h_w$$

$$= \frac{p_k}{\gamma} - \frac{v_2^2}{2g} - h_w \quad (6\text{-}32)$$

式中 $H_安$——水泵的安装高度（m）;

$\frac{p_k}{\gamma}$——水泵允许吸上的真空高

度（m）;

v_2——吸水管内水的流速（m/s）;

h_w——水流经过吸水管的水头损失（m）。

小　结

$z_1 + \frac{p_1}{\gamma} + \frac{v_1^2}{2g} = z_2 + \frac{p_2}{\gamma} + \frac{v_2^2}{2g}$ 为理想流体能量方程式，$z_1 + \frac{p_1}{\gamma} + \frac{v_1^2}{2g} = z_2 + \frac{p_2}{\gamma} + \frac{v_2^2}{2g} +$

h_w 是实际流体能量方程式，能量方程式是能量守恒定律在流体力学中的具体应用。能量方程中的各项，从物理学的观点看，表示流体的某种单位能量，从水力学的观点看，表示流体的某种水头，从几何学的观点看，表示流体的某种高度。能量方程中各项的意义见表6-3。

能量方程在工程技术中的应用很广，应很好地掌握。

水头线反映能量方程中的各项能量沿流程变化读起来直观清楚。读者应学会水头线的绘制。

能量方程中各项的意义　　　　　　　　　　　　表6-3

符号	物理学意义	水力学意义	几何学意义
z	位　能	位置水头	位置高度
$\frac{p}{\gamma}$	压　能	压强水头	测压管高度
$\frac{v^2}{2g}$	动　能	速度水头	铅直向上射流所达到的理论高度
h_w	能量损失	水头损失	坡降

习　题

1. 写出实际流体的能量方程式，说明各项的意义。
2. 能量方程的适用条件是什么？
3. 能量方程在管道工程中的应用有哪些？举例说明。

6.5 流动阻力和能量损失

流体在流运过程中，由于内外阻力的作用，将使它的机械能转变为热能，从而形成了能量损失，产生阻力的内因是流体本身的粘滞力和惯性，外因是固体壁面对运动流体的阻滞作用和扰动作用，因此讨论能量损失就必然联系到流动阻力，既要分析流体内部粘滞力与惯性的相互作用，又要研究边壁对流体的影响。

6.5.1　流动阻力及能量损失的分类

流体流动时，由于流体的粘滞性及管壁并不绝对光滑而是具有一定的粗糙度，因此，在流体整个流程中自始至终存在一种阻力，这种阻力称为沿程摩擦阻力,简称沿程阻力。流体由于克服沿程阻力而造成的能量损失称为沿程能量损失。

流体在流动过程中,边界在局部地区发生急剧变化,迫使流体速度的大小和方向发生相应改变,主流脱离边壁而形成漩涡。流体质点发生碰撞、摩擦,因而产生一种阻力称为局部阻力,流体为了克服局部阻力做功而消耗的能量称为局部能量损失。

图6-27所示的水头线,是根据实验结果绘制的。图中所示为水箱从侧壁上接出一条由三根不同直径管段所组成的管道,管道上有突然扩大、突然缩小、阀门等部件。下面我们来分析流体作恒定流动时的能量损失情况。

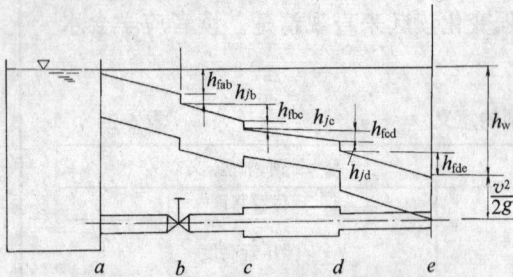

图6-27 管内流体流动时能量损失

当水流经过不同直径的水平管段 ab、bc、cd、de 时,各管段中的流体在其本身的粘性作用以及管壁对水流的阻滞影响下,水流内部就会产生反抗相对运动的内摩擦力,表现为作用在整个管道流程上流动阻力,即沿程阻力,流体因克服沿程阻力所引起的能量损失称为沿程能量损失,用 P_f 表示。如沿程损失以水柱高度表示时,称为沿程水头损失,以符号 h_f 表示。则 h_{fab}、h_{fbc}、h_{fcd}、h_{fde} 分别为管段 ab、bc、cd、de 的沿程水头损失。

当水流经过阀门 b、突然扩大 c,突然缩小 d 等处时,由于水的边界条件发生了急剧改变,引起流速分布迅速改变,水流质点发生碰撞和掺混,并伴随有漩涡发生,造成局部流动阻力,流体因克服局部阻力引起的能量损失称为局部损失,用 P_j 表示。局部损失用水柱高度表示时,称为局部水头损失,用 h_j 表示。显然,h_{jb}、h_{jc}、h_{jd} 分别为水流经阀门 b、突扩 c、突缩 d 时的局部水头损失。

6.5.2 过流断面的水力要素

流体力学中,把反映过流断面上影响流动阻力的几何条件称为过流断面的水力要素。管道工程中常用的水力要素有:过流面积、湿周和水力半径。

(1)过流面积

过流面积是指流体过流断面的面积,以符号 A 表示,它是一个基本的水力要素。根据恒定流连续性方程式,流体的体积流量等于断面平均流速 v 与其过流面积 A 的乘积,即 $Q=vA$。因此,过流面积为

$$A = \frac{Q}{v}$$

(2)湿周

湿周是指流体的过流面积与固体壁相接触的那部分周界,用符号 x 表示。应当注意,湿周不包括液体自由面的长度,它只反映固体壁面对流体边界的影响长度,当流体在圆管和梯形管内作无压流时,其过流断面积和湿周如图6-28所示。

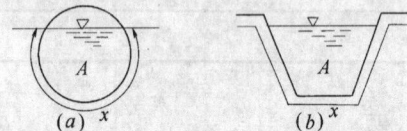

图6-28 无压流的湿周与过流断面积

对于不同断面的管道,在流量、流速相等的条件下,虽然各管道的过流面积相等,但是它们的湿周并不一定相等。如图6-29所示,断面为矩形、正方形和圆形三种压力流

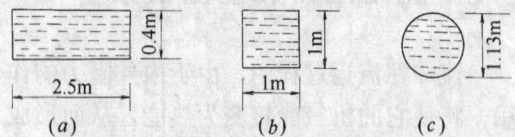

图6-29 三种不同断面管道的湿周

管道中流体的过流面积相等,即 $A_a=A_b=A_c=1m^2$,但是它们的湿周却不等。

$$x_a = 2 \times (2.5 + 0.4) = 5.8\text{m}$$

$$x_b = 4 \times 1 = 4\text{m}$$

$$x_c = \pi \times 1.13 = 3.55\text{m}$$

上述三种不同断面的管道，圆形断面的湿周最小，长方形断面的湿周最大。当过流面积相等时，湿周愈小，表明流体与管壁接触的长度愈小，即流体受管壁的影响相对小些，因而流动阻力就小。因此，对于上述三种管道，在其他条件都相同的情况下，正方形管道的沿程损失小于矩形管道的沿程损失，圆形管道的沿程损失小于正方形管道的损失。所以从减少能量损失的角度考虑，管道工程输送流体的管道一般都用圆形断面（工程上采用圆形断面的管道输送流体是综合考虑了节省材料、结构强度好，便于制作、施工、安装方便等诸方面因素，但是这些不是我们本节所讨论的内容）。

反之，当各种断面管道的湿周相等时，它们的过流面积也不一定相等，在湿周相等的条件下，过流面积愈大则通过相同流量时的流动阻力越小。

（3）水力半径

水力半径是指过流面积与湿周的比值，用符号 R 表示，即

$$R = \frac{A}{x} \qquad (6\text{-}33)$$

从式（6-33）知，若过流面积 A 一定，湿周小流动阻力小，这时水力半径就大。湿周一定，过流面积大，流体流动阻力小，这时水力半径大，这就是说流体的沿程损失随着水力半径增大而减小。

对于圆管压力流，水力半径为 $R = \dfrac{A}{x}$

$$= \frac{\frac{\pi}{4}d^2}{\pi d} = \frac{d}{4} \qquad (6\text{-}34)$$

对于宽度为 a，高度为 b 的矩形管道，其水力半径为

$$R = \frac{A}{x} = \frac{ab}{2(a+b)} \qquad (6\text{-}35)$$

对于边长为 a 的正方形管道，其水力半径为

$$R = \frac{A}{x} = \frac{a^2}{4a} = \frac{a}{4} \qquad (6\text{-}36)$$

6.5.3 流体流动的两种型态

实验证明流体流动有两种流态：层流和紊流。

（1）层流

流体流动时，流体质点有层次，互不干扰、互不掺混有条不紊地流动，这种流动型态称为层流。

（2）紊流

流体流动时，流体质点相互掺混，杂乱无章地向前运动，这种流动型态称为紊流。

图 6-30 为液体流态的实验装置。由水箱 A 引出玻璃管 B、阀门 C 用以调节流量，容器 D 装有重力密度和水相近的颜色液。其中的颜色液体可经细管 E 流入玻璃管 B 中，阀门 F 可用来调颜色液量。

实验开始，微微打开阀门 C，使玻璃管 B 内的水缓慢流动，然后打开阀门 F，使少量的颜色液进入玻璃管 B 中，这时可以看到一股带有颜色的细线流流过，它和周围的清水互不掺混，如图 6-30（a）所示，这一现象表明玻璃管内的液体是分层流动，各流层间的流体互不混杂，有条不紊地向前流动，这种流动型态是层流。如果把阀门 C 逐渐开大，则颜色液的细流发生摆动，呈现出波状轮廓。但仍与周围清水不掺混，如图 6-30（b）所示，此时流态属于过渡态。若继续开大阀门 C，则颜色液迅速与周围清水掺混。如图 6-30（c）所示，这时流体质点的运动轨迹极不规则，流体质点不仅在流动方向上发生位移，还在垂直于运动方向上发生位移，其流速的方向和大小随时间变化，流体的这种运动状态称为紊流。

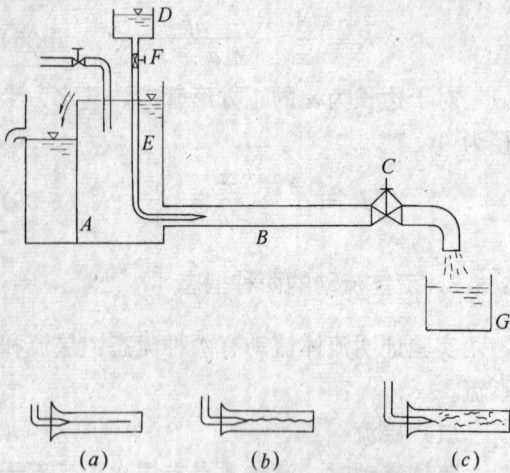

图 6-30 流态实验装置

工程中用雷诺数 Re 来判别流态，雷诺数 Re 为

$$Re = \frac{vd}{\nu} \qquad (6\text{-}37)$$

式中 Re——雷诺数；

v——流速 (m/s)；

d——管径 (m)；

ν——运动粘度 (m^2/s)。

为简便起见，圆管中压力流的流态判别条件：

层流： $Re = \dfrac{vd}{\nu} < 2000$

紊流： $Re = \dfrac{vd}{\nu} > 2000$

实际上，大多数管中的流体流动为紊流，只有在流速很小，管径很小，粘度较大的流体流动时产生层流。

6.5.4 能量损失的计算公式

(1) 沿程能量损失

沿程能量损失的计算公式为：

$$p_{\mathrm{f}} = \lambda \frac{l}{d} \frac{\rho}{2} v^2 \qquad (6\text{-}38)$$

式中 p_{f}——沿程能量损失 (Pa)；

λ——沿程阻力系数与流体的种类、性质、流速及管道内壁粗糙度有关），λ 值的计算见表 6-4；

l——管长 (m)；

d——管径 (m)；

ρ——流体密度 (kg/m^3)；

v——断面平均流速 (m/s)。

沿程阻力系数 λ   表 6-4

序号	适用范围		沿程阻力系数 λ
1	层　流		$\lambda = \dfrac{64}{Re}$
	紊流	光滑区	$\lambda = \dfrac{0.3164}{Re^{0.25}}$ （$Re < 10^5$）
		过渡区	$\lambda = \dfrac{1.42}{\left[\lg\left(Re\,\dfrac{d}{\Delta}\right)\right]^2}$
			$\lambda = 0.11\left(\dfrac{68}{Re} + \dfrac{\Delta}{d}\right)^{0.25}$
		粗糙区	$\lambda = \dfrac{1}{\left(1.14 + 2\lg\dfrac{d}{\Delta}\right)^2}$
			$\lambda = 0.11\left(\dfrac{\Delta}{d}\right)^{0.25}$
	给水工程（钢管、铸铁管）	$v < 1.2\,\mathrm{m/s}$	$\lambda = \dfrac{0.0179}{d^{0.3}}\left(1 + \dfrac{0.867}{v}\right)^{0.3}$
		$v \geqslant 1.2\,\mathrm{m/s}$	$\lambda = \dfrac{0.021}{d^{0.3}}$

沿程水头损失计算公式为

$$h_{\mathrm{f}} = \lambda \frac{l}{d} \frac{v^2}{2g} \qquad (6\text{-}39)$$

式中 h_{f}——沿程水头损失 (m)；

g——重力加速度 (m/s^2)；

其他符号同式 6-38。

(2) 局部能量损失

局部能量损失的计算公式为：

$$P_j = \zeta \frac{\rho}{2} v^2 \qquad (6\text{-}40)$$

式中 P_j——局部能量损失 (Pa)；

ζ——局部阻力系数，常用的局部阻力系数见表 6-5；

ρ——流体密度 (kg/m^3)；

v——流体流速 (m/s)。

常用各种管件的局部阻力系数ζ值　　表 6-5

<table>
<tr><th>序号</th><th>管件名称</th><th>示意图</th><th>局部阻力系数</th></tr>
<tr><td>1</td><td>突然扩大</td><td>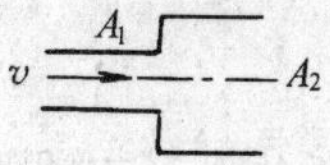</td><td>
<table>
<tr><td>$\frac{A_1}{A_2}$</td><td>0.01</td><td>0.1</td><td>0.2</td><td>0.4</td><td>0.6</td><td>0.8</td><td>0.9</td><td>1.0</td></tr>
<tr><td>ζ</td><td>0.93</td><td>0.81</td><td>0.64</td><td>0.36</td><td>0.16</td><td>0.04</td><td>0.01</td><td>0</td></tr>
</table></td></tr>
<tr><td>2</td><td>突然缩小</td><td>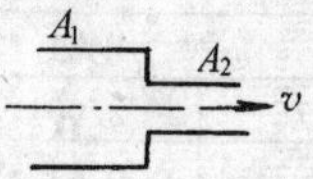</td><td>
<table>
<tr><td>$\frac{A_2}{A_1}$</td><td>0.01</td><td>0.1</td><td>0.2</td><td>0.4</td><td>0.6</td><td>0.8</td><td>0.9</td><td>1.0</td></tr>
<tr><td>ζ</td><td>0.5</td><td>0.47</td><td>0.45</td><td>0.34</td><td>0.25</td><td>0.15</td><td>0.09</td><td>0</td></tr>
</table></td></tr>
<tr><td>3</td><td>管子入口</td><td>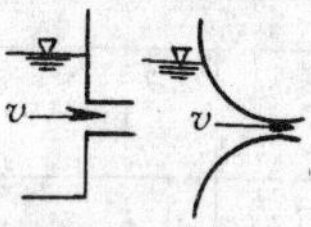</td><td>边缘尖锐时　ζ=0.50
边缘光滑时　ζ=0.20
边缘极光滑时　ζ=0.05</td></tr>
<tr><td>4</td><td>管子出口</td><td>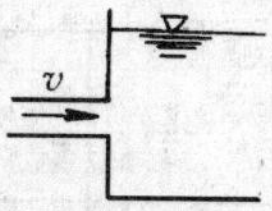</td><td>ζ=1.0</td></tr>
<tr><td>5</td><td>转心阀门</td><td>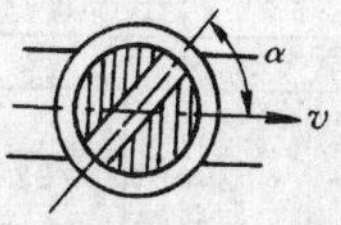</td><td>
<table>
<tr><td>α</td><td>10°</td><td>15°</td><td>20°</td><td>25°</td><td>38°</td><td>35°</td><td>40°</td><td>45°</td><td>50°</td><td>55°</td><td>60°</td></tr>
<tr><td>ζ</td><td>0.29</td><td>0.75</td><td>1.56</td><td>3.10</td><td>5.47</td><td>9.68</td><td>17.3</td><td>31.2</td><td>52.6</td><td>106</td><td>206</td></tr>
</table></td></tr>
<tr><td>6</td><td>带有滤网底阀</td><td>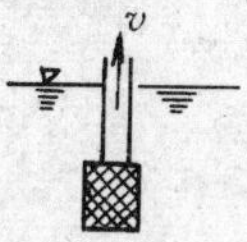</td><td>ζ=5～10</td></tr>
<tr><td>7</td><td>直流三通</td><td>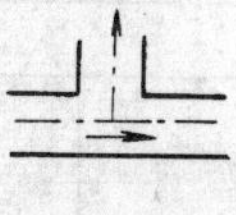</td><td>ζ=1.0</td></tr>
<tr><td>8</td><td>分流三通</td><td>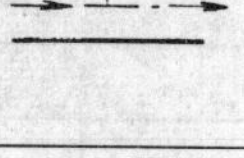</td><td>ζ=1.5</td></tr>
<tr><td>9</td><td>合流三通</td><td>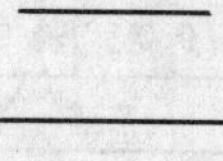</td><td>ζ=3.0</td></tr>
</table>

序号	管件名称	示意图	局部阻力系数					
10	渐缩管		当 $\alpha \leqslant 45°$ 时，$\zeta = 0.01$					

序号	管件名称	示意图	α	A_2/A_1				
				1.50	1.75	2.00	2.25	2.50
11	渐扩管		10°	0.02	0.03	0.04	0.05	0.06
			15°	0.03	0.05	0.06	0.08	0.10
			20°	0.05	0.07	0.10	0.13	0.15

序号	管件名称	示意图	α	20°	40°	60°	80°	90°
12	折 管		ζ	0.05	0.14	0.36	0.74	0.99

序号	管件名称	示意图	d (mm)	15	20	25	32	40	≥50
13	90°弯头（零件）		ζ	2.0	2.0	1.5	1.5	1.0	1.0
14	90°弯头（煨弯）		d (mm)	15	20	25	32	40	≥50
			ζ	1.5	1.5	1.0	1.0	0.5	0.5

序号	管件名称	示意图	局部阻力系数						
15	逆止阀		$\zeta = 1.70$						

序号	管件名称	示意图	d (mm)	15	20	25	32	40	≥50
16	闸 阀		ζ	1.5	0.5	0.5	0.5	0.5	0.5
17	截止阀		d (mm)	15	20	25	32	40	≥50
			ζ	16.0	10.0	9.0	9.0	8.0	7.0

局部水头损失的计算公式为：

$$h_j = \zeta \frac{v^2}{2g} \qquad (6-41)$$

式中　h_j——局部水头损失（m）；

　　　g——重力加速度（m/s²）。

其他符号同式（6-40）。

6.5.5　总能量损失的计算

按公式（6-38）及公式（6-40）将整个管路中各管段的沿程损失和局部损失分别计算出来并相加，便得到计算管路的总能量损失，即

$$P_w = \Sigma P_f + \Sigma P_j \qquad (6-42)$$

式中　P_w——计算管段的总能量损失（Pa）；

　　　ΣP_f——计算管段的沿程能量损失之和（Pa）；

　　　ΣP_j——计算管段局部能量损失之和（Pa）

按公式（6-39）和公式（6-41），将整个管路的沿程水头损失和局部水头损失分别计算出来并相加，便得到计算管路的总水头损失，即

$$h_w = \Sigma h_f + \Sigma h_j \qquad (6-43)$$

式中　h_w——计算管段的总水头损失（m）；

　　　Σh_f——计算管段沿程水头损失之和（m）；

　　　Σh_j——计算管段局部水头损失之和（m）。

小　结

能量损失是指单位质量的流体从某一位置运动到另一位置时，由于克服各种阻力所消耗的能量。因此，流动阻力是产生能量损失的根本原因，能量损失则是流动阻力在能量消耗上的反映。而影响流动阻力的主要因素，一方面是流体的粘滞性和惯性，另一方面是固体壁面对流体运动的阻滞和扰动。前者是产生阻力的内因，后者是产生阻力的外因。

当流体流经直管段时，在流体本身的粘性作用以及管壁对流体的阻滞影响下，流体内部就会产生阻抗流体相对运动的内摩擦力，表现在整个管道流程的流动阻力称为沿程阻力，流体因克服沿程阻力做功而消耗的能量，称为沿程能量损失。沿程能量损失用式 $p_f = \lambda \frac{l}{d} \frac{\rho}{2} v^2$ 进行计算。

当流体流经三通、弯头、阀门等部件时，由于流体运动的边界条件发生了改变，导致流体的流速分布改组、流体质点发生碰撞、掺混，并伴有漩涡的产生，这样流体在局部地区形成阻力，流体因克服局部阻力所引起的能量损失称为局部能量损失，局部能量损失用式 $p_j = \zeta \frac{\rho}{2} v^2$ 进行计算。

流体的流态分为层流和紊流，判别流态用雷诺数，雷诺数 $Re = \frac{vd}{\nu}$ 反映了流体惯性力与粘滞力的对比关系，所以可用来判别流态。例如，流体在运动过程中，惯性力占主导地位，则雷诺数较大，因此流态为紊流。当流体流动粘滞力占主导地位，则雷诺数较小，因此流态为层流。实际工程中，流体在管道内的流动大多为紊流。

习　题

1. 流体流动阻力与能量损失有几种？其计算公式分别怎样写？公式中各项的意义是什么？
2. 影响流体运动阻力的因素有哪些？
3. 过流断面的水力要素是什么？其意义如何？
4. 何谓层流？何谓紊流？
5. 层流与紊流有什么区别？如何判别？

第7章 热工理论基础

热工学包括工程热力学和传热学两部分内容。

工程热力学是研究热能与机械能之间相互转换规律的一门科学。这种能量转换是通过某种工作物质（简称工质）的热力状态变化来实现的。工程上，实现这种能量转换的最适宜的介质就是气体（如水蒸气、空气等）。因此，除研究能量转换规律外，还要研究有关气体工质的热力学性质。

传热学是研究热量传递过程规律的一门科学，传热是自然界中普遍存在的现象，而热量总是从高温物体向低温物体传热。把传热学应用于工程实际中，不仅要掌握传热过程的基本规律，而且还要解决工程技术中遇到的如何增强传热或减弱传热的问题。

通过学习热工学，要求学生理解有关热力学的基本定律，掌握导热、对流和辐射换热过程及稳定传热的基本知识。

7.1 工质状态参数与热量

当燃料在锅炉中燃烧时,产生高温烟气,烟气把热量传递给锅炉中的水,使水转变成高温高压的水蒸气,而且有一定热能的水蒸气,可用来推动汽轮机,汽轮机带动发电机发电。在这里烟和水蒸气在实现将热能转变为机械能的过程中起到了媒介作用。工程上,凡用来将热能转变为机械能或用来传递热能的媒介物质统称为工质。工程上常用的工质有各种气体。蒸汽和液体等。

7.1.1 工质状态参数

工质在进行能量转换和热传递的过程中将发生状态的变化。工质的状态变化是通过描述状态特性的物理量来表示的。这些物理量称为工质的状态参数。对于某一确定的热力状态，它的状态参数便有确定的数值。若工质的状态发生变化，其状态参数的数值也发生变化。常用的状态参数有温度、压力、比容、内能、焓等。

（1）温度

温度是表示物体冷热程度的物理量。物体温度的高低确定了热量传递的方向。温度高的物体可以自发地向低温物体传热。

为了衡量温度的高低，必须有一个标准量尺，这些标准量尺称为温标。目前，国际上常用的温标有摄氏温标和绝对温标两种。

1）摄氏温标：摄氏温标又称百分温标，这种温标规定：在标准大气压下（101.325kPa）水的冰点为零度，水的沸点为100度。在冰点与沸点之间等分成100个刻度，每一刻度就是摄氏1度，用符号 t 表示，单位符号为℃。

2）绝对温标：即热力学温标，又名开尔文温标，用符号 T 表示，其单位符号为K，绝对温标取水的三相点温度为基本点，定为273.16K，1K 就是纯水的三相点热力学温度的 $\dfrac{1}{237.16}$℃。

绝对温标1K 与摄氏温标1℃的间隔是完全相同的，热力学温标与摄氏温标的关系是：

$$T = 273.15 + t \quad \text{K} \qquad (7\text{-}1)$$

在不需要精确计算的情况下，可以近似地认为：同一物体绝对温度比摄氏温度大273度，即：$T = 273 + t$　　K　　　　(7-2)

（2）压力

液体作用于容器壁单位面积上的垂直作用力称为压强，工程上人们习惯于把压强称为压力，用符号 p 表示。

气体分子运动论告诉我们，在充满气体的容器中，大量分子总是永不停息地在作无规则的热运动，并且从各个方向不断地撞击着容器的壁面，其结果在宏观上形成了气体对容器壁的作用力，这个作用力的大小取决于单位时间内受到分子撞击的次数，以及每次撞击的力量、大小。单位时间内的撞击次数越多，每次撞击的力量越大，作用于容器壁的压力也越大。因此，气体的压力就是气体分子对容器壁碰撞的平均效果。

（3）比容

比容是单位质量的工质所占有的容积，用符号 v 表示。即：

$$v = \frac{V}{M} \qquad (7-3)$$

式中　v——工质的比容（m^3/kg）；

　　　　V——工质的容积（m^3）；

　　　　M——工质的质量（kg）。

单位容积工质的质量称为工质的密度，用 ρ 表示，即：

$$\rho = \frac{M}{V} \qquad (7-4)$$

式中　ρ——工质的密度（kg/m^3）；

　　　　其他符号同式 7-3。

显然比容和密度互为倒数，即

$$v = \frac{1}{\rho} \qquad (7-5)$$

（4）内能

工质内部所具有的分子动能与分子的位能的总和称为内能，用 u 表示。

对于气体来说，内能基本上只有分子的动能。内能的变化实际上就是分子动能的变化，而且温度是分子运动平均动能的标志，所

以对于气体内能的变化，主要是温度的变化。

（5）焓

焓又叫比焓，是指工质在总能量中取决于热力状态的那部分能量，实质上焓是工质内部分子内能与压力能的总和。

质量为 1kg 的工质在某一状态下，其压力为 p，比容为 v，该工质所具有的压力能为 pv，其内能为 u，这两项能量之和为工质的焓，用符号 h 表示，即

$$h = u + pv \qquad (7-6)$$

工质的状态一定，则工质的温度、压力、比容即有确定的数值。那么，工质的焓也一定，所以焓也是工质的状态参数。

7.1.2　热量

（1）比热

物体放出或吸收热的多少叫热量。例如锅炉里容有一定质量的水，水温升得越高，需要的热量就越多；再从另一个角度看，现在需要把锅炉里的水加热到一定温度，锅炉里的水越多，需要的热量越多。这就说明物体吸收热量的多少不仅与温升大小有关，而且与物体数量的多少有关。

实践证明：不同材料的物体，即使物体数量一样，升高（或降低）相同的温度，所吸收（或放出）的热量也不同。这就是说，材料不同的物体其吸收（或放出）的能力是不同的，为了能准确地说明物体吸热（或放热）的能力，我们引入比热的概念，单位质量的物体温度每升高 1℃（或降低 1℃）时所吸收（或放出）热量的多少是物体的比热。比热是物体的重要物性参数之一；各种材料的比热值是用实验方法测定的。如质量为 1kg 的材料其吸收的热量为 q，温度由 t_1 升到 t_2，则该材料的比热为：

$$c = \frac{q}{t_2 - t_1} \qquad \text{kJ/kg·℃} \qquad (7-7)$$

若工质为气体，由于气体的数量所取的单位不同，或加热（或冷却）过程的性质不

同，因而其比热的意义不同。

根据气体数量所取的单位不同，工程上常用的比热有以下三种：

1）质量比热：质量为1kg的工质，温度升高（或降低）1K（1℃）时所吸收（或放出）的热量，用符号 c 表示，单位为 kJ/kg·K。

2）容积比热：1Nm³（1 标准立方米）气体温度升高（或降低）1K（1℃）时所吸收（或放出）的热量，用符号 c' 表示，单位为 kJ/Nm³·K。

3）摩尔比热：1kmol（千摩尔）工质温度升高（或降低）1K（1℃）时所吸收（或放出）的热量，用符号 Mc 表示，单位为 kJ/kmd·K。

根据气体在加热（或冷却）过程中的性质不同，可分为定容比热和定压比热两类：

1）定容比热：是指气体在加热（或冷却）过程中容积保持不变时的比热。例如氧气瓶在烈日下暴晒就属于定容加热过程。定容比热通常在比热符号右下角加注 v 来表示。按照所取气体的单位不同，又可分为定容质量比热（c_v）、定容容积比热（c'_v）和定容摩尔比热（Mc_v）三种。

2）定压比热：是指气体在加热（或冷却）过程中压力保持不变时的比热。定压比热通常在比热符号右下角加注 p 来表示，它可分为定压质量比热（c_p）、定压容积比热（c'_p）和定压摩尔比热（Mc_p）三种。

（2）应用比热进行热量计算

管道工程中，工质的吸热或放热的过程一般可视为定压过程。同时，工质的温度变化不是太大，工程上可把比热视为一个定值来进行热量计算。

设工质的质量为 G(kg)，在定压过程中，温度有 t_1 升高至 t_2 所需的热量为：

$$Q = mc_p(t_2 - t_1) \qquad (7-8)$$

式中　Q——工质加热所需热量（kJ）；

　　　m——工质的质量（kg）；

　　　c_p——工质的定压质量比热（kJ/kg℃）；

　　　t_1——工质加热前温度（℃）；

　　　t_2——工质加热后的温度（℃）。

若工质的容积为 V_0（Nm³）（标准立方米），在定压过程中温度自 t_1 升高至 t_2 所需的热量为：

$$Q = V_0 c'_p(t_2 - t_1) \qquad (7-9)$$

式中　V_0——工质的容积（Nm³）；

　　　c'_p——工质的定压容积比热（kJ/Nm³℃）；

其他符号同式 7-8。

小　结

工质状态参数是描述工质状态特性的物理量，常用的工质状态参数有温度、压力、比容、内能和焓等 5 个，其中温度、压力和比容可以直接或间接用仪器测量出来，称为工质的基本状态参数。而内能和焓则是由基本状态参数通过计算方法导出来的，因而称为导出状态参数。

单位质量的物质温度每升高（或降低）1K（1℃）时所吸收（或放出）的热量称为比热。比热是物质的物性参数。由于表示物量的单位不同，因此比热又分为质量比热、容积比热和摩尔比热。

工质吸热或放热多少的量叫热量。热量与温度是两个意义不同的物理量。温度表示物体的冷热程度。而热量必须是物体有温度的变化，才会有吸热或放热的产生。

习　题

1. 何谓工质？何谓工质的状态参数？
2. 常用的工质状态参数有哪几个？其意义是什么？
3. 国际通用的温标有哪些？它们之间有何区别又有何联系？
4. 何谓比容？何谓密度？它们之间的关系如何？
5. 什么是比热？常用的比热有哪些？
6. 什么是热量？热量与比热有何关系？

7.2　理想气体与实际气体

7.2.1　理想气体与实际气体概念

理想气体是指分子之间完全没有引力，而且分子本身不占有体积的一种气体。相反，凡是不能将分子之间的引力和分子本身占有的体积忽略不计的气体，称为实际气体。事实上，自然界中不存在真正的理想气体，但为了分析研究问题，往往是把问题简化，从而找出气体的普遍规律。事实证明，这样做是可行的。一般说来，当压力不太高，温度不太低的空气、烟气、氧气和氮气等，其性质就很接近理想气体。反之，当气体压力较高，温度较低，且离它的液态较近时，这些气体的分子间存在着一定的引力，且分子本身占有的体积不可忽略，就不能视为理想气体。如水蒸气、制冷剂蒸汽等。

7.2.2　理想气体的状态方程式

理想气体状态方程式：

$$pv = RT \qquad (7\text{-}10)$$

式中　p——气体的绝对压力（Pa）；

　　　v——气体的比容（m³/kg）；

　　　T——气体的绝对温度（K）；

　　　R——气体常数（J/kg·K）。

方程式 7-10 说明了理想气体在某一平衡状态下压力、比容和绝对温度三个基本状态参数之间存在着一定的关系。

对于质量为 m（kg）的气体状态方程式，

则由式 7-10 两边都乘以 m 得。

$$pmv = mRT \qquad 或 \qquad pV = mRT$$

$$(7\text{-}11)$$

式中　V——质量为 m（kg）气体所占有的容积（m³）。

设质量一定的理想气体的初态参数 p_1，v_1，T_1，由于某种因素的影响变化到终状态参数 p_2、v_2、T_2 现将这两种参数分别代入理想气体状态方程式则得：

$$p_1v_1 = RT_1$$

$$p_2v_2 = RT_2$$

将上两式相除得：$\dfrac{p_1v_1}{p_2v_2} = \dfrac{T_1}{T_2}$

或　　　$\dfrac{p_1v_2}{T_1} = \dfrac{p_2v_2}{T_2}$ 　　　(7-12)

公式 7-12 是理想气体状态方程式的另一种数学表达式。该式说明，理想气体的状态参数虽然发生变化，但是它的压力和比容的乘积与绝对温度之比始终是一个常数，如果气体的质量为 m（kg），则公式（7-12）等式两边同乘以气体质量 m（kg），则得：

$$\dfrac{p_1V_1}{T_1} = \dfrac{p_2V_2}{T_2} \qquad (7\text{-}13)$$

式中　V_1、V_2——分别代表质量为 m（kg）的气体状态变化前后的气体体积（m³）。

应用公式 7-12 和公式 7-13 时，只要知道其中的任意 5 个参数，便可求出第 6 个参数。

当气体的温度不变（等温过程），压力和比容发生变化时，由于 $T_1 = T_2$，则由公式 7-12、7-13 得，

$$p_1v_1 = p_2v_2 \qquad (7-14)$$
$$p_1V_1 = p_2V_2 \qquad (7-15)$$

公式 7-14、7-15 是波义耳—马略特定律的数学表达式，说明两种状态的压力与比容（或体积）成反比。

当气体的压力保持不变（等压过程），而温度和比容发生变化时，由于 $p_1=p_2$，则由式 7-12、7-13 得

$$\frac{v_1}{T_1} = \frac{v_2}{T_2} \qquad (7-16)$$

$$\frac{V_1}{T_1} = \frac{V_2}{T_2} \qquad (7-17)$$

公式 7-16、7-17 是盖吕萨克定律的数学表达式，它说明在压力不变时，两种状态的比容（体积）与绝对温度成正比。

当气体的比容保持不变（等容过程），而压力和温度发生变化时，由于 $v_1=v_2$，则由式 7-12、7-13 得：

$$\frac{p_1}{T_1} = \frac{p_2}{T_2} \qquad (7-18)$$

公式 7-18 是查理定律的数学表达式，说明了在比容不变时，两种状态下的压力与绝对温度成正比。

小　结

气体分子之间完全没有引力，而且分子本身不占有体积的一种气体是理想气体。相反，分子之间存在引力，分子本身占有体积不可忽略的气体为实际气体。

理想气体状态方程式 $pv=RT$ 是人类根据实验所获得的气体定律。它反映了理想气体在某一平衡状态下 p、v、T 之间的关系。

习　题

1. 何谓理想气体？何谓实际气体？
2. 理想气体状态反映了什么？
3. 理想气体状态方程式有哪几个？它们各自的条件是什么？

7.3　热力学第一定律

热力学第一定律是能量守恒和转化定律在热力学中的具体体现和应用，它可以表述为：加给工质的热量等于工质内能的变化和对外做功之和：即：

$$q = \Delta u + w \qquad (7-19)$$

式中　q——外界加给工质的热量（kJ/kg）；
　　　Δu——工质内能的变化量（kJ/kg）；
　　　w——工质所做的功（kJ/kg）。

7.3.1　等压过程

工质在保持压力不变的状态下发生变化，称为等压（$p_1=p_2=p$）过程，根据热力学第一定律　$q=\Delta u+w$ 得

$$q = u_2 - u_1 + p(v_2 - v_1)$$
$$= u_2 + pv_2 - (u_1 + pv_1) = h_2 - h_1$$
$$(7-20)$$

式 7-20 说明，在定压加热过程中，工质所吸收的热量等于工质焓的增加值；相反，在定压冷却过程中，气体放出的热量等于焓的减少值。这个结论在热工计算中得到了广泛的应用，不管工质是理想气体还是实际气体。

7.3.2 等容过程

工质在比容不变的情况下状态发生变化，称为等容过程，过程前后比容不变，即 $v_1 = v_2 = v$，根据热力学第一定律：

$$q = \Delta u + w \ 得$$
$$q = u_2 - u_1 + p(v_2 - v_1)$$
$$= u_2 - u_1 \qquad (7\text{-}21)$$

式 (7-21) 说明在等容过程中，外界加入的热量全部用来增加工质的内能，若工质向外放热，这部分热量全部是内能转变而来。

7.3.3 等温过程

工质在保持温度不变的情况下状态发生变化，称为等温过程，温度不变 $T_1 = T_2 = T$，则内能不变 $\Delta u = 0$。根据热力学第一定律 $q = \Delta u + w$ 得，

$$q = w \qquad (7\text{-}22)$$

式 (7-22) 说明，工质在等温过程中，由于温度不变，所以内能不变，外界加入的热量全部用于对外做膨胀功；相反，外界对气体进行压缩，对气体所做之功全部变为热能向外放出。

小　结

热力学第一定律揭示了能量转换过程中的数量关系的一条客观规律，它是能量转换和守恒定律在热力学中的具体形式。

习　题

1. 什么是热力学第一定律？
2. 试分别写出热力学第一定律各热力过程的表达形式？

7.4 水蒸气

在热力工程中，水蒸气的应用非常广泛，它既是蒸汽机、汽轮机及许多热交换装置的理想工质，又是许多生产部门中用作蒸煮、烘干及其他工艺过程的加热介质，也是日常生活中用来蒸煮、供热、空调常用的理想介质。

7.4.1 水的物态变化

物质存在通常有三种状态——液体、固体和气体，这三种状态之间是可以互相转换的。以水为例，常温常压下的水为液态，当把水加热到一定程度，水就变成蒸汽（水在一个标准大气压下，温度升高到100℃水就沸腾），而当温度降低到一定温度时，水就会成为固体——冰。（水在一个标准大气压下，温度降到0℃时，会开始结冰）。

物质由液态变为蒸汽的过程叫做汽化。而由蒸汽变为液体的过程叫做凝结。

液体的汽化有蒸发和沸腾两种方式。

(1) 蒸发

液体表面的分子不断地离开液面向空气散发变成气态分子的过程称为蒸发。蒸发是从液体表面进行的比较缓慢的气化现象。各种液体在任何温度下都能够蒸发，只是蒸发的速度不同而已。

蒸发的内因是分子的运动，这就是为什么蒸发在任何温度下都能够进行的理论根据。液体蒸发的快慢取决于多种因素，液体温度越高，表面积越大，液面上空气流速越大，蒸发越快；相反，则蒸发越慢。

(2) 沸腾

液体表面和内部同时进行剧烈气化的过

程称为沸腾。

生活中的烧开水就是沸腾的例证，当水被加热时，在它的内部便产生许多小气泡。这些气泡是溶解在水中的气体和容器壁所吸附的气体分离出来的。由于气泡的周围都是水，水就不断向气泡内空间蒸发，气泡内气压就增大，当水温升高到一定温度时，气泡内的气压将会升高到与外界压力相等。气泡的体积也会不断增大，上升到水面，气泡破裂，并放出大量蒸汽。这时容器内的水就会上下翻腾，滚动不息，这种现象称为沸腾。

液体在沸腾时的温度叫做沸点，液体温度必须达到沸点才会沸腾。

液体的沸点随着液体所承受压力的大小而改变，液体所承受的压力越高沸点越高；反之，沸点就越低。例如水在 1 个标准大气压（101.325kPa）时，沸点为 100℃，压力为 400kPa 时，沸点为 143.62℃，而在 50kPa 的压力时，沸点为 81.35℃。

在相同的压力下，不同液体的沸点不同，例如在标准大气压（101.325kPa）下，水银的沸点，为 357℃，酒精的沸点为 78.3℃，液氨的沸点为 -33.4℃，液态氧的沸点为 -189℃。

制冷工程中采用氨液等低沸点的物质作为制冷剂，正是利用了它们沸点低这一特性，工业上采用深度冷冻液化分离法制氧，也是利用沸点低这一特性。

（3）饱和状态

装在开口容器里的液体，由于不断蒸发，不久就会干掉。这是因为装在开口容器里面的液体，它的分子不断从液面飞出去，并不断向周围空间扩散，所以液体就逐渐蒸发干了。

装在密闭容器里的液体，其蒸发情况与敞口容器是不同的。如图 7-1 所示，开始时，飞出液面的分子数多于回到液体中的分子数，飞出的蒸汽分子不能扩散到其他地方去，只能聚集在液面上的空间里。随着液面上方

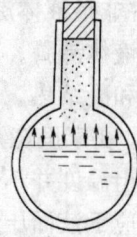

图 7-1 液体在密闭容器里的蒸发

蒸汽分子密度的增大，被碰回到液体中的分子数目也随之增多，最后，当单位时间内从液面飞出去的分子数等于回到液体中的分子数时，液面上方的蒸汽密度就不再增加，这样，蒸汽和液体之间就达到了动态平衡，宏观的气化现象就停止了。凡蒸汽和液体达到动态平衡时的状态称为饱和状态，在饱和状态下的液体叫饱和液体。其蒸汽叫饱和蒸汽，饱和蒸汽的压力叫饱和压力，其温度叫饱和温度。同理，将未达到饱和状态的液体叫未饱和液体，未达到饱和状态的蒸汽叫未饱和蒸汽。

实验证明，对于某一种液体而言，它的饱和压力与饱和温度之间存在着对应的关系，饱和压力随着温度的升高而增大，随着温度的降低而减少，如水蒸气在 20℃ 的饱和压力为 2.3kPa，100℃ 时的饱和压力为 101.325kPa。

饱和状态是蒸汽和液体的动态平衡，和所有的平衡一样，平衡是相对的，这种平衡是建立在一定的温度和压力条件下的，一旦这些条件改变，平衡就会被破坏，这时的状态称为未饱和状态。相应于这一未饱和状态下的温度（或压力）时，再经过一段时间又会出现在该温度（或压力）下的新的饱和状态。这就是说，饱和蒸汽（或饱和液体）与未饱和蒸汽（或未饱和液体）之间是可以相互转化的。例如，对未饱和蒸汽进行等温压缩或降低其温度，都可以使它变为饱和蒸汽；对饱和蒸汽进行加热，使它的温度升高到可能转变为未饱和蒸汽。又如在同一温度下，降低未饱和液体的压力可使液体沸腾达到饱和

状态,可见加热并非是液体沸腾的唯一办法,降低压力也可使液体沸腾。

(4) 汽化热和凝结热

做一个实验,在家里烧开水,水沸腾了,虽然继续加热,但温度并不升高。蒸汽和液体一直保持着相应于液面压力下的饱和温度不变。如果停止加热,水的沸腾也就停止。由此可见,要保持水继续沸腾,则必须不断地供给热量。虽然,这些热量不是用来升高水的温度,而是用来把水变成蒸汽。根据分子运动论的观点,液体沸腾时加给液体的热量主要是用来克服液体分子之间的引力及表面张力,并增加蒸汽分子的位能。而蒸汽、液体分子的动能并没有增加,所以,它们的温度不变,这种热量叫潜热。

在一定温度下,单位质量的液体全部转变为同温度的气体所吸收的热量称为汽化潜热。简称汽化热,用符号 r 表示,例如水在 $100℃$ 时的汽化热为 $2257.1kJ/kg$。液体的汽化热可用实验来测定。

同一种液体的汽化热随压力的升高,也就是随饱和温度升高而减小。应该说明的是:在相同的压力下,每 $1kg$ 液体不论是通过蒸发还是通过沸腾变为蒸汽,它所吸收的热量是完全相同的,而与汽化的方式无关。

凝结是汽化的逆过程,可表达成

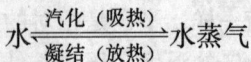

$$水 \underset{凝结(放热)}{\overset{汽化(吸热)}{\rightleftharpoons}} 水蒸气$$

在一定的压力下,单位质量的蒸汽完全凝结成同温度的液体所放出的热量叫做凝结热,凝结热与汽化热在数值上完全相等。

7.4.2 水蒸气的产生过程

工程中所用的水蒸气都是在各种型式的锅炉中,将水在定压下进行加热产生的。为了便于分析,假设水在带有活塞的气缸内定压加热,如图 7-2 所示,设在气缸中装有质量为 $1kg$ 温度为 $0℃$ 的水,活塞上有一重块,这样使气缸中的水处在压力 P 作用下,当水被

加热时,其压力保持不变,形成了定压加热过程,现将水蒸气的发生过程叙述如下:

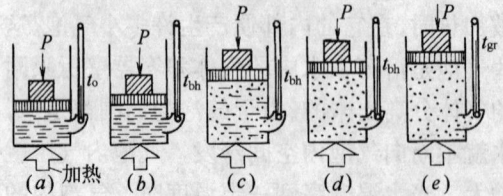

图 7-2 水蒸气的发生过程示意图
(a) 未饱和水;(b) 饱和水;(c) 湿饱和蒸汽;
(d) 干饱和蒸汽;(e) 过热蒸汽

(1) 水的预热过程

如图 7-2 (a) 所示,对于 $1kg$ 温度为 $0℃$ 的未饱和水所受的压力为 P,此时水的比容为 v_0,因为水是不可压缩的液体,可以认为在任意压力下水的比容都近似地等于 $0.001m^3/kg$。如果对气缸中的未饱和水进行加热,水温升高,比容稍有增加。当继续加热到饱和温度或沸点 t_{bh} 时,水就会开始沸腾,如图 7-2 (b) 所示,这种达到饱和温度的水称为饱和水,用比容 v' 表示。我们将 $0℃$ 或任意温度的未饱和水加热到饱和水的过程称为定压预热过程。这种情况相当于水在省煤器中的预热过程。

(2) 饱和水的汽化过程

将饱和水继续加热,它就逐渐沸腾汽化为水蒸气,在沸腾过程中,饱和水与水蒸气的温度仍然维持饱和温度不变。随着加热过程的继续,容器中的水量逐渐减少。蒸汽量逐渐增多,比容也增加,此时气缸内存在饱和水和饱和水蒸气的混合物,这种混合物称为湿饱和蒸汽,简称湿蒸汽。如图 7-2 (c) 所示,湿蒸汽的比容用 v_x 表示,这个过程相当于锅炉的水在对流管束和水冷壁中的吸热汽化过程。

再继续加热,湿蒸汽的温度仍然不变,但饱和水逐渐减少,蒸汽增多,直到饱和水全部变为蒸汽,这种蒸汽称为干饱和蒸汽,简称干蒸汽,如图 7-2 (d) 所示,干蒸汽比容大大增加,用 v'' 表示,从饱和水完全变为干

饱和蒸汽的过程是等温定压加热过程。

（3）蒸汽的过热过程

如果把干饱和蒸汽继续加热，则温度升高超过饱和温度，比容也要相应增大。这种超过饱和温度的蒸汽称为过热蒸汽，如图7-2（e）所示，这个过程相当于干蒸汽在过热器中的过热情况，过热蒸汽的比容用 v 表示，它的温度用 t_{gr} 表示。从干饱和蒸汽变化为任意温度的过热蒸汽所吸收的热量称为"过热热量"，过热蒸汽的温度与同压力下饱和蒸汽温度的差值 $\Delta t = t_{gr} - t_{bh}$ 称为过热度。它的大小说明蒸汽的过热程度。过热蒸汽是未饱和蒸汽，因为它的比容大于饱和蒸汽的比容，所以可容纳更多的蒸汽分子而不会引起凝结。蒸汽的过热度越大，过热蒸汽的状态距饱和蒸汽的状态越远。

水在定压下加热变为水蒸气的过程，是一个从量变到质变的过程，当水吸收热量不多时，它仍然处于液体状态。水吸收热量较多时，水就会发生质的变化，由液态变为气态，而水蒸气的性质与水的性质完全不同。

7.4.3 水蒸气参数的确定

水蒸气是实际气体，其状态参数不能按理想气体状态方程式求得，若按实际气体的状态方程式计算又非常复杂。因此，水蒸气的状态参数只能根据建立在实验基础上编制而成的水蒸气表来查得。

（1）饱和水和干饱和蒸汽

饱和水和干饱和蒸汽状态的确定，可查阅饱和水蒸气表。饱和水和饱和蒸汽表通常有两种形式：一种是按压力排列，如表7-1所示，列出相应的饱和温度 t_{bh}、比容 v、焓 h、密度 ρ、汽化潜热 r。另一种是按温度排列，如表7-2所示，列出相应的饱和压力 p_{bh}。在这两个表中分别用"′"和"″"表示饱和水和干饱和蒸汽。使用饱和水和饱和蒸汽表时，没有列出的某些中间压力或中间温度下各量的值，可以通过数学运算的内插法来确定。

饱和水和饱和蒸汽表（按压力排列）　　　　表 7-1

压　力 (kPa)	温　度 (℃)	比容 (m³/kg)		密度 (kg/m³)		焓 (kJ/kg)		汽化潜热 (kJ/kg)
		液体	蒸汽	液体	蒸汽	液体	蒸汽	
p	t_{bh}	v'	v''	ρ'	ρ''	h'	h''	r
100	99.64	0.0010432	1.694	958.6	0.5903	417.4	2675	2258
150	111.38	0.0010527	1.159	949.9	0.8627	467.2	2693	2226
200	120.23	0.0010605	0.8854	943.0	1.129	504.8	2707	2202
250	127.43	0.0010672	0.7185	937.0	1.393	535.4	2717	2182
300	133.54	0.0010733	0.6057	931.7	1.651	561.4	2725	2164
350	138.88	0.0010786	0.5241	927.1	1.908	584.5	2732	2148
400	143.62	0.0010836	0.4624	922.8	2.163	604.7	2738	2133
450	147.92	0.0010883	0.4139	918.9	2.416	623.4	2744	2121
500	151.84	0.0010927	0.3747	915.2	2.669	640.1	2749	2109
600	158.84	0.001107	0.3156	908.5	3.169	670.5	2757	2086
700	164.96	0.0011081	0.2728	902.4	3.666	697.2	2764	2067
800	170.42	0.0011149	0.2403	896.9	4.161	720.9	2769	2048
900	175.35	0.0011213	0.2149	891.8	4.654	742.8	2774	2031
1000	179.88	0.0011273	0.1946	887.1	5.139	762.7	2778	2015
1100	184.05	0.0011331	0.1775	882.5	5.634	781.1	2781	2000
1200	187.95	0.0011385	0.1633	878.3	6.124	798.3	2785	1987

压力 (kPa)	温度 (℃)	比容（m³/kg）		密度（kg/m³）		焓（kJ/kg）		汽化潜热 (kJ/kg)
		液体	蒸汽	液体	蒸汽	液体	蒸汽	
p	t_{bh}	v'	v''	ρ'	ρ''	h'	h''	r
1300	191.60	0.0011438	0.1512	874.3	6.614	814.50	2787	1973
1400	195.04	0.001490	0.1408	870.3	7.103	830.0	2790	1960
1500	198.28	0.001539	0.1317	866.6	7.593	844.6	2792	1947
1600	201.36	0.0011586	0.1238	863.1	8.08	858.3	2793	1935
1700	204.30	0.0011632	0.1167	859.7	8.569	871.6	2795	1923
1800	207.10	0.0011678	0.1104	856.3	9.058	884.4	2796	1912

饱和水和饱和蒸汽表（按温度排列）　　表 7-2

温度 (℃)	压力 (kPa)	比容（m³/kg）		密度（kg/m³）		焓（kJ/kg）		汽化潜热 (kJ/kg)
		液体	蒸汽	液体	蒸汽	液体	蒸汽	
t	p_{bh}	v'	v''	ρ'	ρ''	h'	h''	r
5	0.8719	0.0010001	147.2	999.9	0.006793	21.05	2510	2489
10	1.2277	0.0010004	106.42	999.6	0.009398	42.04	2519	2477
20	2.337	0.0010018	57.84	998.20	0.01729	83.9	2537	2454
30	4.241	0.0010044	32.93	995.62	0.03037	125.71	2556	2430
40	7.375	0.0010079	19.55	992.16	0.05115	167.50	2574	2406
50	12.335	0.0010121	12.04	988.04	0.08306	209.3	2592	2383
55	15.74	0.0010145	9.578	985.71	0.1044	230.2	2600	2370
60	19.917	0.0010171	7.678	983.19	0.1302	251.1	2609	2358
65	25.01	0.0010199	6.201	980.49	0.1613	272.1	2617	2345
70	31.17	0.0010228	5.045	977.71	0.1982	293.0	2626	2333
75	38.55	0.0010258	4.133	974.85	0.2420	314.0	2635	2321
80	47.36	0.0010290	3.408	971.82	0.2934	334.90	2643	2308
85	57.81	0.0010324	2.828	968.62	0.3536	355.90	2651	2295
90	70.11	0.0010359	2.361	965.34	0.4235	377.0	2659	2282
100	101.325	0.0010435	1.673	958.31	0.5977	419.1	2676	2257
110	143.26	0.0010515	1.210	951.02	0.8264	461.3	2691	2230
120	198.54	0.0010603	0.8917	943.13	1.121	503.7	2706	2202
130	270.11	0.0010697	0.6683	934.84	1.496	546.3	2721	2174
140	361.4	0.0010798	0.5087	926.10	1.966	589.0	273.4	2145
150	476.0	0.0010906	0.3926	916.93	2.547	632.2	2746	2114
160	618.0	0.0011021	0.3068	907.36	3.258	675.6	2758	2082
170	792.0	0.0011144	0.2426	897.34	4.122	719.20	2769	2050
180	1002.7	0.0011275	0.1939	886.92	5.157	763.10	2778	2015
190	1255.3	0.0011415	0.1564	876.04	6.394	807.50	2786	1979

（2）湿饱和蒸汽

湿泡和蒸汽又称湿蒸汽，是水与蒸汽处于饱和状态的混合物，由于所含水分的不同，湿蒸汽的状态也不同。湿蒸汽、饱和水和干饱和蒸汽都属于饱和状态，一方面要知道它的压力和温度，另一方面要知道每kg湿蒸汽中所含干蒸汽的质量，通常用干度 x 表示，即

$$x = \frac{\text{干饱和蒸汽质量}}{\text{湿蒸汽质量}}$$

$$= \frac{\text{干饱和蒸汽质量}}{\text{饱和水的质量 + 干饱和蒸汽质量}}$$

在一定压力下，湿蒸汽的两个极限状态，饱和水的 $x=0$，干饱和蒸汽的 $x=1$，利用饱和水、饱和蒸汽表以及湿蒸汽状态参数的计算公式，根据干度 x 就可以求得湿蒸汽的比容 v_x 焓 h_x。

1）湿蒸汽的比容 v_x

1kg 湿蒸汽的比容等于 $x$kg 干蒸汽的容积与 $(1-x)$kg 饱和水的容积之和，即

$$v_x = (1-x)v' + xv''$$
$$= v' + (v'' - v') \cdot x \qquad (7\text{-}23)$$

当压力不高和干度很大时，水的容积可忽略不计，故一般计算时常取 $v'_x = xv''$

2）水蒸气的焓

A. 水的焓

工程上规定，$t_0 = 0℃$，相应的饱和压力为 0.6108kPa 下的水的状态为计算起点，即该状态下水的焓值 $h_0 = 0$

在定压下水由 $0℃$ 加热到 $t（℃）$ 时所吸收的热量为：

$$q_p = h - h_0 = c_p(t - t_0) \qquad (7\text{-}24)$$

在温度和压力不很高时，可以近似认为水的定压质量比热是常数，即 $c_p = 4.1868$ kJ/kg℃

因 $h_0 = 0$　所以 $q = c_p t$

于是水的焓为 $h = h_0 + q_p = h_0 + c_p t$

$$(7\text{-}25)$$

由式（7-25）知，温度为 $0℃$ 的水，它的焓值 $h_0 = 0$，温度 $t℃$ 的水，它的焓值在数值上等于水的温度与水的定压质量比热的乘积。例如水温为 $20℃$ 时，它的焓值为 83.736kJ/kg。对于饱和水来说，当温度不太高时，它的焓值可以近似认为等于饱和水温度与定压质量比热之积。即 $h' = c_p t_{bh}$。但是在高温情况下，由于水的比热已大大超过 4.1868kJ/kg℃，这个结论就不适用了。

若将水由 t_1 加热到 t_2，定压过程中所吸收的热量也可用焓差来计算，即：

$$q = h_2 - h_1$$

B. 干饱和蒸汽的焓。

干饱和蒸汽的焓是饱和水吸收了汽化热而形成的，所以其焓值为：

$$h'' = h' + r \qquad (7\text{-}26)$$

式中　h'——饱和水的焓（kJ/kg）；

　　　　r——汽化热（kJ/kg）。

C. 湿蒸汽的焓。

1kg 湿蒸汽的焓是由 $x$kg 干蒸汽和 $(1-x)$kg 饱和水组成的。所以 1kg 湿蒸汽的焓应等于 $x$kg 干蒸汽的焓与 $(1-x)$kg 饱和水的焓之和，即：

$$h_x = xh'' + (1-x)h'$$
$$= h' + x(h'' - h') = h' + xr \qquad (7\text{-}27)$$

D. 过热蒸汽的焓。

干蒸汽在定压下继续加热，超过了饱和温度就变成了过热蒸汽。1kg 过热蒸汽的焓应该等于干蒸汽的焓 h'' 与它在过热过程中所吸收的热量之和，即

$$h = h'' + c_p(t_{gr} - t_{bh}) \qquad (7\text{-}28)$$

式中　t_{gr}——过热蒸汽的温度（℃）；

　　　　t_{bh}——饱和蒸汽的温度（℃）；

　　　　c_p——过热蒸汽的定压质量比热（kJ/kg·℃）。

习　题

1. 汽化有几种形式？各有何特点？
2. 水的定压汽化过程和蒸汽的定压凝结过程都是等温过程吗？为什么？
3. 试述水蒸气的形成过程。
4. 水蒸气有哪几个状态参数？
5. 什么是汽化热？什么是凝结热？
6. 何谓湿饱和蒸汽？何谓干蒸汽？何谓过热蒸汽？

7.5　传热概述

　　传热是自然界和生产领域中非常普遍的现象，凡有温差的地方就有热量自发地由高温物体传向低温物体。为了逐步认识和掌握传热的规律，我们先分析一个常见的传热过程。例如冬季，热量由室内通过墙壁向室外传递，整个传热过程分 3 个阶段。如图 7-3 所示。

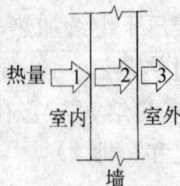

图 7-3　由室内向室外的传热过程

　　1) 热由室内空气以对流换热方式传给墙内表面。
　　2) 由墙内表面以固体导热方式传递到墙外表面。
　　3) 由墙外表面以空气对流换热和物体间的辐射换热方式把热传给室外环境。从这个例子可以看出整个传热过程是由导热、对流、辐射三种基本传热方式组成。

　　导热也称热传导，是物体各部分无相对位移或不同物体直接接触时依靠物质分子、原子及自由电子等微观粒子热运动而进行的热量传递现象。导热可以发生在固体中，也可以发生在液体和气体中，但在气体和液体中常和对流现象同时存在，而单纯的导热仅发生在密实的固体中。

　　对流是流体质点的移动和互相混合所引起的热量转移，在对流过程中，流体的状态及其运动性质起着很重要的作用。对流换热只能在液体和气体中出现。但工程上所遇到的传热问题往往涉及到流体与固体直接接触时的换热，在这种情况下传热过程就不单有对流的作用，同时亦伴随有导热的作用，我们把这种导热和对流同时存在的过程，称为对流换热过程。

　　热辐射是一种由电磁波来传播能量的过程。物体间辐射换热的特点是：在热辐射过程中伴随着能量形式的转换，不需要冷热物体直接接触，不论温度高低，都在不停地相互发射电磁波能。若物体间的温度相等，则相互辐射的能量相等，若物体间温度不等，则高温物体辐射给低温物体的能量大于低温物体向高温物体辐射的能量，总的结果是热由高温物体传向低温物体。

实际上，上述三种热交换方式很少单独出现。在多数情况下，常常是一种形式伴随着另一种形式同时出现。例如，供暖系统中的热媒通过导热和对流方式将热量传给散热器内表面，再靠导热方式将热量由内表面传至外表面，然后通过对流和辐射把热量传给室内。由此可见，这一热交换过程既包含导热过程，也包含对流和辐射过程，而且各种过程很难明显地划分。对于在生产实际中经常遇到的上述这一类复杂的换热过程，常把它当作一个整体来看待——传热过程。

7·6 导热

我们把铁棍的一端插入火炉中，过一段时间手拿的一端就会感到发热，说明热量由铁棍的一端传到了另一端。热量从物体的一部分传到另一部分，或者从一个物体传到和它相接触的另一个物体的传热方式叫做热传导，又称导热。

导热的特点是物质各部分不发生相对位移，靠的是分子、原子及自由电子等微观粒子的热运动而进行的热量传递。物体较热部分的微观粒子具有较大的平均动能，运动碰撞中，它把自身动能的一部分传给了较冷部分的微观粒子。

7·6·1 单层平壁的导热

设有一面单一材料的墙壁。如图 7-4 所示，墙壁厚度为 δ（m），面积为 F（m^2），墙内表面温度为 t_n（℃），外表面温度为 t_w（℃），且 $t_n > t_w$，热量将从墙内表面传向墙外表面。

实验证明，单位时间内通过平壁的导热量 Q 与平壁面积 F 和平壁内外表面温度之差 $t_n - t_w$ 成正比，与平壁的厚度 δ 成反比。单层平壁导热量的计算公式为：

$$Q = \lambda \frac{(t_n - t_w)}{\delta} F \qquad (7-29)$$

式中　Q——单位时间的导热量（W）；

　　　λ——材料的导热系数（W/m·K）；

　　　F——平壁面积（m^2）；

　　　t_n、t_w——平壁内外表面温度（℃）；

　　　δ——平壁厚度（m）。

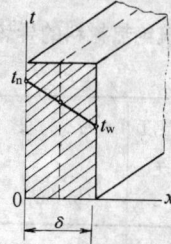

图 7-4　单层平壁的导热

如果计算单位面积的导热量 q，则 q 为：

$$q = \lambda \frac{t_n - t_w}{\delta} = \lambda \frac{\Delta t}{\delta}（\text{W/m}^2）\quad (7-30)$$

我们把单位时间、单位面积的导热量称为热流量，仿照物理学中部分电路欧姆定律的形式

$$电流（I）= \frac{电位差（\Delta E）}{电阻（R）}$$

热量公式写为：

$$热流量（q）= \frac{温差（\Delta t）}{热阻（R）} \qquad (7-31)$$

把式 7-31 与欧姆定律相对照，可以看出热流量相当于电流 I，温差 Δt 相当于电位差 ΔE，热阻相当于电阻，因此式（7-30）可写成：

$$q = \lambda \frac{\Delta t}{\delta} = \frac{\Delta t}{\frac{\delta}{\lambda}} = \frac{\Delta t}{R_\lambda} \qquad (7-32)$$

式中　R_λ——导热热阻（m^2·℃/W）。

$$R_\lambda = \frac{\delta}{\lambda}$$

把图 7-4 表示成单层平壁导热过程的模拟电路图，见图 7-5。

材料的导热系数 λ 表示平壁材料的导热能力，它在数值上等于单位时间内沿导热方向，单位长度、单位面积、温差为 1℃ 的导热

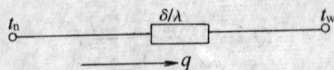

图 7-5 单层平壁导热模拟电路图

量。各种材料的导热系数是不同的，材料的导热系数愈大，表明该材料的导热性能越好，反之，则越差，表 7-3 为常用材料的导热系数 λ 值。

常用建筑绝热材料的导热系数

表 7-3

材料名称	温度 t (℃)	密度 ρ (kg/m³)	导热系数 λ (W/m℃)
超细玻璃棉	35	33.4～50	0.03
珍珠岩散料	20	44～288	0.042～0.078
水泥珍珠岩制品	25	255～435	0.07～0.113
蛭 石	20	395～467	0.105～0.128
石棉砖	21	384	0.099
硅藻土石棉灰		280～380	0.085～0.114
硅藻土砖	20	580～670	0.128～0.151
粉煤灰砖	27	458～589	0.116～0.22
玻璃丝	35	120～492	0.058～0.07
软木板	20	105～437	0.044～0.079
木丝纤维板	25	245	0.048
锯木屑	20	179	0.083
硬泡沫塑料	30	295～563	0.041～0.048
软泡沫塑料	30	41～162	0.043～0.056
红 砖	35	1560	0.49
矿渣棉	30	207	0.058

工程上，人们把导热系数小的材料用来保温隔热，故又称为绝热材料，用导热系数大的材料做换热设备的换热面。

7.6.2 多层平壁的导热

在工程上经常要遇到几层不同材料构成

的多层壁。例如房屋的墙壁往往是由抹灰层、砖砌层和外抹面层组成。下面我们就研究分析多层平壁的导热。

如图 7-6 所示的三层平壁，各层的平壁厚度分别为 δ_1、δ_2 和 δ_3，各层平壁的导热系数分别为 λ_1、λ_2 和 λ_3，内外表面的温度分别为 t_1 和 t_4，且 $t_1 > t_4$，要求出通过该多层平壁的导热量 q 及层与层之间的分界面温度 t_2、t_3。

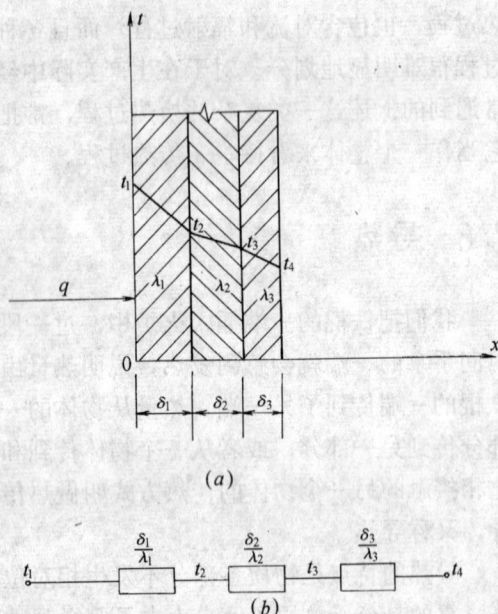

(a)

(b)

图 7-6 多层平壁的导热

在稳定导热的情况下，通过各层平壁的热流量是相同的，且等于通过整个多层平壁的热流量，由于层与层之间的紧密结合，故可认为接触面具有相同的温度。据式 (7-30) 得

$$\left. \begin{array}{l} q = \dfrac{\lambda_1}{\delta_1}(t_1 - t_2) \\[2mm] q = \dfrac{\lambda_2}{\delta_2}(t_2 - t_3) \\[2mm] q = \dfrac{\lambda_3}{\delta_3}(t_3 - t_4) \end{array} \right\} \quad ①$$

由①式可简化为

$$t_1 - t_2 = q\frac{\delta_1}{\lambda_1}$$
$$t_2 - t_3 = q\frac{\delta_2}{\lambda_2} \left.\right\} \quad ②$$
$$t_3 - t_4 = q\frac{\delta_3}{\lambda_3}$$

将上三式相加得: $t_1 - t_4 = q$ $\left(\dfrac{\delta_1}{\lambda_1} + \dfrac{\delta_2}{\lambda_2} + \dfrac{\delta_3}{\lambda_3}\right)$

于是,通过多层平壁的导热量为:

$$q = \frac{t_1 - t_4}{\dfrac{\delta_1}{\lambda_1} + \dfrac{\delta_2}{\lambda_2} + \dfrac{\delta_3}{\lambda_3}} \qquad (7\text{-}33)$$

把式 (7-33) 写成欧姆定律的形式为

$$q = \frac{t_1 - t_4}{R_{\lambda_1} + R_{\lambda_2} + R_{\lambda_3}} = \frac{t_1 - t_4}{R_\lambda} \qquad (7\text{-}34)$$

式中 R_{λ_1}、R_{λ_2}、R_{λ_3} 分别为各层平壁的导热热阻 ($m^2 \cdot ℃/W$),而 $R_\lambda = R_{\lambda_1} + R_{\lambda_2} + R_{\lambda_3}$

$$R_{\lambda_1} = \frac{\delta_1}{\lambda_1}$$

$$R_{\lambda_2} = \frac{\delta_2}{\lambda_2}$$

$$R_{\lambda_3} = \frac{\delta_3}{\lambda_3}$$

用同样的方法可以求出 n 层平壁的导热公式。

$$q = \frac{t_1 - t_{n+1}}{\displaystyle\sum_{i=1}^{n} \frac{\delta_i}{\lambda_i}} = \frac{t_1 - t_{n+1}}{\displaystyle\sum_{i=1}^{n} R_{\lambda i}} \quad (\text{W/m}^2 \cdot ℃)$$

$$(7\text{-}35)$$

由式 (7-35) 知,多层平壁的总热阻等于各组成层的热阻之和。即:

$$R = R_{\lambda_1} + R_{\lambda_2} + R_{\lambda_3} + \cdots\cdots + R_{\lambda n}$$

$$= \sum_{i=1}^{n} R_{\lambda i} \qquad (7\text{-}36)$$

由式②整理得:

$$t_2 = t_1 - q\frac{\delta_1}{\lambda_1}$$
$$t_3 = t_2 - q\frac{\delta_2}{\lambda_2} = t_1 - q\left(\frac{\delta_1}{\lambda_1} + \frac{\delta_2}{\lambda_2}\right) \left.\right\}$$
$$或 \quad t_3 = t_4 + q\frac{\delta_3}{\lambda_3}$$

$$(7\text{-}37)$$

由式 (7-37) 知:若热媒流量为已知,即可求得多层平壁各层间的温度。

7.6.3 单层圆筒壁的导热

管道工程中使用的设备和管道,其断面大多是圆的,其换热方式是通过圆筒壁进行导热,因此研究学习圆筒壁的导热,对于管道工程技术人员来说有着重要的意义。

如图 7-7 所示的圆筒,内半径为 r_1 (内直径为 d_1),外半径为 r_2 (外直径为 d_2),长度为 l,圆筒内外表面温度分别为 t_1 和 t_2,且 $t_1 > t_2$,圆筒的导热系数为 λ,则通过圆筒壁的导热量为

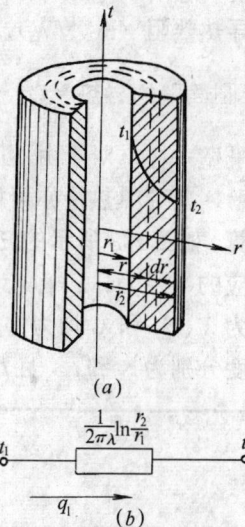

图 7-7 单层圆筒壁的导热

$$Q = 2\pi\lambda l \frac{t_1 - t_2}{\ln\dfrac{r_2}{r_1}} \quad (\text{W}) \qquad (7\text{-}38)$$

或写作为

$$Q = 2\pi\lambda l \frac{t_1 - t_2}{\ln\dfrac{d_2}{d_1}} \quad (\text{W}) \qquad (7\text{-}39)$$

式（7-38）、（7-39）表明单位时间通过 l 米长圆筒壁的导热量，工程上为计算方便，按单位长度圆筒壁的导热量计算。即

$$q_l = \frac{Q}{l} = 2\pi\lambda \frac{t_1 - t_2}{\ln\dfrac{r_2}{r_1}} \quad (\text{W/m})$$

$$(7\text{-}40)$$

或者写作为：

$$q_l = \frac{Q}{l} = 2\pi\lambda \frac{t_1 - t_2}{\ln\dfrac{d_2}{d_1}} \quad (\text{W/m})$$

$$(7\text{-}41)$$

把式（7-40）写成欧姆定律的形式可得：

$$q_l = \frac{t_1 - t_2}{\dfrac{1}{2\pi\lambda}\ln\dfrac{r_2}{r_1}} = \frac{t_1 - t_2}{\dfrac{1}{2\pi\lambda}\ln\dfrac{d_2}{d_1}} \quad (\text{W/m})$$

$$(7\text{-}42)$$

式中 $\dfrac{1}{2\pi\lambda}\ln\dfrac{d_2}{d_1}\left(\text{或}\ \dfrac{1}{2\pi\lambda}\ln\dfrac{r_2}{r_1}\right)$ 是单位长度圆筒壁的导热热阻（m℃/W）。

7.6.4 多层圆筒壁的导热

与多层平壁一样，对于由不同材料构成的多层圆筒壁，其导热热量亦可按总温差和总热阻来计算。如图 7-8 所示的三层圆筒壁，已知各层相应的半径为 r_1、r_2、r_3 和 r_4；各层的导热系数为 λ_1、λ_2 和 λ_3 均为常数；圆筒内外表面的温度分别为 t_1 和 t_4，且 $t_1 > t_4$，在稳

定导热情况下通过单位长度圆筒壁的热流量是相同的，仿照式（7-42）可以写出三层圆壁的导热计算式为：

$$q_l = \frac{t_1 - t_4}{R_{\lambda l_1} + R_{\lambda l_2} + R_{\lambda l_3}}$$

$$= \frac{t_1 - t_4}{\dfrac{1}{2\pi\lambda_1}\ln\dfrac{d_2}{d_1} + \dfrac{1}{2\pi\lambda_2}\ln\dfrac{d_3}{d_2} + \dfrac{1}{2\pi\lambda_3}\ln\dfrac{d_4}{d_3}} \quad (\text{W/m})$$

$$(7\text{-}43)$$

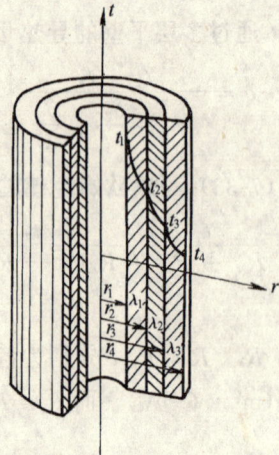

图 7-8　多层圆筒壁的导热

同理，对于 n 层圆筒壁

$$q_l = \frac{t_1 - t_{n+1}}{\displaystyle\sum_{i=1}^{n} R_{\lambda li}} = \frac{t_1 - t_{n+1}}{\displaystyle\sum_{i=1}^{n}\dfrac{1}{2\pi\lambda_i}\ln\dfrac{d_{i+1}}{d_i}} \quad (\text{W/m})$$

$$(7\text{-}44)$$

多层圆筒壁之间接触面的温度 t_2，$t_3\cdots t_n$，可用类似于多层平壁的方法进行计算。

小　结

导热也称热传导，是发生在物体本身各部分之间的热量传递，也可以发生在直接接触的物体与物体之间的热能交换。导热实质是物质分子、原子及自由电子等微观粒子热运动而进行的热量传递。

导热量的计算公式很类似于欧姆定律，应充分理解热阻的定义，并会运用它对平壁、圆筒壁、导热过程进行分析计算。

习 题

1. 传热方式有哪几种？并说出它们各自的含义。

2. 何谓热阻？单层平壁、单层圆筒壁的热流量如何计算？

3. 多层平壁、多层圆筒壁的热阻怎样计算？多层平壁、多层圆筒壁的热流量如何计算？

7.7 对流换热

7.7.1 影响对流换热的因素

依靠流体的运动，把热量由一处传递到另一处的现象称为对流。它是传热的另一种基本方式。若对流过程中有质量为 m（kg）的流体由温度 t_1 的地方流到 t_2 处，则对流作用传递的热量应为：

$$Q = mc_p(t_2 - t_1) \quad \text{（W）} \qquad (7\text{-}45)$$

式中 Q——对流流体传递的热量（W）；

m——对流流体的质量（kg）；

c_p—— 对 流 流 体 的 定 压 质 量 比 热 （W/kg℃）；

t_1、t_2——流体加热前后温度（℃）。

但是，工程实际中遇到的传热问题，往往涉及到流体与固体壁直接接触时的换热，在这种情形下，过程就不单有流体对流作用，同时也包括流体分子间的导热作用。我们把导热和对流同时存在的过程称为对流换热过程，也称放热。对流换热过程是一个受许多因素影响的复杂过程。影响对流换热的因素主要有：流体运动发生的原因、流体的性质、流体的流动形态及放热表面的形状和位置。

（1）流体运动发生的原因

按照流体运动发生的原因来分，流体的运动有两种：一种由流体冷热部分的密度不同所引起的运动，叫做自然对流；另一种是受外力影响，如受风力、风机或水泵的作用所发生的流体运动，叫做受迫运动。

（2）流体的流态

流体的流态对换热影响较大，实验证明：层流状态下，流体的对流热量小；紊流时，对

流换热量大。

（3）流体的物理性质

对流换热中，随着流体物理性质的不同也各不相同。例如物体在水中要比在同样温度的空气中冷却得快。直接影响换热过程的物理参数有：导热系数 λ、比热 c_p、密度 ρ 和流体粘度 μ 等。

（4）换热表面的形状、几何尺寸及位置

换热壁面的几何因素对流体在壁面上的运动状态、速度、温度分布都有很大影响，从而影响换热。例如一块温度较高的平板，其平放、斜放和垂直放时，其换热效果是不一样的。

7.7.2 自然对流换热

在北方的冬季，建筑物内部常采用火炉或散热器来取暖，火炉或散热器供暖主要依靠对流换热，如图 7-9 所示的散热器，散热器壁面温度较高，将其周围的空气加热，加热后的空气温度升高，密度变小，空气上升，而周围的冷空气则过来补充，又被加热上升，又不断有冷空气来补充，依此周而复始地使室内空气被加热，达到了取暖的目的。像上述散热器一样，流体由于冷热各部分之间的密度不同所引起的流体运动叫做自然运动。在这种情况下的放热叫做自然运动放热或自然对流放热。

流体的自然运动完全取决于换热的存在，所传递的热量越大，即换热越强，流体的自由运动就越剧烈。因为传热的大小取决于加热表面以及加热表面与流体之间的温差，温差影响密度差，而密度差是流体自由运动的内因所在。

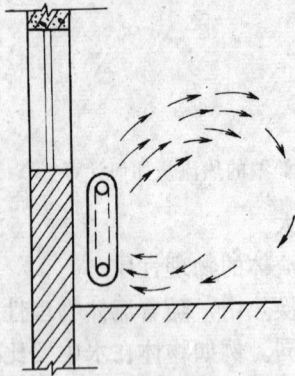

图 7-9　对流换热

7.7.3　受迫对流换热

由于受外力（如水泵、风机、压缩机等）作用而引起的流体运动称为受迫运动。

流体受迫流动时的换热过程一般可以分为两大类，一类是流体在管内流动时的换热；另一类是在管外运动掠过外表面时的换热。一般情况下，受迫流动的流体速度比自然对流要大，对流换热强烈些。

流体在管道里流动时，与管壁内表面换热，即管内受迫流动换热，如机械循环热水供暖系统管道中的热水换热，热水加热器内、加热盘管内热媒的换热；管式冷凝器的换热都属于管内受迫流动换热。另一种是流体在管道外面流动，冲刷掠过管道外表面时的换热，如锅炉中的换热器管束等都属于横向受迫流动换热。

实际工程中应用的空气加热器、冷却器、锅炉、省媒器、过热器以及各种热交换器的内外均发生受迫对流换热。

7.7.4　对流换热量的计算及对流换热系数 α

实验证明：对流换热量与换热面积成正比，与温差成正比，与对流换热系数 α 成正比。对流换热的计算公式为：

$$Q = \alpha F (\tau - t) \quad (\text{W}) \qquad (7\text{-}46)$$

或 $\quad q = \alpha (\tau - t) \qquad (\text{W/m}^2) \qquad (7\text{-}47)$

式中　Q——对流换热量（W）；

α——对流换热系数（W/m²·℃）；

τ——固体壁面温度（℃）；

t——流体温度（℃）；

q——单位面积的热流量（W/m²）；

F——对流换热面的面积（m²）。

利用热阻的概念把式（7-47）写成

$$q = \frac{\tau - t}{R_\alpha} \qquad (7\text{-}48)$$

式中　R_α——单位面积的对流换热热阻（m²℃/W）。

$$R_\alpha = \frac{1}{\alpha}$$

对流换热系数 α 也叫放热系数，其意义是 1m² 的壁表面积上，当流体同壁面之间的温差为 1℃ 时，单位时间所传递的热量。由式（7-46）知，在分析计算对流换热时，只要求出了对流换热系数 α，则所有的问题也就迎刃而解了。

确定对流换热系数 α 有两个基本途径：分析求解及实验研究。

影响对流换热的因素很多，情况也比较复杂，对于某一特定情况又很难简单地求得 α，因此，科技工作者常常借助模拟实验，运用理论和实验相结合的手段确定不同情况的换热系数。

不同情况下的对流换热系数见表 7-4。

不同情况下的对流换热系数

表 7-4

流动状态及换热特征	对流换热系数 α（W/m²℃）
加热和冷却空气时	1~60
加热和冷却过热蒸汽时	20~120
加热和冷却油类时	60~1800
加热和冷却水时	200~12000
水沸腾时	600~50000
蒸汽膜状凝结时	4500~18000
蒸汽珠状凝结时	45000~140000
有机物的蒸汽凝结时	600~2300

小　结

　　流体和固体壁直接接触时所发生的热量传递过程，称为对流换热。对流换热有两种，一种是自然对流换热，另一种是受迫对流换热。对流换热的计算公式为：

$$Q = \alpha F(\tau - t) \quad (W)$$

或

$$q = \alpha(\tau - t) \quad (W/m^2)$$

根据欧姆定律的形式将上式可写成：

$$Q = \frac{\tau - t}{\dfrac{1}{\alpha F}} \quad (W)$$

或

$$q = \frac{\tau - t}{\dfrac{1}{\alpha}} \quad (W/m^2)$$

　　对流换热系数 α 的大小与换热过程中的许多因素有关，它不仅取决于流体的物理性质、换热表面的形状、几何尺寸及布置方式，而且还与流速有着密切的关系。

习　题

1. 何谓对流换热？影响对流换热的因素有哪些？
2. 何谓自然对流换热？何谓受迫对流换热？
3. 写出对流换热的计算公式，并说明式中各项的意义？

7.8　辐射换热

7.8.1　辐射换热的基本概念

　　无论是导热还是对流，都必须通过物体的直接接触来传递热量。但热辐射的机理则完全不同，它是依靠物体表面对外发射可见和不可见的射线（电磁波或者说光子）来传递热量。物体表面每平方米每秒钟对外辐射的热量称为辐射力，用 E 表示，单位是 W/m^2。

　　任何物体，只要温度高于绝对零度，由于内部电子的振动将产生变化的电场。而电场的每一变化又相应地产生一个磁场，磁场的每一变化又相应地产生一个电场，如此交替循环变化，便产生电磁波，正是这些辐射在空间的电磁波使物体的能量得到转移。辐射换热与导热和对流换热有着本质的差别。辐射不需要任何介质，在真空中同样可以传播，而且热量的传递过程中伴随有能量形式的转变，即物体的热能转变为电磁波辐射能向四周传播，当落到其他物体上被吸收后又变为热能。

　　任何物体都在连续不断地向外辐射能量，同时也在接收外界辐射的能量。如图7-10所示，当一物体辐射出去的辐射能 Q_0 投射到另一物体上时，一部分 Q_α 被吸收，一部分 Q_ρ 被反射，另一部分 Q_τ 将透穿物体。被物体所吸收的那部分辐射能，又重新转变为热能，而被反射的那部分能量就会被冷落在周围其他物体上而被吸收；穿透的那部分能量也同样要由周围其他物体所吸收。

　　通过上述可知，辐射能量之间的双重互

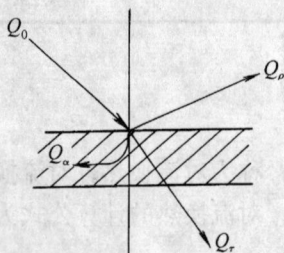

图 7-10 热射线吸收、反射
和透射示意图

变（热能─→辐射能─→热能）的现象构成了辐射换热过程物体所放出或接受热量的多少，取决于该物体在同一时期内所放射和吸收的辐射能量之间的差额。只要参与互换辐射能量的物体的温度不同，其差额就不会为零。具体一点讲，两个物体温度不同时，高温物体辐射给低温物体的能量大于低温物体辐射给高温物体的能量，结果是高温物体将能量传递给了低温物体，当两个物体处于同一温度时这两个物体之间也还是在不断地辐射和吸收能量，不过每一个物体所吸收的辐射能恰好等于它放出的辐射能，从而处于一种动态平衡罢了。

根据能量守恒定律，物体吸收、反射和穿透的能量之和应该等于投射到该物体上的总能量，即

$$Q_\alpha + Q_\rho + Q_\tau = Q_0 \qquad (7\text{-}49)$$

将上式两端同时除以 Q_0 得

$$\frac{Q_\alpha}{Q_0} + \frac{Q_\rho}{Q_0} + \frac{Q_\tau}{Q_0} = 1 \qquad (7\text{-}50)$$

式中 $\dfrac{Q_\alpha}{Q_0} = \alpha$ —— 为吸收率，它表示物体对辐射能力的吸收能力；

$\dfrac{Q_\rho}{Q_0} = \rho$ —— 为反射率，它表示物体对辐射能的反射能力；

$\dfrac{Q_\tau}{Q_0} = \tau$ —— 为穿透率，它表示物体对辐射能的穿透能力。

如果 $\alpha = 1$，则 $\rho = \tau = 0$，表明落在物体上的辐射能完全被吸收，我们把这样的物体称

为绝对黑体，简称为黑体。

如果 $\rho = 1$，则 $\alpha = \tau = 0$，表明落在物体上的辐射能全部被反射出去。此时，如果反射的情况是正常反射，即反射时遵循几何光学的规律性，该物体就叫做镜体；如果反射的情况是乱反射，该物体就叫做绝对白体。

如果 $\tau = 1$，则 $\alpha = \rho = 0$，表明所有落在物体上的辐射能全部透过，这种物体就叫做绝对透明体或透热体。双原子气体对于热射线和可见光线是透明体。实际上，物体对辐射线的吸收程度总是随着物体的厚度而增加。因此，固体和液体对热射线几乎是不透明的。大多数的工程材料，如各种金属耐火材料、砖、瓦、木材等，即使是在厚度很小时，也几乎是不透明的，即 $\tau = 0$，在这种情况下：

$$\alpha + \rho = 1 \qquad (7\text{-}51)$$

从式（7-51）可以看出，凡是善于反射的物体，就一定是不能很好地吸收辐射能，反之，如果物体更多地吸收辐射能，它的反射率就一定比较小。

事实上，不存在绝对的黑体、绝对的白体和绝对的透明体，这只是为了研究问题的方便而进行的合理的假设。还应该特别指出，我们所讲的黑体、白体、透明体是对热射线而言，应与物体的颜色区别开来。实践证明，对可见光是透明的材料不一定是热射线透明体。例如玻璃对可见光是透明体，但对热射线却是灰体；雪对可见光是白体，但对热射线却几乎是黑体；白布对可见光是白体，对热射线却是灰体。

7.8.2 热辐射的基本定律

（1）斯蒂芬—玻尔茨曼定律

物体表面单位面积单位时间对外辐射的热量称为辐射力，用 E 表示，单位是 W/m^2，辐射力的大小与物体表面性质及温度有关，对于绝对黑体，理论和实验证明，它的辐射力 E_b 与表面绝对温度的四次方成正比。即：

$$E_b = C_b \left(\frac{T}{100} \right)^4 \qquad (7\text{-}52)$$

式中 C_b——黑体的辐射系数（W/m²K⁴），

$C_b = 5.67 \text{W/m}^2\text{K}^4$

式(7-52)是斯蒂芬—玻尔兹曼定律的表达式，它表明黑体的辐射力和绝对温度的四次方成正比，故又称四次方定律。

严格地讲，斯蒂芬—玻尔兹曼定律适用于绝对黑体，但经验证明，这一定律也适用于灰体，这时该定律的数学表达式为：

$$E = \varepsilon C_b \left(\frac{T}{100} \right)^4 \qquad (7\text{-}53)$$

式中 ε——物体的黑度，实际物体的辐射力 E 和同温度下黑体的辐射力 E_b 之比值，称为实际物体的黑度，即

$$\varepsilon = \frac{E}{E_b} \qquad (7\text{-}54)$$

黑度 ε 值的变化范围在 0～1 之间，显然 $\varepsilon = 1$ 的材料就是黑体。在自然界中，一般物体都是灰体，绝对黑体是不存在的。

（2）基尔霍夫定律

假设有两个大平面，一个为灰体，另一个为绝对黑体，两个平面的表面温度、辐射力和吸收率分别为 T_b、E_b、α_b 和 T、E、α，但 $T > T_b$，且两个表面互相平行，距离很近，致使每个表面所辐射的能量都能完全落在另一个表面上，如图 7-11 所示，灰体表面所放射出的能量为 E，这部分能量全部被黑体表面所吸收，而黑体表面所辐射出的能量为

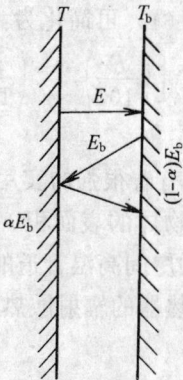

图 7-11 基尔霍夫定律推导

E_b，这部分能量投射到灰体表面上时，被灰体表面吸收了 αE_b，其余部分 $(1-\alpha) E_b$ 则被反射回去，全部落在了黑体表面上，且完全被黑体所吸收，这两个表面辐射换热的结果，灰体表面吸收的能量为 αE_b，而失去的能量为 E，两者之差就是辐射换热量，即：

$$q = E - \alpha E_b$$

当 $T = T_b$ 时，两表面处于热辐射的平衡状态，辐射热量为零，即

$$q = E - \alpha E_b = 0$$

则得 $E = \alpha E_b$

或者 $\dfrac{E}{\alpha} = E_b$ \qquad (7-55)

将所得到的上述关系推广到任何物体，于是得到：

$$\frac{E_1}{\alpha_1} = \frac{E_2}{\alpha_2} = \frac{E_3}{\alpha_3} \cdots\cdots = E_b = f(T)$$
$$(7\text{-}56)$$

式(7-56)表明任何物体的辐射力和吸收率之间的比值都相等，恒等于同温度下绝对黑体的辐射力，并且只与温度有关，这个定律称为基尔霍夫定律。

将 $E = \varepsilon C_b \left(\dfrac{T}{100} \right)^4$ 代入式 (7-56) 得：

$$\frac{\varepsilon_1}{\alpha_1} = \frac{\varepsilon_2}{\alpha_2} = \frac{\varepsilon_3}{\alpha_3} = \cdots\cdots = 1$$

则 $\alpha = \varepsilon$ \qquad (7-57)

从基尔霍夫定律也可以得到这样的结论：物体的辐射力越大，它的吸收率就愈强，物体的吸收率越小，那么它的辐射力也就愈小。

7.8.3 物体间的辐射换热

在实际工程中，要准确地计算两个物体之间的辐射换热是很困难的，我们只能讨论几种特定情况下的辐射换热量的计算。

（1）两平壁间的换热

假设有两块表面尺寸要比其相互之间的距离大很多且彼此平行的黑体板壁。如图 7-12所示，用 E_1、α_1、T_1 分别代表平壁 I 的

辐射力、吸收系数和绝对温度。用 E_2、α_2、T_2 分别代表壁 Ⅱ 的辐射力、吸收系数和绝对温度，且 $T_1 > T_2$，平壁的面积为 F，则

$$E_{b_1} = C_b \left(\frac{T_1}{100} \right)^4$$

$$E_{b_2} = C_b \left(\frac{T_2}{100} \right)^4$$

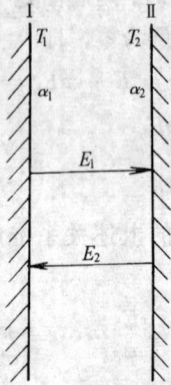

图 7-12 两平行壁间的辐射换热

两平壁的辐射力之差为辐射换热量：

$$q = C_b \left[\left(\frac{T_1}{100} \right)^4 - \left(\frac{T_2}{100} \right)^4 \right] \quad \mathrm{W/m^2}$$

$$(7\text{-}58)$$

或 $Q = C_b \left[\left(\frac{T_1}{100} \right)^4 - \left(\frac{T_2}{100} \right)^4 \right] F \quad \mathrm{W}$

$$(7\text{-}59)$$

若两壁为灰体平壁，则两壁的辐射换热量为：

$$q_{12} = C_{12} \left[\left(\frac{T_1}{100} \right)^4 - \left(\frac{T_2}{100} \right)^4 \right] \quad \mathrm{W/m^2}$$

$$(7\text{-}60)$$

式中 C_{12}——平行壁的相当辐射系数。

$$C_{12} = \varepsilon_{12} \, C_b$$

式中 ε_{12}——相当黑度，$\varepsilon_{12} = \dfrac{1}{\dfrac{1}{\varepsilon_1} + \dfrac{1}{\varepsilon_2} - 1}$。

（2）密闭空间内的物体与周围壁面之间的辐射换热。

如图 7-13 所示，设物体 Ⅰ 被物体 Ⅱ 所包围，Ⅰ 物体的表面面积、温度、吸收率和黑度分别为 F_1、T_1、α_1 和 ε_1，Ⅱ 物体的表面积、温度、吸收率和黑度分别为 F_2、T_2、α_2 和 ε_2，Ⅰ 物体和 Ⅱ 物体之间的辐射换热量为：

$$Q_{12} = \frac{F_1 C_b \left[\left(\dfrac{T_1}{100} \right)^4 - \left(\dfrac{T_2}{100} \right)^4 \right]}{\dfrac{1}{\varepsilon_1} + \dfrac{F_1}{F_2} \left(\dfrac{1}{\varepsilon_2} - 1 \right)}$$

$$(7\text{-}61)$$

在某些特定条件下，式（7-61）可进一步简化：

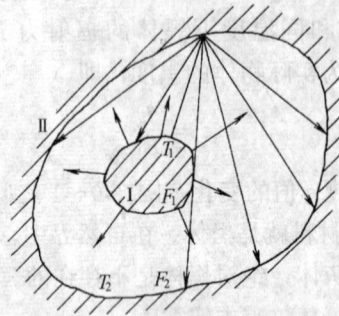

图 7-13 密闭空间内物体与
周围壁面之间的辐射换热

1）当表面积 F_1 和 F_2 相差很小时，即 $\dfrac{F_1}{F_2} \approx 1$，则式（7-61）就变成了两平行平壁换热量的计算。

2）当表面积 F_2 比 F_1 大得多时，即 $\dfrac{F_1}{F_2} = 0$ 时，则式（7-61）可简化为：

$$Q_{12} = \varepsilon_1 F_1 C_b \left[\left(\frac{T_1}{100} \right)^4 - \left(\frac{T_2}{100} \right)^4 \right] \quad \mathrm{W}$$

$$(7\text{-}62)$$

式（7-62）有着很强的实用意义，因为它不需要知道 Ⅱ 物体的表面积 F_2 和黑度 ε_2 即可进行计算，大房间高温管道的辐射散热，大房间的辐射散热器的辐射散热都属于这种情况。

小　结

热辐射是由电磁波来传递能量的现象。它与导热、对流热传递方式的区别在于：热辐射传热不需中间介质。

自然界中所有物体（固体、液体和气体）的吸收率 α、反射率 ρ 和穿透率 τ 的数值都在大于 0 和 1 小于的范围内变化，吸收率 α、反射率 ρ 和穿透率 τ 反映了物体的辐射性能。当吸收率 $\alpha=1$ 时的物体称为绝对黑体，当反射率 $\rho=1$ 的物体叫做镜体（当反射为漫反射时称为绝对白体），把穿透率 $\tau=1$ 的物体叫做绝对透明体。显然，黑体、镜体（或白体）和透明体都是假想的理想物体。

热辐射的基本定律有：斯蒂芬—玻尔兹曼定律（也称为四次定律），其数字表达式为：$E_b=C_b\left(\dfrac{T}{100}\right)^4$；基尔霍夫定律，其数学表达式为：

$$\frac{E_1}{\alpha_1}=\frac{E_2}{\alpha_2}=\frac{E_3}{\alpha_3}=\cdots\cdots=\frac{E_n}{\alpha_n}=E_b=f(T)\,.$$

辐射换热量的计算，学习了以下两种情况：

（1）两平行平壁间的辐射换热量为

$$q_{12}=C_{12}\left[\left(\frac{T_1}{100}\right)^4-\left(\frac{T_2}{100}\right)^4\right]$$

（2）密闭空间内物体与周围壁面之间的辐射换热量为：

$$Q_{12}=\frac{F_1C_b\left[\left(\dfrac{T_1}{100}\right)^4-\left(\dfrac{T_2}{100}\right)^4\right]}{\dfrac{1}{\varepsilon_1}+\dfrac{F_1}{F_2}\left(\dfrac{1}{\varepsilon_2}-1\right)}$$

习　题

1. 何谓热辐射？辐射换热的特点有哪些？
2. 何谓黑体、白体、灰体、透明体？
3. 影响辐射换热的因素有哪些？
4. 什么是斯蒂芬—玻尔兹曼定律？什么是基尔霍夫定律？
5. 两平行平壁的辐射换热量如何计算？
6. 密闭空间内物体与周围壁面的辐射换热量如何计算？

7.9　稳定传热

7.9.1　复合换热

对于壁面与气体之间的换热过程，除对流换热外，同时还存在辐射换热。这种换热过程称为复合换热。如图 7-14 所示的辐射板表面对外的散热。一方面是靠板表面与空气之间的对流换热，另一方面则是靠板表面与周围环境间的辐射换热进行的。对于这种复合换热过程，可将对流换热的热流量 q_f 与辐射换热的热流量 q_R 相加，便得到整个换热过程的热流量：

$$q_c = q_f + q_R \qquad \text{或}$$
$$Q = Q_f + Q_R = q \cdot F$$

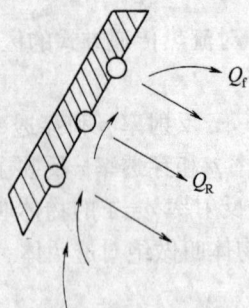

图 7-14　复合换热

设辐射板表面温度为 t_w。辐射板的黑度为 ε，周围空气的温度为 t_f，对流换热系数为 α_f，则辐射板的对流换热量为：

$$q_f = \alpha_f(t_w - t_f)$$

辐射换热量为：

$$q_{12} = C_{12}\left[\left(\frac{T_w}{100}\right)^4 - \left(\frac{T_f}{100}\right)^4\right]$$

总换热量为

$$
\begin{aligned}
q &= q_f + q_R \\
&= \left\{ \alpha_f + C_{12}\frac{\left[\left(\frac{T_w}{100}\right)^4 - \left(\frac{T_f}{100}\right)^4\right]}{t_w - t_f}\right\}(t_w - t_f) \\
&= (\alpha_f + \alpha_R)(t_w - t_f) = \alpha(t_w - t_f) \quad (\text{W/m}^2)
\end{aligned}
$$
$$(7\text{-}63)$$

式中　α——总换热系数，$\alpha + \alpha_f + \alpha_R$；

α_f——对流换热系数；

α_R——辐射换热系数。

$$\alpha_R = C_{12}\frac{T_w^4 - T_f^4}{t_w - t_f} \cdot 10^{-8} \qquad (7\text{-}64)$$

可见，利用辐射换热系数 α_R 把辐射换热量变化为相当的对流换热量，可使计算过程简化，在计算复合换热量时，只要知道了总换热系数 α 及温差 $(t_w - t_f)$；换热量就可很方便求得，总换热系数可由理论计算求得，也可由实验求出。一般暖通方面的设计手册给出的墙、屋顶的室内外换热系数值都是总换热系数值。

7.9.2　通过平壁的传热

如图 7-15 所示的一单层平壁，壁厚为 δ 面积为 F，导热系数为 λ，壁面两侧流体的温度为 t_{f1}、t_{f2}，且 $t_{f1} > t_{f2}$，壁两表面温度为 t_{w1}、t_{w2}，壁内外的对流换热系数为 α_1、α_2，在稳定状态下，流体与内壁面的对流换热量、通过平壁的导热量以及壁面传给冷流体的热量均相等，即

$$Q = \alpha_1(t_{f1} - t_{w1})F \qquad (a)$$

$$Q = \frac{\lambda}{\delta}(t_{w1} - t_{w2})F \qquad (b)$$

$$Q = \alpha_2(t_{w2} - t_{f2})F \qquad (c)$$

将上面三式移项得：

$$t_{f1} - t_{w1} = \frac{Q}{\alpha_1 F} \qquad (d)$$

$$t_{w1} - t_{w2} = \frac{Q}{\dfrac{\lambda}{\delta}F} \qquad (e)$$

$$t_{w1} - t_{f2} = \frac{Q}{\alpha_2 F} \qquad (f)$$

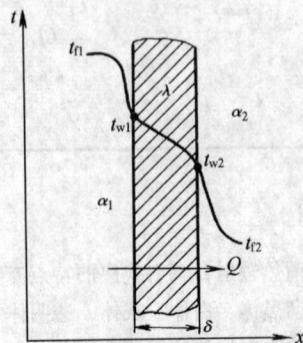

图 7-15　通过平壁的传热

将上面 (d)、(e)、(f) 三式相加得

$$t_{f1} - t_{f2} = \left(\frac{1}{\alpha_1} + \frac{\delta}{\lambda} + \frac{1}{\alpha_2}\right)\frac{Q}{F}$$

经整理得：

$$Q = \frac{t_{f1} - t_{f2}}{\dfrac{1}{\alpha_1} + \dfrac{\delta}{\lambda} + \dfrac{1}{\alpha_2}}F \quad (\text{W}) \quad (7\text{-}65)$$

令　$K = \dfrac{1}{\dfrac{1}{\alpha_1} + \dfrac{\delta}{\lambda} + \dfrac{1}{\alpha_2}} \quad (\text{W/m}^2 \cdot \text{℃}) \quad (7\text{-}66)$

则式 7-65 可写为：$Q = K(t_{f1} - t_{f2})F$ （7-67）

K 称为传热系数，表示冷热流体间温差为 1℃时，通过单位时间单位面积的传热量。

仿照欧姆定律的形式（7-67）可写成：

$$Q = \frac{t_{f1} - t_{f2}}{R_k}F \qquad (7-68)$$

式中 R_k——传热热阻 m^2℃/W

$$R_k = \frac{1}{\alpha_1} + \frac{\delta}{\lambda} + \frac{1}{\alpha_2} \qquad (7-69)$$

可见，传热过程的热阻等于冷热流体的换热热阻及壁的导热热阻之和，这与电路的电阻的计算方法是一致的。

显然传热过程如是多层平壁，则其热阻为：

$$R_K = \frac{1}{\alpha_1} + \sum_{i=1}^{n}\frac{\delta_i}{\lambda_i} + \frac{1}{\alpha_2} \quad (m^2℃/W)$$

$$(7-70)$$

通过多层平壁的换热量为：

$$Q = \frac{t_{f1} - t_{f2}}{\dfrac{1}{\alpha_1} + \sum\limits_{i=1}^{n}\dfrac{\delta_i}{\lambda_i} + \dfrac{1}{\alpha_2}}F \quad (W)$$

$$(7-71)$$

7.9.3 通过圆筒壁的传热

如图 7-16 所示的一根长度为 l，内径为 d_1（内半径为 r_1），外径为 d_2（外半径为 r_2）的圆筒，筒壁的导热系数为 λ，内外表面的对流换热系数为 α_1、α_2，壁内外表面温度为 t_{w1}、

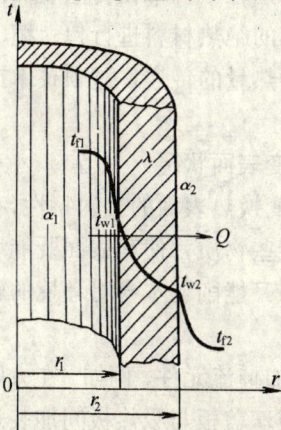

图 7-16 通过圆筒壁的传热

t_{w2}，壁内外流体温度为 t_{f1} 及 t_{f2}，且 $t_{f1} > t_{f2}$。在稳定状态下，热流体传给筒壁的热量，通过管壁传递的热量及由筒壁传给冷流体的热量三者都相等，于是可得：

$$q_l = \alpha_1 \pi d_1 (t_{f1} - t_{w1}) \qquad (a')$$

$$q_l = \frac{2\pi\lambda}{\ln\dfrac{d_2}{d_1}}(t_{w1} - t_{w2}) \qquad (b')$$

$$q_l = \alpha_2 \pi d_2 (t_{f2} - t_{w2}) \qquad (c')$$

将上面三式移项得：

$$t_{f1} - t_{w1} = \frac{q_l}{\alpha_1 \pi d_1} \qquad (d')$$

$$t_{w1} - t_{w2} = \frac{q_l}{2\pi\lambda}\ln\frac{d_2}{d_1} \qquad (e')$$

$$t_{w2} - t_{f2} = \frac{q_l}{\alpha_2 \pi d_2} \qquad (f')$$

将式 (d')、(e')、(f') 相加得：

$$t_{f1} - t_{f2} = q_l\left(\frac{1}{\alpha_1 \pi d_1} + \frac{1}{2\pi\lambda}\ln\frac{d_2}{d_1} + \frac{1}{d_2 \pi d_2}\right)$$

将上式整理得：

$$q_l = \frac{t_{f1} - t_{f2}}{\dfrac{1}{\alpha_1 \pi d_1} + \dfrac{1}{2\alpha\lambda}\ln\dfrac{d_2}{d_1} + \dfrac{1}{\alpha_2 \pi d_2}}$$

$$(7-72)$$

式（7-72）中单位长度圆筒壁的传热系数为

$$K_l = \frac{1}{\dfrac{1}{\alpha_1 \pi d_1} + \dfrac{1}{2\alpha\lambda}\ln\dfrac{d_2}{d_1} + \dfrac{1}{\alpha_2 \pi d_2}} \quad (W/m\cdot℃)$$

$$(7-73)$$

根据热阻的定义

$$R_l = \frac{1}{K_l} = \frac{1}{\alpha_1 \pi d_1} + \frac{1}{2\pi\lambda}\ln\frac{d_2}{d_1} + \frac{1}{\alpha_2 \pi d_2}$$

$$(m\cdot℃/W) \quad (7-74)$$

很显然对于层数为 n 的多层圆筒壁

$$K_l = \frac{1}{\dfrac{1}{\alpha_1 \pi d_1} + \sum\limits_{i=1}^{n}\dfrac{1}{2\pi\lambda_i}\ln\dfrac{d_{i+1}}{d_i} + \dfrac{1}{\alpha_2 \pi d_{i+1}}}$$

$$(W/m\cdot℃) \quad (7-75)$$

$$R_l = \frac{1}{\alpha_1 \pi d_1} + \sum_{i=1}^{n}\frac{1}{2\pi\lambda_i}\ln\frac{d_{i+1}}{d_i} + \frac{1}{\alpha_2 \pi d_{i+1}}$$

$$(m\cdot℃/W) \quad (7-76)$$

每米长多层圆筒壁的传热量为：

$$q_l = \frac{t_{f1} - t_{f2}}{\frac{1}{\alpha_1 \pi d_1} + \sum_{i=1}^{n} \frac{1}{2\pi\lambda_i} \ln \frac{d_{i+1}}{d_i} + \frac{1}{\alpha_2 \pi d_{i+1}}}$$
$$\text{(W/m)} \quad (7\text{-}77)$$

7.9.4 传热的增强与减弱

在工程中，有些场合要求增强传热，如各类换热器；而另外一些场合则要求尽量减弱传热，如各类建筑外围护结构及用管道输送热媒等。不管是增强传热还是减弱传热，都是为了满足工程实际需要。

(1) 增强传热

由传热的基本公式 $Q = KF\Delta t$ 可以看出，提高传热系数 K（或者说减少传热热阻 R），扩大传热面积 F，加大传热温差 Δt 都可使传热 Q 增加。因此，增强传热的基本途径可围绕如何增加这三个量而展开。

1) 扩大传热面积 F

扩大传热面积以增强传热，不应单纯地理解为扩大设备的体积增加传热面积，而应是合理提高设备单位体积的传热面积，如采用肋壁（片）、波纹管、板翅式换热面等。

2) 加大传热温差 Δt

改变热流体或冷流体的温度，就能改变传热温差 Δt，例如提高辐射采暖板管内蒸汽的压力，提高热水供暖的热水温度，冷凝器中的冷却用水，用温度较低的深井水来代替自来水，空气冷却器中降低冷冻水的温度等，都可以增加温差 Δt。另一方面换热器中二种流体之间的平均温差还与流体的流动方式有关；当二种液体以相同的方向流动（顺流时）其平均温度比二种流体以相对方向流动（逆流）时的平均温差要小，所以换热器中一般应尽可能采用逆流的流动方式。

3) 提高传热系数

增强传热的积极措施是设法提高传热系数，因为传热过程总热阻是各项热阻的叠加。因此，要提高传热系数（即降低热阻），就必须分析传热过程的每一项热阻。在换热设备

中，一般都是采用质地较好、导热系数较大、壁厚较小的金属薄壁，因此，壁的热阻很小，可忽略不计。因此金属的传热系数 K 为：

$$K = \frac{1}{\frac{1}{\alpha_1} + \frac{1}{\alpha_2}} = \frac{\alpha_1 \alpha_2}{\alpha_1 + \alpha_2} \quad (7\text{-}78)$$

由上式可见，K 值比 α_1 和 α_2 的值都要小，那么在加大传热系数时，应加大哪一侧的换热系数更有效呢？人们经过分析比较确定，应该使 α 小的那一项增大，才能最有效地增大传热系数。

必须说明的是，尽管金属壁的导热热阻可以忽略不计，但实际工程中，当换热器运行一段时间后，壁上常附有污垢层，厚度虽然不大，但其导热系数很小，其热阻很大，这对增强传热是十分不利的。经过实验证明：1mm 厚的水垢的热阻相当于 40mm 钢板的热阻，1mm 烟渣层相当于 400mm 钢板的热阻，故传热面需要经常清洗去除污垢，以免传热系数的下降。工程设计中也应考虑污垢所产生的热阻对设备性能的影响。

(2) 削弱传热

从传热公式 $Q = KF\Delta t$ 知，削弱传热，可以通过减少传热面积，降低传热系数（增加传热热阻），减小传热温差等途径，实际工程常采取以下措施。

1) 绝热措施

在安装工程中，常在传热表面上用一些导热系数小的绝热材料进行包、缠、裹等措施，以减少热量的传递，这项技术措施称为绝热。

2) 改变表面状况

A. 改变换热表面的辐射特性，在吸收表面上涂上某些物质，使其表面既能增强对辐射的吸收，又能削弱本身对环境的辐射换热损失。

B. 附加抑流元件，例如，在太阳能平板集热器的玻璃盖板与吸热板间加装蜂窝状的元件，则可削弱这一空间的空气对流，同时

由于吸热板的对外辐射经过蜂窝结构的多次反射和吸收而被削弱，这就减少了集热器的 对外热损失。

小　结

实际换热过程是复杂的，在知道了导热、对流换热、辐射换热三种热传递的规律后，还必须考虑三种方式同时作用的换热问题。处理的方法是找到主要的换热方式，把其他两种传热方式的作用归纳到主要换热方式的特性参数上。如多孔建筑材料的传热，把辐射换热和对流的影响在导热系数值中考虑了；气体与壁面的换热，当温度不太高时，大多数情况下是以对流换热为主要方式，所以一般按对流换热方式计算，而把辐射换热的影响折合成辐射换热系数加到对流换热系数上；那么，总换热系数为 $\alpha = \alpha_f + \alpha_R$。

热流体经过固体壁而把热量传给冷流体的过程，称为传热过程。传热过程中的各项参数（如温度 t、密度 ρ、导热系数 λ、对流换热系数 α）不随时间变化的传热称为稳定传热。在稳定传热中，热流量与温度差成正比，和热阻成反比，即 $q = \dfrac{\Delta t}{R}$

热阻 R 和传热系数 K 互为倒数。传热系数 K 的意义是指单位时间单位面积两侧流体温差为 1℃ 时传递的热量。

工程上常常要求增强传热，即要求单位面积传递更多的热量。增强传热的主要途径是增大传热系数，而增大传热系数的主要矛盾是热阻最大的那项，所以要先强化 α 小的一侧的换热。

习　题

1. 传热系数 K 的意义是什么？
2. 何谓稳定传热？
3. 单层平壁稳定传热量如何计算？多层平壁的稳定传热量如何计算？
4. 单层平壁、多层平壁的热阻如何计算？
5. 单层圆筒壁、多层圆筒壁的热阻如何计算？
6. 写出单层圆筒壁、多层圆筒壁的计算公式，并说明公式中各项的意义是什么？
7. 增强传热的措施有哪些？
8. 减弱传热的措施有哪些？

7.10　换热器

热能从热流体间接或直接传向冷流体的过程称为热交换过程。实现热交换过程的设备称为热交换设备。也就是实现加热或冷却过程的设备叫做热交换器，也叫换热器。在这种设备里热量从一种介质传递给另一种介质；所以在换热器中总有一个受热流体和一个放热流体。

设置换热器的目的是为了加热某种冷流体或冷却某种热流体。在管道工程中，换热器有着广泛的应用。

7.10.1 换热器的种类

换热器的种类很多，通常按以下方法分类。

(1) 按热媒的种类

以蒸汽作为热媒用来加热水的叫汽—水换热器，以高温水作为热媒来加热水的叫水—水换热器。

(2) 按热交换方式进行分类

换热器分为表面式和混合式两类。

1) 表面式换热器

在这种换热器里，被加热水与热媒彼此不相接触，通过金属表面进行换热，因为隔着一个金属层进行热交换，所以也称为间壁式换热器。它是在工业中应用最广泛的一种，例如供暖系统中的散热器、空调加热器、冷却器，锅炉中的受热面，制冷系统中的冷凝器、蒸发器，热水供应系统中的容积式加热器等。

2) 混合式换热器

这种换热器加热热媒的方式是依靠冷热流体的直接接触和混合进行的，即冷热两种流体直接接触并彼此混合进行换热。这种换热器也称为直接接触式换热器，例如热水供应系统中开式热水箱直接加热，空气调节系统中的喷雾室、蒸汽喷射泵、淋水加热器等都属于混合式加热器。

7.10.2 常用的换热器

(1) 壳管式换热器

如图 7-17 所示的壳管式换热器，流体 I 在管外流动，管外各管间常设置一些圆缺形的挡板，挡板的作用是提高流速，使流体充分流经全部管面，改善流体对管子的冲刷角度，以提高换热器侧的换热系数，另外挡板还可以起到支承管束的作用。流体 II 在管内流动，流体从管的一端流到另一端称为单管程，图 7-17 所示的换热器为单壳程双管程；图 7-18 (a) 所示为二壳程四管程。图 7-18 (b) 为三壳程六管程。

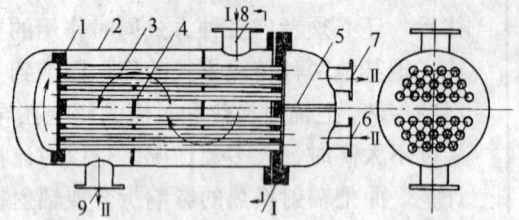

图 7-17 壳管式换热器示意图
1—管板；2—外壳；3—管子；4—挡板；5—隔板；
6、7—管程进口及出口；8、9—壳程进口及出口

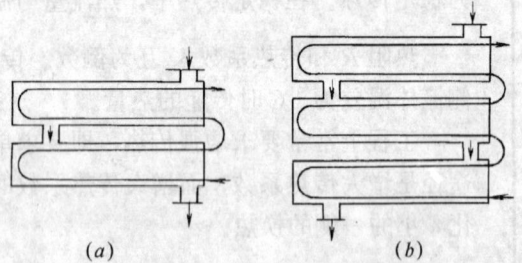

图 7-18 热交换器的壳程与管程
(a) 双壳程四管程；(b) 三壳程六管程

根据流体在管程与壳程中的安排，壳管式换热器又可分为顺流式（即两流体作平行且同方向流动），如图 7-19 (a)；逆流式（即两种流体作平行且反方向流动），如图 7-19 (b)；横流式（又称交叉流，是两种流体在相互垂直的方向流动），如图 7-19 (c)，图 7-19 的 (d)、(e)、(f)，则是三种不同组合的流动方式，称为混合流。不同的流动方式对传热和流动阻力都有影响。

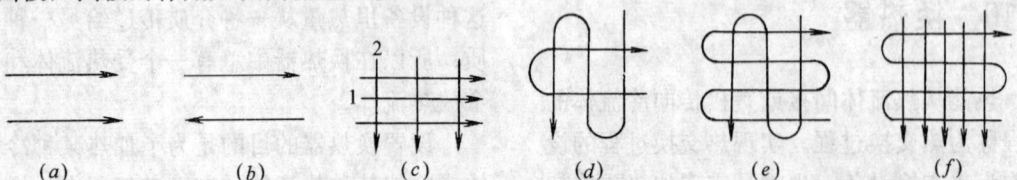

图 7-19 流体在换热器中的流动方式

（2）肋片管式换热器

如图 7-20 所示为肋片管式空气加热器，在管子的外壁加上肋片，大大增加了空气侧的传热面积，强化了传热过程。这类换热器结构简单、紧凑、承压能力较大。对于换热面的两侧流体换热系数相差较大的场合非常合适。

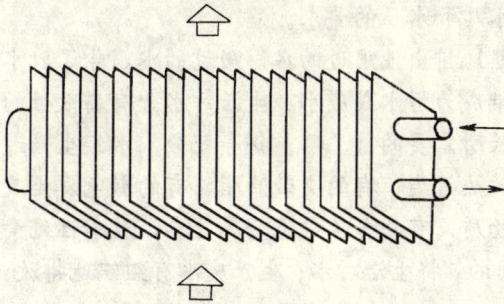

图 7-20　肋片管式加热器及冷却器示意图

（3）螺旋板式换热器

如图 7-21 所示为螺旋板式换热器，它是由两张平行的金属板卷起来，构成两个螺旋通道，再加上下盖及连接管而成。冷热两种流体分别在两螺旋通道中流动。图 7-21 所示为逆流式，流体 1 从中心进入，螺旋流动到周边流出；流体 2 则由周边进入，螺旋流动到中心流出。螺旋板换热器的螺旋通道有利于提高换热系数，螺旋流道中污垢形成速度是壳管式的 1/10，这是因为当流道截面形成污垢后，通道截面减小，使流速增加起到了冲刷效果，故有"自净"作用。这种换热器结构紧凑，单位体积可容的换热面积约为壳管式的 3 倍。而且由于用板材代替管材，材料范围广。缺点是不易清洗，检修困难，承压能力低。

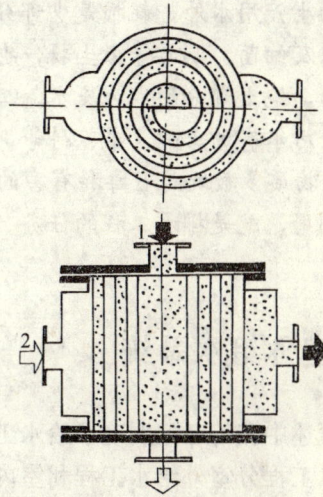

图 7-21　螺旋板换热器

小　结

　　换热器是实现两种（或两种以上）温度不同的流体相互换热的设备，按其工作原理分为间壁换热器和混合式换热器，本节主要介绍了几种常用的间壁式换热器。

　　工程中经常遇到各种换热器，如锅炉、暖气片、空气加热器、热水加热器等。一个良好的换热器应具备传热系数高，结构紧凑，易清洗检修，能承受一定的压力和温度等条件。实际上，每种换热器只能部分地满足上述要求，各有其优缺点，选择使用时必须根据具体情况作具体分析。

习　题

1. 换热器的作用是什么？换热器如何分类？
2. 常用的换热器有哪几种？各有何特点？

第8章　建筑给排水工程

给水工程的任务就是供给城镇、工矿企业、交通运输、农业等生产和生活用水，做到经济合理、安全可靠地满足各用水对象对水量、水质和水压的要求。

在城镇、从住宅、工厂和各种公共建筑中不断地排出使用过的水。用过的水，除了以水作原料的生产用水外，耗损是少部分，只是被污染成为污水或废水。生活污水含有腐败性的有机物以及细菌、病毒等微生物，也含有植物生长所需要的氮、磷、钾等肥分，水经生产过程使用后，绝大部分形成为废水。工业废水有的被热污染，有的夹带油脂，有的颜色发生改变；工业污水有的含酸、氰、砷等，有的含化学物质，有的含各种重金属盐类，放射性元素等。这些物质多数既是有毒和有害的，但也有有用的。将生活污水、生产废水有组织地排放、处理、利用，就是排水工程的任务。

8.1　室外给水系统

从概述中我们已经明确了给水工程的任务，给水工程分室外给水工程和室内给水工程两大部分，不论是城镇还是工矿企业，根据对水的使用目的可分为生活给水、生产给水和消防给水三大系统。生活给水是指对家庭、医院、学校和工矿企业内部职工的饮用、洗涤以及清洁卫生用水的给水；生产用水主要是指工矿企业生产过程中耗用的水；消防用水是指发生火警时，从给水管网的消火栓上用水灭火，消防给水系统的完善程度和火场供水技术直接影响灭火效果。我国为保障国家财产、人民生命和财产的安全，对消防的要求越来越高。

在给水工程中，除了对水量和水质有一定的要求外，还应保证一定的水压。生活用水，水压过大或过小，使用不方便，生产和消防用水对水压的要求更严。随着现代化城市和工矿企业的不断发展，广大农民生活水平的不断提高，居住条件的不断改善，广大农村的用水量也将有明显的增长，这将为给水工程的进一步发展提出了新的要求。

8.1.1　室外给水系统的组成及分类

室外给水系统的任务是从水源取水，经过处理后，以符合用户要求的水量、水质和水压供给用户使用。室外给水系统通常由取水、净水、贮水和输配水等构筑物组成。取水构筑物就是从天然水源（江、河、淡水湖、泊及地下水）取水的构筑物，其中包括一级泵站；净水构筑物是对天然水进行处理，使其水质合乎使用要求的构筑物，包括二级泵站；贮水构筑物是收集、储备和调节水量的构筑物，如水塔和高位水池；输配水构筑物是指经净化处理后清洁的水以一定的压力输送并分配到用户的构筑物，即输、配水管网和附属构筑物。

图 8-1 表示以地面水作为水源的给水系统。取水构筑物从水源取水，经一级泵站加压后送往净水构筑物，处理后的清水贮存于清水池中，二级泵站从清水池中取水，经输水管网送往高位水池（山区城市）或水塔（平原城市），通常高位水池或水塔是分片区或单位设置，水再通过城市给水管网和单位

进户管输送到单位或居民点。通常情况是从取水构筑物到城市给水管网由自来水公司负责修建，各单位进户管及单位内的管网由各单位负责修建。

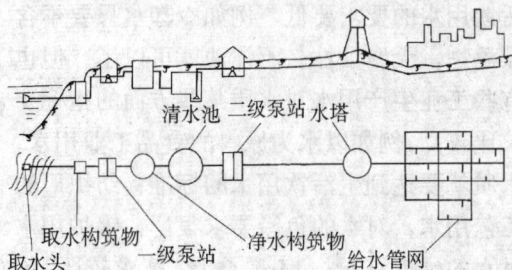

图 8-1　地面水源给水系统

图 8-2 为地下水作为水源的室外给水系统。采用地下水源时，大多数深层地下水其水质都能满足《生活饮用水卫生标准》，（新辟水源的需化验，使用中还应监测）。这样的水源可省去净水构筑物，其组成比地面水源简单。根据需要量和地下水储存情况，打若干的井——称为管井群，将地下水收集、抽出，送往集水池储存，再用泵经输水管送往高位水池或水塔，以后凭静压力经城市给水管网送往用户。

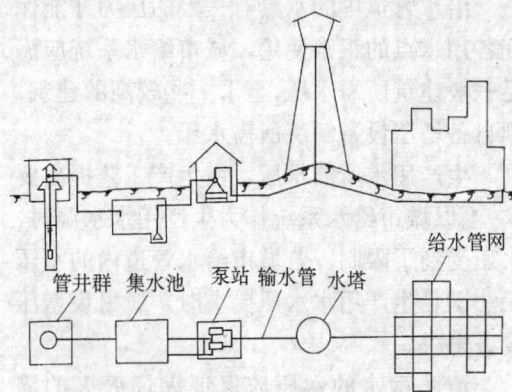

图 8-2　地下水源给水系统

室外给水系统的分类，根据城市规划、工业布局，用户对水量、水压和水质的不同要求来进行。室外给水系统可分为统一给水和分系统给水两大类。用同一标准的水质及统一水压通过同一管网向居民区及工厂提供生活、生产和消防用水的叫做统一给水。如图 8-1、8-2 的给水形式都属于统一给水。统一给水常用于中小城市或者各类用户对水质、水压要求差别不大的居民区或分散的工矿企业。统一给水的优点是便于管理，基建投资较少。

根据不同供水对象提出的水质、水压的不同要求，分别设立几个独立的给水系统叫做分系统给水。按水质不同划分系统的叫分质给水，按水压不同划分系统的叫分压给水。分系统给水可以是同一水源，也可以从几个水源取水。分质取水，当从同一水源取水时，对水质净化处理要依据不同的水质要求分别进行水处理。如生活用水要经过沉淀、过滤和消毒，而低质的生产用水只经过沉淀就可以了。分系统给水常用在大工业区或大工矿企业内部，分系统给水可以分别对象供水，能缩小城市水厂规模，节约日常净水药剂费用和能源费，但增加设备和管道的投资。

在城镇或工业给水中，采用两个或两个以上水源的叫做多水源给水系统，这种系统是从不同部位向管网供水。这种给水系统往往是随着城镇用水量的不断增加，用水区域的不断扩大而逐步形成的。多水源给水系统的优点是就近供水比较可靠，输水管线短，管网内压力比较均匀，管径比一个水源时小，调度灵活，又便于分期发展，缺点是设备和管理工作量增加。

水量、水质和水压

(1) 用水量——用户对水量的要求

给水工程的对象是多种多样的，有生活用水，生产用水，消防用水以及其他类型的用水，各种用水对象对水量的要求也不尽相同。

生活用水主要是提供居民和职工在住宅、公共建筑以及工业企业内部生活上所需要的用水。如生活饮用、洗涤、清洁、沐浴等用水。生活用水量标准是按每人每日用多少升水来计算的。它规定城镇居民每天生活所需的用水量。我国幅员广大，各地区的用水量情况不尽相同，因此用水标准也不一样，影响用水量标准的因素是各地区的气候条件、供水方式、室内给排水卫生设备完善程度，各地居民的生活习惯和生活水平。根据上述因素，我国用水量标准共分 8 个区，具体划分及各区标准见《给水排水设计手册》第 2 册。

影响工矿企业内部职工生活用水标准主要是工人的劳动强度、车间内温度、工人操作条件以及接触有害物质的程度。

生产用水主要是指工矿企业的生产过程中所用的水量。由于工矿企业性质不同，生产工艺过程又是多种多样的，因此生产用水没有统一标准。有些企业如钢铁厂、石化厂、造纸厂、化纤厂等工业用水量较大，而某些机械厂用水量较小。

消防用水是在发生火灾的情况下，用于扑灭火灾的用水。消防用水量是按扑灭一次火灾所需水量和同时发生火灾次数来决定。

还有一个特点是生活用水量是经常变化的。气候条件不同，用水量不一样，夏天比冬天用水多。一天 24h 内也不一样，通常用水高峰集中在 6 时至 8 时、11 时至 13 时、17 时至 20 时三个阶段中。

(2) 水质——用水的质量

给水工程因供水对象不同，对水质的要求也不一样。生活用水直接关系到人民的身体健康，水质必须符合一定的卫生标准，生活用水必须无色透明、无臭、无味，不能含有致病细菌，也不能含有其他损害人身体健康的化学物质和有毒物质。例如水中氟化物、氰化物、砷、汞、溶解矿物等的含量都有一定的规定，不得超过规定标准，否则饮用后会出现中毒症状。由于生活饮用水的水质要求，我国制定了《生活饮用水卫生标准》，这个标准从感官性状、化学标准、毒理学标准和细菌学标准四个方面进行规定。还需说明的是：生活饮用水卫生标准也不是一成不变

的，它随着生产的发展，人民生活水平的提高，要求也越来越严。

生产用水的水质要求视生产产品的类型和生产工艺要求而定。通常对水质要求比生活饮用水的要求要低，例如冷却水只要不含漂浮物，无腐蚀性、不浑浊就可以了。但也有些工业生产用水对水质某些方面的指标要求比较高，例如以水为原料的食品工业用水，水质就要达到生活饮用水的标准；纺织厂的工艺用水，对水的色泽要求很严；锅炉用水对水的硬度（Ca^{2+}、Mg^{2+}含量）要求较严，因为硬度大的水经过加热会在锅壁上结垢，腐蚀锅壁，影响传热，浪费燃料，严重时可造成锅炉穿孔或引起爆炸，所以锅炉用水都要进行软化处理。为保证对水质有特殊要求的用水，工矿企业可以自备给水系统或对城市供水作进一步的处理。

消防用水只在发生火警时才使用，它对水质没有什么特殊的要求，城市消防用水大都取自城市给水系统，一般不单独设置消防给水系统。

(3) 水压——水所具备的机械能

给水管道中的水具有一定的压力才能保证各用水点的正常使用，城市给水系统应满足一般建筑所需水压，至于一些较高的建筑，则自备增压设备解决所需水压。

生产用水所需水压，由生产工艺提出要求。当以城市给水系统作为生产用水水源时，水压受到了限制，若城市给水管道内的水压无法满足生产用水水压要求时，应另设增压设备解决。

消防用水的水压应保证火场灭火的需要，通常要保证消火栓接出水枪的充实水柱不小于 10m 水柱。

8.1.2 输配水管道的附属构筑物

人们习惯上将二级泵站至高位水池或水塔的一段管道称为输水管，高位水池或水塔以后至各建筑物进户管前的管道称为配水

管。输水管道常为一条管线，也有的城市为了提高供水可靠程度采用双线供水。配水干管的数量和布置形式则根据需要决定，输水管和配水管统称输配水管网。

管网在给水系统中占有相当重要的地位，如何保持管网输水畅通，输送的水质、水压、水量能否符合用户需要，用既经济又可靠的方案输配水，是管网设计、施工和管理都应极为重视的内容。

设计中布置给水管网时，应符合以下几个原则：管网必须分布在整个给水区内，能够在水量和水压方面满足用户的要求；保证供水安全可靠，当个别管线发生故障时，断水范围应能减到最小；力求管线最短，土石方工程量最少；尽量少穿铁路、河流等障碍物。且选用适当的管道材料，加快建设速度，减少基建投资。

管网的布置形式，常采用树枝状和环状两种，如图8-3所示。

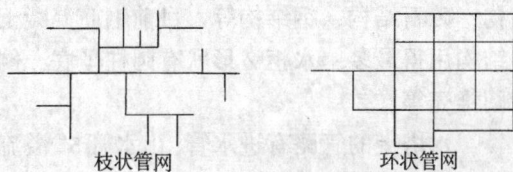

图 8-3　管网布置形式

所谓树枝状管网就是管网的布置象树枝一样，干管为树干，支管为树枝，从树干到树梢越来越细。树枝管网布置形式的优点是管线总长度较短，初期投资较省。其缺点是一条管道发生故障，将影响一大片地区用水，供水可靠性差，一般在小城镇和供水可靠性要求不严的工业区采用；环状管网是将管道布置成若干个回路。环状管网布置的优点是供水比较安全可靠，当部分管段损坏时，断水的范围较小。其缺点是管线总长度较枝状管网长，基建投资相应增加。在不允许断水的工业区和大中城市采用环状管网比较合适。在实际工作中，有时将枝状管网和环状管网结合起来布置。根据具体情况，在主要

给水区采用环状管网，在边远地区或给水可靠性要求不高的地方采用枝状管网，这样比较合理经济。或者有计划地在近期采用枝状管网，到将来再逐步发展成环状管网。

为了保证管网正常的工作，给水管网上应安装必要的附件（或设备）和附属构筑物。管网附件（或设备）主要有阀门、消火栓、给水龙头等。附属构筑物有阀门井、支墩和管线穿越障碍物时的构筑物，以及调节流量的构筑物。

（1）管网附件

1）闸阀和止回阀：

在输配水管道上设置阀门的目的（或者是其作用）是为控制水流方向、调节水的流量、当管道出现故障时，切断水流。止回阀主要装在水泵出口处，用以防止管道中水倒流入泵壳内打坏叶片。

2）消火栓：

室外消火栓有地上式和地下式两种，前者目标明显、使用方便、但易损坏，适用于我国南方温度较高的地区，后者适用于北方寒冷的地区。地上式消火栓多布置在道路交叉路口便于消防车操作的地方，室外消火栓有一个直径100mm和两个直径为65mm的出口，如图8-4。地下式消火栓的安装形式有旁通式和直通式，旁通式消火栓的旁支管内水流易造成死水区冻坏管道，在寒冷地区一般采用直通式地下消火栓，地下式消火栓有直径100mm和65mm的栓口各一个。

3）排气阀：

在管内刚进水时，由于管腔内充满了空气，在运行时，水中的溶解气体不停地溢出，这些气体积聚于管道的顶部，将使管子内径变小，增加输水过程中的水头损失，有时还可能造成水锤事故。因此在长距离输水管线或"桥管"的最高处应安装排气阀，用以排除管内积存的气体。排气阀的构造如图8-5（a）所示。其工作原理是：当管内无积存气体时，水由下向上进入阀内，阀内的浮球在

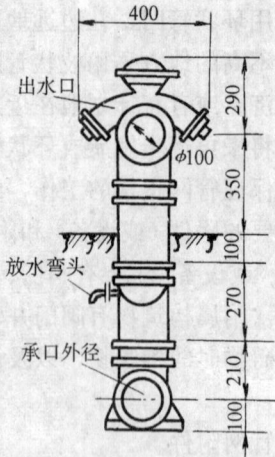

图 8-4 室外消火栓

浮力作用下上升封住排气口，随着气量的增加，水位被迫下降，浮球也随着下降，露出排气口后，气体溢出。排气阀应垂直安装，其安装形式见图 8-5 (b)。

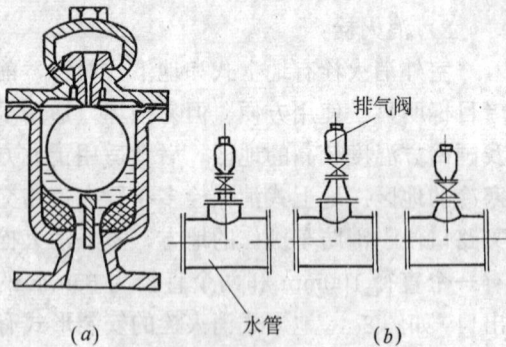

图 8-5 排气阀
(a) 阀门构造；(b) 安装方法

（2）给水管网附属构筑物

1）井室：

管网中的阀门、水表、消火栓等不能随同管道埋于土壤内，分别修建井室加以保护，分别称为阀门井、水表井、消火栓井等。井室的作用是保护附件不受锈蚀或损坏。

井室结构可以是砖石砌筑也可以是混凝土，其顶盖有铸铁顶盖也有钢筋混凝土顶盖。井室的修建属土建的工作内容。

2）支墩：

此处所说的支墩不是指支承架空管道的支墩。在输配水管道内，由于水的压力对管道的尽端、转弯和分支等处都会产生向外的推力，若使用承插铸铁管，为防止承口因管道推力使接口松动脱节，确保正常输水，应在三通、弯管等部位设置支墩，亦称挡墩。当管径小于 300mm，试验压力不大于 1MPa 时，在一般土壤地区的弯头、三通处可不设支墩；当弯管转角小于 10°时，也可不设支墩；当管径小于 400mm，试验压力不大于 1MPa 时，油麻、石棉水泥接口也不必在管端堵头（闷头）外设支撑，其余情况则需考虑设置支墩。

3）水塔和高位水池：

水塔和高位水池是管网中的流量调节构筑物，同时又可保证供需水压。水塔通常设在地势平坦的城镇，供一片地区或本单位作调节水量用。

A. 水塔由塔体、水柜（或水箱）和管路组成，见图 8-6。塔体 1 结构有钢筋混凝土结构、砖石结构、钢结构等，目前钢筋混凝土结构用得最多。水柜 2 形状有圆柱平底、倒圆锥壳等。

水塔上的管路有进水管、出水管 5、溢流管 7 和排水管 8，进水管和出水管可以分别设置，也可以合用一根。进水管与城市输水管连接，出水管与配水管网连接，进水管接于水柜 2 上部水面下伸入，管端设有挡水罩或用弯管连接出水，其目的是防止进水时水头过高而喷出水柜。为了保证水柜中的水流循环，同时不致冲击柜底的沉积物，出水管上端应装滤头 6。若进、出水合用一根弯管时出水管上应装设止回阀，以防止从柜底部进水。溢流管顶部装有口朝上的喇叭口，其标高是水位的最高点，溢水口到水柜以下后与排水管合并一起接入下水管，溢流管上不得装设阀门，溢流管的直径比进水管大 1~2 号。为了清洗水柜及检修时放空水柜存水，在水柜底装设放空管 8（排水管），当进水管 DN <200mm 时，放空管与进水管同径，当进水

228

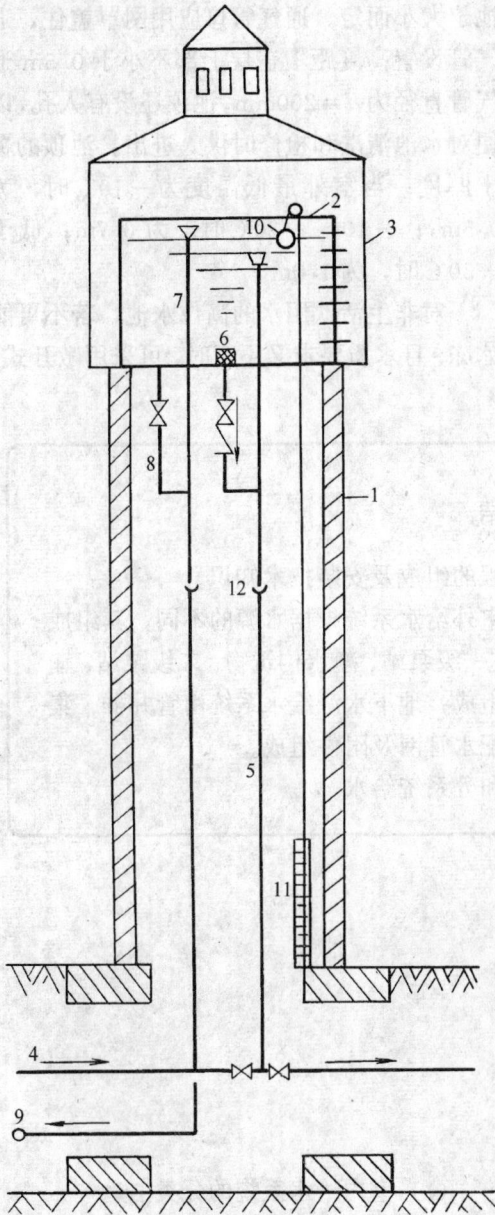

图 8-6 水塔构造及接管图
1—塔体；2—水柜；3—防冻外壳；4—干管；5—进出水管；6—滤头；7—溢流管；8—放空管；9—下水管；10—水位浮标；11—水位标尺；12—伸缩接头

管 $DN \geqslant 200$mm 时，放空管比进水管小 1 号。

为反映水柜内水位升降情况，应设浮标水位尺 11。为避免雷击，水塔应采取避雷措施。

水塔配管施工分预埋阶段和安装阶段。

预埋阶段：水塔配管需要配合土建预埋的有进水管、出水管、排水管、溢流管以及浮球标尺拉紧螺丝的预埋铁板。当土建施工进行到水塔底部时，在水柜未扎钢筋之前按设计图纸规定的位置将法兰短管埋好，其他需要的预埋件也按图纸埋设。

安装阶段：水塔的配管是由下向上逐步安装，每装一根要用花篮螺栓紧固，紧固拉杆可用圆钢制作。排污阀、止回阀一般装于水塔上部，距操作平台高度不超过 1m。止回阀水平安装，闸阀阀杆垂直向上安装。

B. 高位水池也是流量调节构筑物，高位水池适用于丘陵、山区城镇，高位水池建于它所负责供水区域中位置最高处。根据前面所述，居民的生活用水集中于一天中的 6～7 个小时，而水厂净水生产一天中 24h 是均匀进行的，这就造成用水高峰时用水量大于产水量，这就要有措施来调节两个量的矛盾，这就是设高位水池或水塔的必要性。

高位水池一般用钢筋混凝土建成，水池形状大多为圆柱形。

水池上的配管有进水管、出水管、溢流管和排水管，如图 8-7。

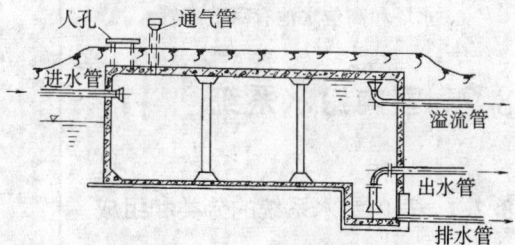

图 8-7 水池配管图

为防止水池内的水沿各管外壁泄漏，故各管穿过池壁段应采取防漏措施，图示为刚性防水套管。高位水池配管直径可按表 8-1 选择。

高位水箱池配管直径选择　表 8-1

管径(mm)　管路	水池容量(m³) 50	100	150	200	300	400	500
进水管	100	150	150	200	250	250	300
出水管	150	200	250	250	300	300	300
溢流管	100	150	150	200	250	250	300
排水管	100	100	100	100	150	150	150

为使水池内保持空气清洁，且进、出水不受影响，水池顶应设通气管，设置数量视池子大小而定。通气管口应用网罩盖住，通气管设置高度距覆盖层上部不小于 0.5m 通气管直径为 $d=200mm$。池顶还设有人孔，以便对水池清洗和检修时供人进出。池顶的覆土厚度；当室外最低温度为 $-10℃$ 时，为 0.5m；；$-10\sim-30℃$ 时，为 0.7m；低于 $-30℃$ 时，为 1.0m。

对非生活饮用水的高位水池，若不可能冰冻、且水质要求又不高时，可采用敞开式。

小　结

本章的教学内容主要介绍给水及排水工程的组成及安装技术知识。

本节介绍室外给水系统的组成和分类。室外给水系统根据水源的不同，其组成略有区别：地面水源给水系统由取水构筑物、一级泵站、净水构筑物、二级泵站、输水管网、高位水池或水塔、配水管网及附件组成；地下水源给水系统由管井群、集水池、泵站、输水管网、高位水池或水塔、配水管网及附件组成。

室外给水系统的分类为：统一给水系统和分系统给水。

习　题

1. 室外给水工程由哪几部分组成？
2. 室外给水系统是怎样分类的？
3. 什么是统一给水系统？
4. 给水管网有哪些布置形式？各有什么优缺点？
5. 给水管网有哪些附属构筑物？
6. 水塔和高位水池有哪些配管？

8.2　室内给水系统

8.2.1　室内给水系统的分类和组成

室内给水系统的任务是将室外给水系统的水引进室内，在保证需要的水压和满足用户对水质要求的情况下，输送足够的水量到各种卫生器具，配水龙头、生产设备和消防装置等各用水点，以满足生活、生产和消防的需要。

（1）室内给水系统的分类

室内给水系统的分类，通常是以对水的用途进行的。

1）生活给水系统：

指供人们日常生活饮用、烹调、洗涤、盥洗和沐浴等用水的给水系统。生活给水必须符合国家《生活饮用水卫生标准》的规定。

2）生产给水系统：

指供工厂车间内部的生产用水，如机器设备的冷却用水，原料、产品的洗涤水，以水为生产原料的用水、锅炉用水等给水系统称为生产给水系统。生产用水对水质的要求应根据具体用途和工艺要求确定。

3）消防给水系统：

指供可以用水灭火的建筑物内消火栓和特殊消防设备用水的给水系统。消防用水对水质的要求不高，但必须保证足够的水量和水压，以满足火场灭火的需要。

在一个建筑物内，其实并不一定需要单独设置上述三种给水系统。可以根据用水情况对水质、水压、水量、水温、安全等要求，结合室外管网供水情况，可考虑设置组合给水系统。如生活、生产给水系统；生活、消防给水系统；生活、生产、消防给水系统等。

在工业企业内，给水系统的设置视生产工艺情况定，可以设置若干个单独给水系统。但为了节约用水，在能够满足水质、水量、水压和安全要求的情况下，应尽量使水得到充分利用，例如可采取循环给水系统和循序给水系统等。

（2）室内给水系统的组成

室内给水系统通常由引入管、水平干管、立管、横管、支管、给水附件和配水龙头或用水设备组成，见图8-8。

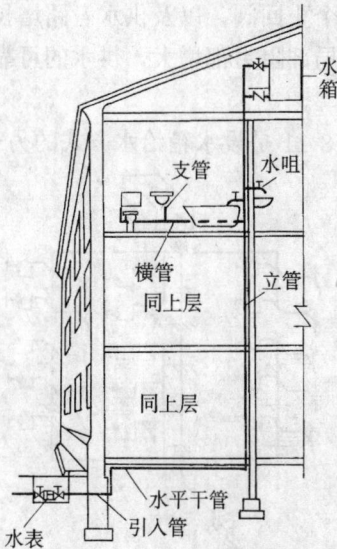

图8-8　室内给水系统的组成

1）引入管：又称进户管，是将水从室外给水管通过建筑物外墙引向室内的水平管段，引入管在未进建筑物时，一般设有水表和阀门。

2）水平干管：是引入管与立管之间的一段水平管。有的工程，水平干管不明显或者不存在，例如给水立管只有一根且靠外墙内侧设置，就没有水平干管。

3）给水立管：从水平干管或引入管沿铅垂方向将水送至各楼层的管段。

4）给水横管：各楼层自立管引出、供水点在两个以上的水平管段称为给水横管，最显著的如公共建筑卫生间内盥洗槽上的水平管。

5）给水支管：只承担一个水咀或用水点供水的管段。

6）给水附件：是指用以控制水量和关闭水流的各种阀件。

7）配水龙头或用水设备：是各用水点上的控制设备和使用设备。

此外，根据建筑物的性质、高度、消防要求程度及室外给水管网所能提供的水量、水压情况等不同因素，室内给水系统有时还需附设其他设备，如水箱、水泵、气压装置、贮水池及特殊消防设备等。

8.2.2　室内生活用水的给水方式

室内给水的给水方式也就是室内给水管道的供水方案。它是根据建筑物的性质、高度、室内卫生器具或用水设备的分布情况，室内给水系统所需压力，以及室外给水管网所能提供的水量和水压等因素决定的。

1）直接给水方式：

室外给水管网的水量、水压一天24h都能保证室内给水需要时，采用此种给水方式，如图8-9。直接给水方式使用附属设备少，基建投资低在条件允许时尽量采用此种给水方式。

2）设水箱的给水方式：

当室内给水管网的水压昼夜周期性不

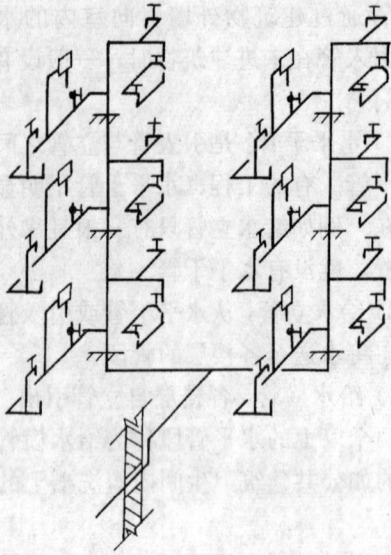

图 8-9　直接给水方式

足，即一天24h内某些时间（通常为用水高峰时间）水压不足，不能保证上层楼房供水时采用此种供水方式，如图8-10。

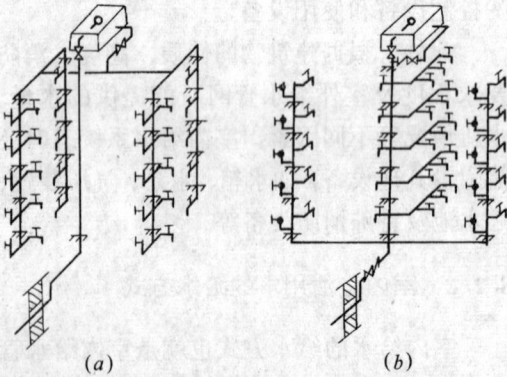

(a)　　　　　　　　(b)

图 8-10 设水箱的给水方式

这种给水方式是屋面设置水箱，给水总立管直接接入水箱，建筑物用水由水箱供给，或者下面几层由给水管网直接供水，上面几层由水箱供给。这种设置水箱的给水方法还适用于用水设置要求水压稳定和贮存事故水量，以及需要安全供水的场合，如淋浴用水要求有稳定的水压，才能获得稳定水温。

设水箱的给水方式在工程设计实践中，水箱进、出水管的布置方式不尽相同，常见的有水箱进、出水管分别设置和进、出水管

合用两种。

水箱进、出水管分别设置见图8-10(a)，水箱进水管与室外给水管网连接，出水管从水箱下部接出再分配给建筑物各给水立管。这种给水方式进、出水管上只装设一只阀门，室内各用水点的用水全部经过水箱，保证了各用水点的水压稳定。系统的水平干管常设在顶层吊顶内，这种情况对管道的防冻、防漏要求较高。

水箱进、出水管合用的如图8-10(b)，这种情况在水箱下部接出的出水管上必须装设止回阀，其作用是防止水箱进水时因水流"短路"而从下部进入，避免搅动箱底沉积物使水质变坏，也避免了下部进水无法控制水位而外溢。为了防止因室外给水管网水压降低而造成水箱内的贮水倒流入室外管网，在引入管上也必须装止回阀。此种供水方式水平干管可设在建筑物的底层，达到引入管和水箱双向供水，可以充分利用室外管网中的水压，即使室外管网水压较低时，建筑物的较低层仍可靠室外给水管网供水。与水箱进、出水管分设式相比，这种方式立管用料可以减少，水箱容积也可以减小一些，但因系统多装两个止回阀，以及供水管路增长，沿程阻力和局部阻力都增大，供水的可靠性要差一些。

图 8-11是设水箱给水方式的另一种形

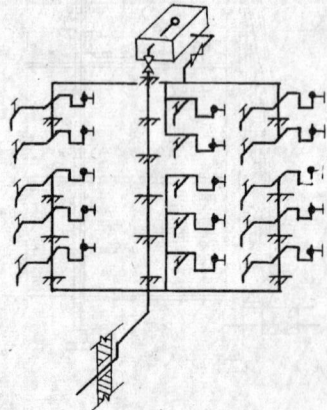

图 8-11　设水箱给水方式的另一种形式

式，这种形式水箱只供给建筑物上面几层的用水，下面几层由室外给水管网直接供水，这样充分利用了室外管网的供水压力。由于水箱负担减小，它的容积也相应减小，不会因设水箱给建筑物结构上过大地增加负担，这种给水方式需多用一些管材。

设水箱的给水方式的优点是：水箱能贮备一定量的水量，不仅可以保证建筑物内的用水量，还可以缓和室外供水与室内用水在供、求之间的矛盾和不均匀性；水箱自动工作，不需要人管理，也不需要其他经常费用；在某些情况还能起到恒定水压的作用。其缺点是：由于设置水箱，增加了建筑物的荷载和防震要求，从而提高了建筑造价；经水箱供应的水质可能稍差，如果设计、施工欠周密，水箱内贮水水质就会下降，如果水箱内壁粗糙，则容易积污垢又难以洗净，造成细菌的繁殖等等，在一定程度上也有碍建筑物的美观。

3）设水泵的给水方式：

如图 8-12，当室外给水管网的水压经常低于室内所需水压或室内用水量较大并均匀时，应设置水泵供水。

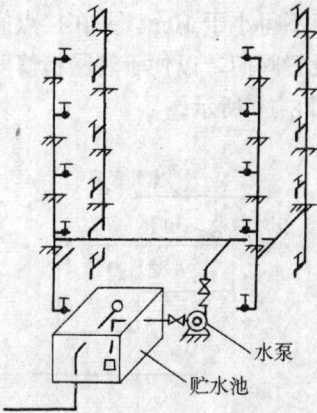

图 8-12　设水泵的给水方式

这种给水方式只要动力供应不中断，其供水安全可靠性是比较高的。但当用水量减少时，水泵在低效率下运行，电能耗费较多，

不经济。此种给水方式多用于工业企业的局部增压给水或高层建筑上部若干层的给水。

4）设水箱和水泵的给水方式：

这种给水方式在室内给水系统中设有水箱和加压水泵。当室外给水管网的水压经常不能满足室内给水系统对水压的要求，且室内用水不均匀，或室外给水管网水压在一天内周期性不足，缺水量很大，不宜设置大容积的高位水箱；或建筑物内所需水量不均匀，又有稳定水压要求时，宜采用此种给水方式，如图 8-13。

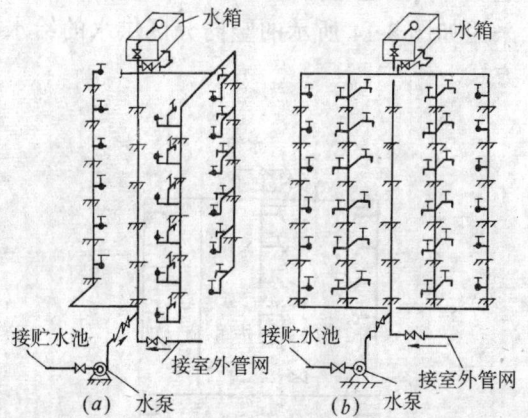

图 8-13　设水箱和水泵的给水方式

为了使水箱和水泵更有效地联合工作，常在高位水箱内设浮球继电器，利用浮球继电器控制水泵的开机和停泵。当水箱内水面降低到最低设计水位时，继电器接通电源，水泵运转；当水面上升到最高设计水位时，继电器切断电源，水泵停止运转。这样既保证了水箱的贮水又减少了运行操作人员，节省了经常费用。

水箱的进、出水管也分为合用式（如图 8-13（a））和分设式（如图 8-13（b））两种，合用式的水箱出水管必须装止回阀。

设水泵和水箱的给水方式的优点是：由于水泵和水箱联合工作，水泵可以间断运行，若水泵选择合理，可以使水泵高效率工作，少

233

耗能量。同时水箱容积可大大减小，既减轻建筑物的荷载负担又节省基建投资。这种给水方式经济合理，技术上可靠，常用于高层建筑和要求安全供水的建筑物。

5）分区给水方式：

在多层建筑和高层建筑中，若采用一个系统给水又要保证最不利点有必要的自由水头，则给水立管就过高，由于管内的静压力过大，会使建筑物下层内管网中的管道接头及附件因不能承受过高的压力而损坏；配水龙头放水时产生喷溅使用很不方便，水锤和噪声也会加剧，不利于供水。为了保证多层建筑和高层建筑合理供水，管网受压均匀，可采用如图 8-14 所示的竖向分区供水的给水方式。

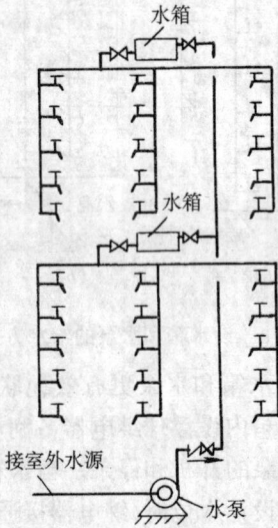

图 8-14　分区给水方式

8.2.3　室内给水管道的布置与敷设

室内给水管的布置与室内卫生器具或用水设备及室外给水管网的分布有关。一般布置原则，要求室内卫生设备尽量集中，以利于土建的结构、防水处理，也方便给排水管道的布置。

（1）引入管的布置

引入管是室外给水管网至室内水平干管或立管之间的一段管。引入管一般为埋地，常为 −0.7m 进入室内。引入管的布置力求简短，常与外墙垂直引入，其位置应靠近建筑物内用水量最大或不允许供水间断的地方。如住宅的引入管应从靠近卫生间或厨房的外墙引入；当用水点分布均匀时，如试验室、医院病房大楼等，则从建筑物的中央引入，以保证供水的均衡性，同时能够缩短管网中最远点的长度，因而减少最远点的水头损失。选择引入管的位置时，还应考虑到便于水表的安装、抄表和维护。引入管布置时还应注意与其他地下管线保持一定的距离，与排水管平行敷设时，管壁间净距不得小于 1.0m，立面交叉敷设时，给水管在上，排水管在下，管壁间净距不得小于 0.15m。

引入管的根数应根据建筑物性质及消防要求等因素确定，对于不允许供水间断及室内消防系统中消火栓总数在 10 个以上的大型或高层建筑，应设置两条或两条以上的引入管。设置两条以上引入管时，引入管应从室外环状管网的不同侧引入，如图 8-15 所示。如果条件不允许（主要是室外管网在建筑物未形成环状），不能从建筑物不同侧引入时，也可以从建筑物同侧引入，但两条引入管的间距不得小于 10m，并在接点间的室外管道上设置阀门，以便于管网检修时保证供水，如图 8-16 所示。

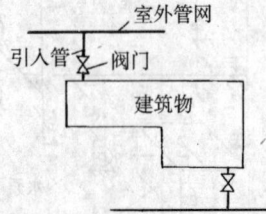

图 8-15　引入管不同侧引入

引入管的坡度应不小于 0.003，坡向室外给水管网。为了便于室内管网检修时泄尽系统内的存水，每条引入管除了装有阀门外，必要时还应装设泄水装置，泄水装置形式如

234

图 8-17。

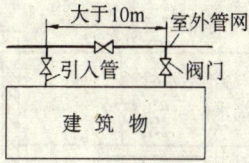

图 8-16 引入管同侧引入

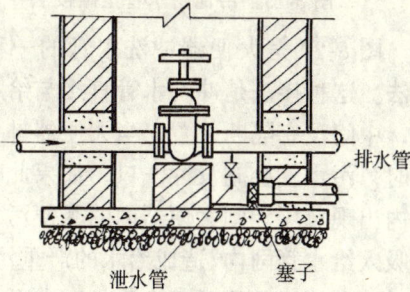

图 8-17 泄水装置

（2）室内管道的布置

室内给水管道的布置与建筑物的性质、结构、用水要求，卫生器具或用水设备位置以及所采用的给水方式有关。一般布置成枝状，单向供水，对于不允许间断供水的建筑，则应布置成环状，双向供水。管线布置以不妨碍美观、不布置于配电箱上方，不穿过壁橱和无用水的房间，管道简短等为原则，通常沿墙或平行于梁、柱作直线布置。

室内给水管道根据水平干管敷设的位置不同，可以分为上行下给式、中行分给式、下行上给式和环状式。

上行下给式如图 8-10（a）所示，水平干管设于顶层天花板下、平屋顶上或吊顶中，自上向下供水。一般有屋顶水箱的给水方式或下行布置有困难时采用此种给水方式。

下行上给式如图 8-9 所示，水平干管可以敷设在地下室天花板下、专门的地沟或在底层直接埋地敷设，自下向上供水。民用建筑直接从室外管网供水时，大都采用下行上给式。

给水立管应尽量在靠近用水量最大或不

允许供水间断的用水房间，沿墙角或管井内布置。

给水横管敷设时应有 0.002～0.005 的坡度，坡向池水点。

在工厂车间内，由于设备基础较多，而管道又不允许穿过设备基础，所以，车间内管道多为架空敷设。管道架空布置时，管道的位置不得妨碍生产操作，交通运输和建筑物的使用；管道不得布置在遇水燃烧、爆炸或损坏产品的设施上面，并应尽可能避免在生产设备上面通过；给水管道不宜穿过伸缩缝、沉降缝，如果必须穿过时，应采取必要的技术措施。如用橡胶软接头或金属编织的软管接头连接伸缩缝或沉降缝两边的管道。

给水管埋地敷设时，应注意要有一定的埋设深度，避免被重物压坏；不要布置在设备震动较大的地方；一般不得穿过生产设备基础，若必须穿越时，须征得有关方面的同意，并且管道外面应加钢质保护套管，以备日后检修。

为了防止管道被腐蚀和便于维修，给水管道不得布置在排水沟、烟道和风道内，同时不允许管道穿过大小便槽，壁橱、木装修和橱窗等。

室内给水管道的敷设：

所谓室内给水管道的敷设，是指管道的敷设形式，即管道的空间位置特点。室内给水管道的敷设方式有两种：一是"明装"，这种敷设形式是管道沿墙、柱表面敷设，管道裸露于空间。大多数建筑物均采用此种敷设形式，因为明装管道易于安装、维修，出现泄漏也容易发现问题所在。二是"暗装"，这种敷设方式是将立管布置于专设的管井内，横管敷设在墙槽内，房间内只看见水咀看不见管道。这种敷设形式用于建筑物对美观要求较高的情况。暗装敷设美观，但基建投资较大，安装、维修不便。在施工中，切忌安装成半明半暗。

8.2.4　水污染及其防止措施

生活饮用水水质的好坏，对人们的身体健康影响极大。各地的自来水，由自来水厂根据原水水质情况进行处理，生活饮用水的水质应符合现行的国家标准《生活饮用水卫生标准》的要求。这里所说的水污染，是指给水工程因设计上的不合理或安装上考虑不周，可能造成的再污染。

（1）生活饮用水不得因回流而污染

生活饮用水因回流而被污染是指室内已经用过的污水，由于给水系统内出现负压（系统内停水或供水不足，而低矮处仍在用水，就会在系统内造成负压）而被吸入给水管网内，使水质被污染。《建筑给排水设计规范》(GBJ 15—88) 规定：给水管配水出口不得被任何液体或杂质所淹没，而且高出用水设备最高水位，最小空气间隙不得小于配水出口处给水管外径的 2.5 倍。特殊器具和生产用水设备不可能设置最小空气间隙时，应设置防污隔断器或采取其他有效的隔断措施。

图 8-18 是浴池给水管的错误接法，由于给水管直接接入浴池，一旦给水管内形成负压，就会造成抽吸现象，浴池内的脏水被吸入给水管网，造成水质再污染。图 8-19 是浴池给水管的正确接法，它保证给水管出水口距浴池最高水位的距离为给水管外径的 2.5 倍。

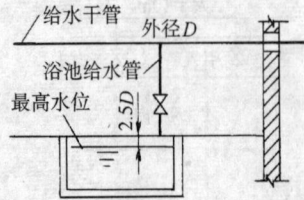

图 8-19　浴池给水管正确接法

图 8-20 是大便器冲洗水管的一种错误接法。这种接法是冲洗水管直接与给水管连接，中间没有隔断装置，当大便器排水被堵塞时，污水就会淹没冲洗口。如果此时给水管内出现负压，则大便器内的粪便污水就会被吸入给水管网内，造成给水的严重污染。因此，这种接法是绝对不允许的。大便器、大便槽的冲洗，应设置冲洗水箱或带有破坏真空的装置，如空气隔断装置、延时自闭式冲洗阀等，严禁用装设普通阀门的生活饮用水管道直接冲洗。

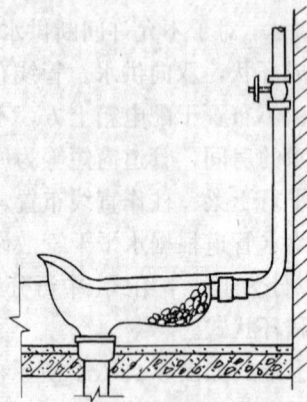

图 8-20　大便器冲洗水管直接与给水管连接

（2）生活饮用水管道不得与非饮用水管道连接

（3）水箱溢流管不得与排水系统直接连接，必须采用间接排水。

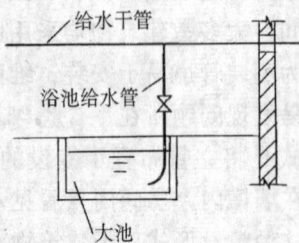

图 8-18　浴池给水错误接法

小　　结

　　本节为室内给水系统的分类和组成。室内给水系统按水的用途来分为：生活给水系统、生产给水系统、消防给水系统和组合给水系统。

　　室内给水系统由引入管、水平干管、立管、横管、支管、给水附件及配水龙头组成。本节还介绍了直接给水方式，设水箱的给水方式，设水泵的给水方式，设水箱和水泵的给水方式，分区给水方式，以及这些给水方式适用的条件。

　　给水管道的布置是依据房屋建筑设计中卫生设备的布置而考虑的：引入管和给水立管靠近用水量最大的房间，在保证需要的前提下，以管线最短为最好。其布置形式常为枝状，只有不允许断水的建筑才布置成环状。室内给水管的敷设是指管道的空间形式，例如架空、埋地等，室内给水管的敷设形式有明敷设和暗敷设两种。对于防止水质再污染，设计和施工中都应注意的。

习　题

1. 室内给水系统由哪几部分组成？
2. 常见的给水方式有哪几种？各在什么条件下采用？
3. 引入管的布置有哪些要求？
4. 室内给水管道有哪几种敷设方式？各有何特点？
5. 为防止生活饮用水因回流而污染的措施有哪些？

8.3　室内给水设备及附件

　　根据上节的讲述可知，除了室外水压可供直接供水的方式外，其余的给水方式都要加设适当的附属设备。归纳起来这些附属设备都是为了解决水量、水压不足的问题，室内给水系统的附属设备及附属件有水泵、水箱、气压给水设备等。

8.3.1　升压和贮水设备

　　室内给水最常用的升压设备是离心清水泵。根据室外水源水量情况，设置水泵升压有两种布置形式。

　　（1）直接增压水泵装置

　　这种装置是水泵吸水管直接与室外给水管网连接，抽水供室内使用，如图8-21所示。

　　直接增压水泵装置，由于直接从室外给水管网抽水，可以利用室外管网中的水压，耗

电量少，节约日常运行费用。但这种装置局限性很大，只有当室外给水管网管径较大、水量充足，水泵抽水量小，不影响室外给水管网正常工作，并经城市市政管理部门同意后才能设置。

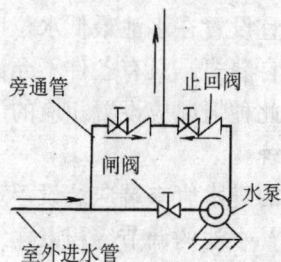

图8-21　直接增压水泵装置

　　水泵直接从室外给水管网吸水时，室外管网水压不得低于10m水柱。在计算水泵扬程时，应考虑利用室外管网中的最低水压，并以室外管网中的最高水压校核水泵工作情况，以防忽略室外管网内的压力，避免因使用时室内管网压力过大而造成管件损坏和

不便。

考虑到有时室外管网中的水压可以满足室内的需要，水泵可以停开或者水泵检修时不至全部停水，可以增设旁通管，旁通管上应加设闸阀和止回阀。

（2）水池水泵升压装置

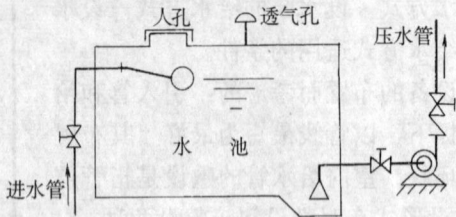

图 8-22　水池水泵升压装置

当不允许水泵直接从室外给水管吸水时，必须建造水池，水泵从水池吸水，如图8-22所示。这种升压装置的工作是：当室外给水管网中水量充足时，水池蓄水，由浮球阀控制，系统用水时水泵从水池中抽水升压供给。这种升压供水装置的最大优点是不影响室外管网的正常工作，而且安全可靠；其缺点是不能利用城市给水管网中的压力，水泵耗电量增加，由于设置了水池，水质容易被污染。此种升压装置常用于高层建筑、大型公共建筑及工业企业。

为了便于水泵的启动、减少附件和仪表，水泵轴线宜设置在水池最低水位以下，即水泵工作为自灌式。只有条件不允许才设计成抽吸式，此种情况应设置相应的灌水装置或抽真空系统。

水池的进水管末端应装设浮球阀，以便控制进水，水池的调节容积以建筑物的用水量来确定：水池的有效容积不小于建筑物全天用水量的10%，常为全天用水量的12%。水池可布置在地下室或泵房附近；生活用贮水池不得兼作他用；贮水池应有防水措施，即防止贮水渗漏又防止地下水渗入；为了保证水质的新鲜和检修的需要，水池顶设有人孔和透气孔。

水泵的布置：

水泵应设置在光线充足。通风良好和冬季不冰冻的房间内，水泵运转时发生的噪音，往往影响邻近房间，因此，在有防振和安静要求的房间（如教室、卧房、病房等）的附近不得设置水泵。在其他房间设置水泵。吸水管和出水管与水泵间应设置防振橡胶管接头，水泵机组下面设减振装置。设置水泵的房间应有排水措施，以便及时排出泵房内的积水，使房间内保持干燥。

水泵机组较小时（指水泵吸水口直径在100mm以内，其机组的一侧与墙面可以不留通道；三台相同机组可设在同一基础上，彼此间可不留通道，但组合装置周围应有宽度不小于0.7m的通道。

水泵基础高出地面不得小于0.1m。

生活给水系统的水泵，可按建筑物的重要程度考虑设置备用泵。一般高层建筑及大型公共建筑须设置一台备用泵；小型民用建筑允许短时间断水的可以不设备用水泵；生产及消防用水，备用水泵的数量根据生产工艺和有关消防规定的要求确定。

（3）气压给水设备

气压给水装置是利用密闭在贮罐内压缩空气的可压缩性贮存、调节和压送水量的给水装置。

气压给水装置由于供水压力是借罐内压缩空气维持，所以气压水罐可以设在任何高度；施工安装简便，便于扩建、改建和拆迁；给水压力可在一定的范围内进行调节；地震区建筑、临时性建筑和因建筑艺术要求较高不宜设置高位水箱或水塔的建筑，采用此种升压方法较好；有隐蔽要求的建筑，用气压水罐代替高位水箱或水塔，可达到隐蔽要求。

气压给水分变压给水和定压给水两种。变压给水就是罐内压缩空气的压力随着用水量的变化而变化，管网压力随之波动；定压给水是罐内压缩空气的压力靠自动启闭空气压缩机和自动调压阀保持恒定，使管网处于恒压下工作。

变压式气压给水设备较为常用，如图 8-23，其设备由气压水罐、水泵、空气压缩机和控制件（压力继电器、水位继电器等）所组成。它的工作原理是：罐内压缩空气的起始压力高于管网内设计压力，水在压缩空气压力的作用下被送往管网，随着罐内贮水量逐渐减少，压缩空气体积逐渐增大，压力逐渐减小，当压力减小至规定下限值（即水位降至最低设计水位）时，压力继电器接通电路，水泵启动，将水压入罐内；当罐内压力达到上限值（即水位上升至最高设计水位）时，压力继电器切断电路，水泵停止工作，如此反复开、停，保证供水。

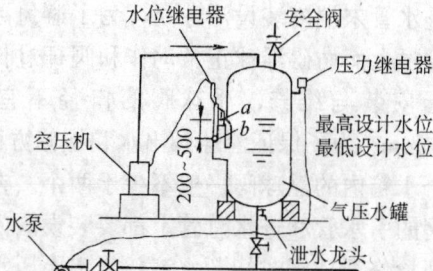

图 8-23　变压式气压给水设备

气压给水设备的缺点是：由于调节能力小，水泵开、停频繁，降低了设备使用寿命；耗电量也增加，经常管理费用较高；钢材耗用量大。变压式给水的供水压力变化幅度较大，不适合用于要求供水压力稳定的场合。

气压罐内的空气与水直接接触，经过一段时间，由于渗漏和溶解于水中被带走而逐渐减少，罐内的调节容积相应地逐渐减小，水泵开、停逐渐频繁，如果不及时补充压缩空气，最终将失去调节功能，因此需要定期进行补气。补气的方式有以下几种：

1）用空气压缩机补气：

如图 8-23 所示，当气压给水罐内空气减少，进水使罐内压力回升，当升到设计最大压力时，水位必然超过最高设计水位，此时水面与水位继电器触点 a 接触，空压机接通电源启动，向罐内补气；随着罐内气压增加，水面逐渐下降，当降至与水位继电器触点 b 脱离时，空气压缩机电源被切断，停止运转。这种补气工作方式比较可靠，但增加了设备费用，同时还应注意存水部分容积不可过小，即触点 b 不可设置过低，一般触点 a 至触点 b 的距离为 200～500mm，否则大量供水时罐内空气易被带走。

2）利用水泵压力管中积存空气补气：

如图 8-24 所示，当水泵停止工作时，水泵出水口至压水管止回阀之间的管段内的水倒流回集水池，形成负压，装在压水管上的进气阀（可用升降式或旋启式止回阀）便自动开启，进入并充满水泵压水管；当水泵启动后，水泵压水管内压力升高，进气阀自动关闭，压水管所积存的空气即被随水压入罐内。水泵每启动一次都可以补充一定数量的空气，积存的补气量大于实际需要量时，设在罐下部的浮球杠杆泄气阀自动放出过量的空气。

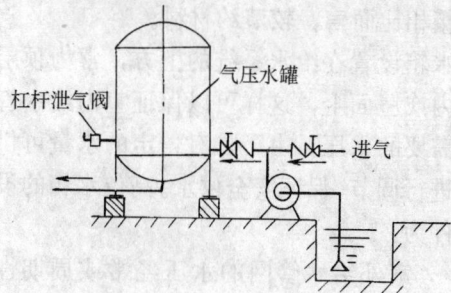

图 8-24　利用水泵压水管积存空气补气

此外，在小型气压给水系统中还可采用水射器补气和定期泄空补气等方式。

气压给水装置也可以采用双罐式，此时一个为气罐，另一个为水罐，气罐内的压缩空气靠空压机供给。

气压给水设备应装设压力表、安全阀、水位计、压力继电器和水位继电器等附件，以保证设备的安全和可靠的供水。同时设备上还应设有泄水管和密闭人孔，必要时水罐进水管上还应装设止气阀，以防罐内空气随水流出，进气管上设止水阀，防止水进入空气压缩机。

气压给水装置应设置在不结冻的房间内，罐顶至建筑结构最低点的距离不得小于1.0m，罐与罐之间及罐与墙面之间的净距不得小于0.7m，以便安装和检修。

气压给水罐内压缩空气的最小压力，应考虑在最低水位时能满足系统内最不利配水点或消火栓所需要的水压。

(4) 贮水设备

在本章第一节输配水管道的附属构筑物中曾谈及高位水池与水塔。这两种构筑物的作用是以水量调节为主，也兼有贮水作用。此处所说的贮水设备是指供一幢建筑物用水的贮存设备，同时也兼有水量调节作用，一幢建筑的贮水设备一般为水箱。

1) 水箱设备的条件：

水箱一般由钢板焊制，几何形状有矩形、也有圆柱形。矩形水箱比较好布置，作为结构的荷载较为合理，矩形水箱用的也较多；圆柱形水箱相比而言，较节约材料。

水箱设置在给水系统的上方，常为顶层天棚内或屋面上，这样可以保证室内给水管网所需要的水压，由于贮有一定的水量可供系统进行调节，保证安全供水。高位水箱的设置条件为：

A. 室外给水管网的水压经常或周期性地低于室内给水系统所需的水压。

B. 某些建筑物或生产工艺需要贮备一定水量，以便室外给水管网发生故障时应急用水及消防贮水。

C. 某些给水系统需要有稳定的水压，如浴室供水。

D. 高层建筑分区供水时，在每个分区三～四层以上设高位水箱，保证各分区的供水。

2) 水箱的配管：

水箱的型号尺寸可参照《给水排水标准图集》S120。水箱的配管见图8-25。

A. 进水管。

进水管中心距水箱上边缘不少于200mm，当水箱利用室外管网压力进水时，其

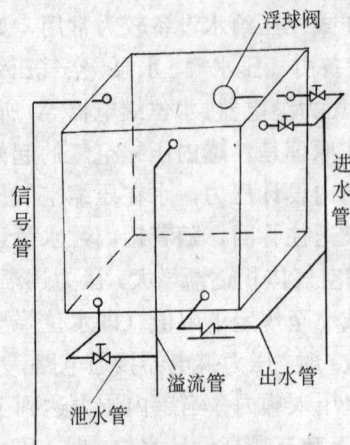

图 8-25　水箱配管

进水管末端应装设浮球阀，为了避免浮球直径过大而妨碍浮球正常动作和阀杆过长不便于安装与维修，浮球阀的口径不宜大于50mm。为了保证浮球阀出水和检修方便，每个水箱内的浮球阀一般不少于两个。在浮球阀的引水管和进水总管上都要装设阀门，以便检修浮球阀时切断水流。当水泵压水管直接接入水箱，不与其他管道连接，且水泵开、停由水位自控继电器控制时，其进水管末端可不装设浮球阀。进水管的管径根据给水管网的设计流量或水泵的供水流量确定，由水泵直接供水时，进水管管径与水泵压水管管径相同。

B. 出水管。

出水管管底距水箱底不小于100mm，这是为了给水中杂质一个沉积的空间，以防止杂质流入管网。出水管上应设置阀门，出水管有时也与进水管共用一根管道，此时，应在出水箱后与进水管连接之前的管段上装设止回阀，以防水流短路自水箱底部压入，如图8-25所示。止回阀使用时间较长后，容易损坏或失灵，为了保证供水的可靠和维修方便，进出水管最好分别设置。

C. 溢流管

溢流管是当水箱内的水超过设计水位后多余的水从此管中流出排走。故溢流管中心

距水箱上边缘不大于 150mm，比水箱设计最高水位高出 20mm。溢流管的管径自水箱出口至与泄水管相连的管段，一般比进水管大 1～2 号，与泄水管合并后其管径与进水管管径相同。例如：当进水管管径为 $DN40$ 时，则溢流管上段（即从水箱至与泄水管相连的管段）的管径应为 $DN50$ 或 $DN65$，与泄水管合并后仍为 $DN40$。

溢流管上不得设置阀门，溢流管可引到附近的污水盆上，但不允许直接与排水管道连接，若必须与排水管道连接时，中间必须加隔断水箱，水箱下还装有存水弯，如图 8-26 所示。屋面水箱的溢流管可以直接接至屋面。

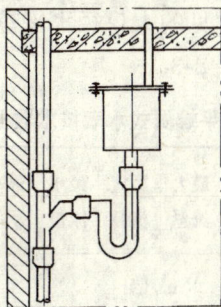

图 8-26 隔断水箱

D. 泄水管。

泄水管的作用是为了排除水箱底部沉积的杂质污物和清洗水箱的污水。所以，泄水管从水箱底部接出，管口的顶部设在水箱底的最低处。泄水管的管径一般为 $DN40$～$DN50$，泄水管上需装设阀门，平时关闭，在清洗水箱时开启泄水。为节约管材，溢流管可与泄水管相连接。

E. 信号管。

信号管接至值班室的污水盆上，当水箱内的水位超过设计水位时，水从信号管中流出，值班人员可立即采取措施，停止上水。信号管中心地溢流管低 10mm，信号管的直径常为 $DN15$，信号管的作用也可以用电、声信号装置代替。

F. 托盘排水管。

水箱下面设置托盘主要是为了收集水箱外壁的凝结水，这些凝结水由托盘排水管排除。为了防止大块脏物进入排水管，在排水管入口处设有栅网，排水管管径通常为 $DN25$～$DN32$，如图 8-27。

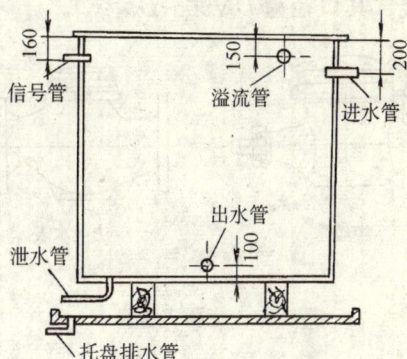

图 8-27 水箱托盘及排水

8.3.2 水表

为了计算水的用量，在一定的范围设置水表。通常是一个单位的总进水管装设一只水表，作为自来水厂向单位收取水费的依据；公共建筑则在引入管上装设水表；居住建筑每家装设水表，作为单位向个人收取水费的依据。装设水表后可避免"长流水"，对节约用水具有重要的作用。

（1）水表的分类

给水流量的计量广泛采用流速式水表，它计量的依据是：当管径一定时，通过水表的流量与流速成正比这一原理，利用水流推动水表叶轮旋转，叶轮轴带动一套传动和记录装置来实现计量。流速式水表只能起记录单向水流的累计流量，不能指示瞬时流量。流速式水表按叶轮构造不同，分为旋翼式水表和螺翼式水表两种。

旋翼式水表又称叶轮式水表，这种水表的旋转轴与水流垂直，轴上装有全平面状的叶片，水流通过时，冲动叶片使轴旋转，其转数通过由大小齿轮组成的传动机构，指示于计量盘上，由计量盘上的读数，可以知道累计流量。本月的累计流量减去前日的累计流量即为本月的用水量。

图 8-28 为旋翼式水表外形图。左图水表与管道的连接为螺纹连接，其口径较小，常为 $DN25\sim DN40$；右图水表与管道的连接为法兰连接，其口径为 $DN50\sim DN150$。

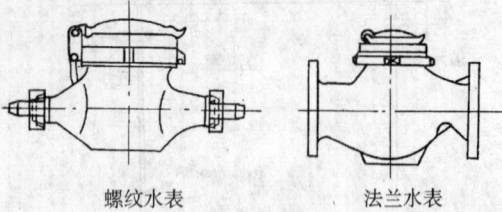

螺纹水表　　　　法兰水表

图 8-28　旋翼式水表

旋翼式水表按传动机构所处状态不同，又分为干式和湿式两种。干式水表的传动机构和计量盘用金属盘与水隔开，湿式水表的传动机构和计量盘都浸在水中，而在标度盘上装有一块厚玻璃，用以承受水压。干式水表的隔离密封要求严格，其计数机件较湿式水表复杂，表盖玻璃内表面易产生水汽妨碍读数，敏感性能也比湿式水表差，所以目前广泛的使用湿式水表。但湿式水表只能用在水中不含杂质的管道上，否则由于水质浊度高而磨损水表机件，降低水表精度，缩短使用寿命。而且要求水表机件附腐蚀性能较高。表 8-2 列出了湿式旋翼式水表的型号和技术数据。

旋翼式水表技术数据　　　　表 8-2

型号	公称直径 (mm)	特性流量	最大流量	额定流量	最小流量	灵敏度 ≤	最大示值 (m³)
		(m³/h)				(m³/h)	
LXS-15	15	3	1.5	1.0	0.045	0.017	10000
LXS-20	20	5	2.5	1.6	0.075	0.025	10000
LXS-25	25	7	3.5	2.2	0.090	0.030	10000
LXS-32	32	10	5.0	3.2	0.120	0.040	10000
LXS-40	40	20	10.0	6.3	0.220	0.070	10 0000
LXS-50	50	30	15.0	10.0	0.400	0.090	10 0000
LXS-80	80	70	35.0	22.0	1.100	0.300	100 0000
LXS-100	100	100	50.0	32.0	1.400	0.400	100 0000
LXS-150	150	200	100.0	63.0	2.400	0.550	100 0000

此种水表适用于清洁水，水温不超过 40℃；水表壳体有塑料和金属两种，塑料壳水表最大使用压力为 0.6MPa，金属壳水表最大使用压力为 1.0MPa。

旋翼式水表的水流阻力较大，通常制成小口径的水表，宜于测量较小的流量。

螺翼式水表的翼轮轴与水流方向平行，翼轮轴上装有螺旋状叶片，水流通过时，推动叶片使轴旋转，转动轴带动一套传动机构，将流量指示在计量盘上。

螺翼式水表又分为水平式和垂直式两种，由于翼轮轴和水流方向平行。水流阻力小，因此，可以制成大口径水表，用于测量较大的流量。常见的大口径水平螺翼式水表的技术数据见表 8-3。

水平螺翼式水表技术数据　　表 8-3

公称直径 (mm)	流通能力	最大流量	额定流量	最小流量	最小示值	最大示值
	(m³/h)				(m³)	
80	65	100	60	2	0.01	100 0000
100	110	150	100	3	0.01	100 0000
150	275	300	200	5	0.01	100 0000
200	500	600	400	10	0.10	1000 0000

注：流通能力为水通过水表产生 1m 水柱水头损失时的流量。

此种水表的水温不大于 40℃，承压能力为 1MPa 以内。

除了上面介绍的两种水表之外还有一种翼轮复式水表。这种水表同时配有主表和副表，如图 8-29 所示。主表前面设有开闭器，当通过流量小时，开闭器自闭，水流经旁路通过副水表计量；通过水流大时，靠水力预开开闭器，水流同时从主、副水表通过，两表同时计量。主、副水表均属叶轮式水表，口径相差很大（主表为 $DN50\sim DN400mm$，副表为

$DN15\sim DN40mm$），能同时记录大小流量。因此,在建筑物内用水量变化幅度较大的,采用复式水表最合适。

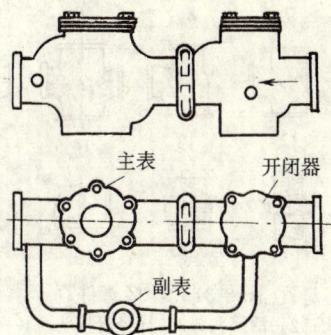

图 8-29　翼轮复式水表

水表参数的意义:

额定流量:保证水表能长期正常运转的最大流量;

最小流量:水表使用的下限流量,也就是水表能开始准确计数的起码流量;

最大流量:水表使用的上限流量,即水表可以在短期内通过的最大流量,按规定最大流量在每昼夜通过的时间不得超过 1h。

特性流量:水流通过水表产生 10m 水柱水头损失时的流量值,水表在使用时不允许在特性流量下工作。

流通能力:水流通过水表产生 1m 水柱水头损失时的流量。流通能力的流量也是过大流量,一般情况下也不允许在此流量下工作。

灵敏度:水表叶轮能运转的最小流量,也称起步流量。

最小示值:读数盘中最小数值盘的读数。

最大示值:水表的极限计数量。

水表的容许水头损失值,旋翼式水表应小于 2.5m 水柱,螺翼式水表应小于 1.3m 水柱。

（2）水表的安装

水表应安装在抄表方便、不受曝晒(室外设水表井)、不受污染和不易损坏的地方;引入管上的水表装在室外水表井、地下室或专用的房间内。各户居民的水表一般都装在该户的给水横管上。图 8-30 是 $DN50\sim DN150$ LXS 型水表安装图。

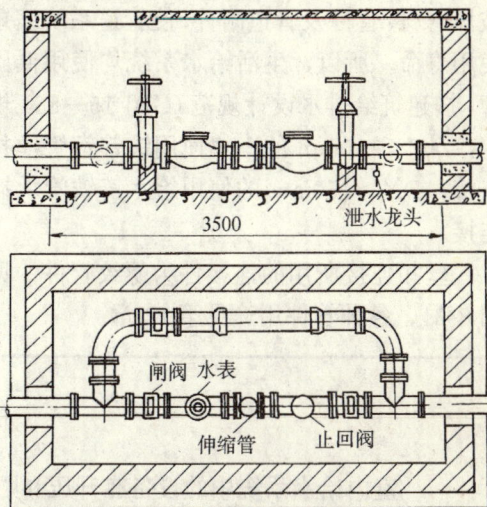

图 8-30　室外水表井接管图

水表安装时应水平安装,并使水表外壳上箭头方向与水流方向一致,不能装反;水表前后应装设阀门,水表前的阀门常用旋塞阀或闸阀,以保证水表的准确测量,而且水表前应有大于水表口径 10 倍的直管段。对于不允许停水或设有消防管道的建筑,还应加设旁通管,此时水表后面要装止回阀。水表前的阀门在水表使用时要全开。水表装在水表井内还应安装泄水龙头,以便检修时将管网内存水泄尽,见图 8-30。

8.3.3　室内给水管材及附件

由给水管道和有关附件作适当的连接就组成了一个完整的室内给水系统。

室内给水系统其作用不同所使用的管材也不一样。生产给水系统,要求水压为低压 $(P\leqslant1.6MPa)$ 的可使用焊接钢管（埋于地下、$P \leqslant 1.2MPa$、$DN70$ 以上的也可使用给水铸铁管），中压（$P > 1.6MPa$）以上的采用无缝钢管；消防给水系统，埋于地下的用焊接钢管，地上部分 $DN65$ 以上的用焊接钢管焊接连接，$DN \leqslant 50$ 的可用镀锌钢管丝扣连接、生活给水系统。由于生活给水的水压都在 $0.6MPa$ 以内，生活给水水压过大，不但浪费能源，且使用不便，还会震动剧烈发生噪音，破坏管材、管件及管道附件，使管道系统缩短使用寿命。所以，生活给水系统均使用低压管，按建筑给排水设计规范（GBJ 15—88）规定：$DN \leqslant 150mm$ 的一律使用镀锌钢管丝扣连接；$DN > 150mm$ 的使用给水铸铁管承插连接。

丝扣连接所用的连接件为螺纹管件，见图 8-31。各种管件用途见第 12 章。

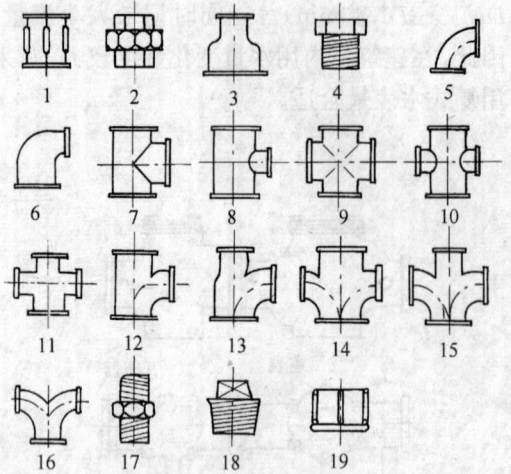

图 8-31　丝接管件

1—管接头；2—活接头；3—异径管接头；4—补心；
5—弯头；6—异径弯头；7—等径三通；9—等径四通；
8、12、13、16—异径三通；10、11、14、15—异径四通；
17—对丝（外接头）；18—丝堵；19—管帽

小　结

室内给水系统中的设备有升压和贮水设备，水泵和气压给水装置为升压设备，水箱、水池为贮水设备。水表是用来计算建筑物内的用水量，按叶轮构造不同分为叶轮式水表和螺翼式水表两种，通过学习应掌握水表的安装要求。

习　题

1. 室内给水增压措施有哪些？
2. 试述气压给水设备的组成及工作原理。
3. 常用水表有哪几种？各有何优缺点？
4. 湿式旋翼式水表适用于什么条件？
5. 水表各种技术参数的意义是什么？
6. 生产给水在什么条件下使用什么管材？
7. 生活给水使用管材的种类及条件？
8. 各种丝扣连接件的作用是什么？

8.4　室内消防给水系统

8.4.1　室内消防给水系统的分类

为了保证建筑设施的安全，贯彻以防为主，以消为辅的方针，必须根据建筑物的性能、高度、用途及结构耐火等级，按《建筑设计防火规范》（GBJ 16—87）规定，在下列建筑物内设室内消防给水系统。

1）厂房、库房（存有与水接触能引起燃烧、爆炸的物品除外）、高度不超过 24m 的科研楼；

2）超过 800 个座位的剧院、电影院、俱乐部和超过 1200 个座位的礼堂、体育馆；

3）体积超过 5000m³ 的火车站、码头、展览馆、商店、病房楼、门诊楼、教学楼、机场建筑物以及图书馆等；

4）超过七层的单元式住宅以及超过六层的塔式住宅、通廊式住宅、楼底设有商业网点的单元式住宅；

5）超过五层或体积超过 1000m³ 的其他民用建筑；

6）国家级文物保护单位的重点砖木或木结构的古建筑。

在一般建筑物及工厂车间内，消防给水管道通常与生产、生活给水管道合并，组成生活、消防或生产、消防共用给水系统。独立的消防给水系统用得少，因为单独的消防给水系统会造成管道系统内的长期不流动，使水质变坏。

室内消防根据其用途分为普通消防给水系统。自动喷洒和水幕消防给水系统。

8.4.2 普通消防给水系统

室内普通消防给水系统由消防给水管道、消火栓及装有水龙带和水枪的消防箱所组成。如图 8-32 所示。当室外给水管网水压不足时，尚需设置消防备用水箱及消防水泵。

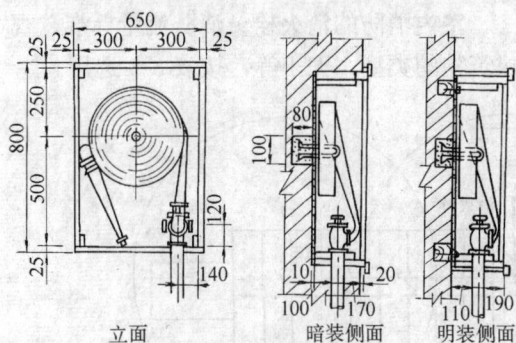

图 8-32 室内消火栓装置

室内消防给水管道一般为一根进水管，不连成环状。但当室内消火栓较多，楼层较高，立管多，为了保证消防时供水充足，不断水，在下列情况下，可考虑将管道连成环状。

1）室内消火栓超过 10 个，室外管网为环状，至少有两条进水管时，应将室内管道也连成环状或将进水管与室外管道连成环状。

2）超过六层的单元式住宅和六层的其他民用建筑，超过四层的库房应采用环状管网和两条进水管，其中任意一条发生事故，其余进水管仍能供应全部设计用水量。

3）若室内消防立管多余两条，至少每两条立管连成环状，阀门布置应考虑检修管道时，可关闭的立管不超过一条。

消防系统中常用的水枪直径有 $d50 \times 13$、$d50 \times 16$、$d65 \times 19$ 等三种规格。水枪用铝或塑料制成。消防水龙带是用帆布或麻布编织成的输水管，常用内径有 50mm、65mm、长度有 10m、15m、20m、25m。

消火栓是一个出口为快速接头的角阀，其作用是控制水流，平时关闭，发生火警时，水龙带上的另一半快速接头与之扣牢，开启角阀，进行灭火。SN 系列室内消火栓有直角出口式（SN 型）、45°单出口式（SNA 型），见图 8-33、8-34。还有直角双出口式（SNS 型）等几种型式，其构造及形式见图 8-35。主要规格见表 8-4。

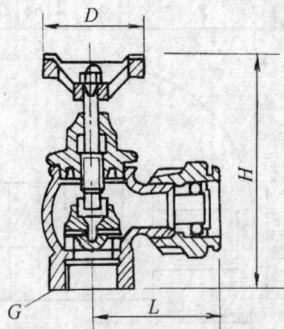

图 8-33 SN 型室内消火栓
（直角单出口式）

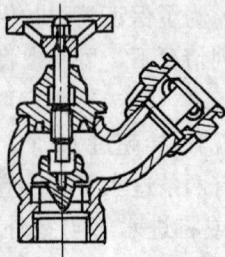

图 8-34　SNA 型室内消火栓
（45°单出口式）

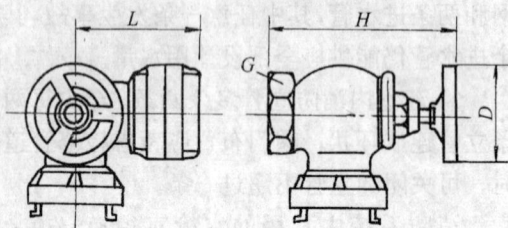

图 8-35　SNS 型室内消火栓（直角双出口式）

SN 系列室内消火栓规格性能　　表 8-4

型　号	工作压力(MPa)	进水口规格	出水口规格		主要结构尺寸(mm)			重量(kg)
			公称通径(mm)	配套接机型号	L	H	D	
SN50		G2″			105	195	100	4.0
SNA50			50	KN50	140			4.5
SNS50	≤1.0	G2 $\frac{1}{2}$″			158	205	120	5.5
SN65		G2 $\frac{1}{2}$″			115	210	120	5.0
SNA65			65	KN65	155			5.5
SNS65		G3″			166	235	140	10.5

消火栓口径的选择：当消防射流量小于 4L/s 时，采用 50mm；消防射流量大于 4L/s 时，采用 65mm。

水枪、水龙带和消火栓合设于消防箱内，如图 8-32 所示。在同一建筑内应采用同一规格的消火栓、水枪和水龙带，以便维护保养和替换使用。

消火栓布置时，必须保证水枪的充实水柱能喷射到每一个消防死角，但不要使消防立管的根数过多。消火栓的布置间距与采用的消防水龙带的长度有关，例如消防水龙带的长度为 20m，加上水枪充实水柱 6m，则一个消火栓的最大作用半径可达 26m。但由于房间的分隔，消防水龙带的曲折转弯，消火栓的工作半径实际采用的应比上述数值小，一般消火栓的服务半径约为消防水龙带的长度。但间距不宜大于 50m。消火栓应分设于建筑物的各层中，并宜设在楼梯间、门厅或走廊内等显眼易取的地方，栓口中心离地面高度为 1.1m，栓口出水方向宜与设置消火栓的墙面成 90°角。消火栓箱应根据建筑要求，可采用明装、暗装或半明装。消防箱内的水龙带，平时应按要求摆放整齐，便于迅速取用。图 8-36 所示为一栋大于 5000m³ 的三层楼医院病房的消火栓布置。

消防水力计算：

1）消防用水量：

室内消防的消火栓、消防流量标准，视建筑物的类型、大小等，按表 8-5 选用。

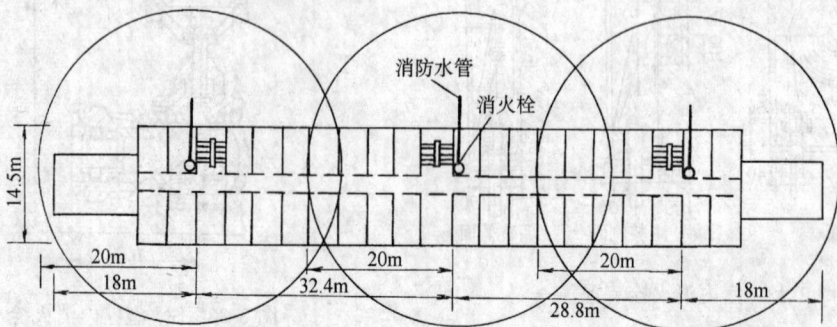

图 8-36　消火栓布置

建筑物名称	高度、层数、体积或座位数	消火栓用水量 (L/s)	同时使用水枪数量 (支)	每支水枪最小流量 (L/s)	每根立管最小流量 (L/s)
厂房、科研楼试验楼	高度≤24m，体积≤10000m³	5	2	2.5	5
	高度≤24m，体积>10000m³	10	2	5	10
库房	高度≤24m，体积≤5000m³	5	1	5	5
	高度≤24m，体积>5000m³	10	2	5	10
车站、码头展览馆等	5001～25000m³	10	2	5	10
	25001～50000m³	15	3	5	10
	>50000m³	20	4	5	15
商店、病房楼、教学楼等	5001～10000m³	5	2	2.5	5
	10001～25000m³	10	2	5	10
	>25000m³	15	3	5	10
剧院、电影院、俱乐部、礼堂、体育馆等	801～1200 个	10	2	5	10
	1201～5000 个	15	3	5	10
	5001～10000 个	20	4	5	15
	>10000 个	30	6	5	15
住宅	7～9 层	5	2	2.5	5
其他民用建筑	≥6 层或体积≥10000m³	15	3	5	10
国家级文物保护单位的重点木结构古建筑		20	4	5	10

消防用水与生产、生活给水共用管道时，管道设计流量应按消防流量和生产或生活用水量之和计算。但淋浴用水量可按计算用水量的 15% 计。

室内设置水箱时，水箱容积应考虑消防用水储备或设专用的消防备用水箱。

2) 水力计算：

按照灭火要求，从水枪喷出的水流不仅应该达到火焰产生处，并且流束密集、有力，足以击灭火焰。因此，计算消防射流时，射流的工作高度只是射流的有力的一段，称为充实水柱，如图 8-37 所示。

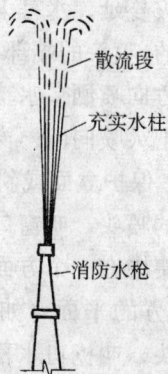

图 8-37 垂直射流

消火栓栓口处的压力一般应保证充实水柱高度不小于 7m。

消火栓栓口处所需的水压为：

$$H_{xh} = h_d + H_q \qquad (8-1)$$

式中 H_{xh}——消火栓栓口处所需水压 (mH₂O)；

h_d——水龙带的水头损失 (mH₂O)；

H_q——水枪造成一定高度充实水柱所需水压 (mH₂O)。

水龙带的水头损失可用下式计算：

$$h_d = A z l_d q_{xh}^2 \qquad (8-2)$$

式中 Az——水龙带的比阻值，见表 8-6；

水龙带比阻 Az 值 表 8-6

水龙带口径（mm）	帆布、麻织水龙带	衬胶水龙带
50	0.01501	0.00677
65	0.00432	0.00172

l_d——水龙带的长度 (m)；

q_{xh}——消防射流量 (L/s)。

水枪造成一定高度充实水柱所需水压用下式计算：

$$H_q = \frac{q_{xh}}{B} \quad (mH_2O) \qquad (8-3)$$

式中 q_{xh}——消防射流量（L/s）；

B——水流特性系数，见表8-7。

水流特性系数 B 值 表8-7

喷咀直径(mm)	13	16	19	22
B 值	0.346	0.793	1.577	2.836

8.4.3 自动喷洒和水幕消防系统

自动喷洒灭火装置是一种特殊的消防给水设备。当火灾发生时火焰或热气流使布置在天花板下的闭式喷头的易熔合金熔化，喷口自动打开，喷水扑灭火苗；同时又能自动发出火警信号。图8-38所示为国产普通型闭式喷头。图8-39所示为自动喷洒灭火装置。这种装置主要由信号阀、管道系统和喷头组成。它的工作过程是：当火灾发生时，火焰温度使布置在天花板下的闭式喷头的锁片受热熔化而脱落，管道中的水即从喷头喷出，迅速将火扑灭。同时水流通过信号阀中的水力启动警铃发出警报。这种报警装置性能可靠，但安装费用较高。主要用于物品仓库、厂房、大楼和公共场所等重要部位。

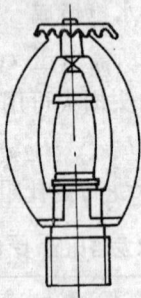

图8-38 玻璃球闭式喷头

易熔合金锁片是启动整个装置的关键，它由铋、铅、锡和铅等金属熔制而成，具有较低的熔点，熔化温度有72℃、100℃、141℃三种，按房间内要求保护的条件选用。喷头数根据房间大小、喷洒半径1.83m计算求

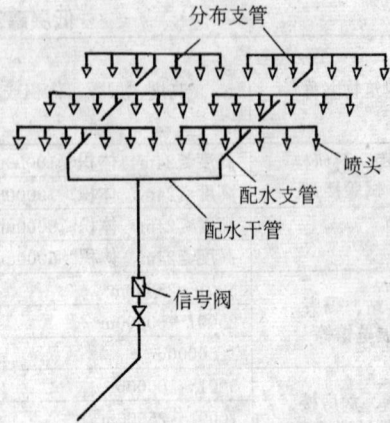

图8-39 自动喷洒灭火装置

得，管径由喷头数确定，见表8-8。

喷洒消防管道最大负荷喷洒头数

表8-8

一般火灾		严重火灾	
管 径(mm)	最大喷头数(个)	管 径(mm)	最大喷头数(个)
20	1	25	1
25	2	32	2
32	3	40	5
40	5	50	8
50	10	65	15
65	20	80	27
80	40	100	55
100	100	125	120
125	160	150	200
150	275		
200	400		

水幕灭火装置的作用在于隔离火区，保护火区邻近的房间和建筑，并可冷却防火隔离物，防止火灾蔓延。水幕灭火装置的洒水喷头都是开口的，喷头的端部有一个水盘，使水向某一特定方向喷洒。水幕本身的隔火效力有限，如果把火喷向门、窗和壁面，则可提高隔火能力。保护立面或斜平面（墙、门、帷幕等）所用的喷头，叫窗口水幕喷头，它所喷出的水流集中在一个方面形成幕状。为了保护吊在上方的平面（如屋檐、吊平顶等）所用的喷头，叫檐口水幕喷头，它所喷出的水流散射角度大，可在几方面形成水幕。

水幕喷头一般小型的口径有 10、8、6mm 三种，大型口径有 19、16、12.7mm 三种。

图 8-40 所示，为手动阀门开启的水幕

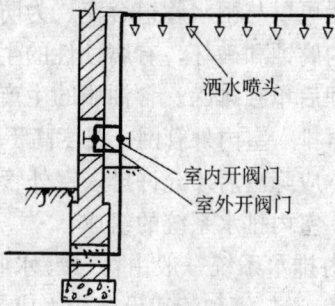

图 8-40 水幕灭火装置

灭火装置。室内室外各设一闸阀，这样在室内外都可以启动水幕。当遇到发生爆炸危险的火灾场所，可采用自动控制启动装置。

上述两种灭火装置，通常用于下列情况：

1）容易失火，且失火后能用水扑灭者。

2）燃烧物一旦起火，蔓延很快，一般消防不能或不易及时扑灭者。

3）公共活动集中的场所、仓库及其他一旦失火损失严重者。

4）易于自燃而经常无人管理的设施或建筑。如书库、档案馆等。

小　　结

本节为室内消防给水系统。其中包括设置室内消防系统的建筑物的条件，普通消防系统的组成，消火栓、消防水枪的规格，消火栓的布置，自动喷洒和水幕消防的使用组成等。对于管道专业来说，普通消防系统、自动喷洒和水幕消防系统的组成以及管道布置与施工是应当掌握的内容。

习　题

1. 室内普通消防系统由哪几部分组成？

2. 消火栓的布置及安装有哪些要求？

3. 室内消防水枪的口径有哪几种？

4. 水幕和自动喷洒消防分别用于什么情况？

8.5　室内排水系统

8.5.1　室内排水系统的组成与分类

（1）室内排水系统的分类

室内排水工程的任务，是将房屋内的生活污水、车间生产设备排出的工业污（废）水以及落到屋面上的雨雪水，通过排水系统及时地、有组织地排至室外管网，同时必须保证管内污水不渗漏，不让室外管道中的有害气体和虫类进入室内，不能污染周围的环境。

根据排出的污（废）水性质不同，室内排水系统可分为三类。

1）生活污水排除系统：

在住宅、公共建筑和工厂车间的生活间内人们日常生活中的盥洗、洗涤所产生的生活污水以及粪便污水，这些污水的特点是含有有机物和细菌。为排除生活污水而设置的管道及其附件称为生活污水排除系统。

2）工业废水管道：

在工矿企业生产车间内安装的排水管道，用以排除生产过程中所产生的污水和废水。由于工业生产类别繁多，所排出的废水性质也很复杂，按照水被污染的程度不同可分为生产污水和生产废水两大类。生产污水是

指水质在生产过程中,被化学杂质污染,使其化学性质起了变化,或水的色、味被改变,如有的生产污水内含有酸、碱以及其他有害的化学物质,例如电镀车间有含氰污水、含铬污水,彩印车间有重金属的化合物,如硝酸银等;有的生产污水是被有机物污染,并含有大量细菌,如食品、皮革生产所产生的污水。生产废水是指被轻度沾污或用于机器设备冷却仅仅温度升高的污水,生产废水中含有悬浮物和胶体类的物质,不含有有毒物质。有些生产废水经过简单处理可以循环或重复使用,如空调制冷机的冷却水,经过冷却塔冷却后可以重复使用。

3)雨水管道:

在屋面面积较大或多跨厂房内安装雨水管道,用以排除屋面上的雨水和融化的雪水。

上述的污水、废水及雨水管道,可根据污(废)水性质,污染程度,结合室外排水系统体制和有利于综合利用与处理的要求,以及室内排水点和排出口位置等因素,决定室内排水系统体制。室内排水系统体制有合流制和分流制两种,将部分性质相近的污水、废水合用一套排水系统排出,称为合流制;污水、废水和雨水单独设置排除系统称为分流制。合流制的优点是工程总造价比分流制少,节省维护费用。缺点是要增加污水处理设备的负荷量。分流制与合流制相反,由于污、废水分流,有利于污、废水的分别处理和再利用,其缺点是工程造价高,维护费用多。

为了便于污水的处理和综合利用,凡是排入水体后不致发生人畜中毒,不传染疾病,不破坏生态平衡和水生物,以及不超出水体自净能力的,可以直接排入就近的河流、湖泊等水体;凡含有有毒和有害物质的生产污水应分流排出,分别处理;生活、粪便污水不得与雨水合流;粪便污水必须经化粪池处理,生活污水量最大的(如浴室的沐浴污水)宜与粪便污水分流,当有污水处理厂时,生活污水宜与粪便污水合流排除;比较洁净的生产废水

和饮水器的废水可以与雨水合流;被有机物质污染的生产污水可以与生活粪便污水合流;含有大量泥砂或矿物质的工业废水,经物理处理后可以与雨水管道合流。为防止污水对管道的腐蚀和破坏,有腐蚀性的生产污水需经处理后单独排除。含油脂的生产污水要除油后再排入室内外管网。温度高于 40℃ 的污废水,应降温后才允许排入室外管网。

(2)室内排水系统的组成

室内排水系统一般由污(废)水收集器、排水管道、通气管和清通设备所组成,见图 8-41。

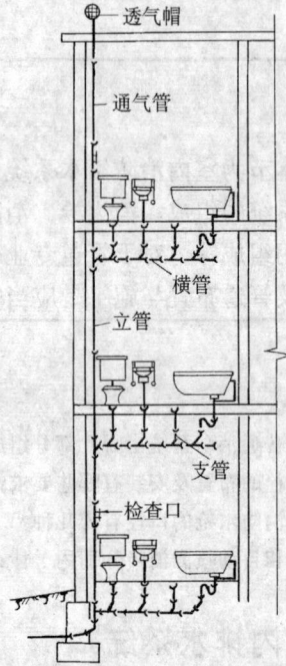

图 8-41 室内排水系统的组成

1)污(废)水收集器:

污(废)水收集器就是各种卫生器具、排放生产污水的设备和雨水斗等。污(废)水收集器是室内排水系统的起点,其作用是收集和接纳各种污(废)水排入管网。

2)排水管道:

排水管道由排水支管、排水横管、排水立管及排出管所组成。

排水支管又称器具排水管,指每一个卫

生器具下面与排水横管之间的排水管，其作用是将卫生器具收集的污水送往排水横管。除自带水封的卫生器具（自带水封的卫生器具有地漏、坐式大便器）外，排水支管上都装有存水弯。存水弯的作用是为了形成水封阻止排水管道中的臭气、有害气体及害虫通过卫生器具进入室内，以保证室内环境不受污染。近年来，由于有的包工队技术人员缺乏，不懂存水弯的作用，所谓的甲方代表又是外行，擅自取消存水弯，使用后臭气袭人，使环境卫生遭到破坏。

排水横管是连接支管与排水立管之间的一段水平管，排水横管一般都是沿楼板下敷设，这段管道虽称水平管，其实并不水平，它是有坡度的。根据国家1988年制定的《建筑工程质量检验评定标准》中将排水横管的坡度列为保证项目，坡度要求见后。

排水立管是在垂直方向连接各楼层横管，接纳各楼层横管的污水送往排出管。排水立管布置在用水量最大的卫生器具（如大便器）的房间，一般都设在这种房间的墙角。

排出管，有的称之为出户管，它是室内立管与室外检查井之间的连接管，它接收立管流来的污水，将之送出室外。

3）通气管：

通气管也称透气管，指建筑物最高一层排水横管以上延伸出屋面的一段立管。在高层建筑或卫生器具数量很多的多层建筑中还设通气立管(分专用通气管、主通气立管和副通气立管等三种)、器具通气管和环形通气管。通气管的作用是将室内排水管道中的臭气和有害气体排入大气中，平衡管内压力，保证管内气压稳定，防止存水弯的水封在管道系统内排放污水时因压力失调而被破坏。通气管必须伸出屋面，其高度不得小于0.3m，但应大于最大积雪厚度。通常是无人活动的屋面，伸出高度为0.5～0.7m，有人活动的屋面，通气管高出屋面2m。通气管的顶端应装设透气帽，以防杂物进入管道。当冬季室外最

低气温高于−15℃的地区，可设铅丝球透气帽；室外最低气温低于−15℃的地区，应设白铁皮伞形透气帽，避免积雪或水堵塞透气口。铅丝球的制作见图8-42，各有关尺寸见表8-9；白铁皮伞形透气帽的制作见图8-43，各有关尺寸见表8-10。铅丝球经纬线之间用锡焊焊接，安装时将铅丝下圆柱部分插入透气管顶端。若顶端为承口，透气帽插入后还应在周围间隙填油灰。

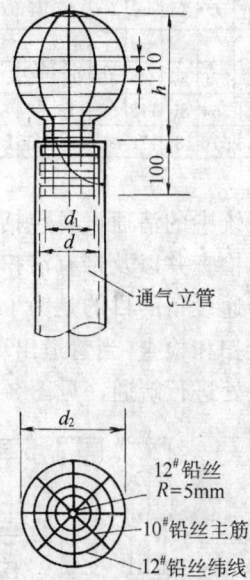

图 8-42　铅丝球大样图

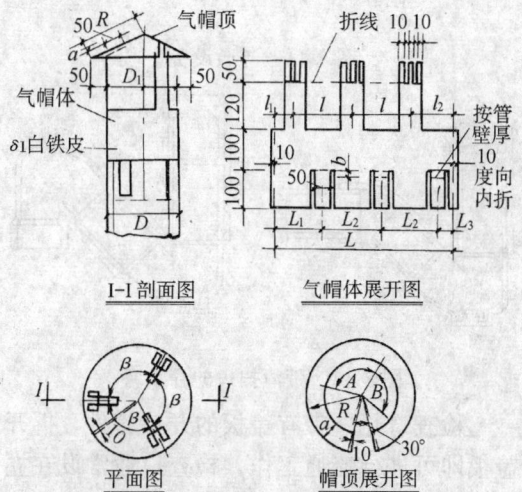

图 8-43　伞形通气帽大样图

251

4) 清通设备：

铅丝球尺寸表（mm） 表 8-9

序号	DN	d	d_1	d_2	h
1	50	50	44	90	103
2	80	75	69	115	130
3	100	100	94	140	156
4	150	150	144	192	206

伞形通气帽尺寸表（mm） 表 8-10

序号	DN	D	D_1	L	L_1	L_2	L_3	l	l_1	l_2	α	R	β
1	50												
2	80	85	89	276	57	92	35	92	35	57	54	106	110°
3	100	110	114	354	80	118	38	118	38	80	54	117	110°
4	150	162	166	510	135	170	35	170	35	135	54	141	110°

排水系统中的清通设备包括检查口、清扫口、室内检查井以及带有清扫口的管配件等。设置清通设备的目的是为了对排水管道系统进行清扫和检查，当管道出现堵塞时，可在清通设备处进行疏通，见图 8-44、8-45。

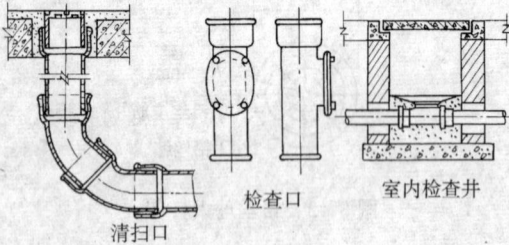

图 8-44　清通设备

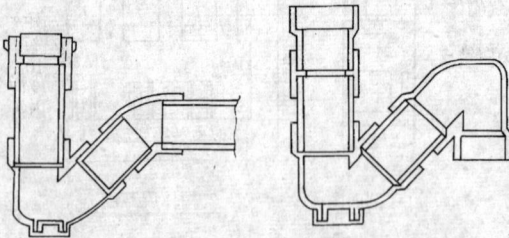

图 8-45　带清扫口的存水弯

检查口是一带有盖板的开口管件，拆开盖板即可进行疏通工作。检查口通常设在立管上，最底层和有卫生器具的最高层必须设一个，其余各层可以隔一层设一个，若为两层建筑，可仅在底层设置。安装检查口时，应使盖板向外，并与墙面成45°夹角。检查口中心距地面高度为1m，并至少高出该层卫生器具上边缘0.15m。

排水横管也应该按下列规定设置清扫口：

1) 在连接两个及两个以上的大便器或三个及三个以上卫生器具的横管起端；

2) 在弯头角度小于135°的横管上。

另外，当排水横管较长时，应按表8-11的规定设置清扫口或检查口。

排水横管的直线管段上清扫口或检查口的最大距离 表 8-11

管径(mm)	生活废水	最大距离(m) 生活污水及与生活污水成分接近的生产污水	含有大量悬浮物和沉淀物的生产污水	清扫设备的种类
50~75	15	12	10	检查口
50~75	10	8	6	清扫口
100~150	20	15	12	检查口
100~150	15	10	8	清扫口
200	25	20	15	检查口

排水横管上的清扫口可加弯管引到地坪上并与地面相平，也可以直接设于楼板下的横管起端。清扫口只能从一个方向清通，因此它只能装在横管的起端，为了清通方便，装于楼板下的清扫口距离对面的墙面净距不小于0.4m，装于地坪上的清扫口距墙面的距离不得小于0.2m。

对于不散发有害气体或大量蒸汽的工业废水的排水管道，在管道转弯、变径、坡度改变及连接支管处，可在建筑物内设检查井。在直线段上，排除生产废水时，检查井的距离不宜大于30m；排除生产污水时，检查井的距离不宜大于20m。

8.5.2　室内排水管道的布置与敷设

(1) 室内排水管道的布置

室内排水管道的布置原则是力求管线短、转弯少，使污水以最佳水力条件排至室外管网；管道的布置不得影响、妨碍房屋的使用和室内各种设施功能的正常发挥；管道布置还应注意到便于安装和维护管理，满足经济和美观的要求。

1）器具排水管的布置：

器具排水管的布置和存水弯的选用，取决于卫生设备的类型、平面位置和安装高度等。如虹吸喷射式低水箱坐式大便器的排水管，中心距粉光墙面450或490mm，不装存水弯（大便器自带水封），排水支管用弯头或三通与横管相连接。各种卫生器具都规定了其排水管最小管径，因此器具排水管的管径不必计算，可直接按表8-12决定。

2）排水横管的布置：

排水横管不得布置在下列地点：

A. 遇水后会引起燃烧、爆炸或损坏原料、产品和设备的上空；

B. 有特殊卫生要求的生产厂房内；

C. 卧室、厨房锅台上方；

D. 食品和贵重物品仓库、通风小室和变电间内。

卫生器具排水流量、当量、排水栓
口径、支管管径、最小坡度

表 8-12

序号	卫生器名称	排水流量 (L/s)	当 量	排水栓口径 (mm)	排水管管径 (mm)	管道的最小坡度
1	污水盆	0.33	1.0	40	50	0.025
2	洗涤池	0.67	2.0	50	50	0.025
3	洗脸盆、洗手盆	0.10	0.3	32	32～50	0.020
4	浴盆	1.00	3.0	40	50	0.020
5	大便器					
	高水箱	1.50	4.5		100	0.012
	低水箱	2.00	6.00		100	0.012
	自闭式冲洗阀	1.50	4.5		100	0.012
6	小便槽（每 m 长）					
	手动冲洗阀	0.05	0.15			
	自动冲洗水箱	0.17	0.50			
7	小便器					
	手动冲洗阀	0.15	0.15	32(挂式)	40～50	0.020
	自动冲洗水箱	0.17	0.50	50(立式)	40～50	0.020
8	化验盆	0.20	0.60	40～50	40～50	0.025
	妇女卫生盆	0.10	0.30	40	40～50	0.025
9	饮水器	0.05	0.15	25	25～50	0.01～0.02
10	家用洗衣机	0.50	1.5		50	

排水横管布置时，还要注意不得穿越建筑物的沉降缝、风道和烟道，并应避免穿过伸缩缝，必须穿过伸缩缝时，应采取相应的技术措施，如装设伸缩接头。考虑到建筑艺术和美观要求，架空敷设的排水横管应尽量避免通过大厅和控制室等。

排水横管不宜过长，一般不超过10m，以免落差过大。排水横管尽量减少转弯，以免发生管道堵塞现象。为保证污（废）水在横管中安全又顺利地流动，要设一定的坡度，其值按表8-13选用。

排出管道的标准坡度和最小坡度

表 8-13

管径(mm)	工业废水（最小坡度）		生活污水	
	生产废水	生产污水	标准坡度	最小坡度
50	0.020	0.030	0.035	0.025
75	0.015	0.020	0.025	0.015
100	0.008	0.012	0.020	0.012
125	0.006	0.010	0.015	0.010
150	0.005	0.008	0.010	0.007
200	0.004	0.004	0.008	0.005

3）排水立管的布置：

排水立管在布置时应靠近最脏、杂质最多、排水量最大的排水点处，如厕所间排水立管应靠近大便器。生活污水立管位置应避免靠近与卧室相邻的内墙，尤其是使用排水塑料管时，其噪音大，扰人清梦。立管通常在墙角、柱子边或沿墙明装敷设，在无冰冻的地区，亦可布置在建筑物墙外边。当建筑物对美观有较高要求或有特殊要求时，立管可暗装于管井、管墙内，称为暗装敷设。暗装的必须有足够的空间，以便于安装和检修，在检查口处的墙上应设检修门。

立管应避免穿过卧室、办公室和其他对卫生、安静和美观有较高要求的房间。

排水立管应避免偏置（即两段管子不在同一直线上），如不可避免偏置时，应用乙字管或两个45°弯头连接。

4）排出管的布置：

排出管的布置大多数都是从立管底引向室外，多为一根立管一根排出管，少数也有连接几根立管后排出。排出管埋地敷设，有地下室的建筑，排出管可悬吊在地下室的天棚下。排出管应以最短的距离排至室外，这样可以减少排出管被堵塞的可能性，也便于清通检修。排出管太长，由于坡降大，造成室外管网埋深过大。排出管出外墙后距检查井的距离，不宜小于 3.0m。排出管从排水立管至室外检查井的最大距离不得超过表 8-14 的规定。

排出管的最大长度（m）　表 8-14

管径（mm）	50	75	100	>100
排出管最大长度	10	12	15	20

如果排出管的长度大于表中所列数值，应在排出管上设检查口或清扫口。排出管与室外管道通过检查井进行连接，在检查井内排出管管顶标高不得低于室外排水管管顶标高，污水在检查井内的回转角度不得大于 90°。若有跌落差且大于 0.3m，可不受角度限制。

为了防止排水管道受机械损坏，在生产厂房内，埋地敷设的排水管，应避免布置在可能被重物压坏或被设备振裂处，一般厂房内排水管的最小埋设深度应按表 8-15 规定。

厂房内排水管最小埋设深度
表 8-15

管　材	管　顶　埋　深　（m）	
	素土夯实、碎石、砾石、大卵石、缸砖、木砖地面	水泥、混凝土、沥青混凝土、菱苦土地面
排水铸铁管	0.7	0.4
混凝土管	0.7	0.5
带釉陶土管、塑料管	1.0	0.6

排水管道不得穿过设备基础，若遇特殊情况必须穿过基础时，应加装钢套管。排水管道穿过铁路时，应敷设钢套管或给水铸铁管，

管道的埋设深度从铁轨底至管顶距离（即管顶埋设深度）不得小于 1.0m。

排出管与给水引入管平行布置时，管壁间的距离不得小于 1.0m。排出管应有一定的坡度，一般情况下采用标准坡度（见表 8-13），管道最大坡度不得大于 0.15，以免流速过大，水中的硬质物磨损管壁。

5）通气管：

在生活污水管道或散发有害气体的生产污水管道上均应设置伸出屋顶的通气管。通气管可以帮助室内管道内气体流通，当排水立管内呈负压时，由通气管补气增压，而立管内出现正压时，由通气管透气减压，以保证水封不被破坏。通气管还能使室外管道透气，将室外管网内的有害气体排放到大气中去，以防伤害养护人员或发生火灾，甚至房屋爆炸事故。

在只有一个卫生器具或几个卫生器具共用一个存水弯的排水系统，可以不设伸出屋顶的通气管。

8.5.3　室内排水管材与附件

（1）排水管材

生活污水排除所用管材，以前常为排水铸铁管，现在排水塑料管的使用已迅速发展起来。

工业废水排除所用管材，应根据污（废）水的性质、管材的机械强度、耐蚀、耐温性能及施工方法，并结合就地取材的原则加以选用。

1）排水铸铁管：

排水铸铁管的管壁很薄，不能承受压力，常用作生活污水管、雨水管等。凡工艺设备振动不大、生产污水又无强烈的腐蚀作用也可作生产排水管。排水铸铁管的接口为承插式，图 8-46 为排水管直管、其规格见表 8-16。

承插铸铁管连接所用的填料，常用石棉水泥接口、膨胀水泥接口，水泥砂浆接口，操作时应注意膨胀水泥的配料及操作，以免膨

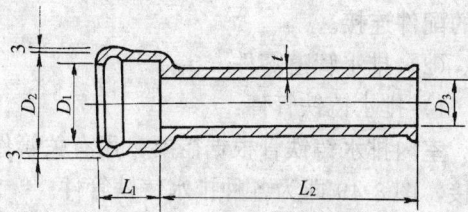

图 8-46 承插铸铁排水管

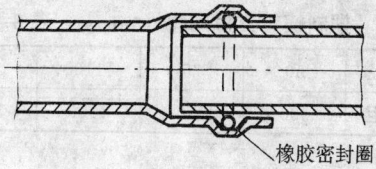

图 8-47 伸缩管结构图

施工时先在伸缩节承口内装进橡胶圈，并在橡胶圈内侧涂上肥皂水，然后用力将直管插入伸缩节内。

排水塑料管的连接一律为承插式粘接。粘接前需将插口端约 50mm 长度的外表面清除尘土，再用蘸有丙酮的棉纱擦洗以清除油脂，用油刷蘸上 901 专用胶粘剂在插口外壁、承口内壁均匀涂刷，动作快速，不得漏涂或涂抹过厚，涂抹好后快速将管端插入，几分钟即可固化。塑料管横管支、吊架间距按表 8-18 确定。

因排水塑料管机械强度低，不宜在太阳光线直射下工作。所以，当使用排水塑料管时，埋地部分仍用排水铸铁管，立管的上下端作法见图 8-48。

承插铸铁排水管直管规格 表 8-16

内径 (mm)	D_1 (mm)	D_2 (mm)	L_1 (mm)	D_3 (mm)	t (mm)	L_2 (mm)	质量 (kg/个)
50	80	92	60	50	5	1500	10.3
75	105	117	65	75	5	1500	14.9
100	130	142	70	100	5	1500	19.6
125	157	171	75	125	6	1500	29.4
150	182	196	75	150	6	1500	34.9

胀时把承口胀破。

2）排水塑料管：

排水塑料管主要用于排除生活污水及生产废水中带有酸、碱腐蚀性废水。

排水塑料管为直管，在使用时配管件，承插式粘接，其规格尺寸见表 8-17。

由于塑料管的热变形量比较大，排水立管在每个楼层需装设一只伸缩器，见图 8-47。直管插入伸缩节承口内的深度：$DN50$ 的为 $34\sim40mm$，$DN75$ 的为 $46\sim52mm$，$DN110$ 的为 $50\sim56mm$。

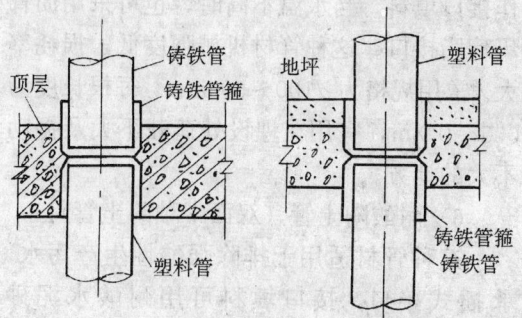

图 8-48 使用塑料管时上下端作法

排水塑料管有关尺寸（mm） 表 8-17

公称直径 DN	外径		壁厚		承口内径 d_2	承口深度 L_1	长度		参考质量 (kg/m)
	d_1	公差	δ	公差			L	公差	
50	60	±0.3	2	+0.3 −0.1	60.35	25	4000	+100	0.55
75	89	±0.4	3	+0.3 −0.2	89.45	40	4000	±100	1.22
100	114	±0.5	3.5	±0.3	114.55	50	6000	±100	1.82

塑料横管支撑间距（mm）　表 8-18

管　径	50	75	110	160
间　距	500	750	1100	1600

3）焊接钢管：

焊接钢管只用于部分卫生器具（如洗脸盆、化验盆、洗涤池等）排水管及生产设备的非腐蚀性排水支管。管径小于或等于50mm 时，可采用焊接或配件连接。

4）无缝钢管：

无缝钢管用作镶入件埋设在建筑结构内部或用于检修困难的管段和机器设备附近振动较大的地方；因无缝管承受的内压较高，也可作为非腐蚀性有压生产排水管。无缝钢管通常采用焊接或法兰连接。

5）陶土管：

陶土管多用作排除弱酸性生产污水管道。这种管材具有良好的抗腐蚀性能。管道连接采用承插接口，可用火山灰水泥或矿渣硅酸盐水泥配制成 1∶1 或 1∶2 的水泥砂浆作接口填料，当水温不高时，也可采用沥青玛琋脂接口。这种管材机械强度低，损耗率大。常用规格为 $d100\sim600mm$，每根长度为 $0.5\sim0.8m$，宜用在埋设处荷载不大及振动不大的地方。

6）耐酸陶土管（双面带釉陶土管）：

这种管材适用于排除强酸性生产污水，承插式接口，接口填料可用耐酸水泥砂浆。

7）石棉水泥管：

这种管材重量轻，表面光滑，抗腐蚀性能好，但性脆，机械强度低，只用于振动不大的生产排水管道，或作为生活污水的通气管，一般用双承铸铁管箍连接。

8）特种管道：

在工业废水排除中，有各种腐蚀性污水，高温及有毒污水，因此，对管材的抗蚀、抗震、耐温等物理化学稳定性要求较高，可分别采用不锈钢管、铅管、玻璃管和衬胶管等。

当使用上述各种管材时，应使用相应材料的配件连接。

（2）排水管道零件

1）排水铸铁管件：

室内排水铸铁管根据需要，用有关管件连接，图 8-49 即为各种排水铸铁管件。

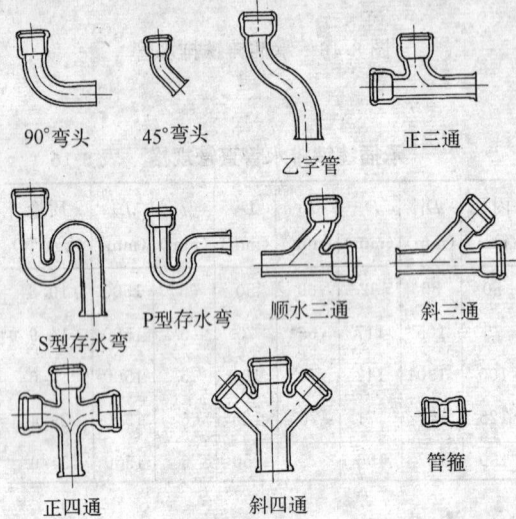

图 8-49　排水铸铁管件

所有管件的用途与 8.3 节中螺纹管件中同名件的作用相同。此外，给水管件中未有的管件和作用为：

乙字弯：用于两段直管不在同一直线上但相互平行的中间连接，此种情况是后段与前段或上段与下段之间为了躲过建筑障碍物的作法。

斜三通、斜四通和 45°弯头：45°弯头一般为两个 45°弯头联合使用转 90°弯，使得水力条件更好，常用于排水立管与排出管之间的连接；45°弯头与斜三通配合使用成 90°分支；45°弯头与斜四通配合使用成 90°十字形分支，如图 8-50。此种作法的共同目的都是为了排水的水力条件更好。

2）排水塑料管件：

图 8-51 即为各种排水塑料管件。

8.5.4　屋面雨水排水系统

为了排除降落在屋面上的雨水和融化的

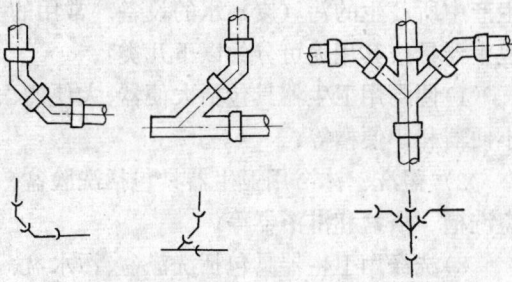

图 8-50　几种排水铸铁管件的配合使用

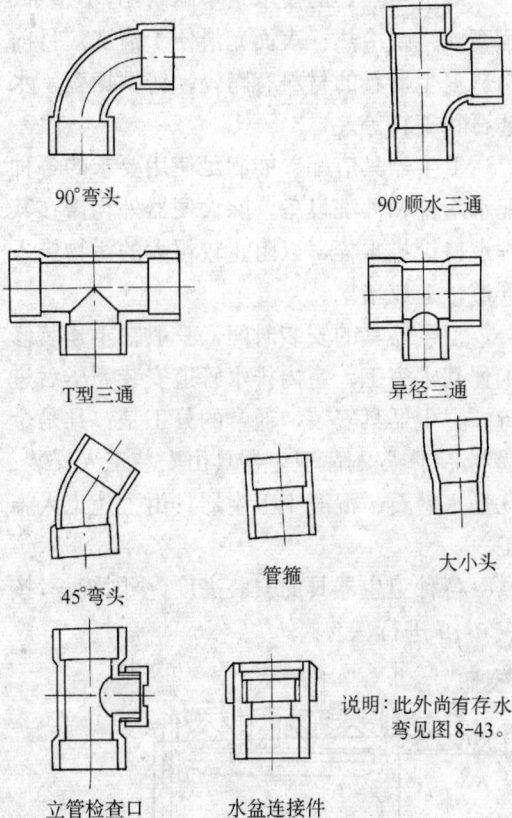

90°弯头　　　　　　90°顺水三通

T型三通　　　　　　异径三通

45°弯头　　　管箍　　　大小头

立管检查口　　水盆连接件

说明：此外尚有存水
弯见图8-43。

图 8-51　各种排水塑料管件

雪水，需要设置屋面雨水排水系统。屋面雨水的排除方式可分为外排水和内排水两种系统。外排水系统结构简单，安装、维修容易，一般不会产生"冒水"事件。所以，屋面雨水的排除，应尽量采用外排水或两种形式综合考虑，而尽量少用单一的内排水系统。

（1）外排水系统

对于住宅，一般公共建筑及小型单跨厂房，常采用普通外排水。屋面的雨水通过檐沟经水落管引至地面，如图8-52所示。水落

管通常用0.5mm厚的白铁皮制作，其断面尺寸一般为 100mm × 80mm 或 120mm × 80mm；工业厂房的水落管也可用铸铁管，管径为 100 或 150mm。水落管的间距在民用建筑为 12～16m；在工业建筑为 18～24m。如建筑物所在的地面采用无组织排水，则水落管的雨水流向地面。如果地面采用暗管排水，则雨水应流入雨水口，接至地下雨水管。

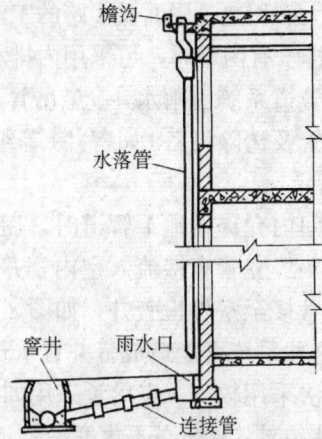

图 8-52　普通外排水

多跨的工业厂房，中间跨屋面雨水的排除，过去常设计为内排水系统，这种排水方式在经济上增加投资，在使用过程中常有室内窨井冒水的现象，因此在长度100m左右的多跨厂房，应与建筑结构密切配合，尽量采用长天沟外排水。

图 8-53 为长天沟布置示意图。天沟以伸缩缝为分水线坡向两端，其坡度不小于0.005，天沟伸出山墙0.4m。关于雨水斗及雨水立管的构造与安装，见图8-54。

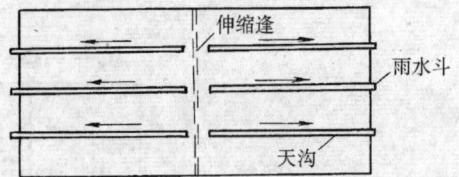

图 8-53　长天沟示意图

在寒冷地区，设置天沟时雨水立管可设置于室内，以免管内冻结，妨碍雨雪水的排除。

（2）内排水系统

257

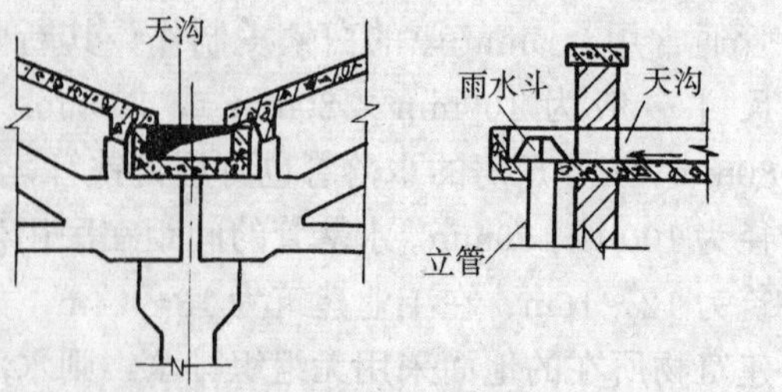

图 8-54 天沟与雨水管的连接

对于大面积建筑屋面及多跨的工业厂房，当采用外排水有困难时，可采用内排水系统。

雨水管道系统由雨水斗、悬吊管、立管、地下雨水管及清除设备（如窨井）等组成，见图 8-55 所示。

当车间内允许设地下管道时，屋面雨水可从雨水斗经立管直接流入室内窨井，再由地下雨水管接至室外检查井，如图 8-55 (1) 所示。但这种系统可能造成窨井冒水现象，所以此种方法采用较少。应尽量采用如图 8-55 (2) 的排水方式，目前在不太寒冷的地区，常将悬吊管引出山墙外，固定在山墙上，类似天沟外排水的处理方法。

8.5.5 卫生器具及冲洗设备

卫生器具是供洗涤以及排除日常生活、生产中所产生的污（废）水的设备。常用的卫生器具按其用途可分为以下几类：

1) 便溺用卫生器具包括大便器、大便槽、小便器和小便槽等；

2) 盥洗、沐浴用卫生器具包括洗脸盆、盥洗槽、浴盆和淋浴器等；

3) 洗涤用卫生器具包括洗涤盆、污水盆、化验盆以及地漏等。

对卫生器具的要求是坚固耐用，不透水、耐腐蚀、耐冷热、表面光滑便于清洗。目前制造卫生器具的材料有陶瓷、铸铁搪瓷、水磨石和塑料等。

卫生器具应配置能满足使用要求的各种配水附件和冲洗设备，除大便器外均需在其排水口设排水栓，以阻止较粗大的污物进入管道，造成堵塞。

卫生器具的安装时间，一般在土建装修工程基本完工，室内排水管道安装完毕后进行。卫生器具安装，通常的分工是：凡是金属制品、陶瓷制品卫生器具由安装工人安装；凡是水磨石、混凝土卫生器具由土建工人施工。

各种卫生器具的安装高度，全国统一，按表 8-19 进行。

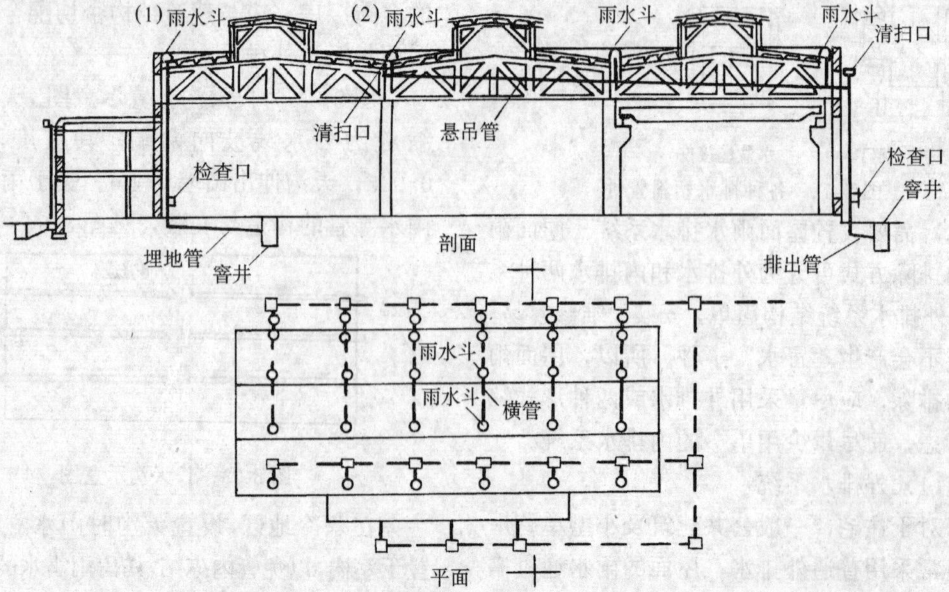

图 8-55 内排水系统构造示意

序号	卫生器具名称	平　面　位　置	图　示
1	蹲式大便器	150　310　立管洞 清扫口洞 200×200 300　900　600 排水管洞 200×200（450×200） 300　立管洞 410 清扫口洞 200×200 300　900　600 排水管洞 200×200（450×200）	
2	小便槽	排水管洞 150×150　≥650　立管洞 150　1000 地漏洞 300×300　400 排水管洞 150×150　≥450　立管洞 150　1000 地漏洞 300×300	
3	挂式小便器	150　700　400　立管洞 排水管洞 150×150　1000 地漏洞 300×300 （甲）650 （乙）150	（甲）　（乙）
4	洗脸盆	150 排水管洞 150×150　150　洗脸盆中心线	
5	污水盆（池）	150 排水管洞 150×150　污水盆中心线	

施工中管道工应主动与土建配合，作好预留、预埋。这一工作做好了，对工程结构、质量、对节省工时都有利。例如，砌墙时根据卫生器具的安装位置将浸过沥青的木砖埋入墙体内（用于固定卫生器具、水箱等），这比砌好墙体再打洞、埋木砖在上述三方面均

有利。预埋的木砖应削出斜度,小头放在外边突出毛墙 10mm 左右以减薄木砖处的抹灰厚度,使木螺丝固定的东西更牢固。

大多数有卫生设备的房间,如厕所、卫生间的楼板均为现浇钢筋混凝土结构,施工中一定要在支模时,作好排水支管的预留孔洞。若是预制楼板,则势必打洞,要求打洞尺寸力求准确无误,尽量避免打断钢筋,以免减弱楼板强度。表 8-20 列出了常用卫生器具穿楼板时留洞位置及尺寸,可供施工中参考。

(1) 安装卫生器具的共同规定

安装前应对卫生器具及附件(如水咀、水箱、铜活、存水弯等)进行质量检查,不合质量要求的不得安装。

卫生器具的安装位置应按设计规定进行。安装高度若设计无规定时,则按表 8-18 的规定选用。

当卫生器具单独安装时,其位置误差可允许 10mm;当卫生器具成排安装时,位置误差不得超过 5mm。垂直度允许偏差不得超过 3mm。

多个卫生器具并排敷设时,一般蹲式大便器之间间距为 900mm;洗脸盆之间间距为 700mm;淋浴器之间间距为 900mm;小便器之间间距为 700mm;盥洗槽上面的水咀间距为 700mm。

卫生器具的安装必须稳固,安装时应用水平尺、线锤严格检测,以保证其平直、端正。

(2) 各种卫生器具及冲洗方法

1) 高水箱蹲式大便器:

蹲式大便器为白色陶瓷品,到目前为止,生产的有 20 多种型号。使用蹲式大便器的卫生条件较好,常安装于公共建筑的厕所或卫生间中。蹲式大便器的安装形式有一步台阶式、二步台阶式和无台阶式,用得较多的为一步台阶式,图 8-56 即为一步台阶式安装图。

卫生器具的安装高度 表 8-20

序号	卫生器具名称			卫生器具边缘离地面高度(mm)		备 注
				居住和公共建筑	幼儿园	
1	污水盆	架空式		800	800	自地面至上边缘
		落地式		500	500	
2	洗涤盆(池)			800	800	
3	洗脸盆和洗手盆(有塞、无塞)			800	500	
4	盥洗槽			800	500	
5	浴盆			550~600		
6	蹲式大便器	高水箱		1800	1800	自台阶面至高水箱底
		低水箱		600	600	自台阶面至低水箱底
7	坐式大便器	高水箱		1800	1800	自台阶面至高水箱底
		低水箱	外露排出管式	510		自地面至低水箱底
			虹吸喷射式	470	370	
8	小便器	立式		100		自地面至受水部分
		挂式		600	450	
9	大便槽			不低于 2000		从台阶面至冲洗水
10	小便槽			200	150	自地面至台阶面
11	化验盆			800		自地面至上边缘
12	妇女卫生盆			380		
13	饮水器			900		

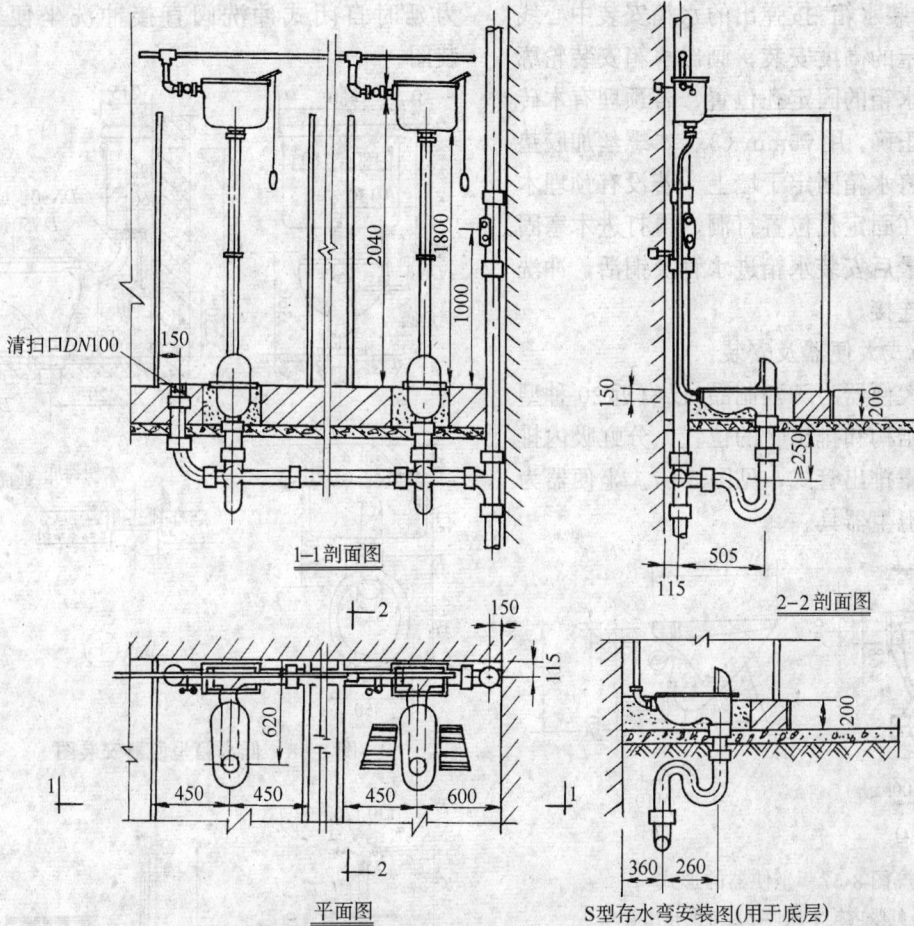

图 8-56　高水箱蹲式大便器安装图

安装步骤如下：

A. 按已安装至地面或楼板面(支管承口上缘高出楼板 10mm)的排水支管中心线，画出大便器的安装中心线，并引至大便器的后墙上，弹出冲洗水管和冲洗水箱的安装中心线。

B. 在大便器安装中心线的两侧，用水泥砂浆砌筑两排红砖，其净空宽度略大于大便器宽度，高度比台阶高度低 20mm。

C. 在大便器的出水口上缠油麻，抹上油灰，将出水口插入排水支管承口内，再在周围间隙填塞油灰、撅实、抹平，刮去多余的油灰。

D. 用水平尺校正大便器是否平正，可稍微向排水口方向下倾，并校好大便器平面位置。

E. 根据冲洗方法，安好冲洗管。冲洗水管大多用钢管，也可用塑料管。蹲便器的冲洗管。管径为 $DN32$，冲洗管末端与大便器进水口之间用直径为 $32 \times 65 \left(1\frac{1}{4}'' \times 2\frac{1}{2}'' \right)$ 的胶皮碗连接，小头套于冲洗管末端，大头套于大便器进水口上，套上后两端分别用 1.2mm 直径的紫铜丝缠绕 5～6 圈后交叉扭紧。此处绝对禁止两种错误操作：一是用绑扎丝代替紫铜丝；另一种就是绑扎方法，采用类似绑扎钢筋的方法。上述两种错误作法，容易造成连接部位漏水。

F. 在大便器周围和砌体之间填入细砂，塞满、刮平。

G. 安装水箱。按弹出的水箱安装中心线和水箱规定的高度安装，画出水箱安装轮廓线并找出水箱的固定孔位置，若预埋有木砖并且位置正确，用75mm（3″）木螺丝加胶垫和金属垫将水箱固定于墙上。若没有预埋木砖，则应在固定孔位置打洞，再打进木塞固定水箱。最后安装水箱进水管及铜活，冲洗管与水箱连接。

2）坐式大便器及安装：

坐式大便器为陶瓷制品，已有近20种型号。根据结构和排出管的位置，分虹吸内排水式和外露排出管式，见图8-57。坐便器为自带水封卫生器具。

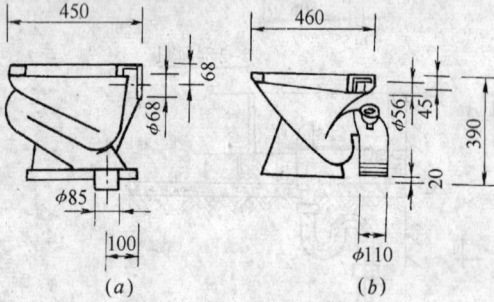

图 8-57　坐便器的形式
（a）虹吸内排水式；（b）外露排出管式

安装步骤如下：

A. 按已安装好的与地面平齐的排水支管中心，在地面画出坐便器的安装中心线、外轮廓线及固定螺栓眼孔位置；在后墙上弹出水箱中心线或延时自闭式冲洗阀中心线。

B. 在预埋的木砖上用75mm（3″）木螺丝将坐便器固定在地面上，木螺丝与坐便器之间衬以2mm厚的铅垫。

C. 将坐便器的排水口缠上石棉绳，抹上油灰插入支管承口内，连接严密，见图8-58节点（1）。

D. 连接冲洗水管两端均应缠上麻丝、涂上铅油后再将锁母拧紧。

E. 坐便器经试水合格后，再安装好坐圈、盖板。

图5-58为低水箱坐便器安装图；图8-59

为延时自闭式冲洗阀直接冲洗坐便器安装图。

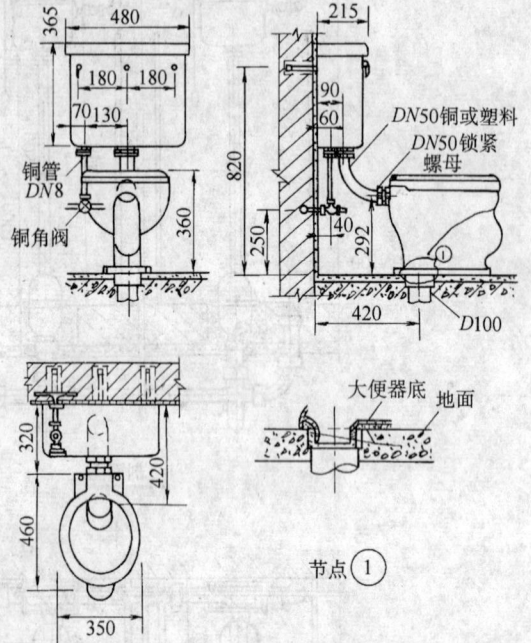

图 8-58　低水箱坐便器安装图

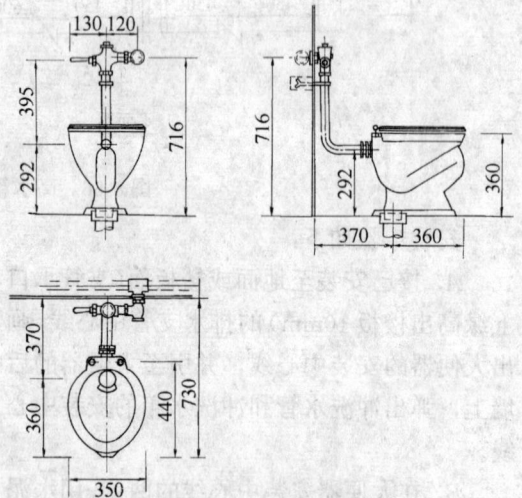

图 8-59　自闭式冲洗阀坐便器安装图

坐式大便器的卫生程度不及蹲式大便器，但坐便器使用舒适，较高级的宾馆普遍使用；九十年代以来，已经进入家庭，而且将逐步发展。

3）洗脸盆及安装：

洗脸盆多为白色陶瓷制品，也有20来种型号。但安装方法大同小异，现以3号洗脸盆为例介绍其安装。

这种洗脸盆用配套带来的铸铁脸盆架承托，安装时用 3 号木螺丝将铸铁架固定在预埋于墙内的木砖上，洗脸盆固定在脸盆架上。预埋木砖共为 4 块，木块水平间距根据洗脸盆的规格确定。

洗脸盆安装稳固后即可进行给排水管的连接。接管前应先把冷热水咀和排水栓用厚度为 2～3mm 的橡皮垫结合锁母拧紧，安装水咀时，热水咀在左，冷水咀在右，存水弯下口缠上石棉绳插入支管承口内，填塞油灰、压实、抹平。

和给水管连接时，暗装管的连接用角阀和钢管相连，钢管上下锁母处用石棉绳作垫压紧。图 8-60 为 3 号二明进水洗脸盆安装图。

4）浴盆和淋浴器安装：

根据浴盆的材质，有铸铁搪瓷浴盆、陶瓷浴盆、玻璃钢浴盆和塑料浴盆；按型号及规格，有近 40 种。铸铁浴盆带盆脚，安装时置于地面规定位置即可，图 8-61 为不带盆脚的浴盆安装图。

浴盆一般布置在墙角处，浴盆的排水有上方的溢水管和盆底的排水管组成一套排水配件。连接时，溢水口处须加厚度为 3mm 的橡皮垫圈，接合三通处应加橡胶圈或石棉绳后用锁母紧固。和排水系统连接时，排水配件端部缠上石棉绳插入存水弯承口内，用油

灰填塞。给水配件以丝扣连接方法和暗装于墙内的管箍连接，连接时应在浴盆水咀丝扣处先套上管压盖（瓦线），然后再加油灰，连接好后，管压盖紧压在墙面上。

图 8-62 为双管淋浴器安装图，因淋浴器使用卫生，故集体单位、公共浴室以及家庭广为采用。

5）小便器安装：

小便器分挂斗式、立式（落地式）两种，均为陶瓷制品。

图 8-63 为挂斗式小便器安装图。安装时，按已安装的排水支管中心线，在墙上画出小便器的安装中心线，在小便斗两侧的安装孔位置埋入木砖，用 φ6×75 的木螺丝固定小便器，木螺丝与小便斗之间用铅垫隔离。再连接好给水管道。小便器存水弯下口缠上石棉绳，抹上油灰插入排水支管承口内，再填塞油灰、撬实、抹平。

立式小便器又称落地式小便器，图 8-64 为立式小便器安装图。定位方法与挂斗式小便器相同，冲洗水管的安装也与挂斗式小便器的连接相同。下部的安装为：用锁母将排水栓扣牢，两人抬着小便器，将排水栓插入排水支管承口内，用油灰填塞周围缝隙，校正好小便器的位置、垂直度后，在底座与地面之间的间隙填塞油灰，上端接通冲洗水管即成。

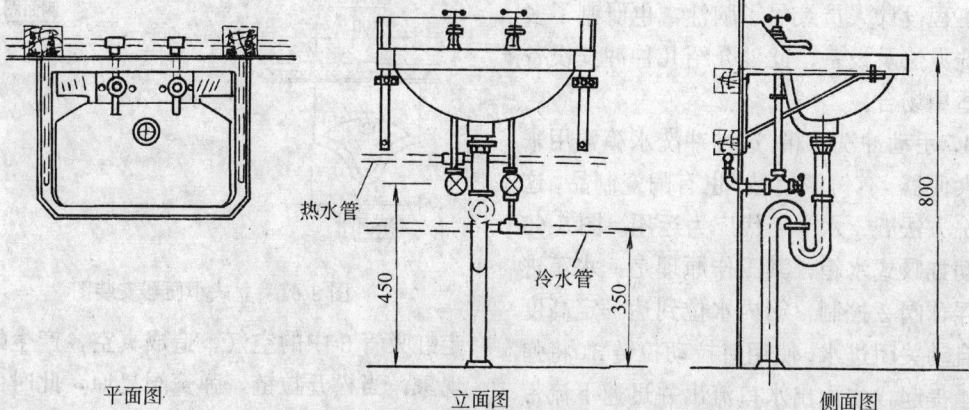

图 8-60　洗脸盆安装图

平面图　　　立面图　　　侧面图

热水管　　冷水管

450　　350　　800

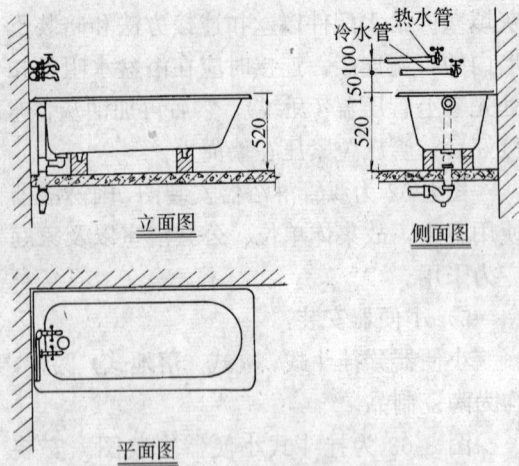

图 8-61　浴盆安装图

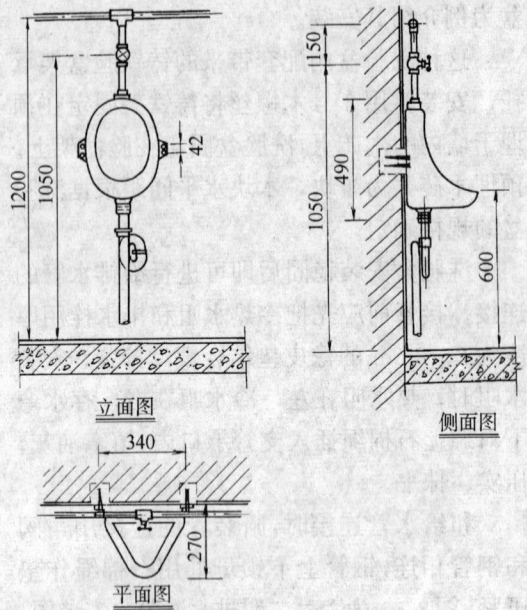

图 8-63　挂斗式小便器安装图

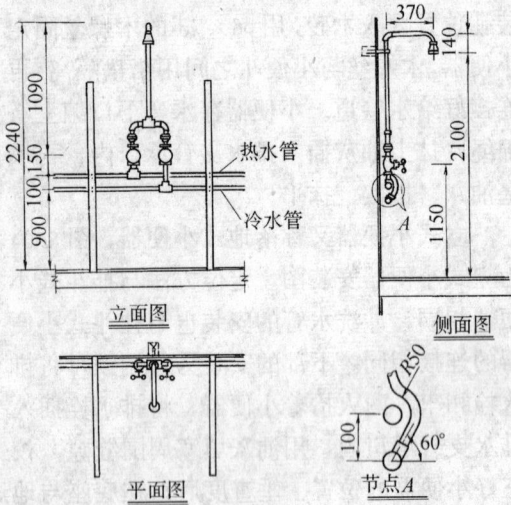

图 8-62　淋浴器安装图

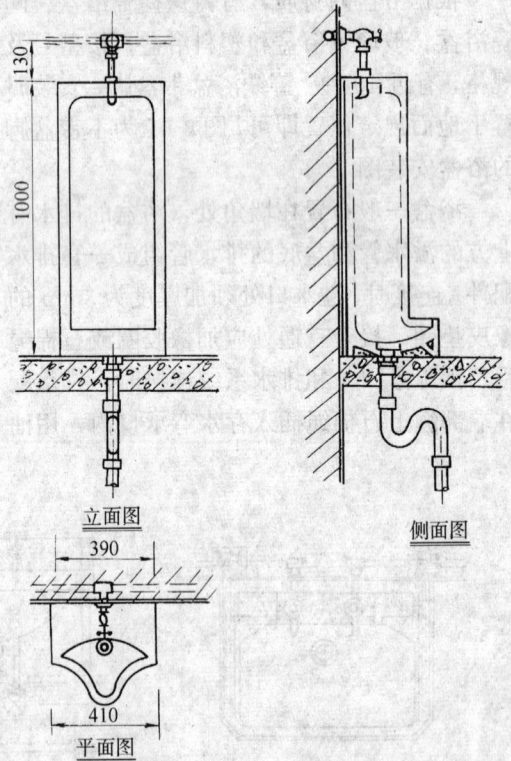

图 8-64　立式小便器安装图

关于卫生器具的冲洗方法，几十年来可以说工程设计人员绞尽了脑汁，也研制了多种冲洗方法及设备，此处介绍几种冲洗设备及其适用场合。

A. 手动冲洗水箱：这种冲洗水箱常用来冲洗大便器，有铸铁制品，也有陶瓷制品，这种冲洗方法五、六十年代广为运用。图 8-65 为手动虹吸式水箱，其工作原理是：水箱进水由浮球阀 2 控制，箱内水位到达一定高度时便自动关闭进水。使用时拉动拉链 3，将弹簧阀 4 提起，水由出水口流出并迅速下流带

走虹吸管 5 中的空气，造成真空，产生虹吸现象；当松开拉链，弹簧阀复原，此时由于

虹吸作用，箱内的水仍按图中箭头方向流入冲洗水管进行冲洗，当水位下降至虹吸管小孔 6 以下时，空气进入虹吸管，虹吸被破坏停止冲洗。

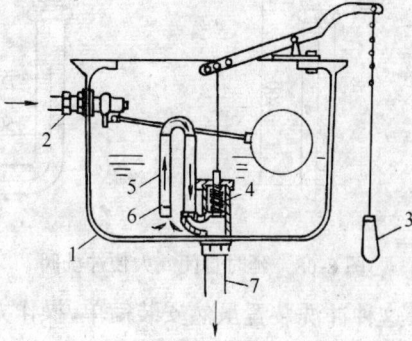

图 8-65　手拉虹吸冲洗水箱

1—水箱；2—浮球阀；3—拉链；4—弹弹阀；
5—虹吸管；6—小孔；7—冲洗管

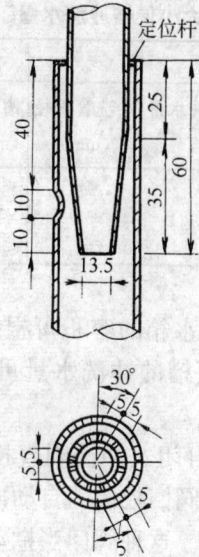

图 8-66　空气隔断装置

这种水箱因弹簧易锈蚀，致使弹簧关闭不严而造成水箱漏水，还因操作不当使杠杆打坏顶盖等，现在使用的较少。

B. 阀门控制直接冲洗：由于冲洗水箱附件容易损坏造成水箱漏水，经常维修工作量大。因此，采用阀门控制（为操作简便，常用旋塞阀），直接冲洗。为防止污水回流造成对给水的污染，中间采取空气隔断措施，图 8-66 为空气隔断装置制作图。上面的自来水管管径为 $DN20$，下面的冲洗水管管径为 $DN32$。

此种冲洗方法适用于公共建筑，如学校、旅馆、一般办公楼蹲式大便器的冲洗，也可用于家庭。

这种冲洗方法，本来是简单，又不增加设备，但由于许多人的懒惰和社会公德差，不是便后不开水冲洗就是开启阀门不关形成长流水，造成浪费。因此，自动冲洗就应运而生。

C. 虹吸式自动冲洗水箱：这种水箱能定时（水箱容积和加水速度决定时间）自动冲洗卫生器具，无需人去启动。但管理麻烦，每昼夜需关闭和开启进水阀一次。这种冲洗方法最好只用于昼夜人流量大的火车站的大便槽的冲洗。

虹吸式自动冲洗水箱是利用虹吸作用原理制成的，如图 8-67 所示。当水箱进水时，水面逐渐升高，虹吸管内水位也随着升高，当水位超过图示水位时，便越过虹吸弯管顶形成一股向下水流，迅速将其中空气带走，形成真空产生虹吸，使水箱内的存水冲洗便槽。当水被吸走，水位下降，低于虹吸管进水口时，空气进入，虹吸被破坏，水箱再次充水。冲洗时间间隔可调整到 $15\sim20min$。

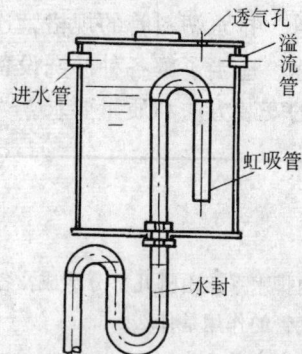

图 8-67　虹吸式自动冲洗水箱

大小便槽冲洗水量　　表 8-21

蹲位数	大　便　槽		小　便　槽	
	每蹲位冲洗水量 (L/次)	冲洗管管径 (mm)	槽长 (m)	冲洗水量 (L/次)
1～3	15	40	≤4	15
4～8	12	50	≤6	20
9～12	11	65	≤10	30

　　自动冲洗水箱的容积可根据需要确定，大便槽和小便槽的冲洗水量可参照表 8-21 选用。

　　D. 延时自闭式冲洗阀直接冲洗：现在研制有一种由阀门控制的自动冲洗，即延时自闭式冲洗阀。这种阀门当撤动手柄（有的是按钮）使阀门开启，水流冲洗大便器，冲洗延续一定时间后，阀门自动关闭。这种装置因能自动关闭管路，不会造成回流污染，所以，与大便器之间不必设空气隔断装置，图8-68 是其中一种自闭式冲洗阀的外形图。

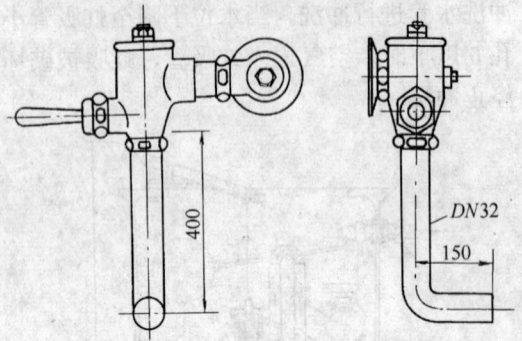

图 8-68　延时自闭式大便冲洗阀

　　这种冲洗装置虽然安装简单，操作方便，但阀门的启闭是靠弹簧，膜片等敏感元件来实现的。所以要求水压不宜过大且要稳定，操作时用力不宜过猛，过大，否则容易出故障。所以，这种冲洗装置只适宜于家庭而不宜用于公共建筑中。

小　　结

　　室内排水系统根据排除的污（废）水性质分为生活污水排除系统、工业废水排除系统和雨水排除系统。对于管道专业，重点在生活污水排除系统。生活污水排除系统由污（废）水收集器（卫生设备）、排水支管、排水横管、排水立管、出户管、通气管和清通设备（检查口、清扫口）组成。室内排水管道的布置原则是：力求管线短、转弯少，使污水以最佳水力状态排至室外。目的是使室内产生的污水畅通而顺利地排除，保证室内卫生和美观并节省基建投资。对于管道专业，必须熟悉排水铸铁管、排水塑料管的规格、连接方法。以及两种管材分别使用的管道零件的名称和用途。应当了解各种冲洗设备的结构、工作原理和使用场合。熟练掌握常用卫生设备的安装方法和质量要求。

习　　题

1. 室内排水系统由哪几部分组成？各部分的功用是什么？
2. 通气管的作用是什么？
3. 存水弯有什么作用？
4. 排水铸铁管有哪些规格？
5. 各种排水铸铁管件的作用是什么？
6. 各种卫生器具的安装高度是多少？

7. 简述蹲式大便器的安装过程。

8. 简述坐式大便器的安装过程。

9. 空气隔断装置、虹吸式自动冲洗水箱各适用于什么情况？

8.6 室内热水供应系统

8.6.1 室内热水供应系统的组成

随着国家建设的发展，人民生活水平的不断提高，大型公共建筑（如宾馆、医院）和住宅小区的不断建成，热水供应逐渐由局部供应向集中供应方向发展。

集中热水供应是将冷水在加热设备内加热并贮存于热水贮存器内，在水量、水温和水质符合设计要求的情况下，用管道将热水输送到各个用水点上，以满足生产和生活用热水的需要。

比较完整的热水集中供应系统，一般由加热设备、热媒循环管道、热水贮水器、配水循环管道以及其他附属设施和附件所组成，如图 8-69 所示。

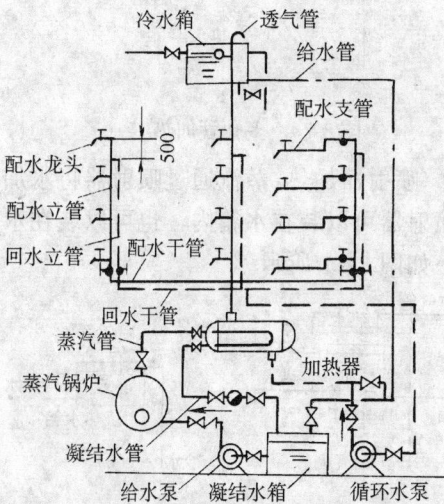

图 8-69　集中热水供应系统的组成

加热设备是将冷水加热成热水的设备，图中的锅炉，加热器统称为集中供应热水的加热设备。软化水在锅炉内加热成蒸汽由管道送至加热器中的盘管内，盘管外则为冷水，

蒸汽的热量通过盘管壁传递给冷水，将冷水加热，供使用；失去热量的蒸汽成为凝结水流回凝结水箱，由水泵再送回锅炉，这是热媒循环全过程。本图中的热源为锅炉中的燃料，在有条件的地方应首先利用工业生产中的余热、废热、地热和太阳能，没有条件的地方则应优先采用能保证全年供热的热力网作为集中热水供应系统的热源。在上述条件均不具备时，方可设置专用锅炉房，用水量不大时，也可以采用热水锅炉直接生产热水。

热媒循环全过程系统是以管道为主，故在组成中称为热媒循环管道，也是集中热水供应的第一循环管道。如果在热水锅炉中直接生产热水，则没有第一循环系统。

热水贮水器用于贮存热水，以保证热水供应系统各用水点的正常用水量。热水贮水器通常指开式水箱或密闭水箱，热水贮水器可以单独设置，也可以与加热设备合并。如设置容积式水加热器，既起热交换加热冷水的作用，同时可以贮水，图 8-69 即是加热器与热水贮水器合并使用。

配水循环管道又称第二循环管道，是连接贮水器（或水加热器）和配水龙头（或生产用水设备）的循环管道。如图 8-67 中的配水干管、配水立管、配水支管、水龙头、回水立管、回水干管。该循环系统中还有循环水泵，则为附属设备；阀门、止回阀等则为这一系统的附属件。

为了保证热水供应系统的正常工作，根据系统不同情况，还设有给水泵、冷水箱、仪表及各种阀件等。

此外还有给水管道直接或经水箱接至加热器或锅炉。

8.6.2　热水供应对水质、水温的要求

热水的水质要求是根据热水的用途来确

定的；生产用热水应根据生产工艺要求确定；生活用的热水，水质应符合现行的《生活用水卫生标准》的要求。另外，因冷水中一般都溶有碳酸盐〔主要是 Ca（HCO₃）₂、Mg（HCO₃）₂〕，当水温升高后，这两种盐类分解成 $CaCO_3$、$MgCO_3$ 固体析出，沉积在加热设备和管道的内壁，形成水垢，严重影响传热，浪费燃料，还可能腐蚀设备和管道，缩短使用年限。因此，集中热水供应系统的给水加热前是否需要软化处理，应根据水质、水量、使用要求等确定，当设计水温 65℃、日用水量小于 10m³ 的可不进行软化处理，但进蒸汽锅炉的水必须进行软化处理。

生活用水按各种使用目的，使用温度多为 25～42℃，但加热温度不能按使用温度考虑，那样携带的热量少，不经济。使用时，都要加冷水混合，调配到适合自己的温度使用。但热水的加热温度又不可太高，那样易使加热设备和管道结垢，影响热效率，也容易造成烫伤事故，而且流动过程中热损失也增大。根据长期使用的经验，要求配水点的温度；加热前经软化处理的不低于 60℃，无软化处理的为 50℃，因此，设计时预计加热温度；有软化处理的为 70℃，最高不超过 75℃；无软化处理的为 60℃，最高不超过 65℃。局部热水供应系统以及以热力网热水作热媒的热水供应系统，配水点的温度可为 55℃。

8.6.3 热水的制备、贮存及主要附件

(1) 加热方式

水的加热方式很多，常见的有蒸汽直接加热和间接加热两大类。这里介绍集中热水供应中几种常用的加热方式。

1) 蒸汽直接加热：

这种加热方式，就是将锅炉产生的蒸汽直接通入水中进行加热。这种加热方法比较简单，投资少，热效率高，维修管理方便；但有噪音，冷凝水不能回收，水质会受热媒污染。因此，这种加热方法只适用于水耗热量

不大、凝结水不要求回收、对噪音控制无严格要求的公共浴室、工业企业的生活间和洗衣房等建筑。

蒸汽直接加热常用多孔管加热和喷射器加热两种方法。

A. 多孔管加热：如图 8-70 所示，蒸汽直接通入设在水箱中的多孔管，将水箱中的冷水加热，蒸汽也随着冷凝成水、小孔的总面积约为多孔管断面的 2～3 倍，这些小孔是在钢管壁上钻的若干个直径为 2～3mm 的小孔，其末端封死。多孔管宜设在水箱的底部。当采用开式水箱时，为防止一旦停止送气时水箱中的水倒流入蒸汽管内，蒸汽管应从被加热水水位 0.5m 以上处引入为宜。这种加热方式噪声大，常用于小型热水箱或浴室大池水的加热。

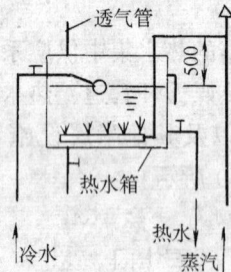

图 8-70 多孔管加热

B. 喷射器加热：蒸汽通过喷射器将水加热。喷射器可以装在水箱内，也可以装在水箱外，如图 8-71 所示。

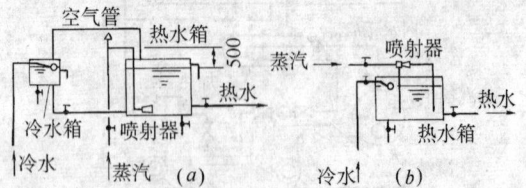

图 8-71 喷射器加热

蒸汽喷射器是由喷嘴、引水室、混合室和扩压管组成，如图 8-72 所示。这种加热方法的工作原理是当具有一定压力的蒸汽通过喷嘴时形成高速喷射，由于蒸汽动能急剧增大，压力急剧降低，致使喷嘴出口附近产生

负压，冷水便被吸入。冷水随蒸汽带入混合室内进行汽、水混合，冷水温度升高并形成高速水流，跟着进入一个断面逐渐逐渐扩大的一段管中。在这段管中流速逐渐减小，所以压力也就逐渐增大，故这一段管称为扩压管，经过加热的水送入热水箱贮存。由于喷射器结构紧凑，加工容易，目前常用于较大的水箱或浴室大池的加热。

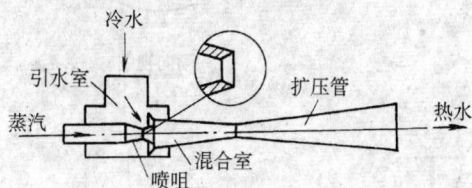

图 8-72　喷射器

2）间接加热：

间接加热就是利用锅炉产生的蒸汽或高温水作为热媒，通过热交换器来把水加热，热媒放出热量后，又重新返回锅炉中，如此往复循环。间接加热的热水不易被污染，凝结水回收后热媒不必大量补充，热媒和热水在压力上无联系，故无噪声。因此，对比较大的热水供应系统常常采用间接加热，如医院、旅馆、饭店等建筑。

间接加热设备常用的有：开式热水箱、容积式水加热器和快速加热器。

A. 开式热水箱：图 8-73 为开式热水箱示意图。热水箱用钢板焊接而成，在水箱底部装有钢盘管，热媒流经盘管将热量传递给冷水，将水加热。水箱顶部应加盖，并设有通气管、溢流管和泄水管。同时还设有冷水补给水箱，随时补充冷水。热水箱通常设在建筑物的上部，其安装高度通过水力计算确定，以保证所有配水点具有需要的流出水头。热水箱的容积和加热盘管面积根据实际需要确定。这种加热方式一般用于小型浴室、食堂、洗衣房等用水量较小的热水供应系统。

B. 容积式水加热器：容积式水加热器一般用钢板焊制成圆柱形水箱，有卧式和立式两种。用得较多的为卧式，只有在安装房间

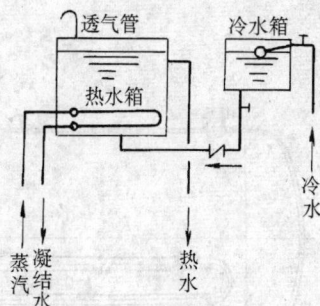

图 8-73　开式热水箱示意

无法放置卧式时，才采用立式。这种加热器常设在建筑物的底层或地下室内。表 8-22 是这种加热器的主要规格，其构造见图 8-74。

卧式容积式水加热器主要规格尺寸

表 8-22

加热器型号	容积(L)	直径(mm)	长度(mm)	厚度(mm)	接管管径(mm)			
					蒸汽	回水	进水	出水
1	500	600	1950	4.0	50	50	50	80
2	700	700	2000	4.0	50	50	50	80
3	1000	800	2250	4.5	50	50	50	80
4	1500	900	2500	4.5	50	50	80	100
5	2000	1000	2750	5.0	50	50	80	100
6	3000	1200	3000	5.5	50	50	80	100
7	5000	1400	3500	6.0	50	50	80	100

容积式水加热器的底部有一束 U 形管，蒸汽（或高温热水）进入 U 形加热管，放出热量后，冷凝水返回锅炉；而水箱内的水被加热后供应系统使用。

安装容积式水加热器的房间，在装有盘管的一端应留有能取出盘管的足够空间以利检修。罐体应保温，以防热量损失。

容积式水加热器的供水温度比较稳定，但热效率低，造价高，占地大，维修管理不便。常用于要求供水温度稳定，用水量大而又不均匀的热水系统，如医院、旅馆、大型公共浴室和工业企业的生活间等。

采用容积式水加热器的系统，当给水由室外管网直接供水时，加热器上应装温度计、压力表和安全阀；特别是当室外供水压力波动时，加热器中的压力也随之变化，为使系统

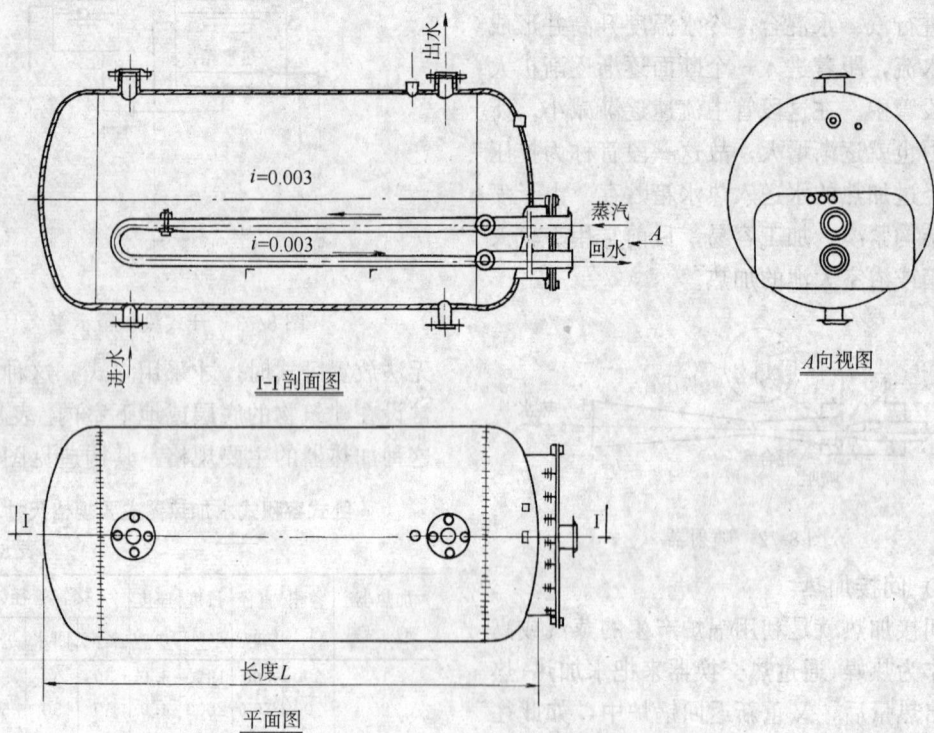

图 8-74 卧式容积式水加热器

压力不超过规定值,装设安全阀显得十分重要。当室外供水压力超过 0.5MPa 时,为避免管道和设备承受过高的压力,加热器的给水应经过冷水箱送入。图 8-75 即为经冷水箱给水示意图。冷水箱的安装高度(从水箱底计算)应能保证最不利配水点所需的水压,冷水箱给水管管径的大小应能保证系统的设计秒流量,且不可作其他用水,以保证加热器的安全供水。这种系统的加热器不必设安全阀。但为排除空气,应设排气阀。

C. 快速水加热器:图 8-76 为套管式快速水加热器。它由两根不同直径(ϕ70 和 ϕ40)的钢管制成同心套管,并由若干根这样的套管串联而成。蒸汽从上方进入套环间,放出热量后冷凝水由下部流出,而冷水由下部进入内管,被加热后的热水则由上部流出。

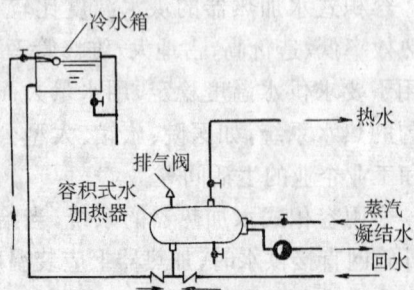

图 8-75 经冷水箱供水示意图

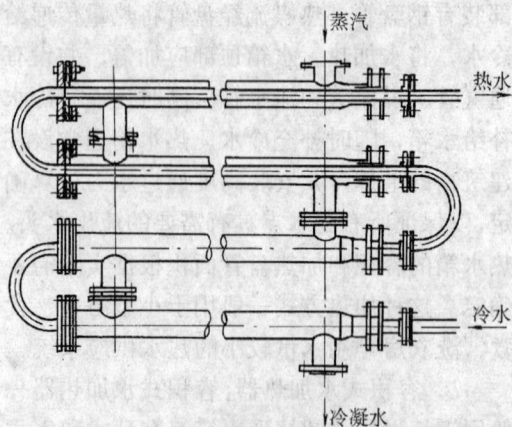

图 8-76 套管式快速水加热器

（2）热水的贮存

在热水供应系统中，因供水情况和用水情况不一致，当用水量变化很大时，往往难以满足最大用水量的需要，所以，应设热水贮水箱，贮存一定的水量，以便调节加热设备供水与用水之间的不平衡。

锅炉容量较大时，锅炉本身就起贮水箱的作用。采用容积式水加热器加热的系统，加热器本身可贮存热水，不必另设水箱。当采用快速水加热器或由锅炉直接供水而用水量又不均匀时，则应设置热水贮水箱。

贮水箱有开式和闭式两种：开式水箱设在系统的上部，称高位水箱，水箱的高度应能满足最不利配水点所需的水压；闭式水箱设在系统的下部，称为低位水箱，这种水箱承受上部水的压力，所以水箱应完全密闭。

8.6.4 热水供应管道的布置与安装

热水管道的布置与给水管道的布置基本相同，管道的布置应该在满足使用要求和安装、维修的前提下，使管线短而简单。热水管道的敷设通常为明装，当建筑物对美观有特别要求时，也可暗装。热水管道干管一般布置在地沟内、地下室、天棚下、建筑物最高层的天棚下或棚顶内；立管明装时可敷设在卫生间或非居住房间内，暗装时一般都敷设在专设的"管井"中。热水管道穿过墙壁、楼板、顶棚和基础时应加装套管，以免管道伸缩时，影响或损坏建筑结构和管道设备。

热水干管管线较长时，应考虑自然补偿或装设一定数量的伸缩器，以免管道因热变形被破坏。常选用方形（空间位置允许）或套筒补偿器。补偿器在安装时，应根据安装时的气温进行预拉伸。安装支架时，严格按设计布置固定支架和活动支架，进行安装。

考虑到今后检修的需要，在配水立管的始端、回水立管的末端、居住建筑中从立管接出的支管始端以及配水点多（≥5 个）的支管始端均应装设阀门。为了防止热水倒流或串

联，在水加热器或贮水器的冷水供应管、机械循环第二循环回水管、直接加热混合器的冷、热水管上部应装设止回阀。

热水横管应有不小于 0.003 的坡度，为便于排气和泄水，坡向与水流方向相反。为避免管道内集存气体，影响通水能力，在上行下给式系统配水干管的最高点设排气装置，如自动排气阀、集气罐或膨胀水箱等。水平管变径时应采用图 8-77 所示偏心大小头，以免形成气囊产生气阻。在系统的最低点应设泄水装置，或利用最低配水龙头泄水，泄水装置可为泄水阀或丝堵，其最小口径为 $DN15$。为了集存热水中析出的气体，防止被循环水带入循环管路中，下行上给式系统的回水立管应从最高配水点以下 0.5m 处接出，见图 8-69。为避免干管伸缩对立管的影响，热水立管与水平干管之间应加装弯管。

图 8-77 防止气阻偏心大小头

为防止渗漏，热水管道所用的阀门和龙头不应选用密封圈为橡胶的，一般应选用密封圈材料为铜质的。

为确保容积式水加热器或热水贮水器中空气及时排除，热水供应管应从设备顶部接出，当热水供应系统为自然循环时，其回水管一般在设备顶部以下 1/4 高度接入；当为机械循环时，回水管则从设备底部接入。热媒为热水时，第一循环进水管应在设备顶部以下 1/4 高度处接入，其回水管应从设备底部接出，见图 8-78。

水加热器和贮水器可以布置在锅炉房内，也可以设置在单独房间内，水加热器一侧应有宽度不小于 0.7m 净距离的通道，以便于安装和维修。加热器前端应有抽出加热排管的足够空间和位置、检修加热排管的操作场地。水加热器上部附件的最高点至建筑结构最低点的距离应便于检修，但不得少于 0.2m，房间净高度不得低于 2.2m。水加热器

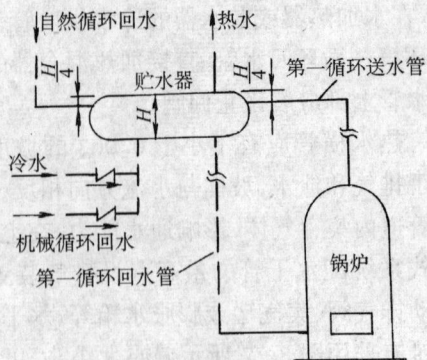

图 8-78　容积式水加热器或热水贮水器接管图

保护壳外表面之间的距离应不小于 0.7m，每个水加热器出水管上应装温度计，容积式水加热器还应装设压力表。水加热器上的仪表、阀门等应装在便于检修、观察和操作方便的地方。

为了保证水加热器供水温度稳定，在水加热器热水出口处，可装设自动温度调节器，如图 8-79 所示。调节器应装设在没有震动

的地方，若必须装在有震动的场合时，应设减震装置。自动温度调节器的感温包必须全部插入热水管道中，安装后保证严密。毛细管敷设弯曲时，其弯曲半径不得小于 60mm，且每隔 300mm 进行一次固定。

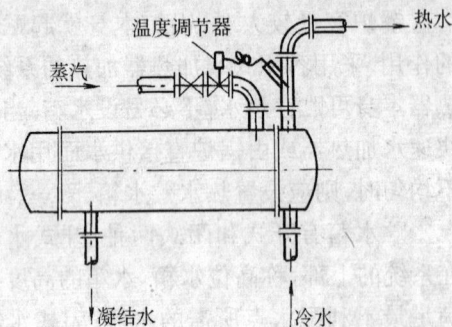

图 8-79　温度调节装置

热水配水干管，机械循环的回水管和有可能结冰的自然循环回水管、水加热器、贮水器等均应保温，以减少热损失。

小　　结

本节为室内热水供应系统。现代建筑中集中热水供应系统由加热设备、热水循环管道、热水贮水器、配水循环管道及其附属设施组成。

热水管道的布置和安装与室内给水管道的布置和安装的要求基本相同，只是安装中注意水平管的坡度要求，以及水平管变径的作法。

习　题

1. 集中供应室内热水系统由哪几部分组成？
2. 集中热水供应要求加热设备出水口水温是多少？
3. 室内热水供应加热水的方式有哪些？
4. 比较直接加热与间接加热的优缺点？
5. 室内热水管的敷设形式如何确定？
6. 水加热器如何布置？

8.7　太阳能热水系统

太阳能是一种取之不尽用之不竭的自然

能源。应用太阳能既不会造成污染，也不会破坏生态平衡，而且凡是阳光能照射到的地方都可以利用太阳能。我国地处北半球，幅员辽阔，太阳能资源非常丰富，特别是我国西部地

区，由于受干旱大陆性气候影响，雨量少晴天多，地面上受到的太阳辐射能量较多，利用太阳能大有可为。所以，近十来年太阳能的利用发展很快，其中太阳能热水器用于沐浴更为普遍。由于太阳能热水器构造简单，管理方便，成本不高，适用地区较广。太阳能热水器可提供 30～60℃ 的热水。太阳能热水器每天吸收太阳能的时间主要是 9～17 时。影响太阳能的因素是云层和大气中灰尘（所处纬度除外），云层本身就要吸收热能，使太阳辐射达不到地面；大气中的灰尘微粒，当太阳光照射到微粒上时发生光线散射，也减少地面对太阳能的接受量。

由于目前较多的是将太阳能加热水供沐浴或盥洗用，故本节主要讲太阳能热水系统。

（1）太阳能热水系统的组成及工作原理

1）系统的组成：

太阳能热水系统又称太阳能热水装置，主要由太阳能热水器、管道系统和水箱组成，见图8-80。

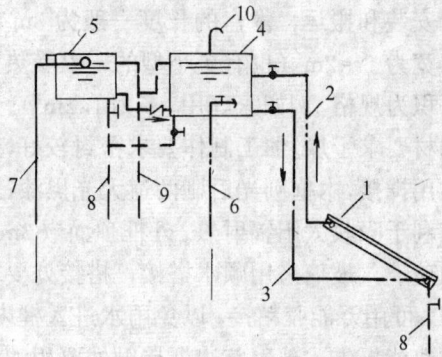

图 8-80　太阳能热水系统的组成

1—热水器；2—上升循环管；3—下降循环管；4—热水贮水箱；5—补给水箱；6—热水出水管；7—给水管；8—泄水管；9—溢水管；10—透气管

太阳能热水装置最重要的设备是太阳能热水器。

太阳能热水器的构造：

太阳能热水器的形式很多，目前使用最多的是管式太阳能热水器。这种热水器由外框、上、下集管和加热排管、保温材料等组成，见图8-81。

热水器的外框是一个长方形的木盒，为

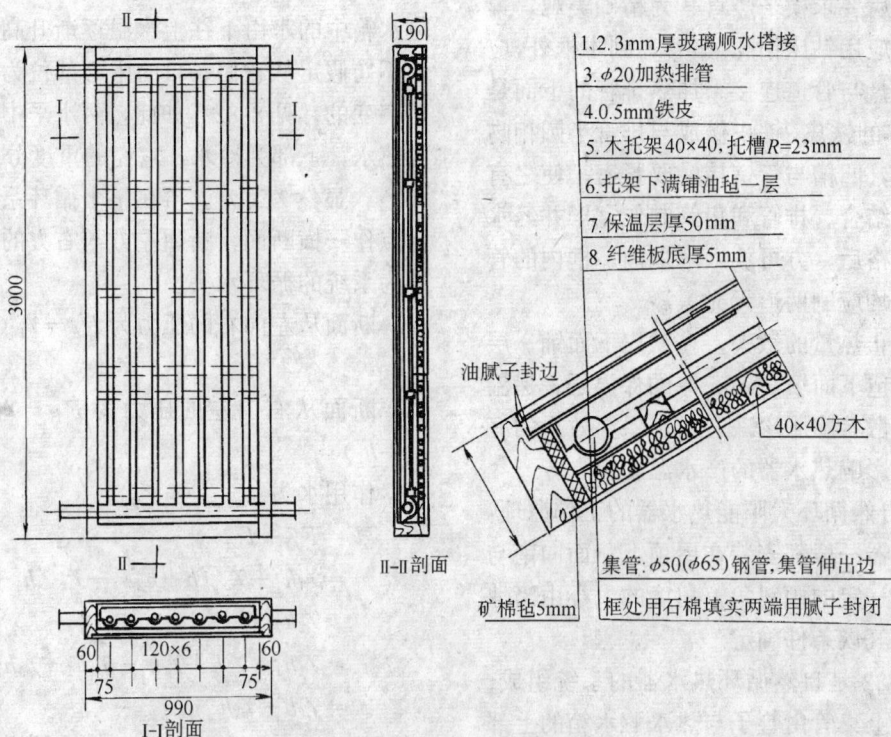

1. 2.3mm厚玻璃顺水塔接
3. φ20加热排管
4. 0.5mm铁皮
5. 木托架40×40,托槽R=23mm
6. 托架下满铺油毡一层
7. 保温层厚50mm
8. 纤维板底厚5mm

油腻子封边

40×40方木

集管:φ50(φ65)钢管,集管伸出边框处用石棉填实两端用腻子封闭

矿棉毡5mm

图 8-81　管式太阳能热水器构造图

便于安装和搬运，木盒的长度一般为 3m 左右，宽为 1～2m（也有更小型的，以受热面的面积为规格，例如家庭用，多为 1.2m²）。所用木材要求干燥。加工制作要求密封较好，连接均用榫接，木框刨光后刷两道无光黑漆，使之有利于吸收太阳辐射热。外框顶面嵌 3mm 厚的玻璃，玻璃采用顺水搭接，搭接处要求严密，可用万能胶粘接，以免雨水进入框内，造成热能损失。玻璃与边框接触处要用油腻子封闭，做到不漏水，不透气。为了减少空气对流，玻璃与加热盘管管顶净距定为 12mm，若采用双层玻璃，两层玻璃之间的距离为 10mm。

加热器用 $\phi20$ 无缝钢管等距离排列，根据实践经验，排管中心距为 100～160mm，比较合适。若中心距太近，则偏早和偏晚时，由于偏东或偏西，会在管网中形成阴影区；若中心距太远，则会降低加热器的产水能力，中心距大多采用 120mm。上、下集管采用 $\phi50$ 或 $\phi60$ 的无缝钢管，加热排管与上、下集管焊死，焊好后要求横平竖直。为精确美观，集管上开孔应用钻床钻孔。集管通到木框外，应预焊法兰盘与管道连接。加热排管的下面是 0.5mm 厚的铁皮，铁皮做成与排管半圆相吻合的凹槽，凹槽与管壁接触要紧密，使之有良好的热结合。排管和集管制作完毕并经水压试验合格后，方可放入木框内，框内的管网和铁皮均应刷两道无光黑漆。

为防止热量的散失，在铁皮下面铺一层油毡，油毡下面填 50mm 厚的保温层，保温材料可用散状膨胀珍珠岩粉，保温效果的好坏将直接影响热水器的产水温度。

2）自然循环太阳能热水器的工作原理：

热水器一般都安装在屋顶上，面向南与地平面成一定的倾斜角，角度的大小由当地的纬度和气候条件确定。

图 8-82 是自然循环热水器的系统组成，热水器的上集管由管子与热水贮水箱的上部连通，成为上升循环管；热水器的下集管用

钢管与热水箱的下部连通，成为下降循环管，如图 8-82 的箭头线所示。这样热水器、热水箱和管子构成一个密闭系统。工作时系统首先充满水，热水器吸收太阳辐射热后，热水器中的水温逐渐上升，由于热水的重度比冷水的重度小，热水器中被晒热的水就"上浮"，由上升循环管进入热水贮水箱，贮水箱中的冷水则由下降循环管流入热水器吸收热量，如此不断地受热、升温、流动，这就是太阳能热水器的自然循环原理。

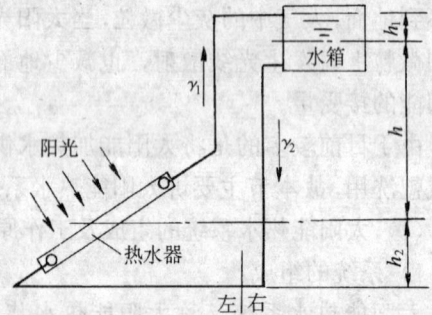

图 8-82　热水器自然循环作用水头

由上述的循环原理可以想见：热水器和热水箱中的水由下往上水温逐渐升高，但我们不妨假定从它们各自的中心部位为界水温是突变的，见 8-82。如此，两水平中线以上为热水，下部为冷水，它们的重度分别为 γ_1 和 γ_2，显然 $\gamma_2 > \gamma_1$。再在整个循环系统的最低点作一横断面，断面左方与右方的压力差即为系统的循环水头。

断面从左向右的压力为 $F_左 = \gamma_1(h_1+h) + \gamma_2 h_2$

断面从右向左的压力为 $F_右 = \gamma_1 h_1 + \gamma_2(h+h_2)$

作用水头

$$
\begin{aligned}
H &= F_右 - F_左 \\
&= \gamma_1 h_1 + \gamma_2(h+h_2) - \gamma_1(h_1+h) - \gamma_2 h_2 \\
&= \gamma_1 h_1 + \gamma_2 h + \gamma_2 h_2 - \gamma_1 h_1 - \gamma_1 h - \gamma_2 h_2 \\
&= \gamma_2 h - \gamma_1 h \\
&= h(\gamma_2 - \gamma_1) \quad \text{(kPa)} \qquad (8-4)
\end{aligned}
$$

式中 h——热水箱中心与热水器中心的高差（m）；

γ_1、γ_2——热、冷水的重度（kN/m^3）。

从上式可知，热水箱与热水器的高差和上下两部分的水温差（水温差越大重度差越大），这两个因素决定着循环水头。但受热器一经制成，水温差变化就不很大，所以，循环水头主要取决于热水箱与热水器之间的高差h。从理论上讲，h越大越容易循环，但水箱位置过高会增加造价，施工也增大难度。所以应尽量减小管网的水头损失，选择适当的水箱安装高度，以保证系统内的循环受热。根据实践经验，热水箱与热水器中心的高差最小不得小于0.2m，一般高差为0.4m比较合适。

由于太阳能热水器的进入家庭、各家一套热水器系统，通常将溢流管接回各家的厕所内，此管既是溢流管又是信号管，以掌握向系统充水。家庭使用的就没有图8-80那一套补给水箱系统。

3）机械循环系统：

对于集体单位淋浴用热水，要求水量大，若仍采用自然循环，则将一个庞大的热水箱置于房顶，势必要求房屋结构有特殊的考虑，难免增大基建投资。集体单位利用太阳能，则较适合利用循环水泵强制循环，如图8-83所示。而且可在集热器出口和热水箱底部装设感温元件，控制器依靠这两个感温元件测得的温差来控制循环泵的开、停工作。

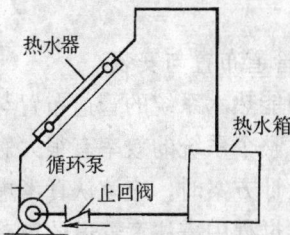

图8-83 强制循环式系统

这种系统由于增设了循环水泵，使系统内的设备易于布置，热水箱的位置可不受限制，若屋顶无法承受热水箱，或空间位置不足以容纳热水箱时，热水箱可设在低于集热器的位置。但这种循环增加了管理维修工作用工和运行费用。

根据使用实践，我国大多数地区的太阳能热水器，只要制作和安装质量无问题，每m^2热水器一天产生的热水量可供4～5人淋浴。

（2）太阳能热水系统的布置与安装

1）集热器的布置与安装：

集热器布置得是否合理，将直接影响热效率。集热器应布置在常年都能接受太阳照射的地方，为了防止因风吹刮而产生较大的热损失，集热器应避开风口布置。集热器常布置在屋面上，为了便于合理布置，一般以5～6只集热器作为一个组合，当屋面东西方向较短，南北方向较长时，可布置成二排或二排以上，这时前后排的间距，应以不遮住阳光为原则，一般净距离为1.5m以上，如图8-84所示。若根据需要和屋面条件，集热器布置成两个组合为一排时，热水箱应布置在两个组合的中间。如果设有二排或二排以上时，为避免水箱阴影的影响，前后排间距至少在2.0m以上。

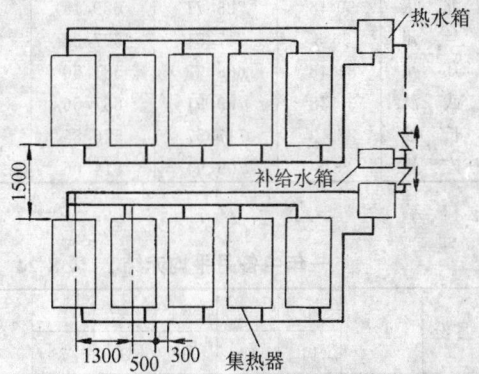

图8-84 二个组合集热器平面布置

集热器布置于屋面上时，为安装、管理安全，距屋面檐口应在1.5m以上，集热器之间应留有0.2～0.5m的间距，以便维修和管理。

集热器安装的朝向一般为正南方，当有提早或延迟使用要求时，也可略向东或向西偏转，但不能超过15°，以免影响集热器的热水产量。集热器应牢固地安装在支架上，支架可用型钢制作。

集热器安装时与地面的倾角与使用地区的地理纬度和要求使用的季节有关。表8-21提供了部分地区的地理纬度和夏季日照辐射强度。表内未列的其他地区，其纬度值可查地图，日照强度可根据纬度参照本表采用。

集热器安装与地面的倾斜角可按下式计算：

$$\beta = \varphi + \delta \qquad (8-5)$$

式中
β——集热器与地平面的倾角；
φ——使用地点的地理纬度，见表8-23或查地图；
δ——使用时间的平均赤纬，一年中各月的平均赤纬见表8-24。

各地纬度及夏季透过窗玻璃日照辐射强度（W/m²） 表8-23

城市名称	纬度	窗玻璃层数		备注
		单层	双层	
哈尔滨	45°41′	687.33	591.97	
乌鲁木齐	43°54′	732.69	632.67	
北京	39°48′	725.71	629.18	
兰州	36°3′	747.81	637.32	
郑州	34°43′	668.73	581.50	
武汉	30°38′	769.91	667.56	
长沙	28°12′	717.57	576.85	
广州	23°8′	705.94	614.06	

一年中各月平均赤纬 表8-24

月份	12	1	2	3	4	5	6
		11	10	9	8	7	
δ	−23.5°	−20°	−11.5°	0°	11.5°	20°	23.5°

各地的使用多考虑春分和秋分之间（3～9月）最有利吸收太阳热能。

【例】 在武汉地区安装集热器，使用月份拟于3～9月，试求集热器安装倾角。

【解】 武汉地区纬度为30°38′，从3月至9月的赤纬平均值为：

$$\delta = (0 + 11°30′ + 20° + 23°30′ + 20° +$$
$$11°30′ + 0) \times \frac{1}{7}$$
$$= 12°21′$$
$$\therefore \beta = \varphi + \delta = 30°38′ + 12°21′ = 42°59′$$

2）水箱的布置与安装：

热水循环水箱与补给水箱（间断式用热水，不必设置补给水箱）一般布置在建筑物的屋面上，强制循环式系统也可以布置在低于集热器的场所。当屋面结构为空心预制板时，不能直接在屋面上装设水箱，以防压断屋面板，影响安全。水箱可布置在集热器的一侧或中间，不管布置在什么位置上，都要考虑到不要因水箱造成的阴影而影响集热器的热效率。

水箱应牢固地安装在钢筋混凝土或钢支架上，循环水箱底应高出集热器中心线，以保证系统内水的正常循环。循环水箱与补给水箱之间的连接管道上要装设止回阀，防止循环水箱的热水在补给水箱浮球阀发生故障时，倒流入补给水箱内，补给水箱的进水管上应设置阀门，循环水箱和补给水箱的溢流管和泄水管可分别进行连接，溢水管的管道直径要比原管径大1～2号，溢水管和泄水管可经隔离水箱排入排水管道，或直接排入屋面天沟内。

水箱应当保温，目的是为防止热损失和冬天结冰。

3）管道布置与安装：

太阳能热水系统的管道布置与安装是否得当，对整个系统的效率有很大影响，因此在决定设计方案时，应该认真考虑管道的布置，施工过程中需注意管道的正确安装。

集热器与循环水箱之间用管道连接起来的环路，称为循环环路。凡是各个集热器的循环环路热水流程长短基本相等的系统，称为同程式系统，如图8-84。这种系统热阻小，热效率高，但管路较长，配件较多，增加了水流过程中水头损失；各个集热器循环环路热水流程长短均不相等的系统，称为异程式系统，这种系统管路较短，水流过程中水头损失较小。

管道布置应以管线短、转弯少，便于安装和维修为原则。水平敷设的管道，应有不小于 0.005 的坡度，坡向集热器。在系统的最低点应设排水装置，以便检修时排泄系统内存水。

循环管道的管材宜采用镀锌钢管，螺纹连接，其填料用聚四氟乙烯生料带。管道应固定在型钢制成的支架上。

集热器与循环总管连接时，应加用活接头，以便检修时拆卸，循环水管的出水管上应设置阀门，以便控制水量和水温。

管道全部安装完毕，应作通水试验，以不泄漏为合格，试验后的管道要进行保温。

小　　结

太阳能热水系统由太阳能集热器，管道系统和水箱组成。太阳能热水器自然循环的工作原理是利用水吸热后温度升高、重度变轻，因而"上浮"，冷水流束填补而实现的。

习　题

1. 太阳能热水系统由哪几部分组成？
2. 试述太阳能自然循环热水系统的循环原理？
3. 集热器布置应注意什么问题？
4. 太阳能热水系统管道用什么管材？连接方法？

8.8 高层建筑给排水

8.8.1 高层建筑室内给排水的特点

我国通常将六层及其以下的建筑称为低层建筑，七至九层居住建筑内多层建筑，十层及十层以上居住建筑或建筑高度超过 24m 的其他民用建筑称为高层建筑。由于高层建筑比多层建筑高度大、层数多、建筑功能广、结构复杂，因此高层建筑给水排水工程具有不同于多层建筑给水排水工程的特点。

1) 建筑物楼层多、高度大，给水管道系统中静水压力大，为保证管道及配件不遭受破坏，系统使用良好，必须进行合理分区，增设加压设备。排水管道中排水量大，落差高，必须妥善处理好排水管道的通气问题，以保证排水通畅。

2) 建筑面积大，给水排水设备使用人数多，瞬时给水流量大，必须具有安全可靠的水源及经济合理的系统型式，以保证供水的连续和维修方便。

3) 高层建筑火灾蔓延快，疏散扑救困难，对消防给水要求较高。室内消防系统应设置以自救为主的独立消防系统，以保证及时扑灭火灾。

4) 高层建筑给水排水设备标准高，管道材料及卫生器具品种规格多，管道工作量大，施工场地狭小，给施工带来一定困难，所以，对施工提出更高的要求。

5) 高层建筑使用要求舒适、安静、方便，在设计和施工中必须解决好防震、隔音、防止漏水和管道堵塞等问题。

8.8.2　高层建筑室内给水系统

（1）给水方式

高层建筑依靠城市给水管网，水压不能保证其供水要求，因而必须设置水泵进行加压和水箱进行贮水，以保证各楼层的用水。

由于建筑物高度大，如果只设一个给水系统，那么低层配水点所受静水压力就会很大，不但使用不便，而且会产生水锤和噪音。水锤将使管道产生强烈的震动，使管道、仪表、配件受到机械损伤。下层出水量过大，也引起上层出水量减小。为此高层建筑给水系统都采用竖向分区供水。

竖向分区应根据使用要求、材料设备性能，维修管理等条件，合理确定分区水压。设计规范规定：分区最低卫生器具给水配件处的静水压力：住宅、旅馆、医院等一般为0.3～0.35MPa；办公楼一般为0.35～0.45MPa。

在确定适宜的给水分区静水压力值的同时，还必须考虑给水系统中的最小压力问题，即保证系统中各用水点所需的最低水压。分区给水最小静水压力值，一般根据供水最不利点配水器具的流出水头及水箱至该点管路的全部摩阻（沿程水头损失）确定，通常该值在10m水柱左右，所以分区的水箱需设于该区以上三层。

高层建筑给水在竖向分区时，为了节约能源和投资，首先要考虑充分利用室外给水管网的水压，尽可能多地向下面几层供水。

竖向分区给水主要有三种给水方式。

1）减压给水方式：

这种给水方式是整个高层建筑的用水量全部由设置在底层的水泵提升至屋顶水箱，然后再分送至各分区水箱，进行减压后向各用水点供水，如图8-85所示。

分区水箱一般只起减压作用，因而水箱容积可以很小，但若同时兼起贮水作用时，则

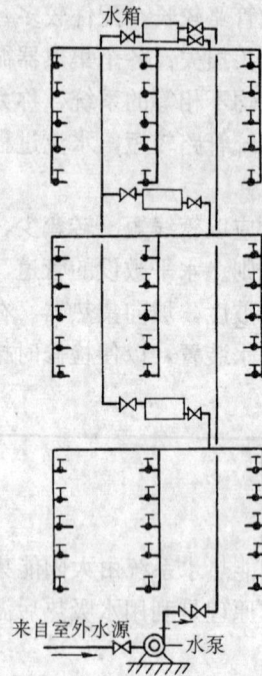

图8-85　减压给水方式

水箱容积相应加大。

这种给水方式，系统简单，水泵数量少，类型少，泵房建筑面积小，基建投资较少，管理维修量相对要少一些。其缺点是房顶水箱容积较大，增加结构荷载；由于整个建筑物的用水量均需提升至最高层，因水泵的转输流量大，工作时间长，耗电多；水泵或输水管路发生故障时，将影响整个建筑物的用水，供水可靠性差些。

2）分区分别供水方式：

如图8-86，各分区的用水量由集中设置在底层屋内的分区水泵分别提升至本分区的贮水箱，然后分区进行供水。

这种给水方式由于分区设置水箱、水泵，自成一个独立供水系统，互不干扰，因而供水可靠性高些，不必将整个建筑物的用水提升到屋顶，运行费用低些；水泵集中设置便于操作管理和维修。其缺点是水泵型号及台数多，管道数量和泵房面积增加，管理和维修量较大。

由于此种系统具有供水安全可靠这一显

278

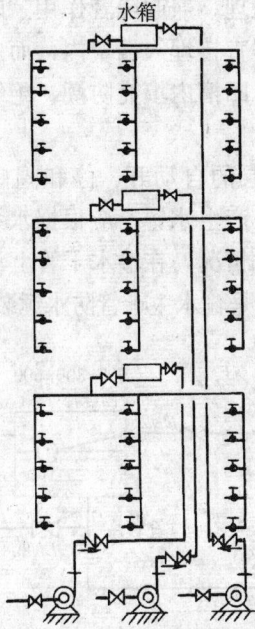

图 8-86　分区分别供水方式

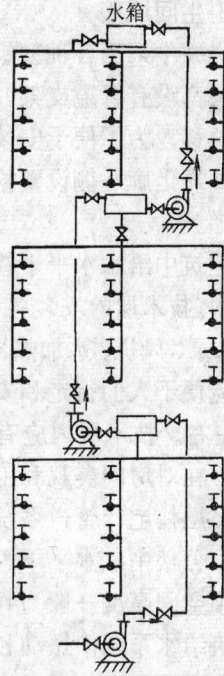

图 8-87　串连给水方式

著的优点，在国内外高层建筑中采用得比较广泛。

　　3）串联给水方式：

　　这种给水方式如图 8-87 所示。各分区水箱既是本区的高位水箱，又是上区的贮水池，水泵分设在各区技术层内，逐级提升供水。

　　这种给水方式水泵压力较均衡，扬程较小，因而水锤影响也小，水泵使用效率高。其缺点是水泵分设在各技术层内，占用建筑面积大，对技术层要求较高，需防震动、防噪音、防漏水；水泵分散布置，不利于管理和维修；供水可靠性差。故此种给水方式采用较少。

　　除上面介绍的三种由水箱和水泵组成的给水系统外，还有采用气压罐给水系统和无水箱给水系统。气压罐给水系统是以气压罐代替高位水箱的供水系统；无水箱给水系统是由变速水泵直接向高层建筑管网供水的一种给水系统，其基本特点是借助于特殊设备使水泵随各分区给水管网用水量负荷变化而自动调节变化出水量，加压提升供水的。

　　（2）给水管网布置和敷设

　　高层建筑给水管网的布置型式主要取决于给水方式，以及增压设备设置的位置。一般采用上行下给式较多，干管分设于各技术层内或吊顶内，上接屋顶水箱或分区水箱，下连各给水立管向下供水，流向不变。如果立管高度较大，为了控制流量保证各用水点正常配水，在立管下部或下部各层支管上装设减压孔板、调节阀或减压阀。高位水箱的设置高度，一般为本区以上三～五层（视系统大小，可通过水力计算确定）。对供水安全可靠性要求较高的宾馆、饭店，可采用环状式系统。

　　在要求较高的高层建筑中，给水立管都集中布置在管道竖井内。管道竖井分为进人型与不进人型两种，进人型管道竖井平面尺寸一般为（0.8～1.0）m×（1.0～1.2）m，空间面积较大，便于管道的安装与修理；不进人型管道竖井空间面积较小，国外采用较多，我国只有利用外资设计建造的旅游宾馆中少量采用。这种管道竖井由于地方狭小给施工带来一定困难，检修或拆换管道时，要

279

拆除一部分卫生间墙壁。

管道在竖井中采用各种型钢支架进行固定，最好每层都设有管道支架，以保证管子不下沉和不位移。为了便于安装和检修时进出，管道竖井靠走廊一侧设置检修门，井内设平台和爬梯。

在高层建筑中给水水平干管均敷设在技术层或吊顶内。技术层除安装各种管道外，还设有水箱、水泵、风机、水加热器等设备，技术层的层高应便于人们行走和安装维修，一般为 2.2m 左右。技术层内应有较好的照明和通风设施。在对房间美观和卫生条件要求不高的一般高层住宅和管道系统不复杂、设备少的高层办公楼中。水平干管亦多布置在吊顶内，吊顶空间高度一般为 0.6m。

高层建筑给水系统中振动和噪音来源于水泵机组、卫生设备和管道系统，为减小振动和噪音，常采取以下措施：

1）水泵应尽量远离居住和办公用房设置。水泵基础应采用减振基础。水泵吸水管和压水管上安装铝制弹簧短管（外包铅丝）或 K—XT 可曲挠橡胶接头，并用弹性支架支撑管道，图 8-88 是水泵弹性支架防振示意图。

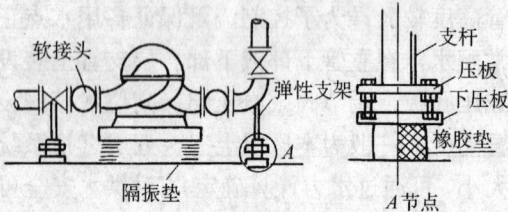

图 8-88　水泵弹性支架防振示意图

2）给水系统宜选用竖向环状系统，以利管路内流量和流速的均匀分配。设计时给水流速宜采用规定范围的中、下限值，即 $d \leqslant 40mm$ 时，$v = 0.6 \sim 1.0$m/s，$d > 40mm$ 时，$v = 1.0 \sim 1.2$m/s 为宜。对于高压管段，还应设置节流阀或减压阀，以减小流速。

3）为防止固体传声，管道与支架接触处应垫以橡胶、毛毡等柔软防振物质，管廊和吊顶内的全部管道应用不同材料作绝热、绝缘、防潮处理，兼起隔音作用。暗装于墙内的管道不得直接埋入墙壁内，而应装于墙内凹槽之中，凹槽内填充防潮，绝缘物，以利隔音。

4）水泵的自动开、停和阀门的突然关闭，都容易产生水锤，应根据水泵扬程和管网压力变化情况，在输水干管上设防水锤装置，图 8-89 是输水主干管防水锤装置示意图。

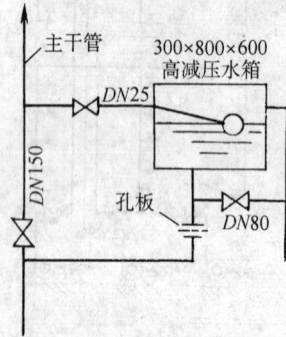

图 8-89　输水干管防水锤装置示意图

5）卫生器具应选择噪音小的各种进水开关，如泡沫水咀、减压水咀等。

6）管道避免穿越住房的墙壁，如必须穿过时，应设套管，管子与套管之间的间隙应填矿渣棉，毛毡或包以软橡胶、软塑料等。安装给水管道的各种墙洞必须用高标号水泥砂浆填实，以防串声。

（3）消防给水系统

高层建筑面积较大，房间多，内部功能复杂，来往人员频繁，这给控制火灾造成一定困难。建筑物内有楼梯井、电梯井、电缆井、垃圾井及通风空调管道等，一旦发生火灾，这些竖井和管道相当于烟囱成为火势迅速蔓延的途径。由于高层建筑高度远远超过消防车直接扑救火灾的最大建筑高度（垂直高度为24m），这就只能立足于室内自救，因此高层建筑消防给水系统的设计和施工必须满足室内自救这一要求。

为了保证火灾发生后能进行室内自救，首先要保证一定必要的消防用水量。其次要选择合理的消防系统，并设消防水泵接合器，使火灾发生后消防车水泵能通过水泵接合接合器向室内消防管网供水,扑灭50m以下室内火灾。

高层建筑常用的消防给水系统有消火栓给水系统、自动喷水灭火系统和水幕系统。

高层建筑室内消火栓给水系统的型式,按系统供水范围分有独立的消防给水系统和区域集中的消防给水系统。

1) 独立的室内消防给水系统:

每幢高层建筑物内设立独立的高压(或临时高压)室内消防给水系统。消防管网内经常保持高压或者接到火警后,临时加压,使管网压力达到消防要求的高压。我国过去建成的高层建筑大多采用这种系统。

2) 区域集中的室内消防给水系统:

高层建筑群内数幢或数十幢建筑物设立一个共用的泵房的消防给水系统。近年来建成的高层住宅区一般都采用此种系统。

按建筑高度分,室内消防给水系统有一次供水室内消防给水系统和分区供水室内消防给水系统。

A. 一次供水室内消防给水系统。

建筑高度不超过50m或消防水压不超过80m水柱的高层建筑,消防给水管网不进行分区,整个建筑物使用一个消防给水系统,发生火灾时,通过高压消防泵或消防车水泵向系统供水灭火,为便于灭火时进行水枪操作,在消防立管下部动水压力超过50m水柱的消火栓处,需增设减压设施。图8-90即为一次供水室内消防给水系统示意图。

B. 分区供水室内消防给水系统。

建筑高度超过50m或消防水压超过80m水柱的高层建筑,室内消防给水系统应分区供水。

并按各分区组成本区独立的消防给水系统,如图8-91所示。

室内消防给水系统必须与生活、生产给水系统分开设置,自成一个独立系统。消防给水管道在平面和立面都应布置成环状,在

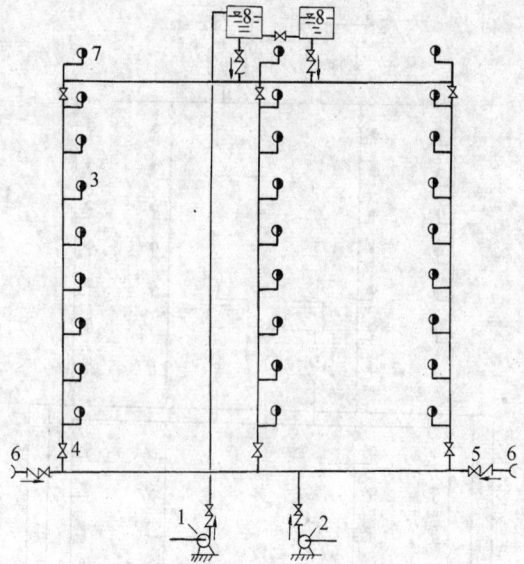

图 8-90 一次供水室内消防给水系统
1—生活、生产给水泵;2—消防水泵;3—消火栓和远距离启动消防水泵的按钮;4—阀门;5—止回阀;6—水泵接合器;7—屋顶消火栓;8—水箱

环状管网上需要引伸枝状管道时,枝状管道上消火栓数量只能是一个。环状管网的进水管不应少于两条,并宜从建筑物的不同方向接入。消防立管的设置,应保证同层相邻立管上二股消火栓的充实水柱同时到达任何部位,以保证一根立管出故障时,另一根立管上消防水枪的充实水柱仍能达到任何部位,以保证扑救初期火灾的需要。立管直径应按其流量计算确定,但不得小于100mm。消防立管的最大间距不宜大于30m。为了保证灭火时火场供水安全,在消防给水管网设置一定数量的阀门,阀门布置原则应保证管道检修时关闭的立管不超过一条,一般在分水节点处以管道数 $n-1$ 的原则设置。

消火栓布置原则与多层建筑相同,两个消火栓之间的距离应保证两个消防水枪充实水柱同时达到室内任何一点,充实水柱的长度一般不应小于10m。建筑高度超过50m的百货楼、展览楼、科研楼、高级旅馆、办公楼等的充实水柱长度不应小于13m。消火栓口径应为65mm配备的水龙带长度不超过25m,水枪喷嘴口径不小于19mm。

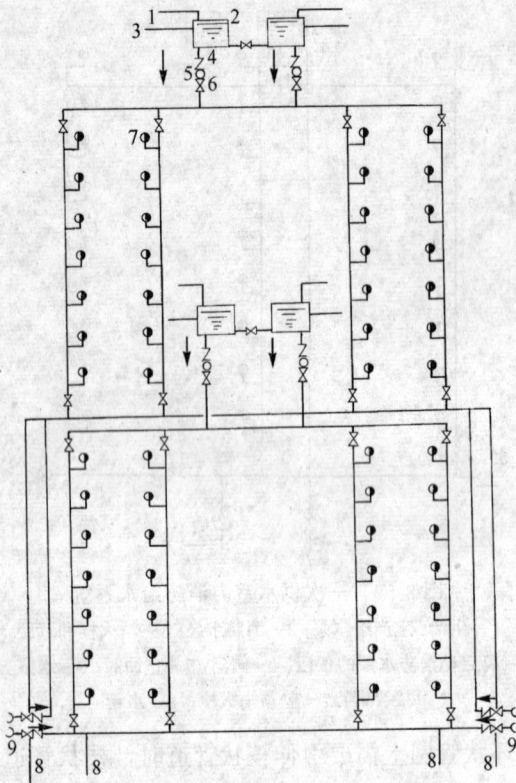

图 8-91　分区供水室内消防给水系统
1—生产、生活进水管；2—水箱；3—接生产、生活管网；
4—止回阀；5—水流报警启动器；6—阀门；7—消火栓；
8—消防进水管；9—水泵接合器

为保证及时启动消防水泵，每个消火栓处均应设置消防水泵按钮。在屋顶应设屋顶消火栓，供平时检查系统供水能力和扑救邻近建筑的火灾之用。屋顶消火栓一般采用双出口式，每个消火栓充实水柱不应小于10m，水龙带长25m。

高层建筑消防给水系统均应设置消防水泵接合器，以便消防车水泵向系统供水。水泵接合器应设置在消防车使用方便的地点，其周围15～40m内应设有室外消火栓或者消防水池，以便消防车抽水之用。水泵接合器有壁龛式、地上式和地下式三种，水泵结合器与室内管网连接管上应设阀门，止回阀和安全阀。

高层建筑的屋顶应设消防水箱。消防水箱内应贮存扑救初期10min的室内消防用

水量。为确保安全水箱的作用，应采用重力流水箱。消防水箱宜与其他用水的水箱合用，使水箱内的水经常流动，防止消防用水长期贮存水质变坏发臭。采用合用水箱时，应保证消防用水贮备量，一般是将其他用水的贮水管置于消防水面以上；当消防水箱采用两只时，应用联接管接通，联接管上设常开阀门，以备检修水箱时关断。消防水箱宜采用生活、生产给水管道充水，消防水泵启动后消防管网的水不得进入消防水箱，因此在水箱的出水管上装设止回阀。为及时报警在水箱出水管上设置水流报警启动器，如图8-92所示。

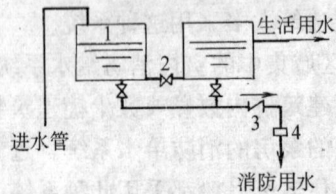

图 8-92　消防水箱管道联接示意图
1—生活、生产、消防合用水箱；2—阀门；
3—止回阀；4—水流报警启动器

消防水泵宜各分区分别设置，其扬程必须满足本区最不利消火栓所需射流水压，消防泵必须设有备用泵。泵站内设有两台或两台以上消防泵时，每台泵应单独与管网连接，不允许将消防泵共用一条总出水管，然后再与室内管网连接。

8.8.3　高层建筑室内排水系统

（1）排水系统型式

高层建筑排出的污水，通常可分为生活污水和雨、雪水两大类。生活污水一般又分为粪便污水和洗涤废水两种。高层建筑排水立管长、流量大、流速高，污水在管内流动过程中往往会引起气压波动，并可形成水塞，造成卫生器具水封被破坏。管道和设备安装要牢固，防止管道下沉，位移和漏水，同时还要为污水的综合利用创造条件。

高层建筑生活污水和雨、雪水应分别设

置排水系统。

生活污水排水系统按排水方式分为分流制和合流制两类。分流制就是粪便污水与洗涤废水分别设置排水系统排出，当前大部分高层建筑采用这种排水系统；合流制是粪便污水与洗涤废水共用一套排水系统排出。一般是层数少，立管负荷不大的高层建筑，如住宅、办公楼才采用合流制排水系统。

排水系统组成特点，生活污水排水系统分为普通排水系统和新型排水系统两类。普通排水系统即传统式系统，由管道组成排水和通气系统，它包括二管制和三管制两种。二管制是由一根污（废）水立管与一根专用通气管组成的排水系统，三管制是由一根粪便污水立管、一根洗涤废水立管与一根专用通气（或主通气、副通气）立管所组成的排水系统。当前国内外高级旅馆大多数采用三管制排水系统。新型排水系统是取消专门通气管系统的单立管系统，即由一根立管（粪便水与洗涤水合流）与节点组合配件组成的单立管排水系统。

(2) 新型排水系统

随着高层建筑层数的增多，普通排水系统的立管，往往容易产生水塞，单靠放大管径的办法加以解决，在经济技术上已显得不够合理。到了六十年代，出现了取消专门通气管系统的单立管式新型排水系统，这是高层建筑排水管道通气技术上的突破。

1) 苏维托单立管排水系统：

苏维托单立管排水系统是瑞士的伯尔尼市铁路职业学校卫生工程系教师苏玛于1959年发明的。它是采用一种叫混合器的配件代替排水三通，在立管底部以一种叫排气器的配件代替排水弯头，使气水混合或分离的单立管系统。

A. 混合器。

混合器也称气水混合器，它是一个长约800mm带有乙字管和隔板的类似三通的配件，如图8-93所示。混合器装设在立管与每层排水横管连接处，它的作用是限制立管内污水和空气的流动速度，并使从横管流来的污水有效地同立管中的空气混合。

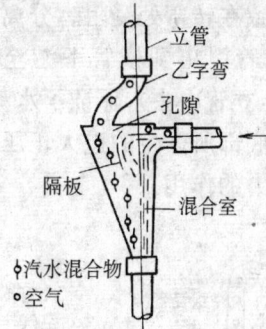

图 8-93　混合器

当上面立管流下来的污水经过乙字管时，由于水流受到阻碍使流速减小，动能部分转化为压力能，改善了立管内经常处于负压的状态，水流在此处形成紊流状态，其结果使水团破裂成无数小水滴，加速与周围空气混合，同时在继续下降的过程中，通过隔板上部约有 10～15mm 的孔隙抽吸排水横管和混合器内的空气，变成密度小，好像水沫一样的气水混合物（气水比为 3：1～10：1），这样一来继续下降的速度减慢，可以避免过大的抽吸力。

由排水横管经混合器进入立管的污水，由于受到隔板的阻挡而呈竖直方向流入，防止了污水跨越立管横断面，因此不致隔断立管气流而造成负压。同时由于隔板的存在，如果形成水塞也只限于混合器的右半部，此水塞通过隔板上部 10～15mm 孔隙自立管及时补气，下降一个挡板高度（200mm）后水塞就被破坏，水流沿管壁呈膜状向下流动。

B. 排气管。

排气器也称气水分离器，它是由空气分离室和跑气管所组成的类似弯头的配件。

如图 8-94 所示，它的作用是把空气从水中分离出来，以保证污水畅通地流入干管（或出户管）。排气器装设在立管的最下部，污水和空气混合物自立管上部流入排气器，碰到突块时被溅散，从而使气体分离出来（约占70%以上，由此减少了污水的体积，降低了流速，使立管和横干管的泄流能力得到平衡，气流不致在转弯处受阻。分离出来的气体通过跑气管引出到横管下游至少1m处（或向上返至立管中去），保证了水流的畅通，减少了立管底部所产生的过大正压力，起着调节正负压力的作用。

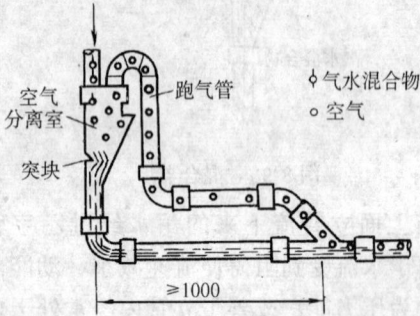

图 8-94　排气器

苏维脱排水系统具有能减少立管内压力波动，降低正负压绝对值，保证排水系统工况良好，节省大量管材，降低工程造价等优点。在立管较多的旅馆和单元式住宅中，采用这种排水系统更为经济合理。我国已在北京、长沙、太原等城市的一些高层建筑中采用这种系统，开始对其效能进行试验测定和研究工作。

2) 旋流式单立管排水系统：

旋流式单立管排水系统又称"塞克斯蒂阿"系统。是法国建筑科学技术中心在1967年提出来的，其后被广泛应用在十层以上的居住建筑中。

旋流式单立管排水系统，系由把各个楼层的排水横管与立管间装设"旋流排水配件"，立管的底部装设"旋流排水弯头"，这两种件见图 8-95。

A. 旋流排水配件。

旋流排水配件盖板上有一个直径为50mm的污水管接口，配件内装有12块导旋叶片。污水自入口进入配件后，受到导流板

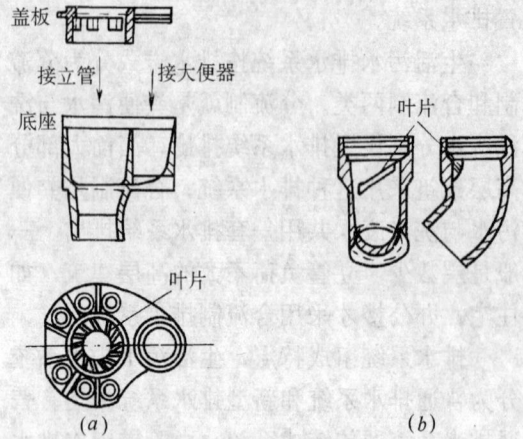

图 8-95　旋流排水件
(a) 旋流排水配件；(b) 旋流排水弯头

诱导而沿切线方向进入立管，使水流形成一股旋流，沿管壁旋转而下，使立管自上而下形成一个管心气流，这个管心气流约占管道横截面积的80%。立管中的管心气流与各横管中的气流相通，并通过伸顶通气管与大气相通，使立管中的气压变化很小，从而防止了卫生器具水封的被破坏，立管的负荷也可以大大提高。污水在立管中由于受摩擦力和重力的作用，旋流逐渐减弱，垂直下降趋势增加，但当污水经过下一层的旋流排水配件的导流叶片时，使旋流再次得到增强，从而保证了管心气流的贯通。

B. 旋流排水弯头。

旋流排水弯头是一个内部装有特殊叶片的45°弯管，该特殊叶片能迫使下落水流溅向对壁而沿着弯头后方流下，这样就避免了排水横管向干管中发生冲激流而封闭立管中的气流造成过大的正压压力。

旋流式单立管排水系统由于创造了充分条件，使下落水流沿管壁作膜流运动，保证了立管内气压波动幅度很小提高了排水能力，降低了管道噪音，因而在多层建筑和高层住宅排水中应用是大有前途的。我国湖南省建筑研究设计院结合工程设计任务研制成功了XL型排水旋流器，安装在14层的长沙芙蓉饭店，经组合测试，效果良好，为工程

节约了大量投资。

（3）排水管道的布置与敷设

高层建筑排水管道的布置与敷设，根据高层建筑排水的特点进行。

高层建筑排水系统一般不分区设置，立管自底层至最高层贯穿敷设。管道材料的机械强度比一般建筑所用材料的机械强度要高，一般用铸铁排水管。系统的设置可采用普通排水系统或新型排水系统。采用普通排水系统时，可以几根排水立管组成联合系统，通过伸顶通气总管与大气相通，或通过一根总副通气管引至室外。在尚未建造全市性污水处理厂的城市，室内排水应采用分流三管制。

排水管道接头材料应采用弹性较好的材料。为适应抗震要求，高层建筑排水立管可采用抗震柔性机械型接口式铸铁排水管及管件。

（4）高层建筑管道施工特点

高层建筑给排水管道施工方法，除与一般建筑室内给排水施工方法相同外，由于高层建筑楼层高、立管长，给施工造成一定的困难，还提出了一些特殊要求。

1）材料选用：

给水管道埋地敷设管径大于或等于75mm的采用给水铸铁管，地上部分采用镀锌钢管。国内生产的镀锌钢管最大管径为150mm，当管径大于150mm时，可采用无缝钢管镀锌后法兰连接。

热水管道一般采用镀锌钢管或钢管。镀锌钢管长期输送热水容易使水产生红锈，影响使用，近年来建造的大型宾馆、饭店都使用铜管。

排水和雨水管道管材采用排水铸铁管。高层建筑排水立管很长，对管材质量要求较高。国产排水铸铁管质量不稳定，有气孔、砂眼、夹渣等现象，在使用前必须每根检查，逐根进行水压试验，试验压力一般为 $0.15\sim0.25$ MPa，排水铸铁管配件也必须逐个进行外观检查。

给水管道所用阀门必须按给水最高工作压力进行选择，安装前必须逐个进行外观检查和按规定进行强度试验和严密性试验，试验压力应为出厂规定压力。

各类卫生器具安装尺寸随着产品型号、生产厂家的不同而有异，在施工前必须搞清各种卫生器具的确实安装尺寸，在条件允许的情况下，要有实物供安装单位对照施工，如无实物也要有样本，以便准确地确定出管道安装尺寸。

2）管道的预制加工：

高层建筑给水排水安装工作量较大，各楼层卫生器具的布置和管道的走向基本一致，这就给管道的工厂化施工创造了条件。设计采用组合卫生间的，可以在加工场内将卫生间的卫生器具和管道装好，到现场只作一些零星的组装工作。一般高层建筑的管道都是现场预制加工的。管道预制加工必须有预制加工场地，预制场可搭建临时设施，也可以利用大楼底层空房间，预制场内要有切管机、套丝机、弯管机、翻边机、各类焊接设备、除锈刷漆机具、试压泵、操作平台等。

管道预制范围有：埋地敷设的干管，管井内各种立管，吊顶内各类支管，标准层房间卫生间配管，各技术层的泵类配管等。预制加工之前要绘制管段加工草图，再辅以现场实测以取得准确尺寸。预制分组的内容要考虑到安装的方便和可能。

3）高层建筑管道的施工：

高层建筑的管道种类较多，管井内各种管道立管应合理布置。施工时一般先安装管径较大的立管、排水及雨水管，然后再安装其他管道，如热水管、空调管、回水管、供暖管等。管道自下而上顺序安装，要解决好管子的垂直运输作业。管井内施工场地狭小，均系高空作业，必须在管井内搭设临时安装平台，确保施工安全。

管道安装尺寸一定要正确，这是以后卫

生器具镶接能否顺利进行的关键，为确保工程质量和加快工程进度将起一定的作用。

高层建筑管道施工另一个值得注意的问题是防止管道堵塞。各类管道每天施工结束时必须将管口用木塞或麻丝堵好，以防杂物落入。建筑物所有卫生间排水支管敞口，必须用加工的圆木或钢制封闭件封死。卫生器具镶接时，将封闭件拆除，并用高位水箱冷水连续不断地冲洗每个排水管口，直至水流通畅无堵塞现象时，再进行卫生器具的镶接。为保证屋面上的黄砂、石子、垃圾不落入排水管内，所有出屋面的伸顶通气管在施工期间也应用石棉水泥封死。

为保证排水及雨水管道接头不渗漏，在最下面几层的转变处和受压处应采用青铅接口，其余接口全部采用石棉水泥作填料，而且必须打紧、打实，一定要杜绝目前施工中出现的打口不打的错误做法。

4）管道试压：

管道试压一般分单位试压和系统试压两种。单位试压是指敷设在吊顶内或暗敷于墙内的给排水，热水管道在土建隐蔽前进行试压；系统试压是在卫生器具镶接前按系统进行试压。

试压时应注意试验压力不得超过规定值，试验次数不宜过多。

对于土建装修基本完成的房间试压或通水试验时，必须考虑好放水问题，以免由于放水不当而造成损失。

小　结

本节介绍高层建筑室内给排水系统。高层建筑室内生活给水采用分区给水系统；室内消防给水方式根据建筑物的高度确定，当建筑物的高度不超过 50m 时，采用一次供水室内消防给水系统。当建筑物高度超过 50m 时，则应采用分区供水室内消防给水系统。高层建筑的室内排水系统，其特点是排水立管从上到下一通到底。因而楼层多，排水量大，可能造成水流雍塞破坏水封的现象。故高层建筑的排水若采用普通排水系统，则设专用通气管通气，以保持系统内的气压平衡。也可采用新型排水系统，即采用加装混合器、排气器或加旋流排水件来保证系统内的气压平衡。

高层建筑给排水管道安装量大，为加快工程进度，应加工预制后再安装，预制时分组要合理，尺寸要准确，才能达到省时的目的。

习　题

1. 高层建筑给水排水工程具有哪些特点？
2. 高层建筑给水系统为什么要竖向分区？
3. 竖向分区给水方式有哪几种？它们的特点是什么？
4. 高层建筑给水系统防噪音的具体措施有哪几种？
5. 高层建筑消防给水常用的系统型式有哪几种？
6. 高层建筑排水施工有哪些特点？

第9章 离心泵与泵房

　　水泵是给排水工程中的常用设备。它是一种能把电动机和其他发动机的能量传递给水（或其他液体）的水力机械，也是提升和输送水（或其他液体）的重要工具。在给水工程中，从水源取水到清水输送都是由水泵来完成的。在排水工程中，当建筑物地下室污水排泄有困难时，可由污水泵提升来解决。

　　水泵房是安装水泵和动力设备以及有关附属设备的建筑物。水泵房的种类较多，按在给水工程中的作用可以分为：一级泵房（又称取水泵房）、二级泵房（又称送水泵房）、加压泵房（又称中途泵房）、循环泵房、排污泵房和冲洗泵房。按机组位置与室外地面相对高差可分为：地面式泵房、半地下式泵房和地下式泵房。按水泵是否浸在水中可分为干室式泵房和湿室式泵房。尽管它们在给水工程中的作用不同，但在设计和安装方面有许多共同之处。

9.1　离心泵的分类

　　(1) 按工作叶轮数量分类

　　单级水泵：叶轮只有一个。如 IS 型（图 9-1）、BA 型。

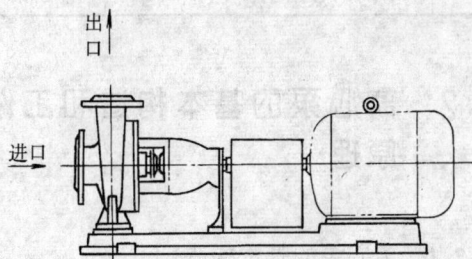

图 9-1　IS 型离心泵

　　多级水泵：在泵壳内有几个叶轮平行装在同一根轴上，水从一个叶轮进入另一个叶轮，这时水泵所产生的压力等于全部叶轮所造成的压力的总和。如 DA 型、DA_1 型、TSW型水泵。

　　(2) 按进水方向分类

　　单面进水：例如 B 型、BA 型水泵。

　　双面进水：例如 Sh 型、SA 型水泵。

　　(3) 按泵体形式分类

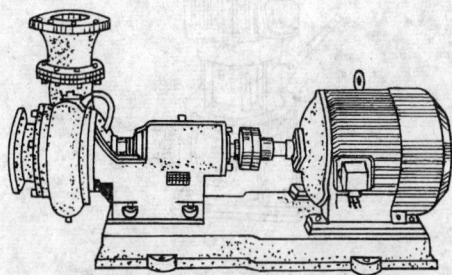

图 9-2　BA 型离心泵外形图

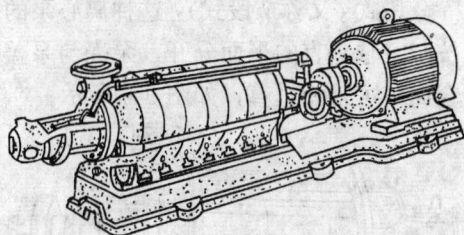

图 9-3　DA 型离心泵外形图

　　涡轮泵：通常从叶轮出来的水流速很高，利用与叶轮相接的导流叶片把高速流动的水的动能转化为压能，从而达到远距离输水目的的一类泵，如图 9-4 (a) 所示。

　　蜗壳泵：利用蜗壳把从叶轮流出的水流的动能转化为压能的一类泵，如图 9-4 (b) 所示。

　　(4) 按水泵轴的方向分类

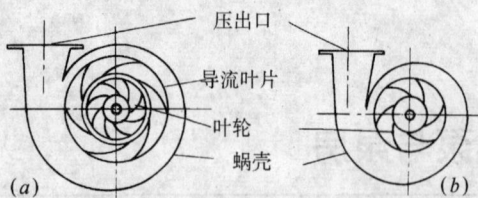

图 9-4　涡轮泵和蜗壳泵

(a) 涡轮泵；(b) 蜗壳泵

卧式水泵：水泵的轴是水平的。例如 BA 型、Sh 型水泵。如图 9-2 所示。

立式水泵：水泵的轴是垂直的。例如 SD 立式离心泵，如图 9-5 所示。

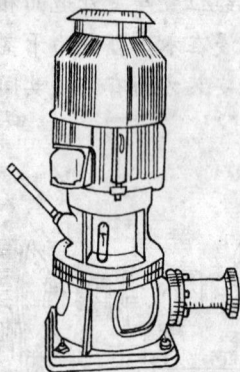

图 9-5　SD 立式离心泵外形图

（5）按泵壳分开方式分类：

分段式（又称节段式）：这种离心泵的壳体按与主轴垂直的平面分开，泵壳与泵盖的结合面与主轴相垂直，如图 9-6 所示。

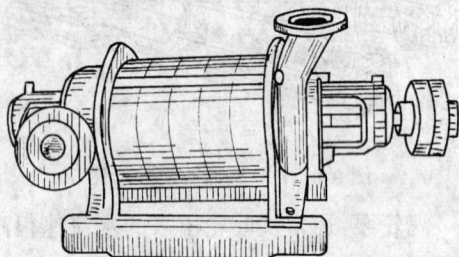

图 9-6　分段式多级离心泵

中开式：壳体在通过主轴中心线的平面上分开。如果主轴是水平的，就称之为水平中开式离心泵，如图 9-7 所示。

离心泵的分类详见表 9-1。

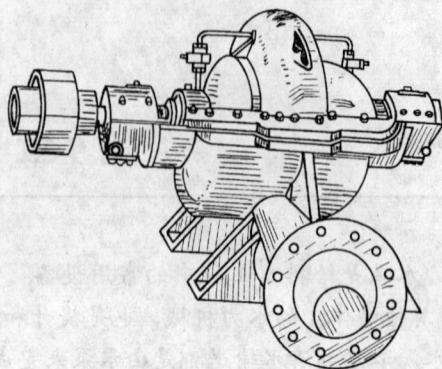

图 9-7　水平中开式离心泵

离心泵的分类　　表 9-1

离心泵的种类			口　径 (mm)	扬　程 (m)
卧式	涡轮式	单吸 单级	50～150	20～90
		多级	40～250	20～1000
		双　吸	125～800	20～120
	蜗壳式	单吸 单级	40～300	3～85
		多级	50～200	20～1000
		双　吸	125～1500	4～100
立式	涡轮式	单吸 单级	50～150	20～90
		多级	40～300	20～300
		双　吸	125～400	20～85
	蜗壳式	单吸 单级	80～1000	10～60
		多级	50～200	20～100
		双　吸	250～800	4～60

9.2　离心泵的基本构造和工作原理

9.2.1　离心泵的基本构造

离心泵具有结构简单、体积小、效率高、供水均匀、流量和扬程在一定范围内可以调节等优点。它主要由泵体、叶轮、泵轴、轴承、密封环、填料函等部分组成，如图 9-8 所示。

（1）泵体

泵体又称泵壳，是水泵的主体，其作用是将水导入叶轮，然后将叶轮流出的水汇集起来，引向压水管。泵体还将所有固定部分连成一个整体，支持轴承架。泵体用铸铁制成，外壳像一个蜗壳，当叶轮顺叶轮方向转

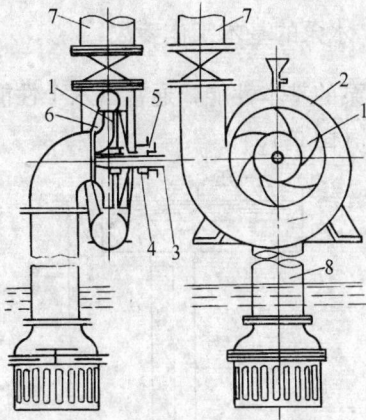

图 9-8　单级离心水泵构造示意
1—叶轮；2—泵壳；3—泵轴；4—轴承；
5—填料函；6—密封环；7—压水管；8—吸水管

动时，水流断面愈来愈大，使水流的动能逐渐转化成压能。泵体顶端设有排气孔，以备水泵启动灌水时排除泵内空气或接真空泵抽除空气用。泵体底部设有排水孔，必要时用来放空存水。

（2）叶轮

叶轮是离心泵的主要工作部件，固定在泵轴上，叶轮上的叶片一般为2～12片，片数少的流道宽，片数多的流道窄。叶轮可分成闭式、半开式和开式三种，如图9-9所示。

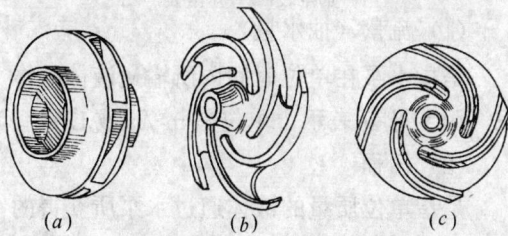

图 9-9　叶轮形式
（a）为封闭式叶轮；（b）为敞开式叶轮；
（c）为半开式叶轮

（3）泵轴与轴承

泵轴是带动叶轮旋转的构件，叶轮利用键固定在泵轴上，泵轴与电动机联接的二端为联轴器或皮带轮，电动机通过泵轴带动叶轮旋转，把电动机的机械能传递给水泵，轴承是套在泵轴上支承泵轴的构件。

（4）密封环

离心泵叶轮出口是高压，叶轮吸入口是低压，为了减少液体从高压区向低压区的泄漏损失，通常在泵体和叶轮上分别安设密封环。密封环又称减漏环，磨损之后可以更换，如图9-10所示。

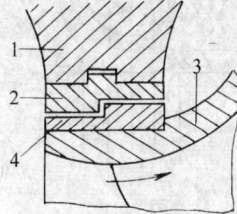

图 9-10　减漏环
1—泵壳；2—镶在泵壳上的减漏环；
3—叶轮；4—镶在叶轮上的减漏环

（5）填料函

泵轴穿出泵壳时，在轴与壳之间存在着间隙。有间隙就会有泄漏，在此部位应装设密封装置，即填料函。它是由填料盒（泵体的一部分）、轴封套、填料、压盖、水封环和水封管等组成，如图9-11所示。

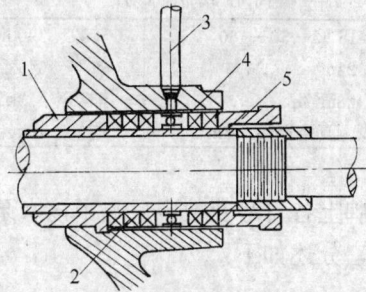

图 9-11　压盖填料型填料盒
1—轴封套；2—填料；3—水封管；4—水封环；5—压盖

9.2.2　离心泵的工作原理

离心泵是利用叶轮驱动液体在旋转运动时的离心作用，产生惯性离心力来使液体提高能量的。

离心泵的压水原理：在开动水泵前，泵里灌满了水，当水泵转动时，叶轮将水甩出去，经过泵体，顺着出水管把水送出去。

离心泵的吸水原理：水在离心力作用下，

叶轮把水甩出,水原来占有的地方变成真空,而水面还有大气压力的作用,水面压力高,泵进口压力低,水就顺着吸水管不断上升,如图 9-12 所示。

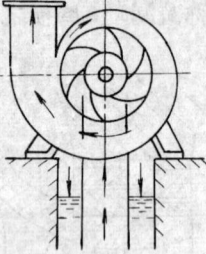

图 9-12

9.3 离心泵的基本性能

水泵出厂时,每台水泵的泵壳上都钉有一个铭牌,上面列出水泵的名称、重量和若干个基本参数。

例如,我国新型的 IS 单级单吸悬臂式离心泵的铭牌为:

离 心 式 清 水 泵			
型号	IS 65—50—160	转数	2900r/min
扬程	22m	效率	64%
流量	28m³/h	轴功率	3kW
允许吸上真空高度	7m	重量	40kg

铭牌上各符号及数字反映了该水泵的基本性能,分述如下:

9.3.1 水泵的型号

现以 IS 65—50—160 为例说明水泵型号的意义

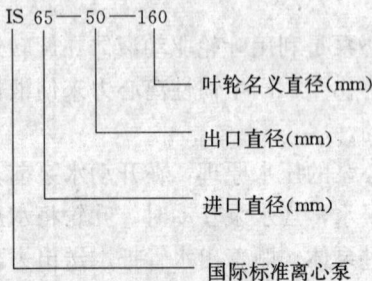

IS 65—50—160

- 叶轮名义直径(mm)
- 出口直径(mm)
- 进口直径(mm)
- 国际标准离心泵

9.3.2 水泵的基本工作参数

水泵的基本性能,通常由六个性能参数来表示(图 9-13):

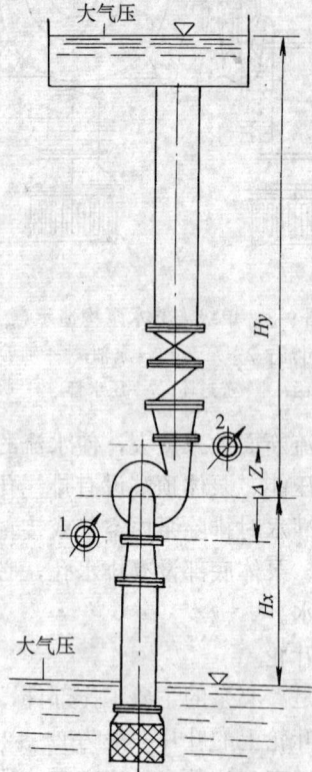

图 9-13 离心泵装置
1—真空表;2—压力表

(1) 流量(抽水量)

是指水泵在单位时间内所输送液体的体积,用字母 Q 表示,单位是 m³/h 或 L/s。

(2) 扬程

是指单位质量的液体通过水泵所获得的能量,也可以折算成抽送液体的液柱高度(m)表示。用字母 H 表示,单位是米(m)。

$$H = H_x + H_y + \Sigma h_总 \qquad (9-1)$$

式中 H——水泵的扬程(m);

H_x——水泵的吸水高度(m)。即是自水泵吸水井(池)水面的测管水面至泵轴之间的垂直距离(如吸水井是敞开的,H_x 即是吸水井水面与泵轴之间的高差);

H_y——水泵的压水高度（m）。即从泵轴至水塔的最高水位或密闭水箱液面的测管水面之间的垂直距离；

$\Sigma h_{总}$——管路的总水头损失（m）。

水泵在工作时，根据水泵的压力表和真空表上的读数，采用下式计算水泵的扬程：

$$H = H_x + H_y + \Delta Z + \frac{v_2^2 - v_1^2}{2g}$$

$$(9\text{-}2)$$

式中 H_x——真空表读数，（MPa），计算时按米水柱计；

H_y——压力表读数（MPa），计算时按米水柱计；

ΔZ——压力表与真空表的位置高差（m）；

v_1——吸水管中水的流速（m/s）；

v_2——出水管中水的流速（m/s）；

g——重力加速度（m/s²）；

因 $\frac{v_2^2 - v_1^2}{2g}$ 的数值不大，在估算水泵扬程时可以忽略不计，则式 9-2 在实际应用时可写为：

$$H = H_x + H_y + \Delta Z \qquad (9\text{-}3)$$

（3）转速

转速是指水泵叶轮每分钟的转数，用符号 n 表示，单位：r/min（转/分）。常用的转速有 1450r/min 和 2900r/min。在水泵运转时，决不能任意调节转速，转速过高，水泵可能被损坏；转速过低，水泵效率降低，不经济。

（4）功率

水泵的功率分有效功率、轴功率和配套功率。

1）有效功率：指泵给流体的纯功率，也就是单位时间内泵将多少质量的液体提升了多少高度。有效功率用字母 N' 表示，单位是 W（瓦）。

$$N' = \rho g Q H \qquad (9\text{-}4)$$

式中 N'——水泵的有效功率（w）；

ρ——水的密度（kg/m³）；

g——重力加速度 g=9.81m/s²；

Q——水泵的流量（m³/s）；

H——水泵的扬程（m）。

2）轴功率：是指电动机通过泵轴输入水泵的功率，用字母 N 表示，单位是 W（瓦）。轴功率大于有效功率。

3）配套功率：指水泵应选配的电动机的功率，用字母 N_p 表示，单位是 W（瓦）。配套功率要比轴功率大一些。

4）水泵的效率：是指水泵有效功率与水泵轴功率的比值，用符号 η 表示。它表示水泵性能的好坏及动力利用程度，是水泵的主要技术经济指标。

$$\eta = \frac{N'}{N} \times 100\% \qquad (9\text{-}5)$$

（5）允许吸上真空高度

是指水泵在标准状况下（即水温为20℃、表面压力为一个标准大气压）运转时，水泵所允许的最大的吸上真空高度。单位是 m（米）。

水泵的安装高度：是指水泵轴中心线距吸水池最低设计液面（即枯水面）之间的垂直距离，单位是 m（米）。

$$H_{安装} = H_{允许} - h_{吸损} - \frac{v_1^2}{2g} \qquad (9\text{-}6)$$

式中 $H_{安装}$——水泵的安装高度（m）；

$H_{允许}$——水泵允许吸上真空高度（m）；

$h_{吸损}$——吸水管路中的水头损失（m）；

v_1——水泵进水口处流速（m/s）。

9.4 离心泵的引水设备

离心泵在启动前必须先将泵壳和吸水管的空气驱尽，让其充满水后，泵才能吸水和输水。离心泵的充水方式有自吸式和非自吸式两种。自吸式充水水泵不设底阀。非自吸式充水水泵要靠辅助设备预先灌水或抽气引水。

9.4.1 自吸式充水水泵

自吸式充水水泵的泵体结构具有如下特点：
1）泵的进水口高于泵轴；
2）在泵的出水口设有较大的气水分离室；
3）一般都具有双层泵壳，如图9-14所示。

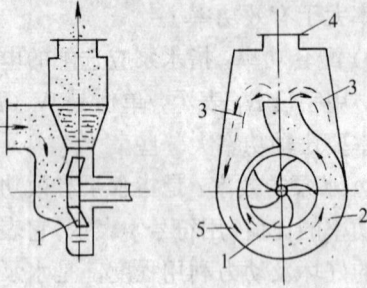

图 9-14 自吸泵自吸原理示意图
1—叶轮；2—内蜗壳流道；3—气水分离室；
4—分离室出口；5—外蜗壳流道

在启动前泵内始终都储存一部分水。当叶轮1转动时，储存的水在离心力的作用下被甩到叶轮的外缘，叶轮入口处形成真空，进水管中的空气被吸入叶轮，在叶轮外缘形成汽水混合体，沿蜗壳流道2上升，当流到气水分离室3时，由于面积增大，气水混合体流速减小，空气由分离室出口4溢出，水由于自重经外蜗壳流到5下部流回，并基本上沿叶轮外缘切线方向进入内泵壳和泵内空气进行再次混合，这样反复多次，吸水管中空气逐渐被排出，同时吸水管中水位逐渐上升，从而达到自吸的目的。

9.4.2 非自吸式充水水泵

当水泵在非自吸式工作时，在启动前必须引水。引水方法可分为两大类，一是吸水管带有底阀；一是吸水管不带底阀。

（1）吸水管带有底阀：

1）人工引水：将水从泵顶的引水孔灌入泵内，同时打开排气阀。此法费力，启动水泵的时间长，只适用于临时性供水且为小泵的场合。

2）用压水管中的水倒灌引水：当压水管内经常有水，且水压不大而无止回阀时，直接打开压水管上的闸阀，将水倒灌入泵内。如压水管中的水压较大且在泵后装有止回阀时，直接打开送水闸阀引水就不行了，而需在送水闸阀后装设一旁通管引水入泵壳内，如图9-15所示。旁通管上设有闸阀，引水时开启闸阀，水充满泵后，关闭闸阀。此法设备简单，一般中、小型水泵（吸水管直径在300毫米以内时）多被采用。

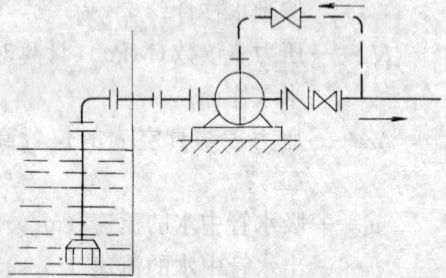

图 9-15 水泵从压水管引水

（2）吸水管上不装底阀的水泵有下述引水方法：

1）密闭水箱自动引水

其工作原理是：泵首次启动前，先打开灌水阀（向密闭水箱灌水）和排气阀（让箱内空气排出），待密闭水箱灌满水后（可以从玻璃水位管上看出），关闭排气阀和灌水阀。启动泵，密闭水箱内因水被抽走而呈部分真空，吸水井中的水在水面上的大气压力作用下沿着吸水管和密闭水箱不断进入泵并被加压输出，如图9-16所示。

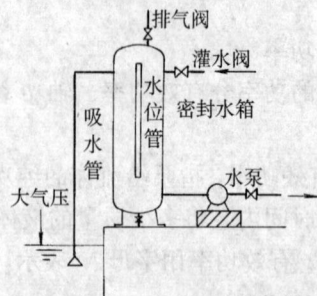

图 9-16 密闭水箱式自动引水法

2）高架水箱灌水

这一装置是将压力水管接到高架水箱，水箱满时浮球阀浮起，停止进水，在水箱底部有出水管接到水泵，使泵壳和吸水管里灌满水，如图9-17所示。

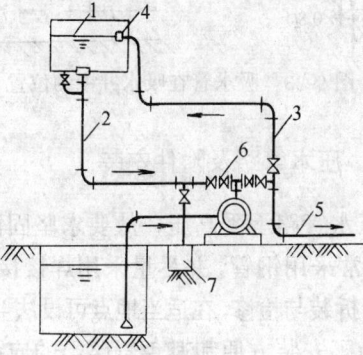

图9-17　高架水箱灌水

1—水箱；2—水箱出水管；3—压力水管；

4—浮球阀；5—出水管；6—止回阀；7—集水坑

3）真空泵引水

工作原理是依靠真空泵的运行在泵壳内造成真空，使吸水池的水在大气压力的作用下进入泵体充水，如图9-18所示。

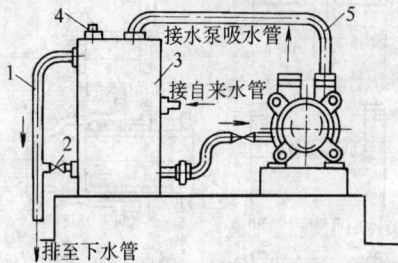

图9-18　真空泵管路安装图

1—溢流管；2—排污管；3—气水分离器；

4—排气管；5—吐气管

4）水射器引水

此装置不设底阀，但需要有压力水，如图9-19所示。压力水管上的阀门2打开后，压力水便进入水射器1，并产生真空，阀门3打开后，泵壳和吸水管6中的空气由抽气管5被吸入水射器1，空气与射流混合后经排水管4排入吸水池。当水射器将泵和吸水管内空气抽空，水被引上来之后，就可以关闭阀门3，启动水泵抽水。

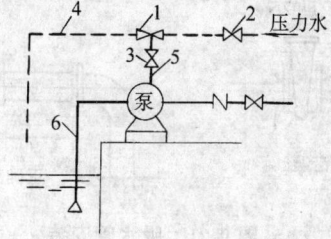

图9-19　水射器引水

1—水射器；2—阀门；3—阀门；

4—排水管；5—抽气管；6—吸水管

9.5　水泵管路及附件安装

9.5.1　吸水管路及附件安装

水泵管路安装分吸水管、压水管的安装；吸水管路上装有底阀、真空表、闸阀、渐缩管、弯头。压水管路上装有压力表、止回阀、闸阀，如图9-20所示。

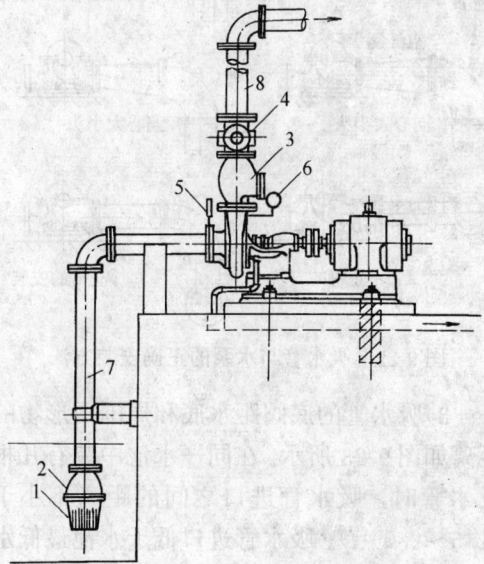

图9-20　离心泵管道附件

1—进水滤网；2—底阀；3—止回阀；4—闸阀；

5—真空计；6—压力计；7—吸水管；8—出水管

1）水泵吸水管一般采用一泵一管。吸水管要短，转弯要少，接头要严密。在吸水管靠近水泵进口处要有一段长度至少为吸水口直径两倍的直管，用来保证水流的稳定，如

图 9-21 所示。

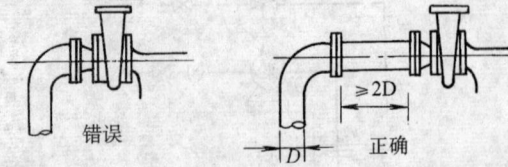

图 9-21　吸水管安装

2）水平吸水管安装坡度要正确，坡度不小于 0.005，沿水流方向上升。水平管异径连接时，应采用偏心大小头连接，取管顶平。吸水管与水泵的几种正确与不正确安装方法如图 9-22 所示。

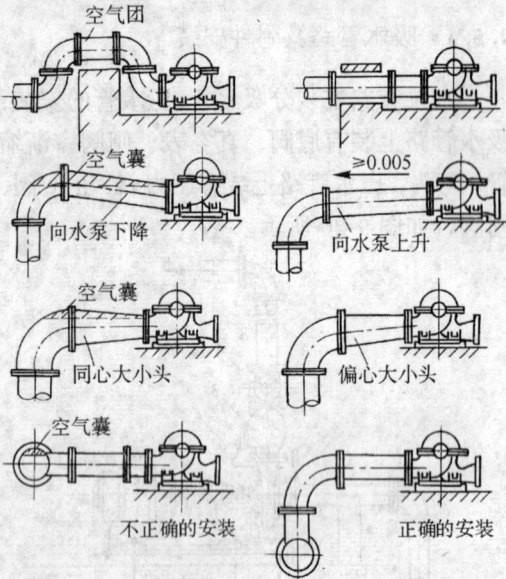

图 9-22　吸水管与水泵的正确安装方法

3）吸水管的底阀距水底和周围固形物的距离如图 9-23 所示。在同一水池中装有几根吸水管时，吸水管进口之间的距离不小于 $(1.5 \sim 2.0) D$。吸水管进口低于水池最低水位，即 $h \geqslant 0.5 \sim 1.0 \mathrm{m}$；吸水管进口要高于池底 $0.8D$，D 为吸水管喇叭口（或底阀）扩大部分的直径，通常 D 为吸水管直径的 $1.3 \sim 1.5$ 倍；吸水管的进口边缘距池壁不小于 $(0.75 \sim 1.0) D$。

4）当吸水池水位高于水泵轴线时，吸水管路上应设闸阀，水泵正常工作时此阀开启，只有在水泵检修时关闭。

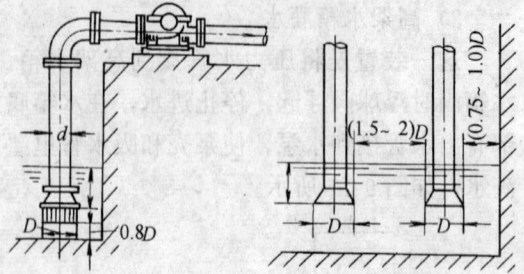

图 9-23　吸水管在吸水井中的位置

9.5.2　压水管路及附件安装

压水管路承受高压，故要求坚固而不漏水。通常采用钢管，并尽量采用焊接接口，但为便于拆装与检修，在适当地点可设法兰接口。

为了安装方便和避免管路上的应力传至水泵，可在管路中设置伸缩接头或可曲挠的橡胶接头，如图 9-24 所示。为了承受压力管路中的内压力所造成的推力，可在各弯头处设置专门的支墩或拉杆。

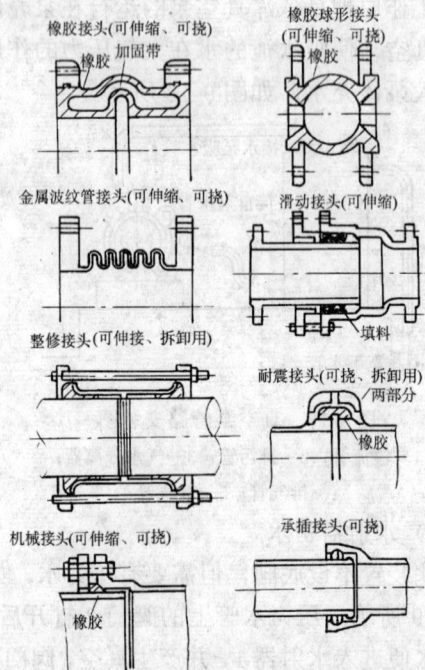

图 9-24　挠性接头及伸缩接头

在压力管上常装有止回阀，装于水泵和压水闸阀之间，它可防止突然停电时，压水管中的高压水倒灌回水泵使水泵倒转而损坏叶轮。在压力管压力小于 0.2MPa 时，可以不设止回阀。

压水管路上的闸阀，因承受高压，所以启闭都比较困难。当直径 $D \geqslant 400\text{mm}$ 时，大都采用电动或水力闸阀。

9.6 水泵的运行和维护管理

9.6.1 启动前的检查

水泵启动前应该检查一下各处螺栓连接的完好程度，检查轴承中润滑油是否足够、干净，检查出水阀、压力表及真空表上的旋塞阀是否处于合适位置，供配电设备是否完好，然后进一步进行盘车、灌泵等工作。

盘车就是用手转动机组的联轴器，感觉其转动的轻重是否均匀、有无异常声响，目的是为了检查水泵及电动机内有无不正常的现象。

灌泵就是启动前，向水泵及吸水管中充水。在进行灌泵时，要注意将泵内空气排尽，泵内积存空气量越少，水泵入口处产生的真空值就可提高。

9.6.2 水泵的启动

检查工作就绪后，即可启动水泵。启动时工作人员与机组不要靠得太近，待水泵转速稳定后，即应打开真空表与压力表上的阀，此时，压力表上读数应上升至水泵零流量时的空转扬程，表示水泵已经上压，可逐渐打开压力闸阀，此时，真空表读数逐渐增加，压力表读数应逐渐下降，配电屏上电流表读数应逐渐增大。启动工作待闸阀全开时，即告完成。

水泵在闭闸情况下，运行时间一般不应超过 2～3min，如时间太长，则泵内液体发热，能造成事故，应及时停车。

9.6.3 水泵的运行

（1）试运行时的注意事项

1）泵与电动机同心的确定；

2）转动方向的确认：在连接联轴器之前，要确认泵与电动机的转动方向一致。

3）试运行前要清扫吸水管。特别是高速高压的锅炉给水泵，运行开始的一段时间应在进水口附近设置滤网，确认已无污物时，再把滤网去掉。

4）轴箱内的油要经常换。

5）安装之后，初次启动泵时，不采取一下子就使之达到额定转数的启动方法，而是作二、三次反复启动和停止后，再慢慢地增加到额定转数。

（2）运行中的注意事项

1）检查轴箱甩油环工作情况，使轴承温度保持在 40℃ 以下，轴温度不超过 75℃。

2）注意填料压盖部位的温度和渗漏，正常的渗漏应让液体处于连续外滴的状态，渗漏过多时应均匀地、逐步地拧紧填料压盖；在填料压盖部位液体温度超过 30℃ 的情况下，可把填料压盖放松，短暂地多渗漏一些，直到填料的松胀与轴温适应时，再拧紧压盖。

3）声响的检查：若吸入管吸入空气和固体物，往往会发出异常的声响，并随之产生振动。

4）振动的检查：注意因气蚀、压力脉动、泵与电动机同心度不良等产生的振动情况。

5）流量的调节应靠泵出口阀进行，而不要关闭进口阀。

6）注意备用泵是否因止回阀不严密，从并联运行管道中返回流体而产生逆转。

7）注意排出压力、吸入压力、流量、电流等的工况。排出压力表剧烈变化或下降时，常常是吸入侧有固体物质堵塞，或是吸入了空气；另外异物进入泵内滑动部位即将烧结时，往往电流表指针急剧跳动。要特别注意，即使时间很短，水泵也不能空转运行，因为衬套等水泵中滑动部位有产生接触烧结的危险。

9.6.4 停泵时的注意事项

1）通常，离心泵在出口阀全闭后再停车，

但因出口侧有止回阀,不闭出口阀也可停车,但是,决不能先关闭进口阀再停车,那样会引起气蚀,造成烧结事故。

2) 对于淹没状态下运行的泵,停车后应关闭出口阀。

3) 运行中因断电而停车时,首先应拉断电源开关,同时用手关闭出口阀。

4) 泵停车后如果长时间不作运行时,应放掉泵内液体,并在轴承、轴、填料压盖、联轴器等加工面上涂抹油或防锈剂,以防锈蚀。

9.7 离心泵常见故障及其排除方法

离心泵常见的故障及其排除见表 9-1。

离心泵常见的故障及其排除 表 9-1

故　障	产　生　原　因	排　除　方　法
充水困难以及启动困难	1. 异物堵塞底阀或底阀阀板磨损而泄漏	1. 检查底阀,清除堵塞物,或更换底阀阀板,或对阀板刮配
	2. 从吸水管、填料压盖部位进入空气	2. 检查吸水管道上的法兰接口,拧紧填料压盖(压盖必须压入,压入深度要适宜)进行严密性检修
流量减少或不能抽水	1. 底阀、吸水管、泵叶轮内堵塞物	1. 清除底阀、吸水管、泵叶轮内堵塞物
	2. 空气的侵入或吸水管内有气囊	2. 压紧填料压盖使之严密,调整吸水管坡度使之不积存空气
	3. 转速慢	3. 查明电源电压是否正常,调整电压使转速提高至额定值
	4. 泵逆转	4. 改换电动机端子接线方向,使之正转
	5. 吸入扬程过高而产生气蚀	5. 检查吸水液面高度,控制液面下降,或降低水泵安装高度
	6. 泵内部磨损过大	6. 检查吸入侧的阀和管道,清除堵塞物,必要时加大吸水管径,拆泵检修或更换部件,使滑动部位间隙维持正常以减小和防止泵内磨损

续表

故　障	产　生　原　因	排　除　方　法
电动机过负荷	1. 过分偏离泵的额定工况运行;抽取流体的密度、粘度超过设计规定	1. 这两种原因均产生于水泵选型不当,应重新选型,即更换新泵
	2. 泵内吸入异物	2. 拆泵清除异物
填料压盖处漏水以及放热	1. 轴的偏转	1. 拆泵,检查转动的平衡情况,矫正同心度
	2. 填料压盖拧得过紧或不适当的插入,或填料函内填料磨损	2. 打开填料压盖,磨光或更换轴套,加入新填料,注意填料压盖四周均匀地压力并拧紧,不要一次拧得过紧,经运行观察后,有漏水严重时再作调整
轴承过热	1. 安装不良,泵与电动机直联同心度偏差大,造成轴的偏转	1. 直联同心度的矫正
	2. 润滑油量不足或润滑脂质	2. 控制轴箱油位或更换优质润滑脂
	3. 甩油环工作不圆滑等	3. 调整或更换甩油环
振动与噪声	1. 泵的基础不完善	1. 按基础的安装要求,重新安装
	2. 直连偏心度偏差大	2. 矫正直连同心度
	3. 叶轮转体不平衡	3. 取出叶轮检查转动平衡情况,必要时更换叶轮
	4. 泵内有空气和污物混入	4. 排除空气;取出叶轮清除污物

9.8 水泵房布置及泵的安装

9.8.1 水泵机组的布置

水泵机组的平面布置基本上有以下三种形式:

1) 横向排列:如图 9-25 所示。

横向排列时数台水泵横向排成一列。其优点是泵房跨度小、配件简单、水力条件好,缺点是泵房的长度较大、占地多、造价高。

2) 纵向排列:如图 9-26 所示。

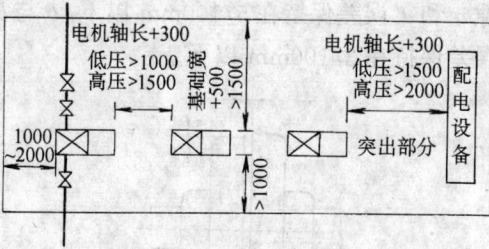

图 9-25 水泵横向排列

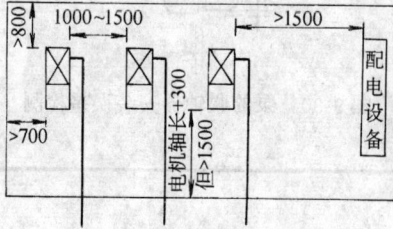

图 9-26 水泵纵向排列

纵向排列时水泵房布置比较紧凑、管线便于安装及操作、占地少，缺点是配件较多、水力条件较差、泵房跨度大。

3）双向排列：如图 9-27 所示。

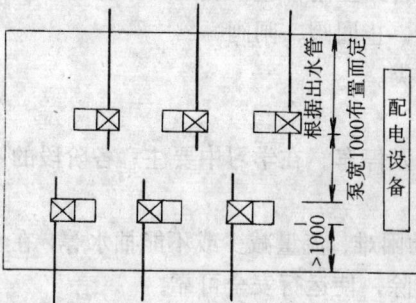

图 9-27 水泵双向排列

双向排列时，水泵机组布置紧凑，占地最少，管线敷设在泵房两侧，便于安装和维修。但这种排列使管线走向复杂，所需配件多，泵房跨度大。

9.8.2 水泵的安装

离心泵安装多为整体安装，即将水泵机组直接与泵的基础稳固成一体。其安装工序为基础混凝土的验收、水泵安装、配管、试运转及故障排除。

1）基础混凝土的验收

基础的验收主要是校核基础的外形尺寸、中心线偏差、地脚螺栓孔的位置、深度等。

2）水泵的安装

离心泵组的形式如图 9-28 所示。安装的程序是：

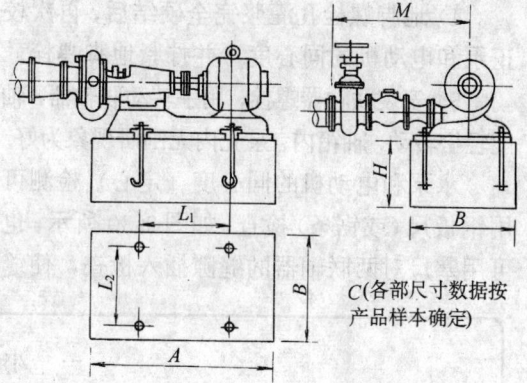

C(各部尺寸数据按产品样本确定)

图 9-28 单级离心泵机组

1）先把楔形垫铁上、下两块为一组，斜面靠齐平放于地脚螺栓孔的两侧及承受最大荷载的电动机端侧，再将泵的铸铁机座穿上地脚螺栓，带好螺母，抬放于基础座上（压在垫铁上），此时地脚螺栓已插入基础螺孔，联轴器的螺栓也拆开放好，如图 9-29 所示。

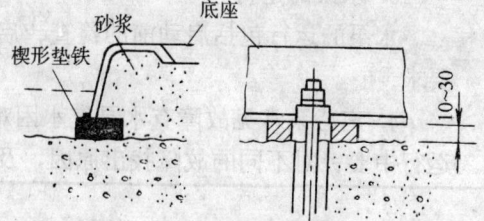

图 9-29 泵座、垫铁与基础的结合

2）通过楔形垫铁对泵座进行调整，使泵轴保持水平，方法是在泵座的各对角用水平尺测量：测量时水平尺应转动 180°复测两次，直到完全水平为合格。同时对水泵和电动机进行同心校正，方法是从电动机的吊装环中心和泵壳中心作两点间的拉线测量，使测线完全落于泵轴的中心位置，调整的方法是松动水泵（或电动机）与泵座的紧固螺栓，微动找正，水泵与电动机的同心调整好后，拧紧底座螺栓。

3）向地脚螺栓孔内灌满细石混凝土，配比为水泥：细砂：细石＝1：2：3；对机座与基础面之间的缝隙填满砂浆，配比为水泥：细砂＝1：2，并用抹子抹平压光。

4）地脚螺栓孔灌浆完全硬结后，再次校正泵和电动机的同心度，并拧紧地脚螺栓。

5）安装联轴器螺栓，用手转动联轴器，轴能轻松转动，轴箱内、泵壳内无刮研现象为好。

水泵和电动机的同心度（定心）检测可用钢板尺（或锯条）检查，如图 9-30 所示，也可用塞尺对两联轴器的缝隙插入检查，使缝隙 a 和 a' 误差保持在 5/100mm 以下，b 与 b' 误差保持在 3/100mm 以下。

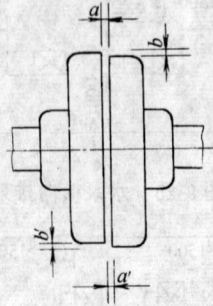

图 9-30　泵的联轴器安装误差检测

小　结

离心泵和泵房是给排水工程中的重要组成部分。学习本章应掌握和理解的要点是：

1. 离心泵的基本参数及安装高度的确定

基本参数有流量、扬程、转数、轴功率、效率、允许吸上真空高度。

2. 离心泵管路、附件及引水设备

离心泵管路包括吸水管路和压水管路，吸水管路上附件包括底阀、真空表、闸阀、渐缩管、弯头，压水管路上附件包括压力表、止回阀、闸阀。

引水设备包括自吸式引水和非自吸式引水两类。

3. 水泵的运行

水泵的运行包括启动前的检查、启动、运行及停车。在学习中要注意各阶段的要求。

4. 离心泵常见故障有水泵充水困难以及启动困难、流量减少或不能抽水等，在运行中要针对不同的故障找出原因，及时加以排除，使运行安全可靠。

习　题

1. 试比较水泵的轴功率、有效功率、配套功率之间的大小。
2. 水泵的允许吸上真空高度与安装高度是否相等？为什么？
3. 在水泵压水管路上为什么要装止回阀？
4. 在真空泵引水系统中是否还要安装离心泵？
5. 简述离心泵的构造和工作原理。
6. 离心泵的基本参数有哪些？
7. 说明 IS 50—32—125 型水泵型号的意义。
8. 离心泵的引水设备有哪几种？各有何特点？
9. 水平吸水管与水泵连接时有哪些注意事项？
10. 水泵试运行时有哪些注意事项？
11. 水泵常见的故障有哪些？产生的原因是什么？如何排除？
12. 水泵房布置形式有哪几种？各有何特点？

第 10 章 供 暖 工 程

日常生活和社会生产中都需要大量的热能。在我国北方地区，冬季随着室外气温的降低，室内也变得比较寒冷。为了保证人们日常生活、工作及工艺生产和产品质量的要求，必须创造一个适宜的室内气温环境。供暖工程就是介绍有关利用热媒将热能输送至各供暖热用户的一门工程技术。

在供暖系统中，循环流动的热水或蒸汽是输送热量的媒介物，叫热媒。

集中供暖系统是由热源、热网和室内供暖热用户三大部分组成的。

热源——起生产制备热媒的作用。一般有集中供热锅炉房或是热电厂。主要解决热的来源问题。

热网——起输配热媒的作用，又称之为室外供热管网，它是连接热源与用户的桥梁。

热用户——室内供暖系统，又称为用热部分，它是由供暖设备及室内管路系统组成的。

本章的主要内容就是要介绍室内供暖系统的工作原理、构造特点、系统形式、供暖设备以及系统的安装技术要求、验收、系统调整、故障排除等方面的基本知识。为学生从事本专业的施工安装奠定必要的理论基础。

(1) 供暖系统的分类

一般的供暖系统可按照供暖的范围、热媒的种类及散热设备的散热方式来进行分类：

1) 按照供暖范围可分为：局部供暖、集中供暖和区域供暖系统。

A. 局部供暖系统。

将热源管道及散热设备连成整体的供暖形式称之为局部供暖。例：火炉、火炕、电热及燃气红外线辐射器等。

B. 集中供暖系统。

由一个热源通过管道向一个或几个建筑同时供暖的系统称之为集中供热系统。

C. 区域供暖系统。

由一个热源或几个热源，通过热网向一个大的区域乃至一个城市提供热能的供暖系统。区域供暖系统的热源有区域锅炉房和热电厂两种。

2) 按热媒种类不同，供暖系统分为热水供暖、蒸汽供暖和热风供暖系统。

A. 热水供暖系统。

以热水作为供暖系统的热媒，利用热水的温度降放出显热，实现供暖。根据供水温度不同，可将热水供暖分为低温水（$t <$ 100℃）、和高温水（$t \geqslant 100$℃）两种系统。根据热水在系统中循环动力不同，又可分为自然循环和机械循环两种系统。

B. 蒸汽供暖系统。

以水蒸气作为供暖系统的热媒，利用水蒸气凝结放出汽化潜热实现供暖。根据蒸汽压力不同可将蒸汽供暖分为低压蒸汽（$P \leqslant$ 70kPa）和高压蒸汽（$P >$ 70kPa）两种系统。

C. 热风供暖系统。

利用蒸汽或热水，通过空气加热器将空气加热，以热空气作为热媒，直接送入房间的供暖系统。

根据送风加热装置位置不同，热风供暖可分为集中送风和暖风机供暖系统两种。

依据供暖设备的散热方式不同，供暖系统又可分为对流和辐射供暖两种。

(2) 供暖系统热媒的选择

供暖系统常用的热媒是水、蒸汽和空气。供暖系统的热媒应根据安全、卫生、经济及建筑性质、地区供暖条件等因素来考虑。一般可参考表10-1。

供暖系统热媒的选择 表10-1

建筑种类		适宜采用	允许采用
居住及公共建筑	居住建筑、医院、幼儿园、托儿所等	不超过95℃的热水	1. 低压蒸汽 2. 不超过110℃的热水
	办公楼、学校、展览馆等	1. 不超过95℃的热水 2. 低压蒸汽	不超过110℃的热水
	车站、食堂、商业建筑等	1. 不超过110℃的热水 2. 低压蒸汽	高压蒸汽
	一般俱乐部、影剧院等	1. 不超过110℃的热水 2. 低压蒸汽	不超过130℃的热水
工业建筑	不散发粉尘或散发非燃烧性和非爆炸性粉尘的生产车间	1. 低压蒸汽或高压蒸汽 2. 不超过110℃的热水 3. 热风	不超过130℃的热水
	散发非燃烧和非爆炸性有机无毒升华粉尘的生产车间	1. 低压蒸汽 2. 不超过110℃的热水 3. 热风	不超过130℃的热水
	散发非燃烧性和非爆炸性的易升华有毒粉尘、气体及蒸汽的生产车间	与卫生部门协商确定	
	散发燃烧性或爆炸性有毒气体、蒸汽及粉尘的生产车间	根据各部及主管部门的专门指示确定	
	任何容积的辅助建筑	1. 不超过110℃的热水 2. 低压蒸汽	高压蒸汽
	设在单独建筑内的门诊所、药房、托儿所及保健站等	不超过95℃的热水	1. 低压蒸汽 2. 不超过110℃的热水

注：1. 低压蒸汽系指压力≤70kPa 的蒸汽。
　　2. 采用蒸汽为热媒时，必须经技术论证认为合理，并在经济上经分析认为经济时才允许。

10.1 自然循环热水供暖系统

以热水作为热媒的供暖系统称为热水供暖系统。依靠供回水的密度差造成的压力进行循环的叫作自然循环热水供暖系统。

10.1.1 自然循环热水供暖系统工作原理

（1）工作原理：

自然循环又叫重力循环，图10-1是它的原理图：

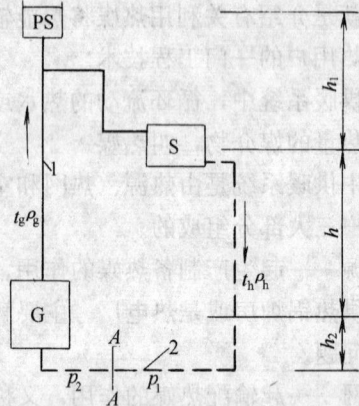

图10-1 自然循环热水供暖系统工作原理
G—热水锅炉；S—散热器；PS—膨胀水箱；
1—供水管；2—回水管

通过供水管1，回水管2将散热设备S和加热设备锅炉G相连，构成一个循环系统。系统的最高点连接有膨胀水箱PS，膨胀水箱的作用是用来容纳系统中水因受热膨胀所增加的体积，同时补充系统因漏失和冷却所造成的水量不足，并起排除空气的作用。

系统工作前先将系统中充满水，由于水在锅炉内被加热，其温度升高密度减小，同时在从散热器流出的密度较大的回水的驱动下，热水由供水管1顺箭头所示方向向上运动。热水顺管路流入散热器。水在散热器中放出热量，温度降低，密度增大，沿回水管2流回锅炉再次被加热。由于水在锅炉内不断地加热和散热器内不断冷却，维持着系统经常的自然循环，热量不断地由锅炉转移至房间的空气里，以达到供暖的目的。

（2）循环压力与工作条件

促使热媒克服阻力向前流动的压力叫系统的作用压力。由以上分析知自然循环热水供暖系统的作用压力主要靠供回水的密度差来提供。那么，当系统供回水的温度一定时，其密度差不变，此时如何提高系统的作用压力呢？

图 10-1 中，假想在回水管上取断面 $A-A$。当系统不工作时（锅炉不升温），系统内的水温是均匀一致的，这时作用在断面 $A-A$ 左右两侧的压力是相等的，即 $p_1 = p_2$，此时，系统中的水处于静止状态。运行时水在锅炉内被加热。假设管道保温状态良好，忽略沿管道输送过程中热媒的温降，认为温度只在锅炉（加热中心）和散热器（（冷却中心）中发生变化，此时，在环路最低点 $A-A$ 断面两侧压力不同：

断面右侧的压力 p_1

$$p_1 = \rho_h \cdot g \cdot h_2 + \rho_h \cdot g \cdot h + \rho_g \cdot g \cdot h_1$$

断面左侧的压力 p_2

$$p_2 = \rho_h \cdot g \cdot h_2 + \rho_g \cdot g \cdot h + \rho_g \cdot g \cdot h_1$$

由于 $\rho_h > \rho_g$，所以断面右侧的压力 p_1 大于断面左侧压力 p_2，其作用压力为：

$$\Delta p = p_1 - p_2 = (\rho_h - \rho_g) gh \qquad (10-1)$$

式中　Δp ——自然循环系统作用压力（Pa）；

　　　h ——加热中心至散热器中心垂直距离（m）；

　　　ρ_g、ρ_h ——供、回水的密度（kg/m³）；

　　　g ——重力加速度，$g = 9.81 \text{m/s}^2$。

由此看出，当系统的供回水温度一定时，系统作用压力的大小取决于散热器与锅炉的垂直距离，因此得出结论：

自然循环热水供暖系统的工作条件有两个：

1）供回水的密度差 $\Delta \rho$；

2）加热中心至冷却中心的垂直距离 h。

当供水温度一定时，h 越大，作用压力

Δp 越大，克服阻力的能力越大，系统循环得越好。

（3）系统构造特点

1）为了顺利排除系统中的空气，保证系统正常运行，膨胀水箱设在系统供水总立管顶部距供水干管标高 300～500mm 处。

2）供回水干管均应设 0.005～0.01 的坡度，坡向与水流方向相同。

3）连接散热器的支管，应根据支管的不同长度，具有 0.01～0.02 的坡度，以便使系统中的空气能集中到膨胀水箱而排至大气。

10.1.2　自然循环热水供暖系统形式

室内供暖系统管道和散热器的连接方式，叫系统形式或基本图式。

按照干管的敷设位置可分为：上分式、下分式和中分式；按照连接散热器立管数目可分为单管和双管系统；按照连接立管的供回水干管中热媒的流向及各循环环路的流程不同，又可分为同程式、异程式系统等。自然循环热水供暖系统常采用双管和单管系统。

（1）双管上供下回式系统

双管系统是指连接散热器的供回水立管分别设置，各层各组散热器之间相互并联，热媒经每组散热器都构成一个循环环路，各散热器进出水温度一致。图 10-2 为一双管上分式，又叫上供下回式系统。

供水干管敷设在所有散热器的上面，一般设于顶层窗过梁的上面。回水干管设于底层地面或地沟内。热媒自上而下平行分配至各散热器，由散热器冷却的回水沿回水支管、回水立管、干管流回锅炉继续加热。

该系统的特点是，各层散热器相互并联，可利用供水支管上的阀门单独调节各散热器流量。由于供水干管在所有散热器的上面，可利用管道的坡度和膨胀水箱，集中排除系统中的空气。但是，由于各层散热器和锅炉之间的相对位置不同，其相对高度由上向下逐层递减，尽管各散热器之间水温变化相同，也

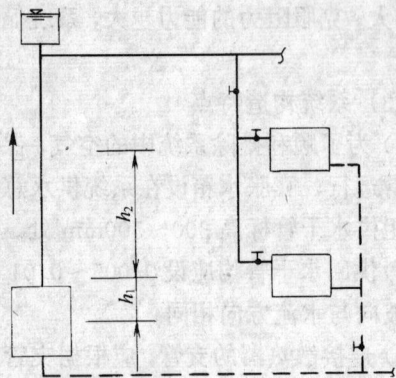

图 10-2　自然循环双管上供下回式

将形成上层作用压力大，下层作用力小的情况，它们的作用压力分别为：

$$P_1 = g \cdot h_1 \ (\rho_h - \rho_g) \qquad (10-2)$$

$$P_1 = g \cdot (h_1 + h_2) \ (\rho_h - \rho_g) \qquad (10-3)$$

由此可见双管系统中，由于各层作用压力不同将影响各层散热器之间流量发生变化，出现上热下冷现象。我们将这一现象称作"垂直失调。"楼层越多，上下层环路间的压力差值越大，上热下冷的现象也就越严重。

（2）自然循环单管系统

图 10-3 为自然循环单管系统。该系统形式的特点是，连接散热器的供回水立管只有一根，上下层散热器相互串联，热媒自上而下顺序流经各组散热器，水温逐渐降低。由于各层的冷却中心都串联在一个环路上，立管上的自然循环作用压力只有一个，因而无流量分配问题。所以单管系统不存在双管系统那样的垂直失调现象。该系统的缺点是，由于上下散热器串联，散热器支管上不能设调节阀门；由于散热器下部温降较大，底层所需散热器面积和片数增多。

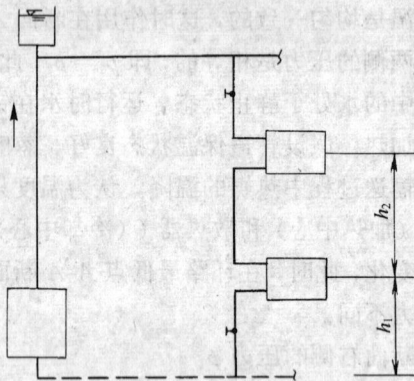

图 10-3　自然循环单管上供下回式

小　结

　　自然循环热水供暖系统具有：构造简单、不消耗电能、维修管理方便、运行经济等优点。但由于作用压力低，流速小，作用半径受到限制，而且随着对环保的要求，目前这种重力循环系统多用于家庭简易热水供暖系统，又称作单户供暖系统。以做饭与取暖合用的炉子作为热源，既节约能源又达到供暖的目的。

习　题

1. 自然循环热水供暖系统的作用压力是怎样产生的？怎样增大循环作用压力？
2. 自然循环热水供暖系统由哪些设备组成？膨胀水箱的作用有哪些？安装在系统何处？
3. 供回水干管坡向、坡度如何设置？为什么？
4. 什么是双管系统？什么是单管系统？
5. 什么是"垂直失调"？产生的原因是什么？

10.2 机械循环热水供暖系统

由于自然循环热水供暖系统作用压力低，作用半径小（一般不超过50m），所以必须用水泵来提高系统的作用压力以增大系统供暖范围。

10.2.1 机械循环热水供暖系统工作原理

机械循环热水供暖系统由热源、管道、散热设备、膨胀水箱及水泵等组成。系统的作用压力由水泵的扬程来提供，而由于供回水密度差不同产生的自然循环作用压力则是次要的。

（1）工作原理

图10-4是一机械循环热水供暖系统工作原理图。由管道将热源、用户散热设备和水泵连接起来构成一个闭合环路，组成了机械循环热水供暖系统。

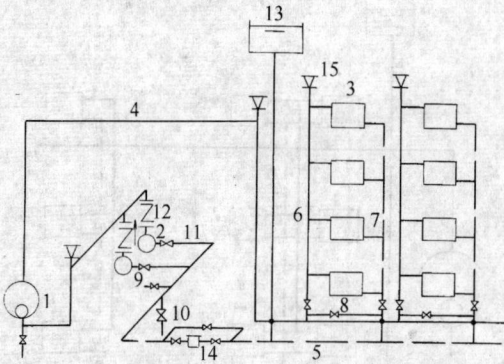

图10-4 机械循环热水供暖系统工作原理

1—锅炉；2—水泵；3—散热器；4—供水干管；
5—回水干管；6—供水立管；7—回水立管；8—循环管；
9—给水管；10—泄水管；11—闸阀；12—止回阀；
13—膨胀水箱；14—除污器；15—放气阀

1）系统工作前首先打开给水管9的阀门向系统内充水，系统中的空气由排气阀15和膨胀水箱13中排出。

2）系统满水后，锅炉升温，水在其中被加热。在水泵2的作用下，热水沿供水干管4经用户供水立干管6进入散热设备3中。

3）热水在散热器3中放出热量，温度降低，由散热器流出。

4）由散热器流出的回水经用户回水立管7、系统回水干管5经除污器14后进入循环水泵2加压再次进入锅炉继续加热。在水泵的推动下，热水在锅炉中不断地被加热和在散热器中不断地冷却散热，如此周而复始不断循环流动，热量源源不断转移至供暖房间，达到供暖目的。这就是机械循环热水供暖系统的工作过程。

（2）系统构造特点

1）系统中的水泵称为循环水泵，一般是并联安装两台，一台工作，另一台备用。水泵的出口处设有止回阀。止回阀的作用是控制水的流向防止倒流，以避免工作着的水泵将水流压入另一台备用泵中造成水泵倒转。

2）水泵连接在锅炉进口侧回水管路上，以防止水泵发生汽化而破坏正常水循环。水泵进出口管路上均设置闸阀，以调节控制热媒流量。

3）泵的吸口侧管路上安装有除污器。除污器的作用是为了清除过滤水中的泥砂、铁锈等杂质，以免管路阻塞或将水泵叶轮碰坏。除污器安装旁通管的目的是考虑检修时不影响系统正常工作。

4）膨胀水箱安装在系统的最高点，一般水箱底距离最高管道和散热器的高度应在0.5m以上。

5）膨胀水箱与系统的连接点位于回水干管末端泵的吸口侧。其目的是稳定系统中静水压力，保证系统正常运行。

6）为了及时排除系统中的空气，以保证系统的正常工作。机械循环热水供暖系统中供水干管要设置一定的坡度，其坡向与水流方向相反（抬头走）。管道的最高点设集中排气装置。回水干管设成顺水流方向向下的坡度以利泄水。供回水管的坡度一般取0.003，不得小于0.002。

10.2.2 机械循环热水供暖系统图式

由于机械循环比自然循环系统作用压力大得多，因此其应用范围更加广泛，系统形式种类也就更多，可分为垂直式和水平式；单管式和双管式；同程式和异程式等。现将机械循环热水供暖系统的主要形式分述如下：

（1）上供下回双管系统

如图10-5所示，与自然循环系统相比，增加了水泵与集气罐。由于供水干管位于系统上部设成顺水流方向向上的坡度，系统中的空气靠干管上的集气罐排出。各房间的散热量可依靠散热器支管上的阀门进行调节。但自然循环系统中的垂直失调现象在该系统中依然存在，由于安装时管径规格有限，因此，当楼层超过四层时一般不采用此种形式。

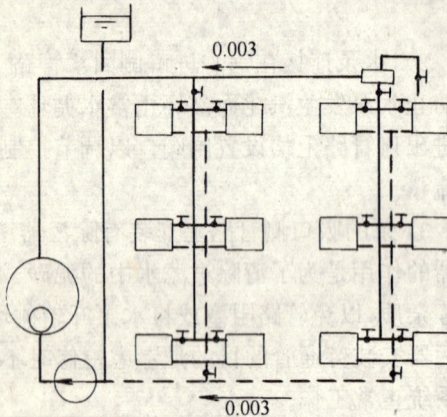

图10-5 上供下回双管系统

（2）下供下回双管系统

图10-6为下供下回（下分式）双管系统图式。该系统供回水干管全部位于系统的下部，一般设在地下室或地沟内。热媒由下而上进入各层散热器中。系统中的空气要靠顶层散热器上的放气阀来排除。由于同一根立管上各层散热器环路的长度是自下而上逐层增加的，其阻力可能抵销掉上下层之间由于相对位置不同所存在的自然循环作用压差。因而从理论计算和实际运行的结果表明，该系统不存在上热下冷的垂直失调现象。与上

分式系统相比较，下分式系统立管短，节省管材，供回水干管均设在地沟内，管道保温热损失小并可随土建进度进行施工安装。但干管在下部不利于集中排气，需在顶层房间各散热器上设放气阀。

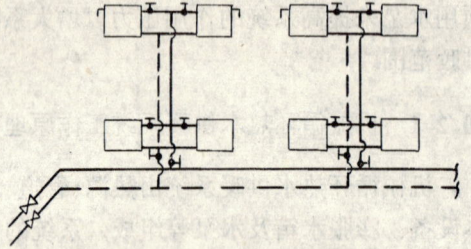

图10-6 下供下回双管系统

（3）中供式双管系统

中供式又称为中分式，如图10-7所示，当建筑顶层设有圈梁等不便敷设干管时，供水干管可位于建筑物中部敷设。一般可设于次顶层或设备层内，由供水立管向上下各层散热器同时供热。这种系统的优点是：

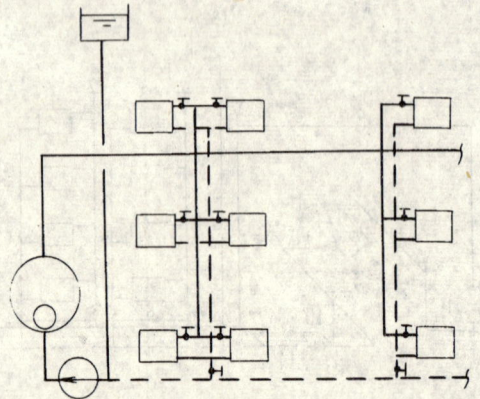

图10-7 中供式双管系统

1）避免了上供下回时明装供热干管时遮挡窗户的问题。

2）缓和了上供下回式系统的垂直失调现象。

3）立管短，节省管材。

（4）垂直单管系统

1）垂直单管顺序式：

图10-8 (a) 为垂直单管顺序式系统，连

接散热器的供回水立管合设一根，散热器上下串联，立管可根据房间散热器的布置情况分别采用（双侧或单侧连接散热器。热水上供下回自上而下顺序流经各层散热器，然后汇入回水干管中流回锅炉继续加热。

该系统构造简单，接头零件少，施工简便，并节约立管和阀门，造价低，而且也比较美观。由于立管上下散热器相互串联无流量分配问题，所以不存在双管上分式系统中的垂直失调问题。供水干管在上，又便于集中排气。但是该系统散热器支管不可装设阀门，故不能进行单独调节；下面温降大，水温低，使散热器面积和片数增加。

2）垂直单管闭合式：

图10-8（b）所示为闭合式又称跨越式图式。它与顺序式的区别是散热器之间加闭合管，闭合管或散热器支管上装设阀门，有控制地使部分热水不经上面散热器就直接进入下层散热器，起到调节作用，从而克服了垂直顺序式不能单独调节的缺点。这种系统一般是上面几层加闭合管，下几层不带闭合管的垂直单管复合式系统，可减少上层散热器的流量，提高下层散热器中热水的温度。

图10-8（c）是可调节的顺序式系统图式。它在顺序式系统中增设了闭合管和三通阀。这种系统兼顾了顺序式和闭合式两种系统的优点。由于设了三通阀，系统散热器可单独调节。系统造价有所提高。

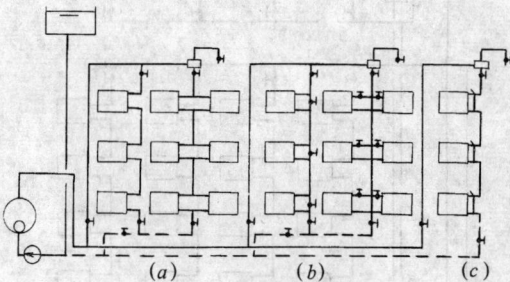

图10-8　垂直单管系统

由于垂直单管系统具有构造简单、施工简便等优点，因而在实际工程中应用的比较多。特别是民用住宅供暖系统。但是因为现在住宅层高都比较低，一般不超过2.8m，加之建筑抗震上的要求，住宅最顶层均设有圈梁。这就使得顶层敷设干管难以满足安装要求，因此实际工程中可将干管设于次顶层如图10-9所示。该系统由于顶层散热器可起到集气罐的作用，系统中的空气可由顶层散热器放气阀排除。所以干管可不设坡度水平安装，既方便了施工，也比较美观，又因为取消了集气罐而减少了排气过程中的软水丢失现象，有利于节能。加之干管降低，降低了水泵的能耗。膨胀水箱也不必要装在专门设置的水箱间内。因此，该系统形式在一些地区经实践应用较广泛，被称作一项节能实用的供暖系统形式。

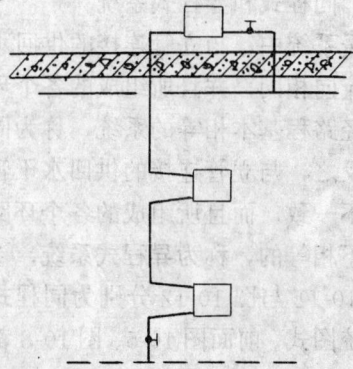

图10-9　干管设于次顶层地顺序式系统

（5）水平单管系统

图10-10是水平单管系统图式，该系统形式的特点是用干管将同一层各房间的若干组散热器串联起来。各串联环路的始末端管道上设有阀门。这种系统构造简单，节省钢材，少穿楼板，便于施工，造价低。但当串联组数较多时，后面散热器的温降大、水温低，使得散热器片数增多。系统的排气要靠散热器上的放气阀或设空气管，水平管道的热伸冷缩问题需很好的解决。图10-10中是水平单管系统中几种不同的连接方式。图10-10（a）为水平单管串联式系统；图10-10（b）为水平单管闭合式系统。

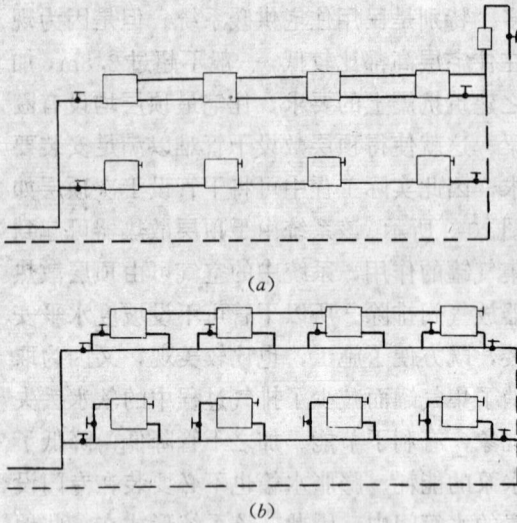

图 10-10 水平单管系统图式

(a) 水平单管串联式；(b) 水平单管跨越式

(6) 同程式和异程式系统

供暖系统中，与立管连接的供回水干管内热媒流向相同，并且所组成的各个环路内热媒所经路程基本相等的系统，称为同程式系统。反之，与立管连接的供回水干管内热媒流向不一致，而且所组成的各个环路内热媒流程不相等的，称为异程式系统。

图 10-11 与图 10-12 分别为同程式和异程式系统图式。前面图 10-5、图 10-8 都属于异程式系统。

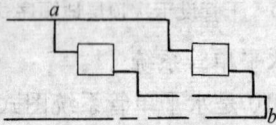

图 10-11 同程式系统

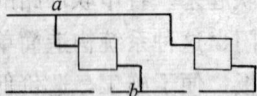

图 10-12 异程式系统

同程式的优点是热媒通过各环路路程相等，压力损失易于平衡，不会出现远近散热器冷热不均的现象。但同程式系统管道长度与管径都比异程式大，费钢材。异程式系统省管材、经济，但压力损失不易平衡，调节困难。当系统较大时，一般采用同程式系统。

(7) 高层建筑供暖系统形式

高层建筑的特点是楼高层多。建筑物垂直高度高，则系统所承受的静压大。因此其系统形式要采取措施使底层散热器避免承受过大的静压而破裂，其次要设法解决由于楼层过高产生的垂直失调问题。

1) 按层分区的系统：

按层分区是指将高层建筑的供暖系统，按照建筑层数分成几个供暖系统，如图10-13所示：是垂直方向分为上下两个区的单管垂直系统。当热源为生产低温水的集中供暖锅炉房时，上下区系统单独设置锅炉，分别形成两个完全独立的系统。上部系统的膨胀水箱设于水箱间内，下部系统膨胀水箱与干管一起设于建筑中部的技术层内。如热源供应的是高压蒸汽或高温热水，则以热交换器代替锅炉，设于底层专用的房间内。热源为低温水时，下部几层组成的系统一般直接与热网连接，而上部系统可采用水泵增压的连接方式。

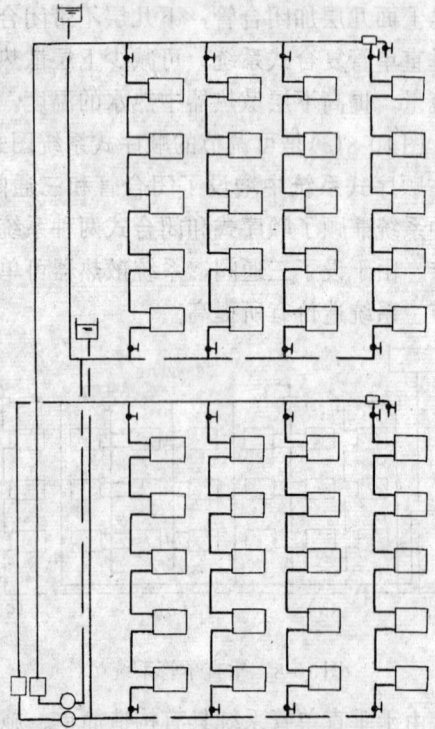

图 10-13 按层分区的垂直式系统

高层建筑按层分区的系统形式，由于其各区系统包括的楼层数目较少，可避免系统的垂直失调。这种按层分区的系统可以是垂直单管式，也可以是水平单管式。图10-14为水平双线单管式，这种系统可分层调节，在每一环路上设调压装置，以保证各环路的设计流量。该系统形式一般采用钢串片散热器。

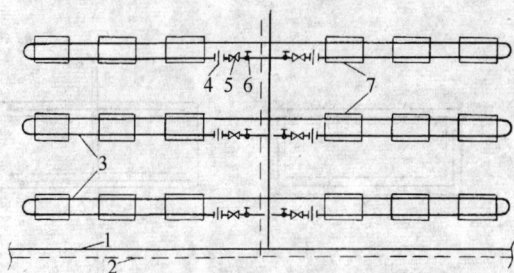

图 10-14　水平双线单管热水采暖系统

1—热水干管；2—回水干管；3—双线水平管；

4—节流孔板；5—调节阀；6—截止阀；7—散热器

2）单—双管系统：

这种系统是将散热器垂直方向分成若干个组，每组2～3层，在每组内采用双管形式，而组与组之间又是单管连接。如图10-15所示，这种形式既避免了双管系统楼层过多时产生的垂直失调，又克服了单管支管管径过大和散热器难以进行单个调节的缺点。

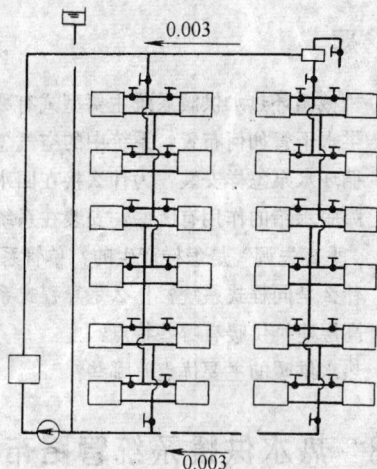

图 10-15　单—双管系统

高层建筑供暖形式很多，根据用户的要求和建筑物的具体情况以及各种系统形式的特点来进行选择和布置，但无论采用什么样的系统形式，都要避免底层散热器的超压及垂直方向的失调问题。以保证系统安全可靠地运行。

热水供暖系统的优点是：供暖房间室温稳定；室内卫生条件好；可以在热源处集中调节水温，便于根据室外温度的变化调节散热器的散热量；系统使用寿命长。其主要缺点是采用低温热媒时，管材与散热器耗量多，初投资高，当建筑物高时，系统静压大，散热器易发生超压现象。

小　　结

1. 机械循环热水供暖系统由锅炉、管道、散热设备、循环水泵和膨胀水箱组成。系统的作用压力由水泵来提供。

2. 机械循环热水供暖系统作用压力大，供暖范围广。

3. 机械循环热水供暖系统形式种类多。系统形式确定的是否合理，直接影响使用效果。因此必须了解各种供暖系统的构造特点。

4. 系统形式不同，采取的排气措施不同。

5. 高层建筑供暖的特点是要注意解决：

1）底层静压过大造成的散热器破裂。

2）楼层过高产生的垂直热失调。

习　题

1. 机械循环热水供暖系统主要型式有哪些？试比较各种系统型式的优缺点？
2. 供水干管如何布置？系统中的空气怎样排除？
3. 循环水泵怎样安装？为什么接在回水管上？
4. 膨胀水箱的作用有哪些？安装在系统的何处？连接在系统的哪一点？为什么？
5. "垂直失调"是怎样产生的？单管系统中是否存在这种现象？
6. 什么是同程式系统？什么是异程式系统？各自的优缺点是什么？
7. 高层建筑供暖有哪些特点？
8. 热水供暖的主要优点有哪些？

10.3　热水供暖系统管路布置与敷设

室内供暖管路布置敷设的是否合理，直接影响工程的造价和系统使用效果。

系统管路布置的原则是：构造简单，节省管材；热媒流量便于调节；有利于系统中空气的排除和泄水；有利于管道的热补偿以保证系统安全可靠地运行。

10.3.1　供暖系统管道布置

（1）环路划分

环路划分是管路布置的第一步，就是将整个供暖系统划分成几个分支环路，构成几个相对独立的小系统。首先要根据系统形式，是上供还是下供，是同程还是异程，合理划分环路。尽量使分支环路压力损失易于平衡，利于调节。系统小的可以只有一个环路，系统大的可以分为两个或两个以上分支环路。为了便于运行调节，节约能源，应尽量将供暖系统按照南北朝向分开划分环路。图10-16分别表示几种不同分支环路的平面布置。划分环路的目的是为了合理地分配热量，并便于调节、维修等。

（2）干管布置

1）在对美观要求较高的民用建筑中，或顶层过梁底面标高过低难以敷设干管时，供水干管敷设在屋面下的吊顶内。一般情况下，供热干管沿墙敷设在窗过梁以上。顶棚的过

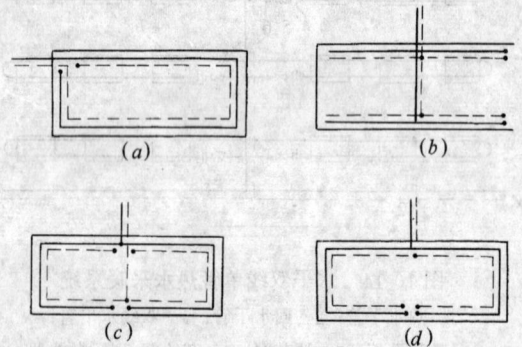

图 10-16　干管分支环路的平面布置

(a) 无分支环路同程式系统；(b) 4 个环路异程式系统；
(c) 2 个环路同程式系统；(d) 2 个环路异程式系统

梁底面标高距窗顶部之间的距离应满足干管的坡度及排气装置的设置要求。

2）工业建筑中，供暖干管可沿车间的梁或柱敷设，但不得影响人和车的通行。

3）当供回水两根干管平行共架安装时，两管间的净距离不小于100mm。回水管应位于靠墙一侧，以利于方形伸缩器的布置。

4）当建筑物有地下室时，回水干管和下分式的供水干管可敷设在地下室内。无地下室时，敷设在地沟内或底层散热器下面，但不得影响交通并要考虑管道坡度和散热器的安装高度。管道过门时可从门上绕行或做过门地沟，但要设置放气和泄水装置，如图10-17所示。

5）系统干管暗装时所设室内地沟一般为半通行地沟。在适当的地方设人孔，以利检修。人孔间距不超过30m。

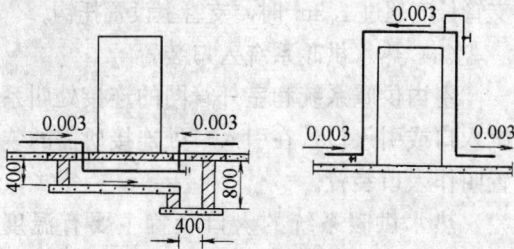

图 10-17　热水供暖系统干管过门敷设形式

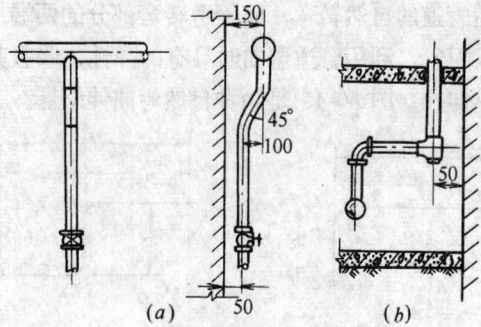

图 10-18　干管与立管连接

(a) 与热水（汽）管连接；(b) 与回水干管连接

（3）立管布置

布置立管时，应根据供暖系统图式，散热器的布置情况，本着便于安装和检修并力求构造简单节约管材的原则进行。在建筑上无特殊要求时一般均采用明装。

1）明装时，立管尽量布置在外墙角和窗间墙处。因为墙角处受热面小而散热面大，易发生结露和冻结现象；立管设在窗间墙处便于双侧连接散热器，而且对称美观。

2）楼梯间的立管应单独设置，以免影响其他房间。

3）双管系统的立管安装时，应回水在左供水在右平行敷设，其中心间距为80mm。立管中心离外墙面间距为50mm，离侧墙或隔墙的距离与支管及散热器的布置形式有关。

4）立管暗装时设在预留的墙槽内，也可与其他管道一起敷设在专门的管井内。

5）立管和干管连接时要考虑管道的热胀冷缩不能采用 T 形连接。图 10-18 是立管与干管的连接方式。

（4）供暖系统上阀门的设置

供暖系统中凡需控制、调节流量处、均需设置阀门。

1）用户入口处的供水总管和回水总管上设置供开启和关闭用的阀门。

2）各分支环路的供回水管上设置阀门，供启闭和调节流量用。

3）单管系统立管上下及双管系统的供回水立管上均要设置阀门，用于启闭和调节热媒流量。

4）双管系统供水支管上的阀门主要起调节流量的作用。

5）水平单管串联式系统每环路的始末端均设置用于调节和开闭的阀门。

6）放气和泄水管上设闸阀和旋塞。

7）散热器上安装的调节阀，单管系统用低阻力阀而双管系统要用高阻力阀。

8）在用户入口一些装置的前后及旁通管上均设置开启和关闭用的阀门。

9）当有冻结危险时，立管或支管上的阀门距干管的距离不应大于120mm。

10）所有应该设置的阀门，都要安装在便于操作的地方，以利于安装和检修。

（5）伸缩器及支架的设置

1）伸缩器的设置：

供暖系统的管道是在环境状态下安装的，当管内通入热媒开始运行时，由于温度升高，管道要伸长。停止供热时温度降低，管道又会缩短。如果不设法使管道有自由伸缩的可能，管道伸长时就会产生位移，对固定点施以推力，管子本身也将承受很大的热应力，管道会发生变形、破裂，因此，必须设置伸缩器妥善处理管道的热胀冷缩问题。

一般的供暖系统，当其直管段较短，管径又不太大时，有些变形常靠其本身允许的变形来吸收，而当直管段超过 25～30m 时，须采取措施以吸收其热伸长量。

解决管道热胀冷缩简单可靠的办法是利

用管道的自然转弯，将管道转弯部分的两端加以固定，利用管道弯曲时具有的弹性，吸收其热伸长。图10-19是两种自然弯曲伸缩器。

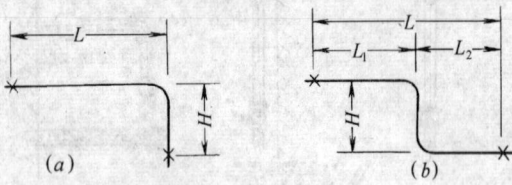

图 10-19　L 形、Z 形补偿器
(a) L 形补偿器；(b) Z 形补偿器

常用的伸缩器种类很多，有方形伸缩器、套筒形伸缩器、球形及可限位扁盒式伸缩器等。可根据管径、直管段的长度及热媒安装与运行温度差计算出管道的热伸长量，然后选择不同类型的伸缩器。

2) 管道支架设置：

管道支架分固定支架与活动支架。固定支架将管道固定在设计所确定的位置上，使管道只能在两固定支架之间伸缩，以保证各分支管路的位置一定。固定支架既承受管道、保温层和热媒的重力，又承受管道热伸长时施加给它的推力。而活动支架起支承管道的作用，管道可在它上面规定的范围内自由活动。活动支架承受管道、保温层及热媒的重力和管道与支架横梁间发生相对位移时产生的摩擦力。

对于系统干管、伸缩器两侧、转弯处、节点分支处、热源出口及用户入口处必须设置固定支架，而在固定支架之间设置活动支架。在管道节点分支处设置固定支架时，要将固定支架设在干管上，而且距支管的距离不可太长。

布置支架时要先布置固定支架，后布置活动支架。布置固定支架时要注意管道节点的位置，管道弯曲部分的利用及伸缩器的类型等。

系统中立管和散热器支管的固定，可采用单立管托架，双立管托架，立管卡箍。散热器支管长度超过 1.5m 时，支管上设置托钩。

(6) 热水供暖系统入口装置

室内供暖系统和室外管网的连接处叫系统入口或引入口。在引入口处连接所需的装置叫作入口装置。

热水供暖系统的入口装置主要有温度计、压力表、调节阀、流量计、除污器及旁通阀等。热水供暖系统的入口装置，一般设置在地下室、底层楼梯平台下或地沟内。其作用是控制、调节、监测用户的热媒流量。

供回水管之间所设旁通管又叫循环管。其作用主要是系统启动时预热外线及用户系统检修时，保证热网入口支管中的水循环流动而不致冻结。在用户供暖时，旁通阀要紧密关闭。

10.3.2　管路敷设安装时的注意事项

敷设供暖管道时，要注意以下问题：

1) 室内供暖系统的管道应明装，有特殊要求时方可暗装。明装造价低，安装维修方便。

2) 安装在腐蚀性房间内的供暖管道及附件应采取防腐措施。

3) 穿过建筑物的基础、变形缝的管道，以及镶嵌在建筑结构里的立管，应采取预防建筑物下沉而破坏管道的措施。

4) 供暖管道穿过隔墙和楼板处，宜装设套管。

5) 供暖管道不得同输送蒸汽、燃点低于或等于 120℃ 的可燃液体或可燃腐蚀性气体的管道在同一条管沟内平行或交叉敷设。

6) 如因条件限制，热水管道（包括水平单管串联系统的散热器连接管）可无坡度敷设，但管中的流速不得小于 0.25m/s。

7) 热水供暖系统供水干管的末端和回水干管始端的管径不宜小于 20mm。

8) 热力入口的供回水总管上要设置温度计、压力表，必要时应安装流量计和除污器。

9) 管道敷设在地沟、技术夹层、闷顶及管道井内或易冻结的地方要采取保温措施。

根据管路布置的原则，正确选择热水供暖管道的布置和敷设方法，是供暖系统设计与施工的重要环节。

管路布置要求构造简单、节省管材、环路划分要阻力易于平衡并便于运行调节。

管道的敷设要注意解决空气的排除、泄水及管道的热胀冷缩问题，管道的布置与敷设在施工中要严格按照施工规范进行。

习　题

1. 在什么情况下，供暖管道必须采取保温措施？
2. 管道的哪些地方应设置阀门？安装时应注意什么？
3. 为什么供暖管道上要设伸缩器？
4. 热水供暖系统的引入口主要有哪些装置？
5. 热水供暖系统入口供回水管之间所设循环管的作用是什么？

10.4　高温热水供暖系统

由于高温热水供暖总热效率高，从节能和经济方面看具有一定的意义，所以，近年来高温水供暖技术有了很大的发展，高温水的温度也在不断地提高。

10.4.1　高温热水的概念

在供暖系统的分类中讲过，按照供热水的温度不同，热水供暖可分为低温热水供暖（$t_g < 100℃$）和高温水供暖（$t_g \geqslant 100℃$）。这是因为水在标准大气压下饱和温度为 $100℃$，超过这个温度时就不以水的液体形态存在了。一般就将 $100℃$ 作为界限来区分高温水和低温水。

随着水温的升高，水的压力也在增大。在使用 $100℃$ 以上的高温热水时，为了维持水的物理性质和温度，系统中必须保持一定的压力。

目前国内高温热水供暖的参数为 $110/70℃$、$130/70℃$、$150/70℃$。国外有供水达到 $170℃$。回水温度为 $70 \sim 80℃$ 的供暖。由于提高了供水温度，系统的供回水温差增

大。因此，以少量的循环水即可输送较大的热量，使得基建投资和运行费用都得到了节约。所以，高温水供暖广泛用于工业企业和城市集中供暖系统中。

10.4.2　高温热水供暖系统

（1）高温热水供暖系统的组成

高温热水供暖系统由热源、供回水管网，室内供暖热用户、循环水泵及加压设备组成。

1）热源：产生高温水的设备有的是专门的高温热水锅炉。直接产生一定压力和温度的高温热水；也有的是靠蒸汽锅炉或热电厂的高压蒸汽，经汽—水式热交换器或蒸汽喷射器等把水加热成高温水。

2）热用户：采用高温水供暖的用户比较多的是热风供暖系统，如集中送风系统，暖风机系统，以及高大厂房的辐射供暖系统。当采用散热器供暖时，则需要承压能力较高的散热器。

3）加压设备：高温水供暖系统与低温热水供暖系统的最大区别就是要对系统所必须保持的压力进行加压，又叫定压，其目的是保证系统中的高温水不致汽化。例如 $130℃$ 的热水，必须要保证系统中每点的表压力都

不小于 180kPa。

加压的方法很多,如开式膨胀水箱定压、闭式膨胀水箱定压、补给水箱补给水泵定压、氮气罐定压、蒸汽锅筒定压等。具体采用哪一种加压方法,要根据系统的具体条件而定,如系统的规模、建筑物的高度、地形、运转方式、管网与用户的连接方式等。

（2）高温水供暖的特点

1）由于供水温度的提高,系统温差大、流量小、管径小;散热器表面温度高,使得散热器面积小,片数少;由于温差大、流量小、水泵耗电量小,所以高温水供暖的经济性表现在初投资与运行费用两个方面。

2）高温热水供暖与蒸汽供暖相比无效热损失小,所以节约能源。

3）便于调节,系统稳定性强。

4）热水温度高,溶解空气量少。管道腐蚀轻并便于管理。

5）管径小,长距离输送热量,管道可随地形敷设。

（3）高温热水供暖管道安装要点

1）110～150℃高温热水供暖管道的连接与低温热水一样:$DN \leqslant 32mm$ 采用螺纹连接,$DN > 32mm$ 的要焊接。但可拆件应用法兰而不用长丝和活接头。

2）管道上的阀门宜采用截止阀,$DN > 32mm$ 的用法兰截止阀。

3）法兰的衬垫应采用石棉制品或石棉金属制品。

4）系统的排气装置应采用自动集气罐。

小 结

近年来,随着城市集中供热的发展,高温热水供暖技术得到了广泛的应用。对于大型供暖系统,高温热水作为供暖热媒,经济、节能、安全、卫生。

由于高温水必须在供水温度相应的压力下运行,因此需增设加压设备,且要求管件、设备都具有较高的承压能力,并注意管道的热胀冷缩问题。施工中严格按规范进行。

习 题

1. 什么是高温热水?高温热水供暖系统主要由哪几部分组成?
2. 高温热水供暖有哪些特点?
3. 高温热水供暖管道安装有哪些特殊要求?

10.5 蒸汽供暖系统

以蒸汽作为热媒的供暖系统,称为蒸汽供暖系统。

依据供汽压力的不同,分为低压蒸汽供暖与高压蒸汽供暖系统。低压蒸汽供暖系统使用的蒸汽压力低于 70kPa,温度为 100～114℃;高压蒸汽系统使用的蒸汽压力高于 70kPa,一般不超过 400kPa,温度为 130～150℃。

10.5.1 蒸汽供暖的基本原理与特点

（1）蒸汽供暖的基本原理

除热电厂外,供暖系统所需蒸汽都是由蒸汽锅炉直接生产的。蒸汽依靠自身的压力,克服管路的阻力进入用户散热器。蒸汽在散热器内凝结,放出热量以达到供暖的目的。

蒸汽在散热器内的凝结放热是在定压下进行的。每千克蒸汽凝结放出的热量,等于凝结压力下蒸汽的汽化潜热 r。当进入散热器的是饱和蒸汽,流出散热设备的是饱和水时，汽化潜热 r 就是每千克蒸汽在散热器内放出的总热量。当已知供暖系统所需热量 Q 时，系统所需的蒸汽量 G 即可求得：

$$G = 3600 \frac{Q}{r} \quad (\text{kg/h}) \qquad (10\text{-}4)$$

式中　G——所需蒸汽量（kg/h）；

　　　Q——散热设备的热负荷（kW）；

　　　r——饱和蒸汽在凝结压力下的汽化潜热（kJ/kg）。

（2）蒸汽供暖的特点

蒸汽和热水的物理性质不同，蒸汽供暖具有以下特点：

1）蒸汽不需任何外来动力，依靠自身压力克服系统阻力向前流动。

2）蒸汽在散热器内冷凝成水，利用汽化潜热实现供暖目的。

3）蒸汽的汽化热 r 值比每千克热水（95~70℃）在散热设备中靠温降放出的热量大得多。对于相同的热负荷，缩小了管径，节省了管材。

4）蒸汽散热量大，散热器表面温度高，节省散热器面积。

5）蒸汽密度小，静压小而且不容易冻结。

6）蒸汽供暖热惰性小，房间热得快，冷得也快，因此适合间歇供暖的建筑。

7）温度高，散热器表面的杂物容易升华，卫生条件差。

8）蒸汽供暖跑、冒、滴、漏严重，热损失大。

9）管道易腐蚀，使用寿命短。

10）流速大，当管道坡度设置不当时，产生水击与噪声。

10.5.2　低压蒸汽供暖系统

（1）工作原理

由锅炉产生的低压蒸汽依靠自身的压力克服阻力沿管输送，由分汽缸向各支路分配，经蒸汽干管、立管、支管进入散热器，同时将存在于散热器中的空气排出去。蒸汽在散热器内凝结，放出热量。凝水由散热器流出进入凝水支管，在散热器出口或立管的末端装设有疏水器。疏水器的作用是排出系统中的凝水并阻止蒸汽通过。使蒸汽在散热器内充分凝结。凝水经疏水器进入凝水干管，依靠重力直接流回锅炉或进入凝水箱后再由水泵送回锅炉。如图10-20所示。

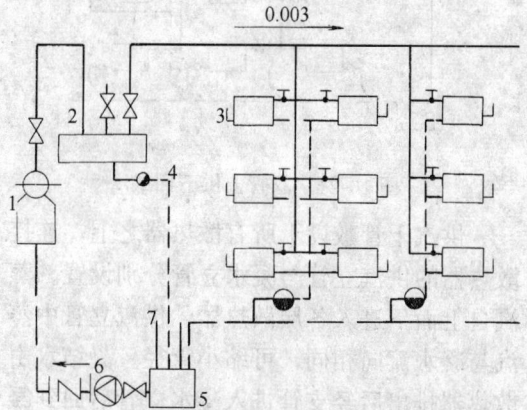

图 10-20　低压蒸汽供暖系统原理图

1—蒸汽锅炉；2—分汽缸；3—散热器放气阀；4—疏水器；5—水箱；6—给水泵；7—空气管

一般将锅炉设于底层散热器的下面，凝水靠重力直接回锅炉的回水方式，叫作重力回水系统。这种系统由于凝水干管处于锅炉（或凝水箱）的水位线之上，凝结水不充满管断面，管内是大气压力，管断面上部流通空气，所以通常称之为干式回水管。当系统作用半径较大时，凝水靠自重难以流回，要设成机械回水方式。在机械回水系统中，锅炉可以不安装在底层散热器以下，只需使凝水箱的位置低于底层散热器和凝水管的位置就行。凝水管不需设太大的坡度，凝水箱中的水由凝水泵送回锅炉，凝水在管内满管流动，无空气进入，称之为湿式回水管。无论采取哪种回水方式，如果系统凝水回收量少，要有补水系统。

（2）低压蒸汽供暖系统形式

低压蒸汽供暖系统形式基本上和热水供暖系统相同，可设成双管、单管、上分式、下分式等。

1）双管上供下回式

图10-21为双管上供下回式低压蒸汽供暖系统图式。

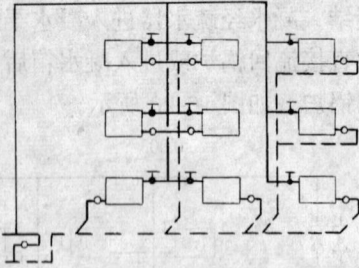

图10-21　双管上供下回式

供汽干管敷设于所有散热器之上，连接散热器的供汽立管与凝水立管分别设置。蒸汽自上而下进入各层散热器，供汽立管中蒸汽与凝水流向相同，可缩小管径。凝结水由散热器排出后经支管进入凝水立管后回到凝水干管中。每组散热器凝水支管上设低压疏水器（回水盒）。为节约投资并减小维修量，也可在每根立管末端安装疏水器。

供汽干管要设成与蒸汽流向一致的坡度，低头走，使汽水同向流动以利于沿途凝水的排除。

该系统形式的优点是蒸汽管路中汽水同向流动运行时不产生水击与噪声。

2）双管下供下回式

如图10-22所示，供汽干管与凝水干管都敷设于系统的下部，蒸汽自下而上向各散热器供汽，蒸汽立管中汽水逆向流动，运行中会产生汽水撞击。汽水撞击影响系统正常运行，产生噪声并在系统局部构件处造成破坏。如设成此种系统，供汽立管的管径应比双管上供下回时要大。

3）双管中供式系统

如图10-23所示，供汽干管设在顶层楼板的下面，供汽立管同时向上下各散热器供汽，凝结水经凝水立支管进入设于系统下部的凝水干管中。中供式比上供式立管短节省管材，大部分蒸汽立管中汽水同向流动，可

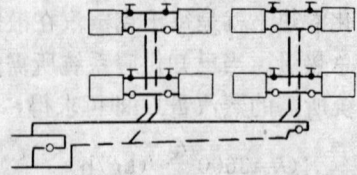

图10-22　双管下供下回式

减少水击与噪声，特别适用于顶层难以敷设干管的房间。

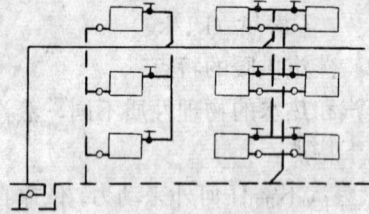

图10-23　双管中供式

4）单管上供下回式

如图10-24所示，蒸汽干管在所有散热器的上面，立管既输送蒸汽，又走凝水，但由于立管中汽水流向相同，运行中不会产生水击，立支管的管径也不必加大，上部立管设成闭合式，立管下部和环路的末端要装设疏水器。

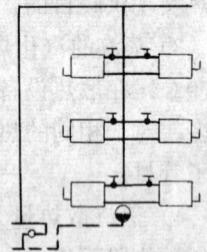

图10-24　单管上供下回式

5）单管下供下回式

如图10-25所示，由于是单立管，且蒸汽自下而上供汽，管内汽水逆向流动，为避免水击噪声，立支管的管径应加大。散热器支管设成如图所示连接方式，支管要加设一段垂直管段，不仅利于散热器内凝水的排出，而且由上层散热器下来的凝水也不致带入下层散热器中。在单管系统中散热器与立管的连接方式分单支管与双支管连接，前者汽水同管流动而后者汽水分流，前者管径应放大，后者与双管式相同。

（3）低压蒸汽供暖系统管路布置特点

1）凡水平敷设的供汽和凝水管道，要有足够的坡度并尽可能使汽水同向流动。不得

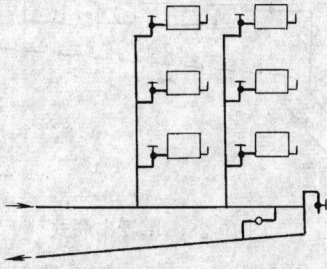

图 10-25　单管下供下回式

已做成反坡时，坡度要加大。

　　A. 蒸汽干管：

　　汽水同向流动，　$i \geqslant 0.002 \sim 0.003$，

　　汽水逆向流动，　$i > 0.005$。

　　B. 凝水干管　$i \geqslant 0.002 \sim 0.003$。

　　C. 凝水支管　$i = 0.01 \sim 0.02$。

　　D. 蒸汽单管　$i = 0.04 \sim 0.05$。

　　2）凡供汽干管抬高处，散热器凝水出口，及上供下回的凝水立管末端均需装设疏水器。

　　3）单管系统每组散热器 1/3 高度上要设自动放气阀。

　　4）为减小地沟的深度，敷设在地沟内的供汽干管每隔 30~40m 要设抬管泄水装置。

　　5）凝水干管布置在地面需过门时，要做过门地沟，为避免凝水形成水封，阻碍空气通过，应于门上设空气绕行管，低点设泄水口。

　　6）为顺利排除环路中的冷凝水和空气，一般蒸汽干管末端与凝水干管始端的管径不小于 20~25mm。当干管入口处管径大于 50mm 时，末端管径不小于 32mm。

　　7）水平蒸汽管和凝水管变径时，应采用管底相平的偏心异径管，而不用正心异径管连接。

　　8）为了保持蒸汽的干度，蒸汽立管应从供汽干管的上方或侧上方接出。此时，干管沿途产生的凝结水，可通过干管末端凝水立管和疏水器来排除，而不致带入散热设备中。

10.5.3　高压蒸汽供暖系统

　　供汽压力 $P > 70$kPa 的蒸汽供暖系统，称为高压蒸汽供暖系统。由于蒸汽压力高，温度高，采用高压蒸汽作为供暖热媒更具有经济性，在相同的供暖负荷下，高压蒸汽供暖系统可用较小的管径和较少的散热设备。经济性的另一方面还表现在它可与生产工艺共用一个热源。

　　（1）工作原理

　　如图 10-26 所示，高压蒸汽由室外蒸汽管网引入，在建筑入口处设有减压阀。没经减压的高压蒸汽经分汽缸直接进入生产用汽系统。而经过减压后的蒸汽通过分汽缸向用户供暖系统的各分支环路供汽。分汽缸上要装设压力表、安全阀，以防止供暖系统超压，分汽缸下面设疏水器，以便及时排除启动凝水。高压蒸汽经室内供汽干管、立管、支管进入散热器或暖风机等供暖设备中。由散热设备排出的冷凝水，经疏水器后回到凝结水箱，通过水泵送回锅炉继续加热成蒸汽。

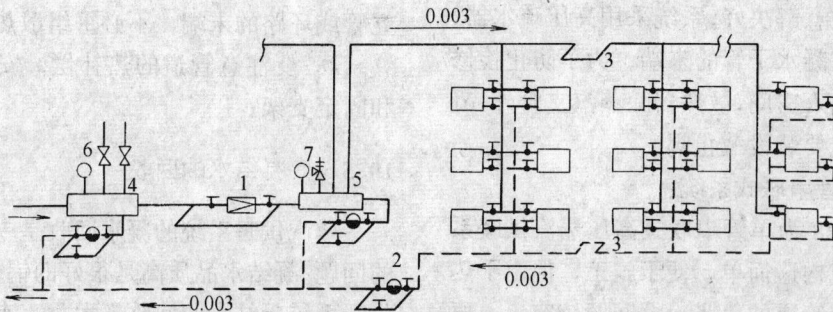

图 10-26　高压蒸汽供暖系统

1—减压阀；2—疏水器；3—伸缩器；4—生产用分气缸；
5—供暖用分汽缸；6—压力表；7—安全阀

315

（2）高压蒸汽供暖系统形式

高压蒸汽由于蒸汽压力高、温度高，一般常用于工业企业的厂房车间或间歇供暖的建筑中，常采用的系统形式有以下几种。

1）上供上回式系统：

上供上回式是指蒸汽与凝水干管全部设于房间的上部。如图10-27所示，散热设备排出的冷凝水依靠疏水器后面的剩余压力，返至房间上部与供汽干管共架敷设。免去了地下敷设管道时，管道与设备基础或其他管道交叉的麻烦，在散热设备的凝水管出口处需设疏水器和止回阀，并注意解决系统中凝水和空气的排除问题，以免凝水排不净而发生汽水撞击。

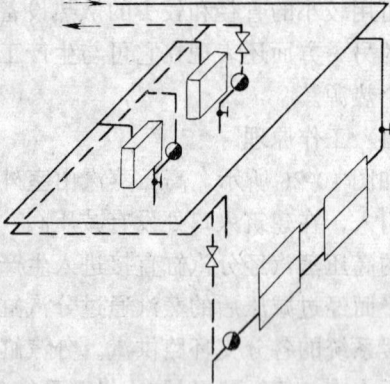

图10-27　上供上回式高压蒸汽系统

2）上供下回式系统：

如图10-26所示，管路敷设形式与低压蒸汽供暖上供下回式相同，但由于蒸汽压力高，温度高，供汽干管与凝水干管的热胀冷缩问题要注意解决好。系统采用高压疏水器，设于每环路凝水干管的末端。为了防止检修时二次汽逸入房间，散热器除蒸汽支管外，凝水支管上也要装设截止阀。

3）单管串联式系统：

图10-28为单管串联式高压蒸汽供暖系统。该系统构造简单，便于施工，但由于热媒温度高，管道的热胀冷缩问题较突出，要注意解决好。

无论是哪一种系统形式，当系统中疏水

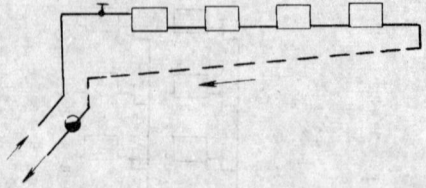

图10-28　单管串联式

器排除空气性能不良时，应在每个环路末端疏水器的前面设置排除空气装置。

（3）高压蒸汽供暖及系统构造特点

1）高压蒸汽供暖的特点：

A. 由于蒸汽压力高，流速大，所以输送距离远，作用半径大。对同样的热负荷所需管径小。

B. 蒸汽压力高，散热器表面温度高，对同样的热负荷，所需散热器少，但表面温度高易烫伤人，卫生条件差。

C. 蒸汽温度高，沿管输送无效热损失大，易生成沿途凝水，发生"水击"现象。

D. 凝水温度高，凝水管中产生"二次汽化"，凝水回收设备费用高。

2）系统构造特点：

A. 高压蒸汽供暖一般采用同程式系统。同程式系统有利于远离用户入口的散热器的疏水和排除空气。

B. 采用散热器供暖时，散热器供汽支管和凝水支管上都应安装阀门，以调节供汽并保证关断。因高压凝水管路里有散热器漏汽和二次汽存在。

C. 高压疏水器排水能力大，应设于每立管或环路的末端，不必每组散热器都设。

D. 要注意管道的热补偿，安装伸缩器和固定支架。

10.5.4　凝结水的回收

蒸汽供暖系统的凝水回收是一个很重要的问题。凝结水品质高是很好的锅炉补给水。供暖系统凝结水的回收率大小，直接关系到系统给水处理设备和运行费用。

低压蒸汽供暖系统可根据锅炉的位置及

系统的作用半径大小等具体情况，分别设置重力回水和机械回水两种系统。

重力回水：依靠凝水干管与锅筒内水平面的高度差，让凝结水靠自重沿干管坡降直接流回锅炉的回水方式。

机械回水：系统凝结水靠自重沿干管坡降流回凝水箱，再由水泵送回锅炉的回水方式。

高压蒸汽供暖系统凝水管内流动的是高压凝水并具有一定的压力，可根据系统凝水量及二次汽再利用的情况以及室外地形、管道敷设情况等分别设置成不同的回水方式。

（1）余压回水

由室内供暖设备流出的高压凝水，依靠疏水器后面的剩余压力，直接接往室外高压凝水管网回到锅炉房的凝结水箱。根据二次汽量的大小及再利用情况，凝结水箱可设成开式（通大气）和闭式（二次蒸发箱）两种。开式系统二次汽白白排放掉不经济，而且系统凝水管通大气易产生氧腐蚀，只有在二次汽量不大时采用。闭式系统凝水进入二次蒸发箱，箱内压力一般维持在 $20 \sim 40 \mathrm{kPa}$，产生的二次蒸汽可接往低压用户及锅炉房除氧等。

余压回水系统依靠疏水器剩余压力促使凝水回流，用户入口处设备简单只有疏水器。凝水在用户处不接触大气。由于疏水器后面的剩余压力为凝水管提供了架空敷设的条件。在锅炉房凝水可集中利用。在一般的中小型厂区应用的较多。但由于高压凝水在回流途中不断汽化，所以，凝水管径要求较大；运行中二次汽和各种压力的凝水汇流一管，凝水管中水击现象严重（用热设备不同，背压不同）。在间断供汽情况下建议不采用余压回水方式，此时系统启动频繁，供汽压力不稳定，背压不能保证。

（2）闭式满管回水

为了避免回水系统汽水两相流动产生水击及高低压凝水的相互干扰，有条件就地利用二次汽时，可将热用户各种压力的高压凝水先引入专门设置的二次蒸发箱中，通过二次蒸发箱的分离二次汽就地利用，分离后的凝水靠位能差或水泵送回锅炉。

（3）加压回水

当靠余压不能将凝水送回锅炉房时，可在用户处或系统中间几个用户共设凝水箱，收集不同压力凝水，然后由水泵增压后送回锅炉总凝水箱的回水方式，叫作加压回水或增压回水。

小　　结

1. 蒸汽供暖以水蒸气作为热媒。根据蒸汽压力不同分为高低压两种系统。

2. 蒸汽在散热设备中凝结放热，所以蒸汽供暖系统中流动着两种性质不同的介质，进入散热器的是蒸汽，流出散热器的是冷凝水，供汽管与凝结水管是完全分开的。

3. 疏水器的作用是排除凝水与空气并阻止蒸汽通过。分高压疏水器和低压疏水器两种。

4. 和热水供暖一样，蒸汽供暖系统在运行中不允许空气存在，所以系统中要设自动放气装置。高压蒸汽系统散热器上不设放气阀。

5. 为防止"水击"，保证系统正常运行，必须及时排除"沿途凝水"和"启动凝水"。

6. 蒸汽供暖系统凝水的回收方式很多，要根据系统的具体情况，采用不同的回水方式，只有各用户用汽压力差别不大时，方可采用余压回水。

习　题

1. 什么是低压蒸汽供暖系统？什么是高压蒸汽供暖系统？

2. 疏水器的作用是什么？一般安装在何处？

3. 蒸汽供暖系统中空气如何排除？散热器上的放气阀安装在什么位置？为什么？高压蒸汽供暖系统散热器可否装设放气阀？

4. 什么是"沿途凝水"？什么是"启动凝水"？怎样减小"水击"？

5. 蒸汽干管的坡向、坡度怎样设置？

6. 什么是"重力回水"？什么是"机械回水"？

7. 高压蒸汽供暖系统的凝水有几种回收方式？各自的优缺点有哪些？

8. 蒸汽供暖有哪些优缺点？适用于什么样的用户？

10·6　散热器

散热器也叫暖气片，是安装在供暖房间内的一种散热设备。热媒经管道进入房间散热器，放出热量使房间温度升高。散热器主要以对流换热的方式将室内空气加热，同时有一部分热量以辐射的方式传递给人体和物体，以达到供暖的目的。

品质优良的散热器必须满足：传热系数高、放热量大、节约金属材料、机械强度高、承压能力强、体积小、重量轻、美观、光滑、卫生条件好等经济、技术、安装使用诸方面的要求。

10·6.1　散热器的工作原理

当热媒从散热器流过时，散热器就把热媒所携带的热量不断地传递给室内空气。其传热过程为：

1）散热器内的热水或蒸汽通过对流换热将热量传递给散热器的内壁面。

2）散热器都是由壁面较薄的金属材料制成的，此时，散热器内壁依靠导热的方式将热量传递给散热器的外壁面，使外表面温度升高。

3）表面温度比室内温度高得多的散热器，以对流和辐射换热的方式将其周围的空气加热，温度升高。

4）被加热的空气温度升高，密度减小，向房间上部运动与外墙屋面等冷表面接触进行热交换。

5）由于温差的存在，热空气与外墙、屋面等冷表面换热后，温度降低，密度增大，向下运动，回到散热器周围继续被加热。

由于热媒不断地流过散热器，造成了冷热空气在室内的徐徐流动，形成自然对流，热量不断地由散热器转移至房间，以维持室内所要求的温度，达到供暖的目的。

10·6.2　散热器的类型

散热器的种类很多，从制作材料上可分为铸铁和钢制两类；从结构形式上又可分为翼型、柱型、板式、串片、扁管等。

铸铁散热器的主要优点是耐腐蚀，但承压能力低，比较笨重。近年来研制使用的高压稀土铸铁散热器，解决了散热器承压能力较低的问题。钢制散热器承压能力高，安装简便，但不耐腐蚀，为解决腐蚀问题，钢制散热器要内部挂搪。

（1）铸铁散热器

铸铁散热器是用灰铸铁制成的，由于其耐腐蚀性强，一直被广泛地采用着。近年来，为适应高层建筑供暖的需要所研制出的稀土灰铸铁散热器，大大地提高了其承压能力。例如二柱、四柱、五柱型散热器工作压力均由原来的 0.5MPa 提高到 0.8MPa。

1）翼型散热器：

翼型散热器由铸铁浇注而成，为了增大

传热面积，在散热器表面有突出的翼片，它分为长翼型和圆翼型两种。

A. 长翼型：

高度为 60cm，又叫 60 型散热器，分为大 60 和小 60 两种规格，大 60 宽 280mm，有 14 个翼片，孔中心间距为 505mm，为一中空的扁盒，如图 10-29 所示，小 60 宽 200mm，有 10 个翼片，二者散热面积不同。长翼型散热器的组装为丝扣连接。

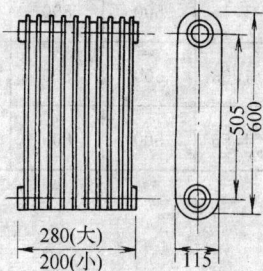

图 10-29　长翼型散热器

B. 圆翼型：

圆翼型散热器的规格以其内径来表示，有 D50mm 和 D80mm 两种。每根长 1m。如图 10-30 所示。圆翼型散热器以法兰连接。

图 10-30　圆翼型散热器

翼型散热器散热面积大，加工制造容易，造价低，但承压能力低，不美观，易积灰，清扫不便，单片散热器散热量大，难以组装成所需要的散热面积，一般用于灰尘不多的工业建筑中。

2）柱型散热器：

柱型散热器呈柱状，常见的有 M-132 型，四柱和五柱等。

M-132 型散热器的宽度是 132mm，两边为柱管状，比较粗，中间有波浪形的纵向肋片，如图 10-31 所示。

四柱和五柱的规格用高度表示。如四柱 813 型，其高度为 813mm，这种散热器分为

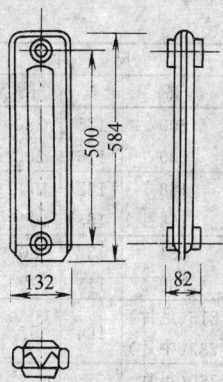

图 10-31　M-132 型散热器

带足和不带足两种片型，如图 10-32 所示。柱型散热器的连接形式为丝接。落地安装时，两侧端片为足片。柱型散热器适用于公共建筑和民用建筑中，但不适用于高压蒸汽系统。

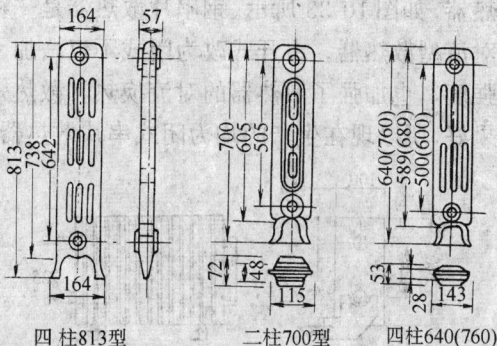

四柱 813 型　　二柱 700 型　　四柱 640(760)

图 10-32　铸铁柱型散热器

柱型散热器传热系数比翼型的高，重量轻，搬运方便，美观，并易组成所需的散热面积，表面光滑，卫生条件好，但组对接口多，易漏水。表 10-2 为常用几种铸铁散热器的热工性能。

（2）钢制散热器

钢制散热器由钢板和钢管制成，种类很多，常见的有钢串片、钢柱型、板式、扁管和光管式等。

1）钢串片散热器：

钢串片散热器是由钢管、钢片、联箱和放气阀组成，分开式和闭式两种，由于开式串片散热器串片强度不够，在安装和使用过程中易碰歪和损坏，后改制成闭式串片型散

常见铸铁散热器参数

表 10-2

类别	型号		尺寸 (mm)				重量(kg/片)	散热面积(m²/片)	水容量(L/片)	工作压力 (kPa)		传热系数 K [W/(m²·℃)]
			高	宽	长	进出口中心距				低压	高压	
翼形	长翼	大60	600	115	280	505	28	1.17	8.0	400	—	5.6
		小60	600	115	200	505	19.3	0.80	5.7	400	—	5.6
	圆翼	D50	168	168	1000	—	34	1.30	1.96	500	—	5.1
		D80	168	168	1000	—	38.2	1.8	4.42	500	—	5.1
柱形	二柱	M132	584	132	80	500	7	0.24	1.32	500	800	8
		700	700	115	72	505	6	0.24	1.35	500	800	6.3
	四柱	813	813(足片) 732(中片)	164	57	642	8	0.28	1.40	500	800	7.9
		760	760(足片) 690(中片)	143	57	600	6.6	0.235	1.16	500	800	8.5
		640	640(足片) 589(中片)	143	57	500	5.7	0.20	1.03	500	800	7.1
	五柱	813	813 732	208	57	642	9.0	0.37	1.56	500	800	8.7

注：工作压力中高压为稀土铸铁散热器。

热器，如图 10-33 所示。钢串片散热器是一种对流型散热器。由开式改为闭式不仅增加了强度，也加强了散热器的对流换热，散热效果好，所以现在生产的均为闭式串片散热器。

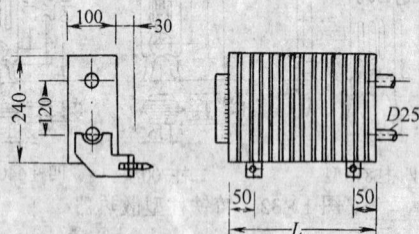

图 10-33 闭式钢串片散热器

该散热器体积小，重量轻，结构紧凑，安装简便，传热系数高，规格多样，由于热媒是在钢管内流动，其工作压力可达到1.0MPa，其规格性能见表 10-3。

2）钢制柱式散热器：

钢制柱式散热器如图 10-34 所示，是用 $\delta=1.25mm$ 或 $\delta=1.5mm$ 的薄钢板冲压成型，再经缝焊制成外形如铸铁柱型的散热器，再按设计要求的片数，焊制成组，规格有三柱式和四柱式，尺寸规格很多，如 600mm×120mm、700mm×140mm、1000mm×160mm 等。

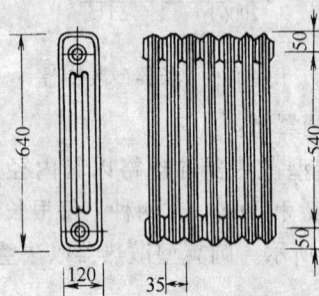

图 10-34 钢制柱型散热器

钢柱散热器承压能力高，重量轻，施工方便，但不耐腐蚀，不能用于蒸汽供暖系统。

3）板式散热器：

是由 $\delta=1.2\sim1.5mm$ 的钢板制成。由面板、背板、联箱、水管接头等部件组成；有的在背面加折板式对流片以增加散热面积和对流散热。散热器的主要水道压制在面板上，两端联箱焊接在背板上，面板与背板通过周边滚焊和板间点焊成型，如图 10-35 所示。其结构型式分单板板式（由面板与背板复合而成）、单板带对流片板式、双板板式和双板带对流片板式。

该散热器增大了辐射换热量、传热系数高、重量轻、不占地方、安装方便、承压能力高、不耐腐蚀，只能用于热水供暖系统。

类型	规格	散热面积 (m²/片)	水容量 (L/片)	工作压力 板厚 1.25 mm	工作压力 板厚 1.5 mm	重量 板厚 1.25 mm	重量 板厚 1.5 mm	传热系数 (W/m²·℃) $\Delta t_{pj}=64.5$ (℃)	传热系数 计算式 $k=A \cdot \Delta t_{pj}^{z}$	备注
				MPa		kg/片 (m)				
柱 型	640×120	1.5	1.0	0.6	0.8	1.9	2.2	8.24	$2.292\Delta t^{0.8071}$	K 为表面涂银粉测定
板式	600×800	2.1	3.6	0.6	0.8	12.2	14.6	6.89	$2.5\Delta t^{0.289}$	K 为表面涂调和漆时测定
	600×1000	2.75	4.6	0.6	0.8	15.4	18.6	6.76		
	600×1200	3.27	5.4	0.6	0.8	18.2	21.8	6.76		
闭式钢串片	150×80	3.15	1.05	1.0		10.5		3.84	$1.67\Delta t^{0.20}$	散热面积单位为 m²/m；K 按 150kg/h 时测得
	240×100	5.72	1.47	1.0		17.4		2.75	$1.3\Delta t^{0.18}$	
	500×90	7.44	2.50	1.0		30.5		2.84	$1.74\Delta t^{0.12}$	
扁管式 单 板	624×1000	1.377	5.49	0.6		18.1		8.9	$3.34\Delta t^{0.235}$	
扁管式 双 板	624×1000	2.75	10.98	0.6		36.2		7.7	$2.4\Delta t^{0.276}$	
扁管式 单板带对流片	624×1000	5.55	5.49	0.6		27.4		3.4	$1.23\Delta t^{0.246}$	
扁管式 双板带对流片	624×1000	11.1	10.98	0.6		54.8		3.1	$0.96\Delta t^{0.281}$	

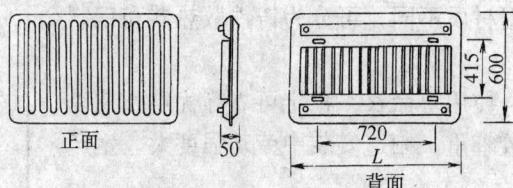

图 10-35　钢制板式散热器

4) 扁管散热器:

如图 10-36 所示,用薄钢板制作,由扁管、联箱、对流片和管接头等组成,扁管断面尺寸有 52mm×11mm,70mm×11mm 等几种,扁管横向排列,两端为联箱,尺寸规格种类很多。该散热器只适用于热水供暖系统。

散热器的种类很多,随着供暖事业的不断发展,散热设备也在不断更新换代,向高效、耐压、节能型发展。

5) 新型节能型散热器简介:

据统计,我国建筑供暖的能耗占国民经济总能耗的 30% 左右。为降低供暖能耗,目前国内已经研制生产出多种节能型散热器。例如板翼型 560 灰铸铁散热器、肋板式辐射对流型散热器以及片式 630 板翼柱型结构灰铸铁散热器等等。

由于该类型散热器带肋及表面为板式,

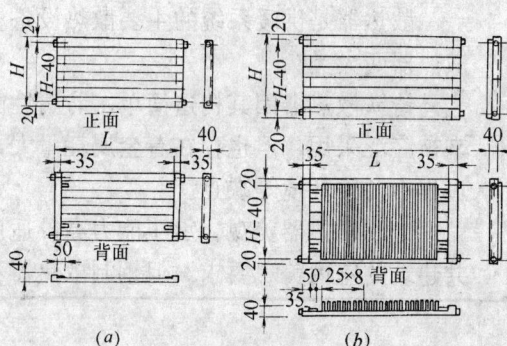

图 10-36　钢制扁管式散热器
(a) 单板; (b) 单板带对流片

大大增大了散热面积,其单位重量的散热量可达到四柱散热器的 1.5 倍,而板翼型 560 灰铸铁散热器的重量只有 9.2kg,仅为大 60 散热器的 1/3,设计合理,承压能力、传热系数高,节能、节材。

各种新型散热器种类很多,新型节能型散热器的发展为设计选型、施工安装提供了更大的空间和范围,在实际工程中可参考各厂家的产品样本进行选择。

10.6.3　散热器的布置和选择

(1) 散热器的布置

1）散热器应布置在外墙的窗下，以便直接加热由窗缝进入的冷空气，并减少玻璃窗的冷辐射。

2）对于要求不高的房间，为节省管道，散热器可靠内墙布置。

3）楼梯间的散热器应尽量布置在底层或按比例分配在下部各层。

4）双层门的外室及门斗不宜布置散热器。

5）散热器应明装，内部装修要求较高的民用建筑可暗装；托儿所、幼儿园应暗装或加防护罩。

（2）散热器的选择

1）民用建筑宜采用外形美观、易于清扫的散热器。

2）散发粉尘或防尘要求较高的生产厂房应采用易于清扫的散热器。

3）具有腐蚀性气体的生产厂房或相对湿度较大的房间，宜采用铸铁散热器。

4）热水供暖系统采用钢制散热器时，应采取必要的防腐措施。

5）蒸汽供暖系统不应采用钢制柱型及扁管、板型等散热器。

6）当热媒为蒸汽时，采用铸铁柱型和长翼型散热器时，蒸汽压力 $P \leqslant 0.2$MPa；采用铸铁圆翼型散热器时，蒸汽压力 $P \leqslant 0.4$MPa。

小　　结

散热器是供暖系统的主要散热设备。根据材质不同，可分为铸铁散热器和钢制散热器两大类。

铸铁散热器因其构造简单、防腐性能好、使用寿命长、稳定可靠等优点长期以来被广泛采用，但也存在着金属耗量大，比较笨重，制造安装中劳动强度大，生产过程中污染环境等缺点。

钢制散热器美观、承压能力高，适用于高层建筑热水供暖系统，并满足大型公共建筑的室内美观要求。但钢制散热器不耐腐蚀，不适用于蒸汽供暖系统。

习　题

1. 散热器是怎样工作的？
2. 散热器怎样分类？有哪几种类型？
3. 铸铁散热器和钢制散热器各有哪些特点？
4. 怎样布置散热器？
5. 怎样选择供暖系统散热器的类型？

10.7　供暖系统热负荷

供暖热负荷是供暖系统选择确定锅炉、管道及散热设备的重要依据。供暖热负荷确定得是否恰当，直接关系到供暖系统的初投资以及运行费用和使用效果。

10.7.1　房屋耗热量与供暖热负荷

冬季，由于室外温度的降低，房间的热量会通过各种途径不断地散失掉。这部分散失掉的热量称作房屋耗热量。为了维持房间所要求的温度，必须在房间安装散热设备来补偿房间的耗热量，供暖系统所担负补偿供给室内的这部分热量就是供暖系统热负荷。

（1）房屋耗热的途径

1）通过围护结构传向室外的热量 Q_1：

建筑围护结构是指门、窗、墙、地板、屋面这些建筑围挡物。有温差就有传热，冬季由于室内外温度不同,室内的热量通过对流、辐射、导热的方式,经围护结构传向室外。这部分传热量用Q_1来表示,其传热过程如图10-37所示。

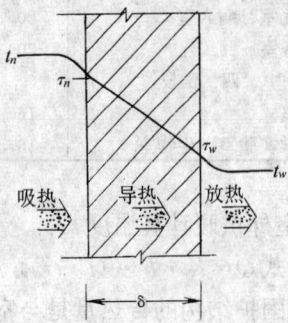

图10-37 通过围护结构的传热过程

2)冷空气渗入耗热量Q_2:

冬季,在室外风力的作用下,冷空气会通过门窗缝隙渗入室内。将这部分渗入室内的冷空气加热到室内温度所消耗的热量叫作冷空气渗入耗热量,用Q_2来表示。

3)外门冷风侵入耗热量Q_3:

计算外门的传热量时是按照关闭状态进行的,而实际建筑外门是经常开启的。当外门开启时,在风力和热压的作用下,会有大量的冷空气拥入室内,将这部分冷空气加热到室内温度所消耗的热量称为冷风侵入耗热量,用Q_3来表示。

(2)房屋得热的情况

房屋不仅会通过以上途径失去热量,有时也会得到热量。例如工厂车间内机械运转设备的放热,热物件在冷却过程的散热,架设在房间内不保温管道的散热等等。但对于一般的民用建筑和得热量较少的生产车间,计算供暖热负荷时,只考虑其失热量,其得热量可忽略不计。所以,我们所讲的供暖热负荷只涉及建筑物散失的热量,而有关得热方面的内容要与通风一同考虑。

由以上分析得知,供暖系统热负荷就等于房间的总耗热量。即:

$$Q = Q_1 + Q_2 + Q_3$$

10.7.2 供暖热负荷的确定

建筑围护结构耗热量Q_1可分为基本耗热量和附加耗热量两部分。

(1)基本耗热量

建筑围护结构的传热计算是建立在稳定传热基础上的,也就是说,将传热的因素都假定成不随时间变化的。这虽与实际有出入,但对供暖工程还是允许的。

稳定传热条件下,其传热量为:

$$Q = K \cdot F \cdot (t_n - t_w) \cdot a \quad (10-5)$$

式中　Q——建筑物各部分围护结构的基本耗热量(W);

K——建筑物各部分围护结构的传热系数(W/m²·℃);

t_n——冬季室内供暖计算温度(℃);

t_w——冬季室外供暖计算温度(℃);

F——围护结构传热面积(m²);

a——围护结构的温差修正系数。

为了正确地计算围护结构的传热量,下面将公式中各项逐一介绍。

1)室内供暖计算温度t_n:

t_n是供暖必须保证的室内温度,它是指房间距地面1.5~2m之内,人活动区的空气平均温度,在计算中如何确定,主要取决于建筑物的性质与用途。常用的民用及公共建筑以及工业辅助建筑的室内供暖计算温度见表10-4。

居住及公共建筑物供暖室内计算温度

表10-4

序号	房 间 名 称	室内温度(℃)	
		一般	上下范围
	一、居住建筑		
1	饭店、宾馆的卧室与起居室	20	18~22
2	住宅、宿舍的卧室与起居室	18	16~20
3	厨房	10	5~15
4	门厅、走廊	16	14~16
5	浴室	25	21~25
6	盥洗室	18	16~20
7	公共厕所	15	14~16
8	厨房的储藏室	5	可不供暖

序号	房间名称	室内温度（℃） 一般	上下范围
9	楼梯间	14	12～14
	二、医疗建筑		
1	病房（成人）	20	18～22
2	手术室及产房	25	22～26
3	X光室及理疗室	20	18～22
4	治疗室	20	18～22
5	体育疗法	18	16～20
6	消毒室、绷带保管室	18	16～18
7	手术、分娩准备室	22	20～22
8	儿童病房	22	20～22
9	病人厕所	20	18～22
10	病人浴室	25	21～25
11	诊室	20	18～20
12	病人食堂、休息室	20	18～22
13	日光浴室	25	
14	医务人员办公室	18	18～20
15	工作人员厕所	16	14～16
	三、幼儿园、托儿所		
1	儿童活动室	18	16～20
2	儿童厕所	18	16～20

序号	房间名称	室内温度（℃） 一般	上下范围
3	儿童盥洗室	18	16～20
4	儿童浴室	25	
5	婴儿室、病人室	20	18～22
6	医务室	20	18～22
	四、学校		
1	教室	16	16～18
2	化学实验室、生物室	16	16～18

2）室外供暖计算温度 t_w：

由公式 $Q=K \cdot F \cdot (t_n - t_w) \cdot a$ 可以看出，通过围护结构的传热量是与室内外温度差成正比的，而室外温度又是时刻变化着的，计算供暖热负荷时，必须要取一个有代表性的温度，这一温度就称作室外供暖计算温度。

如何确定 t_w 是一个相当重要的问题，t_w 取得太低，会造成设备浪费，太高又会造成供暖设备能力太小而使室温达不到要求。目前，我国《采暖通风与空气调节设计规范》（GBJ—87）规定采用历年平均每年不保证五天的日平均温度作为冬季室外供暖计算温度。表10-5是我国主要城市的冬季室外计算温度。

室外气象参数 表10-5

地名	供暖室外计算温度（℃）	供暖期天数 日平均温度≤+5℃（+8℃）的天数	极端最低温度（℃）	极端最高温度（℃）	起止日期 日平均温度≤+5℃（+8℃）的起止日期（月、日）	冬季大气压力（kPa）	室外风速（m/s） 冬季最多风向平均	冬季平均	风向及频率 冬季 风向	频率（%）	冬季日照率（%）	最大冻土深度（cm）
北京	−9	129（149）	−27.4	40.6	11.9～3.17（11.1～3.29）	102.04	4.8	2.8	C　N NNW	19　13 13	67	85
天津	−9	122（147）	−22.9	39.7	11.16～3.17（11.4～3.30）	102.66	6.0	3.1	C NNW	13 13	62	69
张家口	−15	155（177）	−25.7	40.9	10.28～3.31（10.19～4.13）	93.89	4.3	3.6	NNW	26	67	136
石家庄	−8	117（140）	−26.5	42.7	11.17～3.13（11.6～3.25）	101.69	2.3	1.8	C　N	32 10	66	54
大同	−17	165（186）	−29.1	37.7	10.23～4.5（10.11～4.14）	89.92	3.5	3.0	C　N	19 18	67	186
太原	−12	144（162）	−25.5	39.4	11.2～3.25（10.23～4.2）	93.29	3.3	2.6	C NNW	26 13	64	77

地名	供暖室外计算温度（℃）	供暖期天数 日平均温度≤+5℃（+8℃）的天数	极端最低温度（℃）	极端最高温度（℃）	起止日期 日平均温度≤+5℃（+8℃）的起止日期（月、日）		冬季大气压力（kPa）	室外风速（m/s） 冬季最多风向平均	冬季平均	风向及频率 冬季 风向	频率（%）	冬季日照率（%）	最大冻土深度（cm）
呼和浩特	−19	171（188）	−32.8	37.3	10.20～4.8	（10.9～4.14）	90.09	4.5	1.0	C NW	42 7	69	143
抚顺	−21	160（179）	−35.2	36.9	10.28～4.5	（10.18～4.14）	101.05	2.8	2.8	NE	14 14	60	143
沈阳	−19	152（177）	−30.6	38.3	11.3～4.3	（10.19～4.13）	102.08	3.2	3.1	N	17	58	148
大连	−11	132（158）	−21.1	35.3	11.18～3.29	（11.6～4.12）	101.38	7.4	5.8	N	25	66	93
吉林	−25	175（195）	−40.2	36.6	10.20～4.12	（10.8～4.20）	100.13	4.5	3.0	C SW	24 19	59	190
长春	−23	174（192）	−36.5	38	10.22～4.13	（10.1～4.20）	99.4	5.1	4.2	SW	20	66	169
齐齐哈尔	−25	186（204）	−39.5	10.1	10.14～4.17	（10.4～4.25）	100.46	3.0	2.8	NW	16	70	225
佳木斯	−26	183（205）	−41.1	35.4	10.16～4.16	（10.4～4.26）	101.10	5.0	3.4	SW WSW	20 20	62	220
哈尔滨	−26	179（198）	−38.1	36.4	10.18～4.14	（10.6～4.21）	100.15	4.7	3.8	S SSW	13 13	63	205
牡丹江	−24	180（200）	−38.3	36.5	10.16～3.13	（10.5～4.22）	99.21	2.5	2.3	C SW	29 15	63	191
上海	−2	62（109）	−10.1	38.9	12.24～2.23	（11.29～3.17）	102.51	3.8	3.1	NW WNW	14 12	43	8
南京	−3	83（115）	−14.0	40.7	12.8～2.28	（11.22～3.16）	102.52	3.8	2.6	C NE	25 10	46	9
杭州	−1	61（102）	−9.6	39.9	12.25～2.23	（11.29～3.10）	102.09	3.6	3.3	C NNW	18	39	
蚌埠	−4	97（115）	−19.4	40.7	12.10～2.24	（11.21～3.17）	102.41	3.3	2.6	C ENE	21 10	47	15
南昌	0	35（83）	−9.3	40.6	12.30～2.2	（12.10～3.2）	101.88	5.4	3.8	N	29	34	—
济南	−7	106（124）	−19.7	42.5	11.22～3.7	（11.13～3.16）	102.02	4.3	3.2	C ENE	16 15	61	44
郑州	−7	102（125）	−17.9	43.0	11.24～3.5	（11.12～3.16）	101.28	4.3	3.4	C NE	15 14	53	27
武汉	−2	67（105）	−18.1	39.4	12.16～2.20	（11.26～3.10）	102.33		2.7	NNE	19	39	10
长沙	0	45（84）	−11.3	40.6	12.26～2.8	（12.9～3.2）	101.99	3.7	2.8	NW	31	27	5
桂林	3	0（41）	−4.9	39.4	—	（12.29～2.6）	100.29	4.4	3.2	NNE	52	27	—
拉萨	6	149（182）	−16.5	29.4	10.29～3.26	（10.16～4.15）	65.00	2.4	2.2	C E	25 15	77	26
兰州	−11	135（160）	−21.7	39.1	11.1～3.15	（10.21～3.29）	85.14	2.2	0.5	C NE	69 4	61	103
西宁	−13	165（191）	−26.6	33.5	10.20～4.2	（10.8～4.16）	77.51	4.3	1.7	C SE	44 22	70	134
乌鲁木齐	−22	157（177）	−41.5	40.5	10.24～3.29	（10.16～4.10）	91.99	2.5	1.7	C S	30 11	50	133
哈密	−19	138（161）	−32.0	43.9	10.29～3.15	（10.19～3.28）	93.97	2.4	2.3	NE	18	74	127
银川	−15	149（170）	−30.6	39.3	10.30～3.27	（10.19～4.6）	89.57	2.2	1.7	C N	31 11	75	103

3) 温差修正系数 a:

在计算某一围护结构的耗热量时,如果它的外侧不是室外,而是一些不供暖的房间或空间,由于冷房间的温度难以确定,仍用 t_w 来代替,这时对温差 Δt 要乘以一个根据经验而决定的修正系数 a ($a < 1$)。各种围护结构的温差修正系数见表 10-6。

温差修正系数 a 值   表 10-6

序号	围护结构及其所处情况	a
1	外墙,平屋顶及直接接触室外空气的楼板等	1.00
2	带通风间层的平屋顶、坡屋顶闷顶及与室外空气相通的不供暖地下室上面的楼板等	0.90
3	与有外墙的不供暖楼梯间相邻的隔墙:多层建筑的底层部分 多层建筑的顶层部分 高层建筑的底层部分 高层建筑的顶层部分	0.80 0.40 0.70 0.30
4	不供暖地下室上面的楼板:当外墙上有窗户时 当外墙上无窗户且位于室外地坪以上时 当外墙上无窗户且位于室外地坪以下时	0.75 0.60 0.40
5	与有窗户的不供暖房间相邻的隔墙 与无窗户的不供暖房间相邻的隔墙	0.70 0.40
6	与有供暖管道的设备层相邻的楼板 与无供暖管道的设备层相邻的楼板	0.30 0.40
7	伸缩缝、沉降缝墙 抗震缝墙	0.30 0.40

供暖房间与相邻房间的温差大于 5℃ 时,应计算相邻结构的传热量。

4) 围护结构的传热系数 K:

外墙、屋面以及门窗都属于多层或单层平壁,其传热在整个传热面上是均匀的,其传热系数的确定可利用传热系数公式计算或查有关的传热系数表。表 10-7 是常见围护结构的传热系数。

地板的传热与以上结构不同,靠近室外的地面由于热流经过的路程短,热阻小,而距外墙较远的地面,其热阻大,传热系数就小,所以地板的传热系数与其距外墙的距离有关。一般可将地面沿外墙平行向里划分地带,每两米宽为一地带,共划分四个地带。各地带传热系数为:第一地带 $K_1 = 0.47 \text{W/m}^2 \cdot \text{℃}$;第二地带 $K_2 = 0.23 \text{W/m}^2 \cdot \text{℃}$;第三地带 $K_3 = 0.12 \text{W/m}^2 \cdot \text{℃}$;第四地带 $K_4 = 0.07 \text{W/m}^2 \cdot \text{℃}$。上述为非保温地板的传热系数值。

地板分保温地板与非保温地板两种。当地板各层材料的总导热系数 $\lambda < 1.16 \text{W/m}^2 \cdot \text{℃}$ 时,即为保温地板,由于加了保温材料,保温地板的传热系数比非保温地板的要小。

5) 围护结构的传热面积 F:

围护结构的传热面积要根据建筑图纸所给尺寸进行计算,原则就是要计算完整。一般门窗以最小洞口尺寸计算,外墙、地板、屋面是以轴线或内外表面尺寸计算。其具体丈

常用围护结构的传热系数 K 值（W/m²·℃）   表 10-7

类　型		K	类　型		K
A. 门			金属框	单层	6.40
实体木制外门	单层	4.65		双层	3.26
	双层	2.33	单框二层玻璃窗		3.49
带玻璃阳台外门	单层（木框）	5.82	商店橱窗		4.65
	双层（木框）	2.68	C. 外　墙		
	单层（金属框）	6.40	内表面抹灰砖墙 24 砖墙		2.08
	双层（金属框）	3.26	37 砖墙		1.56
单层内门		2.91	49 砖墙		1.27
B. 外窗及天窗			D. 内墙（双面抹灰）12 砖墙		2.31
木　框	单层	5.82	24 砖墙		1.72
	双层	2.68			

量方法将在专业计算中详细介绍。

（2）附加耗热量

附加耗热量又叫修正耗热量，是对基本耗热量的修正。一般按基本耗热量乘以一个百分率进行计算。其中包括朝向附加、风力附加和高度附加。

1）朝向附加：

围护结构朝向不同，所获得太阳辐射热不同，获得热量的结构由于外表面比较干燥，传热减小。实测知南向比北向结构多得太阳辐射热占总耗热量的 15%～30%。实际上朝向修正是对围护结构传热的修正，不同朝向的修正率规范中作如下规定：

北、东北、西北 0%～10%
东、西   -5%
东南、西南   -10%～-15%
南   -15%～-30%

朝向附加，要在垂直围护结构的基本耗热量上进行修正。

2）风力附加：

考虑到冬季室外风速的变化对围护结构外表面放热系数 α_w 的影响，而导致传热系数 K 和传热量的变化。《规范》规定：建造在不避风的高地、河边、海岸、旷野上的建筑物，以及城镇、厂区特别高的建筑物，予以风力附加，其附加方法是在垂直外围护结构基本耗热量上附加 5%～10%。

3）高度附加：

当房间高度较大时，由于对流作用使热空气上升而工作地点温度不能保证，所以高度附加实际是对 t_n 的修正。《规范》规定：当房间高度大于 4m 时，每增高 1m 附加 2%，但总的附加率不大于 15%。楼梯间不进行高度附加。高度附加应附加在外围护结构的基本耗热量和其他附加耗热量之上。

（3）外门开启冷空气侵入耗热量 Q_3

外门开启冷空气侵入耗热量的计算，也是采用附加的方法，按照不同外门的附加率，以门的基本耗热量为基数乘一个百分率，

规定如下：

当建筑物的楼层数为 n 时：

一道门   65n%
两道门（有门斗）   80n%
三道门（有两个门斗） 60n%

公共建筑和生产厂房的主要出口 500%

外门开启率只适用于短时间开启的，无热风幕的外门。阳台门不计算冷风侵入耗热量。

10.7.3 冷风渗入耗热量 Q_2

供暖房间的门、窗缝隙不采取封闭措施时，冷空气会通过门窗缝隙渗入室内。由于门窗缝隙的宽度、门窗的朝向以及室外风速、风向的不同，由门窗缝隙进入室内的冷空气量很难准确计算。《规范》规定：对于多层和高层民用建筑及生产辅助建筑物，加热由门窗缝隙渗入室内的冷空气耗热量可按下式计算：

$$Q = \alpha \cdot C_P \cdot L \cdot l \cdot (t_n - t_w) \cdot \rho_w \cdot m$$

$$(10-6)$$

式中 Q——由门窗缝隙进入室内的冷空气耗热量（W）；

C_P——空气的定压比热容（1kJ/kg·℃）；

α——单位换算系数，$\alpha = 0.28$（法定计量单位）；

L——通过每米门窗缝隙进入室内的冷空气量（$m^3/m \cdot h$）；

l——可开启门窗缝隙的长度（m）；

t_n——供暖室内计算温度（℃）；

t_w——供暖室外计算温度（℃）；

ρ_w——供暖室外计算温度下空气的密度（kg/m^3）；

m——风压和热压作用下，不同朝向、高度的综合修正系数。

对于工业建筑，其冷空气渗入耗热量 Q_2 可采用估算的方法进行。

10.7.4 估算热负荷的方法

供暖热负荷的计算是根据建筑施工图进行的，但在进行初步设计时往往还没有建筑施工图纸，为了估算出建筑物的供暖负荷，以便进行设备选型和订货，通常是用建筑热指标来进行估算。

（1）面积热指标

通过对已经运行的同一类型建筑物的调查、研究和实测，可得到单位面积的耗热量，我们将其用 q_F 来表示，称为建筑面积热指标。

$$q_F = \frac{Q}{F} \quad (W/m^2) \qquad (10-7)$$

式中 q_F——面积热指标（W/m^2）；

Q——所调查建筑的实际耗热量（W）；

F——建筑物的建筑面积（m^2）。

此时即可根据建筑面积热指标估算出同一类型新建建筑的供暖热负荷：

$$Q = q_F \cdot F \quad W \qquad (10-8)$$

式中 q_F——面积热指标（W/m^2）；

Q——新建建筑的供暖热负荷（W）；

F——新建建筑的建筑面积（m^2）。

（2）体积热指标

对于建筑面积相同，而高度不同的两个建筑若用建筑面积热指标估算，显然是不合理的。此时宜采用体积热指标，用 q_V 来表示。

$$q_V = \frac{Q}{V} \quad (W/m^3) \qquad (10-9)$$

式中 q_V——体积热指标（W/m^3）；

Q——所调查同类型建筑的耗热量（W）；

V——所调查同类型建筑的外轮廓体积（m^3）；

利用体积热指标，用以上方法同样可以估算出同一类型建筑的供暖热负荷。

运用热指标估算热负荷时，要注意它与建筑物的类型及所在地区等因素有关，各地区对不同类型的建筑都有自己的热指标，建筑热指标实际上是工程技术人员在工程实践中总结的经验数据，实际工程中要本着建筑节能的原则，根据具体情况采用。

小 结

供暖热负荷是供暖系统确定方案，选择设备的依据。根据热平衡的原理，供暖热负荷就等于房屋耗热量。

房屋耗热量包括：基本耗热量、附加耗热量、冷空气渗入耗热量和外门开启冷风侵入耗热量。基本耗热量是指通过建筑围护结构传向室外的热量，可按照稳定传热公式进行计算。附加耗热量是对基本耗热量的修正，分为朝向、风力和高度附加三项。

供暖热负荷的计算是在具备建筑图纸的条件下，对各供暖房间按顺时针方向逐一编号，并列表进行计算的。本节主要介绍了有关房屋耗热量的基本概念和有关规定。具体的计算方法、步骤和例题将在《专业计算》中做详细介绍。

习 题

1. 什么是房屋耗热量？什么是供暖热负荷？
2. 什么是基本耗热量？用什么公式计算？公式中的各项如何确定？
3. 什么是附加耗热量？有哪几种附加耗热量？各自是对什么的修正？如何修正？

4. 怎样进行高度附加？多层建筑的楼梯间是否考虑高度附加？为什么？

5. 什么是温差修正系数？

6. 地板的传热与外墙、屋面的传热有什么不同？

7. 通过门窗缝隙渗入的冷空气量和哪些因素有关？

8. 外门开启附加率中为什么要考虑楼层数 n？

10.8 供暖系统附属设备

10.8.1 热水供暖系统附属设备

（1）膨胀水箱

无论是自然循环还是机械循环热水供暖系统，都设有膨胀水箱。膨胀水箱的安装位置在系统的最高点，通过膨胀管和系统相连。

1）膨胀水箱的构造和作用：

A. 构造：

膨胀水箱从外形上可分为圆形和方形两种。圆形水箱，从受力的角度看其受力更合理，耐压能力较方形的高，而方形水箱较圆形的易制作。在低温热水供暖系统中，膨胀水箱都做成与大气相通的开式水箱。

水箱由 4～5mm 厚的钢板制成，内外焊上角钢加强筋标准设计方形水箱有 12 个号，圆形有 16 个号。

膨胀水箱从构造上可分为有补给水箱和无补给水箱两种。补给水箱是一个比膨胀水箱小的水箱，装有浮球阀，用给水管将补给水箱和膨胀水箱连起来，两水箱中水位是等高的。当膨胀水箱、补给水箱中水位下降（系统缺水），浮球下落，浮球阀开启，自动补水，水进入补给水箱和膨胀水箱。随着水位的上升浮球上升，当水箱中水位达到设计正常水位时，浮球阀关闭补水停止。这种设补给水箱的膨胀水箱，适用于给水水压能保证的情况。

当系统给水水压不能保证时，设无补给水箱的膨胀水箱，通过水位传示装置给出的信号在锅炉房用补给水泵向系统补水。方形

膨胀水箱构造如图 10-38 所示，水箱上设有膨胀管、信号管、溢流管、循环管、排水管。水箱与系统的连接见图 10-39。

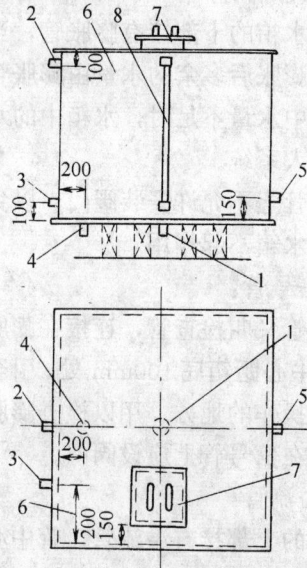

图 10-38　方形膨胀水箱

1—膨胀管；2—溢流管；3—循环管；4—排水管；
5—信号管；6—箱体；7—人孔；8—水位计

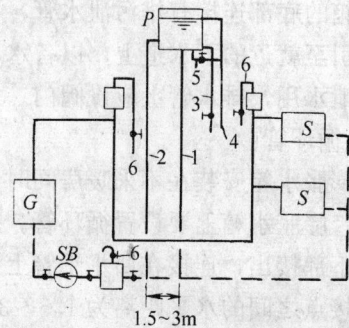

图 10-39　膨胀水箱与系统的连接

1—膨胀管；2—循环管；3—信号管；4—溢流管；
5—排水管；6—放气管

B. 膨胀水箱的作用：

a. 容纳因水温升高而膨胀增加的水量。

b. 补充系统中水量的不足。

c. 指示水位。

d. 控制系统静水压力的分布。

e. 自然循环系统中排除系统中的空气。

2) 膨胀水箱的接管及注意事项：

根据不同的用途，膨胀水箱上的配管连接于系统的不同部位。

A. 膨胀管：

膨胀水箱的下部接有膨胀管，当系统中水温升高膨胀后多余的水量由膨胀管进入水箱。系统中水量不足时，水箱中的水沿膨胀管下降进入系统。

膨胀管上不允许安装阀门，以免阀门关闭，膨胀水箱不起作用。

B. 信号管：

信号管又叫检查管，连接在膨胀水箱的下部，管中心距箱底 100mm 处，引至锅炉房司炉人员操作的地方。用以检查膨胀水箱是否缺水。在信号管上应设阀门。

C. 溢流管：

水箱的上部接有溢流管，管中心距箱顶板 100mm，引至就近的污水池上，其目的是水箱满水时把多余的水量排入下水道。

溢流管上不允许安装阀门。

D. 排水管：

水箱的底部连接有排污泄水管，与溢流管一起引至就近的下水道上，以备水箱清洗时排污泄水用，排水管上应设阀门。

E. 循环管：

当膨胀水箱安装在不采暖房间时，为防止冻结，膨胀水箱上要设置循环管。循环管由水箱下部接出，连接在回水干管上，与膨胀管连接点之间的水平距离为 1.5~3m，以保证循环。

循环管上不允许安装阀门。

F. 补水管：

当设补给水箱时，补水管与膨胀水箱相通，补水管上设止回阀，避免膨胀水箱中的水倒流回补给水箱。

以上各配管管径见表 10-8。

膨胀水箱各接管管径（mm） 表 10-8

接管编号	名称	方 形		圆 形		备注
		1~8 号	9~12 号	1~4 号	5~16 号	
1	膨胀管	D25	D32	D25	D32	
2	循环管	D20	D25	D20	D25	
3	信号管	D20	D20	D20	D20	
4	溢水管	D40	D50	D40	D50	
5	排水管	D32	D32	D32	D32	

膨胀水箱要架设在系统的最高点，要高于系统最高管道或散热器 0.5~1.0m。设在不采暖房间时，水箱、管道均要保温。

（2）排气装置

热水供暖系统充水前是充满空气的，加之冷水中也溶解了部分空气，随着水温的升高、压力的降低，空气将从水中分离出来。在运行中，热水供暖系统中积存的空气可影响散热器的散热并破坏水的正常循环流动，因而必须设法将系统中的空气排除。

由于空气的密度比水小，空气总是向上运动。根据这一特点并经多年的运行实践，拟出了一系列的排气措施。

1) 利用膨胀水箱排除空气：在自然循环热水供暖系统中，供水干管向膨胀水箱做成向上的坡度，让空气向上运动至开式膨胀水箱后集中排出。

2) 利用手动或自动放气阀排除空气：在水平单管串联式系统中，以及下分式供暖系统顶层房间的每组散热器上设置放气阀。

3) 利用空气管排除空气：设于除污器上（此处压力低，空气易分离出来）。下分式及水平串联系统为集中排气，可设空气管。

4) 利用集气罐排除空气：主要设于供水干管的末端。利用水平管道敷设坡度，由集气罐集中排气。

A. 集气罐：

集气罐的作用原理是利用了扩大管径，降低流速，水中的气泡便自行浮升于水面，积聚于集气罐的上部，将集气罐放气管上的阀门打开进行排气。系统运行时可定期打开放气管上的阀门。

集气罐分立式和卧式（横式）两种。由于立式集气罐容纳空气多，所以一般情况下多采用立式，只有在干管距顶棚距离太小，不能设立式时才采用卧式集气罐。集气罐可用厚钢板焊制成，工地上常用100～250mm的钢管制作。集气罐的型号和尺寸见表10-9。

集气罐规格尺寸　　　　表10-9

规　　格	型　　号				国标图号
	1	2	3	4	
D（mm）	100	150	200	250	
H（L）（mm）	300	300	320	430	T903
重量（kg）	4.39	6.95	13.76	29.29	

立式集气罐的构造及与系统的连接方式见图10-40。

卧式集气罐的构造及与系统的连接方式见图10-41。

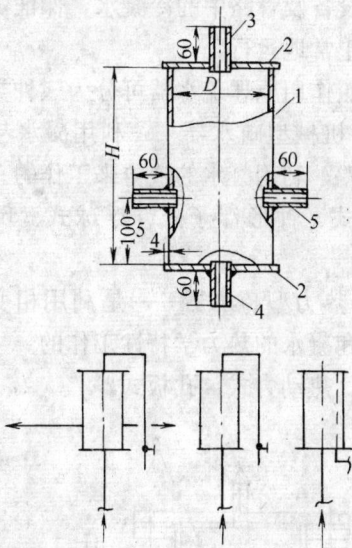

图10-40　立式集气罐及接管方式

1—外壳；2—盖板；3—放空气管；

4—供水立管；5—供水干管

集气罐要安装在管路的最高点能汇集空气的地方，其高度要低于膨胀水箱0.3m，以保证集气罐处于300mmH$_2$O的静水压力之下，以顺利排除空气。不允许安装在最后一

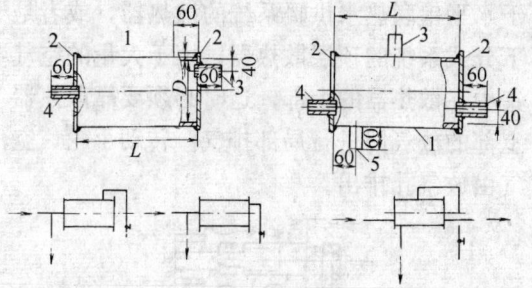

图10-41　卧式集气罐及接管方式

1—外壳；2—盖板；3—放空气管；

4—热水干管；5—排污管

根立管上，以免转弯处形成涡流而影响排气。

B. 自动排气罐和放气阀：

图10-42是一种制作简单方便可靠的自动放气集气罐。自动集气罐是依靠罐体内的自动机构将空气自动排出系统的。

一般是在罐体内装有一个圆柱形的浮桶，罐内无空气时，系统中的水流入罐体将浮桶漂浮起来。浮漂上的耐热橡片垫将排气口封住，使水流不出去。当系统里的气体聚到罐体上部时，罐内水位下降，浮桶下沉离开排气口，空气自动排出。空气排出后，水位上升，浮筒浮起，排气口重新关闭。

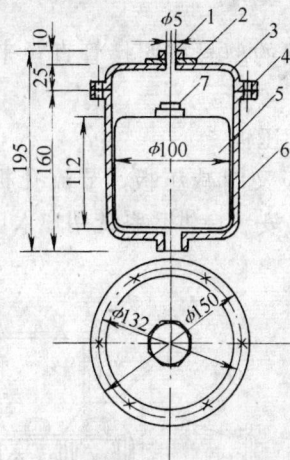

图10-42　自动排气罐

1—排气口；2—橡胶石棉垫；3—罐盖；

4—螺栓；5—浮漂；6—罐体；7—耐热橡皮垫

放气阀又叫放气门，分手动与自动两种。图10-43为手动放气门又叫手动跑风门。对

于水平串联热水供暖系统的散热器，或者是下分式系统的顶层散热器，由于大量的空气集中在散热器的上部，这时必须要靠散热器上部的放气门进行局部排气。转动手轮，空气由放气孔排出。

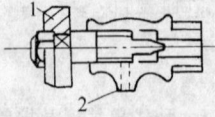

图 10-43　手动放气阀
1—手轮；2—放气孔

（3）除污器

除污器的作用是为了过滤清除系统水中的泥砂、铁锈等机械杂质，减小阻力避免阻塞并防止水中杂质进入水泵等设备。除污器一般设置于供暖用户入口调压装置前，锅炉房循环水泵的吸入口和交换设备前。

除污器的型式有立式直通除污器、卧式除污器两种，如图 10-44 所示。一般为圆形钢制筒体，热水由供水管进入除污器内，水流速度突然减小，使水中的杂质沉降到筒体的底部，清洁水由带有许多小孔的出水管流出。安装除污器时要设旁通管道，以便定期清洗检修。

除污器的型号按照接管直径来选择确定。

（4）调压板

调压板又叫减压板，节流孔板，如图 10-45 所示，安装在供暖系统用户入口供水干管上两片法兰中间。用来调整供水压力。当外网热水的压力高于用户系统所需要的压力时，用调压板来增大局部阻力，起到减压的作用。

制作调压板的材质有铝合金与不锈钢，对于热水系统两种材质的调压板均可采用，而蒸汽系统则只能用不锈钢。

调压板前应设置除污器或过滤器。并要求在系统冲洗洁净后方可装进去投入使用。

10.8.2　蒸汽供暖系统附属设备

（1）疏水器

疏水器又叫阻汽具。它是蒸汽供暖系统中的一种特殊设备，安装在散热设备出口的凝水管路上以及分汽缸的底部，水平蒸汽管路的低点或蒸汽立管的下端等处。

疏水器的作用是自动阻止蒸汽通过并及时排除设备及管路中的冷凝水，保证供暖系统安全正常地运行。

按照作用原理疏水器可分为三种类型：

A. 机械型疏水器——利用凝水与蒸汽的密度差，利用凝水的液位来工作的。主要有浮桶式、钟形浮子式、浮球式、倒吊筒式。

B. 热力型疏水器——是利用相变原理即蒸汽和凝水的热力学特性工作的。主要有脉冲式、热动力式、孔板式。

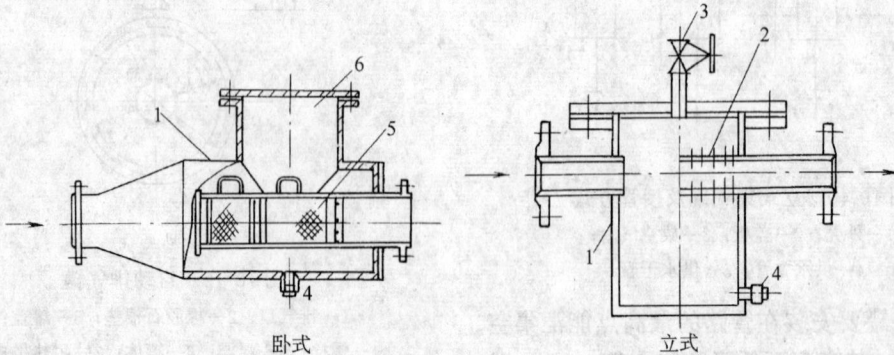

卧式　　　　　立式

图 10-44　除污器
1—筒体；2—花管；3—放气阀；4—丝堵；5—过滤网；6—手孔盖

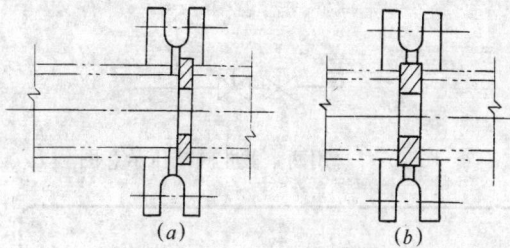

图 10-45　调压板安装

(a) 不锈钢调压板；(b) 铝合金调压板

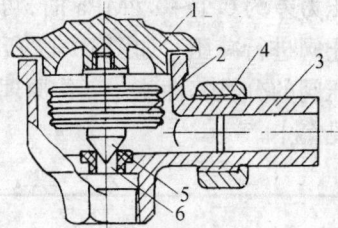

图 10-46　恒温疏水器

1—阀盖；2—芯子；3—短节；4—锁母；

5—阀针；6—阀孔

C. 恒温型疏水器——是利用蒸汽和凝水的温度差引起恒温元件的膨胀和变形来工作的。主要有双金属片式、波纹管式、液体膨胀式。

下面介绍蒸汽供暖系统常用的几种疏水器。

a. 低压恒温式疏水器。低压蒸汽供暖系统在散热器的凝水出口处安装低压疏水器，也叫散热器回水盒。其作用是阻止蒸汽进入凝结水管并及时排除散热器内的凝水。

疏水器外壳内装有由软金属制成的一封闭的波纹管，又叫波形囊，波纹管内有易于挥发的液体。如酒精、乙醚等。波纹管周围为蒸汽时，其受热膨胀，波纹管伸长，下面的阀针与阀座闭合，将通路截断，阻汽开始。波纹管周围的蒸汽凝结，波纹管收缩，阀针上升，通路打开，呈排水状态。低压疏水器有直角式和直通式两种，规格有 DN15、DN20、DN25 三种。直角式如图 10-46，安装在散热器出口凝水支管直角转弯处，直通式安装在凝水支管中间。安装在低压蒸汽系统管路上的疏水器作用原理与散热器疏水器相同，叫作低压配管疏水器（直通式）。

b. 机械型疏水器。浮桶式、钟形浮子式、浮球式、吊筒式疏水器都属于机械型，均适用于高压蒸汽系统。其工作原理是靠凝结水位的变化带动活动部件上下运动来控制凝水排水孔的开启和关闭，机械型疏水器的类型、构造、性能、特点、工作原理及安装详见第 14 章。

（2）减压阀

当热网或蒸汽锅炉输送的蒸汽压力高于用户系统所需的压力时，在供暖用户的入口处需设减压装置。

减压阀实际就是造成一个局部阻力，在蒸汽供暖系统中用来降低蒸汽的压力。不同于普通阀门的是其阻力的大小，能随着蒸汽压力的变化而改变，起到自动调节阀门开启，稳定阀后压力，使阀后压力始终维持在所要求的范围之内。

实际运行中的蒸汽管路，由于供汽压力的波动和用汽设备工作情况的改变，阀后的压力是经常变化的。如果用节流孔板或普通阀门降压，需要有专人管理来调节阀门以维持阀后压力一定，显然这是不方便的。因此，除特殊情况下，例如供暖负荷小，散热器承压能力高，或是外网的供汽压力不高于散热器的承压强度时，可考虑用普通的球阀或孔板减压，而一般情况下广泛使用减压阀。

减压阀的种类很多，有弹簧式、活塞式、膜片式及波纹管式等，构造各有差异但工作原理基本相同。活塞式减压阀工作稳定可靠，维修工作量小，减压范围比较大。当压差大于 0.2MPa 时，一般要设减压阀。

活塞式减压阀减压后的压力，不应小于 0.1MPa，如需减至 0.07MPa 以下，应再设波纹管式减压阀进行二次减压。

当减压前后压力比＞5～7 时，应串联装置两个。如减压阀后压力 P_2 较小，通常宜采用两级减压，以使减压阀工作时噪声振动小，而且安全可靠。

当压力差为 0.1～0.2MPa 时，可以串联两只截止阀进行减压，如图 10-47 所示。

减压阀的分类、性能、工作原理及安装要求详见第 14 章。

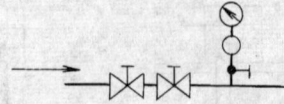

图 10-47　用两个截止阀减压示意图

小　结

热水供暖系统的主要附属设备有：膨胀水箱、排气装置、除污器、调压板等。

开式膨胀水箱的作用是容纳膨胀水、排气补水、指示水位等，在机械循环低温热水供暖系统中还起稳定系统压力的作用。膨胀水箱和系统的连接点称为定压点也叫恒压点，因为无论系统工作与否这一点的压力始终不变。为保证系统正常运行不致发生"超压"、"汽化"、"抽空"等事故，一般将这点连接在靠近水泵吸入口处的回水干管上。

由于蒸汽和热水性质不同，所以蒸汽供暖系统在构造上有一些特殊设备，如疏水器、减压阀。

疏水器的作用是阻汽排水。为使凝水回流通畅，凝水管内不产生水击并使蒸汽充分凝结以减少跑汽漏汽造成的热损失，系统中必须设置疏水器。疏水器分高压疏水器和低压疏水器两种。按照作用原理又可分为机械型、热力型和恒温型，无论选用哪一种疏水器，都要根据供暖系统的具体条件，保证疏水器工作稳定，阻汽性能良好，噪声小，使用寿命长。

减压阀与普通阀门的区别是可自动调节阀门开启，稳定阀后压力。用于室外蒸汽压力高于用户所需蒸汽压力的系统中。

习　题

1. 机械循环热水供暖系统中，膨胀水箱有哪些作用？
2. 膨胀水箱上有哪些配管？各自的作用是什么？接往何处？安装时应注意什么？
3. 膨胀水箱安装在哪里？其高度如何确定？
4. 手动排气集气罐有几种类型？其工作原理是什么？
5. 热水供暖系统中常采用的排气措施有哪些？
6. 疏水器有哪几种类型？各自的优缺点有哪些？
7. 减压阀的作用是什么？和普通阀门有什么区别？

10.9　辐射供暖

10.9.1　辐射供暖的分类

(1) 概述

用普通散热器供暖时，其散热量主要由对流方式散出。而辐射供暖，是一种利用建筑物内部的地面、顶棚、墙壁及其他辐射面进行供暖的系统。辐射供暖系统中散热设备主要以辐射传热的方式尽量放出辐射热，使一定的空间内具有足够的辐射强度以达到供暖的目的。

(2) 分类

辐射供暖系统根据板面温度不同可分为低温辐射、中温辐射和高温辐射三种类型。

1）低温辐射：

板面温度低于80℃为低温辐射。其主要型式有：顶棚、地面或墙面埋管式；空气加热地面；电热顶棚和电热墙等。

常用的加热管埋设在建筑构件内的低温辐射供暖，可用于民用建筑的全面供暖或局部供暖。应采用热水作为热媒，其板面温度不宜太高，保证建筑构件不发生龟裂破损，其表面温度视具体情况而定，一般不超过45℃。

这种供暖系统卫生条件好，比较美观，但造价高，施工检修比较困难。

2）中温辐射：

板面温度在80～200℃，通常都是利用钢制辐射板，以高温热水或高压蒸汽为热媒。因为板面温度越高，辐射强度就越大，采用高压蒸汽为热媒时不低于200kPa；采用高温热水时，供水温度不低于110℃。采用钢制辐射板其辐射换热量占到50％以上，如果以顶棚作为辐射供暖面，其辐射热占到70％以上，所以更适用于换热量大的厂房或半开敞车间的供暖。

3）高温辐射：

高温辐射板面温度高于500℃，一般为500～900℃。常用的有电热红外线、燃气红外线两种。

燃气红外线是利用可燃气体，通过特殊的燃烧装置进行燃烧而辐射出不同波长的红外线供暖的。

（3）辐射供暖的特点

和对流供暖系统相比，辐射供暖具有以下特点。

1）由于具有辐射强度和温度的双重作用，更加符合人体散热要求的热状态，所以比单纯对流供暖时舒适。

2）室内沿高度方向上的温度分布均匀，温度梯度小，可减小无效热损失。

3）由于辐射供暖热量是以电磁波的方式直接传递给人体和物体，所以对于同样的供暖条件，室内温度可以低2～3℃，可节约供暖能耗。

4）辐射强度的分布可随辐射板的布置而变化，所以对于不需全面供暖的区域及局部工作地点供暖更适合。

5）室内不需布置散热器及与散热器连接的水平支管，所以节省占地面积。

6）耗费钢材、初投资高，如采用低温辐射供暖系统，可比对流供暖时造价高15％～20％。

10.9.2　钢制辐射板

（1）钢制辐射板的种类与构造

钢制辐射板主要由加热管和薄钢板两部分组成。钢板厚度一般为0.5～1mm，加热管通常为水煤气管，管径为15mm、20mm、25mm三种。辐射板背面加保温层是为了减少向背面方向的散热损失。保温材料有蛭石、珍珠岩、岩棉、泡沫石棉等。

钢制辐射板的型式很多：

1）根据板的长度不同分为带状板和块状板两种。如图10-48所示。块状板的长度，一般以不超过钢板的自然长度为原则，通常为1000～2000mm。带状辐射板大都以几张钢板组装而成。比较理想的是以卷材钢板制作，这样长度不受限制并避免了长度方向上的接缝。为适合不同的安装需要，块状板的加热管数目分别为3根、6根、9根，管距为100mm、125mm、150mm。带状板的加热管为3根、5根、7根，管距为125mm、150mm、200mm。

2）单块辐射板按其构造不同又可分为A型板和B型板两类。

A型板：加热管的四分之一管外周嵌入板槽内，用U型螺栓固定。

B型板：加热管的二分之一管外周嵌入板槽内，以固定卡固定。

3）根据辐射板背面处理方式不同，可分为Ⅰ型、Ⅱ型、Ⅲ型和Ⅳ型四种情况，从而组成了以下八种类型：

$$钢制辐射板 \begin{cases} A型 \begin{cases} A\,I——背面加钢板，钢板与面板间填散状保温材料。\\ A\,II——背面加纤维板，在纤维板与面板间填散状保温材料。\\ A\,III \\ A\,IV \end{cases} 同B\,III、B\,IV型 \\ \\ B型 \begin{cases} B\,I \\ B\,II \end{cases} 同A\,I、A\,II型 \\ B\,III——背面不加板，以块状或毛毡状材料保温。\\ B\,IV——背面不保温。 \end{cases}$$

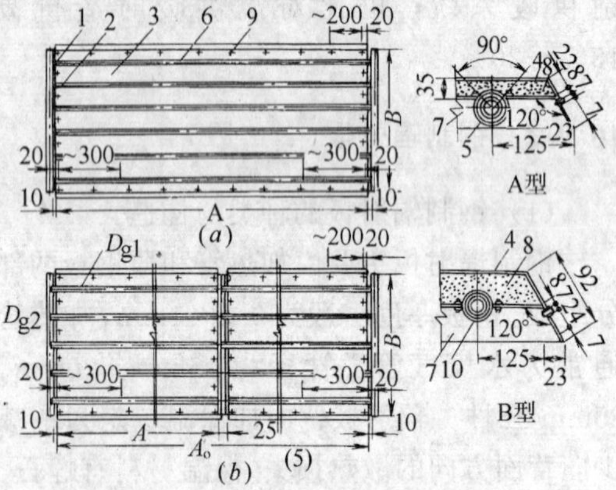

图 10-48 钢制辐射板

(a) 块状辐射板；(b) 带状辐射板

1—加热器；2—连接管；3—辐射板表面；
4—辐射板背面；5—垫板；6—等长双头螺栓；
7—侧板；8—隔热材料；9—铆钉；10—内外管卡

钢制辐射板的性能和加热管的管径、间距、保温程度、涂漆种类有关。为了提高辐射板的辐射能力和防锈能力，辐射板面应涂色漆，一般涂无光泽的深色涂料及可提高板面黑度、增大散热量、辐射率较高的涂料。背面加保温材料的钢制辐射板叫作单面板，它向背面方向的散热量约占总散热量的 10% 左右。背面不保温的称为双面板，双面板垂直安装在多跨车间的两跨之间，使它向两面散热。加热管的间距越大，管径越小，板的散热量越大，但耗钢量随之增加。

实践证明，钢制辐射板采用薄钢板、小管径和小间距效果越好。

(2) 钢制辐射板的制造与安装

1) 制造：

钢制辐射板构造简单、加工方便，便于就地制作、现场加工。但辐射板加工质量的好坏直接影响其散热效果，因此，加工制作辐射板时应注意：

A. 加热管的外表面要光滑，组装前要调直除锈。

B. 钢板压槽要直，保证管槽与加热管紧密吻合。一般管槽直径要比加热管直径小 1～2mm。

C. 管槽之间中心距与排管之间的中心距应严格相重合，以免组装时发生错位，接触不良。

D. 为了使管卡将管子卡紧，要求管卡内圆直径比管外径小 1～2mm。

E. 辐射板的涂漆要在组装后进行，以免增大管和板之间的热阻，而降低传热效果。

F. 制作完毕的辐射板应进行水压试验，其试验压力为工作压力加 0.2MPa，但不得小于 0.4MPa。

2) 钢制辐射板的安装：

钢制辐射板可用于公共建筑和除潮湿房间以外的生产厂房的局部区域或局部地点的供暖，以及经济技术比较合理的全面供暖系统。其主要安装方式有水平安装、倾斜安装和垂直安装三种。

A. 水平安装：

辐射板水平安装在采暖区域上部，使热量向下辐射。水平安装可减少对流换热，提高辐射效率。带状辐射板一般采用此种安装方式。

水平安装时其坡度应不小于 0.005，坡向回水管，该安装方式施工困难、排水不畅。

B. 倾斜安装：

辐射板倾斜安装在建筑物的边侧、边跨

或跨间，使之倾斜向采暖区辐射。倾斜角度一般为30°、45°、60°三种。此种安装方式施工方便，而且排水通畅。

C. 垂直安装：

可利用单面辐射板沿建筑物外墙安装，使之向室内辐射，或者利用背面不保温的双面板，安装于跨间向两面辐射。

具体采用哪种安装方式，要根据供暖房间的实际情况来决定。

辐射板的安装高度主要与安装形式、板面温度、安装位置有关。安装得太高会损失热量，例如靠近外墙处以及灰尘多的车间不宜安装得太高，否则热量会被外墙吸收及被灰尘分解而降低供暖效果。但也不能安装得过低，过低会使工作区人员有烤的感觉。表10-10规定了钢制辐射板的最低安装高度。

规范规定，安装接往辐射板的送水、送汽和回水管，不宜和辐射板安装在同一高度上。送水、供汽管宜高于辐射板，回水管宜低于辐射板；背面须做保温的辐射板，保温应在防腐试压后做，保温层应紧贴在辐射板上，不得有空隙，保护壳应防腐；接往辐射板的管道及块状辐射板的组装宜采用焊接或法兰连接。

辐射板的最低安装高度（m）　　表 10-10

热媒平均温度（℃）	水平安装		倾斜安装与垂直面所成角度			垂直安装（板中心）
	多管	单管	60°	45°	30°	
115	3.2	2.8	2.8	2.6	2.5	2.3
125	3.4	3.0	3.0	2.8	2.6	2.5
140	3.7	3.1	3.1	3.0	2.8	2.6
150	4.1	3.2	3.2	3.1	2.9	2.7
160	4.5	3.3	3.3	3.2	3.0	2.8
170	4.8	3.4	3.4	3.3	3.0	2.8

小　　结

辐射供暖是一种卫生条件和舒适标准都比较高的供暖方式。

根据板面温度可分为低温辐射、中温辐射和高温辐射三类。低温辐射是在建筑物的墙面、地板等结构内埋设热管，使辐射散热面与建筑构件合成一体的供暖方式。中温辐射利用钢制辐射板安装在房间的上部，以高压蒸汽或高温热水作为热媒。高温辐射是指电热或燃气红外线供暖，适合于有充足气源的热用户。

钢制辐射板散热量的大小，除受热媒的温度、周围空气温度、安装角度、安装方式、油漆种类等因素的影响外，制造过程中还要注意加热管与板面的紧密结合，以提高板面辐射强度。

习　题

1. 辐射供暖有哪些特点？
2. 辐射供暖如何分类？
3. 钢制辐射板有哪几种型式？
4. 钢制辐射板制作、安装时应注意什么问题？
5. 钢制辐射板的安装方式有哪几种？其安装高度怎样确定？

10.10　热风供暖

热风供暖系统以空气作为热媒。在热风供暖系统中，首先将空气加热，然后将被加热的空气送入室内，热风的温度高于室内温度，与室内空气进行混合，热风所放出的热量补偿房间的热损失，维持室内所要求的温度，从而达到供暖的目的。

10.10.1 热风供暖的基本种类与型式

热风供暖系统有集中送风和暖风机两大类。

（1）集中送风系统

集中送风系统空气的加热是集中进行的。首先，室外空气在通风机的作用下，经百叶窗进入室内，通过空气过滤器除去空气中的灰尘，然后经空气加热器加热，温度升高后由通风机压进送风管道，送往各房间。

集中送风的供暖形式比其他形式可大大减小温度梯度，因而减少了由于屋顶耗热量增大所引起的不必要耗热，并可节省管道与设备，一般适用于允许采用空气再循环的车间，或作为有大量局部排风车间的补风和供暖系统。对于内部隔断多，散发灰尘或大量散发有害气体的车间，一般不宜采用集中送风供暖系统。

（2）暖风机供暖

暖风机是热风供暖的主要散热设备。暖风机是由通风机、电动机及空气加热器组成的联合机组。空气加热器中通入蒸汽或热水，在电动机的带动下通风机运转，室内部分空气经加热器加热，温度升高到 $30\sim50℃$，并以 $6\sim12m/s$ 的速度吹出与室内空气混合达到供暖的目的。暖风机供暖适用于各种类型的车间，当房间比较大，对噪声无严格要求，空气中又不含灰尘和易燃易爆的气体时，可作为循环空气供暖用。

10.10.2 暖风机的类型与性能

按照散热量的大小和送风方式不同，将暖风机分为小型暖风机和大型暖风机两类；根据其结构特点和适用热媒不同，又可分为蒸汽暖风机、热水暖风机、蒸汽热水两用暖风机及冷热水两用的冷暖风机等。

小型暖风机采用轴流式通风机。出风口送出的气流射程短、风速低、风量小。一般悬挂或支架在墙或柱子上。热风由风口处百叶窗调节，直接吹向工作区。大型暖风机采用离心式通风机，出风口吹出的气流射程长、风速高、送风量大。这种暖风机一般是落地安装，用底角螺栓固定。图 10-49、10-50、10-51 分别为 S 型、NC 型与 NBL 型暖风机外形图。

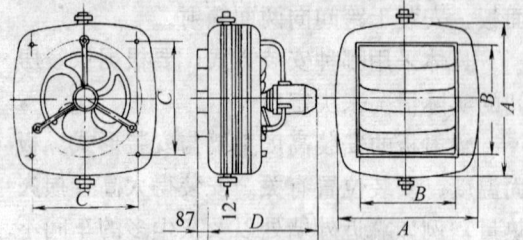

图 10-49　S 型暖风机外形尺寸

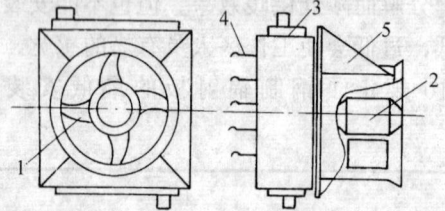

图 10-50　小型（NC）暖风机

1—风机；2—电机；3—换热器；4—百叶窗；5—支架

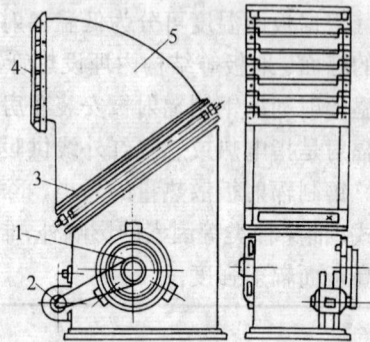

图 10-51　NBL 型暖风机

1—离心式风机；2—电动机；3—加热器；

4—导流叶片；5—外壳

1）S 型暖风机：

S 型暖风机其热交换排管为多流程式，可供冷热水两用，是一种宜用于工业企业和大型公共建筑供暖降温的设备。

2）NC、NA 型暖风机：

适用于蒸汽和热水作为热媒的供暖系统。散热排管是由 $0.5mm\times16mm$ 钢带绕制在水煤气管（$d=15mm$）上制成的，其工作压力 0.4MPa。

3）NBL 型暖风机：

NBL 型暖风机是集中输送大量热风的供暖设备。由于其配用的是离心式通风机，具有较多的剩余压头和较高的风速。常用于按照集中送风设计的供暖系统中。

10.10.3　暖风机的布置与安装

为了使房间温度分布均匀，布置暖风机时要考虑房间的几何形状,工艺设备的安装位置等情况，并要节省管材，便于检修和调节。

（1）暖风机的布置

1）为了减少冷空气渗透量，暖风机应沿内墙一侧布置，使热气流由内向外，向外墙和外窗吹射，可减少经门、窗渗入的冷空气量，如图 10-52（a）所示。

2）当房间狭长时，可将暖风机沿房间中部布置，使热空气向外墙斜吹的形式见图 10-52（b）。

3）为避免气流互相干扰，可将暖风机串联起来顺吹，如图 10-52（c）所示，这种方式气流互相衔接，射程远，使供暖房间形成一个总的空气环流，室内温度均匀。

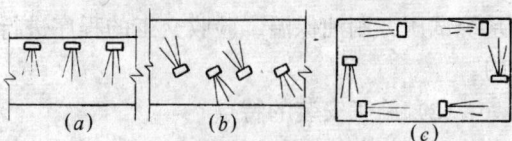

图 10-52　暖风机布置形式

（a）暖风机在内墙一侧布置；（b）暖风机在纵向中轴线上布置；（c）暖风机环形布置

（2）暖风机的安装

1）为便于检修，暖风机一般不少于 2 台。

2）大型暖风机不应布置在车间大门附近。吸风口底距地面高度不宜大于 1m，也不小于 0.3m。出风口距地面的高度为：厂房下弦≤8m 时，为 3.5～6m,厂房下弦高度>8m 时，为 5～7m。

3）暖风机底部安装标高应根据出风口风

速而定，一般 $v_0>5m/s$ 时，取 4.0～5.5m。
$v_0<5m/s$ 时，取 2.5～3.5m。

4）每个暖风机都以支管与供热干管及回水干管连接，图 10-53 是暖风机热水配管图，图 10-54 是暖风机蒸汽配管图。

5）暖风机安装完毕后，导流叶片应启闭灵活，并应按设计要求调整其角度。

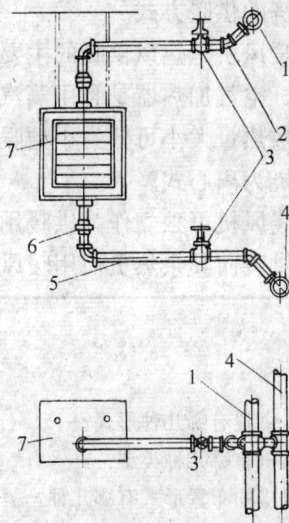

图 10-53　热水供暖系统暖风机配管图

1—供水干管；2—供水支管；3—阀门；4—回水干管；5—回水支管；6—活接头；7—暖风机

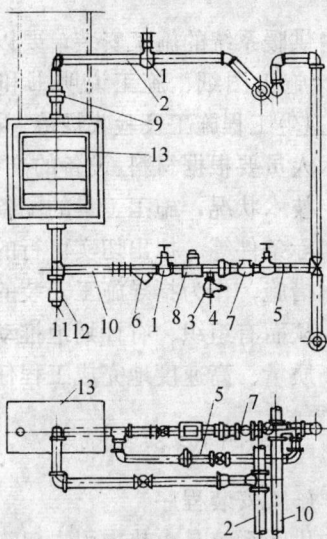

图 10-54　蒸汽供暖系统暖风机配管图

1—截止阀；2—供汽管；3—旋塞；4—验水管；5—旁通管；6—过滤器；7—止回阀；8—疏水器；9—活接头；10—凝结水管；11—丝堵；12—管箍；13—暖风机

　　热风供暖系统是利用空气作为热媒,利用蒸汽或热水加热空气,通过集中送风、管道送风或暖风机将热空气送入室内。

　　热风供暖系统分集中送风和暖风机两种主要形式。热风供暖系统适用于耗热量大的建筑,热风供暖具有热惰性小、升温快、设备简单、投资省等优点,是一种比较经济的供暖方式。

　　暖风机是热风供暖的主要设备,是由通风机、电动机和空气加热器组成的联合机组,空气加热器是利用蒸汽或热水通过金属壁传热将空气加热的设备。暖风机根据其散热量大小可分为小型暖风机和大型暖风机两种。小型暖风机为轴流式,大型暖风机为离心式。

　　暖风机可独立作为供暖用,也可用来补充散热器散热的不足,或以散热器作为值班供暖而其余热负荷用暖风机负担的系统。

习　　题

1. 热风供暖有哪几种形式?
2. 暖风机有哪几种类型?
3. 暖风机的布置形式有哪几种?
4. 怎样安装暖风机?

10.11　室内供暖系统的安装

　　室内供暖系统的施工安装,要以经过会审的设计施工图纸、施工说明书和现行的《采暖与卫生工程施工及验收规范》为依据。施工技术人员要根据材料、设备的准备情况,劳动力、技术状况,施工工具的配备及施工现场的实际条件等,拟出切实可行的施工方案和技术措施,作为指导施工安装的主要技术文件,从而有组织、有计划地推动工程的进度,高质量、高速度地完成工程任务。

10.11.1　施工程序及安装特点

(1) 施工安装程序

　　室内供暖系统是由热力引入口、主立管、干管、立管、支管、散热器及膨胀水箱、集气罐、除污器、疏水器以及其他附件和设备组成的。由于每个具体工程的实际情况各不相同,室内供暖系统的安装程序也不可能千篇一律。

　　一般是按照先安装干管、散热器,然后安装立管、支管、阀门、仪表和设备,进行系统试压、刷油保温、验收交工的程序进行的。

(2) 施工安装的特点

　　1) 供暖管道是在常温状态下进行安装的,当系统投入运行后,管道会随着热媒温度的升高而升高。管道受热伸长,会发生位移,出现变形甚至损坏。因此必须解决好管道的热胀冷缩问题。

　　2) 为保证供暖系统正常运行,必须顺利地排出系统中的空气,并要利于回水(凝水)的回流。因此,供暖系统进行管道安装时要根据不同的系统形式设置好管道的坡向、坡度,并注意在管道的高点放气、低点泄水。

　　3) 供暖管道和散热器一般都要求明装,

因此，安装在室内的散热器和管道不仅要符合使用要求，而且要美观，安装时要有严格的尺寸标准，规格要统一，外观要整齐。

（3）室内供暖管道的安装要求

1）安装前要对所有的材料和设备按照设计和规范要求进行检验。型号、规格和质量均符合要求方可使用。

2）管道和设备安装前，必须清除内部的杂物和污垢。安装中断或安装完毕的敞口处，应临时封闭，以免堵塞。

3）管道穿越基础、墙和楼板，应与土建配合预留孔洞。

4）在同一房间内安装的同类型供暖设备及管道附件，除有特殊要求外，均应安装在同一高度上。

5）管道穿墙应加设铁皮套管，穿越楼板时应加设钢套管。套管的直径应比管径大 2 号。

6）供暖管道应使用低压流体输送用焊接钢管，管径≤32mm 宜采用螺纹连接，管径＞32mm 宜采用焊接。

10.11.2 室内供暖管道的安装

（1）干管的安装

干管的安装程序一般是：栽支架；管道就位；对口连接再找好坡度固定在支架上。

1）管道支架安装：

为了把管道固定在设计所规定的位置上，必须设置管道支架。支架的安装质量直接关系到管道安装质量。

室内供暖管道一般是沿墙和柱子敷设的。支架要栽在墙或柱子上。干管的支架一般使用角钢制成，支架的形式有固定支架和滑动支架两大类。固定支架的作用是使管子在该点卡死，不能位移，使整个供暖系统的位置基本固定，让固定点两边的管子热胀冷缩由伸缩器来吸收。固定支架还要承受管道因热胀所产生的轴向推力作用，因此管道支架要有足够的强度和刚度。滑动支架的作用

是使管道在热胀冷缩时，能在允许的范围内沿轴向自由移动。

安装时管道支架的位置标高要准确，安装要牢固可靠，与管道的接触要紧密。

安装支架时要注意：

A. 支架安装的位置、间距、顶面标高及构件规格尺寸均要符合设计要求，支架的横梁要水平。

B. 支架安装要牢固，用电焊连接的焊缝要饱满，焊接要合格，固定支架的管卡螺母要上紧。

C. 固定在墙上、柱上的支架，伸出部分要足够长。以保证保温后的管道离墙和柱的距离符合要求，一般净距≥60mm。

2）管道预制加工：

在建筑物墙体上，依据施工图纸，按照测线方法，绘制各管段加工图，划分出加工管段，分段下料，编好序号，打好坡口，以备组对。

3）管道就位：

把预制好的管段对号入座，摆放到栽好的支架上，并采取临时固定措施，以免掉下来。

4）管道连接：

在支架上把管段对好口，按要求焊接或丝接，连成系统。

5）管道找坡：

按设计图纸的要求，将干管找好坡度。干管连成系统之后再检查校对坡度。合格后，把干管固定在支架上。

（2）立管安装

1）立管的位置，应在土建施工前就确定，以便在楼板上预留孔洞。并采用挂铅垂线片检查预留管洞的位置和尺寸是否符合要求，同时确定出立管的中心线位置。

2）立管上接支管的三通或弯头的位置必须满足支管的坡度要求。

3）立管卡子的安装是当房间层高不超过4m 时，每层安装一个，距地面距离为 1.5～

1.8m。

4)立管遇支管垂直交叉时,立管要设抱弯绕过支管。

5)立管与干管的连接要根据两管与墙面净距不同,管道的热伸长及凝水的顺利回流等问题而采用各种不同的连接方法。安装时应先画出安装草图,以便确定每个管段的加工长度。

(3)散热器支管安装

1)散热器支管应在立管和散热器安装完毕后再进行连接。

2)散热器支管应有坡度,坡向应有利于空气排除。

3)支管长度超过 1.5m 时,应在中间设管卡或钩钉。

4)所有散热器支管上都应安装可拆卸的零件,如活接头、长丝等。支管上的阀门要设在可拆件与立管之间。

10.11.3 散热器安装

散热器的种类很多,其连接方法也不同。铸铁散热器除圆翼型散热器采用法兰连接外,其他均用丝扣连接,钢柱散热器一般是按设计要求的片数和组数,接口已在出厂前焊好,两端接口仍为 $1\frac{1}{2}''$ 正反丝。

(1)散热器的组对

长翼型散热器和柱型散热器,应按设计要求的片数,预先组对成组,然后进行安装。

1)散热器组对前应检查散热器有无裂纹、砂眼及其他损坏,连接口内螺纹是否良好,接口端面是否平整,同侧两接口是否在同一平面上。

2)应将散热器内部铁渣等杂物清除干净,并刷防锈漆和银粉各一遍。

3)散热器的组对应在特制的组装架上进行。一般架高 60mm。

4)组对用的工具称为汽包钥匙,是用 $\phi25mm$ 的圆钢锻制成的。组对长翼型散热

器,钥匙长 350~400mm;柱型散热器钥匙长约 250mm。为拆卸成组散热器的中间片,其钥匙长度可按需要决定。

5)对丝是组对散热器的连接件,从中间起一侧是正螺纹,一侧是反螺纹,规格为 $1\frac{1}{2}''$。

6)为保证接口严密,组对时应在接口处垫以密封材料。通常采用 2mm 厚的石棉橡胶垫,或用石棉绳绕制垫圈代替,但不应使用不含石棉纤维的橡胶垫。组对应平直紧密,垫片不得露出颈外。

7)组对带有足片的散热器时,当每组片数不超过 14 片时,用两片足片装在两端,当组装片数为 15~24 片时,应在中间再加一片足片。

(2)散热器的安装

1)散热器一般垂直安装在房间外墙的窗台下,底部距地面不小于 100mm,顶端距窗台板底面不小于 50mm。

2)散热器垂直安装,其对称中心线与窗口中心线重合。

3)60 型散热器顶部掉翼片数,只允许一个,其长度不得大于 50mm,侧面掉翼数不得超过两个,其累计长度不得大于 200mm,掉翼面应朝墙安装。

4)圆翼型掉翼片数不得超过两个,其累计长度不得大于翼片周长的 1/2,掉翼面应向下或朝墙安装。

5)水平安装的圆翼型散热器,纵翼应竖向安装。

6)水平安装的圆翼型散热器,热水供暖,两端应使用偏心法兰;蒸汽供暖回水端必须使用偏心法兰。

7)安装串片散热器,应保证散热肋片完好,其松动片不得超过总肋片数的 1/3。

8)散热器支托架安装位置应正确,埋设平整牢固。各类散热器支、托架数量要按设计要求与施工规范的规定执行。

（3）散热器的试压

散热器组对后，必须做水压试验，合格后才能进行安装。

试压时要设有专门的试压装置，该装置由手压泵、止回阀、压力表、截止阀、放气及放水管组成，如图10-55所示。

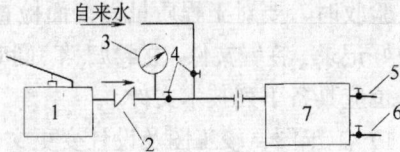

图10-55 散热器水压试验示意
1—手压泵；2—止回阀；3—压力表；4—截止阀；
5—放气管；6—放水管；7—散热器

试压时要把散热器内的空气排净，试压后将水放尽。各种散热器的试验压力要符合表10-11的规定。

散热器试验压力　　表10-11

散热器型号	翼型、柱型		扁管型		板式	串片	
工作压力(MPa)	小于或等于 0.25	大于 0.25	小于或等于 0.25	大于 2.5	—	小于或等于 0.25	大于 0.25
试验压力(MPa)	0.4	0.6	0.6	0.8	0.75	0.4	1.4
要求	试验时间 2～3min，不渗不漏为合格						

小　结

室内供暖系统的安装，必须严格按照设计要求、施工规范及验收标准进行。

工程质量的优劣，直接关系到系统的使用寿命与运行效果。无论哪个环节、哪个工序都必须严肃认真，一丝不苟。该节只介绍了室内供暖系统管道及散热器安装的一般知识与要求，其他设备附件等的安装知识与方法将在实训课中详细介绍。

习　题

1. 室内供暖系统的施工安装以什么为依据？
2. 室内供暖系统施工安装有哪些特点和要求？
3. 供热干管支架有哪几种？安装支架时应注意哪些问题？

10.12　供暖系统的试压验收

10.12.1　供暖系统的试压

室内供暖系统安装完毕要进行水压试验。水压试验的目的是要检验管道系统的强度和严密性，发现问题及时解决，以保证供暖系统安全可靠地投入运行。

（1）水压试验的程序和方法

供暖系统的水压试验，可以分段进行，也可以整个系统进行试压。对于高层建筑，可根据管道布置分层、分区分段通水试验。对于分段试压的系统，如果有条件还应进行一次整个系统的试压。当系统较大时，对于系统中需要隐蔽的管段，应做分段试压，试压合格后方可隐蔽。管道试压装置和散热器试压装置基本相同。

1）试压准备：在被试压的系统最高点设排气管和阀门；打开系统中所有的阀门；采取临时措施隔断膨胀水箱和锅炉；在系统的下部装加压泵，泵的出口装逆止阀、压力表，并接通自来水。

2）系统充水：系统进行水压试验时，先向系统注水。进水管接于系统的最低处，以便于系统中空气的排除。系统满水后不要立即进行加压。要反复地进行注水、排气，直到系统中空气排除干净，方可关闭排气阀对系统进行加压。

3）对系统加压：在用手动加压泵对系统加压的过程中，要经常打开压力表的旋塞，观察压力表数值。当加压到试验压力的一半时，要对系统管道检查一次，若无异常则继续加压，随时检查管道并注意防止超压。在达到试验压力后要保持10min。在此期间管道系统各部分均未发生异常现象，而且5min内压力降不大于20kPa时，则认为试压合格。然后将压力降至工作压力进行全面检查。最后打开泄水阀，将水排放干净，将渗漏处修好。

冬季进行水压试验时，应采取防冻措施。一般室温高于5℃时，可用冷水进行；室温低于5℃时，要用温水进行，试压后管道内的水要放净，严防系统冻结。

（2）试验压力

供暖系统试验压力按以下要求执行：

1）工作压力不大于70kPa的低压蒸汽供暖系统，应以系统顶点工作压力的2倍作水压试验，同时在系统低点，不得小于250kPa。

2）低温热水供暖或工作压力大于70kPa的蒸汽供暖系统，应以系统顶点工作压力加100kPa作水压试验，同时系统顶点试验压力不得小于300kPa。

3）高温热水供暖系统，其工作压力小于430kPa时，试验压力等于工作压力的2倍；工作压力为430～710kPa时，试验压力为工作压力的1.3倍加300kPa。

4）如果试验压力超出系统低点散热器所能承受的最大试验压力，则应分层作水压试验，不允许降低试验压力。

5）水压试验恒压时间为5min，如压降不超过20kPa，且不渗不漏方为合格。

水压试验是供暖系统施工安装交工前的最后一道工序，要做好试压记录，并通知有关方面人员参加检查，并在记录上签字，作为交工验收的技术资料。

10.12.2 供暖系统交工验收

室内供暖系统做完水压试验，经过自检，证明施工符合设计要求，随时可投入运行，方可会同施工、设计和质检、建设单位对施工项目进行联合验收。

验收时，要对工程质量做全面检查，并应做好记录，签署文件，立卷归档。同时，施工单位应具备下列技术文件。

1）施工图、竣工图及设计变更文件。

2）设备、制品及主要材料的合格证或试验记录。

3）隐蔽工程验收记录和中间试验记录。

4）供暖系统通水冲洗记录。

5）水压试验记录。

6）工程质量事故处理记录。

7）工程质量检验评定记录。

根据施工验收规范要求，验收时应注意重点检查和校验以下各项是否符合设计要求：

1）管道、设备的坐标、标高、坡度、坡向的正确性。

2）连接点和接口的严密性。

3）散热器、管道支架等安装的牢固性。

4）仪表的灵敏度与阀类启闭的灵活性。

5）散热器散热是否均匀。

6）测定供暖房间的室温是否符合设计要求。一般工业建筑物内允许同设计温度相差+2℃。在民用建筑内允许差+2℃、−1℃。

7）检查防腐层的构造形式和包裹层的种类。

8）按设计要求对绝热结构作外观检查，必要时可对保温结构作耗热试验。

室内供暖工程验收时，验收记录要注明下列各项：

1）工程变更核定手续。

2）系统水压试验记录。

3）系统的热力运行效果。

4）工程质量检查评定记录。

5）工程的缺陷及处理意见，完成和修好的日期。

上述验收工作结束，要认真填写工程验收证书，经使用单位、施工单位、设计及质检单位四方签字盖章后验收工作即全部完成。

小　　结

　　室内供暖系统安装完毕，要进行严格的水压试验，检验系统的强度和严密性，保证系统安全可靠地运行，并为工程验收做好技术准备。

　　供暖系统的工程验收及其竣工评定，是严格按照国家有关技术规程规范及验收标准进行的。施工单位要认真整理好各项技术资料，做好验收准备，并认真做好验收记录，经几方面会同签字后方可归档。

习　题

1. 供暖系统进行水压试验的目的是什么？
2. 水压试验的程序和方法有哪些？
3. 供暖系统试验压力是如何规定的？
4. 供暖系统交工验收时应具备哪些技术文件？

10.13 供暖系统的运行调整及故障排除

　　供暖系统的运行调整，又叫试运行，是交付使用前的最后一道工序。通过运行调整使工程进一步达到设计要求，收到经济合理、安全可靠的运行效果。

10.13.1 供暖系统的运行、调整

　　（1）运行准备

　　系统水压试验合格后，方可进行试运行。

　　1）如在冬季，运行前应做好防冻准备工作。

　　2）检查水源、电源是否畅通，锅炉房内的设备运转是否正常。

　　3）人力、物力，如煤炭、劈柴、抢修人员及工具准备是否充分。

　　4）室外管网的保温及建筑物的封闭是否符合要求。

　　总之，系统试运行前必须做到有组织、有计划、统一指挥调度、分工把关负责，出现事故能及时有效地采取措施，达到连续作业的条件。

　　（2）热水供暖系统的试运行

　　1）系统的冲洗：

　　热水供暖系统启动前要进行冲洗。一般管道全部安装完毕后，要按规定先冲洗后再与外线连接。冲洗的目的是清除系统内的泥沙、铁锈等机械杂质，以免运行时发生阻塞。系统的冲洗分为粗洗和精洗两个阶段。粗洗时用自来水或用水泵将水注入管网。冲洗后的污水由系统的最低点排掉。当排出的水不再混浊，显得比较清净时，粗洗结束。精洗的目的是为了清除系统内较大的砂砾、焊渣等杂质，因此要提高水的流速，通常采用流速为1～1.5m/s的循环水。在冲洗过程中，水通过除污器时，水中的杂质不断地沉淀于除污器内，及时地将沉淀物从除污器底部泄水管清除，当冲洗水变得清洁时，精洗结束。

　　2）系统的充水：

　　系统启动前，首先将系统灌满水。当自来水压力超过系统的静压时，可直接用自来水充水。当自来水压力不足时，可启动系统

中的补给水泵进行充水。

系统充水的顺序是:锅炉—管网—用户。锅炉的充水应从锅炉的下锅筒和下联箱进行,当锅炉顶部的集气罐放气阀有水冒出时,关闭放气阀,锅炉充水完成。

室外管网的充水是从回水管开始。充水前将各用户入口供回水管上的阀门关闭,打开旁通阀,并将管网中所有的放气阀打开,充水开始。当放气阀中有水冒出时将其关闭,直到管网最高点的放气阀有水冒出时,说明管网已满水,将放气阀关闭,管网充水结束。

用户系统的充水要逐个进行,由锅炉系统的水泵从回水管往系统充水。先将回水管上的阀门打开,再将系统最高点上的放气阀全部开启,直到系统最高点放气阀有水冒出,则说明用户系统满水,关闭放气阀,充水完毕。用户充水时,一般速度不能太快,以利空气的排除。放气阀要反复开启,以便将残留在系统中的空气排除干净。

3) 系统的启动运行:

系统充水后,点火升温,水泵、风机运转正常后再向系统通热。通热顺序是先室外管网,后室内系统。做法是先关闭各热用户供回水管上的阀门,开启循环管(旁通管)上的阀门,不断循环预热室外管网,并不断给系统补水,使水温和流量尽快达到要求。同时要检查室外管网有无渗漏、不热等现象。发现后要及时抢修排除。

室外管网运行正常后即可向室内系统通热。各用户的通热顺序是先向最远的用户通热,再逐渐打开离热源近的用户。也可以先开放大的用户再开放小的用户。

室内供暖系统通热的顺序是先远环路,后近环路逐个进行通热。

系统启动完毕,要注意将用户入口处的循环管阀门关闭,以免运行中循环水短路造成用户系统内热水不循环。

(3) 蒸汽供暖系统的通汽运行

蒸汽供暖系统的通汽运行与热水供暖系统的通水运行基本一样。工程竣工后,首先检查系统的外部安装情况,然后进行水压试验和冲洗,无渗漏和堵塞时即可通汽。其顺序也是先通室外管网,无问题时可由远而近地向各热用户通汽。蒸汽管网通汽时,应先打开启动疏水装置,将大量启动凝水排除,并可防止疏水器阻塞。当系统凝水干净后,再关闭启动凝水装置(旁通阀),利用疏水器疏水。

(4) 系统的运行调整

要使一个供暖系统获得良好的运行效果,除了精心设计与施工外,对系统的调整也是必不可少的。

热水供暖系统是在一定的室外计算温度下进行设计计算的,而且是以稳定传热条件进行的,而实际运行中,由于供暖期内室外气温的不断变化,加之太阳辐射、风速、风向等因素的影响,所以供暖系统必须进行调节,才能适应建筑物耗热量的变化,以保证室内所要求的温度。

供暖系统的运行调节可分为集中调节和局部调节两种方式。所谓集中调节,又叫中央调节,是指在热源处进行改变热媒的流量和温度,以改变送出的总热量。而局部调节则是利用立支管上的阀门,改变单组散热器或个别用户的散热量。

由于同一建筑物中,各房间所处位置不同,其耗热量受外界气候条件变化的影响也不同,所以只靠集中调节方式是不能收到完全良好的效果的,一般是几种调节方式相互结合进行。

热水供暖系统的调节方式有:

1) 质调节——循环水流量不变,而改变供水温度。

2) 量调节——供水温度不变,而改变热媒流量。

3) 混合调节——质与量同时调节。

4) 间歇调节——改变调整供暖时间,采取间歇运行的方式来进行热量调节。

10.13.2 供暖系统运行中常见的故障及其排除

（1）热水供暖系统初运行中常见的故障及排除方法

在系统运行时，可能遇到的问题是很多的，现将常见的带有普遍性的故障及其排除方法简述如下：

1）多层建筑双管上供下回式系统，上层散热器过热，下层散热器不热。发生这种热力失调的原因，多半是通过上层散热器的热媒流量多，而通过下层散热器流量少造成的。解决的办法应将上层散热器支管阀门关小。

2）异程式供暖系统，末端散热器不热。产生的原因主要是各环路压力损失不平衡或是末端积存有空气。解决的办法，可将系统始端立支管阀门进行调节，如末端积存空气应将空气及时排除。

3）下供式系统，上层散热器不热。大体有两种原因：一是上层散热器存有空气，应将空气排除；二是上层散热器缺水，这时应给系统补水。

4）局部散热器不热的原因及排除方法：

A. 管道堵塞：对这种故障的排除方法是：首先用手摸管道的温度，发现有明显温度差的地方，应敲击振打，或拆卸检查、清除堵塞。

B. 阀门失灵：阀盘脱落堵塞管道，应打开阀门进行检修或重换阀门。

C. 系统中积存有空气，应将集气罐等放气阀打开，放掉空气。

D. 室内系统与室外系统的供水和回水管相互接反，或者全部接到室外供水或回水管上，发现后要改正过来。

5）系统回水温度过高的原因和解决的办法：

A. 热负荷小，循环水量大。要关小系统入口阀门，增加阻力减小热媒流量。

B. 供暖系统用户入口处循环管关闭不

严，应关严循环管上的阀门。

C. 锅炉供水温度过高，超过散热器的散热能力，应降低供水温度。

6）系统回水温度过低的原因及解决的办法：

A. 锅炉供水温度低，应提高供水温度。

B. 系统循环水量太小，要开大供水管阀门并消除管道堵塞现象。

C. 室外管网大量漏水，使系统补给水量过大，造成系统水温低，应及时找出漏水原因进行修复。

D. 室外管网热损失大，要及时检查室外管网的保温情况，如有漏项或脱落应及时修复。

7）各种漏水现象及其消除办法：

A. 阀门的压盖及管道长丝漏水。解决的办法是将阀门压盖或长丝根母拧紧，必要时应打开重加填料。其他丝头、焊口或管道设备损坏漏水，应根据情况关闭用户系统放水修理。

B. 运行中局部超压造成散热器及其配件损坏漏水。解决的办法是更换承压能力高的散热器及其配件。

C. 锅炉供水温度波动太大，或运行中局部出现超压汽化等现象破坏系统连接处，致使发生漏水，解决的办法是调整系统，保证正常运行并解决好管道的热补偿问题。

D. 系统局部水循环不好，形成"死水"或供热时间间隔过长，致使门厅、楼梯间等处管道、散热器冻裂造成漏水。解决的办法是促进循环，注意采取保温、封闭措施，一旦发现冻结要及时修复。

（2）蒸汽供暖系统运行中的故障及排除方法

1）散热器不热。其原因一是散热器内积存空气；二是疏水器失灵，凝水回流不畅，占据了散热器的有效空间。解决的办法是排气、疏水。

2）系统末端散热器不热，积存空气或异

程式系统各环路压力损失不平衡，致使末端供汽不足且凝水回流不畅。解决的办法是及时调整，尽量使各环压力损失平衡。

3）发生水击，影响运行效果。产生的原因一是管道的坡向、坡度存在问题，或管道局部下凹存水。解决的办法是调整坡度，管道调直并且注意启动时送汽缓慢不能过猛，并要及时排除启动凝水与沿途凝水，保证疏水器正常工作。

4）系统跑汽漏水。主要原因：一是安装质量不符合要求或材料不合格；二是热胀问题解决得不好；三是送汽时阀门开得过急。解决的办法是按照设计要求消除质量事故，送汽时逐渐开大阀门。

小　　结

要使一个供暖系统完全达到设计要求，投入正常运行，首先要进行系统的试运行，发现问题及时处理解决，以确保供暖期系统运行正常。

在系统的运行过程中，由于室外气温变化等因素的影响，系统的运行参数不可能一成不变。因此，要根据各种变化不断调整热媒的参数，使系统的供热能力符合用户的要求。

供暖系统运行时还会出现一些故障和问题，从而影响供暖系统的使用效果。对此，要针对具体故障与问题及时排除和解决，保证供暖系统安全可靠地运行。

习　题

1. 供暖系统试运行要做哪些准备工作？
2. 系统冲洗的目的是什么？怎样进行冲洗？
3. 怎样进行系统的充水与通热？
4. 什么是质调节？什么是量调节？什么是联合调节？
5. 供暖系统常见的故障有哪些？如何排除？

第11章 常用管材

管材是管道工程最主要的安装，维修施工用料，用以输送各种介质及完成一些生产工艺过程，用于输送的介质及其参数不同，对管材的要求也就不同，因而生产了多种类型的管材、管材按材质分为金属管、非金属管和复合管。

金属管可分为：钢管、铸铁管、铜管、铝管、铅管、钛管等。

非金属管可分为：钢筋混凝土管、混凝土管、陶瓷（土）管、塑料管、橡胶管等。

复合管可分为：衬铅管、衬胶管、玻璃钢管、复合塑料管。

本章主要讲述工业管道工程中常用管材的特点、性能及适用场合。

11.1 管道的标准及其分类

11.1.1 管道工程标准化的目的

管道工程标准化是伴随着近代工业和现代科学技术发展起来的管理科学，这是管道工程现代化必不可缺的组成部分，管道工程标准化的目的是：

1) 促进管道工程在其各个领域中获得全面的最佳经济效益，通过管道工程标准化，使设计、材料和设备的加工、制造、施工、运行管理等均能以科学的方法，合理的方式达到经济上的最佳效益。

2) 促进新技术、新工艺、新材料、新产品的推广应用。

3) 确定质量等级、促进设计、生产、施工和运行管理各个方面的协调与联系。根据生产使用要求，资源状况及生产施工技术条件，确定质量等级，既要避免资源的浪费，也要避免质量的剩余。

4) 提高管道附件的通用水平和比率。根据选优原则和合理的分档方法，科学的安排各种材料，设备的品种、规格，以较少的品种满足尽可能多的需要，这样就可以提高产品的批量，实现专业化，采用先进技术，从而提高工程技术水平和劳动生产率。

管道工程标准化的主要内容是统一管子、管件的主要参数与结构尺寸。其中最重要的内容之一就是直径和压力的标准化和系列化。即管道工程常用的公称直径和公称压力系列。因此，管道工程标准化是根据当前的科学技术基础，结合生产实践经验，由有关方面协商一致，经主管部门批准，以特定形式发布，作为有关行业共同遵守的技术文件的总称。

管道工程标准，根据其主管部门或适用的范围不同，可分为：国家标准、部颁标准、企业标准。

国家标准是指对全国经济，技术发展有重大意义、且必须在全国范围内统一的标准。

部颁标准（或专业标准），是指不宜订为国家标准，而又必须在某个专业（部门）范围内全国统一的标准。

企业标准 企业标准是我国标准化体系中的一个重要的组成部分，它既是国家标准、部颁标准的基础，又是上述标准的补充，企业标准一般在下列情况下出现：

1) 尚没有或不宜制订统一的国家标准和部颁标准；

2）高于现行有关标准要求的内部控制标准。

3）企业内部技术的先进性和保密性。

现有各种标准的意义：

（1）可重复性

即这一标准有关行业均可重复使用，如法兰的公称压力和公称直径决定后，不论是阀门的制造厂，还是各种管件制造厂，都必须选用同一法兰的结构尺寸，以便匹配、协调。

（2）权威性

国家某一主管部门一旦颁布某项标准，在主管部门所辖的范围内具有绝对的权威性。

（3）强制性

国家标准和部颁标准，就是在主管部门所辖范围内的技术法律，必须贯彻执行。

（4）系统性

如管道的公称压力是根据最佳的压力类别和最佳的社会效益选定一系列指定的压力参数，管道的各种压力都以这一压力系列作为划分标准。

（5）互换性、统一性

标准一经主管部门批准，在主管部门所辖的范围内，其技术参数是统一的，工程使用中可不经核算直接互换（但它须是同一直径、同一压力系列）。

（6）标准化、系列化

标准的颁布实施，统一了产品的大小规格、减少了产品的型号，使之生产高效，选用方便。

（7）先进性

标准的拟订是以当前的科学技术为基础，并结合生产实践，经有关方面反复协商后而颁布的，因而能够反映科学技术的最新成就。

综上所述，标准化就是以制订和贯彻各种标准为主要内容的全部活动过程。

我国的各种技术标准代号由三部分组成：标准代号、标准顺序号、标准批准或颁发标准的年号。

常用的国家标准和部颁标准代号见表11-1。

常用国内标准代号　　表 11-1

代号	含义	代号	含义
GB	国家标准	MT	煤矿工业部标准
GBJ	国家标准（工程建设方面）	JT	城建环保标准
JB	机械工业部标准	SY	石油工业部标准
SJ	电子工业部标准	WS	卫生部标准
YB	冶金工业部标准	SB	商业部标准
FZ	纺织工业部标准	GN	公安部标准
HG	化工部标准	YD	邮电部标准
CB	船舶工业标准	QB	轻工业部标准
DJ	电力工业标准	LY	林业部标准
TB	铁道部标准		
JT	交通部标准		

例如《管子与管路附件的公称通径》技术标准代号为 GB 1047—70，其中 GB 为标准类别代号，系国家标准，即："国标"二字拼音字母的缩写，1047 为标准顺序号，是指第 1047 号国家标准，70 为颁发年号，是指该标准是 1970 年颁发的。

11.1.2　公称直径和公称压力

（1）公称直径

管道工程中，要使用种类繁多的管子，管子的大小通常用管外径 D 和管内径 d 表示，量度使用过程中，由于用途不一，需要多种不同外径的管材，即使同一外径的管材由于壁厚不一，其内径也就不同，再加上管道系统需要多种直径相应的管路附件（包括管件、阀门、法兰等），这样，管材和附件的直径尺寸就相当多，就给制造、设计和施工造成了不便，为了能大批生产，降低成本，提高效益，使管子和管路附件具有通用性和互换性，必须对管子和管路附件实行标准化，而公称直径又是管道工程标准化的重要内容。所谓公称直径就是各种管子与管路附件的通用口径，又称公称通径，用符号 DN 表示。其意义是指同一规格的管子、管路附件具有通用性、互换性，且可相互连接，现行的管子与管路附件的公称直径按 GB/T 1047—1995 之规定，例表 11-2 中，其中 15mm，20mm、25mm、32mm、40mm、50mm、65mm、80mm、100mm、125mm、150mm、200mm、250mm、300mm、350mm、400mm、500mm 共 17 个级别是管道工程中最常用的公称通径。

管道元件的公称直径（mm）

（GB/T 1047—1995）　**表 11-2**

公称直径 DN (mm)	相应的管螺纹 (in)	公称直径 DN (mm)	相应的管螺纹 (in)	公称直径 DN (mm)	相应的管螺纹 (in)
		200	8	1250	
		225	9	1300	
	—	250	10	1350	
3	—	275	11	1400	
	—	300	12	1450	
	—			1500	
	—	325		1600	
6		350		1800	
8	$\frac{1}{4}$	375		2000	
10	3/8	400		2200	
15	1/2	425		2400	
20	3/4	450		2600	
		475		2800	
		500			
		525			
25	1	550		3000	
32	$1\frac{1}{4}$	575		3200	
40	$1\frac{1}{2}$	600		3400	
50	2	650		3600	
65	$2\frac{1}{2}$	700		3800	
		750		4000	
		800			
		850			
80	3	900			
90	$3\frac{1}{2}$	950			
100	4	1000			
125	5	1050			
150	6	1100			
175	7	1150			
		1200			

由于历史的原因，管道工程中管子与管件以前一直使用英制标准，而且目前仍在应用。其原因在于管螺纹采用的是英制螺纹。英制的基本单位是英寸，用 in 或 ″ 表示。1 英寸（in）＝25.4mm。如公称直径为 150mm 的管子可写成 DN150mm，也可写成 D6″，英寸与毫米的对应关系见表 11-2。通常有缝钢管、铸铁管及其管件制品用公称直径 DN 标称，无缝钢管不用这个标称，公称直径一般和管制品的内径接近或相同，但大多数管制品的公称直径不等于内径，也不等于外径，而是一种称呼直径，又叫名义直径，至于其实际外径则应从相对应的表格中查取，然后再查取其壁厚以确定其内径。

（2）公称压力、试验压力、工作压力

1）公称压力 PN：

制品在基准温度下的耐压强度称为公称压力，用符号 PN 表示。如公称压力为 1.0MPa 可记为 PN1.0MPa，由于制品的材料不同，其基准温度也不同，铸铁和铜的基准温度为 120℃，钢的基准温度为 200℃，合金钢的基准温度为 250℃。制品在基准温度下的耐压强度接近常温时的耐压强度，故公称压力也接近常温下材料的耐压强度。

2）试验压力 P_s：

管子与管路附件在出厂前，必须进行压力试验，检查其强度和密封性，对制品进行强度试验的压力称为强度试验压力，用符号 P_s 表示，如试验压力为 4MPa，记为 P_s4MPa。从安全角度考虑，试验压力必须大于公称压力。

3）工作压力 P_t：

管子、管件和管路附件正常条件下所承受的压力用符号 P 表示，这个运行条件必须是指某一操作温度，因而记明某制品的工作压力应注明其工作温度，通常是在 P 右下角附加数字，该数字是最高工作温度除 10 所得整数值，如介质的最高温度为 300℃，工作压力为 10MPa，则记为 P_{30}10MPa。管子与管路附件的公称压力标准 GB 1048—90 列于表 11-3 中。

从上述分析可知，试验压力、公称压力和工作压力之间的关系是：$P_s > PN > P_t$。

管子与管路附件的公称压力
(GB 1048—90) MPa（bar） 表 11-3

0.05(0.5)	2.0(20.0)	20.0(200.0)	100.0(1000.0)
0.1(1.0)	2.5(25.0)	25.0(250.0)	125.0(1250.0)
0.25(2.5)	4.0(40.0)	28.0(280.0)	160.0(1600.0)
0.4(4.0)	5.0(50.0)	32.0(320.0)	200.0(2000.0)
0.6(6.0)	6.3(63.3)	42.0(420.0)	250.0(2500.0)
0.8(8.0)	10.0(100.0)	50.0(500.0)	335.0(3350.0)
1.0(10.0)	15.0(150.0)	63.0(630.0)	
1.6(16.0)	16.0(160.0)	80.0(800.0)	

注：1bar=1×10^{5}Pa

　　制品的公称压力按照它的定义是指基准温度下的耐压强度，但在很多情况下，制品并非在基准温度下工作，随着温度的变化，制品的耐压强度也跟着变化，所以隶属于某一公称压力值的制品，究竟允许承受多大的工作压力，要由介质的工作温度决定，因此就需要知道制品在不同的工作温度下公称压力和工作压力的关系。为此，必须通过强度计算找出制品的耐压强度与温度之间的变化规律。在工程实践中，通常是按照制品的最高耐温界限，把工作温度分成若干等级，并计算每个温度等级下制品的允许工作压力。例如：用优质碳素钢制造的制品，工作温度可分为 11 个等级，在每一个工作温度等级下，列出在该温度等级下的工作压力如表 11-4 所示。

优质碳素钢制品
公称压力的关系 表 11-4

温度等级	温度范围	最大工作压力
1	0～200℃	PN
2	201～250℃	$0.92PN$
3	251～275℃	$0.86PN$
4	276～300℃	$0.81PN$
5	301～325℃	$0.75PN$
6	326～350℃	$0.71PN$
7	351～375℃	$0.67PN$

续表

温度等级	温度范围	最大工作压力
8	376～400℃	$0.64PN$
9	401～425℃	$0.55PN$
10	426～435℃	$0.50PN$
11	436～450℃	$0.45PN$

　　其他材料的制品，同样可以分成不同的工作温度等级并计算出在每一工作温度下所允许承受的最大工作压力。这样我们可以制订出各种制品的公称压力，工作温度和最大工作压力的换算关系。编制成便于应用的表格，以便按照制品的公称压力和介质的工作温度来确定所允许承受的最大工作压力，或者按照介质的工作压力和工作温度来确定选用制品上的公称压力。并用公称压力来选择管材和管路附件。表 11-5、表 11-6、表 11-7、表 11-8 分别列出了碳钢制品、钼钢制品、不锈钢制品、铸铁制品的公称压力，工作温度和最大工作压力的关系。这些表格称为制品的"温压表"。在选择管材，管路附件时经常用到。

碳钢管子、管件的公称
压力和最大工作压力 表 11-5

公称压力 PN (MPa)	介质工作温度（℃）						
	≤200	250	300	350	400	425	450
	最大工作压力 P（MPa）						
	P_{20}	P_{25}	P_{30}	P_{35}	P_{40}	P_{42}	P_{45}
0.1	0.1	0.1	0.1	0.07	0.06	0.06	0.05
0.25	0.25	0.23	0.2	0.18	0.16	0.14	0.11
0.4	0.4	0.37	0.33	0.29	0.26	0.23	0.18
0.6	0.6	0.55	0.5	0.44	0.38	0.35	0.27
1.0	1.0	0.92	0.82	0.73	0.64	0.58	0.45
1.6	1.6	1.5	1.3	1.2	1.0	0.9	0.7
2.5	2.5	2.3	2.0	1.8	1.6	1.4	1.1
4.0	4.0	3.7	3.3	3.0	2.8	2.3	1.8
6.4	6.4	5.9	5.2	4.7	4.1	3.7	2.9
10	10	9.2	8.2	7.3	6.4	5.8	4.5
16	16	14.7	13.1	11.7	10.2	9.3	7.2
20	20	18.4	16.4	14.6	12.8	11.6	9.0
25	25	23	20.5	18.2	16	14.5	11.2
32	32	29.4	26.2	23.4	20.5	18.5	14.4
40	40	36.8	32.8	29.2	25.6	23.2	18
50	50	46	41	36.5	32	29	22.5

含钼不少于0.4%的钼钢及铬钼钢制管子、管件的公称压力和最大工作压力

表 11-6

公称压力 PN (MPa)	介质工作温度（℃）								
	≤350	400	425	450	475	500	510	520	530
	最大工作压力 P（MPa）								
	P_{35}	P_{40}	P_{42}	P_{45}	P_{47}	P_{50}	P_{51}	P_{52}	P_{53}
0.1	0.1	0.09	0.09	0.08	0.07	0.06	0.05	0.04	0.04
0.25	0.25	0.23	0.21	0.20	0.18	0.14	0.12	0.11	0.09
0.4	0.4	0.36	0.34	0.32	0.28	0.22	0.20	0.17	0.14
0.6	0.6	0.55	0.51	0.48	0.43	0.33	0.3	0.26	0.22
1.0	1.0	0.91	0.86	0.81	0.71	0.55	0.5	0.43	0.37
1.6	1.6	1.5	1.4	1.3	1.1	0.9	0.8	0.7	0.6
2.5	2.5	2.3	2.1	2	1.8	1.4	1.2	1.1	0.9
4.0	4.0	3.6	3.4	3.2	2.8	2.2	2	1.7	1.4
6.4	6.4	5.8	5.5	5.2	4.5	3.5	3.2	2.8	2.3
10	10	9.1	8.6	8.1	7.1	5.5	5	4.3	3.6
16	16	14.5	13.7	13	11.4	8.8	8	6.9	5.7
20	20	18.2	17.2	16.2	14.2	11	10	8.6	7.2
25	25	22.7	21.5	20.2	17.7	13.7	12.5	10.8	9
32	32	29.1	27.5	25.9	22.7	17.6	16	13.7	11.5
40	40	36.4	34.4	32.4	28.4	22	20	17.2	14.4
50	50	45.5	43	40.5	35.5	27.5	25	21.5	18
64	64	58	55	51.8	45.4	35.2	32	27.5	23
80	80	72.8	68.8	64.8	56.8	44	40	34.4	28.8
100	100	91	86	81	71	55	50	43	36

【例1】 已知某热力管道输送介质为蒸汽、蒸汽的工作压力为1.3MPa，工作温度为194℃，现有一副公称压力1.6MPa的用20号碳素钢制造的法兰。问该法兰能否安装在这一热力管道上？

解：由表11-5查得，公称压力为1.6MPa20号碳钢法兰，在工作温度为200℃（表中无工作温度为194℃，只好查200℃一项）时的工作压力为1.6MPa，大于该管道的工作压力为1.3MPa，所以这副法兰能够安装在这条热力管道上。

【例2】 某蒸汽管道输送饱和蒸汽，蒸汽压力为1.3MPa，蒸汽温度为195℃，如在该管道上安装一铸铁阀门，试问应选用公称压力是多大的阀门？

解：查表11-8知，当工作温度为200℃，最大的工作压力为1.5MPa时，对应于铸铁制品的公称压力为1.6MPa，因此，应选用公称压力是1.6MPa的铸铁阀门。

1Cr18Ni9Ti 不锈耐酸钢制管子、管件的公称压力和最大工作压力　　　　表 11-7

公称压力 PN (MPa)	介质工作温度（℃）											
	≤250	300	350	400	425	450	475	500	525	550	575	600
	最 大 工 作 压 力 P（MPa）											
	P_{25}	P_{30}	P_{35}	P_{40}	P_{42}	P_{45}	P_{47}	P_{50}	P_{52}	P_{55}	P_{57}	P_{60}
0.25	0.25	0.22	0.21	0.19	0.18	0.17	0.16	0.15	0.13	0.11	0.09	0.06
0.6	0.6	0.53	0.49	0.46	0.44	0.41	0.39	0.36	0.32	0.26	0.21	0.15
1.0	1.0	0.88	0.82	0.76	0.73	0.69	0.86	0.59	0.53	0.44	0.34	0.25
1.6	1.6	1.4	1.3	1.2	1.15	1.1	1.05	0.95	0.85	0.7	0.55	0.4
2.5	2.5	2.2	2	1.9	1.8	1.7	1.6	1.5	1.3	1.1	0.85	0.6
4.0	4.0	3.5	3.3	3.1	2.9	2.75	2.6	2.4	2.1	1.75	1.4	1.0
6.4	6.4	5.6	5.3	4.8	4.6	4.4	4.2	3.8	3.4	2.8	2.2	1.6
10	10	8.7	8.2	7.8	7.3	6.9	6.5	5.9	5.2	4.4	3.4	2.4
16	16	14	13.2	12.3	11.6	11.1	10.3	9.5	8.5	7.0	5.5	4
20	20	17.5	16.4	15.3	14.5	13.8	13.1	11.9	10.6	8.8	6.9	5
(22)	22	19.3	18	16.8	16	15.1	14.4	13.1	11.7	9.6	7.6	5.5
25	25	21.9	20.5	19.1	18.1	17.2	16.4	14.8	13.3	10.9	8.6	6.3
32	32	28	26.2	24.4	23.2	22	21	19	17	14	11	8

灰铸铁及可锻铸铁管子、管件的公称压力和
最大工作压力（摘自 JB 74—59）

表 11-8

公称压力 PN (MPa)	介质工作温度（℃）			
	≤120	200	250	300
	最大工作压力 P (MPa)			
	P_{12}	P_{20}	P_{25}	P_{30}
0.1	0.1	0.1	0.1	0.1
0.25	0.25	0.25	0.2	0.2
0.4	0.4	0.38	0.36	0.32
0.8	0.6	0.55	0.5	0.5
1.0	1.0	0.9	0.8	0.8
1.6	1.6	1.5	1.4	1.3
2.5	2.5	2.3	2.1	2.0
4.0	4.0	3.6	3.4	3.2

11.1.3 工业管道的分类

（1）按介质压力进行分类：

1）低压管道：$0 \leqslant PN \leqslant 1.6$MPa；

2）中压管道：1.6MPa$< PN \leqslant 10$MPa；

3）高压管道：10MPa$< PN \leqslant 100$MPa；

4）超高压管道：$PN > 100$MPa。

管道在介质压力作用下必须满足以下要求：

A. 具有足够的机械强度　管道系统所用管材与管路附件，都必须在介质压力作用下安全可靠。

B. 具有可靠的密封性　管道系统在正常使用过程中，在介质压力作用下，各类连接点和接口必须严密不漏。

（2）按介质温度分

1）常温管道：$-40 < t \leqslant 120$℃；

2）低温管道：$t \leqslant -40$℃；

3）中温管道：$120 < t \leqslant 450$℃；

4）高温管道：$t > 450$℃。

管道在介质温度的作用下，应该满足以下要求：

A. 管材耐热的稳定性　管材在介质温度作用下必须稳定可靠，对于同时承受介质温度和压力作用下的管道，必须从耐热性能和机械强度两个方面满足工作的需求。

B. 管道热应变的补偿　管道在介质温度及外界温度变化作用下，将产生热变形，并使管子承受热应力的作用，所以输送热介质的管道应设有补偿器，以便吸收管子的热变形，减少管道的热应力。

C. 管道的绝热保温　为了减少管壁的热交换和温差应力，输送冷介质的管道，管道应采取绝热措施。

（3）按介质性质分类

1）汽水介质管道：汽水管道包括饱和蒸汽冷热水。对于其他惰性气体，不可燃液体及其他气体，如压缩空气、氮气、冷却剂等中性介质的管道一般也归于该类管道。

2）腐蚀性介质管道：在工程上常以介质每年对材料的腐蚀深度来标志介质对材料的腐蚀程度，称为腐蚀速度 v，单位是 mm/a（毫米/年）。按照介质对材料的腐蚀速度，将介质分为三类：

A. 低（弱）腐蚀性介质：腐蚀速度 $v \leqslant 0.1$mm/a；

B. 中腐性介质：0.1mm/a$< v \leqslant 1$mm/a；

C. 高（强）腐蚀性介质：$v > 1$mm/a。

这里特别说明的是，同一介质对不同材料其腐蚀速度是不同的。某一介质的腐蚀类别究竟属于低、中、高哪一种，要由输送该介质的管材来决定。例如，浓度为 30% 的硝酸，对碳素钢的腐蚀速度超过 125mm/a，为高腐蚀性介质，而同样的硝酸对镍铬不锈钢的腐蚀速度仅为 0.007mm/a，为低腐蚀性介质。工业管道工程中，习惯上称为低、中、高腐蚀性介质，是以介质对碳素钢的腐蚀程度为基准的，凡是用碳钢管能耐腐蚀介质均称为低腐蚀性介质，一般情况下，冷热水、蒸汽、空气、煤气、氧气、乙炔、碱液、常温油品、制冷剂、惰性气体等属低腐蚀性介质。

3）化学危险品介质管道：

在工业管道所输送的介质中，有许多化学品。例如，毒性介质（氯、氰化钾、氨、沥青、煤焦油等）。可燃与易燃，易爆介质（油品油气、水煤气、氢气、乙炔、乙烯、丙烯、甲醇、乙醇等等），以及窒息性、刺激性、易挥发性介质等等，这些介质能发生燃烧、爆炸、腐蚀灼伤、致命等事故。因此，输送这类介质的管道，除必须保证足够机械强度以外，还必须满足以下要求：

A. 密封性好。严禁泄漏，对危险介质，应采用优质无缝钢管。

B. 安全性高。管路系统应设置防止意外事故发生的安全装置，如安全阀、水封、防爆阀、阻火器、静电接地装置等。

C. 放空与排泄快。在停工或发生事故时，能迅速地将介质排放于专门设备或大气中。

4）易凝固易沉淀介质管道：

有一些介质的管道在用管道的输送过程中，由于介质向外散热，温度降低，介质粘度增加，以致产生凝固和结晶沉淀现象。例如重油、沥青在输送过程中产生凝固现象，苯、尿素溶液在输送过程中析出结晶沉淀物。由于介质的凝固和沉淀，介质流动受到阻碍，并影响介质的质量。因此，要输送这类介质的管道，应采取以下特殊措施：

A. 管道的伴热与保温：

在输送易凝固、易沉淀介质时，必须保证管内介质温度不低于凝固或结晶温度。这就要求减少管道向外散热，为此，常采取管外保温和另加装伴热管的办法，来保持介质的温度。

B. 管道的吹洗

输送易凝固易沉淀介质的管道。除考虑伴热和保温外还应采取蒸汽吹洗的办法，进行扫线。常利用伴热管作为扫线吹洗管。

5）粉粒介质管道：

在工业管道所输送的介质中，有一些固体物料，其绝大多数是粉粒介质，这种介质是在悬浮状态下输送的，它有两个主要特点：一是在输送过程中容易沉降而阻碍流动。二是对管壁产生的撞击、摩擦引起管壁的消损，为此，对管道提出以下要求：

A. 选用合适的输送速度，使介质既不沉降，又减少磨损。

B. 管道的受阻部件和转弯处，应做成便于介质流动的形状，并适当加厚管壁或敷设耐磨材料。

小　结

管道工程标准是一门管理科学，其目的明确意义重大，公称直径和公称压力是管道工程标准的主要内容。

管子和管路附件人为地规定一种标准直径，这种标准直径在管道工程中具有通用性、互换性，我们称这个标准直径为公称直径或公称通径。

公称压力是制品在基准温度下的耐压强度标准，公称压力是某一定值的制品，其工作温度的改变也就影响着制品所耐受的最大工作压力，书中介绍了几种常用材料的温压表供读者学习时使用。

管道工程所输送介质种类繁多，参数不一，为了设计施工和运行管理，按照介质的性质和参数，把管道分为不同的种类，以便对不同类别的管道提出相应的技术要求。

习　题

1. 管道工程标准化的目的是什么？
2. 管道工程标准化的意义是什么？
3. 什么是公称直径？如何表示？
4. 什么是公称压力，试验压力，工作压力，各如何表示？
5. 现有一副 $PN1.6$MPa 的 20 号钢碳钢法兰，问该法兰能否安装在介质温度为 350℃、工作压力为 1.5MPa 的管道上？
6. 已知管道内介质温度为 194℃，工作压力为 1.2MPa，现在该管路上安装一个铸铁闸阀，试问应选用公称压力多大的阀门？
7. 工业管道是如何分类的？不同种类的工业管道其特性是什么？

11.2　钢管

管道工程中常用的钢管有焊接钢管和无缝钢管。

11.2.1　焊接钢管

焊接钢管是由卷成管形的钢板以对缝或螺旋缝焊接而成，由于它们的制造条件不同，又分为低压流体输送用焊接钢管、直缝卷焊钢管、电焊管。

（1）低压流体输送用焊接钢管

低压流体输送用焊接钢管，它是由碳素软钢制造，是管道工程最常用的一种小直径的管材，适用于输送水、煤气、蒸汽等介质。按其表面质量的不同，分为镀锌钢管（俗称白铁管）和非镀锌钢管（俗称黑铁管），内外镀锌的钢管比不镀锌钢管重约 3%～6%，按其管材的壁厚不同分为薄壁管、普通管和加厚管三种，薄壁管不宜用来输送介质，可作套管用。普通管用于 $PN \leqslant 1.0$MPa，加厚管的公称压力为 $PN \leqslant 1.6$MPa，其规格尺寸见表 11-9。

低压流体输送用镀锌焊接钢管规格（GB 3092—82）（GB 3091—82）　　表 11-9

公称直径		外　径		普通钢管			加厚钢管		
				壁　厚		理论重量 (kg/m)	壁　厚		理论重量 (kg/m)
(mm)	(in)	公称尺寸 (mm)	允许偏差	公称尺寸 (mm)	允许偏差（%）		公称尺寸 (mm)	允许偏差（%）	
6	$\frac{1}{8}$	10.0		2.00		0.39	2.50		0.46
8	$\frac{1}{4}$	13.5		2.25		0.62	2.75		0.73
10	$\frac{3}{8}$	17.0		2.25		0.82	2.75		0.97
15	$\frac{1}{2}$	21.3	±0.50	2.75	$+12 \atop -15$	1.26	3.25	$+12 \atop -15$	1.45
20	$\frac{3}{4}$	26.8		2.75		1.63	3.50		2.01
25	1	33.5		3.25		2.42	4.00		2.91
32	$1\frac{1}{4}$	42.3		3.25		3.13	4.00		3.78

公称直径		外　径		普通钢管			加厚钢管		
(mm)	(in)	公称尺寸 (mm)	允许偏差	壁　厚		理论重量 (kg/m)	壁　厚		理论重量 (kg/m)
				公称尺寸 (mm)	允许偏差（%）		公称尺寸 (mm)	允许偏差（%）	
40	1 $\frac{1}{2}$	48.0	±0.50	3.50		3.84	4.25		4.58
50	2	60.0		3.50		4.88	4.50		6.16
65	2 $\frac{1}{2}$	75.5	±1%	3.75	+12 −15	6.64	4.50	+12 −15	7.88
80	3	88.5		4.00		8.34	4.75		9.81
100	4	114.0		4.00		10.85	5.00		13.44
125	5	140.0		4.50		15.04	5.50		18.24
150	6	165.0		4.50		17.81	5.50		21.63

镀锌钢管、焊接钢管材质软，易于套丝、切割、锯割、便于连接，焊接钢管可以焊接，镀锌钢管焊接时，由于镀锌层熔化，焊缝处易锈蚀，影响使用寿命，所以一般不得焊接。

(2) 螺旋缝焊接钢管

螺旋缝焊接钢管分为自动埋弧焊和高频焊接钢管两种。各种钢管按输送介质的压力高低可分为甲类管和乙类管。

1) 螺旋缝自动埋弧焊接钢管：

螺旋缝自动埋弧焊接钢管的甲类管一般用普通碳素钢 Q235、Q235F 及普通低合金结构钢 16Mn 焊制，用作低压力流体输送管材，承压流体输送用螺旋缝埋弧钢管参见石油工业部标准 SY 5036—83。一般低压流体输送用螺旋缝埋弧焊接钢管参见石油工业部标准 SY 5037—83《一般流体输送用螺旋缝埋弧钢管》。

2) 螺旋缝高频焊接钢管：

螺旋缝高频焊接钢管一般采用 Q235、Q235F 等钢材制造，主要用于输送石油、天然气等。承压流体输送用螺旋缝高频焊接钢管参见石油部标准 SY 5038—83。一般低压流体输送用螺旋缝高频焊接钢管参见石油工业部标准 SY 5039—83《一般流体输送用螺旋缝高频焊接钢管》。

3) 直缝卷制钢管：

直缝卷制钢管用钢板分块卷制而成，又称卷板管，适用于输送天然气、蒸汽及其他低压流体，主要用于低压大口径的工业管道上。大口径直缝卷制钢管一般由现场自制或委托加工厂加工，材质及壁厚应根据需要由设计确定。

11.2.2　无缝钢管

钢坯经穿轧制成或拉制成的管子是无缝钢管。无缝钢管按制造方法分为：冷拔（冷轧）管和热轧管，按使用分为普通无缝钢管和专用无缝钢管。

1) 普通无缝钢管

普通无缝钢管简称无缝钢管，它是用普通碳素钢，优质碳素钢，普通低合金结构钢制成的。管道工程中选用无缝钢管时，凡公称直径 $DN < 50mm$ 者，一般采用冷拔管。公称直径 $DN \geqslant 50mm$ 管，一般选用热轧管。无缝钢管规格多，品种全、强度高、应用广、可应用于热力、制冷、压缩空气、氧气、乙炔、乳碱、化工等管道。

无缝钢管的表示方法是用外径乘壁厚来表示的，如 $D108 \times 4$，表示无缝钢管外径为 108mm，壁厚为 4mm。

无缝钢管的连接方式是焊接和法兰连接，热轧无缝钢管的常用规格见表 11-10，冷拔无缝钢管的常用规格见表 11-11。

热轧无缝钢管（摘自 GB 8163—87）　　　表 11-10

外径 (mm)	壁　　厚　　(mm)									
	2.5	3	3.5	4	4.5	5	5.5	6	6.5	7
	钢　管　理　论　重　量　(kg/m)									
32	1.82	2.15	2.46	2.76	3.05	3.33	3.59	3.85	4.09	4.32
38	2.19	2.59	2.98	3.35	3.72	4.07	4.41	4.74	5.05	5.35
42	2.44	2.89	3.35	3.75	4.16	4.56	4.95	5.33	5.69	6.04
45	2.62	3.11	3.58	4.04	4.49	4.93	5.36	5.77	6.17	6.56
50	2.93	3.48	4.01	4.54	5.05	5.55	6.04	6.51	6.97	7.42
54		3.77	4.36	4.93	5.49	6.04	6.58	7.10	7.61	8.11
57		4.00	4.62	5.23	5.83	6.41	6.99	7.55	8.10	8.63
60		4.22	4.88	5.52	6.16	6.78	7.39	7.99	8.58	9.15
63.5		4.48	5.18	5.87	6.55	7.21	7.87	8.51	9.14	9.75
68		4.81	5.57	6.31	7.05	7.77	8.48	9.17	9.86	10.53
70		4.96	5.74	6.51	7.27	8.01	8.75	9.47	10.18	10.88
73		5.18	6.00	6.81	7.60	8.38	9.16	9.91	10.66	11.39
76		5.40	6.26	7.10	7.93	8.75	9.56	10.36	11.14	11.91
83			6.86	7.79	8.71	9.62	10.51	11.39	12.26	13.12
89			7.38	8.38	9.38	10.36	11.33	12.28	13.22	14.16
95			7.90	8.98	10.04	11.10	12.14	13.17	14.19	15.19
102			8.50	9.67	10.82	11.96	13.09	14.21	15.31	16.40
108				10.26	11.49	12.70	13.90	15.09	16.27	17.44
114				10.85	12.15	13.44	14.72	15.98	17.23	18.47
121				11.54	12.93	14.30	15.67	17.02	18.35	19.68
127				12.13	13.59	15.04	16.48	17.90	19.32	20.7
133				12.73	14.26	15.78	17.29	18.79	20.28	21.75
140					15.04	16.65	18.24	19.88	21.40	22.96
146					15.70	17.39	19.06	20.72	22.36	24.02
152					16.37	18.13	19.87	21.60	23.32	25.03
159					17.15	18.99	20.82	22.64	24.45	26.24
168						20.10	22.04	23.97	25.89	27.79
180						21.59	23.70	25.75	27.70	29.87
194						23.31	25.60	27.82	30.00	32.28
203							29.14	31.50	33.83
219							31.52	34.06	36.60
245								38.23	41.09
273								42.64	45.92
299									
325									
351									
377									
402									
426									
450									
(465)									
480									
500									
530									
(550)									
560									
600									
630									

外径 (mm)	壁　　厚　　(mm)									
	7.5	8	8.5	9	9.5	10	11	12	13	14
	钢　管　理　论　重　量　(kg/m)									
32	4.53	4.74								
38	5.64	5.92								
42	6.38	6.71	7.02	7.32	7.60	7.88				
45	6.94	7.30	7.65	7.99	8.32	8.63				
50	7.86	8.29	8.70	9.10	9.49	9.86				
54	8.60	9.08	9.54	9.99	10.43	10.85	11.67			
57	9.16	9.67	10.17	10.65	11.13	11.59	12.48	13.32	14.11	
60	9.71	10.26	10.80	11.32	11.83	12.33	13.29	14.21	15.07	15.88
63.5	10.36	10.95	11.53	12.10	12.65	13.19	14.24	15.24	16.19	17.09
68	11.19	11.84	12.47	13.10	13.71	14.30	15.46	16.57	17.63	18.64
70	11.56	12.23	12.89	13.54	14.17	14.80	16.01	17.16	18.27	19.33
73	12.11	12.82	13.52	14.21	14.88	15.54	16.82	18.05	19.24	20.37
76	12.67	13.42	14.15	14.87	15.58	16.28	17.63	18.94	20.20	21.41
83	13.96	14.80	15.62	16.42	17.22	18.00	19.53	21.01	22.44	23.82
89	15.07	15.98	16.87	17.76	18.63	19.48	21.16	22.79	24.37	25.89
95	16.18	17.16	18.13	19.09	20.03	20.96	22.79	24.56	26.29	27.97
102	17.48	18.55	19.60	20.64	21.67	22.69	24.69	26.63	28.53	30.38
108	18.59	19.73	20.86	21.97	23.08	24.17	26.31	28.41	30.46	32.45
114	19.70	20.91	22.12	23.31	24.48	25.65	27.94	30.19	32.38	34.53
121	20.99	22.29	23.58	24.86	26.12	27.37	29.84	32.26	34.62	36.94
127	22.10	23.48	24.84	26.19	27.53	28.85	31.47	34.03	36.55	39.01
133	23.21	24.66	26.10	27.52	28.93	30.33	33.10	35.81	38.47	41.09
140	24.51	26.04	27.57	29.08	30.57	32.06	34.99	37.88	40.72	43.50
146	25.62	27.23	28.82	30.41	31.98	33.54	36.62	39.66	42.64	45.57
152	26.73	28.41	30.08	31.74	33.39	35.02	38.25	41.43	44.56	47.65
159	28.02	29.79	31.55	33.29	35.03	36.75	40.15	43.50	46.81	50.06
168	29.69	31.57	33.43	35.29	37.13	38.97	42.59	46.17	49.69	53.17
180	31.91	33.93	35.95	37.95	39.95	41.92	45.85	49.72	53.54	57.31
194	34.50	36.70	38.89	41.06	43.23	45.38	49.64	53.86	58.03	62.15
203	36.16	38.47	40.77	43.05	45.33	47.59	52.08	56.52	60.91	65.94
219	39.12	41.63	44.12	46.61	49.08	51.54	56.43	61.62	66.04	70.78
245	43.85	46.76	49.56	52.38	55.17	57.95	63.48	68.95	74.38	79.76
273	49.10	52.28	55.45	58.60	61.73	64.86	71.07	77.24	83.36	89.42
299	53.91	57.41	60.89	64.37	67.83	71.27	78.13	84.93	91.69	98.40
325	58.74	62.54	66.35	70.14	73.92	77.68	85.18	92.63	100.03	107.38
351		67.67	71.80	75.91	80.01	84.10	92.23	100.32	108.36	116.35
377				81.68	86.10	90.51	99.29	108.02	117.00	125.33
402				87.21	91.95	96.67	106.06	115.41	124.71	133.94
426				92.55	97.57	102.59	112.58	122.52	132.41	142.25
450				97.87	103.20	108.50	119.08	130.61	140.09	150.52
(465)				101.10	116.48	112.20	123.15	134.05	144.90	155.70
480				104.52	110.22	115.90	127.22	139.49	149.71	160.88
500				108.96	114.91	120.83	132.65	145.41	156.12	167.79
530				115.62	121.94	128.23	140.78	154.29	165.74	178.14
(550)				120.07	126.62	133.10	146.21	159.20	172.15	185.05
560				122.28	128.97	135.63	148.92	163.16	175.36	188.50
600				131.17	138.34	145.50	159.78	175.00	188.18	202.31
630				137.81	145.36	152.89	167.91	183.88	197.80	212.67

冷拔（冷轧）无缝钢管（摘自 8163—87）　　　　表 11-11

外径 (mm)	壁　　　厚　　　(mm)											
	0.25	0.30	0.40	0.50	0.60	0.80	1.0	1.2	1.4	1.5	1.6	1.8
	钢　管　理　论　重　量　(kg/m)											
5	0.0292	0.0348	0.0454	0.055	0.065	0.083	0.099	0.112	0.124	0.129	0.134	
6	0.0354	0.0421	0.055	0.068	0.080	0.103	0.123	0.142	0.159	0.166	0.174	0.186
7	0.0416	0.0496	0.065	0.080	0.095	0.122	0.148	0.172	0.193	0.203	0.213	0.230
8	0.0477	0.057	0.075	0.092	0.110	0.142	0.173	0.202	0.227	0.240	0.253	0.275
9	0.054	0.064	0.085	0.105	0.125	0.162	0.197	0.231	0.262	0.277	0.292	0.319
10	0.060	0.072	0.095	0.117	0.139	0.182	0.222	0.261	0.296	0.314	0.332	0.363
11	0.066	0.079	0.105	0.129	0.154	0.201	0.247	0.290	0.331	0.351	0.371	0.407
12	0.072	0.087	0.115	0.142	0.169	0.221	0.271	0.320	0.365	0.388	0.411	0.452
(13)	0.079	0.094	0.124	0.154	0.184	0.241	0.296	0.349	0.400	0.425	0.451	0.496
14	0.085	0.101	0.134	0.166	0.199	0.260	0.321	0.379	0.434	0.462	0.490	0.541
(15)	0.091	0.109	0.144	0.179	0.214	0.280	0.345	0.409	0.468	0.499	0.529	0.585
16	0.097	0.116	0.154	0.191	0.228	0.300	0.370	0.438	0.503	0.536	0.568	0.629
(17)	0.103	0.124	0.164	0.203	0.244	0.320	0.395	0.468	0.537	0.573	0.608	0.674
18	0.109	0.131	0.174	0.216	0.258	0.340	0.419	0.497	0.572	0.610	0.647	0.717
(19)	0.115	0.138	0.183	0.228	0.274	0.359	0.444	0.527	0.606	0.647	0.687	0.762
20	0.122	0.146	0.193	0.240	0.288	0.379	0.469	0.556	0.642	0.684	0.726	0.806
(21)			0.203	0.253	0.303	0.399	0.493	0.586	0.675	0.721	0.767	0.851
22			0.212	0.265	0.318	0.419	0.518	0.616	0.710	0.758	0.806	0.895
(23)			0.222	0.277	0.333	0.438	0.543	0.645	0.745	0.795	0.846	0.940
(24)			0.236	0.290	0.347	0.458	0.567	0.674	0.779	0.832	0.885	0.984
25			0.242	0.302	0.363	0.478	0.592	0.703	0.813	0.869	0.925	1.03
(27)			0.262	0.327	0.392	0.516	0.641	0.762	0.882	0.943	1.00	1.12
28			0.272	0.340	0.406	0.536	0.666	0.792	0.916	0.98	1.04	1.16
29			0.282	0.352	0.418	0.553	0.691	0.823	0.951	1.02	1.076	1.22
30			0.292	0.364	0.436	0.576	0.715	0.851	0.986	1.05	1.12	1.25
32			0.311	0.389	0.466	0.615	0.765	0.910	1.053	1.13	1.20	1.34
34			0.331	0.413	0.496	0.655	0.814	0.968	1.122	1.20	1.28	1.43
(35)			0.341	0.426	0.510	0.675	0.838	0.998	1.159	1.24	1.32	1.47
36			0.350	0.438	0.525	0.695	0.863	1.027	1.192	1.28	1.36	1.52
38			0.370	0.464	0.555	0.734	0.912	1.087	1.26	1.35	1.44	1.61
40			0.390	0.494	0.585	0.774	0.962	1.146	1.33	1.42	1.52	1.69
42							1.010	1.208	1.41	1.50	1.60	1.79
44.5							1.070	1.281	1.48	1.59	1.65	1.88
45							1.090	1.295	1.51	1.61	1.71	1.91
48							1.160	1.382	1.61	1.72	1.83	2.05
50							1.21	1.44	1.68	1.79	1.91	2.14
(51)							1.23	1.47	1.71	1.83	1.96	2.18
53							1.28	1.53	1.78	1.91	2.03	2.27
(54)							1.31	1.59	1.82	1.94	2.07	2.31
56							1.36	1.62	1.89	2.02	2.15	2.40
(57)							1.38	1.65	1.92	2.05	2.18	2.45
60							1.46	1.74	2.02	2.16	2.31	2.58
63							1.53	1.83	2.13	2.27	2.42	2.71
65							1.58	1.89	2.20	2.35	2.50	2.80
(68)							1.65	1.98	2.30	2.46	2.62	2.93
70							1.70	2.03	2.37	2.53	2.70	3.02

外径 (mm)	壁　　　厚　　　(mm)											
	0.25	0.30	0.40	0.50	0.60	0.80	1.0	1.2	1.4	1.5	1.6	1.8
	钢　管　理　论　重　量　(kg/m)											
(73)							1.78	2.12	2.47	2.64	2.82	3.16
75							1.82	2.18	2.54	2.71	2.90	3.24
(76)							1.85	2.21	2.57	2.76	2.94	3.29
80									2.71	2.90	3.09	3.47
(83)									2.82	3.02	3.21	3.60
85									2.88	3.08	3.29	3.69
(89)									3.02	3.24	3.45	3.86
90									3.05	3.27	3.49	3.91
95									3.21	3.46	3.68	4.13
100									3.40	3.64	3.88	4.35
(102)									3.46	3.73	3.97	4.45
(108)									3.67	3.95	4.21	4.72
110									3.74	4.03	4.28	4.81
120										4.36	4.66	5.25
125												5.46
130												
(133)												
140												
150												
160												
170												
180												
190												
200												

(2) 专用无缝钢管

专用无缝钢管种类较多，有低中压锅炉用无缝钢管、锅炉用高压无缝钢管，化肥用高压无缝钢管，石油裂化用无缝钢管、不锈钢无缝钢管。

1) 低中压锅炉用无缝钢管，用 10 号、20 号优质碳素钢制造用于工作压力 $P \leqslant 2.5$MPa，温度 $t \leqslant 450$℃低中压锅炉及换热设备上，其规格参见国家标准 GB 3087—82《低中压锅炉用无缝钢管》。

2) 锅炉用高压无缝钢管，用优质碳素钢，普通低合金结构钢制造，主要用于输送高温、高压汽水介质，其规格质量参见国家标准 GB 5310—85《高压锅炉用无缝钢管》。

3) 化肥用高压无缝钢管，用 20 号优质碳素钢和普通低合金钢制造，用于输送氢、氨、甲醇、尿素等介质的管道。其规格质量参见国家标准 GB 6479—86《化肥设备用高压无缝钢管》。

4) 石油裂化用无缝钢管，一般用合金结构钢制造，主要用于炼油厂裂化装置管道工程，其规格尺寸参见国家标准 GB 9948—88《石油裂化用无缝钢管》

5) 不锈钢无缝钢管，常用 0Cr13 1Cr13、2Cr13、 3Cr13、 1Cr17Ni2、 1Cr25Ti、 1Cr21Ni5Ti、00Cr18Ni10 等钢制造。主要用于输送强腐蚀性介质或低温、高温介质，是管道工程中的优质材料，不锈钢无缝钢管的制造方法有热轧（热挤压）和冷拔（冷轧）两种，其规格尺寸见国家标准 GB 2270—80《不锈钢无缝钢管》。

11.3 铸铁管

铸铁管多用于给水，排水和煤气管道工程，铸铁管分承压铸铁管和排水铸铁管。

11.3.1 承压铸铁管的分类

承压铸铁管按其制造方法的不同分为砂型离心铸铁管。连续铸铁直管和砂型铸铁管；按其材质可分为应铸铁管、球墨铸铁管和高硅铸铁管。

（1）砂型离心铸铁管

砂型离心铸铁管如图 11-1，这种铸铁管为灰铸铁管，按其壁厚不同分 P、G 两级，主要用于给水与煤气工程，可根据工作压力和埋设深度选用。其试验压力、规格尺寸和壁厚分别见表 11-12、表 11-13 和表 11-14。

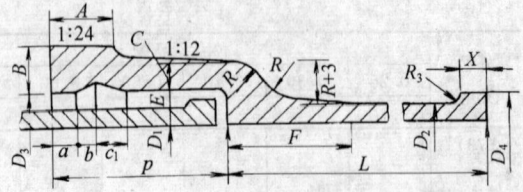

图 11-1 砂型离心铸铁直管

砂型离心铸铁直管试验水压力及力学性能

表 11-12

水 压 试 验			管环抗弯强度	
直管级别	公称直径 (mm)	试验压力 (MPa)	公称直径 (mm)	管环抗弯强度 (MPa)
P	≤450	2.0	≤300	≮340
	≥500	1.5	350～700	≮280
G	≤450	2.5	≥800	≮240
	≥500	2.0		

注：如用于输送煤气等压力气体，需做气密性试验时，由供需双方按协议规定。

砂型离心铸铁直管规格

表 11-13

公称直径 DN (mm)	各 部 尺 寸 (mm)											有效长度 L
	承 口						插 口					
	D_3	A	B	C	P	E	F	R	D_4	R_3	X	L
200	240.0	38	30	15	100	10	71	25	230.0	5	15	5000
250	293.6	38	32	15	105	11	73	26	281.6	5	20	5000
300	344.8	38	33	16	105	11	75	27	332.8	5	20	5000 6000
350	396.0	40	34	17	110	11	77	28	384.0	5	20	6000
400	447.6	40	36	18	110	11	78	29	435.0	5	25	6000
450	498.8	40	37	19	115	11	80	30	486.8	5	25	6000
500	552.9	40	38	19	115	12	82	31	540.0	6	25	6000
600	654.8	42	41	20	120	12	84	32	642.8	6	25	6000
700	757.0	42	43	21	125	12	86	33	745.0	6	25	6000
800	860.0	45	46	23	130	12	89	35	848.0	6	25	6000
900	963.0	45	50	25	135	12	92	37	951.0	6	25	6000
1000	1067.0	50	54	27	140	13	98	40	1053	6	25	6000

砂型离心铸铁直管的直径、壁厚、重量

表 11-14

公称直径 DN (mm)	壁 厚		内 径		外径 (mm)	总 重 量 (kg)				承口凸部重量 (kg)	插口凸部重量 (kg)	直部每米重量 (kg)	
	t (mm)		D_1 (mm)		D_2	有效长度 5000 (mm)		有效长度 6000 (mm)					
	P 级	G 级	P 级	G 级		P 级	G 级	P 级	G 级	(kg)	(kg)	P 级	G 级
200	8.8	10.0	202.4	200	220.0	227.0	254.0			16.30	0.382	42.0	47.5
250	9.5	10.8	252.6	250	271.6	303.0	340.0			21.30	0.626	56.5	63.7
300	10.0	11.4	302.8	300	322.8	381.0	428.0	452.0	509.0	26.10	0.741	70.8	80.3
350	10.8	12.0	352.4	350	374.0			566.0	623.0	32.60	0.857	88.7	98.3

公称直径 DN (mm)	壁 厚 t (mm)		内 径 D_1 (mm)		外径 (mm) D_2	总 重 量（kg）				承口凸部重量 (kg)	插口凸部重量 (kg)	直部每米重量（kg）	
						有效长度 5000 (mm)		有效长度 6000 (mm)					
	P 级	G 级	P 级	G 级		P 级	G 级	P 级	G 级			P 级	G 级
400	11.5	12.8	402.6	400	425.6			687.0	757.0	39.00	1.460	107.7	119.5
450	12.0	13.4	452.4	450	476.8			806.0	892.0	46.90	1.640	126.2	140.5
500	12.8	14.0	502.4	500	528.0			950.0	1030.0	52.70	1.810	149.2	162.8
600	14.2	15.6	602.4	599.6	630.8			1260.0	1370.0	68.80	2.160	198.0	217.1
700	15.5	17.1	702.0	698.8	733.0			1600.0	1750.0	86.00	2.510	251.6	276.9
800	16.8	18.5	802.6	799.0	838.0			1980.0	2160.0	109.00	2.860	311.3	342.1
900	18.2	20.0	902.6	899.0	939.0			2410.0	2630.0	136.00	3.210	379.1	415.7
1000	20.5	22.6	1000.0	955.8	1041.0			3020.0	3300.0	173.00	3.550	473.2	520.6

注：1．重量按密度 7.20 计算。

2．标记示例：公称直径 500mm，壁厚为 P 级，有效长度 6000mm 的砂型离心铸铁管，其标记为：离心管 P—500—6000—GB 3421—82

（2）连续铸铁管

连续铸铁直管如图 11-2 所示，连续铸铁直管即连续铸造的灰口铸铁管。按其壁厚不同，分为 LA、A、B 三级，其试验压力外形及规格尺寸、壁厚质量分别列于表 11-15、表 11-16、表 11-17 中。

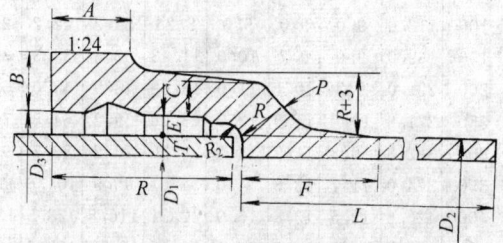

图 11-2　连续铸铁直管

连续铸铁管的水压试验性能　表 11-15

公称直径 DN（mm）	试验水压力（MPa）			公称直径 DN（mm）	试验水压力（MPa）		
	LA 级	A 级	B 级		LA 级	A 级	B 级
≤450	2.0	2.5	3.0	≥500	1.5	2.0	2.5

连续铸铁直管规格　表 11-16

公称直径 DN(mm)	承口内径 D_3 (mm)	各 部 尺 寸 （mm）												
		A	B	C	E	P	I	F	δ	X	R	a	b	c_1	e
75	113.0	36	26	12	10	90	9	75	5	13	32				
100	138.0	36	26	12	10	95	10	75	5	13	32				
150	189.0	36	26	12	10	100	10	75	5	13	32				
200	240.0	38	28	13	10	100	11	77	5	13	33				
250	293.6	38	32	15	11	105	12	83	5	18	37	15	10	20	6
300	344.8	38	33	16	11	105	13	85	5	18	38				
350	396.0	40	34	17	11	110	13	87	5	18	39				
400	447.6	40	36	18	11	110	14	89	5	24	40				
450	498.8	40	37	19	11	115	14	91	5	24	41				
500	552.0	40	40	21	12	115	15	97	6	24	45				
600	654.8	42	44	23	12	120	16	101	6	24	47				
700	757.0	42	48	26	12	125	17	106	6	24	50	18	12	25	7
800	860.0	45	51	28	12	130	18	111	6	24	52				

公称直径 DN(mm)	承口内径 D_3 (mm)	各 部 尺 寸 (mm)													
		A	B	C	E	P	I	F	δ	X	R	a	b	c_1	e
900	963.0	45	56	31	12	135	19	115	6	24	55				
1000	1067.0	50	60	33	13	140	21	121	6	24	59				
1100	1170.0	50	64	36	13	145	22	126	6	24	62	20	14	30	8
1200	1272.0	52	68	38	13	150	23	130	6	24	64				

注：1. 管子有效长度：

　　　 DN75～100mm　4000、5000mm 二种　　DN≥150mm　4000、5000、6000 三种。

2. $R=C+2E$　$R_1=C$　$R_2=E$。

连续铸铁直管壁厚、重量　　　　　　　　　　表 11-17

公称直径 DN (mm)	外径 D_2 (mm)	壁厚 t (mm)			承口凸部重量 (kg)	直部重量 (kg/m)			管 子 总 重 量 (kg/节)								
									有效长度 4000mm			有效长度 5000mm			有效长度 6000mm		
		LA 级	A 级	B 级		LA 级	A 级	B 级	LA 级	A 级	B 级	LA 级	A 级	B 级	LA 级	A 级	B 级
75	93.0	9.0	9.0	9.0	6.66	17.1	17.1	17.1	75.1	75.1	75.1	92.2	92.2	92.2			
100	118.0	9.0	9.0	9.0	8.26	22.2	22.2	22.2	97.1	97.1	97.1	119	119	119			
150	169.0	9.0	9.2	10.0	11.43	32.6	33.3	36.0	142	145	155	174	178	191	207	211	227
200	220.0	9.2	10.1	11.0	15.62	43.9	43.0	52.0	191	208	224	235	256	276	279	304	328
250	271.6	10.0	11.0	12.0	23.06	59.2	64.8	70.5	260	282	305	319	347	376	378	412	446
300	322.8	10.8	11.9	13.0	28.30	76.2	83.7	91.1	333	363	393	409	447	484	486	531	575
350	374.0	11.7	12.8	14.0	34.01	95.9	104.6	114.0	418	452	490	514	557	604	609	662	718
400	425.6	12.5	13.8	15.0	42.31	116.8	128.5	139.3	510	556	600	626	685	739	743	813	878
450	476.8	13.3	14.7	16.0	50.49	139.4	153.7	166.6	608	665	718	747	819	884	887	973	1050
500	528.0	14.2	15.6	17.0	62.10	165.0	180.8	196.5	722	785	848	887	966	1040	1050	1150	1240
600	630.8	15.8	17.4	19.0	83.53	219.8	241.4	262.9	963	1050	1140	1180	1290	1400	1400	1530	1660
700	733.0	17.5	19.3	21.0	110.79	283.2	311.6	338.2	1240	1360	1460	1530	1670	1800	1810	1980	2140
800	836.0	19.2	21.1	23.0	139.64	354.7	388.9	423.0	1560	1700	1830	1910	2080	2250	2270	2470	2680
900	939.0	20.8	22.9	25.0	176.79	432.0	474.5	516.9	1900	2070	2240	2340	2550	2760	2770	3020	3280
1000	1041.0	22.5	24.8	27.0	219.98	518.4	570.0	619.3	2290	2500	2700	2810	3070	3320	3330	3640	3940
1100	1144.0	24.2	26.6	29.0	268.41	613.0	672.3	731.4	2720	2960	3190	3330	3630	3930	3950	4300	4660
1200	1246.0	25.8	28.4	31.0	318.51	712.0	782.2	852.0	3170	3450	3730	3880	4230	4580	4590	5010	5430

注：1. 重量系按密度 7.20 计算。

2. 标记示例：公称直径 500mm，壁厚为 A 级，有效长度 5000mm 的连续铸造灰口铸铁直管，其标记为：连铸管
　　A—500—5000—GB 3422—82

（3）球墨铸铁管

球墨铸铁管较灰铸铁管有较高的强度、耐磨性和韧性，因而可以用于水力输送或灰口铸铁强度满足不了工程技术要求的地方。

（4）高硅铸铁管

高硅铸铁是含碳量在 0.5%～1.2%，含硅量在 10%～17% 的铁硅合金。常用的高硅铸铁含硅量为 14.5%，它具有很高的耐蚀性，随着含硅量的增加，耐蚀性能也随着增加，但脆性也随着变大，高硅铁管目前尚无统一的国家标准，一般使用压力为 0.25MPa，高硅铁管性脆，现场无法加工，管道长度由成品件组配。

11.3.2　排水铸铁管

1989 年 3 月开始实施的 GB 8716—88《排水用灰口铸铁管及管件》规定，直管用灰铸铁制造，分为 A 型和 B 型两种规格，组织

致密，易于切削，其抗拉强度不小于140MPa。直管应进行水压试验，试验压力为1.47MPa。排水铸铁管如图11-3所示，其规格见表11-18，排水铸铁管承口尺寸见表11-19～表11-21。应该说明的是，GB 8176—88《排水用灰口铸铁直管及管件》尚未得到广泛的应用。工程实际中，一般采用北京地区的型号，规格和尺寸系列，因此，称北京地区排水铸铁管及管件为常用排水铸铁管及管件。

铸铁管规格以公称通径 DN 标称，DN 等于内径。给水铸铁管最小规格为 $DN75$，最大为 $DN1200$；排水铸铁管最小为 $DN50$，最大为 $DN200$，有 $DN50$、$DN75$、$DN100$、$DN125$、$DN150$、$DN200$ 等六种规格。铸铁管每根长度以有效长度表示，给水铸铁管的长度为 $4\sim6$m，排水铸铁管较短，有效长度为500mm、1000mm、1500mm、2000mm。

直管规格

（GB 8716—88）（mm）　表 11-18

公称直径 DN	内径 d	有效长度 L	管身壁厚 δ	承口壁厚 t	承口深度 L_a	承插口间隙 $\dfrac{d_a-d_1}{2}$	承口倾斜 H
50	50	300, 500	14	≥10	≥40	≥10	≈4
75	75						
100	100	500, 600, 700, 800, 1000	17	≥13	≥50		
150	150		18		≥55	≥12	≈5
200	200		20	≥16	≥60		
250	250		22			≥15	≈6
300	300		24	≥20	≥70		
400	400		30	≥24	≥75	≥20	
500	500		35	≥28	≥80	≥25	≈7
600	600		40	≥32			

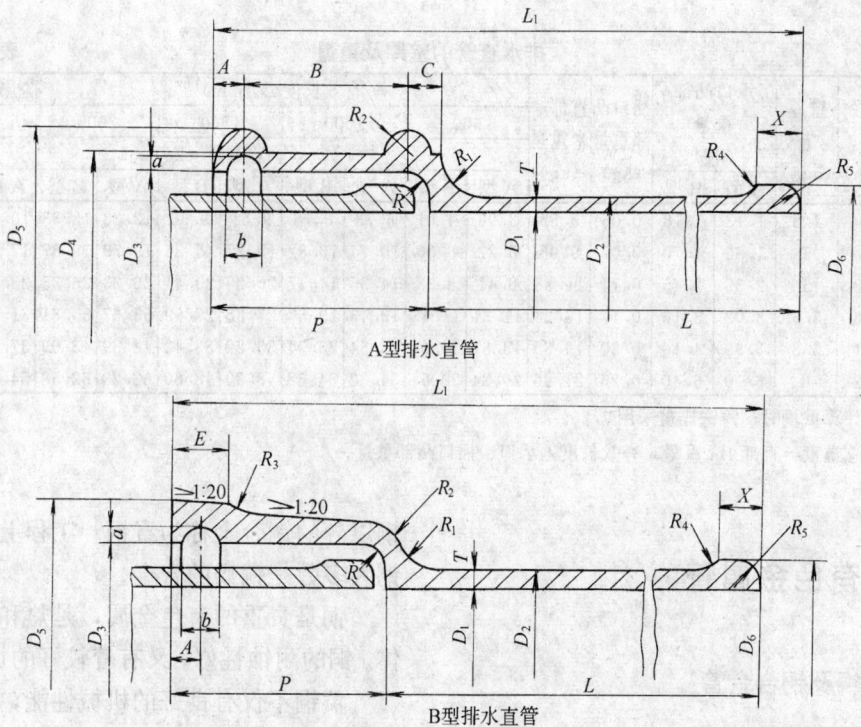

A型排水直管

B型排水直管

图 11-3　排水直管

注：承口凹槽和插口凸缘根据工艺特性或需方要求可不铸出

A 型排水直管承、插口尺寸（mm）　　　　　　　　　　　　表 11-19

公称口径 DN	管厚 T	内径 D1	外径 D2	承口尺寸												插口尺寸			
				D_3	D_4	D_5	A	B	C	P	R	R_1	R_2	a	b	D_6	X	R_4	R_5
50	4.5	50	59	73	84	98	10	48	10	65	6	15	8	4	10	66	10	15	5
75	5	75	85	100	111	126	10	53	10	70	6	15	8	4	10	92	10	15	5
100	5	100	110	127	139	154	11	57	11	75	7	16	8.5	4	12	117	15	15	5
125	5.5	125	136	154	166	182	11	62	11	80	7	16	9	4	12	143	15	15	5
150	5.5	150	161	181	193	210	12	66	12	85	7	18	9.5	4	12	168	15	15	5
200	6	200	212	232	246	264	12	76	13	95	7	18	10	4	15	219	15	15	5

B 型排水直管承、插口尺寸（mm）　　　　　　　　　　　　表 11-20

公称口径 DN	管厚 T	内径 D1	外径 D2	承口尺寸											插口尺寸			
				D_3	D_5	E	P	R	R_1	R_2	R_3	A	a	b	D_6	X	R_4	R_5
50	4.5	50	59	73	98	18	65	6	15	12.5	25	10	4	10	66	10	15	5
75	5	75	85	100	126	18	70	6	15	12.5	25	10	4	10	92	10	15	5
100	5	100	110	127	154	20	75	7	16	14	25	11	4	12	117	15	15	5
125	5.5	125	136	154	182	20	80	7	16	14	25	11	4	12	143	15	15	5
150	5.5	150	161	181	210	20	85	7	18	14.5	25	12	4	12	163	15	15	5
200	6	200	212	232	264	25	95	7	18	15	25	12	4	12	219	15	15	5

排水直管的壁厚及重量　　　　　　　　　　　　表 11-21

公称口径 DN (mm)	外径 D_2 (mm)	壁厚 T (mm)	承口凸部重量 (kg) A 型	承口凸部重量 (kg) B 型	插口凸部重量 (kg)	直部米重量 (kg)	有效长度 L (mm) 500 A 型	500 B 型	1000 A 型	1000 B 型	1500 A 型	1500 B 型	2000 A 型	2000 B 型	总长度 L_1 (mm) 1830 A 型	1830 B 型
50	59	4.5	1.13	1.18	0.05	5.55	3.96	4.01	6.73	6.78	9.51	9.56	12.28	12.33	10.98	11.03
75	85	5	1.62	1.70	0.07	9.05	6.22	6.30	10.74	10.82	15.27	15.35	19.79	19.87	17.62	17.70
100	110	5	2.33	2.45	0.14	11.88	8.41	8.53	14.35	14.47	20.29	20.41	26.23	26.35	23.32	23.44
125	136	5.5	3.02	3.16	0.17	16.24	11.31	11.45	19.43	19.57	27.55	27.69	35.67	35.81	31.61	31.75
150	161	5.5	3.99	4.19	0.20	19.35	13.87	14.07	23.54	23.74	33.22	33.42	42.89	43.09	37.96	38.16
200	212	6	6.10	6.40	0.26	27.96	20.34	20.64	34.32	34.62	48.30	48.60	62.28	62.58	54.87	55.17

注：1. 计算重量时，铸铁比重采用 7.20。

　　2. 总重量＝直部 1m 重量×有效长度＋承口、插口凸部重量。

11.4　有色金属管

11.4.1　铜及铜合金管

铜分为紫铜、黄铜、青铜和白铜。

纯铜呈紫红色，习惯上称紫铜。以锌为主要添加元素的铜合金称为黄铜。以镍为主要添加元素的铜合金叫做白铜，除了黄铜、白铜以外的铜合金称为青铜。工程上所说的青铜大多数是铜锡的合金。

铜是贵重的有色金属，是热和电的良导体。铜的耐蚀性好，又有着较好的加工性能。

黄铜不仅有良好的机械性能，良好的耐蚀性能和工艺性能，而且价格也较纯铜便宜。

青铜在大气、海水以及蒸汽中的耐蚀性比纯铜和黄铜还要好，耐磨性高，但铸造性差。

常用铜管有紫铜管（纯铜管）和黄铜管（铜合金管），紫铜管主要由 T_2 T_3 T_4 T_{UP}（脱氧铜）制造。黄铜主要由 H62、H68、HPb59—1等牌号的黄铜制造，铜及铜合金管可用于制氧，空调、高纯水设备、制药等管道，也可用于现代高档次建筑的给水，热水供应等。拉制铜管挤制铜管的规格见 GB 1527—87《拉制铜管规格》、GB 1528—87《挤制铜管规格》。拉制黄铜管。挤制黄铜管的规格参见 GB 1529—87《拉制黄铜管规格》、GB 1530—87《挤制黄铜管规格》。

11.4.2 铝及铝合金管

铝是银白色金属，密度较小，为 2.7～2.8，只有铁的 $\frac{1}{3}$，铝是热和电的良导体，铝具有较高的可塑性，它的机械强度较低，铸造性和切削加工性较差。

铝是一种活泼的金属，但它的钝化性很强，其表面易生成一层具有保护性的氧化膜，故有较高的化学稳定性，是一种良好的耐蚀材料，铝的纯度越高，其化学耐腐蚀性越强。

为改变铝的性能，常在铝中加入其他元素。如铜、镁、锰、锌等，就构成了铝合金，铝合金大大提高了铝的强度和硬度。

铝在低温状态下（0～−196℃）其强度和机械性仍然良好，所以可用于液化装置，深冷设备和低温管道。

铝制设备及管道不易污染产品，因此，铝管广泛应用于食品工业中。

铝管常用 L_2、L_3、L_4、L_5 牌号的工业铝制造，加工方法为拉制或挤压成型。

铝及铝合金管常用于输送浓硝酸、醋酸、脂肪酸、丙酮，苯类物质液体、硫化氢、二氧化碳等气体，有较好的耐腐蚀性能，但不能用于输送碱和氯离子的化合物，常用铝及铝合金管材的规格及机械性能见 GB 4436—84。

11.4.3 铅及铅合金管

铅是一种银灰色金属。铅硬度小，密度大。熔点低、可塑性好、电阻率大，易挥发。铅具有良好的可焊性和耐蚀性，阻止各种射线的能力也很强。

铅的强度较低，在铅中加入适量的锑，不但能增加铅的硬度，而且还能提高铅的强度。但如果加入的锑过多，又会使铅变脆，而且也会削弱铅的耐腐蚀性和可焊性。

铅有毒，不能用于食品工业的管道与设备。也不能用作饮用水的管道材料。

由于铅的强度和熔点较低，随着温度的升高，强度降低极为显著，因此，铅制的设备及管道不能超过200℃，温度高于140℃时，不宜在压力下使用。

铅的硬度较低，不耐磨，因此铅管不宜输送有固体颗粒、悬浮液体的介质。

软铅管是用 Pb_2、Pb_3、Pb_4、Pb_5、Pb_6 等牌号的纯铅制成；最常用的牌号为 Pb_4，硬铅管由铅锑合金制成，目前生产牌号为 Pb-Sb0.5～PbSb12。

铅管主要用于输送硫酸、盐酸、砷酸、磷酸等酸，但不能用于输送硝酸、有机酸和碱类溶液，更不能用作饮用水管道。纯铅管的规格参见国家标准 GB 1472—88《纯铅管的规格》，铅锑合金管参见国家标准 GB 1472—88《铅锑合金管规格》。

11.4.4 钛及钛合金管

钛是一种极耐腐蚀的金属，它具有重量轻、强度高、耐腐蚀和耐低温性能好等特点，已经广泛地应用于航天、航空、造船、石油化工以及仪器、仪表等方面，钛在常温下比较稳定，但从250℃开始，固态下即可强烈吸收氢，400℃吸收氧，600℃吸收氮。随着温度的升高，钛的活泼性急剧增大，由于钛具有高度的化学活性，在大气或含氧介质中，会立即形成薄而坚固的氧化膜，并具有自愈性，这就是钛极耐腐蚀的原因。

钛和钛合金管在高温下很容易被污染，生成氮化钛、氢化钛，碳与钛还可生成碳化物。这些化合物使钛的韧性急剧下降，性质变脆。

当温度超过700℃，逐渐形成白色磷状的二氧化钛。800℃以上表面的氧化膜很容易在钛中溶解，并且扩散到金属组织内部，形成0.01～0.08mm的中间脆断层。因而温度越高，加热时间越长，钛被氧污染得越厉害，所以管子和管件要避免热加工，必须热加工时，也要严格控制加热温度和加热时间，一般地加热温度控制在400℃以内。加热过程中应无水蒸气，最好略带氧化性，严禁用还原气氛或吸热式气氛加热。

钛的导热率较低，加工中容易产生表面硬化，使器具发热而钝化，给加工带来困难，金属切削时应选用较慢的切削速度，适当增大切削用量，加强冷却润滑以改善切削条件和防止表面加工硬化。

钛及钛合金管主要用来输送腐蚀性介质。常用钛及钛合金管参见国家标准GB 3620—83。

11.5 塑料管

塑料是以合成树脂为主要成分（树脂为塑料全部组成成分约40%～100%），加入填充剂、增塑剂、稳定剂、润滑剂和着色剂等填料而制成，但也有塑料是树脂本身，如有机玻璃等。树脂种类不同，其性能也就不一样，总起来看：塑料有以下的特性：

(1) 密度小

不加填料的塑料的密度约在0.85～2.2之间，是钢铁的1/8～1/4。

(2) 良好的电绝缘性

塑料一般有良好的电绝缘性，介质损耗小，如有机硅树脂和聚碳酸脂都有优良的电绝缘性，广泛用于电器、电子仪表，通风等部门。

(3) 耐腐蚀性

塑料对酸、碱和盐类有较好的抗腐蚀能力。

(4) 比强度高

塑料的强度一般比金属材料低，但由于密度小，其比强度较高。

(5) 成型工艺简单

塑料制品一般都可以用普通的加工方法加工，也可以用挤压、注射，胶贴等方法成型，工艺简单，生产效率高。

塑料按树脂的性质不同可分为热固性塑料和热塑性塑料。

1) 热固性塑料能在一定的温度下先软化，只有部分溶融，可塑成各种形状的制品，继续加热则伴随着化学反应的发生而变硬，变硬后再加热也不再软化，也不再具有可塑性，如果温度过高则分解，常用的热固性塑料有：酚醛塑料、氨基塑料，有机硅塑料和环氧树脂塑料等。

2) 热塑性塑料加热后软化具有可塑性，可制成各种形状的制品。冷却后又结硬，可多次反复成型。常用的热塑性塑料有：聚氯乙烯、聚酰胺、聚四氟乙烯、有机玻璃等。

11.5.1 聚氯乙烯管（PVC管）

聚氯乙烯（缩写代号PVC）是一种白色粉末状树脂，在树脂中加入稳定剂、增塑剂、填料和润滑剂等就可以制成硬聚氯乙烯。

硬聚氯乙烯的密度为1.35～1.6，约为普通钢的 $\frac{1}{5}$。硬聚氯乙烯的线胀系数比较大，一般为 $(6-8) \times 10^{-5}$ 1/K 是普通钢的5～6倍。管道安装时，特别是直线管段很长时，要处理好管道因受热膨胀的问题。

硬聚氯乙烯的导热系数较低，一般为0.15W/m·K，不能做换热器的材料，用它输送介质时有较好的隔热性能。

硬聚氯乙烯的耐热性能差，它的耐热温度与玻璃转化点有密切关系，硬聚氯乙烯是非结晶性的聚合物，没有明显的融点，当材料处于玻璃态的温度范围，具有良好的刚度和强度。而当温度一超过玻璃转化点时，刚度和强度则急剧下降，即软化了。所以硬聚氯乙烯的转化温度主要由其玻璃转化点决定。硬聚氯乙烯在80～85℃开始软化，130℃是柔软状态，到180℃即开始是韧性流动，对于硬聚氯乙烯管道的使用应充分注意这一点，一般长期使用的介质温度不宜超过60℃，当用增强材料制成的复合管道或作衬里管道时，输送介质的温度可达110℃。

硬聚氯乙烯的介电性能良好，其击穿电压在35kV/mm以上，即击穿1mm厚的硬氯乙烯板，需要35kV的高压。因此，硬聚氯乙烯可以用于既耐腐蚀又绝缘的场合。用硬聚氯乙烯作电解槽，就有既不腐蚀又不漏电的优点。用电火花检验器来检查硬聚氯乙烯焊缝的气密性就是利用了硬聚氯乙烯的高击穿电压这一特性。聚氯乙烯由于受光、热及长期风吹、雨淋等因素的影响性能逐渐变坏（强度降低、发脆、耐腐蚀性能降低等）。这种现象称为老化。聚氯乙烯薄膜老化现象明显，硬氯乙烯含的增塑剂较少，它的老化现象比软聚氯乙烯轻得多。

硬聚氯乙烯的机械性能比普通碳素钢差，在定温20℃时，短时的抗拉强度只有普碳钢的$\frac{1}{5}$左右，由于硬聚氯乙烯在低于室温的条件下就出现蠕变现象，因此短时抗拉强度不能作为选取许用应力的依据，而短时抗拉强度仍然是基本性能数据之一。

硬聚氯乙烯在常温下的抗冲击强度约为普碳钢的$\frac{1}{3}$，但随着温度的降低抗冲击强度也减少，只达到普碳钢$\frac{1}{8}$，低温状态下安装塑料管道时，应注意它的抗冲击性能差这一特点。

硬聚氯乙烯的长期强度与钢材不同，钢材在一定的安全系数下可以长期使用，变化不大，而硬聚氯乙烯则不然，其强度、刚度、抗冲击强度等机械性能受温度和时间的制约

较大。也就是说，前面我们所提到的塑料的机械性能是在常温状态下，且短时间内，硬聚氯乙烯在常温下的物理性能见表11-22。

硬聚氯乙烯物理机械性能（常温状态下）

表11-22

名　称	单　位	指标值
密度	g/cm³	1.35～1.60
马丁耐热度	℃	≥65
线胀系数	K⁻¹	(6～8)×10⁻⁵
导热系数	W/m·K	0.15
弹性模量	MPa	≥50
冲击韧性	N·cm/cm²	>1500
断裂延伸率	%	34

硬聚氯乙烯在常温（或低于50℃），除强氧化剂（如浓度超过50%的硝酸，发烟硫酸等）以外，能耐各种浓度酸类、碱类和盐类溶液的腐蚀。

硬聚氯乙烯的耐腐蚀性能和许多因素有关，温度越高，介质向聚氯乙烯内部的应力越大，腐蚀速度越快。

由于硬聚氯乙烯具有良好的耐蚀性能和一定的机械强度，目前广泛应用于化工、石油、制药等工业部门，以此替代不锈钢、铅、铜、铝、橡胶等重要工业材料，硬聚氯乙烯管道主要用于输送－15～60℃的酸，碱、纸浆等介质以及民用建筑排水和非饮用的工业用水。

聚氯乙烯塑料管是以聚氯乙烯为主要原料，配以稳定剂、润滑剂、颜料、填充剂、加工改良剂和增塑剂等。以热塑的方法在制管机内经挤压而成。分为硬聚氯乙烯管及软聚氯乙烯管两种。它有较高的化学稳定性，在水酸（浓硝酸和发烟硫酸除外）碱、盐类溶盐中稳定，并有一定的机械强度，在－15～60℃的温度下使用，广泛用于给排水工程和化工防腐蚀工程；但不能应用于芳香族的碳氢化合物，脂肪族与芳香族碳氢化合物的卤素衍生物、酮类等介质中，也不能用于输送食品。

给水硬聚氯乙烯管，该管用于输送温度

在45℃以下的建筑物内外给水。承压与温度有关：0≤t≤25℃：承压≤10MPa；25＜t≤35℃：承压≤0.8MPa；35＜t≤45℃时，承压≤0.63MPa。连接方式有密封圈承插连接和溶剂粘接承插连接。其外形规格见表11-23，硬聚氯乙烯排水管的规格见表11-24。

硬聚氯乙烯管（GB 10002.1—88）

外形规格（mm）　　　表11-23

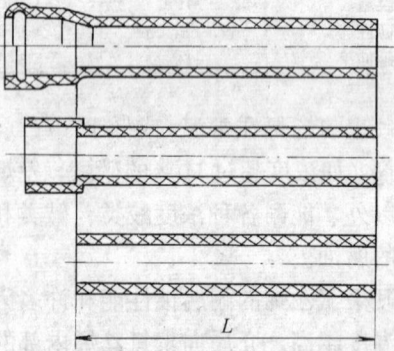

公称外径 DN		壁厚 δ			
		0.3MPa		1.0MPa	
基本尺寸	允许偏差	基本尺寸	允许偏差	基本尺寸	允许偏差
20	0.3	1.6	0.4	1.9	0.4
25	0.3	1.6	0.4	1.9	0.4
32	0.3	1.6	0.4	1.9	0.4
40	0.3	1.6	0.4	1.9	0.4
50	0.3	1.6	0.4	2.4	0.5
65	0.3	2.0	0.4	3.6	0.6
75	0.3	2.3	0.5	3.6	0.6
90	0.3	2.3	0.5	4.3	0.7
110	0.4	3.4	0.5	5.3	0.8

公称外径 DN		壁厚 δ			
		0.63MPa		1.0MPa	
基本尺寸	允许偏差	基本尺寸	允许偏差	基本尺寸	允许偏差
125	0.4	3.9	0.6	6.0	0.8
140	0.5	4.3	0.7	6.7	0.9
160	0.5	4.9	0.7	7.7	1.0
180	0.6	5.5	0.8	8.6	1.1
200	0.6	6.2	0.9	9.6	1.2
225	0.7	6.9	0.9	10.8	1.3
250	0.8	7.7	1.0	11.9	1.4
280	0.9	8.6	1.1	13.4	1.6
315	1.0	9.7	1.2	15.0	1.7

注：1. 壁厚是以20℃时诱导应力为10MPa确定的；

　　2. 管材长度为4m、6m、10m、12m。

11.5.2　丙烯腈-丁二烯—苯乙烯（ABS）管

丙烯腈—丁二烯—苯乙烯管是由苯乙烯—丙烯腈的共聚物同由 S—AN 和聚丁二烯反应生成的共聚物化合而成。用 A 代表丙烯腈，B 代表丁二烯，S 代表苯乙烯。因而丙烯腈—丁二烯—苯乙烯塑料称为 ABS 塑料。

ABS 塑料是一种比硬聚氯乙烯轻的塑料，它的密度为 1.03～1.07g/cm³，ABS 塑料具有良好的机械强度和较高的冲击韧性。

ABS 塑料的线膨胀系数较大，一般为 $10.0×10^{-5}1/K$。在 ABS 塑料管安装中要处理好管子热伸长的补偿问题。ABS 塑料的热变形温度从 65℃到 124℃，其热成型温度为 149℃或再高一些。ABS 塑料还具有良好的耐磨性，ABS 塑料的抗老化性较差，当暴露在太阳光下使用时，应采取相应的防护措施。

ABS 管是一种有韧性和抗冲击的塑料管，它的耐腐蚀性、耐冲击性均优于聚氯乙烯管，适用于输送腐蚀性强的工业废水、酸碱液、海水及纯水、高纯水、是水处理设备中的理想管道。ABS 系列产品经有关部门研究测定，无毒、无副作用，完全可以用来输送生活用水及食品工业。

ABS 塑料管按压力分为 B、C、D、三个压力等级：

B 级：P≤0.6MPa；

C 级：0.6＜P≤0.9MPa；

D 级：0.9＜P≤1.6MPa。

ABS 管的使用范围为−20～70℃。

11.5.3　聚丙烯管

聚丙烯（缩写代号 PP）是由丙烯在催化作用下聚合而成。聚丙烯的密度为 0.90～0.91g1cm³，比水轻，是最轻的塑料品种之一。

聚丙烯有很好的耐热性，它的融点为 170～176℃，因此聚丙烯的工作温度远远超过硬聚氯乙烯管，可达 110～120℃。

聚丙烯的热稳定性差，在高温下易发生分解。为了提高其稳定性，必须添加适当的抗氧化稳定剂。

聚丙烯的高温性能比硬聚氯乙烯强得多，但低温性能则不如聚氯乙烯。当温度低于0℃时，聚丙烯就明显变脆，抗冲击性能显著降低。

聚丙烯的线胀系数比硬聚乙烯大，一般为 $(10.8\sim11.2)\times10^{-5}1/K$，因此，在管道安装中对于管道的热伸长及其补偿应给予足够的重视。

聚丙烯对紫外线非常敏感，易老化。

聚丙烯是可燃的，在应用过程中应予注意。为克服这一缺点，人们已研究制造出耐火聚丙烯。

聚丙烯具有优良的化学耐蚀性，与硬聚氯乙烯相比，不仅在高温下，而且在室温下对某些化学药品的耐蚀性更强些。

聚丙烯能耐除卤素、发烟硝酸和高度氧化环境以外的无机化学试剂，对有机化合物，在室温下几乎对所有溶剂都不溶解，但是低分子量的脂肪烃、芳香烃和氯化烃能对它有软化和溶胀作用。

与硬聚氯乙烯相比，聚丙烯比聚氯乙烯轻。使用温度高，在100℃温度下使用仍能保持最初强度，因此，聚丙烯在有机化工、化学肥料、农药、医药合成、氯碱等工业生产中已逐步推广使用，用以替代不锈钢、有色金属等贵重金属材料，并能承受一定的压力和温度，取得较好的效果。聚丙烯同时还在农业排灌，城市污水、废水的排出，给水等

多种场合使用。

聚丙烯管主要是用挤压法生产，也可根据需要自行卷制加工，管子长度为6.0m，也有4.0m的，聚丙烯管材按其作用压力的不同，其规格分为标准型及重型两个系列，常温下标准管材使用压力不超过0.6MPa，重型管材使用压力不超过1.0MPa。

11.5.4 耐酸酚醛塑料管

耐酸酚醛塑料是以热固性酚醛树脂作为粘结剂，以耐酸材料（石棉、石墨、玻璃纤维等）作填料的热固性塑料。

耐酸酚醛塑料管具有良好的耐蚀性，能耐大部分酸性介质，有机溶剂等介质的腐蚀，特别是能耐盐酸、硫化氢、二氧化硫、三氧化硫、低浓度及中浓度硫酸的腐蚀，但不耐碱、强氧化性酸等。可用于输送化工腐蚀性介质，它易于挤压、卷制、模压成型和机械加工，但它的冲击韧性较差，使用温度一般为 $-30\sim130℃$。

耐酸酚醛塑料管不宜在有机械冲击，剧烈震荡，温度变化大的情况下使用。

11.6　其他非金属管

11.6.1　混凝土管和钢筋混凝土管

混凝土管和钢筋混凝土管可在专门的工厂预制，也可在现场浇制。混凝土管和钢筋混凝土管有三种形式：承插式、企口式、平口式，见图11-4。

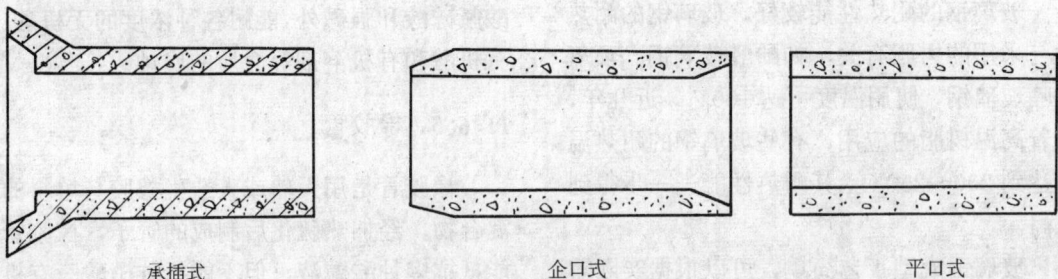

承插式　　　　　　企口式　　　　　　平口式

图11-4　混凝土和钢筋混凝土管的种类

混凝土管的管径一般不超过 600mm，长度不大于 1m，为了抵抗外压力，直径大于 400mm 时，一般配加钢筋，制成钢筋混凝土管，其长度在 1～3m。

混凝土管和钢筋混凝土管便于就地取材，制造方便，而且可根据抗压的不同要求制成无压管、低压管、预应力管，所以在排水管道系统中得到普遍应用。混凝土和钢筋混凝土管的主要缺点是抗酸碱侵蚀及抗渗透性差，管节短，接头多，比较笨重，搬运不便，施工复杂。

11.6.2 玻璃钢管

玻璃钢又叫玻璃纤维增强塑料，它是采用合成树脂为粘结剂，以玻璃纤维及其制品（玻璃布，玻璃毡等）为增强材料，用手糊法、机制模区法等制成，它集中了合成树脂和玻璃纤维的特点，具有质轻、比强度高，耐腐蚀、耐温、隔热、隔音及良好的工艺性能，所以广泛应用于机械制造、车辆、航空及石油化工等工业，这是一种新型的非金属防腐蚀材料，发展速度较快，用它可以制造管子，管件和设备等。

玻璃钢的密度较小，只有钢铁的 $\frac{1}{4}$～$\frac{1}{5}$，玻璃钢的抗拉强度是碳素钢抗拉强度的一半左右，所以它的比强度高。

玻璃钢的耐腐蚀性好，由于采用的树脂不同，它的耐腐蚀性也不同，如酚醛玻璃钢耐酸性能好，呋喃玻璃钢耐碱性能好，选择时，可根据需要来确定玻璃钢的种类。

玻璃钢的耐热性能较好，玻璃钢的耐热性与采用的树脂有关，如酚醛玻璃钢、环氧呋喃玻璃钢，使用温度可达 100℃，近几年，随着高温树脂的应用，有些玻璃钢的耐热温度达到 200～250℃，其耐热性能进一步得到提高。

玻璃钢成型工艺简单，可以根据实际需要制成任何形状的产品。用手工贴衬玻璃钢施工方法简单，适用于现场施工，整体层压玻璃钢可进行机械加工。

玻璃钢的弹性模量较低，制作大型设备和管道时刚性不足，有老化现象，在大气中强度变化不大，玻璃钢受潮后，强度降低，而在水中其强度降低较大。

玻璃钢管耐弯性较差，另外，有些原料有毒，影响施工人员的身体健康，手糊法玻璃钢质量不稳定。

玻璃钢管的公称直径为 20～1000mm，常温下工作压力达到 3.0MPa。

11.6.3 玻璃管

玻璃管是一种优良的耐腐蚀的非金属管，它具有稳定性高，光滑、透明、耐磨，保证物料清洁，价格低廉等优点，但玻璃管也存在耐温急变性差，质脆、不耐冲压，怕震动等缺点。

玻璃管可用于输送除氢氟酸以外的一切耐腐蚀性介质和有机溶剂，有时还用于需要观察介质流动的地方。

11.6.4 陶瓷管

陶瓷管是由二氧化硅（粘土），三氧化二铝等氧化物和水经焙烧而成，具有良好的耐腐蚀性，不透水性和一定的机械强度。

陶瓷管由于配方和焙烧温度不同分为耐酸陶瓷管，耐酸耐温陶瓷管和工业陶瓷管三种。

陶瓷管使用压力一般为低压，使用温度为常温状态，陶瓷管的耐蚀性较好；除氢氟酸氟硅酸和强碱外，能耐各种浓度的无机酸、有机酸和有机溶剂等介质的腐蚀。

11.6.5 橡胶管

橡胶管是用天然或人造生橡胶与填料的混合物，经加热硫化后制成的管子，橡胶管能抵抗多种酸碱液，但不能抵抗硝酸、有机酸和石油产品。

橡胶管按结构的不同分为普通生胶管、橡胶夹布压力胶管、橡胶夹布吸引胶管（带有金属螺纹线）、棉线、编织胶管、铠装胶管等五种。按用途不同分为输水胶管、耐热（输送蒸汽）胶管、耐酸碱胶管、耐油胶管、专用胶管（氧气、乙炔焊接用胶管）等。

普通全胶胶管全部用橡胶制成，可用于输送压缩空气、水、氧、乙炔及酸碱等介质。

棉线编织胶管由内胶层、棉线编织层以及外胶层构成。用于输送 $P \leqslant 2.0MPa$ 的氧气、乙炔气、空气、水、油品、蒸汽等介质。

为提高胶管的强度，在制造胶管时，在管壁中夹有多层帆布的胶管，称为铠装夹布压力胶管，按其结构和橡胶的配方不同，分为夹布输水胶管、夹布吸水胶管、夹布耐热胶管、夹布耐油胶管、夹布耐蚀胶管等。

小　结

管道按材料分为：金属管和非金属管。

金属管可分为钢管、铸铁管、铜及铜合金管、铝及铝合金管、铅及铅合金管、钛及钛合金管。

在管道工程中，钢管是应用量最大，用途最广泛的管材。常用钢管有焊接钢管和无缝钢管。焊接钢管又称有缝钢管，是由钢板、钢带等卷制，经焊接或熔接而成的管子。焊接钢管分直缝焊接钢管和螺旋缝焊接钢管，焊接钢管规格用公称直径来表示。无缝钢管是用钢坯经穿孔轧制而成的管子，无缝钢管有普通无缝钢管和专用无缝钢管，其规格用外径乘壁厚来表示。

铸铁管分承压铸铁管和排水铸铁管，承压铸铁管主要用于给水与煤气工程，排水铸铁管主要用于输送污废水。

有色金属管有：铜及铜合金管，铝及铝合金管，铅及铅合金管、钛及钛合金管。

非金属管可分为塑料管、混凝土管、钢筋混凝土管、玻璃钢管、陶瓷管、玻璃管和橡胶管。塑料管具有表面光滑、水力条件好，便于施工安装、防腐性能好，价格低廉等优点，越来越多的得到应用。

习　题

1. 焊接钢管分为哪几种，常用规格有哪些？如何表示？

2. 无缝钢管如何分类？无缝钢管如何表示？

3. 铸铁管如何分类？常用规格有哪几种？

4. 铜管如何分类？铜管有什么用途？

5. 铝管如何分类？用途是怎样的？

6. 聚氯乙烯管有何特点？

7. 聚丙烯管有何特点？用途如何？

8. 混凝土管有哪几种？其特点是什么？

9. 何谓玻璃钢管，其特点是什么？

10. 玻璃管的用途是什么？

11. 陶瓷管有何特点？

12. 橡胶管是如何分类的？用途怎样？

第 12 章 管 件

管件是指管路连接部分的成型零件，如管箍、弯头、三通、异径管、法兰等。

管道工程中常用的管件一般分为钢管件、铸铁管件和非金属管件。本章主要讲述常用管件的分类和作用。

12.1 钢管件及可锻铸铁管件

12.1.1 钢管件

钢管件是用优质碳素钢或不锈钢经特别模具压制成型。钢管件按制作方法和构造分三类：无缝钢管管件、焊接钢管管件和螺纹管件

（1）无缝钢管管件

无缝钢管管件是用压制法、推热弯法及管段弯制法制成，无缝钢管管件以其制作省工并适于在安装、加工场地集中预制，因而应用十分广泛无缝钢管管件与管道采用焊接连接。

1）弯头：管道转向处的管件是弯头。

A. 热弯弯头。无缝急弯弯头一般用20号钢钢管以推弯法或冲压制成，使用压力 $PN \leqslant 10MPa$。其特点是弯曲半径小，使用方便，焊接管件较省力省工。急弯弯头的弯曲半径有两种：$R=1.5DN$、$R=1.0DN$，急弯弯头的弯曲角度有两种：90°弯头和45°弯头。

B. 弯制成品弯头。弯制弯头一般采用无缝钢管，用弯管机加工而成，弯曲半径 R 一般在 $3DN$ 以上。

2）三通：三通是指一种可连接三个不同方向管道的T形管件。钢制三通均为压制，分为等径无缝压制三通，异径无缝冲压三通。

3）异径管（大小头）：异径管是指两端直径不同的管接头，分为同心异径管与偏心异径管。

为了管路安装施工的方便，无缝钢管管件已完全标准化，并由专门的工厂进行生产，常用的无缝钢管管件如图 12-1 所示。

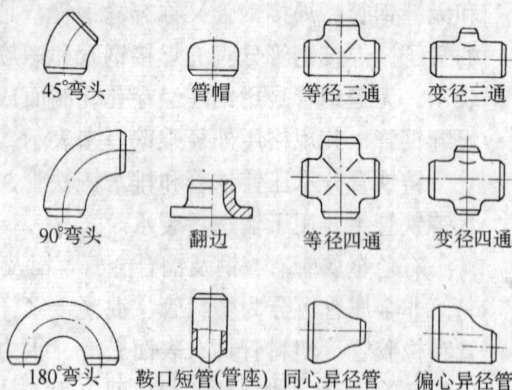

图 12-1 无缝钢管管件

（2）焊接钢管件

管件加工厂用无缝钢管或焊接钢管（大小头也可用钢板）经下料加工而成的管件，常用的焊接管件有焊接弯头，焊接三通和焊接大小头等，如图 12-2 所示。

12.1.2 可锻铸铁管件

可锻铸铁管件的规格为 $DN6 \sim DN150mm$ 适用于公称压力 $PN=1.6MPa$（试验压力为 $P_s=2.4MPa$），介质温度小于200℃，输送的介质为水、油、空气、煤气、蒸汽等的一般管道上的连接件，在室内给水、热水供应，供暖和供煤气工程中应用极为广泛。

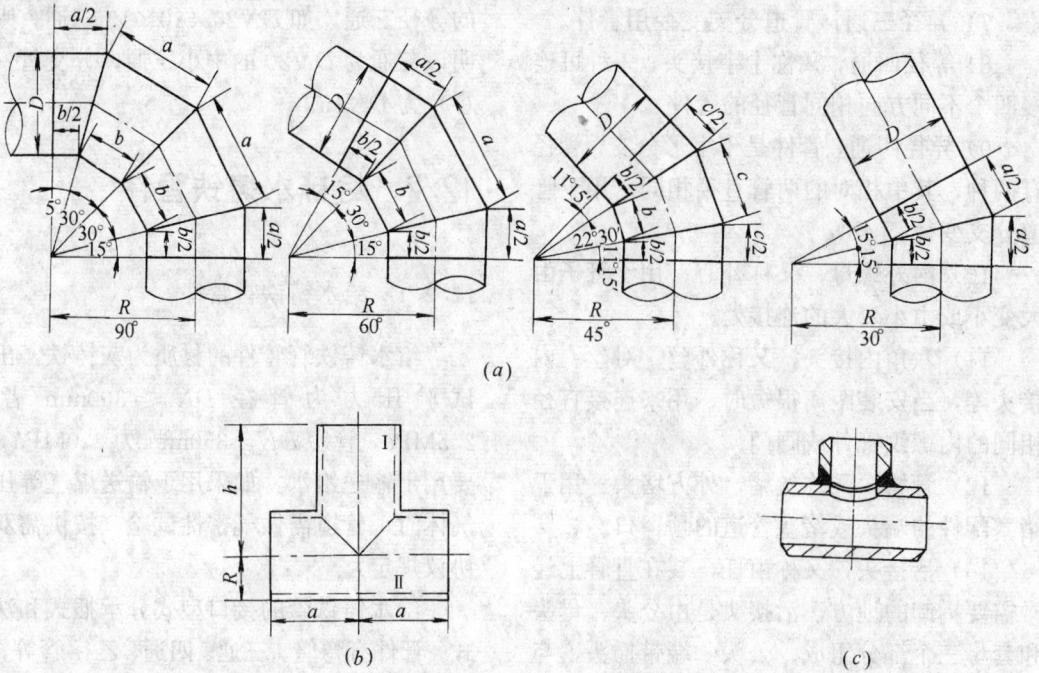

(a)

(b) (c)

图 12-2　焊接钢管件
(a) 焊接弯头的组成形式；(b) 焊接等径三通；(c) 焊接异径三通

可锻铸铁管件的种类很多，它的外形特点是带有厚边，而碳钢制成的外形则不带厚边，可锻铸铁制品均为螺纹连接，而碳素钢制品大多为焊接连接。可锻铸铁制品有镀锌和不镀锌的两种，常用的可锻铸铁管件种类如图 12-3 所示，其用途简述如下：

1）管箍　又称管接头，用于直线连接两根直径相同的管子。

2）异径管箍　又称大小头，异径管接头等，有同心和偏心两种。同心的用于直线连接两根直径不同的管子，偏心的用来连接同一管底（或管顶）标高的两根直径不同的管子。

3）弯头（90°弯头）　连接两根直径相同的管子或管件，又能使管道变向 90°

4）异径弯头（90°异径弯头）　既能使管道作 90°转向又能变径的管件。

5）45°弯头，又称 135°弯头，连接两根同径管子或管件又能使管道改变 45°方向。

6）等径三通，又称 T 型管，丁字管等，

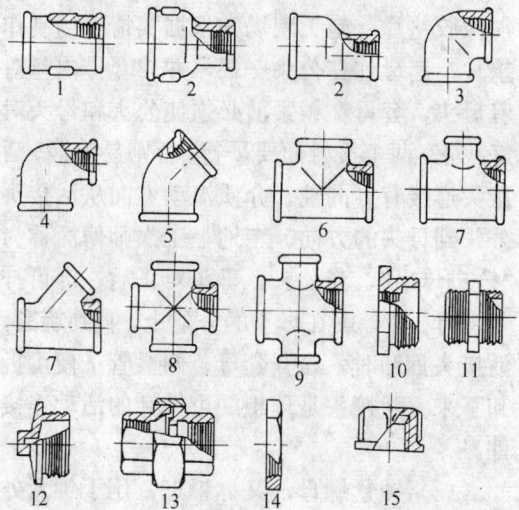

图 12-3　常用可锻铸铁管件
1—管箍；2—异径管；3—弯头；4—异径弯头；
5—45°弯头；6—三通；7—异径三通；
8—四通；9—异径四通；10—内外螺母；
11—六角内接头；12—外方堵头；13—活接头；
14—锁紧螺母；15—管帽头

管道分支用，可连接三个不同方向管道的管件。

375

7）异径三通，管道分支变径用管件。

8）等径四通，又称十字接头，一种可连接四个不同方向相同管径的管件。

9）异径四通，管件是十字形分支，管径有两种，其中相对的两管直径相同，用于管道分支变径。

10）内外螺母，又称补心，用于管子由大变小或由小变大的连接处。

11）六角内接头，又称外丝、对丝、内接头等，当安装距离很短时，用来连接直径相同的内螺纹管件或阀门。

12）管堵，又称丝堵，外方堵头、用于堵塞配件的端头或堵塞管道的预留口。

13）活接头，又称由任，装在直管上经常需要拆卸的地方，活接头是由公头、母头和套母三个部分组成。公头一端带插头，与母头的承口相匹配，内孔有内丝，母头的一端有内丝，另一端有外丝，连接时，公头上加垫片，蒸汽管加石棉橡胶垫片，温水管道加橡胶垫片。施工现场常根据实情现场制作垫片，套母加在公头一端，并使套母内丝对着母头，套母在锁紧前必须使公头和母头对好找正，两个接触面要平行，否则易渗漏，活接头连接有方向性，介质流动方向从活接头公头到母头的方向，工地上工人师傅简称为"公进母出"，当公头、母头对正后，即可拧紧套母。套母旋在母头的外丝上，直到旋紧，活接头拆卸时，松开套母，两段管子便可拆卸下来。活接头是理想的可拆卸的活动连接件。

14）锁紧螺母，又称根母，用于锁紧外接头或其他管件，常与长丝、管箍配套使用，代替活接头。

15）管帽，又称管子盖，用于封闭管道的末端。

管件的规格用公称直径来表示，如异径应在注明公称直径的同时，再注明异径管的规格，如公称直径为 20mm 的三通，记为 $DN20$ 三通，即完全表明该三通为公称直径

的等径三通，如 $DN20 \times 20 \times 15$ 三通，则表明该三通为 $DN20$ 的中小三通，分支管（中小）为 $DN15$。

12.2 给排水铸铁管件

12.2.1 给水铸铁管管件

给水铸铁管管件的材质为灰铸铁，出厂试验压力为管径 $DN \leqslant 300mm$ 者为 2.5MPa，管径 $DN \geqslant 350mm$ 为 2.0MPa，主要用于输送给水。如果用于输送煤气等压力气体时，管道需做气密性试验（按供需双方协议规定）。

给水铸铁管的接口型式分承插式和法兰式。管件有弯管、三通、四通、乙字管等，如图 12-4 所示。

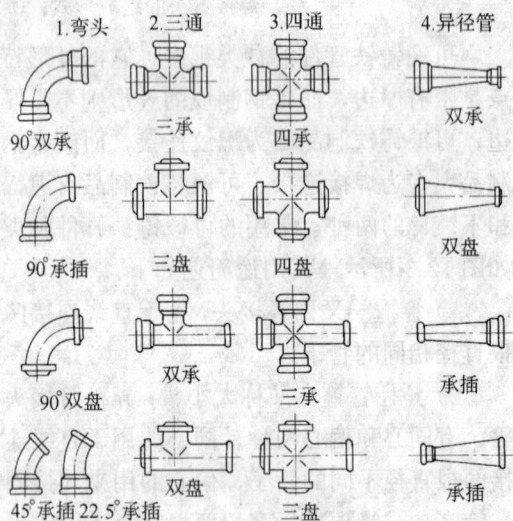

图 12-4　给水铸铁管的管件

12.2.2 排水铸铁管管件

排水铸铁管管件主要用于没有压力的排水管道，它是用灰口铸铁浇铸而成，常用的排水铸铁管管件有弯管、三通、四通、存水弯、套管、承插管箍等，如图 12-5 所示。

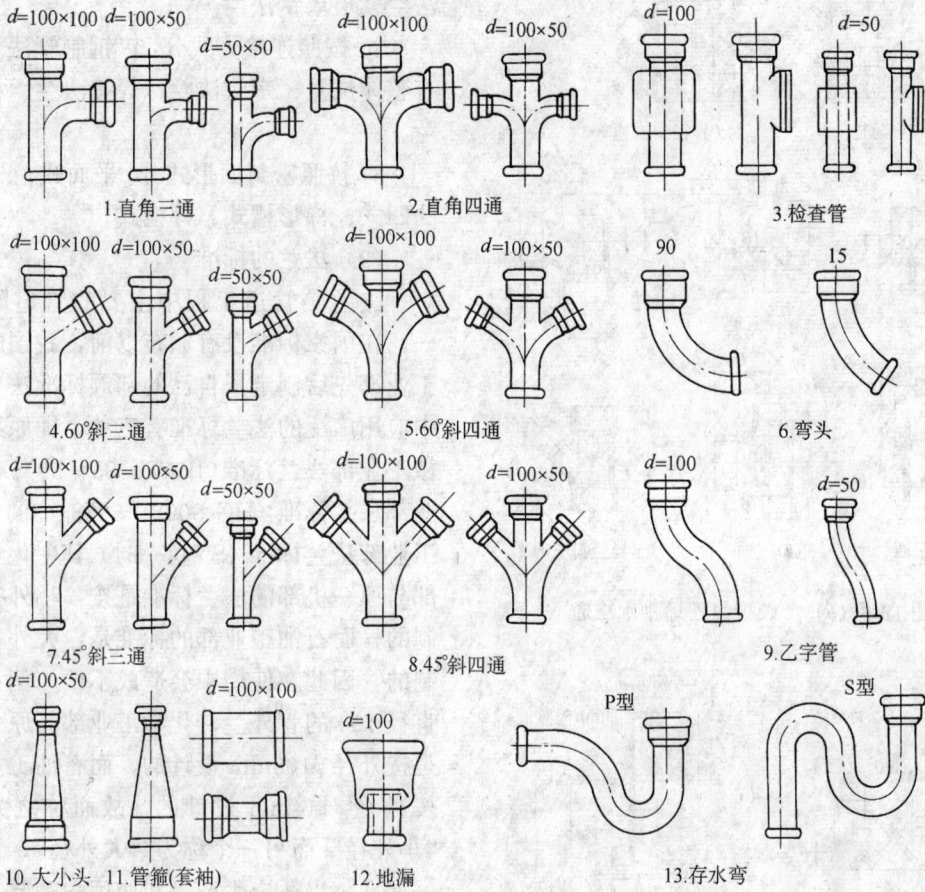

图 12-5　排水铸铁管管件

1.直角三通　　$d=100×100$　$d=100×50$　$d=50×50$

2.直角四通　　$d=100×100$　$d=100×50$

3.检查管　　$d=100$　$d=50$

4.60°斜三通　　$d=100×100$　$d=100×50$　$d=50×50$

5.60°斜四通　　$d=100×100$　$d=100×50$

6.弯头　　90　15

7.45°斜三通　　$d=100×100$　$d=100×50$　$d=50×50$

8.45°斜四通　　$d=100×100$　$d=100×50$

9.乙字管　　$d=100$　$d=50$

10.大小头　　$d=100×50$　11.管箍(套袖)　　$d=100×100$

12.地漏　　$d=100$

13.存水弯　　P型　S型

12·3　塑料管管件

　　塑料管件主要介绍注塑成型的硬聚氯乙烯管件,常用的三通、四通、弯头、检查口、伸缩节、存水弯等如图 12-6 所示。

12·4　法兰

　　法兰是用于连接管子、设备等的带螺栓孔的突缘状元件。

　　法兰连接就是把接在两个设备或管子口的相对的垂直于连接轴线上的一对法兰,中间加入垫片,然后用螺栓拉紧,使其成为一个严密整体的一种可拆卸接头,主要用于管子与管子、管子与管道附件(如阀门)。管子

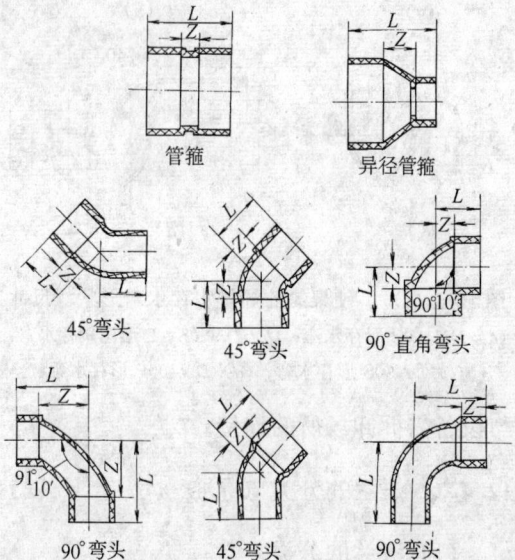

管箍　　异径管箍

45°弯头　　45°弯头　　90°直角弯头

90°弯头　　45°弯头　　90°弯头

图 12-6（a）　硬聚氯乙烯排水管管箍、弯头

45°斜三通　　　45°异径斜三通

T形三通　　　异径三通　　　90°三通

90°异径三通　　　瓶口三通　　　45°异径斜三通

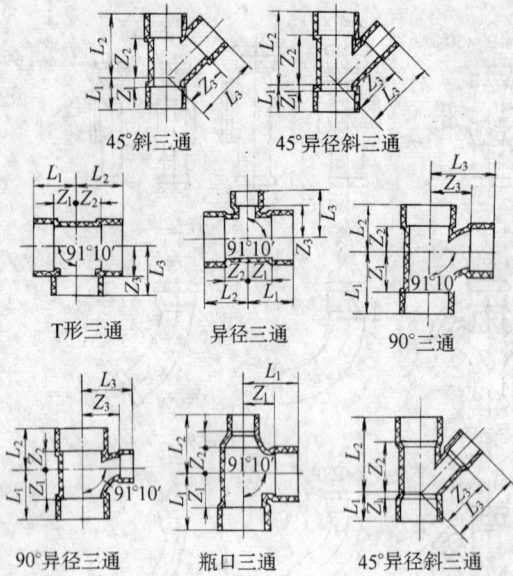

图 12-6 (b)　硬聚氯乙烯排水三通

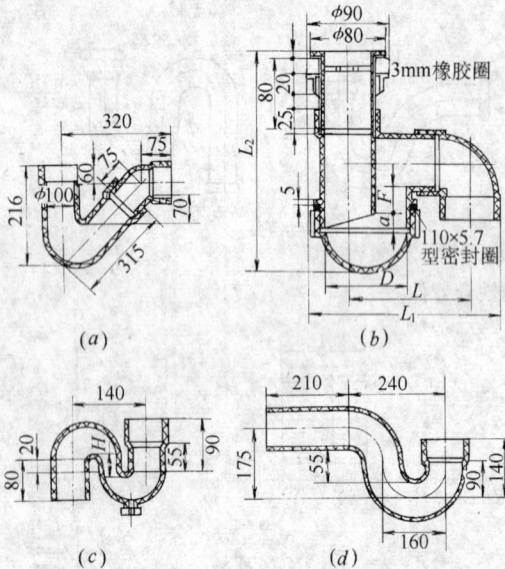

图 12-6 (c)　硬聚氯乙烯排水存水弯形状、尺寸
(a) DN100P 形存水弯；(b) DN50S、P 形两用存水弯；
(c) DN50S 形存水弯；(d) DN100P 形存水弯

与设备需拆卸场所的连接。

12.4.1 法兰的分类与标准

(1) 法兰的分类

1) 按法兰的材质分：铸铁法兰、钢法兰、塑料法兰、有色金属（铜、铝）法兰、玻璃法兰、玻璃钢法兰。

2) 按照连接方式分：以钢制管法兰为例有整体法兰、螺纹法兰、焊接法兰、松套法兰。

3) 按照密封面形式分：平面式、凸面式、凸凹式、梯形槽式、榫槽式。

(2) 法兰的标准

法兰是管道工程中主要的管道附件之一，在国家标准没有颁布以前，我国的一些工业部先后制定了自己的部颁标准法兰，其中应用广泛的法兰标准有三种，即原第一机械工业部法兰标准（JB 78—85—59）、化学工业部法兰标准（HG 5008—5028—58），石油工业部法兰标准（SYJ4—64）其中化学工业部与原一机部的法兰标准是按："小外径"编制的，而石油工业部的标准是："大外径"编制的，因此在使用中会造成不便。例如公称直径 100 的管外兰，化学工业部与原一机部是按外径 ϕ108mm 设计的，而石油工业部是按外径 ϕ114mm 设计的，故而称之为一个"小外径"而另一个称为"大外径"，为了统一标准，以适应生产力和使用的需要，国家机械工业委员会对铸铁法兰和钢制管法兰，石棉橡胶垫片技术条件及压力温度等级。制定了一系列国家标准，这些标准的铸铁制法兰适用于公称压力 PN 为 $0.25 \sim 2.5$MPa，公称直径为 $DN10 \sim 100$mm。灰铸铁管法兰按国家标准 GB 4216—84 钢制法兰适用制造。于公称压力 PN 为 $0.25 \sim 42.0$MPa，公称直径 DN 为 $10 \sim 4000$mm。钢制管法兰按国家标准 GB 9112—88～GB 9131—88 制造新建工程、扩建工程、改建工程设计法兰时，原则上应采用新颁布的国家标准，但由于新旧标准同时存在，且管道维修工程多为已有工程维修，故在原"三部"制定的法兰标准没宣布废止以前，仍可使用。

12.4.2 法兰与管子的连接

法兰与管子的连接方式有螺纹、平焊、对

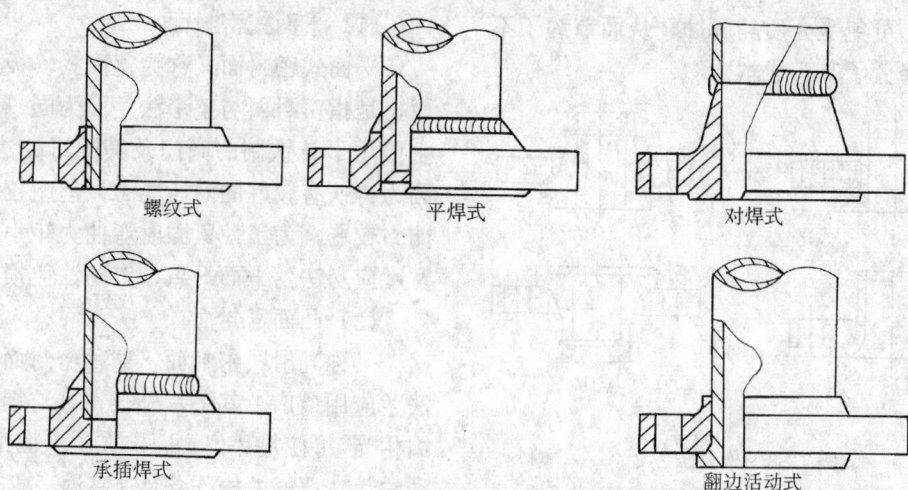

图 12-7 法兰按其与管子连接形式分类

焊、承插焊和翻边活动式（又称松套法兰）等5种，如图11-7所示。

（1）螺纹法兰

法兰内带有螺纹，是采用螺纹连接装配于管端上，分为低压螺纹法兰和高压螺纹法兰，低压螺纹法兰分为铸铁制和铸钢制法兰，主要应用于水煤气管路上。高压螺纹法兰全部是合金钢的。螺纹连接的法兰、不宜使用在反复波动的场合，容易泄漏。螺纹钢法兰参见 GB 9114.1～4—88。

（2）焊接法兰

管道与法兰采用焊接连接的法兰，分为平焊法兰、对焊法兰和承插焊法兰。

1）平焊法兰。平焊法兰分为带颈平焊法兰，板式平焊法兰，平焊法兰是将管子插入法兰内圈焊接的法兰，其优点是制造简单、成本低，但焊接工作量大，焊条消耗多，经不起高温、高压、反复弯曲和温度波动的作用，一般用于低压 $PN \leqslant 2.5MPa$，常温，工作温度 $t \leqslant 300℃$ 的管路。带颈平焊法兰见国家标准 GB 9116.1～25—88《带颈平焊钢法兰》，板式平焊法兰见国家标准 GB 9119.1～10—88《板式平焊钢法兰》。

2）对焊法兰。带颈的、有圆管过渡的、与管子对焊连接的法兰是对焊法兰。对焊法兰与其他法兰的不同之处在于法兰与管子焊接处有一圈长而倾斜的高颈，此段高颈的厚度通过高颈逐渐过渡管壁厚层，于是降低了应力的不连续性，因而增加了法兰的强度，对焊法兰适用于要求比较严峻的场合，如由于管道热膨胀或其他荷载而使法兰处受的应力较大或应力变化反复的场合。压力或温度大幅度波动的管线或高温、高压及低温的管道应使用对焊法兰。对焊法兰也用于输送价格昂贵、易燃、易爆介质的管路上。对焊法兰见国家标准 GB 9115.1～36—88《钢制对焊法兰》。

3）承插焊法兰。其基本形状与平焊法兰相同，管子插入法兰内焊接。带颈承插焊法兰见国家标准 GB 9117.1～8—88。

（3）松套法兰

松套法兰也叫活套法兰，分为平焊钢环松套法兰，如图12-8（a），板式翻边松套法兰，如图12-8（b），对焊环松套法兰，如图12-8（c）。由图可知，这种法兰是利用翻边、钢环等把法兰套在管端上，法兰可以在管端上活动。钢环或翻边就是密封面。法兰的作用是把它们压紧。由此可见这种法兰被钢环或翻边挡住，不与介质接触。如输送介质为腐蚀性介质时，管材采用不锈钢管，法兰采用碳钢，可免受介质的腐蚀，从而节约了不锈钢，降低了节头成本。

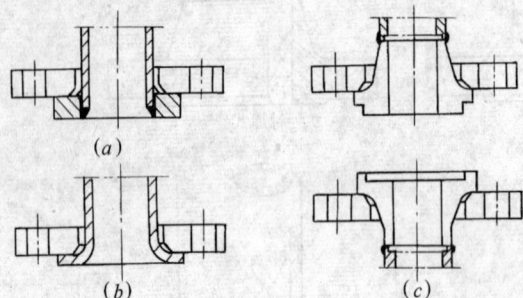

图 12-8　松套法兰
(a) 管口平焊环松套式；(b) 管口板式翻边松套式；
(c) 对焊环松套式

（4）整体法兰

这种法兰与设备、阀体和管路制成一体。整体法兰见国家标准 GB 9113.1～26—88

（5）法兰盖

也称盲板法兰，是中间不带孔的法兰，供封住管道堵头用，法兰盖见国家标准 GB 9123.1～36—88

12.4.3　法兰的密封面

法兰密封面有平面、凸面、凸凹面、榫槽面、梯形槽面，如图 12-9 所示。

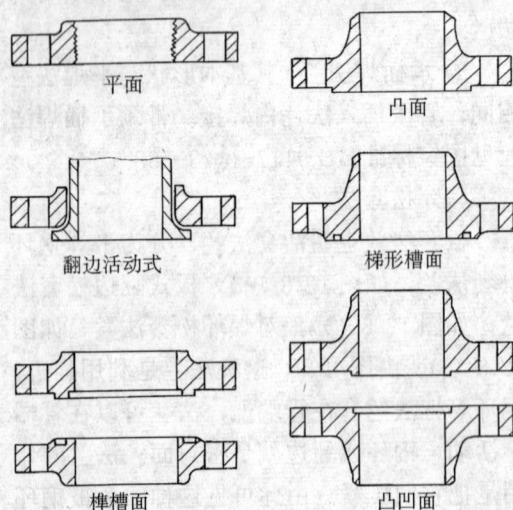

平面
凸面
翻边活动式
梯形槽面
榫槽面
凸凹面

图 12-9　法兰密封面形式

（1）平面式密封面

平面式密封面又称为宽面式、板式密封面，是指密封面与整个法兰面为同一平面它主要用于铸铁制的阀门及其配对的法兰等。因为铸铁有较好的耐压能力，但耐拉抗震的能力较弱，为了使紧固时弯曲力矩小，垫片宽度应与法兰平面一致，以防法兰损坏。

（2）凸面密封面

又称光滑式密封面，这种密封面型式的法兰应用最广，其垫片外径正好与螺栓孔圆周相当，可使垫片位置固定在法兰面中央。这种法兰在严峻的操作条件（高温、高压）下，使用效果可能不太令人满意，但对于一般的操作条件均可适应，不同的压力温度等级，法兰面上的凸起高度是不同的，凸面上加工有螺旋或同心圆槽沟，称为齿形槽（又称为水线，深度为 0.4mm，间距为 0.8mm 的同心圆）。当螺栓拧紧后，这些齿形槽的边缘可使垫片变形并压住垫片。

（3）凸凹面密封面

一对法兰的密封面，一面呈凹形，一面呈凸形，其特点是垫片嵌在凹面的槽中，减少了垫片被吹出的可能性，密封性能好；其缺点为两密封面不一样，维护检修时拆卸难度大。因此，不像凸面法兰那样应用广泛。

（4）榫槽式密封面

一个有榫，一个有与榫相匹配的槽。垫片放入凹槽内，被榫面压住，既不能移动，又不会被插入管内，同时减少了介质对垫片的侵蚀。这种密封比凸凹式还窄，在同样的螺栓拉力下，其密封性能比凸凹式高。因此，易燃、易爆、有毒性介质以及其他贵重介质都可采用。但由于检修时垫片不易取出，加工比较复杂，故在一般场合不推荐使用。

（5）梯形槽密封面

又称为环连接面密封面。法兰密封面上有一环槽，在槽内放入椭圆形或八角形金属垫片，螺栓拧紧后具有很高的密封性，对安装要求不是太严，应用于高温高压的介质。

凸凹式密封面，榫槽式密封面，梯形槽式密封面法兰在拆卸时，必须在轴向将法兰分开，因此在管线设计时要考虑有将法兰在轴向分开的可能。

12.4.4 法兰紧固件和垫片

（1）法兰紧固件

是指连接法兰的螺栓、螺母和垫圈。

螺栓按其外形分为单面螺栓和双面螺栓，单面螺栓只在螺杆的一端加工螺纹，而另一端是连在螺杆本体上的螺丝头。法兰用单面螺栓通常采用六角螺丝头，简称六角螺栓；双面螺栓的两端都加工螺纹，外形呈柱形，所以又称双面螺柱。单面螺栓拉紧力较大时，容易在螺杆和螺丝头连接处断裂，故不能用于中高压法兰上。双面螺栓不仅可以用于中、高压法兰，而且便于从双面拧紧。

法兰螺栓所用螺母，一般也用六角的，分为 A 型和 B 型两种。A 型螺母与被连接接触表面是平的，只有另一面的六角上倒圆；B 型螺母的两面均倒圆，因此，A 型螺母的接触面积较 B 型大。

螺栓按制造方法分为粗制螺栓、半精制螺栓和精制螺栓。粗制螺栓除了螺纹部分外，其余部分的外表面不进行加工，是毛坯的外形，比较粗糙，多用普通碳素钢制造，其所能承受的拉紧力不高，半精制螺栓和精制螺栓要进行精加工。有的还进行热处理，多用优质碳素钢或合金结构钢制造，其所承受的拉紧力大，能耐高温。

螺栓的尺寸规格以螺栓直径×螺杆长度来表示。在选择螺杆长度时，应在法兰拉紧后，使螺杆突出螺母尺寸为 3～5mm，但不应少于 2 个螺丝扣。

在选择螺栓和螺母材料时，应注意螺母材料的硬度，不要高于螺栓的硬度，避免螺母括坏螺杆上的螺纹。

（2）垫片

为防止介质泄露，设置在静密封面之间的密封元件是垫片、常用的垫片有：

1）橡胶垫片。用橡胶制成的垫片，橡胶垫片具有弹性好，防水性能好等特点。橡胶垫片按其性能分为普通橡胶垫片，耐酸碱垫片和耐油垫片。橡胶垫片由于弹性好，所以其密封性能好，常用在温度 60℃ 以下，公称压力 $PN \leqslant 1.0MPa$ 的低压水、酸碱等管路中。

2）石棉绳（板）垫片。石棉垫片是以石棉纤维和粘结剂混合而成的材料制造的垫片。石棉垫片的优点是耐高温、不易燃烧，缺点是不耐水浸、易破碎，一般用在温度为 500～600℃，压力不太高的烟气管路上。

3）橡胶石棉板。这种垫片是用橡胶、石棉及填料经过压缩制成的板状衬垫材料。橡胶石棉板广泛应用于压缩空气、蒸汽、煤气、氢气、盐水及酸碱等介质的管路中，是用量最大的一种垫片。公称直径 DN 为 10～80mm 的管子，垫片厚度为 1.5mm，管子的公称直径 DN 为 100～350mm，垫片厚度为 2mm，公称直径 $DN > 400mm$，垫片厚度为 3mm。

4）塑料垫片。塑料垫片有着较好的耐蚀性能，常用在酸碱管路上。常用的有聚氯乙烯垫片、聚四氟乙烯垫片、聚乙烯垫片，使用时根据介质的操作温度，介质压力选用。

5）石棉缠绕式垫片。这种垫片是由 V 形或 W 形断面的金属带夹石棉带或（缠）聚四氟乙烯带，沿垫片断面中心线缠绕而成。这种垫片制造简单，价格便宜，材料的利用率高，对法兰密封面光洁度要求不高。具有多道密封作用，密封性能好，广泛应用在温度、压力较高的一般工艺物料的管路上。

6）金属垫片。用钢、铜、铝、镍或金属合金等金属制成的垫片，这类垫片可用于高温高压的管路中，金属垫片有齿形、平形、波形、椭圆形、八角形、透镜形金属垫片等，如图 12-10 所示。

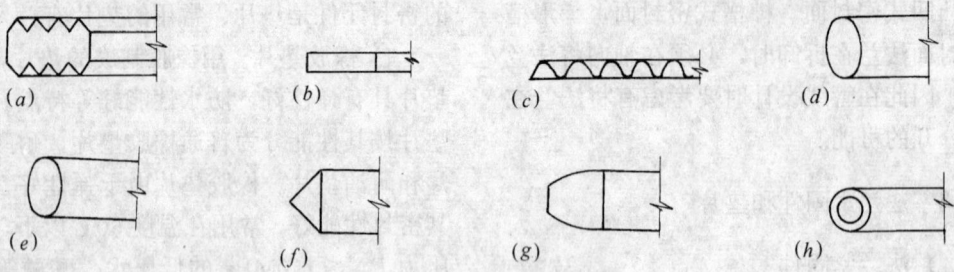

图 12-10　金属垫片的种类

(a) 齿形金属垫片；(b) 平形金属垫片；(c) 波形金属垫片；(d) 椭圆形金属垫片
(e) 八角形金属垫片；(f) 三角形金属垫片；(g) 透镜形金属垫片；(h) 空心金属"O"形垫环

小　结

管件一般分为钢管件，铸铁管件和非金属管件。

钢管件是用优质碳素钢或不锈钢经特别模具压制成型的，与管道焊接连接。

可锻铸铁管件是常用的螺纹管件，种类多，用途广。

铸铁管件按用途分为给水铸铁管管件和排水铸铁管管件，排水铸铁管管件较给水铸铁管管件壁薄，承口浅，外表粗糙、工程上是不难鉴别的。

非金属管件本章主要讲述了硬聚氯乙烯塑料管件，随着科学技术的进步与发展，塑料管的用途日趋广泛。目前，塑料管件已标准化。

法兰是工业管道上常用的管配件，本章主要讲述了钢制管法兰的种类、型式及应用。

习　题

1. 常用钢制管件有哪些？各有何用途？
2. 可锻铸铁管件有哪些，各有何用途？
3. 给水铸铁管件有哪些，各有何用途？
4. 常用的排水管件有哪些？
5. 施工现场如何识别给排水铸铁管管件？
6. 法兰是如何分类的？
7. 法兰的密封面有哪几种？各适用于何种场所？
8. 什么是法兰垫片？常用的垫片有哪几种，各适用于何种场所？

第 13 章　管道安装的基本操作技术

管道在安装过程中，对管子、管件以及与之连接的设备、仪表进行加工、安装、调整、测量等，这些都属于管道的操作技术及管工的专门工艺。本章将介绍管工的专门工具和工艺，以及有关的安全技术知识。

13.1　管工常用工具及机具

13.1.1　管工常用工具

(1) 管子台虎钳

又称为龙门钳、龙门轧头，如图 13-1 所示，它是用来夹持管材以便进行管道加工的主要夹具，管子台虎钳分转盘式和固定式两种，外形基本相同，转盘式的钳体可以旋转，固定式就无此优点。管子台虎钳的规格是按钳口的大小来表示的，有 75、100、125、150、200、250mm 等 6 种规格，见表 13-1。

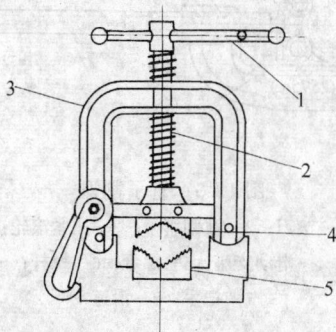

图 13-1　管子台虎钳

1—手柄；2—丝杆；3—龙门架；
4—上牙板；5—下牙板

(2) 钢锯

钢锯又称手锯，由锯架、锯条和锯把组成，如图 13-2 所示，钢锯是用来锯割金属材料的一种工具。

管子台虎钳规格表　　表 13-1

号数	1	2	3	4	5	6
夹持管子最大外径（mm）	70	90	110	150	200	250

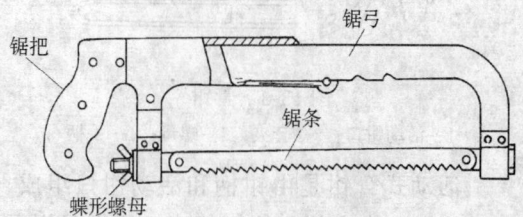

图 13-2　钢锯

目前大多采用活络锯架。锯架分二段组成，前段可在后段中伸出缩进，从调节不同位置装上不同长度的锯条，此种金属架可装长度为 200、250、300mm 三种不同长度的锯条。

锯条规格有 200、250、300mm 等几种，锯条宽为 15mm，厚度为 0.75~1.0mm，锯齿成 55~60°，相邻锯齿互相分开，以免卡住锯条。锯条每英寸长内有 18 个齿的称为粗齿锯条，适用于切断 $DN40$~$DN200$mm 的钢管，每英寸内有 24 个齿的称为细齿锯条，适用于切断 $DN40$mm 以下的钢管。细齿锯条还可用来切断较硬的金属管材。

装锯条时，锯齿应向前，不能装反，这是因为手锯在向前推动的时候才起切削作用，锯条不能装得过紧或过松，太紧了就失去了应有的弹性容易折断，太松了会使锯条发生扭曲，也容易折断，锯割时锯缝容易歪斜。一般松紧程度以两个手指将调节螺钉旋紧至锯条挺直弹性消失为止。装好后应检查锯条是否装得歪斜扭曲，因为前后夹头的方榫与锯架方孔导管有一定间隙。如有歪斜，扭曲到要校正后使用。

(3) 管钳与链钳

管钳与链钳是用来安装、拆卸各种丝扣连接的管道、配件和阀门的，常用的管钳为活动式管钳，如图 13-3 所示。

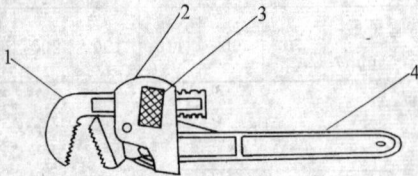

图 13-3 管钳

1—活动钳口；2—套夹；3—螺母；4—手柄

活动式管钳是由钳柄和活动钳口组成，活动钳口用套夹钳和钳柄相连。用螺母根据管径大小调整至适当紧密，钳口上有轮齿，以便咬牢管子转动，使用时应使两手动作协调，防止打滑。

链钳如图 13-4 所示，用于安装和拆卸直径较大的螺纹连接的钢管和管件。在作暂时固定和狭窄处无法用管钳进行安装或拆卸螺纹连接管件时，也常用到链钳。

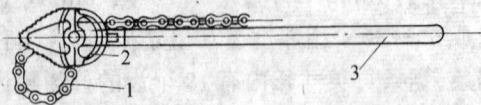

图 13-4 链钳子

1—链条；2—钳头；3—手柄

管钳及链钳的规格是以它的长度划分，分别应用于相应的管子和管配件，其使用范围见表 13-2。

(4) 管子割刀

管子割刀如图 13-5 所示，是用来切断各种金属用的一种手工用具。通常用于切断管径 100mm 以内的钢管。用管子割刀切割管子时先把管子放在台虎钳内夹紧好，然后再将管子套在割管器的两个滚轮和一个滚刀之间，将刀刃对准管子切割，拧动手把，使滚轮夹紧管子，然后转动螺杆滚刀即沿管壁切入，边转动螺杆，边拧动手把，滚刀不断切入管壁，直至切断为止。

管钳、链钳的规格及使用范围

表 13-2

名称	规格 (mm)	夹持管子最大外径(mm)	名称	规格 (mm)	夹持管子最大外径（mm）
管钳	150	20	链钳	900	50～150
	200	25		1000	50～200
	250	30		1200	50～250
	300	40			
	350	45			
	450	60			
	600	75			
	900	85			
	1200	110			

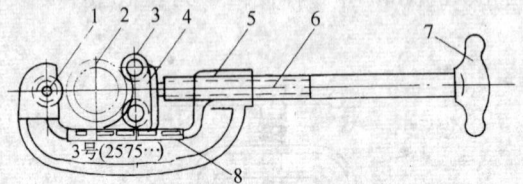

图 13-5 管子割刀

1—滚刀；2—被割管子；3—压紧滚轮；

4—滑动支座；5—螺母；6—螺杆；

7—把手；8—滑道

管子割刀规格见表 13-3。

管子割刀规格表　　　表 13-3

型 号	1	2	3	4
切割管子公称直径 DN （mm）	≤25	15～50	25～80	50～100

（5）扳手

扳手种类规格较多，有活络扳手、固定扳手，整体扳手（分为正方形、六角形、梅花扳手），套筒扳手，猴头扳手。管道工常用的扳手有：

1）活络扳手

如图13-6所示，活络扳手由扳柄1、活络钳口2组成，调整螺母3以调整活络钳口2成不同的开口。活络扳手的规格按长度划分，见表13-4，活络扳手使用时应让固定钳口受主要作用力。如图13-7所示，否则会损坏扳手。

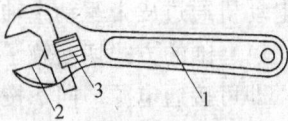

图13-6 活络扳手

1—固定钳口扳柄；2—洛络钳口；3—调整螺母

活络扳手尺寸表（mm） 表13-4

长度	100	150	200	250	300	375	450	600
开口最大宽度	14	19	24	30	36	46	55	65

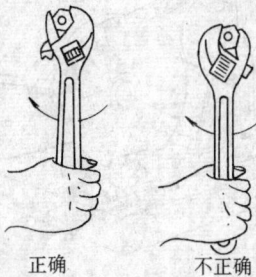

正确　　　　　不正确

图13-7 活络扳手的使用

2）梅花扳手：

如图13-8所示，当螺母和螺栓的周围空间狭小，普通扳手不能使用时，应采用梅花扳手，梅花扳手的优点是它只要转过30°，就能调换方向，此开口扳手强度高，因为它受力的接触面多，同时也比较安全可靠。

图13-8 梅花扳手

3）套筒扳手：

是由一套尺寸不等的梅花型套筒组成，主要使用在普通扳手难以接近的地方，它比梅花扳手更为灵活。

使用活络扳手、梅花扳手，套筒扳手，应选用合适的规格，扳手套上螺母或螺钉后不得晃动，并应卡到底。这样操作起来才能安全、合理，避免螺母及扳手的划伤。

（6）管子铰板

管子铰板又称带丝，如图13-9所示，是手工铰制金属管螺纹（习惯上称套丝）用的工具，管子铰板由机身、扳把、板牙三大部分组成。

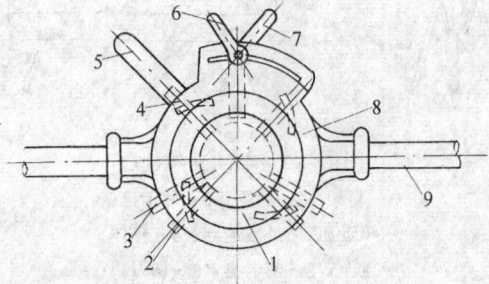

图13-9 板牙架结构

1—固定盘；2—板牙（4块）；3—后卡爪（3个）；
4—板牙滑轨；5—后卡爪手柄；6—标盘固定螺丝把；
7—板牙松紧装置；8—活动标盘；9—扳把（手柄）

铰板规格分为1号、2号两种，1号铰板可套 $DN15\left(\frac{1}{2}''\right)$、$DN20\left(\frac{3}{4}''\right)$、$DN25(1'')$、$DN32\left(1\frac{1}{4}''\right)$、$DN40\left(1\frac{1}{2}''\right)$、$DN50$（$2''$）等六种不同规格的管螺纹，2号铰板可套 $DN65\left(2\frac{1}{2}''\right)$、$DN80$（$3''$）、$DN100$（$4''$）等三种不同规格的管螺纹、每种规格的管子铰板都分别附有好几套相应的板牙，每套板牙都可以套两种尺寸的螺纹，每组板牙为四块，

刻有 1~4 的序号，分别与机身每个板牙孔口处的序号相对应。安装时，先将刻线对准固定盘"0"的位置，然后按板牙上的数字序号与管子铰板上的数字序号相应的顺序插入牙槽内，否则，管子铰板不能正常使用。

13.1.2 管工常用机具

(1) 电动套丝机

电动套丝机除完成套丝的工作外，还可对管子切断、倒角等。如图 13-10 所示的 TQ-3 型电动套丝机，它主要由主轴夹板、减速箱、切管器、板牙头、铣锥、油箱及机座等组成。

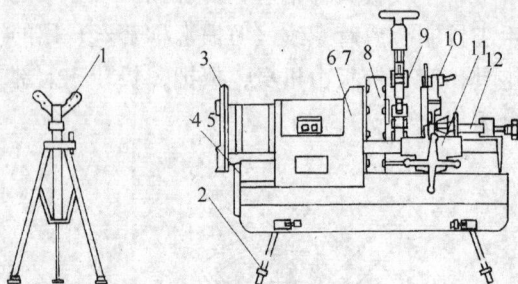

图 13-10　电动套丝机

1—料架；2—脚架；3—后卡盘；

4—电动机；5—减速器；6—箱体；

7—油泵；8—前卡盘；9—切刀架；

10—铰板架；11—大支架；12—倒角刀架

套丝机操作步骤与套丝方法如下：

1) 根据管子直径选择相应的板牙头和板牙，并按板牙的序号，依次装入对应的板牙头。

2) 将支架拖板拉开，插入管子，旋转前后卡盘，将管子夹紧。如套丝的管子太长时，应用辅助支架做支撑，高度要调整适当。

3) 将板牙头及出油管放下，合上开关，调整喷油管，对准板牙喷油，移动进给手把，将板牙对准管口稍加压力，板牙入扣后，可依靠自身的力量实现自动进给。

4) 注意套丝的长度，当达到套丝所要求的长度时，应及时扳动板牙头上的手把，使

板牙沿轴向退离已加工完的螺纹面，关闭开关，再移开进给手把，拆下已套好丝的管子。

5) 管子扩口时，先把扩孔铣锥头就位，用刀架上的进给手把压进管孔，把扩孔锥的后部推进缺口，而后反时针方向旋转，就可以把锥头锁上。

6) 切断钢管时，把扩孔锥与板牙掀起，把刀放在钢管上，转动切刀螺丝手把，开始切割，切割较粗的管子时，可把润滑油直接喷在刀口上。

(2) 砂轮切割机

砂轮切割机也叫砂轮无齿锯，如图 13-11 所示。砂轮切割机切割管材实际上是砂轮片切割，由电动机通过皮带驱动主轴，使砂轮高速旋转，以磨削的方式切断管子，切割时握住手柄，即可接通电源，向下按动便可进行切割，松开手即断开电源。砂轮机初始切管和快将管切断时，切割速度要慢。砂轮切割机不但能切割碳素钢管，而且能切割合金钢管和铸铁管。用砂轮机来切割管材不仅效率高，而且切口质量好。

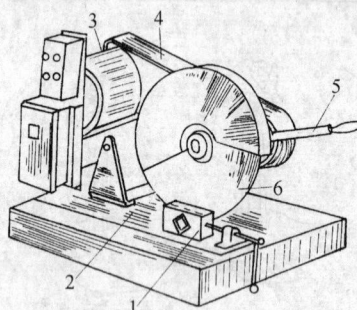

图 13-11　砂轮切割机示意图

1—紧固装置；2—底座；3—电动机；

4—传动皮带罩；5—手柄；6—砂轮片

(3) 电动切管机

如图 13-12 所示的自爬式电动割管机，是用来切割较大口径金属管材的电动工具，也可用于钢管焊接及坡口的加工。

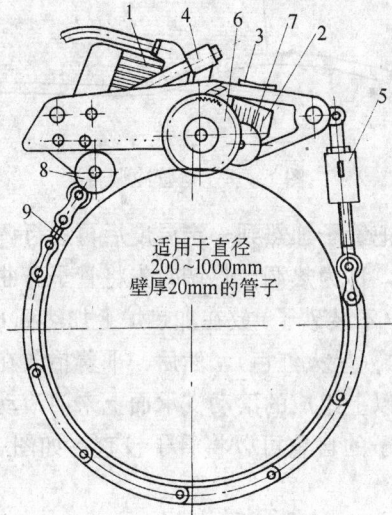

图 13-12　自爬式电动割管机

1—电动机；2—变速箱；3—爬行进给离合器；
4—进刀机构；5—爬行夹紧机构；6—切割刀具；
7—爬轮；8—导向轮；9—被切割管子

电动割管机由电动机、变速箱、爬行进给离合器、进刀机构、爬行夹紧机构及切割刀具等组成。

当割管机装在被切割的管子上后，通过夹紧机构把它夹紧在管体上，对管子的切割分两部分来完成，一部分是由爬轮带动整个割管机沿管子爬行进给。刀具进入或退出由操纵人员通过进刀机构的摇手柄来实现，这种割管机具有体积小、重量轻、切割效率高、切割面平整等优点。

（4）液压弯管机

液压弯管机又叫顶弯式弯管机或液动弯管机。如图 13-13 所示，它主要有顶胎和管托两部分组成。

利用这种弯管机弯曲定位尺寸的弯管时，先把顶胎退至管托后面，再把管子放于顶胎与管托的弧形槽中，并使其弯曲部分的中点对齐，然后开动机器将管子弯成所需的角度，弯曲后，再把顶胎退回原位，检查弯曲角度是否满足，如不满足则应继续弯曲。

这种弯管机的构造特点是：胎具简单、轻

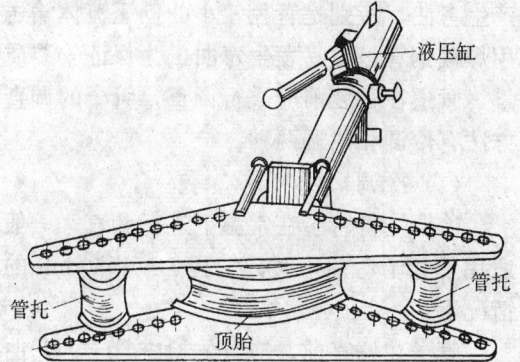

图 13-13　液压弯管机

便、易于制造和更换，缺点是每次弯曲的角度不超过 90°。

（5）冲击电钻

冲击电钻又叫电锤，用以在混凝土、砖、墙和岩石上钻孔、开槽等工作，它是具有冲击、旋转、旋转冲击等多种用途的机具，在使用冲击电钻时应注意以下几点：

1）使用前应检查开关，插头、插座及接地情况，确定良好时，方可使用；

2）操作人员要特别注意人身防护，要穿戴好绝缘鞋和绝缘手套，对机具的绝缘性要经常检查；

3）对钢筋混凝土打孔时，若碰到钢筋要立即停车，改变打孔位置，以免损坏构件和机具；

4）机具长时间使用会引起过热，此时应停车冷却以保护电机，严禁用冷却水冷却机体；

5）使用过程中应注意清洁，防止粉尘、异物进入机具内部；

6）使用后应将机具清理干净，装入机具箱内，妥善保管。

13.2　钢管的调直、整圆与切割

13.2.1　钢管的调直

管子由于运输、装卸、堆放不当，容易

产生弯曲，特别是管径较小的低压流体输送用焊接钢管，更易发生弯曲，为保证安装质量，管道在安装前应进行调直，管子的调直方法有冷调和热调两种。

（1）冷调

冷调是将管子在常温下进行调直，一般适用于管子弯曲不大，管径 $DN \leqslant 50mm$ 的情况下：

管子在调直前，应首先检查管子的弯曲部位。管子较短时，可将管子的一端抬起，用眼睛从管子的一端瞄向另一端，就能判断管子的弯曲程度和弯曲部位，若管子的一面凸起，则另一面必然凹下，这时在管子的弯曲部位上做好标记，以备校正。对于长度较长的管子，一般采用滚动法检查，将管子放在两根平行且等高的轨道上（型钢或钢管支架），这两根轨道间的距离最好等于被检查管子长度的一半，检查时让管子在轨道上轻轻滚动，当管子的滚动速度均匀无摆动现象且可在任意位置上停止时，则该管即为直管，如果管子滚动时速度快慢不一，且来回摆动，停止运动时每一次都在同一部位朝下，则这根管子是弯曲的，这时应标记好弯曲部位，以便调直。

冷调时分两种情况，一种是 $DN50mm$ 以内的微弯管，一般用两把手锤，一把手锤顶在管子凹向的起点，以它作为支点，另一把手锤敲打管子背面（凸面）高点，如图13-14所示，两锤的着力点应有一定距离，用力要适当，反复矫正，直到调直为止，注意调直时不能用两手锤对着打，不能用力过猛，以免把管子锤扁，影响管材质量和外观。另一种情况是管子较长，管子弯曲较大，应放在一个较平的木板上进行。调直时需要两人配合，一人在管子的一端观察管子的弯曲部位，另一人按观察者的指点，用锤在弯曲部位凸面处反复敲打，直到调直，调直时要注意用力要适当，动作要均匀。

（2）热调

图13-14 弯管冷调直

把管子加热到一定温度后再进行调直的方法，称为热调。热调时先将管子弯曲部分加热（不装砂子）放在加热炉上加热到600～800℃（呈火红色），然后，平着抬放在四根管子以上组成的滚动支承面上来回滚动，利用管子的自重可以将管子校直，如图13-15所示。

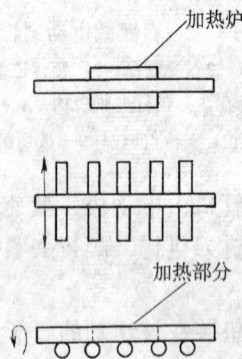

图13-15 弯管热调直

对于弯曲较大的管子，可将弯的凸面轻轻向下压直后再滚动，为加速冷却，可用废机油均匀地涂在加热部位，以保证均匀冷却，同时能够防止再产生弯曲及氧化。

对弯曲较大而且口径较大的管（$DN>$ 100mm），一般不予调直，可把它切断当短管用。

13.2.2 钢管整圆

钢管的不圆变形，多数发生在管口处，中间部分除硬性变形外，一般不宜变形。管口整圆的方法有：

（1）锤击整圆

锤击整圆如图13-16所示，整圆用锤均

匀敲击椭圆的长轴两端附近。并用圆弧样板校验整圆结果。锤击时注意不要用力过猛,不要忽重忽轻,开始时用力要轻,逐渐加大至锤击整圆的力量。

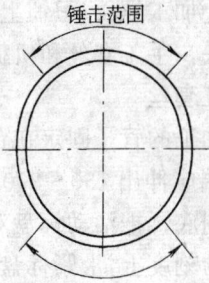

图 13-16　锤击整圆

（2）内整圆器整圆

如果管子的变形较大或有瘪口现象,可采用图 13-17 所示之内整圆器整圆。

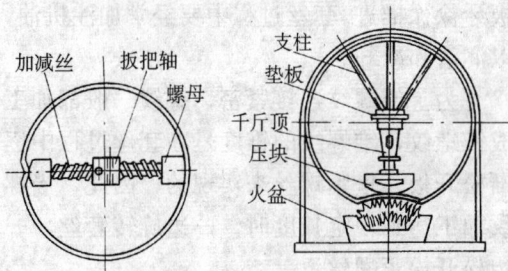

图 13-17　内整圆器

13.2.3　管子的切割

在管道安装和维修中,为了得到所需要长度的管子,要对管子进行切割下料,切断管的方法有:锯割、磨割、刀割、气割、车割（车床切割）、凿割、等离子切割等。

（1）锯割

用锯将管子锯断是常用的切断方法,锯割可分为手工锯割和机械锯割两种。

手工锯割方法简便易行。可在任何施工地点进行,缺点是手工操作,劳动强度大,速度慢,适用于切断 $DN \leqslant 50mm$ 的管材。

为防止将管口锯偏,可在管子上预先划好线,划线的方法是用整齐的厚纸板或油毡紧贴在管子上,用石笔或铅笔在管子上沿样板划一圈即可。锯割时要始终保证锯条与管子轴线垂直,才能使切口平直,如发现锯口偏时,应将锯弓转换方向,锯口要锯到底,不要把剩余的那部分折断,防止管壁变形,在认为管子快要锯断时,要用左手将管子挟住,以免断管掉在地上。

在用机械切割管子时,应将管子固定在锯床上,锯条对准切断线,开机锯割,很快就能将管子锯断。机械锯割管子,速度快、质量好。

（2）磨割

用砂轮机切割管子的方法是磨割。磨割是用高速旋转的砂轮将管子切断,又称为无齿锯切割。常用来切割各种金属管。操作时,待砂轮转速正常后,使砂轮接近管皮,开始用力要轻,然后再逐渐加大吃刀进度,管子快要切断时,应逐渐减少压力或不加力,直至切断。

（3）刀割

用管子割刀将管子切断的方法称为刀割。常用于切断 $DN \leqslant 80mm$ 的钢管。

用管子割刀切割管子时,应先将管子固定在台虎钳上,然后将滚刀卡在管子要切断的地方,滚刀通过丝杆压紧管子后以管子为轴心。向刀架开口方向回转,并同时用丝杆压紧滚刀,直至将管子切断。

用管子割刀切割管子,其切割速度比手锯快,断面也比较平整,技术上也容易掌握。缺点是切割断面因受压而缩小,因此需要用铰刀插入管口刮去缩小的部分,以免因断面缩小而增加管道阻力。

（4）气割

利用气体火焰的热能将管子切割处预热到一定温度后喷出高速切割氧流,使其燃烧并放出热量,实现切割的方法,即为气割。工程中,主要采用氧——乙炔焰切割。

气割一般适用于切割 $DN \geqslant 100mm$ 的普通钢管和低合金钢钢管，气割不适用于不锈钢管、铜管和铝管。

(5) 车割

利用车床将管子切断的切割方式是车割。车床切割时将管子固定在车床的卡盘上作旋转运动，用刀架的切刀将管子切断，这种方法效率高、质量好，可用于各种金属管。

(6) 凿割

凿割主要用于铸铁管及陶瓷（土）管。用扁凿及锤子将管子割断。凿割时，先在管子的切断线两侧垫上木板，然后用凿子沿切断线凿切 1~2 圈，凿出沟痕，再沿凿出的沟痕用力敲打管子即可折断。操作时凿子应垂直于管子中心线，不得倾斜。大口径的管子应由两人操作，一人掌凿，一人打锤。管子两端不应站人，操作者应戴防护眼镜。

在凿割陶瓷（土）管时，应先将管子放在砂地上，用凿子沿切割线轻凿出一道沟，再沿沟凿几次，当沟深大于管壁厚度的 $\frac{1}{2}$ 时，再在沟位沿管子圆周凿出几个透过管壁的洞（凿洞数量与管径有关，当管径较小时，凿出 3~4 个洞，当管径较大时，凿出 5~6 个洞），然后将管端垫高，将凿子对着沟，用手锤敲打凿子，便可将管子凿断。

(7) 等离子切割

等离子切割可以切割氧——乙炔焰不能切割或切割困难的不锈钢、铜、铝、铸铁及一些难熔的金属与非金属材料。

等离子切割的原理是，离子枪中的钨钍棒电极与被切割物间形成高电位差，这时从离子枪喷出的氮气被电离产生等离子气体，形成离子弧。温度高达 15000~33000℃，能量比电弧更加集中。等离子切割效率高、热影响区小，变形小、质量高，切口不氧化。

13.3 钢管的套丝与坡口

13.3.1 钢管的套丝

在钢管上加工螺纹，习惯上称为套丝。套丝有两种方法：手工套丝和机械套丝。

(1) 手工套丝

是把要加工的管子固定在台虎钳上，需要套丝的一端应伸出 150~200mm，把管子铰板装置放到底，把活动标盘对准固定标盘与管子相应的刻度上，上紧标盘的固定把，随后将后套推入管内至与板牙平齐，关好后套（不要太紧，能使铰板灵活转动为宜），人站在管端前方一手扶住机身向前推进，另一手以顺时针方向转动铰把手，当板牙进入管子 2 扣时，在切削端加上机油以润滑冷却板牙，然后人站在右侧继续均匀用力旋转扳把，使板牙徐徐推进。套丝过程中要经常加注机油，以润滑和冷却。

为了使螺纹连接紧密，螺纹一般都加工成锥螺纹，锥螺纹的锥度是在套丝过程中逐渐松开板牙松紧螺丝来实现的，因此，当螺纹加工达到规定长度时，一边旋转套丝，一边松开松紧螺丝。

为了操作省力，防止板牙过度磨损，保证丝扣质量，一般在加工管径 $DN \leqslant 25mm$ 时，可分两次套成；DN 在 32~50mm，应分三次套成；$DN > 50mm$ 应分四次套成。螺纹加工的尺寸如无具体要求时，可按表 13-5 进行加工。

管螺纹的加工尺寸表　　表 13-5

管子直径		短螺纹		长螺纹		连接阀门的螺纹
(mm)	(in)	长度 (mm)	螺纹数 (牙)	长度 (mm)	螺纹数 (牙)	长度 (mm)
15	$\frac{1}{2}$	14	8	50	28	12
20	$\frac{3}{4}$	16	9	55	30	13.5
25	1	18	8	60	26	15

管子直径		短螺纹		长螺纹		连接阀门的螺纹
(mm)	(in)	长度 (mm)	螺纹数 (牙)	长度 (mm)	螺纹数 (牙)	长度 (mm)
32	$1\frac{1}{4}$	20	9	65	28	17
40	$1\frac{1}{2}$	22	10	70	30	19
50	2	24	11	75	33	21
65	$2\frac{1}{2}$	27	12	85	37	23.5
80	3	30	13	100	44	26

在实际安装中,当支管要求有坡度时,遇到的管螺纹不端正,则需要有相应的偏扣,俗称歪牙,歪牙的最大偏度不能超过15%,歪牙的操作方法是将铰板套进管子1～2扣后,把卡爪板根据所需要的偏度略为松开、使螺纹向一侧倾斜,这样套成的螺纹即成"歪牙"。

(2)机械套丝

使用套丝机进行套丝称为机械套丝。使用套丝机套丝前,应首先进行空负荷试车,确认运行正常后方可进行套丝工作。

套丝机一般以低速进行工作,,如有变速箱者,要根据套出螺纹的质量情况选择一定的速度,不得逐级加速,以防"爆牙"或管端变形。套丝时,严禁用锤击的方法旋紧或放松背面挡脚、进刀手把和活动标盘,长管

子套丝时,管后端一定要垫平,螺纹套成后,要将进刀及管子夹头松开,再将管子缓缓地退出、防止碰伤螺纹。管径在25mm以上的管子要分两次套成,切不可一次套成,以免损坏板牙或产生烂牙。在套丝过程中要经常加机油润滑和冷却。

管子的螺纹必须整洁、清楚、光滑,不得有毛刺和乱丝,断丝和缺丝的总长度不得超过全长的10%,并在纵方向上不得有断缺现象。

13.3.2 钢管坡口

(1)坡口的型式

管子采用焊接连接时,应选用填充金属量小,便于操作及减少焊接引起的应力变形的坡口型式,这样才能保证焊接的质量。坡口的型式分为Ⅰ型、Ⅴ型、双Ⅴ型、U型、X型和带垫板的Ⅴ型坡口等几种。当壁厚在1.5～3mm时,采用Ⅰ型坡口;当壁厚在20～60mm时,采用双Ⅴ型或U型坡口,管子与管件的坡口型式和尺寸,当设计无规定时,可按表13-6的规定进行。

(2)坡口方法

坡口可用坡口机、气割、锉刀及机床加工等方法进行。

钢制管道焊接坡口形式和尺寸　　　　　　表13-6

项次	厚度 T (mm)	坡口名称	坡口形式	坡口尺寸			备注
				间隙 c (mm)	钝边 p (mm)	坡口角度 $\alpha (\beta)$ (°)	
1	1～3	Ⅰ型坡口		0～1.5	—	—	单面焊
	3～6			0～2.5			
2	3～9	Ⅴ型坡口		0～2	0～2	65～75	双面焊
	9～26			0～3	0～3	55～65	

391

项次	厚度 T (mm)	坡口名称	坡口形式	坡口尺寸			备注
				间隙 c (mm)	钝边 p (mm)	坡口角度 $\alpha(\beta)$ (°)	
3	6~9	带垫板 V 型坡口	$\delta=4\sim6$ $d=20\sim40$	3~5	0~2	45~55	
	9~26			4~6	0~2		
4	12~60	X 型坡口		0~3	0~3	55~65	
5	20~60	双 V 型坡口	$h=8\sim12$	0~3	1~3	65~75 (8~12)	
6	20~60	U 型坡口	$R=5\sim6$	0~3	1~3	(8~12)	
7	2~30	T 型接头 I 型坡口		0~2	—	—	
8	6~10	T 型接头 单边 V 型坡口		0~2	0~2	45~55	
	10~17			0~3	0~3		
	17~30			0~4	0~4		
9	20~40	T 型接头对称 K 形接口		0~3	2~3	45~55	

项次	厚度 T (mm)	坡口名称	坡口形式	坡口尺寸			备 注
				间隙 c (mm)	钝边 p (mm)	坡口角度 α(β) (°)	
10	管径 $\phi \leqslant 76$	管座坡口	 $a=100$ $b=70$ $R=5$	2~3	—	50~60 (30~35)	
11	管径 $\phi 76 \sim 133$	管座坡口		2~3	—	45~60	
12		法兰角焊接头		—	—	—	$K=1.4T$,且不大于颈部厚度;$E=6.4$,且不大于 T
13		承插焊接法兰		1.6	—	—	$K=1.4T$,且不大于颈部厚度
14		承插焊接接头		1.6	—	—	$K=1.4T$,且不小于 3.2

坡口机分手动和电动两种，手动坡口机用于管径 100mm 以下的管子，坡口时将管子固定在龙门轧头中进行，刀具按管径的具体大小进行调整。电动坡口机是将管子夹在坡口机中进行，管端与刀口之间应留有 2~3mm 的间隙，以防一次进刀量过大而损坏刀具，坡口时，管子中心线应垂直于坡口机的切削平面，进刀应缓慢，并加冷却液使刀具冷却，坡口机进刀完毕时，刀具应保持原位再旋转几圈，使坡口处光洁无飞边和毛刺。

用氧——乙炔焰坡口时，将割刀头子沿着管子圆周根据需要的角度顺次切割，切割后还应用角向砂轮机进行平整，它主要适用于大口径管道坡口，管径 80mm 以内的管子也可用锉刀进行锉削。

不论用哪种方法坡口，坡口后，管口 20~40mm 内的管子表面必须清除油漆、油渍、锈斑和毛刺等污物，直至露出金属本色，坡口表面不得有裂纹、夹层等缺陷，且应及时施焊。

双 V 型坡口和 U 型坡口需要车床加工，主要是用于压力较高的管道，X 型坡口主要是用于较厚管的焊接。壁厚相同的管子与管件相对时，其内壁应做到平齐，内壁锯边量应符合表13-7的规定。

管道组对内壁错边量　　表13-7

管道材质		内壁错边量
钢		不宜超过壁厚的10%，且不大于2mm
铝及铝合金	壁厚≤5mm	不大于0.5mm
	壁厚>5mm	不宜超过壁厚的10%，且不大于2mm
铜及铜合金、钛		不宜超过壁厚的10%，且不大于1mm

不等厚管道组成件组对时，当内壁错边量超过表13-7的规定或外壁错边量大于3mm时，应进行修整，如图13-18所示。

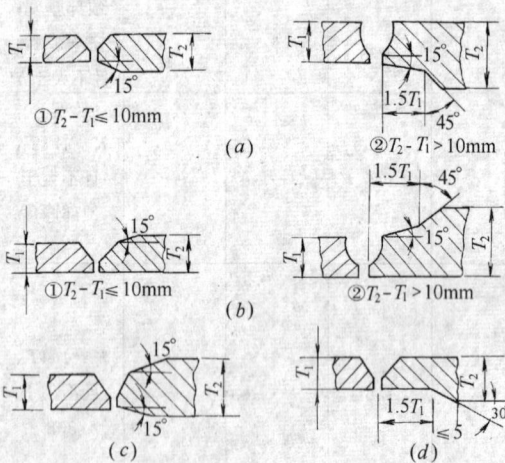

图13-18　焊件坡口形式

(a) 内壁尺寸不相等；(b) 外壁尺寸不相等；
(c) 内外壁尺寸均不相等；(d) 内壁尺寸不相等的削薄

注：用于管件且受长度条件限制时图 (a) ①、
(b) ①和 (c) 中的15°角可改用30°角

13·4　管子弯曲

13·4·1　弯管制作的一般规定

弯管按制作方法的不同，可分为煨制弯管、冲压弯管和焊接弯管。煨制弯管又分为冷煨和热煨两种。

煨制弯管具有弹性好，耐压高。阻力小等优点，因此应用广泛。

（1）弯曲半径的规定

弯曲尺寸由管径、弯曲角度和弯曲半径三者确定，弯管的弯曲半径用 R 表示。R 较大时，管子的弯曲部分就大，弯管的弯曲程度比较平缓。R 较小时，管子的弯曲部分就较小，弯管的弯曲程度就比较急。弯管的弯曲角度则根据设计图纸和施工现场情况确定，各类弯管的弯曲半径应符合表13-8中的规定。

弯管最小弯曲半径　　表13-8

管子类别	弯管制作方式		最小弯曲半径
中、低压钢管	热　弯		$3.5D_w$
	冷　弯		$4.0D_w$
	褶皱弯		$2.5D_w$
	压制弯		$1.0D_w$
	推制弯		$1.5D_w$
	焊　制	$DN\leqslant250$	$1.0D_w$
		$DN\leqslant250$	$0.75D_w$
高压钢管	冷、热弯		$5.0D^w$
	压　制		$1.5D_w$
有色金属管	冷、热弯		$3.5D_w$

注：D_w 为管外径

（2）壁厚减薄率的规定

在弯管内侧由于管壁受压，管壁增厚、弯管的外侧由于受拉管壁减薄，为使管壁的减薄不致对原有的工作性能有过大的改变，一般规定管子弯曲后，壁厚减薄率：中、低压管道不得超过15%，高压管不得超过10%，且均不得小于管子的设计壁厚，壁厚减薄率按下式进行计算：

$$壁厚减薄率 = \frac{(弯制前壁厚-弯制后壁厚)}{弯制前壁厚}$$
$$\times100\% \qquad (13-1)$$

（3）最大外径与最小外径之差的规定

测量弯管任一截面上的最大外径与最小外径差，当承受内压时其值不得超过表13-9的规定：

弯管最大外径与最小外径之差

表 13-9

管子类别	最大外径与最小外径之差
输送剧毒流体的钢管或设计压力 $P \geqslant 10\text{MPa}$ 的钢管	为制作弯管前管子外径的 5%
输送剧毒流体以外或设计压力小于 10MPa 的钢管	为制作弯管前管子外径的 8%
钛管	为制作弯管前管子外径的 8%
铜管、铝管	为制作弯管前管子外径的 9%
铜合金、铝合金管	为制作弯管前管子外径的 8%
铅管	为制作弯管前管子外径的 10%

（4）焊缝的位置

弯制有缝管时，焊缝应避开受拉（压）区，其纵向焊缝应放在距中性线 45°的地方，如图 13-19 所示。

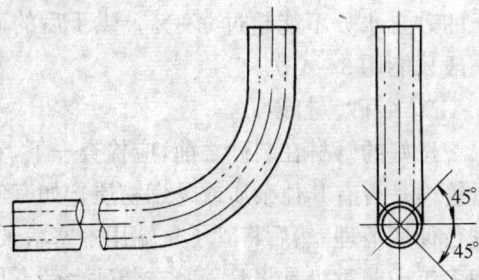

图 13-19　纵向焊缝布置区域

（5）管端中心差 Δ

输送剧毒流体或设计压力 P 大于或等于 10MPa 的弯管，管端中心偏差值 Δ 不得超过 1.5mm/m，当直管长度 L 大于 3m 时，其偏差不得超过 10mm，如图 13-20 所示。

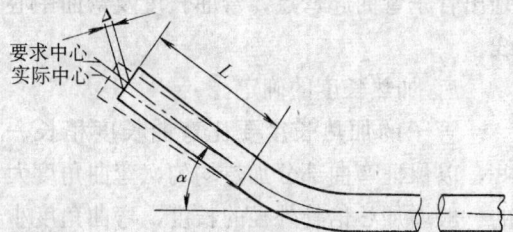

图 13-20　弯曲角度及管端中心偏差

（6）∏形弯管的平面度允许偏差 Δ

如图 13-21 所示的∏形弯管，其平面度允许偏差 Δ 值应符合表 13-10 的规定。

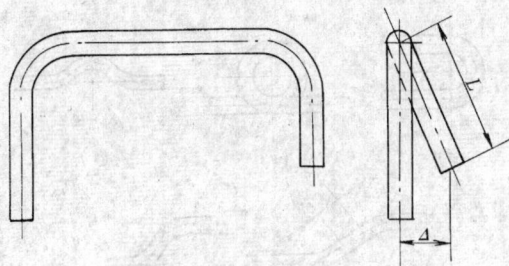

图 13-21　∏形弯管平面度

∏形弯管的平面度允许偏差（mm）

表 13-10

长度 L	<500	500～1000	>1000～1500	>1500
平面度 Δ	≤3	≤4	≤6	≤10

（7）弯管质量

弯管质量应符合下列规定：

1）不得有裂纹；

2）不得存在过烧、分层等缺陷；

3）不宜有皱纹、重皮。

13.4.2　弯管的弯曲角度及弯管的弯曲形式

（1）弯曲角

弯曲角是管子弯曲时的角度。如图 13-22 所示。直管 AB 在 O 点处被弯成一定角度后，A 端到达 C 点，则两直管的夹角为 α，称为这个弯管的弯曲角。管道工程中用"°"来计量弯曲角，如：当弯曲角为 60°，其内角为 120°，这时 60°是弯曲角。称为 60°弯管，若弯曲角为 45°，称 45°弯管。

图 13-22　管子的弯曲角

（2）弯管的主要形式

弯管的主要弯曲形式如图 13-23 所示。

395

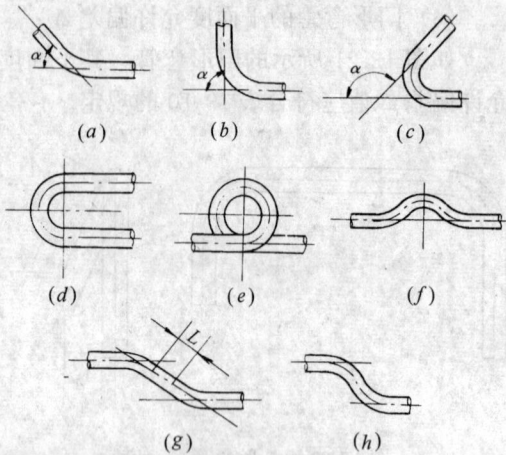

图 13-23　各种形状的管弯
(a) 钝角弯；(b) 直角弯；(c) 锐角弯；
(d) 半圆弯；(e) 圆弯；(f) 抱弯；(g) 灯叉弯；
(h) 来回弯

13.4.3　弯管方法

（1）管道的热弯

热弯弯管的制作有机械热弯和手工充砂热弯两种方法。

1）机械热弯：

目前应用的有中频感应加热弯管机和火焰弯管机。中频感应加热弯管，就是连续不断地将要弯曲的一小段管子置于感应圈中被感生涡流加热，同时用机械拖动管子旋转，再喷水冷却，使弯管工作连续不断地、协调地进行。

火焰弯管机是将管子固定在支撑轮和固定轮之间，把火焰圈套在管子上，装好火焰加热器，调整氧气与乙炔的混合比例及冷却水量，然后夹紧卡头，点燃火焰圈，当管子烧红后，即可开动电机进行弯管。弯曲角度可由台面上的刻度盘来控制。

2）手工充砂热弯

手工充砂热弯是常用的弯管方法之一，整个工序为：选管→选砂→炒砂→装砂→打砂→划线→确定加热长度→加热→弯曲→倒砂→质量检查。

A. 弯管管材的选择：

用作弯管的管材要选择没有裂纹、凹陷、砂眼、重皮及严重锈蚀的直管、直管长度要大于弯曲所需长度。

B. 砂子的选择：

热弯所需要的砂子质量要均衡，含有的矿物质和有机物质要少，通常选用石英砂或质量较好的河砂。砂子选好之后，要把砂子晒干，然后再用筛子进行筛选，使砂的粒径符合表 13-11 的要求。

砂　的　粒　径　选　择　　　表 13-11

管径（mm）	25～80	100～150	200～300	350～400
砂粒径（mm）	2	4.8	7.8	10

C. 炒砂：

就是把砂放在大锅或钢板上进行加热烘烤，去掉砂内的水份、杂质及其他有机物。烘干的砂含水分不能超过 0.3%，烘干后的砂一般只能用 3～4 次。

D. 装砂、打砂：

选好的管材在装砂之前，应检查一下，看看管内是否有其他杂质或易燃物质，如有应进行彻底清理。然后将管子一端用木塞堵紧，用人工或起重机具将管子竖在装砂台旁，用漏斗将砂灌入管内，同时用人工或机械边装边振打，使管内的砂密实，密实的标志是以砂子不再下沉，管子敲打时发出的声音是密实的。

E. 划线：

装好后的砂子，用木堵堵好，用白铅油划出管子弯曲起弯点，弯曲长度及弯曲中心线。

F. 加热长度的确定：

管子的加热长度要比弯曲长度稍长一些，以保证弯曲部分加热均匀，弯曲角度大的一般增加 2 倍管外径的长度，弯曲角度小的增加长度为弯曲长度的 20% 左右。

G. 管子加热：

管子加热是决定弯管质量的关键。最常用的加热方法是在特制的地炉内加热。使用的燃料是焦炭或木柴而不用烟煤，因烟煤含硫不但腐蚀管材，而且会改变管子的化学成分，降低管子的机械强度，影响其使用性能。加热过程中，升温要缓慢，加热要均匀，操作人员要不断地转动管子，加热时火不可过猛过急，当管子加热到有红色亮光时就不要再增加火力，以维持管壁温度，保证加热均匀使砂烧透，当把管子加热到表13-12中的温度时，应停止鼓风进行焖火，使砂子得以被加热均匀。当砂子也被加热到相应的温度时，应马上取出管子运送至平台进行煨弯。管子的加热温度及加热时间的控制对管子煨弯的质量是至关重要的，为了更好地把握住加热温度，现将钢管加热过程中的发光颜色列于表13-13中。

管子加热的煨弯温度（℃）　表 13-12

管　材	加 热 温 度
碳 钢 管	900～1000
低合金钢管	1050
不锈钢管	1100～1200
铜	400～500
铝	300～400

碳钢管加热时的发光颜色　表 13-13

温度（℃）	550	650	700	800	900	1000	1100	>1200
颜色	微红	深红	樱红	浅红	桔红	橙黄	浅黄	白

H. 管子弯曲：

管子加热好以后，应把它放在用钢筋混凝土或钢制的平台上，管子一端夹在两挡管桩之间，管桩与管子接触处用垫木隔离，防止管子受力形成凹坑。煨弯时无论是用人力或机械力来拉弯，管子的所有支承点及牵引管子的拉绳应在同一水平面上，管子中心线与拉力的方向应保持90°角，如图13-24所示，因为大于或小于90°角都会使管道的外侧或内侧产生附加的伸长或压缩，造成壁厚的减薄或产生皱褶等缺陷。弯管角度可事先

做好样板，随时进行测量和检查，弯到所需要的弯曲半径地方，可用水冷却（合金钢管严禁用水冷却），使该处管壁硬化，让没有弯曲或弯曲不够的地方继续弯曲。弯管开始要缓慢，逐渐加大用力，弯曲过程中力要均匀。在弯曲的最后阶段，速度更要缓慢，直至弯曲到所需角度为止。由于钢管具有弹性，一般煨制角度比样板大3°～5°。

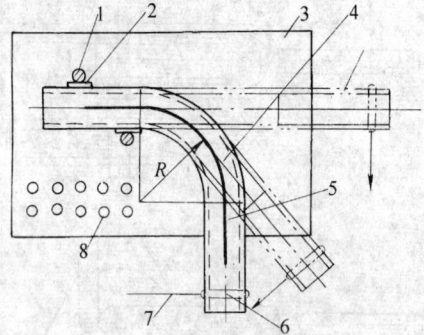

图 13-24　管道煨弯
1—挡管桩；2—垫片；3—弯管平台；
4—管子；5—样杆；6—夹箍；7—钢丝绳；
8—平台圆孔

弯管应尽量一次煨成，如尚未完成管子温度降至低于允许弯曲的温度（碳钢为700℃），不能进行弯曲时，应重新进行加热，然后再弯，但加热次数一般不超过两次。

管子煨成后，在热状态下，让管子慢慢冷却，不能用浇水的方式冷却，最好在弯曲的部分涂些矿物油，以防管子继续氧化。

I. 倒砂：

管子冷却后，把管堵拆除，将管内砂子倒出，用丝刷或压缩空气彻底吹净。

J. 质量检查：

弯管质量检查主要检查是否有：过烧、裂纹、重皮、弯管的弯曲半径、壁厚减薄率、椭圆度、凸凹不平等。

（2）管子的冷弯

冷弯是指在常温下，用专门的机具对管子进行弯曲。$DN \leqslant 25mm$ 的管子一般采用手动弯管器，而直径较大的管子常用电动弯管机，电动弯管机可以弯制 $DN \leqslant 150mm$ 的弯

头，由于弯管时不用加热、装砂，则对弯曲合金钢管、有色金属管更合适一些。

1）用手动弯管器煨弯：

手动弯管器的结构型式很多，图 13-25 所示的是一种自制小型弯管工具，用螺栓固定于工作台上，可用来弯制 $DN \leqslant 25mm$ 的管子，一般应备有几对与常用规格管子外径相符的轮胎。

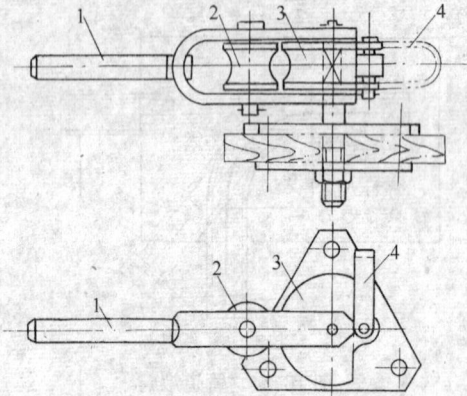

图 13-25　固定式手动弯管器
1—手柄；2—动胎轮；
3—定胎轮；4—管子夹持器

弯管时，把需要弯曲的管子放在与管子外径相符的定胎轮和动胎轮之间，一端固定在管子夹持器内，然后推动手柄绕定胎轮转动，直到完成所需的角度。由于钢材具有弹性，当施加在管子上的外力撤除后，弯头会弹回一个角度，弹回角度的大小与管子的材质、管壁厚度及弯曲半径的大小等因素有关，对于一般冷煨弯曲半径为 4 倍管外径的碳钢管而言，弹回的角度为 $3° \sim 5°$。因此，在控制弯曲角度时，应考虑增加这一弹回的角度。

煨制小管径弯头的工具还有一种携带式手动弯管器。如图 13-26 所示，操作时，将所煨的管子放在弯管胎槽内，一端固定在活动挡板上，推动手柄，便可将管子弯曲到所需要的角度，这种弯管器的特点是轻巧、灵活，可以在任何场合下进行煨弯作业，适用于煨制 $DN \leqslant 15mm$ 的管子。

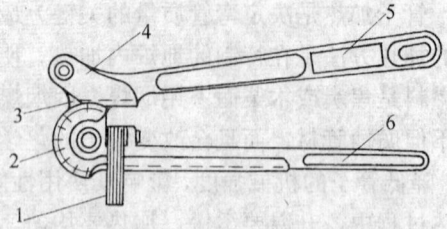

图 13-26　携带式手动弯管器
1—活动挡板；2—弯管胎；3—连板；
4—偏心弧形槽；
5—离心臂；6—手柄

2）液压弯管机：

如图 13-13 所示的液压弯管机，煨弯时先把顶胎退至管托后面、再把管子放在顶胎与管托的弧形槽中、并使管子弯曲部分的中心与顶胎的中点对齐，然后启动油泵，将管子弯成所需要的角度，钢管弯曲成形后，将油泵卸油阀门打开，油泵自动复位，这种弯管机结构简单、轻便、灵活、动力大，在施工现场常用来煨制 $DN \leqslant 50mm$ 的管子。

3）电动弯管机：

电动弯管机是由电动机通过传动装置，带动主轴以及固定在主轴上的弯管模一起转动进行煨弯，图 13-27 为电动弯管机煨弯示

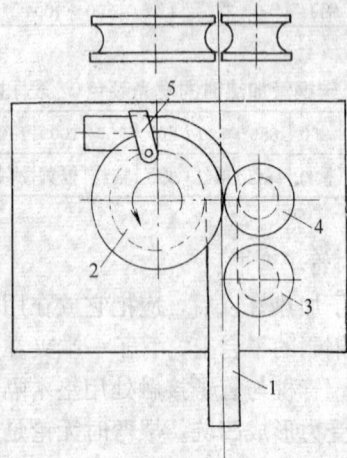

图 13-27　电动弯管机弯管示意图
1—管子；2—弯管模；3—压紧模；
4—导向模；5—U 型管卡

意图。煨管时，先要把弯曲的管子沿导向模放

在与弯管模和压紧模之间，调整导向模，使管子处于弯管模和压紧膜的公切线位置，并使起弯点对准切点，再用 U 型管卡将管端卡在弯管模上。然后开启电动机开始煨弯，使弯管模和压紧模带着管子一起绕弯模旋到所需的弯曲角度后停车，拆除 U 型管卡，松开压紧模，取出弯管。

在使用电动弯管机煨弯时所用的弯管模、导向模和压紧模，必须与被弯曲的管子规格一致，以免弯曲的弯管质量不符合要求。

当被弯曲的管子外径大于 60mm 时，必须在管内放置芯棒，芯棒外径比管内径小 2mm 左右，放在管子起弯点稍前处，芯棒的圆锥部分与圆柱部分的交线处要放在管子的起弯点处，如图 13-28 所示。凡使用芯棒煨弯时，煨前应将被煨管子的管腔内的杂物清除干净，有条件时，可在管子内壁涂少许机油，以减少芯棒与管壁的摩擦。

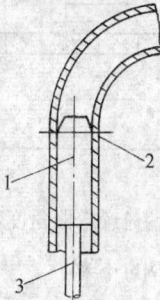

图 13-28　弯管时弯曲芯棒的位置
1—芯棒；2—管子的开始弯曲面；3—拉杆

13.4.4　弯管下料与放样

在进行弯管之前，必须先计算出管子的弯曲长度，并划出管子的弯曲始点，同时为了弯曲加工和以后安装之需要，在弯曲部分的起始点，终弯点以外，必须留有一直段，见图 13-29，直段 L_1 的长度为：公称直径 $DN \leqslant$ 150mm 时，应不小于 400mm；公称直径 DN >150mm 时，应不小于 600mm。煨弯部分的长度按下式计算：

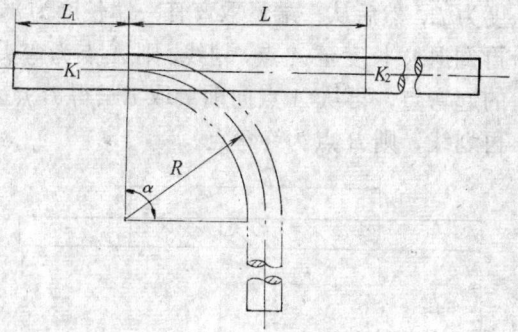

图 13-29　弯管划线及弯曲示意图

$$\widehat{L} = \frac{\alpha \pi R}{180} \qquad (13-2)$$

式中　$\widehat{L}$——煨弯长度（mm）；

α——弯曲角（°）；

π——圆周率；

R——弯曲半径（mm）；

（1）90°弯头的下料

90°弯头如图 13-30 所示。

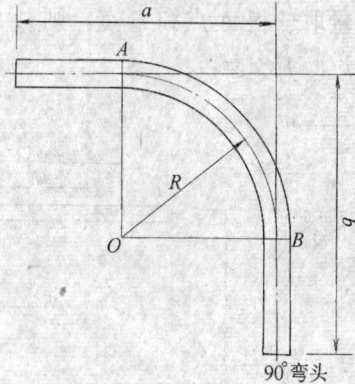

图 13-30　90°弯头

1）下料长度的计算：

图 13-30 所示的 90°弯头，其下料长度按下式计算：

$$L = a + b - 2R + \widehat{L} \qquad (13-3)$$

式中　L——弯头下料长度（mm）；

a、b——弯头两端的中心长度（mm）；

R——弯曲半径（mm）；

$\widehat{L}$——煨弯长度（mm）。

2）划线：

方法 I，见图 13-31，选取一直管，其长

度为 L，然后从一端量取弯管一端长度为 a，再倒退 R 长度至 A 点，划线，则 A 点为弯头的起弯点，再从 A 点向前量取 $\widehat{L}$ 长得 B 点，再划线，则 B 点为终弯点。

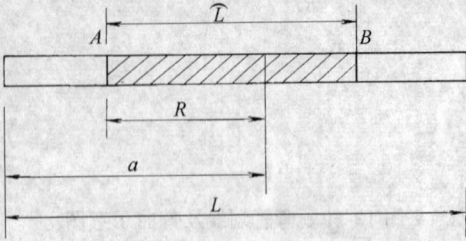

图 13-31　90°弯头下料划线方法 I

方法 Ⅱ，如图 13-32 所示，选取一直管长为 L，然后从管子一端量取长度为 a，再倒退 ΔL 长（$\Delta L = R \operatorname{tg} \dfrac{\alpha}{2} - 0.00873 R\alpha$，因 $\alpha = 90°$，所以 $\Delta L = 0.2143R$）至 C 点划线，C 点为弯管弯曲长度 $\widehat{L}$ 的中点，再以 C 点为准，向左向右各量取 $\dfrac{\widehat{L}}{2}$ 得 A 点和 B 点，则 A 点为起弯点，B 点为终弯点。

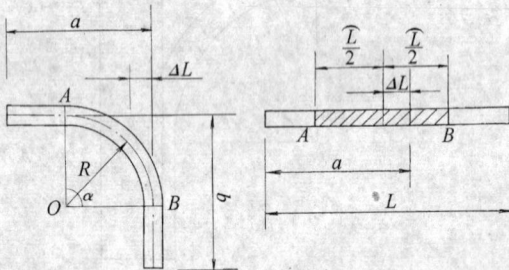

图 13-32　90°弯头下料划线方法 Ⅱ

（2）任意弯曲角度 α 的弯头的下料

1）下料长度：

任意弯曲角度 α 的弯曲如图 13-33 所示，其下料长度为：

$$L = a + b - 2S + \widehat{L} \qquad (13-4)$$

式中　L——弯管下料长度（mm）；

$\quad\quad R$——弯管的弯曲半径（mm）；

$\quad\quad \alpha$——弯管弯曲角度（°）；

$\quad\quad \widehat{L}$——弯管弯曲长度（mm）；

$\quad\quad \widehat{L}$——$\dfrac{\alpha\pi R}{180}$；

$2S$——弯头弯曲角度所对应的两直角边的长度（mm）；

$$S = R \cdot \operatorname{tg} \dfrac{\alpha}{2}。$$

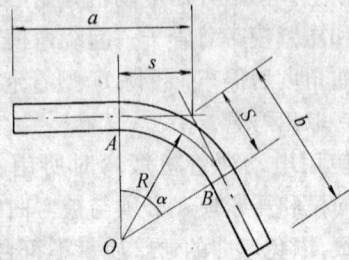

图 13-33　任意弯曲角度 α 的弯头

2）划线：

如图 13-34 所示，选取一直管长为 L，从管子的一端量取长为 a，再从 a 倒退 S 长到 A 点，A 点为起弯点，再从 A 点量取 $\widehat{L}$ 长到 B 点，则 B 点为终弯点。

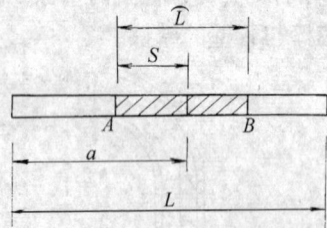

图 13-34　任意弯曲角度弯头划线

（3）灯叉弯的下料

1）下料长度的计算：

灯叉弯如图 13-35 所示，

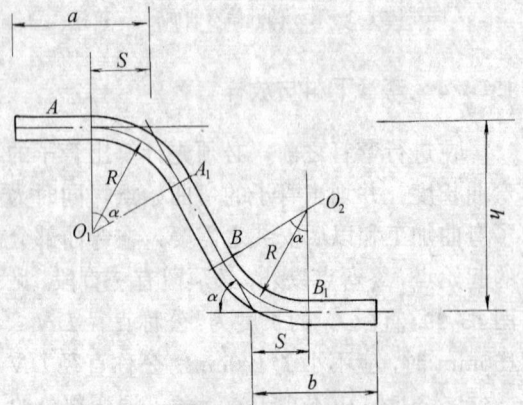

图 13-35　灯叉弯

其下料长度 L 为：

$$L = a + b + \frac{h}{\sin\alpha} - 4S + 2\widehat{L} \quad (13\text{-}5)$$

式中　L——灯叉弯下料长度（mm）；

a、b——分别为直管管端至弯管中心的长度（mm）；

$4S$——2个弯头弯曲角所对应的直角边长度之和（mm）；

$$S = R\tan\frac{\alpha}{2};$$

$2\widehat{L}$——两个弯头弯曲长度之和（mm）。

2）划线：

如图13-36所示，取一直管长为 L，从一端量取长度为 a，再倒退 S 长到 A 点，则 A 点为第一个弯头的起弯点，从 A 点量取长度 $\widehat{L}$ 到 A_1 点，则 A_1 点为第一个弯头的终弯点，再从 A_1 点，量取一定长度到 B（$A_1 B = \frac{h}{\sin\alpha} - 2S$），则 B 点为第二个弯头的起弯点，从 B 量取长度 $\widehat{L}$ 到 B_1 点，则 B_1 点为第二个弯头的终弯点。

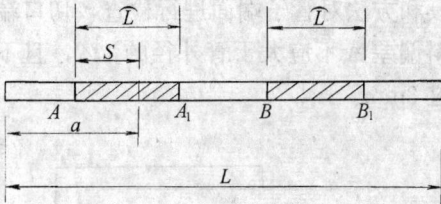

图13-36　灯叉弯下料划线

13.5　管道连接

管道连接是按照设计图纸的要求，将管子连接成一个严密的整体，达到使用的目的。

管道材质的不同，其连接方法不同，管道的用途不同，其连接方法不同，管道的连接方法很多，常用的有螺纹连接、法兰连接、焊接、承插连接4种。

13.5.1　螺纹连接

螺纹连接也称丝扣连接。通过内外螺纹把管道与管道，管道与管件、阀门连接起来。螺纹连接适用于低压流体输送用焊接钢管，硬聚氯乙烯等管道。

（1）管螺纹

管螺纹有圆锥形管螺纹和圆柱形管螺纹。管道连接多采用圆锥形外螺纹。管箍、阀门等连接多采用圆柱形内螺纹，也可采用圆锥形内螺纹。如图13-37所示（a）为圆锥形管螺纹的连接，（b）为管螺纹的外形。图中 L_1 为螺纹工作长度，L_2 为管端距基面的长度（基面是指在该处圆锥管螺纹的各部位直径与同一规格的圆柱形管螺纹的各部位直径相符处的断面），L_3 为螺纹尾的长度。锥形管螺纹的倾角为 $\varphi = 1°47'24''$，齿形角 $\theta = 55°$，圆锥度为 $2\tan\varphi = 1：16$。

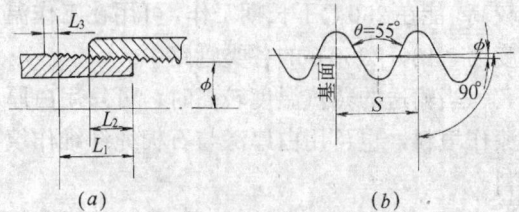

图13-37　55°英制锥管螺纹
（a）锥管螺纹的连接；（b）锥管螺纹外形

圆柱形管螺纹的各部分尺寸与圆锥形管螺纹一致，直径与圆锥形管螺纹基面直径相等。

（2）管螺纹的连接

管螺纹的连接是用管子的外螺纹与管件的内螺纹，中间充塞填料，使之严密地拧接在一起。管螺纹的连接方式有三种：圆柱形接圆柱形螺纹、圆柱形接圆锥形螺纹、圆锥形接圆锥形螺纹。其中后两种连接方式可以使螺纹越旋越紧，是常用的连接方式。

管螺纹连接时，应在管子的外螺纹与管件或阀件的内螺纹之间加上适当的填料，填料的作用有两个：一是密封，二是养护接口，便于维护检修时拆卸，管子在输送冷热水，压缩空气时，常用油麻和白厚漆（俗称铅油、麻丝）作填料，先将麻丝理成薄而均匀的纤维，然后把白厚漆均匀地涂在管螺纹上，再将麻丝从螺纹的第二扣开始沿螺纹方向（顺时针方向）进行缠绕，缠好后用手拧入2～3扣为宜，再用管钳将管件拧紧，拧紧后的管口应留有2～3扣丝，随后，应将裸露的外丝作防腐处理。

当管子输送燃气时，不得用麻丝作填料，而只能用白厚漆或聚四氟乙烯生料带，聚四氟乙烯生料带是用聚四氟乙烯树脂与一定量的辅助剂相混合辗制成厚度为0.1mm，宽度不大于30mm，长度为1～5m的薄膜带，因为不经过热聚合过程，所以叫做生料带，聚四氟乙烯具有优良的耐化学腐蚀性，对于浓酸、浓碱及强氧化剂，即使在高温下也不发生化学反应，它的热稳定性好，耐工作温度较高，能在250℃下长期工作，可用在工作温度为−180～250℃的各类管路中。

当输送的蒸汽温度较高时，可只用白厚漆作填料，也可用白厚漆与石棉绳纤维作填料。

制冷管道、石油管道、氧气管道采用螺纹连接时，要用聚四氟乙烯生料带作填料，或者用黄粉（一氧化铅）调以甘油成糊状，涂于管螺纹上后要立即装上管件，并须一次拧紧，不得再松动。黄粉与甘油的调合物要随调随用，若时间长了（超过10min），即硬化报废。

拧紧管螺纹的管钳选用要合适，当螺纹拧紧后要用锯条和棉纱将多余的麻丝和白厚漆清除，以使接口清洁美观。

13.5.2 法兰连接

法兰连接就是把固定在两个管口上的一对法兰，中间放入垫片，然后用螺栓拉紧使其接合起来的一种可拆卸的接头，主要用于管子与带法兰的配件或设备的连接处，以及管子需要拆卸检修的场所。法兰连接的优点是拆卸方便、强度高、密封性能好。

法兰连接的一般规定如下：

(1) 安装前的检查

1) 法兰的加工各部尺寸应符合标准或设计要求。法兰表面应光滑，不得有砂眼、裂纹、斑点、毛刺等降低法兰强度和连接可靠性的缺陷。

2) 检查法兰垫片材质尺寸是否符合标准或设计要求。软垫片质地柔韧，无老化、变质现象，表面不应有折损、皱纹等缺陷；金属垫片的加工尺寸、精度、粗糙度及硬度等都应符合要求，表面无裂纹、毛刺、凹槽、径向划痕及锈斑等缺陷。

3) 法兰垫片需现场加工时，不管是采用手工剪制还是采用切割时，垫片材质应符合设计要求和质量标准，垫片应制成手柄式，以便于安装。

4) 螺栓及螺母的螺纹应完整、无伤痕、毛刺等缺陷，螺栓、螺母应配合良好，无松动和卡涩现象。

(2) 法兰安装

1) 法兰与管子组装应用图13-38所示的工具和方法对管子端面进行检查，切口端面倾斜偏差 Δ 不应大于管外径的1%，且不得超过3mm。

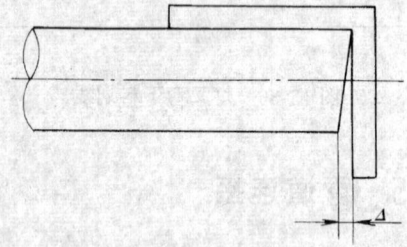

图13-38 管子切口端面倾斜偏差

2) 法兰与管子组装时，要用法兰弯尺检查法兰的垂直度。如图13-39所示，法兰连接的平行偏差，当无明确规定时，不应大于法兰外径的1.5%，且不大于2mm。

3) 法兰与法兰对接连接时，密封面应保持平行，法兰密封面的平行度及平行度允许偏差值见表13-14。

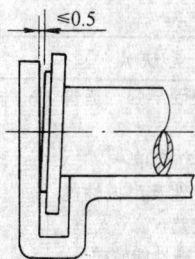

图 13-39 法兰角尺检查法兰平直度

法兰密封面平行度
偏差及偏差允许值   表 13-14

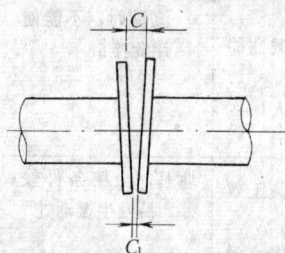

法兰对口平行度偏差
（表 13-14）

法兰公称直径	在下列公称压力下的允许偏差（$C-C_1$ 的数值）(mm)		
DN(mm)	$PN<1.6$MPa	$1.6≤P≤6.0$MPa	$PN>6.0$MPa
≤100	0.2	0.10	0.05
>100	0.3	0.15	0.06

4）为了便于装拆法兰，紧固螺栓，法兰平面距支架和墙面的距离不应小于 200mm。

5）工作温度 高于 100℃的管道，螺栓应涂一层石墨粉和机油的调合物，以便日后拆卸。

6）拧螺栓时应对称交叉进行，如图 13-40。所示，以保障垫片各处受力均匀，拧紧螺栓后露出的丝扣长度不应大于螺栓直径的一半，但也不应少于 2 扣丝。

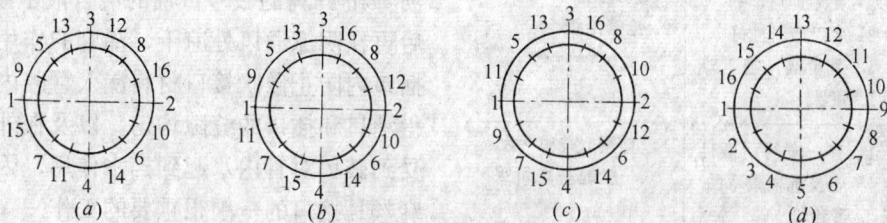

图 13-40　螺栓扳紧步骤
（a）第一次对称扳紧，其扳紧程度达 50%；（b）第二次扳紧，扳紧程度达 60%～70%；
（c）第三次扳紧，扳紧程度达 80%～90%；（d）最后顺序扳紧，扳紧程度 100%

7）法兰不得埋入地下，埋地管道或不通行地沟管道的法兰应设置检查井，法兰也不能装在楼板、墙壁和套管内。

13.5.3　承插连接

（1）承插连接的适用范围与性能特点

管道工程中带承插接头的铸铁管、混凝土管、陶瓷管、塑料管等需要承插连接，主要用于给水、排水、化工、城市煤气等工程中。

承插连接分刚性承插连接和柔性承插连接两种。刚性承插连接是用管道的插口插入管道的承口内，对位后先用嵌缝材料嵌缝，然后用密封材料密封，使之成为一个牢固的封闭的管道接头，如图 13-41 所示。

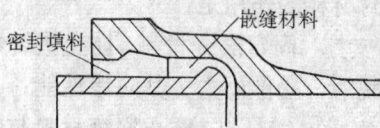

图 13-41　刚性接口的嵌缝和密封

柔性承插连接接头在管道承插口的止封口上放入富有弹性的橡胶圈，然后施力将管子插端插入，形成一个能适应一定范围内的位移和振动的封闭管接头，如图 13-42 所示。

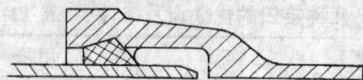

图 13-42　承插柔性接口

承插连接无论是刚性连接还是柔性连接，其基本要求是：

1）严密性，要保证接口不渗漏；

2）持久性，要保持较长时间的坚固和稳定；

3）具有一定的柔性，以适应管道一定量的位移和振动。

承插连接常用的填料有：油麻、胶圈、水泥、石棉水泥、石膏、青铅等，通常把油麻、胶圈等称为嵌缝材料，水泥、石棉水泥、石膏、青铅等称为密封材料。

嵌缝材料的作用是：

1）固定承插口之间的间隙，使之承插口各处的间隙相等，调整管线；

2）防止密封材料塞入管道；

3）防止介质渗漏。

密封材料的作用是：

1）支撑、固定嵌缝材料，防止嵌缝材料滑动、脱落、松散而失去其防渗性能；

2）密封嵌缝材料，防止嵌缝材料与空气接触而加速老化。

目前，刚性承插接口因其材料和方法各异，方法较多。表13-15列举几种刚性承压承插接口的优缺点及适用条件供参考，随着科学技术的发展，新的阻水性材料和膨胀材料会不断出现，接口方法越来越多。

几种接口的优缺点及条件   表 13-15

接口材料	优 缺 点	适 用 条 件
青铅接口	1. 抗弯抗振性能好 2. 养护容易，施工完后即可运行 3. 接口严密性好 4. 造价高，施工难度大	1. 穿越铁路，公路及其他振动较大的地方 2. 抢修工程
油麻、石棉水泥接口	1. 有一定的耐振性能及抗轻微弯曲 2. 造价低 3. 打口劳动强度大，操作较麻烦 4. 养护要求高	1. 应用比较广泛，一般地基均可采用 2. 振动不大的地方

续表

接口材料	优 缺 点	适 用 条 件
自应力水泥砂浆接口	1. 快硬早强，造价低 2. 操作简单 3. 刚性及耐振性能较差 4. 抗碱性能较差 5. 操作时对手上皮肤有刺激	1. 同石棉水泥接口 2. 遇有土质松软基础较差地区最好不用
石膏水泥接口	1. 操作简便，工效高 2. 材料来源广，成本低 3. 抗弯、抗振性能差 4. 操作时对人体皮肤有刺激	1. 同石棉水泥 2. 气温低于 5℃或管内水迎向接口流动时，不能使用此接口
银粉水泥接口	1. 操作简单，工效高 2. 成本比石棉水泥降低 45% 3. 可以承受较高的水压	地基，土壤条件较差，易发生振动处
楔形橡胶圈抗振接口	1. 操作简便，工效高 2. 弹性接口，抗振、抗弯性能好 3. 接口材料要求严，造价比较高	地基条件较差，易震动的地方

(2) 嵌缝材料的施工

目前管道承插接口的主要嵌缝材料是油麻和胶圈，一般的操作方法如下：

1）油麻嵌缝施工：

油麻是用线麻在 5％的 3 号或 4 号石油沥青和 95％的 2 号汽油的混合液中浸透，然后再在阴凉通风处凉干，油麻的作用是在承插口内防止散状接口材料漏入管腔内，并使得承口和插口的缝隙均匀，以及在外侧填料受到破坏对管内水起到挡水作用，因此，打麻丝是接口的一项很重要的工作。

施工时先将油麻拧成使承插口间隙为 1.5 倍，比管子外圆周长长 10～15cm 的结实麻绳股，然后将麻塞进间隙，再用盘凿依次打实,填充深度若为灰接口,则为深度的$\frac{1}{2}$,当锤击发出金属声且盘凿被弹回时,表明麻股被打实,打麻时要注意打麻深度要保持一致,又不能把麻股打断。

2) 胶圈嵌缝施工:

选用胶圈为嵌缝材料时,橡胶圈的内环直径为管插口外径的 0.85~0.9 倍,$DN \leqslant 300mm$ 时为 0.85 倍,$DN > 300mm$ 时为 0.9 倍,胶圈嵌缝作业可采用如下两种办法:

A. 胶圈推进器法。

首先在插口端位临时安一卡环,把胶圈套在插口卡环的外部(管的最端部),用顶挤或牵引将管子慢慢插入承口,胶圈随着管子插口徐徐滚进承口内,到预定位置时停止,然后拆除卡环。

B. 填塞锤击法。

先把橡胶圈套入铸铁管插口,对准承口将管子插入承口,同时胶圈也进至承口,然后用盘根凿均匀地打至插口凸台(无凸台时,把橡胶圈填塞至距插口边缘 10~20mm 处为宜,以防胶圈填塞过头而进入管内)。若采用青铅接口,在填塞胶圈后必须再打油麻 1~2 圈。

(3) 密封填料的施工

用密封填料进行施工的接口,一般称为刚性接头,常用的接口有青铅接口、石棉水泥接口、石膏氯化钙水泥接口、自应力水泥接口、石膏水泥接口、银粉水泥接口、沥青玛瑞脂接口、水泥砂浆接口。

1) 青铅接口:

青铅密封填料接口,不需要养护,施工后即可投入运行,发现渗漏也不必剔除,只需补打数道即可,但铅是有色金属,造价高,操作难度大,只有在紧急抢修或振动大的场所使用。

铅宜用 6 号铅 Pb_6,纯度在 90% 以上。

灌铅操作时常用的工具有化铅炉、大小铅锅、化铅勺、吹风机、布卡箍或三角带卡箍等。

熔铅时,铅锅支承应稳固,四周应采取安全措施,投入铅锅的铅块要切成小块,绝对不应附有水分,铅熔化后要随时掌握熔铅的火候,拨开表面浮渣,当铅呈紫红色时,说明温度适当,也可用干燥铁棍插入铅液内随即快速提出,如铁棍上无附着的铅液为适宜温度。

灌铅的管口必须干燥,干净,无其他杂质。施工时,承口应先填塞油麻,如果用橡胶圈作填料,应在胶圈填塞后,再打 1~2 圈油麻,以免熔铅烧坏橡胶圈。然后将卡箍套贴在承口边缘处(开口向上),卡紧,卡箍内壁斜面与管壁连接缝部分用稀黄泥抹好堵严。再用黄泥将卡子口围好,即可灌铅。铅凝固后 1~5min,取下卡箍打铅,打时应由下至上,先用较薄灰凿打 1 遍,再用较厚灰凿重复打 3 遍,第一遍紧贴插口,第二遍紧贴承口,第三遍从缝正中打,打一凿移动半凿,直至铅口表面平、齐、实为止。

在化铅和灌铅过程中,操作人员应配戴石棉手套,防护面罩或眼镜,灌铅时应慢慢灌入,以排除接口内的空气。

2) 石棉水泥接口:

石棉水泥接口是广泛采用的一种接口、石棉纤维对水泥具有很强的吸附能力,水泥中掺入石棉纤维能提高接口材料的抗拉强度。水泥在硬化过程中,石棉纤维可阻止其收缩、提高接口材料与管壁的粘着力和接口的密封性。

石棉水泥接口用不低于 425 号的普通硅酸盐水泥,软 4 级或软 5 级石棉绒并加水湿调制成的混合物,其配比(质量)为:石棉:水泥=3:7,水占水泥的 10% 左右,气温较高时,水量可适当增加,水的加量以灰料用手捏即成团而不松散,轻轻抛向地面,即可碎裂为适宜。石棉水泥要随拌随用,用多少,拌多少。

捻口时,将拌好的填料自下而上塞入已

打好油麻或橡胶圈的承插口内,分层打实,每层填塞厚度不超过10mm,每层至少打两遍,用1、2号灰凿,靠插口侧打一遍,靠承口侧打一遍,若打三遍则中间再打一遍,每一凿位至少要击打3下,灰凿移动重叠$\frac{1}{2}\sim\frac{1}{3}$,直至表面呈灰黑色,并有强裂的回弹力,打成后的接口应平整光滑、深浅一致,凹入承口边缘2~3mm。

捻口完毕,养护是一项重要工作,操作再好,养护不好,也会使接口漏水,当捻口完毕,用粘湿泥涂在接口外面,或用草绳缠绕在接口上,并应定期浇水,春秋季节,每天浇水2次,夏季每日浇水4次,在炎热夏天还需在接口附近管面上覆盖淋湿的草袋,养护时间为48h。

当环境温度低于5℃时,不宜进行上述接口作业,如非要进行,应采用热水拌和填料,并用盐水拌合粘土封口养护,并在粘泥封口处覆盖300~400mm的土,以防冻结。

接口养护好后,就可以试压,如发现局部漏水,可将漏水部分用剔凿剔除,其范围略大于渗漏部位,深度达到麻丝为止。剔除后用水冲洗干净,再用上述同样的捻口方法分层打实为止,再经过养护试压,直到不渗不漏。剔除时要谨慎,以防松动不漏的部位。漏水部位超过一半,则应全部剔除重新接口。

3) 自应力水泥接口:

自应力又称膨胀水泥,强度较大,有较大的膨胀性,它能弥补石棉水泥在硬化过程中收缩和接口操作时劳动强度大的不足,自应力水泥是由硅酸盐水泥和石膏及矾土水泥组成膨胀剂混合而成。硅酸盐水泥为强度组分,矾土水泥和石膏为膨胀剂。

填料配比为:硅酸盐水泥:矾土水泥:冰石膏($CaSO_4 \cdot 2H_2O$)=(70~71.5):14:(14.5~15.5)的质量比共同磨制而成。硅酸盐水泥选用不低于425号,矾土水泥细度以表面积大于4000cm²/g。其中Al_2O_3大于

55%,石膏选用细度以表面积大于4000cm²/g的冰石膏,其中SO_3含量大于40%,膨胀剂遇少量的水产生了低硫的硫铝酸钙,在水泥中形成板状结晶,当和大量水作用后,产生高硫硫铝酸钙,它把板状结晶分解成联系较松的细小的结晶可引起体积膨胀。

填料的拌合,用于接口的自应力水泥砂浆是以砂:水泥:水=1:1:(0.28~0.32)(质量比)拌合而成。黄砂应用筛子筛选粒径在0.5~2.5mm,并用水清洗过后方可使用,洗后的黄砂含泥量一般不大于2%,将洗净的黄砂与水泥拌和均匀,再加水拌到用手能捏成团,轻掷不散,捣实不流塌,又能微提浆。拌好的灰浆要在初凝时间内用完(自应力水泥的初凝时间在30min以上),终凝时间在8h以内。当环境温度低于5℃时,应停止作业。若非作业不可,应将水加热,使水温保持在35℃以上。

一般情况下,自应力水泥水化膨胀率不应超过15%,接口填料的膨胀系数控制在1%~2%,以免胀裂承插口,因此,用在管壁较薄,强度较低的排水铸铁管上时,配合比要相应改变,根据经验水泥和砂的质量比为1:2为宜。

操作时,管径在300mm以下的管子可将砂浆一次塞满,管径大于300mm的管可分2~3次填塞。在已塞好油麻的承插口间隙内,用盘根凿沿管腔周围均匀捣实,捣实时可不用手锤,表面捣出有稀浆为止。捣实后,砂浆如不能和承口相平,则须再填充平齐。填平后的砂浆可比承口边缘凹进1~2mm,并应及时充分进行湿养护。

在接口完毕后,2h内不准在接口上浇水,可直接用湿泥封口,上留杯口浇水或用湿草绳缠绕在接口上,当有强裂阳光直射时,接头上要用草袋覆盖,冬季可覆土,防止接口受冻。浇水要定时进行,始终保持湿润状态。夏季养护不少于两天,冬季养护不少于

三天，管腔内充水养护要在接口完成12h后才能进行，水的压力不能超过0.1MPa。

试压时，允许有轻微的渗水冒汗现象，因为这时水泥还处在继续膨胀的过程，但有严重的渗水漏水时，应予以修补。将渗漏处两侧加宽30mm，深为50mm处轻轻剔除，不要松动其他部位，用水冲洗干净，待水流净后，再填入自应力水泥砂浆并捣实。如渗漏占圆周的一半，则应全部剔除重打。

自应力水泥接口操作简单，省力、工效高，适用于工作压力不超过1.2MPa的管道上。

4）氯化钙石膏水泥接口：

这种接口也是膨胀水泥性质的接口。氯化钙是快凝剂，石膏为膨胀剂，水泥是强度剂，采用425号硅酸盐水泥，工业石膏和氯化钙、其配比（质量比）为：水泥：石膏：氯化钙：水=10：1：0.5：（0.33~0.35），其配制方法类似于自应力水泥。这种接口具有操作简单，成本低，速凝等优点，但抗弯、抗振性能差，强度低，适用于工作压力不超过1.0MPa，且基础条件较好的铸铁管。施工时，先把水泥和石膏拌匀，再把氯化钙溶于水倒入其中，拌成"发面"状，再与水泥和石膏拌和成水泥砂浆，塞进已打好油麻的承插口间隙内，填满后，用捻凿捣实，承口满后将表面找平、用湿泥或草袋盖上浇水养护。8h后即可进行试压。

拌好后的填料应在15min内用完，以免失效，冬季施工时，氯化钙用量应适当加大，以加速凝固。

5）沥青玛瑞脂接口：

沥青玛瑞脂接口主要用于陶瓷管、陶土管的连接。沥青玛瑞脂的配比为：夏季施工时为3号及4号石油沥青各23.5%，其余为安山岩粉，粉煤灰等；若冬季施工，应将3号及4号石油沥青用量加到各为28.5%，而相应减少掺和料。施工时，将沥青打碎成3~5cm的小块，放在容器内加热，沥青熔化后，

再将掺和料均匀撒入并搅匀，待温度达到160~180℃，即可灌入已打好麻的承插口内，操作方法同灌铅。冬季施工时，灌口前，接口应预热。当管道输送介质温度超过45℃时，不能采用沥青玛瑞脂作接口密封材料。

6）水泥砂浆接口：

以水泥砂浆为接口的填料，广泛应用于混凝土管及钢筋混凝土管，缸瓦管的连接。配料用水泥标号不小于325号和干净的细砂，配比（质量比）为：水泥：砂子=1：3，将配料均匀拌和，然后加水制成砂浆，砂浆要有一定的稠度，以便填塞时不致从承插口中流出，操作时将砂浆充塞到承插口缝隙，一边充填，一边捣实，捣实后用瓦刀将表面压光，如图13-43所示。当有地下水或污水侵蚀时，则应采用耐酸水泥。施工完毕后，应进行养护，方法与要求与石棉水泥填料接口相同。

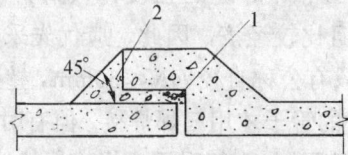

图13-43　水泥砂浆接口
1—油麻；2—水泥砂浆

13.5.4　焊接连接

焊接连接是管道工程中最主要而且应用最广泛的连接方法。焊接连接的优点是：接头强度高，牢固耐久，接头严密性高，不易渗漏，不需要接头配件，造价相对较低，工作性能安全可靠，不需要经常维护检修。焊接的缺点是：接口是固定接口，不可分离，拆卸时必须把管子切断、接口操作工艺要求较高，需受过专门培训的焊工配合施工。

（1）管子焊接的对口要求

管道在焊接前应进行全面的清理检查：将管子的焊端坡口面内外20mm左右范围内的铁锈、泥土、油脂等污物清除干净，管子断面不圆的要整圆。管子对口时应在距接

口中心 200mm 处测量平直度,如图 13-44 所示,当管子公称直径小于 100mm 时,允许偏差为 1mm,当管子公称直径大于或等于 100mm 时,允许偏差为 2mm,但全长偏差不超过 10mm。

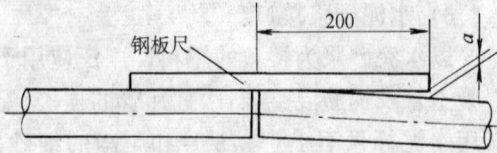

图 13-44　管道对口平直度

对口间隙应符合要求,除设计规定的冷拉焊口外,对口不得用强力对正,以免引起附加应力,连接两闭合管段的对接焊口,如间隙过大,不允许用加热管子的方法来缩小间隙,也不允许加偏垫或多层垫等方法来消除接口端面的空隙偏差、错口或不同心等缺陷。

由于电焊焊缝的强度比气焊焊缝强度高,并且比较经济,因此,应优先采用电焊焊接,只有公称直径 $DN \leqslant 50mm$,壁厚小于 3.5mm 的管子才用气焊焊接,但有时,因施工条件的限制,不能采用电焊施焊的地方,也可用气焊焊接 $DN > 50mm$ 的管子。

对接焊接的管子端面应当与管子轴心线垂直,偏差不大于 1.5mm。

管壁较厚的管子对焊,管端应采用 V 型坡口,直径较小的管子可用手工锉削坡口,直径较大的管子,一般用坡口机或氧——乙炔焰气割坡口,气割后应将氧化铁渣清除干净。

对口时应多转动几次管子,使错口值减小和间隙均匀,为使管子对正和保持需要的间隙,小口径管道可用图 13-45 所示的两种对口工具进行对口,大口管道可用图 13-46 所示方法进行对口。在对口的两根管子外表面如有高、低现象——即形成局部错口,可用氧——乙炔焰对高出表面的管子进行加热。并用锤子对加热部分敲打,直至同另一对口管的表面相平。

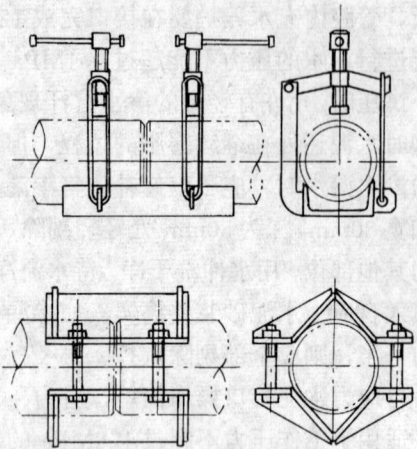

图 13-45　小口径管道对口工具

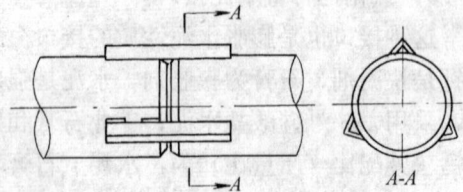

图 13-46　大口径管道对口方法

管子对好口后,要用点焊固定,点焊用的焊条和焊工的技术水平应当与正式焊接相同。

管子焊接时应垫牢,不得搬动,不得将管子悬空或处于外力作用下施焊。焊接过程中管内不得有穿堂风,凡是可以转动的管子都应采用转动焊接,尽量减少固定焊口,以减少仰焊,这样可以提高焊接速度和保证焊接质量。多层焊缝的焊接起点和终点应互相错开,焊缝焊接完毕应自然缓慢冷却,不得用水骤冷。

直管段上两对接焊口中心面间的距离,当公称直径大于或等于 150mm 时,不应小于 150mm;当公称直径小于 150mm 时,不应小于管外径。

焊缝距离弯管(不包括压制、热推或中频弯管)起弯点不得小于 100mm,且不得小于管子外径。

环焊缝距支、吊架净距不应小于 50mm;需热处理的焊缝距支、吊架不得小于焊缝宽度的 5 倍，且不得小于 100mm。

不宜在管道焊缝及其边缘上开孔；卷管的纵向焊缝应置于易检修的位置，且不宜在底部。

有加固环的卷管，加固环的对接焊缝应与管子纵向焊缝错开，其间距不应小于 100mm。加固环距管子的环焊缝不应小于 50mm。

管道穿墙和楼板时均应加钢套管，但管道的焊缝不得置于套管内。

在气焊时，管壁厚度大于 3mm 的管子采用 V 型坡口，焊接端应开 30°～40°的坡口，在靠管壁内表面的垂直边缘上留 1～1.5mm 的钝边。对口时，两焊接管端之间应留出 1～2mm 的间隙，如图 13～47(a) 所示，管壁厚度不大于 3mm 的管子采用 I 型坡口，对口间隙仍为 1～2mm，如图 14-47(b) 所示，管道焊接坡口形式和尺寸当设计无规定时，可按表 13-6 进行。

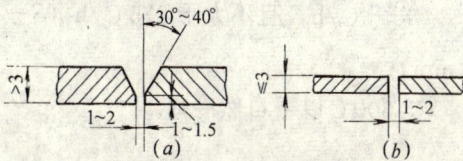

图 13-47　管子气焊对口形式

(a) V 型坡口；(b) I 型坡口

(2) 焊接的一般规定

凡参加工业管道焊接的焊工，应按《现场设备、工业管道焊接工程施工及验收规范》(GBJ 232—82) 的有关规定进行考试，并应取得施焊范围的合格资格。

施焊前，焊工必须详细了解焊接材料的性能和焊接工艺，阅读有关文件、图纸及工艺要求。

管子焊完后，焊缝应整齐美观，并应有规整的加强面，如图 13-48 所示，加强面的标准见表 13-16。

要用电弧进行多层焊时，焊缝内堆焊的各层，其引弧和息弧的地方应彼此错开，不

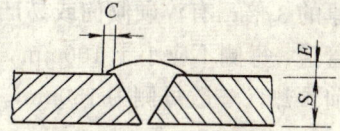

图 13-48　焊缝的加强面

管道焊缝的加强面标准（mm）

表 13-16

管壁厚度 S	<10	10～20	>20
加强面高度 C	1.5+1	2+1	3+1
遮盖宽度 e	1～2	2～3	2～3

得重合；焊缝的第一层应是凹面，并保证把焊缝根部全部焊透，中间各层要把两焊接管的边缘全部结合好，最后一层应把焊缝全部填满，并保证过渡到母材平缓。

每道焊缝均应焊透，且不得有裂纹、夹渣、气孔、砂眼等缺陷，若焊缝出现缺陷应按表 13-17 的方法进行修补。

管道焊接缺陷及修理方法　表 13-17

序号	缺陷种类	允许程度	修整方法
1	焊缝尺寸不符合标准	不允许	焊缝加强部分如不足应补焊，如过高、过宽则作修整
2	焊瘤	严重的不允许	铲除
3	咬肉	深度大于 0.5mm，连续长度大于 25mm 不允许	清理后补焊
4	焊缝及热影响区表面有裂纹	不允许	将焊口铲掉重焊
5	焊缝表面弧坑、夹渣气坑	不允许	铲除缺陷后补焊
6	管子中心线错开或弯折	超过规定不允许	修整

为了降低或消除焊接接头的残余应力，防止产生裂纹、改善焊缝和热影响区的金属组织与性能，应根据材料的淬硬性、焊件厚度及使用条件等综合考虑进行焊前预热和焊后热处理；一般应按表 13-18 的规定进行。预热的加热范围为以焊口中心为基准，每侧不

小于壁厚的 3 倍；有淬硬倾向或易产生延迟裂纹的管道，每侧不应小于 100mm，有色金属管焊前预热，一般每侧为 150mm。

常用管子、管件焊前预热及焊后热处理要求 表 13-18

钢号	焊前预热		焊后热处理	
	壁厚(mm)	温度(℃)	壁厚(mm)	温度(℃)
10、20 ZG25	≥26	100～200	>36	600～650
16Mn 15MnV 12CrMo	≥15	150～200	>20	600～650 520～570 650～700
15CrMo ZG20CrMo	≥10 ≥6	150～200 200～300	>10	670～700
12CrMoV ZG20CrMoV ZG15Cr1MoV	≥6	200～300 250～300	>6	720～750
12Cr₂MoWVB 12Cr₃MoWVSiTiB Cr5Mo	≥6	250～350	任意	750～780
铝及铝合金	任意	150～200	—	—
铜及铜合金	任意	350～550	—	—

在恶劣气候条件（指刮风、下雨、下雪）下焊接时，焊接部位必须有相应的遮护条件，对于一般常用的碳素钢管，在低温气候条件下焊接时，管材的预热要求可按表 13-19 的规定执行。

钢管低温焊接环境温度与预热温度 表 13-19

钢号	允许焊接的最低环境温度(℃)	预热要求	
		常温焊接	低温焊接
含碳量 ≤0.2% 的碳钢	-30	环境温度高于-20℃时可不预热	环境温度低于-20℃时，预热100～150℃
含碳量 >0.2%～0.3% 的碳钢	-20	环境温度高于-10℃时可不预热	环境温度低于-10℃时，预热100～150℃

续表

钢号	允许焊接的最低环境温度(℃)	预热要求	
		常温焊接	低温焊接
16Mn	-10	0℃以上可不预热	环境温度低于0℃时，预热150～200℃
16Mo 12CrMo 15CrMo	-10	预热100～200℃ 200～250℃ 250～300℃	环境温度低于0℃时，预热250～400℃
Cr5Mo	0	预热300～400℃	

焊后热处理的加热速率，恒温时间及降温速率应符合以下规定：

A. 加热速率：升温到 300℃后，加热速率不应超过 $220 \times \frac{25.4}{S}$ ℃/h，且不大于 220℃/h（S—壁厚mm）；

B. 冷却速率：恒温后降温速率不应超过 $275 \times \frac{25.4}{S}$ ℃/h，且不太于 275℃/h（S—壁厚mm）；

C. 300℃以下自然冷却。

13.6 管道工程测量及预制

13.6.1 测量的基本方法

管道工程中配管时的测量就是通常所讲的量尺寸，通过尺寸的丈量可以检查图纸上的设计尺寸与实际尺寸是否相符，预埋件及预留的孔洞位置是否正确，测量的基本方法是利用好空间三座标的原理，量出配管在 X、Y、Z 轴三个方向上必要的尺寸和角度，管线安装的好与坏与测量的精确度是有密切关系的，如果测量不准，即使预制和组装再准，也会造成反修，造成人力、物力、材料的浪费。

管线测量时常用的工具有：钢卷尺、扁钢卷尺、铁水平尺、量角器、线锤、细腊线等，此外还用到水准仪和经纬仪等。

测量标高可以从地平线（即±0.00）用钢卷尺测量，也可用水准仪测量；测量管子角度一般是在管道转弯处两边的中心线上各拉一根细腊线，用测角器量出两条线的夹角，也就是管道转弯处的角度，有时也可用经纬仪测出。

（1）螺纹连接的管道测量

如图 13-49 所示的管道。两管件（或阀件）中心线之间的长度称为构造长度，管段中管子的实际长度称为下料长度。管道测量的目的就是为了确定构造长度，进而确定下料长度。图 13-49 所示的管段，管段的构造长度为 L_1、L_2，管段下料长度为：

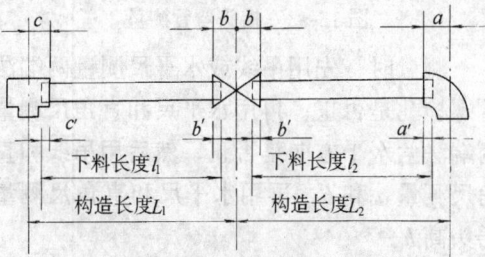

图 13-49 螺纹连接的管段

$$l_1 = L_1 - (b+c) + (b'+c') \quad (13\text{-}6)$$
$$l_2 = L_2 - (a+b) + (a'+b') \quad (13\text{-}7)$$

式中　L_1、L_2——管段构造长度（mm）；
　　　l_1、l_2——管段下料长度（mm）；
　　　a——管件（弯头）一端至管件中心的长度（mm）；
　　　b——阀件一端至中心的长度（mm）；
　　　c——管件（三通）一端至管件中心的长度（mm）；
　a'、b'、c'——分别为管子拧入管件（阀件）的螺纹深度（mm）。

管子拧入管件的螺纹深度参见表13-20。

管子拧入管件的螺纹深度　表 13-20

公称直径 DN(mm)	15	20	25	32	40	50	65	80
拧入深度（mm）	10.5	12	13.5	15.5	16.5	17.5	21.5	24

（2）法兰连接管道的测量

1）短管测量：

如图 13-50 所示的短管，其测量方法如下：

A. 用吊线或水平尺测量两端法兰口是否正；

B. 用两个直角尺测量两端法兰口是否正；

C. 用钢卷尺取法兰的四个点（90°为一个点），分别量取四次，如果四次测量的管子长度是同一个数值，就可取该数值进行下料，否则按下式计算：

$$\bar{L} = \frac{L_1 + L_2 + L_3 + L_4}{4} \quad (13\text{-}8)$$

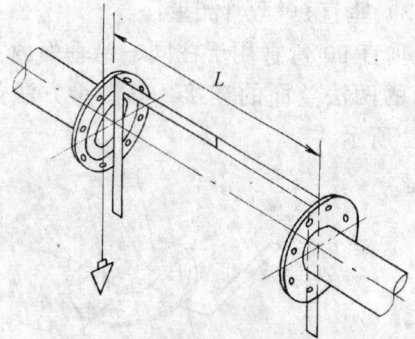

图 13-50 短管测量

式中　　　　　$\bar{L}$——短管构造长度（mm）；
　L_1、L_2、L_3、L_4——分别为四次量取的长度（mm）；

下料长度用下式进行计算：

$$l = \bar{L} - \delta - 2S \quad (13\text{-}9)$$

式中　l——下料长度（mm）；
　　　δ——一个法兰片的厚度（mm）；管道安装时插入法兰内的深度为法兰厚度的 $\frac{1}{2}$；
　　　S——法兰垫片厚度（mm）。

2）水平 90°弯管测量：

水平弯管又叫水平直角弯，用于同一水平面互成直角的两法兰口的连接，其测量方法如图 13-51 所示。

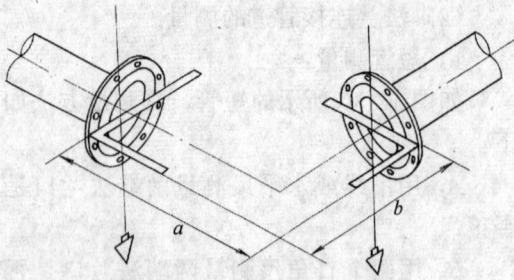

图 13-51　水平 90°弯管测量

先用吊线或水平尺测量两端法兰螺栓孔和法兰口是否正，再用两个直角尺测量法兰水平方向口是否正，并保证在 90°角的情况下，用卷尺测量 90°弯管的两端长度 a、b，将 a、b 分别减去法兰半径长度即为测量长度。

3）垂直 90°弯管测量：

垂直 90°弯管用于在同一铅垂面内互成直角的两法兰面的连接，其测量方法如图 13-52 所示。

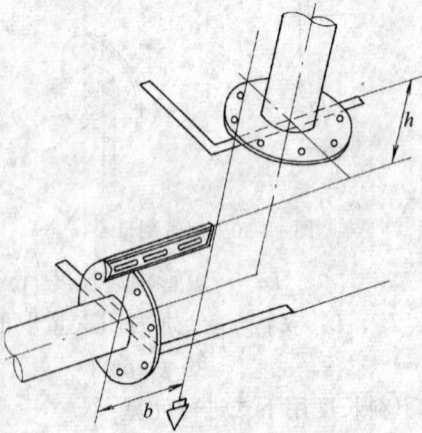

图 13-52　垂直 90°弯管测量

测量时先用直角尺沿水平管方向测量垂直管法兰螺栓孔是否正，用吊线或水平尺测量水平管法兰螺栓孔是否正；再用水平尺测量两端法兰口是否正；用吊线量出长度 b，加上法兰半径即为水平管长，用水平尺及吊线量出 h，h 加水平尺厚及法兰半径即为垂直管长。

4）摇头弯测量：

摇头弯又叫摆头弯，用于在空间相互交错的两法兰口的连接，测量方法如图 13-53 所示。

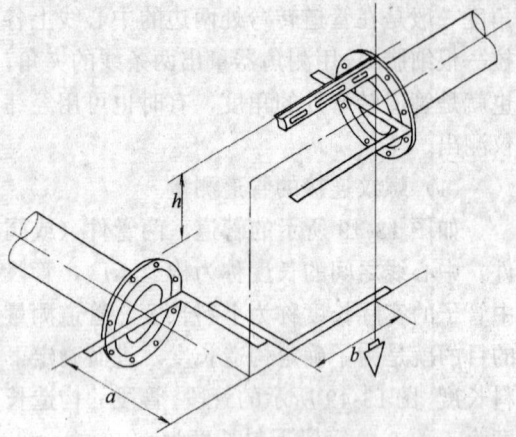

图 13-53　摇头弯管测量

测量时，先用吊线或水平尺测量两端法兰螺栓孔是否正；再用水平尺和直角尺测量两端法兰水平方向是否正，然后用吊线和直角尺测量 a 和 b，再用水平尺和直角尺测量摇头高 h。

5）任意角度水平弯管测量：

任意角度水平弯管测量方法如图 13-54 所示。测量时先用吊线和水平尺测量两端法兰螺栓孔及法兰口是否正；由管 I、管 II 引出法兰端面直角线，测量出 a、b 的长度，再用量角器测量 a、b 线所夹的角度 α。

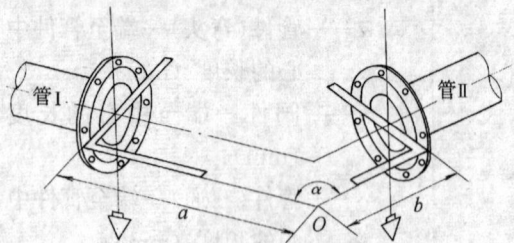

图 13-54　任意角度水平弯管的测量

6）水平来回弯管测量：

水平来回弯管又称水平灯叉弯，用于在同一平面内，但又不在同一中心线上的两法兰口的连接测量方法如图 13-55 所示。

测量时，先用吊线和水平尺测量两端法兰孔和法兰口是否正，再用两个直角尺与钢

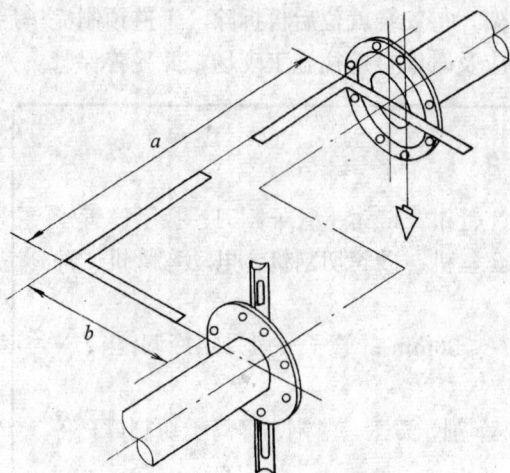

图 13-55 水平来回弯管测量

卷尺测量来回弯管长度 a 和间距 b。

(3) 承插连接管道的测量

如图 13-56 所示的排水铸铁管道, 下料长度 l 为:

$$l=L-[l_1+(l_3-l_1)]+2H$$

$$(13-10)$$

式中 l——下料长度 (mm);

      L——构造长度 (mm);

      l_1、l_3——管件构造长度 (mm), 参见管件图表;

      H——承插连接时插入深度 (mm), 见表 13-21。

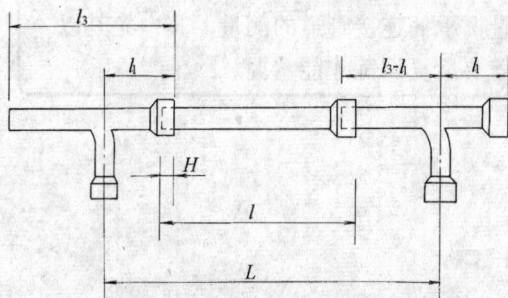

图 13-56 排水管段的计算下料

承插连接时插
入承口深度 (mm)   **表 13-21**

管子规格 DN (mm)	50	75	100	125	150	200
插入深度 H (mm)	55	60	65	70	70	75

13.6.2 管道预制

根据施工图的设计, 根据施工现场的实际情况, 将管道工程中实测的数据, 可将管道进行预制, 这样管道施工就可把管道预制和现场安装分为两个独立的环节来执行, 有利于提高生产效率, 减轻劳动强度, 使生产过程实现机械化。

(1) 管道的预制方法

管道的预制加工可分为施工现场预制和预制加工厂预制。预制管道时, 首先要有管道单线加工图, 管道单线加工图是根据设计院设计的图纸和施工现场实际测量而绘制的。

管道预制成的组装件应考虑装卸和运输的方便。同时还要考虑组装件的外形尺寸到现场能否安装就位。对留有调整活口的位置也应标明清楚, 以便为最后接头时提供方便。

(2) 管道预制要求

预制完毕的管段, 应将管腔内部清理干净, 封闭好管口, 严防杂物, 昆虫等进入管腔内。

自由管段 1 在管道预制加工前, 按照单线图选择确定的可以先行加工的管段) 和封闭管段 (在管道预制加工前, 按照单线图选择确定的, 经实测安装尺寸后再行加工的管段) 的加工尺寸允许偏差应符合表 13-22 的规定。

自由管段和封闭管段加
工尺寸允许偏差 (mm)   **表 13-22**

项 目		允许偏差	
		自由管段	封闭管段
长 度		±10	±1.5
法兰面与管子中心垂直度	$DN<100$	0.5	0.5
	$100 \leqslant DN \leqslant 300$	1.0	1.0
	$DN>300$	2.0	2.0
法兰螺栓孔对称水平度		±1.6	±1.6

预制组合件的长度及宽度应有足够的刚

度，并能方便运输，为防止组合件在运输和吊装中产生永久变形，必要时要加装临时支架，待安装就位后再拆除，管道预制完毕后应及时编号运往施工现场，并妥善保管。

小 结

管工常用的工具有：管子台虎钳、钢锯、管钳、链钳、管子割刀、扳手、管子铰板等。管工常用机具有电动坡口机、电动套丝机、砂轮切割机、电动弯管机、冲击电钻等。

钢管调直有两种方式：冷调和热调，当 $DN \leqslant 50mm$ 的管子一般采用冷调，当 $DN > 50mm$ 时采用热调。

管子的切割方法有：锯割、磨割、气割、车割、刀割、凿割、等离子切割等，各种方法适用于不同的管材和要求。

钢管套丝有两种方式：手工套丝和机械套丝，手工套丝是人用管子铰板按一定的操作规程和工艺要求在管子上加工螺纹，而机械套丝是用套丝机在管子上加工螺纹。不管是采用手工套丝还是机械套丝，所套丝扣必须规整、清楚、光滑、不得有毛刺，不得断丝、乱丝，断丝、缺丝的总长度不得超过螺纹全长的 10%。

温度较高、压力较高的工业管道焊接时要进行坡口，坡口可用坡口机、气割、锉刀及车床等方法进行；坡口的型式有 I 型、V 型、带垫板 V 型、X 型、双 V 型、U 型等。

用来改变管路走向的管件称为弯头，是管道工程最常用的管配件之一，按制作方法可分为冷弯弯头、热弯弯头，焊接弯头和冲轧弯头，本章主要讲述了冷弯弯头，热弯弯头工艺及质量要求，学生在学习过程中要掌握管道弯曲起点的确定，管道弯曲长度的计算。

管道常用的连接方式有螺纹连接、法兰连接、焊接和承插连接，各种连接方法适用不同的管材和不同的工艺要求。

管道工程测量是管道工重要的基本功之一，本章按管道连接方式的不同，分述了螺纹连接管道的测量，法兰连接管道的测量，承插连接管道的测量，其中尤其以法兰连接的管道测量方法重要，课后同学们需要反复训练才能掌握。

习 题

1. 台虎钳有几种？其规格如何表示？有哪几种规格？
2. 钢锯有哪几部分组成？如何安装锯条？
3. 管钳和链钳的作用是什么？各适用于何种场所？
4. 怎样使用管子割刀？
5. 管子铰板由哪几部分组成？怎样使用和保养？
6. 怎样使用电动套丝机？
7. 怎样使用液压弯管机？
8. 砂轮切割机的功用是什么？操作时应注意哪些事项？
9. 管子调直有哪几种方法？如何进行管子的冷调直？管子如何热调直？

10. 钢管如何整圆？

11. 管子的切断方法有哪几种？手工锯断要注意哪些事项？

12. 较脆的铸铁管和陶土管如何断管？

13. 对管端螺纹加工的长度和质量有什么要求？

14. 管螺纹的锥度在套丝过程中是怎样形成的？

15. 管子的坡口型式有哪几种？它们各用在什么情况下？

16. 画出 V 型坡口、U 型坡口的剖面图。

17. 管子煨弯有哪些种类？煨制弯头有哪些优缺点。

18. 对煨制弯头的变形有什么要求？怎样减少这种变形？

19. 常用煨制弯头的弯曲半径一般要求是多少？

20. 热煨 $D159 \times 4.5$ 钢管成 90°弯头和 45°弯头，弯头的弧长为多少时比较合适？

21. 怎样用手动弯管器弯制小管径弯头？

22. 热煨弯头的基本操作程序是什么？热煨弯头为何要填充砂子？怎样选择砂子？

23. 热煨弯头如何加热和煨制？

24. 一根 $D108 \times 4mm$ 的无缝钢管，长 1500mm，要煨成一端长为 700mm，弯曲半径为 3.5 倍管外径的 90°弯头，试进行划线、下料。

25. 用 $D159 \times 4.5$ 的钢管，要弯成如图 13-57 形状的弯管，试在直管上图示该管的起弯点、终弯点，弯曲长度（已知 $R = 3.5D_w$）。

26. 如图 13-58 所示，请按图上的尺寸要求，在管上画出加热长度及其起弯点、终弯点的位置（$R = 4D_w$）

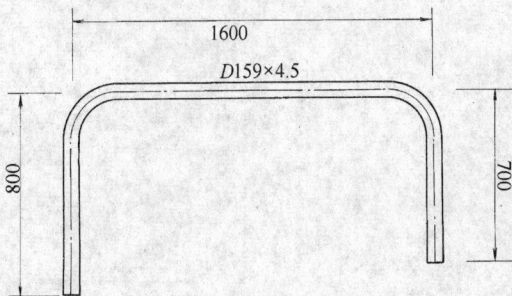

图 13-57

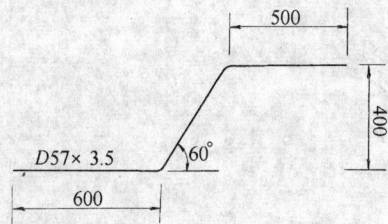

图 13-58

27. 管道连接有哪几种方式？

28. 试述螺纹连接的使用范围。

29. 管螺纹有几种形式？

30. 螺纹连接的填料有哪些？分别用在何种场所？

31. 法兰连接的一般规定是什么？

32. 拧紧法兰螺栓的方法是什么？

33. 承插接口按嵌缝材料分为哪几种？各有何特点？

34. 石棉水泥接口和自应力水泥接口填料的配比方法是什么？捻口时有什么不同？

35. 什么情况下用青铅接口？青铅接口的特点是什么？如何进行青铅接口？

36. 石棉水泥接口和自应力水泥接口如何保养？

37. 石棉水泥接口和自应力水泥接口如出现渗水、漏水如何补救？

38. 氯化钙石膏水泥接口，填料如何配比？

39. 管道焊接有何优缺点？

40. 管道焊接的一般规定是什么？

41. 管道焊常出现的缺陷有哪些？如何修整？

42. 管道焊缝为什么要进行热处理？

43. 怎样进行管道测量？

44. 带法兰的 90°弯管怎样测绘？

45. 带法兰的摇头弯管怎样测绘？

46. 带法兰的任意角度水平弯管怎样测绘？

47. 带法兰的水平来回弯管怎样测绘？

48. 管道的预制方法是什么？

49. 管道的预制要求有哪些？

第14章 阀 门

阀门是用以控制管道内介质流动的具有可动机构的机械产品的总称。它是石油、化工、电力、轻工、冶金和国防等工业设备的配套产品，又是水暖、热力、煤气、制冷等工程中不可缺少的附件。

阀门是流体输送系统中的控制部件，具有导流、截流、调节、节流、防止倒流、分流或溢流卸压等功能。用于流体控制的阀门，从最简单的截断装置到极为复杂的自控系统，其品种和规格繁多，阀门的通径小至用于宇航的十分微小的仪表阀、大至通径达10m。重十几吨的工业管路阀门。阀门可用于控制空气、水、蒸汽、可燃气体、各种腐蚀性化学介质、泥浆、液态金属和放射性物质等各种类型的流体流动。阀门的工作压力从 1.3×10^{-3}MPa 到100MPa 的超高压。工作温度从 -269℃ 的超低温到 1430℃ 的高温。本章主要讲述工业管道和暖卫管道常用的闭路阀门及具有特殊用途的安全阀、减压阀、疏水阀。

14.1 阀门的构造和分类

14.1.1 阀门的组成

图14-1 所示为一启闭作用的阀门。它主要由阀体、启闭构件和阀盖三部分组成。

阀座 2 在阀体 1 上，阀杆带动阀门的启闭件（阀瓣 3）作升降运动，阀瓣与阀座的离合，使阀门启闭

启闭机构由阀瓣3（又叫阀盘、阀板）、阀杆 4 和驱动装置（手轮 5）组成。阀杆 4 用梯形螺纹旋拧在阀盖 6 上，手轮 5 和阀瓣 3 固定在阀杆 4 的上下两端，转动手轮，阀杆可升起或降落，以带动阀瓣靠近或离开阀座来关闭和开启，阀瓣与阀座密切相配，靠阀杆的压力使阀瓣紧压在阀座上，这时阀门处在完全关闭状态，阀门严密不漏。

阀盖部分的作用是保证阀杆与阀体相结合部分严密不漏，在阀盖和阀杆的结合部分有填料（又叫盘根），被填料盖压紧，保证阀

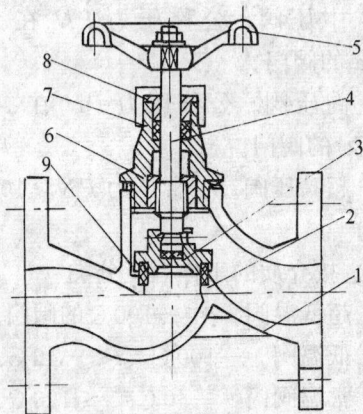

图 14-1　阀门构造

1—阀体；2—阀座；3—阀瓣；4—阀杆；5—手轮；6—阀盖；7—填料；8—压盖；9—密封圈

杆在转动时介质不泄露。

14.1.2 阀门的分类

（1）按用途分

1）通用阀门。各工业企业中管道上普遍采用的阀门。

A. 启闭用——用来启闭管路用的阀门，常称此类阀门为闭路阀门，如截止阀、闸阀、

球阀、旋塞、蝶阀等。

B. 止回用——用于防止介质倒流的阀门，如止回阀。

C. 调节用——用于调节管内的介质压力和流量，如减压阀、节流阀等。

D. 分配用——用于改变管路的介质流动方向和分配介质的作用，如三通旋塞阀。

E. 疏水隔汽用——用于排除凝结水，防止蒸汽跑漏，如疏水阀。

2) 专用阀门。用于专业特殊用，如计量阀，放空阀、排污阀等。

（2）按压力分

1) 真空阀。工作压力低于标准大气压的阀门。

2) 低压阀。公称压力 $PN \leqslant 1.6$MPa 的阀门。

3) 中压阀。公称压力 PN 在 $2.5 \sim 6.4$MPa 的阀门。

4) 高压阀。公称压力 PN 在 $10.0 \sim 80.0$MPa 的阀门。

5) 超高压阀。公称压力 $PN \geqslant 100$MPa 的阀门。

（3）按介质的工作温度分类

1) 超低温阀。$t < -100℃$ 的阀门。

2) 低温阀 $-100℃ \leqslant t \leqslant -40℃$。

3) 常温阀门 $-40℃ < t \leqslant 120℃$。

4) 中温阀门 $120℃ < t \leqslant 450℃$。

5) 高温阀门 $t > 450℃$。

（4）按阀体材料分

1) 非金属材料阀门。如陶瓷阀门、玻璃阀门、玻璃钢阀门、塑料阀门。

2) 金属材料阀门。如碳钢阀门、铸铁阀门、低合金钢阀门、高合金钢阀门、铜合金阀门、铝合金阀门、铅合金阀门、钛合金阀门、蒙乃尔合金阀门。

3) 金属阀体衬里阀门。如衬铅阀门、衬塑料阀门、衬搪瓷阀门。

14.2　常用的闭路阀门及安装

用来开启和关闭管路的阀门称为闭路阀门。常用的闭路阀门有截止阀、闸阀、球阀、旋塞阀、蝶阀、止回阀等。

14.2.1　闸阀

闸阀又称为闸板阀，启闭件为闸板，由阀杆带动阀板沿阀座密封面作升降运动的阀门称为闸阀。

闸阀的优点是：介质流动阻力小，介质流动方向不受限制。缺点是闸板及密封面易被擦伤，密封面检修困难，阀门安装的空间高度要求大。

闸阀按连接方式分螺纹闸阀、法兰闸阀。按结构特征分平行式闸板和楔式闸板。平行闸板两密封面平行，平行单闸板受热后易卡住，现在生产厂家主要生产平行式双闸板或楔形闸板，图 14-2 所示为明杆平行式双闸板闸阀。当闸板下降时靠置于闸板下部的顶楔使两闸板向外扩张紧压在阀座上，使阀门关严，该型阀门结构简单、密封性差，适用于压力不超过 1.0MPa，温度不超过 200℃ 的介质。

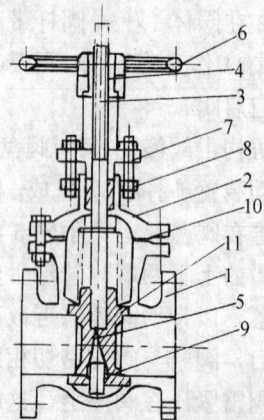

图 14-2　明杆平行式双闸板闸阀

1—阀体；2—阀盖；3—阀杆；4—阀杆螺母；
5—闸板；6—手轮；7—填料压盖；8—填料；
9—顶楔；10—垫片；11—密封圈

图 14-3 所示为楔形闸板阀门，该阀的密封面是倾斜的，并形成一个夹角。介质温度越高，夹角越大，楔形闸阀分为单闸板、双闸板、弹性闸板、分别见图 14-3（*a*）、（*b*）、（*c*）。

弹性闸板具有结构简单，使用可靠等优点，又能产生微小的弹性变形，增加了关闭的严密性。

闸阀阀杆分为明杆和暗杆两种。明杆阀门的螺杆外露，开启时，阀杆伸出手轮，优点是从阀杆外伸长度能识别阀门的开启程度，阀杆不与输送介质接触。缺点是阀门开启高度加大。必须有阀杆外伸的足够空间。

常用闸阀的型号及规格见表 14-1。

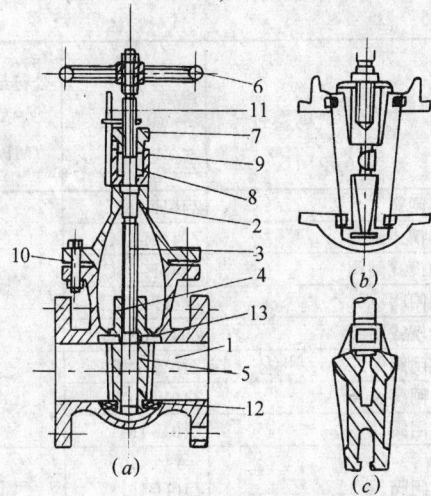

图 14-3　暗杆楔形闸板闸阀
（*a*）楔形单闸板；（*b*）楔形双闸板；（*c*）楔形弹性闸板
1—阀体；2—阀盖；3—阀杆；4—阀杆螺母；5—闸板；6—手轮；7—压盖；8—填料；9—填料箱；10—垫片；11—指示器；12、13—密封圈

闸 阀 参 数 表（JB 309—75）　　　　　　　　　　　　表 14-1

名　称	型　号	公称压力 PN(MPa)	适用介质	适用温度 (≤℃)	公称通径 DN (mm)
楔式双闸板闸阀	Z42W-1	0.1	煤气	100	300，350，400，450，500
伞齿轮传动楔式双闸板闸阀	Z542W-1				600，700，800，900，1000
电动楔式双闸板闸阀	Z942W-1				600，700，800，900，1000，1200，1400
电动暗杆楔式双闸板闸阀	Z946T-2.5	0.25	水		1600，1800
电动暗杆楔式闸阀	Z945T-6	0.60			1200，1400
楔式闸阀	Z41T-10		蒸汽、水	200	50，65，80，100，125，150，200，250，300，350，400，450
楔式闸阀	Z41W-10		油品	100	50，65，80，100，125，150，200，250，300，350，400，450
电动楔式闸阀	Z941T-10		蒸汽、水	200	100，125，150，200，250，300，350，400，450
平行式双闸板闸阀	Z44T-10				50，65，80，100，125，150，200，250，300，350，400
平行式双闸板闸阀	Z44W-10		油品	100	50，65，80，100，125，150，200，250，300，350，400
液动楔式闸阀	Z741T-10	1.0	水		100，125，150，200，250，300，350，400，450，500，600
电动平行式双闸板闸阀	Z944T-10		蒸汽、水	200	100，125，150，200，250，300，350，400
电动平行式双闸板闸阀	Z944W-10		油品		100，125，150，200，250，300，350，400
暗杆楔式闸阀	Z45T-10		水		50，65，80，100，125，150，200，250，300，350，400，450，500，600，700
暗杆楔式闸阀	Z45W-10		油品	100	50，65，80，100，125，150，200，250，300，350，400，450
正齿轮传动暗杆楔式闸阀	Z455T-10		水		800，900，1000
电动暗杆楔式闸阀	Z945T-10		水		100，125，150，200，250，300，350，400，450，500，600，700，800，900，1000
电动暗杆楔式闸阀	Z945W-10		油品		100，125，150，200，250，300，350，400，450

419

名　称	型　号	公称压力 PN (MPa)	适用介质	适用温度 (≤℃)	公称通径 DN (mm)
楔式闸阀	Z40H-16C				200，250，300，350，400
电动楔式闸阀	Z940H-16C				200，250，300，350，400
气动楔式闸阀	Z640H-16C	1.6	油品、蒸汽、水	350	200，250，300，350，400，450，500
楔式闸阀	Z40H-16Q				65，80，100，125，150，200
电动楔式闸阀	Z940H-16Q				65，80，100，125，150，200
楔式闸阀	Z40W-16P		硝酸类	100	200，250，300
楔式闸阀	Z40W-16I	1.6	醋酸类	100	200，250，300
楔式闸阀	Z40Y-16I		油品	550	200，250，300，350，400
楔式闸阀	Z40H-25				50，65，80，100，125，150，200，250，300，350，400
电动楔式闸阀	Z940H-25	2.5	油品、蒸汽、水	350	50，65，80，100，125，150，200，250，300，350，400
气动楔式闸阀	Z640H-25				50，65，80，100，125，150，200，250，300，350，400
楔式闸阀	Z40H-25Q				50，65，80，100，125，150，200
电动楔式闸阀	Z940H-25Q				50，65，80，100，125，150，200
伞齿轮传动楔式双闸板闸阀	Z542H-25	2.5	蒸汽、水	300	300，350，400，450，500
电动楔式双闸板闸阀	Z942H-25				300，350，400，450，500，600，700，800
承插焊楔式闸阀	Z61Y-40				15，20，25，32，40
楔式闸阀	Z41H-40				15，20，25，32，40
楔式闸阀	Z40H-40				50，65，80，100，125，150，200，250
正齿轮传动楔式闸阀	Z400H-40				300，350，400
电动楔式闸阀	Z940H-40	4.0	油品、蒸汽、水	425	50，65，80，100，125，150，200，250，300，350，400
气动楔式闸阀	Z640H-40				50，65，80，100，125，150，200，250，300，350，400
楔式闸阀	Z40H-40Q			350	50，65，80，100，125，150，200
电动楔式闸阀	Z940H-40Q				50，65，80，100，125，150，200
楔式闸阀	Z40Y-40P		硝酸类	100	200，250
正齿轮传动楔式闸阀	Z440Y-40P				300，350，400，450，500
楔式闸阀	Z40Y-40I		油品	550	50，65，80，100，125，150，200，250
楔式闸阀	Z40H-64				50，65，80，100，125，150，200，250
正齿轮传动楔式闸阀	Z440H-64		油品、蒸汽、水	425	300，350，400
电动楔式闸阀	Z940H-64	6.4			50，65，80，100，125，150，200，250，300，350，400，450，500，600，700，800
电动楔式闸阀	Z940Y-64I		油品	550	300，350，400，450，500
楔式闸阀	Z40Y-64I				50，65，80，100，125，150，200，250
楔式闸阀	Z40Y-100	10.0	油品、蒸汽、水	450	50，65，80，100，125，150，200
正齿轮传动楔式闸阀	Z440Y-100				250，300
电动楔式闸阀	Z940Y-100				50，65，80，100，125，150，200，250，300

14.2.2　截止阀

启闭件为阀瓣，由阀杆带动，沿阀座（密封面）轴线作升降运动的阀门称为截止阀。

截止阀的优点是：密封性好，密封面检修方便，开启高度小。缺点是：介质流动阻力大，常用于 $DN \leqslant 200mm$，要求有较好的密封性能的管道上。

截止阀是最常用的阀门之一，可用于各种参数的蒸汽、水、空气、氨、油品以及腐蚀性介质的管道上，由于蒸汽管道上大量采用截止阀，所以截止阀又称为汽门。

截止阀只许介质单向流动，因此，安装时有方向性，即"低进高出"。

截止阀按连接方式分为内螺纹截止阀、外螺纹截止阀、法兰截止阀、卡套式截止阀。按阀门的结构型式分为直通式、直流式、直角式，见图14-4。

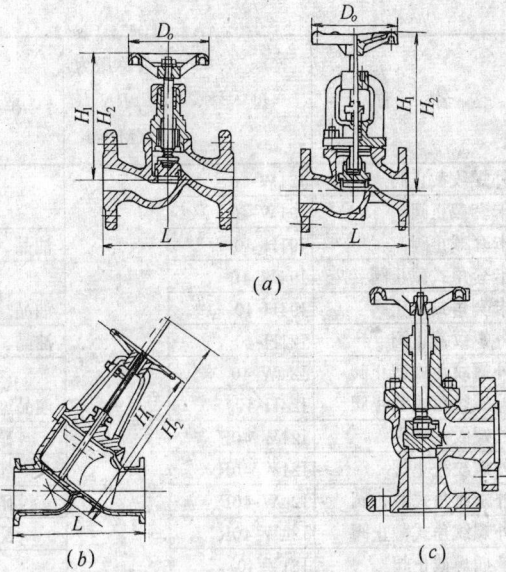

图 14-4　截止阀类型
(a) 流线型阀体的截止阀；(b) 直流型截止阀；(c) 角式截止阀

常用截止阀的型号和规格见表14-2。

截 止 阀 参 数 (JB 1681—75)　　　　　表 14-2

名　称	型　号	公称压力 PN (MPa)	适用介质	适用温度 (≤℃)	公称通径 DN (mm)
衬胶直流式截止阀	J45J-6	0.6	酸、碱类	50	40, 50, 65, 80, 100, 125, 150
衬铅直流式截止阀	J45Q-6		硫酸类		25, 32, 40, 50, 65, 80, 100, 125, 150
焊接波纹管式截止阀	WJ61W-6P		硝酸类	100	10, 15, 20, 25
波纹管式截止阀	WJ41W-6P				32, 40, 50
内螺纹截止阀	J11W-16	1.6	油品	100	15, 20, 25, 32, 40, 50, 65
内螺纹截止阀	J11T-16		蒸汽、水	200	15, 20, 25, 32, 40, 50, 65
截止阀	J41W-16		油品	100	25, 32, 40, 50, 65, 80, 100, 125, 150
截止阀	J41T-16		蒸汽、水	200	25, 32, 40, 50, 65, 80, 100, 125, 150
截止阀	J41W-16P		硝酸类	100	80, 100, 125, 150
截止阀	J41W-16R		醋酸类		80, 100, 125, 150
外螺纹截止阀	J21W-25K	2.5	氨、氨液	−40~150	6
外螺纹角式截止阀	J24W-25K				6
外螺纹截止阀	J21B-25K				10, 15, 20, 25
外螺纹角式截止阀	J24B-25K				10, 15, 20, 25
截止阀	J41B-25Z				32, 40, 50, 65, 80, 100, 125, 150, 200
角式截止阀	J44B-25Z				32, 40, 50
波纹管式截止阀	WJ41W-25P	2.5	硝酸类	100	25, 32, 40, 50, 65, 80, 100, 125, 150
直流式截止阀	J45W-25P				25, 32, 40, 50, 65, 80, 100

名　称	型　号	公称压力 PN (MPa)	适用介质	适用温度 (≤℃)	公称通径 DN (mm)
外螺纹截止阀	J21W-40	4.0	油品	200	6, 10
卡套截止阀	J91W-40		油品		6, 10
卡套截止阀	J91H-40		油品、蒸汽、水	425	15, 20, 25
卡套角式截止阀	J94W-40		油品	200	6, 10
卡套角式截止阀	J94H-40		油品、蒸汽、水	425	15, 20, 25
外螺纹截止阀	J21H-40		油品、蒸汽、水	425	15, 20, 25
外螺纹角式截止阀	J24W-40		油品	200	6, 10
外螺纹角式截止阀	J24H-40		油品、蒸汽、水	425	15, 20, 25
外螺纹截止阀	J21W-40P		硝酸类	100	6, 10, 15, 20, 25
外螺纹截止阀	J21W-40R		醋酸类		6, 10, 15, 20, 25
外螺纹角式截止阀	J24W-40P		硝酸类		6, 10, 15, 20, 25
外螺纹角式截止阀	J24W-40R		醋酸类		6, 10, 15, 20, 25
承插焊截止阀	J61Y-40		油品、蒸汽、水	425	10, 15, 20, 25
截止阀	J41H-40		油品、蒸汽、水	425	10, 15, 20, 25, 32, 40, 50, 65, 80, 100, 125, 150
截止阀	J41W-40P		硝酸类	100	32, 40, 50, 65, 80, 100, 125, 150
截止阀	J41W-40R		醋酸类		32, 40, 50, 65, 80, 100, 125, 150
电动截止阀	J941H-40		油品、蒸汽、水	425	50, 65, 80, 100, 125, 150
截止阀	J41H-40Q			350	32, 40, 50, 65, 80, 100, 125, 150
角式截止阀	J44H-40				32, 40, 50
截止阀	J41H-64	6.4	油品、蒸汽、水	425	50, 65, 80, 100
电动截止阀	J941H-64				50, 65, 80, 100
截止阀	J41H-100	10.0		450	10, 15, 20, 25, 32, 40, 50, 65, 80, 100
电动截止阀	J941H-100				50, 65, 80, 100
角式截止阀	J44H-100				32, 40, 50
承插焊、截止阀	J61Y-160	16.0	油品	450	15, 20, 25, 32, 40, 50
截止阀	J41H-160			450	15, 20, 25, 32, 40, 50
截止阀	J41Y-1601			550	15, 20, 25, 32, 40, 50
外螺纹截止阀	J21W-160			200	6, 10

注：1. 截止阀的法兰连接，按 JB 75—59《管路附件》；内螺纹连接，按 JB 91—59《通用管路附件圆柱管螺纹的接头》；外螺纹的连接，按 JB 1752—75《外螺纹连接端部尺寸》；承插焊连接，按 JB 1751—75《承插焊连接和配管端部尺寸》；卡套连接，按 JB 1756—75《卡套连接端部尺寸》的规定。

2. 截止阀的公称压力、试验压力和工作压力，按 JB 74—59《管路附件公称压力、试验压力和工作压力》的规定。

3. 截止阀的结构长度，按 JB 96—75《截止阀、节流阀和止回阀结构长度》的规定。

4. 截止阀的型号，按 JB 308—75《阀门型号编制方法》的规定。

14.2.3 节流阀

通过启闭件（阀瓣）来改变阀门的通路截面积，以调节流量、压力的阀门称为节流阀。

节流阀起节流降压，使介质膨胀，因此有时也称膨胀阀，如图 14-5 所示，从结构特征看，节流阀也属截止阀之类，阀体结构与截止阀相似，阀瓣有窗形、塞形和针形，如图 14-6 所示，窗形用于大通径、塞形用于中通径，针形用于小通径，常用节流阀型号及规格见表 14-3。

节 流 阀 参 数 (JB 1682—75)　　　　表 14-3

名　　称	型　号	公称压力 PN(MPa)	适用介质	适用温度 ≤℃	公称通径 DN (mm)
外螺纹节流阀	L21W-25K				10，15
外螺纹角式节流阀	L24W-25K				10，15
外螺纹节流阀	L21B-25K	2.5	氨、氨液	−40～150	20，25
外螺纹角式节流阀	L24B-25K				20，25
节流阀	L41B-25Z				32，40，50
角式节流阀	L44B-25Z				32，40，50
外螺纹节流阀	L21W-40		油品	200	6，10
卡套节流阀	L91W-40				6，10
外螺纹节流阀	L21W-40P		硝酸类	100	6，10，15，20，25
外螺纹节流阀	L21W-40R		醋酸类		6，10，15，20，25
外螺纹节流阀	L21H-40	4.0	油品、蒸汽、水	425	15，20，25
卡套节流阀	L91H-40			425	15，20，25
节流阀	L41H-40Q			350	32，40，50
节流阀	L41H-40			425	10，15，20，25，32，40，50
节流阀	L41W-40P		硝酸类	100	32，40，50
节流阀	L41W-40R		醋酸类		32，40，50
节流阀	L41H-100	10.0	油品、蒸汽、水	450	10，15，20，25，32，40，50

注：1. 节流阀的法兰连接，按 JB 75～79—59《管路附件》；外螺纹连接，按 JB 1752—75《外螺纹连接端部尺寸》；卡套连接，按 JB 1756—75《卡套连接端部尺寸》的规定。
2. 节流阀的公称压力、试验压力和工作压力，按 JB 74—59《管路附件公称压力，试验压力和工作压力》的规定。
3. 节流阀的结构长度，按 JB 95—75《截止阀、节流阀和止回阀结构长度》的规定。
4. 节流阀的型号，按 JB 308—75《阀门型号编制方法》的规定。

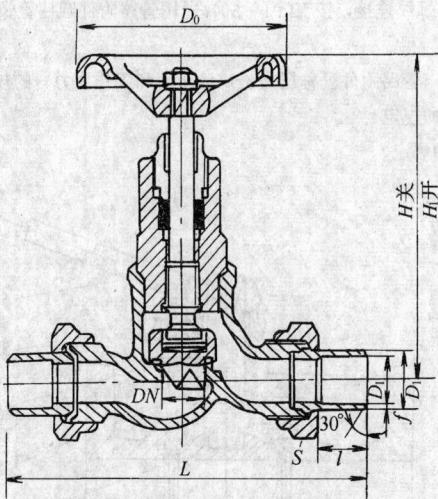

图 14-5　L21SA-25K 外螺纹节流阀

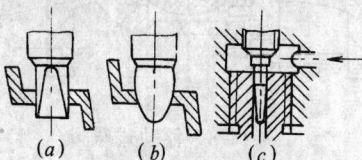

图 14-6　节流阀阀瓣

(a) 窗形；(b) 塞形；(c) 针形

14.2.4　旋塞阀

启闭件呈塞状，绕其轴线转动的阀门称为旋塞阀。旋塞阀的塞子中部有一孔道，旋转 90°即可全开或全关。如图 14-7 所示。旋塞阀具有结构简单，启闭迅速、操作方便，流动阻力小等优点。缺点是密封面维修困难，在参数较高时密封性及旋转的灵活性较差些，适用于低压、小通径和介质温度不高的条件。常用旋塞阀型号及规格见表 14-4。

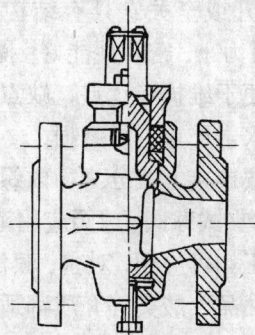

图 14-7　旋塞阀

名　　称	型　号	公称压力 PN （MPa）	适用介质	适用温度 （≤℃）	公称通径 DN （mm）
旋塞阀	X43W-6	0.6	油　品		100，125，150
T 形三通式旋塞阀	X44W-6				25，32，40，50，65，80，100
内螺纹旋塞阀	X13W-10T	1.0	水	100	15，20，25，32，40，50
内螺纹旋塞阀	X13W-10		油品		15，20，25，32，40，50
内螺纹旋塞阀	X13T-10		水		15，20，25，32，40，50
旋塞阀	X43W-10		油品		25，32，40，50，65，80
旋塞阀	X43T-10		水		25，32，40，50，65，80
油封 T 形三通式旋塞阀	X48W-10		油品		25，32，40，50，65，80，100
油封旋塞阀	X47W-16	1.6			25，32，40，50，65，80，100，125，150
旋塞阀	X43W-16I		含砂油品	580	50，65，80，100，125

注：1. 旋塞阀的法兰连接，按 JB 75～79—59《管路附件》；内螺纹连接，按 JB 91—59《通用管路附件圆柱管螺纹的接头》的规定。

2. 旋塞阀的公称压力、试验压力和工作压力，按 JB74-59《管路附件公称压力、试验压力和工作压力》的规定。

3. 旋塞阀的结构长度，按 JB 98—75《旋塞阀结构长度》的规定。

4. 旋塞阀的型号，按 JB 308—75《阀门型号编制方法》的规定。

14.2.5 球阀

　　启闭件为球体，绕垂直于通路的轴线转动的阀门称为球阀。球阀构造如图 14-8 所示。球体中部有一圆形孔道，操纵手柄旋转 90°即可全开或全关它具有结构简单、体积小，流动阻力小、密封性能好。操作方便、启闭迅速，便于维护等优点，缺点是高温时启闭困难，水击严重、易磨损。

　　球阀按连接方式分为：内螺纹球阀、法兰球阀、对夹式球阀。球阀应用范围较广，从真空到高压均可应用，对水、蒸汽、氮气、氢气、氨、油品、酸类等介质都适用。常用球阀型号及规格见表 14-5。

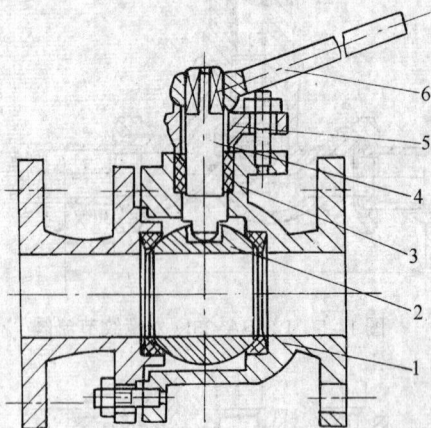

图 14-8　浮动式球阀
1—阀体；2—球体；3—填料；4—阀杆；
5—阀盖；6—手柄

名　　称	型　号	公称压力 PN (MPa)	适用介质	适用温度 (≤℃)	公称通径 DN (mm)
内螺纹球阀	Q11F-16		油品、水		15, 20, 25, 32, 40, 50, 65
球阀	Q41F-16				32, 40, 50, 65, 80, 100, 125, 150
电动球阀	Q941F-16				50, 65, 80, 100, 125, 150
球阀	Q41F-16P		硝酸类		100, 125, 150
球阀	Q41F-16R	1.6	醋酸类	100	100, 125, 150
L 形三通式球阀	Q44F-16Q				15, 20, 25, 32, 40, 50, 65, 80, 100, 125, 150
T 形三通式球阀	Q45F-16Q				15, 20, 25, 32, 40, 50, 65, 80, 100, 125, 150
蜗轮转动固定式球阀	Q347F-25		油品、水		200, 250, 300, 350, 400, 500
气动固定式球阀	Q647F-25	2.5		150	200, 250, 300, 350, 400, 500
电动固定式球阀	Q947F-25				200, 250, 300, 350, 400, 500
外螺纹球阀	Q21F-40				10, 15, 20, 25
外螺纹球阀	Q21F-40P		硝酸类		10, 15, 20, 25
外螺纹球阀	Q21F-40R		醋酸类	100	10, 15, 20, 25
球阀	Q41F-40Q		油品、水	150	32, 40, 50, 65, 80, 100
球阀	Q41F-40P		硝酸类		32, 40, 50, 65, 80, 100, 125, 150, 200
球阀	Q41F-40R		醋酸类	100	32, 40, 50, 65, 80, 100, 125, 150, 200
气动球阀	Q641F-40Q		油品、水	150	50, 65, 80, 100
电动球网	Q941F-40Q				50, 65, 80, 100

14.2.6 蝶阀

启闭件为蝶板，绕固定轴转动的阀门为蝶阀。蝶阀构造如图 14-9 所示，蝶阀具有结构简单、重量轻、流动阻力小，操作方便、整体尺寸小，缺点是密封性较差，适用于低压常温的水煤气管道，常用蝶阀型号及规格见表 14-6。

名　　称	型　号	公称压力 PN (MPa)	适用介质	适用温度 (≤℃)	公称通径 DN (mm)
液动蝶阀	D741X-2.5				2200, 2400, 2600, 2800, 3000
电动蝶阀	D941X-2.5	0.25			1600, 1800, 2000, 2200, 2400, 2600, 2800, 3000
电动蝶阀	D941X-6	0.6			1200, 1400
电动蝶阀	D941X-10		油品、水	50	250, 300, 350, 400, 450, 500, 600, 700, 800, 900, 1000
气动蝶阀	D641X-10				250, 300, 350, 400, 450, 500, 600, 700, 800, 900, 1000
蜗轮传动蝶阀	D341X-10	1.0			250, 300, 350, 400, 450, 500, 600, 700, 800, 900, 1000
蝶阀	D41X-10				100, 125, 150, 200

注：1. 蝶阀的法兰连接，按 JB 78—59《铸铁法兰》的规定。
　　2. 蝶阀的公称压力、试验压力和工作压力，按 JB 74—59《管路附件公称压力、试验压力和工作压力》的规定。
　　3. 蝶阀的结构长度，按 JB 1687—75《蝶阀结构长度》的规定。
　　4. 蝶阀的型号，按 JB 308—75《阀门型号编制方法》的规定。

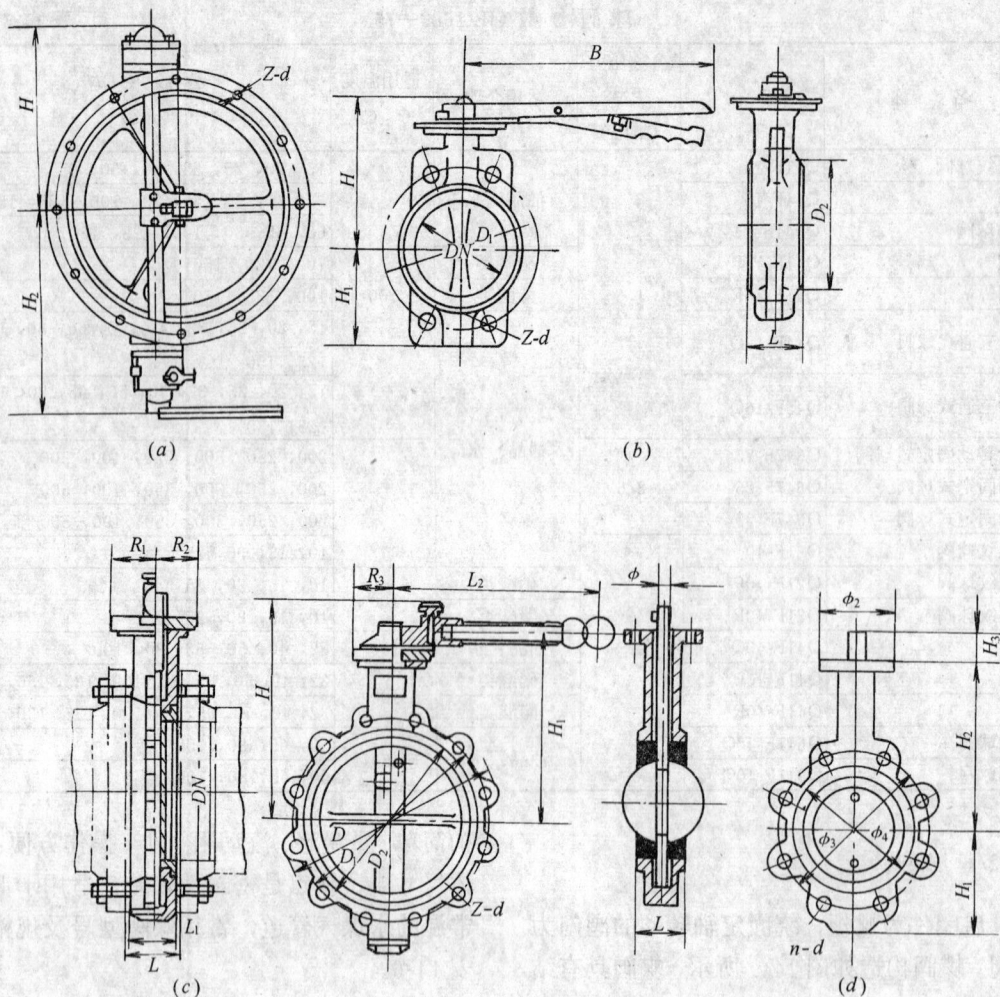

图 14-9 蝶阀

(a) D40X-0.5 杠杆式蝶阀；(b) 衬氟塑料蝶阀；

(c) D71J-10 衬胶蝶阀；(d) 对夹式蝶阀

14.2.7 隔膜阀

启闭件为隔膜，由阀杆带动沿阀杆轴线作升降运动并将使动作机构与介质隔开的阀门。隔膜阀构造如图14-10所示，隔膜阀用橡胶、塑料、搪瓷等耐腐蚀材料作衬里，隔膜阀的优点是：结构简单，便于检修、流动阻力小，多用于输送酸类介质和带悬浮物的工业管路上，其适用范围为 $PN \leqslant 0.6MPa$，$DN \leqslant 300mm$。

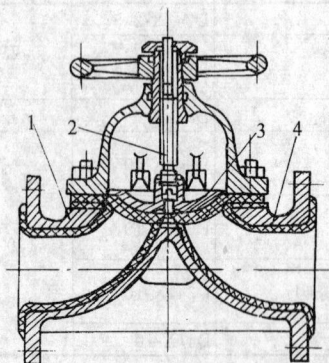

图 14-10 屋脊式衬橡胶隔膜阀

1—阀体；2—阀杆；3—隔膜；4—衬里

14.2.8 止回阀

启闭件为阀瓣，能自动阻止介质逆流的阀门为止回阀。

止回阀根据其连接方式的不同分为螺纹止回阀、法兰止回阀。根据其结构的不同，有升降式和旋启式两大类，升降式止回阀，介质从阀瓣下方往上流为开启，反之为关闭；旋启式止回阀，介质向阀瓣旋启方向流动为开启，反之为关闭。

(1) 升降式止回阀

升降式止回阀分无弹簧式与有弹簧式两种。无弹簧升降式止回阀靠自重回落，只能安装在水平管道上，图 14-11 为无弹簧升降式（又称为重力升降式）止回阀，其密封性较好，噪音小，但介质流动阻力大，只能安装在水平管路上。

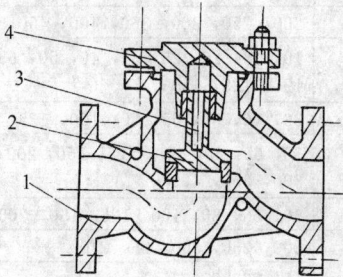

图 14-11　升降式止回阀

1—阀体；2—阀瓣；3—导向套；4—阀盖

(2) 旋启式止回阀

如图 14-12 所示的旋启式止回阀，阀瓣绕阀座外的销轴旋转，按其口径的大小可分为单瓣和多瓣，单瓣一般用于 $DN \leqslant 500$mm，$DN > 500$mm 者为双瓣或多瓣，以减少阀门运行时的冲击力。

旋启式止回阀介质的流动方向基本没有发生变化，介质的流通面积也大，因此阻力比升降式小，但密封性能不如升降式。

旋启式止回阀安装时，仅要求阀瓣的销轴保持水平，因此可装于水平管道和垂直管

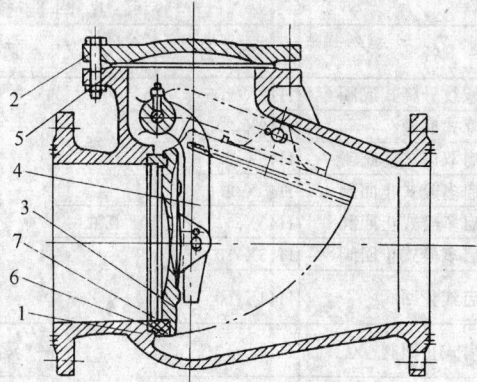

图 14-12　旋启式止回阀

1—阀体；2—阀盖；3—阀瓣；4—摇杆；
5—垫片；6—阀体密封圈；7—阀瓣密封圈

道。当安装在垂直管道上时，介质的流向必须是由下向上流动，否则阀瓣会因自重而起不到止回的作用。

(3) 底阀

底阀也是止回阀的一种，如图 14-13 所示，其类型有升降式和旋启式两种，它是专门用于水泵吸水管端，保证水泵启动，并防止杂质流入泵内，底阀的开启靠水泵工作的吸引力将阀瓣打开。

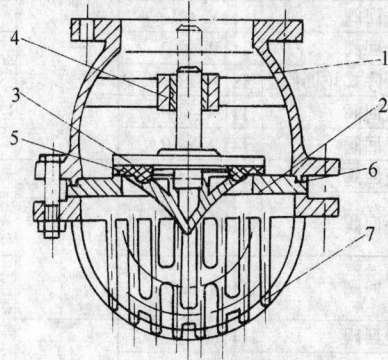

图 14-13　升降式底阀

1—阀体；2—阀座；3—阀瓣；4—导套；
5—阀瓣密封圈；6—垫片；7—阀盖

(4) 止回阀型号及参数

止回阀适用于公称压力 $PN0.25 \sim 16$MPa，公称通径 $DN10 \sim 1800$mm 的各种管道，其型号及参数见表 14-7。

表 14-7

止 回 阀 参 数 (JB 311—75)

名　　称	型　号	公称压力 PN(MPa)	适用介质	适用温度 (≤℃)	公称通径 DN (mm)
内螺纹升降式底阀	H12X-2.5	0.25	水	50	50，65，80
升降式底阀	H42X-2.5				50，65，80，100，125，150，200，250，300
旋启双瓣式底阀	H46X-2.5				350，400，450，500
旋启多瓣式止回阀	H45X-2.5				1600，1800
旋启多瓣式止回阀	H45X-6	0.6			1200，1400
旋启多瓣式止回阀	H45X-10	1.0			700，800，900，1000
旋启式止回阀	H44X-10				50，65，80，100，125，150，200，250，300，350，400，450，500，600
旋启式止回阀	H44T-10		蒸汽、水	200	50，65，80，100，125，150，200，250，300，350，400，450，500，600
旋启式止回阀	H44W-10		油品	100	50，65，80，100，125，150，200，250，300，350，400，450
内螺纹升降式止回阀	H11T-16	1.6	蒸汽、水	200	15，20，25，32，40，50
内螺纹升降式止回阀	H11W-16		油品	100	15，20，25，32，40，50
升降式止回阀	H41T-16		蒸汽、水	200	25，32，40，50，65，80，100，125，150，200
升降式止回阀	H41W-16		油品	100	25，32，40，50，65，80，100，125，150，200
升降式止回阀	H41W-16P		硝酸类		80，100，125，150
升降式止回阀	H41W-16R		醋酸类		80，100，125，150
外螺纹升降式止回阀	H21B-25K	2.5	氨、氨液	-40～H50	15，20，25
升降式止回阀	H41B-25Z				32，40，50
旋启式止回阀	H44H-25		油品、蒸汽、水	350	200，250，300，350，400，450，500
升降式止回阀	H41H-40	4.0		425	10，15，20，25，32，40，50，65，80，100，125，150
升降式止回阀	H41H-40Q			350	32，40，50，65，80，100，125，150
旋启式止回阀	H44H-40			425	50，65，80，100，125，150，200，250，300，350，400
旋启式止回阀	H44Y-40I		油品	550	50，65，80，100，125，150，200，250
旋启式止回阀	H44W-40P		硝酸类	100	200，250，300，350，400
外螺纹升降式止回阀	H21W-40P				15，20，25
升降式止回阀	H41W-40P				32，40，50，65，80，100，125，150
升降式止回阀	H41W-40R		醋酸类		32，40，50，65，80，100，125，150
升降式止回阀	H41H-64	6.4	油品、蒸汽、水	425	50，65，80，100
旋启式止回阀	H44H-64				50，65，80，100，125，150，200，250，300，350，400，450，500
旋启式止回阀	H44Y-64I		油品	550	50，65，80，100，125，150，200，250，300，350，400，450，500
升降式止回阀	H41H-100	10	油品、蒸汽、水	450	10，15，20，25，32，40，50，65，80，100
旋启式止回阀	H44H-100				50，65，80，100，125，150，200
旋启式止回阀	H44H-160	16	油品、水		50，65，80，100，125，150，200，250，300
旋启式止回阀	H44Y-160I		油品	550	50，65，80，100，125，150，200
升降式止回阀	H41H-160			450	15，20，25，32，40
承插焊升降式止回阀	H61Y-160				15，20，25，32，40

注：1. 止回阀的法兰连接，按 JB 75～79—59《管路附件》；内螺纹连接，按 JB 91—59《通用管路附件圆柱管螺纹的接头》；外螺纹连接，按 JB 1752—75《外螺纹连接端部尺寸》；承插焊连接，按 JB 1751—75《承插焊连接和配管端部尺寸》的规定。

2. 止回阀的公称压力、试验压力和工作压力，按 JB 74—59《管路附件公称压力、试验压力和工作压力》的规定。

3. 止回阀的结构长度，按 JB 96—75《截止阀、节流阀和止回阀结构长度》的规定。

4. 止回阀的型号，按 JB 308—75《阀门型号编制方法》的规定。

14.2.9 阀门安装

（1）安装前的检查

1）阀门安装之前，应仔细核对所用阀门的型号、规格是否与设计相符；

2）根据阀门的型号和出厂说明书检查对照该阀门可否在要求的条件下应用；

3）检查填料和压盖螺栓有无足够的调节余量；

4）检查阀杆是否灵活，有无卡涩和歪斜、锈蚀等现象；

5）阀盖与阀体的结合是否良好；

6）填加的法兰垫片、螺纹填料、螺栓等是否齐全、螺纹无缺陷。

上述工作做好之后，应对阀门进行压力试验。

1）下述管道应逐个进行壳体压力试验和密封性试验，不合格者不得使用。

A．输送剧毒流体、有毒流体、可燃流体管道的阀门；

B．输送设计压力大于 1MPa，或设计压力小于等于 1MPa 且设计温度小于−29℃或大于 186℃的非可燃流体、无毒流体管道的阀门。

2）输送设计压力小于等于 1MPa 且设计温度为−29～186℃的非可燃流体，无毒流体管道的阀门，应从每批中抽查 10%，且不得少于 1 个，进行壳体压力试验和密封试验，当不合格时，应加倍抽查，仍不合格时，该批阀门不得使用。

3）阀门的壳体试验压力不得小于公称压力的 1.5 倍，试验时间不得小于 5min。以壳体填料无渗漏为合格；密封试验宜以公称压力进行，以阀瓣密封面不漏为合格。

4）试验合格的阀门应及时排尽内部积水，并吹干。除需要脱脂的阀门外，密封面上应涂防锈油，关闭阀门，封闭入口，做出明显的标记，并应按规定的格式填写阀门试验记录。

5）公称压力小于 1MPa，且公称直径大于或等于 600mm 的闸阀，可不单独进行壳体压力试验和闸板密封试验，壳体压力试验宜在系统试压时按管道系统的试验压力进行试验，闸板密封面试验可采用色印等方法进行检验，接合面上的色印应连续。合格的阀门应及时排尽内部积水，涂防锈漆，并填写阀件试验说明书。

（2）阀门安装

1）阀门搬运时不允许随手抛掷，以免损坏。

2）阀门堆放时，不同规格、不同型号的阀门应分别堆放，禁止碳钢阀门与不锈钢阀门、有色金属阀门堆放在一起；

3）阀门吊装搬运时，钢丝绳应拴在阀体上或阀门的法兰处，不得拴在手轮或阀杆上，以防扭曲或折断阀杆；

4）在水平管道上安装阀门时，阀杆应垂直向上，不允许阀杆向下安装；

5）安装铸铁阀门时，需防止强力连接或受力不均而引起的损坏；

6）明装阀门不宜装在地下潮湿处；

7）阀门的介质流向要和阀门指示方向一致。安装一般的截止阀时，应使介质自阀盘下面流向上面，也即通常所说的低进高出。安装止回阀时应特别注意介质的流向（阀体上箭头的方向表示介质的流向）。才能保证阀瓣自动开启，对于升降式止回阀，应保证阀门中心线与水平面垂直，对于旋启式止回阀应保证其摇板的旋转枢轴的安装水平；

8）阀门应安装在维修、检查和操作方便的地方。

14.3 阀门的型号、标志和识别

14.3.1 阀门型号

阀门产品种类繁多，为便于区分和选用，每种阀门都以一个特定型号来表示，表示阀门类别、阀门的驱动方式、连接型式、结构型式、密封面材料、阀体材料和公称压力等要素。

阀门型号由 7 个单元组成，各个单元的表示方法及含义见表 14-8。

阀门型号的表示方法及意义　　表 14-8

阀门单元\项目	第1单元	第2单元	第3单元	第4单元	第五单元	第六单元	第七单元
表示方法	大写汉语拼音字母	阿拉伯数字	阿拉伯数字	阿拉伯数字	大写汉语拼音字母	阿拉伯数字	大写汉语拼音字母
表示意义	阀门类型	驱动方式	连接形式	结构形式	密封圈或衬里材料	公称压力	阀体材料

1）阀门类型代号见表 14-9。

阀门类型代号　　表 14-9

类　型	代　号	类　型	代　号
截止阀	J	旋塞阀	X
闸阀	Z	止回阀	H
节流阀	L	安全阀	A
球阀	Q	减压阀	Y
蝶阀	D	疏水阀	S
隔膜阀	G		

注：低温（低于−40℃）保温（带加热套）和带波纹管的阀门，在类型代号前分别加"D""B"和"W"汉语拼音字母。

2）阀门驱动方式代号见表 14-10。

阀门的传动方式代号　　表 14-10

传动方式	代　号	传动方式	代　号
电磁动	D	伞齿轮	5
电磁-液动	1	气　动	6
电-液动	2	液　动	7
蜗轮	3	气-液动	8
正齿轮	4	电　动	9

注：1. 手轮、手柄和扳手传动以及安全阀、减压阀、疏水阀省略本代号。

2. 对气动或液动、常开式用 6K、7K 表示；常闭式用 6B、7B 表示；气动带手动用 6S 表示；防爆电动用 9B 表示。

3）连接形式代号见表 14-11。

阀门连接形式代号　　表 14-11

连接形式	代　号	连接形式	代　号
内螺纹	1	对　夹	7
外螺纹	2	卡　箍	8
法　兰	4	卡　套	9
焊接①	6		

注：①焊接包括对焊和承插焊

4）结构形式代号见表 14-12。

阀门的类型、驱动方式、连接形式、结构形式代号　　表 14-12

代　号		0	1	2	3	4	5	6	7	8	9
驱动方式		电磁动	电磁-液动	电-液动	蜗轮	正齿轮	圆锥齿轮	气　动	液　动	气-液动	电　动
连接形式			内螺纹	外螺纹		法　兰		焊　接	对　夹	卡　箍	卡　套
类型代号						结　构　形　式					
闸　阀	Z		明　杆				暗杆楔式			
			楔　式		平　行　式					
		弹性闸板	刚　　性				单闸板	双闸板		
			单闸板	双闸板	单闸板	双闸板				
截止阀	J		直通式			直角式	直流式	平　衡		
节流阀	L							直通式	直角式		
球　阀	Q		浮　动　球					固定球		
			直通式			L 形三通式	T 形三通式	直通式		
蝶　阀	D	杠杆式	垂直板式		斜板式					

430

代号		0	1	2	3	4	5	6	7	8	9
隔膜阀	G		屋脊式		截止式				闸板式		
旋塞阀	X				填料式				油封式		
					直通式	T形三通式	四通式		直通式	T形三通式	
止回阀	H		升降式			旋启式					蝶形
			直通式	立式		单瓣	多瓣	双瓣			
安全阀	A		封闭		不封闭	封闭	不封闭				脉冲式
							带扳手	带控制机构	带扳手		
		带散热片全启式	微启式	全启式	双弹簧微启式	全启式	微启式	全启式	微启式	全启式	
减压阀	Y		薄膜式	弹簧薄膜式	活塞式	波纹管式	杠杆式				
疏水阀	S		浮球式				钟形浮子式		双金属片式	脉冲式	热动力式

5) 阀座密封面或衬里材料代号见表14-13。

阀门密封面或衬里材料代号

表 14-13

阀座密封面或衬里材料	代号	阀座密封面或衬里材料	代号
铜合金	T	渗氮钢	D
橡胶	X	硬质合金	Y
尼龙塑料	N	衬胶	J
氟塑料	F	衬铅	Q
锡基轴承合金（巴氏合金）	B	搪瓷	C
合金钢	H	渗硼钢	P

注：由阀体直接加工密封面材料用"W"表示。当阀座和阀瓣（闸板）密封面材料不同时，用低硬度材料代号（隔膜阀除外）。

6) 公称压力代号：公称压力代号用阿拉伯数字表示，其数值是以兆帕（MPa）为单位的公称压力值的10倍。

7) 阀体材料代号见表14-14，当公称压力 $PN \leqslant 1.6MPa$ 的铸铁阀体和公称压力 $PN \geqslant 2.5MPa$ 的碳素钢阀体省略本代号。

阀体材料代号

表 14-14

阀体材料	代号	阀体材料	代号
灰铸铁	Z	1Cr5Mo ZG1Cr5Mo	I
可锻铸铁	K	1Cr18Ni9Ti、ZG1Cr18Ni9Ti	P
球墨铸铁	Q	1Cr18Ni12Mo2Ti、ZG1Cr18Ni12MoTi	R
铜及铜合金	T	12CrMoV	V
碳钢	C	ZG12CrMoV	

14.3.2 阀门命名

阀门的名称按传动方式、连接形式、结构形式、衬里材料和类型命名。但下述内容在命名中予以省略。

(1) 连接形式中："法兰"

(2) 结构形式中

1) 闸阀的"明杆"、"弹性"、"刚性"和"单闸板"；

2) 截止阀和节流阀的"直通式"；

3) 球阀的"浮球"和"直通式"；

4) 蝶阀的"垂直板式"；

5) 隔膜阀的"屋脊式"；

6) 旋塞阀的"填料"和"直通式"；

7) 止回阀的"直通式"和"单瓣式"；

8) 安全阀的"不封闭"。

(3) 阀座密封面材料中的材料名称

【例1】 Z942W-1 表示电动传动、法兰连接、明杆楔式双闸板、密封面材料由阀体直接加工，公称压力 PN 为 0.1MPa，阀体材料为灰铸铁的闸阀，其实际命名为：

Z942W-1 电动楔式双闸板闸阀。

【例2】 Q21F-40P 表示球阀、手动、外螺纹连接、浮动直通式、阀座密封面材料为氟塑料、公称压力 PN 为 4.0MPa，阀体材料为 1Cr18Ni9Ti 的球阀，命名为：Q21F-40P 外螺纹球阀。

14.3.3 阀门标志

通用阀门必须使用的和可选择使用的标志项目如表 14-15 所示，对于手动阀门，如果手轮尺寸足够大，则手轮上应设有指示阀门关闭方向的箭头或附加"关"字。

通用阀门的具体标志如下：

(1) 表 14-15 中 1-4 项是必须使用的标志，对于 $DN \geqslant 50mm$ 的阀门，应标记在阀体上，对于 $DN < 50mm$ 的阀门标记在阀体上还是标牌上，由产品设计者规定。

(2) 在表 14-15 中 5 和 6 项只有当某类阀门标准中有些规定时才是必须使用的标志，它们应分别标记在阀体及法兰上。

(3) 如果各类阀门标准中没有特殊规定，则表 14-15 中 7～19 项是按需要选择使用的标志。当需要时，可标记在阀体或标牌上。

通用阀门的标志项目　表 14-15

项目	标　志	项目	标　志
1	公称通径（DN）	11	标准号
2	公称压力（PN）	12	熔炼炉口
3	受压部件材料代号	13	内件材料代号
4	制造厂名或厂商	14	工位号
5	介质流向的箭头	15	衬里材料代号
6	密封环（垫）代号	16	质量和实验标记
7	极限温度（℃）	17	检验人员印记
8	螺纹代号	18	制造年、月
9	极限压力	19	流动特性
10	生产厂编号		

14.4 减压阀、疏水阀、安全阀

14.4.1 减压阀

减压阀是通过启闭件（阀瓣）的节流，将介质压力降低，并依靠介质本身的能量，使出口压力自动保持稳定的阀门。

(1) 减压阀的种类和工作原理

减压阀根据敏感元件及结构不同可分为：薄膜式、弹簧薄膜式、活塞式、波纹管式等，不论哪种减压阀都只适用于空气、蒸汽等介质。而不适用于液体介质及含有固体颗粒的介质。用于不洁净的气体应装过滤器，常用减压阀的型号及规格见表 14-16。

减压阀参数　表 14-16

型　号	公称压力 PN（MPa）	适用介质	适用温度 ≤℃	出口压力（MPa）	公称直径 DN（mm）
Y44T-10	1	蒸汽、空气	180	0.05～0.4	20～50
Y43X-16	1.6	空气、水	70	0.05～1.0	25～300
Y43H-16	1.6	蒸汽	200	0.05～1.0	20～300
Y43H-25	2.5	蒸汽	350	0.1～0.6	25～300
Y43X-25	2.5	空气、水	70	0.1～0.6	25～100
Y43X-25	2.5	水	70	0.1～0.6	25～200
Y43H-40	4.0	蒸汽	400	0.1～2.5	25～200
Y42X-40	4.0	空气、水	70	0.1～2.5	25～80
Y43X-40	4.0	水	70	0.1～2.5	20～80
Y43H-64	6.4	蒸汽	450	0.1～3.0	25～100
Y42X-64	6.4	空气、水	70	0.1～3.0	25～50

1) 弹簧薄膜式减压阀：

如图 14-14 所示的弹簧薄膜式减压阀，其工作原理是：当调节弹簧处在自由状态时，阀瓣由于进口压力的作用和主阀弹簧 6 顶着，而处于关闭状态，拧动调整螺丝 8，顶开阀瓣 5，介质流向出口，阀后压力逐渐开至所需压力，这样阀后压力也作用在薄膜上，调节弹簧受力向上移动，阀瓣与阀座的间隙也随之关小，直到与调节弹簧的力平衡，使阀后压力保持在一定范围内。如果阀后压力升高，使原来的平衡遭到破坏时，薄膜下方的压力亦随之增高，使薄膜向上移动，阀瓣与阀座的通道间隙关小。使流过的介质减少压力随之下降，达到新的平衡。

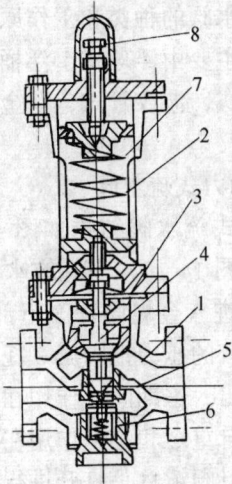

图 14-14　弹簧薄膜式减压阀
1—阀体；2—阀盖；3—薄膜；4—阀杆；5—阀瓣；
6—主阀弹簧；7—调节弹簧；8—调整螺栓

弹簧薄膜式减压阀的灵敏度较高，但薄膜的耐久性较差，温度也不宜过高，因此，这种减压阀多用在温度和压力不高的蒸汽和空气介质的管道上。

2）活塞式减压阀：

如图 14-15 所示的活塞式减压阀，其主要由阀体、阀盖、弹簧、活塞、主阀、副阀等部分组成。在阀体的下部装有主弹簧 6 用以支承主阀，使主阀与阀座处于密封状态。阀体上部装有活塞 4，活塞 4 与主阀 5 的阀杆相配合，待活塞受到介质压力后推动主阀，使主阀开启。阀盖内装有压缩弹簧，脉冲阀及膜片，帽盖内装有调节螺钉，调节弹簧以调节需要的工作压力。

当阀门工作时，旋转调节螺钉，顶开脉冲阀，介质由 α 通道进入脉冲阀，然后进入 β 通道，推动活塞使主阀开启，介质由 A 处流向 B 处，此时部分介质由通道 B 进入膜片 2 下的空间，待膜片下的介质压力达到足以抵制调节弹簧的压力时，膜片 2 向上移动，脉冲阀渐渐闭合，活塞上部的压力降低，使主介质通道关小，达到"恒定"阀后压力的目的。

活塞式减压阀工作时，由于活塞在气缸中的摩擦力较大，因此，它适用于温度较高，压力较大的蒸汽和空气等介质的管道工程上。

3）波纹管式减压阀：

波纹管式减压阀如图 14-16 所示，它主要是通过波纹管来平衡压力。当调整弹簧 2 在自然状态时，阀瓣 5 在进口压力来顶紧弹簧力的作用下处于关闭状态。工作时，拧动

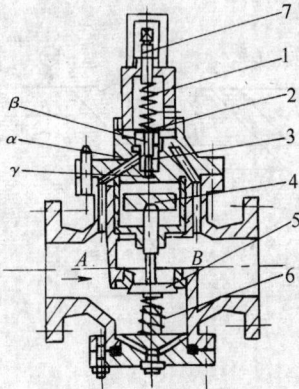

图 14-15　活塞式减压阀
1—调节弹簧；2—金属薄膜；3—辅阀；4—活塞；
5—主阀；6—主阀弹簧；7—调整螺栓

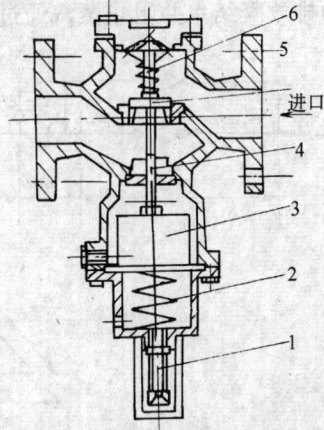

图 14-16　波纹管式减压阀
1—调整螺栓；2—调节弹簧；3—波纹管；
4—压力通道；5—阀瓣；6—顶紧弹簧

调整螺栓1。使调节弹簧2顶开阀瓣5,介质流向出口,阀后压力逐渐上升至所需压力,阀后压力经通道,作用于波纹管外侧,使波纹管向下的压力与调整弹簧向上的压力平衡,达到阀后的压力稳定在需要的压力范围内。若阀后压力过大,则波纹管向下的压力大于调节弹簧的压力,使阀瓣关小,调后压力降低,达到要求的压力。

(2) 减压阀的安装

减压阀的安装形式见图14-17,由图可见,减压阀前后设截止阀、压力表、旁通管、为防止减压阀失灵且又保证减压阀后管道在安全工作状态下工作,减压阀后还设置安全阀,由这些组件构成的减压装置称为减压阀组。

减压阀组不应设置在靠近移动设备或容易受到冲击的地方。而应设置在振动较小,周围较空之处,以便于检修,减压阀安装高度一般在1.2m左右并沿墙敷设;设在3m及3m以上时,应设专用平台。减压阀组前应设泄水阀。若系统中介质夹带渣物时,应在减压阀前设置过滤器,不论何种减压阀均应垂直安装在水平管道上。

14.4.2 疏水阀

自动排放凝结水并阻止蒸汽通过的阀门是疏水阀。在蒸汽管道系统中,疏水阀是一个自动调节阀门,它能排除凝结水,但却可阻止蒸汽通过。

(1) 疏水阀的种类和工作原理

疏水阀主要由浮球式、浮桶式、热动力式、倒吊桶式、波纹管式、双金属片式、脉冲式等多种。

1) 热动力式疏水阀

热动力式疏水阀结构如图14-18所示,疏水原理见图14-19。当凝结水由疏水阀底部的中心孔进入金属阀片3下部的空间时,依靠它所具有的压力把阀瓣3托起,然后通过阀孔5排出。这期间,作用在阀瓣上的压力与阀瓣的自重之和小于作用在阀瓣下面的水压力,所以阀瓣总是打开进行排水的(图14-19(a))。蒸汽经疏水阀的中心孔流到阀瓣3下面时,靠本身具有的压力把阀瓣托起,瞬时少量蒸汽通过阀孔5排出一部分,但蒸汽在流出中心孔的压力降低,容积膨胀,因而就不能全部经阀孔5排出,而部分窜到阀瓣上面去(图14-19(b)),随着阀瓣3上蒸汽的逐渐增多,作用在阀瓣上的压力不断升高,当阀瓣上的压力和自重向下的合力大于阀瓣下面向上作用的蒸汽压力时,阀门就关闭,阻止蒸汽流出(图14-19(c))。

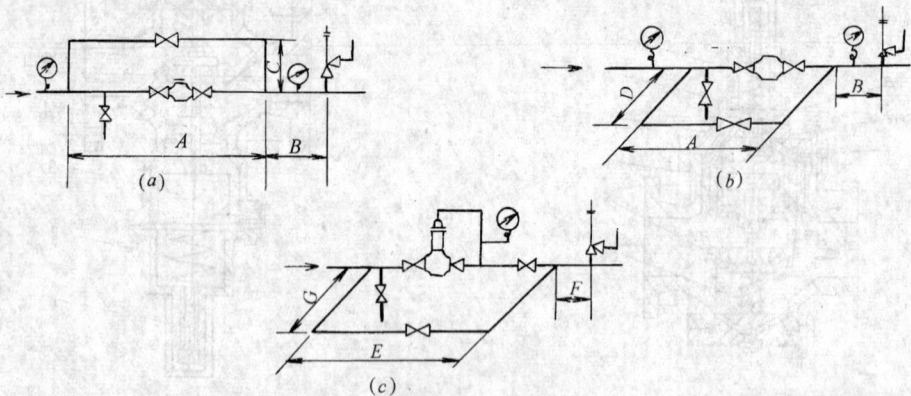

图14-17　减压阀安装图式

(a) 活塞式减压阀旁通管立式安装;(b) 活塞式减压管旁通管水平安装;(c) 波纹管式减压阀安装。

(阀后管径比减压阀大二号,阀前管径与减压阀相同。阀门一律采用截止阀)

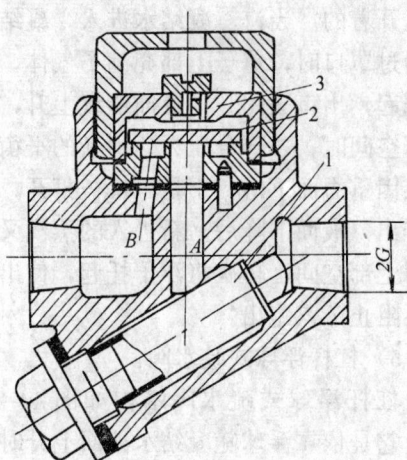

图 14-18 热动力式疏水器

当蒸汽放出汽化热变成冷凝水后，阀瓣上的作用力减少，则阀瓣又重新打开（图14-19（d））。

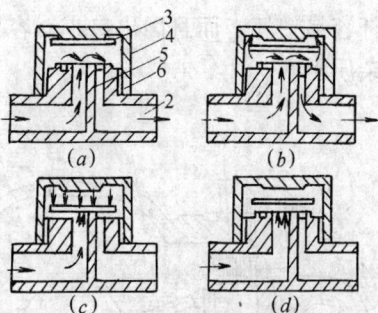

图 14-19 热动力式疏水原理
1—蒸汽、凝水进口；2—凝水出口；
3—阀瓣；4—阀盖；5—阀孔；6—阀体

当过热的凝结水流经阀孔时，水速较高，阀瓣边缘处静压降低，部分凝结水因降压而汽化，使控制室内压力升高，达到一定值后，将阀瓣压下，关闭凝结水通路。

热动力式疏水阀是靠阀瓣处的水压和汽压交替出现而启闭的，在运行时有一定的噪音，在凝结水量小或疏水阀前后压差小于0.05MPa，且应使疏水阀后的背压不超过阀前凝结水压力的50%，否则疏水阀将失灵并漏汽。

热动力式疏水阀结构简单，体积小，适用工作压力范围大，价格低廉，但漏汽量较大。

2）脉冲式疏水阀

脉冲式疏水阀结构如图14-20所示，脉冲式疏水阀常用在压力较高的工艺设备上。

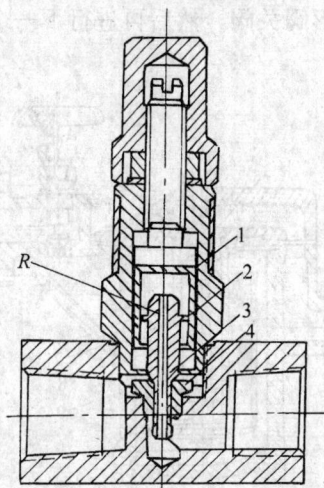

图 14-20 脉冲式疏水阀
1—倒锥形缸；2—控制盘；3—阀瓣；4—阀座

脉冲式疏水阀的工作原理为：当空气和凝结水进入疏水阀入口时，活塞下的压力使阀瓣上升，这时空气和凝结水从主泄孔流至排水口。而小部分经副泄孔流到控制盘上的控制室。当经过副孔 R 进入蒸汽时，存在控制室内的高温凝结水（它的温度仅低于蒸汽温度 0~2℃）受热蒸发二次蒸汽，使压力增高，这时，活塞盘受压下降，关闭主泄孔，使蒸汽被隔绝。

当控制室二次蒸汽减少时，压力降低，阀瓣再次开启，继续排放凝结水。

脉冲式疏水阀体积小，重量轻，排水量大，便于检修，适用于较高压力的蒸汽系统。

3）浮桶式疏水阀：

浮桶式疏水阀结构如图14-21所示，它的工作原理是：当蒸汽和凝结水由表面的孔口进入阀体内时，经过挡板的作用，冷凝水先充满下部，并将浮桶浮起，浮桶中心杆顶部是一个疏水阀尖，此阀尖将疏水阀孔堵死，蒸汽不能排出。当凝结水面超过浮桶高度时，凝结水溢入桶内，至一定程度时，桶内水与浮桶重量之和大于其所受浮力时，浮桶下沉，疏水阀孔开启。桶内的凝结水在蒸汽压力下经套管流出。部分凝结排出后，浮桶又浮起，又将针形阀关阀，然后再进行下一个工作循环。

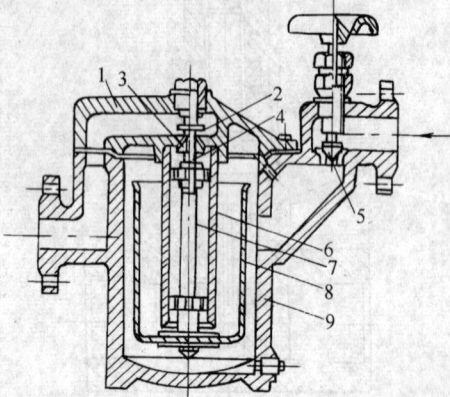

图 14-21　浮桶式疏水阀

1—盖；2—止回阀阀芯；3—疏水阀座；

4—疏水阀阀芯；5—截止阀阀芯；6—套管；

7—阀杆；8—浮桶；9—外壳

4）钟形浮子式疏水阀：

钟形浮子式疏水阀结构如图 14-22 所示，它是靠钟罩的动作进行阻汽排水，因钟形浮子像倒装的吊桶，所以又称为倒吊桶疏水器。介质进入时，由于钟罩的重力，出口

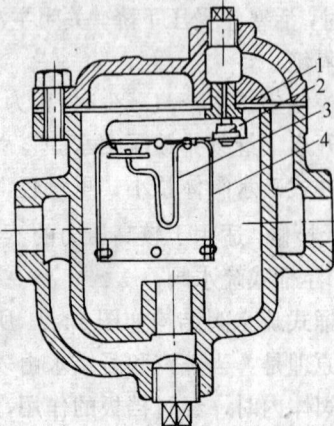

图 14-22　钟形浮子式疏水阀

1—阀座；2—阀瓣；3—双金属片；4—钟形桶

总是开着的。当汽、凝结水进入，凝结水液面漫过罩口时，罩子上部充满了气体，将罩子托起，出口关闭。但液面继续上升，充满全部空间时，各部分压力达到新的平衡，钟罩又因重力而下落，于是出口被打开，凝结水排出，液面下降后，新进入的蒸汽又占据钟罩上部空间，再次将浮子托起，使出口关闭，阻止蒸汽跑出。

5）杠杆浮球式疏水阀：

杠杆浮球式疏水阀结构如图 14-23 所示，它是依靠浮球随凝结水液面上升时。浮球也随之上升，并通过杠杆的作用，使出口阀开启。凝结水液面下降时，浮球也随之下落，并通过杠杆将出口阀关闭，这样就达到了排除凝结水阻止蒸汽的目的，这种疏水阀结构简单、阻汽效果好，但长期使用，浮球和杠杆容易损坏，而且因出口小，容易被铁锈和杂质阻塞。

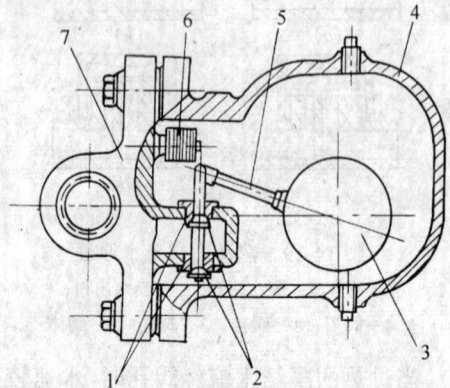

图 14-23　杠杆浮球式疏水阀

1—阀座；2—阀芯；3—浮球；4—阀体；

5—杠杆机构；6—波纹管式排气阀；7—阀盖

常用疏水阀的型号及规格见表 14-17。

6）疏水阀的安装：

疏水阀的安装如图 14-24 所示，由图可知，疏水阀前后设有阀门、过滤器、冲洗管、检查管、旁通管等，由这些组件构成的疏水装置称为疏水阀组。

名　　称	型　号	公称压力 PN（MPa）	允许背压(指出口压力与进口压力之比)≤%	适用温度 ≤℃	公称通径 DN（mm）						
					15	20	25	32	40	50	80
浮球式疏水阀	S41H-16	1.6	80	200	△	△	△	△	△	△	
	S41H-160			350	△	△	△	△	△	△	△
	S41H-25	2.5			△	△	△	△	△	△	△
	S41H-40	4.0		425	△	△	△	△	△	△	△
	S41H-64	6.4			△	△	△	△	△	△	△
	S41H-160I	16		550	△	△	△	△	△	△	△
浮桶式疏水阀	S43H-6	0.6		200	△	△	△	△	△	△	
	S43H-10	1.0			△	△	△	△	△	△	
内螺纹钟形浮子式疏水阀	S15H-16	1.6			△	△	△				
双金属片式疏水阀	S47H-16		50	350	△	△	△	△	△	△	
	S47H-25	2.5			△	△	△	△	△	△	
内螺纹脉冲式疏水阀	S18H-25		25		△	△	△				
内螺纹热动力式疏水阀	S19H-16	1.6		200	△	△	△				
热动力式疏水阀	S49H-16				△	△	△	△	△	△	
内螺纹热动力式疏水阀	S19H-40				△	△	△				
热动力式疏水阀	S49H-40	4.0	50	425	△	△	△	△	△	△	
承插焊热动力式疏水阀	S69H-40				△	△	△	△	△	△	
热动力式疏水阀	S49H-64	6.4			△	△	△	△	△	△	
	S49Y-100	10		450	△	△	△	△	△	△	
承插焊热动力式疏水阀	S69Y-100				△	△	△				
热动力式疏水阀	S49Y-160I	16		550	△	△	△	△	△	△	
承插焊热动力式疏水阀	S69Y-160I				△	△	△				

注：疏水阀的排水量、最小工作压差应在图样或产品使用说明书中注明。

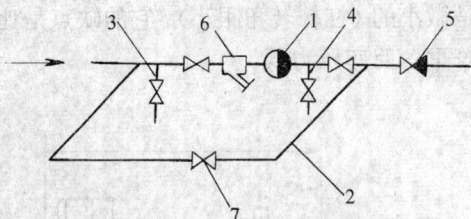

图 14-24　疏水器的组装示意图
1—疏水器；2—旁通管；3—冲洗管；4—检查管；
5—止回阀；6—过滤器；7—截止阀

疏水阀组应安装在便于检修的地方，并应尽量靠近用热设备和管道及凝结水排出口之下。阀体的垂直中心线与水平面应互相垂直，不可倾斜，以利阻汽排水，并使介质的流动方向与阀体一致。组装时，应注意安排好旁通管，冲洗管，检查管，止回阀和过滤器等的位置，并装设必要的法兰或活接头，以便于检修时拆卸。

旁通管的作用，主要是管道在开始运行时用来排放大量的凝结水。运行中，检修疏水器时，用旁通管排放凝结水是不适宜的，因为这样会使蒸汽窜入回水系统（凝结水排至排水沟的除外）。影响其他用热设备和管网回水压力的平衡。如果不论疏水阀的大小，不分系统和用途一律装设旁通管，实践证明，弊多利少。所以一般在中小供热系统，用热设备及蒸汽管道中，安装疏水阀可不装旁通管，而对必须连续生产及对加热温度有严格要求的生产用热设备或对于用热量大，易间歇，速加热的设备，应安装旁通管。

冲洗管的作用是用来冲洗管路和放气。冲洗管一般向下安装，也可以向上安装。

疏水阀前后应设切断阀，便于疏水阀检护维修时用，但凝结水直接排入大气时，疏水阀后可不设。

疏水阀与前切断阀间应设置过滤器，防止系统中的污物堵塞疏水阀。热动力式疏水阀本身带过滤器，其他类型的疏水阀在设计时应另选配用。

疏水阀后应设检查管，用于检查疏水阀工作是否正常，如打开检查管大量冒汽，则说明疏水阀坏了，需要检修。

止回阀的作用是防止回水管网窜气后压力升高，甚至超过供热系统的使用压力时，凝结水倒灌，热动力式疏水阀本身能起逆止作用。

疏水阀应装在用热设备的下面，以防用热设备存水。疏水阀的安装位置应尽量靠近排水点。若距离太远时，疏水阀前面的管道内会憋存空气或蒸汽，使疏水阀处在关闭状态，而且阻挡凝结水，不能达到疏水点。

蒸汽管道上，为保障系统正常运转，直管段每隔50m左右要安装疏水阀。

7）疏水阀的安装形式：

疏水阀的几种安装形式如图14-25所示。

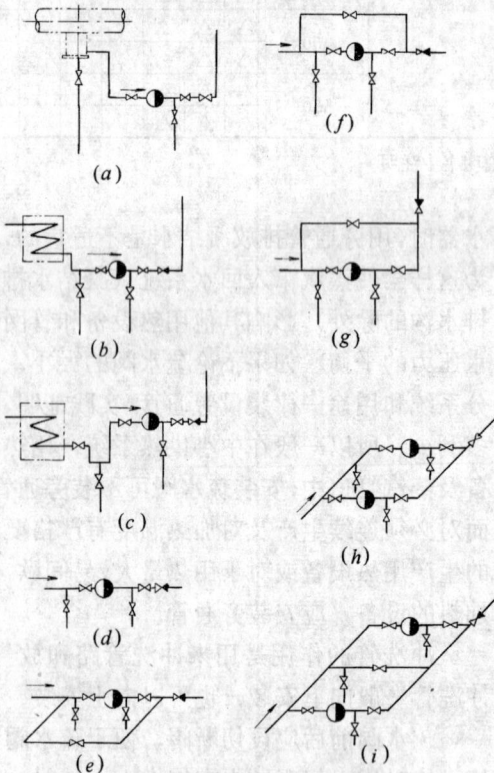

图14-25 疏水器的几种安装形式

(a) 与集水管连接；(b) 安装在设备之下；(c) 安装在设备之上；(d) 不带旁通水平安装；(e) 带旁通水平安装；(f) 带旁通垂直安装；(g) 带旁通垂直安装；(h) 并联安装；(i) 并联安装

疏水阀组的连接，如公称直径 $DN \leqslant$ 32mm，公称压力 $PN \leqslant 0.3$MPa，以及公称直径 $DN \leqslant 50$mm，公称压力 $PN \leqslant 0.2$MPa，可用螺纹连接，其余均用法兰连接。疏水器应垂直安装，不得倾斜。

14.4.3 安全阀

当管道或设备内的介质的压力超过规定值时，启闭件（阀瓣）自动开启排放，低于规定值时，自动关闭，对管道或设备起保护作用的阀门是安全阀。

（1）安全阀的种类

安全阀按其构造分为杠杆重锤式安全阀、弹簧式安全阀、脉冲式安全阀。

1）杠杆重锤式安全阀：

杠杆重锤式安全阀结构如图14-26所示，它是利用杠杆和重锤来平衡阀瓣的压力。重锤式安全阀靠移动重锤的位置或改变重锤的重量来调节压力。它的优点在于由阀杆传来的力基本上是不变的，因为重锤造成的力矩随杠杆抬起的力臂长度变化，而发生变化是微小的（杠杆转角很小）。它的缺点是比较笨重，回座压力低。

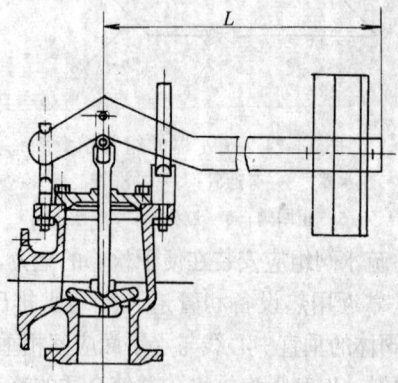

图14-26 杠杆重锤式安全阀

杠杆重锤式安全阀只能固定在设备上，其重锤的质量一般不应超过60kg，以免操作困难。铸铁制重锤式安全阀适用于公称压力

$PN \leqslant 1.6\text{MPa}$，介质温度 $t \leqslant 200℃$。碳素钢制重锤式安全阀适用于公称压力 $PN \leqslant 4.0\text{MPa}$，介质温度 $t \leqslant 450℃$。杠杆重锤式安全阀主要用于水、蒸汽等介质。

2）弹簧式安全阀：

弹簧式安全阀是利用弹簧的力来平衡阀瓣的压力，并使之密封。其结构如图 14-27 所示。它的优点是体积小、重量轻、灵敏度高，安装位置不受严格限制，它的缺点是作用在阀杆上的力随弹簧的变形而发生变化，同时，当介质温度较高时，还必须考虑弹簧的隔热和散热问题，弹簧安全阀的弹簧作用力一般不超过 2000N，过大、过硬的弹簧不适于精确的工作。

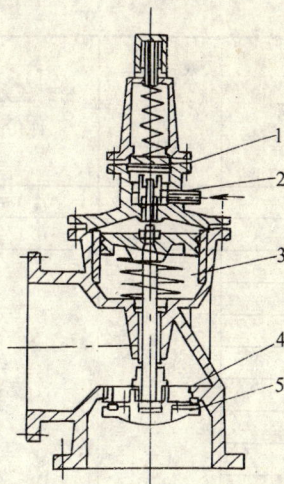

图 14-28　脉冲式安全阀

1—隔膜；2—副阀瓣；3—活塞缸；
4—主阀座；5—主阀瓣

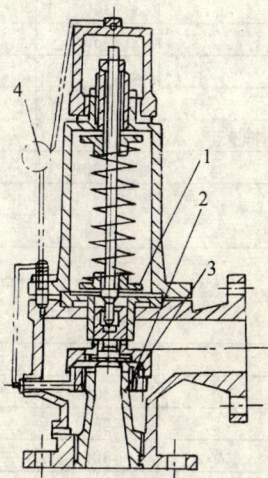

图 14-27　弹簧式安全阀

1—阀瓣；2—反冲盘；3—阀座；4—铅封

3）脉冲式安全阀：

脉冲式安全阀如图 14-28 所示，它主要由主阀和辅阀组成，辅阀当压力超过允许值时，它首先起作用，然后促使其主阀动作。

常用安全阀的型号及规格见表 14-18。

（2）安全阀的安装

安全阀是确保安全生产的管路附件。由于操作失误、仪表失灵、机器故障、火灾等意外原因，使得管道系统或设备内的介质压力超过规定值时，启闭件（阀瓣）自动开启排放、低于规定值时自动关闭，对管道或设备起保护作用的阀门。

设备容器的安全阀最好装在设备容器的开口上，如不可能时，应尽可能装在接近设备容器的管路上，但管路的公称直径不得小于安全阀进口的公称直径。

对于单独排入大气的安全阀，应在它的入口处装一个经常保持开启的截断阀并采用铅封。对于排入密闭系统或用集合管排入大气的安全阀，则应在它的入口和出口各装一个保持经常开启的安全阀，并用铅封，截断阀应选用明杆式闸阀，球阀或密封性较好的旋塞阀。

液体安全阀一般都排入封闭系统，气体安全阀一般都排入大气。

排入大气的一般气体的安全阀放空管，出口应在 2.5m 以上，并引出室外，排入大气的可燃气体和有毒气体，安全阀放空管出口应高出周围最高建筑物或设备 2m。水平距离 15m 以内有明火设备时，可燃气体不得排入大气。安全阀的排出管路太长时应很好加以固定，以防震动。

安 全 阀 参 数　　　　　　　　　　　　　　　　表 14-18

型　号	公称压力 PN (MPa)	密封压力范围 (MPa)	适 用 介 质	适用温度 ≤℃	公称通径 DN (mm)
A25W-10T	1	0.4~1	空气	120	15~20
A27H-10K		0.1~1	空气、蒸汽、水	200	10~40
A47H-16	1.6	0.1~1.6	空气、蒸汽、水	200	40~100
A21H-16C			空气、氨气、水、氨液		10~25
A21W-16P			硝酸等		10~25
A41H-16C			空气、氨气、水、氨液、油类	300	32~80
A41W-16P			硝酸等	200	32~80
A47H-16C			空气、蒸汽、水	350	40~80
A43H-16C			空气、蒸汽	350	80~100
A40H-16C			油类、空气	450	50~150
A40Y-16I				550	50~150
A42H-16C		0.06~1.6		300	40~200
A42W-16P			硝酸等	200	40~200
A44H-16C		0.1~1.6	油类、空气	300	50~150
A48H-16C			空气、蒸汽	350	50~150
A21H-40	4	1.6~4	空气、氨气、水、氨液	200	15~25
A21W-40P		1.6~4	硝酸等	200	15~25
A41H-40		1.3~4	空气、氨气、水、氨液、油类	300	32~80
A41W-40P		1.6~4	硝酸等	200	32~80
A47H-40		1.3~4	空气、蒸汽	350	40~80
A43H-40					80~100
A43H-40		0.6~4	油类、空气	450	50~150
A40Y-40I				550	50~150
A42H-40		1.3~4		300	40~150
A42W-40P		1.6~4	硝酸等	200	40~150
A44H-40		1.3~4	油类、空气	300	50~150
A48H-40			空气、蒸汽	350	50~150
A41H-100	10	3.2~10	空气、水、油类	300	32~50
A40H-100		1.6~8	油类、空气	450	50~100
A40Y-100I				550	50~100
A40Y-100P				600	50~100
A42H-100		3.2~10	氮氢气、油类、空气	300	40~100

安全阀应垂直安装，以确保管路系统畅通无阻。安全阀应尽可能布置在便于检查和维修处。

安全阀在安装前，应按设计规定进行调试。当设计无规定，其开启压力为工作压力的 1.05-1.15 倍，回座压力应大于工作压力的 0.9 倍，调压时，压力应稳定，每个安全阀启闭试验不少于 3 次。当工作介质为气体时，应用空气或惰性气体作介质进行调试，当工作介质为液体时，应用水进行调试。但是安全阀的最终调整应在系统投入试运行时进行调整，调整后的安全阀在工作压力下不得有渗漏现象，最终调试合格后，应重新进行铅封，并填写《安全阀调整试验记录》等表格，以备检查。

小　结

　　阀门是控制介质运动的一种管路附件，在管道工程中有着广泛的应用。

　　在管路上起启闭作用的阀门称为闭路阀门。它包括闸阀、截止阀、节流阀、旋塞、球阀、蝶阀、隔膜阀、止回阀等。学习时要掌握这些阀门的性能、特点及安装要求。

　　阀门型号由7个单元组成，各单元的表示及意义如图14-29所示。

　　减压阀、疏水阀、安全阀是3种具有不同功能不同用途的阀门、学习时重点要掌握它们的功能及安装要求。

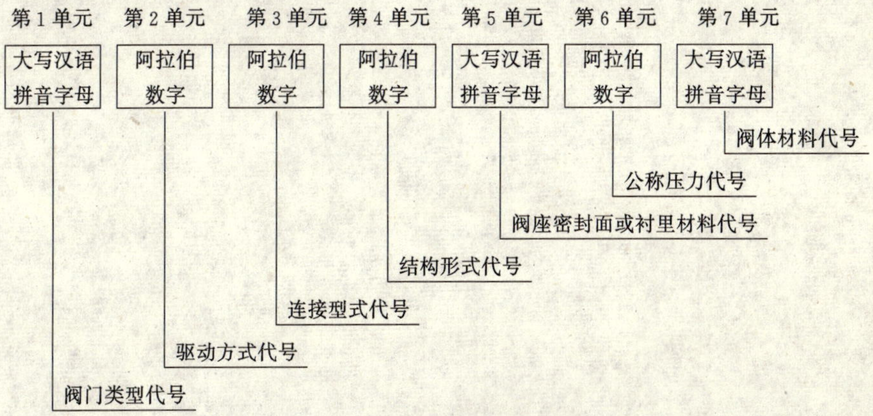

第1单元　　第2单元　　第3单元　　第4单元　　第5单元　　第6单元　　第7单元

| 大写汉语拼音字母 | 阿拉伯数字 | 阿拉伯数字 | 阿拉伯数字 | 大写汉语拼音字母 | 阿拉伯数字 | 大写汉语拼音字母 |

阀体材料代号

公称压力代号

阀座密封面或衬里材料代号

结构形式代号

连接型式代号

驱动方式代号

阀门类型代号

图14-29　阀门型号的单元组成及含义

习　题

1. 阀门如何分类？

2. 何谓闭路阀门？它包括哪些阀门？

3. 闸阀的特点是什么？安装时应注意哪些问题？

4. 截止阀的特点是什么？安装时应注意哪些问题？

5. 节流阀的用途是什么？

6. 球阀的特点是什么？

7. 旋塞的特点是什么？

8. 隔膜阀的作用是什么？

9. 蝶阀的特点是什么？

10. 止回阀的作用是什么？止回阀有几种类型？安装时应注意哪些问题？

11. 阀门型号由哪几个单元组成？各单元如何表示？表示的意义如何？

12. 说明下列各种阀门型号所表示的内容

Z42W-1	Z946T-2.5	Z440Y-40P
J11W-16	WJ41W-25P	J941H-100
L24W-25K	Q941F-16	Q267F-64
D741X-2.5	G6K41J-6	H12X-2.5
H44H-25	X43W-10	A27H-10K

13. 减压阀的作用是什么？

14. 绘图说明减压阀有几种安装形式？

15. 试绘制疏水阀组安装示意图，并说明各部分的功用。

16. 绘图说明疏水器有几种安装形式？

17. 安全阀的功用是什么？

18. 安全阀安装时应注意哪些事项？

19. 通用阀门安装时的一般规定是什么？

第15章 支架及补偿器安装

用来支承管道的结构是管道支架。管道在敷设时都必须对管子进行固定和支承（直埋管道除外），固定和支承管子的构件是支架。支架种类很多，其安装要求也各异，认识学习支架、掌握支架的安装要求，对管道安装工程是十分有益的。

补偿器是设置在管道上吸收管道热胀、冷缩和其他位移的元件。管道补偿器安装的正确与否对于热介质管道系统的正常安全运行是很重要的。

管道支架、管道补偿器是管道工程的重要构件，本章主要讲述这两种构件的安装方法及要求。

15.1 支架的分类及选用

15.1.1 支架分类

管道支架的作用是支承管道，并限制管道的位移和变形，承受从管道传来的内压力。外载荷及温度变形的弹性力，通过它将这些力传递到支承结构或地上。

管道支架按支架的材料可分为钢结构、钢筋混凝土结构和砖木结构等。

管道支架按用途可分为允许管道在支架位移的支架——活动支架和固定管道用的支架——固定支架两类。

（1）固定支架

固定支架用在不允许管道有轴向位移的地方，它除承受管道的重量外，还均匀分配补偿器间的管道热膨胀，保障补偿器能正常工作，从而防止管道因受过大的热应力而引起管道较大的变形甚至破坏，如管子不绝热、管子规格较小（$DN \leqslant 100mm$）时，可采用图15-1所示的U形管卡和弧形板组成的固定支架；对于需要绝热的管子或者管子规格较大者（$DN > 100mm$）。应装管托，管托同管

子应焊牢,管托与支架之间用档板加以固定,档板分单面档板和双面档板两种,单面档板用于推力较小的管道,双面档板适用于推力较大的管道,单面档板固定支架如图15-2所示。常用的固定支架如图15-3所示。

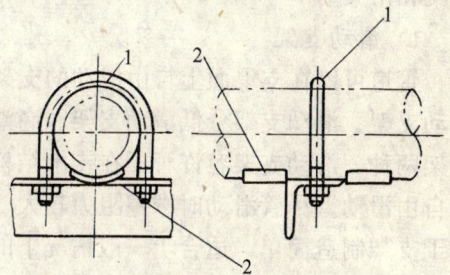

图 15-1　固定支架
1—U 字支架；2—弧形板

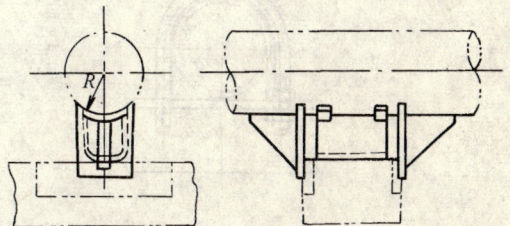

图 15-2　单面档板固定支架

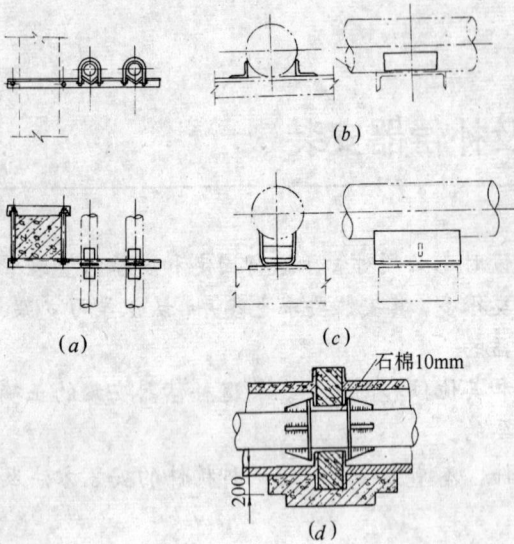

图 15-3　常用的固定支架
(a) 夹环固定支架；(b) 焊接角钢固定支架；
(c) 曲面槽固定支架；(d) 钢筋混凝土固定支架

(2) 活动支架

活动支架分滑动支架、导向支架、滚动支架和吊架。

1) 滑动支架：

管道可以在支承面上自由滑动的支架是滑动支架。滑动支架分低滑动支架和高滑动支架两种，滑动支架容许管子在支承结构上能自由滑动。尽管滑动时摩擦阻力较大，但由于支架制造简单，适合于一般情况下的管道，尤其是有横向位移的管道，所以使用范围极广，低滑动支架适用于不绝热管道，如图 15-4 所示。

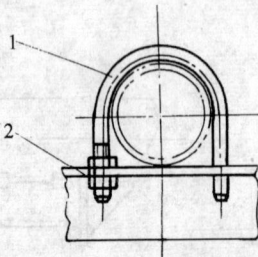

图 15-4　低滑动支架
1—管卡；2—螺母

弧形板滑动支架是管子下面焊接一块弧形板。其目的是为了防止管子在热胀冷缩的滑动中和支架横梁直接发生摩擦，使管壁减薄，弧形板滑动支架主要用在管壁薄且不保温的管道上，如图 15-5 所示。

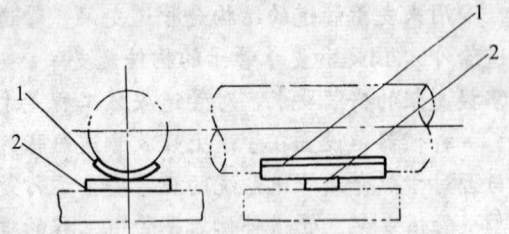

图 15-5　弧形板滑动支架
1—弧形板；2—托架

高滑动支架适用于绝热管道，管子与管托之间用电焊焊牢。而管托与支架横梁之间能自由滑动，管托的高度应超过绝热层的厚度，确保带绝热层的管子在支架横梁上能自由滑动，如图 15-6 所示。

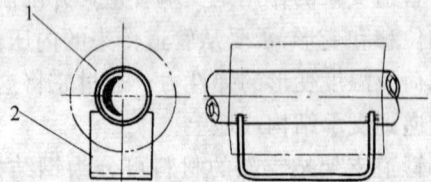

图 15-6　高滑动支架
1—绝热层；2—管子托架

2) 导向支架：

导向支架是为了限制管子径向位移，使管子在支架上滑动时不至偏移管子轴心线而设置的。管道转弯处不设导向支架。一般是在管子托架的两侧 3～5mm 处各焊接一块短角钢或扁钢，使管子托架在角（扁）钢制成的导向板范围内自由伸缩，如图 15-7 所示。

3) 滚动支架：

装有滚筒或球盘使管道在位移时产生滚动摩擦的支架称为滚动支架。

444

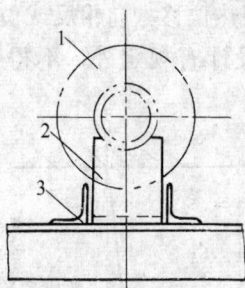

图 15-7 导向支架

1—保温层；2—管子托架；3—导向板

滚动支架分滚柱和滚珠支架两种，主要用于管径较大而又无横向位移的管道，两者相比，滚珠支架可承受较高的介质温度，而滚柱支架的摩擦力较滚珠支架大；如图15-8所示。

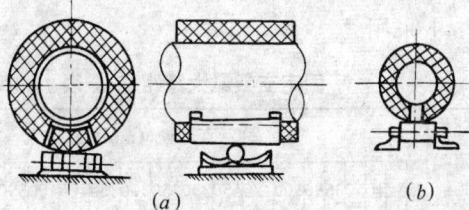

图 15-8 滚动支架

(a) 滚珠支架；(b) 滚柱支架

4) 吊架：

吊挂管道的结构称为吊架，吊架分为普通吊架和弹簧吊架，普通吊架如图15-9所示，弹簧吊架见图15-10。普通吊架由卡箍、吊杆和支承结构组成，用于口径较小，无伸缩性或伸缩性极小的管道。弹簧吊架由卡箍、

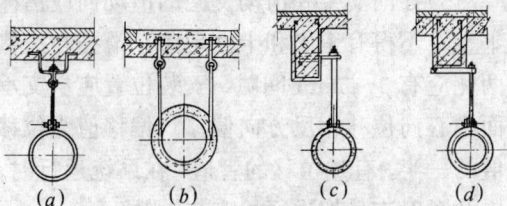

图 15-9 管道吊架

(a) 可在纵向及横向移动；(b) 只能在纵向移动；
(c) 焊接在钢筋混凝土构件里埋置的预埋件上；
(d) 箍在钢筋混凝土梁上

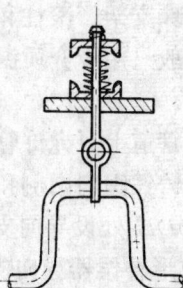

图 15-10 弹簧吊架

吊杆、弹簧和支承结构组成，用于有伸缩性及振动较大的管道。吊杆长度应大于管道水平伸缩量的好几倍，并能自由调节。

15.1.2 支架的选用

在管道施工中，管道支架有一部分由设计确定，但大多数由施工人员在施工现场自行决定，而支架的正确选择和合理设置是保证管道安全经济运行的重要一环，正确合理的选用原则是：

1) 管道支吊架的设置和造型，应能正确地支吊管道，并满足管道的强度、刚度、输送介质的温度、压力、位移条件等各方面的综合要求。

2) 支架还应能承受一定量的管道在安装状态、工作状态中一些偶然的外来载荷的作用。

3) 管道不允许有任何位移的地方，应设置固定支架，固定支架要生根在牢固的厂房结构或专设的建（构）筑物上。

4) 在管道上无垂直位移或垂直位移很小的地方，可设活动支架或刚性吊架，以承受管道重量，增强管道的稳定性，活动支架的型式应根据管道对支架的摩擦作用力的不同来选取。

A. 对由于摩擦而产生的作用力无严格限制时，可采用滑动支架；

B. 当要求减少管道轴向摩擦作用力时，可用滚柱支架；

C. 当要求减少管道水平位移的摩擦作

用，可采用滚珠支架，滚柱和滚珠支架结构较为复杂，一般只用于介质温度较高和管径较大的管路上。

5）在水平管道上只允许管道单向水平位移的地方，在铸铁阀门两侧和方形补偿器伸缩臂弯点至 40DN 处设导向支架。

6）轴向波形补偿器导向支架距离，应根据波纹管的要求设置，轴向波纹管和套筒式补偿器应设置双向限位导向支架，防止横向和竖向位移超过补偿器的允许值。

7）在管道具有垂直位移的地方，应装设弹簧吊架，在不便装设弹簧吊架时，亦可采用弹簧支架，在同时具有水平位移时，应采用滚珠弹簧支架。

8）对于室外敷设大直径的煤气管道的独立活动支架，为减少摩擦阻力，应设计成柔性和半铰接的或采用可靠的滚动支架，避免采用刚性支架或滑动支架。

15.2 支架的安装

15.2.1 支架的安装要求

支架安装前，应对所要安装的支架进行外观检查，支架的形式、材质、加工尺寸、制作精度等应符合设计要求，满足使用要求。支架底板及支、吊架弹簧盒的工作面应平整。管道支、吊架焊缝应进行外观检查，不得有漏焊、欠焊、裂纹、咬肉、气孔、砂眼等缺陷，焊接变形应予以矫正，制作合格的支吊架的成品应进行防腐处理。

管道支、吊架安装应满足以下要求：

1）支架标高要正确，有坡度的管道，支架的标高应满足管道坡度的需求。

2）支架安装位置要正确，安装要平整、牢固，与管子的接触应紧密。

3）无热位移的管道，吊架的吊杆应垂直安装，有热位移的管道，吊杆应在位移的相反方向，按位移的1/2倾斜安装，如图15-11所示。两根热位移方向相反或位移值不等的管道，除设计有规定外，不得使用同一吊杆。

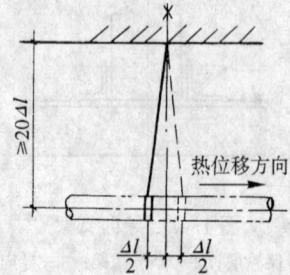

图 15-11　吊架的安装位置

4）固定支架应严格按设计要求安装，并在补偿器预拉伸前固定。在有位移的直管段上，不得安装任何形式的固定支架，当设计无明确要求时，固定支架的最大间距应按表 15-1 采用。

固定支架最大跨距表　　表 15-1

补偿器类型	公称直径（mm）																
	25	32	40	50	65	80	100	125	150	200	250	300	350	400	450	500	600
方形补偿器	30	35	45	50	55	60	65	70	80	90	100	115	130	145	160	180	200
波形补偿器								15	15	15	15	20	20	20	20	25	25
套筒式补偿器								50	55	60	70	80	90	100	120	120	140

5）导向支架和滑动支架的滑动面应洁净平整，不得有歪斜和卡涩现象，滑托与滑槽两侧应有 3～5mm 间隙，安装位置应从支承面中心向位移相反方向偏移。偏移值为位移值的一半，有热位移的管道，在系统运行时，应及时对支吊架进行检查与调整。

6）弹簧支架的高度应按设计要求调整，并作出记录，弹簧的临时固定件，应待系统安装、试压、绝热完毕后方可拆除。

7）管道安装过程中应尽量不使用临时

支、吊架，如必须用时应有明显的标记，并不得与正式支、吊架位置冲突，管道安装完毕后应及时拆除。

8）管架紧固在槽钢或Ｉ字钢的翼板斜面上时，其螺栓应有相应的斜垫片。

9）室内中低压钢管活动支架的间距应按设计要求布置，设计无明确要求时，可参照表15-2的规定执行，并不得以过墙套管作支承点。

钢管道活动支架的最大间距　　表15-2

公称直径(mm)		15	20	25	32	40	50	65	80	100	125	150	200	250	300
支架的最大间距(m)	保温管	1.5	2	2	2.5	3	3	4	4.5	5		6	7	8	8.5
	不保温管	2.5	3	3.5	4	4.5	5	6	6	6.5	7	8	9.5	11	12

10）在墙上预留孔洞埋设支架时，埋设前应检查校正孔洞标高位置是否正确，深度是否符合设计要求和有关标准图的规定要求，无误后清除孔洞内的碎砖及灰尘，并用水将洞周围浇湿，将支架埋入填塞1：3的水泥砂浆，水泥砂浆的填塞应密实，要饱满。

11）在钢筋混凝土构件预埋钢板上焊接支架时，应先校正支架焊接的标高位置，清除预埋钢板上的杂物，然后再行施焊，焊缝必须焊满。焊缝高度不得小于焊接件的最小厚度。

15.2.2　支架的安装方法

（1）栽埋法

将管道支架埋设在墙内的一种方法，如图15-12所示，支架埋入深度不得小于150mm，栽入墙内的那端应开脚，有预留孔洞的，将支架放入洞内，位置找正、标高找正后，向洞内填塞1：3的水泥砂浆，砂浆充填要饱满、密实，墙上没有预留孔洞的，应用电锤或锤子与凿子打洞，不管是预留孔洞还是现场打洞，支架埋设前应将洞内的碎砖

及灰尘清除，并用水将洞内浇湿。充填后的洞口要凹进3-5mm，便于墙洞面抹灰修饰。

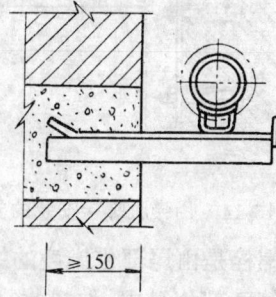

图15-12　埋入墙内的支架

（2）焊接在埋件上的支架

在钢筋混凝土构件上安装支架，可在土建浇注混凝土时将各类支架预埋件按需求的位置预埋好，待钢模拆除后，应将预埋件表面的水泥、砂浆清除干净，然后将支架横梁焊接在预埋件上，如图15-13所示。

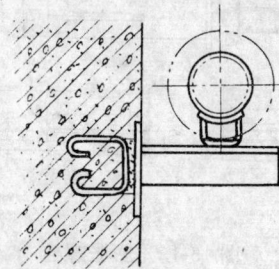

图15-13　焊接在预埋钢板上的支架

（3）膨胀螺栓安装的支架

用膨胀螺栓安装支、吊架是近十几年发展起来的安装新工艺，它不需要预留洞口，也不需要预埋件，节省材料、不破坏原结构，施工程序简单、施工周期短、工效提高快。

膨胀螺栓安装的支架如图15-14所示。

膨胀螺栓适用于C13级及C13级以上的混凝土构件，对荷载较小的生根部件，也可生根于砖墙上，禁止在容易出现裂纹或已产生裂缝的部位埋设膨胀螺栓，也不得将膨胀螺栓埋设在砖缝上。

1）膨胀螺栓的结构与紧固原理：

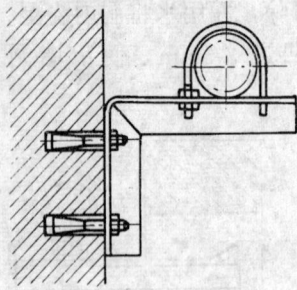

图 15-14　用膨胀螺栓安装的支架

膨胀螺栓是由尾部带锥度的螺栓和尾部开槽的套管两部分组成,如图 15-15 所示,安装时,先在砖体或混凝土上钻孔,然后将套管及膨胀螺栓施力放入孔内。当螺栓紧固支吊架后,螺栓受力,螺栓尾部锥度使套管开槽处膨胀扩大,产生摩擦力和剪力如图 15-16。

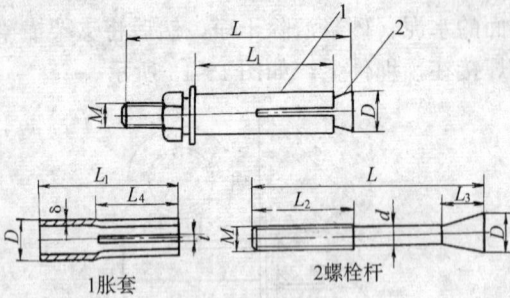

图 15-15　膨胀螺栓
1—胀套；2—螺栓杆

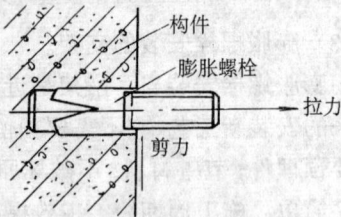

图 15-16　受力状况图

2) 膨胀螺栓的安装：

先用电锤在安装部位钻孔,钻成的孔必须与构件表面垂直,孔的直径与套管外径相等,深度为套管长度加 15mm。孔钻好后,将孔内的碎屑清除干净。把套管套在螺栓上,套管的开口端朝向螺栓的锥形尾部。再把螺母带在螺栓上,然后打入已钻好的孔内。到螺母接触孔口时,用扳手拧紧螺母,随着螺母的拧紧,螺栓被向外拉动,螺栓的锥尾部就把开口的套管尾部胀开,使螺栓和套管一起紧固在孔内,这样就可以在螺栓上安装支架,如图 15-17 所示。

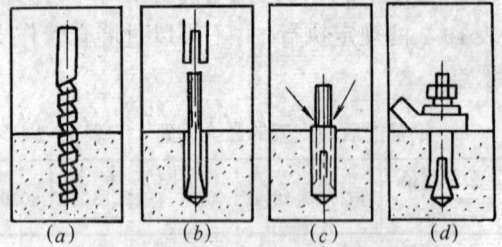

图 15-17　膨胀螺栓安装示意图
(a) 钻孔；(b) 将锥头螺栓和套管装入孔内；
(c) 将套管锤入孔内；(d) 将设备紧固在膨胀螺栓上

（4）包箍法安装支架

在混凝土和木结构梁、柱上安装支架时,不得钻洞或打洞,可以采用包箍式支架,包箍式支架如图 15-18 所示。用包箍法安装支架时,螺栓一定要上紧,以保证支架受力后不松动。

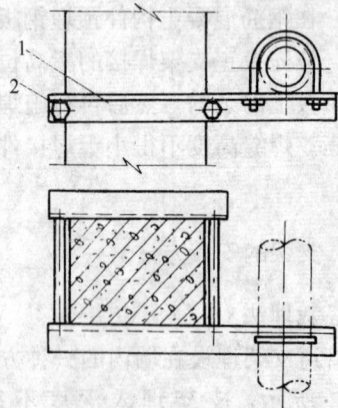

图 15-18　包箍式支架
1—支架横梁；2—双头螺栓

（5）射钉法安装的支架

在一些砖墙(不能是空心砖或多孔砖)或混凝土构件上可用射钉法来安装支架。射钉是射钉枪射出的"子弹"，采用射钉法安装支架时，先用射钉枪将射钉射入砖或混凝土构件内，并露出 2 只螺母的位置，然后用螺母将支架横梁固定在射钉上，如图 15-19 所示。

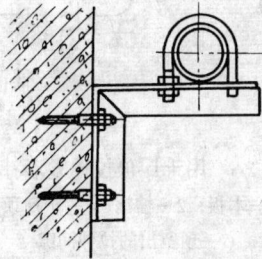

图 15-19　用射钉安装的支架

射钉有带圆柱头、带内螺纹和带外螺纹三种，用于安装支架的一般是带外螺纹的射钉，如图 15-20 所示。

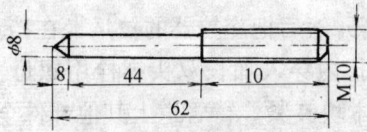

图 15-20　M10 外螺纹射钉

使用射钉安装支架时应注意下列事项：

1）被射物体的厚度应大于 2.5 倍射钉长度，对混凝土厚度不超过 100mm 结构不准射钉，不得在作业面后站人，以防发生事故；

2）射钉离开混凝土构件边缘距离不得小于 100mm，以免构件受振碎裂；

3）不得在空心砖或多孔砖上射钉；

4）现在施工中使用的射钉枪能发射 $\phi 8$、$\phi 10$、$\phi 12mm$ 三种规格的射钉，使用时请注意射钉规格的选配；

5）射钉枪应由专人进行保管和使用，使用者应了解射钉枪的性能、特点、工作原理和使用要求，操作时要站稳脚跟，佩带防护镜，高空作业时，必须系好安全带；

6）射钉枪使用前应进行检查，认为确无问题时方可使用，射钉枪用毕要妥善保管。

15.3　补偿器的安装

管道安装是在环境状态下进行的，而管道系统运行时，是在介质的工作温度状态下，大多数情况下，介质的温度与周围环境温度不同，有些还差别很大，这必将会产生管道的热变形。由管道热变形产生热应力，使管子处在较高的应力状态下工作，这不管是对管道、设备、还是对管道系统都是危险的，因此，必须在管路上安装一种装置，这种装置能够吸收管道的热变形量，我们称这种装置为补偿器。

管道的补偿器有：方形补偿器、波形和波纹管补偿器、套筒式补偿器、球形补偿器。

15.3.1　方形补偿器

方形补偿器也称方胀力，是由 4 个 90°的煨弯弯管组成，它的优点是制作简单、安装方便。热补偿量大，工作安全可靠，一般不需维修。缺点是外形尺寸大，安装占用面积大，不太美观等。

方形补偿器按其外形可分为 Ⅰ 型——标准式（$B=2A$），Ⅱ 型——等边式（$B=A$），Ⅲ 型——长臂式（$B=0.5A$），Ⅳ 型——小顶式（$B=0$），其中以 Ⅱ、Ⅲ 型最为常用，如图 15-21 所示。

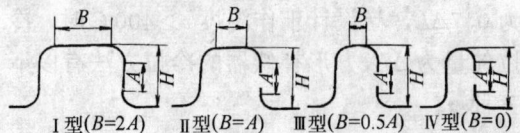

图 15-21　方型补偿器的类型

制作方形补偿器必须选用质量好的无缝钢管，整个补偿器最好用一根管子煨制而成，如果制作大规格的被偿器，也可用两根或三根管子焊接而成，但严禁在补偿器的水平臂上焊接。焊接点必须置于外伸臂的中点处，因为此处的弯矩最小，当管径小于 200mm 时，焊缝与外伸臂轴线垂直，当管径大于 200mm

时，焊缝与轴线成 45°角，如图 15-22 所示。

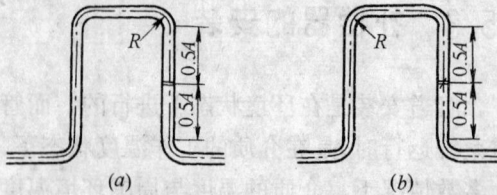

图 15-22　方形补偿器的焊缝

a）*DN*＜200mm；（*b*）*DN*≥200mm；焊缝与轴线成 45°角

方形补偿器组对时，应在平地上拼接，组对时尺寸要正确。

垂直部分长度偏差不应大于±10mm，平面歪曲偏差不应大于 3mm/m。且不得大于 10mm。弯头角度必须是 90°，否则会在安装和运行时造成困难，严重的会造成横向位移，使支架单边受力，甚至发生管道脱离支架等现象。

为了减少热应力和提高补偿器的补偿能力。方形补偿器在安装前应进行予拉伸，输送热介质的管道需进行冷拉，输送冷介质的管道需进行冷压，如图 15-23 所示。由于冷拉（或冷压）使得补偿器工作时减少了补偿器的变形量，也就减少了补偿器变形时所产生的应力。方形补偿器的冷拉伸量与介质的设计工作温度有关。当设计工作温度 t≤250℃时，冷拉伸量为设计伸缩量的一半，即 $\frac{1}{2}\Delta L$，当设计工作温度为 250～400℃时，冷拉伸量为 $0.7\Delta L$，当设计工作温度 t＞400℃时，冷拉伸量为 ΔL，方形补偿器的冷拉方法有以下三种：

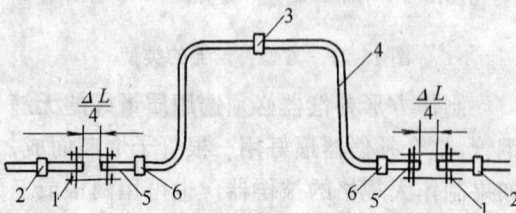

图 15-23　方形补偿器冷拉示意图

1—拉管器；2、6—活动管托；3—活动管托或弹簧吊架；4—补偿器；5—附加直管

1）千斤顶法。如图 15-24 所示用千斤顶将方形补偿器进行拉伸。

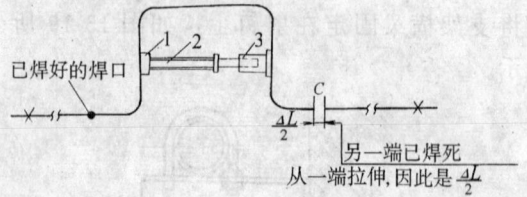

图 15-24　用千斤顶拉伸方形补偿器

1—木板；2—槽钢；3—千斤顶；
C—预留出的拉伸间隙

2）用拉管器拉伸。拉管器如图 15-25 所示。采用带螺栓的拉管器进行冷拉，是将一块厚度等于预拉伸量的木块或木垫圈类在冷拉接口间隙中，再在接口两侧的管壁上分别焊上挡环，然后把冷拉器的拉爪卡在挡环上，在拉爪孔内穿入加长双头螺栓用螺母上紧，并将垫木块夹紧。待管道上其他部件全部安装好后，把冷拉口的木垫拿掉，匀称地拧紧螺母，使接口间隙达到焊接时的对口要求；

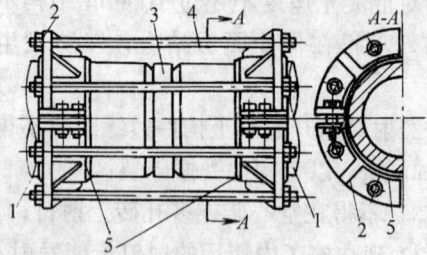

图 15-25　拉管器

1—管子；2—对开卡箍；3—焊接间隙；垫板；
4—双头螺栓；5—挡环

3）撑拉器拉伸。如图 15-26 所示，使用时只要旋动螺母，使其沿螺杆前进或后退就能使补偿器两臂受到拉紧或外伸。

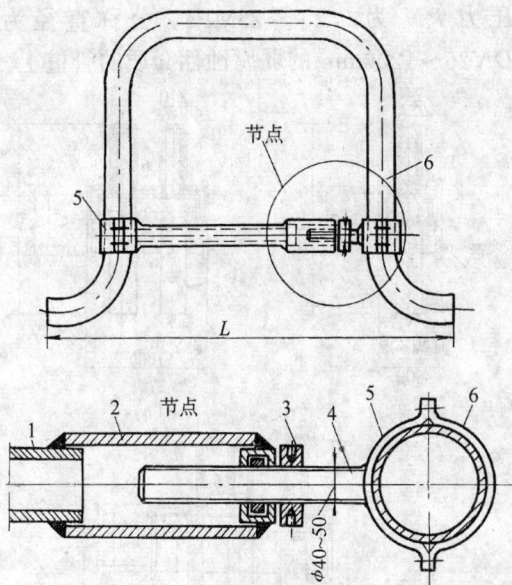

图 15-26 撑拉补偿器用的螺丝杆

1—撑杆；2—短管；3—螺母；4—螺杆；

5—夹圈；6—补偿器的管段

15.3.2 波形补偿器、鼓形补偿器和波纹管
补偿器

（1）波形补偿器

波形补偿器是一种以金属薄板压制并拼
焊起来，利用凸形金属薄壳挠性变形构件的
弹性变形来补偿管道的热伸缩量的一种补偿
器，根据其形状分为：波形、盘形、鼓形和
内凹形等 4 种，如图 15-27 所示。波形补偿器
一般用于工作压力 $P \leqslant 0.6$MPa 的低压大直
径的煤气、压缩空气等管道工程中。

波形补偿器的特点是：结构紧凑，所占
空间小，工作时只发生轴向变形，缺点是制
造比较困难，耐压强度低，补偿能力小（每
个波形补偿器补偿值只有 5～20mm 左右）。

波形补偿器按波数不同分为单波、双波、三
波、四波等形式，波数不宜超过 4 个，过多时，
易使补偿器受热变形后不沿中心线方向移动。

波形补偿器按补偿器的内部结构不同，
分为带套筒和不带套筒两种，但用得较多的是
带套筒的波形补偿器，如图 15-28 所示，由于
有套筒的存在，可以减少介质的流动阻力，套

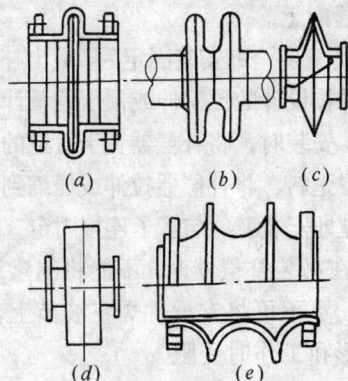

图 15-27　波形补偿器

(a) 单波形；(b) 双波形；(c) 盘形；

(d) 鼓形；(e) 内凹形

筒一端满焊，一端自由，故可保证补偿器能自
由伸缩。满焊的一端应迎向介质流动方向。

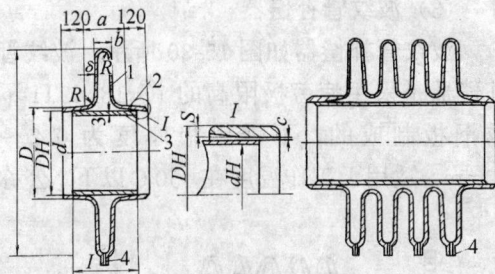

图 15-28　波形补偿器

1—波；2—直筒；3—内衬套筒；4—DN20 单头螺纹短
节（如波形补偿器竖直安装或装在无凝液的管道上，则
不需此件）；D—波峰外径；d—波谷内径；c—直筒与内
衬套筒间隙（当 DN≤600 时，c=1mm；当 DN≥700 时，
c=2mm）

波形补偿器安装时应注意以下事项：

1）波形补偿器安装前应检查其各部位尺
寸是否符合要求，其表面不得有裂纹、凸凹、
轧痕、皱褶等缺陷。并应按设计规定的压力
进行水压试验，合格后才可安装。

2）波形补偿器的拉伸或压缩，应在平地
上分次逐渐进行，要使各个波节受力均匀，并
严禁超过波节的补偿能力，以免使波节失去弹
性，形成永久性变形，或使焊缝破裂，当波形
补偿器需要在已就位的管道上进行拉伸压缩
和安装时，可采用图 15-23 所示之拉压工具。

3）安装波形补偿器时，在水平管上，应
使套管的焊缝迎向介质流向。在垂直管段上

451

应使焊缝向上。

4）待管道全部安装固定后，留出补偿器的位置，并按设计的预拉伸或预压缩量计算好预留尺寸。安装时，将补偿器置于管道的中心位置，不得歪斜，将补偿器拉伸或压缩到符合要求后，立即安装就位与管子连接固定。

5）在吊装补偿器时，不能将绳索绑扎在波节上，更不可将支承件焊在波节上，以防波节变形和工作时受阻。

（2）鼓形补偿器

鼓形补偿器通常用于工作压力 $P \leqslant 0.1Mpa$ 的煤气管道上，其结构如图15-29，鼓形补偿器的性能、特点及安装要求与波形补偿器相同。

（3）波纹管补偿器

波纹管补偿器如图15-30所示。波纹管补偿器是采用疲劳极限高的1Cr18Ni9Ti不锈钢板制成的，不锈钢板厚度为 $0.2 \sim 10mm$ ，适用于工作温度在 $450℃$ 以下，公称压力 PN 为 $0.25 \sim 25MPa$ ，公称直径为 $DN25 \sim 1200mm$ 的弱腐蚀性介质的管道上。

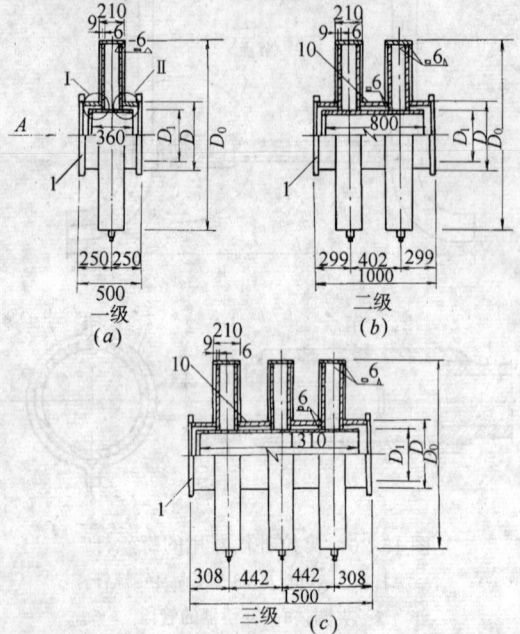

图15-29 $DN200 \sim 2400$ 鼓形补偿器总图

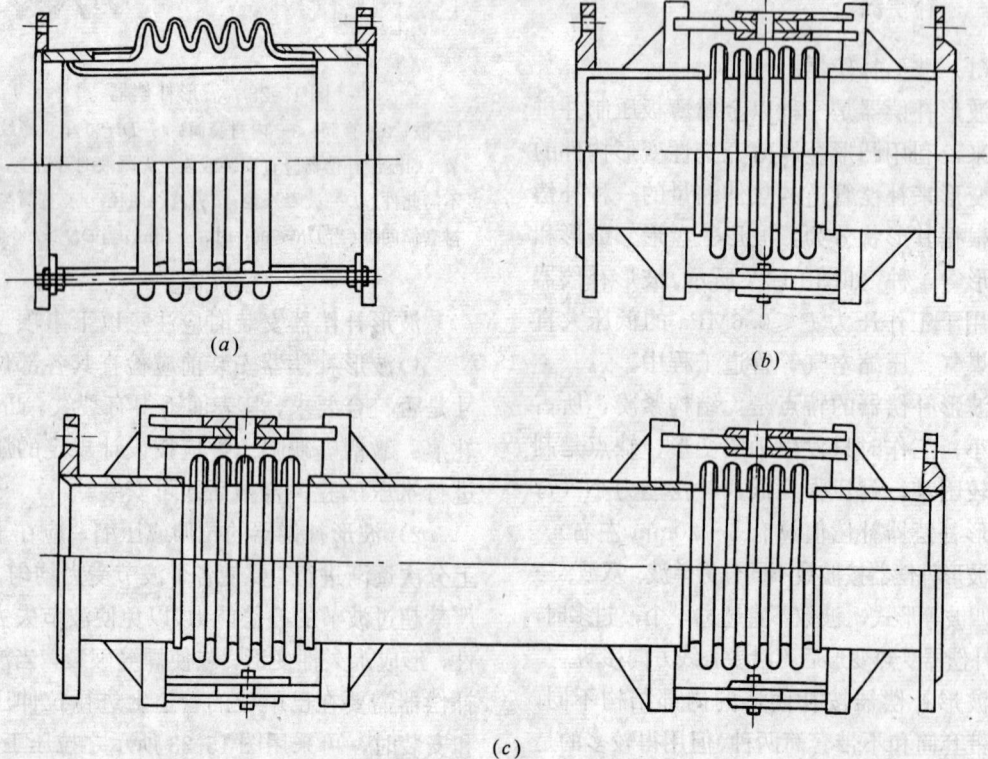

图15-30 波纹管补偿器
(a) 轴向型；(b) 横向型；(c) 角向型

波纹管断面的形状见图15-31。

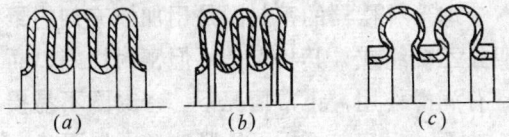

图 15-31　波纹管断面形状
(a) U 型；(b) S 型；(c) Ω 型

波纹管补偿器具有结构紧凑、承压能力高、工作性能好，配管简单、耐腐蚀，维修方便等优点。

15.3.3　套筒式补偿器

套筒式补偿器又称为填料函式补偿器，如图15-32所示，它由套管和插管、密封填料三部分组成，它是靠插管和套管的相对运动来补偿管道的热变形量的。

套筒式补偿器按壳体的材料不同，分为铸铁制和钢制两种，按套筒式的结构可分为单向和双向套筒。

套筒式补偿器的特点是结构简单、紧凑、补偿能力大，占地面积小，施工安装方便，但这种补偿器的轴向推力大，易渗漏，需要经常维修和更换填料，当管道稍有角向位移和径向位移，易造成套筒卡住现象，故使用单向套筒式补偿器，应安装在固定支架附近，双向套筒式补偿器应安装在两固定支架中部，并应在补偿器前后设置导向支架。

套筒式补偿器安装前应拆开检查，检查其内部零件是否齐全，填料是否完整和符合

要求，安装时，补偿器应该与管中心同心安装，不得偏斜，在靠近补偿器的两侧至少各有一个导向支架，使管道运行时不偏离中心线，以保证自由伸缩。

套筒式补偿器因其轴向推力较大，如果在一根较长的管路上安装两个或两个以上的补偿器时，相邻两个补偿器的安装方向应彼此相反。中间设置固定支架，一个固定支架两侧的补偿器至固定支架的间距应大致相等，如图15-33所示。

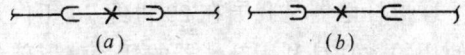

图 15-33　两个套筒式补偿器及
中间的固定支架示意图

套筒式补偿器的伸缩范围如图15-34所示，是按介质的最高温度和环境最低计算温度之差计算的，但实际安装时的温度并不等于设计计算时的环境最低计算温度，因此，安装时应该留有一定的剩余收缩余量，剩余收缩余量按下式计算：

$$S = S_0 \frac{t_1 - t_0}{t_2 - t_0} \qquad (15-1)$$

式中　S——插管与套管挡圈间的安装剩余
　　　　　收缩余量（mm）；
　　　S_0——补偿器的最大补偿能力（mm）；
　　　t_0——环境最低计算温度（℃）；
　　　t_1——管道安装时的环境温度（℃）；
　　　t_2——管道内介质的最高计算温度
　　　　　（℃）。

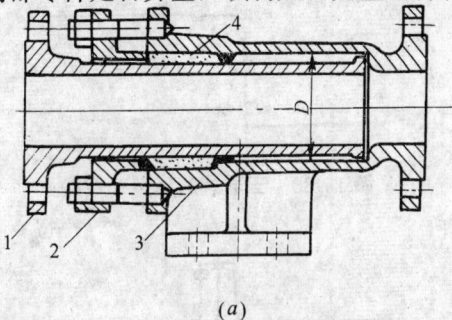

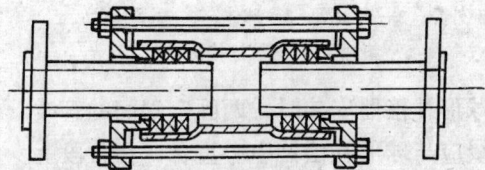

(a)　　　　　　　　　　　　(b)

图 15-32　套筒式补偿器
(a) 单向活动的套筒式补偿器；(b) 高硅铁制双向活动的套筒式补偿器

1—插管；2—填料压盖；3—套管；4—填料

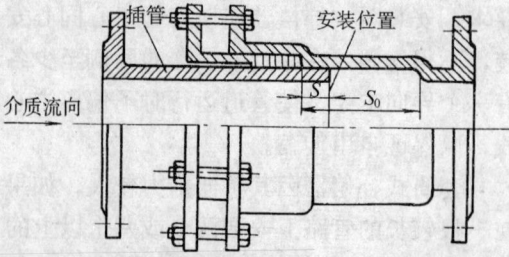

图 15-34 套筒式补偿器安装剩余收缩量示意图

15.3.4 球形补偿器

球形补偿器是我国在 20 世纪 70 年代开始使用的，它是利用补偿器的活动球形部分角向转弯来补偿管道的热变形，它允许管子在一定范围内相对转动，因而两端直管可以不必严格地保持在一条直线上。

球形补偿器如图 15-35 所示，它由外壳、球体、密封圈、压紧法兰和连接法兰等主要部件组成。它的优点是能够吸收管道产生的伸缩（热位移）、振动、扭曲等全部位移。

球形补偿器的安装要注意阅读生产厂家的说明书，一般安装在垂直管段的热力管道上。也可以水平安装，但必须安装两个球形补偿器组成一组，一般组合成∏和Γ形管线。

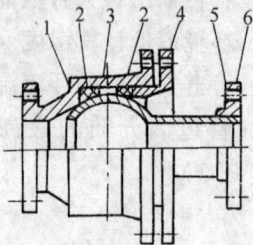

图 15-35 球型补偿器结构图
1—外壳；2—密封圈；3—球体；4—压紧法兰；
5—垫片；6—螺纹连接法兰

球形补偿器安装时，两固定端间的管线中心线应与球形补偿器中心重合，在管段上适当配置导向滑动支架，安装时要特别注意核对补偿器壳体上的标志是否符合设计要求，球形补偿器应安装在便于检护维修处。

球形补偿器的密封圈是用加填充剂的聚四氟乙烯组成，其特点是不但密封性好，而且有润滑作用，正常情况下，密封圈不易损坏，万一损坏，可拆下压紧法兰予以更换。

应该说明的是，球形补偿器本身不能吸收管道的热变形，它是利用补偿器的活动球体在回转中心范围内能自由转动来吸收管道的位移。以补偿管道的热变形，因此球形补偿器不能单个使用，可根据具体情况将 2～4 个球形补偿器连成一组使用，如图 15-36～图 15-39 所示。

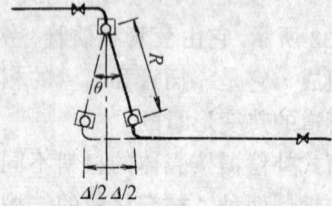

图 15-36 二球式的球型补偿器

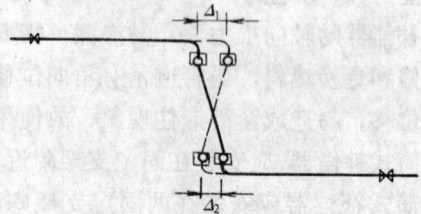

图 15-37 二球式的球型补偿器

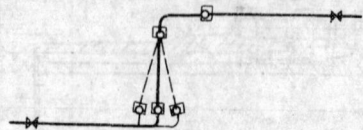

图 15-38 三球式的球型补偿器

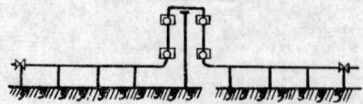

图 15-39 四球式的球型补偿器

454

小　结

管道支架是用来支承管道的。

常用的管道支、吊架按用途分为滑动支架、固定支架、导向支架及吊架等，每种支、吊架又有多种形式。

管道支架形式的选择主要在考虑管道的强度、刚度、输送介质的性质，工作温度及工作压力，管道运行后的受力状况及管道安装的实际位置状况等，还应考虑管架的制作和安装成本。固定支架的位置按设计要求，活动支架位置按表15-2给出的间距确定。

能够吸收管道热胀、冷缩和其他位移的装置称为补偿器，工程中常用的补偿器有方形补偿器、波形补偿器、波纹管补偿器、球形补偿器等。

对于热力管线，一般采用方形补偿器和波纹管补偿器，只有在大口径、常温、低压的管道才采用波形补偿器。套筒式补偿器由于在运行时产生的轴向推力较大，填料易损坏，造成渗漏，维修工作量大，目前在钢质管道上已很少采用，但对于各种不宜弯曲的脆性管材如高硅铁管、玻璃管、玻璃钢管、某些塑料管材等材质的管线上仍经常使用。

波纹管式补偿器是我国在80年代开始使用的一种波形补偿器，该补偿器性能优良、工作安全可靠，能补偿各种位移（轴向位移、径向位移、角向位移）。便于施工安装，受到了市场的欢迎。

球形补偿器是利用球形管的随机弯转来解决管道热补偿的。球形补偿器具有补偿能力大，占据空间小，流动阻力小，安装方便、降低投资等优点，但也存在着侧向位移较大、易泄漏等缺点。

习　题

1. 管道支架的类型有哪几种？

2. 什么是固定支架？最常用的有哪几种形式？

3. 什么是活动支架？最常用的有哪些形式？

4. 什么是管道吊架和弹簧吊架？在什么情况下使用？

5. 什么是导向支架和滚动支架？在什么情况下使用？

6. 怎样合理地选择使用各种类型的支架？

7. 支架安装的一般要求是什么？

8. 支架安装的方法有哪些？

9. 何谓补偿器？管道补偿器有哪几种类型？

10. 方形补偿器有哪几种形式？方形补偿器有什么特点？

11. 组对方形补偿器时应注意哪些事项？

12. 方形补偿器需要二根以上的管子连接时，焊缝应放在哪个位置较为合理？

13. 方形补偿器安装前为什么要进行预拉伸，拉伸量怎样确定？拉伸方法有哪几种？

14. 波形补偿器是怎样分类的？其特点是什么？

15. 波纹管补偿器有何特点？有哪几种型式？

16. 套筒式补偿器安装时应注意哪些事项？

17. 套筒式补偿器安装时应留有一定的剩余收缩余量，其剩余收缩余量如何确定？

18. 球形补偿器适用于何种场所？

第16章 管道工程施工及安全技术

管道工程施工包括施工准备、管路敷设、管道安装、管道试压、吹（冲）洗等内容，管道工程施工大致都经过以上几个施工环节，每个环节的实施和掌握都影响着管道工程的质量和寿命。

所有从事管道工程施工的人员，都必须严格执行安全技术规程，防止任何事故的发生。安全技术是随着管道施工应运而生的技术，安全技术和施工技术是相辅相成的，互为完善、互为补充。

本章主要讲述上述两个方面的内容。

16.1 施工准备

施工准备是工程施工的第一道工序，而且准备工作的好坏，将直接影响到工程的施工进度和施工质量，是关系到整个工程能否顺利进行的重要环节。

施工准备主要包括技术准备、施工现场准备和材料准备。

16.1.1 技术准备

技术准备是施工准备工作的中心环节，它包括熟悉施工图纸和资料，编制施工组织设计、施工进度计划，编制施工技术措施、安全技术措施、编制材料计划，了解施工现场的情况，进行施工总平面布置等。

（1）熟悉施工图纸和资料

施工图纸是设计人员按国家和地方的有关政策规定，设计规范、设计标准以及建设单位委托设计时提出的具体要求，结合有关设计资料绘制而成的技术文件，它正确地反映了工程全貌，是进行工程施工的依据，管道工通过熟悉图纸，应能了解工程的生产工艺和使用要求，弄清设计意图，从而明确对安装的要求。

通过熟悉施工文件，如施工组织设计和施工计划等，应明确施工程序、施工方法、技术措施和施工进度，制订出相应的安全技术措施。

（2）施工现场准备

施工现场包括工作场地和安装位置。工作场地一般包括现场、材料堆放地点和加工机具的安装位置。

工作场地应根据工程量及作业面的大小来确定，工程量小的，工作场地只需选择一处，工程量大、作业面宽的施工项目，需根据现场条件及施工进度计划安排，选择几处。工作场地应本着施工方便、减少现场用料及不必要的二次搬运，尽量缩小施工人员来回活动的作业范围，减少活动量等原则来选取。

施工现场要做到三通一平即水通、电通、路通、场地平整。

（3）材料设备准备

材料包括主要材料和辅助材料两类，主要材料即直接用在工程上的永久性材料。如管材、管件、法兰、阀门、各类型钢等，辅助材料又称为消耗材料，是一次性消耗在管道安装工程上的材料，如各种油麻、焊条、锯条、棉纱、垫片、氧气、乙炔等。

首先应根据施工图、施工预算、并结合

实际情况向材料供应部门提交用料计划和计划用料日期,材料进入施工现场后,要及时进行检查、验收。检查时,应注意材料的材质、规格、型号、质量、数量及外观缺陷应符合有关规定,满足设计要求和使用要求。材料不合格者,严禁使用。工程中如有材料代用须经过设计部门同意并签发变更单。材料经验收后,应及时存放好。

管道工程中所用设备进入现场后,应由建设单位组织有关人员参加开箱检查验收,并清点随机附件、配件是否齐全,检查技术文件是否齐备、运输途中有无损坏。

经检查验收后的材料和设备应妥善保管,避免损失,搬运装卸时应小心、谨慎、严禁野蛮装卸。

16.1.2 管道工程施工程序

管道工程的施工程序大致如下:
1)熟悉图纸及有关技术资料;
2)施工测量与放线;
3)沟槽开挖;
4)配合土建预留孔洞及预埋件;
5)弯管及管件加工;
6)支架制作及安装;
7)管道预制及组装;
8)管道敷设及安装;
9)管道与设备连接;
10)自控仪表及其管道安装;
11)试压及清(吹)洗;
12)防腐与绝热;
13)调试与试车;
14)交工验收。

以上环节并非每个工程都能出现,但这些环节的先后程序大致如此。

16.1.3 管道安装应具备的条件

管道安装,一般应具备下列条件:
1)设计及其他技术文件完整、齐全,施工图纸已经会审,确认能用于施工;

2)施工方案已经批准,施工预算、技术交底和必要的技术培训工作已经完成;

3)搭建的一些临时设施(临时办公用房、临时供水、供电、供气等设施)已能满足安装需求;

4)与管道安装有关的建(构)筑物经检查合格并向安装部门提供必要的技术资料,能够满足安装要求;

5)与管道连接的设备已找平、找正、安装就位完毕;

6)必须在管道安装前完成的有关工序,如清洗、脱脂、内部防腐与衬里等已进行完毕;

7)管子、管件及阀门等已经校验合格,并具备有关的技术证件;

8)管子、管件及阀门等已按设计要求、核对无误。已完全满足安装要求(包括试压、内部清理、脱脂、去污等);

9)与管道安装的有关机械、机具已进入施工现场,并能满足使用要求。

16.2 管路的室外敷设方法

室外管道的敷设形式可分为地下敷设和地上敷设(架空敷设)两大类,地下敷设又分为无沟敷设和地沟敷设。

16.2.1 无沟敷设

无地沟管道又称为埋地管道,是工程中最常见的管道敷设方法之一,其施工程序是:测量放线,沟槽开挖、管基处理、下管、对口连接、压力试验、管沟回填等。

(1)测量放线

埋地管道施工时,首先要根据管道总平面图和纵(横)断面图,在现场进行管沟的测量放线工作。使用花杆、钢卷尺、水准仪经纬仪等测定出管道的中心线,在管道的分支点、变坡点、转弯点等处,打上中心桩,并在木桩顶面上标准中心点,钉上中心钉,以便放线时有基准。

（2）沟槽开挖

对于管沟开挖的断面形式，应根据现场土层、地下水位、管子规格、管道埋深及施工方法而定。管沟一般有直槽、梯形槽、混合槽和联合槽 4 种，如图 16-1 所示。

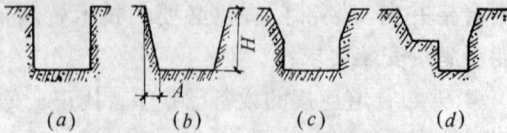

图 16-1　沟槽断面形式

(a) 直槽；(b) 梯形槽；(c) 混合槽；(d) 联合槽

管沟断面形式确定后，根据管径的大小即可确定合理的开槽宽度，依次在中心桩两侧各打入一根边桩，边桩离沟边约 700mm，地面以上留 200mm 高，将一块高 150mm，厚 25～30mm 的木板钉在两边桩上，板顶应水平，该板即为龙门板，如图 16-2 所示，然后把中心桩的中心钉引到龙门板上，用水准仪测出每块龙门板上中心钉的绝对标高，并用红漆在板上标出表示标高的红三角，把测得的标高写在红三角旁边。根据中心钉标高和管底标高计算出该点距沟底的下返距离。也写在龙门板上，以便挖沟人员掌握。

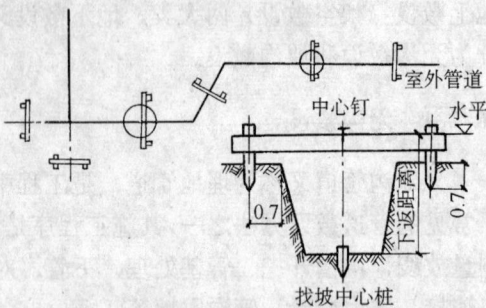

图 16-2　沟槽龙门板

用钢卷尺量出沟槽需开挖的宽度，以中心钉为基准各分一半划在龙门板上，用线绳在两块龙门板之间拉直，浇上白灰粉，经复查无误后即可开挖。

（3）沟槽尺寸

沟槽形式确定后，再根据管道布置的数量。管子外径的大小，管子间的净距计算出沟底宽度 W，如图 16-3 所示，W 为：

$$W = nD_w + (n-1) B + 2C \qquad (16-1)$$

式中　D_w——管道外径（mm）；

　　　n——管道设置数量；

　　　B——管道间净距（mm），不得小于 200mm；

　　　C——管道与沟壁间净距（mm），不得小于 150mm。

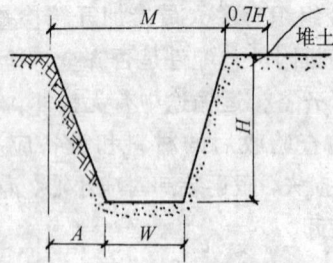

图 16-3　管沟断面尺寸

由此可得出梯形槽顶面的开挖宽度为：

$$M = W + 2A \qquad (16-2)$$

$$A = H / 边坡 \qquad (16-3)$$

式中　M——梯形槽槽顶尺寸（mm）；

　　　W——梯形槽槽底尺寸（mm）；

　　　H——沟槽深度（mm）。

梯形槽边坡尺寸见表 16-1。

土 质 类 别	边　坡　（$H : A$）	
	槽深<3m	槽深 3～5m
砂　土	1：0.75	1：1.00
亚粘土	1：0.50	1：0.67
亚砂土	1：0.33	1：0.50
粘　土	1：0.25	1：0.33
干黄土	1：0.20	1：0.25

梯形槽边坡尺寸　　表 16-1

（4）管基处理

在挖无地下水的管沟槽时，不得一次挖到底，应留有 100～300mm 的土层，作为清理沟底和找坡度的操作余量，沟底要求是自然土层。如果是松土铺填成的或沟底是砾石要进行处理，防止管子不均匀下沉，使管子受力不均匀。对于松土，要用夯夯实，对于砾石底则应挖出 200mm 厚的砾石，用好土回填或黄砂铺平，然后再敷设管道，如果是因下雨或地下水位较高，使沟底的土层受到扰动和破坏时，这时应先行排水措施，再铺以 150～200mm 的碎石（或卵石）后，再在垫层上铺 100～150mm 厚的砂子。

（5）下管

下管方法分机械下管和人工下管两种，主要是根据管材种类、单节重量及长度、现场情况，机械设备而定，机械下管采用汽车吊、履带吊、下管机等起重机械进行下管。下管时，起重机沿沟槽方向行驶，起重机与沟边至少要 1m 的距离，以保证槽壁不坍塌。管子一般是单节下管，但为了减少沟内接口的工作量，在具有足够强度的管材和接口的条件，如埋地无缝钢管，可采用在地面上预制接长后再下到沟里。

人工下管的方法很多，图 16-4 为常用的人工立桩压绳法下管；在距沟槽边 2.5～3m 的地面上，打入两根深度不小于 0.8m、直径 50～80mm 的钢管做地桩，在桩头各拴上一根较长的白棕绳，绳子的另一端绕过管子由工人拉着，待管子撬至沟边时应随时注意拉紧，当管子撬下沟沿后。再拉紧绳子使管子缓慢地落到沟底，也可利用装在塔架上的滑轮、链条葫芦等设备下管。如图 16-5 所示。

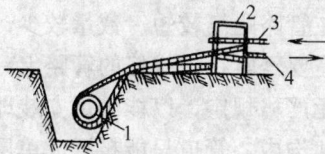

图 16-4　压绳法下管
1—管段；2—钢管地桩；3、4—拖绳

下管时沟内不准站人，以确保施工安全。在沟槽内，两根管子连接时必须找正，固定口的焊接处要挖出一个操作坑，其大小以满足焊接操作为宜。

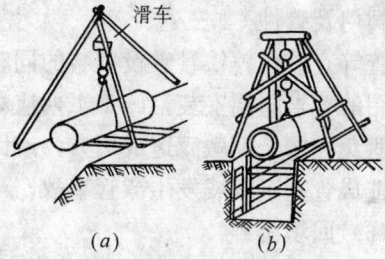

图 16-5　塔架下管
(a) 三角塔架；(b) 高凳

铸铁管的下管方法与钢管相同，但铸铁管在下管前，应先将管子放在沟边上，承口方向迎着介质的流向，下管时要慢慢放绳，使管子下到沟底不受冲击，以免因铸铁管性脆不耐冲击而破裂。下到沟底的铸铁管不连接时，将管子的插口一端稍稍抬起轻轻插入承口内，用撬棒拨正管子，使承插间隙均匀，管子的两侧用回填土加以固定，口径较大的铸铁管下沟后，可用手拉葫芦将插口端吊起再插入承口内，但钢丝绳应拴在管子略偏于插管方向，接好的铸铁管在其连接处挖工作坑，工作坑一般应在下管前按管子的每节长度，预先在沟内挖好；对管径较小的管子也可边挖边下管；工作坑如图 16-6 所示，尺寸见表 16-2。

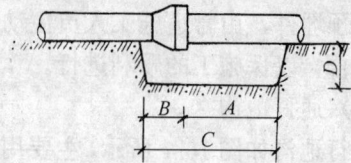

图 16-6　工作坑

承插铸铁管工作坑尺寸（m）　表 16-2

公称通径（mm）	A	B	C	D
75	0.6	0.2	0.8	0.25
100	0.6	0.2	0.8	0.25
150	0.6	0.2	0.8	0.25
200	0.6	0.2	0.8	0.3
250	0.6	0.2	0.8	0.3
300	0.8	0.25	1.05	0.3
350	0.8	0.25	1.05	0.3
400	0.8	0.25	1.05	0.3
450	0.8	0.25	1.05	0.3
500	0.8	0.25	1.05	0.3

阀门及管件（如三通、弯头、大小头、乙字弯管等）应在铸铁管敷设安装的同时，按施工图的要求随同安装，施工工期应尽量缩短，避免沟槽长期敞露造成塌方，或因雨水浸泡造成管基下沉或发生漂管事故。

（6）回填土

沟槽回填土必须在管道试验合格后进行。回填土除设计允许管路自然沉降外，一般均应分层回填，分层夯实，其密实度达到设计要求。及早回填土可保护管道的正常位置。避免沟槽坍塌。

回填土施工包括返土、摊平、夯实、检查等几等工序，回填方法是先用砂子填至管顶 100mm 处，然后再用原土回填，填至 0.5m 处夯实，以后每层回填厚度不超过 0.3m，并层层夯实，直至地面，不得将砖、石块等填入沟内。

16.2.2 地沟管道敷设

地沟形式分通行地沟、半通行地沟和不通行地沟三种。地沟能保护管道不受外力和风、雨、雪的侵蚀，使管道防腐、绝热层免受损坏，地沟施工一般都由土建承担，地沟支架及预埋件，由管道施工人员主动和土建方面配合，以保施工的顺利进行。

（1）通行地沟

通行地沟如图 16-7 所示，主要用在管路较多较长，在沟内任何一侧排列高度超过 1.5m 时采用，地沟内人行通道高度要大于 1.8m，通行宽度不应小于 0.7m，人在沟内可

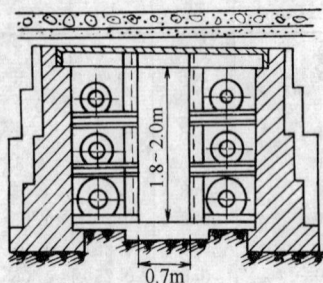

图 16-7　通行地沟

以较自由地进行安装和检修工作。通行地沟内所用支架一般都采用型钢来制做，支架高度应根据图纸设计的标高为基准，再用下式计算出每个支架的高度：

$$\Delta H = Li \qquad (16\text{-}4)$$

式中　ΔH——支架间的高差（mm）；
　　　i——管子坡度；
　　　L——支架间距（mm）。

（2）半通行地沟

半通行地沟如图 16-8 所示，地沟净高为 1.2～1.6m，净通行宽度为 0.6～0.8m，以人能弯着腰走路并能进行一般的维修管理为宜。

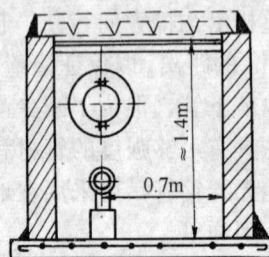

图 16-8　半通行地沟

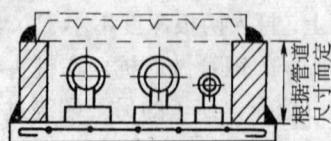

图 16-9　不通行地沟

（3）不通行地沟

不通行地沟人不能在地沟里直立行走，一般用在管路距离较短、数量较少，管径较小，不需要经常检护维修的管路上，地沟断面尺寸无严格规定，以能满足安装即可，在不通行地沟内，管道只能布置成单层，但沟净高不得小于 0.45m。

16.2.3 地上管道敷设

地上敷设就是将管道安装在架空支架上，又称为架空敷设，其优点是易于安装、维修、对交叉管道，防腐绝热问题又比较容易解决，是一种比较经济的管道敷设形式。缺

点是管道常年裸露在外，受风、水、雨、雪的侵蚀，管道防腐绝热材料易遭破坏，影响交通、妨碍市容。

架空敷设按支架的高度不同分为低支架、中支架和高支架。

(1) 低支架

低支架如图 16-10 所示，低支架上敷设的管道距地面一般为 0.5～1.0m，这类支架便于安装、维护、检修。是一种经济的支架形式，低支架多采用砖混结构或钢筋混凝土结构。

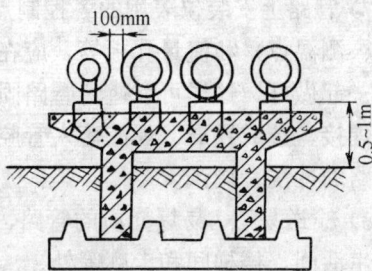

图 16-10 低支架

(2) 中支架

中支架如图 16-11 所示，中支架是常用的一种架空敷设形式，支架距地面高度一般为 2.5～4m，这样，可以便于行人来往和机动车辆通行，中支架采用钢筋混凝土结构或钢结构。

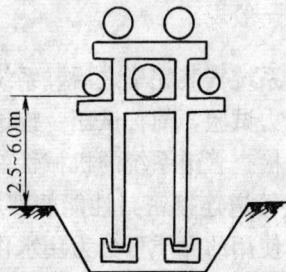

图 16-11 高、中支架

(3) 高支架

高支架如图 16-11 所示，支架距地面高度为 4.5～6m，主要在管路跨越公路或铁路时采用，为维修方便，在阀门、流量孔板、补偿器处设置操作平台，高支架采用钢筋混凝

土结构或钢结构。

16.3 管道的室内安装

工业管道的特点是敷设空间小、管道密、阀门多，大多数管道同设备相连，管道的正确排列布置是管道安装中的一个重要环节。

16.3.1 管道排列的基本原则

(1) 水平横管的排列原则

1) 气体管路排列在上，液体管路排列在下；

2) 热介质管路排列在上，冷介质管路排列在下；

3) 绝热管路排列在上，非绝热管路排列在下；

4) 无腐蚀性介质的管路排列在上，有腐蚀性介质的管路排列在下；

5) 高压介质管道排列在上，低压介质管路排列在下；

6) 金属管路介质排列在上，非金属管路排列在下；

7) 小口径管路应尽量支承在大口径管路上方或吊挂在大管路下面；

8) 不经常检修的管路排列在上，经常需检修的管路排列在下。

(2) 垂直立管的排列原则

1) 大口径管路靠墙壁安装，小口径管路排列在外面；

2) 支管少的管路靠墙壁安装，支管多的管路排列在外面；

3) 常温管路靠墙壁安装，热介质管路排列在外面；

4) 高压管路靠墙壁安装，低压管路排列在外面；

5) 不经常检修的管路靠墙壁安装，经常检修的管路排列在外面。

(3) 管路相遇的避让原则

1) 分支管路让主干管路，垂直管路让水

平管路；

2）小口径管路让大口径管路；

3）有压力管路让无压力管路；低压管路让高压管路；

4）常温管路让高温或低温管路；

5）辅助管路让物料管路，一般物料管路让易结晶、易沉淀管路。

16.3.2 室内工业管道安装

（1）敷设形式

室内管道的敷设形式有明装和暗装两大类，室内管路明装是指管道裸露在建筑物内沿墙、梁、板、柱进行敷设安装的管道。其优点是：适用于输送任何介质的管路，避免形成死角，便于安装及检修，缺点是占用了较多的空间，有时不可避免地影响窗子的开启和操作人员的通行。室内管路暗装一般有埋地敷设、地沟敷设和在管槽、管廊。管道井内敷设。暗装管路的优点是：管路隐蔽、不妨碍通行、也不占用空间、管线距离短，节省材料；其缺点是：不易发现管路渗漏，不便检护维修。

（2）安装要求

1）敷设管路时应全面了解全车间建（构）筑物，设备的结构及材质，以便固定管路。

2）管路不应当挡门、窗。应避免通过电动机配电盘、仪表箱（盘）的上方。

3）供液管路上不应有局部凸起现象，以免形成"气囊"。吸气管路不应有局部"凹陷"现象。以免形成"液囊"。影响管路系统的正常运转。

4）室内管道敷设时要有坡度：

A. 蒸汽管道敷设时气水同向坡度为0.003，不得小于0.002，若汽水逆向，坡度不得小于0.005；

B. 热水管道坡度一般为0.003，不得小于0.002，坡向应有利于空气的排除；

C. 冷凝水管路坡度一般为0.003，不得

小于0.002。坡向沿介质流向；

D. 压缩空气管路坡度一般为0.004，坡向为顺介质的流向；

E. 冷冻盐水坡度一般为0.003，坡向顺着介质的流动方向。

5）管路与阀门的重量不应支承在设备上，尤其是有色金属材料设备，应尽量用支（吊）架支承；

6）当分支管从主管的上侧引出，在支管上靠近主管处安装阀门时，宜装在支管的水平管段内；

7）管路上安装仪表用的各控制点（如测压点、测温点）和流量孔板等，应在管路安装时一起做好，这样可以避免管路固定后再开孔焊接，造成铁屑、焊渣落入管腔内、影响管路的冲洗、调试。

8）输送易燃、易爆介质的管路，不得敷设在生活间，楼梯间和走廊等处。

9）输送易燃易爆介质的管路，一般应设防爆装置，安全装置，如安全阀、防爆膜、阻火器、水封等。

10）管道穿楼板穿墙均应加设套管。

16.4 管道系统的试验

16.4.1 一般规定

管道系统安装完毕之后，系统运行之前应进行压力试验，简称试压。按试验的目的可以分为检查管道系统的机械性能的强度试验和检查管道连接密封性能的严密性试验，试验时按使用的介质可分为用水作介质的液压试验和以气体（空气、氮气、CO_2 气体、惰性气体）作介质的气密性试验。管路系统的强度与严密性试验，一般都采用液压进行，如因设计结构及工艺要求不能做液压试验时，可用气压试验代替。但必须采取有效的安全措施。

管道系统进行强度试验和严密性试验应

具备下列条件：

1）管路系统安装施工完毕，并符合设计要求和国家颁布的有关规定。

2）管道支、吊架安装完毕，位置正确、安装牢固、与管道的接触严密。

3）管道的坐标、标高、坡度、管基或支吊架等经复查合格。

4）焊接和热处理工作已经结束，并经检验合格，焊缝及其他待检部位尚未涂漆和绝热。

5）为试压而临时加固的措施经检查确认安全可靠。

6）试压用的压力表已经校验，并在周检期内，其精度不得低于 1.5 级，表的满刻度值应为被测最大压力的 1.5～2 倍，压力表不得少于两块。

7）符合压力试验要求的液体或气体已经备齐。

8）按试验的要求，管道已经加固。

9）对输送剧毒流体的管道及设计压力大于等于 10MPa 的管道，在压力试验前，下列资料已经建设单位复查：

A. 管道组成件的质量证明书；

B. 管道组成件的检验或试验记录；

C. 管子加工记录；

D. 焊接检验及热处理记录；

E. 设计修改及材料代用文件。

10）待试管道与无关系统已用盲板或采取其他措施隔开。

11）待试管道上的安全阀、爆破板及仪表元件等已经拆下或加以隔离。

12）试验方案已经过批准，并已进行了技术交底。

16.4.2 液压试验

（1）液压试验应遵守的规定

1）液压试验应使用洁净水，当对奥氏体不锈钢管道或对连有奥氏体不锈钢管道或设备的管道进行试验时，水中氯离子含量不得

超过 25×10^{-6}（25ppm）。当采用可燃液体介质进行试验时，其闪点不得低于 50℃。

2）试验前，注液体时应排尽空气。

3）试验时，环境温度不宜低于 5℃，当环境温度低于 5℃时，应采取防冻措施。

4）试验时，在测量试验温度，严禁材料试料试验温度接近脆性转变温度。

5）承受内压的地上钢管及有色金属管道试验压力应为设计压力的 1.5 倍，埋地钢管的试验压力应为设计压力的 1.5 倍，且不得低于 0.4MPa。

6）当管道与设备作为一个系统进行试验，管道的试验压力等于或小于设备的试验压力时，应按管道的试验压力进行试验；当管道试验压力大于设备的试验压力，且设备的试验压力不低于管道设计压力的 1.5 倍，经建设单位同意，可按设备的试验压力进行试验。

7）当管道的设计温度高于试验温度时，试验压力应按下式计算：

$$P_s = 1.5 P [\sigma]_1 / [\sigma]_2 \qquad (16\text{-}5)$$

式中　P_s——试验压力（表压）（MPa）；

P——设计压力（表压）（MPa）；

$[\sigma]_1$——试验温度下，管材的许用应力（MPa）；

$[\sigma]_2$——试验温度下，管材的许用应力（MPa）；

当 $[\sigma]_1 / [\sigma]_2$ 大于 6.5 时取 6.5。

当 P_s 在试验温度下，产生超过屈服强度的应力时，应将试验压力 P_s 降至不超过屈服强度时的最大压力。

8）承受内压的埋地铸铁管道的试验压力，当设计压力小于或等于 0.5MPa，应为设计压力的 2 倍，当设计压力大于 0.5MPa 时，应为设计压力加 0.5MPa。

9）对位差较大的管道，应将试验介质的静压计入试验压力中，液体管道的试验压力应为最高点的压力为准，但最低点的压力不得超过管道组成件的承受力。

10）对承受外压的管道，其试验压力应为设计内外压力之差的 1.5 倍，且不得低于 0.2MPa。

（2）水压试验的操作程序

1）灌水。打开系统最高处的排气阀，向系统灌水，排气阀溢流时关闭；

2）升压。用手动试压泵或电动试压泵加压，加压分阶段进行，第一次先加压到试验压力的一半，对管道系统进行一次检查，无异常时再继续升压，升到试验压力的 3/4 时，再进行一次检查，无异常时再继续升压到试验压力；

3）稳压。升到试验压力后，稳压 10min，再将试验压力降至设计压力，停压 30min，以压力不下降，无渗漏为合格。

4）善后。试验结束时，应及时拆除盲板、膨胀节限位设施，排尽积液，排液时应防止形成负压，并不得随地排放。

当试验过程中发生泄漏时，不得带压处理。消除缺陷后，应重新进行试验。

16.4.3 气压试验

承受内压钢管及有色金属管的试验压力应为设计压力的 1.15 倍，真空管道的试验压力应为 0.2MPa，当管道的设计压力大于 0.6MPa 时，必须有设计文件规定或建设单位同意，方可用气体进行压力试验。

严禁使试验温度接近金属的脆性转变温度。

试验前，必须用空气进行预试验，试验压力为 0.2MPa。

试验时，应逐步缓慢增加压力，当压力升至试验压力的 50% 时，应进行一次检查，如未发现异状或泄漏，继续按试验压力的 10% 逐级升压，每级稳压 3min，直至试验压力，稳压 10min，再将压力降至设计压力，停压时间应根据查漏工作而定，以发泡剂检验不泄漏为合格。

16.4.4 泄漏试验

输送剧毒流体、有毒流体、可燃流体的管道必须进行泄漏性试验，泄漏性试验必须按下列规定进行：

1）泄漏性试验压力应在压力试验合格后进行，试验介质宜采用空气。

2）泄漏性试验压力应为设计压力。

3）泄漏性试验应重点检查阀门填料函、法兰或螺纹连接处，放空阀、排气阀、排水阀等，以发泡剂检验不泄漏为合格。

4）经气压试验合格，且在试验后未经拆卸过的管道可不进行泄漏性试验。

5）当设计文件是以卤素、氦气或其他方法进行泄漏性试验时，应按相应的技术规定进行。

16.5 管道的吹扫与清洗

16.5.1 一般规定

管道在安装完毕之后，投入使用之前，首先应对管道系统进行吹扫或清洗，其目的是把施工过程遗留在管道内的焊渣、铁锈、泥砂和水及其他杂物清洗干净，防止管道系统在运行过程中阻塞阀门，损坏设备，污染介质等，管道吹洗是一项细致且工作量大的工作，一般应遵照下列规定：

1）管道在压力试验合格后，建设单位应负责组织吹扫或清洗（简称吹洗）工作，并应在吹洗前编制吹洗方案。

2）吹洗方法应根据对管道的使用要求，工作介质及对管道内表面的脏污程度确定。公称直径大于或等于 600mm 的液体或气体管道，宜采用人工清理；公称直径小于 600mm 的液体管道宜采用水冲洗；公称直径小于 600mm 的气体管道宜采用空气吹扫；蒸汽管道应以蒸汽吹扫；非热力管道不得用蒸汽吹扫。

对有特殊要求的管道，应按设计文件规定采用相应的吹洗方法。

3）不允许吹洗的设备及管道应与吹洗系统隔离。

4）管道吹洗前，不应安装孔板、法兰连接的调节阀、重要阀门、节流阀、安全阀、仪表等，对于焊接的上述阀门和仪表，应采取流经旁路或卸掉阀头及阀座加保护套等保护措施。

5）吹洗的顺序应按主管、支管、疏排管依次进行，吹洗出的脏物，不得进入已合格的管道。

6）吹洗前应检验管道支、吊架的牢固程度，必要时应予以加固。

7）清洗排放的脏液不得污染环境，严禁随地排放。吹扫时，应设置禁区。蒸汽吹扫时，管道上及其附件不得放置易燃物。

8）管道冲洗合格并复位后，不得再进行影响管道内清洗的其他作业。

9）管道变位时，应有施工单位会同建设单位共同检查，并填写管道系统吹扫及清洗记录及隐蔽工程（封闭）记录。

16.5.2 水冲洗

冲洗管道应使用洁净水，冲洗奥氏体不锈钢管道时，水中氯离子含量不得超过 25×10^{-6}（25ppm）。冲洗时，宜采用最大流量，流速不得低于 1.5m/s。

排放水应引入可靠的排水井或沟中，排放管的截面积不得小于被冲洗管截面积的60%，排水时，不得形成负压，管道的排水支管应全部冲洗。

水冲洗应连续进行，以排出口的水色和透明度与入口水目测一致为合格。

当管道经水冲洗合格后暂不运行时，应将水排净，并应及时吹干。

16.5.3 空气吹扫

空气吹扫应利用生产装置的大型压缩机，也可利用装置中的大型容器蓄气，进行间断性的吹扫。吹扫压力不得超过容器和管道的设计压力，流速不宜小于 20m/s。

吹扫忌油管道时，气体中不得含油。

空气吹扫过程中，当目测排气无烟尘时，应在排气口设置贴白布或涂白漆的木制靶板检验，5min 内靶板上无铁锈、尘土、水分及其他杂物，应为合格。

16.5.4 蒸汽吹扫

为蒸汽吹扫安设的临时管道应按蒸汽管道的技术要求安装，安装质量应符合《工业金属管道工程施工及验收规范》（GB 50235—97）规定。

蒸汽管道应以大流量蒸汽进行吹扫，流速不应低于 30m/s。蒸汽吹扫前，应先行暖管，及时排水，并应检查管道的热位移。蒸汽吹扫应按加热——冷却——再加热的顺序，循环进行。吹扫时宜采取每次吹扫一根，轮流吹扫的方法。

通往汽轮机或设计文件有规定的蒸汽管道，经蒸汽吹扫后应检验靶片；当设计无规定时，其质量应符合表 16-3 的规定。

吹扫质量标准　　　　表 16-3

项　　目	质　量　标　准
靶片上痕迹大小	$\phi 0.6$mm 以下
痕　深	<0.5mm
粒　数	1 个/cm²
时　间	15min（两次皆合格）

注：靶片宜采用厚度 5mm，宽度不小于排气管内径的 8%，长度略大于管道内径的铝板制成。

蒸汽管道还可用刨光木板检验，吹扫后，木板上无铁锈、脏物时，应为合格。

16.6　工程交接验收

当施工单位按合同规定的范围完成全部工程项目后，应及时与建设单位办理交接手续。

工程交接验收前，建设单位应对工业金属管道工程进行检查，确认下列内容：

1) 施工范围和内容符合合同规定；

2) 工程质量符合设计文件及规范规定；

工程交接验收前，施工单位应向建设单位提交下列技术文件：

1) 管道组成件及管道支承件的质量说明书或复验、补验报告。

2) 施工记录和试验报告。

A. 阀门试验记录；

B. 高压管件加工记录；

C. 隐蔽工程（封闭）记录；

D. 安全阀最终调试记录；

E. 管道补偿装置安装记录；

F. 热处理报告；

G. 管道系统压力试验记录；

H. 管道系统吹扫及清洗记录；

I. 射线照相检验报告；

J. 超声波检验报告；

K. 磁粉检验报告；

L. 渗透检验报告；

M. 其他检验报告。

3) 设计修改文件及材料代用报告。

4) 要求100%射线照相检验的管道，应在单线图上准确标明焊缝位置，焊缝编号、焊工代号、无损检验方法、焊缝补焊位置、热处理焊口编号。对抽样射线照相检验的管道，其焊缝位置、焊缝编号、焊工代号、无损检验方法、焊缝补焊位置、热处理焊口编号等应有可追溯性记录。

工程交接验收时，确因客观条件限制未能全部完成的工程，在不影响安全试车的条件下，经建设单位同意，可办理工程交接验收手续，但遗留工程必须限期完成。

施工单位会同建设单位根据《工业金属管道工程施工及验收规范》（GB 50235—97）进行了一系列的检查、确认后，应按规范规定填写"工程交接检验书"。必须强调的是：上述诸项工作均是在政府质检部门的监管之下进行的。

16.6 管道施工安全技术

16.6.1 一般规则

所有从事管道安装工作的人员，必须提高对安全生产重要意义的认识，工作中认真贯彻执行安全技术规程，人人重视安全工作，防止安全事故的发生，未接受过安全技术教育的人不能直接参加安装工作，对本工种安全技术规程不熟悉的人，不能独立作业，每项工程开始，在技术交底的同时，应根据工程的特点进行安全交底，重要的工程应制订具体的安全技术措施。

安全施工中的基本要求如下：

1) 进入施工现场必须戴好安全帽，扣好帽带，并正确使用个人劳动防护用品。

2) 3m以上的高空、悬空作业，无安全设施的必须系好安全带，扣好保险钩。

3) 高空作业时，不准往下或向上乱抛材料和工具等物件。

4) 各种电动、机械设备必须有有效的安全接地和防雷装置，才能开动使用。

5) 不懂电气和机械的人员，严禁使用机电设备。

6) 吊装区域内非操作人员严禁入内，吊装机械必须完好，桅杆垂直下方不准站人。

7) 施工现场应整齐、清洁，各种设备、材料和废料应按指定地点堆放。施工现场应按指定的道路行走。对施工中出现的土坑、开槽、洞穴、孔眼等隐患处，要及时设置防护栏杆或防护标志；在有车辆或行人通过的道路上，要设置醒目易见的标志，夜间设红灯示警。

8) 现场内的易燃、易爆物品，应按安全技术规定存放在指定地点。

9) 在有毒性、窒息性、刺激性或腐蚀性的气体、液体及粉尘的作业现场，特别是进入诸如管道、容器、地沟及隧道等空气停滞或通风不畅的死角处作业时，除应戴上口罩或防毒面具等防护用品外，还必须进行良好的通风除尘。

10）在地沟、地下井等阴暗、潮湿场所及有水的金属容器作业时，除应有足够的安全照明外，同时作业人员不得少于2人。

11）开始工作前，应检查周围环境是否符合安全要求，劳保用品是否完好适用，如发现危及安全工作的因素，应立即向技安部门或负责人报告，在清除不安全的因素后，才能进行工作。

12）安排工作时，应尽量避免多层交叉同时施工，如必须施工，应在中间设置安全隔板或安全网，在下面的工作人员必须戴好安全帽，施工过程中应随时注意施工现场各种信号。

13）开挖地沟时，应及时排除地下水，还应注意地沟壁有否坍塌的可能，如有，沟壁应及时用挡板支撑并挂警示牌。

安全施工要从教育入手，安全教育的关键，一是要经常进行，二是要有针对性，要做到警钟长鸣。因此，在编制施工组织设计及技术措施的同时，必须编制安全技术措施。劳动组织的安排、施工方法的确定，机具设备的选用，必须符合安全要求，易于发生事故或易于造成职业病、职业中毒的作业必须有懂技术的安全人员专人负责，采取预防措施，改善劳动条件。

16.6.2 工具、机具操作安全技术

1）各种工具、机具及设备在使用前应进行检查。如发现有破坏、修复后才能使用。电动工具和设备应有可靠的接地。使用前应检查是否有漏电现象。

2）使用电动工具和设备时，应在空载情况下启动，操作人员应戴上绝缘手套。如在金属台上工作，应穿上绝缘胶鞋或在工作台上铺设绝缘板，电动工具或设备发生故障时应及时进行修理。

3）拧紧螺栓应使用合适的扳手，并不得在扳手上加套管，扳手不能代替锤头使用。在使用锤头和操作钻床时不要戴手套、锤头、锤柄不得有油污，甩大锤时甩转方向不得有人。

4）操作电动弯管机时应注意手和衣服不要接近旋转的弯管膜。在机械停止转动前，不能从事调整停机挡块的工作。用手工切断管子不能过急过猛，管子将切断时，应有人托住。以防管子坠落伤人。用砂轮切割机切断管子时，被切的管子除用切割机本身的夹具夹持外，还应有适当的支架支撑。

5）使用尖头凿、扁凿、盘根凿、头部被锤击成蘑菇状的不能继续使用。顶部有油应及时清除。

6）使用管子钳时，一手应放在钳头上，一手对钳柄应均匀用力，在高空作业时，安装公称直径50mm以上的管子，应用链条钳，不得使用管子钳。

7）使用台虎钳，钳把不得用套管加力或用手锤敲打，所夹工件不得超过钳口最大行程的 $\frac{2}{3}$。

8）锉刀使用时，必须装好木柄，锉削时不可用力过猛，不能把锉刀当撬棒使用。

9）用链条葫芦吊起阀门或组装件时，升降要平稳，如须在起吊物下作业时，应将链条打结保险，并必须用枕木或支架等将部件垫稳。

10）射钉枪要由专人保管，操作射钉枪的工人一定要先培训。使用射钉枪时，不论是否装有弹头，严禁对人开枪，射钉枪用完后要检查，严禁枪内留有子弹，防止走火伤人。

16.6.3 高空作业安全技术

在距坠落度基准面2m或2m以上的空间作业称为高空作业。

（1）高空作业前的准备工作

1）凡高空作业人员均需作身体检查，体检不合格者不准参加高空作业。凡患有心脏病、低血糖、高血压、贫血等病残，年老体弱、酗酒、精神不佳，患有恐高症等人员都不准参加高空作业。

2）遇有大雾、6级以上大风天气不准露天进行高空作业，遇有高温、冰冻、大风、阴雨等不良天气，应采取相应有效的安全技术措施，方可进行高空作业。

3）作业前，须对参加高空作业人员进行现场安全教育。

4）检查所用的登高工具和安全用具（如安全帽、安全带、梯子、脚手架、脚手板、安全网等）是否牢固、可靠。

5）夜间从事高空作业应有足够的照明设施。

（2）高空作业的安全技术要求

1）高空作业必须系好安全带，安全带须将钩绳的根部连结在背部尽头处，并将绳子牢牢系在坚固的建筑结构件或金属结构架上，行走时应把安全带缠在身上，不准拖着走。衣袖和裤脚要扎好，且不得穿硬底鞋和带钉子鞋。

2）使用梯子时，竖立的角度不应大于60°和小于35°，梯子上部应当用绳子系在牢固的物体上，梯子脚应当用麻布或橡皮包扎，或由专人在下面扶住，以防梯子滑倒，开脚梯子中间应用绳索绑牢，防止梯子的两脚滑开。

3）在顶棚或平顶内施工应预先搭设脚手架或跳板，切勿踏在不能承受重物的装饰板上，以防高空坠落。

4）高空作业使用的工具、零件等，应放在工具袋内或放在稳定的地方，上下传递不允许抛掷，应系在绳子上吊上或放下。

5）高空堆放的物品，材料或设备，不准超负荷，堆积材料和操作人员不可聚集在一起。

6）高空进行电气焊作业时，严禁其下方或附近有易燃、易爆物品。

7）高空作业人员距普通电线至少应保持1.0m以上，距普通高压电线2.5m以上，距特高压电线5.0m以上的距离运送管道等导体材料，严防触碰电线。在车间内高空作业时，应注意吊车滑线，防止触电，如必须在吊车附近工作时，应事先联系停电，并设专人看管电源开关或设警示牌。

16.6.4　吊装作业安全技术

起重吊装机械一定要由受过专门训练的专门操作人员操作，其他人员严禁使用。

（1）吊装作业前的准备工作

1）作业前应制订出安全操作规程和方案，做到思想重视、统一步调、统一指挥。

2）必须严格检查各种工具，吊具及设备是否完好、可靠，是否符合安全技术规定，不准超负荷使用。起重机具所用绳索和钢丝绳必须有足够的备用强度。

3）起吊区域周围、应设临时围障，严禁非工作人员入内。

4）随时注意气候变化，遇大风和雨天时，不得在露天进行吊装作业。

（2）吊装作业安全技术要求

1）系结管材和设备时应使用特别的长环，不宜采用绳索打结的方法。绳索系结尽量避免放在重物棱角处，或在棱角处垫入木板或软垫物。重物的重心必须处于重物系结处之间的中心，以保持平衡。

2）不准在索具受力或吊物悬空的情况下中断作业，更不准在吊起重物就位固定前离开操作岗位。

3）起吊时，要有人将吊物扶稳，严禁甩动。吊物悬空时，严禁在吊物、吊臂下停留或通过。在卷扬机、滑轮及牵引钢丝绳旁不准站人。

4）卷扬机在操作时，钢丝绳卷入卷筒，不得有扭转、急剧弯曲、压绳及绳之间排列太松弛等现象，否则应停机检查，排除后再操作。

5）操作卷扬机必须听从指挥，看清信号，作牵引时，中间不经过滑转不准作业；滑移物体时，绳索套结要找准重心，并应在坚实、平整的路面上直线前进，卸车或下坡时应加保险绳。

6）卧式滚移重物时，地面必须平整，枕木要硬实，钢管要圆直，物件前后不准站人。

7）使用千斤顶时，顶盖与重物间要垫木块。要缓慢顶升，多台同时顶升时动作要协调一致。

8）使用起重桅杆时，桅杆、滑轮、钢丝绳的材料必须符合起吊重量的要求。缆风绳和地锚必须牢固。起重桅杆定位要正确，封底应牢靠，不得在受力后产生扭曲、沉、斜等现象。

16.6.5　焊接安全技术

管道安装与维修离不开电气焊作业，在该项作业中常常发生触电、烧伤、火灾、爆炸、中毒等事故，所以作业人员应按以下安全技术要求进行操作。

（1）电气焊作业前的准备工作

1）从事电、气焊的工作人员，必须经过体检合格并经过安全技术培训考试合格后，才能进行独立操作。

2）工作前，作业人员应戴好工作帽，戴好皮手套，穿好绝缘胶鞋等劳动保护用品。电焊时应戴面罩，除熔渣时应戴上平光眼镜，仰面焊时应扣紧衣服，扎紧袖口，戴好防火帽，气焊时，要戴适度的有色眼镜，以免损伤视力。

3）在易燃易爆场所施焊时，应事先办理动火手续，采取切实可行的防火措施，并设专人看护，电焊时，方圆5m内不应有有机灰尘、垃圾、木屑、棉纱及汽油、油漆等易燃、易爆物品、方圆10m内不准有氧气瓶、乙炔发生器等。

4）对受压容器、密闭容器、各种油箱、管道及沾有可燃气体和溶液的工件进行焊接操作时，必须事先进行检查。冲洗掉有害、有毒、易燃易爆物质。解除容器及管道压力。消除容器密封状态（如敞开口、旋开盖），然后再进行操作。

5）电焊机的电源线路安装及检修必须由电工完成，开关应装在能防火防水的闸箱内，严禁两台电焊机使用一把开关。

6）不论是电弧焊还是氩弧焊，在进行无损探伤时，划分的施工警戒区域应围有禁区的标志，非探伤人员不得入内。

7）氧——乙炔焰焊接中，氧气瓶要严防污染油脂，乙炔发生器必须有回火安全阀、氧气瓶、乙炔发生器与火源的距离应不小于10m。

（2）电气焊作业安全技术

1）作业中应严格遵守焊工安全操作规程。

2）禁止使用易产生火花的工具去开启氧气瓶和乙炔瓶。

3）作业前或停工较长时间再工作时，须检查所有设备、氧气瓶、乙炔发生器及橡胶软管接头，阀门及紧固件等应紧固牢靠，不准有破损和漏气现象。氧气瓶及附近、橡胶软管及工具，均不得沾有油污。

4）在焊接、切割密闭空心元件时，须留有出气孔。在容器内焊接时，应站在橡皮板、木板等绝缘体上，除有良好的通风措施和足够照度的12V照明条件外，容器外还要设人监护。

5）氩弧焊时产生大量的紫外线（比手工电弧焊强5～10倍），并且还有臭氧和氮氧化物。金属烟雾及少量放射线产生，使部分操作人员出现头晕、头疼、疲倦、嗓子发干、咳嗽等症状。个别人还会出现白血球偏低偏高现象。因此，工作中应注意防护措施如下：

A. 氩弧焊焊接场所，应当通风良好，尤其是打磨钍钨棒的地点、必须保持良好的通

风;

B. 打磨钍钨棒的人应戴口罩、手套等个人防护用品。

6）交流电焊机的工作电压不得超过80V。直流电焊机的工作电压不得超过110V，电焊机运转时温度不得超过80℃。

7）严禁用燎烤或用工具敲击冻结的设备或管道，应用热水、蒸汽或23%～30%的氯化钠水溶液加热，解冻或保温乙炔发生器，回火防止器。乙炔瓶严禁受外力震动。

8）检查设备、管路及附件是否漏气，只能用肥皂水。严禁用火试验是否漏气。

9）作业时，如检查、调整压力器件及安全附件时应取出电石篮，待采取措施消除余气后方可进行。

10）氧气瓶、乙炔瓶（或乙炔发生器）应存放于阴凉通风处，严禁与易燃气体、油脂及其他易燃物品混放在一起，运送时也必须单独进行。

11）工作完毕或离开作业现场时，应把氧气瓶和乙炔发生器放在指定地点并拧上氧气瓶上的安全帽，下班时乙炔发生器应卸压，放水，取出电石篮。

16.6.6 防火防爆安全技术

（1）安全技术措施

在管道安装与维修中，引起火灾和爆炸的隐患较多，一旦发生火灾，将给国家和人民的生命财产造成巨大的损失。因此，要采取积极的相应的安全措施。

1）在禁火区内，要竭力避免焊、割作业，最好是将要检修的设备和管子拆至安全处加工、修理。如必须进行焊、割作业时，应事先办理动火申请、审核和批准手续，并明确动火地点、范围、防火方案、落实安全措施及现场监护人，否则不准动火。

2）焊接、气割作业人员，应经防火安全考试合格者担任，无证者不得作业，电焊时，火线和接地线应完整无损、牢固，接地线应接在被焊设备上，不准采用远距离接地回路，禁止用铁棒等金属物件代替接地线和固定接地板。动火时，可用不燃或难燃材料做成挡板，以控制火星飞溅，防止落入危险区域。

3）对盛过易燃气体、液体的设备、贮罐、管线，在没有进行置换、扫线、清洗和分析确认合格之前，不准动火作业。

4）用喷灯加热或熔焊时，首先要清除作业处周围的可燃物质，且一定要利用喷灯上的油碗预热。向喷灯加油时，应选择安全地点，待喷灯冷却后再加油。

5）动火结束时，应及时清理作业现场，熄灭余火，切断动火所用的气源或电源，如在空心间墙壁、易燃建筑、高层闷顶内、易燃物堆垛附近动火作业后，还应监护和留守一定时间，经检查确认无引起火灾危险后方可撤离。

6）在有爆炸危险的场所，贮罐内检修管道、设备时使用的电气设备必须是防爆型的。

7）在油库、煤气站、乙炔站、氧气站等有爆炸危险的车间，厂房工作时，严禁吸烟、点火，并严格遵守防火管理制度。

8）在爆炸危险区作业，不准穿带钉子鞋，地面应铺设不发生火花的软质材料，搬运盛装可燃气体或易燃液体的金属容器时，不准抛掷、拖拉和振动，防止互相碰撞，禁止用钝器敲击或摩擦，以防产生火花。

9）经常检查所用电气设备是否有过载、短路及局部接触不良等现象，防止产生电弧和火花。

10）安装燃气、乙炔、氧气、燃油等管路设备时，一定要安装好静电接地装置，将静电引入地下，汲取汽油的管道和盛装汽油的容器设备必须有可靠的接地措施。

11）安装输送粉尘，特别是煤粉、镁粉等管道时，应安装静电接地设备。

（2）有效处理易燃、易爆物品

易燃、易爆品的不规范存放和使用，是导致火灾和爆炸事故的根源，为减少或抑制易燃、易爆物质的侵害,常采用以下几种方法对易燃、易爆物质进行有效处理。

1)密闭法。为防止易燃、易爆物质任意扩散,可将其密闭在一定的容器或设备中,使其附近大气中达不到爆炸浓度下限。

2)稀释法(置换法)。用加强通风换气措施,或用惰性气体置换、吹扫的方法来降低设备、管道附近大气中可燃物的浓度。

3)隔离法。为防止可燃物质扩散蔓延出去,可用不燃材料或惰性气体与其他物质隔离。

4)代用法。用不燃或难燃溶剂代替易燃溶剂。

(3)灭火方法。必须采取及时有效的措施灭火,并迅速报警,把火灾损失控制在最小范围内。灭火的方法很多。应根据引起火灾的原因及现场的实际情况选用。

1)水浇法。水浇法即采用水浇洒燃火物质。只适用扑灭一般火灾,不适用于扑灭油类、未切断电源的电器及遇水起化学反应的危险品火灾。

2)窒息法。该方法适用于扑灭油类及非爆炸性危险品的火灾,其原理是采用自窒性灭火剂,隔绝燃烧物和空气的接触,使燃烧物质得不到氧气而自窒熄灭。窒息灭火用物品有专用灭火剂,棉被、砂子,泥土及蒸汽等。

3)分散法。该方法是采用移开燃烧物的方法,孤立火源使其不得扩大。

4)破坏法。又称开火道,即拆除部分建筑物和附着物形成一隔离带,避免火势蔓延。

16.6.7 铅及塑料管道安装安全技术

1)铅是贵重的有色金属,它能通过呼吸道、口腔、皮肤侵入人体内。如果人体吸入过量的铅就会引起中毒,严重危害人的健康,因此无论是用铅作捻口填料还是铅管焊接,都应遵守以下几点:

A. 铅管安装现场应该通风良好。在容器内工作时必须有通风装置。下料前,应当用水将铅材表面润湿,以防含铅的灰尘飞扬,工作场地要经常打扫,工作时应有必要的防护用具,食物和饮料不得带入现场,更不能在现场进食。下班后应洗澡、换衣、漱口、然后才能进食,不能穿工作服进入食堂和休息场所。

B. 承插口灌铅前,管口必须干燥、卡箍严密,防止漏铅,熔铅时不准水滴落入,以免爆炸(又称放炮)。必要时可在承插口内灌入少量机油,当铅浇入时可防止放炮现象。

C. 铅块或铅管切割时,应当用水将青铅表面润湿,以防含铅的灰尘飞扬。作业人员饮食前应漱口,工作完毕应洗澡更衣,以防止铅粉扩大污染。

D. 青铅焊接所用的氢氧焰,点火前应将氢气发生器中的空气全部排净,不得持火检查刚刚放空和未经洗涤的氢气发生器,防止空气和氢气的混合引起爆炸。氢氧焰焊炬及输送氢气的橡皮软管,必须严密无漏气现象。

2)硬聚氯乙烯塑料管焊接时,因加热会产生有毒的气体,因此塑料焊接时,应当有良好的通风。用甘油进行加热时,应注意防火并避免烫伤。

16.6.8 试压吹扫安全技术

管道系统在安装完毕后要进行压力试验,试验压力一般都大于工作压力,所以管路及配件、支架、吊架在试压时要承受比管路工作时更大的荷载,因此试压吹扫时须做到以下几点:

1)管道系统强度试验与严密性试验之前,应检查管道与支、吊架的紧固性,必要时应采取临时加固措施,用铸铁管道敷设的埋地管道在转弯、分支处应设置挡墩,承插管路端部的堵头所用千斤顶确认安全可靠后才能进行试压工作。

2)试压大小应按设计要求或验收规范规

定的压力进行试验不得擅自增压或减压。

3）试验过程中，液压试验升压应缓慢，气压试验压力应逐级缓升。不得操之过急，如遇焊缝，接口渗漏，不得带压修理。

4）试验压力较高的管道应划分危险区，安排人员负责警戒，禁止无关人员入内，系统试验合格后，试验介质宜在室外合适的地点排放，并注意安全。

5）管道吹扫的排气管应接至室外安全地点，管口应朝上倾斜，确保排放安全。必要时排气管处应有明显标志，排气管应具有牢固的支承。以承受排空的反作用力，如用一些可燃气体进行吹扫时，排气口必须远离火源，有时为了安全和防止污染，用可燃气体吹扫时，可在排气口将可燃气体烧掉。

小 结

施工准备是管道工程施工必需的环节，又是管道施工的第一道工序。施工准备的内容与施工对象有关，施工准备工作做得好坏，直接影响到工程的施工进度和施工质量，因此，管道工程开工前应根据管道工程的性质、规模、内容做好各项准备工作。

室外管道的敷设方式有：埋地敷设、地沟敷设和架空敷设。三种敷设方式各有特点，选用何种敷设要考虑多方面的因素，最后综合比较分析确定。

室内工业管道的敷设方式有明敷设、暗敷设两种方式。

管道系统安装完毕后应进行压力试验，压力试验的目的有两个：一是检验管道系统的机械强度；一是检验系统的密封性能。按试验用的介质分为液压试验和气压试验，不管采用何种介质进行压力试验，试压过程应缓慢进行，以确保试压安全。

凡从事管道安装的施工人员，必须懂得安全生产是保证施工顺利进行、保障职工生命安全及国家财产免受损失的重大问题，每一个从事管道安装的人员，必须时刻牢记各项安全生产技术法规、严格按操作规程进行生产。

习 题

1. 管道工程的施工程序有哪些？
2. 进入施工现场进行安装应具备哪些条件？
3. 管道施工准备工作的内容有哪些？
4. 管道室外敷设方式有哪几种？各有何特点？
5. 沟槽开挖断面有哪几种类型？
6. 沟槽下管有哪几种方法？
7. 地沟管道敷设有哪几种形式？
8. 架空管道敷设有哪几种形式？
9. 架空管道安装应注意哪些事项？
10. 室内管道排列的基本原则有哪些？
11. 管道相遇的避让原则是什么？
12. 室内管道的敷设形式有哪几种？各有何特点？

13. 室内工业管道安装应注意哪些事项？

14. 试压的目的是什么？

15. 怎样进行管道系统的液压试验？

16. 怎样进行管道系统的气压试验？

17. 管道系统在试压前应做哪些工作？

18. 管道系统吹扫与清洗的规定是什么？

19. 管道系统运行前为什么要进行清洗？

20. 安全生产的基本要求是什么？

21. 使用机具时注意哪些安全事项？

22. 高空作业操作安全技术是什么？

23. 吊装作业的安全技术是怎样的？

24. 焊接安全技术有哪些？

25. 防火防爆的有效措施有哪些？

26. 灭火方法有哪几种？

27. 一旦发生火灾，应怎样救火？

28. 铅及塑料管道安装时的安全技术有哪些？

29. 管道试压及吹扫时应注意哪些安全事项？

第17章 管道的防腐与绝热

管道敷设于空气或土壤中,由于化学作用或电化学作用,引起管道或附件表面消损破坏,称为管道腐蚀。在管道工程中经常而又大量的腐蚀是碳钢管的腐蚀。管道腐蚀的危害很大,它不仅使宝贵的材料变为废物,而且因管道的腐蚀造成的隐患使生产付出沉重的代价。要避免或减少这种损失,就要采取相应的技术措施——管道防腐。管道防腐方法很多,本章主要讲述最常用、最简便的防腐方法。

在管道工程中,输送热介质或冷介质的管道应尽量减少热量或冷量的损失,以达到节约能源、提高经济效益的目的。因此,必须对管道与设备进行绝热,如何对管道、设备进行绝热处理,这也是本章要讲述的重要内容。

17.1 管道的腐蚀与防腐

金属管材的腐蚀分为化学腐蚀和电化学腐蚀。化学腐蚀是金属在干燥的气体、蒸汽或电解溶液中的腐蚀,是化学反应的结果;电化学腐蚀是由于金属和电解质溶液间的电位差,导致有电子转移的化学反应所造成的腐蚀。

根据管子的材质不同,会产生不同的腐蚀外观,管子整个表面的腐蚀深浅比较一致的,称为均匀腐蚀;管子某些部位的腐蚀称为局部腐蚀;管子腐蚀范围比较集中而腐蚀深度又比较深时,称为点腐蚀;介质对金属材料某一成分首先遭到破坏的腐蚀称为选择性腐蚀;管子沿金属晶粒边界发生的腐蚀称为晶间腐蚀。

腐蚀在管道工程中最经常、最大量的是碳钢管的腐蚀,碳钢管主要是受水和空气的腐蚀。暴露在空气中的碳钢管除受空气中的氧腐蚀外,还受到空气中微量的 CO_2、SO_2、H_2S 等气体的腐蚀,由于这些复杂因素的作用,加速了碳钢管的腐蚀速度。

（1）影响腐蚀的因素

1）材质性能。如有色金属较黑色金属耐腐蚀,不锈钢较有色金属耐腐蚀。

2）空气湿度。空气中存在水蒸汽是金属表面形成电解质溶液的主要条件,干燥的空气腐蚀性差。

3）环境中含有的腐蚀性介质的多少。

4）土壤的腐蚀性和均匀性。

5）杂散电流的强弱。杂散电流强,埋地管道腐蚀的可能性就强。

（2）防腐

防腐是保护和延长金属管材使用寿命的重要措施之一。为了防止金属管道的腐蚀常采取以下防腐措施:

1）合理选用管材。根据管材的使用环境和使用状况,合理选用耐腐蚀的管道材料。

2）涂覆保护层。地下管道采用防腐绝缘层或涂料层,地上管道采用各种耐腐蚀的涂料。

3）衬里。在管道或设备内贴衬耐腐蚀的管材和板材,如衬橡胶板、衬玻璃板、衬铅等。

4）电镀。在金属管道表面镀锌、镀铬等。

5）电化学保护。电化学保护采用的牺牲阳极法,即用电极电位较低的金属与被保护的金属接触，使被保护的金属成为阴极而不被腐蚀。牺牲阳极保护法广泛用于防止在海水及地下的金属设施的腐蚀。

17.2 管道防腐常用涂料

涂覆于管道、附件、设备等表面构成薄薄的液态膜层，干燥后附着于被涂表面起保护作用的材料称为涂料。

17.2.1 涂料的组成

涂料主要由液体材料、固体材料和辅助材料三部分组成。

液体材料有成膜物质、稀释剂；固体材料有颜料和填料；辅助材料有固化剂、增韧剂、催干剂、稳定剂、防潮剂、脱漆剂等。

成膜物质也称为粘结剂、固着剂或漆料，它是经过加工的油料或树脂在溶剂中的溶液，它能将颜料和填料粘结在一起，形成牢固地附着物体表面的漆膜。漆膜的性质主要取决于成膜物质的性能，所以成膜物质是涂料的基础。常用的成膜物质有天然树脂、酚醛树脂、过氯乙烯树脂、环氧树脂、沥青、干性植物油等。

稀释剂也称为溶剂，它是挥发性液体，能溶解和稀释涂料，在涂料中占一定的比例，当涂料固化成膜后，它全部挥发到大气中去，不留在漆膜内，所以称为挥发分。它主要是用来调节涂料的粘度，便于施工。另外，它还可增加涂料贮存的稳定性。被涂物体表面的湿润性，使涂层有较好的附着力，常用的稀释剂有汽油、松节油、甲苯、丙酮、乙醇等。

颜料是一种微细粉末状的白色物质。它不溶于水或油等液体介质中，而能均匀地分散在液体介质中。当涂于物体表面时呈现一定的色层，颜料具有一定的遮盖力、着色力，可增强漆膜的强度、耐磨性、耐候性和耐久性等性能。根据用途不同，有防止金属生锈的耐腐蚀颜料（如红丹、铁红钛白、锌黄

等）；耐高温颜料（如铝粉、铝酸钙锶黄等）；示温颜料（可逆性变色颜料）；发光和荧光颜料等。

填料不具备遮盖力和着色力，只增加漆膜的厚度和漆膜的体积，它还能增加漆膜的耐磨性、耐水性、耐热性、耐腐蚀性和耐久性。

17.2.2 涂料的分类和命名

（1）涂料分类原则

根据我国化工有关部门规定，涂料产品的分类是以主要成膜物质为基础，若成膜物质为混合树脂，则以其在涂膜中起决定作用的一种树脂为基础。我国目前将涂料产品分为 18 大类，见表 17-1，其中辅助材料按不同用途再作区分，见表 17-2。

涂 料 分 类　　　表 17-1

序　号	代　号	发　音	名　　称
1	Y	衣	油脂
2	T	特	天然树脂
3	F	佛	酚醛树脂
4	L	勒	沥青
5	C	雌	醇酸树脂
6	A	阿	氨基树脂
7	Q	欺	硝基树脂
8	M	摸	纤维素及醚类
9	G	哥	过氯乙烯树脂
10	X	希	乙烯树脂
11	B	玻	丙烯酸树脂
12	Z	资	聚酯树脂
13	H	喝	环氧树脂
14	S	思	聚氨基甲酸酯
15	W	乌	元素有机聚合物
16	J	基	橡胶
17	E	鹅	其他
18			辅助材料

辅助材料代号表　　　表 17-2

序　号	代　号	辅助材料名称
1	X	稀释剂
2	F	防潮剂
3	G	催干剂
4	T	脱漆剂
5	H	固化剂

（2）涂料的命名和型号

1）命名原则：

全名为颜料或颜色名称加上成膜物质名称与基本名称，如硼钡酚醛防锈漆、灰醇酸磁漆。对某些有专业用途及特性的涂料，必要时在成膜物质后面加以阐明，如红过氯乙烯耐氨漆。

2）涂料型号：

涂料的型号分三部分，第一部分指成膜物质，用汉语拼音字母表示，见表17-1；第二部分是基本名称，用阿拉伯数字表示，见表17-3；第三部分用一位阿拉伯数字表示序号。

涂料的基本名称代号表　表17-3

代号	基本名称	代号	基本名称
00	清　油	41	水线漆
01	清　漆	42	甲板漆，甲板防滑漆
02	厚　漆	43	船壳漆
03	调合漆	44	船底漆
04	磁　漆		
05	烘　漆	50	耐酸漆
06	底　漆	51	耐碱漆
07	腻　子	52	防腐漆
08	水溶漆，乳胶漆	53	防锈漆
09	大　漆	54	耐油漆
		55	耐水漆
10	锤纹漆		
11	邹纹漆	60	防火漆
12	裂纹漆	61	耐热漆
14	透明漆	62	变色漆
		63	涂布漆
20	铅笔漆	64	可剥漆
22	木器漆	65	粉末涂料
23	罐头漆		
		80	地板漆
30	（浸渍）绝缘漆	81	渔网漆
31	（覆盖）绝缘漆	82	锅炉漆
32	绝缘（磁、烘）漆	83	烟囱漆
33	（粘合）绝缘漆	84	黑板漆
34	漆包线漆	85	调色漆
35	硅钢片漆	86	标志漆，路线漆
36	电容器漆		
37	电阻漆、电位器漆	98	胶　液
38	半导体漆	99	其　他
40	防污漆，防蛆漆		

【例1】

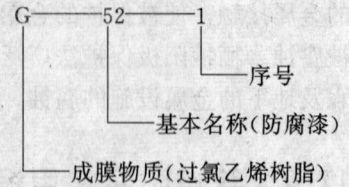

G——52——1 的全称为过氯乙烯防腐漆

【例2】

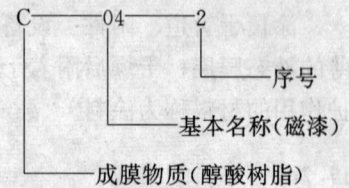

C——04——2 的全称为醇酸磁漆

涂料的基本名称代号，用00～13代表涂料的基本品种，14～19代表美术漆，20～29代表轻工用漆，30～39代表绝缘漆，40～49代表船舶漆，50～59代表防腐蚀漆，60～79代表特种漆，80～99为备用。

17.2.3　涂料的作用

（1）防腐保护作用

涂料涂覆在管道上，防止或减缓金属管材的腐蚀，延长管道系统的使用寿命。

（2）警告及提示作用

由于色彩不同给人产生视觉不同，如红色标志用以表示危险或提示请注意这里的装置。

（3）区别介质的种类

不同介质涂以不同的颜色，以示区别。

（4）美观装饰作用

漆膜光亮美观、鲜明艳丽，可根据需要选择色彩类型，改变环境色调。

17.2.4　涂料的选用

涂料品种繁多，其性能特点也各不相同，只有正确地选用涂料品种，才能保证和延长管外防腐涂层的寿命，选择涂料品种，应全面考虑下列因素：

1）考虑被涂物的使用条件与选用的涂料适应范围的一致性。如腐蚀性介质的种类、浓度和温度，使用中是否受摩擦、冲击或振动等。各种涂料都有一定的适用范围，应根据具体使用条件选用适当的品种，如酸性介质可选用酚醛清漆，碱性介质可选用环氧树脂漆。

2）考虑被涂料物表面的材料性质。应根据不同的材料选用不同的品种，有些涂料，在某些表面上是不宜使用的，如铅表面不适于红丹，而必须采用锌黄防锈漆。如果在钢材等表面涂刷酸性固化剂涂料，则应先涂一层耐酸底漆作隔离层。

3）施工条件的可能性。如缺乏高温热处理条件，就不宜采用烘干型涂料（如热固化环氧树脂漆），因为这种涂料若不经高温烘干就不能发挥其防腐蚀特性，此时应采用冷固型的。

4）经济效果。在选择涂料品种时，应本着节约的原则，在计算费用时，应将表面处理和施工费用考虑在内，这项费用往往会超过涂料本身价值。在一些重要的管道上采用价格昂贵，但性能优良，使用期限长的涂料，从长远利益看是合理的。

5）涂料产品的正确配套。涂料产品的正确配套可充分发挥某种涂料的优点，而弥补其不足之处。如过氯乙烯漆时金属表面附着力较差，可通过与金属表面附着力好的磷化底漆或铁红醇酸底漆配套使用，就能改善其使用功能，在配套时应注意底漆和面漆之间有一定的附着力且无不良作用，如咬起、起泡等现象，在选择涂料品种时，还应熟悉涂料的性能，在大面积施工或采用对其性能不熟悉的涂料品种时，应做小型样板试验，以免使用不当造成损失。

17.2.5　常用涂料

一般涂料按其所起的作用，可分为底漆和面漆，先用底漆打底，再用面漆罩面。防锈漆和底漆都能防锈，都可用于打底，它们的区别是：底漆的颜料成分高，可以打磨，漆料着重在对物面的附着力，而防锈漆的漆料偏重在满足耐水、耐碱等性能的要求。

（1）防锈漆

1）硼钡酚醛防锈漆和铝粉硼酚醛防锈漆。这些漆是由偏硼酸钡为主的防锈颜料与酚醛树脂漆料等配制而成，成品为灰色，对钢铁表面有很强的附着力和优良的防锈能力，是新型的防锈漆，已开始取代过去沿用已久的红丹防锈漆而被广泛应用。它避免了红丹防锈漆在制漆过程中及火工作业时的铅中毒现象，易于涂刷也可喷涂，延燃面积小，遮盖力比红丹防锈漆强，色浅易为面漆覆盖，干燥较红丹防锈漆快。施工时钢铁要除锈出白，涂该漆两道，每道约 $30\mu m$，不宜过厚，再涂 1～2 道面漆。配套面漆为酚醛磁漆、醇酸磁漆，不足之处是沿海及湿热地区应用性能不理想。

2）铝粉铁红酚醛醇酸防锈漆。这种漆是以铝粉氧化铁为主要防锈颜料与酚醛及醇酸漆料等配制而成，成品为灰红色，与硼钡酚醛防锈漆一样，对钢铁表面具有很强的附着力和优良的防锈能力，也是新型防锈漆，已开始取代红丹防锈漆，在沿海已被广泛使用。

3）云母氧化铁酚醛底漆。以云母氧化铁为防锈涂料与油基酚醛漆配制而成。成品为红褐色，对钢铁具有很强的附着力及优良的防锈能力，并适合沿海及湿热地区使用，已成为取代红丹防锈漆的新型防锈漆之一。其干燥时间比铝粉铁红漆稍长一点。

4）红丹防锈漆（如 Y53—1 红丹油性防锈漆、F53—1 红丹酚醛防锈漆等）。这些漆沿用已久，对钢铁表面具有很强的附着力及优良的防锈性能，但生产需耗用大量的铅，在生产过程及火工作业时易产生铅中毒现象，因此这类产品已较少使用，最终将成为淘汰产品。

5）Y53—2 铁红油性防锈漆、F53—3 铁红酚醛防锈漆。这些漆对钢铁附着力较强，但防锈性比前述防锈漆差，耐磨性差，可在腐蚀情况不太严重之处打底用。

6) F53—2 酚醛防锈漆。防锈性能好，适用于涂刷钢铁表面。

（2）底漆

1) 7108 稳化型带锈底漆。该漆是用合成树脂加入化锈颜料、稳锈颜料和有机溶剂等经研磨调制而成，成品为铁红色，可直接涂刷在已锈蚀的钢铁表面上，不仅能抑制锈蚀的发展，而且能将锈蚀逐步化为有益的保护性物质。防锈效果基本上与红丹油性防锈漆相同，同时避免了铅中毒的现象。该漆为单装型，运输施工方便，可喷、刷两用，干燥快，附着力强，烧焊时延燃面积较红丹油性漆小，具有较好的耐低温性能、耐热性和耐硝基性，并可在未除锈的钢铁上、潮湿的物面上、坚固的旧漆表面上施工。在氧化皮铁板上的附着力较差。适用于化工设备、管道等已锈蚀的钢铁面打底用。可免除繁重的除锈劳动，加快施工速度。

2) X06—1 磷化底漆。该漆主要作为有色金属底层的防锈涂料，能代替钢铁的磷化处理，可增加有机涂层和金属表面的附着力，防止锈蚀，延长有机涂层的使用寿命。但不能代替一般采用的底漆，涂刷后仍须涂1～2道其他防腐底漆。该漆不宜用于碱性介质环境中。

3) G06—1 铁红醇酸底漆。该漆对金属表面附着力强，能防锈，有弹性，耐冲击，干燥较快，漆膜坚硬，耐油，施工方便，配套性较好。配套面漆有：过氯乙烯面漆、沥青漆。

4) F06—9 铁红纯酚醛底漆。该漆附着

力强，防锈性能好，须加热固化（在105℃烘干35min），适用于钢铁表面。

5) H06—2 铁红环氧底漆。该漆对黑色金属附着力极强，防锈、耐水，防潮性能比一般油基和醇酸底漆好，漆膜坚韧持久，干性优良，自干、烘干均可，性能以烘干为佳。

6) G06—4 铁红过氯乙烯底漆。该漆防锈和耐腐蚀性能优于 G06—1 铁红醇酸底漆，但附着力差，如在 60～65℃加热 2h 后，可增强附着力和其他性能。与过氯乙烯漆配套使用，以喷涂为主，也可涂刷。稀释剂一般用 X—3 或 X—23 过氯乙烯稀释剂。

（3）沥青漆

沥青漆是用天然沥青或石油沥青溶于有机溶剂或加入干性油，合制成树脂等炼制，以及用煤焦沥青溶于煤焦溶剂配制而成。沥青漆由于价格低廉，使用较多。又具有耐水、耐化学药品腐蚀的特性。在常温下能耐氧化氮、二氧化硫、三氧化硫、氨气、酸雾、氯气、氯乙醇、低浓度的无机盐和浓度 40% 以下的碱、海水、土壤、盐类溶液以及酸性气体等介质腐蚀。漆膜对阳光的稳定性较差，耐热温度为 60℃。常用于设备、管道表面，防止工业大气、土壤水的腐蚀。

常用的沥青漆有 L50—1 沥青耐酸漆，L01—6 沥青清漆，L04—2 铝粉沥青磁漆等，还有某些单位自配的煤气柜沥青漆、外用气柜漆等。

（4）面漆

面漆用来罩光、盖面，作表面保护和装饰用。表 17-4 为常用面漆的性能和用途。

常用面漆的性能和用途 表 17-4

名　　称	型　号	性　　能	耐温（℃）	主　要　用　途
各色厚漆（铅油）	Y02-1	涂膜较软，干燥慢，在炎热而潮湿的天气有发粘现象	60	用清油稀释后，用于室内钢铁、木材表面打底或盖面
各色油漆调和漆	Y03-1	附着力强，耐候性较好，不易粉化、龟裂，在室外使用优于磁性调合漆	60	作室内外金属、木材、建筑物表面防护和装饰用
银　粉　漆	C01-2	银白色，对钢铁与铝表面具有较强的附着力，涂膜受热后不易起泡	150	供采暖管道及散热器作面漆

名　　　称	型　号	性　　　能	耐温（℃）	主　要　用　途
各色酚醛调和漆	F03-1	附着力强，光泽好，耐水，漆膜坚硬，但耐候性稍差	60	作室内外金属和木材的一般防护面漆
各色醇酸调和漆	C03-1	附着力强，涂膜坚硬光亮，耐候性、耐久性和耐油性都比油性调合漆好	60	作室外金属防护面漆
生漆（大漆）	—	附着力好，涂膜坚硬，耐多种酸，耐水，但毒性大	200	作钢铁、木材表面的防潮、防腐
过氯乙烯防腐漆	G52-1	有良好的防腐性，能耐酸、碱和化工介质腐蚀，并能防霉防潮	60	用于钢铁和木材表面，以喷涂为佳
漆酚树脂漆（自干漆）		与钢铁附着力强，涂膜坚韧、耐酸、耐水，是生漆脱水、聚缩、稀释而成，改变了生漆毒性大、干燥性等缺点	200 以下	由于它保持了生漆耐腐蚀的优点，适宜于金属表面作耐腐涂剂

17.3 管道防腐绝缘层的施工

17.3.1 防腐施工的基本要求

1) 应掌握好涂装现场温湿度等环境因素，在室内涂装的适宜温度为 20～25℃，相对湿度以 65% 以下为宜。在室外施工时应无风砂、细雨，气温不宜低于 5℃，不宜高于 40℃，相对湿度不宜大于 85%，涂装现场应有防风、防火、防冻、防雨等措施。

2) 对管道要进行严格的表面处理如清除铁锈、灰土、油脂、焊渣等表面处理。按照设计要求的除锈等级采取相应的除锈措施。

3) 为了使处理合格的管道表面不再生锈或污染油污等，必须在 3h 内涂第一层漆。

4) 控制各涂料的涂装间隔时间，掌握涂层之间的重涂的适应性。必须达到要求的涂膜厚度，一般以 150～200μm 为宜。

5) 操作区域应通风良好，必要时可安装排风设备或静电除尘设备，以防止中毒事故发生。

6) 根据涂料的性能，按安全技术操作规程进行施工，并应定期检查及时维护。

17.3.2 管道的除锈与脱脂

(1) 管道的除锈

管道表面除锈是管道防腐施工中极其重要的环节，除锈就是将管道表面的油脂、锈层、尘土等污物除去的措施。除锈质量的好坏，直接影响涂膜的寿命，因此，必须重视。除锈方式有手工除锈、机械除锈和化学除锈。

1) 手工除锈。用刮刀、手锤、钢丝刷以及砂布、砂纸等手工工具磨刷管道表面的铁锈、油垢等。当管道表面的锈层较厚时，可用锤子轻轻敲掉锈层，对于不厚的浮锈可直接用钢丝刷等工具拭掉，直到露出金属的本色，再用棉纱擦拭，管内壁浮锈可用圆钢丝刷来回拖动磨刷，这些方法所需的工具简单，操作方便，尽管劳动强度大、效率低，但仍被广泛采用。

2) 机械除锈。是利用机械动力的冲击磨擦作用将管道锈蚀除去，这是一种较为先进的除锈方法。

A. 风动钢丝刷除锈。用压缩空气驱动钢丝轮转动，实现表面清理，具有设备简单、使用方便等特点，适宜管道及焊缝除锈。

B. 管子除锈机。是一种适用于清除管子外表面锈蚀的设备，构造复杂程度各有不同，有电动和手动两种结构。除锈时通过电动机或手摇把使钢丝圆盘旋转，用人工将管子缓缓向前推动，边推边转动管子，以达到除锈的目的。

C. 管内扫管机。它是使用圆盘状钢丝刷

除去管子内表面的锈层和氧化皮，钢丝刷的直径可根据不同的待清扫管子的管径而更换，清扫管子长度可达12m，钢丝刷通过软轴用电动机驱动。

D. 喷砂除锈。是用压缩空气为动力，将1～2mm的石英砂以很高的速度喷射在管子表面上，凭砂子的冲击磨擦金属管材表面，达到除去污物和锈层的目的。压缩空气的压力以0.4～0.6MPa为宜，压缩空气从喷枪喷出时形成吸力，通过吸砂管的小孔吸入空气并把砂斗内的砂子带走，由喷枪喷出。喷砂除锈的优点是操作简单，处理质量好，作业效率高；缺点是操作时灰尘量大、噪声大、污染环境。

3）化学除锈。利用酸溶液和铁的氧化物发生化学反应将管子表面锈层溶解、剥离以达到除锈的目的，所以又称酸洗除锈。酸洗的方法很多，通常采用槽式浸泡方法，即是将管子放入酸洗槽中浸泡，掌握好浸泡时间，用目测检查，以内外壁呈现金属光泽为合格。酸洗合格的管子应立即放入氨水或碳酸钠溶液中浸泡，使管壁内外完全中和，然后再将管子放入热水槽中进行冲洗。清洗之后要及时将管子加以干燥。管道酸洗、中和液的配方，如设计无规定时，按表17-5中的规定采用。

（2）管道的脱漆

管道表面的漆膜在使用过程中逐渐老化，引起粉化、龟裂、起壳和脱落等现象，使漆膜丧失保护作用，这就需要清除旧漆膜，重新涂漆。清除旧漆膜有前述的手工、机械、喷砂等方法，此外还有喷灯烧烤除漆和已被广泛采用的有机溶剂脱漆剂清除管道旧漆膜的方法。使用脱漆剂脱漆时，首先将管道表面的尘土和污物去掉，然后将管子放入装有脱漆剂的槽中，浸泡1～2h取出，用木、竹刮刀刮除或用长毛刷（或用排笔）蘸上脱漆剂涂刷在管道旧漆膜上，静置10min，冬季可延长30min左右，待漆膜软化溶解后，即可用刮刀轻轻铲除，直至使漆膜全部脱去为止。使用脱漆剂具有脱漆效率高、施工方便、对金属腐蚀性小等优点，但也有易挥发、有一定毒性、污染环境、成本较高等缺点。

17.3.3　防腐涂料的一般施工方法

防腐涂料常用的施工方法有刷、喷、浸、浇等。施工中一般采用刷和喷两种方法。

涂料使用前，应先搅拌均匀，表面已起皮的涂料，应加以过滤，除去小块漆皮，然后根据喷涂方法的需要，选择相应的稀释剂进行稀释至适宜稠度，调成的涂料应及时使用。

酸洗液的配比及工艺条件　　　　　　　　　　　　　　　　表17-5

名　称	配　比	处理温度（℃）	处理时间（min）	备　注
工业盐酸（%） 乌洛托平（%） 水	15～20 0.5～0.8 余　量	30～40	5～30	除铁锈快，效果好，适用于钢铁表面严重锈蚀的工件
工业盐酸（相对密度1.18）（g/L） 工业硫酸（相对密度1.84）（g/L） 乌洛托平（g/L） 水	110～180 75～100 5～8 余　量	20～60	5～50	适用于钢铁及铸铁工件除锈
工业硫酸（相对密度1.84）（g/L） 食　盐（g/L） 缓蚀剂 水	180～200 40～50 适　量 余　量	65～80	16～50	适用于铸铁及清理大块锈皮，若铸铁表面有型砂，可加2%～5%氢氟酸
工业磷酸（%） 水	2～15 余　量	80	表面铁锈除尽为止	适用于锈蚀不严重的钢铁工件，常用作涂料的基体金属表面处理

（1）手工涂刷

手工涂刷是用刷子将涂料往返地涂刷在管子表面上，这是一种古老而又普遍的施工方法，此法工艺简单、易操作，不受场地、物体形状和尺寸大小的限制。由于刷子具有一定的弹性，对管材的适应能力强，从而提高了涂层防腐效果。缺点是手工劳动生产效率低，施工质量很大程度上取决于操作人员的技巧。

手工涂刷的操作程序一般为自上而下，从左至右纵横涂刷，使漆膜形成薄而均匀、光亮平滑的涂层。手工涂刷不得漏涂，对于管道安装后不易刷涂料的部位应预先刷涂好。

涂料施工宜在 5~40℃ 的环境温度下进行，并应有防火、防冻、防雨措施。现场刷涂料一般应任其自然干燥，多层涂刷前后的间隔时间应保证涂膜干燥，涂层未经充分干燥，不得进行下一道工序施工。

（2）喷涂

喷涂是利用压缩空气为动力，用喷枪将涂料喷成雾状，均匀地喷涂在钢管的表面上，用喷涂法得到的涂料层表面均匀光亮，质量好，耗料少，效率高，适用于大面积的涂料施工。

喷涂时，操作环境应保持洁净，无风砂、灰尘，温度宜在 15~30℃，涂层厚度在 0.3~0.4mm 为宜，喷涂后不得有流挂和漏喷现象，涂层干燥后，需用砂布打磨后再喷涂下一层。这样做的目的是为了除掉涂层上的粒状物，使涂料层平整，并可增加下一层涂料间的附着力。为了防止遗漏喷涂，前后两次涂料的颜色配比时可略有区别。

涂层质量应使涂膜附着牢固均匀，颜色一致，无剥落、皱纹、气泡、针孔等缺陷。涂层应完整、无损坏、无漏涂等现象。

涂料涂层的等级，按精度要求分为四个等级：

1）一级。漆膜颜色一致，亮光好，无漆液流挂，不允许有划痕和肉眼能看见的疵病。

2）二级。漆膜颜色一致，平整光滑，无流挂、无气泡、无杂纹，用肉眼看不到显著的机械杂质和污浊，光泽好，有装饰性。

3）三级。面漆颜色一致，无漏涂、无流挂、无气泡、无触目颗粒、无皱纹。

4）四级。底漆涂后不露金属，面漆涂后不露底漆。

施工用剩的涂料，应使涂料表面与空气隔离，防止涂料表面形成干硬的漆皮，常用硬牛皮纸加以覆盖，最好是用多少调多少，或者集中倒入有密封盖的涂料桶内。

17.3.4 架空管道的防腐

架空及地沟内管道长期处于大气环境中，因此要求涂料具有附着力强，耐大气腐蚀，有较好的耐水性、防潮性、耐候性，并要求有一定的装饰性，从而使管道表面与外界空气、水、灰尘及腐蚀性物质隔绝，从而避免管道腐蚀。架空管道分为绝热管道防腐和明装管道防腐两种形式。

（1）绝热管道涂料防腐

热力管道和制冷管道通常都采取绝热措施，管道外表面不与周围环境接触。一般在管壁金属外面涂刷两道防锈漆或底漆，在绝热保护层外表面涂刷两道色漆做防腐层即可。

绝热保护层外表面的涂层，应根据绝热保护层所用材料和所处环境不同，选择不同的色漆。

1）室内和地沟内的管道绝热保护层所用色漆，可根据涂层的种类，分别选用各色油性调合漆，各色酚醛、醇酸磁漆以及各色耐酸漆、防腐漆等。半通行和不通行地沟内管道的绝热层外表面，应涂刷具有一定防潮、耐水性能的沥青冷底子油或各色酚醛磁漆、各色醇酸磁漆等。

2）室外管道绝热保护层防腐所用色漆，应选用耐候性好，并具有一定防水性能的涂料。当绝热保护层采用非金属材料时，应涂刷两道各色酚醛磁漆或各色醇酸磁漆，也可先涂刷一道沥青冷底子油，再刷两道沥青漆，并采用软化点较高的3号专用石油沥青做基本漆料。当采用黑铁皮做绝热保护层时，在黑铁皮外表面均应先刷两道红丹防锈漆，再涂两道色漆。

（2）明装管道涂料防腐

明装管道通常输送介质温度较低（通常不超过100℃），所以在选择涂料品种时，可不考虑耐热要求，而主要考虑周围环境的要求，确定涂层类别。

1）室内架空及通行地沟内管道，一般先涂两遍红丹油性防锈漆或红丹酚醛防锈漆，外面再刷两道各色油性调合漆或各色磁漆。

2）室外架空管、半通行地沟和不通行地沟内的管道以及室内的冷水管道，应选用一定的防潮、耐水、耐候性的涂料，底漆可用红丹酚醛防锈漆，面漆可用各色酚醛磁漆、各色醇酸磁漆或沥青漆等。

17.3.5　埋地管道的防腐

埋地铺设的管道主要有铸铁管和碳钢管两种，铸铁管只需涂刷1～2道沥青漆或热沥青即可，而碳钢管由于受到土壤中各种酸、碱、盐类，地下水和杂散电流的腐蚀，因此必须在钢管外壁采取相应的防腐措施。

目前各种埋地管道的防腐层主要有：石油沥青防腐层、环氧煤沥青防腐层、聚乙烯胶松节防腐层、塑料防腐层、环氧粉末防腐层、聚氨酯泡沫塑料防腐层。这里主要介绍石油沥青防腐。

石油沥青防腐应按设计要求进行施工，如设计无要求，可根据周围介质对钢管的腐蚀程度按表17-6的结构选择相适应的形式进行施工，且应满足以下要求：与金属有良好的粘结性，并保持连续完整，电绝缘性能良好，有足够的耐压强度（击穿电压）和电阻率，具有良好的防水性和化学稳定性。

（1）沥青绝缘防腐层

1）底漆。在钢管表面涂沥青之前，为增强钢管和沥青的粘结力，应刷一层冷底子油。冷底子油是用沥青30甲、30乙或10号建筑石油沥青，汽油采用无铅汽油，沥青和汽油的配比（体积比）为1：2.25～2.5。调配时先将沥青加热至170～220℃进行脱水，然后再降温至70℃左右，再将沥青慢慢地倒入按上述配合比备好的汽油容器中，一边倒一边搅拌。严禁把汽油倒入沥青中。

沥青防腐层结构　　　　　表 17-6

防腐等级		普通级	加强级	特加强级
防腐层总厚度（mm）		≥6	≥8	≥10
防腐结构		3油3布	4油4布	5油5布
防腐层数	1	底漆一层	底漆1层	底漆1层
	2	沥青2mm	沥青2mm	沥青2mm
	3	玻璃布1层	玻璃布1层	玻璃布1层
	4	沥青2mm	沥青2mm	沥青2mm
	5	玻璃布1层	玻璃布1层	玻璃布1层
	6	沥青2mm	沥青2mm	沥青2mm
	7	聚氯乙烯工业膜1层	玻璃布1层	玻璃布1层
	8		沥青2mm	沥青2mm
	9		聚氯乙烯工业膜1层	玻璃布1层
	10			沥青2mm
	11			聚氯乙烯工业膜1层

2）石油沥青。用于防腐的石油沥青，一般采用建筑石油沥青或改性石油沥青。熬制前，宜将沥青破碎成粒径为100～200mm的块状，并清除纸屑、泥土及其他杂物。熬制开始时应缓慢加热，熬制温度控制在230℃左右，最高不超过250℃，熬制中应经常搅拌，并清除熔化沥青面上的漂浮物。每锅沥青的熬制时间宜控制在4～5h左右。

3）玻璃布。玻璃布为沥青绝缘层中间加强包扎材料，其作用是提高防腐层的强度整体性和热稳定性。用于管道防腐的玻璃布有毛纺布、定长纤维布。目前多采用连续长纤维布。要求玻璃布的含碱量为12%左右（中碱性），为使玻璃布与沥青更好粘合，多采用网状结构，常用的网状管道包扎布规格：经纬密度为 $8\times8mm/m^2$，厚度为 0.1mm，宽度为 300～800mm（根据管径而定），两端封边，卷装带心轴。

4）聚氯乙烯工业膜。通常在沥青绝缘层的最外边，还包一层透明的聚氯乙烯薄膜，其作用是增强绝缘层的防腐性能，提高绝缘层的强度和热稳定性、耐寒性，防止绝缘层的机械损伤和日晒变形，通常规格为厚度为 0.2mm，宽度比玻璃布宽 10～15mm。

（2）沥青绝缘防腐层的施工

1）刷冷底子油。冷底子油应涂刷在洁净、干燥的管子表面上，涂刷要均匀，无空气、无气泡、无凝土、无滴落和流痕等缺陷，表面不得有油污和灰尘，涂抹厚度一般为 0.1～0.20mm。

2）浇涂热沥青。底漆（冷底子油）干燥后，方可浇涂热沥青，沥青的浇涂温度为 200～220℃，浇涂时最低温度不得低于 180℃，若施工环境高于 30℃，则允许沥青降低至 150℃，浇涂时不得有气孔、裂纹、凸瘤和落入杂物等缺陷。每层沥青的浇涂厚度为 1.5～2mm。

3）缠玻璃丝布。浇涂沥青后，应立即缠玻璃丝布。玻璃丝布必须干燥、清洁，缠绕时应紧密无皱褶，压边应均匀，压边宽度为 30～40mm，玻璃布的搭接长度为 100～150mm。玻璃布的沥青浸透率应达 95% 以上，严禁出现大于 50mm×50mm 的空白，管子两端应按管径大小预留一段不涂沥青的长度。预留长度一般为 150～250mm，钢管两端应做成阶梯形接茬，阶梯接茬宽度为 50mm 左右。

4）包扎聚氯乙烯工业膜。待沥青层冷却到 100℃ 以下时，方可包扎聚氯乙烯工业膜外保护层，外包聚氯乙烯应紧密适宜，无皱褶、脱壳等现象，压力应均匀，压边宽度为 30～40mm，搭接长度应为 100～150mm。

沥青防腐层施工，宜在环境温度高于 5℃ 的常温下进行。如在气温低于 -5℃，且不下雪、空气相对湿度不大于 75% 时，管道在进行沥青绝缘防腐涂覆时可不预热；若空气湿度大于 75%，管道上有霜露时，应先将管道预热，干燥后再进行涂覆工作。在气温低于 -20℃ 时，或在雾、雪和大风天气中，不得进行涂覆作业。

防腐绝缘层施工完成，应进行质量检查，除特殊要求者外，一般检查的项目为：

1）外观检查。用目视逐根进行检查，表面应平整，无明显气泡、麻面、皱纹、凸瘤等缺陷，外包聚氯乙烯工业膜应均匀无褶皱，两管端的接茬阶梯宽度为 50mm。

2）厚度检查。按设计规定的防腐等级，厚度应符合要求，防腐厚度应用测厚仪进行测定，抽查根数为 5%，每根 3 个截面，每个截面测上、下、左、右 4 点，以最薄点为准。若不合格，按抽查的根数加倍抽查。其中仍有一根不合格时，则需逐根抽查，其厚度偏差不应超过设计厚度的 $\frac{1}{10}$，若是特加强防腐，则不应超过设计厚度的 $\frac{1}{18}$。

3）防腐层的连续性检查　可用高压电火花检漏仪进行检查，以不打火为合格，最低检漏电压可按下式进行计算：

$$U=7840\sqrt{\delta} \qquad (17-1)$$

式中　U——检漏仪电压（V）；

δ——防腐层厚度（取实测厚度的算术平均值，mm）。

施工现场常用的最低检漏电压也可按下述要求：普通防腐层为 16～18kV；加强防腐层为 22kV；特加强防腐层为 25kV。

4）粘结力检查。在管道防腐层上，切一夹角为 45°～60° 的切口，切口边长约 40～50mm，从角尖端撕开防腐层，撕开面积约为 30～50cm²，防腐层应不易撕开，撕开后粘附在钢管表面上的第一层沥青占撕开面积的 100% 为合格。每批防腐钢管，应按钢管根数的 5% 抽查，每根测一处，若有一根不合格时，应加倍抽查，其中仍有一根不合格时，则需逐根检查。

5) 钢管接头焊缝经检验、试压合格后，应进行接头补口，管道补口用的防腐材料，底漆的配比和涂刷要求除设计有特殊要求者外，应和管道防腐层的施工相一致。补口时每层沥青和玻璃丝布应将原管道相应的留茬覆盖在 50mm 以上，最后一层的聚氯乙烯工业膜压茬与各层玻璃丝布的压茬相同。

防腐施工各工序间，应严格进行检查，并作好详细记录。

17.3.6 管道内壁的防腐

工业管道中，有不少管道输送的介质具有腐蚀性，对管道产生腐蚀作用，因此应对某些管道内壁采取相应的防腐措施。

1) 输水管道水泥砂浆衬里防腐。室外给水管道由于长期同水接触，水管内壁容易锈蚀，且污染水质，所以应进行防腐。通常是在大口径给水钢管内壁均匀地涂抹一层水泥砂浆，也可涂一层聚合物水泥砂浆涂料进行防腐，这种方法可以保护水质，减少管内阻力损失，提高输水能力。大口径管用离心法涂衬，小口径管用挤压法涂衬。

2) 输送酸、碱、盐类流体的管道衬里防腐。对于输送酸、碱、盐类等腐蚀性严重的介质管道，通常在钢管内壁采取衬铅、衬橡胶、搪瓷等措施，使管道内壁具有耐水，耐磨、耐化学腐蚀等优异的特性，以满足工艺生产的需要，这是常用的管内壁防腐方法之一，但施工较复杂。

3) 管道内壁涂料防腐。管道内壁防腐的常用涂料品种有：环氧树脂漆、热固性酚醛树脂漆，过氯乙烯漆、聚氨酯漆等。如输气管道内壁可采用 H52—30 灰环氧防腐漆防腐；氨水管道内壁可采用 G52—32 黑过氯乙烯耐氨漆防腐，在输送酸性介质管道内壁可采用（离心浇注成）衬水玻璃耐酸胶泥涂层

（由水玻璃、铸石粉和氟硅酸钠等配制而成）达到防腐要求。目前具有发展前途的管内壁防腐涂料有 MS—1 与 MS—2 环氧粉末防腐蚀涂料和工程塑料防腐蚀涂料等。

环氧粉末涂料的涂膜具有附着力强、机械强度高、耐化学腐蚀性能优异的特性，可防止管道对输入介质的污染。它适宜油、气管道内壁的防腐，使用温度为 $-30\sim110℃$，也可用于工业废水管道管壁防腐涂装，使用温度在 60℃ 以下。

管道内壁涂料防腐的涂装方法较多，应视具体情况而定。对于直径较大的管道可采用喷涂的方法；对于直径较小的管道可采用灌涂的方法。所谓灌涂法就是将涂料灌入管道内，再把两端封死，经多次滚动管道后，最后将剩余涂料倒出，待干燥后再进行下次涂装，直至达到要求的涂膜厚度为止。

17.4 管道的涂色与标志

17.4.1 管道涂色与标志的规定

在工业企业里，厂房内及厂区经常需要安装大量的输送各类气体和液体的管道，为了便于识别管内流体的种类和状态以及有利于管道运行管理、维修、安全等方面考虑，通常采取以下 3 种方法进行管道的涂色与标志。

1) 一般在不同流体的管道表面或管道绝热层外表面，涂覆不同颜色的涂料，有时也可涂刷指向箭头，标出介质的流向作为标识。

2) 如果输送流体的温度或成分不同，需要加以区别时，可以在已涂色的管道表面上，选择一种温度或成分涂刷色环作为标识。

3) 如果以上两种方法仍然不能确定管内流体的性质或参数时，可采取在管道外表面涂刷流体的名称或化学符号，也可标出流体的温度和压力作为标识。

由于管道工程的内容不一，管道内流体

流动的介质种类繁多，所以管道的涂色和标识应根据具体工程情况进行选用，以易于操作，方便管理为原则。因此各系统的规定不统一，工程中设计有规定时按设计规定涂色，设计无规定时可按表17-7所列选用。

管道涂色的一般规定　　表17-7

管道名称	颜色	
	底色	色环
工业用水管	黑或灰	—
生活饮用水管	蓝	—
过热蒸汽管	红	黄
饱和蒸汽管	红	—
废气管	红	绿
凝结水管	绿	红
余压凝结水管	绿	白
热力网送出水管	绿	黄
热力网返回水管	绿	褐
疏水管	绿	黑
压缩空气管	浅蓝	—
净化压缩空气	浅蓝	黄
乙炔管	白	—
氧气管	天蓝	—
氩气管	白	红
氮气管	棕	—
油　管	橙黄	—
排水管	绿	蓝
排气管	红	黑
排水管	浅黄	

17.4.2　色环及识别符号的涂装要求

色环的间距应分布均匀，便于观察，一般在直管段上其间距5m左右为宜。色环的宽度可按管径大小来确定，外径（包括绝热层）在150mm以内，色环宽度为70mm；外径在300mm以内色环宽度为100mm。色环介质名称或化学符号和箭头应涂刷在管道交叉点、阀门和穿孔两侧的管道上，以及需要观察识别的部位。输送介质如果是双向流动的，应标出两个相反方向的箭头。箭头一般涂成白色或黄色，底色浅者则涂成深色箭头。当识别符号直接涂在外径小于90mm的管道上且不易识别时，可在需要识别的部位挂设标牌，标牌应标明介质的名称和流向。

17.5　管道绝热

17.5.1　管道绝热的目的

绝热是保温与保冷的统称。为减少设备、管道及其附件向周围环境散热，在其外表面采取的包覆措施称为保温，为减少周围环境中的热量传入低温设备和管道内部，防止低温设备和管道外表面凝露，在其外表面采取的包覆措施称为保冷。绝热的目的是：

1）减少无效能量（热量、冷量）损失。由于管道内输送的介质温度与周围环境温差的差异，热量总是从高温物体传向低温物体。因此使输送介质的温度降低或升高，使管道输送介质的部分能量白白地损失掉，这就是无效能量（热量、冷量）损失。如果采取合理的绝热措施，这部分能量损失可减少80%～90%。

2）提高管道的输送能力和设备的生产率，因而节约了资金和降低了成本。

3）保证操作人员的安全，改善了劳动条件。当人体短时间内接触到高于60℃或低于－5℃的管道时就能烫伤或冻伤，故进行绝热可改变管道的表面温度。

4）预防管道输送介质的冻结或凝固以及气体介质的冷凝。在寒冷季节，输送介质为水或含有水分的管道，因外界温度过低会冻结。其他高凝固点的介质会凝固。有些气体管道则会因温降而冷凝成液体。

5）防止管道外表面结露。在夏季，当输送介质的温度较周围环境气温低时，则会在管道外面结露，这不仅加剧了管道的腐蚀，还影响了人们的生活，破坏建筑结构。

6）防止介质在输送过程中温降速度太快。在化工生产过程中，有些介质要求在输送过程中不能发生结晶或凝固（如尿素溶液、苯、石油等），其中温度是一个很重要的参数，为减少温降速率就需要对管道进行绝热。

7）改善劳动卫生条件。工厂中有些高温管道外表面温度较高，灰尘及杂物在较高温度状态下易升华变质，污染环境，破坏劳动卫生条件。

8）防止或减少火灾发生的几率。在高温管道附近有可燃或易燃、易爆物品时，以及穿过或靠近木结构的房屋构件时，高温对防火有非常不利的影响，要通过绝热，把管道表面温度降低到安全温度。

17.5.2 管道绝热材料的选用原则

管道绝热材料的选用原则是：

1）导热系数小。用于保温的绝热材料导热系数 $\lambda \leqslant 0.12 W/m \cdot K$，用于保冷的绝热材料的导热系数 $\lambda \leqslant 0.064 W/m \cdot K$。

2）密度小。用于保温的硬质绝热材料，其密度 $\rho \leqslant 300 kg/m^3$，软质材料及半硬质制品，其密度不得大于 $200 kg/m^3$，用于保冷的绝热材料，其密度 $\rho \leqslant 220 kg/m^3$。

3）具有较好的耐热性，不致于由于温度剧变而失去原来的特性。用于制冷系统的保冷材料应具有良好的抗冻性能。

4）物理化学性能稳定。绝热材料的化学性能稳定，不得因温度升高而升华，也不得因温度降低、空气潮湿而出现霉变或产生有害杂质等。

5）绝热材料应具有耐燃性、膨胀性能和防潮性能。

6）绝热材料应具有一定的机械强度。用于保温的硬质绝热制品，其抗压强度不得小于 0.4MPa；用于保冷的硬质绝热制品，其抗压强度不得小于 0.15MPa。

7）绝热材料的吸水率要低、蒸汽渗透系数要小。对于保冷工程，吸水率高、蒸汽渗透系数大的材料能使湿空气中的水蒸汽渗透量增大，导致绝热材料的绝热性能降低。

8）对管材无腐蚀性或对管材无不良影响（如不锈钢管材的绝热材料应不含有氯离子）。

9）易于成型，便于施工，成本低，材料来源广，使用寿命长。

10）耐候性好，抗微生物侵蚀，不怕虫害和鼠害。

17.5.3 常用绝热材料

常用绝热材料可分为 10 大类：珍珠岩类、蛭石类、硅藻土类、泡沫混凝土类软木类、石棉类、玻璃纤维类、泡沫塑料类、矿渣棉类、岩棉类。现将常用的绝热材料及其性能特点列于表 17-8 中。

绝热材料及其制品的主要技术性能　　　　　　表 17-8

材　料　名　称	密度 (kg/m³)	导热系数 [W/ (m·K)]	适用温度 (℃)	抗压强度 (kPa)	备　　注
膨胀珍珠岩类					密度小，导热系数小，化学稳定性强，不燃，不腐蚀，无毒、无味，价廉，产量大，资源丰富，适用广泛
散料（一级）	<80	<0.052	~200		
散料（二级）	80~150	0.052~0.064	~200		
散料（三级）	150~250	0.064~0.076	~800		
水泥珍珠岩板、管壳	250~400	0.058~0.087	≤600	500~1000	
水玻璃珍珠岩板、管壳	200~300	0.056~0.065	<650	600~1200	
憎水珍珠岩制品	200~300	0.058	>500		
泡沫塑料类					密度小，导热系数小，施工方便，不耐高温，适用于60℃以下的低温水管道保温
可发性聚苯乙烯塑料板	20~50	0.031~0.047	−80~75	≥150	
可发性聚苯乙烯塑料管壳	20~50	0.031~0.047	−80~75	≥150	
硬质聚氨酯泡沫塑料制品	30~50	0.023~0.029	−80~100	≥250~500	聚氨酯可现场发泡浇注成型，强度高；但成本也高，此类材料可燃，防火性差，分自熄型与非自熄型两种，应用时须注意
软质聚氨酯泡沫塑料制品	30~42	0.023	−50~100		
硬质聚氯乙烯泡沫塑料制品	40~50	≤0.043	−35~80	≥180	
软质聚氯乙烯泡沫塑料制品	27	0.052	−60~60	500~1500	

材料名称	密度 (kg/m³)	导热系数 [W/ (m·K)]	适用温度 (℃)	抗压强度 (kPa)	备注
泡沫混凝土类					密度大,导热系数大,可现场自行制作
水泥泡沫混凝土	<500	$0.127+0.0003t_p$	<300	≥300	
粉煤灰泡沫混凝土	300~700	0.15~0.163	<300		
普通玻璃棉类					耐酸、抗腐、不烂、不蛀,吸水率小,化学稳定性好,无毒,无味,价廉,寿命长,导热系数小,施工方便;但刺激皮肤
中级纤维淀粉粘结制品	100~130	0.040~0.047	-35~300		
中级纤维酚醛树脂制品	120~150	0.041~0.047	-35~350		
玻璃棉沥青粘结制品	100~170	0.041~0.058	-20~250		
超细玻璃棉类					密度小,导热系数小,特点同普通玻璃棉
超细棉(原棉)	18~30	≤0.035	-100~450		
超细棉无脂毡和缝合垫	60~80	0.041	-120~400		
超细棉树脂制品	60~80	0.041	-120~400		
无碱超细棉	60~80	≤0.035	-120~600		
超细玻璃棉管壳	40~60	0.03~0.035	400		
超轻微孔硅酸钙	<170	0.055	650	抗折>200	含水率<3%~4%,耐高温
微孔硅酸钙(管壳)	200~250	0.059~0.060	650	500~1000	
蛭石类					适用高温,强度大,价廉,施工方便
膨胀蛭石	800~280	0.052~0.070	-20~1000		
水泥蛭石管壳	430~500	$0.093+0.00025t_p$	<600	250	
硅藻土类					导热系数太大,一般不用
硅藻土保温管及板	<550	$0.063+0.00014t_p$	<900	500	
石棉硅藻土胶泥	<600	$0.151+0.00014t_p$	<900	500	
矿渣棉类					密度小,导热系数小,耐高温,价廉,货源广,填充后易沉陷;施工时刺激皮肤,且尘土大
普通矿渣棉	110~130	0.043~0.052	<650		
沥青矿渣棉毡	100~125	0.037~0.049	<250		
酚醛树脂矿渣棉管壳	150~180	0.042~0.049	<300		
沥青矿渣棉制品	100~120	0.047~0.052	250	抗折150~200	
硅酸铝纤维类					密度小,导热系数小,耐高温;但价贵
硅酸铝纤维板	150~200	$0.047+0.00012t_p$	≤1000		
硅酸铝纤维毡	180	0.016~0.047	≤1000		
硅酸铝纤维管壳	300~380	$0.047+0.00012t_p$	≤1000		
石棉类					耐火,耐酸碱,导热系数较小
石棉绳	590~730	0.070~0.209	<500		
石棉碳酸镁管	360~450	$0.064+0.00033t_p$	<300		
硅藻土石棉灰	280~380	$0.066+0.00015t_p$	<900		
泡沫石棉	40~50	$0.038+0.00023t_p$	500		
岩棉类					密度小,导热系数小,适用温度范围广,施工简便;但刺激皮肤
岩棉保温板(半硬质)	80~200	0.047~0.058	-268~500		
岩棉保温毡(垫)	90~195	0.047~0.052	-268~400		
岩棉保温带	100		200		
岩棉保温管壳	100~200	0.052~0.058	-268~350		

17.5.4　管道绝热结构的形式及施工

(1)绝热结构的组成

管道绝热结构由绝热层、防潮层、保护层三部分组成。

绝热层是绝热结构的主体部分,可根据工艺介质需要、介质温度、材料供应、经济性和施工条件来选择绝热材料。

对于输送冷介质的保冷管道,地沟内、埋地和架空敷设的管道均需做防潮层。常用防潮层有:沥青胶或防水冷胶料玻璃布防潮层,沥青玛碲脂玻璃布防潮层,聚氯乙烯膜防潮层,石油沥青油毡防潮层等。

保护层应具有保护绝热层和防水的性能,且要求其重量轻、耐压强度高、化学稳定性好、不易燃烧、外形美观。常用的保护层有 3 类:

1) 金属保护层。该保护层属轻型结构,适用于室外室内绝热。常用材料有镀锌铁皮、铝合金板、不锈钢板等。

2) 包扎式复合保护层。该保护层也属轻型结构,适用于室内、室外及地沟内绝热。常用材料有玻璃布,改性沥青油毡,玻璃布铝箔或阻燃牛皮纸夹筋铝箔,沥青玻璃布油毡,玻璃钢,玻璃钢薄板,玻璃布乳化沥青涂层,玻璃布 CPU 涂层,玻璃布 CPU 卷材等。

3) 涂抹式保护层。适用于室内及地沟内绝热,不得在室外架空管道上使用。常用材料有沥青胶泥和石棉水泥。

(2) 绝热结构的施工方法

管道绝热结构的施工方法有:涂抹法、绑扎法、预制块法、缠绕法、充填法、粘贴法、浇灌法、喷涂法等。

1) 涂抹法。采用不定型的绝热材料,如膨胀珍珠岩、石棉纤维等,加入粘结剂如水泥、水玻璃等,按一定的配料比例加水拌合成塑性泥团,用手或工具涂抹到管道上即可。每层涂料厚度为 10～20mm,直至达到设计要求的厚度为止。但必须在前一层完全干燥后再涂抹下一层。

当管道内介质温度超过 100℃时,可采用草绳胶泥结构,先在管道上缠一层草绳,于草绳上涂抹胶泥,接着再缠一层草绳,再涂抹胶泥,直至达到设计要求厚度为止。

涂抹式绝热结构在干燥后,即变成整体硬结材料。因此,每隔一定距离应留有热胀伸缩缝,当管内介质温度不超过 300℃时,伸缩缝间距为 7m 左右,伸缩缝隙为 5mm;当管内介质温度超过 300℃时,伸缩缝间距为 5m,缝隙为 20mm,其缝隙应填石棉绳。

涂抹法的优点是:施工方法简单,维护检修方便,整体性强,使用寿命长,可适用于任何形状的管道和管件;缺点是劳动强度大,效率低,施工周期长,结构强度不高。

2) 绑扎法。将成型布状或毡状的管壳、管筒或弧形毡块直接包覆在管道上,再用镀锌铁丝网或包扎带,把绝缘材料固定在管道上。这种绝热材料有岩棉、玻璃棉、矿渣棉、石棉等制品。绑扎法需按管径大小,分别用 φ1.2～2mm 的镀锌铁丝绑扎固定,见图 17-1。对于软质半硬质材料厚度要求在 80mm 以上时,应采用分层绝热结构。分层施工时,第一层和第二层的纵缝和横缝均应错开,且其水平管道的绝热层纵缝应布置在管道轴线的左右侧,而不应布置在上下侧,如图 17-2 所示。绑扎法的优点是施工简单,拆卸方便,可用于有振动或温度变化较大的地方;缺点是绝热层因有弹性,保护层不易固定,易受潮湿,造价较高。

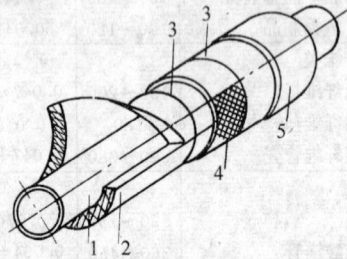

图 17-1 绑扎结构
1—管道;2—绝热毡或布;3—镀锌铁丝;
4—镀锌铁丝网;5—保护层

3) 预制块法。预制块法是将绝热材料由专门的工厂或在施工现场预制成梯形、弧形或半圆形瓦块,如图 17-3 所示。预制长度一般在 300～600mm,根据所用材料不同和管径大小,每 1 圈为 2 块、3 块、4 块或更多的块数,安装时用镀锌铁丝将其捆扎在管子外面。捆扎时应使预制块的纵横接缝错开,并

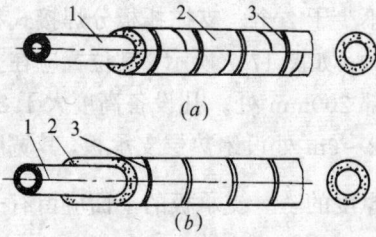

图 17-2　水平管道绝热管壳（半圆瓦）敷设位置

(a) 正确；(b) 不正确

1—管道；2—膨胀珍珠岩管壳；3—镀锌铁丝（$\phi 1.4mm$）

以石棉胶泥或同质绝热材料胶泥粘合，使纵、横接缝没有空隙，其结构形式如图 17-4 所示。当管径 $DN \leqslant 80mm$ 时，采用半圆形管壳，管径 $DN \geqslant 100mm$ 时，宜采用弧形瓦或梯形瓦，当绝热层外径大于 200mm 时，应在绝缘层外面用网孔 30mm×30mm～50mm×50mm 的镀锌铁丝网捆扎。

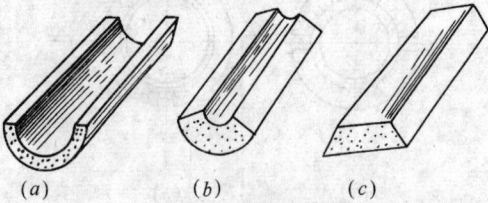

图 17-3　绝热预制品

(a) 半圆形管壳；(b) 弧形瓦；(c) 梯形瓦

预制块法的优点是：绝热材料可以预制，提高了劳动生产率，且质量也易于保证。绝热结构有较高的机械强度，施工方便，进度快，保护壳施工质量易于保证，使用寿命长；缺点是制品在搬运过程中损耗量大，不宜用于形状复杂的管道。

4）缠绕法。如图 17-5 所示，缠绕法用于小直径管道或热工仪表管道，可以按照介质温度和使用工况分别采用石棉绳、石棉布、高硅氧绳和铝箔进行缠绕。缠绕时每圈要彼此靠紧，以防松动。缠绕的起止端要用镀锌铁丝扎牢，外层一般以玻璃丝布包缠刷漆。缠绕法的优点是施工方法简单，维护检修方便，使用材料种类少，适用于有振动的场所；缺点是当采用有机材料缠绕时，使用年限短，石棉绳缠绕造价高。

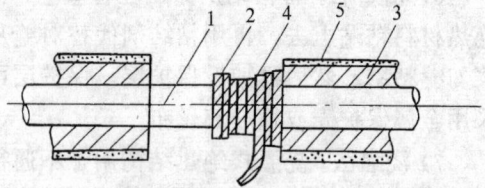

图 17-5　缠绕式绝热结构

1—管道；2—法兰；3—管道绝热层；
4—石棉绳；5—石棉水泥保护壳

5）填充法。填充式绝热结构如图 17-6 所示。填充式绝热结构是用钢筋或扁钢作一个支撑环套在管道上，在支撑环外面包镀锌铁丝网，中间填充散状绝热材料。施工时，根据管径的大小及绝热层厚度，预先做好支撑环，套在管子上，其间距一般为 300～500mm，然后再包铁丝网，在上部留有开口，以便填充绝热材料，最后用镀锌铁丝网缝合，在外面再做保护层。填充式绝热的优点是结构强度高、绝热性能好；缺点是施工速度慢，效率低，造价高。

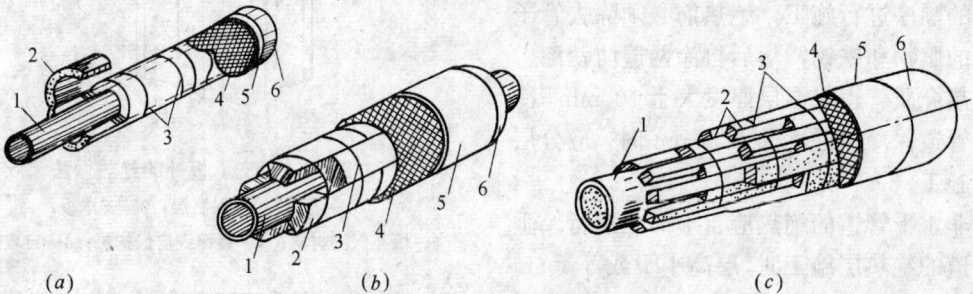

图 17-4　预制品绝热结构

(a) 半圆形管壳；(b) 弧形瓦；(c) 梯形瓦

1—管道；2—绝热层；3—镀锌铁丝；4—镀锌铁丝网；5—保护层；6—油漆

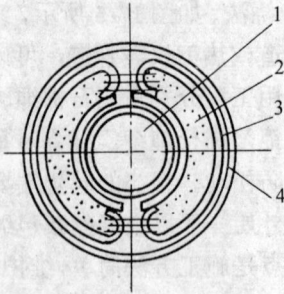

图 17-6 填充绝热结构
1—管子；2—绝热材料；3—支撑环；4—保护壳

6）粘贴法。将粘结剂涂刷在管壁上，将绝热材料粘贴上去，再用粘结剂代替对缝灰浆勾缝粘结，然后再加设保护层，保护层可采用金属保护壳或缠玻璃丝布。

7）浇灌法。浇灌式绝热结构用于不通行地沟内或无沟敷设的热力管道，分有模浇灌和无模浇灌两种。浇灌用的绝热材料大多用泡沫混凝土，浇灌时多采用分层浇灌的方式，根据设计绝热层厚度分 2～3 次浇灌，浇灌前应将管子的防锈漆面上涂抹一层机油，以保证管子的自由伸缩。

8）喷涂法。喷涂法适用于现场发泡的聚氨酯泡沫塑料。喷涂时可先在管外做一个绝热层胎具，然后喷涂成型。管道直埋铺设一般采用这种方法。

17.5.5 管道绝热施工的一般规定和技术要求

管道与设备的绝热应在管道试压及刷涂料合格后进行。一般按绝热层、防潮层和保护层的顺序进行施工。绝热前必须除去管子表面的脏物和铁锈，然后再涂两遍防锈漆。

热介质管道保温层厚度大于 100mm，冷介质管道保冷层厚度大于 75mm 时，应分层进行施工。

非水平管道的绝热应自下而上进行。垂直管道的绝热层施工时，层高小于或等于 5m 的。每层应设 1 个支撑托板，其宽度为绝热层厚度的 $\frac{2}{3}$，层高大于 5m 的，支撑托板每层

至少不少于 2 个。支撑托板分焊接式和紧固式两种，如图 17-7 所示，其位置应在立管卡的上部 200mm 处。凡设备高度大于 2m 时，每隔 2～3m 处设绝热层支承板，其宽度为绝热层厚度的 $\frac{2}{3}$。支承板的下面应留有一定间隙，有助于管道伸缩时不致损坏绝热结构，支撑板处的绝热结构做法如图 17-8 所示。

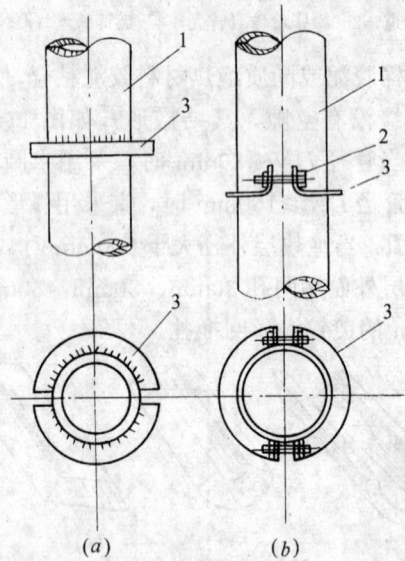

图 17-7　垂直管道支承板形式
(a) 焊接式；(b) 紧固式
1—管道；2—紧固螺栓；3—支承板

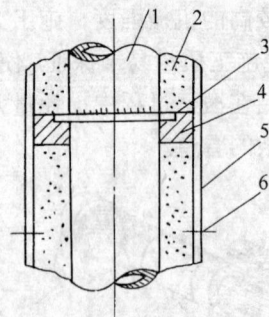

图 17-8　支承板处的绝热做法
1—管道；2—保温层；3—支承板；
4—填充保温材料；5—镀锌铁皮保护层；6—自攻螺钉

管道绝热采用硬质瓦时，在直线管段每隔 5～7m 应留一条膨胀缝，间隙为 5mm。在

弯管处也应留膨胀缝，管径小于或等于200mm时，留一条膨胀缝，间隙为20～30mm；当管径大于300mm时，应在弯头设两个伸缩缝，缝隙为20～30mm；缝隙中应充填柔性绝热材料（石棉绳、玻璃棉等），如图17-9所示。

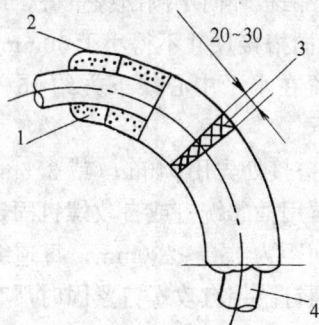

图17-9　弯管处留膨胀缝位置示意图
1—绝热层；2—保护层；
3—膨胀缝及填充材料；4—管子

水平管道绝热层的纵向接缝位置，不得布置在管道垂心约45°范围内，如图17-10所示。当采用大管径的多块硬质成型绝热制品时，绝热层的纵向接缝位置可不受比例限制，但应偏离管道中心位置。

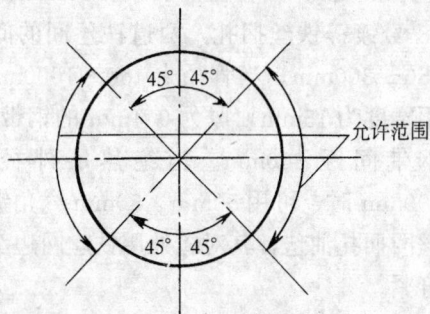

图17-10　纵向接缝位置

绝热层的预制管壳应错缝，内外层应盖缝，外层的水平接缝应在侧面。预制管壳缝隙一般要求为：保温层应小于5mm，保冷层应小于2mm，缝隙应用胶泥填充密实。每个预制管壳最少应有2道镀锌铁丝或箍带捆扎，不得螺旋捆扎。管径小于等于50mm的，

用20号（$\phi0.95mm$）镀锌铁丝，当绝热层外径大于200mm时，宜在预制块外面用网孔为30mm×30mm～50mm×50mm的镀锌铁丝网捆扎。

与冷管道连接的支管及金属件应做保冷层。该段保冷层的长度不应小于保冷层厚度的4倍或到垫木的距离。

在固定支架及法兰、阀门两边应留出100mm的间隙不绝热，做成50°～60°的八字角。设备和容器上的人孔、手孔或可拆卸部件、附件的绝热层应做成45°斜坡。绝热管道的支架处应留膨胀缝，并用石棉绳或玻璃棉填塞。

阀门或法兰处的绝热施工，当有热紧（通入热介质后进行紧固）或冷紧（通入冷介质后进行紧固）要求时，应在管道的冷、热紧完毕之后进行。绝热层结构应易于拆装，法兰一侧应留有螺栓加25mm的空隙。阀门的绝热层应不妨碍填料的更换。

需用钩钉或销钉固定绝热层时，钩钉及销钉间的间距不应大于350mm，高度不得大于绝热层厚度，钩钉和销钉可采用$\phi3～\phi6$镀锌铁丝或低碳圆钢制作，直接焊装在碳钢设备或管道上，每平方米面积上的钩钉或销钉数，侧面不应少于6个，底部不应少于8个，用于保冷结构中的钩钉和销钉，不得穿透保冷层。

保冷管道和地沟内的保温管道应有防潮层，防潮层施工应在干燥的绝热层上进行。防潮层在管道连接支管及金属管件上的施工范围应由绝热层边缘向外伸展出150mm或至垫木处，并予以封闭。

油毡防潮层的搭接宽度为30～50mm，纵向缝口应朝下，并用沥青玛琋脂粘结密封。每300mm捆扎镀锌铁丝或箍带一道。玻璃布防潮层搭接宽度为30～50mm，应粘贴在涂有3mm厚的沥青玛琋脂的绝缘层上，玻璃布再涂3mm厚的沥青玛琋脂。

设置防潮层的绝热层表面，应清理干净，

保持干燥，并应平整、严密、均匀，不得有空角、凹坑、鼓泡或虚粘、开裂等缺陷。

管道上毡、箔、布类保护层不得有松脱、翻边、皱褶和鼓包现象，其搭接缝应粘贴严密，其环向及纵向缝接尺寸不应小于50mm。

17.5.6 常用绝热防潮层和保护层的施工

(1) 防潮层施工

1) 石油沥青油毡防潮层施工方法：先在绝热层上涂沥青玛碲脂，厚度为3mm，再将石油沥青毡贴在沥青玛碲脂上，油毡搭接宽度50mm，然后用17～18号镀锌铁丝或铁箍捆扎油毡，每300mm捆扎1道，在油毡上涂厚度为3mm的沥青玛碲脂，并将油毡封闭。

2) 沥青胶或防水冷胶料玻璃布防潮层及沥青玛碲脂玻璃布防潮层施工方法：先在绝热层上涂抹沥青或防水冷胶料或沥青玛碲脂，厚度均为3mm，再将厚度为0.1～0.2mm的中碱粗格平纹玻璃布贴在沥青层上，其纵向、环向缝搭接不应小于50mm，搭接处必须粘贴密实，粘贴的方式可采用螺旋形缠绕或平铺。然后用16～18号镀锌铁丝捆扎玻璃布，每300mm捆扎1道。待干燥后，在玻璃布表面上再涂抹厚度为3mm的沥青胶或防水冷胶料，最后将玻璃布密封。

(2) 保护层施工

1) 金属保护层施工：

A. 金属保护层常用镀锌薄板或铝合金板。安装前金属板两边先压出两道半圆凸缘，对于设备保温，为加强金属板强度，可在每张金属板对角线上压两道交叉折线。

B. 对于岩棉、矿渣棉制品的金属保护层，纵向接缝采用咬接或插接，环向接缝采用插接或搭接。

C. 立式设备及立管绝热保护层施工时，相邻两张金属板的半圆凸缘应重叠，自下而上安装，上层板压下层板，搭接50mm。当采用销钉固定时，用手锤对准销钉将薄板打穿，套上3mm厚胶垫，用自锁紧板套入压紧（或用AM6螺母拧紧）。当采用支撑圈、板固定时，板面重叠（或搭接）处尽可能对准支撑圈、板，先用φ3.6mm钻头钻孔，再用M4×15的自攻螺钉紧固。

D. 水平管道的绝热保护层，可直接将金属板卷合在绝热层外，按管道坡向自下而上施工，两板环向半圆凸缘重叠，纵向搭口向下，环向搭接尺寸不得小于50mm，纵向接缝宜布置在水平中心线下方约15°～45°处，缝口朝下。

E. 搭接处先用φ4mm（或3.6mm）钻头钻孔，再用抽芯铆钉或自攻螺钉固定，铆钉或螺钉间距为150～200mm，每道缝不得少于4个螺钉。用自攻螺钉紧固时严禁损坏防潮层。

2) 包扎式复合保护层施工：

A. 油毡玻璃布保护层施工。

a. 包油毡。将350号石油沥青油毡（当管径不大于50mm时，可采用玻璃布油毡）卷在绝缘层外。操作时，应视管道坡度由低向高卷，油毡纵、横接缝搭接宽度为50mm，横向接缝用稀沥青封闭或用环氧树脂胶粘合，纵向搭接应向下。

b. 捆扎。当管径小于等于100mm时，用18号镀锌铁丝捆扎，两道铁丝间的间距为250～300mm。当管径为450～1000mm时，用宽度为15mm，厚为0.4mm的钢带扎紧，钢带间距300mm。当绝热层外径大于600mm时，可用50mm×50mm六角镀锌铁丝网捆扎油毡，其对缝处用铁丝网边头相互打紧。

c. 缠玻璃布。将中碱玻璃布以螺旋状紧绕在油毡层外，根据管道坡度由低向高绕卷，前后搭接40mm。立管应自下而上缠绕，布带两端每隔3～5m处，用18号镀锌铁丝或宽度为15mm，厚度为0.4mm的钢带捆扎。

d. 涂漆。油毡玻璃布保护层外面，应刷涂料或沥青冷底子油。室外架空管道油毡玻璃布保护层外面，应涂刷油性调合漆两遍。

B. 玻璃布保护层施工方法。

a. 在绝热层外贴一层石油沥青油毡，然后包一层六角镀锌铁丝网，铁丝网接头处搭接宽度不应大于 75mm，并用 16 号镀锌铁丝将铁丝网捆扎平整。

b. 涂抹湿沥青橡胶粉玛琋脂 2～3mm（沥青橡胶粉玛琋脂配比为：10# 石油沥青：30# 石油沥青：橡胶粉＝67.5%：22.5%：10%）。

c. 用厚度为 0.1mm 的玻璃布贴在玛琋脂上，玻璃布纵向及横向搭接宽度应不小于 50mm。用玻璃布缠绕时，其重叠部分应为带宽的 $\frac{1}{2}$。

d. 玻璃布外面刷调合漆两遍。

小　结

管道腐蚀是指金属管道受周围介质的化学作用、电化学作用，金属材料表面遭到破坏的现象。管道工程中经常而又大量的腐蚀是碳钢管的腐蚀。防腐是保护和延长金属管材使用寿命的重要措施之一。防腐的措施有：在金属材料表面刷涂涂料，也可在金属材料表面镀锌、镀铬，或者在金属管壁上贴衬防腐衬里。但管道工程最常用的防腐措施是在金属表面上涂覆不同的防腐涂料，使管道表面同外界严密隔绝，从而有效地阻止各种腐蚀。

绝热包括保温和保冷两方面的内容，其实际意义是为减少设备、管道及其附件与周围环境换热而在其外面采取的包覆措施。

绝热结构由绝热层、防潮层、保护层三部分组成。

绝热结构的施工方法有涂抹法、充填法、绑扎法、缠绕法、预制块法、粘贴法、浇灌法和喷涂法。

习　题

1. 什么是腐蚀，金属管道腐蚀有哪几种类型？
2. 管道防腐的意义是什么？
3. 管道防腐的措施有哪些？
4. 涂料由哪几部分组成，各部分的功用是什么？
5. 怎样正确选择涂料？
6. 管道工程中常用涂料有哪几种？
7. 防腐施工的基本要求是什么？
8. 管道防锈有哪几种方法？
9. 管道刷涂料有哪几种方法？
10. 怎样配制冷底子油？
11. 何为绝热？
12. 管道绝热的目的和意义是怎样的？
13. 管道绝热材料的选用原则是怎样的？
14. 绝热结构由哪几部分组成？

15. 绝热结构的施工方法有哪几种？

16. 绝热施工的要求有哪些？

17. 保温施工与保冷施工有何区别？

18. 常用的防潮层施工方法有哪几种？

19. 怎样进行保护层施工？

第 18 章　热力管道的安装

在集中供热系统中，供热管道把热源（锅炉）生产的热媒送到各个热用户，再把回水送回锅炉房。由于热用户有好多个，遍布在供热范围的各个地方，供热管道的分布形状如同一个网，所以通常把供热管道总体称为供热管网，又叫热力管网。对于热水管网，热力管道中输送的介质是热水（包括供水和回水）；对于蒸汽管网，热力管道输送的是蒸汽和凝结水。本章主要讲述热力管道的特点、热补偿及热力管道的安装。

18.1　热力管道的特点与分类

18.1.1　热力管道的特点

输送热媒的管道是热力管道。

用来携带、传递输送热能的介质是热媒。工程中常用的热媒有蒸汽、热水等，热力管道的任务是将锅炉生产的热能既安全可靠又经济合理地输送到各个热能使用点，以满足生产、生活、供暖和空调对热能介质的需要。

热力管道输送的热媒具有温度高、压力大、流速快等特点，因而给管道带来了较大的膨胀力和冲击力。在管道安装中必须解决好管道材质，管道伸缩补偿，管道支吊架，管道坡度，管道疏排水装置，以确保安装质量。

18.1.2　热力管道的分类

（1）按介质工作压力分

热力管道根据介质的工作压力分为高压、中压和低压三类，如表 18-1 所示。

（2）按介质工作参数分类

热力管道根据介质的工作参数可分为四大类，见表 18-2。

热力管道按介质工作压力分类

表 18-1

管道类别	介质工作压力（MPa）	
	蒸　汽	热　水
低　压	≤2.5	≤4.0
中　压	2.6～6.0	4.1～9.9
高　压	6.1～10.0	10.0～18.4

热力管道按介质的工作参数分类

表 18-2

管道类别	介质名称	介质的工作参数	
		压力（MPa）	温度（℃）
I	1. 过热蒸汽	不限	611～660
	2. 过热蒸汽	不限	571～610
	3. 过热蒸汽	不限	451～570
	4. 饱和蒸汽、热水	>18.4	>120
II	1. 过热蒸汽	≤3.9	351～450
	2. 饱和蒸汽、热水	8.1～18.4	>120
III	1. 过热蒸汽	≤2.2	251～350
	2. 饱和蒸汽热水	1.7～8.0	120 以上
IV	过热及饱和蒸汽热水	0.1～1.6	121～250

18.2　管道的热膨胀及其补偿

18.2.1　管道热膨胀

热力管道是在环境状态下安装的，当系统运行时，介质温度较高导致管道温度升高，从而使得管道发生膨胀，其膨胀的伸长量可按下式计算：

$$\Delta L = L\alpha \ (t_2 - t_1) \qquad (18\text{-}1)$$

式中　ΔL——管道热膨胀的伸长量（m）；

　　　L——管道安装时的长度（m）；

　　　α——管材的线胀系数（钢材通常取 $\alpha = 1.2 \times 10^{-5}1/℃$）；

　　　t_1——管道安装时的环境温度（℃）；

　　　t_2——管道所输送热介质的最高温度（℃）。

【例 18-1】 一直管道，两固定点之间长度为 50m，管道运行时输送热媒温度为 195℃，管道安装时温度为 −5℃，求管道运行前后的热伸长量。

解： $L = 50$m，$t_1 = -5℃$，$t_2 = 195℃$，$\alpha = 1.2 \times 10^{-5}1/℃$；代入公式(18-1)

$$\Delta L = L\alpha \ (t_2 - t_1) = 50 \times 1.2 \times 10^{-5}$$
$$\times [195 - (-5)]$$
$$= 0.12\text{m}$$

18.2.2　管道热膨胀的受力

（1）管道热应力

热力管道输送介质的温度较高，投入运行后将引起管道的热膨胀，如果管道的两端固定在管壁内就会产生热应力，如果此应力超过了管材或焊缝的强度，就会造成管道破坏。管道受热时产生的应力按下式计算：

$$\sigma = E \cdot \varepsilon = E\frac{\Delta L}{L} = E\alpha\Delta t \qquad (18\text{-}2)$$

式中　σ——管道受热时产生的应力（MPa）；

　　　E——管材的弹性模量（MPa）；

　　　ε——管道的相对位移量，$\varepsilon = \dfrac{\Delta L}{L}$。

其他符号同式 18-1。

由式(18-2)可知，管道受热时所产生的应力大小与管道直径、管壁厚度无关，与管道材料的弹性模量和管道的相对位移量以及温差 Δt 有关。

（2）管道断面推力

管道断面推力也就是管道在受热时断面上受到的纵向总压力。当管道两端固定后，管道断面推力就作用在固定支架上，管道断面推力按下式计算：

$$p = \sigma F \qquad (18\text{-}3)$$

式中　p——管道断面推力（N）；

　　　σ——管道受热时产生的热应力（MPa）；

　　　F——管壁的截面积（mm²）；

$$F = \frac{\pi}{4} \ (D_\text{w}^2 - D_\text{n}^2)$$

　　　D_w——管子外径（mm）；

　　　D_n——管子内径（mm）。

18.2.3　管道热补偿的方式

管道热补偿的方式有两种：自然补偿和人工补偿。

（1）自然补偿

利用管路的几何形状所具有的弹性来吸收管道的热变形量称为自然补偿。所谓管路的弹性就是在力的作用下管路产生弹性变形，几何形状发生改变，在力消除后，又恢复原状的能力。自然补偿有 L 型和 Z 型两种，如图 18-1 所示。

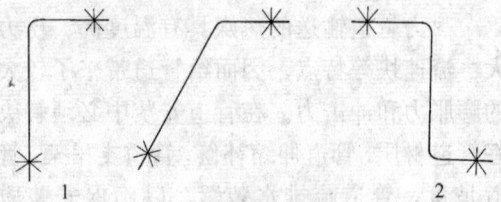

图 18-1　自然补偿器

1—L 型补偿器；2—Z 型补偿器

（2）补偿器补偿

利用专门设置的补偿器来吸收管道的热变形量，称为人工补偿。常用的管道补偿器有以下三种：

1）方形补偿器：

采用专门加工成"冂"型的连续弯管来吸收管道的热变形量称为方形补偿器。

2）波形补偿器：

利用波形管波纹的弹性变形来吸收管道的热变形量，称为波形补偿器。

3）套筒式补偿器：

利用可以自由收缩的套管来吸收管道的热变形量，称为套筒式补偿器。

各种补偿器的构造、性能、特点及安装见第15章。

18.3 热力管道的安装

18.3.1 室外热力管道的布置和敷设

（1）室外热力管道的布置

室外热力管道的平面布置形式主要有树枝状和环状两类。树枝状热力管网如图18-2所示，这种布置型式施工方便，管网简单，工程造价低，但当局部发生故障时，将影响故障以后所有用户的供热，它适用于供热要求不很严格的中小型企业和民用住宅小区。环状热力管网如图18-3所示，其主干管呈环状，从主干管向各用户供热。它避免了树枝状热力管道的缺点，保证了供热的安全可靠性，但工程造价高，施工难度大。这种布置适用于供热要求严格的工业企业。

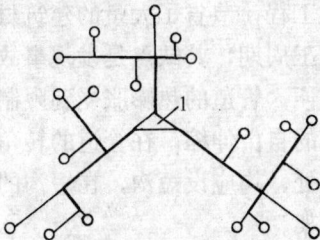

图18-2 枝状管网
1—热源

（2）室外热力管道的敷设

室外热力管道的敷设可分为架空敷设和地下敷设两种。

1）架空敷设：

架空敷设是将供热管道敷设在地面上的

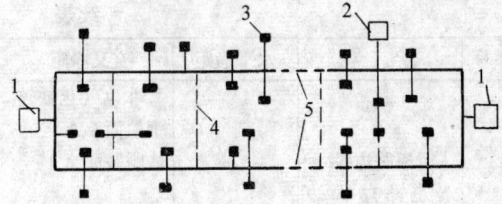

图18-3 环状管网
1—热源；2—后备热源；3—集中热力点；
4—热网后备旁通管；5—热源后备旁通管

独立支架或带纵梁的桁架以及建筑物的墙壁上。它可以单独敷设，也可以与其他管道共架敷设。架空敷设易于安装、维修和管理，施工土方量小，不受地下水的影响，是一种比较经济的敷设方式。这种敷设方式的缺点是管道热损失比较大，绝热层常年受风、雨、雪的影响和侵蚀，容易损坏，管道架空妨碍交通，影响市容。

架空敷设根据敷设高度不同可以采用高支架，中支架和低支架三种敷设形式。高支架敷设常用于热力管道跨越公路或铁路处，管道绝热层外壳距地面为4.5~6m；中支架一般用于行人来往频繁，有机动车通行的地方，管道绝热层外壳距地面净距为2.0~4.0m；低支架用于无人通过的地方，如工厂围墙或平行于铁路、公路敷设，为防止地面雨、雪水的浸泡，管道绝热层外壳底部距地面净距不小于0.3m。

在厂区架空敷设的热力管道应尽量利用厂房的外墙或其他永久性构筑物，架空热力管道与建筑物、构筑物，交通线路和架空导线之间的最小净距见表18-3。

厂区架空热力管道与建筑物、构筑物、交通线路和架空导线之间的最小净距（m）

表18-3

序号	名　称	水平净距	交叉净距
1	一、二耐火等级的建筑物	允许沿外墙	
2	铁路钢轨外侧边缘	3.0	电气化铁路钢轨面6.55

序号	名　　称	水平净距	交叉净距
3	人行道路边缘	0.5	非电气化铁路钢轨面5.5 距路面2.2
4	道路路面边缘、排水沟边缘或路堤坡脚	0.5～1.0	距路面4.5
5	架空导线（导线在热力管道上方）		
	1kV 以下	外侧边缘1.5	管上有人通过 2.5 管上无人通过 1.5
	1～10kV	外侧边缘2.0	2.0
	35～110kV	外侧边缘4.0	3.0

2）地下敷设：

是将室外热力管道敷设在地沟里或直接埋地敷设。

A. 地沟敷设。

将热力管道敷设在地沟里的一种敷设方式。分为不通行地沟、半通行地沟和通行地沟三种敷设方式。

管道数量不多，管径较小，距离较短，以及维修工作量不大的干管采用不通行地沟敷设。不通行地沟的最小高度为0.45m，管道只能单层布置，以便于检修。

当热力管道通过的地面不允许开挖，且采用架空敷设不合理时，或当管子数量较多，采用不通行地沟敷设由于管道单排水平布置地沟宽度受到限制时，可采用半通行地沟。半通行地沟的高度一般为1.20～1.40m，管道采用单侧布置时，通道净宽不小于0.5m，当采用双侧布置时，通道净宽不小于0.7m，在直线长度超过60m时，应设置一个检修出入口（人孔），人孔应高出周围地面。

当热力管道通过不允许开挖的路面，热力管道的数量多，管径较大，管道垂直排列高度大于等于1.5m时，应采用通行地沟。通行地沟的优点是维护、管理方便，缺点是投

资大、造价高，占地面积大。通行地沟的净高应大于1.8m，通道应不小于0.7m。为了便于安装，应在直线上设置5～10m的安装孔，安装孔之间的距离为100～150m。

不论采用哪种形式的地沟敷设，管道绝热层外壳与沟壁的净距为100～150mm，与沟底的净距为100～200mm，不通行地沟内的管道绝热层外壳与沟顶之净距为50～100mm，半通行和通行地沟内管道绝热层与沟顶净距为200～300mm，地沟内管道之间的净距一般不小于150mm。

易燃、易爆、易挥发、有毒、有腐蚀性的液体与气体管道不得与热力管道安装于同一地沟内，如必须穿越地沟时，应加防护套管。

地沟内热力管道装有阀门、仪表、疏排水装置、除污器等附件时，应设检查井。

B. 直埋敷设。

直埋敷设又称无地沟敷设，热力管道的绝热层直接与土壤接触，要求绝热层具有良好的防水性能，又具有一定的机械强度，以保证管道不受地下水的侵蚀和承受土壤的压力。这种敷设方式的优点是大大减少了热力网的土方工程，节省了大量的建筑材料，可以缩短施工周期，其缺点是发现事故难，管道维修不便，管道的热膨胀受到限制。为了保证管道的自由伸缩，在管道的转角处和安装补偿器处，均应设短沟，在短沟的两端应设导向支架。

近年来，热力管道大都采用聚氨酯泡沫塑料绝热，这种绝热具有防水、防潮、防腐、绝热性能好等优点，大大拓宽了直埋敷设的空间，使直埋敷设成为一种常用的敷设方式。

埋地热力管道或地沟外边与建筑物、构筑物及其他各种地下管道的最小净距见表18-4。

埋地热力管道或地沟外边与建筑物、
构筑物及其他各种地下管道净距（m）

表 18-4

序号	名　　　　称	水平净距	交叉净距
1	建筑物基础边	1.5	
2	铁路钢轨外侧边缘	3.0	
3	铁路轨面		1.2
4	道路路面边缘	1.0	
5	道路路面		0.7
6	给水管	1.5	0.1
7	排水管	1.5	0.15
8	煤气管、煤气压力 P（MPa）		
	$P \leqslant 0.15$	1.0	0.15
	$0.15 < P \leqslant 0.3$	1.5	0.15
	$0.3 < P \leqslant 0.8$	2.0	0.15
9	天然气管、天然气压力 P（MPa）		
	$P \leqslant 0.4$	2.0	0.15
10	压缩空气或二氧化碳管	1.0	0.15
11	氧气、乙炔	1.5	0.25
12	电力或电讯电缆（铠袋或管子）	2.0	0.5

18.3.2　热力管道的安装

室外供热管道常用管材为焊接钢管或无缝钢管，其连接方式一般采用焊接，当管径 $DN \leqslant 50mm$ 时，可采用氧—乙炔焊。对头焊接时，若焊接处缝隙过大，不允许在管端加拉力延伸使管接头密合，应另加一段短管，短管长度应不小于其管径，但最短不得小于 100mm。

供热管道水平敷设时，应满足其坡度的要求：蒸汽管道汽水同向流动时，坡度为 0.003，不得小于 0.002；汽水逆向流动时，应不小于 0.005；热水管道的坡度一般为 0.003，不得小于 0.002，坡向应有利于空气排除。

对于用汽品质较高的热用户，从干管上接出支、立管时，应从干管的上部或侧部接出，以免凝结水流入。

蒸汽管道在运行时不断地产生凝结水，它要通过永久性疏水装置将冷凝水排除，永久性疏水装置的关键部件是疏水器。

蒸汽管道开始运行时，由于管子温度较低，管道内很多蒸汽成为凝结水，这些凝结水靠永久性疏水装置排除很困难，因而必须在管道上设置起动疏水装置，通过它排除系统的凝结水和污水，起动疏水装置由集水管和起动流水管排水阀组成，如图 18-4 所示，起动疏水装置每隔 100～150m 设一个，在可能积水而平时又不需要疏水的管道的最低点也要设起动疏水装置（图 18-4），以保证管路内凝结水及时排除。

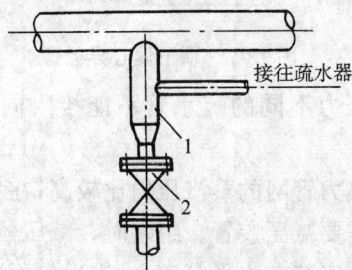

图 18-4　起动疏水装置组成
1—集水管；2—起动疏水管排水阀

热水管道及凝结水管道应在低点设排水阀，在高点设放气阀，如图 18-5 所示，放水阀与放气阀采用 $DN15$～$DN20$ 的截止阀。

方形补偿器垂直安装时，如管道输送的介质是热水，应在补偿器的最高点安装放气阀，在最低点安装放水阀，如果输送的介质是蒸汽，应在补偿器的最低点安装疏水器或放水阀。

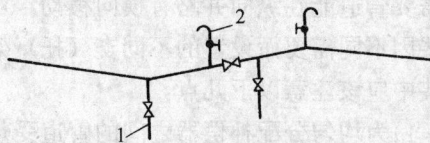

图 18-5　热水及凝结水管排水及放气阀设置
1—排水管；2—放气管

水平安装的方形补偿器横臂应有坡度，伸缩臂水平安装即可。

在水平管道上，阀门的前侧，流量孔板的前侧及其他易积水处，均需安装疏水器。

水平管道的变径宜采用偏心异径管，当

管道输送介质为蒸汽时，应采用底平偏心异径管，如图 18-6 所示，以利排除凝结水。当管道输送介质为热水时，应采用顶平偏心异径管，如图 18-7 所示，以利排除空气。

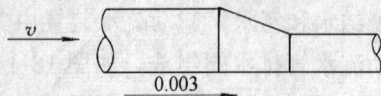

图 18-6　底平偏心异径管

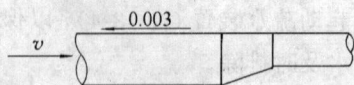

图 18-7　顶平偏心异径管

压力不同的疏水管不能接入同一管道内。

热力管网的蒸汽压力比较高，在使用时，往往需要减压装置。组装时，减压器的阀体应垂直安装在水平管道上，进出口不准搞错，减压阀前后两侧应装置截止阀，并应装设旁通管，减压前的高压管段和减压后的低压管段，均应安装压力表，低压管段上应安装安全阀，安全阀的排气管应接至室外。

18.3.3　支托架的安装

热力管道中，支（托）架的种类较多。由于热力管道的热胀冷缩和补偿器能作有规则的伸缩，故热力管道的支架有需要固定式的，有需要活动式的；有的需要纵向移动，有的则需要管道能在纵向并略有横向移动。对于这些因不同需要而设置的不同支（托）架在安装中应该注意以下几点：

1) 为均匀分配补偿器之间的管道受热的膨胀量，两个补偿器之间应设置固定支架。固定支架受力很大，安装时必须牢固可靠，两个固定支架中间应设导向支架。导向支架应保证使管子沿着规定的方向作自由伸缩，如图 18-8 所示。

2) 方形补偿器两侧的第一个支架，宜设置在距方形补偿器弯头弯曲起点 0.5～1.0m 处，支架应为滑动支架，不得设置导向支架

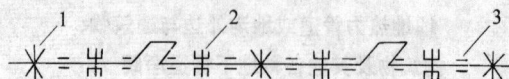

图 18-8　方形补偿器两侧管道支架示意图
1—固定支架；2—导向支架；3—滑动支架

或固定支架，以保证补偿器伸缩时管道有横向滑动，不使管道的膨胀应力集中到支架上去。

3) 为了保证管道伸缩时不致破坏绝热层，管道底部应焊接托架。托架高度应稍大于绝热层的厚度，安装托架两侧的导向支架时，要使滑槽与托架之间有 3～5mm 的间隙。

4) 考虑到管道热膨胀后，托架中心应与支架中心重合，安装时应以支架中心为标准，将托架沿着管道膨胀的反方向移动至托架中心与支架中心的距离等于管道热伸长量的一半，如图 18-9 所示。

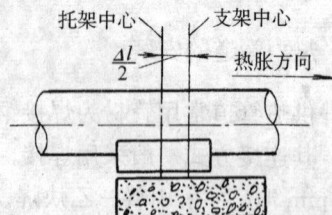

图 18-9　支承架与托架偏心安装示意图

5) 弹簧支架一般装在有垂直膨胀伸缩而无横向膨胀伸缩处，安装时必须保证弹簧能自由伸缩。

6) 弹簧吊架一般安装在垂直膨胀的横向、纵向均有伸缩之处，吊架安装时，吊杆应在位移相反方向，按位移之半倾斜安装。

18.4　试压加热及冲洗

18.4.1　管道的试压

热力管道安装完毕后，必须进行强度和严密性试验，管线较长时，可分段进行试压。热力管道一般用水压试验，强度试验压力为

工作压力的 1.25 倍,严密性试验压力应等于工作压力。

试压前,应先对安装完毕的管道进行检查,检查管道、附件、支架坐标、标高、坡度是否正确,安装是否牢靠。检查完毕后,把热力管道上的阀门全部打开,并在热力管道的最高点加放气阀,最低点加泄水阀。这些准备工作做好后,便可向系统充水。充水时应关闭最低点的泄水阀,并打开系统最高点的放气阀,待放气阀不断有水溢出时,说明水已注满,这时应将放气阀关闭。管网注满水后,不应马上升压,而应先检查一下是否有渗水、漏水现象,如有,则应先修复方可升压。

升压过程中,升压应缓慢,先升至试验压力的 1/4;再进行全面的检查,看看有无明显的渗水、漏水现象,如有,应降压修复,严禁带压操作,以免发生事故,如无,应继续加压,加至试验压力的 1/2,再行检查,如无异常,继续升压,待升压到要求的强度试验压力时,观察 10min,压力降小于等于 0.05MPa,则认为强度试验合格。然后再降压至工作压力进行严密性试验,用质量不大于 1.5kg 的锤子,在距焊缝 15~20mm 处沿焊缝方向轻轻敲击,若管道焊缝处无渗漏,则试压合格。

在室外温度较低的冬天,水压试验时,要防止冰冻,试压完毕应立即将管道中的水排放干净。

18.4.2 加热和冲洗

热力管道试压合格后,在正式运行前必须进行加热,并用水和蒸汽进行冲洗,将系统在施工中所存留的脏物排除,否则不能保证运行中的安全。热水管、凝水管和锅炉给水管应该用水冲洗,蒸汽管可以用其本身的蒸汽进行吹洗。

(1) 蒸汽管的加热和冲洗

蒸汽管在试压合格后,应排除系统水压试验的存水及拆除试压用的临时管道。并在冲洗段的末端与管道垂直升高处设冲洗口。冲洗口应该在不影响交通和不损坏建筑物、管架的基础及人身安全处。冲洗口的直径以保证将其杂质冲出为宜,冲洗口一段的管子要加固,防止蒸汽喷射的反作用力将管子弹动。

必要时,应将管道中的流量孔板、温度计、滤网及止回阀阀芯拆除,疏水器无旁通管路也要将疏水器拆除,并加临时短管。送汽加热时,应缓缓开启总阀门,勿使蒸汽的流量、压力增加过快。否则由于压力和流量急剧增加,产生管道强度所不能承受的温度应力使管道破坏,支架断裂,管道跳动,位移等严重事故。同时,会使管道上半部是蒸汽,下半部是水,产生悬殊的温差,导致管道向上拱曲,以致破坏绝热结构。

在加热过程中,要不断地检查管道的严密性,以及补偿器、支架、疏水系统等的工作状况,发现问题要及时处理。加热开始时,大量凝结水从冲洗口排出,以后逐渐减少,这时可逐渐关小冲洗口的阀门,以保证所需的蒸汽量。当冲洗段末端蒸汽温度接近始端温度时,则加热完毕。

加热完毕后,即开始冲洗,先将各种冲洗口阀门全部打开,然后逐渐开大总阀门,增加蒸汽量进行冲洗,冲洗时间约 20~30min,当冲洗口排出的蒸汽完全清洁时可停止冲洗。冲洗时,冲洗口附近及前方不得有人,以防烫伤及杂物击伤,冲洗完成后,关闭总阀门,拆除冲洗管,并对加热冲洗过程发现的问题(特别是疏水系统是否堵塞)作妥善的检修。

(2) 热水管的加热和冲洗

热水管路的冲洗分粗洗与精洗,粗洗可以利用一般的给水管道(压力在 0.3~0.4MPa 左右)进行冲洗,冲洗过的水,直接排入下水道。当排出的水不再混浊、乌黑,而显得比较干净时,就可以认为粗洗已完成。粗洗的目的是为了清除颗粒较大的杂物（小石子、电焊药粉、焊渣等），一般采用流速为 1～1.5m/s 以上的循环水进行重复清洗，精洗过程的延续时间约为 20～30h。

在循环水的管路上应设过滤器，其位置装在给水管道的终点或回水管的终点。

管道加热前先用净水将管道充满，启动循环水泵使缓慢加热，以免产生过大的温度应力。在加热过程中，要不断观察管道的严密性以及补偿器、支架、阀门等的工作状况，发现问题及时处理，直到管道热水达到设计温度后，再降低温度，然后再进行一次全面检查，无异常即可投入正式运行。

小　结

用来输送热媒的管道是热力管道。

热力管道的特点是温度高、压力大、流速快，因而管道在运行中会出现应力过大、水击、振动等一系列问题。为避免上述问题给管道带来的不利影响，施工安装中应采取以下相应的技术措施。

1. 解决好管道因热膨胀所产生的应力，充分利用管道的几何变形来吸收管道的热变形量（自然补偿），在自然补偿不能满足时，应加设补偿器吸收管道的热变形量。

2. 热力管道敷设时必须有一定的坡度，蒸汽管道敷设坡度的目的是为了顺利排除冷凝水，热水管道敷设坡度的目的是为了顺利排除空气。

3. 疏排水装置、热水管道、凝结水管道的最低点应加泄水阀，蒸汽管道的最低点应加设永久性疏水装置。

4. 排气装置。热水管道的最高点应加设排气装置（手动放气阀或自动排气阀）。

5. 变径管。热力管道安装变径时要采用偏心变径管，输送介质为热水时，应采用上偏心变径管（顶平变径管），输送介质为蒸汽时，应采用下偏心变径管（底平变径管）。

6. 管道支架。热力管道工程中的支架安装是管道施工中的重要环节，要做到支架选型要合理，安装位置要正确，安装要牢靠，与管架接触要紧密，托架偏心距要按规定控制好。

习　题

1. 热力管道有哪些特点？

2. 热力管道是怎样分类的？

3. 架空敷设的管道有哪些特点？

4. 热力管道地下敷设有哪几种形式？其优缺点是什么？

5. 热力管道安装的技术要求是什么？

6. 热力管道托架安装应注意哪些事项？

7. 热力管道如何进行压力试验？

8. 热力管道的支架设置、安装要求是什么？

9. 蒸汽管道如何进行加热冲洗？

10. 热水管道怎样进行加热冲洗？

第19章 制冷管道安装

制冷技术是使某一空间或物体的温度降低到低于周围环境温度，并保持在规定低温状态下的一门科学技术。制冷技术在国民经济各部门中应用范围很广，它涉及到化学工业、科学研究、食品工业、现代建筑、卫生医疗以及其他工业部门。本章着重介绍制冷原理，常用的制冷方法和制冷管道的安装等。

19.1 制冷的原理和方法

人工制冷或机械制冷是将被冷却物体的热量移向周围介质（水或空气），使该物体的温度降低，且低于周围介质的温度，并在所需要的时间内保持一定的温度。用于制冷的机器称为制冷机。

循环于制冷机中的工作介质称为制冷剂或工质。制冷剂周期地从被冷却物体中取得一定数量的热量，并将此热量传递给周围介质——水或空气，同时制冷剂完成了状态变化的循环。

19.1.1 制冷原理

（1）利用液体汽化（沸腾和蒸发）吸热制冷

液体汽化变为气体时，从周围吸收热量，把周围介质（水或空气）的温度降低，达到降温或冷冻的目的。在常压下沸点低，而汽化潜热大的物质最适合作制冷剂。例如氨在一个绝对大气压下的沸点是 -33.4℃，在 -40℃ 时每千克氨沸腾需要吸收 1386.82J 的热量。

（2）利用气体膨胀制冷

气体被压缩时，它的压力和温度就会升高，如果使气体降压膨胀，它的温度就会降低；利用这一原理，当某一高压气体与外界

进行绝热膨胀时，压力降低同时温度也降低，吸收周围介质（水或空气）的热量，实现降温或制冷的目的。

19.1.2 制冷方法

目前应用制冷的方法有：蒸汽压缩式制冷、蒸汽喷射式制冷和吸收式制冷。

（1）蒸汽压缩式制冷

蒸汽压缩式制冷是以机械能或电能来制取冷量的。蒸汽压缩式制冷系统主要由制冷压缩机、冷凝器、节流阀（膨胀阀）和蒸发器等四种制冷设备组成，如图19-1所示，四种制冷设备由管路连接成一封闭的循环系统，制冷剂在系统内不断地循环工作。低温低压的制冷剂蒸汽在压缩机内被压缩，变成高温高压的蒸汽，进入冷凝器，在冷凝器中制冷剂与外界（冷却水或空气）进行强制对流换热，成为高温高压状态的制冷剂液体；然后，经过节流阀节流减压进入蒸发器，进入蒸发器的制冷剂由于压力降低，体积扩大，使得制冷剂迅速汽化，迅速汽化的制冷剂要从蒸发器周围介质（水或空气）吸收大量的热量，实现降温制冷的目的。制冷剂在蒸发器中汽化成低压低温状态下的蒸汽，又被压缩机抽走，重新被压缩，依次循环往复，实现连续制冷。制冷剂在系统内经过压缩、冷凝、节流和蒸发四个过程，完成了一个制冷循环。

（2）蒸汽喷射式制冷

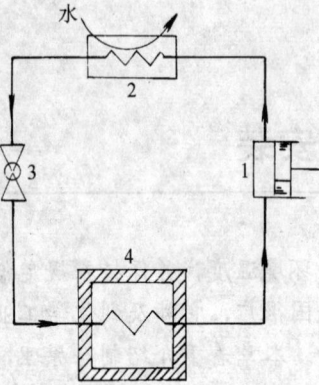

图 19-1　蒸汽压缩式制冷原理图

1—压缩机；2—冷凝器；3—节流阀；4—蒸发器

蒸汽喷射式制冷是靠消耗热能作为补偿实现制冷的，制冷剂一般为水，适用于制备 5℃以上的冷冻水，供生产工艺和空调使用。

蒸汽喷射式制冷系统主要由喷射器、蒸发器、冷凝器等设备组成，如图 19-2 所示。

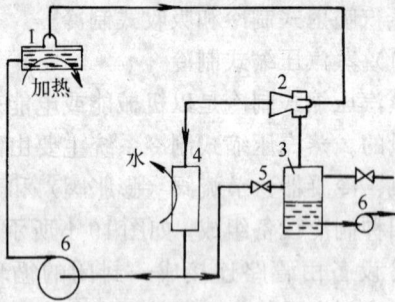

图 19-2　蒸汽喷射式制冷

1—锅炉；2—喷射器；3—蒸发器；4—冷凝器；

5—节流阀；6—泵

从蒸汽锅炉出来的工作蒸汽进入喷射器，工作蒸汽从喷嘴中膨胀，获得较高的气流速度，产生真空（负压），使蒸发器中的水蒸发成蒸汽，在这个过程中，外界并没有提供热量，所以一部分水蒸发所需要的热量只能从蒸发器里的水中吸取，从而使蒸发器内水温降低成为低温水，以满足工业用或空调用。工作蒸汽与低温低压蒸汽在喷射器的混合室内混合即进入扩压器，在扩压器中速度降低，动能转变为压力能，然后混合蒸汽进入冷凝器中冷凝成水，一部分用水泵送回锅

炉，而另一部分经过节流阀进入蒸发器继续蒸发，制取冷冻水。

蒸汽喷射器是蒸汽喷射式制冷系统中用来抽真空的重要设备。它的构造如图 19-3 所示。

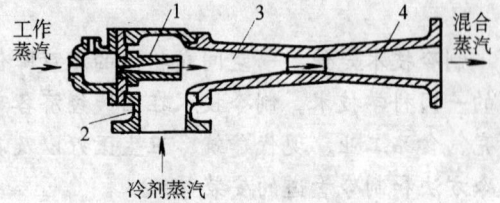

图 19-3　蒸汽喷射器构造

1—蒸汽喷嘴；2—吸入室；3—混合室；4—扩压器

（3）吸收式制冷

吸收式制冷和蒸汽喷射式制冷一样，也是靠消耗热能来实现制冷的。吸收式制冷机使用两种工质：制冷剂与吸收剂。吸收式制冷机主要由发生器、冷凝器、节流机构、蒸发器和吸收器等组成，如图 19-4 所示。

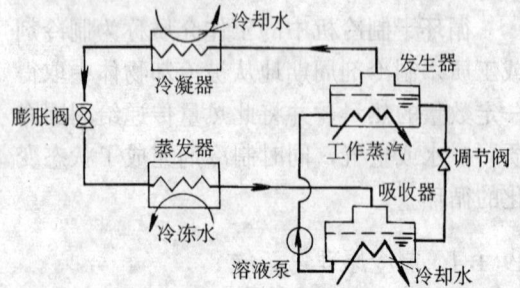

图 19-4　吸收式制冷机工作原理图

它所采用的工质是两种沸点不同的物质组成的二元混合物。其中沸点低的物质作制冷剂，沸点高的物质作吸收剂。以氨水溶液为工质的吸收式制冷机中，氨为制冷剂，水为吸收剂。在发生器中利用工作蒸汽加热浓度较大的氨水溶液时，由于氨的沸点比水低，被加热时，首先沸腾，形成一定压力和温度的氨蒸汽进入冷凝器，被冷却水冷却，凝结成氨液。氨液经膨胀阀节流后进入蒸发器，吸收被冷却物的热量而气化，气化后的氨气进入吸收器，在其中被稀的氨水溶液所吸收，吸

收过程中产生的热量由冷却水带走，吸收的结果使溶液的浓度增加了。然后由溶液泵将吸收器里的浓溶液送入发生器，在发生器中氨不断汽化，溶液含氨量不断减少，浓度降低成为稀溶液，稀溶液降压后进入吸收器，吸收来自蒸发器的氨蒸汽而浓度增加，如此循环往复，不断制冷。

19.2　制冷剂与载冷剂

制冷剂又称制冷工质。它是在制冷系统中完成制冷循环的工作介质。制冷剂在蒸发器内汽化吸收被冷却物的热量而制冷，又在冷凝器中把热量散放给周围介质，重新成为液态制冷剂，不断进行制冷循环，蒸汽压缩式制冷和吸收式制冷都是利用制冷剂的状态变化来达到制冷的目的。

19.2.1　对制冷剂的要求

1) 制冷剂相应的冷凝压力不太高，这是因为如果冷凝压力太高，处于高压下工作的压缩机，冷凝器等设备强度要求高，导致壁厚增加，造价上升，而且制冷剂泄漏的可能性会增大。

2) 在工作温度范围内，其相应的蒸发压力不低于大气压力，以免制冷系统的低压部分出现负压，防止空气渗入系统。

3) 单位容积的制冷量要大，这样可以减少设备的尺寸。

4) 制冷剂的临界温度要高，便于用常温的冷却介质进行冷凝。

5) 制冷剂在常压下要有较低的凝固温度，以获得较低的蒸发温度。

6) 制冷剂的粘度和密度要小，以减少制冷剂在系统中的流动阻力。

7) 制冷剂的导热系数要大，这样可以提高换热设备的传热系数，减少传热面积，提高热交换效率。

8) 对制冷装置所用的材料无腐蚀性，与润滑油不起化学作用，高温下不分解。

9) 对人体无害，不燃烧、不爆炸。不污染环境，使用安全。

10) 易于取得，价格低廉。

19.2.2　常用的制冷剂

目前常用的制冷剂有氨、氟利昂 12 和氟利昂 22 等。

(1) 氨

氨具有良好的热力性能，单位容积的制冷量大，冷凝压力适中，一般为 $0.8 \sim 1.5 MPa$，是应用最广泛的制冷剂。氨在一个大气压下沸点为 $-33.4 \, ^\circ C$，可满足一般制冷的要求。在通常条件下，蒸发器中的压力不低于一个大气压，因而能防止空气侵入系统中，常温下冷凝压力不超过 $1.5 MPa$。

氨与水可以任何比例互相溶解，组成氨水溶液，在制冷系统中不会引起结冰而堵塞管道通路，但氨中有水分时，会使蒸发温度升高，并对铜及铜合金（磷青铜除外）有腐蚀作用，一般规定，液氨中含水量不超过 0.2%。

氨是典型的难溶于润滑油的制冷剂，因此，氨制冷系统中管道和换热器的传热表面上会积有油膜，影响传热效果。氨液的密度比润滑油小，运行中，润滑油会积存在冷凝器、贮液器和蒸发器等设备的下部，因此，应定期放出这些设备中的润滑油。

氨蒸汽无色，有强烈的刺激性臭味。在空气中的容积浓度达到 $0.5\% \sim 0.6\%$ 时，人停留半小时就会引起中毒。氨与空气混合的容积浓度在 $11\% \sim 14\%$ 时具有可燃性，在 $16\% \sim 25\%$ 时遇明火就会有爆炸危险。目前，规定氨在空气中的浓度不应超过 $20 mg/m^3$。

氨容易获得，价格低廉，是目前我国广泛应用的制冷剂。

(2) 氟利昂

氟利昂的性能随其所含的氟、氯、氢的原子数不同而变化。当氟利昂中的氢原子数减少时，其可燃性也减少；氟原子数越增加，对人体越无害，对金属的腐蚀性越小，含有氯原子的氟利昂与明火接触时能分解出有毒的光气（$COCl_2$）。

氟利昂很难与水溶解，当含水量超过其溶解度时，游离态的水会在低温下结冰，堵塞膨胀阀或毛细管的通道，使制冷机不能正常工作。另外，有水分存在时，氟利昂将水解成酸性物质，对金属有腐蚀作用。

氟利昂的优点是：无毒、不燃烧、不爆炸，对金属无腐蚀。其缺点是：部分制冷剂（如 R12）的单位容积制冷量较小，因而制冷剂的循环量大；密度大，流动阻力较大；吸水性能差，所以系统必须保持干燥；氟利昂价格较贵，极易渗漏又不易被发现。

目前常用的氟利昂制冷剂有 R12、R22、R13 和 R142b 等。

1) 氟利昂 12（CF_2Cl_2）：

氟利昂 12 的代号是 R12。R12 是我国目前应用最广的氟利昂制冷剂。它主要用于中小型制冷装置中，如冰箱、空调器、小型冷库等。

R12 无色、无毒、无刺激气味，在标准大气压下其蒸发温度为 $-29.8℃$，凝固温度为 $-155℃$。同氨相比，它的冷凝压力较低，当采用天然水冷却时，其冷凝压力不超过 1MPa，即使采用空气冷却时，其冷凝压力也只有在 1.2MPa 左右，因此，特别适用于小型空气冷却式制冷装置。

水在 R12 液体中的溶解度很小，而且随着温度的降低水的溶解度减小，当 R12 中有水时，不仅会引起冰塞，而且会产生卤氢酸直接腐蚀金属。所以 R12 中含有水分是有害的。除了规定 R12 产品中的水含量不得超过 0.0025%（质量）外，在向系统充注 R12 前，必须做好干燥工作，保证系统不存在水分，而且在运行和检修时不允许有空气进入系统。

R12 渗透力强，所以要求制冷系统要有足够的密封性。

在工作范围内，R12 能够与润滑油以任意比例互相溶解，因而在冷凝器的传热表面上不会形成油膜，在贮液器中 R12 与润滑油也不会分离，R12 与润滑油一块进入蒸发器，随着 R12 的不断蒸发，润滑油将越来越多，使蒸发温度升高，传热系数降低。为了使润滑油与 R12 蒸汽一起返回压缩机中，蒸发器一般采用干式蒸发器，从上部供液，下部回气。制冷系统设计时，应保证上升回气立管中蒸汽有足够的带油速度。

应该特别指出，由于 R12 对大气臭氧层的破坏严重，是国际社会最早提出限制使用的制冷剂之一。按照有关规定，到 2000 年 R12 将完全被禁止使用和停止生产。我们所以还讲授 R12，就是因为现在使用和运行着的制冷系统有相当一部分仍然使用 R12 为制冷剂。

2) 氟利昂 22（CHF_2Cl）：

氟利昂 22 的代号为 R22，在标准大气压力下，R22 的蒸发温度为 $-40.8℃$，在常温下，其冷凝压力和单位容积制冷量与氨差不多。R22 的冷凝压力一般不超过 1.6MPa。它不燃烧、不爆炸，使用中比氨安全可靠。但是它对电绝缘材料的腐蚀性较 R12 大，毒性也比 R12 大。R22 的单位容积制冷量比 R12 大 50% 左右，在相同温度下，R22 的饱和压力比 R12 约大 60%。

水在 R22 液体中的溶解度比 R12 大，但是在制冷机工作时同样会发生冰塞现象。因此，制冷系统中 R22 的含水量不得超过 0.0025%（质量），系统中也应该设置干燥器。

R22 对大气臭氧层的破坏作用比 R12 小得多，所以在某些场合，R22 正在作为某些禁止和限制使用制冷剂的过渡性替代物研究和使用。但 R22 仍然属于国际公认的公害物质，最终也是要被淘汰的。

3) 氟利昂 13（CF_3Cl）：

氟利昂 13 的代号是 R13。R13 是一种低温高压制冷剂，在标准大气压下，其蒸发温度为－81.5℃，凝固温度为－181℃，毒性比R12小，因为不含氢原子，所以不燃烧，不爆炸。R13与润滑油互不溶解，也不溶于水。R13一般用于－70～－110℃复叠式制冷装置的低温部分。

R13对大气臭氧层有破坏作用，是公害物质，属于限制和禁止使用的制冷剂。

4）氟利昂142b（$C_2H_3F_2Cl_2$）：

氟利昂142b的代号是R142b，R142b是乙烷的衍生物，标准大气压下蒸发温度为－9.8℃。R142b具有冷凝压力低的特点，即使在80℃的高温环境下，所对应的冷凝压力仅为1.4MPa。因此，适宜在热泵装置和高环境温度的空调装置中使用。

R142b的毒性与R22差不多，与空气混合的体积数在10.6%～15.1%的范围内会发生爆炸，所以使用中要注意安全。

R142b是一种低公害物质，对大气臭氧层的破坏作用比R22还小，许多国家和地区正在将其作为一种过渡性的替代物进行研究和使用。

5）氟利昂R134a（$C_2H_2F_4$）：

氟利昂R134a的代号是R134a，是一种新型制冷剂，标准蒸发温度－26.2℃，临界压力4.07MPa。R134a的主要热力性质与R12非常接近，其毒性也与R12非常接近，温室效应仅是R12的$\frac{1}{10}$，比R22还小，对金属的腐蚀程度比R12小，稳定性也比较好。R134a的特点是对大气臭氧层没有破坏作用，安全无害。以R12为制冷剂的制冷机改用R134a后，基本不需要更换什么部件，制冷量和能效比也不会降低。因此，它一开始就被作为R12的重点替代制冷剂进行研究。在未来的制冷装置中，R134a是比较理想的R12替代制冷剂。但是R12制冷机改用R134a后，需要更换原有的润滑油。目前许多国家和地区都在致力于研究适合于R134a制冷机使用的润滑油。

19.2.3 载冷剂

用来携带、传递、输送冷量的媒质是载冷剂。

（1）对载冷剂的要求

1）冰点低，在使用范围内不凝固、不汽化。

2）比热大。在传递、输送冷量过程中，比热大，其流量就小，因而可减少载冷剂的循环泵功率。

3）密度小，粘度小，可减少流动阻力。

4）导热系数大，可提高热交换换热效率，减少换热设备的传热面积。

5）无腐蚀性，对金属管道、换热设备表面无腐蚀性。

6）物理、化学性能稳定，无毒、无害、不燃烧、不爆炸。

7）价格低廉，易于获得。

（2）常用的载冷剂

常用的载冷剂有空气、水、盐水、有机化合物及其水溶液等。

1）空气：

在空调系统中，常用空气作为载冷剂，空气作为载冷剂有较多优点，它容易获得，价格低廉，其缺点是比热小，导热系数小，因而影响了它的使用范围。

2）水：

水是一种理想的载冷剂，它具有比热大，导热系数大，来源充沛，价格低廉，无毒无害，不燃烧，不爆炸，化学稳定性好，对管道和设备腐蚀性小等优点。水的缺点是冰点高，所以它只能用作制取0℃以上的载冷剂。

3）盐水：

盐水溶液是将盐溶于水所形成的溶液。配制盐水常用的盐有氯化钠（NaCl），氯化钙（$CaCl_2$），氯化镁（$MgCl_2$）等。盐水溶液的性质与溶液中的含盐量多少有关。图19-5示出氯化钠水溶液的凝固曲线，它的横坐标表示盐水溶液的质量分数，纵坐标表示温度，左边的曲线表示氯化钠水溶液的凝固温度随其质量分数增加而降低，一直降到冰盐共晶为止，盐水沿此曲线冻结时，有冰析出，故此段曲线亦称析冰线。冰盐共晶点表示全部盐水溶液冻结成一块冰盐结晶体，冰盐共晶点为盐水溶液最低的凝固点。冰盐共晶点所对应的盐水溶液的温度和质量分数，分别称为它的共晶温度和共晶质量分数，当盐水溶液的质量分数超过其共晶质量分数时，盐就会从溶液中析出，所以冰盐共晶点右边一条曲线叫析盐线。此时氯化钠水溶液的凝固温度随其质量分数增加而升高。氯化钠水溶液的共晶质量分数为 23.1%，共晶温度为 -21.2℃；氯化钙水溶液的共晶质量分数为 29.9%，共晶温度为 -55℃。

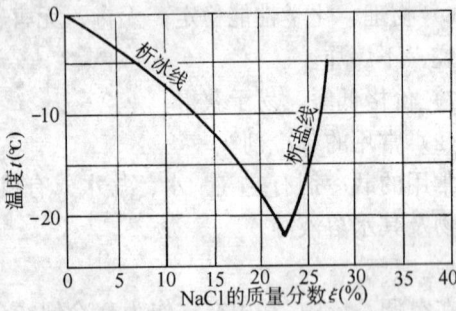

图 19-5　氯化钠水溶液的凝固曲线

设计和运行的经验证明，选择盐水的浓度，应当使凝固点比制冷剂的蒸发温度低 5~8℃（采用敞开式蒸发器时取 5~6℃，采用壳管式蒸发器时取 6~8℃），氯化钠（NaCl）溶液只使用在蒸发温度高于 -16℃ 的制冷系统中为宜，氯化钙（CaCl₂）溶液可使用在蒸发温度不低于 -50℃ 的制冷系统中。

用盐水作载冷剂的缺点是：对金属有强烈的腐蚀作用。而对金属的腐蚀强度与水中的含氧量有关，含氧量越大，腐蚀越大。为了降低盐水的腐蚀作用，必须减少盐水与空气的接触机会，因此盐水系统多采用封闭系统。也可以在盐水中加入适量的缓蚀剂，如氢氧化钠和重铬酸钠等。

19.3　蒸汽压缩式制冷系统

19.3.1　氨压缩制冷系统

氨压缩制冷系统如图 19-6 所示，制冷压缩机 1 将蒸发器 4 内所产生的低温低压的氨气吸入气缸内，经压缩后成为高温高压的氨气由排气管排出，随即通过氨油分离器 11 将氨气中夹带的少量润滑油分离出来，再进入冷凝器 2，高温高压的氨气在冷凝器内与冷却水进行强制换热，使氨气成为高温高压状态下的氨液，并不断地贮存到贮液器 3 中，贮液器排出的氨液由供液管送至滤氨器 6，再经浮球调节阀 5 节流降压后进入蒸发器 4，低压氨液进入蒸发器后迅速蒸发，从蒸发器水箱内吸取大量的热量，使常温水成为冷冻水，供空调用，蒸发后形成的低温低压的氨气经氨液分离器 12 进入压缩机再被压缩，依次循环往复，不断地制取冷量。

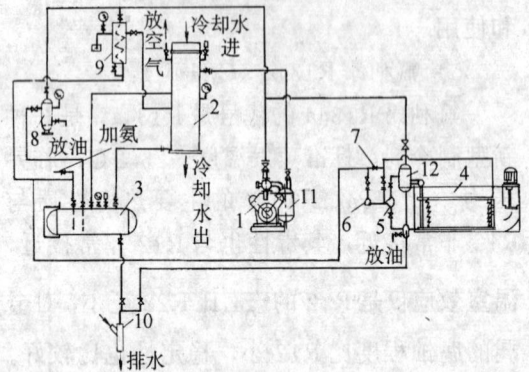

图 19-6　氨制冷成套设备系统图
1—氨压缩机；2—立式冷凝器；3—氨贮液器；4—螺旋管式蒸发器；5—氨浮球阀；6—氨过滤器；7—手动调节阀；8—贮油器；9—空气分离器；10—紧急池氨器；11—氨油分离器；12—氨液分离器

浮球调节阀不仅承担节流降压的作用，而且能够根据蒸发器内液位的高低自动供给进液量，一旦浮球装置失灵需检修时，可利用旁通管路上的手动调节阀 7 来进行节流。

制冷循环系统内如有空气存在，将影响

制冷效果。为排除系统内空气等不凝性气体，设置空气分离器9，冷凝器内空气比氨气重，一般停留在冷凝器的中下部，通过管道将空气与氨气的混合气体送入空气分离器。经冷却后的氨气冷凝成氨液，仍回氨液管内，而不凝性气体经放气阀通入水池放出。

整个制冷系统，自氨压缩机的排气部分至调节阀前属于高压（高温）部分，自调节阀后至压缩机吸气部分属于低压（低温）部分），所以调节阀是制冷系统的分界点。

为了保证压缩机的安全运转，避免氨气中所含的液滴进入气缸造成冲缸事故，从蒸发器引出的氨液在进入压缩机之前须经过氨液分离器将其中的氨液分离出来。

氨气从气缸带出的润滑油，虽然大部分被氨油分离器分离出来，但是仍还有一部分润滑油进入冷凝器、贮液器及蒸发器。由于氨不溶于润滑油，而且油的密度大于氨液的密度，因此，在上述设备底部会积存润滑油，需要定期放出，否则会影响系统的正常运转，为了排除这些润滑油，在冷凝器、贮液器、蒸发器等设备的底部应设有放油阀。

为了保证制冷系统的安全运行，在冷凝器和贮液器等高压设备上均装有安全阀，安全阀的排气管道直通至室外，当系统内压力超过允许数值时，安全阀自动开启，将氨气排至室外。

如果贮液器设在制冷机房内，当机房发生火灾及其他意外事故时，为了保证运行人员的安全，避免国家财产造成严重损失，可将贮液器和蒸发器内的氨液迅速排至紧急泄氨器10中，与自来水混合稀释后再排入下水道。

19.3.2 氟利昂制冷系统

氟利昂制冷系统与氨制冷系统的不同之处是：采用热力膨胀阀供液并装有气液热交换器、干燥过滤器，而且氟利昂液体由蒸发器的上部进入，蒸汽由下部接出，如图19-7所示的小型氟利昂制冷系统。压缩机1将氟利昂蒸汽压缩，压缩后的高压气体经油分离器2将所携带的润滑油分离后进入水冷式冷凝器3，在其中被冷凝为液体，制冷剂液体由冷凝器3下部出液管流出，经干燥过滤器4、电磁阀5，然后流入气液热交换器6，在其中被来自蒸发器9的低温蒸汽进一步冷却后，进入热力膨胀阀7节流减压，然后经分液头8送入蒸发器9，在其中吸热蒸发，获得制冷效应，达到制冷的目的。蒸发后的低温制冷剂气体，经热交换器6提高温度后，回到压缩机被重新加压。

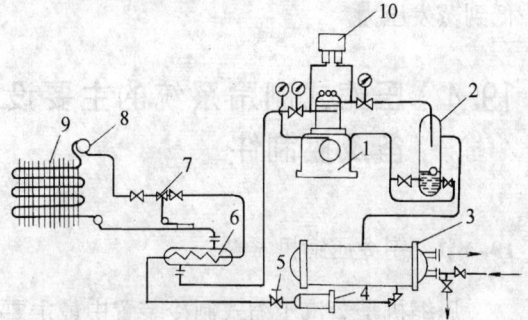

图 19-7 单级压缩氟利昂制冷系统

1—压缩机；2—油分离器；3—水冷式冷凝器；4—干燥过滤器；5—电磁阀；6—气液热交换器；7—热力膨胀阀；8—分液头；9—蒸发器；10—高低压力继电器

为了保证制冷系统运行时冷凝压力不致过高，蒸发压力不致过低，在系统中装有高低压力继电器10，它的高压控制部分与压缩机排气管相连接，低压部分和吸气管相连接。当排气压力超过调定值时，也可使压缩机停转，以免压缩机在不必要的低温下工作而浪费电能。

设在系统中的热交换器6是用来提高制冷剂蒸汽的过热度和制冷剂液体的过冷度，这样，一方面可以防止压缩机"冲缸"，同时可以提高制冷装置的效率。

氟利昂制冷系统中的热力膨胀阀前一般都装有干燥过滤器，其中装有过滤网，滤网中装有硅胶或氯化钙等吸湿剂，用来吸收氟利昂中的水分。这样，在蒸发温度低于 0℃ 的工况下运行时，不致在热力膨胀阀狭小断面处产生"冰塞"。

在冷凝器与蒸发器之间的液体管路上，还装设有电磁阀，它可控制液体管路的启闭。当压缩机启动时，电磁阀自动打开，液体制冷剂进入蒸发器；当压缩机停转时，电磁阀自动关闭；防止制冷剂液体继续流入蒸发器，以免压缩机再次启动时，液体被抽入压缩机造成冲缸事故。

热力膨胀阀装置在蒸发器之前的液体管路上，用来自动调节进入蒸发器的制冷剂液体量，并使制冷剂节流降压，由冷凝压力降低到蒸发压力。

19.4 压缩式制冷系统的主要设备及控制件

19.4.1 制冷压缩机

压缩机是蒸汽压缩式制冷装置中最主要的设备之一，用来压缩制冷剂蒸汽，是达到制冷循环的动力装置。制冷压缩机的型式有活塞式、离心式、螺杆式和斜盘式四种，目前应用最多的是活塞式压缩机。

活塞式压缩机按照气缸布置形式分为立式、卧式、V型、W型及S型等数种；按照气缸数目分为单缸、双缸及多缸等几种；按照制冷量分，有小型（制冷量$Q_0 \leqslant 25\text{kW}$）、中型（制冷量$Q_0$为$26 \sim 550\text{kW}$）、大型（制冷量$Q_0 > 550\text{kW}$）。

我国目前生产的压缩机都是高速多缸压缩机，其气缸布置形式多为V型、W型、S型和Z型，气缸直径为50、70、100、125和170mm等五种。

19.4.2 冷凝器

冷凝器是一种热交换器，在制冷系统中将来自压缩机的高压过热蒸汽的热量传递给冷却介质（空气或水），使制冷剂凝结为高压液体。

冷凝器根据其冷却介质的不同，可分为水冷式、蒸发式和风冷式三大类。

（1）空气冷却（风冷）式冷凝器

这类冷凝器，制冷剂放出的热量由空气带走，制冷剂在管内冷凝，传热面由盘管组成，一般为铜管，由于空气的对流放热系数很低，故在盘管外通常加肋片以增加空气侧的传热面积，并配置风扇来加速空气的流动，从而提高传热效果。通常，风冷式冷凝器指的就是这种配置风扇的强制对流空气冷却器，其结构如图19-8所示。

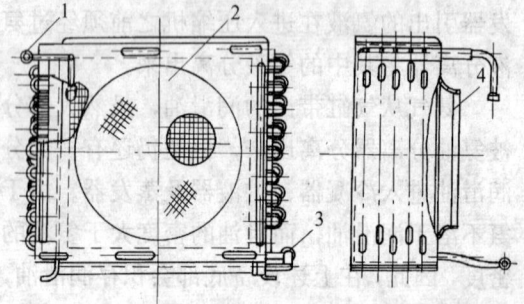

图19-8 空冷式冷凝器
1—蒸汽集管；2—翅片管组；
3—液体集管；4—风机扩散器

（2）水冷式冷凝器

在这类冷凝器中，制冷剂放出的热量由冷却水带走，制冷剂在管外冷凝，冷却水在管内流动。冷却水可以循环使用，也可以一次通过，当冷却水循环使用时，需装置冷却塔或冷却水池。

按构造和安装方式的不同，这类冷凝器又可分为立式壳管式、卧式壳管式和套管式三种。

1）立式壳管式冷凝器：

立式壳管式冷凝器适用于大、中型氨制冷系统，它的结构如图19-9所示。它的外壳是由钢板卷制焊接而成的圆柱形筒体，垂直安装，筒体两端焊有管板，管板上钻有许多位置——对应的小孔，在每对小孔上穿入一根传热管（$\phi 57 \times 3.5\text{mm}$或$\phi 38 \times 3\text{mm}$无缝钢管),管子两端用焊接法或胀接法将管子与管板紧固。冷凝器顶部装有配水箱。水从水箱中通过多孔筛板进入每根冷却管顶部的水分配器(图 19-9b、c),进入传热管内,在重力作用下沿管子内表面呈液膜层流入水池。在冷凝器中升温后的水,一般由水泵送入冷却塔,冷却后循环使用。由压缩机排出的高温高压的氨气,从筒体上部进入,在竖直管外凝结成液体,由筒体底部排出。

冷凝器的筒体上除有进气管和出液管外,还装有放空气管、均压(平衡)管、安全阀、混合气体管、压力表、放油阀等管接头,以便与相应的管路接通。

立式壳管式冷凝器的优点是:占地面积小,可以装在室外,可在系统运行的情况下清洗。缺点是:冷却水消耗量大,室外安装时,管内易结垢,需经常清洗。

2)卧式壳管式冷凝器:

卧式壳管式冷凝器适用于大、中、小型氨和氟利昂制冷装置。它的结构与立式壳管式冷凝器类似,也是由筒体、管板、传热管等组成。由于是水平安置,故在筒体两端设有端盖,如图 19-10 所示。

制冷剂蒸汽由冷凝器顶部进入,在管子外表面上冷凝成液体,然后从壳体底部(或侧面)的出液管排出。冷却水在水泵的作用下由端盖下部进入,在端盖内部隔板的配合下,在传热管内多次往返流动,最后由端盖上部流出。这样可保证在运行中冷凝器管内始终被水充满。端盖内隔板应互相配合,使冷却水往返流动,冷却水每向一端流动一次称为一个流程。水的流程数一般做成偶数,使冷却水进出口在同一端,便于管道系统的安装。

在卧式壳管式冷凝器筒体的上部,除有蒸汽进口管外,还设有平衡管、安全阀、压力表、放空气管等管接头,在端盖的上端装

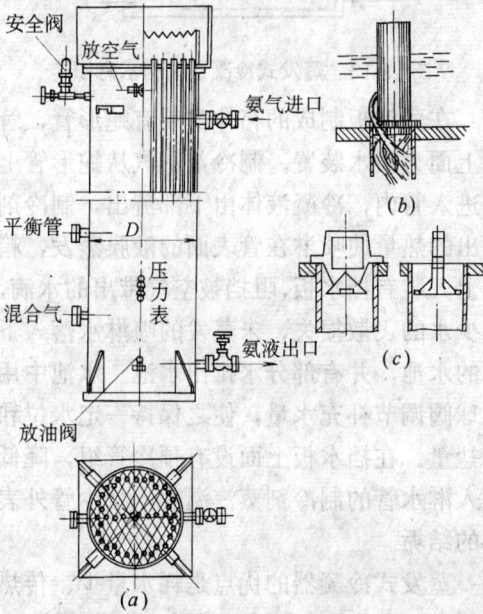

图 19-9 立式壳管式冷凝器结构图
(a) 立式壳管式冷凝器;(b) 斜槽式水分配器;
(c) 盖式水分配器

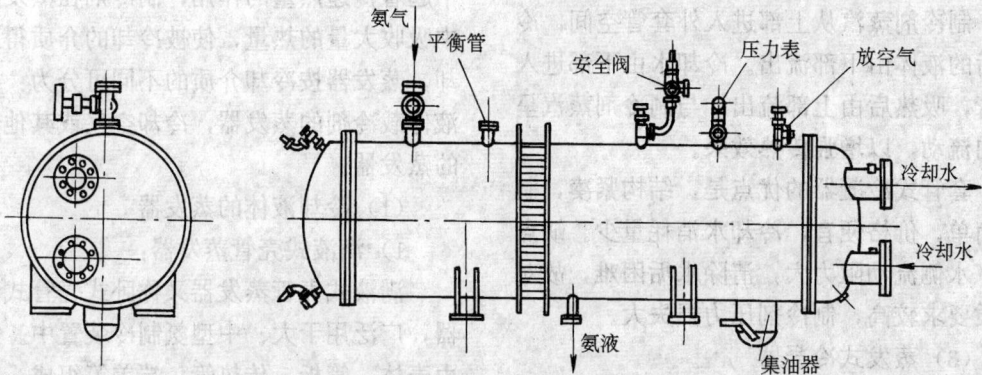

图 19-10 卧式壳管式冷凝器结构

有放空气阀门，用来排除开始向冷凝器内充水时水路系统内空气。在端盖下端装有放水阀门，用来排除停机后冷凝器内的残留水，以防管子在冬季被冻裂。

卧式壳管式冷凝器的优点是：由于水侧可做成多流程，故管内水速较高，因而传热系数较大，冷却水温升高，冷却水循环量少，结构紧凑，占地面积小。缺点是：冷却水流动阻力大，因而水泵功耗较大，清洗水垢比较麻烦，故对水质要求较高。

3) 套管式冷凝器：

套管式冷凝器多用于小型氟利昂制冷系统，其结构如图 19-11 所示。

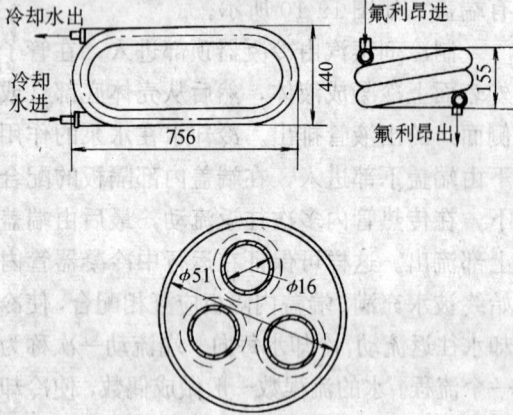

图 19-11　套管式冷凝器

在一根直径较大的无缝钢管内，套有一根或数根直径较小的钢管（光管或低肋管），然后根据机组布置的要求绕成长圆形或螺旋形。制冷剂蒸汽从上部进入外套管空间，冷凝后的液体由下部流出。冷却水由下部进入内管，吸热后由上部流出，与制冷剂蒸汽呈逆向流动，以增强传热效果。

套管式冷凝器的优点是：结构紧凑，制造简单，价格便宜，冷却水消耗量少。缺点是：水侧流动阻力大，清除水垢困难，故对水质要求较高，制冷剂压力损失大。

（3）蒸发式冷凝器

蒸发式冷凝器利用水蒸发时吸收热量，使管内的制冷剂蒸汽凝结，它的结构示意图见图 19-12。

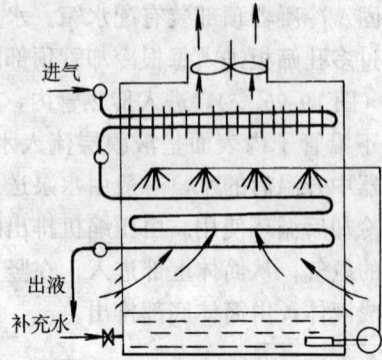

图 19-12　蒸发式冷凝器结构示意图

在薄钢板制成的箱体内装有蛇形管，管组上面为喷水装置。制冷剂蒸汽从蛇形管上面进入管内，冷凝液体由下部流出，制冷剂放出的热量使喷淋在管表面的液膜蒸发，箱体上方装有挡水板，阻挡被空气带出的水滴，减少水的飞散损失，未蒸发的喷淋水落入下面的水池，并有部分水排出水池。水池中用浮球阀调节补充水量，使之保持一定水位和含盐量。在挡水板上面设有预冷管组，降低进入淋水管的制冷剂蒸汽温度，减少管外表层的结垢。

蒸发式冷凝器的优点是耗水量少、传热效果好。缺点是水垢难以清除，喷嘴易堵塞。

19.4.3　蒸发器

蒸发器也是一种热交换器，在制冷过程中起着传递热量的作用，制冷剂在蒸发过程中吸收大量的热量，使被冷却的介质得到冷却，蒸发器按冷却介质的不同可分为：冷却液体载冷剂的蒸发器，冷却空气或其他气体的蒸发器。

（1）冷却液体的蒸发器

1) 满液式壳管蒸发器：

满液式壳管蒸发器又称卧式壳管式蒸发器，广泛用于大、中型氨制冷装置中。它是由壳体、管板、传热管、端盖等组成，如图 19-13 所示。

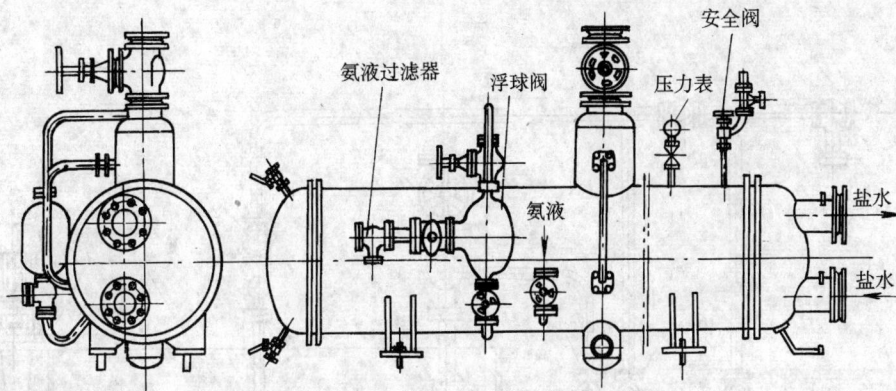

图 19-13　满液式蒸发器结构示意图

液氨通过浮球阀，由壳体下部进入蒸发器，在壳体与传热管之间沸腾，产生的蒸气由顶部引出。载冷剂（水或盐水）从端盖下部进入，在管内往返流动，被冷却后由端盖上部流出。为保证载冷剂在管内有一定的流速，两端的端盖内应设有相应的隔板，一般做成双流程，使载冷剂在一端进出。壳体下部焊有集油器，用来放油或排污。为避免未蒸发的液滴被压缩机吸入，在蒸发器顶部设有集气室，即气液分离室，将其中挟带的液滴分离。为了指示壳体内氨的液位，在集气室和壳体间焊一根钢管，根据钢管外表面的结霜高度，可判断壳体内氨液的大致位置。

满液式蒸发器的优点是：传热性能好，结构简单、紧凑。缺点是制冷剂充灌量大，采用水为载冷剂时，操作不当易发生冻结事故。

2）干式壳管式蒸发器：

干式壳管式蒸发器的构造与满液式的一样。两者的主要区别在于：在干式壳管式蒸发器内制冷剂在传热管内吸热，载冷剂在管外流动，为了提高载冷剂的流速，在筒体内装有多块折流板。

由于制冷剂在管内流动，充液量少，流速较高，容易解决润滑油返回压缩机的问题。此外，干式壳管式蒸发器还具有冷损失少，传热管不致发生冻裂等优点。

3）直立立管和螺旋管式蒸发器：

A. 直立立管式蒸发器。

这也是一种满液式蒸发器，如图 19-14 所示。蒸发器的每一管组有上、下两个水平集管 6 和 9，两集管之间沿轴向在两侧焊有许多直径较小，两端微弯的立管，每隔一定间隔还用比蒸发管稍粗的立管相连。液体制冷剂经浮子调节阀 13 进入中间一根直径较大的直立管 8，该管直接插入下集管 9 中，制冷剂液体由下而上进入各立管中，吸收管外载冷剂的热量而蒸发。

上集管 6 的一端与气液分离器 4 相连，蒸发后的蒸汽经气液分离器将未蒸发的液滴分离后，蒸汽由上部引出，被压缩机吸入。分离下来的液滴由下部流回下集管 9，继续蒸发。

蒸发器中的液位由浮子调节阀 13 控制。为了定期排放积存在蒸发器中的润滑油，下集管 9 的一端与集油器 11 相连，集油器上端通过截止阀与压缩机吸气管相连。这样，放油时可降低集油器中的排放压力。

整个蒸发器沉浸在载冷剂的水箱中，为了提高载冷剂流速，水箱中设有搅拌器和隔板，使水箱内的载冷剂按一定的方向和流速循环流动。载冷剂从顶部进入水箱（靠近搅拌器一侧），由水箱下部流出。水箱中还设有溢流管和泄水管等。

为了防止因浮球调节阀 13 发生故障而影响制冷系统的正常运行，系统中装有手动节流阀 2，正常工作时，手动节流阀完全关闭。

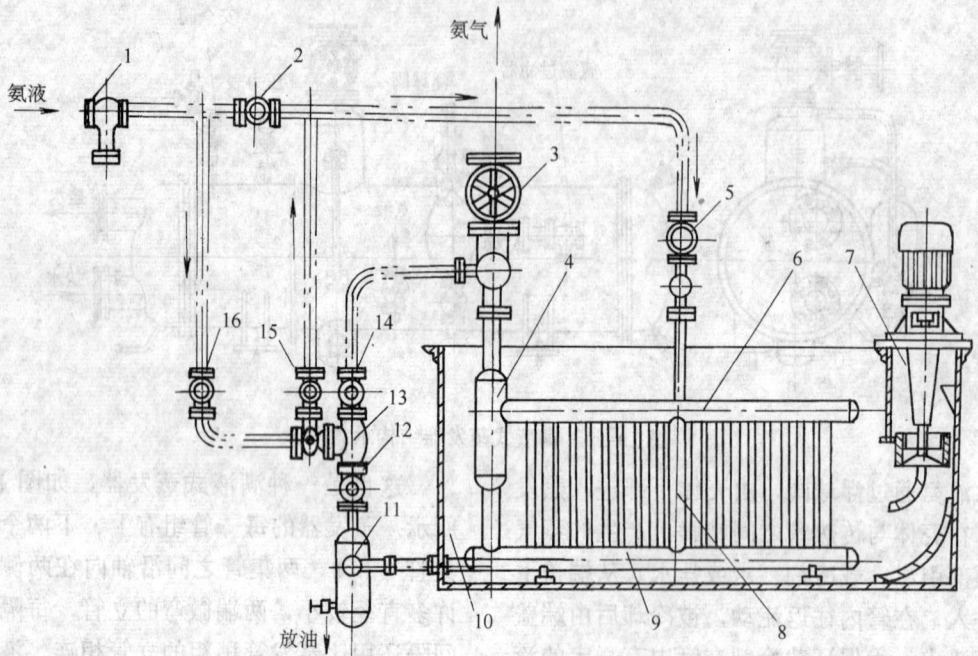

图 19-14 直立立管式蒸发器

1—液体过滤器；2—节流阀；3、5、12、14、15、16—截止阀；4—气液分离器；6—上集管；7—搅拌器；
8—立管；9—下集管；10—水箱；11—集油器；13—浮子调节阀

直立立管式蒸发器的优点是：结构简单，载冷剂热容量大，热稳定性好，不易冻结，传热性能好。缺点是：蒸发器弯管较多，焊接工作量大，金属消耗量大，载冷剂为开式循环，与空气接触，若采用盐水作载冷剂时，对管材腐蚀严重。

B. 螺旋管式蒸发器。

螺旋管式蒸发器的结构及载冷剂的流动情况，与直立立管式蒸发器几乎完全一样，只是用螺旋管代替了立管。

（2）冷却空气的蒸发器

利用制冷剂在管内直接蒸发来冷却管外空气的蒸发器，称为直接蒸发式空气冷却器。按空气在管外的流动方式可分为自然对流和强制对流两种。

1）冷却排管：

空气作自然对流的空气冷却器，习惯上称为冷却排管。它广泛应用于冷库、低温试验箱和冰箱中，其结构型式有立管式、水平管式、蛇管式（见图 19-15）、搁架式（见图19-16）及板面式等。

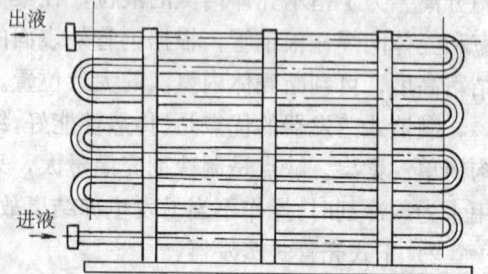

图 19-15 蛇管式冷却排管

2）强制对流式空气冷却器：

强制对流式空气冷却器，习惯上称冷风机，它由蒸发器、通风机及壳体组成，广泛应用于冷库、空调器及低温试验装置。

19.4.4 贮液器

贮液器又称贮液桶，它的功用是贮存和调节液态制冷剂的数量，当系统负荷小时，贮存一部分液体，当系统负荷大时，则补充一

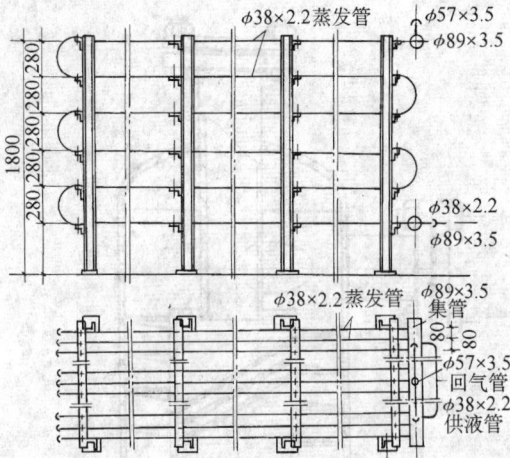

图 19-16　搁架式排管

部分液体,从而既满足了设备的正常供液量,又保证了压缩机的安全运转。

根据功用和承受的压力不同,贮液器可分为高压贮液器和低压贮液器两大类。在大型制冷装置中,低压贮液器中还包括低压循环贮液桶和排液桶。

图 19-17 为高压贮液器。它是由钢板卷制焊接而成的卧式圆筒形容器,两端焊有封头,筒体上部设有氨液进口、氨液出口、平衡管、压力表、安全阀、放空阀等管接头。下部设有放油和排污紧急泄氨等管接头,在端部设有液位计。

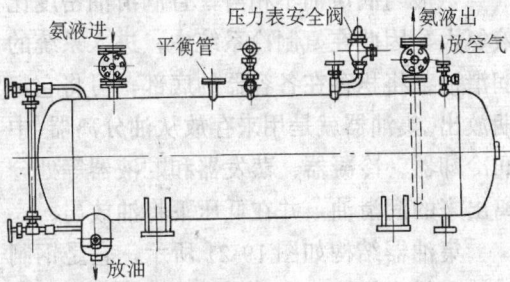

图 19-17　高压氨贮液器

19.4.5　油分离器

在压缩式制冷装置中,制冷剂蒸汽经过压缩后处于高温高压的过热状态。这种气体排出时流速快,温度高,致使缸壁上的一部分润滑油受高温作用变成油雾夹杂在蒸汽之中进入制冷系统,由于氨几乎不溶于油,这些润滑油便在管壁表面上凝成一层油膜,降低传热效率和制冷效率。对于氟利昂制冷系统,由于氟利昂溶解于油中,使蒸发器内积存润滑油对蒸发温度影响较大(即相应于某一蒸发压力下,蒸发温度升高)。如果润滑油不能及时返回压缩机,积存多了,也会降低传热系数和制冷能力。因此,在压缩式制冷系统中应该采取除油措施。制冷系统中最有效的除油措施就是设置油分离器,以便将混合在制冷剂蒸汽中的润滑油分离出去。常用的油分离器有洗涤式、填料式和离心式。

（1）洗涤式分离器

洗涤式分离器如图 19-18 所示,它用于氨制冷系统。它是用钢板卷制的圆柱形筒体,上下焊有筒盖和筒底,其上设氨气进出口、放油口和氨液进口等,内部装有伞形挡板。

这种油分离器工作时,筒内必须保持一定高度的氨液,夹带着油雾的氨气在分油器中由氨液进行洗涤和降温,使油雾结成较大颗粒的油滴,下沉到筒底。另外,被洗涤的氨气经挡液板的作用,可使润滑油进一步分离出来,为使分油器工作良好,筒内氨液面应比进氨气管底高出 125～150mm 为宜。

（2）离心式油分离器

离心式油分离器如图 19-19 所示,器内焊有螺旋状的隔板,并在氨气排出管的底部增设了多孔挡液板。带有油及油滴的氨气从切线方向进入分离器,在器内自上而下作螺旋运动,高速旋转的氨气产生离心力,将较重的油滴甩至壳体内壁被分离出来,聚集在分离器的底部,氨气则经多孔挡液板再一次分离后从中部排气管排出。

分离出来的油积存在分离器底部,当积到一定油量时,通过筒体下部的浮球阀装置自动返回压缩机,也可定期用手动阀将积油放出,筒体中设有倾斜挡板,将高速旋转的气流与贮油室隔开,同时能使分离出来的油

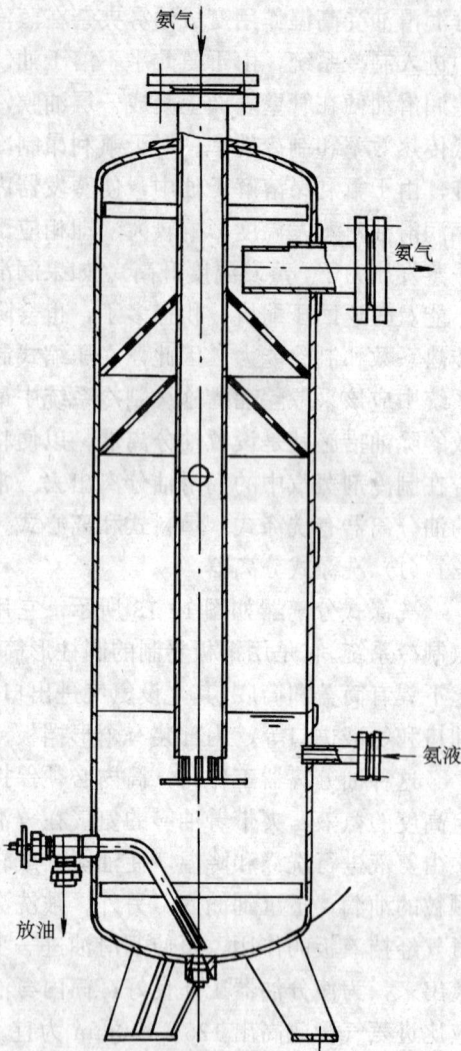

图 19-18 氨洗涤式油分离器

沿挡板流到下部贮油室。

（3）填料式油分离器

填料式油分离器的构造如图 19-20 所示。它适用于中小型制冷压缩机，筒体内装有填料，筒内上部有隔板，筒体分上、下两层，中间有中心管连通，上层下部筒内装有不锈钢丝填料，也可以用陶瓷环或金属切削屑充填。氨气从顶部进入经过填料，降低了流速和改变了气流方向，使氨气携带的油滴分离出来，积于筒底，为了提高分离效率，壳体外可加设冷却水套。

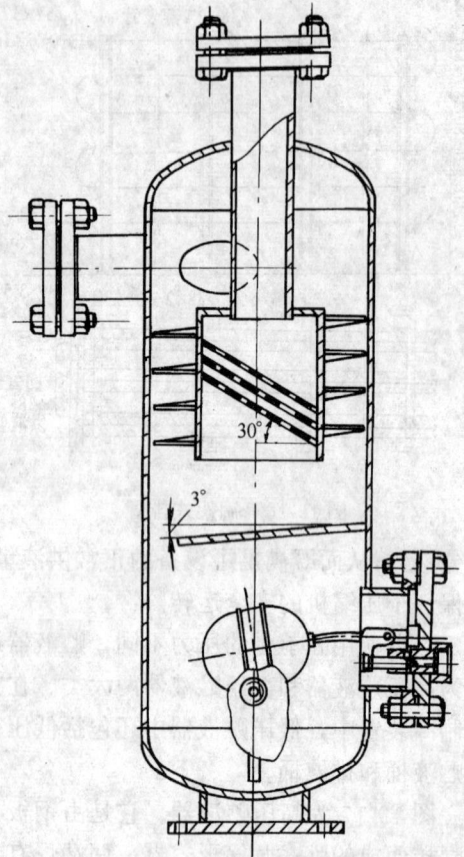

图 19-19　离心式油分离器

19.4.6　集油器

氨液与润滑油不相溶，且润滑油密度比液氨大，因此在氨制冷系统中，进入系统的润滑油都将积存在各容器的底部，可将它定期放出。集油器就是用来存放从油分离器、中间冷却器、冷凝器、蒸发器和贮液器等处分离出来的润滑油，并在低压下将油放出。

集油器结构如图 19-21 所示，它是钢制筒体和封头焊接而成的容器。其上有进油口、放油口、抽气口、压力表、液面指示器等。向集油器放油时，先开启顶部的抽气阀，利用系统中的压缩机抽气，使集油器内压力降低，然后关闭抽气阀，打开进油阀，润滑油便在压差作用下由相应的容器内流入集油器中，当达到一定高度时，停止进油，关闭进油阀。

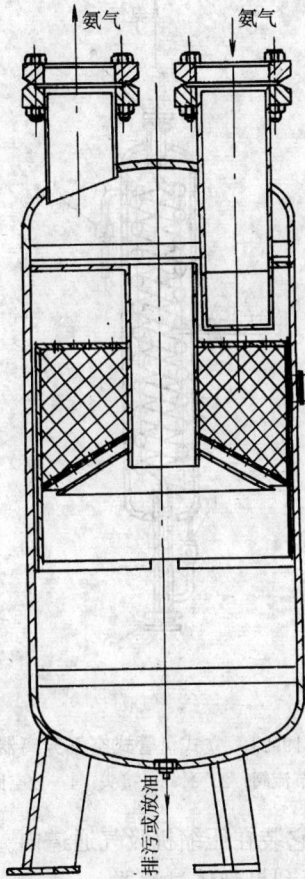

图 19-20　填料式油分离器

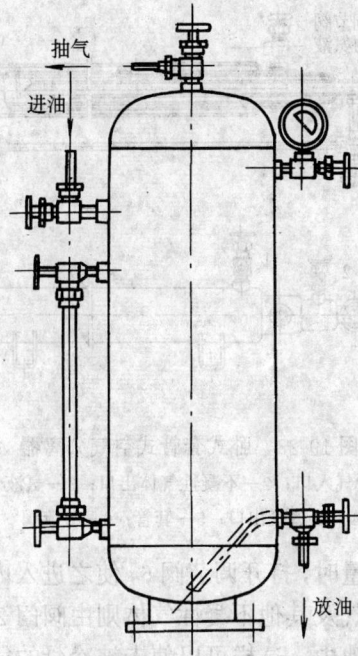

图 19-21　集油器

集油器向系统外放油时，先打开抽气阀，用压缩机抽吸集油器中的氨气，并降低集油器内压力，待集油器中的压力降到稍高于大气压力时，关闭抽气阀，打开放油阀，直到油放完为止，再关闭放油阀。

集油器与油分离器、冷凝器等的管路连接系统，如图 19-22 所示。

19.4.7　空气分离器

空气分离器的作用是清除制冷系统中的空气及其他不凝性气体。目前常用的空气分离器有：套管式空气分离器和盘管式空气分离器。

（1）卧式套管式空气分离器

图 19-23 所示为氨制冷系统中的卧式套管式空气分离器。它是由四个同心套管焊接

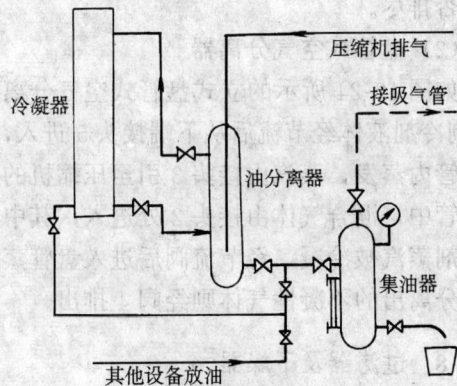

图 19-22　集油器与油分离器等的管路系统图

而成，第一层与第三层连通，第二层与第四层连接，第一层与第四层通过节流阀用连接管连通。

由调节阀来的高压氨液，节流后由接头 3 进入内管，在内管及第三层管腔蒸发，产生的蒸汽由接头 4 引出，接到压缩机吸气管上。从冷凝器来的不凝性气体与制冷剂蒸汽的混合气体经阀门 1 进入最外层管腔，被内层及第三层管腔内氨液的蒸发而冷却，混合气体中的氨被冷凝，集存于外管底部，当积存到

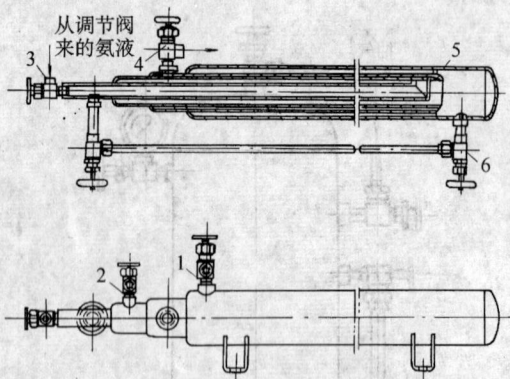

图 19-23 卧式套管式空气分离器
1—混合气入口；2—不凝性气体出口；3—氨液入口；
4—氨蒸气出口；5—套管；6—节流阀

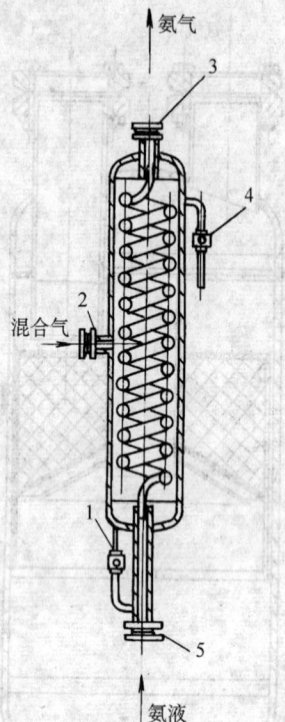

图 19-24 立式盘管式空气分离器
1—节流阀；2、3、5—接头；4—放空阀

一定数量时，打开调节阀6，使之进入内管蒸发，空气及其他不凝性气体则由阀门2放出接入水池中，这样可以使未被冷凝的氨气溶解于水，不致于污染环境，同时也可检查空气是否排尽。

（2）盘管式空气分离器

如图 19-24 所示的立式盘管式空气分离器，制冷剂液体经节流后从下端接头5进入，在盘管内蒸发，蒸汽由接头3引至压缩机的吸气管中，混合气体由接头2处进入，其中制冷剂蒸汽被冷凝，经节流阀后进入盘管蒸发，分离出的不凝性气体则经阀4排出。

19.4.8 过滤器及干燥器

（1）过滤器

1）氨液过滤器：

氨液过滤器是安装在浮球阀、手动节流阀和电磁阀之间的液体管道上，用来过滤液体中的机械杂质，如金属屑、氧化皮等，以防止阀门小孔被杂质堵塞。氨液过滤器见图 19-25，氨液过滤器有直通式和直角式两种，壳体内装有 2～3 层网孔为 0.4mm 的钢丝网，下端可拆卸，以便维修。

2）氨气过滤器：

氨气过滤器见图 19-26，它是用来过滤进入压缩机的蒸汽中的杂质，以保护气缸免

被刮伤，它装在压缩机吸气通道内。

3）氟利昂液体过滤器：

氟利昂液体过滤器如图 19-27 所示。它用无缝钢管作为壳体，壳体内装有网孔为 0.1～0.2mm 的铜丝网或不锈钢丝网，两端有端盖及管路连接头。过滤器安装时要注意壳体的流向指示标记，以便于维护检修。在热力膨胀阀的进液端内部也装有小型液体过滤器，以防节流小孔被杂质堵塞。

（2）干燥器及干燥过滤器

1）干燥器：

如图 19-28 所示的干燥器，只用于氟利昂制冷机中，装在节流阀前的液体管路上，用于吸收制冷剂中的水分，以防产生冰塞，干燥器用无缝钢管作外壳，内部有一滤网，滤网内装有干燥剂——硅胶或分子筛，在进口处也装有滤网和脱脂棉，以防干燥剂破碎后被制冷剂带入系统。当干燥剂需要再生和更换时，只须将压盖拆下，取出干燥剂即可，为

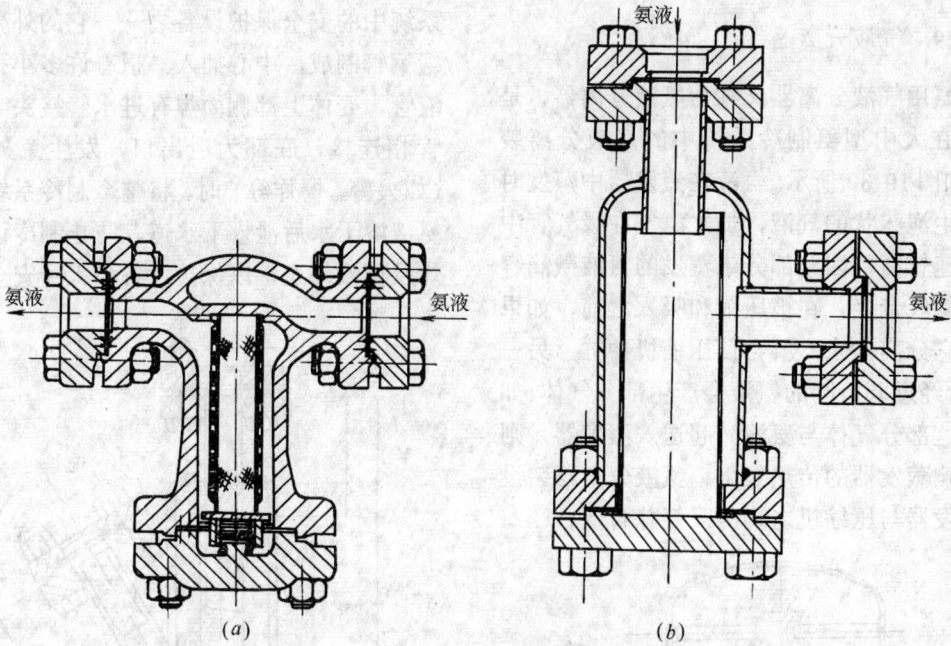

图 19-25 氨液过滤器

(a) 直通式；(b) 直角式

了在更换或再生干燥剂时不影响制冷机的运
行，系统中应装有旁通管路，用截止阀控制
其流向。

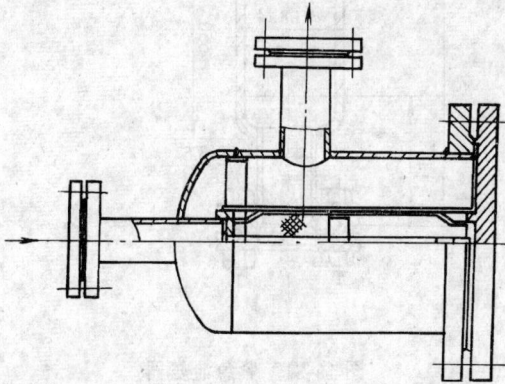

图 19-28 氟利昂干燥器

1—压盖；2—弹簧；3—滤网；4—干燥剂；
5—壳体；6—纱布、脱脂棉

2）干燥过滤器：

在小型氟利昂制冷系统中，通常将过滤
器和干燥器合为一体，称为干燥过滤器，如
图 19-29 所示。制冷剂先流过过滤器，再流入
干燥器。

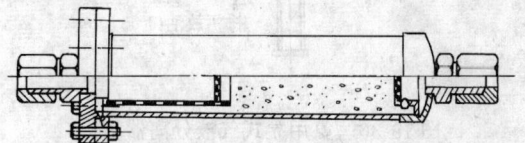

图 19-26 氨气过滤器

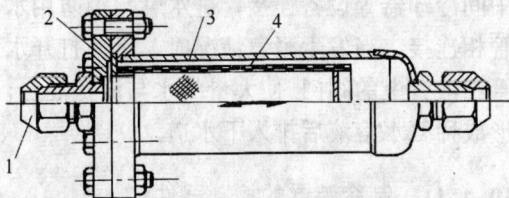

图 19-27 氟利昂液体过滤器

1—接头；2—端盖；3—壳体；4—滤网

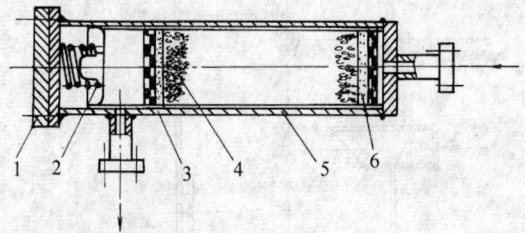

图 19-29 干燥过滤器

19.4.9 气液分离器

　　氨用气液分离器又称为氨液分离器,是安装在大中型氨制冷系统中的气液分离装置,如图19-30所示。氨液在蒸发器中蒸发时会产生泡沫状的气液,加之氨气在吸气管中的流速较高,因此部分未蒸发的氨液微滴容易被氨气带走,在被压缩和吸入之前,如果不将它分离出来,就会使压缩机冲缸。另一方面,经过调节阀的氨液会产生部分气体,如果将这部分气体与氨液一起送入蒸发器,则会影响蒸发器的传热效果。氨液分离器装设在蒸发器与压缩机之间的吸气总管上。

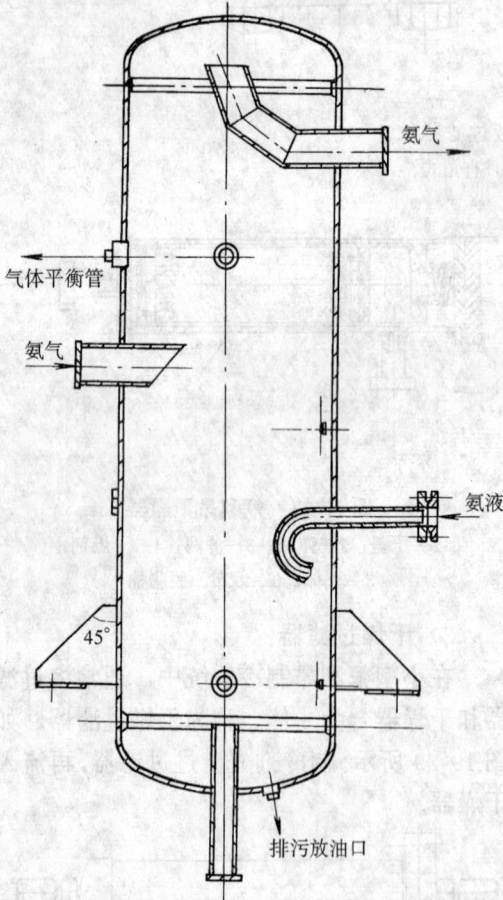

图 19-30　氨用立式气液分离器结构

19.4.10　紧急泄氨器

　　紧急泄氨器如图 19-31 所示,是氨制冷系统中的安全保护设备之一。它的外壳用无缝钢管制成,中心插入一根有许多小孔的进液管,壳体上部侧面焊有进水管接头与进液管相连接,底部为泄出口,发生意外事故(如火警、爆炸等)时,将整个制冷系统中的氨液溶于水后泄入下水道,防止制冷设备爆炸及氨液外逸,以保护设备和人身安全。

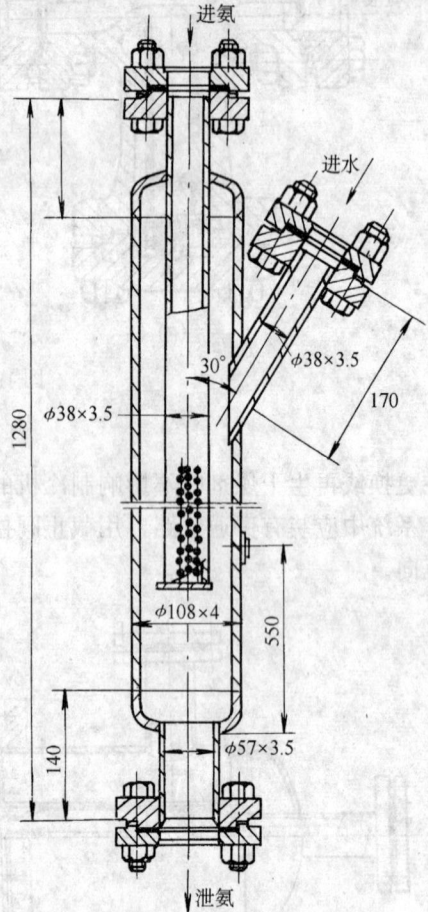

图 19-31　紧急泄氨器

　　紧急泄氨器的进液管与贮液器、蒸发器、中间冷却器等设备连接,进水管与消防用水管相连接,当发生紧急情况时,迅速打开水管和液管上的阀门,使大量的水与液氨混合,形成稀氨水溶液后排入下水道。

19.4.11　制冷装置的控制器件

　　(1)手动调节阀

手动调节阀又称节流阀，是制冷系统的四大关键部件之一，其结构形式与截止阀相似，区别在于截止阀的阀芯一般为平头，而节流阀的则为针型和带 V 型缺口的锥体。阀杆上的螺纹是细牙的，在调节氨液流量时可以逐渐开启。调节阀可分为直通式和直角式两种。目前，手动调节阀已逐步被自动调节阀所代替，手动调节阀装在作为辅助性节流用的管路上。

(2) 浮球阀

浮球阀是一种自动控制节流阀，在制冷系统中起着节流减压和自动控制蒸发器氨液面高度的作用，当蒸发器内液面低落时，浮球阀自动开大，待氨液升至规定的液面时，浮球阀自动关小和关闭。

浮球阀的构造如图 19-32 所示，在阀体内有一个钢制浮球，通过连杆与活门连接，壳体上还有上、下管接口，上管接头与蒸发器的气液分离器的气体部分相连，下管接头与蒸发器的液体部分相连接。

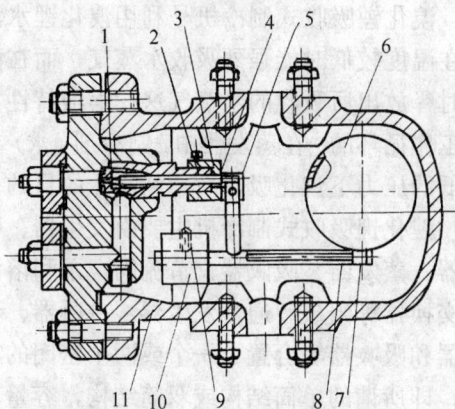

图 19-32　浮球阀结构图

1—阀座；2—螺钉；3—加固管；4—阀杆；

5—轴；6—浮球；7—铆钉；8—杠杆；

9—螺钉；10—平衡块；11—壳体

浮球阀的工作原理是：来自高压贮液器或冷凝器的氨液，先经过滤器过滤后进入浮球阀，经减压节流后，再由阀的出液口输送到蒸发器，当蒸发器内液面降低时，浮球随

之下落，由于杠杆的作用使阀杆脱离阀座，开大了进氨液的通路，使送至蒸发器的氨液量随之增多，待氨液面上升至规定液面时，浮球上升，使阀杆动作将阀孔关小或关闭，此时进入蒸发器内的氨液随之减少直至停止供液。

(3) 热力膨胀阀

热力膨胀阀又称感温调节阀或自动调节阀，它是目前氟利昂制冷系统中使用最广泛的节流机构。它能根据蒸发器的制冷剂温度和压力信号自动调节进入蒸发器中的氟利昂流量。

如图 19-33 所示的热力膨胀阀，它主要由感温包和膨胀阀两大部分组成。感温包 9 内充有氟利昂液体，它紧贴在靠近蒸发器端的吸气管路上，能直接反映出吸气管道氟利昂气体温度的变化，感温包通过毛细管 3 与膨胀阀的气箱膜片 2 相连接。膨胀阀本身装在液体管路上，它一面与高压液体相接，另

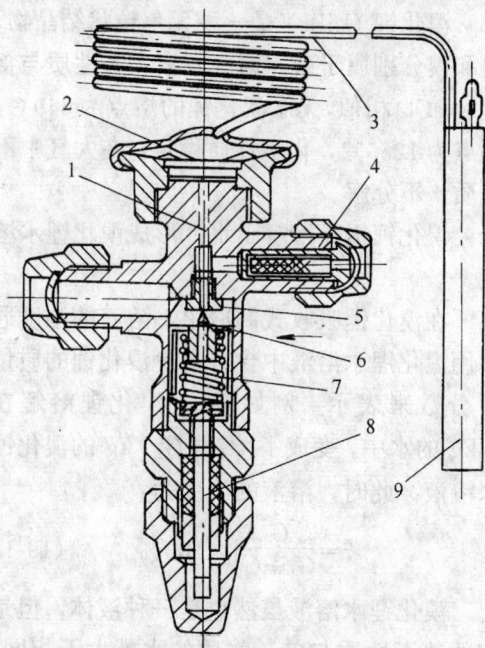

图 19-33　内平衡式热力膨胀阀

1—推杆；2—膜片；3—连接管；4—阀体；5—阀座；

6—阀心；7—弹簧；8—调整杆；9—感温包

一面与蒸发器连通,从图19-33知,在膨胀阀气箱中,膜片下部承受着蒸发器中氟利昂的压力和膨胀阀中弹簧的作用力。

热力膨胀阀的工作过程是:当蒸发器内缺少制冷剂时,蒸发器出口低压气体的过热温度上升,感温包内所感受到的温度也随之升高,温包内氟利昂受热膨胀,使得作用于膜片上的压力增大。当这个压力超过蒸发器中氟利昂的压力和下部弹簧的作用力时,膜片向下压,传动杆向下移动把阀针顶开,阀孔开大,于是蒸发器进液量增多。相反,如果蒸发器内制冷剂量太多时,出口蒸气的过热度减小,膨胀阀就会按照与上述相反的过程动作,将阀孔关小,以减少蒸发器的进液量。

19.5 溴化锂吸收式制冷

19.5.1 溴化锂水溶液的性质

溴化锂(LiBr)是一种无色粒状结晶物,锂和溴分别属于碱和卤族元素,其性质与食盐(NaCl)相似,无水溴化锂的熔点为549℃,沸点为1265℃,化学性质稳定,在大气中不变质,不分解。

溴化锂极易溶解于水,形成溴化锂水溶液。

在溴化锂吸收式制冷中,溶液的浓度通常用溴化锂水溶液中含有多少溴化锂的质量百分数来表示。例如G_1kg溴化锂溶解在G_2kg的水中,变成了(G_1+G_2)kg的溴化锂水溶液,此时,溶液的浓度为:

$$\xi = \frac{G_1}{G_1+G_2} \times 100\% \qquad (19-1)$$

溴化锂水溶液虽然也是一种液体,但是它的热工性质与单一物质的水就大不相同,水在等压下沸腾的饱和温度是不变的,水在一个标准大气压的饱和温度为100℃,而溴化锂在一个标准大气压下的饱和温度是随着浓度的变化而变化的,例如溴化锂水溶液的

浓度ξ分别为40%、50%、60%时,溶液的饱和温度分别为113℃、130℃和150℃。由此可见,在相同的压力下,溴化锂水溶液的饱和温度要比纯水高,并且浓度越大,饱和温度就越高。

溴化锂水溶液有以下主要特性:

1)溴化锂水溶液的水蒸气分压力小,它比同温度下纯水的饱和蒸汽压力小得多,所以具有较强的吸湿性。

2)溴化锂水溶液的饱和温度与压力和浓度有关,在一定压力下,其饱和温度随浓度变化。

3)溴化锂水溶液的温度过高或过低,均容易发生结晶。

4)溴化锂水溶液对一般金属材料具有很强的腐蚀性,并且腐蚀产生的不凝性气体对制冷机的影响很大。

19.5.2 溴化锂吸收式制冷机的工作原理

溴化锂吸收式制冷机是利用溴化锂水溶液在温度较低时能强烈吸收水蒸气,而在高温时释放出所吸收的水蒸气这一溶液特性完成工作循环的。在蒸发器中,制冷剂(水)在很低的压力下汽化吸热而达到制冷的目的。

溴化锂吸收式制冷机主要由发生器、冷凝器、蒸发器、吸收器、节流阀、泵和溶液热交换器等组成。通常发生器、冷凝器、蒸发器和吸收器等合置于一个或两个密闭的筒体,即所谓的单筒结构或双筒结构,容量较大的一般采用双筒结构形式。

溴化锂吸收式制冷的工作流程如图19-34所示,由发生器泵11送来的溴化锂稀溶液经热交换器5进入发生器2内。被发生器管簇内的工作蒸汽加热,由于溶液中水的沸点比溴化锂的沸点低得多,因此,稀溶液被加热到一定温度后,溶液中的水分汽化成为制冷剂水蒸气,制冷剂水蒸气经挡水板将其中所携带的液滴分离后进入冷凝器1,被冷

凝器管簇内的冷却水冷却而凝结成水；水经 U 形管 6 节流后，进入蒸发器 3 的水盘内，并由蒸发器泵 9 送往蒸发器的喷淋装置。制冷剂水均匀地喷淋在蒸发器管簇的外表面，由于吸收了管内冷冻水的热量而汽化成为水蒸气，管内冷冻水被吸热冷却后温度进一步降低。

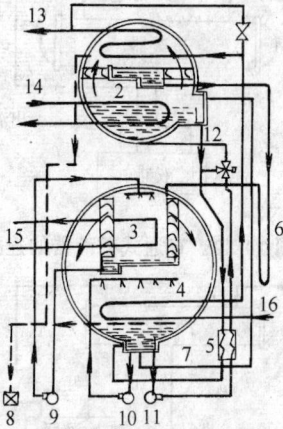

图 19-34　溴化锂吸收式制冷机流程图

1—冷凝器；2—发生器；3—蒸发器；4—吸收器；5—溶液热交换器；6—U 形管；7—防结晶管；8—抽气装置；9—蒸发器泵；10—吸收器泵；11—发生器泵；12—溶液三通阀；13—冷却水进口；14—工作蒸汽；15—冷冻水；16—冷却水进口

蒸发器 3 内的制冷剂水蒸气经挡水板将其携带的液滴分离后进入吸收器 4，被从吸收器泵 10 送来的喷淋在吸收器管簇外表面的溴化锂中间溶液（从发生器经溶液热交换器后的浓溶液与吸收器中的稀溶液混合成为中间溶液）所吸收。吸收过程中放出的吸收热被吸收器管簇内的冷却水带走。中间溶液吸收了制冷剂水蒸气而成为稀溶液，又被发生器泵 11 送往溶液热交换器后进入发生器 2 中加热，如此不断循环，连续制取冷量。

19.6　制冷管道的布置与配置

19.6.1　制冷管道的布置原则

制冷管道的布置应考虑下列要求：

1）保证各个蒸发器得到充分的供液；

2）避免过大的压力损失；

3）防止液态制冷剂进入制冷压缩机；

4）防止制冷压缩机的曲轴箱内缺少润滑油；

5）应能保持气密、清洁和干燥；

6）应考虑操作和检修方便，并适当注意整齐、美观。

19.6.2　氟利昂管道的布置与敷设

氟利昂制冷剂的主要特点是与润滑油互相溶解。因此，必须保证从每台制冷压缩机带出来的润滑油在经过冷凝器、蒸发器和一系列设备、管道之后能全部回到制冷压缩机的曲轴箱里来。

（1）吸气管的布置、敷设

1）考虑到润滑油能从蒸发器不断流回到压缩机，压缩机的吸气管应有不少于 0.01 的坡度，坡向压缩机，如图 19-35（a）所示。

2）当蒸发器高于制冷压缩机时，为了防止停机时液态制冷剂从蒸发器流入压缩机，蒸发器回气管应先向上弯曲至蒸发器的最高点，再向下通至压缩机，如图 19-35（b）所示。

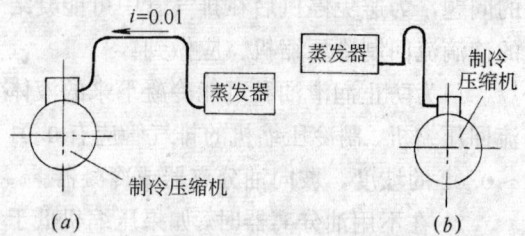

图 19-35　氟利昂压缩机的吸气管

3）氟利昂压缩机并联运转时，回到每台制冷压缩机的润滑油不一定和从该台压缩机带走的润滑油量相同，因此在曲轴箱上装有均压管和油平衡管，见图 19-36，使回油较多的制冷压缩机曲轴箱里的油通过油平衡管流回油较少的压缩机中。并联的氟利昂压缩机为了防止润滑油进入未工作的压缩机吸入口，压缩机的吸气管应做成图19-36 的形式。

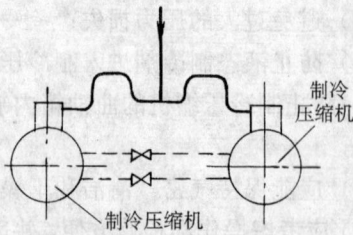

图 19-36 并联压缩机的配管

4）多组蒸发器的回气支管接至同一吸气总管时，应根据蒸发器与制冷压缩机的相对位置采取不同的方法处理，如图19-37 所示。

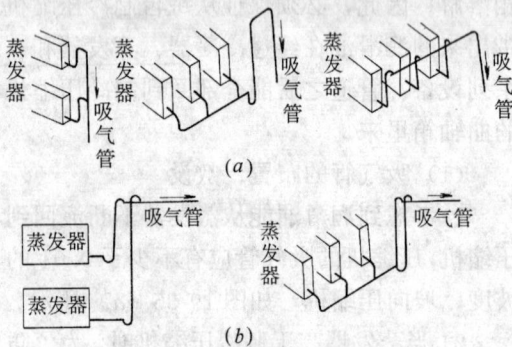

图 19-37 回气管道连接示意图
(a) 蒸发器高于制冷压缩机；(b) 蒸发器低于制冷压缩机

（2）排气管的布置、敷设

制冷压缩机排气管的设计也应考虑带油的问题，为避免停机后在排气管中可能凝结的液滴流回制冷压缩机、应做到：

1）为防止润滑油和可能冷凝下来的液体流回压缩机，制冷压缩机的排气管应有0.01～0.02 的坡度，坡向油分离器或冷凝器。

2）在不用油分离器时，如果压缩机低于冷凝器，排气管道应设计成一个U 形弯管，如图19-38 所示，以防止冷凝的液体制冷剂和润滑油返流回制冷压缩机。

（3）冷凝器与贮液器之间的管道布置敷设

冷凝器至贮液器之间的液管，其连接方法有两种，分别如图19-39 和图19-40 所示。

直通式贮液器的接管应考虑在贮液器内有气体反向流入冷凝器时，冷凝器内的液态

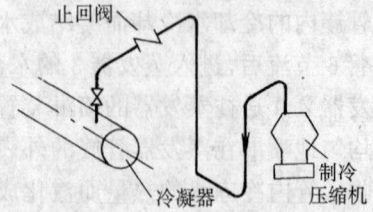

图 19-38 排气管连接示意图

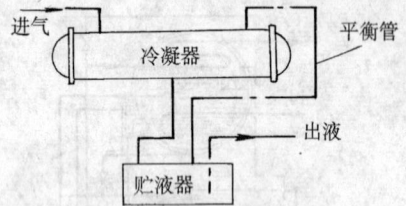

图 19-39 直通式贮液器的连接

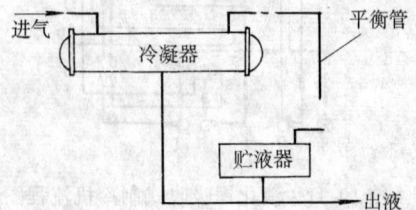

图 19-40 波动式贮液器的连接

制冷剂仍能顺利流入贮液器，其管径大小应按满负荷运行时液体流速不大于 0.5m/s 来选择，在接管的水平管段应有不小于 0.01 的坡度，坡向贮液器，接管应尽量减少弯头或弯管，贮液器应低于冷凝器，冷凝器出口至贮液器阀门中心的距离应大于 200mm。

波动式贮液器的顶部有一平衡管与冷凝器顶部连通。液体制冷剂从贮液器底部进出，以调节稳定制冷剂的循环量，从冷凝器出来的液体制冷剂，可以不经过贮液器直接到膨胀阀，冷凝器与波动式贮液器的高差应大于 300mm。

（4）冷凝器或贮液器至蒸发器间的管道敷设

1）为防止管路中有闪发气体的发生，一般在系统中设回热交换器，在较大的系统中可采用液泵，以一定的压力进行加压总液来克服管内阻力及液柱压差的影响。

2）当蒸发器位于冷凝器或贮液器下面时，如液管上不装设电磁阀，则液体管道上应设有倒 U 形液封，其高度应大于 2000mm，如图 19-41 所示，以防止制冷压缩机停止运行时，液体继续流向蒸发器。

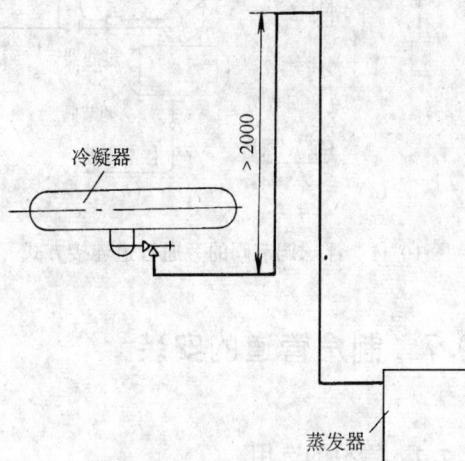

图 19-41　蒸发器在冷凝器或贮液器
下面时的管道连接方式

3）多台不同高度的蒸发器位于冷凝器或贮液器上面时，为了避免可能形成的闪发气体都进入一个最高的蒸发器，应按图 19-42 所示的方法连接。

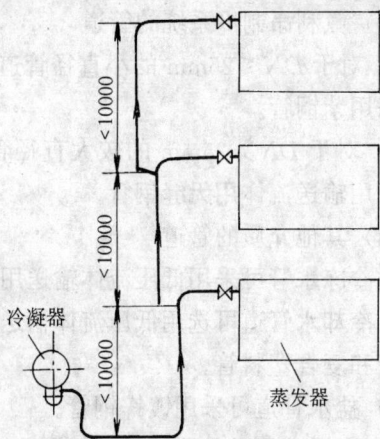

图 19-42　蒸发器在冷凝器或贮液器
上面时的管道连接方式

19.6.3　氨制冷管道的布置、敷设

（1）氨制冷吸气管道

为防止管道中的液体制冷剂进入压缩机中，造成液击现象。由蒸发器至制冷压缩机的吸气管道应有 5‰~1% 的坡度，坡向蒸发器。

为防止吸气管道的干管内液体制冷剂进入制冷压缩机，吸气支管应从干管的顶部接出。

（2）排气管道

制冷压缩机的排气管道应有大于等于 1% 的坡度，坡向油分离器或冷凝器，防止排气管道的润滑油返流回制冷压缩机，造成液击现象。

排气支管应从排气干管的顶部或侧部接出，防止管道内的润滑油进入停开的制冷压缩机中。

（3）冷凝器至贮液器的液体管道

1）卧式冷凝器至贮液器的液体管道，管道内的液体流速不大于 0.5m/s，由冷凝器的出口至贮液器进口处的角形阀的垂直管段，应有 300mm 以上的高差，如图 19-43 所示。

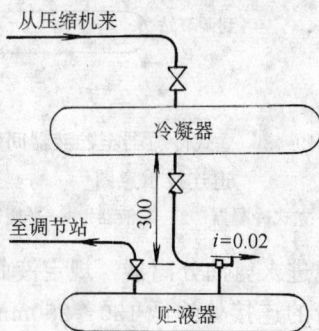

图 19-43　卧式冷凝器至贮液器的连接方式之一

2）如冷凝器至贮液器的液体管道内的液体流速大于 0.5m/s 时，冷凝器与贮液器间应安装均压管，如图 19-44 所示。

3）立式冷凝器至贮液器之间的管道，冷凝器出液管与贮液器进液阀间的最小高差为 300mm，液体管道应有大于或等于 0.02 的坡度，且须坡向贮液器，如图 19-45 所示。

（4）冷凝器或贮液器至洗涤式氨油分离器的液体管道

洗涤式氨油分离器的进液管，应从冷凝器至贮液器的氨液管的管底接出，为使氨液

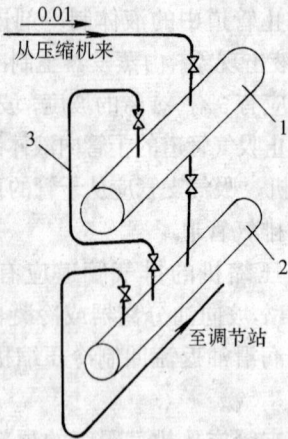

图 19-44　卧式冷凝器至贮液器的连接方式之二
1—卧式冷凝器；2—贮液器；3—均压管

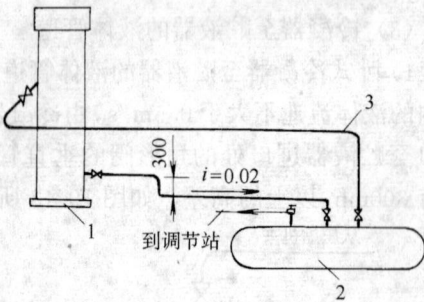

图 19-45　立式冷凝器至贮液器间管
道连接示意图
1—立式冷凝器；2—贮液器；3—平衡管

较通畅地进入氨油分离器，规定液面应比氨液进液管的连接处约低 150～250mm，连接方式见图 19-46。

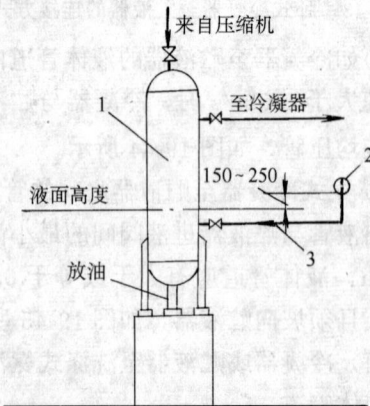

图 19-46　洗涤式氨油分离器的连接方式
1—洗涤式氨油分离器；2—自冷凝器至贮液器的
氨液管；3—油分离器进液管

（5）浮球调节阀的连接管道安装

浮球调节阀的连接管道见图 19-47。

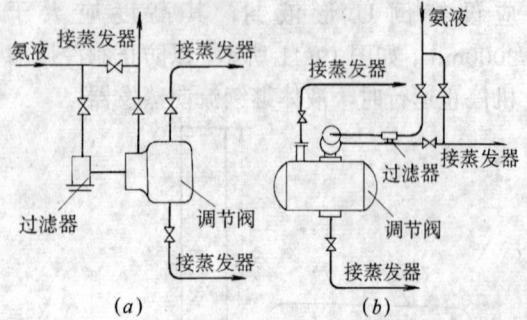

图 19-47　浮球调节阀的旁通管道连接方式

19.7　制冷管道的安装

19.7.1　管材的选用

（1）氨制冷管道

1）当温度＞−50℃时，使用 10 号、20 号优质碳素钢的无缝钢管，管内壁不得镀锌。

2）当温度≤−50℃时，应使用经过热处理的优质钢无缝钢管或低合金钢钢管，管内壁不得镀锌。

（2）氟利昂制冷系统的管道

1）对于 $DN≤25mm$ 的小直径管道，一般均采用紫铜管。

2）对于 $DN＞25mm$ 的较大直径管道，一般采用输送流体用无缝钢管。

（3）其他介质的管道

1）冷冻水管可采用低压流体输送用焊接钢管；冷却水管道可选用低压流体输送用焊接钢管和复合塑料管。

2）盐水管道可采用镀锌钢管。

3）润滑油管道与制冷管道相同。

19.7.2　管件、附件的选用及安装

（1）阀门、仪表

1）氨制冷管道用的各种阀门、仪表等均为特制专用产品，不得用其他产品代换。

2）温度计安装时要有金属保护套管，在套管安装时，其水银（或酒精）球应处在管道中心线上，套管的感温端应迎着介质流动的方向。

3）高压容器及管道应安装 0～2.5MPa 的压力表，低压容器及管道应安装 0～1.6MPa 的压力表。

（2）法兰及管件

1）氨制冷系统管道法兰应采用 $PN2.5MPa$ 的凹凸面平焊法兰。

2）管道用弯头应采用冷弯或热煨弯头，弯曲半径不应小于管子外径的 4 倍，最大外径与最小外径之差不得超过弯管前管子外径的 8%，不得使用焊接弯头（虾米腰弯头）及褶皱弯头。

3）制作三通弯头时，宜采用顺流三通、Y 型羊角弯头，也可采用斜三通，但不得使用弯曲半径为 $1D$ 或 $1.5D$ 的压制弯头。

19.7.3　管道的连接

（1）氨制冷管道的连接

1）管道与管道之间一般采用焊接。手工电弧焊在现场可进行平、横、立、仰各种位置的焊接，适用于焊接 $DN32mm$ 以上的管道。$DN32mm$ 以下的管道可采用气焊。

2）管道与设备均采用法兰连接，法兰垫片应采用 3～5mm 的石棉纸或青铅垫片。

3）当管道公称直径 $DN\leqslant25mm$ 时，可用螺纹连接，填料用纯甘油与氧化铅的调合物或搪锡，不得使用厚白漆和麻丝代替。

（2）氟利昂制冷管道的连接

1）无缝钢管与无缝钢管之间采用焊接。

2）管道与设备均采用法兰连接，法兰垫片采用厚度为 2～3mm 的中压石棉橡胶板。

3）铜管与钢管连接采用铜焊，紫铜与黄铜管的连接也采用铜焊，黄铜与黄铜管的连接采用银焊，但必须焊透。

（3）其他介质管道的连接

1）对冷却水、盐水管道，采用螺纹连接、法兰连接、焊接均匀，视管道的连接情况而定。一般地，管材为镀锌钢管应采用螺纹连接；若管材为焊接钢管，$DN\leqslant25mm$ 用丝接，$DN>25mm$ 为焊接。

2）对于润滑油管道，连接方式与制冷剂管道相同。

19.7.4　制冷系统管道的安装

（1）管道的清洗

管道在安装前必须进行管壁的除锈、清洗和干燥工作。

氨或氟利昂都具有较强的渗透性和流动性，很容易渗漏，因此对制冷系统的所有设备、零件、部件、管件的连接要求十分严格。另外，管道内壁还必须保持干燥，不得有水分和湿气。因为氨溶于水，氨系统中有水存在，会降低氨液的纯度，影响系统的良好运行；而氟利昂不溶于水，若氟利昂制冷系统中有水分，会使节流阀孔口处产生"冰塞"而堵塞管道。因此制冷管道必须进行除锈、清洗和干燥。

1）钢管除锈。可采用人工或机械的方法。如人工除锈则使用与管子内径相同的圆形钢丝刷在管子内部往复拖动数十次，直至将管内污物、铁锈等杂质彻底清除；机械方法使用钢丝刷在管内旋转，以清除管内壁铁锈等物。钢管内壁在铁锈彻底清除后，再用干净的抹布蘸上煤油反复擦洗，然后再用干燥过的压缩空气吹扫，直到管嘴喷出的空气在白纸上无污物时为合格。最后必须采取妥善的防潮措施，将管道封存好，待安装时启用。

2）钢管去污。对于小直径的管道、弯头或弯管，可用干净的抹布浸蘸煤油将管道内壁擦净。对于大直径的管道，可灌注四氯化碳溶液处理，约经 15～20min 后，倒出四氯化碳溶液（还可再用），再用上述方法将管道擦净吹干，然后封存备用。

3）当管道内壁残留的氧化皮等物用人工或机械的方法不能除净时，可用20%的硫酸溶液，在温度为40~50℃的情况下进行酸洗，酸洗工作一直进行到所有的氧化皮完全除净为止，一般情况下所需的时间为10~15min。

酸洗后，应对管道进行光泽处理。光泽处理的溶液成分如下：铬干100g，硫酸50g，水150g。溶液温度不应低于15℃，处理时间一般为0.1~1min。

经光泽处理后的管道必须以水冲洗，再用3%~5%的碳酸钠溶液中和，然后用冷水冲洗干净。最后还需要对管道进行加热、吹干和封存工作。

4）铜管除污。对于紫铜管，在煨弯时应进行烧红退火，退火后管内壁产生的氧化皮，要用下述两种方法予以清洗：一是酸洗，就是把紫铜管放在浓度为98%的硝酸（占30%）和水（占70%）的混合液中浸泡数分钟，取出后再用碱中和，并用清水冲洗、烘干；另一种是用纱布拉洗，方法是把纱布绑在铁丝上，浸上汽油，从管子的一端穿入再由另一端拉出，这样反复进行多次，每拉一次纱布都要在汽油中清洗过，直到洗净为止，最后再用干纱布拉干净。

（2）制冷管道的敷设

制冷管道有架空敷设和地沟敷设两种敷设方式，敷设时应满足以下要求：

1）液体管道不应有局部向上凸起的管段，气体管道不应有局部向下凹陷的管段，以免产生"气囊"或"液囊"，阻碍介质的流过。

2）管道沿墙、梁、柱布置时，对于有人通行处不应低于2.5m，管外壁与墙的净距不小于100mm，以便于安装、检修。

3）制冷压缩机的吸气管道和排气管道敷设在同一支吊架上时，应将吸气管放在排气管的下面，数根平行敷设的管道，管道之间应留有一定的间距，一般情况下管道净距

不小于200mm。

4）从液体干管上接出支、立管时，一般应从干管的底部接出；从气体的干管上接出支、立管时，一般应从干管的上部或侧部接出。

5）管道穿墙、楼板时均应加设钢套管，套管与管道之间应有8~12mm的间隙，除了穿过保温墙壁外，在间隙内不应填充任何材料。

（3）阀门的选用及安装

1）制冷系统中的各种阀门均为专用产品，除安全阀外，阀门安装前应逐个进行解体、清洗，除去油污和铁锈，重新组装。

2）阀门清洗后，阀门的填料填加应充足，并以1.5倍的工作压力进行强度试验，以工作压力进行严密性试验，合格后保持干燥，妥善保管好，以备安装。

3）阀门安装时应注意各种阀门的进出口和介质流向，切勿装错，如阀门有流向标记的，则应按标记方向，若无标记则应按低进高出进行安装。安装时应注意平直，不得歪斜，禁止将阀门手轮朝下或置于不易操作的部位。

4）氟利昂制冷系统中的热力膨胀阀应垂直安装，不得倾斜，更不允许颠倒安装。

5）制冷系统的各种仪表均为专用产品，压力测量仪表须用标准压力表作校正，温度测量仪表须用标准温度计校正，校正时均应做好记录。

（4）支、吊架的安装

1）支吊架的位置要正确，安装要牢靠。

2）为了减少冷损失通常是在管道与支架或吊架之间设置用油浸过的木块。图19-48和图19-49分别为单、双管道沿墙敷设绝热管道支架图，图19-50为绝热管道吊架图。

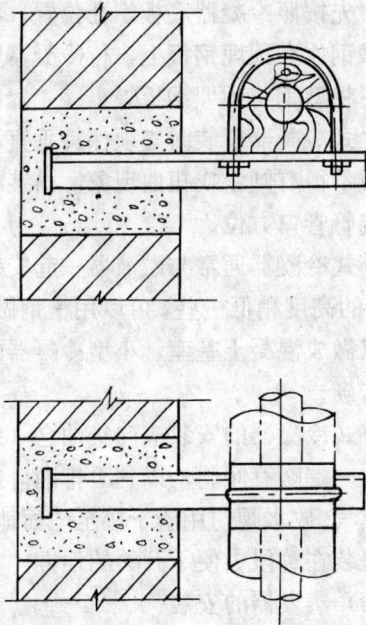

图 19-48　单管绝热管道支架图

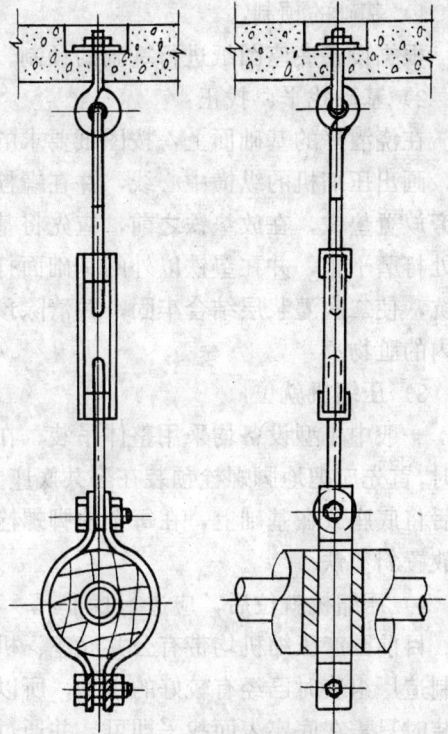

图 19-50　绝热管道吊架图

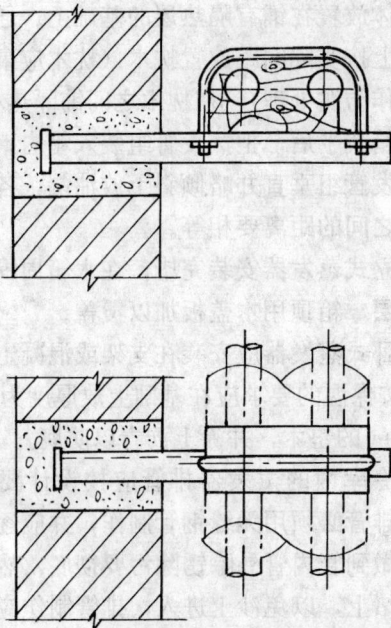

图 19-49　双管绝热管道支架图

19.8　制冷装置的安装

19.8.1　安装前的准备工作

安装工作开始前，应具有全部安装设备所需要的技术资料，编制施工安装计划，搞好与有关工种的密切配合，保证及时供水、供电，并做好以下各项准备工作。

1）按照设计图纸和产品说明书，检查全部设备和附件是否齐全，产品质量、规格、型号是否符合设计要求。

2）按照设计图纸检查、核对设备基础位置、尺寸和全部土建预埋件及预留孔是否符合设计要求。

3）准备好安装工具、起重设备和其他必要的物资等。

19.8.2　设备的安装

（1）压缩机的安装

529

1）基础的预制：

根据设备底座图纸进行基础的预制。

2）基础找平、找正：

在浇灌好的基础面上，按图纸要求的尺寸，画出压缩机的纵横中心线，并在螺栓孔两旁放置垫铁，在放垫铁之前，应先将基础面处打磨平整，并在垫铁以外的基础面打凿小坑，使二次灌浆层结合牢固，并清除预留孔内的脏物。

3）压缩机就位：

一般中小型设备均采用整体吊装，在吊装时，首先应把地脚螺栓预装在公共底座上，然后将底座放在基础上，在每个地脚螺栓附近放置斜垫铁。

4）压缩机就位后，应进行找平：

目前国产压缩机均带有公共底座、机器在制造厂组装时已经有较好的水平，所以在安装时只需在底座表面找平即可，并通过调整垫铁用水平仪来进行校正，要求基础与压缩机底座支承面接触均匀。

5）找平后，将1：1的水泥砂浆及时灌入地脚螺栓孔中，并填满底座与基础间的空隙，灌浆工作要一次完成，待水泥砂浆干后，可将基础外露部分抹光。隔2～3天后重新校正机器的水平度、垂直度和联轴同心度，砂浆完全凝固后，将垫铁焊死，拧紧地脚螺栓。

（2）冷凝器的安装

立式冷凝器下面通常都设有钢筋混凝土集水池，并兼作基座用。它的安装方式大体上有以下三种：

1）将冷凝器安设在有池顶的集水池上，即在池顶上按照冷凝器筒身的直径开孔，并预埋底板的地脚螺栓，待吊装就位找正后，拧紧螺母即可。

2）将冷凝器安装在工字钢或槽钢上。首先将工字钢或槽钢搁置在水池上口，用池口上事先预埋的螺栓加以固定，然后将冷凝器吊装并用螺栓固定在它上面。要注意不要让工字钢或槽钢碰着胀接在底板的冷却水管。

3）为安装方便，可在水池口上预埋钢板，钢板与钢筋混凝土池壁的钢筋焊牢，安装时，先按照冷凝器底板螺孔位置，将工字钢或槽钢放在预埋钢板上，待冷凝器安装完毕后，将型钢与预埋钢板焊牢。

立式冷凝器安装时必须保持垂直，上部溢水板不得有倾斜或扭曲现象，吊装时应注意连接管管口方位。

卧式冷凝器通常与贮液器一起安装在室内，它的高度稍低一些，可以用槽钢做支架，也可以做成混凝土基座，小型冷凝器的基础可用砖砌。

卧式冷凝器的安装应向集油仓（或放油口）的一端略有倾斜，以利于排油。封头盖上的放气、放水阀门用管子接至地面地漏处，阀门可装在管段中便于开关的地方。

（3）蒸发器的安装

直立管式蒸发器和双头螺旋管式蒸发器的蒸发管组，均放在一个长方形的金属水箱内。在搬运时应在箱内支撑木条以防水箱变形，水箱在安装前要灌水检漏，合格后，可将箱体放置在铺有隔热层的基础上。通常在基础上按实际间距放置枕木（枕木应事先用沥青作防腐处理），在枕木之间铺隔热材料。待水箱找平后，把蒸发管组装入箱内，要保证蒸发管组垂直并略倾斜于放油端，各蒸发管组之间的距离要相等。

立式蒸发器安装完毕，在水箱周围包以绝热层，箱顶用木盖板加以覆盖。

卧式蒸发器应安装在支架或混凝土基础上，按保温的要求应在基础上放厚度为50～100mm的垫木，并涂上沥青以防腐。

冷库内的蒸发器排管应按设计要求配置，排管必须用无缝钢管制作，并应逐根检查，做到管内管外除锈除污要彻底，然后用木塞堵上，以免沙土进入，排管制作应采用单组试压、吹污。

排管吊装时应均匀起吊，防止扭曲变形，同时按设计要求校正水平，防止供液不均。

（4）贮液器的安装

贮液器的安装方法与卧式冷凝器或卧式蒸发器相同。

贮液器一般安装在压缩机的机房内，便于观察贮液器的液位变化，安装时应注意贮液器安放的平面位置，如液位计的一端靠墙时，其距离应不小于 500～600mm，如无液位计的一端靠墙时，其间距可控制在 300～400mm。贮液器的安装高度应低于冷凝器，便于将冷凝器内的液体制冷剂靠重力自流至贮液器内，对大型贮液器设有集油器时，应考虑到放油的方便。

19.9　制冷系统的试验及试运转

19.9.1　制冷系统的气密性试验和真空试验

（1）制冷系统的吹扫

制冷系统安装完毕后，必须对系统进行吹扫，目的在于清除系统中的焊渣、钢屑、铁锈、氧化皮以及系统中的污物。这些杂质有可能进入压缩机，会使气缸或活塞表面划痕、拉毛，甚至造成事故，有时还可能堵塞毛细管、膨胀阀，使系统无法正常工作。因此制冷系统必须进行吹扫。

制冷系统所用管材、管件、阀门等虽然在安装前都进行了认真的清洗，在搬运、安装过程中难免会有焊渣、药皮、灰尘等杂物进入系统，只有通过吹扫，才能清除这些污物，从而保证制冷系统成为一个洁净、干燥而又非常严密的封闭循环系统。

氨制冷系统吹扫应以压力为 0.6MPa 清洁压缩空气或氮气进行，次数不少于 3 次，以系统的最低点为排污口，用贴有白纸的木板距 300～500mm 处检查，以白纸上无吹出的污物为合格。

氟利昂制冷系统，应用干燥的空气、氮气或二氧化碳对系统进行反复吹扫，直到排出的空气中不带污物为止。检查方法同上。

系统吹扫工作结束后，应将系统中的阀门（安全阀除外），拆下清洗，然后重新装配。

（2）制冷系统的严密性试验

制冷系统吹扫完毕后，应对系统进行严密性试验，目的在于检验系统各部位有无渗漏。制冷系统的气密性试验压力应根据设计要求进行，如设计无要求时，可按表 19-1 的规定执行。

制冷系统气密性试验的压力（绝对压力 MPa）

表 19-1

系统压力	活塞式制冷机			离心式制冷机
	R717(氨)R502	R22	R12　R134a	R11 R13
低压系统	1.8	1.8	1.2	0.3
高压系统	2.0	2.5	1.6	0.3

氨制冷系统气密性试验用的介质为洁净的二氧化碳气体或氮气，也可用洁净干燥的压缩空气。试压时可暂时隔断浮球液位控制器，气密性试验须在整个系统密封的情况下保持 24h，在前 6h 内因系统中的气体冷却产生的压力降不大于 30kPa，在以后的 18h 内当室温不变时，以压力不再下降为合格，如室内温度有变化，应每小时记录一次室温和压力，但试验终了的压力应符合下式计算出的数值：

$$P_2 = P_1 \frac{273 + t_2}{273 + t_1} \qquad (19\text{-}1)$$

式中　P_1——试验开始时的压力（绝对）
　　　　　（kPa）；

　　　　P_2——试验终了时的压力（绝对）
　　　　　（kPa）；

　　　　t_1——试验开始时的环境温度（℃）；

　　　　t_2——试验终了时的环境温度（℃）。

在系统试验过程中，要用肥皂水涂在焊口、阀盖、法兰等处仔细观察是否漏气，发现泄漏处应以粉笔画出记号，采取措施后，应及时予以修补，修补后再重新进行压力试验，直到合格为止。

（3）真空试验

制冷系统吹污和试压合格后，应进行抽真空试验，抽真空试验的目的是为了清除系统中的残余气体和水分以及检验系统在真空状态下的严密性。

对较大的制冷系统，可用制冷压缩机和真空泵交替运行的办法抽真空。对于使用全封闭和半封闭的制冷压缩机的制冷系统，应该使用真空泵抽空。用真空泵抽空可以从高低压两侧进行操作，抽空前应将系统的所有阀门全部打开，以使系统管路畅通，关闭所有的通向外界的阀门。抽真空时，将真空泵的吸气管接于制冷压缩机吸气阀或排气阀的多用孔道上，启动真空泵，真空试验每半小时记录一次，真空试验的剩余压力，氨制冷系统不应高于 8kPa（60mm Hg），保持 24h，以系统压力不发生变化为合格。对氟利昂制冷系统，系统内剩余压力不超过 5.3kPa（40mm Hg），保持 24h，以系统内回升压力不大于 0.53kPa（4mm Hg）为合格。

真空试验无真空泵时，可用制冷压缩机抽真空。其方法是将制冷压缩机的排气阀打开与大气相通。抽真空时，应先将冷凝器、蒸发器等存水设备的水排入它处，这样可以促使系统中的水分易于蒸发而使系统内部干燥，启动制冷压缩机，间断地分数次进行抽空操作，以便系统内的水分抽尽。

19.9.2 制冷系统制冷剂的充灌、抽取

（1）充注制冷剂检漏

制冷系统在完成气密性试验、真空试验后，正式灌注制冷剂前，需要进行检漏试验，以进一步检查系统的密封性能，所用方法如下：

1）皂液法检漏：

在系统承受工作压力状态下，用肥皂水涂抹在管道的焊缝、法兰及阀门处，若发现有冒泡现象，即可确定此处泄漏，这种方法简便实用，适用于系统的初次检漏。

2）试验检漏：

此法仅适用于氨制冷系统的检验。在真空试验合格后，向系统里注入一定量的氨液，再用试纸进行检漏。当系统内的氨气压力达到 0.3MPa 时，用酚酞试纸逐个检查各焊缝、法兰连接点及阀门处，若发现酚酞试纸变色，即可确定该处有泄漏。

3）卤素灯检漏：

卤素灯是一种带有特殊燃烧装置的酒精喷灯，使用时点燃卤素灯，火焰呈红色，将检查管放在被检查处慢慢移动，若是氟利昂泄漏，通过检查管吸入的空气与火焰接触后，火焰由红色变成绿色。颜色越深，表明氟利昂泄漏越严重。卤素灯适用于一般的氟利昂制冷系统的检漏。

4）卤素检漏仪检漏：

卤素检漏仪又称电子检漏仪，其工作原理是利用氟利昂电离而产生电子流，使微安表指针偏转的一种检漏仪表。使用时应先接通电源，把探头顶端朝着被检查的部位慢慢移动，如遇氟利昂泄漏，则蜂鸣器响声加剧，指针摆动较大。

卤素检漏仪灵敏度较高，主要用于系统充入制冷剂后的检验，寻找难以发现的漏点，在有卤素物质或其他烟雾污染的环境中不能使用，以免误检。

（2）制冷剂的充灌

1）充氨：

当系统充氨检漏试验合格后，方可开始对系统进行充氨。

充氨前要做好各项准备工作，如学习安全操作规程，准备防毒面具、橡皮手套、急救药品和各种操作工具，禁止任何火种进入充氨现场。

小型制冷装置一般以氨贮液器上的加氨管充氨；大型冷库，一般从总调节站专设加氨站充氨。充氨前应称氨瓶毛重，做好记录。然后将氨瓶放在倾斜的木架上，瓶口朝下，与水平面成 30°角，用连接管与系统的贮液器充氨阀门连接，如图 19-51 所示。

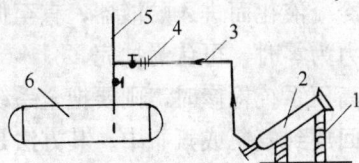

图 19-51　充氨示意图

1—瓶架；2—氨瓶；3—连接管；

4—活接头；5—出液管；6—贮液器

充氨操作前，操作人员应戴上防毒面具和橡皮手套，安装好氨瓶，在充氨管路上装好校正过的氨压力表。

开始充氨时，将连接的活接头松开，开启氨瓶控制阀，排出连接管内的空气后再紧活接头，再打开贮液器上的进氨阀，氨液靠瓶与系统的压力差而充入。与此同时，应以酚酞试纸检查充氨管的接口处有无渗漏现象。如一切正常，可以将氨瓶阀全部打开，以加快充氨速度。当氨瓶底部出现白霜时，表示瓶内氨液充完，将瓶阀和进液阀关闭，再用同样的方法换瓶再充，换下的瓶称重，其毛重与氨瓶重的差值，即为充入系统内氨液重量。随着系统内氨液量的增加，其压力就不断升高，依靠压差充氨就比较困难。为了使氨液能继续充入系统中，必须将系统内压力降低。当系统内压力达到 0.4MPa 时，将调节阀关闭，使高低压系统断开，开启冷却水管路，开动压缩机，使氨气冷凝为氨液送至贮液器贮存起来。当贮液器内贮液量达到 60% 左右时，应停止充氨，制冷装置投入运行，并检查充入的氨液量是否充足，调整好各设备中的氨液面。

充液过程中，高压侧不得超过 1.4MPa，低压侧不得超过 0.4MPa。

2）充氟利昂：

充氟利昂的操作人员要戴好手套和防护眼镜，室内空气要流通。如氟利昂液滴落到皮肤上时，要迅速用清水冲洗、擦干，防止冻伤。

对于小型制冷设备，灌氟利昂的方法有以下两种：

一种是高压段充灌法，就是从压缩机排气截止阀旁通孔充灌，如图 19-52 所示。在充灌过程中压缩机不运转，此时，将氟利昂钢瓶倾斜倒置于磅秤架子上（架子应高于系统的贮液器），用铜管把压缩机排气截止阀旁通孔与钢瓶连接起来，记下磅秤所指的重量，再将砝码减去所加的制冷剂的重量，让磅秤的砝码向上翘。灌注前，应利用少量氟利昂把铜接管内空气赶出去，开启钢瓶阀和排气截止阀，让旁通孔与系统相连接，这时便可以听到氟利昂液体喷入系统的流动声，务必注意磅秤的情况，一旦磅秤砝码下落，表明所加制冷剂量已达到规定要求，应立刻关闭钢瓶阀，并用酒精灯或其他设备加热铜管，将管内氟利昂液体压进系统内。至此关闭排气截止阀的旁通孔，拆下接管，灌注工作完毕。这种方法的优点是：灌注速度快而且安全，适用于系统内无制冷剂并抽过真空的情况，属于第一次灌注，它是靠钢瓶内氟利昂与系统之间的压力差及高度差而自行灌入系统的。

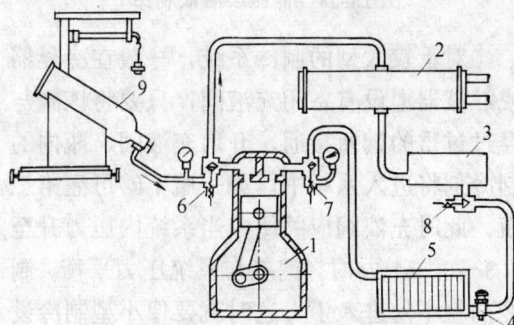

图 19-52　高压段灌氟利昂

1—压缩机；2—冷凝器；3—贮液器；4—热力膨胀阀；

5—蒸发器；6—排气截止阀；7—吸气截止阀；

8—出液阀；9—氟利昂钢瓶

另一种方法是低压灌注法，就是从压缩机吸气截止阀旁通孔灌注，如图 19-53 所示（图中设备、附件的名称与图 19-52 相同）。在灌注过程中，要使压缩机运转，打开排气截止阀，开启冷凝器的冷却水阀（如风冷式冷凝器应开动风机）。这时让氟利昂缓慢地吸入压缩机，用手抚摸铜管会感到发凉，钢瓶表面也逐渐地先结露后结白霜，应随时查看磅秤读数，当加入量足够时，应立即关闭钢瓶阀和吸气截止阀的旁通孔，灌注工作到此结束。这种方法灌注速度较慢，适用于系统注入量不够，需要添补的情况。

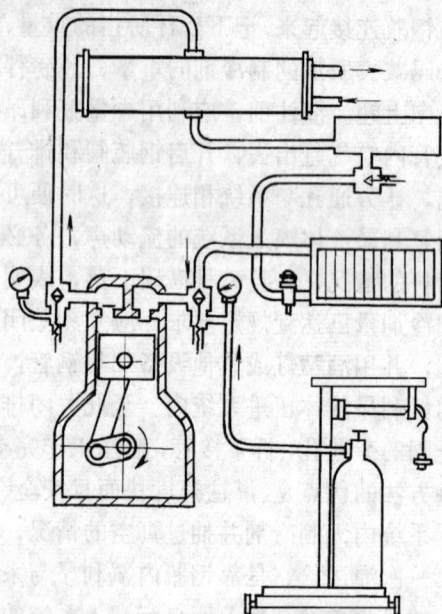

图 19-53 低压段灌氟利昂

对于较大型的制冷系统，一般在冷凝器或贮液器上设有备用充液阀，只要将该阀与经过过重的钢瓶接通，开启充液阀，瓶内的制冷剂将进入系统中，如一瓶不够可灌第二瓶，此时充液阀应关闭。当系统内压力升至 0.3～0.5MPa 时，钢瓶与系统压力平衡，制冷剂就不易进入了，这时就要像小型制冷设备那样，将钢瓶铜管接至压缩机吸入阀的旁通孔灌入（即采用低压段充灌法）。

（3）制冷剂的抽取

在管道检修或在充液试验过程中，发现系统中有渗漏，若将制冷剂放空，不仅浪费，而且会污染环境，因此应采用制冷剂抽取保管的办法。

在低压系统检修时，可将制冷剂抽入贮液器内贮存起来，方法是关闭贮液器的出液阀，启动压缩机并开启冷凝器的冷却水系统，

将低压部分的氨气（或氟利昂）抽入高压部分，经冷凝液化而进入贮液器，直至低压部分的压力为零时，可认为抽完。

在高压系统检修时，则要把全系统的制冷剂抽回放到氨瓶或氟瓶中。其方法是，将制冷剂瓶的出口与压缩机上的排气堵连接，关闭压缩机的排气阀，打开吸气瓶，这时贮液瓶要不断用冷却水冷却，打开瓶阀，启动压缩机，将系统内的制冷剂全部抽入瓶内，由于钢瓶不断地被冷却，制冷剂气体液化贮存在瓶内。待整个系统压力为零时，即可停止。通常一个钢瓶是不够的，可分别用几个瓶将系统内的制冷剂抽完。

19.9.3 制冷系统的试运转

当制冷剂系统充灌制冷剂工作完毕，绝热工程完成后，应对制冷系统进行试运转，即将所有的压缩机逐台进行负荷试运转。

试运转时应首先启动冷却水泵和冷冻水泵。

活塞式制冷压缩机的油位应正常，油压应比吸气压力高 0.15～0.3MPa。气缸套的冷却水温度：进口不得超过 35℃，出口不得超过 45℃。压缩机的排气温度：制冷剂为 R717、R22 时，不得超过 150℃；制冷剂为 R12 与 R134a 时，不得超过 130℃。

离心式制冷机试运转时，应首先启动油箱电加热，将油温加热至 50～55℃，按要求供给冷却水和载冷剂。再启动油泵，调节润滑系统，按照设备、技术文件要求启动抽气回收装置，排除系统中的空气。启动压缩机应逐步开启导向叶片，快速通过喘振区，油箱的油温应为 50～65℃，油冷却器出口的油温为 35～55℃。滤油器和油箱内的油压差 R11 机组应大 0.1MPa。R12 机组应大于 0.2MPa。

螺杆式压缩机启动前应先加热润滑油，油温不得低于 25℃，油压应高于排气压力 0.15～0.3MPa，滤油器前后压差不得大于

0.1MPa，冷却水入口温度不应高于32℃，机组吸气压力不得高于1.6MPa，排气温度与冷却后油温关系见表19-2。

压缩机排气温度与冷却后的油温表（℃）

表 19-2

制 冷 剂	排气温度	油 温
R12	≤90	30～55
R22　R717	≤105	30～65

系统带制冷剂正常运转不应少于8h。

试运转正常后，必须先停止制冷机、油泵（离心式、螺杆式制冷机在主机停止后尚需继续供油2min，方可停止油泵），再停冷却水泵、冷冻水泵。试运转结束后应拆检和清理滤油器、滤网、干燥剂，必要时需更换润滑油，拆检完毕后将有关装置调整到准备启动状态。

小　结

用人工方法从某一物质或空间移出热量，使物质或空间的温度降低，并能保持低温的技术称为人工制冷，用于人工制冷的机器称为制冷机，循环于制冷系统中的工质称为制冷剂。

目前广泛应用的制冷方法有：蒸汽压缩式制冷、蒸汽喷射式制冷、吸收式制冷。上述三种制冷方法都是利用液体蒸发吸热这一原理。

制冷剂又称为制冷工质，它是在制冷系统中完成制冷循环的工作介质，目前常用的制冷剂有氨、氟利昂，应该特别说明的是，氟利昂类制冷剂（R11、R12、R13、R113、R114等）属公害物质，污染环境，破坏大气臭氧层，已被国际社会列为禁用产品，但本教材仍作介绍是针对目前现实中大量运行使用着的制冷设备所用制冷剂大多是氟利昂这一实际情况。

部分氟利昂制品如R22、R142b、R123等虽属低公害物质，但最终还是会被禁用。

载冷剂是指在间接制冷系统中用来传递冷量的中间介质，常用的载冷剂有水、空气和盐水等。

蒸汽压缩式制冷是工程中常用的制冷方法之一，其工作原理是：制冷压缩机将低压低温的制冷剂进行压缩成为高温高压的制冷剂，高温高压的制冷剂进入冷凝器放热冷却成为高压高温下的制冷剂液体，经膨胀阀节流降压后进入蒸发器，制冷剂由于压力的降低，空间的扩大，得以迅速地蒸发、沸腾，从蒸发器周围吸收大量的热量，使蒸发器周围介质（水和空气）温度降低，实现制冷。

由于制冷剂的不同，蒸汽压缩式又分为氨制冷系统和氟利昂制冷系统。制冷压缩机、冷凝器、膨胀阀、蒸发器是压缩式制冷的最基本的四大部件。

溴化锂吸收式制冷和蒸汽压缩式制冷机一样，都是利用液体在蒸发时要吸收热量这一物理特性来实现制冷的。蒸汽压缩式制冷要消耗电能，而吸收式制冷主要是消耗热能来实现制冷。

由于制冷剂易挥发，渗透力强，制冷系统安装要求非常严格，无论是管材的选取，管材的除锈与清洗，管件、配件、阀门、附件、仪表的选用，还是管道系统的安装，系统的吹污，压力试验，制冷剂的充灌，系统的试运转，每个环节都必须认真、细致，确保万无一失，并做好各项记录，责任落实到人。制冷工程，尤其是氨制冷工程，一旦发生意外，出现事故，其责任重大，后果严重。因而在施工安装过程中，必须按照施工验收规范和安全操作规程进行施工。

习　题

1. 常用的制冷方法有哪几种？其工作原理是怎样的？

2. 选择制冷剂时应考虑哪些因素？

3. 氨的性质有哪些？

4. 氟利昂12、氟利昂22各有哪些性质？

5. 什么是载冷剂？常用的载冷剂有哪几种？

6. 压缩式制冷系统有哪些主要设备？其功用是什么？

7. 绘图说明浮球阀的构造和工作原理，并说明其装置方法。

8. 绘图说明热力膨胀阀的构造和工作原理，并说明其安装要求？

9. 氨油分离器的作用是什么？有哪几种类型？

10. 氨制冷系统中的空气从何而来？如何排除？

11. 过滤器的作用是什么？有哪几种类型的过滤器？

12. 氟利昂制冷系统为何要设干燥器？

13. 紧急泄氨器的作用是什么？其工作原理是怎样的？

14. 溴化锂水溶液有哪些性质？

15. 绘图说明溴化锂吸收式制冷机的工作原理。

16. 制冷管道的布置应考虑哪些因素？

17. 制冷压缩机的吸气管道和排气管道应该怎样配置？

18. 冷凝器与贮液器之间的管道应如何配置？

19. 贮液器与蒸发器之间的管道如何配置？

20. 制冷管道的管材、管件应怎样选用？

21. 制冷管道有哪几种连接方式？

22. 制冷管道的阀门、仪表如何选用？安装时应注意哪些事项？

23. 制冷管道安装前为什么要进行清洗？如何清洗？

24. 制冷管道的支吊架有哪些特点和形式？

25. 制冷压缩机如何安装？

26. 冷凝器如何安装？

27. 蒸发器的安装要求是什么？

28. 制冷系统如何吹污？

29. 制冷系统的气密性试验如何进行？

30. 怎样进行制冷系统的真空试验？

31. 制冷系统充液检漏的方法有哪些？

32. 氨制冷系统如何充氨？

33. 氟利昂制冷系统的制冷剂如何充灌？

34. 制冷系统的制冷剂怎样抽取？

35. 制冷系统试运转应满足哪些要求？

第 20 章　常见的工业管道安装

随着工业生产的日益发展，工业企业中的管网越来越复杂，除了前面介绍的给排水管道热力管道外，还有压缩空气、氧气、乙炔、燃气、输油等工业管道。这些管道作为企业的动力系统，分别起着不同的作用，本章主要讲述车间内常见的几种工业管道安装。

20.1　燃气管道的安装

20.1.1　燃气的成分与分类

燃气是理想的气体燃料，它燃烧时温度高，易点燃，容易调节，使用方便。燃气种类很多，按其来源不同可分为天然气和人工燃气两大类。

（1）天然气

天然气是指从地层中开采出来的燃气，如果开采出来的燃气中不含石油，则称为纯天然气；伴随石油一起开采出来的石油气称为油田伴生气，从石油轻质馏分中凝析出的叫气田气，从井下煤层中抽出的叫矿井气，天然气的主要成分是甲烷，也含有少量的二氧化碳（CO_2）和硫化氢（H_2S），有时也含微量的氢。

（2）人工燃气

人工燃气按制取的方法不同可分为四类：

1）干馏煤气。将固体燃料隔离空气加热，使其热分解得到的可燃气体称为干馏煤气，如炼焦煤气、半焦煤气，其主要成分为氢气（H_2）和甲烷（CH_4）。

2）液化气和液化石油气。是石油炼制过程中得到的副产品。液化气的主要成分是甲烷、氢气和不饱和烃；液化石油气主要是丙烷、丁烷和不饱和烃类。

3）裂化石油气。也叫油制气，是以重油为原料，在高温炉内，在催化剂作用下，裂解成近似于干馏煤气的可燃气体，其主要成分为烷烃和不饱和烃。

4）汽化煤气。是固体燃料在煤气发生炉中进行汽化所得的煤气，其中有空气煤气、水煤气，蒸汽氧煤气、水蒸气混合煤气等。煤气的主要成分为一氧化碳（CO）和氢气（H_2），冶金机械工厂中常用的煤气大都是发生炉煤气，即空气水蒸气混合煤气；城市居民用的煤气大多是焦炉煤气，液化气或液化石油气的混合气体。

20.1.2　燃气的性质

（1）易燃、易爆性

燃气中由于含有大量的可燃物，如甲烷（CH_4）一氧化碳（CO）等，因此是非常容易燃烧的气体燃料。燃气具有爆炸性，当燃气与空气混合到一定比例时，遇明火就会发生爆炸。引起爆炸时可燃气体的浓度范围称为爆炸极限。其中引起爆炸的最小可燃气体浓度称为可燃气体的爆炸下限，引起爆炸的最大可燃气体浓度称为可燃气体的爆炸上限。天然气的爆炸极限为5%～15%液化石油气的爆炸极限为1.7%～9.7%，发生炉煤气的爆炸极限为21.5%～67.5%，水煤气的爆炸极限为6.2%～70.4%一氧化碳的爆炸极限为12.5%～75%。

（2）燃气的毒性

燃气中含有大量的有毒气体，如 CO、H_2S 等，CO 是无色无味气体，比空气略轻，毒性剧烈，它与人体中的血红蛋白有极强的结合能力。形成碳氧血红蛋白（HbCO），碳氧血红蛋白（HbCO）不能携带输送氧，使人窒息甚至死亡。硫化氢（H_2S）为无色具有臭鸡蛋味的气体。是强烈的神经毒物。人与低浓度的硫化氢接触时表现为畏光、流泪，眼刺痛和咽喉灼热感，同时有咳嗽及前胸闷痛，高浓度吸入后，患者可在数秒或数分钟内发生头晕、呕吐、共济失调以及骚动不安而迅速昏迷，如挽救不及时便可死亡。燃气中的甲烷和烃类物质浓度超过 5% 也能使人窒息。

（3）燃气的含水性及其他

燃气在制造过程中，很难把水彻底清除，因而不管何种燃气都程度不同的含水，因此这些凝结水必须及时清除，否则会堵塞管路。

燃气中还含有苯、煤焦油、硫化物、氨等有害物质，萘在干馏煤气中含量较多，容易以结晶态析出，沉积于管道内，使管道截面缩小，减少了流量，严重的可以堵塞管道，造成断气。在人工燃气中含有煤焦油，煤焦油与灰尘粘合在一起，会造成管道和用气设备的堵塞。硫化物除了硫化氢外，还有二氧化碳、硫氧化碳等有机硫化合物。硫化氢对人体有害，它还是一种腐蚀剂，对管壁有腐蚀作用。有机硫化物对煤气灶有腐蚀性。高温干馏的煤气中含有氨，氨对燃气管道，设备及燃具都有一定的腐蚀作用，此外，硫化物和氨容易与铜发生作用而腐蚀各种含铜的阀门。

20.1.3 煤气的生产工艺流程

生产气化煤气的煤气发生站，通常有热煤气发生站和冷煤气发生站之分，而冷煤气发生站又有回收焦油和不回收焦油两种。以下简单介绍回收焦油的冷煤气发生站生产煤气的工艺流程。

回收焦油的冷煤气发生站工艺流程如图 20-1 所示，煤气从发生炉出来之后进入竖管

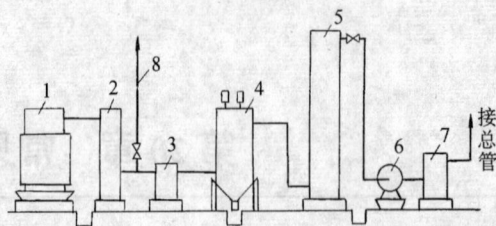

图 20-1　回收焦油的冷煤气发生站工艺流程
1—煤气发生炉；2—竖管冷却器；3—水封槽；
4—静电除焦器；5—洗涤塔；6—排送机；
7—除滴器；8—放散管

冷却器，经冷水喷淋冷却至 80～90℃，并把部分灰尘除掉，然后经过水封槽进入静电除焦器，除去煤气中的焦油、水封槽的作用是当检修静电除焦器时可用以切断煤气通路。煤气进入装有瓷环或木格填料的洗涤塔，通过水的洗涤除去尘埃和残留的部分轻质焦油，冷却后的煤气用排送机加压通过除滴器清除煤气中的水滴之后送入煤气管网至用户。

20.1.4 室外燃气管道的布置及安装

（1）燃气管道的分类

燃气管道按其工作压力的不同分为：低压、中压、次高压和高压四类：

1）低压燃气管道　$P < 0.005MPa$；

2）中压燃气管道　$0.005MPa < P \leq 0.15MPa$；

3）次高压燃气管道　$0.15MPa < P \leq 0.3MPa$；

4）高压燃气管道　$0.3MPa < P \leq 0.8MPa$。

低压燃气管道输送人工燃气时，压力不大于 0.002MPa，输送天然气时，压力不大于 0.0035MPa，输送气态液化石油气时，压力不大于 0.005MPa。

城市燃气管道一般以低压和中压管道为主，中压和高压管道它须经过调压室降压后，才能给工厂或民用用户供气。

（2）工厂厂区燃气管道的布置

工厂燃气管道的气源有两种。一种是工厂自建煤气发生站人工燃气，另一种是接自城市燃气管道。城市燃气管道的分配管网是通过工厂引入管进入厂区，引入管上应设总阀门。每个工厂通常只有一个引入口，只有要求不允许间断供气的大型工厂，才设有几个引入口。

工厂厂区燃气管道的干管和分支管的布置形式有四种：干线式管网、辐射式管网、环状式管网和复线式管网。

1）干线式管网：

干线式管网如图 20-2 所示，是一种常见的布置形式，是从干管上接出分支管，靠近

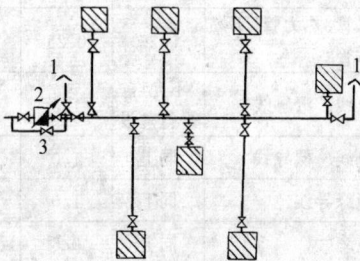

图 20-2 干线式管网布置

1—放散管；2—调压阀；3—引入装置

干管和进入车间入口处应设置启闭阀，便于控制。图中放散管是为了初次通入燃气时，用二氧化碳或蒸汽吹净管道内原有空气，或当管道需要修理时吹净管道剩余燃气之用。这种布置形式的缺点是，当管道上某点发生故障时，该点以后各用气点将全部停止供气。

2）辐射式管网：

辐射式管网如图 20-3 所示，各车间燃

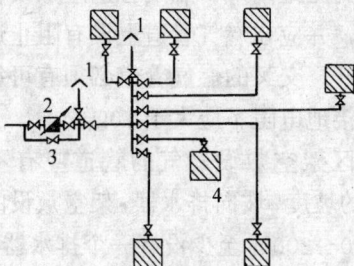

图 20-3 辐射式管网布置

1—放散管；2—调压阀；3—引入装置；4—车间

气的管道都从干管头上分支专用管上接出，形成辐射状。这种布置形式较干线式管网供气可靠性增加，某一车间供气分支管检修时不影响其他车间供气，但管道长度增加。

3）环状式管网：

环状式管网如图 20-4 所示，干管布置成闭合环形，在两车间之间设置放散管，这种管网布置供气安全可靠，如果某点发生故障，可隔断进行修理，不影响其他车间用气，其缺点是工程造价高、施工难度大。

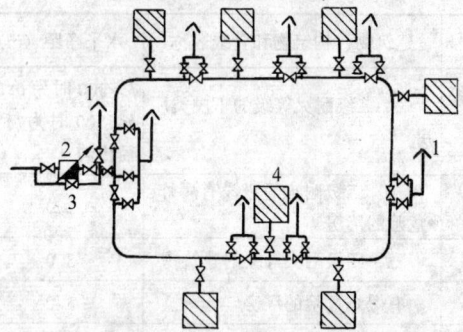

图 20-4 环状式管网布置

1—放散管；2—调压阀；3—引入装置；4—车间

4）复线式管网：

复线式管网如图 20-5 所示，干管采用双线布置，平时两根管网都供气，只有在检修时才有一根干管停气，这样就保证了各车间的供气，适用于重要车间必须保证燃气不间断供应的工厂。

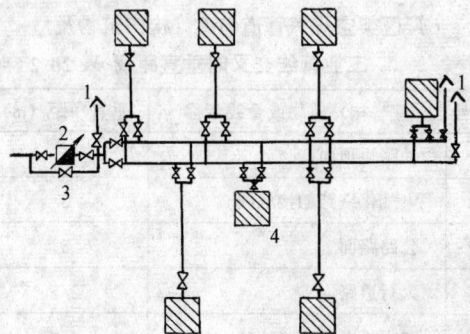

图 20-5 复线式管网布置

1—放散管；2—调压阀；3—引入装置；4—车间

（3）工厂厂区燃气管道的敷设及安装

厂区燃气管道的敷设方式有架空敷设和埋地敷设。

厂区架空敷设煤气管网应尽量平行于道路或建筑物敷设。厂区架空煤气管道与构筑物最小净距应满足表20-1的要求，厂区架空煤气管道与建筑物、构筑物及工业管线交叉时的垂直净距应满足表20-2，车间架空管道与其他管线水平、垂直、交叉净距见表20-3。

厂区架空煤气管道与建筑物最小水平距离　表 20-1

序号	建筑物、构筑物和管线名称	水平净距（m）
1	一、二级耐火等级的丁戊类厂房	$\phi > 500$ 时为 0.5 $\phi < 500$ 时为与管径相同
2	一、二级耐火等级没有爆炸危险的厂房	2.0
3	三、四级耐火等级的建筑物	3.0
4	有爆炸危险的厂房	5.0
5	标准轨距铁路外轨边缘	3.0
6	道路路面边缘或地沟边缘	1.5
7	熔化金属、熔渣出口及其他明火地点	10.0
8	架空电力线路1kV以下	1.5
	1~10kV	2.0
	35kV以上	4.0
9	照明、电信杆柱中心	1.0
10	易燃、可燃液体管道	1.0

厂区架空煤气管道与建（构）筑物及工业管线交叉时垂直距离　表 20-2

序号	建（构）筑物或管线名称	垂直净距（m）
1	铁路轨顶面	6
2	电气化铁路的接触线	3
3	公路路面	5
4	人行道路面	2.5
5	架空输电线　≤1kV	2.5
	1~10kV	3
	35kV	4
6	架空电讯线：室外	1.5
	室内	0.1

续表

序号	建（构）筑物或管线名称	垂直净距（m）
7	煤气、氢气、乙炔、氧气燃油管道 $DN \leq 300mm$ $DN > 300mm$	0.1 0.3
8	水管、热力管、惰性气体管： $DN < 300mm$ $DN \geq 300mm$	0.1 0.3

车间架空煤气管道与其他管线水平、垂直交叉净距　表 20-3

序号	车间管线名称	平行净距	垂直净距	交叉净距
1	氧气、乙炔、燃油	0.5	0.5	0.25
2	水管、热力管，不燃气体管	0.25	0.25	0.1
3	电线、滑触线	不允许平行敷设	1.5	0.5
4	电线、裸导线	同上	1.0	0.5
5	绝缘导线	同上	1.0	0.3
6	电缆	同上	0.5	0.3
7	穿有导线的电线管	同上	0.3	0.1
8	连接悬挂式母线	同上	1.5	0.5
9	非防爆型开关、插座、配电箱	同上	1.5	1.5

厂区架空燃气管道不允许穿越危险的生产车间、仓库、变电所、通风间等建筑物，以免发生事故，架空燃气管道不应在燃料、木材场内敷设，不允许穿越不使用燃气的建筑。

厂区架空燃气管道与架空电力线路交叉时，除满足距离外，燃气管道应敷设在电力线下面，并应在燃气管道上设有阻止通过的横向柱杆，交叉的燃气管道必须有可靠的接地，且接地电阻不应大于10Ω。

厂区架空敷设燃气的管道应有不小于0.005的坡度，坡向排水器，架空敷设的管段每隔150~200m至少设有一个排水器，拐弯管道可适当增加排水器的个数。

架空敷设的管道每隔100~200m应设有可靠的接地装置，车间入口处也要接地。车

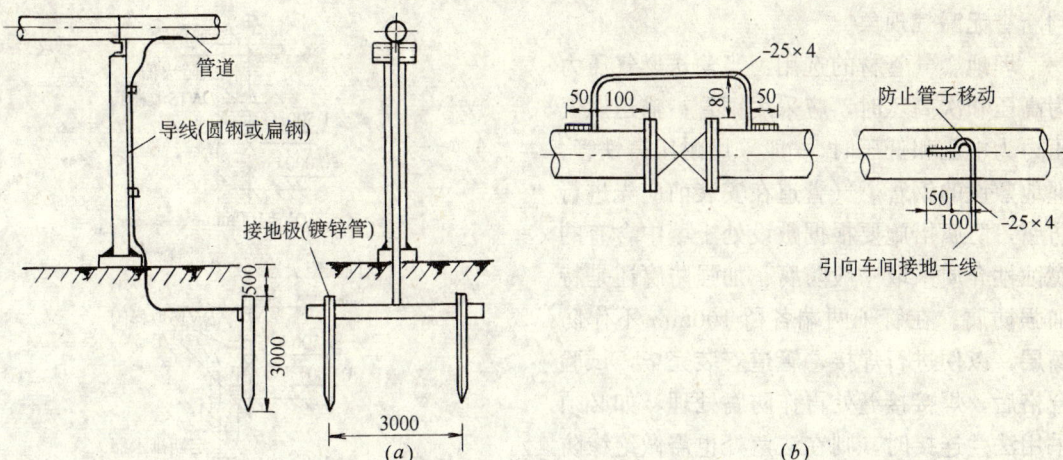

图 20-6　燃气管道接地装置与法兰跨接管道

(a) 燃气管道接地安装示意；(b) 燃气管道法兰跨接与接地装置

间内架空敷设的管道每隔 30m 应进行接地处理。接地装置由接地极和引下导线组成，接地极用 $DN25$ 镀锌钢管（或用 $50mm×50mm×5mm$ 的镀锌角钢）制成，打入地下 3.0m 深，接地极与管道之间用直径为 8mm 的圆钢（或用 $25×4$ 的镀锌扁钢）连接起来，每组接地极由两根 $DN25$ 镀锌钢管组成，两根钢管间距一般为 3.0m，用 $40mm×4mm$ 的镀锌扁钢连接起来，接地极的电阻不得大于 $20Ω$，在法兰连接及丝扣连接的两边应用铜板或镀锌扁铁进行跨接，如图 20-6 所示。

考虑到燃气管道检修时要将燃气放净，应在管道系统的高点，燃气管道的末端，车间和设备的燃气管道的入口阀门前适量的设置放散管和蒸汽吹扫口，以便分段清扫燃气管道。放散管安装地点应注意保证管道各处无吹扫不到的死点。沿建筑物敷设的放散管应高出屋脊 2.0m，不沿建筑物敷设者一般应高出 20m 内建筑物屋顶，放散管直径小于 150mm 者，管端部分应弯成 90°，管口应背向常年主导风向，放散管直径大于 150mm 者，管端应采用防水罩。

架空管道直径在 500mm 以内设置手孔，大于 500mm 时设置人孔，供检修清扫用，两孔之间间距为 150～200m。管径小于

1000mm 时，人孔设在管子上面，管径大于 1000mm 时，人孔在管子侧面。

架空燃气管道所用管材，一般采用卷板钢管或焊接钢管，管道连接通常采用焊接，与阀门连接采用法兰连接；法兰垫片采用焦油或红铅油浸过的石棉绳，管径小于 400mm 的可采用石棉纸垫片，管径在 300mm 以下允许用石棉橡胶垫片，燃气管道严禁使用橡胶垫片及石棉板垫片。法兰垫片厚度一般为 3～5mm，不应大于 5mm。

为了保证架空管道的正常输送燃气，不致因温度变化产生内应力而遭到破坏，必须考虑安装补偿器，燃气管道一般采用波形或鼓形补偿器。

厂区埋地的燃气管道，应与道路或建筑物平行，宜设在人行道或绿化地带内，不能在堆积易燃、易爆材料和具有腐蚀的场地下面通过。埋地管道宜埋设在土的冰冻线以下，其管顶覆土不得小于 0.7m，埋地管道不得在地下穿过建筑物或构筑物。不得平行敷设在有轨电车的轨道之下，埋地管道在铁路，厂区主要干道下面穿过时，应敷设在套管或地沟内。套管或地沟两端应密封，在重要地段的两管两端可设检漏管，检漏管上部伸入防护罩内，由管口采取气样检查管内燃气含量，

判断有无漏气现象。

埋地燃气管材的选用：当输送燃气压力为高压和次高压时，应采用钢管；输送燃气压力为中压和低压时，一般采用耐压铸铁管。埋地敷设的钢管燃气管道在安装前应先进行防腐，防腐措施要根据敷设处土壤中含有的腐蚀性介质采取一般防腐、加强防腐还是特加强防腐。在管子两端各留100mm不作防腐层，以便进行焊接，管道安装完毕，试验合格后，焊接接缝处再作防腐处理，如必须采用法兰连接时，则在法兰处也需做绝缘防腐层。

埋地燃气管道采用承插式耐压铸铁管，管道接口的填料可按下列规定执行：

1）低压燃气管道一般采用石棉水泥接口。

2）中压燃气管道，一般采用耐油的橡胶圈石棉水泥接口。

3）有特殊要求的管道，应采用青铅接口。

埋地燃气管道应有不小于0.003的坡度，坡向排水装置，排水装置应按设计的规定执行，设计无规定时，直管段每150～200m至少装一个。

20.1.5 室内燃气管道的布置及安装

（1）燃气管道入口装置

1）埋地燃气管入口装置如图20-7所示，架空燃气管道入口装置如图20-8所示。

2）车间燃气管道安装：

车间内燃气管道一般采用树枝状管网，沿墙、柱、架空敷设，其管底标高距地面不得低于2.5m，并且不妨碍行车的运行。车间燃气管道不得敷设在易含酸、碱、腐蚀和可能被火焰熏烤的地方，小口径燃气管穿过楼板、墙壁均应加设套管，套管内径至少要大于燃气管外径20～30mm，套管内不得有接口，套管两端应填塞石棉或其他不易燃烧的填料，大口径燃气管道穿过墙壁和楼板时，应预留孔洞，洞口尺寸应比燃气管径大20～

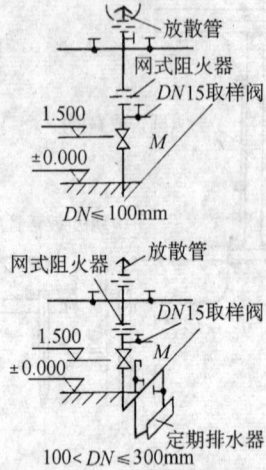

图 20-7　埋地燃气管道用户入口装置系统图

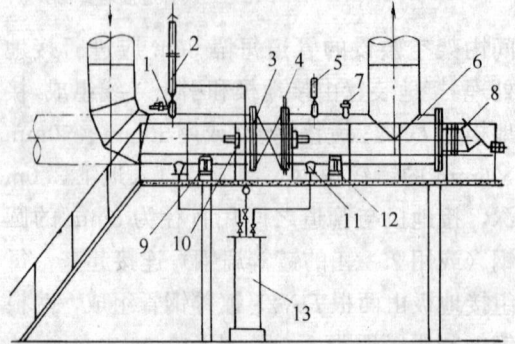

图 20-8　架空煤气管道车间入口装置

1—取样头；2—放散管；3—闸阀；4—盲板及盲板环；
5—吹扫管；6—煤气管；7—压力表接头；8—防爆阀；
9—固定支座；10—盲板支撑；11—集水器；
12—活动支座；13—排水器

100mm的空隙。

车间燃气管道应有不小于0.003的坡度，坡向厂区管道或排水器，车间燃气管道通常采用钢管焊接或法兰连接，小口径燃气管道也可采用螺纹连接，采用聚四氟乙烯生料带为填料。

3）民用室内燃气管道的布置及安装：

民用燃气管道系统如图20-9所示，室内燃气管道由用户引入管、干管、支管、燃气计量表、用具连接管和燃气用具组成。

城市燃气管网分配管与室内燃气管道系统干管相连的一段穿过建筑物墙壁的管段称

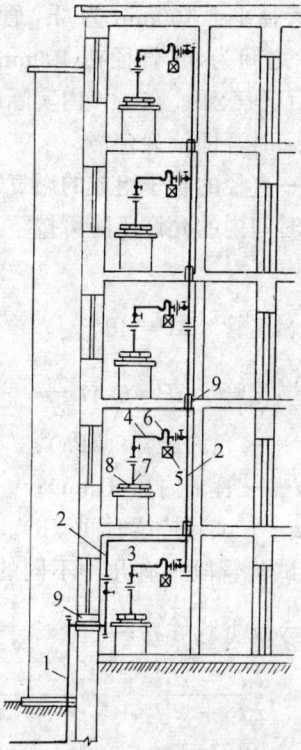

图 20-9　住宅室内燃气管道的组成
1—用户引入管；2—立管；3—干管；
4—支管；5—燃气计量表；6—软管；
7—用具连接管；8—燃气用具；9—套管

为用户引入管，引入管一般从地下引入室内，管径在 75mm 以内的燃气管，在非供暖地区，可以在室外设立管伸出地面后引入室内，这种引入方法在南方极为普遍，其优点是容易清通和检修，引入管穿墙应设套管，套管内填塞油麻外，两端用沥青封闭，燃气引入管不得敷设在卧室、浴室、厕所、地下室、易燃、易爆的仓库，有腐蚀性介质的房间，变配电室、电缆沟、烟道和通风道等地方，燃气引入管穿墙时，应留有 0.15m 的净空。引入管应设有 0.005 的坡度，坡向城市燃气管道。埋地引入管应设在冰冻线以下 0.1～0.2m 深处。

引入管与立管之间的管段称为水平干管，水平干管一般敷设在走廊、楼梯间或辅助房间内，管道应设有 0.002 的坡度，坡向引入管。

立管通常敷设在厨房、走廊、楼梯间。立管的管径不宜小于 25mm，在地面上的立管上下两端最好均以三通加丝堵来代替弯头，以便清通和排水。

支管和用具连接是立管通过燃气计量表接往燃气具的管段，燃气计量表前后应装阀门，水平支管应设有不小于 0.002 的坡度，以燃气表为界分别坡向立管和燃气具。

为了保证安全，室内燃气管道不得在建筑物内地下敷设，不得装在卧室内，不得穿过易燃、易爆的仓库、配电室、烟道和水池等构筑物。

燃气管道的管材，引入管 $DN > 75mm$ 管材可采用给水铸铁管，石棉水泥接口，当 $DN \leqslant 75mm$ 时采用镀锌钢管，室内管道全部采用镀锌钢管螺纹连接，以聚四氟乙烯生料带或厚白漆为填料，不得使用麻丝做填料。

燃气管道所用阀门，当 $DN \geqslant 80mm$ 时，用铸铁或不锈钢闸阀，当 $DN \leqslant 65mm$ 时，用燃气旋塞阀，燃气管道穿墙或楼板时，均应加设钢套管。穿过墙的套管两端与壁面相平，穿过楼板的套管下端与楼板底面相平，上端要高出楼板 50mm 套管内填以纸筋石灰或油麻沥青。

燃气计量表应设置在安装、维修便利和敷管道方便而且又不影响抄表观察的地方，即：

A. 燃气计量表的位置距立管最近，且管道没有迂回。

B. 便于安装、检修、更换、抄表。

C. 距明火要远。

D. 避免潮气、地点应清洁，又不受振动。

E. 与电气设备相距 600mm 以上。

20.1.6　燃气管道的压力试验

燃气管道安装完毕后，采用压缩空气进行强度试验和严密性试验，试验时按室内、室外、地上和地下的管道分别进行。

(1) 地上燃气管道试验

地上燃气管道进行强度试验时，中、高压管道的试验压力为工作压力的 1.5 倍，低压管道的试验压力为工作压力的 2 倍，试验时，当管内压力达到试验压力后，用涂肥皂水的方法对管道及附件所有接头、焊口进行检查，如无漏气则认为合格，若发现漏气，焊口应剔除、重新焊接，然后再进行压力试验，直到合格为止。

强度试验合格后应降压后作严密性试验，严密性试验压力为：

1) 厂区管道取排送机最大静压加 5kPa，但不小于 20kPa。

2) 车间管道取排送机最大静压加 10kPa，但不小于 30kPa。

3) 由城市低压燃气管道直接供气的厂区及车间内部管道取 3kPa。

在上述压力下观察 2h，允许漏气率室外管道系统不超过 4%，车间内管道不超过 2% 为合格。

漏气率可按下式计算：

$$A = \left(1 - \frac{p_2 T_1}{p_1 T_2}\right) \times 100\% \quad (20\text{-}1)$$

式中　p_1、p_2——试压开始、结束时管道内的绝对压力（kPa）；

　　　T_1、T_2——试压开始、结束时试压介质的绝对温度（K）。

(2) 地下燃气管道试验

强度试验。地下燃气管道的强度试验应在安装完毕覆土前进行，试压时先升压至试验压力 0.3MPa，恒压 1h 再降至严密性试验压力 0.1MPa，进行外观及抹肥皂水检查，查明缺陷降压至大气压力进行修理，待全部缺陷修理后重新做强度试验直至合格。

严密性试验。应在回填土停留一段时间进行，试验时先将压力升至 0.1MPa，恒压一定时间（管径小于 150mm 为 6h，管径在 200～300mm 之间为 9h 管径在 400mm 以上为 12h），然后观察 24h，在 24h 内实际压降不超过允许压降时，即认为合格。

由同一直径的管子组成的燃气管，在严密性试验时间内的允许压降可按下列公式进行计算：

钢制燃气管　$\Delta P = 40 \dfrac{t}{d}$　　　(20-2)

铸铁燃气管　$\Delta P = 6.47 \dfrac{t}{d}$　(20-3)

式中　ΔP——允许压降（kPa）；

　　　d——管子内径（mm）；

　　　t——试验持续时间（h）。

如果试验管段中有几种不同的管径时，以上计算 $\dfrac{1}{d}$ 按下式计算：

$$\frac{1}{d} = \frac{d_1 l_1 + d_2 l_2 + \cdots\cdots + d_n l_n}{d_1^2 l_1 + d_2^2 l_2 + \cdots\cdots + d_n^2 l_n}$$

$$(20\text{-}4)$$

式中　　　d——管道内径（mm）；

　　　d_1、$d_2 \cdots d_n$——各管段内径（mm）；

　　　l_1、$l_2 \cdots l_n$——各段管长度（m）。

(3) 民用燃气管道的压力试验

民用室内燃气管道的压力试验分三个阶段进行：

1) 由引入管的总阀门至接向燃气具用的支管阀门上，用 0.1MPa 的压力进行试验，检验此管径有无缺陷，如有缺陷应及时修理。检查工作应在燃气计量表未安装之前。

2) 上述试验完成后，再用 7kPa 的压力进行第二次试验，时间为 10min，如 10min 内压力降不大于 0.2kPa，则认为试验合格。

3) 已装好燃气计量表的管道，用 3kPa 的压力进行第三次试验，时间为 5min，如 5min 内压力降不大于 0.2kPa 时，则认为试验合格。

小　　结

凡可燃烧的气体统称为燃气，它是多种气体的混合物，燃气按其来源不同可分为天然气和人工燃气。

本节主要讲述了人工燃气——煤气的性质、特点、煤气管道的敷设要求及管道的安装要求。

煤气具有易燃、易爆、有毒、有害的性质，针对这些提出了煤气管道布置、敷设、安装、试验的具体要求，读者在学习时要牢固掌握这些要求。

习　题

1. 燃气是如何分类的？
2. 燃气的性质有哪些？
3. 绘图说明固体燃料气化的生产工艺流程。
4. 城市燃气管道按输送压力如何分类？
5. 厂区燃气管道的布置形式有哪几种？各有什么特点？
6. 试述厂区燃气管道的布置及安装要求？
7. 画图说明燃气管道入口装置的几种形式。
8. 试述车间燃气管道的布置及安装要求。
9. 试述民用燃气管道系统由哪几部分组成？
10. 试述民用室内燃气管道的安装要求。
11. 怎样进行厂区燃气管道的压力试验？
12. 民用室内燃气管道压力试验如何进行？

20.2 压缩空气管道的安装

20.2.1 压缩空气的特点、分类及应用

用空气压缩机对空气进行压缩之后的空气称为压缩空气，它把机械能转变为压力能。压缩空气管道就是输送这种压力能的管道。

（1）压缩空气的特点和分类：

空气是自然界中最广泛的物质，空气主要由氮、氧、二氧化碳和惰性气体等组成。此外空气中还含有水蒸气，含有水蒸气的空气称为湿空气，空气压缩后，湿空气中的水蒸气在输送过程中变成凝结水，所以压缩空气管道中必须设置排除凝结水的装置。

压缩空气管道是按工作压力进行分类的，一般分为三类：

1）低压压缩空气管道：$P \leqslant 2.5$MPa；

2）中压压缩空气管道：$2.5 < P \leqslant 10$MPa；

3）高压压缩空气管道：$P > 10$MPa。

（2）压缩空气的应用

压缩机能把空气压缩，也就是说压缩机通过空气把机械能转变为压力能，压力能再通过一定形式的转换，转换为机械能，如汽车和铁路机车的压缩空气制动。

使用压缩机压缩空气的风动机械也很多，如风钻、风凿、风镐、气锤、喷砂机、喷丸机、喷漆机、风动、铆枪等，广泛应用于建筑、机械、冶金、矿山、交通运输等行业。

20.2.2 压缩空气的生产工艺流程

生产压缩空气的车间叫做压缩空气站。压缩空气站的主要设备及附件有空气压缩机（包括电动机）、贮气罐、空气过滤器、空气冷却器、油水分离器、计量表、废油收集器和各种控制阀门等，其构成形式有许多种，视其所选用的设备、数量及布置方法不同而定，但其生产原理却是相同的。现以图20-10所示的压缩空气生产工艺流程为例作一说明。

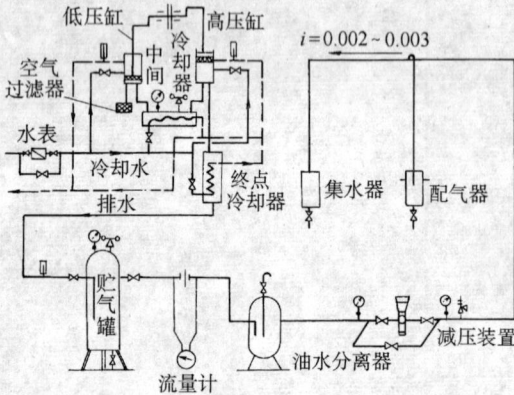

图 20-10 压缩空气生产工艺流程

空气经过滤器过滤进入空气压缩机的一级（低压）气缸，在一级气缸中经过压缩后，自排气阀排出至中间冷却器进行冷却。经过冷却后的空气温度降低至大气温度（或略高一些），然后进入二级（高压）气缸，再进行压缩至所需的压力经排气阀排出。排出的压缩空气温度约 130～150℃ 由于气缸内的温度较高，使得润滑油汽化随压缩空气排出，因此刚从空气压缩机出来的压缩空气需要冷却和除油，把空气送入终点冷却器冷却至 40℃ 左右，并排除一部分油。把空气送入贮气罐，再由贮气罐送往各用气点。

单级压缩机只能生产压力较低的压缩空气（一般为 0.6～0.7MPa），如果要生产较高压力的压缩空气就必须用多级压缩机。

冷却水管路由进水管和排水管组成，冷却水接至压缩机气缸的冷却水套，用以冷却气缸壁；冷却水管接入冷却器，用以冷却压缩空气，使其温度降低。

此外，压缩空气站内还有油水吹除管路，将各级冷却器、贮气罐等设备内空气中分离出来的油和水输送至废油收集器内。

20.2.3 压缩空气管道的布置与安装

（1）压缩空气管路系统的布置形式有三种，即单树枝状，环状和双树枝状

1）单树枝状管路系统如图20-11（a）所示，这是最常用的一种供气形式，供气管路短、敷设安装方便、节约投资、其缺点是系统某点检修时，会影响一些用户的供气。

2）环状管路系统如图20-11（b）所示，这种系统的供气可靠性比单树枝状管路系统优越且压力也比较稳定，当某支管路发生故障时只需关闭环形管路上支管两侧的阀门即可维修，整个管路系统仍可正常工作，环状系统管路上的阀门不经常操作，一般也不易损坏，这种管路系统结构复杂，耗用钢管多，

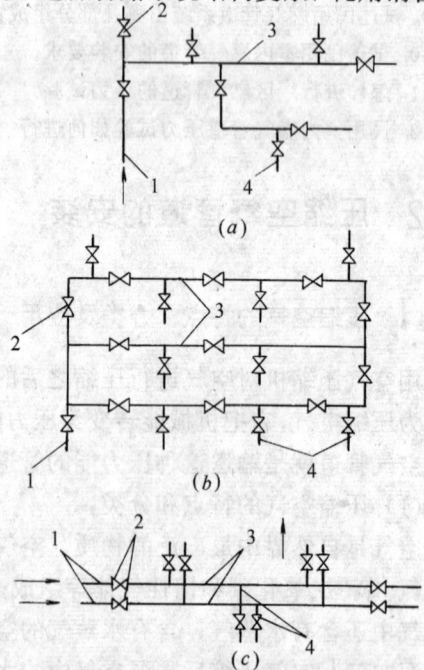

图 20-11 压缩空气管路系统的 3 种形式
（a）单树枝状；（b）环状；（c）双树枝状
1—压缩空气源；2—阀门；3—主干管；4—支管

投资高，施工安装难度大。

双树枝状管路系统如图 20-11 (c)，这种系统的特点是敷设一条备用管网，在一般情况下两套管网同时处于工作状态，当任何一条管道附件损坏或发生故障时，随时可以关闭一个系统可进行检修，而另一个系统正常工作，这种系统仅用于不允许停止供气的特殊用户。

(2) 厂区压缩空气管道的敷设安装要求

1) 厂区压缩空气管道布置力求短、直，干线要通过用户集中处，敷设形式应根据具体条件经技术经济比较确定。

2) 压缩空气管道可架空敷设，架空敷设可沿建筑物、构筑物外墙布置，亦可穿入用气车间。压缩空气管道布置时应与热力管道、煤气管道和其他动力管道的布置统一考虑，尽量共架敷设。

3) 压缩空气管道亦可地下敷设，地下敷设时应与热力管网布置在同一条线路上并同沟敷设；如无地沟，可直接埋地敷设，直接埋地敷设要求如下：

A. 为避免管内凝结水的冻结，在寒冷地区要埋设在冰冻线以下，但管预埋设深度最小不得小于 0.7m；

B. 有地下水时，管底离地下水位线不得小于 0.5m；

C. 管道穿越铁路或公路路基时，应加套管，套管的两端应伸出铁路路基均不得小于 1.0m；

D. 管道穿越铁路或道路时，其交叉角不宜小于 45°，管顶距铁道轨面不宜小于 1.2m，距道路路面不得小于 0.7m；

E. 直接埋地的管道应在外表面做防腐绝缘层，绝缘层的类别应根据土壤的腐蚀性来定。

4) 车间内部压缩空气管道的敷设：

A. 车间入口装置见表 20-4。

压缩空气管道车间入口装置

表 20-4

适用范围	系 统 图
DN ≤ 80mm 油水分离器采用直通式	油水分离器 +1.200 ±0.00 Y_s
DN ≤ 80mm 板油水分离器采用直角式	油水分离器 +1.200 ±0.00 Y_s
DN > 100mm 油水分离器采用直通式	油水分离器 +1.200 ±0.00 Y_s
车间内设有两种不同压力的压缩空气管道	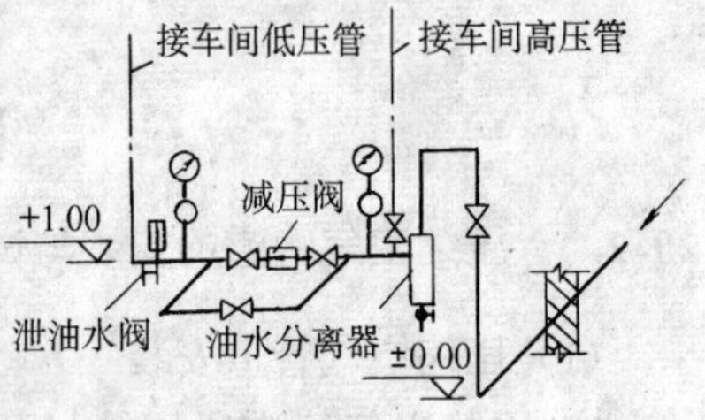 接车间低压管 接车间高压管 减压阀 +1.00 泄油水阀 油水分离器 ±0.00

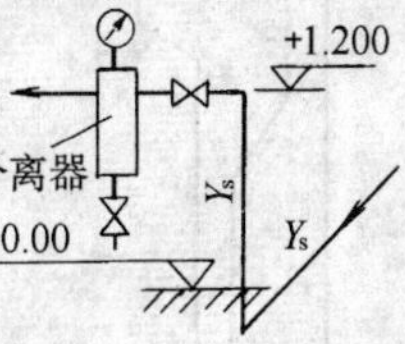

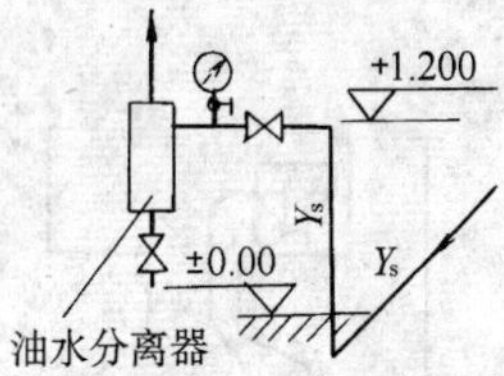

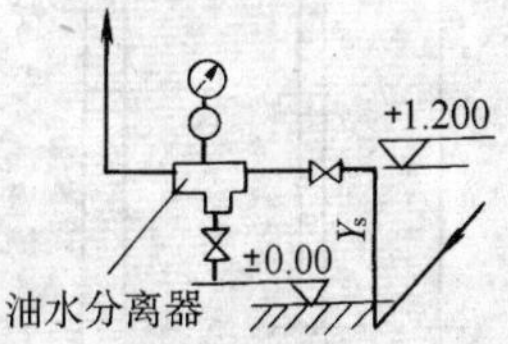

B. 车间压缩空气管道应沿墙或柱子架空敷设，敷设高度不应妨碍通行，而且要便于检修，并尽量不挡窗；

C. 压缩空气管道可以与车间其他管道共架敷设；

D. 为防止干管内的水和油流入立管，立管必须从干管上部接出，如图 20-12 所示；

E. 当压缩空气用气要求压力稳定，且气源压力高于用气点压力时，应安装减压装置。

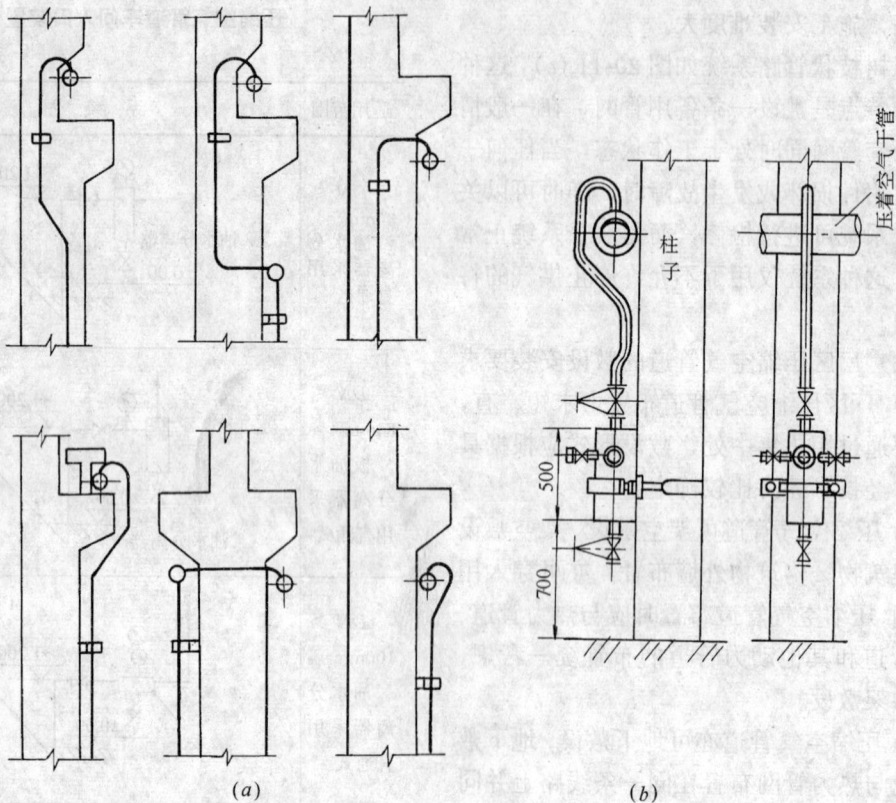

图 20-12 主管与配气器安装

(a) 主管与干管连接; (b) 配气器安装

20.2.4 压缩空气管道的安装与试压

(1) 压缩空气管道安装

1) 压缩空气管道所用管材一般为焊接钢管、镀锌焊接钢管和无缝钢管, $DN200mm$ 以上可采用卷焊钢管, 在特殊情况下, 也可根据使用要求使用铜、铝管和不锈钢管。

2) 压缩空气管道的连接方式有螺纹连接, 焊接和法兰连接, 当 $DN \leqslant 40mm$ 时可用螺纹连接, 用厚白漆、麻丝, 或聚四氟乙烯生料带作填料, 当 $DN > 40mm$ 时采用焊接连接, 管道与设备装置法兰阀门相连接时应采用法兰连接。

3) 压缩空气管路上的阀门, 主要用于切断气流的作用, 因此常采用可锻铸铁或灰铸铁阀门, 其具体要求如下:

A. $DN \leqslant 25mm$ 时采用内螺纹截止阀;

B. $25 < DN \leqslant 50mm$ 时采用法兰截止阀;

C. $DN > 50mm$ 时应采用法兰闸板阀。

4) 安装前对管材及附件应进行详细的检查, 检查管子、管件、配件及附件是否符合设计要求, 是否满足使用要求。

5) 压缩空气内含有水分和油分, 在管内流动时, 由于温度降低, 水和油便从空气中析出, 因此, 管道安装时, 必须设有不小于 0.002 的坡度, 坡向泄水 (油) 点。

6) 管路系统中各种支架选择要合理, 位置要正确, 安装要牢固。

7) 压缩空气管道穿过墙或楼板时均应设钢套管。

8) 为防止干管内水分和油流入立管, 立管必须从干管上部接出。

9) 室外架设的压缩空气管道, 要考虑到

548

管道的热胀冷缩,要尽量利用其自然补偿、自然补偿不能满足时要加设补偿器,补偿器可以用方形补偿器、波形补偿器。补偿器安装前要进行预拉伸。

10) 压缩空气管道安装完毕后应进行压缩空气吹扫,以清除管道内污物。

11) 管道外表面应进行防腐处理,不绝热的管道一般涂刷防锈漆两遍,再刷一道蓝色调和漆。

(2) 压缩空气管道的试压

压缩空气管道安装完毕后,应进行强度性和严密性试验。

强度试验一般用水作试验介质,当工作压力 $P<0.5MPa$ 时试验压力 $P_S=1.5P$,且 $P_S \leqslant 0.2MPa$,当工作压力 $P \geqslant 0.5MPa$ 时,试验压力 $P_S=1.25P$,但 $P_S \leqslant P+0.3MPa$,管路在试验压力下,保持 20min 作外观检查,若无异常情况,可降至工作压力,并在此压力下检查各个部位,用质量为 1.5kg 的小锤轻轻敲打焊缝无渗漏为合格。

强度试验合格后,再做气密性试验,气密性试验所用介质为压缩空气,试验压力为工作压力的 1.05 倍,气密性试验时,试验压力应缓慢上升,按试验压力的 10% 进行逐级升压并进行检查。无异常时继续升压,当升压升到试验压力,保持 24h,并记录试验开始与终了时的压力和温度,然后计算漏气率,漏气率 $A \not> 1\%$ 为合格,漏气率 A 按下式计算:

$$A=\frac{100}{24}\left[1-\frac{p_2 T_1}{p_1 T_2}\right] \quad (20-5)$$

式中 A——小时平均漏气率;

  p_1、p_2——试验开始与结束时的绝对压力 (MPa);

  T_1、T_2——试验开始与结束时的绝对温度 (K)。

小   结

压缩空气管道是一种动力管道。

由于压缩空气生产工艺决定了压缩空气中含有水和油,因此,压缩空气管道安装中必须将油、水排除,通常采取以下措施:

1. 车间入口处应装设油水分离器。
2. 水平敷设的管道有不小于 0.002 的坡度,坡向集水器。
3. 从干管上接出支立管时,应从干管的上部接出。

习   题

1. 绘图说明压缩空气的生产工艺流程。
2. 压缩空气管道的布置形式有哪几种? 各有何特点?
3. 压缩空气管道按压力如何分类?
4. 压缩空气管道入口装置有哪些附件?
5. 绘图说明压缩空气管道入口装置的几种类型。
6. 压缩空气管道安装应注意哪些事项?
7. 如何进行压缩空气管道的强度性试验?
8. 如何进行压缩空气管道的气密性试验?

20.3　氧气管道的安装

20.3.1　氧气的性质和应用

氧气在常温及大气压力下是无色无味的气体，在干燥的空气中，按容积计算，氧气占 20.93%在大气压力下冷却到－182.98℃，就变成了蓝色透明易流动的液体，继续冷却至－218.4℃时就变成了蓝色固体，氧气在 0℃和大气压力下，其密度为1.429kg/m³，比空气略大。

气态氧可溶于水，液态氧在长期弱的放电时，变成深蓝色液态臭氧，臭氧容易爆炸，氧具有感磁性，即氧分子在磁铁的作用下，可带磁性，可被磁铁吸引。

氧是强烈的氧化剂和助燃剂，当氧与可燃气体（乙炔、氢、甲烷等）以一定比例混合时遇火会发生爆炸，氧在加压和管道输送过程中当遇到油脂，氧化铁屑或小粒燃烧物（煤粉、碳粒或有机纤维）存在，随着气流运动与管壁或机体发生摩擦或撞击产生大量摩擦热发生燃烧，导致管道和设备的破坏，或由于管路中的阀门急骤打开，阀后气体产生接近于绝热压缩温度而引起燃烧使管道或阀门破坏。被液氧浸渍的多孔有机物，当遇火或撞击时，会产生强烈爆炸。

氧气的应用很广，广泛应用于冶金工业、化学工业、机械制造、金属加工、国防工业、科学研究及医疗卫生事业等方面。

20.3.2　氧气的制取

制取氧的方法很多，可分为化学法、分解法、吸附法和深度冷冻空气液化分离法。

深度冷冻空气液化分离法为常用方法，深冷分离制氧的原料是空气。将空气变为液体，利用其中氧和氮的沸点不同，在专用的设备（分馏塔）里，将液态空气分离成氧和氮，空气只有在 133.2K（－140℃）以下才能液化，通常将空气冷却至 173.2K（－100℃）以下称为深度冷冻。用这种方法制取氧气称为深度冷冻法空分制氧，简称"空分制氧"。

空气制氧的基本原理是，将空气压缩、冷却、再压缩、再冷却，经过几次压缩和冷却的压缩的压缩空气，温度降低、压力提高，然后通过节流膨胀和在膨胀机内对外做功膨胀，降低压力，减少能量，获得冷量，达到深度冷冻温度，使空气变为液体。液态空气内所含的各种液态气体的沸点是不同的。在1 个标准大气压下，液氮的沸点温度是77.35K（－195.8℃），液氧的沸点为90.17K（－183℃）氮是易挥发组分，氧是难挥发组分。利用这种原理，使液态空气在不同的压力和温度下多次反复蒸馏，可制得大量纯氧。

20.3.3　氧气管道管材及附件的选用

（1）管材的选用

氧气管道使用的材质有很多种，它的选择主要取决于下列三个因素：

1）氧气的化学性质对管材的特殊要求，如防腐、防锈、防火等。

2）氧气的温度，如在低温下工作要求管道不失其韧性。

3）氧气压力的高低。

在选择管材时，首先要满足氧气的化学性质对管材的特殊要求，然后根据温度和压力条件确定管材，一般情况下碳素钢管是氧气管道中的主要管材，但由于碳钢的冷脆性，不能用于低温（普碳钢低于－25℃，优质碳钢低于－40℃），也由于它在氧中会发生氧化锈蚀，故在某些管段上需要采用不锈钢管，铜管或铅合金管。

工作压力较高的氧气管道应采用黄铜管或紫铜管，不用碳钢管，因为管内高压氧气流急速，气流中微粒与管壁摩擦产生静电，容易产生火花引起爆炸，特别是流过弯头、阀门、孔板等处，采用铜管就可以避免火花，压缩氧气或含氧纯度较高的氧气对钢管容易引起腐蚀作用。

在温度低于-30℃时，由于碳钢的冷脆性，导致管材强度降低，容易破裂，而铜在低温时不失去韧性，因此低温氧气管道应采用铜管。

工作压力超过1.6MPa的氧气管道选用碳钢管时，在阀门后或流量孔板后需装一段长度5倍于直径（但不小于1.5m）的铜管，以免气流通过阀门或孔板时产生火花，引起事故。

调节阀组的管道，不论管径或压力多少都应采用不锈钢管或铜管。

直接埋地的氧气管道，不论压力高低，均采用无缝钢管。

（2）阀门的选用

氧气管道阀门选用时，首先应考虑管道的氧气特性，氧气在输送过程中，在一定条件下，可能对管道、阀门金属产生燃烧的现象。其次是考虑输送介质的压力和温度，对于氧气管道阀门的选用应符合以下要求：

1）阀门的各个部件必须是没有油脂。

2）阀门与氧气接触部分严禁用可燃材料。

3）阀门的密封圈应为有色金属、不锈钢或聚四氟乙烯等材料制作。

4）阀门填料应采用先经除油处理的，再经石墨处理过的石棉或聚四氟乙烯等材料。

5）尽量采用用于氧气的专用阀门，在没有专用阀门时，低压、中压氧气管道也可选用普通阀门，但必须将油浸过的石棉盘根更换为经石墨处理过的石棉盘根或聚四氟乙烯材料。

6）工作压力小于或等于3.0MPa的阀门，可采用可锻铸铁、球墨铸铁或钢制阀门。

7）工作压力大于3.0MPa的阀门应采用铜合金或不锈钢材料制成的阀门。

（3）管件

1）法兰及垫片：

用于氧气管道的法兰有平焊法兰、对焊法兰、松套法兰和螺纹法兰等多种。

平焊法兰制作方便，消耗材料较少，但受压性不好，适用于压力小于或等于2.5MPa的氧气管道。

对焊法兰强度高、刚度大，能够经反复弯曲和温度波动，适用于压力2.5～20MPa的氧气管道。

高压螺纹法兰适用于压力为6.5～15.0MPa的氧气管道。

松套法兰有翻边松套法兰和焊环松套法兰两种，适用于管道弯曲较多，连接螺栓不易对中的情况，翻边松套法兰适用于压力小于或等于0.6MPa的氧气管道，平焊焊环松套法兰适用于压力小于或等于2.5MPa的氧气管道。

氧气管道法兰用的垫片应无油脂，并考虑垫片可能因挤压碎裂掉入管内，造成管道燃烧。因此，不能选用易燃材料制成的垫片，垫片选用应按表20-5选用。

垫片的选用　　表20-5

工作压力 （MPa）	垫　　片	备　　注
≤0.6	石棉橡胶板、衬垫石棉板	
0.6～2.5	金属皱纹垫 含有铅粉的石棉绳	法兰密封面采用榫槽式时，可用XB350橡胶石棉板或二号硬钢纸，石棉板在加铅粉前应在300℃下燃烧
2.5～10.0	铝片（退火软化）	法兰密封面采用透镜式时，应采用钢或黄铜制的透镜垫片
>10	铜片（退火软化）	

2）弯头、三通等管件：

氧气管道常用弯头有煨弯弯头，冲压弯头等二种，应尽量采用煨弯弯头。

氧气管道工作压力小于或等于4MPa时，三通可以采用现场直接开口焊接制成，异径管采用卷制焊接而成，当工作压力大于4MPa时，三通和异径管应采用锻制三通和锻制异径管。

氧气管道工作压力小于或等于1.6MPa，管道直径小于50mm和需要用螺纹连接处，可以采用可锻铸铁配件，管道螺纹填料采用黄粉（一氧化铅）调以蒸馏水或用聚四氟乙烯生料带，不得用麻丝和铅油。

氧气管道所用的压力表应采用专供氧气使用的禁油压力表。

20.3.4 管材及管件的脱脂处理

氧气管道在输送氧气时，接触到少量的油脂会立即剧烈燃烧而引起爆炸，因此氧气管道所用的管子、阀门、管件、垫料及所有与氧气接触的材料都必须在安装前进行严格的脱脂。

(1) 脱脂剂的选用

常用的脱脂剂有四氯化碳、精馏酒精、工业用二氯乙烷及某些合成洗涤剂。

1) 碳素钢、不锈钢、铜及铜合金管道、管件和阀门宜用四氯化碳。

2) 铝合金、管道、管件及阀门宜用工业酒精。

3) 非金属垫片只能用工业用四氯化碳。

(2) 脱脂方法

在进行脱脂前，应先对管材、管件及附件清扫除锈，碳素钢管、管件和阀门都要进行除锈去污，不锈钢管、铜及铜合金管、铝及铝合金管只需将表面的泥土清扫干净即可。

管子与管件的脱脂方法有：管洗法、槽洗法、燃烧法。

1) 管洗法：

先将管子的一端用木塞封堵住管口，灌入脱脂剂后用木塞堵住另一端管口。把管子放平，然后不断地转动管子，使管子内表面能全部被溶剂洗刷到，时间在15min左右。然后将脱脂剂放出（这些脱脂剂经过过滤仍可使用），若使用的脱脂剂为四氯化碳、或精馏酒精，脱脂剂放出后，可利用自然吹干，或

用无油无水分的清洁压缩空气吹干；若用的脱脂剂为二氯乙烷溶剂时，因为二氯乙烷属于易燃、易爆品，则应用氮气吹干管内壁，一直吹到没有溶剂时为止，并继续放置24h。

脱脂剂吹干后的管子为了防止再污染，应将管子两端堵住，并包以纱布。

2) 槽洗法：

将带有油脂的管子放在盛有脱脂剂的槽内浸泡和刷洗的脱脂方法称为槽洗法。

金属管件及阀门拆开后的金属件，应放在封闭容器的溶剂中浸泡20min以后，取出挂在风中吹干。

非金属零件、垫片等只能放在封闭容器的四氯化碳溶液中浸泡1.5~2h，取出后吊在风中吹24h，直到充分干燥为止。

3) 焙烧法：

纯石棉垫片及石棉盘根在300℃的温度下燃烧3min即可脱脂。

锻制铜垫、铝垫等经退火处理后可不再进行脱脂。

脱脂后的所有管材、管件及附件用白色滤纸擦拭表面，纸上看不出油渍，即可认为合格。

(3) 脱脂时的注意事项

1) 脱脂地点必须通风良好；

2) 严禁有任何火种进入脱脂现场；

3) 工作人员必须穿着无油工作服，戴橡皮手套操作；

4) 脱脂溶剂应贮存在干燥和阴凉处，防止与强酸强碱接触；

5) 使用脱脂剂时，禁止将其流洒在地板上。

20.3.5 氧气管道的安装

(1) 厂区氧气管道的敷设、安装

1) 布置原则：

厂区氧气管道的布置应根据制氧站和车间用户的位置以及全厂总平面布置和地理情况，因地制宜，但应符合以下原则：

A. 供氧干线管道应通过主要用氧车间密集区;

B. 管线力求短而直,以减少阻力损失,节省材料,降低工程造价。

C. 氧气管道不应穿过生活间,办公室,并尽量避免穿过不使用氧气的建筑物和房间;

D. 氧气管道应沿厂区道路两侧布置;

E. 架空氧气管道应尽可能与其他不燃气体管道和不燃液体管道共架敷设,但氧气管道应尽量布置在外侧。

F. 架空氧气管道严禁与电缆管道共架敷设。

2) 架空敷设:

氧气管道架空敷设时,应敷设在钢柱或混凝土柱的独立支架,也可以沿一、二级耐火等级厂房外墙支架上敷设。不应将燃油管道与氧气管道敷设在同一支架上,禁止将氧气管道与电线在同一支柱或支架上敷设,氧气管道与其他管道共架敷设时,管道之间的净距不得小于 250mm。

架空氧气管道如果是较长距离的输送管线,应考虑管道的热补偿。

3) 埋地敷设:

氧气管道也可埋地敷设,埋地敷设深度应视地面运输载重的影响而定,务必使管道不致被压坏,一般管顶距地面距离不小于0.7m,氧气管道埋地敷设时,一般应铺设200mm 厚的黄砂,在很好的黄土沟敷设时,征得有关方面的同意也可以不铺黄砂,氧气管道与同一使用目的的燃气管道一起直接埋地敷设时,管道之间净距不应小于 250mm,并在管道顶部高300mm 的范围内,用松散土填平捣实,或用黄砂填满,然后再回填土。

埋地管道通过铁路或公路时,其交叉角应不小于45°,管道顶部距铁路轨面不小于1.20m,距道路不宜小于 0.7m,敷设在铁路和不便开挖的道路下面的管段应加设套管,套管一般为钢管,套管与管道之间的间隙不

得小于 20mm。套管两端伸出铁路路基或道路路边不应小于1m。

所有埋地管道及其管件均应涂以防腐绝缘层。

(2) 车间氧气管道的敷设与安装

1) 敷设安装的一般要求:

车间内部氧气管道一般沿墙或柱架空敷设,敷设高度不应妨碍交通和便于检修,通常在 2.5m 以上,一般应设有独立支架,氧气管道不应与燃油管道共架敷设,如必须共架敷设时,氧气管道应布置在燃油管道上面,其净间距不得小于 0.5m,氧气管道与其他管道之间的最小净距见表 20-6。

架空氧气管道与其他架空管线之间的最小净距（m）表 20-6

序号	管 线 名 称	水平净距	交叉净距
1	给排水管、热力管、不燃气管	0.25	0.1
2	煤气管、燃油管	0.5	0.25
3	滑触线	1.5	0.5
4	裸导线	1.0	0.5
5	绝缘导线和电缆	0.5	0.3
6	穿有导线的电线管	0.5	0.1
7	插接式母线,悬挂式干线	1.5	0.5
8	非防爆型开关,插座配电箱等	1.5	1.5

如果受厂房高度等限制不能共架敷设时,可敷设在带盖地沟内,与不燃性介质管道同沟敷设时,氧气管道宜布置在最上面,氧气管道可以与同一使用目的的燃气管道同沟敷设,彼此间距不应小于250mm,地沟内应填满砂子,在室外适当地方装设通风管排到室外去。

氧气管道穿墙、楼板时,均应加设钢套管,套管与被套管之间应留有 10mm 左右的间隙,套管内不应有焊缝,套管与管道之间应用石棉绳和防水材料填塞。

车间内水平敷设的管道应设有不小于0.002 的坡度,坡向集水器。

车间内的乙炔管道可以与氧气管道共架敷设,但氧气管要在下面,乙炔管在上面。且

两管之间的净距要大于 250mm。

架空敷设的氧气管道不应穿过生活间、办公室并不宜穿过不使用氧气的房间。

2）氧气管道的安装：

管子、管件、阀门及垫片在安装前必须彻底脱脂，脱脂后的管子、管件、阀门及垫片在安装过程中应随时检查是否被油脂污染，如发现有油污斑点时，应立即停止安装，需重新脱脂后再进行安装。

制氧站内工艺管道种类较多，在安装过程中要注意材料不要用错，以防使用中发生事故。为防止静电集聚产生火花放电而引起事故，氧气管道应有可靠的接地措施，在法兰连接处装设跨越导线，跨越导线可用 25mm × 4mm 的镀锌扁铁焊接在法兰的两侧，接法如图 20-13 所示，管道单独架设时，在每个固定支架处及进入车间处接地一次，接地电阻不大于 20Ω。

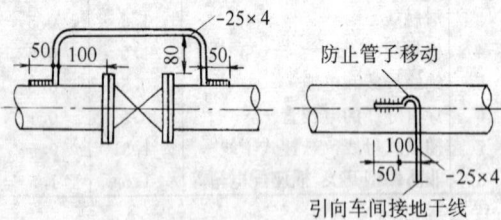

图 20-13 氧气管道法兰跨接与接地装置

输送潮湿氧气时，应设有不小于 0.002 的坡度坡向放水点。

管道穿墙或楼板时，必须加设钢套管，套管内不得有管道接口，套管两端用非燃物堵死。

管道连接：低压流体输送用焊接钢管 DN≤32mm 采用螺纹连接，DN>32mm 采用焊接，低压流体输送用镀锌焊接钢管均采用螺纹连接，填料可以用黄粉（一氧化铅）调以蒸馏水，或用聚四氟乙烯生料带，禁止使用铅油、麻丝，棉纱或其他含油材料作填料。

管路焊接时，应根据不同的材质选用不同的焊接方法，碳素钢采用电焊或气焊，不锈钢管采用电焊或氩弧焊，铝合金管采用氩弧焊，铜管采用气焊等，碳钢管 DN<50mm 时可采用氧乙炔焰，DN≥50mm 时采用电弧焊连接。

所有管路焊口应全部作外观检查，焊缝表面不得有裂纹、气孔、夹渣等缺陷，咬肉深度不得大于 0.5mm，并应按焊口总数的 5% 进行无损探伤检查，不合格的焊口应铲除重焊。

（3）管道吹扫与试压

1）试压：

氧气管道安装完毕后应进行强度试验和严密性试验，强度性试验所用介质为水，但水必须除油，强度性试验合格后进行严密性试验，严密性试验所用介质为空气，氧气管道的试验压力见表 20-7。

氧气站及管道的试验方法及试验压力（MPa）   表 20-7

管道类别	工作压力 P（MPa）	管道敷设地点	强度试验		严密性试验	
			试验用介质	试验压力	试验用介质	试验压力
氧气	>3.0	制氧站内部、厂区、用户、车间内部	水	1.25P	空气	P
	3.0～0.07		空气或水	1.1P	空气	P
				1.25P	空气	P
	<0.07		空气	0.1	空气	P
氧气氮气及氩气	>3.0	制氧站内部、厂区、用户、车间内部	水	1.25P	空气	P
	3.0～0.07		空气或水	1.1P	空气	P
				1.25P	空气	P
	<0.07		空气	0.1	空气	P

管道强度试验，当以水作介质时，应缓慢升压至所要求的试验压力，如无变形、无破裂无渗水漏水现象，可以为试验合格。当以空气作介质进行试验时，要考虑安装措施，进行试验，应按试验压力的 10% 进行逐级升压，每升一级压力要注意观察管子的变化，升至要求的试验压力时，观测 5min 如果压力不下降，再降至工作压力进行外观检查，如无破裂变形，无漏气现象，则认为合格。

管道强度试验合格后再进行严密性试验，试验时应升至严密性试验规定的压力，所有焊缝接口处均涂以肥皂水检查，并观测

24h 如无缺陷, 且漏气率符合下列要求时为试验合格。

试验压力小于或等于 0.1MPa 的管道, 平均每小时漏气率小于 1%, 试验压力大于 0.1MPa 的管道平均每小时漏气率小于 0.5%。

2) 吹扫:

严密性试验合格后, 管道须用不含油的干燥空气或氮气进行吹扫, 气流速度不应小于 20m/s 连续吹扫 8h, 在气流出口处放一张白纸, 白纸上没有灰尘微粒及水分痕迹为合格。否则应继续吹扫, 直至合格。

氧气管道在投产前, 须再用氧气吹扫, 吹扫用的氧气量应不小于被吹扫管道体积的 3 倍。

小　　结

氧是强烈的氧化剂和助燃剂, 因此输送氧气的管道要特别注意氧的这一特性带来的负面影响, 在施工安装过程中做到以下几点:

1. 氧气管道所用的管材、管件、阀门等都应进行严格的脱脂, 压力表、控制阀、流量计都须是专用产品。

2. 氧气管道严禁与各种电缆管道共架共沟敷设。

3. 氧气管道必须有安全可靠的接地措施, 接地电阻不应大于 20Ω, 室外架空敷设的管道一般应每隔 100m 接地一次。

4. 氧气管道不应与燃油管道共架敷设, 如必须共架敷设时, 氧气管道布置在燃油管道的上面, 且净间距不得小于 0.5m。

习　题

1. 氧气在什么情况下会发生爆炸?

2. 氧气管道管材选用时应考虑哪些因素?

3. 怎样选用氧气管道的阀门?

4. 氧气管道安装前为什么必须脱脂?

5. 常用的脱脂剂有哪几种? 各有何特点?

6. 氧气管道的脱脂方法有哪几种?

7. 管件应怎样脱脂?

8. 厂区氧气管道敷设应注意哪些事项?

9. 车间内氧气管道的敷设要求是什么?

10. 车间内氧气管道的安装要求有哪些?

11. 车间内氧气管道如何试压? 如何吹扫?

20.4 乙炔管道的安装

20.4.1 乙炔的性质

(1) 乙炔的基本性质

乙炔在工业生产中既是化工原料,又是金属气焊与切割工艺中的主要气体燃料,乙炔和其他燃料比较具有发热量大,火焰温度高等特点,但乙炔本身在环境状况下不能完全燃烧,它必须靠氧气助燃,1 份体积的乙炔完全燃烧需要 2.5 份体积的氧气,$1m^3$ 乙炔充分燃烧时可以放出 $53000\sim58000kJ$ 的热量,火焰温度可达 $3150℃$,因此乙炔管道是一种动力管道。

乙炔是不饱和的碳氢化合物,化学分子式是 C_2H_2,在常温和大气压力下是无色的气体,工业用乙炔由于含有磷化氢和硫化氢等杂质,具有刺鼻的特殊气味,在大气压力下温度降低到 $-82.4\sim-83.6℃$ 即变成液体,再冷却到 $-85.6℃$ 以下就变成固体。

乙炔与水接触时,在 $16℃$ 以下能生成含水晶体,这种含水晶体易堵塞管道,所以乙炔制造和输送中应设法除去水分。

乙炔能够溶解于苯、汽油和丙酮中,特别是对丙酮的溶解度比对水的溶解度要大 20 倍,利用乙炔能够大量溶解丙酮的特性,可以用多孔物质(细粒活性碳、石棉绒、硅藻土等)填满钢瓶内,并灌入丙酮浸透之,再将乙炔用压缩机加压灌于钢瓶溶解于丙酮中,实际上在压力下乙炔与丙酮已成为乳胶状态,使用时打开钢瓶阀门,乙炔便与丙酮分离气化逸出供给使用,这就是瓶装乙炔的原理。

(2) 乙炔的特殊性质

乙炔的特殊性质就是易燃易爆,乙炔爆炸的主要原因是分解、氧化和化合。

1) 乙炔的氧化爆炸:

当乙炔与空气或氧气混合到一定容积形成了爆炸气体,遇到明火或电火花时,就会发生爆炸。乙炔在空气或氧气中的爆炸区间范围相当大,因此管道系统一定要严禁混入空气和氧气,杜绝明火花或电火花的产生。

2) 乙炔的分解爆炸:

纯乙炔的分解爆炸,取决于乙炔在某一瞬间的压力和温度同时也与乙炔中的水分、杂质及无触媒存在有关,乙炔属于不饱和烃类化合物,当有催化剂存在时,温度在 $200\sim300℃$ 时乙炔便开始聚合,聚合过程是散热过程,热量使乙炔温度升高,会进一步促使乙炔的聚合,速度加快,当其压力温度上升到一定范围时,便引起未聚合的乙炔分解爆炸。

3) 化合爆炸:

乙炔可以与很多金属如水银、银、铜、锌、镉等相互作用生成金属碳化物,其中铜的碳化物具有最大的爆炸危险性,因此管道系统的管材,配件和阀门等禁止铜质及含铜量大于 70% 的铜合金材料,也不允许用银焊条;乙炔和氯气相互作用也能产生强大的化合爆炸,并发出强烈的亮光,故在有氯的场所施工时应设法避免氯、乙炔的相混合。

20.4.2 乙炔的制取

电石是生产乙炔的燃料,它的分子式是 CaC_2,电石是一种坚硬的块状物料,断面是灰色或棕色,电石是由生石灰 CaO 与焦炭或无烟煤在电炉内经过 $1800\sim2300℃$ 的高温炼制而成,其化学反应方程式为:

$$CaO+3C=CaC_2+CO$$

工业用电石中平均含有碳化钙 70%,氧化钙 24% 其余为硫、磷、硅铁和其他杂质。

水分解 1kg 纯电石能产生 0.406kg 乙炔,由于电石中含有杂质,所以实际产生的乙炔数量比上述数字要小。

由于电石中含有硫磷等杂质,在制成的乙炔中也含有一些杂质,如磷化氢、硫化氢等,实践证明:当磷化氢含量大于 0.08% 时,磷化氢侵入焊缝内会使之发脆,产生砂眼降低耐蚀性。硫化氢含量大于 0.15％时，也会使焊缝脆弱。因此有特殊要求时须对乙炔进行净化处理。

乙炔的产生是将电石和水放入乙炔发生器内进行分解生成乙炔气，剩下的是电石糊，即 [Ca (OH)₂] 其化学反应方程式为：

$$CaC_2 + 2H_2O = C_2H_2\uparrow + Ca(OH)_2$$

由电石生产乙炔的工艺流程大致可以分为气态乙炔站、溶解乙炔站和混合乙炔站等 3 种基本流程，按正规发生器生产的压力可分为中压和低压乙炔生产流程。

20.4.3 乙炔管道的安装

(1) 乙炔管道的分类

根据管道输送乙炔的工作压力的不同，乙炔管道可分为低压、中压和高压三类：

1) 低压乙炔管道 $P \leqslant 0.007MPa$

2) 中压乙炔管道 $0.007 < P \leqslant 0.15MPa$

3) 高压乙炔管道 $0.15 < P \leqslant 2.5MPa$

(2) 管材及管件的选用

1) 管材的选用：

中低压乙炔管道应采用无缝钢管，高压乙炔管道应采用不锈钢或优质无缝钢管，乙炔管路不得使用镀锌钢管，也不得使用铜管。

乙炔管道属于易燃、易爆管道，为防止乙炔分解爆炸，中压乙炔管道内径不得大于 80mm，高压乙炔管道内径不得大于 20mm，管道断面不够时可用两根或两根以上管道并列敷设。

为保证管道有足够的强度，中高压乙炔管道的壁厚不得小于 3.5mm。

2) 管件的选用：

乙炔管道上所用的阀门和附件应用钢、可锻铸铁或球墨铸铁制造，也可用含铜量不超过 70％的铜合金制造。

低压乙炔管道上的阀门和附件的公称压力等级，当管道内径小于和等于 50mm 时不应小于 1.6MPa，当管道内径为 65～80mm 时，不应小于 2.5MPa，但选用不大于 50mm 的旋塞时其公称压力等级应不小于 1.0MPa，高压乙炔管道上的阀门和附件的公称压力等级不应小于 2.5MPa。

乙炔管道上的弯头，应采用煨弯弯头或冲压弯头，大小头应采用锻制大小头，三通应采用马鞍三通。

乙炔管道所用法兰、中、低压管道采用平焊法兰、高压乙炔管道采用对焊法兰。

压力表要采用专用压力表，在压力表上应标有"乙炔—禁火"字样，否则应严禁安装。

(3) 厂区乙炔管道的敷设安装

1) 厂区乙炔管道的架空敷设：

为防止乙炔管道漏气产生爆炸和燃烧，严禁乙炔管道穿过生活间，办公室以及不准使用乙炔的场所，架空敷设的管道应敷设在非燃烧体材料（混凝土、钢材等）的支架上，也可敷设在一二级耐火等级的丁戊类生产厂房的外墙和屋顶上。

架空乙炔管道可单独敷设，也可与其他非燃烧的气体管道、液体管道及同一使用目的氧气管道共架敷设，但彼此之间的最小净距应符合表 20-8 的要求。

厂区乙炔站及车间架空乙炔管道与
其他架空管线的最小净距（m）

表 20-8

序号	管 线 名 称	平行净距	交叉净距
1	给水管、排水管	0.25	0.25
2	热力管（蒸汽压力不超过 1.3MPa）	0.25	0.25
3	不燃气体管	0.25	0.25
4	燃气管燃油管和氧气管	0.50	0.25
5	滑触线	3.0	0.50
6	裸导线	2.0	0.50
7	绝缘导线和电缆	1.0	0.50
8	穿有导线的金属管	1.0	0.25
9	插接式母线、悬挂式干线	3.0	1.0
10	非防爆开关、插座、配电箱等	3.0	3.0

禁止将乙炔管道与电线电缆设在同一支

架上，禁止乙炔管道架设在煤气管道上面。

架空敷设的乙炔管道由于气温影响而产生热胀冷缩，一般采用管道自然补偿的方式解决，自然补偿不能满足时才加设补偿器补偿。

架空敷设的乙炔管道应有不小于 0.003 的坡度，坡向排水器，排水器应设在管道的最低点。在寒冷地区排水管应采取防冻措施，排水器用 $\phi159$ 或 $\phi219$ 的无缝钢管两端用钢板焊接而成，用支架固定在柱子上。图 20-14 所示为架空管道排水器的安装示意图。

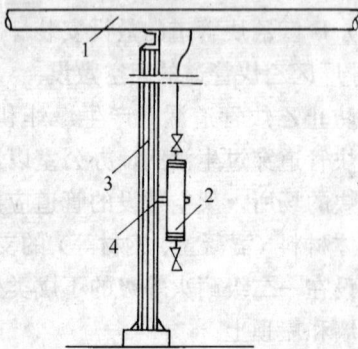

图 20-14　架空管道排水器安装图
1—乙炔管道；2—排水器；3—管道支柱；
4—固定支架

乙炔气体是易燃、易爆气体，遇明火或电火花就要发生爆炸，为防止静电感应及雷电感应而发生火花，乙炔管道必须采取接地措施，室外架空敷设管道每隔 100m 接地一次，室内乙炔管道每隔 25m 接地一次，乙炔管道在车间入口处应接地一次，接地电阻不应大于 20Ω，法兰、螺纹连接处应用导线将两端牢固地连接在一起，图 20-15 为架空管道接地装置具体做法。

2) 厂区埋地乙炔管道的敷设与安装：

埋地乙炔管道应与其他管线之间的最小净距见表 20-9。

埋地管道的埋设深度，应根据地面的载荷决定，一般距地面不小于 0.7m，寒冷地区的乙炔管道线应敷设在冰冻线以下，如敷设在冰冻线以内应有防冻措施。

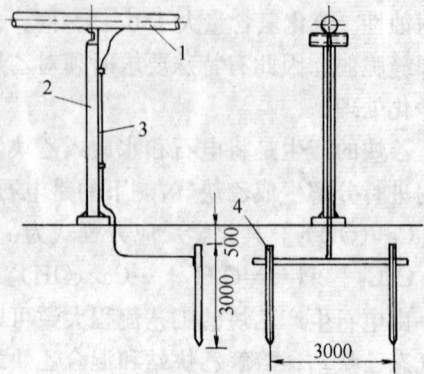

图 20-15　架空乙炔管道接地装置
1—乙炔管道；2—管道支柱；3—接地导线（25×4
镀锌扁钢）；4—埋地镀锌角钢（50×5）

埋地乙炔管道与其他管线之间的
最小净距（m）　　　表 20-9

序号	管线名称		水平净距	交叉净距
1	给水管、排水管		1.5	0.25
2	热力管道或不通行地沟边缘		1.5	0.25
3	排水明渠		1.0	0.5
4	氧气管		1.5	0.25
5	煤气管	$P \leqslant 0.15MPa$	1.0	0.25
		$0.15 < P \leqslant 0.3MPa$	1.5	0.25
		$0.3 < P \leqslant 0.8MPa$	2.0	0.25
6	不燃气体管道		1.5	0.25
7	电力或电线、电缆		1.0	0.25

乙炔管道不得在地沟内敷设。

乙炔管道穿过铁路和道路时交叉角不宜小于 45°，管顶距铁路轨面不应小于 1.20m，距道路路面不宜小于 0.7m，敷设在铁路和主要公路下面的管段应加设套管，套管的两端应伸出铁路路基或道边不小于 1.0m，如铁路路基或道路路边有排水沟时，应伸出水沟 1.0m。

埋地乙炔管道应有不小于 0.002 的坡度，坡向排水器，排水器设在管路的最低点，排水器安装见图 20-16 所示。

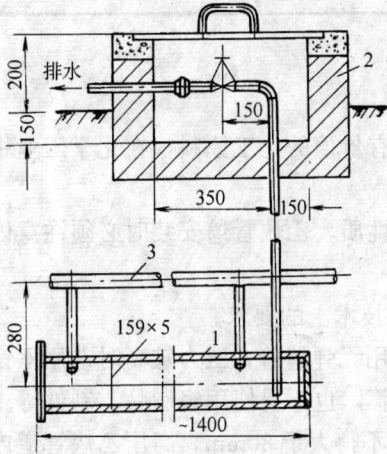

图 20-16　地下乙炔管道排水器安装图
1—排水器；2—窨井；3—乙炔管道

埋地乙炔管道不得通过烟道、风道、地下室，不得直接靠近高于 50℃ 的热表面，也不应通过建筑物和构筑物。

埋地乙炔管道在车间入口处应接地一次，接地电阻不应大于 20Ω。

（4）车间乙炔管道的敷设、安装

车间乙炔管道应有入口装置，压力在 0.007～0.15MPa 的乙炔管道应设中央回火防止器，车间入口装置如图 20-17 所示。

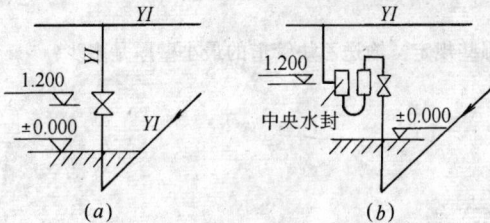

图 20-17　乙炔管道车间入口装置
(a) 无中央水封；(b) 有中央水封

车间内部乙炔管道应沿墙、柱架空敷设，高度在 2.5m 以上既便于安装检修又不挡窗户。

（5）乙炔管道的试验

乙炔管道安装完毕后，应进行强度性和严密性试验。

1）强度性试验：

强度性试验用的介质为水，当管道的工作压力 $P<0.007MPa$ 时，试验压力 P_S 为 2.2MPa；当工作压力在 0.007～0.15MPa 时试验压力为 3.2MPa；当工作压力在 0.15～2.5MPa 时试验压力为 5.0MPa。

在进行水压试验时，应先缓慢升到强度试验压力后，稳压 10min 进行外观检查，如无破裂、变形、渗水、漏水和降压等现象，则认为强度试验合格。

2）气密性试验：

强度试验后，再以气压进行严密性试验，试验压力为工作压力的 1.25 倍，但不应小于 0.01MPa 试压时将压力升至试验压力恒压 0.5h，在各类接点和接口处涂以肥皂水进行检查，无渗漏、无压力降为合格，然后进行降压且进行泄漏量试验，试验时间为 24h，并测出漏气率，室内乙炔管道的平均每小时漏泄不超过 0.25%，室外乙炔管道泄漏率不超过 0.5%，泄漏率按下式计算：

$$A = \frac{100}{t}\left(1 - \frac{p_2 T_1}{p_1 T_2}\right) \times 100\%$$

(20-6)

式中　A——平均小时漏气率（%）；

p_1、p_2——试验开始、结束时的绝对压力（MPa）；

T_1、T_2——试验开始、结束时的绝对温度（K）；

t——试验时间（h）。

气密性试验结束后必须用空气或氮气将管道吹扫干净，管道使用前应用 3 倍于管道系统体积的氮气（含氧量不大于 1%）吹扫。

吹扫时在管段末端安装阀门和排气管，如排气管的氮气内含量小于 3% 则认为合格，吹扫合格后的管道在充满氮气的条件下送入乙炔，即可投入使用。

小　结

乙炔不仅是一种优质的气体燃烧而且是一种有价值的化工原料，在化学工业中应用很广。

乙炔管道是一种动力管道，由于乙炔的特殊性质，乙炔管道安装时必须注意以下几点：

1. 乙炔管道敷设时必须满足乙炔管道敷设时技术上的要求。

2. 管道材料、管件、配件的选用；管材要选用无弹缝管，压力较高时选用不锈钢管，不得使用铜管及铜制件，不得使用镀锌钢管，也不得使用银制品、制件等。

3. 为防止乙炔管道分解爆炸，中压管道内径不得大于 80mm，高压乙炔管道内径不得大于 20mm。

4. 管道敷设时应有不小于 0.002 的坡度，坡向排水器。

5. 为防止静电感应和雷电感应而发生电火花，乙炔管道必须有可靠的接地装置。室外架空管道每隔 100m 接地一次，室内乙炔管道每隔 25m 接地一次，埋地管道在车间入口处也应接地一次，各处接地电阻不应大于 20Ω。

6. 乙炔管道安装完毕应进行严格的压力试验。

习　题

1. 乙炔管道是如何分类的？
2. 乙炔的基本性质有哪些？
3. 引起乙炔爆炸的原因有哪些？
4. 怎样选择乙炔管道的管材、管件和阀门？
5. 为防止乙炔在管道内分解爆炸乙炔管道的管径有哪些规定？输送乙炔管道的最小壁厚是多少？
6. 厂区的乙炔管道敷设和安装时应注意哪些事项？
7. 乙炔管道敷设时的坡度是多少？坡向如何？
8. 乙炔管道的排水器如何安装，绘图说明。
9. 车间内乙炔管道的安装要求和注意事项有哪些？
10. 乙炔管道为什么必须接地？绘图说明乙炔管道的接地措施。
11. 乙炔管道如何进行试验，投入运行前应做哪些工作？

20.5　重油管道的安装

管道运输是石油工业中应用最多的运输方式，它与铁路槽车运输比较，有运输成本低，输送油量损失少，效率高，安全可靠等优点。

输油管道有两大类：一类是长距离输送原油和石油产品的管道称为长距离输送油管，另一类是油田内部的油气集输管道，炼油厂、油罐厂的输油管道以及化工厂内部的燃料油供应管道等，都属于企业内部的输油管道，本节主要介绍企业内部粘度较大、凝固点较高的燃料油的输油管道安装。

20.5.1　重油的性质

重油是一种廉价的燃料油，广泛应用于工业锅炉，加热炉和热处理炉等窑炉上作为燃料使用。

重油粘度大，流动性差，在常温下多呈凝固状态，在 15～36℃ 就开始凝固，因此在使用时必须加温使之溶化，降低粘度便于输送和雾化燃烧。重油的粘度对油泵和喷嘴的工作效率以及燃油炉的单位燃耗都有直接影响。重油加热到一定温度开始挥发出油蒸汽，油蒸汽与空气混合达到一定的比例，在试验条件下遇火产生短促的闪燃现象，这个能够产生闪燃时的最低温度称为闪点，重油的闪点一般为 80～130℃。油品达到一定温度在不需要引火的情况下，油品因剧烈的氧化而开始燃烧，称为油品的自燃，能产生自燃的最低温度称为自燃点，重油的自燃点一般为 300～350℃。为了安全，操作温度，加热温度一般控制在比闪点温度低 20℃ 为宜。

重油中的有害杂质有硫、水分和机械杂质。硫不但使重油的粘度增高，而且使在加热炉中加热的钢材增加热脆性。硫在燃烧过程中生成二氧化硫和三氧化硫，二氧化硫及三氧化硫与水蒸气结合又会生成硫酸。对金属材料产生一定的腐蚀作用，因此重油中硫的含量不应超过 3%。水分在重油燃烧过程中会降低热值和燃烧效率，并且使燃烧火焰不稳定；水分在重油中的含量不应超过 2.5%。机械杂质主要是重油装卸、运输过程中由外部混入的，其主要危害是磨损油泵和堵塞油嘴，在重油供应系统中应装设过滤器滤除机械杂质。

重油在燃油炉内正常燃烧时的有效发热量称为净热值，重油的净热值一般为 38493～46024kJ/kg。

20.5.2　供油系统

供油系统如图 20-18 所示，重油由铁路或公路运来后由蒸汽将铁路油罐车或汽车油罐中的油加热，降低其粘度，依靠自流或用泵将油卸入贮油罐，或由输油管道连接送入贮油罐油在贮油罐内贮存期间，应加热升温

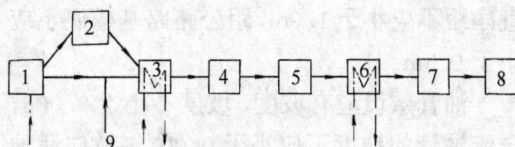

图 20-18　重油供油系统组成图式
1—输油设备；2—卸油泵；3—贮油罐；4—过滤器；
5—供油泵；6—加热器；7—过滤器；8—燃油设备；
9—输油管

沉淀其中水分和机械杂质并排出罐外送入污油处理池。加热沉淀后的油，经泵前过滤器进一步过滤其机械杂质后进入供油泵，经泵升压送入炉前加热器加热降低粘度，以满足喷嘴雾化的需要，最后经炉过滤器送入喷嘴。

20.5.3　重油管道的布置与安装

(1) 重油管道的布置、敷设

1) 重油管道布置敷设的一般要求：

室外重油管道一般采用架空敷设，并尽可能采用与其他管道共架敷设，在条件许可的情况下也可以采用沿地面支座敷设，在特殊情况下也可采用地沟敷设。重油管道与其他管道共架共沟敷设时，管道之间净距不得小于 150mm。

室外重油管道采用地沟敷设时，地沟顶部埋深一般不小于 0.5m，地沟应有坡度，地沟坡度应与油管坡度一致并在地沟的最低点设排水装置。

架空管道跨越铁路，公路以及人行道的最小垂直净距应符合以下规定：

管底至铁路铁轨顶不小于 6m；

管底至公路路面不小于 4.5m；

管底至人行道路面不小于 2.2m。

油管道如穿越公路、铁路时，油管应敷设在套管或地沟内，套管或地沟的外伸长度要求如下：

铁路（以铁轨中心为起点）不小于 20m；

公路（以路肩外侧为起点）不小于 20m。

上述套管或地沟顶距铁路轨底的最小垂

直净距不应小于1.0m,距公路路基槽底不应小于0.5m。

油管敷设应有坡度,坡度不小于0.003,自流油管的坡度不应小于0.005,坡向泄油点。

重油管道支架敷设时,应考虑管道的热伸长,要尽量利用自然补偿吸收管道的热变形,自然补偿不能满足时要设补偿器补偿。

2)厂区及车间重油管道的布置:

厂区重油管道一般沿公路或墙架空敷设,在条件许可的情况下尽量与其他管线共架敷设。

厂区及车间供油管道敷设有如下几种形式:

A. 只有一根供油管而没有回油管的单向树枝式和单向辐射式供油系统,用于不需要回油又可以停炉检修的燃油设备。

B. 有一根供油管和一根回油管的循环供油系统,油泵输出的油经供油管供燃油设备燃烧一部分经回油管回到油罐,回油主要起到调节油量和油压的作用,通过回油使整个系统形成循环。

C. 对于全年连续运行的燃油设备,需采用双管供油,单管回油以确保安全。

(2)重油管道的安装

重油管道的管材一般均为无缝钢管,对于大口径 $DN > 200mm$ 的远距离输油管也可以用螺旋缝卷焊钢管。

重油管道的连接:与设备、装置及法兰阀门连接应采用法兰连接,垫片采用耐油橡胶石棉垫,除此之外,均采用焊接。

对于局部范围内敷设低压流体输送钢管,也可采用螺纹连接,其填料不得用麻丝,应采用黄粉甘油调合料或聚四氟乙烯生料带。

重油管道与蒸汽伴热管道一定要有坡度,坡向排放点。排放点的位置应根据油罐、油泵房、污油池的平面位置和竖向布置确定,重油管道坡度一般不小于0.003,蒸汽管道

的坡向一般为0.002。

重油管道的排放点应设置放空气管,短管上加装放空阀门,并尽量将放空管引向污油池,蒸汽管道的低排水点应安装疏水装置或放空阀,放空管的规格见表20-10。

放 空 管 规 格　　表 20-10

重油或蒸汽管直径 DN (mm)	放空管公称直径 (mm)	
	蒸汽放空管	重油放空管
≤80	25	40
100~150	40	50
200~250	50	80
300~350	80	100

当重油管道需要检修或较长时间停止送油的情况下,需要将管内存油吹扫干净。称此为扫线。

扫线一般采用蒸汽,蒸汽扫线可以融化管壁残油,扫线后管内较干净,但温度不宜过高否则容易使管内油层碳化,吹扫用的蒸汽压力一般为0.7~1.0MPa。也有用压缩空气进行扫线的、用压缩空气吹扫没有凝结水混入油内,这是它的优点。

吹扫接点的连接方法有活动接头和固定接头两种,吹扫用的活动接头是在油管的吹扫点与附近的蒸汽管上各留一个带配气接头的连接短管,供吹扫时用,如图20-19(a)所示,吹扫时用橡胶软管连上,这种连接方法油管中的油与蒸汽中的汽不会互相窜漏,但操作麻烦,适用于吹扫次数不频繁的管道上。

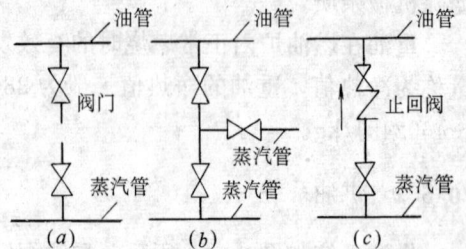

图 20-19　重油管道的吹扫管安装

(a) 活动接头;(b) 设检查管的固定接头;

(c) 设止回阀的固定接头

吹扫用的固定接头有两种，一种是在吹扫连接管两个阀门之间设一检查管，检查管上设有阀门，此阀门平时打开用以发现漏油或漏气，如图20-19（b）所示，另一种是在吹扫连接管上加装一止回阀。用以防止油窜入蒸汽管道内。如图20-19（c）所示固定接头适用于吹扫比较频繁的管道上。

重油是一种不良导体，它与空气或钢铁摩擦很容易产生静电，电荷的积聚能产生很高的电压，一旦发生放电就会引起火灾，因此燃油装置均应有静电接地装置。

除油罐、油泵接地外，输油管线也要求接地，室内管线每隔30m，室外管线每隔100m接地一次，接地电阻不大于20Ω，接地作法同燃气管道（图20-6）。重油管道的法兰连接处应以铜线或扁钢进行跨接。

20.5.4 重油管道的附件安装

（1）过滤器安装

安装过滤器的目的是为了防止油品中的机械杂质及炭粒对油泵和油嘴的堵塞和磨损，保证设备正常运行和喷嘴的正常雾化。

1）过滤器的种类：

过滤器的种类按工艺分有粗过滤器和细过滤器，按结构分有网式和片状式过滤器，粗过滤器安装在卸油泵前，滤网常用厚2mm的钢板钻直径2～3mm的孔眼制成，孔的流通面积应为进口管面积的4～6倍，用这种过滤器来滤掉油中体积较大的杂质，如杂木片、铁屑，其主要是为了保护油泵，细过滤器一般安装在供油泵或喷嘴前，滤网的规格是：螺杆泵和齿轮泵前的过滤网≥400目/cm²，离心泵和蒸汽往复泵前应为40～144目/cm²，炉前机械雾化过滤网≥400目/cm² 其他喷嘴雾化过滤网为144～256目/cm²。

网状过滤器是最常用的过滤器，结构简单制造容易，价格便宜，常安装于泵前，网状过滤器形式有多种，如图20-20所示。

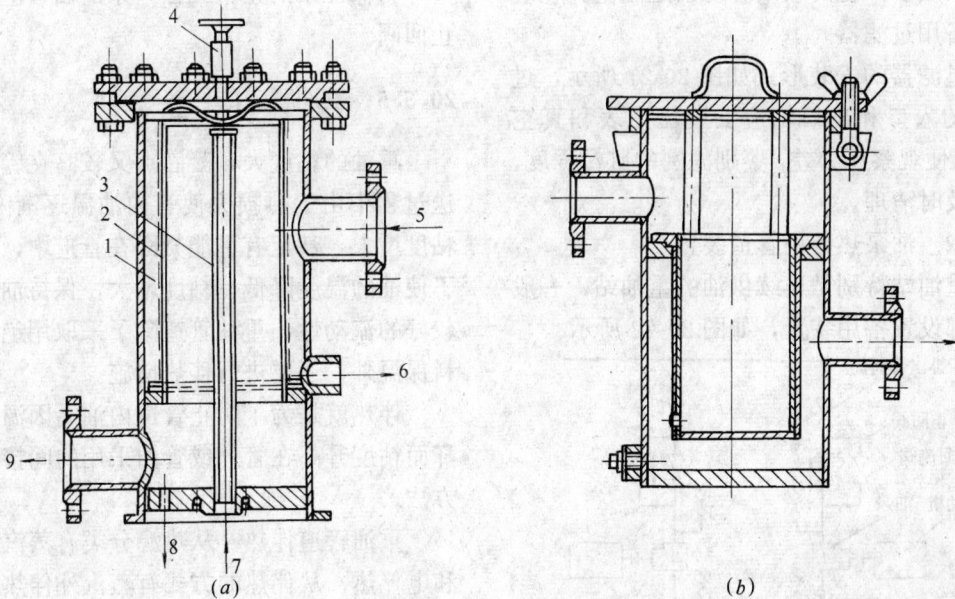

图 20-20　网状过滤器

（a）带吹扫管的网状过滤器；（b）桶式网状过滤器

1—滤网；2—网框；3—吹扫管；4—放气阀；5—进油管；6—排污口；7—吹扫口；8—放油口；9—出油口

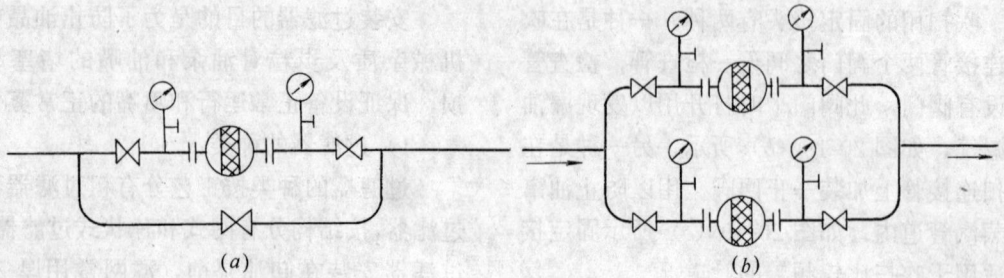

图 20-21　过滤器的安装形式
(a) 单个过滤器安装；(b) 两个过滤器安装

2) 过滤器的安装要求：

过滤器连续工作时，必须设置备用过滤器一个维修时启用另一个而不影响工作，过滤器间断工作时，一般可不设备用过滤器，如离心泵或蒸汽往复泵作卸油泵和输油泵时，因卸油和输油为间断作业，可只设置一台过滤器不作备用。

如果工作选用的油泵是齿轮泵或螺杆泵时，虽然过滤网间断工作，但由于重油中的机械杂质多，滤网较细容易引起堵塞，也应设置备用过滤器。

过滤器的安装形式如图 20-21 所示，过滤器的入口和出口均应安装压力表和真空表，以便观察压力差，鉴别滤网的脏污程度，便于及时清理。

（2）油泵热备用管道装置

重油站特别是连续供油的重油站，一般油泵都设置备用装置，如图 20-22 所示。

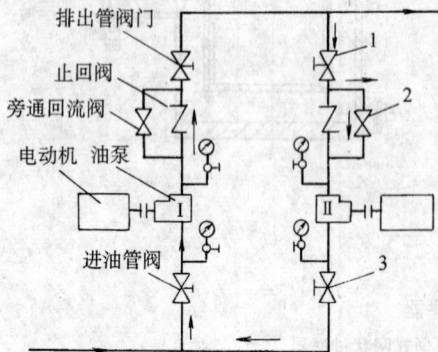

图 20-22　油泵热备用装置系统

热备用泵装置的原理是：若泵 I 工作，泵 II 备用，打开备用泵 II 的进出管阀门 1 和 3，微开回流阀门 2，压力油管内的热油经回流阀流入泵体内，再进入工作泵 I，形成备用泵体内的热油循环，备用泵处于热备用状态（此时备用泵缓慢逆转）一旦工作泵发生故障，备用泵可马上投入运行，待备用油投入运行后可关闭回流阀 2，这样供油可连续运行。

为保证泵的正常工作，泵的出口应安装止回阀。

20.5.5　重油管道的伴热

重油的粘度大，凝固点又较高在管道输送过程中由于热损失使管内油温逐渐降低，粘度增大，甚至有可能凝固在管道中，为了不使油的温度降低，粘度增大，保持油品有较好的流动性，重油管道除了采取用绝热材料保温外，还要进行伴热措施。

伴热就是为了防止管道内油品因温度下降而粘度升高在管外或管内采用的间接加热方法。

重油管道伴热，从热源分类有蒸汽伴热和电伴热，从伴热的方式有蒸汽外伴热、蒸汽内伴热，夹套管伴热等三种方式。

（1）外伴热

外伴热又称平行蒸汽伴随管伴热，它是在重油管道下面平行设置一根或两根伴热蒸汽管在重油管和伴热蒸汽管外加绝热层如图

20-23 所示，由伴热蒸汽管将热量传至重油管与伴热蒸汽间的热空气层，再由热空气层将热量传至重油管，重油管吸收热量来弥补向绝热层外空间的散热。

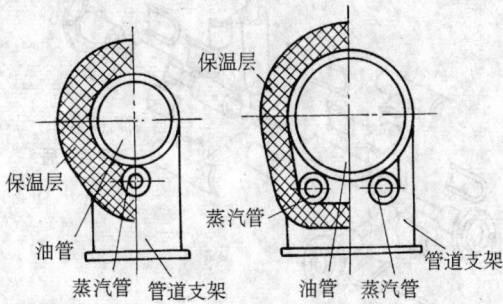

图 20-23　蒸汽外伴热保温形式

施工时要在重油管及伴热蒸汽管的表面先包以网孔较少铁丝强度较好的方格铁丝网或薄铁皮然后配绝热层，这样绝热材料就不致将重油管道与伴热蒸汽管间的热空气层堵塞，以确保空气层的完整并不断将热量传给重油，伴热管与油管之间不宜紧靠，中间应用 50mm×25mm×10mm 的石棉垫块隔开，垫块之间的距离不小于 1m。

外伴热是输油管道常采用的伴热方法，这种伴热的优点是稳妥、可靠，安装、检护、维修方便，缺点是热效率低。

（2）内伴热

内伴热又称内套管伴热，它是在重油管道内部装一根小口径的蒸汽管，油管外面采取绝热措施，如图 20-24 所示。

内伴热的优点是热效率高，缺点是施工难度大，一旦发生泄漏不易发现，也不便于维修，适用于油管直径较大，距离较矩的输油管路。

用于油管内伴热的管子，应采用质量较好的无缝钢管，安装前应进行严格的挑选，管子内外表面不得有裂缝，重皮和超过标准厚度 8% 的负偏差的机械损伤（撞击伤、划痕、刮伤）等缺陷，每根内伴热管的长度在选用时应比外面配套的油管长度略长一些，便它在油管两端 100～200mm 处用弯头穿过油管管壁，内伴热管在油管外的连通管采用 U 型或 冂型 弯管连接，当该段油管需要法兰连接时，蒸汽管道的连通管也应用法兰连接，便于检修时统一拆装，内伴热管在油管外的连通管应与油管的坡度坡向一致。

内伴热管在油管内应有伸缩膨胀弯，防止蒸汽管因热膨胀而破裂。

为防止内伴热管因蒸汽快速流动而产生激烈振动，它的支架应焊在蒸汽管上，每组支架由三根支柱组成，支柱间的角度为 120°，这三个支柱的外圆直径应小于油管内径 3～5mm，支架搁在油管内管壁上，可在横向范围内伸缩移动。

内伴热管以一根完整的管子安装在相应配套的油管内为宜，在油管内的蒸汽管应尽量减少焊口数量，同时应对焊缝进行 X 光拍片检验并在竣工图上注明焊缝的确切位置。

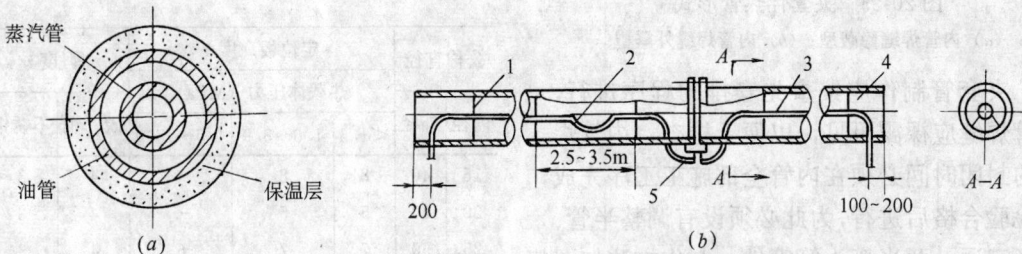

图 20-24　内伴热结构及安装示意图
(a) 内套管伴热结构；(b) 内伴热安装示意
1—油管内蒸汽管支架；2—蒸汽管膨胀弯；3—伴热蒸汽管；4—油管；5—蒸汽连通管及法兰

(3) 夹套管伴热

夹套管伴热又称外套管伴热，它是在重油管外表面套装蒸汽管，蒸汽直接加热油管，使蒸汽从油管外和夹套管内通过，由于蒸汽直接加热油管，因而热效率较高，不仅可以起到保温的作用，还可以使重油的温度升高，实践证明生产效率高，缺点是消耗钢材较多，不适用于较大直径的管道。

夹套管的形式分为内管焊缝隐蔽与外露型两种，如图 20-25 所示，夹套管应在加工厂预制加工，加工部件的尺寸要适当，以便于运输和安装为前提，供加工夹套管的管子应无重皮、裂纹、显著腐蚀和压延不良等现象，管子表面凹陷深度，当管壁厚度大于 3.5mm 时，不得超过 1.0mm，当管壁厚度小于或等于 3.5mm 时，不得超过 0.5mm，管子也不得有折叠、夹渣等缺陷，法兰密封面不得有裂纹、划痕及影响密封的缺陷。

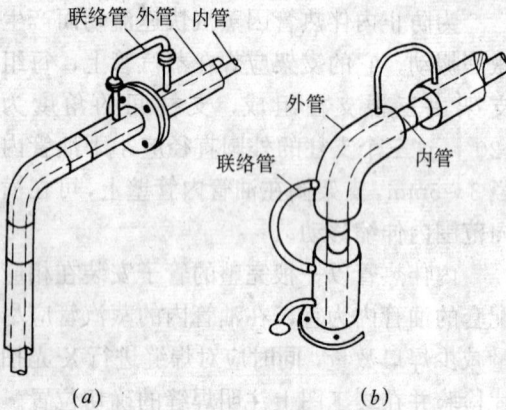

(a)　　　　　　　　　(b)

图 20-25　夹套伴热管形式
(a) 内管焊缝隐蔽型；(b) 内管焊缝外露型

夹套管制作应按事先安排的程序进行，内管焊缝应裸露可见，以便于检查，内管焊缝的封闭时间必须在内管全部施工工序完成并检验合格后进行，为此必须设有调整半管、两半三通、两半弯头等管件，制作方法如图 20-26 所示。

为了保持内外管中线在同一条直线上，夹套管需要在管外壁上焊接定位板，定位板

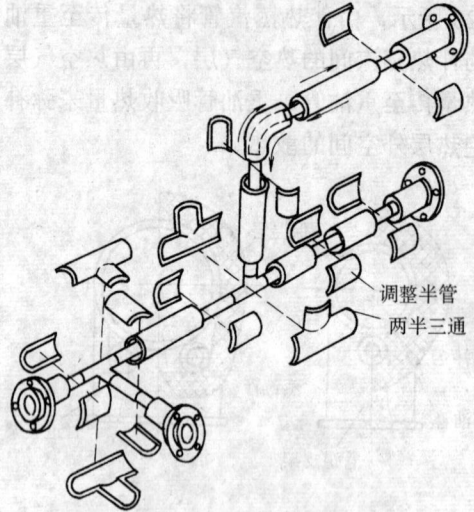

图 20-26　夹套管制作方法示意

每组 3 块，三者之间互成 120°角，定位板与管壁间隙应不小于 1.5mm，定位板的构造尺寸见表 20-11 定位板的间距应符合设计要求，设计之要求是可按表 20-12 选用。

夹套管的内外管发生渗漏，修理起来比较麻烦，所以应选用优质无缝钢管，而且在安装前应逐根试验后方可使用。

夹套管定位板外形尺寸

表 20-11

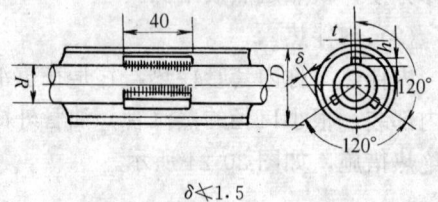

δ≤1.5

公称直径		定位板高度 h			厚度 t	
		热载体压力（MPa）				
内径	外径	<1.6	1.6~3.9	4.0~15.0	碳　钢	不锈钢
15	40	8	8	—	4	3
20	40	5	5	—	4	3
25	50	7	7	6	4	3
40	80	13	13	10	6	3
50	80	8	6	6	6	3
65	125	13	10	8	6	3

直管段定位板最大间距 表20-12

公称直径 (mm)	管壁厚度 (mm)	定位板最大间距（m）			
		工作温度150℃以下		工作温度150～350℃	
		液体管道	气体管道	液体管道	气体管道
20	4.0	3.0	3.5	2.0	2.5
25	4.5	3.5	4.0	2.5	3.0
40	5.0	4.0	4.5	3.0	3.5
50	5.0	4.5	5.0	3.5	4.0
65	5.5	5.0	6.0	4.0	4.5
80	6.0	5.5	6.5	4.5	5.5
100	7.0	6.5	6.5	6.0	7.0
150	8.5	8.0	10.5	8.5	8.5
200	9.5	9.0	12.5	9.0	10.5
250	9.5	11.0	15.0	10.0	12.5
300	9.5	11.5	16.5	10.0	14.0
350	9.5	12.0	17.0	11.0	15.0
400	9.5	12.5	18.0	11.5	16.5
450	9.5	13.0	19.5	11.5	18.0
500	9.5	13.5	20.5	11.5	19.0
600	9.5	13.5	22.5	12.0	21.0

夹套伴热管也按一般管道安装要求设置补偿器，补偿器在安装前应按设计规定进行预拉伸，并要注意安装间距。

套管的支架在造型、定位、安装前，应考虑内管、外管、重油及伴热热媒的重量。

内管外管焊接时，直管段对接焊缝间距，内管径不应小于200mm，外管径不应小于100mm，环向焊缝距管架不应小于100mm，且不得留在过墙或楼板处，水平管段外管割切的纵向焊缝应置于检修的部位，内管焊缝上不得开孔，或连接支管，外管焊缝上应尽量避免开孔或连接支管。

夹套管的联络管（跨管）长度，水平套管的联络管输送蒸汽的应高进低出，输送液体的介质应低进高出，这样便于介质的流动、排放，且能防止积液。

20.5.6 重油管道的试压

重油管道安装完毕后，尚未进行绝热前，应进行严格的严密性试验，试验一般分系统进行。

（1）贮油系统管道试压

贮油系统的工作压力 P 一般不大于0.8MPa，但蒸汽吹扫的工作压力往往比油压高，所以油管的工作压力应以最高的蒸汽吹扫压力为准，采用水压试验时，试验压力 P_s =1.25P，且 $P_s \leqslant 0.2$MPa。

（2）供油泵前管道试压

供油泵管道工作压力 P 一般不大于0.8MPa，供油泵前管道试压、水压试验时，P_s =1.25P 且 $P_s \leqslant 0.2$MPa。

（3）供油泵的管道试压

供油泵后油管道工作压力较高，工作压力应为油泵性能曲线中的最高工作压力，试验压力 P_s =1.25P 即可。

（4）供热蒸汽管的试验压力

应为蒸汽系统的最高工作压力的1.25倍来进行。

（5）重油管道水压试验的程序

1）确定试压系统，将不属于试压系统的管段、设备加盲板隔离，在系统的最高点加放气阀，在系统的最低点加泄水阀。

2）向系统内充水，直至系统最高点的排气阀溢水，方可关闭放气阀。

3）升压时应缓慢，当升到试验压力的 $\frac{1}{2}$ 时，应停止加压进行检查，若无异常，继续升压，若有问题则应降压泄水检修。

4）打到试验压力后，恒压10min，压力降 $\Delta P \leqslant 0.05$MPa，且整个系统无变形、扭曲、破裂、渗水、漏水现象则试压合格。

5）然后再降压至工作压力进行全面检查，并用质量为1.5kg的锤轻轻敲击焊缝，以焊缝处无渗水，漏水且无压力降为合格。

6）试压后应排出管内积水。

小　结

重油管道主要用来输送工厂、车间内燃油。

重油管道的特点是：输送介质的粘度大，易燃烧、杂质多，因此安装重油管道系统注意以下技术问题。

1. 为防止油品中的机械杂质及碳粒对油泵和油喷嘴的磨损和堵塞，保证设备的正常运行应在泵、设备入口处及喷嘴前安装过滤器。

2. 重油是一种不良导体，它与空气或钢铁摩擦容易产生静电，电荷的积聚能产生很高的电压，一旦发生放电，就会引起火灾，因此重油系统中的装置（油罐、油泵）必须有可靠的接地措施。输油管道也应该有可靠的接地装置，室外管道每隔100m接地一次，室内管道每隔30m接地一次，接地电阻不得大于20Ω。

3. 重油管道是高粘度物质的管道，为保证介质良好的流动性和雾化性，管道应进行伴热，并进行严格的保温。

习　题

1. 试述重油的物理性质。
2. 供油系统由哪几部分组成？
3. 重油管道安装时应注意哪些问题？
4. 重油管道为什么要伴热？
5. 伴热管的形式有哪几种？各有何特点？
6. 过滤器的安装要求有哪些？
7. 绘图说明重油管道的接地措施？
8. 什么是油管的扫线？
9. 吹扫接头的连接方法有哪几种？它们各自的特点是什么？
10. 输油管道的敷设形式有哪几种？敷设时应注意哪些问题？
11. 夹套管伴热有哪几种形式？
12. 为什么要设置定位挡板，定位挡板应如何设置？
13. 画图说明油泵热备用管道的装置及工作原理。

第 21 章 有色金属管和不锈钢管道的安装

在管道工程使用的金属管材中，有色金属管和不锈钢管占有一定的比重，有色金属管和不锈钢管最显著的特点是耐蚀性能好，能够满足工业管道工程输送某些特定介质的特殊需要。本章主要讲述有色金属和不锈钢管道的安装。

21.1 铝及铝合金管道的安装

21.1.1 管材检验

铝及铝合金管的牌号较多，在一个建设项目中，如有两种以上不同牌号的管子，应在管子运到现场时作好涂色标记，分别堆放，以免错用。铝及铝合金管要单独堆放，不得与铁、铜、不锈钢等相接触，以防止电化学腐蚀。

管子在安装前应进行检验：

1) 管子内外表面应光滑、整洁，不应有针孔、裂纹、起皮，粗糙、划伤、夹渣、气泡等缺陷。

2) 管子端部应平整、无毛刺，管子内外表面不得有超过外径和壁厚允许偏差的局部凹坑、划伤、压入物、碰伤等缺陷。

3) 挤压厚壁铝管的椭圆变化，不应超过外径的允许偏差，壁厚不均度不应超过实际平均厚度的 10%。

21.1.2 铝及铝合金管的安装

(1) 管子加工

1) 管子调直。铝及铝合金管的调直应用木锤头或木方尺轻轻敲击，逐段调直，调直用的平台上应垫上硬木板，不允许铝及铝合金管子直接与钢平面或混凝土平台接触，防止管子表面拉伤留下痕迹。

2) 管子切割与坡口。管子的切割可用钢锯、砂轮切割机。

管子坡口用钢锉刀，不得用氧——乙炔焰切割或坡口。

夹持铝及铝合金管时，管壁两侧应垫木板，以免夹伤管壁。

3) 弯管加工。铝及铝合金管的弯头，当 $DN \leqslant 100mm$ 时，可用冷煨的方法，其方法和步骤与碳钢管相同。当 $DN > 100mm$ 时，可采用热煨，把管子灌满细砂后，将其加热到 400℃左右，管壁呈暗红色时取出煨弯。温度过高或过低都会使管壁变质后破裂，因此，铝及铝合金管一般不用热煨弯，主要是热弯温度不好控制。当 $DN > 100mm$ 时可用冲压弯头或焊制弯头。

4) 管道连接。铝及铝合金管的连接方式一般采用焊接和法兰连接，特殊情况下也可采用丝接。

A. 焊接连接。铝及铝合金管的焊接可采用气焊、电弧焊，手工氩弧焊、埋弧自动焊等。在施工现场常采用气焊和手工氩弧焊等。采用气焊时，管壁厚度在 1~3mm，可不开坡口进行平口对接，其间隙为壁厚的 $\frac{1}{4}$ 左右。若壁厚大于 3mm，应开 V 型坡口，坡口角度为 30°~45°，钝边 1.5~3mm，对口间隙为 1~2mm；若采用手工氩弧焊，管壁厚度小于等于 3mm，可不开坡口进行平口对接，间隙为 0~0.3mm，当壁厚大于 3mm 时，应开 V 型坡口，坡口角度为 38°～45°，钝边 0.5～1.5mm，间隙为 0～0.5mm。在焊接纯铝管时，应选用纯度比母材高或相等的焊丝；焊接铝镁合金防锈铝时，应选用含镁量比母材高的焊丝。

铝是活泼的金属，其表面很容易与空气中的氧发生化学反应。产生一层氧化铝薄膜，熔点很高（大约为 2050℃），大大超过了铝及铝合金本身的熔点。因此，给焊接带来了一定的困难。所以在焊接前应用机械或化学的方法进行清洗，以除去氧化物或油污等杂质，通常是应用丙酮或四氯化碳溶剂清洗附在管端或焊口的油污，然后在距焊口 30～60mm 的区域内用细铜丝刷仔细地将氧化膜清除掉，直到材料成乳白色为止，焊接必须在清刷后不超过 2h 开始，以免管口重新氧化。

在焊接过程中，工件严禁震动，需要转动时，必须等到焊缝金属冷却至 350℃ 以下，才可轻轻转动。

焊后应使接头在空气中缓慢冷却，如果刚刚焊接好就用冷却水快速冷却，会引起收缩应力裂纹。当接头温度降到 60～70℃ 以下，方可以进行焊后的清洗工作。

焊缝及其附近的残余溶剂有腐蚀作用，应在焊后两小时洗掉。其清洗方法如下：

用 60～80℃ 的热水冲洗，并用毛刷将残渣冲刷干净，然后用 30% 的硝酸溶液洗涤，再用清水冲洗。氩弧焊后可不必作水洗处理。

B. 法兰连接。法兰连接通常采用平焊铝法兰，对焊松套钢法兰、翻边松套法兰等。

铝及铝合金管采用翻边松套法兰连接时，应按表 21-1 规定的翻边宽度进行翻边，管口翻边应在特制的外膜、内膜上进行。用外膜将管子固定住，并留出翻边宽度的距离，内膜放置在管口内。用压力机加压，即可翻出所需要的卷边。翻出的卷边应该平整、光洁，不得有凹凸不平、缩颈、斑痕、刮伤及裂纹等缺陷，卷边的厚度不能减薄太大，一般不得小于 0.8 倍的管壁厚度。

铝及铝合金管翻边宽度（mm）

表 21-1

公称直径(DN)(mm)	15	20	25	32	40	50	65	80	100
翻边宽度	40	50	60	70	80	90	110	125	145

当管壁较厚，管内介质工作压力较高（不宜高于 0.1MPa）时，管道连接宜采用铝凸缘槽面松套法兰。这种法兰连接的带有榫槽面的铝凸缘应与管子材质一样的材料制造，法兰采用钢法兰。

5）支架安装：铝管用支架仍然可用碳素钢作支架，但须对支架进行绝缘处理（如刷涂绝缘涂料；加设绝缘层等）。热轧管的支架间距可按照同样直径和壁厚的碳钢管支架间距的 $\frac{2}{3}$ 选取，冷作硬化管按碳钢管支架间距的 $\frac{3}{4}$ 选取。

铝及铝合金管需要绝热时，不得使用石棉绳、石棉粉等带有碱性的材料，因铝不耐碱腐蚀，因此，应选用中性绝热材料。

21·2 铜及铜合金管道的安装

21·2·1 管材质量检验

铜及铜合金管的牌号较多，铜管运到工地，应按牌号和规格分别标记和堆放，防止混乱错用。

安装用的铜及铜合金管表面与内壁应光洁，无裂纹、分层、疵孔、结疤和气孔。黄铜管不得有绿锈和严重脱锌。其外表缺陷允许值规定如下：当壁厚 $\delta \leqslant 2mm$ 时，纵向划痕深度不大于 0.04mm，当壁厚 $\delta > 2mm$ 时，纵向划痕深度不大于 0.05mm，偏横向的凸出高度或凹入深度不大于 0.35mm，斑疤、碰伤、起泡及凹坑，其深度不超过 0.03mm，其面积不超过管子表面积的 0.5%。

铜和铜合金管目前尚无标准定型管件，

弯头、三通、异径管等均用管子加工制作。

21.2.2 铜及铜合金管道的安装

（1）管子的加工

1）铜管调直。铜管调直时用木锤轻轻敲击，逐段调直，调直用的平台或工作台不宜用金属平板做垫板，应垫以木板，以防止管子表面在调直过程中产生粗糙痕迹。

2）切割。铜管切割采用钢锯，砂轮切割机，但不得采用氧-乙炔焰切割。夹持铜管的台虎钳口两侧应以木板衬垫，防止夹伤管子。

3）坡口。铜管坡口可采用锉刀或坡口机，不得采用氧-乙炔焰坡口。

4）弯管。当 $DN \leqslant 100$mm 时，采用冷弯，其弯管方法基本与碳钢管相同。当 $DN >100$mm 时，要采用压制弯头或焊接弯头。铜及铜合金管尽量不采用热煨，这是因为热煨时管内填充物（如河砂、松香等）不易清除。

（2）管道安装

1）螺纹连接。铜管的螺纹连接与水煤气钢管的标准螺纹连接相同，但用于高压铜管的管螺纹，必须在车床上加工，螺纹连接的管子须涂以石墨甘油。

2）焊接。铜管及铜合金管的焊接方法较多，小口径管道采用钎焊，大口径管道可采用氧-乙炔焰气焊，手工电弧焊和钨极氩弧焊。钎焊时，只熔化焊料而管子不熔化，因而接头强度低，一般只能用于不承受冲击、弯曲负荷或承受较低冲击、震动的场合。

对口焊接时，管壁厚度大于或等于3mm者，必须坡口，坡口角度为35～45°，钝边1～1.5mm，对口间隙为2～3mm。

铜管焊接时，为了使熔化金属不流入管内和接头外的强度、刚度，常采用承插卷板，套管或衬环接头，如图21-1所示。

3）法兰连接。法兰连接常采用铜管翻边松套法兰、平焊铜法兰、凸凹面对焊法兰等。

管子翻边一般是在特别的工作台上进行的，翻边前规定的翻边宽度进行退火处理，一

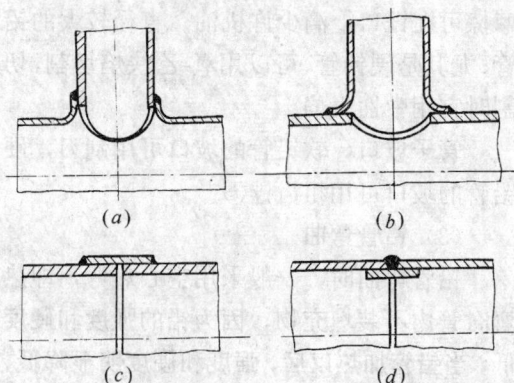

图 21-1　铜管的其他几种焊接接头形式
(a) 承接接头；(b) 卷边接头；
(c) 套管接头；(d) 衬环接头

般是将管子加热至450℃，然后自然冷却，待管端冷却后，在管内装上带有锥度的内钢模，在管外装上外钢模，并固定在特别的工作台压力机挤压内模，迫使管端翻出来，翻边之后，再进行必要的修整即可进行安装。

4）管道支吊架。管道支吊架所用材料、制作及安装方法与碳钢管相同，只是管道支架的距离应稍小一些，为同种规格钢管支架间距的 $\frac{4}{5}$。

5）套管。管道穿墙、穿楼板时均应加设钢套管，套管内径较被套管外径大25mm 左右，套管内应填加隔绝物，穿墙时，套管两端与墙面相平，穿楼板时下端与楼板底面相平，上端要高出楼板面50mm。

21.3　铅及铅合金管道的安装

（1）铅管的调直和校圆

铅管在运输和装卸过程中，容易弯曲或者被压扁。因此，在安装前必须进行调直和整圆，调直和整圆用木锤和橡皮锤，轻轻敲击，逐段进行。

（2）管子的切断与坡口

直径较小的铅管，可以用粗齿锯断，锯割时，为了不使铅屑粘附在锯齿上，以减少

摩擦可在锯口上滴少许机油。直径较大的铅管,尤其是硬铅管,可以用氧-乙炔焰切割,切割时宜用中性火焰。

管子坡口,软铅管的坡口可用刮刀,硬铅管的坡口可用粗齿锉刀。

(3) 铅管弯曲

铅管弯曲时,一般采用空心热弯,即热弯时管内不装填充物,因为铅的强度和硬度低,当铅管加热以后,强度和硬度明显降低,填充物会嵌入管壁,难以清除,实践证明,采用空心热弯只要操作得当,是可以保证质量的。煨弯时应分段进行,每一段的长度和每一次煨的角度应根据弯曲半径和弯曲角度决定。如弯曲角度大,其分段的距离就要小,或者每段煨的角度大一些,一般每次可煨20°左右的角度。煨制铅管的热弯弯头,可以在制作钢管折皱弯头的弯管台上进行。煨制时用焊炬分段进行加热,加热一段弯制一段,每段加热长度为20~30mm(管径大,则可以加长),加热的宽度约为管子外周长的$\frac{3}{5}$,加热温度为100~150℃,弯曲时,用力要均匀,不能过猛、过急,每弯曲一段应用样棒检查好弯曲的角度,合格后用湿布拭抹冷却,以免煨下一段时,再发生变形。如此逐渐进行,全部煨好后,弯管的中心线必须与样棒吻合。如果某一段角度不合适,可再加热调整。煨制后的管子,在加热区域可能出现凸出,但这不影响弯曲质量,如为美观,可用方木进行轻轻敲打。

弯曲硬管比较困难,因为管子弯曲时,容易断裂,因此,最好是在管内先通入蒸汽,将管子加热到100℃左右,再进行分段煨制,当$DN>100mm$的硬铅管,应采用虾米腰弯头。

(4) 铅管的连接

铅及铅合金管的连接方法有:焊接和法兰连接。

1) 焊接连接。铅管的焊接方法,目前常采用的主要有氢-氧焰焊接和氧-乙炔焰焊接

两种。氢-氧焰是铅焊接比较理想的热源,它不但能满足温度要求(2500℃左右),而且燃烧过程中没有其他反应,熔池表面纯净、清洁,并且可以采用低压的等压式焊枪,因此火焰的气流比较和缓,能适应熔铅流动性强的特点,易保持熔池的平稳,有利于焊接质量的提高。氧-乙炔焰一般采用喷射式焊枪,火焰冲击力较大,温度较高(3100℃左右),容易冲击熔池,使铅层烧透而流失。同时难以保持熔池表面的纯净、清洁,因此,必须使用口径轻小的焊枪,用中性火焰进行焊接。

由于熔铅流动性好、密度大,因此,焊接时熔铅很容易流失,故仰焊比较困难。所以,应尽量避免或减少固定焊口,最好是把焊口放在水平位置上进行转动焊接。转动焊接不仅焊接方法简便,而且焊接速度快,焊缝质量好。但组对的管径不宜过长,一般不应超过20m。这是因为铅管软而重,如果组对管段过长,不仅转动很费力,而且有可能使管子产生扭曲,另一方面,如果管段过长,不仅给吊装带来困难,而且有可能使管段在吊装过程中产生弯曲或断裂。

铅管对接时,管壁厚度大于4mm的管子应开30~45°的V型坡口,并留2~3mm的钝边,对口间隙1~1.5mm,如图21-2(a)所示,管壁厚度小于等于4mm的铅管对

(a)

(b)

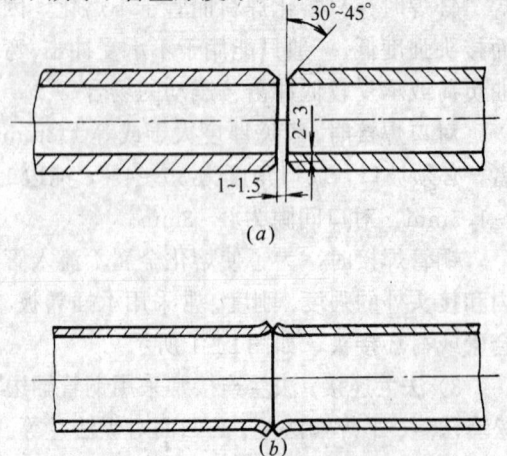

图21-2 铅管转动焊接的对口形式

接时，可以不开坡口，但应当用木锥将管口稍向外扩张，使管口略成嗽叭口对接，如图21-2（b）所示。

在不能转动焊接的地方，可以采用固定焊接。但为了避免仰焊，焊口的装配形式就应与其他材质管子的焊口不同，须采取一些特殊措施。水平敷设的固定焊口，如果是硬铅管，可采用开洞法进行焊接，即在焊接前，先把对接两管端的上部各割去一块，使接头上部成方形开口，这时便可以从管子内部进行下半圆周对缝的焊接，然后用同样规格的铅管割一块与管子上部方形口同样大小的盖板，将此盖板盖在方形开口上，再在管子外面将管子与盖板焊接起来，如图21-3（a）所示，若是软铅管，可把对接的两管端割成T

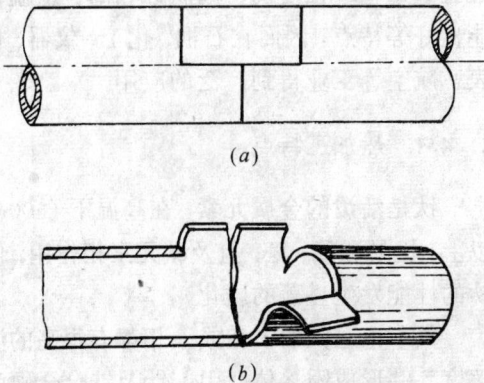

(a)

(b)

图 21-3　水平敷设的硬铅管和软铅管下半圆周的固定焊接

型缝，并把此割缝拆开，将两管对好后，在开口处从管子内部焊接焊缝的下半圆周，如图21-3（b）所示，然后把拆开的部分还原，再在管子外面焊接其余的全部焊缝。垂直敷设的固定焊口，如是硬管时，可采用环形铅板连接接头，即在下一段管子的顶部焊一圆环（材质必须与管子的材质相同），然后将上一段管子对正后进行焊接，如图21-4（a）所示，若是软铅管，可采用承插焊接头，即将下部管子的端头用木锥扩成喇叭口，将上部管子的端头开坡口后插入下部喇叭口内，然后进行焊接，第一层施焊不必加焊条，最后

一层施焊前，应当用木锤轻轻敲打喇叭口，使其稍微收拢再进行焊接，如图21-4（b）所示。

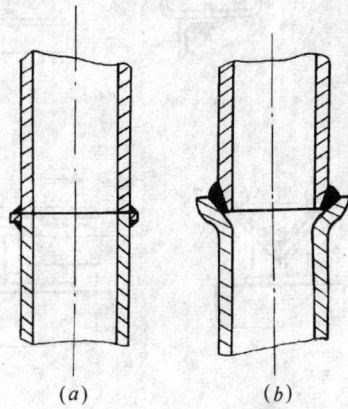

(a)　　　　(b)

图 21-4　垂直敷设的硬铅管和软铅管的固定焊接

2）法兰连接。铅管的法兰连接有平焊法兰连接和翻边松套法兰连接两种形式。

A. 平焊法兰连接。平焊法兰连接用于硬铅管的连接。法兰的材质必须与管子的材质相同，法兰内径应制成45°的坡口，两面都必须与管子焊接，如图21-5（a）所示，焊完后必须把法兰密封面锉平，紧固用普通螺栓，法兰两面都必须加钢垫圈。

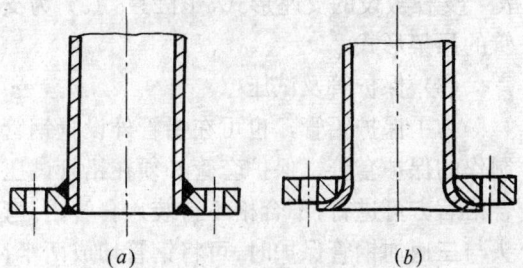

(a)　　　　(b)

图 21-5　铅管的法兰连接形式

B. 翻边松套法兰连接。一般用于软铅管的连接，法兰采用钢法兰，与铅管接触的一面必须加工成圆角，卷边肩不得超过法兰螺栓孔，可直接在管口上卷边，先用木锥将管口扩成喇叭口，再用木锤将喇叭口打成与管子轴线垂直的翻边，如图21-5（b）所示，铅管采用法兰连接时，必须使用软垫片。

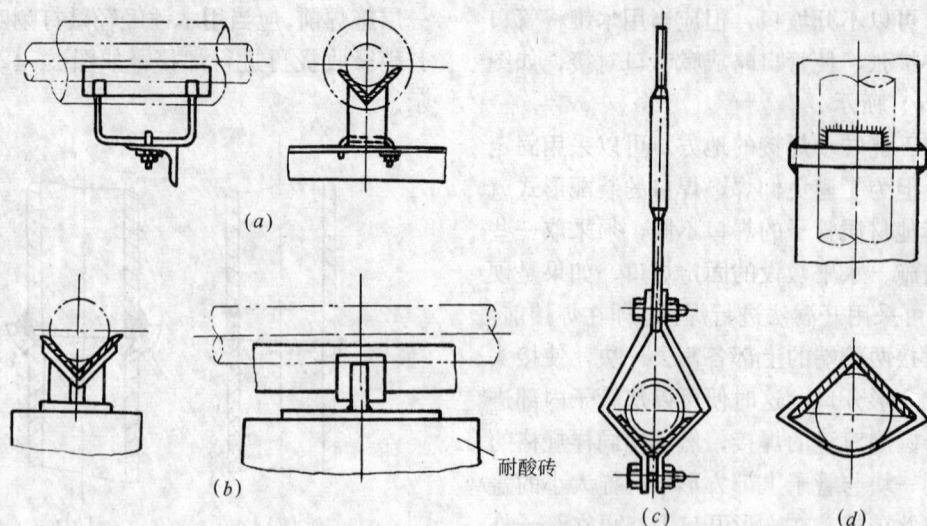

图 21-6　铅管的支吊架形式

(5) 支架

由于铅管软而重,为了防止产生弯曲,支架形式应采取一些保护性措施。

水平敷设的软铅管,支架横梁上应设置连续的托撑角钢,铅管敷设在托撑角钢上,支架横梁的形式和安装方法与钢管支架相同。如图 21-6 (a) 所示为铅管沿墙敷设的支架形式 (如果铅管直径较大,应当采用槽钢作支架横梁),图 21-6 (b) 所示为铅管沿地面、管沟、支柱敷设的支座形式,图 21-6 (c) 为支管的吊架形式。

(6) 保护管及试压

为了保护铅管,也可在铅管外设置钢管制作的保护套管,保护套管必须在铅管试压合格后方可进行,不合格不得装入套管内。弯头与三通加钢管保护时,可将钢管切成两半,罩于铅管上,然后用螺栓拧紧、固定,如采用点焊固定钢管,不得使铅管受到损坏。

铅管的试压应根据设计要求进行,试压介质多采用水。外加保护套管的铅管试压合格后方可装入保护管内。

21.4　钛及钛合金管道的安装

钛及钛合金管是一种新型金属管材,它具有重量轻、强度高、耐腐蚀和高、低温性能良好等特点,因而在石油、化工、仪器、仪表、航空等工业得到广泛的应用。

21.4.1　热加工特点

钛是活泼的金属元素,在高温下 (600℃以上) 极易和氧、氮、氢及碳元素相作用,使钛的性能发生显著的脆化。

氧不论在钛的 α 相或 β 相都有很高的溶解度,并形成固溶体。引起钛及钛合金硬度和强度升高,塑性下降。随着温度的升高加剧,当温度超过 700℃时,逐渐形成白色鳞状的二氧化钛,800℃以上表面的氧化膜很容易在钛中溶解,并且扩散到金属组织内部,形成 0.01～0.08mm 的中间脆性层。因而温度越高,加热时间越长,钛被氧污染得越厉害。

氮在 600℃以上与钛生成性能很脆的氮化钛,使材料塑性大为降低。氢在 400℃时就能溶解于钛,生成氢化钛,当缓慢冷却时,氢化钛呈片状析出,使材料韧性急剧下降。碳与钛易生成脆性的碳化物,使材料性能变坏。

钛在高温下还能与气体化合物 CO、CO_2、H_2O、NH_3 和很多挥发性有机材料产生反应,并被他们所污染,污染后,韧性降低。

由于钛及钛合金在高温下极易被污染，因此，管子及管配件的加工不能采用热加工的方法，如采用热加工，亦应严格控制加热温度，一般不超过400℃。

21.4.2 机械冷加工的特点

钛的晶格结构是密排六方晶格，与镁相似，理论上他们两者具有同样的成形特性。但在实际上，钛具有显著的回弹特点，室温下回弹较不锈钢强2～3倍，因而对钛的冷加工还是能获得较好的成型，在管子冷弯时，要处理好回弹角度问题。

钛的机械加工特性与不锈钢基本相似，在高速切削中，由于钛及钛合金具有较高的接触压力和低的导热率，使钛及钛合金在机械加工中产生严重的表面硬化，致使加工的刀具发热，同时与其他材料咬损和咬合，使刀具容易钝口，给加工带来困难；但在低速切削中缓慢的加大进刀量，使用润滑液冷却，钛及钛合金仍能进行满意的机械加工。

21.4.3 加工工艺

(1) 管子的切割

钛及钛合金管在切割性能方面虽然不尽一样，但却可以通过机械切割的方法加以解决。钛及钛合金管可采用手锯、锯床及车床进行切割。手锯和锯床所用的锯条应采用锋钢锯条或高碳钢锯条，切割速度要慢一些。用车床切割时，应采用高速钢或碳化钨合金刀具。切削速度也不宜快，切削时要用水溶性切削液对刀具的切割处进行冷却，切削速度和进刀的选择可按表21-2进行。钛及钛合金管一般不宜用砂轮机进行切割，以免高温使管子遭受污染。

钛及钛合金管不允许采用氧-乙炔焰切割，因为氧-乙炔焰温度很高，在切割时产生强烈的白光及大量的白色烟雾（二氧化钛），管子切口强烈地吸收氢、氧、氮等元素，使管子切口处材质变脆，不能再用于管子的连接。

干与湿切削参数的选择　表 21-2

切削规范 \ 刀具类别	高速钢刀		碳化钨刀	
	干	湿	干	湿
切削速度 (m/min)	10～15	20～25	30～35	40～55
进刀量 (mm/转)	0.1～0.2	0.1～0.25	0.1～0.25	0.1～0.25

(2)·管子弯曲

钛及钛合金管的弯曲不能用热煨的办法来实现，一般可采用冷煨。冷弯通常在弯管机上实现。由于钛及钛合金管的管壁较薄，通常采用加芯棒的方法以达到弯管质量要求，冷弯的弯曲半径与普通钢管相同，其最小的弯曲半径不得小于表21-3的规定。

冷弯最小弯曲半径　表 21-3

管子外径 D_W	最小弯曲半径 R_{min}
$D_W < 10\delta$	1.2D_W
$D_W < (15\sim24)\delta$	2D_W

注：δ——管子壁厚。

钛及钛合金管具有较好的弹性，因此，冷弯时要特别注意弯曲后的回弹问题，煨弯时应将冷弯角多弯出4°～8°，冷弯后不需进行热处理。

(3) 异径管及三通的制作

异径管不允许揣制，一般应用钛及钛合金板卷制。卷制的异径管长度应不小于两端管径之差的2.5倍。

三通均采用焊接制作，小管径正三通的切口可用手锯切割，大管径正三通则需用锯床切割。异径三通开孔，可用钻床、铣床和镗床，钻孔及铰口的速度和进刀量可参见表21-4选用。

钻孔及铰孔参数选择　表 21-4

参数	切削速度(m/min)	进刀量 (mm/转)
钻孔	10～20	钻头直径 ϕ7mm 以下为 0.05～0.1，一般为 0.1～0.2
铰孔	3～5	0.2～0.3(直径的铰孔间隙在 0.5～1.0mm 范围内)

21.4.4 钛及钛合金管道安装

（1）管道的连接

钛及钛合金管道的连接，一般采用法兰连接和焊接，只有当与设备螺纹接口处时才采用螺纹连接。

1）法兰连接。由于钛及钛合金是贵重金属，一般不采用钛板直接制造法兰，而采用钢松套法兰，钛管可采用管口翻边松套法兰连接，而钛合金管则采用焊环松套钢法兰连接。

钛管翻边时，应根据管径的大小，分三次进行，第一次压成30°，第二次压成60°，第三次压成90°。翻边速度不宜过快，翻边宽度与铝管相同，翻边若有不平整处应用锉刀或车床修平。

焊环松套钢法兰连接口。焊环的材质必须与管道材质相同，焊环及钢法兰的各部尺寸必须符合有关标准的规定。

2）焊接。钛及钛合金管道的焊接可采用氩弧焊，等离子焊、真空电子束焊等焊接方法，不能用普通手工电弧焊，氧-乙炔焰气焊等方法进行焊接。

A. 管接头的坡口型式。

钛及钛合金管坡口型式，具体尺寸及要求见表21-5。

B. 焊前清理。管道焊接前必须将焊丝及

钨极手工氩弧焊管子坡口型式（mm）

表 21-5

坡 口 型 式

壁 厚 δ	坡口角度 α	间 隙 a	钝边 b
0.5～2.5	—	0～0.3	
3～15	70°	0～0.3	0.5～1

距焊缝20～40mm 以内的氧化皮、油脂、污物及富集气体的金属清除掉。其方法可采用锉刀，不含铁质的砂布，不锈钢丝刷等作机械清理，也可用酸洗液进行酸洗，常用的酸洗液配方见表21-6，酸洗液必须使酸洗部分去掉氧化膜，使管材呈银白色金属光泽。酸洗后需用清水冲洗干净并擦干。

酸洗液配方　　　表 21-6

酸 洗 液 组 成	酸 洗 规 范
盐酸 250mL/L，氟化钠 50g/L	室温，酸洗 10～15min
氢氟酸 20%，硫酸 30%	溶液温度 25～30℃，酸洗 5～10min
氢氟酸 4%，硫酸 20%	溶液温度 30～35℃，酸洗 15～20min

焊丝及管子在机械清理或酸洗后，施焊前还需要用丙酮或酒精擦洗，否则容易产生气孔或金属夹渣，使焊缝的塑性和耐蚀性能显著下降。

C. 焊接须注意的问题。

采用钨极手工氩弧焊，要严格控制焊接材料的纯度，其中氮、氧、氢、碳等杂质的含量要符合有关规定的范围，焊丝必须进行真空退火处理，氩气的纯度也要严格控制，其纯度不得低于 99.99%，含氧量应小于 0.002%，含氮量应小于 0.005%，含氢量应小于 0.002%，水分应在 0.001mg/L，相对湿度应不大于 5%，焊接规范应尽可能选用小的线能量，即在保证焊缝成形良好的情况下选用最小的焊接电流和最大的焊接速度，以避免焊缝金属过热和晶粒长大。

手工氩弧焊质量的好坏，取决于对焊接熔池及 400℃ 以上的热影响区的保护。为了得到较好的效果，除了在焊枪后附加喷嘴加强正面保护之外，还必须在焊缝反面管内用氩气通过的办法进行保护。

对于焊缝保护效果，可根据焊缝及近缝区金属表面颜色来判断。呈银白色金属光泽表示得到了很好的保护，其他颜色按其污染的程度可排列如下：淡稻黄、深稻黄、五彩、

深蓝色、灰色、白色（疏松附着物）。焊缝及近缝区域呈淡稻黄、深稻黄，认为可用。呈五彩色、蓝色、灰色、白色则表示有不允许的污染，不能使用。

3）螺纹连接。钛及钛合金管一般不用螺纹连接，个别情况采用螺纹连接时，管子外螺纹用车床车制，车制螺纹时，车速要慢，进刀量要小。管道连接所用的填料，可采用聚四氟乙烯生料，或用一氧化铅与甘油的调合物。

21.4.5 钛及钛合金管的安装要点

1）钛及钛合金管安装应进行必要的外观检查和材质分析。

2）管子运输及堆放时应与钢管分开。以防钛及钛合金管表面污染铁质，因为钛表面污染铁质会引起腐蚀，而这种腐蚀又能使氢进入金属内部引起氢脆。

3）管子安装前要进行一般清洗，清除管子表面的油污、灰尘，并用棉丝擦干净。

4）管道支架位置应符合设计要求，安装要牢固可靠，管子与钢架不能直接接触，应垫以橡胶布或塑料布。

5）管子在组对安装过程中，应尽可能避免使用碳钢工具，低合金钢工具，特别是不应使用钢丝刷、锉刀等，所用手锤可用不锈钢或紫铜制成。

6）当钛及钛合金管输送介质温度较高或直线管路较长时，在管路上应加设补偿器。

7）管道穿墙、楼板时，应装设钢套管，套管与被套管之间应填加不含铁质的填料作隔绝物。

8）为了防止铁锈对钛及钛合金管的腐蚀，在钢法兰与钛及钛合金焊环之间应以橡胶、塑料等作隔绝物，或在碳钢法兰接触面上涂以绝缘漆。

9）钛及钛合金管不能直接与其他金属管道焊接连接。

10）参加施工的工作人员所穿工作服应保持整洁、干净、操作场地在使用前，应清除所存在的金属粉尘。

小　结

在工业管道工程中，通常称钢管和铁管为黑色金属管，而称铜及铜合金管，铝及铝合金管，铅及铅合金管，钛及钛合金管为有色金属管。本章所述的有色金属管所具有的共同特征是：耐腐蚀性能好。

铝管常用于输送脂肪酸，硫化氢及二氧化碳。铝管的最高使用温度为200℃，当温度高于160℃时，不宜在压力下使用。铝管还可以用于输送浓硝酸、醋酸、蚁酸、硫的化合物及硫酸盐，但铝管不可用于输送盐酸、碱液，特别是含氯离子的化合物。铝管的连接有焊接、法兰连接，特殊情况也可用丝接。铝管质轻、性软，施工安装时应注意保护。

铜管有着优良的耐低温性能、耐腐蚀性能和传热性能，因而常用来输送醋酸、草酸、硼酸等腐蚀性介质，也用于深冷管道、设备及换热管内的换热盘管。铜管的连接有螺纹连接、焊接连接、法兰连接。

铅管常用于输送15%～65%的硫酸，干或湿的二氧化硫，60%的氢氟酸，浓度小于80%的醋酸，铅管的最高使用温度为200℃，但温度超过140℃，不宜在压力下使用，硝酸、次氯酸及高锰酸盐等介质不能用铅管输送。铅有毒，不能用于输送食品、生活饮用水。铅管的连接方法是：焊接和法兰连接，铅管软而且重，施工安装时应采取相应的技术措施。

钛管具有重量轻、强度高、耐腐蚀和耐高低温性能良好等特点，现在已在石油、化工、仪器、仪表、航空工业等得到广泛的应用。钛管连接方法是：法兰连接和焊接。钛管焊接可采用氩弧焊、等离子焊、真空电子束焊等方法，不能用手工电弧焊。

习　题

1. 铝及铝合金管安装前应进行检验？检验的项目有哪些？要求是怎样的？
2. 铝及铝合金管有哪几种连接方式？
3. 铝管对支架安装有哪些要求？
4. 铜管调直和切断时应注意些什么？
5. 铜及铜合金管焊接方法有哪几种？
6. 铜管的连接方法有哪几种？
7. 铅管调直和整圆时应注意些什么？
8. 铅管的连接方法有哪几种？
9. 铅管敷设时对支架有哪些要求？
10. 钛管的热加工有哪些特点？
11. 钛管的冷加工有哪些特点？
12. 钛管有哪几种切割方式？切割时应注意什么？
13. 钛管有哪几种连接方式？
14. 简述钛管的安装要点？

21.5 不锈钢管道安装

21.5.1 不锈钢管的特性

耐大气腐蚀的镍铬钢叫不锈钢。这类钢包括铬钢和镍铬钢。工业上常用的镍铬钢含碳量在 0.14% 以下，含铬约 18%，含镍大于等于 8%，这种不锈钢俗称 18～8 不锈钢。

18～8 不锈钢经过 1100～1200℃ 淬火后，其金属组织是奥氏体。在常温下，它是无磁性的，可根据这种特性与铬不锈钢相区别。这种不锈钢在淬火状态下塑性很好，适宜各种冷加工塑性变形。但加工时对加工硬化很敏感，其切削加工性能不好，切削时感到又粘又硬，刀容易磨损。18～8 不锈钢具有一定的耐热性，能在较高温度下不起氧化皮和保持较高的强度。

镍铬不锈钢由于含有大量的铬镍，使合金易于钝化，钢件表面形成致密的 Cr_2O_3 保护膜，因而在很多介质中具有很高的耐蚀性。镍铬钢在硝酸中，当浓度不高于 95% 和温度不超过 70℃ 时是稳定的。在硫酸和盐酸中镍铬钢不稳定；在磷酸中，只有当温度低于 100℃ 和浓度不高于 60% 时才稳定，在苛性碱中，除熔融的碱外，镍铬钢是稳定的；在碱金属和碱土金属的氧化物溶液中，即使是沸腾时，镍铬钢也是稳定的；硫化氢、一氧化碳、常温下的氯、300℃ 以下的二氧化硫、氮的氧化物对镍铬钢均无破坏性。

不锈钢所受的腐蚀通常是晶间腐蚀和点腐蚀，不锈钢在预制或焊接过程中，不可避免地要受到多次加热。并且会经常处于 450～850℃ 的温度之间，不锈钢中的碳将从奥氏体中析出，析出的碳又与晶界上的铬形成碳化铬，使晶界上铬的含量降低至不锈钢耐腐蚀所需的最低含量以下，从而使晶界处的抗腐蚀能力和机械性能显著降低，这种现象称为晶间腐蚀。由于晶间腐蚀很快就会扩散到金属的晶体内部，使构件在短期内毁坏，所以这种形式的腐蚀对于输送腐蚀性强的介质的管道特别危险。影响产生晶间腐蚀的因素，除了加热温度和时间外，与合金内含碳量多少、晶粒大小、受到的残余应力的大小都有关系，为了防止不锈钢的晶间腐蚀，可采取以下措施：

1) 尽可能采用含碳量低的不锈钢。含碳量低于 0.04% 的不锈钢不易产生晶间腐蚀，但获得含碳量低的不锈钢较为困难，另外，由于含碳量低又影响了它在某些方面的应用。

2) 将在危险区域内加热过的不锈钢或已发现有晶间腐蚀倾向的不锈钢重新加热至 1150℃ 左右进行淬火，使析出的碳化物重新溶入固溶体内。

3) 在合金中加入与碳作用的结合力比碳和铬结合力较强的合金元素，例如钛 (Ti)、铌 (Nb)、钽 (Ta) 等，这些元素的加入量与含碳量有一定的比例关系，例如加入钛不少于合金中含碳量的 4 倍，加入铌不小于含碳量的 9 倍，这些元素对防止晶间腐蚀能起到显著良好的效果。

点腐蚀对不锈钢构件的危害也很大，不锈钢表面的氧化膜是保护材料不受腐蚀的屏障，点腐蚀是指不锈钢在介质作用下，因表面膜受到局部破坏而引起的腐蚀。这种腐蚀首先形成腐蚀坑，然后向内部发展，甚至蚀穿整个截面。因此，在整个施工过程中都应注意保护不锈钢的氧化膜。但在预制加工、焊接和热处理过程中，不可避免地会使不锈钢表面的氧化膜损坏，使管子的抗腐蚀性能降低。另外，在预制、装配过程中，有可能使碳素钢或其他不耐腐蚀的颗粒附着在不锈钢的表面，这些颗粒将会引起局部腐蚀，为了除去管子表面的附着物和在其表面形成一层新的氧化膜，在焊接、预制加工和热处理后，应进行一次酸洗钝化处理。

21·5·2 不锈钢管的加工工艺

(1) 管子的切割

18～8 型不锈钢具有较高的韧性和耐磨性，硬度较大，并且在切割处易产生冷硬倾向，因此，不锈钢管的切割与碳素钢管的切割有所不同。切割不锈钢管的方法有：锯割、磨割、车床切割。

1) 手工锯割。用装有锯条的手据来切割管子，此法切割速度较慢，适用于 $DN \leqslant$ 50mm 的管材。

2) 锯床切割。切割速度较手工锯快，适用于 $DN \leqslant 200mm$ 的管子，手锯和锯床应使用耐磨的锋钢锯条，如用一般高碳钢锯条，不但速度慢，而且锯条耗量很大。

3) 磨割。就是用高速旋转的砂轮切割机来切断管子。这种方法速度快、效果好，适用于 $DN > 32mm$ 的管子，但切割后断面有毛刺，应进行毛刺的清理工作，而且要有安全防护措施，以防砂轮破裂伤人。

4) 车割。就是用车床对不锈钢管进行切割，所使用的车刀应用高速钢或硬质合金材料制成，但切割速度不宜太快，一般应保持在 $10 \sim 12m/min$ 之内，切割处应用冷却液进行冷却。

不锈钢管应绝对禁止用氧-乙炔焰切割，因为这样在切割处产生一种难熔氧化铬，而难于切割。

(2) 管子的坡口

不锈钢管的坡口应采用管子切割机、电动坡口机、手动坡口器等机械进行加工。坡口的形式应根据选用的焊接方法及焊接规范进行。由于奥氏体不锈钢的切削加工性能差，因此，打坡口和切管一样，切割速度不宜太快，一般只能控制在碳素钢切割速度的 40% ～60%。

(3) 弯管加工

1) 冷弯。当 $DN \leqslant 50mm$，不锈钢管可采用冷弯，冷弯通常是在手动或电动弯管机上进行，其最小弯曲半径不得小于管外径的 4 倍。管子冷弯后，一般不需进行热处理，但对于输送苛性碱的能产生腐蚀的管道，应作消除应力的热处理。

2) 热弯。用于热弯的不锈钢管子，材质应与所安装的直管段相同，并不得用负公差的管子。不锈钢热弯时应灌沙，并用紫铜锤头或木锤头打实，切勿用铁锤头。

管子在专用的加热炉中加热，加热温度为 1100～1200℃，为了防止不锈钢管在加热时产生渗碳现象，可将其放在碳素钢套管内进行加热，碳素钢规格比不锈钢规格大 1～2 号，不允许不锈钢管直接接触火焰。

不锈钢煨弯过程中应严格控制温度，弯曲结束时管子的温度不低于 900℃，煨弯结束后，必须将管子加热到 1050～1150℃，然后用水急冷进行淬火处理。

不锈钢管的热弯半径不应小于管子外径的 3.5 倍。

3) 焊接弯头。不锈钢管焊接弯头的制作，与碳素钢管焊接弯头的制作方法基本相同，但其弯曲半径不应小于管子外径的 1.5 倍。

4) 冲轧弯头。冲轧弯头由专门的生产厂家提供。使用冲轧弯头不但质量好，而且效率高。

(4) 异径管、三通管的制作

1) 异径管的制作。不锈钢异径管不允许摔制，因为这样会使不锈钢长期处在 450～850℃ 之间加热，使不锈钢产生晶间腐蚀。现场制作小口径的无缝异径管，可用同材质的无缝钢管加热后在压膜中压制而成，规格较大的异径管，可用与不锈钢管材质相同的不锈钢板放样、下料卷制而成，制作的异径管长度应大于大口径与小口径之差的 2.5 倍。

2) 三通管的制作。

A. 开孔。管子开孔宜采用机械加工或碳弧气刨的方法，如孔径不大，应先在管子上划好孔洞的边线，并用样冲敲出中心眼，再用高速钢钻头或铣刀一次加工出所需的洞

孔；若孔径较大时，则先划好孔洞边线，在边线上的适当距离敲出若干个冲眼，再钻成直径为 8～12mm 的小孔，然后用锋钢凿子将小孔之间的残留部分錾掉，加工圆滑即可。

钻孔时，由于不锈钢较硬，并且加工时有冷硬倾向，所以钻头应使用高速钢 (W18Cr4V) 制造的标准麻花钻，钻孔前，要将麻花钻的顶角 2φ 从 118° 增大到 130°～150°，这样可以提高钻头的耐用度，钻头的钻刀要经常保持锐利，两切削刃要对称，钻孔过程中要控制钻头的切削横刃，不为被加工的材料所粘附。钻孔时钻头要装正，钻头不得沿金属面滑动，也不得在切削过程中停钻，只有当钻头的切削刃已经退出被加工物后，才允许停钻，同时，施钻点的冲眼不宜敲得太深，以免金属产生冷硬现象，而使钻削难以进行，钻孔的切削速度和进给量不宜大，切削速度一般控制在 5～15m/min 范围内。

当开孔采用碳弧气刨的方法时，必须留有 3mm 的余量，以供割后用角向砂轮机磨光并开坡口。

B. 焊制三通坡口。焊制异径三通坡口时，主管不坡口，当支管坡口角度为 50°～65°（其中在角焊位置为 50°～55°）、钝边 1～1.5mm，对口时支管与主管间距为 1～1.5mm，主管开口内径等于支管内径。

等径三通坡口时，主管上的开口内径等于支管内径。支管全部坡口，坡口角度角焊处为 45°，对焊处 30°～35°。角焊与对焊处中间坡口角度应均匀过渡。

(5) 管口翻边和卷边圈制作

制作管口翻边和卷边圈，是为了采用翻边松套钢法兰进行管道连接。由于不锈钢硬度较高、韧性较大，翻边虽然是在加热后进行，但是加工起来还是比较困难，尤其是小口径管子，翻边更为困难。

1) 管口翻边。如图 21-7 所示，为直接在不锈钢管上翻边，应先制成模具，外模内径比不锈钢管外径大 1mm，管段长度与外模高度之差等

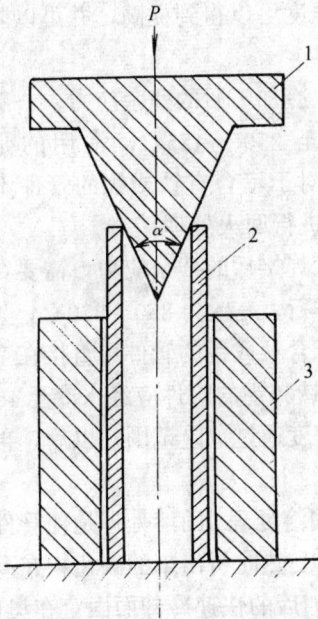

图 21-7 管口翻边制作示意图
1—内膜；2—被加工的管子；3—外模

于卷边肩外径与管子外径之差。内模要更换 4 次
（α 的角度分别为 45°、90°、135°、180°），在压
力机 P 力的作用下压制而成。翻边后若有不平整
之处，可用锉刀或车床加工。

2）卷边圈。卷边圈制作方法如图 21-8 所
示，图中框架未详细画出，可根据现场情况
用大号槽钢或工字钢焊接成框架，然后固定
在混凝土基础上。

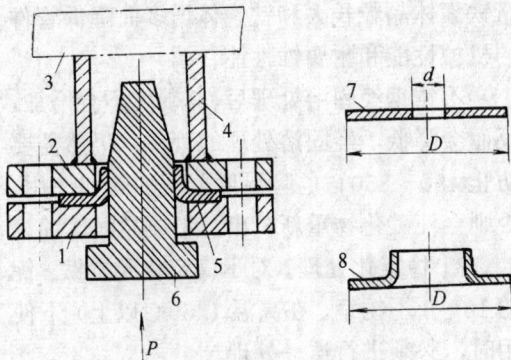

图 21-8 卷边圈制作示意图
1—下凹模；2—上凹模；3—框架；
4—管子作的支座；5—卷边圈；6—内突模；
7—钢板圈；8—制成的卷边圈

根据管子口径的大小，制成内外模具，施
力的机具可采用油压千斤顶等。当钢板厚为
3mm 时（材质为 1Cr18Ni9Ti），用 10t 的千
斤顶可制作 $DN25mm$ 管子的卷边圈；若钢
板厚为 3.5mm，用 50 吨的千斤顶可制作
$DN50mm$ 的卷边圈；若钢板厚为 4mm 时，可
用 100t 千斤顶制作 $DN80mm$ 的卷边圈。加
工卷边圈所用的钢板圈，其内径 d 与管子外
径的比为 1：（2.1～2.2），外径 D 等于卷边
圈的外径。

21.5.3 不锈钢管道安装

（1）安装要点

1）严格检查管内是否有杂物存在。直管
可将管子对着光检查，弯管则可用管子内径
的 0.86 倍的木球或不锈钢球作通球试验，如
有杂物，应用压缩空气吹净等办法吹除。

2）安装前应进行清洗，除去油渍及其他
污物，并用净布揩干。当管子表面有机械损
伤时，必须加以修整，使其光滑，并要进行
酸洗和钝化处理（当划痕在 0.2mm 以下，且
无黑斑时，允许不进行处理）。

3）不锈钢管路较长或输送介质温度较高
时，在管路上应设不锈钢补偿器，补偿器的
形式有方形补偿器、波纹管补偿器和波形补
偿器三种，采用哪一种形式的补偿器，要视
管径大小和工作压力的高低而定。补偿器的
安装方法和要求与热力管道补偿器相同。

4）不锈钢管不准直接与碳钢支架接触，
应在支架与管道之间垫入不锈钢垫片或不含
氯离子的塑料或橡胶垫片。

5）不锈钢管穿墙和楼板时，均应加设钢
套管，套管与管道之间的间隙不应小于
10mm，并在空隙里面加充绝缘物，绝缘物内
不得含有铁屑、铁锈等杂物，绝缘物一般可
采用石棉绳。

6）当采用碳钢松套法兰连接时，由于碳
钢法兰锈蚀后铁锈与不锈钢管表面接触，在
长期接触情况下，会产生分子扩散，而使不

581

锈钢发生锈蚀现象。为了防腐绝缘应在松套法兰与不锈钢管之间衬垫绝缘物或在碳钢法兰与不锈钢管接触面上涂以绝缘漆。绝缘物可采用不含氯离子的塑料、橡胶、红纸板等。

7）一般情况下，不许将碳素钢制品焊接在不锈钢管道上，由于某种特殊原因，设计上允许将碳钢制品焊接在不锈钢管道上时，应采用镍、铬含量高的不锈钢焊条，以减少碳素钢对不锈钢合金成分的稀释和补充焊接过程中合金成分的烧损。

8）不锈钢管道采用焊接连接时，一般应采用手工氩弧焊或手工电弧焊。手工电弧焊应使用直流电焊机，用负极法连接（即焊条接正极），所使用的焊条应在150～200℃温度下干燥0.5～1h，焊接时环境温度不得低于－5℃，温度过低，应采用预热措施。

9）根据输送介质与工作温度的不同，法兰垫片应按设计要求或规范选用非金属或金属垫片。

10）不锈钢管道系统安装完毕后，应进行强度试验和气密性试验。水压试验时，水的氯离子含量不得超过25ppm，否则应当采取相应的技术措施。

（2）热处理及酸洗钝化处理

不锈钢在冷加工及焊接后，必然产生残余应力，而在热加工和焊接过程中，管子要经过450～850℃这个危险区域，或在该区域停留一些时间，因而会产生晶间腐蚀倾向。为了清除残余应力和晶间腐蚀倾向，必须进行热处理。

1）清除应力处理。奥氏体不锈钢管道，如经冷加工或焊接后存在内应力，当输送的介质含有氯离子（或溴离子）时，会引起应力腐蚀，应力腐蚀是指介质与应力共同作用下引起的腐蚀，一方面是腐蚀使管壁的有效截面减小；另一方面是应力加速腐蚀，促使管件破坏。

管子经过消除应力处理后，其屈服强度与疲劳强度可以得到提高，并可以防止产生裂纹。

消除冷加工后的残余应力，一般是将管件加热至250～425℃，常用的是300～350℃，对于不含有钛或铌的管件不应超过450℃，进行回火处理。

消除焊接后的残余应力，需要在较高的温度下进行，一般为850～870℃，其冷却方式，对于含钛或铌的管件可直接在空气中冷却，不含钛和铌的管件应经水冷至450℃（即以较快速度通过危险范围）以后，再空气冷却。

2）固溶处理。固溶处理是使管件在危险温度范围受热时析出来的碳化物在高温时溶解，并为随后的快速冷却而固定在奥氏体中。固溶处理的目的是消除管件在加工过程中产生的晶间腐蚀倾向。

固溶处理的加热温度，应根据不锈钢的含碳量来选择，在含碳量低于0.1％时，建议用1050～1100℃。当含碳量为0.1％～0.2％时，应加热到1100～1150℃，加热到上述温度时，要恒温1h左右，然后进行冷却，冷却方式对于薄壁管件（壁厚小于2mm）可采用空气冷却，但冷却速度必须要快，厚壁管件要在水中急速冷却（水淬），必须避免过分的提高加热温度，以免发生晶粒长大或出现大量铁素体晶粒长大和铁素体增多而降低管件的机械性能和耐腐蚀性能。

不锈钢经固溶处理后，其硬度不会增加，反而会降低，经固溶处理的管件，仍然需要防止450～850℃危险温度范围加热和使用，否则会使碳化物重新析出，形成晶间腐蚀。

3）稳定化处理。对于稳定化元素钛、铌的18～8不锈钢，在高温（450℃以上）下使用时，必须进行这一处理。

稳定化处理是含钛铌的18～8不锈钢经固溶处理，在850～900℃（略小于碳化铬重新溶解的温度），保温2～4h后，然后在空气中冷却的一种处理方法。这使得在稳定化处理时，部分溶于固体中的钛能有足够的时间析出，与碳形成碳化钛或碳化铌，在随后的危险温度范围内加热时，可避免形成碳化铬。

非稳定型 18～8 不锈钢不适应这种处理。

4）酸洗钝化处理。不锈钢管子在预制加工、焊接和热处理过程中，会使管子表面的氧化膜损坏或氧化，使管子的抗腐蚀性能变差。在预制、装配过程中，有可能使碳素钢或其他不耐腐蚀物的颗粒附着在不锈钢的表面，这些颗粒将会引起局部腐蚀。

为了消除管子和焊缝表面的附着物，使其形成一层新的氧化膜，在焊接或热处理后应进行一次酸洗钝化处理，酸洗钝化处理可按下述步骤进行：

清除附着的油脂→酸洗处理→冷水冲洗→钝化处理→冷水冲洗→吹干。

酸洗和钝化处理溶液配方及处理时间见表 21-7。

酸洗和钝化处理溶液配方及时间

表 21-7

名　　称	配　　方				温度(℃)	处理时间(min)
	盐酸	硝酸	氢氟酸	水		
酸洗液（重量比（%））	45	5		50	室温	15
酸洗液（体积比（%））		15	1	84	49～60	15
钝化液（重量比（%））		25		75	室温	20

小　　结

不锈钢管具有强度高、耐高温和耐腐性能好等优点，因此广泛应用于石油、化工、医药卫生等行业。

18～8 型不锈钢所受的腐蚀通常是晶间腐蚀和点腐蚀，为防止上述腐蚀应进行热处理和酸洗钝化处理。

18～8 型不锈钢具有较高的韧性、耐磨性和硬度，并且在切割处易产生冷硬倾向，管道加工时应引起重视。

不锈钢管的连接方式有法兰连接和焊接，当规格较小时，也可采用丝扣连接，但丝扣应采用车床车制。

不锈钢管安装时，要避免与碳钢钢材接触，非接触不可时，应加入不锈钢垫片，或者加入不含氯离子的塑料垫片或橡胶垫片。

习　　题

1. 什么是不锈钢的晶间腐蚀？为防止晶间腐蚀应采取哪些措施？
2. 不锈钢管有哪几种切割方式？切割时应注意些什么？
3. 不锈钢管为什么不能采用氧气-乙炔焰切割？
4. 不锈钢管煨弯有哪几种方法？
5. 简述不锈钢管的安装要点。
6. 怎样进行不锈钢管的应力处理？
7. 试述不锈钢管的固溶处理，稳定化处理的方法。
8. 试述不锈钢管的酸洗钝化处理方法。

第22章 非金属管道与防腐蚀衬里管道安装

在工业生产过程中，特别是化学工业生产过程中，由于许多介质具有强烈的腐蚀性，所以对输送这些介质的管道就产生严重的腐蚀作用。为满足输送腐蚀性介质的要求，常采用非金属管和衬里管道。

非金属管道和衬里管道具有化学稳定性好，内壁光滑，水力条件好，流动阻力小，能耗低投资少，不污染介质等优点，缺点是承压力低耐温变性能差。

目前使用的非金属管道有塑料管道、陶瓷管、玻璃管、玻璃钢管、钢筋混凝土管、石墨管、橡胶管等。

大多数非金属管道的一个共同缺点是抗拉强度和抗弯强度低，耐温变性能差，对于那些输送温度高，压力大的腐蚀性介质管道，用非金属管道不能满足强度需要，用金属管道也不能满足耐腐蚀需要，因此，需将某些耐腐蚀的非金属材料贴衬在钢管里面，这就形成了防腐蚀衬里管道。本章主要讲述常用的非金属管道及防腐衬里管道的安装。

22.1 塑料管道的安装

22.1.1 塑料管道的选择

根据塑料的特性，在选择塑料管子时，应根据管道输送介质的状态，化学性质，工作条件，使用环境，管道敷设方式以及连接方法的不同进行选择，主要从以下几个方面加以衡量并综合考虑：

1)管道的强度和严密性必须满足工程的使用要求。

2)管道要耐腐蚀，管材不能污染所输送的介质。

3)管道应能适应介质工作参数和周围环境条件的变化并均应处于稳定状态，几种常用塑料管材的应用温度范围见表22-1，塑料管材的线胀系数见表22-2。

4)塑料管道应能承受各种预料中的力的作用。

5)管道应具有一定的阻燃性。

常用塑料管材的应用温度范围　　表 22-1

管材名称	最高温度（℃）		最低温度（℃）
	连续使用	无内压力下短期使用	
ABS 管	60～80	80	−30
聚乙烯管			
低密度	50～60	60～70	−20
高密度	60～70	70～90	−40
聚丙烯管	80	80～100	0
硬聚氯乙烯管			
高耐冲	50	60	−20
未增塑	50～60	60～70	0

塑料管材的线胀系数　　表 22-2

聚合物	线胀系数 $\times 10^{-5} l/℃$	聚合物	线胀系数 $\times 10^{-15} l/℃$
聚乙烯			
LDPE	18	ABS	9
MDPE	14～16	聚丙烯（PP）	11
HDPE	13	聚丁烯（PB）	14
聚氯乙烯			
硬质	5～6	苯乙烯-橡胶塑料（SR）	6～9
软质	5～10	醋酸-丁酸纤维素（CAB）	14.5～18

6) 管材应具有良好的可施工性，在冷、热加工的施工过程中不能产生有毒物质。

7) 在搬运施工安装的过程中，管子应具有一定的机械强度和刚度，以防止损伤和变形。

8) 管材和管件公差配合良好，并能配套齐全。

22.1.2 塑料管道的连接

塑料管道的连接形式有可拆卸连接及不可拆卸连接两大类。可拆卸连接，有法兰连接和螺纹连接；不可拆卸连接主要有承插连接和焊接。

（1）法兰连接

法兰连接是塑料管道的主要连接方法之一，按其结构型式不同可分为平焊法兰连接、焊环松套法兰连接、扩口松套法兰连接和翻边松套法兰连接。

1）平焊法兰连接。用塑料板按有关标准来制平焊法兰（法兰密封面无突缘），将塑料管插入，两面进行焊接。管道连接时，法兰中间垫以垫片，垫片要布满整个法兰面，以防拧紧螺栓时损坏法兰。平焊法兰连接结构见图 22-1 这种连接结构的特点是结构简单、拆卸方便，由于采用焊接，法兰的抗弯、抗剪性能差。适用于压力不高或常压管道的连接。

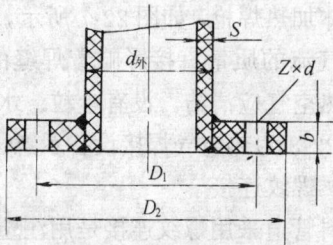

图 22-1　平焊法兰连接

2）焊环松套法兰连接。用塑料板制成焊环，将焊环焊在管子上，外面套上钢制法兰（法兰内径与焊环接触处应倒角），其结构形式如图 22-2 所示，这种连接结构的特点是施工比较方便，法兰眼易对正，焊环焊缝容易拉断，适用于管径较大的管道。

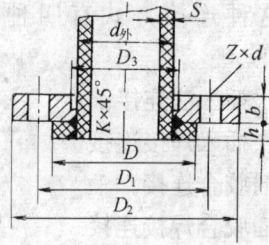

图 22-2　焊环松套法兰连接

3）扩口松套法兰连接。将塑料管一端加工平整，并开 30° 坡口，进行加热，当达到塑料软化温度后，将事先备好的已开好坡口的管插入，两管之间由粘合剂胶合或用焊接焊住，最后把端面修平，管子外面套上钢制法兰，其结构形式如图 22-3 所示，这种法兰的特点是结构简单，使用安全可靠，拆卸方便，能承受一定的压力。

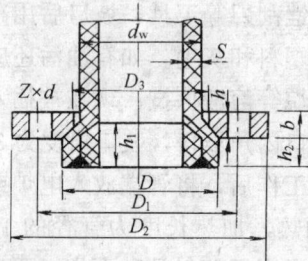

图 22-3　扩口松套法兰连接结构

4）翻边松套法兰连接。将塑料管一端按规定尺寸进行翻边，再套上钢法兰。这种连接的特点是：结构简单、施工安装方便，适用于小口径管子现场操作，翻边松套法兰结构如图 22-4 所示：

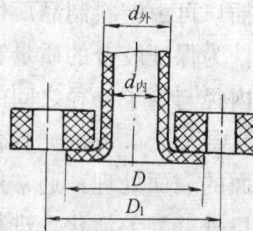

图 22-4　翻边松套法兰连接

（2）承插连接

承插连接是热塑性塑料管一种普通的连接方式，这种连接方式有四种形式（如图 22-5 所示）。

1）一次插入法连接。

2）一次插入焊接连接。

3）承插胶合连接。

4）承插胶合焊接连接。

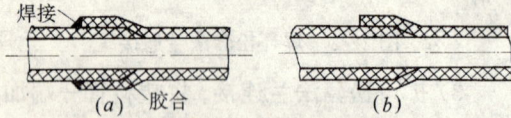

图 22-5　塑料管的承插连接
(a) 一次插入焊接或胶合焊接；
(b) 一次插入法或承插胶合

一次插入法连接是较简单又牢固的连接方法。适用于 70mm 以下的管子连接。插入管的一端应进行外角坡口、坡口角度为 30°，坡口用木锉刮刀等工具，坡口后用布擦净管端。清除塑料和灰尘。如有油污还应用丙酮或二氯乙烷等溶液擦拭；现在被插入管的一端进行管口内角坡口，坡口角度为 30～35°；做好清理工作后，将管端放入电炉或甘油锅中进行加热，加热长度为管径的 1.2～1.5 倍，加热温度视塑料品种而定，要求加热至管壁呈柔软状态，取出后把油污擦干净，再把坡口后的插管插入进行扩口，最后再用凉水冷却定型即成。当管径较大时，在承插管外面交界处再进行焊接，即一次插入焊接连接的方法。

承插连接工艺简单，应用广泛、供这种连接用的承插口可由塑料制品厂供应，也可以现场加工，为保证胶合的质量和节省粘合剂，承口的内径与管子外径之间的间隙不宜过大，一般不要大于 0.3mm，胶合连接中要注意被胶合面的表面处理，通常用砂布将承口内壁、插口外壁磨毛活化，进行活化处理后，再做好清洁工作。胶合面涂抹胶液时，应用毛刷均匀地涂刷一层胶液，然后插入合拢，

为使胶液均匀分布可将管子迅速转动一圈，然后在室温下放置固定。

承插胶合焊接连接，即胶合后的管道在承插口处用塑料焊条施以角焊。

（3）焊接

热塑性塑料焊接是把焊接部位加热至熔融状再施以一定压力，使其相互粘合起来。冷却定型后，可保持一定强度。塑料焊接方法有热气体加热、高频电流加热、摩擦加热、接触加热等。硬聚氯乙烯主要采用由热空气加热的热风焊；聚丙烯管道除了热风焊外，还采用对挤焊。

硬聚氯乙烯材料的焊缝形式与金属材料的焊缝形式基本相同，可采用对接、角接、丁字接以及搭接等。管道的连接通常采用如图 22-6 所示的焊缝形式。

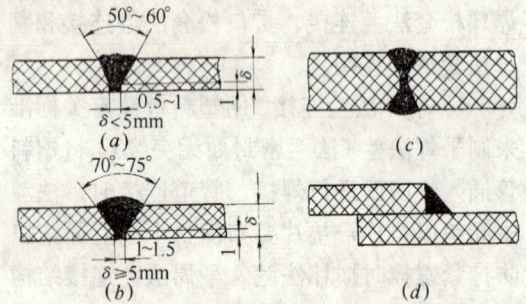

图 22-6　硬聚氯乙烯管的焊缝形式
(a)、(b)、(c) 对接焊缝；(d) 承插搭接焊缝

硬聚氯乙烯的焊接通常采用电热焊枪或可燃气体加热焊枪，如图 22-7 所示，焊枪喷出的热气流的质量直接影响着焊缝的质量。因此，热空气应清洁，没有尘粒、水滴和油珠。图 22-8 为热空气焊接设备示意图。

（4）螺纹连接

塑料管道采用螺纹连接是用注塑成型的管子和管件进行的连接方式，塑料管一般不加工螺纹。螺纹连接适用于管子规格较小的情况。

（5）其他连接方式

1）弹性密封圈承插连接。这种连接方式属于可拆卸连接的柔性接头。在允许压力下

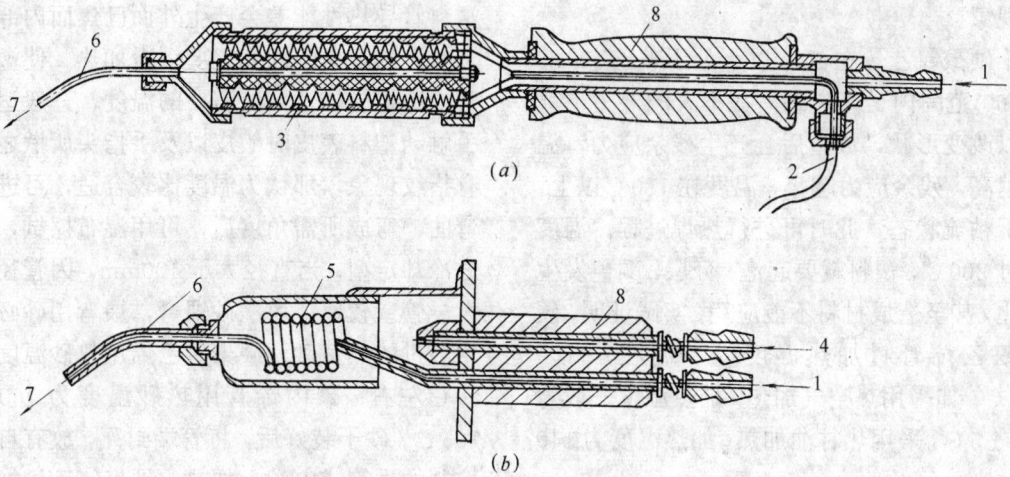

图 22-7　焊接硬聚氯乙烯用的焊枪

(a) 电热焊枪；(b) 可燃气体焊枪

1—压缩空气；2—电源线；3—电阻丝；4—可燃气；5—盘管；6—喷嘴；7—热空气出口；8—手柄

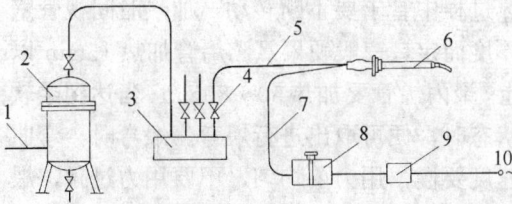

图 22-8　热空气焊接设备示意图

1—由空气压缩机来的压缩空气管；2—空气过滤器；
3—分气缸；4—气流控制阀；5—压缩空气软管；
6—电热焊枪；7—调压后的电源线；8—调压变压器；
9—漏电自动切断器；10—220V 电源

工作比较可靠。还可以起到热补偿作用。如图 22-9 所示为一带有橡胶密封圈承插接头的硬聚氯乙烯管。

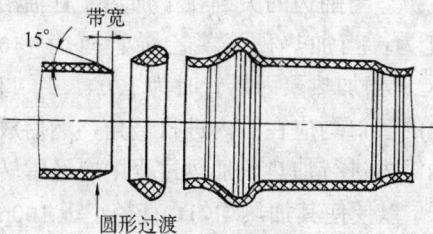

图 22-9　带模压橡胶密封圈的承插接头

2) 套管式连接。塑料管对焊后，将焊缝铲平，再套上一个套管，套管两端施以角焊与管子固定，或用粘合剂将套管与连接管粘合。其结构形式如图 22-10 所示。这种连接方式牢固可靠，但不能拆卸。

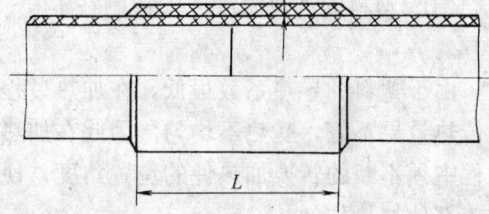

图 22-10　硬聚氯乙烯管的套管连接

22.1.3　塑料管道的加工和安装

(1) 塑料管道的加工

1) 热加工：

热塑性塑料都可以通过加热使其软化，施加外力进行加工，热加工是将塑料管材、板材加热至 $T_g \sim T_m$（T_g 为聚合物玻璃化温度，T_m 为结晶聚合物的融点）之间，使其从玻璃态转化为高弹态，趁热施加一定的外力，使其按所需形状成型，得到各种加工件。

热加工的关键是要掌握好加热温度，温度过低无法成型，并产生较大的内应力，此应力在材料再次加热时，能促使材料恢复原状；温度过高会产生材料分层、起泡、烧焦等现象。

硬聚氯乙烯在 80℃ 以下处于玻璃态；80～160° 范围内是高弹态，在不大的外力下就可以改变形状，成型后会产生残余应力，温度越高，残余应力越小，温度在 180℃ 以上，处于粘流状态，此时可进行热焊过程；温度超过 200℃，塑料就要起泡、分层、颜色发生变化，甚至造成材料不能应用。实践证明，硬聚氯乙烯管材加热温度应控制在 135～150℃，如采用热空气加热，加热温度一般为 135±5℃，采用热甘油加热，加热温度为 140～150℃。

聚丙烯是高结晶的等规聚合物，它的软化温度与玻璃化温度无关，而取决于它的融点。只有当温度接近融点（170～176℃）达到结晶熔融温度区时，材料才软化。所以聚丙烯的加热温度范围较窄，一般掌握在 160～165℃。

ABS 塑料的加热温度一般控制在 145～150℃。

由于塑料的导热系数很低，在加热过程中传热效果不好，受热不均匀。因此在加热过程中须不断的转换加热件的位置角度，使各个部位加热均匀。

加热方法有电加热、蒸汽加热及各种火焰加热。管件加工常用电烘箱、电炉及热甘油加热。电烘箱和电炉加热属于热空气传热加热，加热速度比较快，但由于管子所处的加热位置不同，受热情况也不相同，因此，要不断地转动管子，使其受热均匀。由于热空气传热快，加热温度可稍低一些。甘油浴加热属于液体传热，加热速度较慢，加工件受热较均匀，在加热过程中不用过多的转动，其加热温度可略高一些。

2) 弯管加工：硬聚氯乙烯管不能冷弯，应在加热后进行，当直径小于或等于400mm，煨弯时可不灌砂，直接在电炉或其他火焰炉上加热。加热时，应使管子距火焰有一段距离；不允许管子接触发热体，因为

塑料管导热性能差会产生外面已焦而内部尚未软化的现象。因此，要缓缓加热。使塑料管内部也同样达到所需要的温度，一般达到手触动塑料表皮时皱皮以及手指头所揿之处有指纹现象，那认为温度比较合适，可进行弯曲，弯成所需角度后，可用湿布擦拭，使之冷却定型。当直径大于 400mm，因管径较大、管壁较厚，应灌砂煨弯，煨弯用砂必须用炒过的热黄砂。硬聚氯乙烯用热砂温度为 80℃ 左右；聚丙烯管用热砂温度为 160～165℃。砂子装好后，将管端封死，放有自动控制的烘箱或电炉上加热。硬聚氯乙烯加热温度为 135±5℃。聚丙烯管加热温度为 165±5℃；应将管子置于 V 型木架上，不要直接放在铁板或铁丝网上，以免接触部位发粘。加热过程中管子要不断转动，加热时间视管壁厚度而定，一般硬聚氯乙烯管加热 15min 以上，聚丙烯管要加热 50～80min，当达到柔软状态时，便可取出进行煨弯。煨弯时，弯曲速度要慢，用力要均匀，不要用力过猛，煨弯后要用湿布擦拭冷却定形。为防止有可能出现的回弹现象，必须使管子弯曲部分冷透，全部冷却定形之后，才能进行清砂工作。

3) 管子的扩口与翻边：

塑料管的扩口与翻边均采用甘油浴加热。图 22-11 所示为一种简单甘油加热锅。锅内铺一层厚约 80mm 的砂，用来防止被加热的管端直接与金属锅底接触。

扩口与翻边的关键在于加热。甘油浴的温度为：当加热硬聚氯乙烯管时为 140～150℃；当加热聚丙烯管时为 170℃。扩口与翻边的管口均应在管内进行倒角，然后放入甘油浴内进行加热，加热过程中应经常转动管子，以便使其加热均匀，直径小于 100mm 的管子，加热时间为 2～3min，直径大于 100mm 的管子，加热时间为 3～4min。

蒸汽间接加热是把管子的加热端放入蒸汽，加热箱内进行，硬聚氯乙烯的加热温度为 140～150℃，加热时间为 5～10min。聚丙

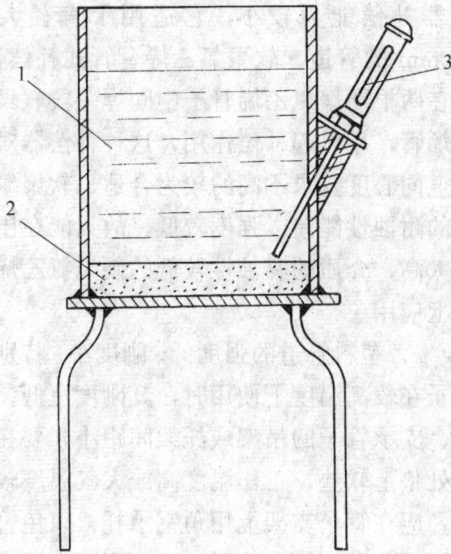

图 22-11 甘油加热锅
1—甘油；2—砂子；3—温度计

烯的加热温度为 170℃，加热时间为 40～60min。

管端加热后，立即从加热锅或加热箱内取出，将另一根同样规格的已加工成外坡口的管端插入已加热变软的管内，使其扩胀为承口。成型后再将插入的管端拔出。也可用金属制成的模具进行扩胀。但扩胀时金属模具必须预热到 80～100℃。如大面积加工，也可采用管口扩胀机。

塑料管翻边应在专用的成型模具上进行。管口内壁倒角 15～30℃，留 1mm 钝边，放入甘油锅内加热，当加热到加工温度时，将管子取出，迅速夹入翻边外模夹具，插入内模，旋紧内模，使管端被迫翻边直至压平为止。然后缓缓浇水冷却，退出模具即可。

(2) 塑料管道的安装

1) 安装准备：

供安装用的塑料管和管件应具有出厂合格证，管材内外壁应平整、光滑。不允许有气泡、裂口及显著的波纹凹陷，颜色不均及分解变色等缺陷。管子端面应垂直于管子轴线，并不得有崩裂现象，管子的弯曲度、管子的挠度与长度之比不得超过 0.5%～

1.0%。

2) 管材的搬运、装卸、保管、贮存：

管材搬运时，不得使管材受到剧烈的撞击。更不允许随便抛掷。

管子应在仓库内堆放。以防日晒、雨淋仓库内温度不得高于 40℃。要防止有毒化学品的侵蚀，并注意不应同金属管材混放。

3) 管材的切断、坡口、调直：

塑料管子切断可用木工锯或粗齿钢锯；管子坡口用木锉或刮刀；管子的调直方法是将管子放在长直的平台上，管内通入蒸汽，使管子软化靠本身自重调直。

4) 敷设及安装要求：

A. 塑料管强度低、脆性大、容易被重物击坏，为了减少损失，塑料管的安装顺序为：同一系统或同一装置内其他材质的管道安装之后再进行塑料管道安装，决不允许与土建交叉施工。

B. 管道沿建筑物墙面敷设时，管子外壁与墙面净距不小于 100～150mm；与其他管道平行敷设时，管壁间的净距不小于 150～200mm；交叉敷设时，管壁间的净距不小于150mm。

C. 塑料管道穿过墙、楼板时，应加装金属套管与塑料管之间应有 30～50mm 的空隙，并填入柔性材料。套管要高出地面100mm，防止冲洗地板时，污水流入套管内。

D. 塑料管的线胀系数比较大，尤其是聚氯乙烯管，温度增加 1℃时，每米管长可增长 0.1～0.2mm。因此，必须解决好管道的热补偿问题。管道较短时，可利用自然补偿来解决；直管段长度超过 20m 时，应加设补偿器。用于塑料管道的补偿器有 Ω 形、方形、波形及软聚氯乙烯套管式补偿器，如图 12-12所示。其中 Ω 形补偿器效果最好。但由于加工条件的限制，适用于直径小于等于 50mm的管道上；方形补偿器的补偿能力较 Ω 形补偿器稍差些，但它加工容易，工作安全可靠，适用于直径 50～150mm 的管道上。波形补偿器补偿能力较小，它适用于直径大于100mm 的管道。软聚氯乙烯套管式补偿器，是在两根硬聚氯乙烯管子中间焊一段软聚氯乙烯管，用以起补偿作用，这种补偿器对于管道同心度要求不高的较为合适，软聚氯乙烯的耐蚀性能差，强度较低，故只能在压力不太高，介质的腐蚀性较低的硬聚氯乙烯管道上应用。

E. 塑料管道的强度低，刚度小。特别是管子在较高温度下使用时，其刚度更低。因此，支承管子的吊架或托架间距小，要在承托处垫上软垫，工作温度高或大气温度较高时，应在管子支架上用角钢承托，以免管子向下挠曲并要注意防震。支架间距在设计未规定时，可按表 22-3 的规定敷设。

(a) 5.5D 33.5° 3.5D D 2D H/D 17.5D

(b) $B=2/3H$ D 2D $H=10D$ 2D

(c) φ200~300 50 R50 R50

(d) 软PVC管硬 硬PVC管 硬PVC管

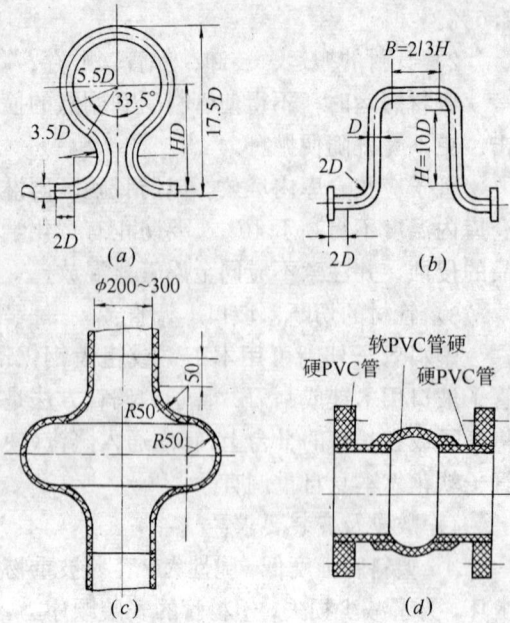

图 22-12　塑料管道补偿器

(a) Ω形补偿器；(b) 方形补偿器；
(c) 波形补偿器；(d) 软聚氯乙烯套管式补偿器

硬聚氯乙烯、聚丙烯及 ABS 塑料管支架间距　　　表 22-3

公称直径 (mm)	不同温度下的支架间距（m）					
	40℃ 以 下			40℃ 以 上		
	硬聚氯乙烯管	聚丙烯管	ABS 管	硬聚氯乙烯管	聚丙乙烯管	ABS 管
15	1~1.2	0.8	0.8	0.7~0.8	0.7~0.8	0.6
20	1~1.2	0.9	1	0.7~0.8	0.7~0.9	0.6~0.7
25	1.2~1.5	1.0	1.1	1	0.9~1.0	0.7
32	1.2~1.5	1.2	1.1	1	1.0~1.1	0.7
40	1.2~1.5	1.3	1.2	1	1.1~1.2	0.7
50	1.5~1.8	1.4	1.4	1	1.2~1.4	0.7
65	1.5~1.8	1.5	—	1.2	1.3~1.5	—
80	1.5~1.8	1.7	—	1.2	1.4~1.6	—
100	1.5~1.8	1.9	—	1.2	1.5~1.8	—
125	1.5~1.8	2.0	—	1.2	1.7~1.9	—
150	1.5~1.8	2.1	—	1.2	1.7~2.0	—
200	1.5~1.8	2.4	—	1.2	2.0~2.3	—

```
┌─────────────────────────────────────────────────────────────┐
│                        小     结                              │
│                                                               │
│      塑料管道具有良好的耐腐蚀性和绝缘性能，它有质轻、价廉、材料来源广、表   │
│  面光滑、水力条件好、流动阻力小、便于施工安装等优点，在管道工程上得到了广   │
│  泛的应用。塑料管道的缺点是：易老化、耐温变性能差、不耐高压。              │
│      塑料管道的连接方式有：螺纹连接、法兰连接、承插连接、套管连接、焊接等。  │
│      塑料管道切割、坡口、钻孔是在环境状态下进行的，所用工具为木工用具。塑   │
│  料管道调直、煨弯、扩口、翻边一般都是在加热状态下进行的。                 │
│      塑料管道的线胀系数较大，管道施工时应妥善解决管道的热变形。          │
└─────────────────────────────────────────────────────────────┘
```

习 题

1. 选择塑料管时应考虑哪些因素？

2. 塑料管道有哪几种连接方式？各有何特点？

3. 试述塑料管热加工的特点，塑料管热加工方法有哪几种？

4. 如何进行塑料管煨弯？

5. 塑料管如何进行翻边和扩口？

6. 供安装的塑料管应符合哪些要求？

7. 塑料管敷设及安装应满足哪些要求？

22.2 其他非金属管道安装

22.2.1 玻璃管道的安装

玻璃是一种具有优良耐腐蚀性能的非金属材料。它具有化学稳定性高，能承受一定的压力。透明、光滑、耐磨、价廉等许多金属材料不能比拟的特性。用它制成的管子不仅耐腐蚀性好，而且表面光滑，液体流动阻力小，不易结垢粘附，便于清洗，能保证所输送介质的洁净，由于透明，可直接观察内部介质的情况。玻璃管已成功应用于化工、石油、医药、食品、纺织等工业部门。玻璃管的缺点是：质地较脆，不能产生塑性变形，抗拉、抗弯、抗冲击能力很差，所以在安装和使用过程中，应特别谨慎小心。

（1）玻璃管的切断

玻璃管的切断方法很多，常用的有无齿锯切断法、电热切断法、火钳切断法、冷断法和火焰切断法等几种。

1）无齿锯切断法：

此法是利用一台功率为 0.6～1.0kW，转速在 1500～2800r/min 以上的电动机带动一个无齿钢制圆盘进行切割。圆盘的厚度一般为 1.5～2mm，直径为 200～300mm。切割是将玻璃管的切断线紧贴高速旋转的圆盘，同时徐徐转动管子。当玻璃管的切断线在整个圆周上切出痕迹后，即可固定一点切断。此法操作方便速度快、质量高、断口平整，大小管径皆适用。

2）电热切断法：

用高电阻的金属丝（直径为 0.8～1.2mm 的镍铬丝、电阻合金丝、康铜丝或尼克铜合金丝）缠绕切口一圈，并用石棉绳包好。然后将合金丝接在降压、变压器的输出端（电压应为 12～30V，电流强度为 6～10A），加热时应缓慢转动管子，通电后 0.5～2min 内（这个时间与管径大小和管壁厚度有关），合金丝就加热到白热状态，待切断处加热后，迅速用水冷却（可用浸沾冷水的毛刷沿整个切割线迅速涂刷），加热处便出现一均匀的环形断迹，稍加力，管子即沿此断迹分为二段，如图 22-13 所示，此法适用于切割 $DN50mm$ 以下的玻璃管，它的主要缺点是断口不平整、效率低操作不方便，易出废品。

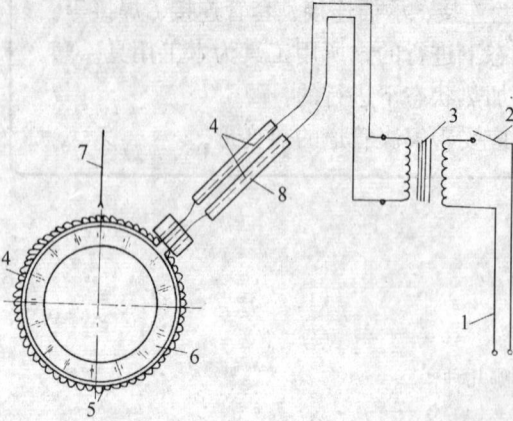

图 22-13　玻璃管电热切割示意图
1—电源线；2—电源开关；3—降压变压器；
4—高电阻金属丝；5—石棉绳；
6—玻璃管；7—冷却水；8—绝缘套管

3）火钳切断法：

将特制的前端是圆形的火钳放在炉内烧成白热状态，然后迅速套在玻璃管的切断处，慢慢地转动管子，使管子均匀加热在火钳尚未完全冷却时浇上冷水，稍加力，管子即可断开，此法简单、经济、缺点是断口不平整，容易产生裂纹，适用于小口径的玻璃管。

4）冷断法：

这种方法是利用金钢石做刀刃的切管钳来完成的。如图 22-14 所示。将此钳套在玻璃管上切断处旋转，即可断管。这种工具携带方便，操作简单，只适用于切断 $DN15$、$DN20mm$ 的小口径管。

5）火焰切断法：

此法可用喷灯或特制的煤气喷嘴喷出的火焰对玻璃管进行环向加热。为了使火焰和管道的接触面宽度减少，可以使火焰通过耐火砖或其他绝热材料做成的缝隙射出，缝隙

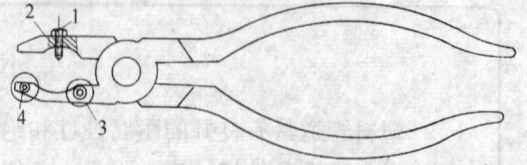

图 22-14　冷断玻璃管的钳子
1—螺杆；2—焊在螺杆头部的金刚石；
3—辊轮；4—销子

的宽度约为 5mm 左右。操作时喷射的火焰从缝隙射向管子进行加热，同时转动玻璃管，开始应转得快，中间放慢，最后再加快。当加热到所需温度时，迅速用毛刷沾冷水进行冷却，稍加力，即可从该处断裂。加热所需要的时间，公称直径 50mm 的管子为 15min，公称直径为 100mm 的管子为 30min。

（2）玻璃管加工

1）管口整平：

玻璃管切断后，断口一般都不平整，如不加以处理，则会影响连接质量，影响安全操作。整平的方法是：先用金钢石刀具对凸出较高的棱角进行加工修整，然后再用金钢砂进行手工研磨，或用电动磨床进行研磨。手工研磨的方法是在一电动机带动的水平圆盘上，放上金钢砂和水，由人手持玻璃管，将断面压在圆盘平面上，圆盘转动即可进行研磨，操作时应注意圆盘转速不可过高。

2）钻孔：

钻孔是利用钻床进行的。公称直径 50mm 以上的管子都可以钻孔。钻孔时，将钻头换成孔径相适应的圆环形钢圈，加金钢砂和水，徐徐转动研磨，即可钻出孔来。

3）管口翻边：

玻璃管连接时，有时须将管口翻边，增加连接的牢固性。翻边时，应先制作一个合适形状的钢模。将待翻边的玻璃管端加热至熔融状态。套进模里略加挤压，即可得到圆滑的翻边，但模子应预先加热，以免加热的玻璃管突然遇冷而破裂。

（3）玻璃管的连接

玻璃管的连接方法分为两大类：一类是柔性连接，另一类是刚性连接。柔性连接允许两根管子轴线之间产生少量的偏移，由于管道安装不够精确，支架及其他结构的不合理，管道热胀冷缩等原因引起的挠度和倾斜等，都可以利用柔性接头来补偿。但柔性接头维修工作量大。刚性连接不允许两根管子之间存在轴线偏移。否则将产生管道破坏或接头泄漏，只有当管道能安装得非常精确时才采用刚性连接。

1）柔性连接：

柔性连接有平口管法兰套管连接和平口管橡胶套管连接。

A. 平口管法兰套管连接如图 22-15（a）所示。套管和胶圈可根据输送介质选择合适的材料。套管可用金属或非金属材料制成，其内径应比玻璃管外径大 4mm 左右，一般用铸铁法兰。这种连接承压力较大，亦可吸收管路的热变形量，其缺点是套管中易积存介质。安装时两根玻璃管管口应位于套管的中间，接口处应留 10～20mm 的间隙，以保证接头具有柔性；法兰、套管与玻璃管沿圆周的间距应均匀，不应与玻璃管局部接触。否则不但影响接头强度及严密性，而且容易损坏玻璃管。

B. 平口橡胶管连接如图 22-15（b）所示。其优点是结构简单，安装方便、柔性好。缺点是承压力小，仅适用于工作压力 $P \leqslant 0.1MPa$ 的管道。普通橡胶管不耐酸、油类介质，不能耐较高的温度。当用于输送酸类、油类介质时，应选用耐酸、耐油、耐温橡胶管。安装时，两根玻璃管的接口处应留 10～20mm 的间隙，在此处橡胶管外面再扎一道铁丝，可起良好的密封作用。玻璃管口虽不须特别磨平，但也不应有锋锐的棱角。否则容易损伤橡胶管内壁，影响密封性能，特制的管箍应与橡胶管吻合并紧贴在一起，橡胶管内径大小应合适，要求比玻璃管外径略小，橡胶套管的长度应在 150mm 左右，用铁丝

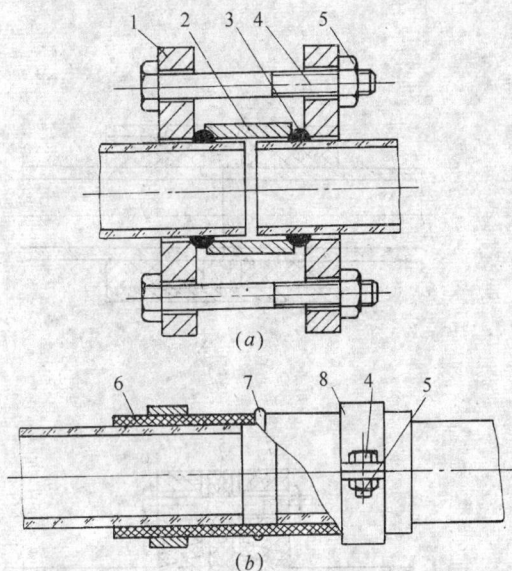

图 22-15 玻璃管道的柔性接头连接形式
（a）平口管法兰套管连接；（b）平口管橡胶套管连接
1—法兰；2—套管；3—橡胶圈；4—螺栓；
5—螺母；6—橡胶套管；7—镀锌铁丝；8—卡箍

捆扎来代替卡箍时，拧好的铁丝应与管子轴线垂直，不应偏斜，否则，容易松动，影响密封。

2）刚性连接：

主要包括平口套筒式连接、平口管法兰连接、扩口管法兰连接以及平口管塑料凸缘法兰连接。

A. 平口管套筒式连接如图 22-16（a）所示。套筒可分为玻璃套筒、镀锌铁皮套筒、铸铁管套筒和钢套筒等。填料 2 可用油麻和橡胶圈等，填料 3 可用水泥、青灰水泥、玻璃丝水泥、石棉水泥、水玻璃耐酸胶泥和酚醛胶泥等。这种连接结构简单，但要求有稳固的支撑，适用于大口径的玻璃管连接。采用这种连接的玻璃管道，每距 8～10 个接头必须设置一个柔性接头。填料的选用应根据玻璃管道的耐压能力和输送介质的性质来决定。

B. 平口管法兰连接如图 22-16（b）所示。这种连接结构与平口套筒连接比较，有一定的柔性，耐压能力较好，但结构较为复杂。安装时胶圈不能扭曲或歪斜。胶圈必须是无油

593

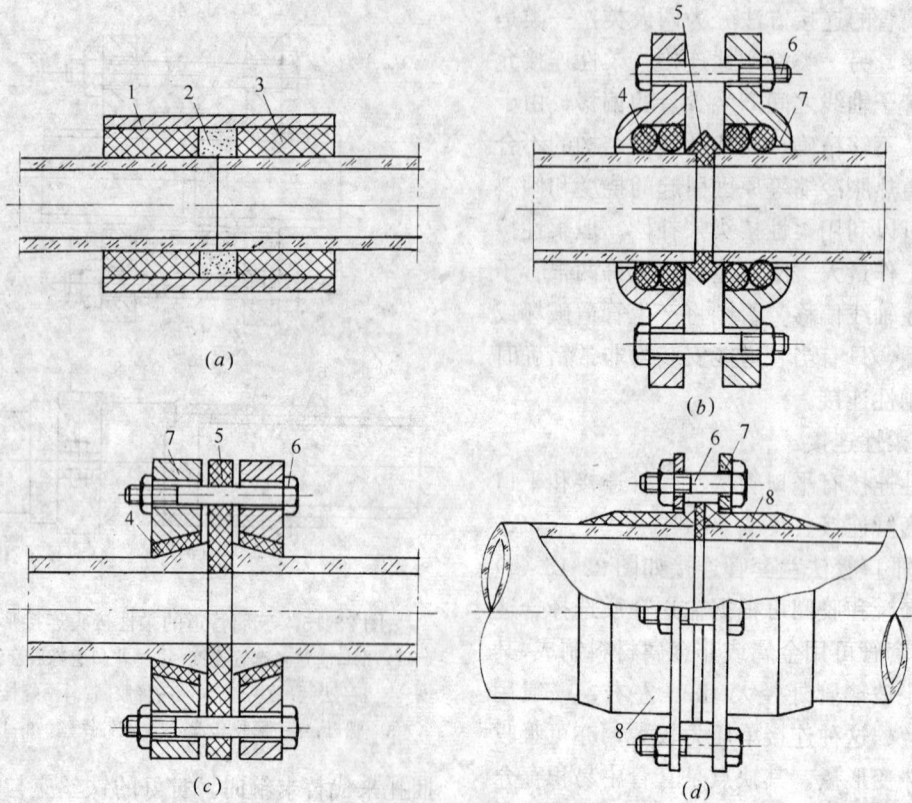

图 22-16　玻璃管道的刚性接头连接形式

(a) 平口管套筒连接；(b) 平口管法兰连接；(c) 扩口管法兰连接；(d) 平口管塑料凸缘法兰连接

1—套筒；2—填料；3—填料；4—胶圈；5—垫片；6—螺栓、螺母；7—法兰；

8—带凸缘的硬聚氯乙烯套管

和干燥的,否则容易滑动而达不到密封要求,两个法兰与管口的距离应基本相等；胶圈可挤压于垫片上,但不得超过管口；垫片可采用断面为 T 型的垫片或平板垫片。

C. 扩口管法兰连接如图 22-16(c) 所示。这种结构能耐一定压力,装拆方便,但允许挠度小,不能补偿管道的局部沉陷和伸缩。安装时玻璃管口和垫片的位置必须对正；法兰、胶圈、玻璃管三者应互相吻合,以免玻璃管产生局部挤压而破裂,安装好的法兰不应偏扭。

D. 平口管塑料凸缘法兰连接如图 22-16 (d) 所示,构成凸缘的硬聚氯乙烯套筒,加热后套在玻璃管上,然后用法兰紧固。玻璃管最好磨毛,以提高密封性。

(4) 玻璃管道的安装

1) 安装前的准备：

A. 玻璃管、阀门和管件等,在安装前应进行认真的外观检查,检查管子、管件、阀门等有无裂纹；有无夹杂大小晶粒。

B. 选择安装好支架,支架位置要正确,安装要牢靠,支架的安装应能满足管道敷设的坡度的需求。

C. 管道安装前,应根据施工图纸和安装现场的实际情况测量出管道的安装尺寸。

D. 玻璃管安装前应进行试装配,试装配可在平坦的工作台或地面上进行。

2) 管道的安装：

A. 管道安装时应逐根进行,在完全固定好一根管子以后,再安装第二根。

B. 管道安装时,如有异形管件比较复杂的管段,应在安装工作台上预先组装,然后再整体安装。

C. 支架间距应根据管子管径和输送介质的密度来选择,不应超过表 22-4 中的规定,支架与玻璃管间应加设木垫块,木垫块与玻璃管的接触面应做成弧状,且与管子接触紧密。玻璃管道不允许采用晃动吊架,以免受力而损坏支架。

玻璃管道支架的允许间距(m)　　　表 22-4

管外径 (mm)	输送下列介质时支架的允许间距		
	气体	液体 (密度为 1g/cm³)	液体 (密度为 1.8g/cm³)
15~20	2.1	1.5	1.2
25~32	2.4	1.8	1.5
40~50	3.0	2.1	1.8
68	3.6	2.1	1.8
80~93	4.5	2.4	2.1
100~122	5.2	2.7	2.1

D. 法兰连接时,拧紧螺栓应松紧要合适。

E. 玻璃管安装时,管子中心线要在同一直线上。

F. 玻璃管安装时,一定要小心谨慎,不得用任何方式强迫对口,不得移动或敲打支架,更不允许用钢锤敲击玻璃管来调整位置。

G. 玻璃管的热膨胀量约为钢管的 1/4。若管道较长且又用它来输送热介质时,应安装补偿器,补偿器通常采用填料式补偿器和波形补偿器。

H. 管道安装完毕后,应按设计要求进行水压试验,以检查其密封性。当发现渗漏时,降压后并将水从管道中排出,然后再进行修复。修复后再重新进行压力试验。直到试压合格。

22.2.2 玻璃钢管安装

在化工管道工程中,常选用的玻璃钢管有:环氧玻璃钢管、酚醛玻璃钢管及呋喃玻璃钢管等几种。玻璃钢及其管件的制造方法,一般采用机械缠绕法和手糊法。这两种制造方法基本相同,都是根据管子或管件直径的大小、壁厚及形状制成模具,以树脂胶液作粘结剂,缠上玻璃布带作骨架,成型后经固化、脱膜、热处理制成管子或管件。

(1) 玻璃钢管道的连接

玻璃钢管的连接方法有法兰连接、套管粘结连接、承插连接及螺纹连接。

1) 螺纹连接。直径在 65mm 以下的玻璃钢管也可采用螺纹连接。连接时将螺纹处涂上胶合剂,然后拧紧即可。

2) 法兰连接有两种:一种是管子制作时,将管子端部翻边成整体玻璃钢法兰(法兰层数比管子层数多些),然后和管子一起热处理再进行加工,如图 22-17 (b) 所示。另一种是将法兰制作好后,用胶泥粘结在管子端部,如图 22-17 (a) 所示。

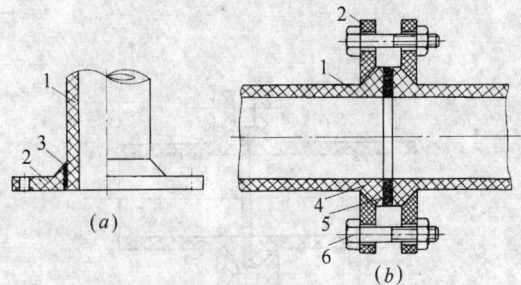

图 22-17　玻璃钢管道的法兰连接形式
(a) 粘结玻璃钢法兰;
(b) 金属或玻璃钢对开式松套法兰
1—玻璃钢管;2—法兰;3—胶合剂;
4—凸缘;5—垫片;6—螺栓、螺母

3) 粘结连接。粘结连接有套管粘结连接和承插粘结连接。

A. 套管粘结连接。在管子端部及套管处涂上胶合剂对口粘结,然后再用浸透胶合剂的玻璃布带,在接口处加缠数层,经自然干燥即可。如图 22-18 (a) 所示。

B. 承插粘结连接。在承口内表面和插口外表面涂上胶合剂,插入粘合后,再用浸透

595

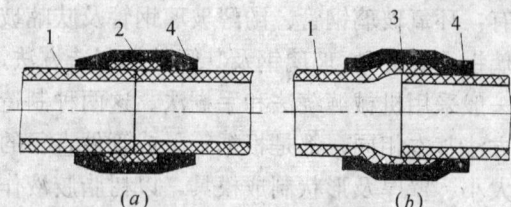

图 22-18　玻璃钢管的套管和承插粘结连接
(a) 套管粘结连接；(b) 承插粘结连接
1—玻璃钢管；2—玻璃钢套管；3—承插口；
4—浸透胶合剂的玻璃布带

胶合剂的玻璃布在该处加缠数层，经自然干燥即可，如图 22-18（b）所示。

4）松套法兰连接。在浇制管子时，管端特意绕粗些（厚度与管径和使用要求有关），一般为 15mm 左右。有时为了减少玻璃布层数，中间可放入塑料套圈，热处理后，管端绕粗部分需用车床加工。用玻璃钢或金属制松套法兰连接，见图 22-19。还有一种带玻璃钢环的活套法兰连接，见图 22-20。

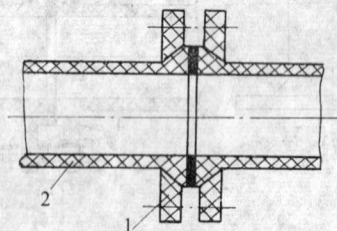

图 22-19　松套法兰连接
1—玻璃钢或金属制活套法兰；2—玻璃钢管

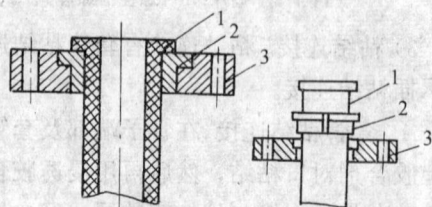

图 22-20　带玻璃钢环的松套法兰连接
1—玻璃钢管；2—两半的玻璃钢环；3—玻璃钢法兰

22.2.3　陶瓷管道安装

陶瓷管一般是指化工陶瓷管。它是由二氧化硅（粘土），三氧化二铝等氧化物合水经焙烧而成，具有良好的耐腐蚀性，不透水性和一定的机械强度等。陶瓷管较多应用于化工及其他工业生产中。

陶瓷管道和金属管道比较，它具有耐腐蚀、价格低廉等优点；但它硬度高、脆性大、不耐冲击、耐温变性能差、不易加工、强度低等缺点，安装时应注意。

（1）陶瓷管道的连接方式

陶瓷管道的连接有三种方式：法兰式、承插式和套管式。

1）法兰连接：

法兰连接结构如图 22-21（a）所示。它适用于输送腐蚀性液体及承受内压或真空的管道。管道两端面应有 1～2 条密封线，是烧成后，根据使用要求进行磨削加工的。内压操作下的管道连接，中间应垫软垫片，如耐酸橡皮或石棉等，外用铸铁对开式法兰紧固，在真空下操作的管道连接，除上述要求外，还应该在连接的凸缘处缠上一层软聚氯乙烯薄膜或玻璃布，再涂刷一层粘结剂，在拧紧法兰，卡箍或管夹的螺栓时，必须用力均匀、适当，不可拧得过紧，以免损坏管子及附件。

2）承插连接：

承插连接如图 22-21（b）所示，它适用输送腐蚀性气体及常压操作下的液体管道。连接处的间隙可用耐酸水泥砂浆，浸渍水玻璃的石棉绳填塞，用耐酸水泥砂浆、沥青玛琋脂、石棉水泥等密封。承口的内壁和插口的外壁，一般均有数条沟槽，以增强密封的可靠性。

3）套管连接：

套管连接如图 22-21（c）所示。安装时可利用这种结构调节管段的长度，也可作为补偿器用。缺点是套管中易积存污物，密封不可靠，因安装成本较高，故一般很少采用。

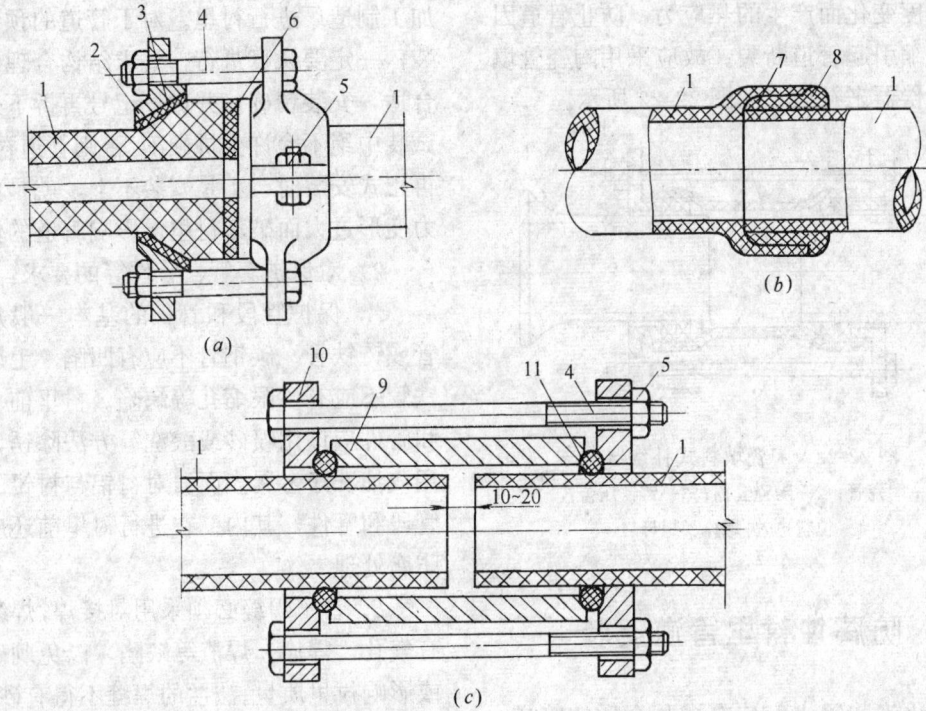

图 22-21 陶瓷管道的连接形式

（a）法兰式连接结构；（b）承插式连接结构；（c）套管式连接结构

1—陶瓷管；2—铸铁法兰；3—软衬垫；4、5—螺栓、螺母；6—软垫片；

7—浸渍水玻璃的石棉绳或其他材料；8—耐酸水泥或其他材料；9—非金属或金属套管；10—钢法兰；11—橡皮圈

（2）陶瓷管道的安装

陶瓷管道安装时应注意以下几个问题：

1）安装前，应对陶瓷管及管件进行严格的质量检查，合格后才能安装。

2）陶瓷管硬而脆、机械强度较低，所以搬运时要小心谨慎，放置要平稳。吊装时，应用软绳索，不得使用链条或钢丝绳。

3）安装过程中，不得使用金属工具锤击设备和管道，并应防止其他机械损伤。不允许使用火焰直接加热，以免局部过热而损坏。如施工中不可避免地与高温接触，则应采取隔热措施。

4）陶瓷管道敷设应牢固可靠，管架需要有足够的刚度，需用管卡将管子卡住，管子与管卡之间应垫 3～5mm 厚的弹性（橡胶等）衬垫。如管子上设有补偿器时，管卡与管子不得卡得过紧，允许管子作轴向位移。

5）陶瓷管安装固定后，不能承受外来震动，否则，需采取防震措施。如和震动的设备连接时应采用柔性接头。和阀门连接时，阀门两端要固定或在两端接柔性接头，再与陶瓷管相连。

6）陶瓷管道穿墙或楼板时，需加设金属套管。

7）水平敷设的管道应有适当的坡度（一般为沿介质流向设 3‰）在适当的位置设排气阀或泄水阀。

8）垂直敷设的管子，其偏差要小于 5‰，每根管应有固定的管卡支承。承插式连接的管子支撑位在承口下面，法兰连接的管子支撑位置在法兰连接下面。

9）管道安装时应考虑气温的变化及管内

介质温度变化而产生的热应力，防止管道因热胀冷缩引起管道断裂。故应采用陶瓷管填料式补偿器来补偿，如图 22-22 所示。

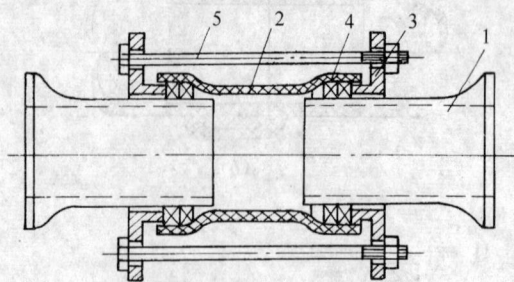

图 22-22　陶瓷填料式补偿器
1—陶瓷管；2—陶瓷套筒；3—铸铁压盖；
4—填料；5—螺栓、螺母

22.3　防腐蚀衬里管道安装

在化工装置中安装有多种介质的管道，其中有不少介质具有酸性、碱性或其他腐蚀性，在输送腐蚀性介质时，可根据介质的性质，工作压力和工作温度选用不锈钢、有色金属等材质的管道。为了节省贵重的金属材料，将某些非金属材料衬在钢管里面，就形成了防腐蚀衬里管道。如衬橡胶、衬塑料、衬玻璃等。

（1）管道衬里技术和操作方法

1）保护套管的预制加工：

钢管经过衬里后，不能再进行弯曲、切割和焊接等加工，所以衬里管道应先用钢管预制、试装。首先按图纸要求，将直段、弯头、大小头、三通、四通等全部管件预制成法兰连接式，并考虑好管道上仪表，取样等接口的位置。预制好的管段、管件、阀件均应编号，打上钢印，再按图纸要求进行试装、试装时全部法兰之间需考虑预留衬里层和垫片厚度，可用相应厚度的垫片暂时垫入，再将管子管件等用螺栓连接起来，安装在该管道的工作位置上。全部安装好以后，按要求进行水压试验，试压合格后，拆下来送衬里

加工制造厂进行衬里。对于管道的预制和试装，一定要认真进行，要求结构合理，尺寸合适，安装精确，并做好记号再拆下来。在试装中绝不允许生拼硬凑。否则管道衬里后，再正式安装时，不是安装不上，就是由于受力变形过大而破坏衬里，影响管道的使用。

2）对保护套管、管件等的要求：

A．保护管段和管件的基本一般是碳钢管或铸铁管。碳钢管不应有凹陷、毛刺；铸铁管不应有砂眼缩孔等缺陷。衬里前对管段和管件应该用喷砂或酸洗等方法除锈，然后用汽油洗净金属表面。对衬铝与衬铅的保护管段和管件，其内壁在进行衬里前还应进行防腐处理。

B．管子焊缝必须采用对接焊，焊缝不应有气孔，焊瘤、焊渣等缺陷，以免刺破衬层或影响衬里质量。法兰的焊缝不得有砂眼、气孔及焊不透等缺陷。焊接后，法兰的内焊缝必须加工成圆角，圆弧直径不小于 5mm，并要求很光滑。也可采用如图 22-23 所示的法兰形式。

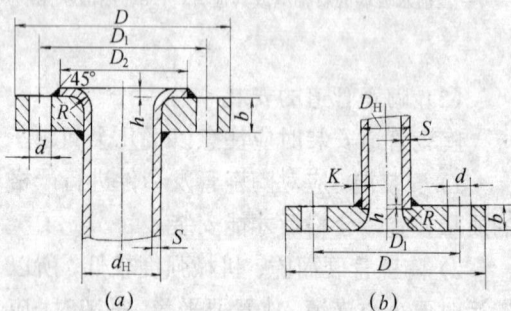

图 22-23　衬里管法兰的形式

C．三通、四通等相交处的内壁棱角必须倒圆，最好采用加热压制的三通。

D．直管、弯管以及其他管件的结构尺寸，都应根据管子直径、衬里方法的不同来正确选用。

3）衬里操作方法：

A．衬铝与衬铅。经预制加工和试装合格的保护套管，其内壁经防腐处理后，即可进行衬铝或衬铅操作。首先选用外径等于保护

套管内径的合格成品铝管或软铅管，按其保护套管的长度，加上两端翻边长度，进行下料切断，然后将管子的一端进行管口翻边，翻边后将另一端插进保护套管贴衬好后再进行管口翻边，使翻边管口的密封面紧贴另一端法兰密封面即成。异形管件进行衬铝或衬铅时，可先将铝管或软铅管制成所需的管件，然后外面用相应的对开钢制管件夹固。

B. 衬橡胶。将试装后拆下来的保护套管及管件进行喷砂或酸洗除锈，再用汽油洗涤金属表面以后，即可进行衬橡胶。衬橡胶按涂刷胶浆、下料、衬胶和硫化等步骤进行。

a. 涂刷胶浆。管道一般要涂刷 2～3 次胶浆，可采用手工涂刷法和注入法涂刷。施工温度以不低于 15℃ 不高于 35℃ 为宜。

手工涂刷，每遍胶膜的厚度为 0.08～0.1mm 左右，三遍的厚度为 0.2～0.3mm，每刷一遍胶浆后干燥时间长短决定于周围空气温度和湿度及胶浆质量等因素，一般室温为 20～25℃，相对湿度在 70% 以下，各遍胶浆的干燥时间见表 22-5 各次涂刷的时间间隔为，每层胶膜不粘手为宜。

胶浆干燥时间表　　表 22-5

遍　　数	干燥时间（h）
第 一 遍	0.25～0.033
第 二 遍	0.42～0.5
第 三 遍	5～6

胶浆应涂刷得薄而均匀，表面光滑，无灰尘、无孔隙，在涂最后一遍以前，应将表面上较小的凹陷、砂眼、尖角等，用刷过胶浆并经干燥后的橡胶条填塞烙平。

各种管道和管件无法用手工涂刷时，可采用注入法。管道采用注入法涂刷胶浆时，可将它们放在特制的倾斜架上，由高的一端倒入胶浆时，并慢慢转动管子，使管壁内表面全部涂上胶浆，注入法一般也应分三次进行。

b. 下料。下料是将作衬里的橡胶板根据保护套管内径的大小计算出展开长度（包括

搭边长度不少于 10mm）进行划线、下料。

c. 衬胶。在向管内贴衬橡胶时，可采用细布、绝缘绸，聚氯乙烯薄膜等将胶板卷成胶管，送入管内，然后再设法取出外包材料。橡胶衬里定位后，将一个与衬胶后管径相同的长为 100～200mm 的沙袋放入管内，在这之前，沙袋外应擦好滑石粉。然后将管内通入 0.1MPa 的蒸汽加热，再用杠子顶住沙袋，使沙袋慢慢通过管内，并从另一端顶出。这样通过加热和挤压，橡胶衬里可紧密贴合在管壁上。

d. 硫化。衬胶层干燥后，放入硫化器中通入 130～150℃ 的蒸汽，保持 4h 进行硫化。

C. 衬玻璃。

采用一定方法将玻璃衬在金属管内，以弥补玻璃管强度不高的缺点。

a. 金属管材处理。金属管材在衬贴前，须进行严格的防锈处理。除锈表面所粘附的浮尘、底部砂粒，锈片等污物应清除干净。

b. 涂刷底釉。在除锈除污后的金属管材内涂刷玻璃釉。如管径较大可用手工或机械喷涂，如管径较小可采用注入法，一般管道涂刷 2～3 层底釉。

c. 衬里。把钢管加热到 800～900℃，把相应规格的玻璃管也加热到一定温度，然后把玻璃管贴衬到钢管内。待钢管冷却后，使玻璃处在应力状态下。借助压力和底釉的作用，使玻璃和管胎紧密的结合在一起，形成一个整体。衬玻璃管具有很好的耐腐蚀性能。

（2）衬里管道的安装

1）搬运和堆放：

搬运衬里管道时，要小心谨慎、轻拿轻放，防止受震而引起衬里破坏，已经做好衬里的管道及其附件应在 5～30℃ 的室内存放，以防冻裂，还应避免阳光直射。堆放处应远离火源，应干燥、整洁，防止油脂等污物污染管道。

2）管段和配件的检查：

衬里管道安装前，应检查管段，配件的

数量和质量,以及它们的编号顺序有无错乱。特别是对衬里的完整情况应进行仔细的检查,检查的方法可采用电解液检波器及肉眼观察。

3) 衬里管的连接方法:

衬里管道一般采用法兰连接(但衬玻璃或搪瓷的管子可用螺纹连接),其垫片应根据操作条件(如腐蚀性介质、浓度、温度等)和不损坏衬里密封面的原则来选用橡胶、石棉橡胶、软聚氯乙烯、聚四氟乙烯、石墨石棉、石棉板、软铅等软质或半硬质材料的垫片,垫片厚度一般为 6～10mm 宽度视密封面而定,一般为 10～20mm,如图 22-24(a)所示,法兰组对时,应对准法兰上的螺栓孔方位,使法兰间的间隙或倾斜不致过大,如果法兰的间隙较大,可采用增加垫片厚度的方法来弥补,切忌采用紧螺栓的方法来达到密封。拧紧螺栓时,应对称均匀用力,以保证密封。

采用螺纹连接的衬搪瓷或玻璃的管子,在管子两端的端面上应涂上耐腐蚀的材料,以免腐蚀其端面。其连接形式如图 22-24 (b) 所示。

4) 阀门的选用:

衬里管道所用的阀门应选用相应的耐腐蚀阀门,如衬橡胶隔膜阀、衬里截止阀,衬里旋塞以及其他耐腐蚀腐门。

5) 衬里管道安装:

预安装后的衬里管道已在管壁上作好记号并接图进行编号,最后定位安装时一定要按原方位和编号进行安装,否则将造成很大困难,甚至无法安装。安装时,也不能应用扭曲或敲打的方法对正,更不能生拉硬拽强迫对口。

衬里管道安装时不得在衬里管道上进行任何形式的焊接,也不允许用火焰进行加热,以防衬里层熔化或炸裂。衬里管道不允许再进行任何形式的加工,如法兰、螺纹等都必须在衬里前焊接或加工好。

衬里管道的支架安装同碳钢管,但其间距应适当缩小,一般按相应规格碳钢管支架间距的 4/5 来取,以防止管道因重力产生挠度而破坏衬里层。

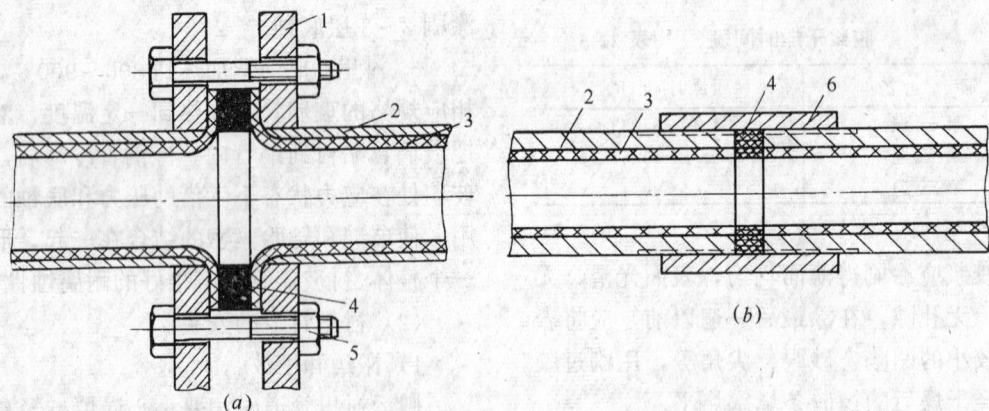

图 22-24　衬里管的法兰连接和螺纹连接结构
1—管法兰；2—保护套管；3—衬胶层；
4—软橡胶垫片；5—螺栓；6—内螺纹管接头

小　结

在管道工程中，采用耐腐蚀的非金属管道来输送腐蚀性强的介质，比使用合金管道和贵重的有色金属管道效果好，它不但大大延长了管道的使用寿命，而且内壁面光滑，流体流动阻力小，不易污染介质，还便于清洗。

玻璃管、玻璃钢管和陶瓷管称为耐蚀非金属管。其安装一般应满足以下要求：

1. 耐蚀非金属管不应敷设在走道或容易受到撞击的地面上，而应采用管沟、埋地或架空敷设。与金属管道共架（共沟）敷设时，应敷设在最下面，防止连接点泄漏而腐蚀其他管道。

2. 管道沿建筑物或构筑物敷设时，管外壁与建、构筑物净距不应小于 150mm；与其他管道平行敷设时，管外壁间净距不小于 200mm；与其他管道交叉时，管外壁间净距不小于 150mm。

3. 管道架设应牢固可靠，除埋地敷设外，都必须用管夹将管道夹住，管夹与管之间应垫以 3~5mm 厚的弹性衬垫，且不应将管道夹得过紧，以免影响其轴间位移。

4. 管道架空水平敷设时，每根长度为 1~1.5m 的管子应用一个管夹固定，每根长度在 2m 以上的管子用 2 个管夹固定，一般应装在离管端 200~300mm 处，垂直敷设时，也要求每根管子都有固定的管夹支撑。

5. 管道不应敷设在有强烈振动的建、构筑物或设备上。

6. 架空敷设时，在人行道上空不应设置法兰、阀门等，以免泄漏时造成事故。如必须设置时，要将其连接在一特制的盒内，而且盒应定期打开检查。

7. 管道穿墙或穿楼板时，应预埋钢套管，套管内径比被套管外径大 100~300mm，套管两端露出墙壁或楼板约 100mm，两管的中间应填充柔性材料。

8. 阀门安装时，应牢固可靠，阀门两端的连接应采用柔性接头，避免在启闭时扭坏管道和阀门。

耐蚀非金属管道有良好的耐蚀性能，但其机械性能较差。碳钢管和合金钢管有着较好的机械性能，但不耐腐蚀，若把耐蚀非金属材料有机地贴衬在钢管内壁，就形成了衬里管道，满足了化工管道输送某些高压腐蚀性介质的需求。

由于衬里管道都是在预安装后，再进行衬里的，因而衬里管道大都采用法兰连接。安装时要小心，轻拿轻放，严格按照预安装时编制的编号进行安装。

习　题

1. 玻璃管的切断方法有哪几种？简述其操作方法。
2. 玻璃管的连接方法有哪几种？简述其特点及应用。
3. 玻璃管安装时应注意哪些问题？
4. 玻璃钢管安装时应注意哪些问题？
5. 陶瓷管的连接形式有哪几种？操作时应注意哪些问题？
6. 陶瓷管安装时应注意哪些问题？
7. 什么是衬里管道？常用的衬里材料有哪些？
8. 衬里管道安装时应注意哪些问题？

第23章 仪表及仪表管道安装

测量仪表是生产自动化的主要工具之一，在整个生产过程中，它起着监视、控制和调节的作用。通过它可以直接或间接地了解密封管道内所输送介质的状态，从而使生产过程正常、高效的进行。管道工程中，最常用的测量仪表有：温度、压力、流量和液位的测量仪表，这些仪表在管道系统中的安装工作，一般均由管道工来完成，因此管道工应了解系统中常用测量仪表的工作原理，性能和安装方法，并能正确安装。

23.1 常用仪表及安装

23.1.1 温度测量仪表及安装

温度测量仪表的种类很多，按其测量方式可分为接触式和非接触式两类；按其测量原理可分为膨胀式、压力式、电阻式、热电式、辐射式五类。常用温度计及其测量范围见表23-1所示。

常用温度计及其测量范围（℃）

表23-1

温度计类型	测温上限	测温下限
玻璃水银温度计	600	−30
压力式温度计	400	−60
铂热电阻温度计	500	−200
铂硅—铂热电阻	1300	−20
镍铬—考铜热电偶	600	−50
光学高温计	2000	700
辐射式高温计	1800	900

（1）膨胀式温度计

膨胀式温度计是根据物质温度变化，其体积也随着变化，这一原理制成的温度计。膨胀式温度计常用的工作液有水银、酒精、甲苯和戊烷等。玻璃管温度计是膨胀式温度计最常见的一种。由于其构造简单、准确度较高，便于使用，且价格低廉，所以在管道工程中得到了广泛的应用。

液体玻璃管温度计按其构造分为棒式、内标式、外表式，如图23-1所示，按其外形分为直形和角形。

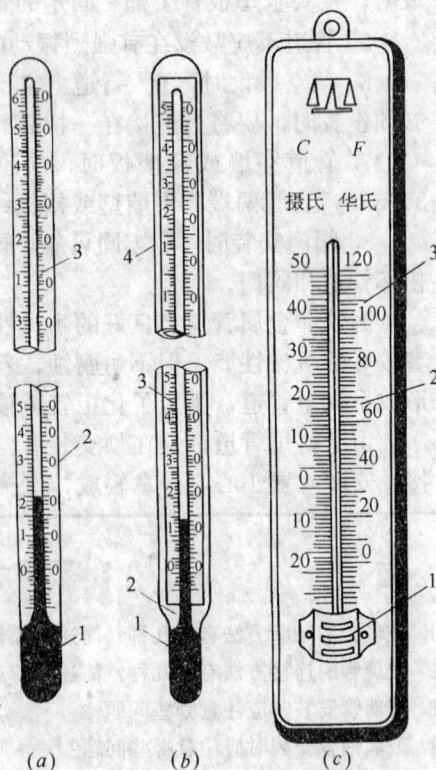

图23-1 液体玻璃管温度计
(a) 棒式；(b) 内标式；(c) 外标式
1—温泡；2—毛细管；3—温度标尺；4—套管

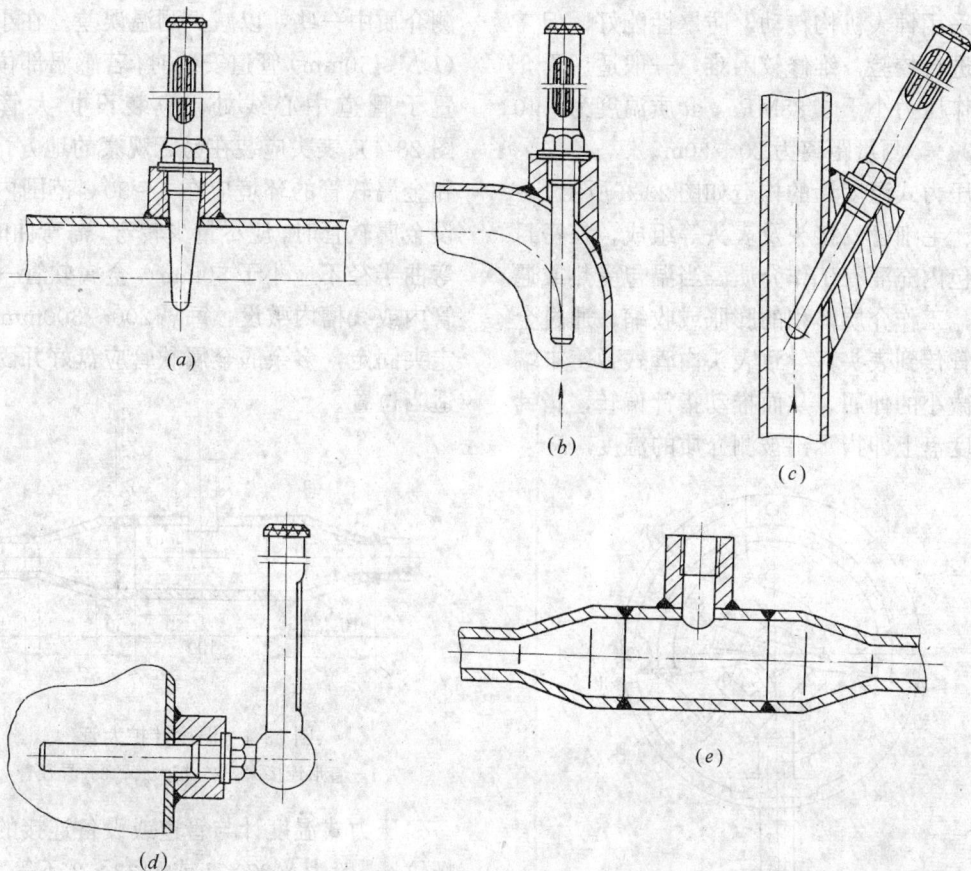

图 23-2　玻璃管温度计的几种安装方法

(a) 水平管道或设备上；(b) 垂直弯管上；(c) 垂直管道或设备上；

(d) 垂直管道或设备上（角形温度计）；(e) 管道直径小于 50mm 的扩大管

玻璃管温度计应安装在便于检修、观察和不受机械损伤，并能代表被测介质温度的位置，同时还应避免外界的冷源和热源对温度计的影响。温度计的标尺部分一般应垂直安装，但直形玻璃管温度计，在公称直径小于 200mm 的水平管道或在介质上升的垂直管上安装时，允许倾斜 45°角。安装在塔、槽、箱壁或垂直管道上时，一般应采用角形温度计。温度计的感温元件中心应处于被测介质的管道中心线上，直形斜装和角形的温度计，应迎着介质的流向插入。在管道上开孔和焊接（高压管道采用特别管件）。应在工艺管道安装时一起考虑，但对于一般的碳素钢管道也可在管道安装后，试压吹洗前进行开孔和焊接，开孔时应采取有效措施，防止金属块掉入管道内。在直径小于 50mm 的管道上安装玻璃管温度计时，应将该处的管径扩大，凡与工艺管道焊接或被测介质直接接触的表接头或套管，均须与工艺管道的材质相同。玻璃管温度计的标尺刻度应面向操作者，图 23-2 为玻璃管温度计的几种安装方法。

(2) 压力式温度计

压力式温度计的作用原理，有的是基于温度改变时工作物质的体积变化，也有的是基于温度改变时工作物质的压力变化，从而达到间接测量温度的目的。

压力式温度计可以把温度的指示值传送到较远的地方。其特点是：构造简单、耐振动、采用钟表机构传动，防爆性能好，但需经常进行校验，维修较困难，一般适用于介质工作压力小于 5.88MPa，介质温度为－40～550℃，测量距离为 20～60m。

压力式温度计的构造如图 23-3 所示，由温包、毛细管、接头及表头等组成，在密封的温包内充灌有工作介质。当温包受热或遇冷时，工作介质体积的膨胀或收缩，通过金属软管传到表头，导致表头内管式弹簧末端产生微小的伸屈，从而推动指针偏转，指针在刻度盘上即指示出被测介质的温度。

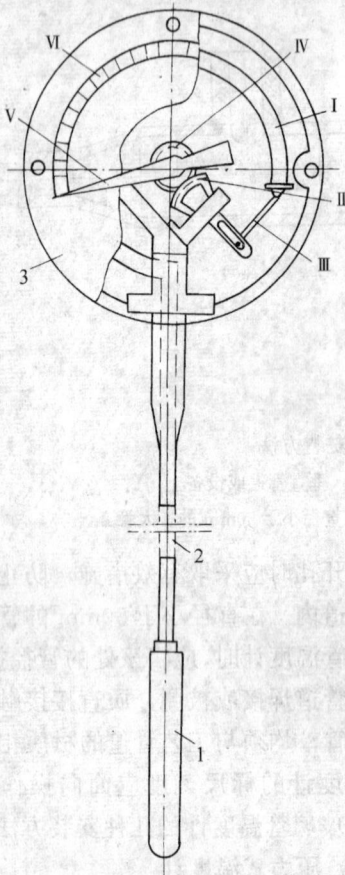

图 23-3　压力式温度计
1—温包；2—毛细管；3—指示（或记录）部分（Ⅰ—弹簧管；Ⅱ—扇形齿轮；Ⅲ—连杆；Ⅳ—机心齿轮；Ⅴ—指针；Ⅵ—刻度盘）

安装压力式温度计时，温包应立装，表头应高于温包位置，并使温包尽量多插入被测介质中一些，以减少测温误差。在小管径（$DN \leqslant 50mm$）管道安装时，若感温部位无法置于管道中心线处，应装设扩大管（如图 23-4）。表头应装在易于观察的地方，表头和金属软管的环境应在 5～50℃ 范围内。敷设金属软管时，应尽量少转弯，需弯曲时，其弯曲半径不应小于 50mm，金属软管一般为管内或线槽内敷设，每隔 200～300mm 设固定夹固定，多余的金属软管应盘好并固定在适当位置。

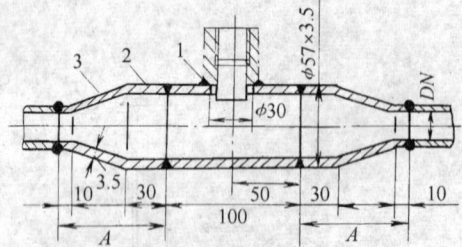

图 23-4　温度计扩大管
1—直形连接头；2—扩大管；3—异径管

压力式温度计与管道或设备连接的接头螺纹，一般为 M27×2 或 M33×2 不等。安装时，需在管道或设备上焊接一个与其接头螺纹相同的钢制管接头，然后把接头拧入管头内，用扳手拧紧。

安装温包时应特别注意保护，勿使温包折断和损伤，毛细管极易损坏，特别是它与温包和仪表连接的地方更易折断，因此，敷设毛细管时，不应猛拉和敲击，应敷设在角钢或保护管内，并注意固定。

（3）热电阻和热电偶温度计

热电阻和热电偶温度计的外形相同，但内部的感温元件不同，它们是由热电阻（或热电偶）、导线和测量仪表组成。热电阻的测温原理是根据导体或半导体材料的电阻值随温度变化而变化，因此，用热电阻温度计测量温度，实际上就是测量热电阻的电阻值；工业上常用的铜热电阻和铂热电阻。热电偶的测温原理是把两种不同的导体或半导体连接成一个闭合回路，如果将其结点置于热源中，

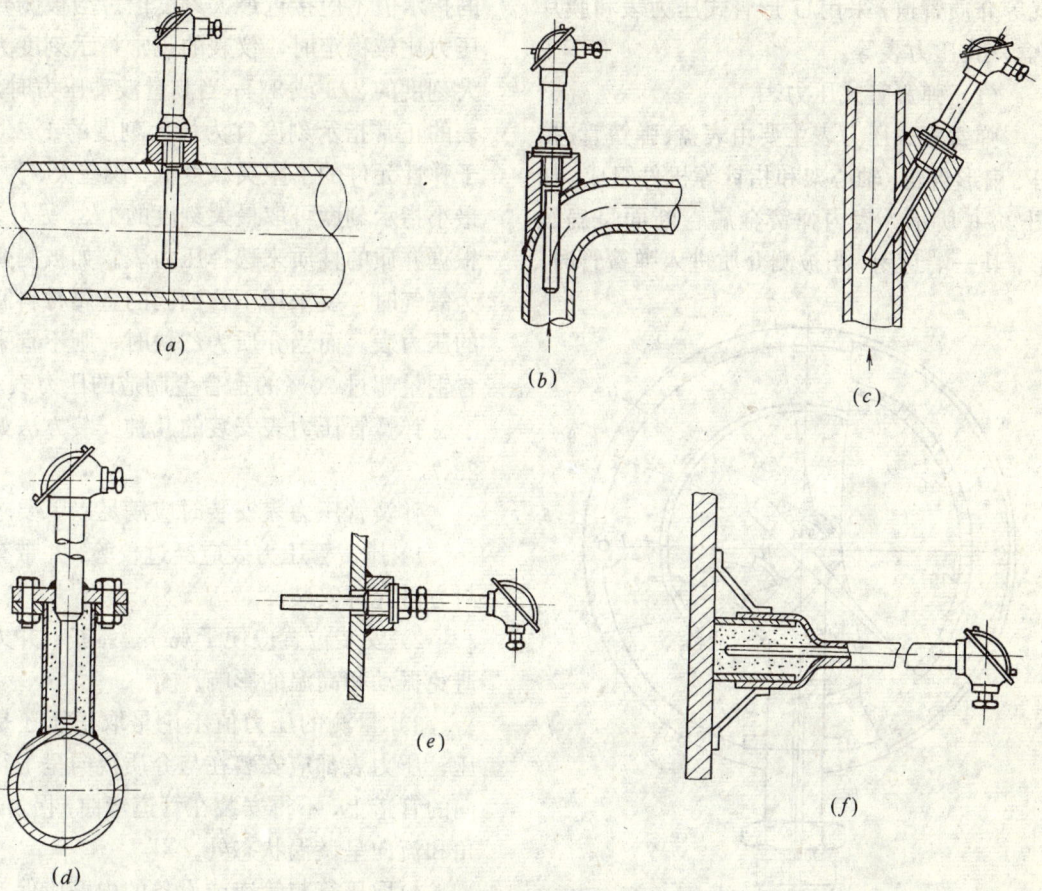

图 23-5　热电阻和热电偶的安装

(a) 安装在水平管道或设备上；(b) 安装在垂直弯管上；(c) 安装在小口径管线上；
(d) 安装在管道表面上；(e) 安装在设备上；(f) 安装在设备表面上

则该回路内就会产生热电势，这种现象称为热电效应，热电偶就是应用这一效应来测量温度的；工业上常用的有铂铑—铂热电偶、镍铬—镍硅热电偶等。这两种温度计具有精度高，测量距离远，测量范围广（如热电偶）和容易实现多点测量等优点，所以应用很广泛。

热电阻和热电偶的安装要求与玻璃温度计基本相同，它们与管道和设备的连接形式一般采用螺纹连接或法兰连接，不许安装在有振动的管道或设备上，安装时不得敲打，以免损坏内部的瓷管与导线。如需在保护套管上焊接连接配件时，应先将内芯抽出，以免损坏瓷管与导线。接线盒的盖子应朝上，以免雨水等浸入。热电偶在接线前应先查对极

性，并防止短路，图 23-5 所示为热电阻和热电偶在低压管道或设备上的几种安装方法。

23.1.2　压力测量仪表及安装

为了及时、准确、直观地反映管道系统内工作介质的压力状态，通常在系统中适当的位置装设压力表，用以测量管道内输送介质的压力。

管道系统中所用压力表的选择，应根据被测介质的性质及压力参数等因素来确定。压力表的种类较多，对于蒸汽凝结水，压缩空气、给水、热水、氧气等介质管道，当工作压力大于 0.098MPa（表压）时，一般采用弹簧管式压力表，对于煤气、氢气、低压空

气等介质管道，采用 U 形管式压力表和膜片（盒）式压力表等。

（1）弹簧管式压力表

弹簧管式压力表主要由表盘、弹簧管、拉杆、扁形齿轮、轴心架和指针等机件组成，如图 23-6 所示。表内弹簧金属管断面呈扁圆形，其一端封闭，当被测介质进入弹簧管时，

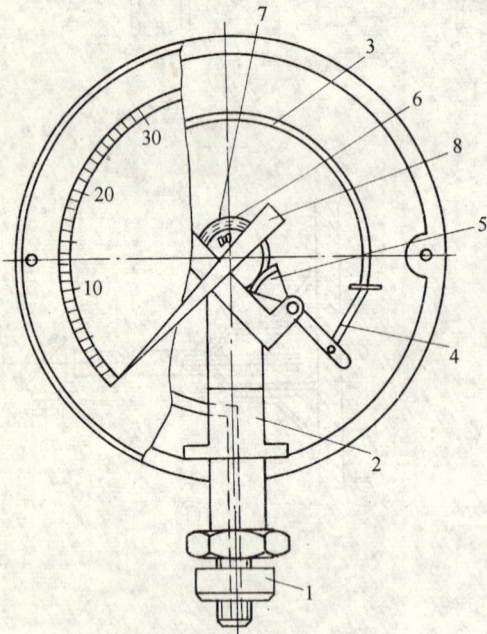

图 23-6　弹簧管压力计
1—接头；2—支持杆；3—弹簧管；
4—连杆；5—扇形齿轮；6—游丝；
7—机心齿轮；8—指针

由于介质压力的作用，而使弹管产生变形。弹簧管的延伸，经齿轮机构传动，带动指针偏转，从而在表盘上指示出被测介质压力的变化情况。

弹簧管压力表可测量 0.098～58.8MPa 的压力，精度等级有 0.5、1.0、1.5、2.5 级等，其测量范围广、使用简单、安装方便、精确度较高，一般均能满足测压要求，因而，被广泛采用。

选用弹簧压力表时，精度等级一般可取 2.5 级，表盘大小要适当。在选用压力表刻度范围时，为防止弹性元件疲劳损坏，其正常

的指示值不应接近最大刻度值。当被测介质压力比较稳定时，仪表的正常指示刻度为最大刻度的 2/3 或 3/4；当测量波动压力时，仪表的正常指示刻度宜为最大刻度的 1/2。由于弹性元件的下限灵敏度低，误差大，为此，最小指示刻度可取最大刻度的 1/3。另外，应根据介质的性质来选择压力表。如被测介质为氧气时，要采用不含油脂的金属材料制成的压力表。而当介质为乙炔时，则不宜采用含铜量超过 70% 的铜合金制造的压力表。

弹簧管压力表安装的几种安装方法如图 23-7。

弹簧管压力表安装时应满足以下要求：

1）弹簧管压力表应经过校验，并带有铅封方可允许安装。

2）安装位置应便于观察、维护、并力求避免振动和高温的影响。

3）量测的压力值不论是取正压还是负压，压力表都应安装在与介质流向呈平行方向的管道上，不得安装在管道弯曲、拐角、死角和流向呈漩涡状态处。

4）取压管与管道或设备的内壁应保持平齐，不应有凸出物或毛刺，以保证能准确的测取静压力。

5）测量蒸汽压力或其他介质波动剧烈的压力时，应在压力表前安装 U 形管，盘管或缓冲罐，如图 23-7 (b)、(c)、(e) 所示，以起缓冲作用。

6）取压口到压力表之间还应装设切断阀门（尽量靠近取压口），以备检修压力表时使用。

7）引压导管不宜过长，以减少压力指示迟缓。

8）测量有腐蚀性的介质时，应加装充有中性介质的隔离罐或带隔膜的隔离罐，如图 23-7 (d) 所示。实际安装时，应针对被测介质的不同性质，如高温、低温、腐蚀性、脏污、结晶、沉淀、粘稠等采取相应的保护措施。

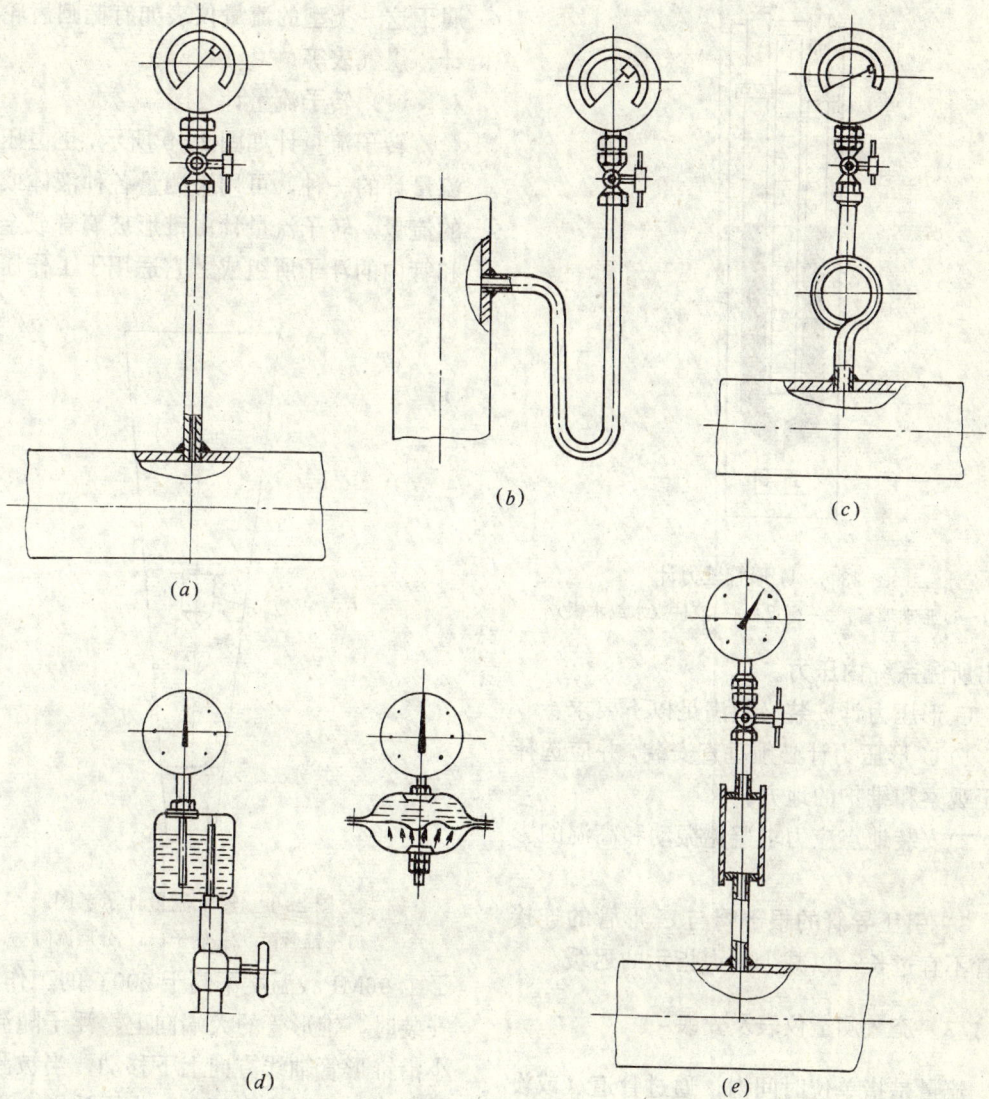

图 23-7　弹簧管压力计的几种安装方法
(a) 用直管；(b) 用 U 形弯管；(c) 用盘管；(d) 用隔离罐；(e) 用缓冲罐

9) 在管道上开孔安装取压管时，须在试压和吹洗前进行。

10) 在高压管道上安装压力表时，应采用特别管件，在管道安装的同时进行装配。

11) 设备上一般不得随意开孔，不得已时，应在建设单位同意并签证后才能开孔。

(2) U 形管压力计

U 形管压力计，适用于测量小于 0.098MPa（表压）的气体或液体的压力，真空度或压力差，也可作为检验流量计的标准差压计。这种压力计，由一根 U 形玻璃管和一块划有刻度的板面组成，如图 23-8 所示，U 形管固定在刻度板上，根据所测压力的需要，在玻璃管内装入水银或水及其他液体作为工作液，为测量时读数方便，常使管内所充工作液面达到刻度板上零点位置。

测压时，用一根软管把管道系统上的测点与 U 形管的一端接通，而 U 形管的另一端与大气相通。由于管道系统内压力的作用，使 U 形管内左右两边的液面产生高差 h，即可

607

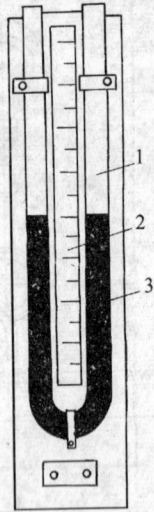

图 23-8 U 形管压力计
1—U 形玻璃管；2—标尺；3—液柱（水或水银）

算出所测系统内压力。

U 形压力计安装必须满足以下要求：

1）U 形压力计必须垂直安装，并应选择便于观察和维护的地方。

2）安装地点应力求避免振动和高温的影响。

3）引压导管的根部阀与 U 形管的连接软管不宜过长，以减少压力指示的迟缓。

23.1.3 流量测量仪表及安装

流量是指单位时间内，通过管道（或设备）某一截面的流体数量。测量流体流量的仪表称为流量表。

流量测量仪表种类虽然很多，但目前管道工程中所用的流量表归纳起来，大致可以分二大类：

1）速度流量表。以测量流体在管道内的流速 v 作为依据，在已知管道截面积 F 的条件下，则流体的体积流量为 $Q=F \cdot v$，而质量流量为 $M=\rho Q$。属于这一类型的流量仪表如叶轮式水表。差压式孔板流量计，转子流量计等。

2）容积式流量表。以单位时间内所排出的流体的固定容积 V 的数目作为测量依据，

属于这一类型的流量仪表如有椭圆齿轮流量计、煤气表等。

（1）转子流量计

转子流量计如图 23-9 所示，是恒压降式流量计的一种，可用来测量各种液体或气体的流量。转子流量计由锥形玻璃管或金属管和管内的浮子所组成。它适用于工作压力大

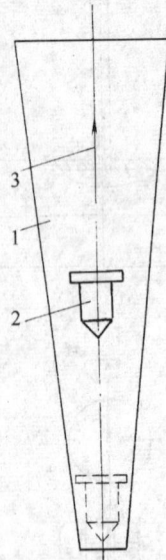

图 23-9 转子流量计示意图
1—锥形管；2—转子；3—介质流向

于 1.96MPa、温度不高于 200℃ 的工作场所。安装时，锥形管的大端向上，浮子随流量大小沿锥形管轴线方向上下移动。当被测介质由下而上通过锥形管时，由于浮子上下两侧压差的影响，作用在浮子上的上升力大于浸在流体内浮子所受的重力，使浮子上升。随着浮子上升，浮子最大外径与锥形管壁间的环形面积逐渐增大。当被测介质作用在浮子上的上升力等于浮子所受重力时，浮子就稳定在某一高度。由于浮子质量不变，浮子上下的压力差一定，那么所通过的介质流量只和环形间隙的面积有关，从而根据浮子在锥形管的高度位置，利用锥形管外壁上的刻度值就可读出所测的流量值。

转子流量计与管道系统的连接方式有法兰连接、螺纹连接和软管连接三种。安装工

作应在管道系统及其他设施安装完毕，并经调整合格后才能进行。

转子流量计必须垂直安装在振动小的管道上，流体自下而上流动，锥形管的中心线应垂直，其垂直误差不应大于12mm。

为提高测量精度，在流量计的连接部分上游侧，必须设置长度为管径5倍以上（但不小于500mm）的直管段，下游侧必须设置长度为管径3倍以上的直管段。

转子流量计具有方向性，不应反向安装。为方便维修，常加设旁通管，其安装方式如图23-10所示。

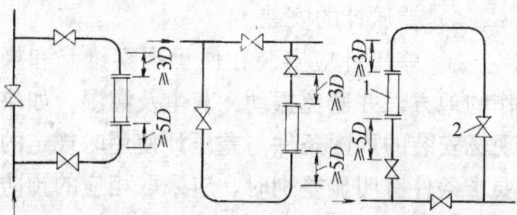

图 23-10 转子流量计安装
1—流量计；2—阀门

测量时，一定要用下游侧的阀门来调节流量，开启关闭阀门要缓慢进行，待浮子位置稳定后再进行测定。

用于测定气体流量的转子流量计，出厂时其流量刻度用空气进行标定；用于测量液体流量者，其流量刻度用水进行标定。当被测定介质的密度和粘度与用于标定的介质不同时，测得的流量还需要进行修正。

（2）差压式流量计

差压式流量计，是利用流体流动的节流原理，即利用流体经节流装置的产生的压力差来实现流量测定的。差压式流量计由节流装置，导压管和差压计三部分组成，并按一定的差压值配套使用。节流装置有孔板、喷嘴和文丘里管三种，其外形、原理特点及采用条件见表23-2。

利用节流装置测量流体流量的原理是：由于节流装置的中间有一孔径比管道直径小的圆孔，当流体通过直线管道进入节流装置时，因管道截面突然减少，流体的部分压力

节流装置的外形、原理特点 表 23-2

名　称	标 准 孔 板	标 准 喷 嘴	文 丘 里 管
外形			
特点及采用条件	1. 构造简单、使用准确，安装方便，除压力损失比文丘里管和喷嘴稍大外其余均能代替之 2. 在 $0.05 \leqslant \left(\dfrac{d}{D}\right)^2 \leqslant 0.7$ 条件下管径不小于 50mm 的管道均可采用	1. 具有相同的浸蚀，脏污情况下对精度的影响优于孔板，适用于低雷诺数的流量测量，但造价较高 2. 在 $0.05 \leqslant \left(\dfrac{d}{D}\right)^2 \leqslant 0.65$ $d \geqslant 20mm$ 的条件下，管径不小于 50mm 的管道均可采用	一般用于测量液体流量（以测量水为最普遍），其压力损失很少（一般为最大压差的 8%～18%）因结构特征所限，不能用在高温、高压情况且造价昂贵

能转变为动能，从而使节流装置收缩截面内的介质平均流速急剧增大，在该截面内的静压力就变得小于节流装置前的静压力，然后借助于导压管和差压计测量出其压力差的变化值，如图 23-11 所示，并利用下式计算出管道内所通过的被测介质的流量：

$$Q = k \sqrt{\Delta P} \qquad (23-1)$$

式中 Q——所测流量；

k——流量系数；

ΔP——孔板（节流装置）前后压差。

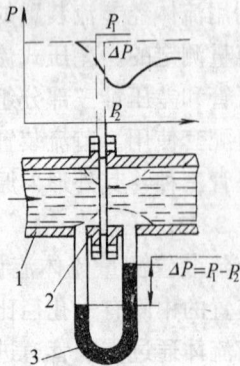

图 23-11 孔板流量计
1—管子；2—孔板；3—U 管差压计

1）节流装置的安装：

A. 节流装置不论在空间什么位置，必须安装在直管段上，当设计未规定具体位置时，锐孔板前应有 15—20D 的直管段，锐孔后应有 5—10D 的直管段，并尽量避免任何局部阻力对流速的影响。

B. 安装节流装置处的管道，其内表面应光滑，法兰与管道焊接后应锉平打光，把法兰与管道间的焊缝磨成 45°的角焊缝。在孔板前后管径范围不能有高出的垫料、堆积的焊痕及管子内壁显著粗糙等现象，避免因局部阻力而影响差压计的测量。

C. 注意节流装置不能装反，当外壳上刻有"＋"号的为流入端，刻有"－"的为流出端，当锐孔板无标记时，孔板的尖锐一侧（即小口）应迎着流向，为流入端，而是喇叭形（大口）一侧为流出端。

D. 必须保证节流装置的开孔中心和管道中心线在同一轴线上，节流装置的流入端面应与管道中心线垂直。

E. 衬垫内径比管道内径小 2～3mm。

F. 节流装置在安装之前应将表面的油用软布擦去，但应特别注意保护孔板尖锐边缘，不得用砂布或锉刀等进行辅助加工。

G. 节流装置可连同工艺管道一起安装，或在试压前进行，并连同工艺管道一起进行试压。但管道试压冲洗时，应将锐孔板拆下，用同厚度的垫圈代替锐孔板将管道临时连上，等管道冲洗试压完毕后，再把锐孔板管装上。

2）差压计的安装：

A. 差压计应安装在便于观察维修和操作的地方，并避免振动、灰尘及潮湿。如果现场安装的周围条件与差压计使用时规定的要求条件有明显差别时，应采取相应的预防措施，否则应改换安装地点。

B. 当测量液体流量时或测量引压导管中液体介质时，应使两根导压管路内的液体温度相同，以免由于两边的重度差别而引起附加的测量误差。

C. 带有刻度的差压计就地安装时，仪表刻度中心一般应离地面为 1.2m。

3）引压管的安装：

被测介质的流量经节流装置变成压差信号后，由两根引压导管把压差信号传给差压计，以显示出被测流量的大小，所以，引压导管的正确安装应能确保压差信号准确而可靠地传送到差压计。引压导管安装时应注意以下几个问题：

A. 引压导管应按最短距离敷设，它的总长度不应大于 30m，但不小于 3m。导压管的正负方向必须正确，不得接反。管线的弯曲处应该是均匀的圆弧，弯曲半径以 5～8D 为宜。

B. 应设法排除引压导线管管路中可能积贮的气体、水分、液体或固体微粒等，以免影响压差精确度。为此，引压导管管路的装设应保持垂直或与水平面之间成不小于

1：10的坡底，并加装气体、凝液、微粒的收集器和沉淀器等，定期进行排除。

C. 引压导管应不受外界热源的影响，并防止冻结的可能。

D. 对于粘性和有腐蚀性的介质，为了防堵、防腐，应加装充有中性隔离液的隔离罐。

E. 全部引压管道应保证密封,而无渗漏现象。

F. 引压管路中安装有必要的切断、冲洗、灌封液及排污等所需要的阀门。

差压式流量计安装如图 23-12 所示。

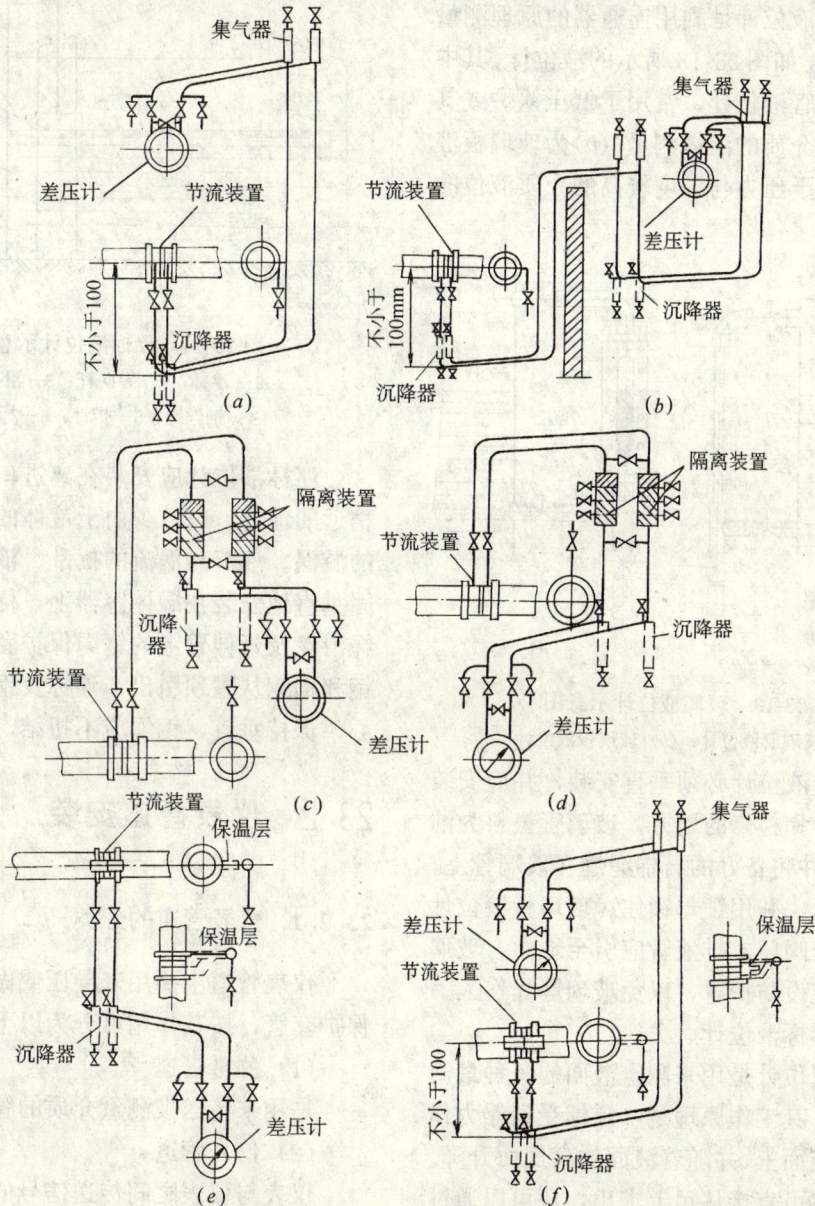

图 23-12　差压计连接导管安装示图

(a) 差压计装在上方（测液体）；(b) 差压计装在上方（导压管不能向一方倾斜）；

(c) 差压计装上方（测气体）；(d) 差压计在下方（测气体）；

(e) 差压计装下方（测蒸汽）；(f) 差压计装在上方（测蒸汽）

23.1.4 液位测量仪表及安装

容器中液体表面的位置称为液位,用来测量液位的仪表称液位计。液位的测量方法很多,常用的有玻璃管液位计和浮标液位计。

(1) 玻璃管液位计

玻璃管液位计是利用连通器的原理测量容器内液位。如图 23-13 所示的液位计,其中 (a) 为玻璃管液位计,常用于低压锅炉或其他轻质透明介质的液体测量。(b) 为玻璃板液位计,常用于压力与温度较高的介质液位的测量。

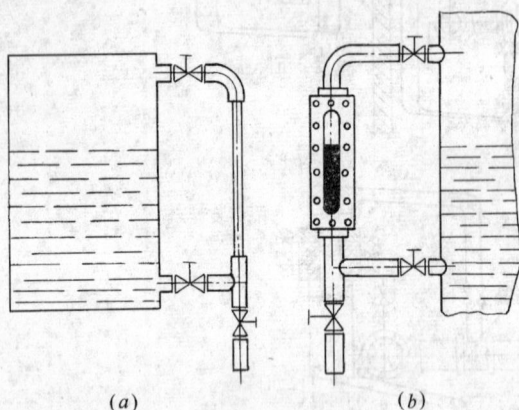

图 23-13 玻璃液位计示意图
(a) 玻璃管液位计;(b) 玻璃板液位计

玻璃管液位计必须垂直安装,并应安装在便于观察和检修的地方,玻璃管垫料为油浸石棉绳,并将备好的石棉绳缠在玻璃管上,用压环压紧,并用锁母锁住。玻璃管液位计应设有排液阀门。排液管应引至地面,玻璃管液位计应设防护罩,以免玻璃爆炸伤人。

(2) 浮标液位计

浮标液位计是用来测定液面的一种最简单的仪表,其工作原理是:浮标受到浮力作用而浮在液面上,并随着液面的高低而升降。浮标的位移可直接从尺上求出,还可以通过传动装置传递给指示仪表,也可以通过带有液位传感器的电测系统发出电讯号,进行远距离的测量、记录、调节、控制或报警。

直读式浮标液位计是最常用的一种液位测量仪表。如图 23-14 所示,浮标置于容器内,浮在液面上,通过绳索、滑轮、平衡块和指示器,直接在标尺上指示出液面的高低值,这种液位计构造简单,造价低、直观、维修也较方便。适用于开口容器的液面测量。

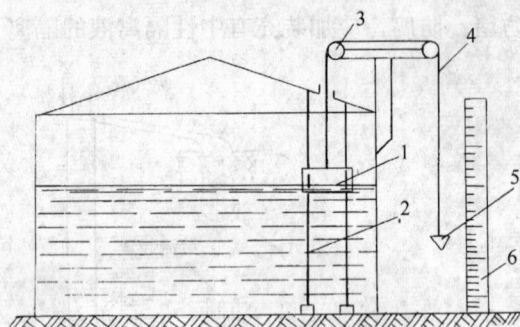

图 23-14 浮标液位计示意图
1—浮标;2—导向杆;3—滑车;
4—钢丝绳;5—指针;6—标尺

浮标液位计应安装在离进口管和出口管稍远的地方,以减少由于液体的进出而引起的漩涡。液流和涡流的扰乱。液位计必须牢固垂直地安装在罐体容器上,标尺顶部的钢绳滑轮及延伸臂上的钢绳保护套管,应由角钢和槽钢从罐顶引出。浮标及钢绳应找准中心,保持垂直,钢绳应不扭结,不歪斜。

23.2 仪表管道安装

23.2.1 仪表管道的分类

仪表管道主要用来导压或做电气线路的保护套管,按其作用可分为以下几种:

(1) 测量管道

是用来传送被测量介质的管道。

(2) 信号管道

仪表与仪表之间传送信号的管道(包括执行机构)。

(3) 伴热管道

为仪表设备和测量管道保温用的蒸汽伴热管。

（4）气源管道

为气动仪表提供气源的管道，作为气源的空气往往经过过滤和净化。

（5）放空管道

为仪表设备或管道放空所用。

（6）排污管道

为仪表设备或管道排污所用。

23.2.2 仪表管道的管材及其连接

仪表管道常用管材有紫铜管、塑料管、碳素钢管、铝管等。

（1）紫铜管

仪表管道中用 $\phi6$、$\phi8$、$\phi10$mm 的紫铜管主要是用来传送气动信号。紫铜管是无缝的。管道连接形式是承插焊接。$\phi14$mm 紫铜管主要是用来传送介质信号的，有时也用于传送气动信号。连接方式是承插焊接。用 $\phi25\sim\phi100$（$1''\sim4''$）的紫铜管来作为气源管道。管道对口连接用铜焊或银焊焊接。

（2）塑料管

塑料管与金属管比较价格低廉，易于预制安装，通常有尼龙、聚氯乙烯或聚乙烯三种原料制成，但塑料的机械性能较差，使用范围受到很大限制。其连接方式是采用承插连接，然后再用同材质的塑料焊条在承插口焊接。

（3）碳钢管

$\phi14$mm 钢管主要用来做测量管道的导压管的伴热管道，管道对口连接，用气焊焊接。用 $DN15\sim DN100$ 的镀锌钢管做气源管道，连接采用螺纹连接，填料用聚四氟乙烯生料带，切勿用麻丝铅油。

（4）铝管

铝管价格低廉，耐蚀性能好，但与铜比较在工艺性能上有如下的缺点：铝管接头困难，而且难以二次加工，在振动情况下，铝硬比较快，铝与其他金属接触时，可能要引起腐蚀，铝管在焊接时溅出物易渗入铝材内，影响管材质量。

23.2.3 仪表管道的安装

仪表管道应按设计规定的位置敷设。如设计未明确规定时，应根据现场具体情况与有关部门协商决定，一般应集中敷设，避免敷设在易被机械损伤、潮湿、易受腐蚀及有振动的场合。

（1）仪表管道安装时的注意事项：

1）管道敷设前应将管道调直（小口径铜管应用木锤头调直），管道敷设要横平、竖直，敷设坡度应满足管道设计坡度的要求。

2）管道敷设时应尽量减少拐弯及交叉，弯管处不得使用活接头，对于 $\phi6\sim\phi8$mm 的紫铜管弯曲半径不应小于管径的 6 倍；$\phi14$mm 以上的紫铜管弯曲半径不小于管径的 5 倍；$\phi14$mm 以上的碳钢管弯曲半径不小于管径的 4.5 倍；大于 $\phi57$mm 的碳钢管弯曲半径不小于管径的 3.5 倍，不得将管弯成"Ω"形。

3）管道敷设坡度，应满足输液管道排气，输气管道排液的需求，且在输液管道的最高点加放气阀在输气管道的最低点加排液阀。

4）仪表管道敷设前应进行彻底的清油去污。清洗合格后用无油的脱脂木塞或无油脂的布堵好，并要妥善保管。

5）直径在 50mm 以下的管道，不得采用气割，而应用机械切断。

6）仪表管道穿墙、穿楼板时，应加保护套管。管道接口不得在套管内。

7）被测介质在环境温度影响下易冻、易凝固或易液化时，其测量管道应伴热保温，对于低温管路应有保冷措施。

8）仪表管道的支架。仪表管道支架亦称管槽。一般由槽钢、角钢和扁钢构成，可现场制作或预制厂加工。支架的宽度取决于敷设管子的根数。成排管道支架的形式，最好是将管子固定在同一垂直面上，以免影响工艺管道的维护保养，如图 23-15 所示。

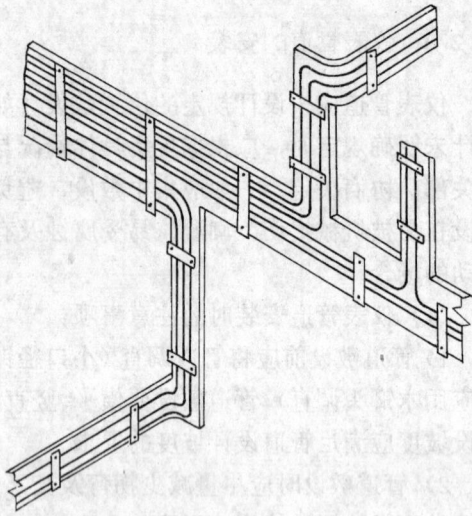

图 23-15　仪表管道成排敷设在
同一垂直面上的示意图

支架的切断应用手锯或机械切割，钻孔用电钻，不得用氧-乙炔焰切割。支架的安装高度要满足管道敷设坡度的需求，成排管道的支架一般都是采用连续支架，图 23-16 所示为几种仪表管道的支架固定形式。

管道支架的设置要求为：位置正确，布置合理，支架间距合适，支架间距一般要符合以下规定：

A. 普通无缝钢管、焊接钢管、不锈钢管等水平敷设为 1~1.5m、垂直敷设时为 1.5~2m；

B. 铜管、铝管、塑料管等，水平敷设时为 0.5~0.7m，垂直敷设时为 0.7~1.0m；

C. 保温的仪表管道，支架间距应适当缩小。

9）仪表管道的试压。仪表管道安装完毕后应进行一次全面的检查，然后进行试压，一般只做气密性试验，试压要求按设计规定进行。

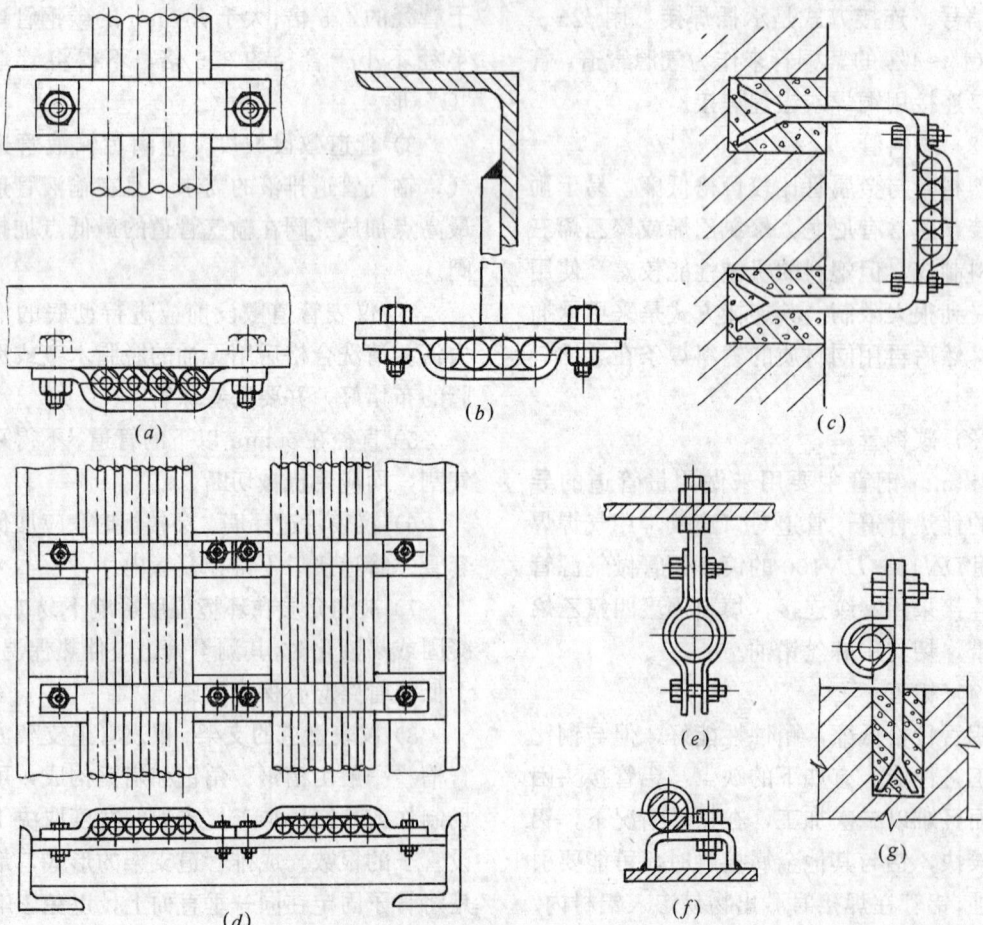

图 23-16　仪表管道支架及其固定形式

　　工程上，需要测量介质的各种参数，如温度、压力、流速、流量及液位等，用来测量介质参数的工具称为热工测量仪表、管道工程中常用的热工测量仪表有：温度计、压力表、流量计、液位计等，通过学习，要求了解上述常用测量仪表的构造，掌握其工作原理和安装要求。仪表管道主要用来导压或做电气线路的保护套管，仪表管道所用管材有：铜管、塑料管、碳钢管、铝管等，通过学习要掌握仪表管道的安装要求及注意事项。

习　题

1. 测量仪表的作用是什么？

2. 玻璃温度计有哪几种型式？安装要求是什么？

3. 压力式温度计的安装要求是什么？

4. 热电偶和热电阻的安装要求是什么？

5. 弹簧管压力表的安装要求是什么？

6. 测量有腐蚀性介质的压力时，弹簧管压力表应怎样安装？

7. U 形管压力计的安装要求是什么？

8. 转子流量计的安装要求是什么？

9. 节流装置的安装要求有哪些？

10. 绘图说明用差压式流量计测量液体流量，气体流量蒸汽流量的安装要求。

11. 玻璃液位计的型式有哪几种？安装要求是怎样的？

12. 浮标液位计的安装要求有哪些？

13. 常用的仪表管材有哪几种？连接形式是怎样的？

14. 仪表管道安装时的注意事项有哪些？

第 24 章　中小型锅炉的安装

24.1　锅炉房设备的基本知识

本节主要介绍中小型锅炉的分类,锅炉本体及锅炉房设备的组成,锅炉的工作过程,锅炉的基本特性及锅炉型号的表示方法。

锅炉的任务是安全可靠地将燃料的化学能经济有效地完全转化为热能,并最大限度地传递给水,从而生产规定参数的蒸汽或热水。

24.1.1　锅炉的分类及锅炉设备的组成

（1）锅炉的分类

中小型锅炉的分类方法有许多种,但常用的有:

1）按用途不同分类　动力锅炉（又称电站锅炉）,主要是将产生的蒸汽用于动力、发电;工业锅炉（又称供热锅炉）,作为供热之源,广泛的应用于工农业的各个部门,如化工、食品、医药、纺织等行业中,在这些行业中需要大量的蒸汽和热水,并随着国民经济的发展和人民生活水平的提高,中小型锅炉的应用将会更加广泛。另外还有机车锅炉、船舶锅炉等。

2）按锅炉出厂型式不同分为:快装锅炉,即整体出厂的锅炉;组装锅炉,出厂时将对流管束焊接在联箱上,各联箱管两端再用法兰连接起来的锅炉;散装锅炉,出厂时锅炉各部件均为零散的形式运到施工现场,并按安装图进行组装。

3）其他分类　锅炉除以上分类外,另外还有:按输出工质不同,锅炉可分为蒸汽锅炉、热水锅炉、汽水两用锅炉;按燃用燃料不同,锅炉可分为燃煤锅炉、燃油锅炉、燃气锅炉;按设计工作压力不同分低压锅炉（设计工作压力不大于 2.5MPa）、中压锅炉（设计压力不大于 3.9MPa）、高压锅炉（设计压力不大于 10MPa）等。

锅炉房设备包括锅炉本体和锅炉房附属设备两大部分。

（2）锅炉本体的组成

锅炉本体主要是由"锅"和"炉"组成。"锅"（又称气锅）,主要由锅筒（又称气包）、对流管束、水冷壁、下降管、集箱等组成。其作用是吸收燃料燃烧放出的热量,把水加热成为规定压力和温度的蒸汽或热水。

"炉"是由燃烧设备及炉墙所围成的炉膛所组成。其作用是使燃料充分地燃烧放出尽量多的热量。"锅"和"炉"是一整体设备,它们共同构成锅炉本体。

另外,为了保证锅炉正常工作和安全运行,蒸汽锅炉还必须装设安全阀、水位计、高低水位报警器、压力表、排污阀等。为了提高锅炉的经济性和使蒸汽达到规定的参数,锅炉还需设蒸汽过热器、省煤器和空气预热器等锅炉附加受热面。为了消除受热面的积灰,还需装设吹灰器。主要组成部分我们以 SHL 型蒸汽锅炉为例加以说明,见图 24-1 所示。

（3）锅炉房附属设备的组成

锅炉房附属设备,是保证锅炉本体正常运行的必不可少的附属设备,它们分别组成锅炉房的运煤-除灰系统、通风系统、汽-水系统、仪表控制系统。

1）运煤-除灰系统。其作用是将燃料连续

地供给锅炉燃烧，同时又将生成的灰渣及时

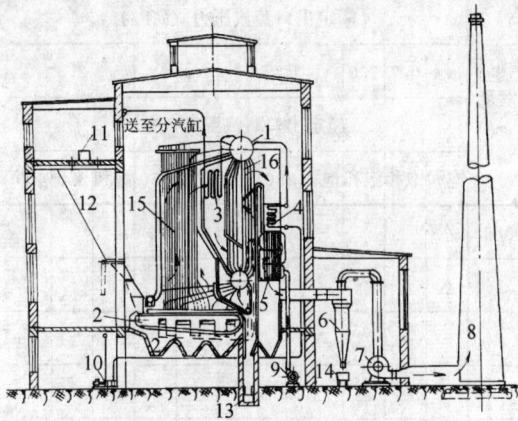

图 24-1　SHL 型锅炉设备简图

1—锅筒；2—炉排；3—蒸汽过热器；4—省煤器；
5—空气预热器；6—除尘器；7—引风机；8—烟囱；
9—送风机；10—给水泵；11—输煤机；12—煤仓；
13—除渣机；14—灰车；15—水冷壁；16—对流管束

地排走。

2）通风系统。就是供给锅炉燃烧所需要的空气，及时排走燃烧所产生的烟气，并防止对环境造成污染。

3）汽-水系统。是连续不断地向锅炉供给符合质量的水，并将蒸汽或热水送到各用热部门。

4）仪表控制系统。是利用自动的或手动的方式，对以上各设备或系统进行监测和驱动的电气系统。对 SHL 型锅炉常用的附属设备见图 24-1 所示。

（4）锅炉房设备的工作过程

锅炉的工作过程是三个同时进行的过程，它们是燃料的燃烧过程、烟气向水（气等介质）的传热过程、水的受热和汽化过程。具体内容详见 24.2，24.3 部分。

小　　结

锅炉有许多分类形式，但常用的是按其作用和出厂型式不同分类；锅炉由气锅和炉子组成；锅炉房附属设备组成了汽-水系统、运煤-除灰系统、通风系统、仪表控制系统；锅炉及其附属设备共同完成燃料的燃烧、烟气向水的传热及水的受热和汽化等过程。

习　题

1. 锅炉的任务是什么？
2. 锅炉是如何分类的？
3. 以 SHL 型蒸汽锅炉为例说明锅炉本体的组成。
4. 简要说明锅炉的工作过程。

24.1.2　锅炉的基本技术指标

为了表明锅炉的构造、容量大小、参数的高低以及运行的经济性，我们常用下列的锅炉基本技术指标来说明。

（1）蒸发量和供热量

1）蒸发量。指锅炉每小时所产生的额定蒸汽量，用以表征蒸汽锅炉的容量大小，用符号 D 表示，单位是 t/h。

2）供热量。指锅炉每小时由热水供出的额定热量，用以表征热水锅炉的容量大小。用符号 Q 表示，单位是 MW。

3）蒸发量和供热量的关系。其换算关系为：

$$Q = D(h_q - h_s) \times 0.278 \quad \text{(kW)}$$

(24-1)

式中 Q——由蒸汽带出的热量（kW）；

$\quad\quad D$——锅炉的蒸发量（t/h）；

$\quad\quad h_q$、h_s——分别表示蒸汽和给水的焓值（kJ/kg）。

1t/h 的蒸发量相当于 0.7MW 的供热量，即 1.4MW 的供热锅炉也称 2t/h 的锅炉。

（2）压力和温度

1）压力。蒸汽锅炉蒸汽出口处的蒸汽额定压力或热水锅炉热水出口处的热水额定压力称锅炉的额定工作压力，又称最高工作压力，常用符号 p 表示，单位是 MPa。

2）温度。蒸汽锅炉蒸汽出口处的蒸汽额定温度或热水锅炉热水出口及进口处的额定温度，常用符号 t 表示，单位是℃。

（3）锅炉热效率

锅炉的热效率是指每小时送入锅炉的燃料被完全燃烧后，所放出的热量被用来产生蒸汽和热水的那部分占有的百分数，常用符号 η 表示。它是最重要的锅炉热工指标，真实的反映了锅炉的热经济性。目前生产的中小型锅炉 $\eta \approx 60\% \sim 80\%$。

有时为了概略反映和比较锅炉的经济性，也常用"煤水比"或"煤气比"来表示，就是每 1kg 燃煤，能产生多少 kg 蒸汽。

国产中小型锅炉的规格系列如表 24-1 和表 24-2（其符合 GB 1921—88 的规定）。

蒸汽锅炉基本参数　　表 24-1

额定蒸发量 (t/h)	0.4	0.7	1.0	1.25			1.6		2.5		
	饱和	饱和	饱和	饱和	250	350	饱和	350	饱和	350	400
0.1	△										
0.2	△										
0.5	△										
1	△	△	△								
2		△	△	△			△				
4		△	△	△			△		△		
6		△	△	△	△		△	△	△		
8		△	△	△	△		△	△	△		
10		△	△	△	△		△	△	△	△	△
15			△	△	△		△	△	△	△	
20			/	△							

（表头注：额定出口蒸汽压力（MPa）；额定出口蒸汽温度（℃）；续表）

热水锅炉的基本参数　　表 24-2

额定供热量 (MW)	95/70			115/70		130/70		150/90	
	0.4	0.7	1.0	0.7	1.0	1.0	1.25	1.25	1.6
0.1	△								
0.2	△								
0.35	△	△							
0.7	△	△		△					
1.4	△	△		△					
2.8		△		△	△	△	△	△	△
4.2		△		△	△	△	△	△	△
7.0				△	△	△	△	△	△
10.5						△	△	△	△
14.0						△	△	△	△

（表头注：额定进口/出口水温（℃）；允许工作压力（MPa））

小　结

　　锅炉的基本技术指标有：蒸发量（供热量）、介质参数、热效率等；其中蒸发量表示锅炉容量大小；热效率反映锅炉运行的经济性。

习　题

　　1. 概念：锅炉的蒸发量、供热量、热效率。
　　2. 锅炉的技术指标中反映锅炉经济性是哪个？

24.1.3　中小型锅炉产品型号

（1）标定方法的依据

锅炉型号是按机械工业部 1981 年制订的标准 JB 1626—81《工业锅炉产品型号编制方法》的规定执行，规定范围如下：

1）锅炉的额定蒸发量 D 不大于 65t/h 的各种容量锅炉；

2）介质出口压力不大于 2.5MPa 的各种压力锅炉；

3）特种用途的锅炉。

（2）锅炉型号的表示方法

锅炉型号由三部分组成，各部分之间用短横线相连：

型号的第一部分表示锅炉的型式、燃烧方式、蒸发量或供热量，第一段用两个汉语拼音字母代表锅炉本体型式，见表 24-3；第二段用一个汉语拼音字母代表燃烧方式，见表 24-4；第三段用阿拉伯数字表示蒸汽锅炉的额定蒸发量或热水锅炉的额定供热量。

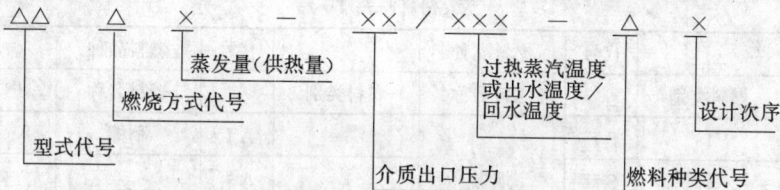

锅炉总体型式代号　　　　　　　　　表 24-3

名　称	锅炉总体型式	代　号	名　称	锅炉总体型式	代　号
锅壳锅炉	立式水管	LS（立水）	水管锅炉	单锅筒立式	DL（单立）
	立式火管	LH（立火）		单锅筒纵置式	DZ（单纵）
				单锅筒横置式	DH（单横）
	卧式外燃	WW（卧外）		双锅筒纵置式	SZ（双纵）
				双锅筒横置式	SH（双横）
	卧式内燃	WN（卧内）		纵横锅筒式	ZH（纵横）
				热水锅炉	RS（热水）

燃　烧　方　式　代　号　　　　　　表 24-4

燃烧方式	代　号	燃烧方式	代　号
固定炉排	G（固）	链条炉排	L（链）
活动手摇炉排	H（活）	往复推动炉排	W（往）

燃烧方式	代　号	燃烧方式	代　　号
倒转炉排加抛煤机	D（倒）	沸腾炉	F（沸）
抛煤机	P（抛）	半沸腾炉	B（半）
振动炉排	Z（振）	室燃炉	S（室）
下饲炉排	A（下）	旋风炉	X（旋）

型号的第二部分表示介质参数，共分两段，中间用斜线相连，第一段用阿拉伯数字表示介质出口压力（MPa）；第二段用阿拉伯数字表示过热蒸汽温度或出水温度/进水温度（℃）；蒸汽为饱和温度时，省略温度。

型号的第三部分表示燃料种类和设计次序。第一段用汉语拼音字母代表燃料种类，同时以罗马数字表示燃料分类与之并列，如表24-5。如果同时燃用几种燃料，则主要燃料放在前；第二段用阿拉伯数字表示设计次序，和第一段连续书写。对于原型设计省略。

举例：DZL2-1.25-WⅡ，表示单锅筒纵置式锅炉，采用链条炉排，蒸发量为2t/h，额定蒸汽压力为1.25MPa，额定蒸汽温度为饱和温度，燃用二类无烟煤，按原型设计制造。

SZS10-1.6/350-YQ2，表示双锅筒纵置式锅炉，采用室燃炉，蒸发量为10t/h，额定蒸汽压力为1.6MPa，过热蒸汽温度为350℃，燃用油或气，以油为主，按第二次设计制造的蒸汽锅炉。

QXS1.4-0.7/130/70-Y，表示强制循环式锅炉，采用室燃炉，额定供热量为1.4MW，供水压力为0.7MPa，供水温度为130℃，回水温度为70℃，按原型设计制造的燃油热水锅炉。

燃 料 种 类 代 号　　　　　　　　　　　　　　　　表24-5

燃料品种		代号	燃料品种		代号	燃料品种		代号
燃料名称	燃料类别		燃料名称	燃料类别		燃料名称	燃料类别	
石煤、煤矸石	Ⅰ	SⅠ	烟煤	Ⅰ	AⅠ	稻糠		D
	Ⅱ	SⅡ		Ⅱ	AⅡ	甘蔗渣		G
	Ⅲ	SⅢ		Ⅲ	AⅢ			
无烟煤	Ⅰ	WⅠ	褐煤		H	油		Y
	Ⅱ	WⅡ	贫煤		P	气		Q
	Ⅲ	WⅢ	木柴		M	油母页岩		YM

小 结

中小型锅炉的型号由三部分组成，锅炉本体型式和蒸发量（供热量）、介质参数、燃料种类和锅炉设计次序。

习 题

解释下列锅炉型号

WNG1-0.7-A　　　　　　SHW20-1.6/350-YQ2　　　　　DZL4.2-1.0/115/70-WⅡ

24.2 中小型锅炉的构造

本节将主要讲述锅炉的主要受热面：气包（锅筒）、水冷壁、对流管束；锅炉的辅助受热面：蒸汽过热器、省煤器、空气预热器；以及炉墙、安全附件等的构造、特点和作用，为锅炉安装工作提供必要的知识。

24.2.1 锅筒及内部装置

（1）锅筒的构造及用途

锅筒又称气包，是由壁厚约为 16～46mm 的钢板焊制而成的圆筒形受压部件，它由筒体和封头两部分组成，中小型锅炉的锅筒长约 2～7m，锅筒的直径约为 0.8～1.6m。锅筒的封头是用钢板冲压而成，并焊在圆筒体上，形成锅筒。为了安装和检修锅筒内部装置，在封头上开有椭圆形人孔，人孔盖板用螺栓从锅筒内侧向外侧拉紧。锅筒上钻有许多与水冷壁或对流管束相连的孔洞。

锅筒中贮存了一定数量的水，在锅炉短时间的供水中断时，锅炉也不会立即发生事故，保证了锅炉运行的安全性；同时，锅筒中的水具有一定的蓄热能力，保证了锅炉运行的稳定性。

目前生产的中小型锅炉，有单锅筒和双锅筒之分，双锅筒锅炉一般一个锅筒在上，称为上锅筒，另一个锅筒在下，称为下锅筒；单锅筒锅炉只有上锅筒。

上锅筒是汇集汽水混合物和使汽水分离的装置，在水冷壁和对流管束中产生的汽水混合物都上升，汇集到上锅筒中，并由设在上锅筒的汽水分离装置将汽和水分离开来，蒸汽排出锅炉，而水重新回到锅筒中。

此外在上锅筒中还有连续排污管，有的锅炉还设加药管。在上锅筒的外壁上还有一些法兰短管以便和蒸汽管、安全阀、水位计等连接。如图 24-2 所示，为一般中小型锅炉

的锅筒内部装置。

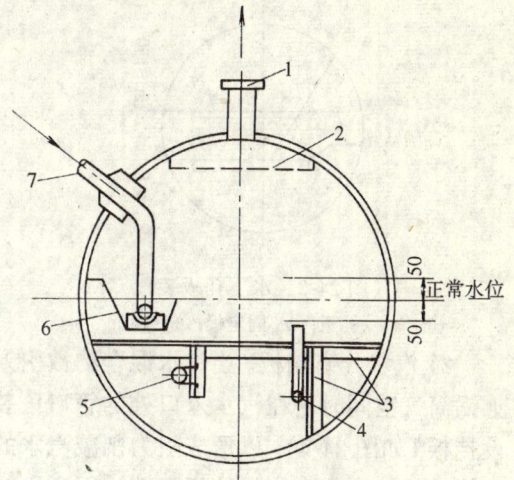

图 24-2　锅筒（蒸汽锅炉）内部装置
1—蒸汽出口；2—出口均气孔板；3—支架；
4—排污管；5—加药管；6—给水槽；
7—给水管

（2）汽水分离装置

汽水分离装置的作用，就是使饱和蒸汽中带的水有效地分离出来，提高蒸汽干度，以满足用户的要求和保证锅炉运行的可靠性。

低压小容量锅炉，由于对蒸汽品质要求不高，且锅筒蒸发量较小，可以利用锅筒上部空间进行自然分离，但对较大容量的锅炉，单靠自然分离往往不能满足生产工艺的要求，需在上锅筒设汽水分离装置。

汽水分离装置型式有多种，而中小型锅炉常用的有：水下孔板、进口挡板、蒸汽出口均汽孔板、集气管等。

1）水下孔板装置。当蒸汽由水空间引入上锅筒的气空间时，采用水下孔板来均衡水下的蒸汽负荷，减小蒸汽上升速度，使上锅筒内水面较平稳，从而减少蒸汽带水量。

水下孔板通常用 3～4mm 的钢板制成，其上均匀开有孔径 8～10mm 的小孔。

水下孔板一般应安装于上锅筒最低水位以下 80mm 处，为防止蒸汽被带入下降管，水下孔板离上锅筒底部距离应大于 300～350mm。其结构简图，如图 24-3 所示。

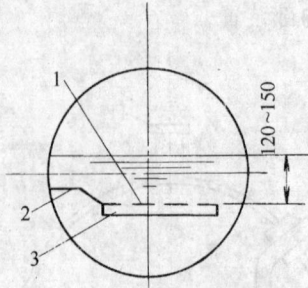

图 24-3 水下孔板装置

1—孔板；2—固定板；3—拉筋

2）汽水分离挡板。当汽水混合物被引入上锅筒气空间时，在汽水入口处的管口可装设挡板（如图 24-4），以形成阻力削减汽水的动能，并使汽水在流经挡板间隙时因急剧转弯，使水从汽流中分离出来，形成汽水的粗分离。

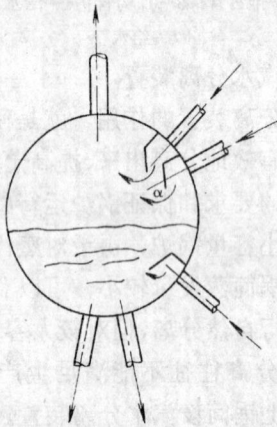

图 24-4　汽水分离挡板

挡板是由 3～4mm 厚的钢板制成。为防止汽水混合物冲挡板，挡板与汽水流向所成的夹角 α 应小于 45°，且挡板与引入口距离应大于引入管管径的 2 倍，挡板的下边缘与锅筒正常水位的距离不应小于 150mm。

3）均汽孔板。它与水下孔板的工作原理基本相同，其位置设于上锅筒的气空间的高处，如图 24-5 所示。孔板是由 3～4mm 的钢板制成，板中均匀开有直径为 8-12mm 的小孔，孔间距不宜大于 50mm。均气孔板的长度不宜小于锅筒长度的 2/3。

4）集汽管。当蒸汽引出口只有一根，为

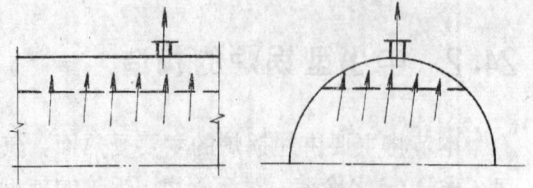

图 24-5　均汽孔板

了均匀汽流又简化结构，可采用集汽管，以分离汽水。集汽管又分为缝隙式集汽管和抽汽孔式集汽管。抽汽孔式集汽管在管的上半部开有 8～12mm 的小孔，如图 24-6 所示。缝隙式集汽管侧面开缝，两端封闭，如图 24-7 所示。集汽管的长度不宜小于锅筒长度的 2/3。利用进入集汽管前后蒸汽流速和方向的变化，而使水滴分离出来。

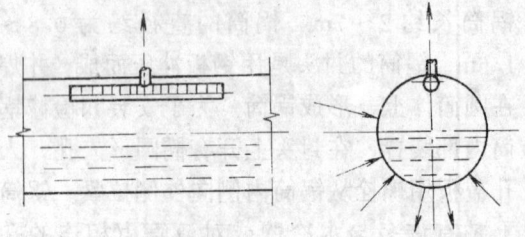

图 24-6　抽汽孔式集汽管

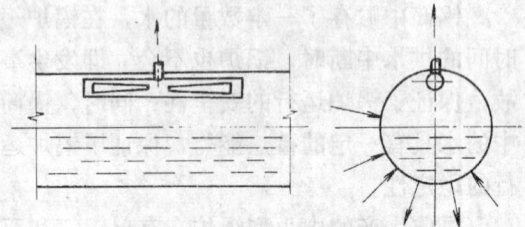

图 24-7　缝隙式集汽管

5）蜗壳分离器。为更好地使汽水分离，可在集汽管上加蜗壳，饱和蒸汽切向进入蜗壳，靠离心力的作用将汽水分离，分离的水自疏水管导入锅水中，如图 24-8 所示。其特点是分离效果好，常用于小型，且对蒸汽品质要求较高的锅炉。

（3）给水装置

上锅筒中还设有给水管，其作用是将锅炉给水均匀的沿锅筒长度方向分配，避免过于集中在一处，而破坏锅炉的正常的水循环，同时避免水直接冲击锅筒壁，造成温差应力，

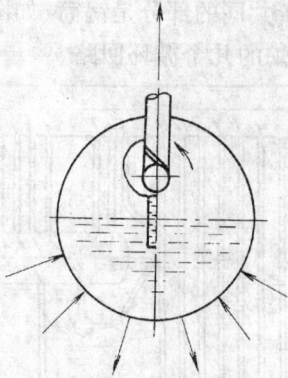

图 24-8 蜗壳式分离器

给水管设在给水槽中，如图 24-9 所示。

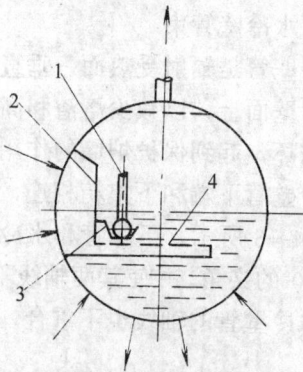

图 24-9 给水管示意图
1—给水管；2—挡板；
3—给水槽；4—水下孔板

给水管应略低于锅筒的最低水位，给水管上开有 8~10mm 直径的小孔，孔间距为 100~200mm。

给水管设于略低于蒸发面处，以使蒸发面附近的锅水含盐量降低，从而减少蒸汽带水的含盐量。

（4）连续排污装置

随着上锅筒水蒸气的不断蒸发，蒸发面处锅水的含盐量逐渐增高，从而造成汽水共沸。为了降低锅水含盐量，可采用连续排污的方法，将高浓度的锅水排出锅炉。通常沿锅筒纵向设一钢管，其上接有许多上部开有锥形缝的短管，缝的下端较最低水位低 40mm，以保证水位波动时，不会中断排污，如图 24-10 所示。

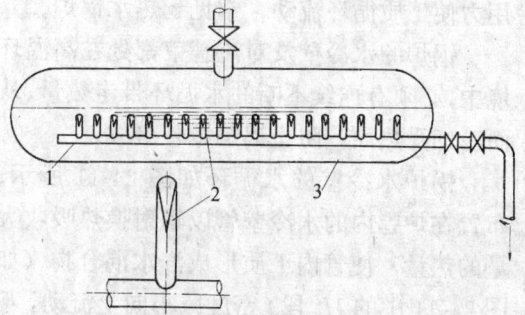

图 24-10 连续排污管
1—排污总管；2—排污短管；3—锅筒

另外，对小型锅炉，由于对水质要求不高，还设置了加药装置；为了固定锅筒内部装置，还设置了支架等，如图 24-2 所示。

小 结

锅筒又称气包，在锅炉中具有容纳水、吸收热量、使锅炉运行安全和稳定的作用；一般在蒸汽锅炉的锅筒中还应装设给水、排污、汽水分离等装置。

习 题

1. 简述锅筒的作用、构造。
2. 简述蒸汽锅炉上锅筒内部装置及其作用。
3. 中小型锅炉中常用汽水分离装置有哪些，各有什么特点？

24.2.2 锅炉主要受热面

受热面是指布置于炉膛或烟道中的锅筒、管道,它们与烟气以对流或辐射的形式进行换热。

(1) 锅炉的水循环

水和汽水混合物在锅炉蒸发受热面回路中的循环流动,称锅炉水循环。其又分为自然循环和强制循环,所谓自然循环就是利用水比汽水混合物重,而引起的水及汽水混合物的循环流动,绝大多数的蒸汽锅炉都是采用这种循环;而机械循环是指借助水泵的作用力使工质循环流动,常见于热水锅炉。

锅炉的水冷壁及对流管束都处在高温环境中,必须有连续不断的水循环带走热量,从而冷却受热面,防止锅炉爆管事故。

锅炉水冷壁的水循环如图 24-11 所示。布置在炉膛内的水冷壁管以辐射换热吸收大量的热量,使管内工质形成汽水混合物(如图 24-11 中的 H_q 段)密度减小向上流动,不受热或受热轻的下降管中的工质向下流动形成循环。

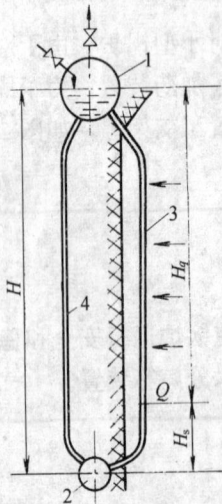

图 24-11　自然循环示意图
1—上锅筒;2—下集箱;
3—水冷壁;4—下降管

在中小型锅炉中,通常存在几个独立的循环,各循环环路具有独立的下降管和上升管,它们所共同的部分是锅筒。如图 24-12 是 SZP 型锅炉的几个循环回路。

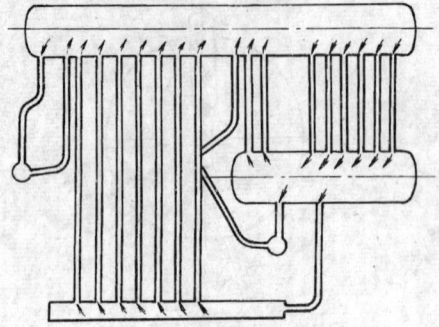

图 24-12　SZP 型锅炉水循环示意图

(2) 水冷壁管束

水冷壁管是辐射受热面,垂直布置在炉膛四周的壁面上,以减少熔渣和高温烟气对炉墙的破坏,起到保护炉墙的作用。

水冷壁管下端和下集箱相连,其连接方式如图 24-13 所示,下降管和水冷壁管之间应有近 90°的夹角,并使其两轴线不重合,排污管和水冷壁管的轴线也不重合。

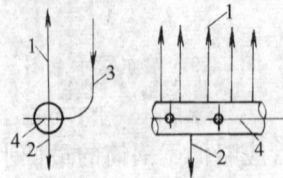

图 24-13　水冷壁管和
下集箱的连接
1—上升管;2—排污管;
3—下降管;4—下集箱

水冷壁管可分为光水冷壁管和鳍片水冷壁管。

1) 光管水冷壁。光管水冷壁由无缝钢管构成,中小型锅炉常用型号有 $\phi51\times3.5$,$\phi57\times3.5$,$\phi60\times3.5$,$\phi63.5\times3.5$ 等管子。

2) 鳍片水冷壁。鳍片水冷壁是由鳍片管拼焊成的气密管,其布置如图 24-14 所示。常用于快装锅炉,以减轻炉墙的重量。

水冷壁一般都是上部固定,下部能自由膨胀。水冷壁的上端固定于上锅筒或上集箱,

而上锅筒和上集箱都固定在锅炉钢架上，水

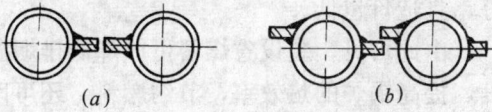

图 24-14　鳍片水冷壁管断面图
(a) 对缝鳍片管；(b) 搭缝鳍片管

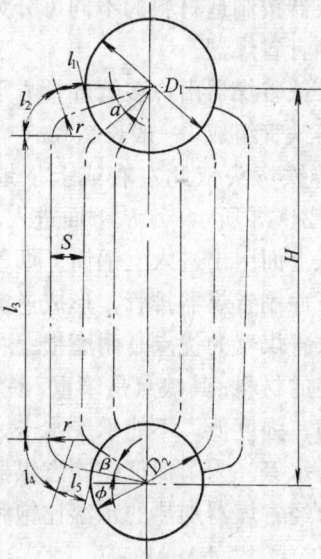

图 24-15　锅炉对流管束

冷壁管水平方向用拉钩限制，以保证它能上下滑动。

(3) 对流管束

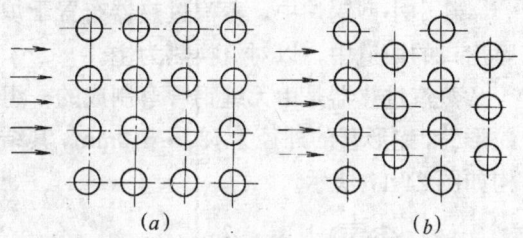

图 24-16　管束管子的排列方式
(a) 顺列；(b) 错列

对流管束是由连接上下锅筒的管束构成，全部布置在炉膛后面的烟道中，是主要受烟气的横向冲刷而进行对流换热的受热面，如图 24-15 所示。

管束内的管子，其排列可分为顺列（又称顺排）和错列（又称叉排），如图 24-16。错列管束的传热效果好，但清灰、检修不如顺列方便。

中小型锅炉的对流管束一般用管的直径为 $\phi 51$，$\phi 57$，$\phi 63.5$。

小　结

　　锅炉中进行着能量转换和热量的传递。将热量传递给水等工质的金属表面，称为锅炉受热面。锅炉受热面根据布置位置和传热方式不同可分为水冷壁和对流管束，水冷壁布置于炉膛中，主要以辐射换热为主，对流管束布置于烟道中，主要以对流换热为主。受热面要不停的换热就必须不停的进行水循环。

习　题

1. 为什么要保证锅炉的良好水循环？
2. 锅炉的主要受热面有哪些？各自的布置位置是什么？其以什么换热方式为主？

24.2.3　锅炉附加受热面

　　锅炉的附加受热面有：蒸汽过热器、省煤器和空气预热器。下面就其作用、布置位置、结构等内容作一说明。

(1) 蒸汽过热器

蒸汽过热器作用是将上锅筒引出的饱和蒸汽继续加热，使之成为一定温度的过热蒸汽。工业用汽大多为饱和蒸汽，故中小型锅炉一般不配置蒸汽过热器。只有在需要较高温度蒸汽而压力不高，或为了在蒸汽输送过程中减少热量损失时，才在锅炉上装设蒸汽过热器。

在中小型锅炉中，蒸汽过热器布置于炉膛出口的烟道中，以对流换热为主。

蒸汽过热器是由无缝钢管弯制成的一组蛇形管，蛇形管的外径为 $\phi 32 \sim \phi 40\text{mm}$，其结构如图 24-17 所示。

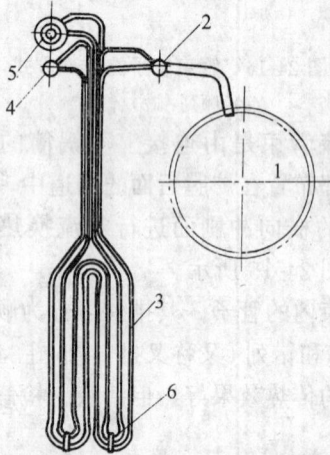

图 24-17　垂直式蒸汽过热器
1—锅筒；2—进口集箱；3—蛇形管；
4—中间集箱；5—出口集箱；6—加紧箍

为了保证蒸汽过热器的安全运行，还需在蒸汽过热器的出口集箱或管道上装设安全阀、压力表和温度计等。

（2）省煤器

省煤器布置在锅炉的尾部烟道，作用是吸收排烟中的余热，以提高给水的温度，从而提高锅炉的热效率，节约燃料。另外，经加热的给水送入锅筒，可以避免因较冷的给水与高温锅筒壁接触而产生的热应力，改善了锅炉的工作环境。现在国内，凡容量≥1t/h 的锅炉，出厂时大都带省煤器，容量<1t/h 的锅炉，用户自行装置。

进入省煤器的水，水温都比较低，在同样的烟气温度下温差大；另外省煤器中的水是借助水泵强制流动，且流动方向与烟气相反，即呈逆向流动，加之省煤器可以采用鳍片形铸铁管或小直径钢管，传热系数大，因此，省煤器的传热效果较锅炉主要受热面要好，且造价也低。

由此可见，装设省煤器可以降低排烟温度，提高锅炉的热效率，节约燃料，还可以使锅炉结构更加紧凑，节约钢材，降低成本。因此一般容量大于 1t/h 的蒸汽锅炉和高温热水锅炉都设省煤器。

省煤器按制造材料的不同可分为铸铁省煤器和钢管省煤器。

1）铸铁省煤器由许多管外带方形或圆形鳍片的铸铁管组成，一般长 2.0m，各管之间用 180°铸铁弯头依此左右或上下地串连起来，如图 24-18 所示，水从下面进入，流经省煤器，从上面引出进入上锅筒。烟气在管外自上而下冲刷省煤器排管，形成逆流换热。

铸铁省煤器的优点是耐磨损、耐腐蚀，不耗用价高的材料；其缺点是笨重，易积灰，且铸铁性脆，强度低，不能承受水击，法兰接头处易漏水等。为了保证铸铁省煤器的可靠性，要求经省煤器加热的水温比饱和温度至少低 30℃。

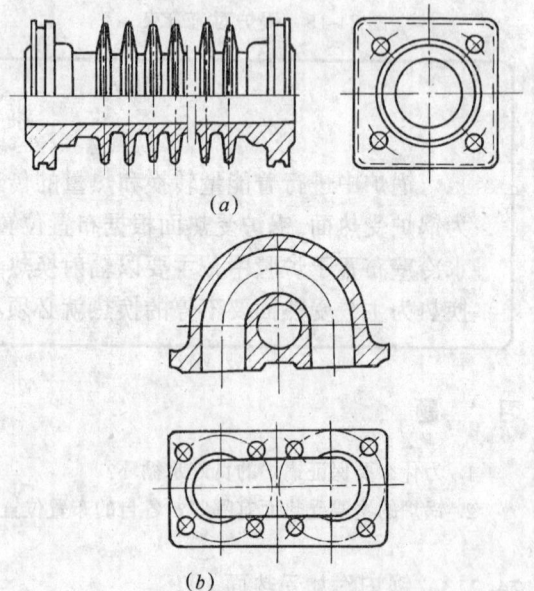

图 24-18　铸铁省煤器的构造及组成
（a）铸铁省煤器；（b）铸铁省煤器弯头

为了保证铸铁省煤器的运行安全，在省煤器的进出口管道上应装设截止阀、止回阀、安全阀、温度计、压力表等附件，以及烟气和水的旁路。在锅炉升火时或锅炉省煤器发生故障时，烟气可以从旁路通过，必要时水也可以从旁路通过。铸铁省煤器的管路连接如图24-19所示。

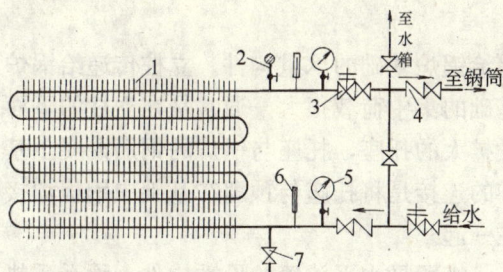

图 24-19　铸铁省煤器管路连接示意
1—省煤器；2—放气阀；3—安全阀；4—止回阀；
5—压力表；6—温度计；7—排污阀

2) 钢管省煤器。对大型锅炉，为了避免铸铁省煤器的积灰难清除及法兰易漏水的缺点，一般采用钢管省煤器。

(3) 空气预热器

空气预热器也是利用锅炉尾部烟道中烟气余热的附加受热面，其作用是把冷空气预热成为一定温度的热空气，然后送入炉内供燃料燃烧用。它和省煤器一样能有效降低排烟温度提高锅炉的热效率。

空气预热器的作用具体表现在：1) 锅炉的压力低而回水温度高或采用热力除氧时，因给水温度高而使省煤器换热受到限制；此时利用空气预热器，可以把排烟温度降下来。2) 预热空气可以提高炉温，改善燃烧条件，从而提高燃烧效率，使传热效果得到提高。这对于燃用劣质煤，如水分、灰分过多及低挥发分等的燃料意义更大。因此，一般在蒸发量大于 4t/h 的蒸汽锅炉和高温热水锅炉设

空气预热器。

中小型锅炉中常用管式空气预热器，其结构见图24-20所示。

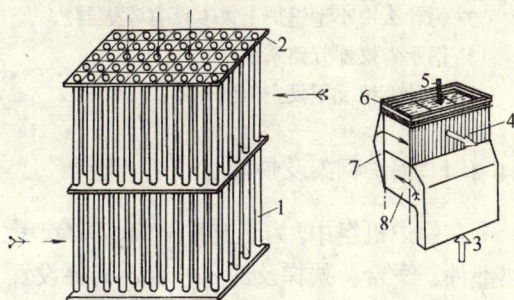

图 24-20　管式空气预热器的结构
1—烟管管束；2—管板；3—冷空气入口；
4—热空气出口；5—烟气入口；6—膨胀节；
7—空气连通罩；8—烟气出口

管式空气预热器是由许多竖列的有缝薄壁钢管和上下管板组成。管子的上下端和管板焊接形成方形管箱。烟气自管内从上而下流动；空气在管外横向冲刷外壁。若增加空气在空气预热器的时间，则可在管箱中间加设相应数目的管板以增加空气行程。

空气预热器常采用 $\phi40\sim\phi50$ 的管子，壁厚为 1.5～2mm。

由于空气预热器的管子直接受热，其膨胀量要比外壳大；而外壳要比钢架的伸长量大。因此为了解决自由膨胀和漏气的问题，在管板和外壳及外壳和锅炉钢架之间都应加膨胀节。

空气预热器中一般烟气流速为 9～14m/s，空气的流速约为烟气的一半。布置空气预热器及省煤器后的锅炉排烟温度大约在 160～200℃。

小　　结

为了提高锅炉的热效率和达到生产对蒸汽品质的要求，有的锅炉上还设置蒸汽过热器、省煤器和空气预热器。蒸汽过热器设在炉膛烟气出口处；而省煤器和空气预热器设在锅炉尾部烟道中。

习　题

1. 锅炉附加受热面有哪些？各自布置在什么地方？
2. 为什么中小型锅炉上大多设有省煤器？
3. 图示省煤器管路系统。
4. 在什么情况下设空气预热器？

24. 2. 4　锅炉钢架及炉墙

在锅炉机组中，为了支撑锅筒、联箱、受热部件、平台、扶梯及部分炉墙，需要设置型钢构架（即锅炉钢架）。为了将锅炉各受热面及燃料的燃烧与外部环境隔绝开来，形成封闭的炉膛和构成一定形状的烟道，以确保锅炉运行的可靠性、安全性和经济性，应设置锅炉围护结构（即锅炉炉墙）。

（1）锅炉钢架

锅炉钢架是由型钢（角钢、槽钢、工字钢等）焊接而成。钢架不仅用来支撑锅炉的部件，同时还严格保持各部件之间的相对位置，因此，锅炉钢架必须具有足够的强度、刚度和一定的伸缩性。

锅炉钢架是由立柱、横梁、辅助梁及支撑杆等组成，如图24-21所示。

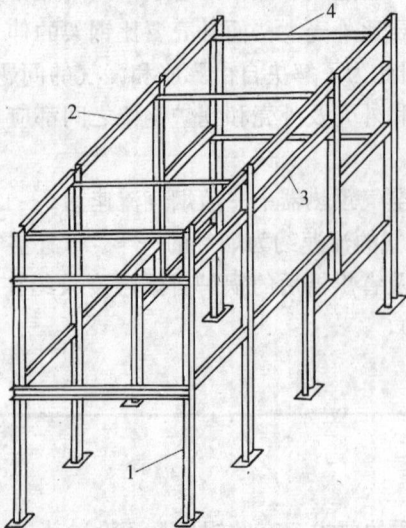

图 24-21　锅炉钢架
1—立柱；2—横梁；3—辅助梁；4—支撑杆

立柱是垂直于地面并将锅炉部件重量传递给锅炉基础的承重构件。立柱传递给锅炉基础的集中荷载很大。通常是在立柱的下面设扩大的托座，托座与锅炉的钢筋混凝土基础的连接是将托座与预埋在基础中钢板焊接在一起。

横梁是水平放置的承重构件，承受受热部件的重量，并传递给立柱。

辅助梁和支撑杆是用来增强钢架整体的稳定性和刚性，同时也将炉墙及平台扶梯的重量传递给立柱，进而传递给锅炉基础。

为了避免钢架因受热而产生热应力，承重的立柱和横梁必须设置于炉墙外边，而起支撑作用的辅助梁及支撑杆则可以布置在炉墙中，但必须置于炉墙的耐火砖层的外面，对于必须布置于炉墙内的应采取必要的措施。

为了消除受热而产生的热应力，常在立柱和横梁的一端采用螺栓加椭圆孔的连接方法。

（2）锅炉炉墙

锅炉炉墙是锅炉的围护结构，具有绝热、密封和隔绝的作用。为此，炉墙应具有如下特性：

炉墙应具有良好的绝热性、密封性和抗蚀性，足够的耐热性，一定的机械强度和良好的热稳定性，另外，还应重量轻、结构简单、便于施工和造价低等特点。

中小型锅炉常用重型炉墙和轻型炉墙。

1）重型炉墙。常用于中小型锅炉中，又称基础炉墙，锅炉的全部重量都由基础承担。重型炉墙的结构稳定性和砌体强度都较低，因此，其高度一般为4～8m，最高不超过12m。重型炉墙由两层组成，如图24-22所示。为了提高炉墙的保温性能，一般在内外两层之间留有约20mm宽的空气层，外层为红

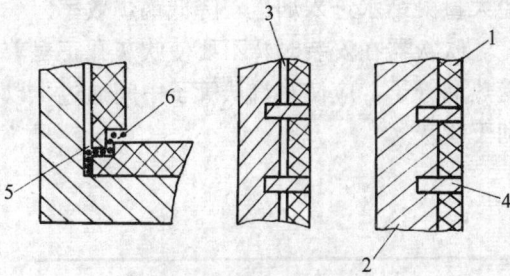

图 24-22　重型炉墙结构示意图
1—耐火砖；2—红砖；3—空气夹层；
4—牵连砖；5—膨胀缝；6—石棉绳

砖，而内层为标准耐火砖，且两层间用牵连砖搭连。

为使炉墙能自由伸缩，应在耐火砖层中留有膨胀缝隙一般设在四角，其宽度为25mm，并填以石棉绳。

2）轻型炉墙。大多用于中容量的锅炉，炉墙的重量由锅炉的钢架承担。因此其高度不受限制。近几年在快装锅炉上常采用这种炉墙。

小　　结

锅炉的钢架是锅炉的承重构件，其设置要点是尽量不受热，并能消除热伸长所产生的热应力。锅炉的炉墙是锅炉的围护结构，它将锅炉空间和外部环境空间分割开来，设置要点是严密、耐高温、并能消除热应力。

习　题

1. 锅炉的钢架有哪几部分组成？
2. 锅炉炉墙在中小型锅炉上有几种？各有什么特点？
3. 锅炉炉墙具有什么作用？

24.2.5　吹灰器

锅炉长期运行后，锅炉受热面积了一层烟灰，如不及时清除，则必然会影响传热效果及增大烟气流通阻力，恶化锅炉的运行条件，为此在布置有受热面的锅炉烟道中应设吹灰器。中小型锅炉吹灰常用的工质为饱和蒸汽。通常直接从上锅筒的副气管引出。

应用于中小型锅炉的吹灰器有移动式吹灰器和固定式吹灰器。

（1）移动式吹灰器

常用软管式，一端封闭，另一端为设有阀门的钢管，钢管上开有一排吹灰孔，阀门通过金属或耐高温的橡胶软管与蒸汽相连。吹灰时将钢管插入需吹灰的部位，打开阀门，移动吹灰管沿烟气流动方向吹扫烟灰。一般移动吹扫2～3次。

（2）固定式吹灰器

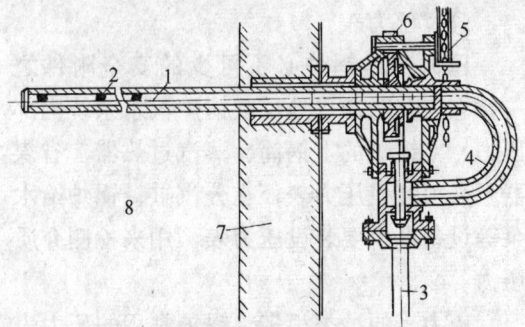

图 24-23　链式吹灰器
1—吹灰管；2—吹灰孔；3—蒸汽管；4—弯管；
5—手动链轮；6—齿轮；7—炉墙；8—烟道

链轮吹灰器是固定吹灰器常用的一种，其型式基本与软管吹灰器相同，但其吹灰管能与链轮一同转动，将它固定安装在烟道中。吹灰管的固定端置于炉内，而另一端和阀门相连。这种阀门是和转动机械连锁的，当转动机械转动一圈后，可反转吹灰，再关闭阀

629

门,如此进行2-3次,受热面的积灰可基本清除。如图24-23所示,为中小型锅炉常用的一种链轮吹灰器。

这种吹灰器采用饱和蒸汽作为工质,吹灰时,应首先暖管,并将凝结水放掉,以避免大量凝结水进入烟道,降低锅炉效率。

吹灰器在安装时,不要使吹灰孔正对着受热面管子,应使蒸汽从管子中间通过,以利于吹灰。

小　　结

吹灰器设在烟道中,用以吹掉积存在受热面上的积灰,保持较高的锅炉热效率,中小型锅炉常采用的吹灰工质为饱和蒸汽。

习　　题

吹灰器设在什么地方?为什么要设置吹灰器?

24.2.6 锅炉安全附件

为了保证锅炉的正常运行,锅炉上还必须装设压力表、安全阀、水位计、高低水位报警器、汽水阀门和排污阀等附件。其中,压力表、安全阀、水位计和高低水位报警器是保证锅炉运行的基本附件,是操作人员进行正确操作的耳目。

（1）压力表

压力表是锅炉必不可少的安全附件之一,它能及时准确地反映锅炉汽水系统内部压力,在锅炉的上锅筒、蒸汽过热器、省煤器上必须装设压力表,在分汽缸、锅炉给水泵等设备上也要装设压力表,用来检测介质压力。

压力表的种类很多,锅炉常用的压力表为弹簧管式压力表。其构造简单、准确可靠、安装和使用方便,如图24-24所示。

和锅筒的蒸汽空间直接连接的压力表一般为平行的两只,以便于相互校验。为了观察方便,压力表的表盘直径不得小于100mm,表盘的最大刻度值为锅炉工作压力的两倍,其精度不应低于2.5级;并且应装设于便于观察、冲洗、具有足够照明亮度的地方。

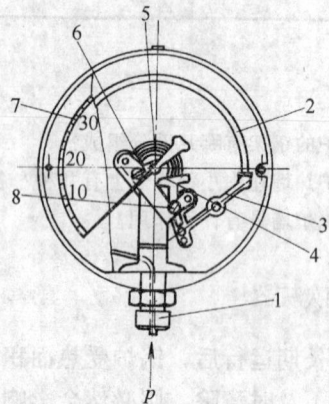

图24-24　弹簧管式压力表
1—固定端;2—弹簧管;3—连杆;
4—扇形齿轮;5—中心齿轮;6—指针;
7—刻度盘;8—扇形齿轮轴

为了防止压力表损坏,应使压力表免受振动、高温和冰冻的影响;压力表下面应装有存水弯,用来积存冷凝水使蒸汽不至于和弹簧管直接接触,以免过热和启闭时的冲击。在压力表和存水弯之间,应装设旋塞或三通阀,以便校验、更换和冲洗压力表。

（2）水位计

水位计是用来显示锅炉上锅筒内水位高低的安全附件,以方便控制进水,避免发生锅炉缺水或满水事故。

　　常见的水位计有玻璃管和玻璃板式两种。玻璃管式水位计结构简单，价格低，但容易破碎。因此，常用于低压小型锅炉上，如图 24-25 所示。玻璃板式水位计是中小型锅炉应用较普遍的一种。如图 24-26 所示。

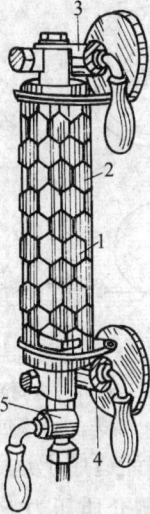

图 24-25　玻璃管水位计
1—保护网；2—玻璃管；3—汽旋塞阀；
4—水旋塞阀；5—放水旋塞

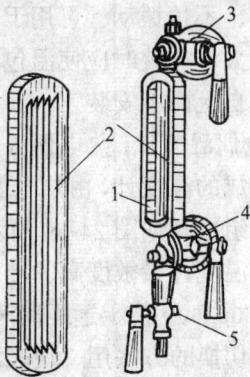

图 24-26　玻璃板水位计
1—框盒；2—玻璃板；3—汽旋塞阀；
4—水旋塞阀；5—放水旋塞

　　玻璃板水位计的金属框上嵌固着平板玻璃，平板玻璃上刻有几道凹槽，使玻璃具有反光作用，使之能更清楚的反映气水分界面。水位计的上下端分别和锅筒的汽、水空间相连接，且在连通管上装设旋塞阀，在水位计的下端装设放水阀，以便冲洗和校验水位计用。

　　为了防止锅炉水位故障，在每台锅炉上至少装设两个彼此独立的水位计，但对蒸发量≤0.2t/h 的锅炉，可以装设一只水位计。对于容量较大的锅炉，还应装设低水位计，低水位计有重液水位计和轻液水位计两种形式。

　　重液低水位计结构原理如图 24-27 所示。在 U 形管中装有密度比水大，且不溶于水的有色液体，U 形管的两端分别与上锅筒的气、水空间相连接。在通向气空间的连通管上设一小冷凝器，蒸汽在其中不断的凝结成水，多余的水溢流排走，使冷凝器中的水位保持不变。U 型管的另一端和上锅筒的水空间相连，水位的变化就会直接导致重液在显示器中上下移动，从而显示出上锅筒水位的变化。

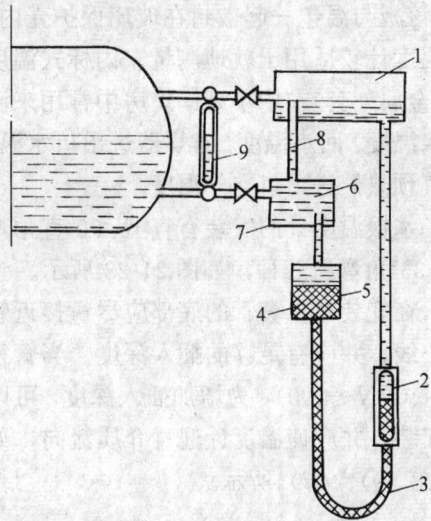

图 24-27　重液低水位计
1—冷凝器；2—低水位指示器；3—U 型管；
4—重液贮存器；5—重液；6—膨胀器；
7—沉淀器；8—溢流管；9—锅筒水位计

　　低水位计应装在便于观察、吹洗的地方，且要有较好的照明。连接管的规格不得小于18mm，并且要经常清洗、校正，确保水位正常。

（3）温度计

温度也是锅炉介质的重要状态参数之一。在锅炉房中，给水、过热蒸汽、烟气等介质的温度，对锅炉、水泵、风机等设备的运行情况是否良好，有很大的影响。

常见的温度计类型有：玻璃温度计、压力式温度计、热电偶温度计等。

1）玻璃温度计　玻璃温度计是根据液体体积随温度变化而改变的物理性质制成的。通常所利用的工作液体是水银、酒精、戊烷或甲苯等。

在中小型锅炉中，应用最多的是水银温度计，其测温范围大（-30~500℃）、准确性高、构造简单、价格低。

水银温度计有内标式和棒式两种。棒式温度计具有较粗的玻璃管，标尺分格直接刻在玻璃管的外表面上；内标式温度计的标尺是刻在置于膨胀毛细管后面的乳白色玻璃板上，该板与温包一起被封在玻璃保护壳内。水银温度计较适用于就地测量。内标式温度计（附金属外套）在中小型锅炉房中常用来测量给水温度、回水温度、省煤器进出口水温度、空气预热器进出口空气温度。

水银温度计的安装有直型、90°直角弯型和135°角弯型三种，如图24-28所示。

在安装时，套管的底部应尽量接近管道中心线，并应有足够的插入深度。当管径较小时（DN≤200），为增加插入深度，可以斜插安装，并应使温度计迎着介质流向，如图24-28（b）、（d）所示。

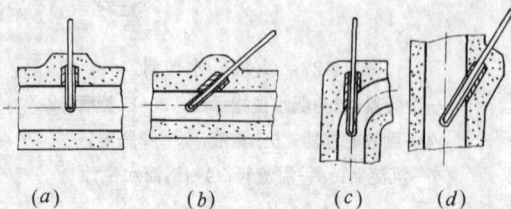

图 24-28　玻璃温度计安装方式示意图
（a）、（b）水平管直型安装；
（c）90°直角弯安装；（d）在垂直管上安装

2）压力式温度计。压力式温度计是由感温元件—温包、金属软管和表头等构件组成，如图24-29所示。温包内液体受热蒸发，并沿金属软管内的毛细管传到表头，表头的结构与弹簧管式压力表相同。表头指针的偏转角度与被测介质的温度成正比，从而，由指针指出被测温度。

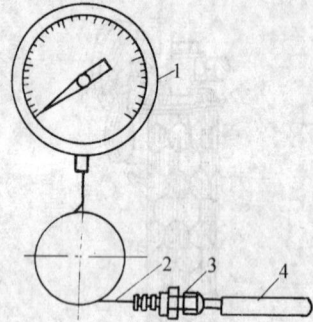

图 24-29　压力式温度计
1—刻度盘；2—金属软管；
3—接头；4—温包

压力式温度计适用于远距离测量非腐蚀介质的温度，被测介质压力 $P < 5.88MPa$、温度 $t < 400℃$。中小型锅炉常用其测量空气预热器的温度，热水锅炉的进、出水温度。

压力式温度计的优点是可以自动记录、机械强度高、不怕振动、可用于远传。其缺点是热惰性大，安装时应使温包和管道中心线重合，且自上而下安装。

3）热电偶温度计。热电偶温度计是应用热电现象制成的温度计，由热电偶、导线、检流计三部分组成，如图24-30所示。

热电偶温度计灵敏度高、准确、测温范围大（0~1600℃），便于远距离测量和记录，还可以采用切换的方法用一块表测量多点的温度。

热电偶温度计常用于测量蒸汽温度、炉膛温度、烟道温度等。

（4）安全阀

安全阀是锅炉上极为重要的安全附件。当锅筒内的介质压力超过规定压力时，安全阀将自动开启，排泄掉部分蒸汽或热水，同时发出刺耳的响声，使操作工及时采取措施，

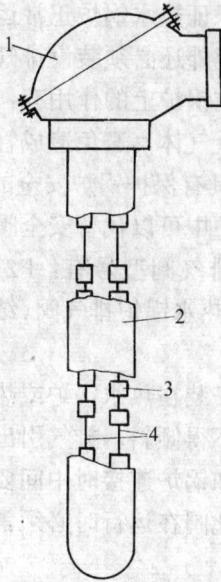

图 24-30　热电偶结构
1—接线盒；2—保护套管；
3—绝缘套管；4—热电极

以保证锅炉安全运行。

中小型锅炉上常用的安全阀有杠杆式和弹簧式两种，其构造及安装等内容见本书有关部分，在此不再赘述。

对蒸发量＞0.5t/h 的锅炉，锅筒上至少应装设两个安全阀，其中一个为控制安全阀，另一个为工作安全阀，有关其开启压力见表24-6。当蒸发量≤0.5t/h 时，锅炉上至少应装设一个安全阀。

安全阀除在锅筒上装设外，在省煤器和蒸汽过热器上也应装设安全阀，省煤器上安全阀的开启压力为装置地点工作压力的 1.1 倍。蒸汽过热器上安全阀的开启压力如表24-6。

安全阀必须垂直安装在锅筒或连箱的最高处，在安全阀和锅筒或其他受压部件之间不得装阀门。安全阀的排气管应引到室外安全的地方，以免伤人。为确保安全阀开后锅炉压力不再上升，安全阀口径不得小于25mm，锅炉上的任一安全阀经校验后，应加锁或铅封。严禁用加重物、移动重锤或将阀芯卡死等手段任意提高安全阀开启压力或使安全阀失效。

（5）水位警报器

为了保证锅炉的水位正常，除了在上锅筒设水位表外，在蒸发量＞2t/h 的中小型锅炉上，还应设置水位报警器，以确保锅炉不发生事故。

安全阀开启压力　　　　表 24-6

锅炉的工作压力 (MPa)	安全阀的开启压力	备　注
＜1.25	工作压力＋0.0196MPa	控制阀开启
	工作压力＋0.0392MPa	工作阀开启
1.25～3.9	1.04 倍工作压力	控制阀开启
	1.06 倍工作压力	工作阀开启

注：本表适用于锅筒和蒸汽过热器上设置的安全阀。

水位报警器有设在锅筒内和锅筒外的两种，装设在锅内的水位报警器结构比较简单、坚固牢靠，但在锅筒内占据较大空间，且检修不方便，因此，在中小锅炉上很少采用；而设在锅筒外的水报警器体积小，且检修方便，因此在锅炉上较多的应用。

图 24-31 为一装置于锅筒外的水位报警器，由筒体、杠杆、竖杆、连杆、限位杆、吊架、重锤、针形阀和气笛等部件所组成。

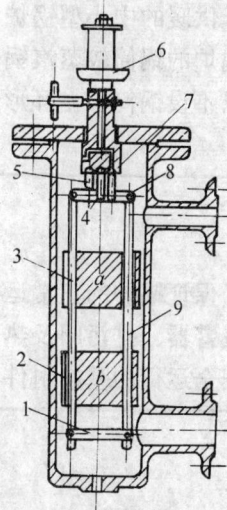

图 24-31　水位报警器
1—连杆；2—重锤 b；3—重锤 a；4—吊杆；5—限位杆；
6—气笛；7—针形阀；8—杠杆；9—竖杆

633

重锤 a 固定在左侧竖杆上，而重锤 b 则固定在右侧竖杆上；两重锤体积相同，质量不同，重垂 b 略大于重锤 a。

当锅炉水位正常时，重锤 b 浸泡在锅水中，而重锤 a 则悬于蒸汽空间，杠杆保持平衡，针形阀保持关闭状态，气笛没有声音。当锅筒水位上升到最高水位时，重锤 a 也浸泡在水中，受到水的浮力，从而，将左侧的竖杆向上推，使杠杆左侧上翘，打开针形阀，蒸汽吹动气笛发出警报。当锅筒内水位降低到最低水位时，重锤 b 露出水面，受水的浮力减小，重锤 b 下沉，从而将右侧杆向下拉，杠杆右端下降，气笛打开发出警报。

事实上，水位报警器在锅筒水位最高和最低时，都发出同样警报，因此它只能警告操作人员水位不正常，而不能报告是满水还是缺水，必须认真分析判断，避免误操作造成事故。

另外，还有电极式水位报警器，其原理是借助锅水的导电性，使不同水位处的继电器回路闭合，输出信号报警或控制锅炉进水、排污。

(6) 热水锅炉排气阀

专门用于供暖的中小型锅炉常选用热水锅炉，热水锅炉的锅筒较蒸汽锅炉可以适当减小，也可以不设锅筒，循环形式常采用机械循环。为保证热水锅炉正常运行除了压力表、安全阀等外还必须装设排气阀。

排气阀在锅炉上的作用有：1) 排走水加热析出的不凝气体，避免造成管路的气塞和氧腐蚀；2) 具有保护锅炉安全的作用，在中小型热水锅炉中可以代替安全阀使用。

常用的排气阀型号有：P21X-0.7 型和 P21X-0.4 型热水锅炉排气阀，结构形式如图 24-32 所示。

排气阀安装在热水锅炉或热水管道的最高处，阀体不得倾斜，排气引出管应保持水平，排气阀和锅炉连接时中间要加截止阀以便维修，但此阀在运行时必须常开。

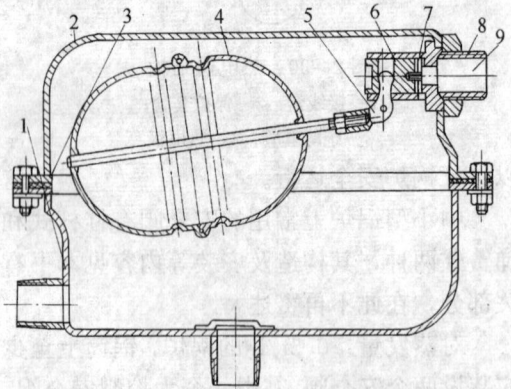

图 24-32　锅炉排气阀的结构示意图

1—下壳；2—上壳；3—胶圈；4—浮球；5—加力杆；6—滑塞；7—胶垫；8—滑座；9—排气嘴

小　　结

为了保证锅炉的正常运行，锅炉上设置有压力表、安全阀、水位计、温度计、锅炉水位报警器、排污阀及热水锅炉排气阀等附件。其中，压力表、安全阀和水位计是锅炉安全运行的基本附件。

习　题

1. 锅炉上应装哪些安全附件？
2. 锅炉装设安全阀有哪些要求？
3. 锅炉已装设了水位计，为什么还要装设水位报警器？
4. 热水锅炉排气阀安装有哪些要求？

24.3 锅炉燃料及燃烧设备

燃料是指可以燃烧并能释放出热能加以利用的物质。

本节主要介绍常用的锅炉燃料，常用的层燃炉的构造及燃烧特点，并简要介绍燃油燃气炉。

24.3.1 锅炉燃料概述

(1) 锅炉燃料分类

锅炉的燃料，按其物理状态可分为：固体燃料、液体燃料和气体燃料；按获得的方法有：天然燃料和人工燃料（经过适当的加工）。

目前我国中小型锅炉的燃料主要用煤炭，但对环境要求较高的地区或油气较充足的地区常采用燃油或燃气作为锅炉燃料。

1) 固体燃料。固体燃料包括木柴、煤炭、油页岩、稻壳及甘蔗渣等。

油页岩是片状的含油岩石，其含有的灰量可达 70%，其产生的热量很低，大约在 6000～11000kJ/kg，可以在沸腾炉中燃烧，是一种地方性燃料，在我国的东北及南方都有应用。

2) 液体燃料。液体燃料包括柴油、重油、渣油、原油等。中小型锅炉主要的液体燃料是重油、柴油。

3) 气体燃料。气体燃料主要有天然气、高炉煤气和焦炉煤气。

(2) 煤及煤的分类

煤又称煤炭，是古代的植物体在地下演变而成的。根据形成的年代不同可分为无烟煤、烟煤、贫煤、褐煤、煤矸石。

无烟煤的形成年代最久，其碳化程度最深，含碳量也最高，发热值也最高大约 25000～32500kJ/kg。其外观呈黑色且有光泽。

烟煤的形成年代较无烟煤短，其发热值约在 20000～30000kJ/kg。其外观呈黑色且

有光泽，但质松易碎，燃点也较无烟煤低。

贫煤的形成年代介于无烟煤和烟煤之间，燃烧特性接近于无烟煤。

褐煤形成的年代最短，其外观呈棕褐色，无光泽，质软易碎。其发热量较低约在 10000～21000kJ/kg，且燃点低，容易着火。

煤矸石是加有矸石的煤。其含有较大的灰量，发热量很低只有 4200～10468kJ/kg，一般只能在沸腾炉中燃烧。

由于各种煤的发热量不同，在比较锅炉燃煤量的时候，就不能简单的用燃煤数量来比较。为了正确比较不同锅炉或同一锅炉不同工况的耗煤量，需要引用"标准煤"的概念。

所谓标准煤，就是煤的发热量等于 29309kJ/kg 的煤。标准煤耗量的折算，公式为：

$$B_{bz} = BQ_{dw}^y / 29309 \qquad (24-2)$$

式中 B_{bz}——标准煤耗量 (kg/h)；

B——实际耗煤量 (kg/h)；

Q_{dw}^y——实际用煤的发热量 (kJ/kg)。

(3) 液体燃料

在中小型锅炉上燃用的液体燃料主要是重油和柴油。重油是石油提炼汽油、煤油、柴油后的剩余产物。其作为燃料，较煤有如下优点：发热量高，约为 40600～43100kJ/kg；含有的灰量少，不需要除灰，并可以满足环保的要求。

由于其粘度较大，因此在输送时应加热，在燃烧时应雾化。

(4) 气体燃料

气体燃料是以碳氢化合物为主的可燃气体及不可燃气体的混合物，并含有水蒸气、焦油和灰尘等杂质。

天然气的主要成分是甲烷及少量的惰性气体，是优质的工业燃料，发热量较高约为 34300～35600kJ/Nm³。

高炉煤气是高炉炼铁的副产品，主要可燃成分为一氧化碳，另外还有二氧化碳和氮

气，发热量较低约为 $3.6\sim4.0MJ/Nm^3$ 之间，高炉煤气中含有较多的灰尘，使用前需要经过净化处理，常和重油或煤粉掺合使用。

焦炉煤气是炼焦的副产品，主要成分为氢和甲烷，杂质含量少，发热量在 $17MJ/Nm^3$ 左右。

气体燃料的主要优点：易燃、燃烧速度快、燃烧完全、燃烧设备简单，易实现自动化；便于管道输送，卫生条件好。但有些煤气有毒，并且使用不当易发生爆炸，因此，在使用时应严格按操作规程并采取安全措施。

小　　结

锅炉燃料是锅炉的食粮，按物理状态分为固体燃料、液体燃料和气体燃料。在中小型锅炉中，燃用最多的是煤、重油和柴油及煤气。

习　题

1. 什么是锅炉燃料？
2. 锅炉燃料按状态分为哪几类？
3. 在中小型锅炉上常用的燃料有哪些？

24.3.2 煤的燃烧过程及燃烧条件

目前，我国的现行燃料政策是：中小型锅炉以燃煤为主，并应尽量使用就地的煤，尤其是劣质煤。

（1）煤的燃烧过程

煤的燃烧过程就是煤中的可燃成分与空气中的氧在高温条件下，发生强烈的氧化反应，产生热量并发光的过程。

煤的燃烧过程是极为复杂的物理化学过程，不同的煤种，燃烧情况也各不相同；若燃烧条件发生变化，燃烧的情况也随之改变。为了便于分析，常将复杂的燃烧过程人为的划分为：煤的燃烧准备阶段、燃烧阶段和燃尽阶段。

1）煤的燃烧准备阶段。煤进入炉膛后，并不能立刻燃烧，而是首先受炉膛内高温烟气、高温炉墙和已燃燃料层的加热，使温度升高，在这个过程中，煤中的水分和部分的可燃气体逸出。

在此阶段，煤并没有着火燃烧，不需要空气，但需要吸收热量。实践证明，这一阶

段完成的快慢，将直接影响煤是否合理的燃烧，因此，采用合理的煤种，适当提高炉温，是缩短这一阶段时间的关键。

2）煤的燃烧阶段。随着煤被继续加热升温，挥发出的可燃气体达到一定的温度和浓度，就开始着火燃烧，放出大量的热量，热量的一部分被受热面吸收，另一部分则用来提高煤自身的温度，将煤粒加热至赤红，创造煤的燃烧高温条件。

当煤炭温度达到一定高度时，碳粒表面开始发生燃烧反应。

煤的固体可燃成分是煤放热量的主要来源。对煤来说，组织好煤的固体可燃成分燃烧，使之尽可能达到完全燃烧，是煤燃烧完全的关键所在。

煤中的固体碳在炉排上燃烧一段时间后，煤中的灰就将包在碳粒的周围，阻碍空气和可燃物接触，使燃烧速度减慢，因此，在燃烧时，应增加拨火次数，以利于空气和可燃物的接触，使之能更迅速、完全的燃烧。

在这一阶段，燃烧剧烈，放出大量热量，为提高燃烧速度，并使煤尽量完全燃烧，应

使炉内保持高温和一定空间的同时，还应提供足够的空气，并保证与燃料充分的接触和混合。

3）燃烬阶段。煤的燃烬阶段也即是灰渣的形成阶段。在煤的燃烧开始，灰在煤粒的表面就伴随着逐渐形成，并形成了煤粒的"灰衣"，且逐渐增厚，最终使燃料不能很好地与空气接触，导致燃烬过程进行的很慢，甚至造成部分燃料不能完全燃烧。

在这一阶段，煤放热量不多，所需空气也较少。为使煤尽量完全的燃烧，宜保持该区段的高温，适当延长其在炉内的停留时间，并加强拨火，以击碎"灰衣"。

以上三阶段虽在燃烧过程中有先后之分，但并不存在明确得分界线，大多是交叉、重叠的进行。

（2）煤充分燃烧的条件

通过对煤燃烧过程的分析，不难发现，要使燃烧过程顺利进行，必须根据煤的情况，为其创造有利燃烧的条件；第一，保持一定的高温环境，以便迅速完成煤燃烧的准备阶段和产生剧烈燃烧反应；第二，供给煤在燃烧过程中所需的充足而适量的空气；第三，采取必要的措施来保证煤及其反应物与空气的充分混合接触，并提供煤燃烧所需的时间和空间；第四，及时排走燃烧产物——烟气和灰渣。

（3）燃烧设备的分类

燃烧设备的任务就是要为燃料燃烧创造这些客观条件。在中小型锅炉中，常用的燃烧设备，根据燃料在炉内的燃烧方式不同可分为：层燃炉、悬燃炉和沸腾炉三类，如图24-33所示。

1）层燃炉。燃料被层铺在炉排上燃烧的炉子，又称火床炉。它是目前中小型锅炉采用最多的一种燃烧设备，常用的有：火上加煤的固定炉排手烧炉及机械风力抛煤机炉；火前加煤的链条炉排炉和往复推动炉排炉等。其优点是它对煤的粒径无特别的要求，适用于间断运行，缺点是热效率低。

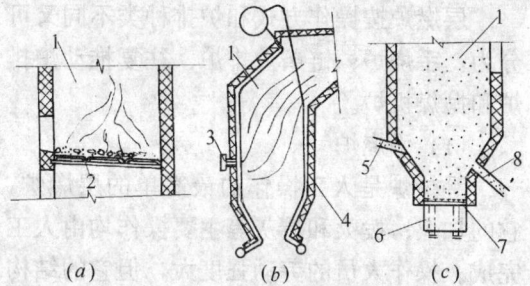

图24-33　燃烧设备的分类
1—炉膛；2—炉排；3—燃烧器；4—水冷壁；
5—进煤口；6—进风口；7—布风板；8—除渣口

2）悬燃炉。燃料随空气流喷入炉室呈悬浮状态燃烧的炉子，又称室燃炉。其燃料为煤粉的称煤粉炉；燃用油及气体燃料的称燃油炉和燃气炉。这种炉子不设炉排，燃烧完全、迅速，燃烧效率高，但设备复杂，不宜间断运行，维修量大。

3）沸腾炉。燃料在炉膛中被自上而下送入的空气托起，上下翻滚而进行燃烧的炉子。它是目前燃用劣质燃料颇为有效的一种燃烧方式。该炉子燃烧反应剧烈，燃尽量很高，但耗电量大，飞灰量大。

小　　结

煤的燃烧分为燃料燃烧前的准备阶段、燃烧阶段和燃烬阶段；要保证燃料正常、完全的燃烧，必须满足其燃烧所要求的条件；燃烧设备分为层燃炉、悬燃炉和沸腾炉。

习　题

1. 试述煤的燃烧过程及各过程的特点。
2. 燃料燃烧所必须的条件是什么？
3. 锅炉的燃烧设备是如何分类的？

24.3.3 层燃炉

层燃炉中能储存较多的燃料，有充分的蓄热能力，因此，其燃烧稳定性好。

层燃炉按操作方式和炉排种类不同又可分为：手烧炉、链条炉排炉、往复推动炉排炉和抛煤机炉。

（1）手烧炉

手烧炉是人工操作的最简单的层燃炉，它的加煤、拨火和清灰等主要操作均由人工完成。操作人员的劳动强度大，但它的结构简单、操作简便，且对各种煤基本上都能满足燃烧要求，因此，目前在 1t/h 以下的小型锅炉上较广泛的应用。

1）手烧炉的结构及特点。手烧炉主要由炉排和炉膛组成，如图 24-34 所示。

燃料由人工经炉门铺撒在炉排上形成燃料层，而空气则由出灰门进入穿过炉排的通风空隙参入燃烧。新加入的燃料直接加到灼热的燃料层上，其上面受到炉膛高温烟气和

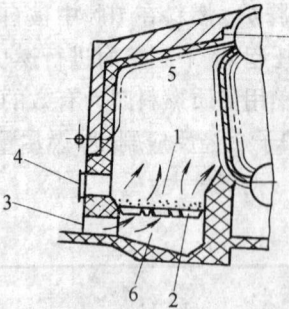

图 24-34　手烧炉构造简图
1—煤层；2—炉排；3—灰门；
4—炉门；5—炉膛；6—灰坑

灼热炉墙的辐射，而下面受燃烧着的燃料层烘烤，因此，形成了"双面引火"的着火条件，使燃料很快完成其燃烧前的准备阶段，达到燃烧阶段。由于"双面引火"，手烧炉的煤

种适应性广，可以燃用各种固体燃料。

由于操作人员的操作必然是间歇性的，因此，手烧炉的燃烧过程随燃料层厚度变化而呈周期性变化，新加入燃料时，燃料厚度最大，随着燃料的燃烧，燃料层厚度逐渐减薄，继而又投入新燃料，如此形成了燃烧工况的周期性变化。而空气的供给大多是采用自然通风，即依靠烟囱的抽力来进行通风，但炉内空气阻力主要取决于煤层厚度，这样就形成了空气供应和燃料所需空气不相协调，初加煤时，空气进入少，形成空气严重不足，析出碳黑粒子，形成冒黑烟现象，致使锅炉热效率降低。为了减轻周期性的冒黑烟污染环境，操作人员操作时，应尽量作到"看、勤、快、少、匀"，即要经常观察燃烧情况，及时采取措施；投煤要勤，使燃料层厚度尽可能减少波动，做到每次加煤要少，使煤层薄而均匀；炉门开启时间要短，投煤及拨火动作要快，减少空气大量涌入炉内。

另外，还可以采用块煤以减少冒黑烟，并减轻劳动强度和改善卫生条件。

手烧炉炉排通常用铸铁铸造，有条状和板状，如图 24-35 所示。条状炉排通风面积大，约占整个炉排的 20%～40%，燃烧层较接近炉排，炉排易烧坏。条状炉排适用于燃用大块及可燃气体成分高的烟煤和褐煤。板状炉排通风面积占炉排的 8%～12%，空气较集中的引入，灰渣隔离层较厚，炉排工作条件略好，但其通风阻力大，适用于无烟煤和贫煤。

为了更好的利用手烧炉结构简单，燃烧稳定的特点，尽量克服燃烧周期性和改善操作环境、降低劳动强度。在手烧炉的技术改造中，制造了摇动炉排和双层炉排。

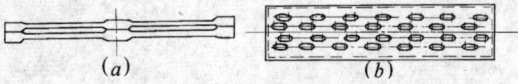

图 24-35 手烧炉炉排
(a) 条状炉排；(b) 板状炉排

2) 摇动炉排，如图 24-36 所示，整个炉排由许多可以转动的炉排片组成，当手柄摇动时，炉排片摇动 30°左右的倾角，从而使灰落入灰坑，这样减轻了劳动强度，缩短了出渣时间。

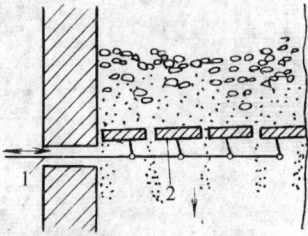

图 24-36 摇动炉排
1—推拉装置；2—炉排

3) 双层炉排，如图 24-37 所示。其有上、中、下三个炉门，上门常开，是加煤通风的炉门；中门常闭，在点火、清灰、出渣时打开；下炉门为清渣门，运行时微开。这样通过上下炉门开启大小，以适应不同煤种、不同燃烧阶段所需空气量不同的要求。上层炉排实际上为一排水冷炉排，为使水冷效果好应有 8°~12°的倾角。

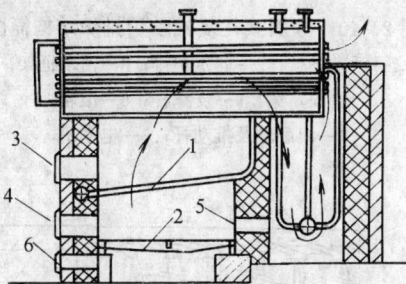

图 24-37 双层炉排
1—水冷炉排；2—下炉排；3—上炉门；
4—中路门；5—烟气出口；6—下炉门

煤由上炉门周期性地投到水冷炉排上，其厚度约为 150~200mm，空气由上而下穿过水冷炉排；如图 24-37 箭头所示。新燃料仍然受炉膛和燃料层的加热得以燃烧，同时上炉门和下炉门进入的空气，在炉膛内扰动剧烈，使可燃气体得以充分燃烧，从而消除了冒黑烟现象，提高了锅炉热效率，但由于水冷炉排着火条件较差，煤种适应性不如一般手烧炉。

(2) 链条炉

链条炉是一种结构比较完善的机械化层燃炉。是典型的火前给煤炉，目前国内链条炉的最大容量可达 65t/h。

1) 链条炉的结构。常用的链条炉排有鳞片式、链带式、横梁式三种，在中小型锅炉上常用链带式炉排。

链带式炉排结构如图 24-38 所示。炉排设置在炉排架上，炉排支架由呈环形的链条支撑，链条则套在前后链轮上，一般前链轮为主动轮，由电动机通过变速箱驱动主动轴转动，整个炉排随着前轴的转动而向后移动。另外还有炉排拉紧装置、出渣装置、炉排密封装置等以保证链条炉安全、经济、可靠的运行。

煤通常从炉前的煤斗借自重下落，通过炉排前的煤闸门下落到炉排上，随炉排以 2~20m/h 的速度由前向后移动，完成燃料的燃烧过程，最后形成灰渣，由装在炉排末端的除渣板（俗称老鹰铁），落入渣斗，除渣板的作用是使灰渣在炉排上略作停留，延长其在炉排上的停留时间，以使燃烧更加完全，同时也减少炉排后段的漏风。

煤闸门至除渣板的距离，称为炉排的有效长度，约占链条总长的 40%，其余的为空行程，炉排在空行程过程中得到冷却。

2) 链条炉的燃烧特点。煤进入炉内后，随同炉排由前向后移动，燃烧沿炉排由前向后分层，沿炉排长度方向所需空气量不同，这样可以采用分区送风，以适应不同的燃烧阶段所需空气量不同的要求；炉排的上侧为炉膛及高温烟气，而下侧则是风仓，新燃料直接落在炉排上，且需要的热量只能从上方炉膛吸收，是典型的"单面引火"，着火条件差，从而使煤种适应性差；煤在炉排上随炉排由前向后移动，但煤和炉排之间没有移动，当

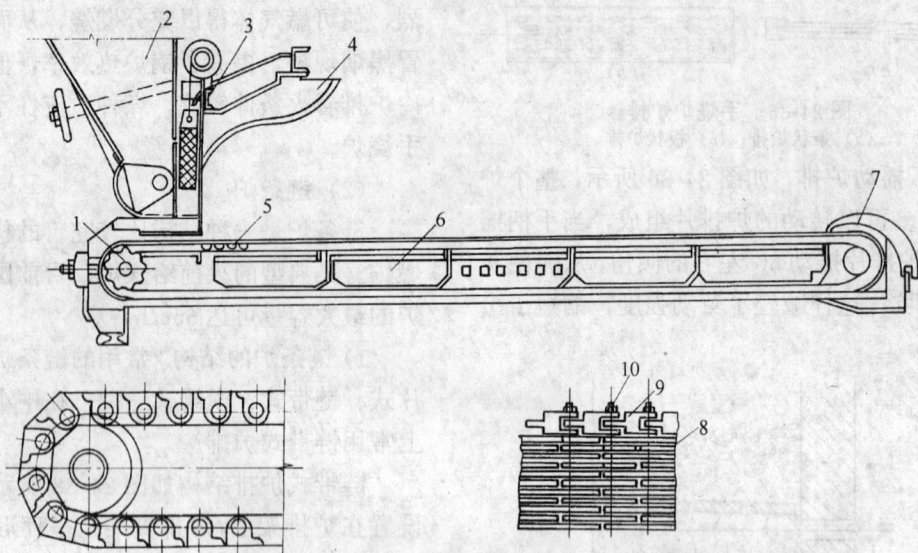

图 24-38　链带式炉排

1—链轮；2—煤斗；3—煤闸门；4—前拱；5—炉排；6—风仓；
7—除渣板；8—炉排片；9—主动链环；10—圆钢拉杆

燃烧到后期，煤粒周围的"灰衣"使燃料难以燃尽，应加强拨火。

另外，为了改善链条炉的燃烧，还设置了前后拱及增设二次风等措施。如图24-39所示。

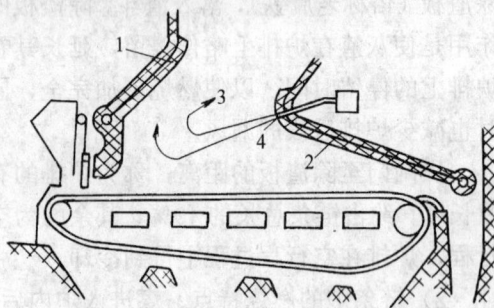

图 24-39　炉拱、喉口及二次风

1—前拱；2—后拱；3—喉口；4—二次风

(3) 往复推动炉排

往复推动炉排炉简称往复炉，它是利用炉排往复运动来实现机械给煤、排渣的。按布置不同可分为倾斜式往复推动炉排炉和水平式往复推动炉排炉。其结构分别如图24-40，图24-41所示。

倾斜式往复推动炉排是由相间布置的活

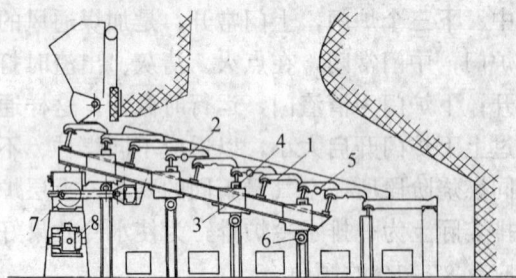

图 24-40　倾斜式往复推动炉排炉结构简图

1—活动炉排；2—固定炉排；3—活动框架；
4—固定梁；5—支撑杆；6—滚轮；
7—偏心轮及推动杆；8—电动机

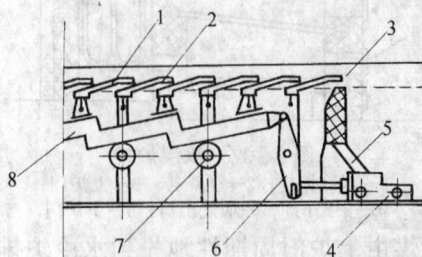

图 24-41　水平往复推动炉排

1—活动炉排；2—固定炉排；3—下联箱；
4—活动燃尽炉排；5—固定燃尽炉排；
6—拨火杆；7—滚轮；8—推动杆

动炉排片和固定炉排片组成。活动炉排片的尾部座落在活动框架上，其前端直接搭在相邻的固定炉排上。固定炉排的尾部卡在固定梁上，中间由相应的支撑棒托住以减轻对活动炉排的压力，减轻炉排片之间的磨损和推动炉排所需的功率。整个炉排和水平成15°～20°倾角，各排可动炉排的横梁连在一起，组成可动的炉排框架，框架由电动机和偏心轮带动，作前后往复运动，进入炉内的煤就借这种往复运动，不断往前运动，并经各燃烧阶段形成灰渣。最后被推到专门为更好燃尽灰渣而设置的一段平炉排——燃尽炉排上，灰渣燃尽后被推入渣斗。炉排片的通风截面比为7～12%。

倾斜式往复炉的缺点是炉体较高，增加了锅炉房的高度。

水平式往复推动炉排在结构上基本和倾斜式往复推动炉排炉相同，单框架是水平的，炉排片略向上翘，倾角一般为12°～15°，整个炉排的纵剖面为锯齿形。当活动炉排向上推动时，将固定炉排片上前部的煤推到其前面的活动炉排片的后部。活动炉排片如此往复运动，煤就连续不断的被向前推进。

往复炉的燃烧特性基本上和链条炉相同，即是火前加煤炉，具有"单面引火"着火性能差的特点，炉内应布置拱和二次风；燃料前后分层燃烧，炉排下采用分区送风。

往复炉由于煤和炉排之间有相对位移的移动，即将煤从前向后的推动过程中，使新燃料和燃烧燃料相互混合，实现了加煤、拨火、除渣的机械化，燃料的适应性也大大的得到了提高。

这种炉子在作前后往复运动时，其运动的位移并不大，在燃烧区的炉排得不到冷却，炉排容易烧坏；漏煤也比较严重，密封不严易引起两侧漏风等缺点。

总之，这种炉排结构简单，制造方便，金属耗量和投资费用也低，因此，目前我国在中小型锅炉中，特别在6t/h以下的小型锅炉中应用较多。

(4) 抛煤机炉

抛煤机炉是利用机械和风力替代人工加煤的炉子，在十九世纪末就已经开始应用。这种炉子的加煤方式与手烧炉相近，煤被撒在灼热的煤层上，具有双面引火的着火条件；同时，实现了机械化连续加煤，消除了手烧炉的周期性弊病。此外，燃料层和通风还可以控制、调节，从而使燃烧过程进行的比较完善。

机械-风力抛煤机炉的结构如图24-42所示，其主要由机械-风力抛煤机、炉膛和炉排组成。机械-风力抛煤机的抛煤工作由机械力和风力共同来完成，以机械力为主，风力为辅。其结构如图24-43所示。煤自煤斗下滑，经给煤机滑块的往复推饲，顺调节板下

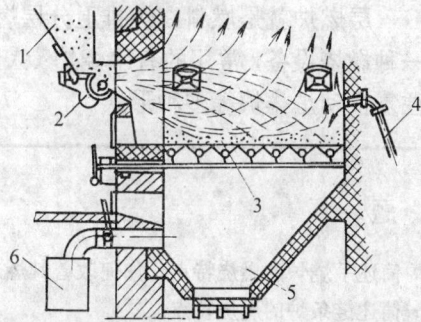

图24-42　机械-风力抛煤机炉
1—煤斗；2—抛煤机；3—炉排；4—风道；
5—渣斗与风室；6—送风装置

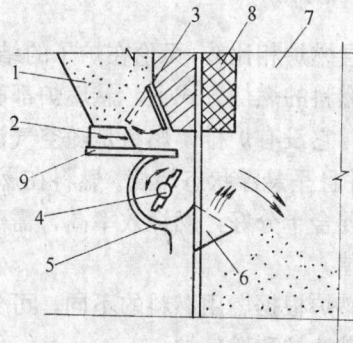

图24-43　机械-风力抛煤机简图
1—煤斗；2—给煤机滑块；3—落煤调节板；
4—抛煤机转子；5—冷却风道；6—播煤风道；
7—炉膛；8—保温炉墙；9—抛煤调节板

落，被抛煤机转子的叶片抛洒于炉中，至此完成了机械抛煤的工作，辅助的风力抛煤，主要由播煤风槽斜面上的一排喷口喷出的气流来完成。另外，冷却气流还兼有播煤的作用，气流在送煤的同时，也扰动了烟气的流动，起到了二次风的作用。

抛煤机的抛煤量和抛程可以通过落煤调节板和抛煤调节板来控制。每台锅炉所安装的抛煤机台数取决于炉膛宽度，一般装设2～3台，以使抛出的煤沿炉排宽度分布比较均匀。

在抛煤机炉中，由于新煤直接抛在已燃的煤上，使煤的着火性能较好。煤由抛煤机由上抛下，煤相互之间不直接接触，通过炉膛高温区时，表面已经燃烧，且这种燃烧处于层燃和室燃之间，燃烧条件好。当落到炉排上时，煤粒周围的灰衣被摔破，使燃料和空气更好的接触。其负荷的适应性好，调节灵敏，煤种的适应性广，是一种较好的机械化燃烧方式。

抛煤机炉的缺点是抛煤机结构复杂，制造质量要求高。抛煤均匀性受颗粒影响大，受水分的影响也很大，都应加以控制。

小　结

层燃炉就是燃料在炉排上分层燃烧的燃烧设备。是目前中小型锅炉应用最多的一种燃烧设备，常用的有手烧炉（人工操作的层燃炉）、风力-机械抛煤机、链条炉及往复推动炉排炉等多种形式。

习　题

1. 简述手烧炉的燃烧特点，如何改善其燃烧？
2. 简述链条炉的燃烧特点。
3. 往复推动炉排炉和链条炉相比较有何特点？
4. 风力-机械抛煤机炉燃烧有什么特点？

24.3.4　悬燃炉

与层燃炉相比较，无论在炉子的结构上，还是在燃料的燃烧方式上，悬燃炉都有自己的特点。它没有炉排，燃料是随空气流进入炉内，并且呈悬浮状态燃烧。燃料在燃烧时，与空气混合十分好，燃烧效率高，需配置较大的炉膛。

悬燃炉根据燃用燃料的不同，可分为煤粉炉、燃油炉和燃气炉。

(1) 煤粉炉

煤粉炉常用于 20t/h 以上的锅炉中，由炉膛、磨煤机和喷燃器组成。

1) 磨煤机。原煤先经碎煤率不高的碎煤机打碎，然后再在磨煤机中磨成煤粉。磨煤机种类很多，常用的有竖井式磨煤机、风扇式磨煤机和筒式磨煤机。

2) 喷燃器。喷燃器是煤粉炉的重要部件，燃烧工况组织的好坏，首先取决于喷燃器。燃烧器的作用是将煤粉和空气喷入炉膛中燃烧。在较小的煤粉炉中常采用旋流式或蜗壳式喷燃器。旋流式喷燃器如图 24-44 所示。

携带煤粉的一次风一般为直流，二次风则通过轴向叶片组成的叶轮而产生旋转，通过叶轮的前后调整，改变了与风道之间的间隙，从而可调节二次风的旋流强度，更有效的调节出口气流扩散角及回流区的大小，使得出口气流均匀。蜗壳式燃烧器是一、二次风均从一切向偏心进入,靠蜗壳产生旋转,在燃烧器中心装有一根中心管,可以装点火用的重油喷嘴。这种燃烧器调节性能差,出口气流分布不均匀。

煤粉炉炉膛温度随燃煤量变化而波动,常影响到煤粉的稳定着火。所以,煤粉炉的负荷只能在70%~100%之间调节,更不能像层燃炉那样压火。

(2)燃油炉

燃油炉和煤粉炉一样,燃料在炉膛呈空间悬浮燃烧。常用的燃料油有重油和柴油,具有一定压力和温度的燃料油,通过喷嘴,被雾化成细小的油滴而喷入炉膛,燃烧所需的空气则借助于调风器送入炉内。经炉内高温烟气的加热,油滴雾化成油气,并与空气混合,达到着火温度时,燃油开始燃烧,直到燃尽。由于其燃烧完全,对环境污染小,目前在中小型锅炉中,应用的较多,属于环保产品。

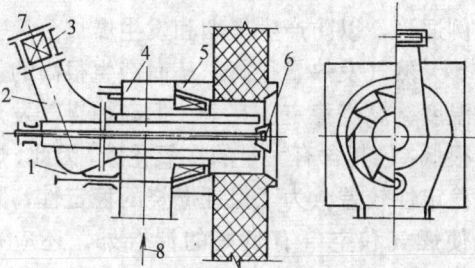

图 24-44　旋流式喷燃器
1—拉杆;2——次风管;3—挡板;4—二次风筒
5—二次风叶轮;6—喷油嘴;7——次风 8—二次风

燃油炉良好的雾化和合理的配风,是保证燃料油迅速而完全燃烧的基本条件。因此作为燃烧器的油喷嘴和调风器是燃油炉的关键设备。

1)油喷嘴。中小型燃油锅炉常用的油喷嘴有:机械雾化喷嘴、蒸汽雾化喷嘴和低压空气雾化喷嘴。

A.机械雾化喷嘴。机械雾化喷嘴,也称

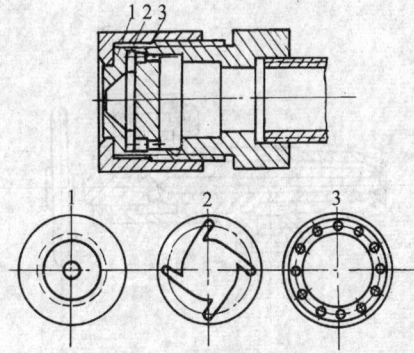

图 24-45　简单机械雾化喷嘴
1—雾化片;2—旋流片;3—分流片

离心式雾化喷嘴,有简单压力式和回油式两种,如图 24-45 所示的是切向槽简单机械雾化喷嘴。油经油泵后升压,经管路到雾化喷嘴,首先经过分流片上几个进油孔汇合到环形槽中,再经旋流片上切向槽流入中心的旋流室,最后经过雾化片上的小孔,在离心力的作用下雾化而喷入炉膛。这种喷嘴的喷油量是以改变进油压力来调节的,一般压力为2~2.5MPa,当油压低于1~1.2MPa时,油滴直径变大,雾化质量变差。

当锅炉的负荷变化较大或较频繁时,可以采用回油式机械喷嘴。其结构和原理基本上和简单式机械雾化喷嘴相同;所不同的是在旋流室除设一个向前的喷油通道外,还设一个向后的回油通道。这样在不同的负荷下,仍然保持基本恒定的进油压力,并通过回油管上回油阀来控制调节喷油量。

B.蒸汽雾化喷嘴。是一种利用高压蒸汽的喷射而将燃油雾化的喷嘴。如图 24-46 所示。

蒸汽以 0.6~1.3MPa 的压力进入环形夹管,在头部喷口高速喷射而出,引射中心管的重油,并使之雾化。蒸汽喷口的截面积可以靠中心油管的前后移动而改变,负荷调节比较大。这种喷嘴的结构简单,对油压要求不高,但耗气量大,且烟气中的水蒸气在锅炉尾部烟道易造成低温腐蚀。

C.低压空气雾化喷嘴　这种油喷嘴的

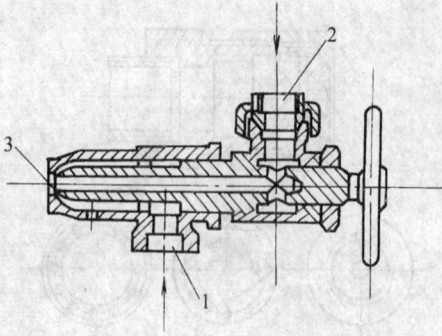

图 24-46　蒸汽雾化喷嘴结构简图
1—蒸汽进口；2—重油入口；3—喷油出口

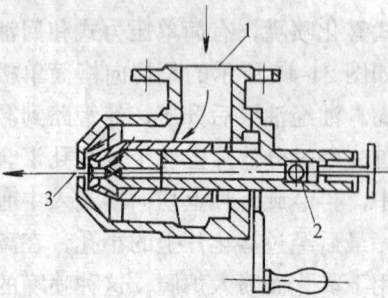

图 24-47　低压空气雾化喷嘴
1—空气入口；2—进油管；3—喷油出口

结构简图 24-47 所示。

　　油在较低压力下从喷嘴中心喷出，由于空气以 80m/s 的速度从油喷嘴四周喷出，使从油喷嘴喷出的燃油雾化。这种喷嘴的雾化质量较好，对油质要求也不高，喷嘴结构和油系统都简单，常用于小型锅炉。

　　2) 调风器。调风器除了向炉内送入燃烧所需空气，并且，还能在燃烧器出口成一个有利的气流回流区，使着火迅速，火焰稳定，并强化燃烧。

　　在中小型锅炉上常用直管式平流调风器，如图 24-48 所示。

　　进入调风器的空气，一部分从稳燃器流过，称为一次风，呈旋转流动，形成合适的根部气流。在出口处和油雾混合，一起扩散，被回流区中的高温烟气所加热，着火燃烧。而大部分的空气是通过稳燃器上的开口直接进入油雾区，这部分空气称为二次风。二次风

是平行调风器轴线的高速气流（流速约为 50～70m/s）。由于直流二次风衰减很慢，能穿入火焰核心，加强后期燃料和空气的混合。

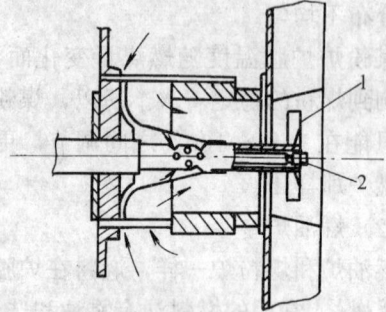

图 24-48　平流式调风器
1—稳燃器；2—油喷嘴

　　(3) 燃气炉

　　燃气炉燃用的是气体燃料，这些气体燃料主要有：天然气、高炉煤气和焦炉煤气。

　　锅炉燃用气体燃料，设备简单、操作方便。但是，空气和燃气应很好的混合，并且比例适当，以防产生黑烟和发生爆炸。

　　天然气发热量很高，从而产生很高的炉膛温度，燃烧稳定、完全。但高炉煤气发热量很低，且其含有大量的二氧化碳，因此，燃烧稳定性较差。为了保证燃烧的稳定性，除了使燃气和空气有良好的混合外，还应采取强化措施，如将燃气和空气都预热等。

　　天然气的燃烧器，在结构上基本上和旋流式重油燃烧器相似。送入的空气产生旋转气流，天然气则从中心管送入，经过出口的几排小孔高速横向穿入旋转的空气流中，两者强烈混合喷进炉内燃烧。燃用高炉煤气常用短焰燃烧器（即无焰燃烧器）。

　　随着我国产电量的增大，电锅炉也已经在试用过程中。其最大的优点是无污染，结构简单，热负荷适应性好。但目前还没有得到广泛应用。

习　　题

1. 悬燃炉和层燃炉比较有什么特点？
2. 燃油炉运行有什么特点？如何保证燃油炉正常运行？

24.3.5　沸腾炉

沸腾炉是近几十年发展起来的一种流化床锅炉。其结构简单，传热效果好，尤其是适合燃用发热量低的石煤和煤矸石等劣质燃料。

沸腾炉的结构示意，如图24-49所示。主要由给煤机、沉浸受热面、风帽式炉排、（布风板）、风室以及灰渣溢流口等几部分组成。

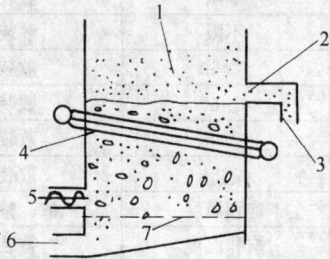

图 24-49　沸腾炉工作过程示意图
1—炉膛；2—溢灰口；3—溢流灰；
4—埋管；5—给煤机；6—空气；7—布风板

燃料在沸腾炉中的运动形式，与层燃炉、悬燃炉都有很大的差别。沸腾炉的底部装有孔板（炉排），又称布风板。布风板上面是一定粒度的燃料，其下空间为风室，空气在风室中以高压经布风板，将送入的燃料托起，处

于上下翻滚，沸腾状态，这样，新燃料（约占5%～10%）和正燃烧的燃料（约占90%～95%）就相互混合，空气和燃料也很好的混合，所以，燃烧剧烈。燃尽的灰渣从溢流口排出。

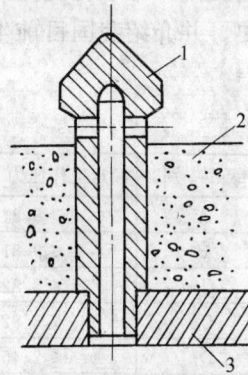

图 24-50　布风板结构简图
1—风帽；2—耐热混凝土；
3—风仓板

布风板是沸腾炉的重要组成部分，由风道、风室和风仓板组成，如图24-50所示。

布风板是用来均匀布风，扰动料层及停炉时用作炉排的装置。

但沸腾炉存在着热效率低、耗电量大、沉浸受热面磨损严重、飞灰多等缺点。目前循环流化床的开发利用在很大程度上克服了这些缺点。

小　　结

沸腾炉具有强化燃烧、传热效果好、结构简单及耗钢量少等特点，在燃用劣质燃料时，也能很好的燃烧，但其热效率低、电耗大、污染环境严重，因此，沸腾炉是具有发展前途的炉子。

习　　题

1. 为什么沸腾炉可以燃用劣质煤？
2. 沸腾炉具有什么特点？

24.4 中小型锅炉的炉型

锅炉的出现和发展迄今已有两百多年的历史。在整个发展过程中，锅炉由小到大，由简单到复杂，随着工业生产的发展，锅炉技术得到迅速的提高，本节将扼要介绍锅炉炉型的发展历史，并介绍我国目前生产的几种典型中小型锅炉构造及其主要的热工特性。

24.4.1 锅炉安装级别的规定

锅炉的安装单位根据企业的技术力量，国家做了具体规定，如表24-7所示。但对于具有高级别锅炉安装许可证的安装单位可以承担低级别锅炉的安装。

锅炉安装级别的规定　　表 24-7

序　号	级　别	额定工作压力（MPa）	锅炉容量 D（t/h）	出口介质温度（℃）	类　别
1	A	>9.81	不限	不限	散装
2	B	≤9.81	≤220	不限	散装
3	C_1	≤3.82	≤130	≤450	散装
4	C_2	≤3.82	≤35	≤450	散装
5	D_1	≤2.45	≤20	≤400	散装
6	D_2	≤1.27	≤10	≤350	散装
7	D_3	≤1.27	≤6.5	饱和温度	散、整装
8	E	≤1.27	≤4	饱和温度	整装

注：对锅炉安装单位具备高级别安装许可证可以安装低级别锅炉，不受限制。

小　　结

本节主要介绍施工单位就锅炉安装能力的划分。

习　　题

1. 试介绍锅炉安装级别是怎样划分的？

24.4.2 锅炉炉型的发展简况

随着蒸汽机的发明,18世纪末叶出现了圆筒型锅炉。由于当时生产力的迅速发展,就对锅炉的容量及参数提出了更高的要求。因此,在圆筒型锅炉的基础上,从加大锅炉受热面入手,对锅炉进行了一系列的改造,沿增大锅内和锅外受热面两个方向发展。如图24-51较形象的表示了锅炉的发展过程。

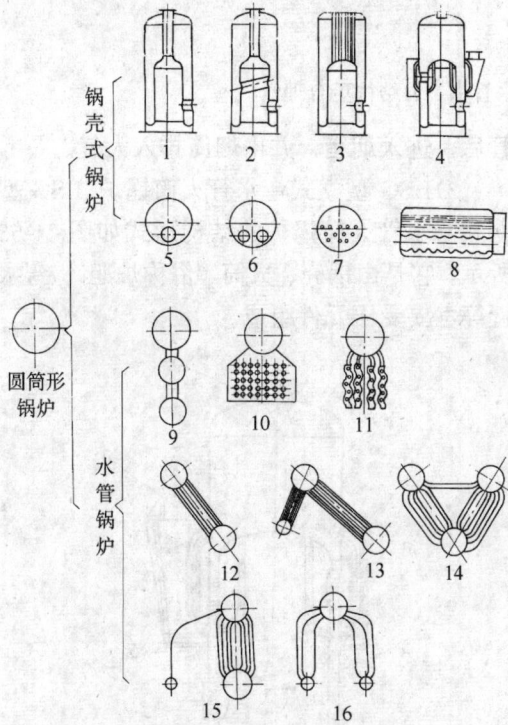

图 24-51　锅炉结构发展简图
1—立式火筒锅炉;2—立式大横水管锅炉;3—立式平顶锅炉;4—立式弯水管锅炉;5—单火管锅炉;6—双火管锅炉;7—烟管锅炉;8—卧式内燃烟火管锅炉;9—水筒锅炉;10—整联箱横水管锅炉;11—分联箱横水管锅炉;12—直水管锅炉;13—多锅筒直水管锅炉;14—三锅筒弯水管锅炉;15—双锅筒弯水管锅炉;16—单锅筒弯水管锅炉

在锅炉的发展早期,在圆筒形锅炉的基础上,在锅筒内增加受热面,开始在锅筒内增加一个火筒,燃料在火筒内燃烧,即单火筒锅炉(俗称康尼许锅炉);后来增加为两个火筒—双火筒形锅炉(俗称兰开夏锅炉);为了进一步增加受热面,进而在锅筒内用小直径烟管代替火筒形成了烟管锅炉或烟管、火筒组合锅炉,这种锅炉的燃烧室也由火筒内移到火筒外。这些锅炉因为烟气在管内流动,低温工质—水在管外吸热和蒸发。由此可见这种锅炉由于受锅筒直径的制约,锅炉的介质参数及容量都受到限制,并且,耗钢量大,传热效果差,热效率低;但其结构简单、水质要求低,目前在小容量锅炉上仍有所应用。

随着大工业生产对锅炉介质参数要求的提高及锅炉容量的增大,烟火管锅炉已不能满足生产的要求,因此,锅炉开始增加锅筒外部受热面—增加水筒数目,减小直径,直到以水管代替水筒,出现了水管锅炉。

水管锅炉最早采用的为由多个水筒演变而来的横水管锅炉。横水管锅炉有整联箱横水管锅炉和分联箱横水管锅炉。由于这种锅炉的水循环不可靠,易出现故障,故这种锅炉已经淘汰。

竖水管锅炉开始采用的是直水管,但其弹性差,不能很好的消除热应力;而弯水管则富有弹性,而且布置方便,锅筒的制造也大为简化。

为了增加受热面,曾出现过多锅筒锅炉,但随着传热学的发展,人们逐渐认识到减少锅筒数量增加辐射受热面,可以节约金属。发展至今,双锅筒和单锅筒式水管锅炉应用最为广泛,也日趋完善。

由于热水供暖和生活热水系统的发展,直接用于生产热水的热水锅炉近年来得到迅速发展。此外,为了利用生产过程中的余热,废热锅炉的应用也受到普遍的重视和发展。

随着现代工业的发展和科学的不断进步,中小型锅炉正朝着简化结构、降低耗钢量、扩大燃料的适用范围、提高锅炉效率,使锅炉运行更加安全、稳定的方向发展。

小　结

　　自十八世纪末锅炉产生以来，锅炉先是从锅筒内增加受热面出发，发展产生了火筒型锅炉、烟火管锅炉；进而又从锅筒外增加受热面出发，产生了水管锅炉。现代锅炉无论从锅炉容量上、运行安全可靠上、锅炉效率上及锅炉结构上都发展到比较完善的程度。

习　题

1. 简述火管锅炉和水管锅炉的特点。
2. 简述水管锅炉的发展过程。
3. 为什么采用立水管代替横水管，用弯水管代替直水管锅炉，结构更合理？

24.4.3　常用几种锅炉炉型的主要性能

（1）立式水管锅炉

1）立式直水管锅炉。立式直水管锅炉结构简图如图 24-52 所示。这种锅炉主要由锅壳、炉胆、上下管板和直水管组成。

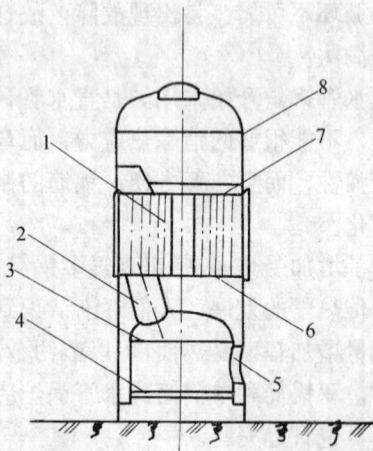

图 24-52　立式直水管锅炉结构简图

1—直水管；2—出烟口；3—炉胆；4—炉排；
5—炉门；6—下管板；7—上管板；8—锅壳

　　燃烧室在火筒（俗称炉胆）内部，煤在炉排上燃烧后，形成的烟气从火筒侧上方的喉管进入上下管板间的直水管管束，水管管束中间有一大直径的下降管，并装有隔火板，使烟气绕下降管回旋一周，横向冲刷直立水

管后，进入烟箱，并由烟筒排入大气。

　　2）LSG 型立式弯水管火筒锅炉。LSG 型立式弯水管火筒锅炉的结构形式如图 24-53 所示。它是由锅壳、火筒（俗称炉胆）、弯水管等主要受压元件组成。

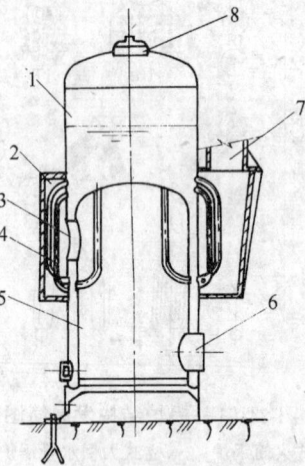

图 24-53　立式弯水管锅炉结构简图

1—锅壳；2—烟箱；3—喉口；4—弯水管；
5—炉膛；6—炉门；7—烟囱；8—人孔

　　燃料在炉排上燃烧后，加热了作为辐射受热面的炉胆和炉胆的弯水管。烟气由炉胆后上方喉口进入外管区，分左右两路在锅壳外壁各绕半周，横向冲刷锅壳外烟箱中的弯水管，然后在锅炉前面烟箱汇合，经烟囱排入大气。由于这种锅炉增加了弯水管作为锅

炉的辐射和对流受热面，使锅炉效率有所提高（维持在60％左右）。这种锅炉的炉膛容积小、热效率低、金属耗量大、但它结构简单，占地面积小，安装移动方便，操作也简单，因此在0.2，0.4，0.5，1t/h的小型锅炉上，还有所应用。

（2）立式横火管锅炉（LHW0.4～0.5-A）

立式横火管锅炉的结构见图24-54所示。

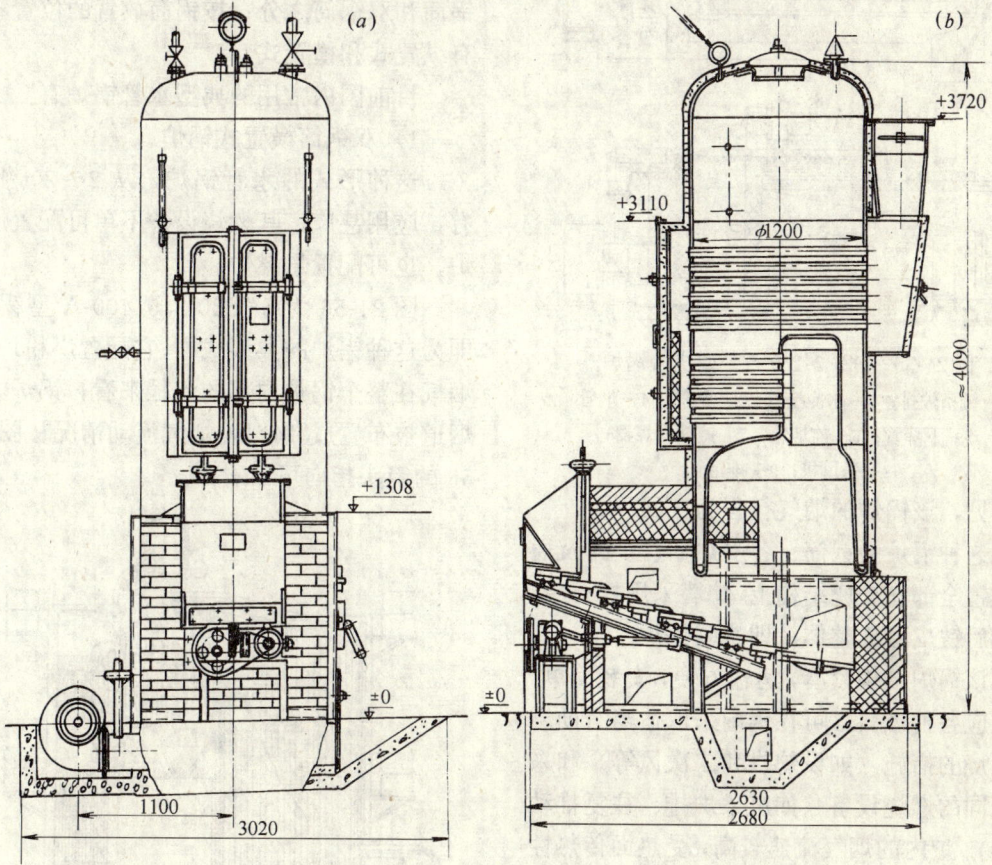

图24-54　立式横水管往复推动炉排锅炉（LHW0.4～0.5-A）

(a) 立面图；(b) 剖面图

这种锅炉结构紧凑、占地面积小、安装、移动和维修较方便，燃料在炉排上燃烧，火筒为其辐射受热面，在锅筒中间设有两组横向烟管，烟气在烟管内冲刷，而水在管外吸热，其热效率可达67％。

（3）卧式水火管锅炉

卧式水火管锅炉是水管和火管组合在一起的卧式外燃锅炉，如图24-55所示，是DZL2-1.0-AⅡ卧式外燃链条炉排锅炉结构简图。这种锅炉锅筒内有两组烟管，作为锅炉的对流受热面；锅筒两侧设有光管水冷壁，作为锅炉辐射受热面，其上下分别接于锅筒和集箱，并且在锅筒的前后各有一根绝热的大口径管（一般为$\phi133\times6$），接在左右集箱作为锅炉下降管。

煤在炉排上燃烧后，烟气从前往后冲刷水冷壁，至炉膛后部向上折180°弯进入第一组烟管由后向前冲刷，烟气到达前烟箱再向后折180°弯向后冲刷第二组烟管，最后经尾部附加受热面、除尘器等由烟囱排入大气。由

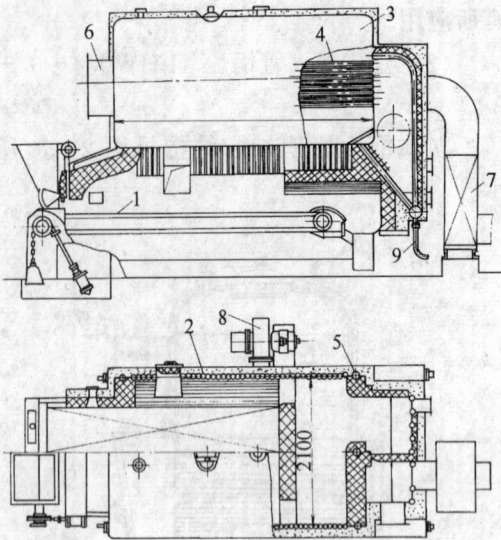

图 24-55　DZL2-1.0-AⅡ型快装锅炉

1—链条炉排；2—水冷壁管；3—锅筒；4—烟管；
5—下降管；6—前烟箱；7—铸铁省煤器；
8—送风机；9—排污管

此可见，该锅炉的烟气行程为三回程。

这种锅炉的锅筒、各受热面、炉排及通风装置全部在支座结构上，炉墙采用蛭石砖，外加后铁皮形成整体—即快装锅炉。

该锅炉结构紧凑，运输方便，安装简单。为适应各种燃料，可在锅内采取适当有助燃料燃烧的措施（如设炉拱和二次风等）和采取不同的燃烧设备（如链条炉排、往复推动炉排）。炉内的烟气流速较高，受热面传热性能较好，积灰较少，锅炉效率可达75％。

但是，这种锅炉毕竟是烟火管锅炉，且烟气行程长，阻力增大，致使炉膛处于正压状态，易向锅炉房内冒黑烟及飞灰。其容量多见的是 0.5～6t/h。

（4）水管锅炉

水管锅炉和烟火管锅炉相比较，在结构上没有特别大的锅筒，具有弹性的弯水管代替了直的烟管，消除了热应力带来的事故隐患，并且金属耗量大大降低，在受热面布置上，使烟气横向在管外冲刷，传热效果明显增强。锅炉的容量、效率明显得到提高。

水管锅炉的水管构成的受热面，布置简单、灵活，水循环合理。可以根据燃料特性选用相应的燃烧设备，来组织燃烧，提高了锅炉对燃料的适应性，因此，目前基本上在略大的锅炉上，水管锅炉代替了烟火管锅炉。

水管锅炉的形式很多，按锅筒数量有单锅筒和双锅筒之分；按锅筒放置的位置不同有纵置式和横置式。

目前国内常用的典型水管锅炉有：

1）双锅筒横置式锅炉

这种形式的水管锅炉，从 2～20t/h 都有，应用甚广，其燃烧设备不单可配置层燃炉，也可配置悬燃炉。

图 24-56 为 SHS20-2.5/400-A 型锅炉，即为这种锅炉的典型式样，它配置煤粉炉。从烟气在整个锅炉内部的流程来看，锅炉本体烟道被布置成"M"型。烟气流动情况从图 24-56 的箭头指向可以看出。

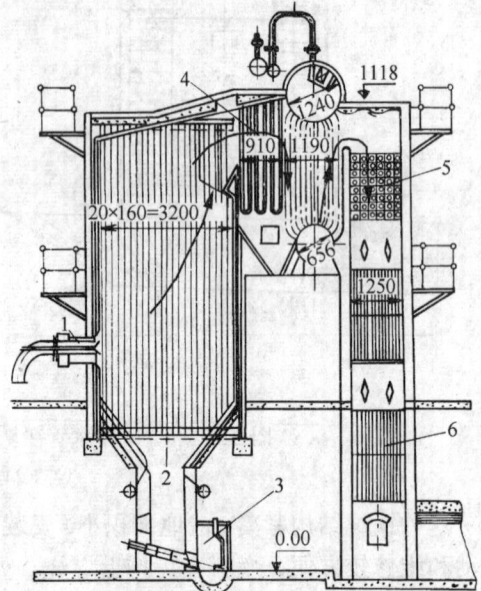

图 24-56　SHS20-2.5/400-A 型锅炉结构简图

1—煤粉燃烧器；2—冷灰渣斗；3—水力冲渣器；
4—过热器；5—省煤器；6—空气预热器

2）双锅筒纵置式锅炉

这种水管锅炉的产品型式颇多，按照锅炉与炉膛布置的相对位置不同，可分为"D"型锅炉和"O"型锅炉两种结构。

A. 双锅筒纵置式"D"型锅炉。

此型锅炉的炉膛与纵置双锅筒及布置有胀接在上下锅筒间的管束所组成的对流受热面的烟道平行设置，各居一侧。炉膛四壁一般布置水冷壁管，其中一侧水冷壁管直接引入上锅筒，封盖了炉顶，犹如"D"字。在对流烟道中，用折烟墙来组织烟气对对流管束进行横向冲刷，折烟墙有垂直和水平微倾布置两种，水平微倾布置的大多用于燃油锅炉。

这种锅炉优点为：水容量大；对流管束布置较方便，如改变上下锅筒之间的距离及横向管排的数目等；可把烟速调整在较为经济合理的范围；节约燃料和金属。另外，这种类型的锅炉的炉膛布置为狭长，便于选取较长的链条炉排炉及往复推动炉排炉，有利于燃料的燃烧。

如图 24-57 为"D"型锅炉的结构示意图。

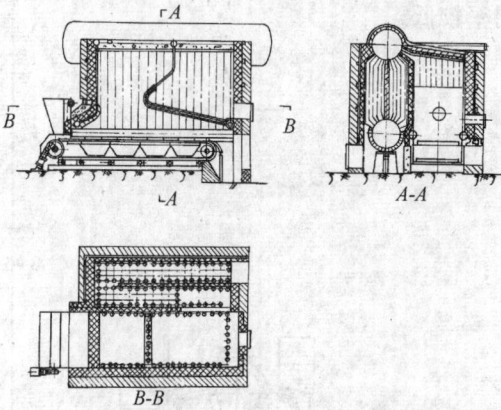

图 24-57   SZL6-1.25-P 型锅炉总图

此型锅炉蒸发量自 2t/h 到 20t/h 都有，2～4t/h 常采用往复推动炉排炉，6t/h 以上的配置链条炉或燃油炉。该锅炉结构紧凑、体积小、煤种适应性强，但观察和拨火只能从一侧操作。

B. 双锅筒纵置式"O"型锅炉。

图 24-58 为 SZL6-1.25-A Ⅲ 型锅炉结构简图。这是一种双锅筒纵置于炉膛中间的典型锅炉。正面看锅炉本体，上下锅筒间的对流管束与上下锅筒呈"O"形。

锅炉上锅筒为长锅筒，下锅筒为短锅筒，在炉膛和对流管束之间的烟道中设置了燃尽室，使烟气带的未燃尽的碳粒在此进一步燃尽，烟气在炉内顺折烟墙呈"U"形流动，横向冲刷对流管束，再经省煤器、除尘器，由引风机送至烟囱排往大气。

该锅炉结构紧凑，外形尺寸小，高度低，烟气横向冲刷受热面，传热效果好，但水质要求较高。

C. 单锅筒纵置式锅炉

单锅筒纵置式锅炉的锅筒纵向放置在锅炉上部中央，炉膛在其下面，炉膛两侧为水冷壁，水冷壁的外侧为对流管束，图 24-59 为 DZL10-1.25-A Ⅲ 锅炉结构简图。

从正面看，两侧受热面对称的布置于炉膛的两侧与炉排一起构成"A"字形，也称"人"字型锅炉，炉膛四壁均布置有水冷壁。

该锅炉采用链条炉排，煤随炉排进入炉膛后，逐渐燃烧到达炉排尾部时燃尽，落入灰渣斗。燃烧所生成的烟气由后拱上部进入燃尽室，经进一步燃烧后，由燃尽室的左侧开设的烟窗进入左侧的对流烟道，由后向前横向冲刷对流管束，再上锅筒前端的转向烟道，进入右侧的烟道，由前向后继续横向冲刷对流管束，最后从对流管束尾部进入尾部烟道，离开锅炉本体。

由于这种锅炉只设一个锅筒，使锅炉的耗钢量少，结构紧凑，但锅炉水容量小，对负荷波动的适应性差。

（5）热水锅炉

在供暖工程中，热水供暖比蒸汽供暖具有节约燃料，运行安全，管理方便，供暖环境舒适、卫生条件好等优点。国家规定："民用建筑的集中供暖应采用热水作为热媒"。在我国的东北、华北地区，无论在高大的厂房，还是在民用住宅，热水供暖早已被广泛的应用。

目前，我国常采用的热水锅炉，按照生产热水的温度，可分低温热水锅炉（供热水温度≤95℃）和高温热水锅炉（供热水温度≥115℃）两类；按工作原理又可分为自然循环热水锅炉和强制循环热水锅炉。

强制循环热水锅炉，循环动力依靠供热网路的循环水泵提供。这类锅炉一般不设锅筒，结构紧凑，耗钢量低，水动力稳定性好。但是，为了防止水力偏差和循环停滞等事故，一般管内流速较高，再加上行程又长、阻力大，耗电量多。另外，强制循环热水锅炉水容量小，当运行过程中突然发生停电时，中断供水，常会因炉子的热惯性使管内的高温水汽化，造成水击，危及锅炉和供热系统的安全。

自然循环热水锅炉的结构形式与蒸汽锅炉相似，只是锅筒内无气水分离装置。运行时，锅内充满水。热水是靠上升管和下降管中水的密度差所产生的压头进行循环的。这种锅炉不允许发生汽化。

图 24-60 为 QXL1.4-0.69/95/70-A 强制循环热水锅炉简图。炉体右侧为炉膛，四周布置有连接与上锅筒的水冷壁。炉膛左侧为两道对流烟道，每一烟道中上、下纵置两根连箱。上下连箱之间由水管连接组成"O"型对流管束。回水由对流管束集箱进入锅炉，经对流管束、水冷壁加热后，热水直接由水冷壁上集箱供出。

燃烧设备采用链条炉排。燃烧所产生的高温烟气掠过水冷壁顶棚，经过后拱上部烟窗进入燃尽室，进而横向冲刷对流管束，排出锅炉。

与蒸汽锅炉相比较，热水锅炉中工质温度低，传热温差大，传热效果好，锅炉热效率高，可节约能源和金属，运行时无须检测水位，因此热水锅炉运行操作方便，安全可靠性好。

由于水在热水锅炉不蒸发，锅炉结构简单，因此锅炉对水质要求低。热水锅炉大多在冬季间歇运行，受热面易集灰，且设备利用率较低。

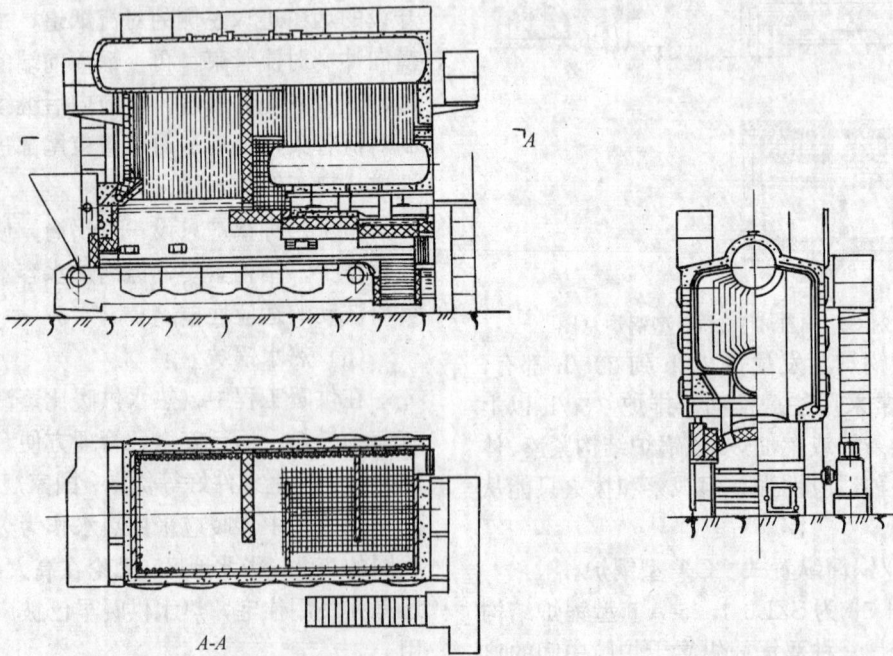

图 24-58 SZL6-1.25-AⅢ型锅炉结构简图

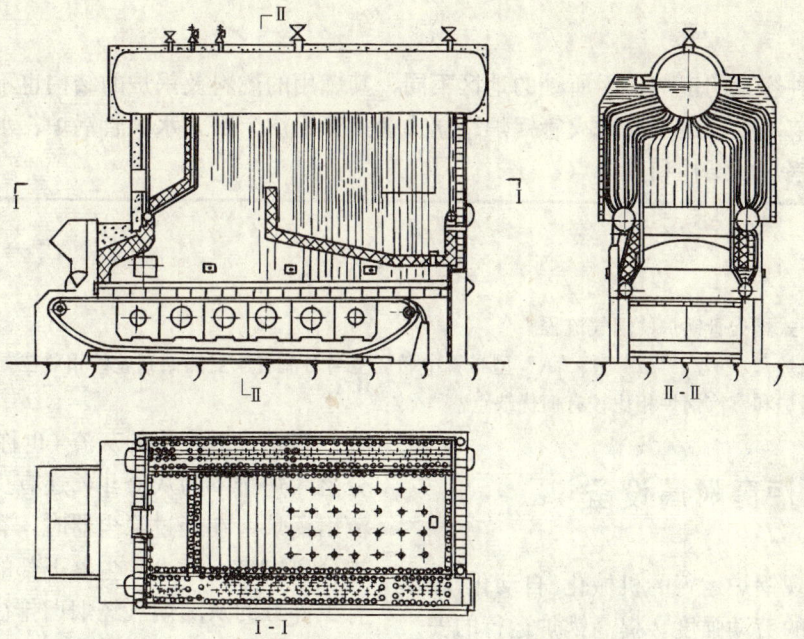

图 24-59　DZL10-1.25-AⅢ型锅炉结构简图

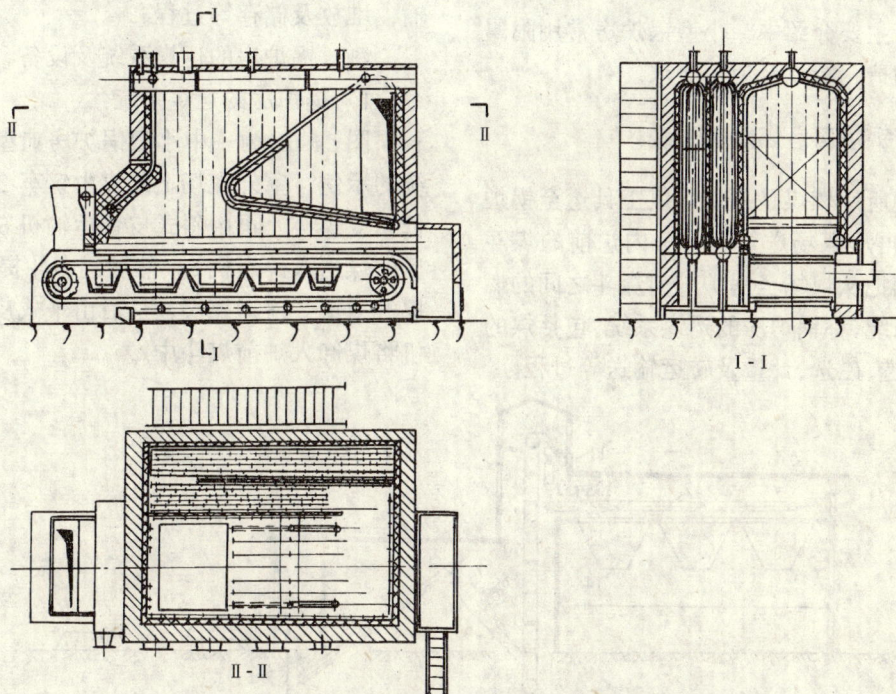

图 24-60　QXL1.4-0.69/95/70-A 型强制循环热水锅炉

小　结

　　各种容量的锅炉，因所处的地区不同，其燃用的燃料及锅炉的结构也不同。

　　本节主要介绍了立式火管锅炉、立式横火管锅炉、卧式水火管锅炉、水管锅炉及热水锅炉的结构和其特点。

习　题

1. 试述卧式烟火管锅炉的烟气流程。
2. 水管锅炉"O"型、"D"型、"A"型布置中燃烧室与对流管束受热面布置的相对位置有何区别？
3. 热水锅炉和蒸汽锅炉相比较有何优缺点？

24.5　锅炉房附属设备

　　为了实现锅炉运行的机械化、自动化，减轻操作工人的劳动强度，提高锅炉运行的安全性和稳定性，在锅炉房中除锅炉以外还应设：运煤、除灰、送风、引风、给水、蒸汽引出等设备。

　　本节主要介绍中、小型锅炉房常用附属设备的构造、特点及使用要求。

24.5.1　锅炉房运煤除灰系统

　　锅炉所用燃煤是采用运煤工具运至锅炉房煤场，再从煤场送至锅炉房内炉前的煤斗中。我们把从煤场至锅炉炉前煤斗之间的燃煤输送系统，称锅炉房的运煤系统。包括煤的破碎、筛选、磁选、计量及转运输送等过程。

　　煤燃烧后产生的灰渣（也称炉渣），大部分落入炉排下的灰渣斗，还有少部分随烟气流出锅炉，在经过除尘器时，有相当一部分被分离出来，落入除尘器下部的灰斗中，另有少部分的灰随烟气经烟囱排往大气。我们把从锅炉灰渣斗、除尘器集灰斗收集起来并运至锅炉房外灰渣场的灰渣输送系统，称为锅炉房的灰渣输送系统。包括灰渣的浇湿、运输、堆放及储存等过程。

　　（1）锅炉房的运煤系统及设备

　　1）锅炉房的运煤系统：

　　图 24-61 为一中小型锅炉房典型运煤系统的示例。室外煤场上的煤由铲车 2 运送到低位受煤斗 4 再由斜式皮带运输机 5 将磁选后的煤送入碎煤机 8，然后经多斗提升机 10 提升至锅炉房运煤层，最后由平式皮带运输机将煤卸入炉前煤斗中。

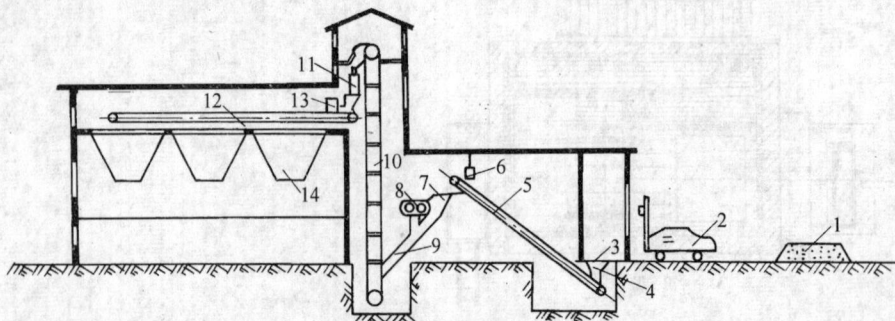

图 24-61　锅炉房运煤系统示意图

1—堆煤场；2—铲斗车；3—筛格；4—受煤斗；5—斜胶带输送机；6—悬吊式磁铁分离器；7—振动筛；8—齿辊式碎煤机；9，11—落煤管；10—多斗提升机；12—平胶带输送机；13—皮带秤；14—炉前贮煤斗

654

A. 煤的制备。

由于不同类型的锅炉要求的煤粒径不同，当煤粒径不能符合要求时，煤块必须经过破碎，在中小型锅炉中常用的破碎机为双齿辊碎煤机。

在碎煤之前，为减小碎煤的工作量，煤应先进行筛选，筛选设备有振动筛、滚动筛和固定筛。固定筛结构简单，造价低，用来分离较大的煤块。振动筛和滚动筛用来筛分较小的煤块。

当采用机械碎煤和锅炉的燃烧设备有要求时，还应该对煤进行磁选，以防止煤中夹带的碎铁进入设备，发生火花或卡住等事故。常用的磁选设备有悬挂式电磁分离器和电磁皮带轮两种。悬挂式电磁分离器是悬挂在输送机的上方，可吸除输送机上煤的堆积厚度为 50～100mm 中的铁质杂物，定期用人工加以清理。当煤层较厚时，可以配以电磁皮带轮联合运行。

另外，在生产中，为了加强经济管理，在运煤系统中还可设煤的计量装置，如地秤、皮带秤等。

B. 运煤设备。

锅炉房的运煤设备，主要为了解决煤的提升、水平运输和炉前煤斗的装卸等问题。常用的有以下几种：

a. 单斗提升机。单斗提升机（也称卷扬翻斗），是一种简易的间歇上煤设备，如图24-62 所示为垂直式单斗提升机。如图24-63 所示为倾斜式单斗提升机。

倾斜式用于单台锅炉，轨道倾角为 60°。采用垂直式时，可以用于单台，也可以配以水平运输机向多台锅炉加煤。

单斗容量一般为 0.2～0.8t，提升速度为 0.25～0.3m/s，每小时运煤量为 3～12t，多用于额定耗煤量 6t/h 以下的锅炉房。

b. 电动葫芦吊煤罐。电动葫芦吊煤罐是一种既能水平运输，又能垂直运输的间断上煤装置，装置如图 24-64 所示，构造如图24-

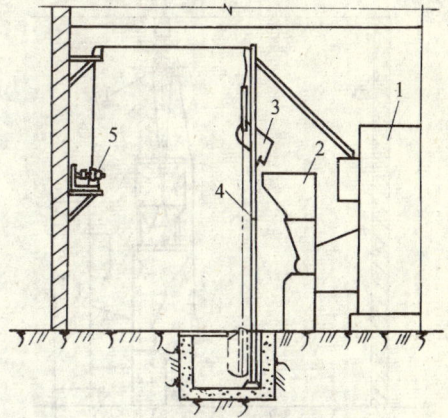

图 24-62　垂直式翻斗上煤装置示意图
1—锅炉；2—小灰斗；3—小翻斗；4—滑轨；
5—减速机

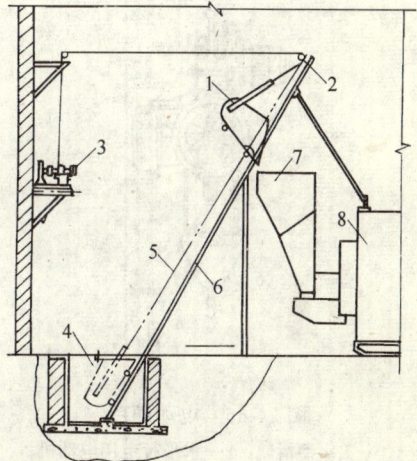

图 24-63　倾斜型单斗提升机
1—单斗；2—滑轮；3—卷扬机装置；4—地坑；
5—钢丝绳；6—轨道；7—煤斗；8—锅炉

65 所示。

电动葫芦是一种轻便的起重机械，属定型产品，中小型锅炉房常用的电动葫芦起重量为 1～2t，提升高度 6～12m，提升速度为 8m/min，水平移动速度为 20m/min。

吊煤罐有方形、圆形及钟罩式三种，均为底开式，容积为 0.3～1m³。

电动葫芦的运煤量为 2～6t/h，适用于耗煤量在 4t/h 以下的锅炉房。

c. 埋刮板输送机。埋刮板输送机，如图24-66 所示，是一种连续的运煤设备，既能做

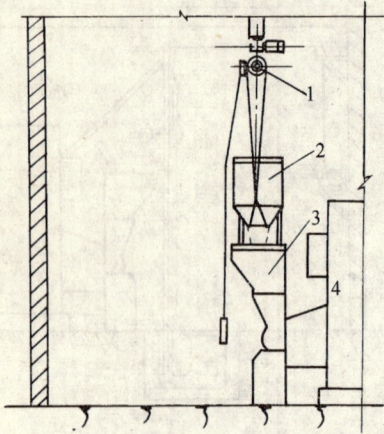

图 24-64　电动葫芦上煤装置活底吊煤罐

1—电动葫芦；2—吊煤罐；3—小煤斗；4—锅炉

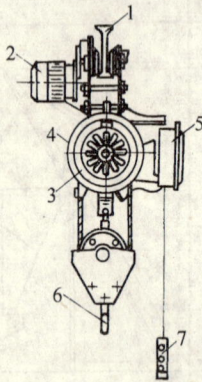

图 24-65　电动葫芦

1—工字型滑轨；2—水平行走用电动机；

3—提升用电动机；4—卷筒；5—控制箱；

6—吊钩；7—按钮

水平运输，也能做垂直提升，而且还能多点给料，多点卸料，由于装置有密封的金属外壳，可避免灰尘飞扬，有利于改善操作条件和环境卫生。

国内常用的有水平型、垂直型和垂直水平型三种，机槽宽度有 160、200、250mm，运行速度一般为 $0.16 \sim 0.25 \text{m/s}$，每小时的运煤量为 $10 \sim 40 \text{t}$。

埋刮板输送机的水平最大长度为 $80 \sim 100 \text{m}$，垂直提升高度为 $20 \sim 30 \text{m}$，运煤粒度要求不超过 50mm。

埋刮板输送机的结构简单，重量轻，体积小，应用布置灵活方便。一般适用于耗煤

量 3t/h 以上的锅炉房。

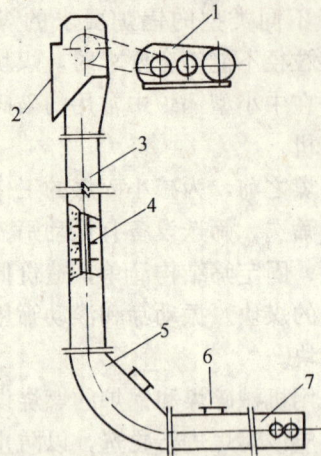

图 24-66　埋刮板输送机

1—驱动装置；2—出料口；

3—中间壳体；4—刮板链条；5—弯道；

6—进料口；7—拉紧装置

d. 多斗提升机。多斗提升机是一种连续运输设备，只能做垂直运输，其构造示意如图 24-67 所示。

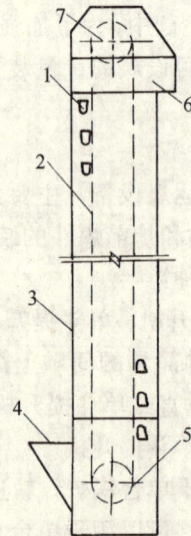

图 24-67　多斗提升机

1—料斗；2—胶带；3—外壳；4—加料口；

5—下滚筒和拉紧装置；6—卸料口；7—传动装置

料斗牵引形式有皮带（D 型）、链条（HL型）和板链（PL 型）三种，中小型锅炉房中常用 D 型。

根据皮带宽度的不同，D 型斗式提升机

分成四种型号，它们分别是：D160、D250、D350、D450，在中小型锅炉房中常用前两种。

料斗分深斗（S）及浅斗（Q）两种，显然，同一型号的多斗提升机，深斗的输送能力要比浅斗的大。

D 型斗式提升机的输送量在 3.1～69.5m³/h，提升高度大约在 4～30m 范围内。

多斗提升机占地面积小，金属耗量高，设备费也较高，维护检修比较复杂，易磨损，不适宜输送大块煤。一般适用于额定耗煤量为 2t/h 以上的锅炉房并常和胶带输送机联合使用。

e. 胶带输送机。胶带输送机主要由头部驱动装置、输送带、尾部装置及机架等组成。其结构如图 24-68 所示。

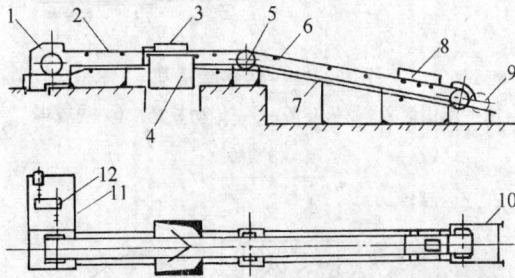

图 24-68　胶带输送机简图

1—传动滚筒；2—输送机；3—犁型卸料器；4—犁型卸料器漏斗；5—改向滚筒；6—上托辊；7—下托辊；8—导料槽；9—拉紧装置；10—尾架；11—头架；12—驱动装置

胶带输送机是一种连续输送装置，可以水平运输，也可以倾斜输送，但倾角不大于 18°。

中小型锅炉房中常用的是固定式胶带输送机，其常用上胶带厚度为 3mm，下胶带后为 1～1.5mm 的普通橡胶带。带宽有 500、650mm 两种。带速为 0.8～1.25m/s。

胶带输送机具有输送连续、均匀、生产率高、运行可靠等优点，但占地面积大，一次性投资高，常用于耗煤量在 4.5t/h 以上的锅炉房。

另外，移动式胶带输送机装有滚轮，可以任意移动，常用于贮煤场之中。

2）锅炉房运煤方式的选择：

对锅炉房运煤系统的基本要求是能可靠地向锅炉提供燃煤，保证锅炉的正常运行。而运煤方式的确定主要取决于锅炉房耗煤量的大小、燃烧设备的形式、地形情况、自然条件和煤源情况来考虑，经过技术经济分析决定。对中小型锅炉房的运煤系统选用的范围如下：

A. 耗煤量小于 1t/h 的锅炉房，采用人工装卸和手推车运煤；

B. 耗煤量为 1～6t/h 的锅炉房，采用间歇机械化设备装卸和间歇或连续机械化设备运煤；

C. 耗煤量大于 6t/h 的锅炉房，采用间歇或连续机械化设备装卸和运煤。

另外，为了保证锅炉运行，不间断供煤，炉前一般应设置贮煤斗，以防运煤系统发生故障时不间断向锅炉供煤。

（2）锅炉房的除灰渣系统及设备

及时地将燃料燃烧产生的灰渣从渣斗清除，并输送到灰渣场，是保证锅炉正常运行的条件之一。因此，除渣系统及设备的安装也是锅炉房设备安装的组成部分。

中小型锅炉房常用的除渣方法有人工除灰渣和机械除灰渣两种。

1）人工除灰渣：

锅炉房内灰渣的装卸和运输都是依靠人工来进行的，这种除灰渣方式就为人工除灰渣。灰渣由人工从灰坑中扒出，装上小灰车，然后运到灰渣场。

由于灰渣温度高，灰尘易飞扬，为了保证操作工人的良好工作条件和安全，灰渣出坑后，应先用水浇湿冷却，然后运出锅炉房。同时应保持良好的通风，并应尽量减少对环境的污染。

人工除灰渣劳动强度大，卫生条件差，常用于小型锅炉房。

2）机械除灰渣：

煤和灰渣在其运输特性上是有共性的，因此，前述的一些运煤设备，一般也可以用来转运灰渣。但是，灰渣需要从锅炉下的灰斗（灰坑）中清除出来。同时，炽热的灰渣还需先用水喷淋冷却，大块灰渣还得适当破碎。

A. 用卷扬机牵引有轨小车除灰渣。

这种除灰渣方式与单斗提升机类似，如图 24-69 所示。

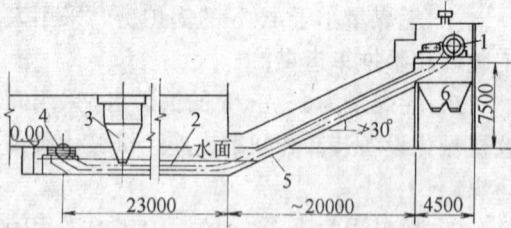

图 24-69　湿式框链刮板输送机
1—驱动装置；2—链条；3—落灰斗；
4—尾部拉紧装置；5—灰槽；6—灰渣斗

锅炉灰渣斗中的灰渣直接落在小车上，然后用卷扬机牵引小车沿轨道升高送至室外，卸入灰车或灰渣斗内。小车容量一般为 0.5~1m，小车可作成底开式。轨道上、下端都可装行程开关来控制小车的行程。

这种除渣方式系统简单，设备制造维修容易，投资少；但是，其输渣能力有限，常用于单台或两台锅炉的除渣。

B. 用刮板输送机除灰渣。

刮板输送机一般由链（环链或框链）、刮板、灰槽、驱动装置及尾部拉紧装置组成。如图 24-70 所示。

除渣机的中部侵入充满水的灰渣沟中，循环运行的链条借助于滑块在导轨上滑动。链条每隔一定距离设置刮板。刮板是由钢或铸铁加工成的平板，其宽度一般为 200~350mm。依靠刮板推动灰渣，沿灰渣槽进入渣斗或由灰车运往渣场。

链条速度一般为 0.1~0.2m/s，输送机倾角一般为 25°。

刮板输送机在中小型锅炉房中常采用湿式运灰渣的方式，劳动强度小，卫生条件好，安全生产条件得到保证。但其不能用于结焦较强的煤种，耗钢材较多，链条及转动部分的机件易磨损。

C. 用马丁除渣机除渣。

马丁除渣机主要由碎渣机构、排渣机构、水封槽和驱动装置等组成。其结构见图 24-71 所示。

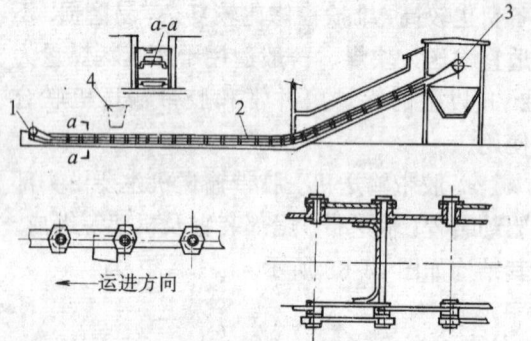

图 24-70　链条除渣机
1—牵引装置；2—链条；3—传动装置；4—灰渣斗

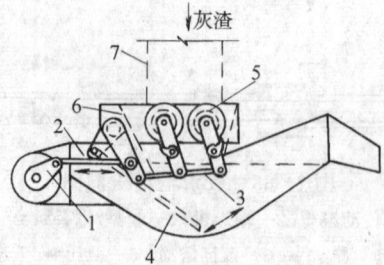

图 24-71　马丁除渣机
1—偏心拐；2—连杆；3—杠杆；4—推灰板；
5—带动滚筒的齿轮；6—水封挡板；7—落渣管

马丁除渣机工作时，电动机通过齿轮减速器后带动偏心拐转动，然后通过连杆拉动杠杆，一面使推灰板往复运动而将灰渣推出灰渣槽外，一面借棘轮使齿轮内转而带动轧滚转动以碎渣。为使热灰渣冷却，在灰槽内保持一定水位的循环水。此外，挡板伸入水封，以避免漏风。热灰渣从落渣管落下，经轧滚碎渣后落入灰渣槽中，再由推灰板推出。落灰管于锅炉燃烧设备相连。

马丁除渣机结构紧凑、体积小、布置方便、运行可靠；但结构较复杂、机械加工量大，在排灰渣量增大时易产生故障，且应配置运渣设备。一般用于蒸发量 6.5t/h 以上的链条炉或其他连续出渣的锅炉。

3）用螺旋除渣机除灰渣：

螺旋除渣机由驱动装置、螺旋机本体、进渣口、出渣口等几部分组成，是一种连续输送设备，如图 24-72 所示。

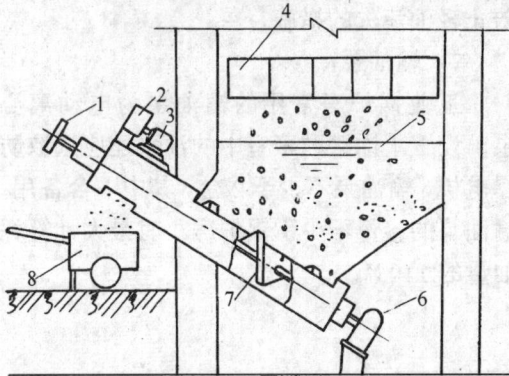

图 24-72　螺旋除渣机
1—链轮；2—变速箱；3—电动机；4—老鹰铁；
5—水封；6—轴承；7—螺旋轴；8—渣车

螺旋除渣机可作水平或倾斜方向运输，倾斜角不大于 20°。螺旋直径一般采用 200～300mm，电机转速为 30～75r/min。

螺旋除渣机设备简单，运行操作及维修都较方便，输送量较小。不适用于结焦性较强的煤。一般适用于蒸发量为 10t/h 以下的链条炉或往复推动炉排炉。

4）用圆盘式除渣机除灰渣：

圆盘除渣机又称斜轮除渣机，其结构如图 24-73 所示。

灰渣经落渣管进入渣槽，在水中冷却后，由出渣轮刮到机前运渣设备。由于落渣管插入出渣槽水面以下 100mm，保持必须的水封，保持锅炉的严密性。

该设备运行稳定，占地少，耗电少，锅炉房的卫生条件好；但是，其无碎渣设备，易被大块渣卡住，因此不适用于结焦性强的煤。

圆盘除渣机额定除渣量为 1～3t/h，一般用于单台蒸发量 10～20t/h 的燃煤锅炉除渣，并配以运渣设备。

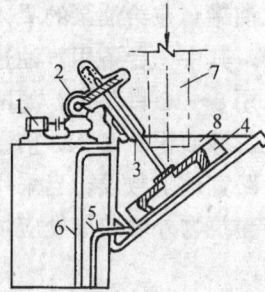

图 24-73　斜轮式除渣机
1—电动机；2—减速器；3—主轴；4—除渣轮；
5—供水管；6—溢水管；7—落渣管；8—出渣管

5）常用除灰渣方式

锅炉房除灰渣方式的选择主要根据锅炉类型，灰渣排除量，灰渣特性，运输条件及基建投资等条件，经经济比较后确定。

A. 锅炉房干灰渣排除量小于 1t/h 时，宜采用半机械化或简易机械化除渣；

B. 干灰渣排除量为 1～2t/h 时，宜采用简易机械化、机械化方式除灰渣；

C. 干灰渣排除量大于等于 2t/h 时，一般采用机械化除灰渣。

（3）燃油锅炉房油路输送系统

如同燃煤锅炉房必须有运煤、加煤系统一样，燃油锅炉房也必须有燃油的贮存、输送系统。锅炉房的燃油贮存、输送系统包括：贮油罐、输油泵、锅炉副油箱、输油管路及阀门配件等，如图 24-74 所示。

1）输油管路：

由贮油罐至锅炉给油泵的管道称为吸油管道；由给油泵出口至锅炉副油箱的管道，称为压油管道；二者总称锅炉房输油管道。输油管路的输油量应不小于锅炉计算总耗油量的 110%。

考虑输油管路的泄油，在安装时给油管路应设不小于 0.002 的坡度，为防止火灾蔓延和油品流散，应在管沟内设火灾隔绝措施（如利用防火枕、防火堵料堵绝等）。

每台给油泵出油管应装设止回阀和截止阀，止回阀应设在截止阀的前边，使油先流经止回阀，装止回阀是为了防止副油箱中的油倒流回贮油罐。在给油泵的吸入口应设两台油过滤器，其中一台备用，油过滤器的滤网网孔宜采用 8～12 目/cm²，滤网流通面积宜为其进口管截面积的 8～12 倍。

输油管路宜地上敷设。当采用地沟敷设时，地沟与建筑物外墙连接处应填沙或用防火材料隔断。

2）贮油罐：

锅炉房总贮油罐的贮油量应根据油的运输方式和供油周期等因素确定，并宜按下列要求选择：

A. 采用火车或船舶运输为 20～30d 的锅炉房最大计算耗油量；

B. 汽车油罐车运输为 5～10d 的锅炉房最大计算耗油量；

C. 油管路输送为 3～5d 的锅炉房最大计算耗油量。

贮油罐宜采用地下或半地下式，并应满足《建筑设计放火规范》的要求。

轻油贮油罐和重油贮油罐不应布置在同一防火堤内，对轻油罐的设置场所还应设置防止轻油流失的措施。

3）输油泵：

工业锅炉房常用的输油泵为电动离心泵，设置于油罐贮藏室中的油泵还应选取防爆电机，输油泵不少于 2 台，其中 1 台备用。输油泵的容量不少于锅炉房小时最大计算耗油量的 110%。

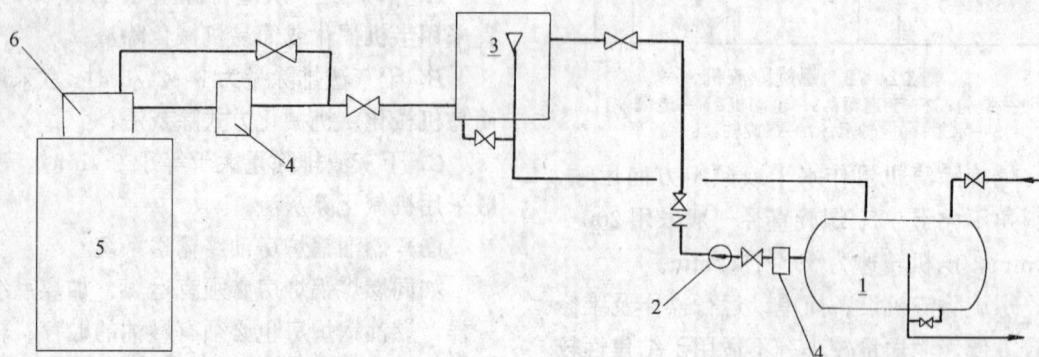

图 24-74　锅炉房贮油、输送系统简图

1—贮油罐；2—油泵；3—副油箱；4—油过滤器；5—锅炉；6—燃烧器

小　结

锅炉房运煤、除灰系统是锅炉房附属设备的重要组成部分，在中小型锅炉房中常用的运煤、除灰方式机械运煤、加煤和机械除灰。在中小型锅炉房中为了保护环境也常常采用柴油作为锅炉燃料。

习　题

1. 燃煤锅炉房常用的运煤设备有哪些？各自的优缺点是什么？
2. 燃煤锅炉房常用的除灰设备有哪些？各自的优缺点是什么？
3. 燃煤锅炉房常用的运煤、除灰方式有哪些？分别用在什么地方？
4. 燃油锅炉房对贮油罐、输油管路、输油泵都有哪些要求？
5. 绘图表示锅炉房输油系统的组成。

24.5.2 锅炉房通风系统

要保证锅炉燃料的正常燃烧，必须保证连续不断的向锅炉炉膛送入燃料燃烧所需要的空气，并能及时排走燃烧所产生的烟气，这一过程称锅炉的通风。为完成锅炉通风所采用的管道和设备，构成了锅炉房的通风系统。

（1）锅炉的通风方式

根据锅炉通风的动力不同，锅炉的通风可分为：自然通风和机械通风两种基本形式。

自然通风是利用烟囱内烟气和外界冷空气的密度差所产生的自抽力，来克服空气和烟气流动时的阻力。由于所产生的自抽力不会很大，一般只能适用于烟气阻力不大、无尾部受热面的小型锅炉，如常用于手烧炉。如图 24-75 (a) 所示。

机械通风方式根据锅炉炉膛的风压不同可分为：负压通风、正压通风和平衡通风。如图 24-75 (b、c、d) 所示。

负压通风只装设引风机，主要用引风机来克服烟道阻力和燃烧层及炉排的阻力，如图 24-75 (b) 所示，因此沿锅炉空气和烟气流程，气流均处于负压状态。若烟道、风道阻力很大，则炉膛就产生较大的负压，使漏风量增大，炉膛温度下降，降低锅炉效率。

正压通风只设送风机的通风方式，如图 24-75 (d) 所示。全部烟、风道及燃烧设备的阻力，基本上是由送风机来克服，只有一小部分由烟囱所产生的自抽力来克服，锅炉炉膛及烟道均处于正压状态，锅炉的燃烧强度及锅炉效率均有提高，但炉墙和烟道要求严密封闭，以防烟气外溢，污染环境，影响操作人员的安全。

平衡通风是锅炉的烟、风道中都设风机，如图 24-75 (c) 所示。利用设在风道中的送风机克服风道及燃烧设备的阻力；利用设在烟道中的引风机来克服烟道及炉膛的阻力。这种通风方式既能有效的调节送风量，满足燃烧的需要，又使锅炉炉膛处于合理的负压，

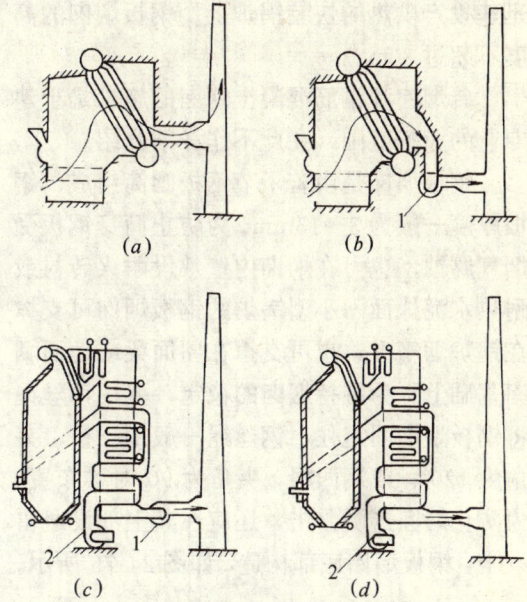

图 24-75　锅炉的通风系统
(a) 自然通风；(b) 负压通风；
(c) 平衡通风；(d) 正压通风
1—引风机；2—送风机

锅炉安全的运行，锅炉房的卫生条件较好，因此，在中小型锅炉中得到了广泛的应用。

（2）烟囱及风、烟道

1）烟囱的种类及构造：

烟囱按其材料不同可分为：砖烟囱、钢筋混凝土烟囱和钢板烟囱三种。

砖烟囱具有取材方便，造价低廉，耗用金属少，使用年限长等优点，在中小型锅炉房中得到广泛应用，其高度一般不超过 60m。适用于地震烈度为七度及七度以下的地区。砖烟囱的缺点是易产生裂缝，影响通风和安全运行。

钢筋混凝土烟囱具有对地震的适应性强，使用年限长等优点；但需耗用的金属量大，造价也较高，常用于高度超过 60m 或地震烈度在七度以上的地区。

钢板烟囱具有自重轻、占地少、安装快、抗震能力强等优点，但耗金属量大；而且，易受氧化锈蚀和烟气腐蚀。因此，必须经常维护保养，以提高其使用年限。钢板烟囱一般用于容量较小的锅炉，临时性锅炉房及要求

迅速投产供热的快装锅炉上。钢板烟囱的高度不超过 30m。

砖烟囱和钢筋混凝土烟囱的施工是土建专业的业务范围，在此不作详细介绍。

钢板烟囱是由若干节钢板圆筒组成，钢板厚度一般为 3~15mm。为防止筒身钢板受烟气腐蚀，也可在烟囱内壁敷设耐火砖衬或耐热水泥抹面。小型锅炉的钢板烟囱可支撑在锅炉烟箱上，也可支撑在屋面梁或地面烟囱基础上。为维持烟囱的稳定，要用钢丝绳将钢板烟囱固定住，钢丝绳一般用三根，夹角为 120°；或用四根，夹角为 90°对称布置。为防止烟囱遭受雷击，还应在其上部设避雷设施。钢板烟囱底部构造，如图 24-76 所示。

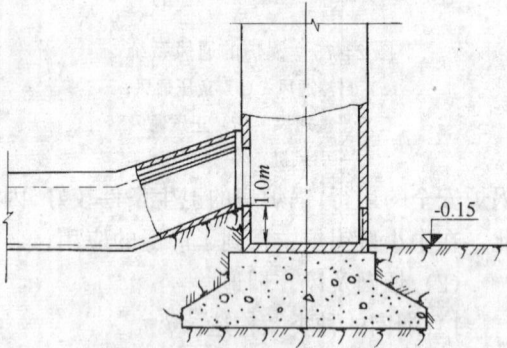

图 24-76　钢板烟囱底部构造图

2）风、烟道的结构：

锅炉房的送风管道是从空气吸入口至送风机入口，再从送风机出口至炉膛的这段管道，其任务是输送空气以满足燃料燃烧的要求。

锅炉房的引风管道是从炉膛至引风机入口，再从引风机出口至烟囱的这段管道，其任务是输送燃料燃烧所产生的烟气。

风道的形状有圆形和矩形。按材料不同可分为：钢板风道、砖砌风道。钢板风道钢板的厚度一般为 2~3mm，以圆形的较矩形的节约材料。

烟道的形状有圆形、矩形及圆拱形。按材料不同有：钢板烟道、砖砌烟道。钢板烟道钢板的厚度一般为 3~4mm。常用于和设备相连接处，如和锅炉、除尘器、引风机等。

对矩形风、烟道应配以足够的加强筋，以确保其强度和刚度的要求。

对于烟道，常用砖砌，但因烟气温度较高，应在砖砌烟道中设内衬。当烟气温度不大于 400℃时，可用 MU10 机制砖砌筑；当烟气温度大于 400℃时，内衬采用耐火砖及耐火沙浆砌筑。砖砌烟道的形状为圆弧拱形，如图 24-77 所示。

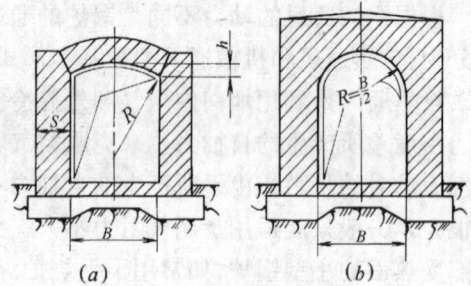

图 24-77　砖砌烟道的结构
(a) 大圆弧拱形；(b) 半圆弧拱形

大圆弧拱顶净高 h 一般约为烟道宽度 B 的 15%。为了便于烟道清灰，烟道的宽度不应小于 0.6m，高度不宜小于 1.5m，并应在适当位置设置清灰口，其尺寸不应小于 0.4m（宽）×0.5m（高），清灰口用砖和黄泥沙浆砌筑，以便清灰时打开及减少漏风。

燃用煤粉、重油或天然气的锅炉，在点火操作不当或燃烧不稳定时会发生爆炸，因此，必须在尾部烟道上装设防爆门来保护炉墙，且位置不得设于有人停留或通行处。

（3）风机

锅炉的送、引风机有离心式和轴流式两类。轴流式风机的效率较高，可达 85%~90%，但每级所产生的压头较小，因此在锅炉的通风中较少采用。离心式风机的效率较低，一般不超过 80%~85%，在中小型锅炉上，其效率一般为 68%~72%之间。离心式风机所产生的压头较大，结构也较简单，故在锅炉通风中得到广泛应用。

离心通风机是由叶轮、机壳、吸气口、排气口、机轴以及轴承、底座等部件组成，如图 24-78 所示。

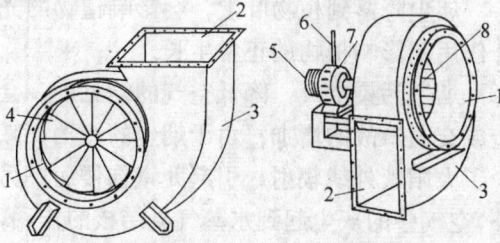

图 24-78　送、引风机外形图

(a) 送风机；(b) 引风机

1—吸风口；2—出风口；3—外壳；4—风量调节器；

5—皮带轮；6—冷却水管；7—轴承座；8—叶轮

离心式风机按其风压高低可分为：低压风机（$\Delta P \leqslant 0.98\text{kPa}$）、中压风机（$0.98 < \Delta P \leqslant 2.94\text{kPa}$）、高压风机（$\Delta P > 2.94\text{kPa}$）。风压更高的风机，对于中小型锅炉很少采用。

离心式风机的型号是由：名称、型号、机号、传动方式、旋转方向和出风口位置六个部分组成。一般的书写顺序如下：

Y 9-35-11 No10 D 右 90°

Y——表示风机名称，Y 表示锅炉的引风机，对于锅炉的送风机则无这个符号；

9-35-11——表示风机的型号，9 表示风机在最高效率点时全压系数乘 10 后的化整数，在本例中风机的全压系数在 0.9 左右；35 表示风机在最高效率点时比转数的化整数，在本例中风机的比转数为 35 左右；11 表示两个内容，第一个数字表示吸入口的形式，1 表示单吸入口，双吸入口用 2 来表示，第二个数字为风机的设计顺序号，1 表示该风机为第一次设计；

N o10——表示风机的机号，是将风机的叶轮直径用 dm 来表示，本例的叶轮直径为 10dm 即 1000mm；

D——表示传动方式，共分为 A、B、C、D、E、F 六种，如图 24-79 所示。

图中 A 为风机和电动机同轴的直接传动，D、F 为风机和电动机采用联轴器连接的

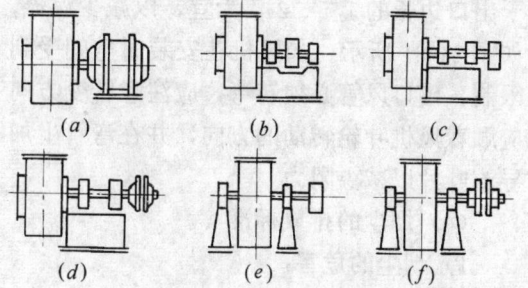

图 24-79　风机与电动机的连接方式

直接传动，风机和电动机的转速相同，直接传动的优点是结构简单、布置紧凑、传动效率高；图中 B、C、E 为皮带轮传动的间接传动，通过改变风机和电动机的皮带轮直径，可以改变风机的转速。

图中 A、B、C、D 四种传动方式的转动轴不伸入叶轮中间，为悬臂支撑，这种支撑的优点是叶轮的气流状态好，维修风机方便。对于功率较大的风机，则必须采用 E、F 传动支撑方式，即将轴承架于风机两侧，传动轴穿过风机机壳和叶轮，这种支撑的优点是运行平稳。

右 90°表示风机旋转方向和出风口位置，如图 24-80 所示。（从电机或皮带轮一侧正视，叶轮顺时针为右转，逆时针为左转。）

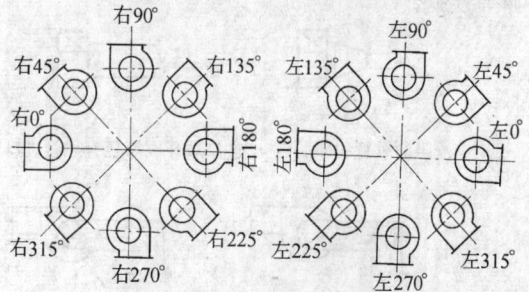

图 24-80　离心风机出风口位置

引风机的外壳一般用钢板焊接而成，为防止磨损，常在外壳板上附一层厚的衬板。

风机和风管系统的不合理的连接能使风机性能急剧地变坏，因此在风机和风管连接时，要使气体介质在进出风机时尽可能保持均匀一致，不要有方向和速度的变化，风机出口的连接管最好保持直管段，长度以不小

663

于出口边长的 1.5～2 倍为宜，以减少涡流，如图 24-81 所示。如风机在安装时空间受到限制，出口风管必须转弯，应注意转变方向应顺着风机叶轮转动的方向，并在弯管上加导流叶片以减少阻力。

（4）烟尘的排放标准

1）烟尘的危害：

烟尘由两部分组成：其一是燃料中的硫及氮的氧化物气体，以及碳氢化合物在缺氧的条件下，分解和裂变出来微小碳粒（碳黑），其粒径为 $0.05～1.0\mu m$，烟气中碳黑多时即形成黑烟。其二是由于烟气的扰动作用而被带走的灰粒和未燃尽的煤粒，其粒径为 $1～100\mu m$。

粒径小于 $10\mu m$ 的尘粒能长时间飘浮在空气中，称为飘尘。粒径大于 $10\mu m$ 的尘粒，由于自身重力的作用，在短时间内可以降落在地面上，称为落尘。中小型锅炉排除的烟尘中 $10\%～30\%$ 是小于 $5\mu m$ 的尘粒。这些微粒具有很强的吸附能力。很多有害气体、液体及金属元素被吸附在烟尘粒上，随着人的呼吸进入人体内，刺激呼吸道，造成气管炎、支气管哮喘，以至进入人体肺部，引起肺气肿等疾病。

烟尘降落到植物叶上，会影响植物的光合作用，影响植物的正常生长。

烟尘污染空气，降低空气的能见度，会造成交通事故的增加；由于烟尘的遮挡，减少了太阳紫外线辐射，引起儿童佝偻病；另外，空气中的灰尘起到水蒸气凝结核的作用，且大量废热排入空气，这样就使空气中的温度、湿度及降雨量发生变化。

烟气中的灰尘，还将严重影响某些工业产品的质量，如纺织、食品及仪表等。

总之，锅炉排放的烟尘是一种空气的污染物，对环境、人体健康、生态平衡及工农业生产都有较严重的影响，必须加以控制。

2）烟尘的排放标准：

为了防止锅炉烟尘在空气中浓度过大，防止污染，保护环境，我国对中小型锅炉烟尘允许排放浓度按"锅炉大气污染物排放标准"（GB 13271—91）中的规定进行选用，如表 24-8。

锅炉排出烟尘的初始浓度与燃烧方式、煤种、锅炉炉型及运行管理等多种因素有关，在"锅炉初始排放最高允许烟尘浓度和烟气黑度"中（GB 13271—91）给出规定，如表 24-9。锅炉的排烟尘浓度不得超过这规定数值。

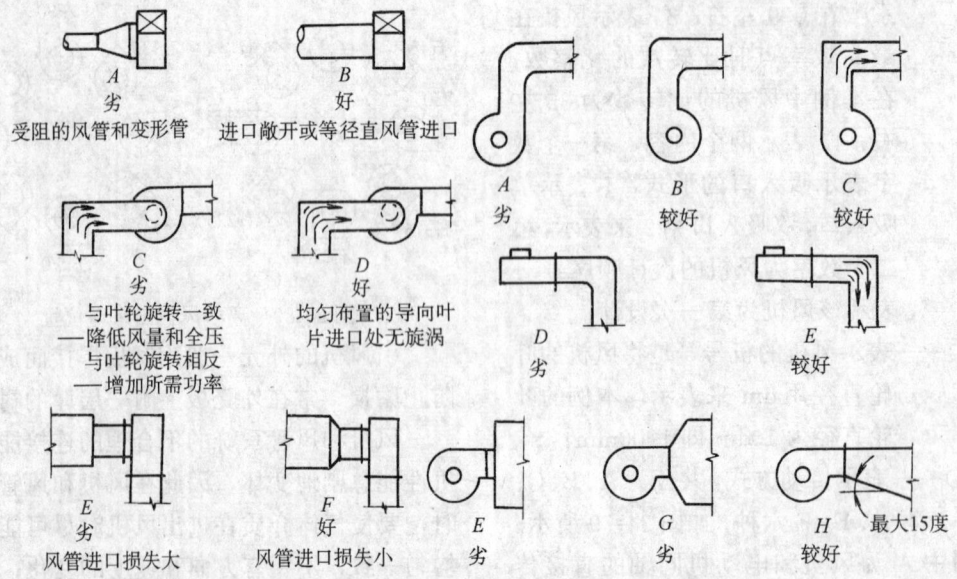

图 24-81　通风机进出风口连接的优劣比较

664

区域类别	适用地区	烟尘浓度 (mg/Nm³)	二氧化碳浓度 (mg/Nm³) 燃煤含硫量 ≤2%	燃煤含硫量 >2%	林格曼黑度 (级)	备注
1	国家规定的自然保护区、风景游览区、名胜古迹和疗养地等	≤100				
2	居住区、商业交通居住区、文化区、名胜古迹和广大农村	≤250	≤1200	≤1800	≤1	1992 年 8 月 1 日起立项新安装或更换的锅炉
3	大气污染较严重的城镇和工业区、以及城市交通枢纽干线等	≤350				

限值 燃烧方式		烟 尘 浓 度 (mg/Nm³) 煤的灰分 A^y≤25% 1993 年 1 月 1 日~1995 年 12 月 31 日	1996 年 1 月 1 日以后	煤的灰分 A^y>25% 1993 年 1 月 1 日~1995 年 12 月 31 日	1996 年 1 月 1 日以后	林格曼黑度级
层燃炉	≤2.8MW	2000	1800	2200	2000	
	>2.8MW	2400	2000	2600	2200	
沸腾炉	循环硫化床炉	15000				1
	煤矸石	30000				
	其他煤种	20000				
抛煤机炉		5000		5500		

一般说的消烟除尘，是指把烟气的黑度和含尘量降低到不至于污染环境和危害人体健康的程度。

（5）除尘设备

在中小型锅炉房中，为了消烟除尘，使锅炉的排烟达到排放标准的规定，常用的除尘设备有旋风除尘器和湿式除尘器。

1）旋风除尘器：

旋风除尘器是利用离心力的作用，把尘粒从烟气中分离出来的装置。由于结构简单，处理气体量大，除尘效率高，管理方便，在中小型锅炉中应用的较普遍。

A. 立式旋风除尘器。

图 24-82 为 XZZ 型旋风除尘器结构示意图，是由筒体、烟气进口管、平板反射屏、烟气排除管、及排灰口等组成。

含尘烟气以 18~20m/s 的流速从进口切向引入除尘器后，由上而下在筒体内壁作高速旋转运动（形成外涡流），逐渐旋转到底部的烟气，再沿筒体轴心向上旋转（形成内涡流），最后从筒体的上口引出。而烟气中的尘粒在离心力的作用下，被甩向筒壁，在重力和下旋气流的作用下，沿筒壁落入灰斗。

该除尘器由于采用了收缩、渐扩形入口，提高了烟气进口流速，使离心力增大。除尘效率高（约在 90%~93%）。使用于 1~4t/h 的层燃炉。

B. 立式多管旋风除尘器。

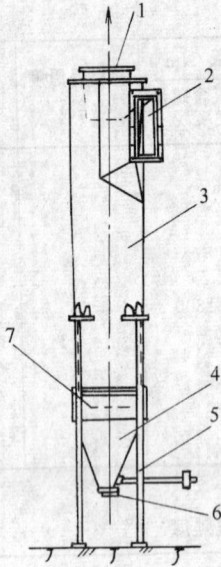

图 24-82　XZZ 型旋风除尘器

1—烟气出口；2—烟气进口；3—除尘器本体；

4—灰斗；5—支架；6—排灰阀；7—反射屏

当锅炉的排烟量增大时，由于除尘器入口的烟气流速要保持在合理的范围内，因此，必须用多个小型旋风除尘器并联来组成除尘装置。立式多管旋风除尘器就属于这种除尘装置。

该除尘器是由多个立式小旋风子组装在一个具有烟气进、出管，烟气分配室及出灰斗的壳体内所组成，其结构如图 24-83 所示。

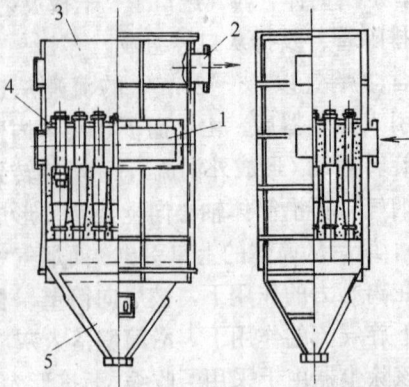

图 24-83　立式多管旋风除尘器

1—烟气进口；2—烟气出口；3—排气室；

4—旋风子；5—贮灰斗

当烟气经导向器进入旋风子内部时，使

含尘烟气产生旋转，在离心力的作用下，尘粒被抛到壳内壁，沿内壁下落到贮灰斗，最后由锁气器排除。而净化后的烟气在引风机的作用下，形成内旋流，经排气管汇于排气室后排走。

该除尘器的烟气处理量大，除尘效率较高（可达 92%～95%），和烟道的连接容易，布置方便；但耗金属量大，易磨损。

C. 卧式旋风除尘器。

如图 24-84 所示，是卧式旋风除尘器结构简图。

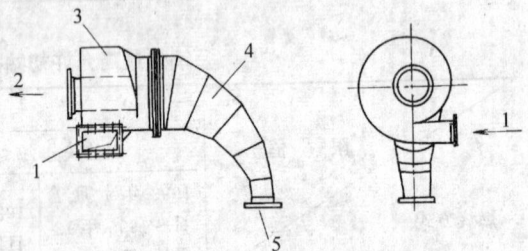

图 24-84　卧式旋风除尘器简图

1—烟气入口；2—烟气出口；3—进气蜗壳；

4—牛角形锥体；5—排灰口

简体为对数螺旋线的蜗壳。烟气由切向入口进入蜗壳内，使气流稳而均匀的旋转，减少了除尘器内部的涡流。旋转烟气沿内壁向牛角锥尖方向流动，被分离出来的尘粒落入牛角尖处经锁气器排除。而净化的烟气又从牛角尖附近以螺旋线旋转返回，最后由烟气出口排出。其效率较高（可达 92%），由于其为卧式，降低了除尘器的高度，使安装方便。其使用于容量为 1～4T/h 的小型锅炉。

D. 双级涡旋除尘器。

如图 24-85 所示，为 XS 型双级涡旋除尘器结构简图。这种除尘器是由一大旋风蜗壳和一小旋风分离器组成。

含尘烟气切向进入大旋风蜗壳，在旋转离心力的作用下，尘粒被抛向大蜗壳的外边缘，当烟气旋转到 270° 时，最外边缘上约

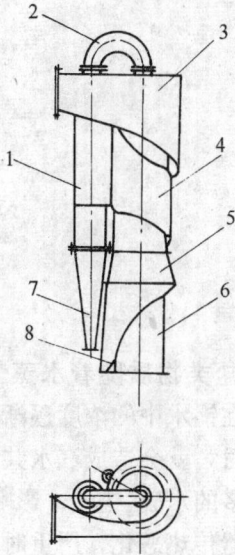

图 24-85　XS 形除尘器简图
1—小旋风；2—排气连接管；3—大蜗壳；
4—平旋蜗壳；5—变径管；6—排气管；
7—小旋风灰斗；8—大旋风灰斗

15％～20％的含尘浓缩的烟气进入小旋风分离器进一步净化。未进入小旋风的内层烟气，一部分进入平旋涡壳在旋风中继续旋转分离，另一部分气流通过芯管与管壁之间的间隙与新进入除尘器的气流汇合，形成二次回流，以增加细尘粒的捕集概率。这两部分气流净化后，沿高度方向经导流叶片，在大旋风排气芯管与小旋风分离器排除的气体汇合，然后一同向下排出除尘器，灰尘则从旋风筒下部的灰斗中排除。

该除尘器的除尘效率较高（可达 88％～92％），除尘器下部排烟，与引风机连接方便，使用于容量为 1～20t/h 的锅炉。

2）湿式除尘器：

利用水形成的水膜或水滴和含尘的烟气接触，利用尘粒的亲水性，使尘粒从烟气中分离出来的装置，统称为湿式除尘器。如图 24-86 所示为压力式水膜湿式除尘器。供水由给水管经下联箱流进管束，由管顶直径 3mm 节流孔溢出，使管子外壁形成水膜。烟气自管外横向流过管束，使烟气中的尘粒被截流下来。

湿式水膜除尘器的结构简单、投资省、维修工作量也小。其除尘效率较高（可达 85％～90％），只要保持正常的供水，运行是相当稳定可靠的。由于湿式除尘废水中溶解了一定量的 SO_2，故废水具有腐蚀性，必须对除尘器采取一定的防腐措施。在我国的东北及华北地区，应考虑防冻措施。

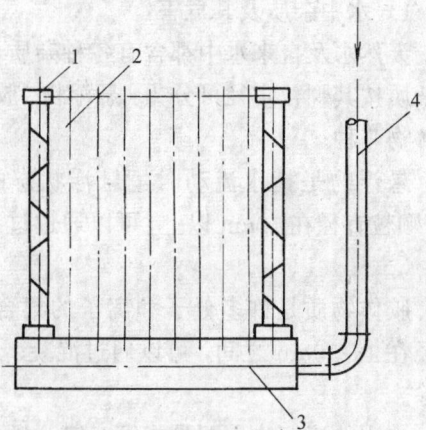

图 24-86　压力式水膜除尘器
1—水帽；2—管束；3—下联箱；4—给水管

小　结

　　锅炉房的通风系统的通风方式有自然通风、正压通风、平衡通风、负压通风；风烟道常用的材料为钢板，结构形式有圆形和矩形。烟囱有钢板烟囱、砖砌烟囱、钢筋混凝土烟囱。锅炉常用消烟除尘设备及烟气的排放标准。

习　题

1. 简述烟尘的危害。
2. 简述中小型锅炉消烟除尘常用的除尘器的种类及特点。
3. 简述中小型锅炉烟气排放标准。
4. 常用的通风方式有几种？它们各自应用于什么场合？
5. 中小型锅炉风、烟道常用的材料是什么？其结构如何？
6. 解释 Y5-47No8C 风机型号的意义。
7. 中小型锅炉常用烟囱的材料是什么？各自应用于什么场合？

24.5.3　锅炉给水处理

在锅炉房所使用的水源中，存在着一些杂质，不能直接应用于锅炉给水，必须经过处理，符合锅炉水质要求后，才能供给锅炉应用，否则会影响锅炉运行的安全、稳定。

（1）水处理的一般常识

1）水中杂质及其危害：

天然水及自来水中都含有各种杂质，这些杂质按其颗粒直径可分为：悬浮物、胶体、溶解物三种。

悬浮物是指水流动时呈悬浮状态的物质，颗粒直径在 $10\mu m$ 以上，可以通过过滤去除。

胶体物质是许多分子和离子的集合体，粒径在 $1\sim10\mu m$ 之间，可以通过混凝、过滤去除。

水中的溶解物主要是指钙、镁、钾、钠等盐类以及氧和二氧化碳等气体，可以通过物理、化学以及物理化学等方法去除。

水中的悬浮物和胶体物质一般在水厂经混凝和过滤处理后，大部分都被清除，形成无色、透明、澄清的水，如果将这种水直接送入锅炉，水中的溶解物（主要是钙、镁盐类）就会析出或浓缩沉淀出来，其中一部分附着在受热面内壁，形成坚硬而致密的水垢。

由于水垢的导热系数较钢小 30～50 倍，结垢后会使传热效果显著变坏，管道流通截面积变小，从而导致锅炉效率下降，烧坏受热面管子，缩短锅炉的使用年限。

水中的盐类物质随着水蒸气的不断蒸发、浓缩，在锅水中的浓度逐渐增大，当达到一定限度时，就会造成汽水共沸，使水蒸气中含有较多的水分、盐分，影响蒸汽品质，使蒸汽过热器传热恶化，严重时烧坏蒸汽过热器。

另外，锅水的碱度过大，会引起锅炉金属的晶间腐蚀（苛性脆化），造成锅炉的裂管爆炸事故。溶解在水中的氧及二氧化碳气体会造成受热面的腐蚀。

由此可见，为了锅炉安全、经济运行，必须对锅炉给水进行处理：去除水中的悬浮物（给水过滤）；降低锅炉给水中的钙、镁盐类的含量（给水软化）；减少水中的含氧量（给水除氧）。使锅炉给水符合锅炉水质要求。

2）水质指标与水质标准：

A. 水质指标。

用来表示水中杂质含量的指标称为水质指标，其主要指标如下：

a. 悬浮物　表示水中不溶解的固态杂质含量，单位为 mg/L。

b. 溶解固形物　将滤出悬浮物后的水进行蒸发和干燥后所得的残渣，单位为 mg/L。溶解固形物包括水中所含的有机物，是水中含盐量的近似指标。

c. 硬度（H）　硬度是溶解于水中能够形成水垢的物质—钙、镁等盐类的总含量。因此，把水中钙、镁离子的总含量称为总硬度（H），单位为 mg/L。

水中的硬度又可分为碳酸盐硬度和非碳

酸盐硬度。

a）碳酸盐硬度（H_T）溶解于水中的重碳酸钙 Ca（HCO_3）$_2$，重碳酸镁 Mg（HCO_3）$_2$ 和钙、镁的碳酸盐称为碳酸盐硬度（H_T），由于一般天然水中钙、镁的碳酸盐含量很少，所以可以将碳酸盐硬度视为钙、镁的重碳酸盐。这些盐类很不稳定，在水加热至沸腾后，可分解生成沉淀物析出，故又称暂时硬度。

b）非碳酸盐硬度（H_{FT}）水中总硬度与碳酸盐硬度的差就是非碳酸盐硬度（H_{FT}），如水中的氯化钙（$CaCl_2$）、氯化镁（$MgCl_2$）、硫酸钙（$CaSO_4$）、硫酸镁（$MgSO_4$）等，这些盐类不会因加热而沉淀析出，故称为永久硬度。

由此可见，总硬度等于暂时硬度和永久硬度之和。

即　　　　$H = H_T + H_{FT}$

d. 碱度（A）　是指水中含有的能接受氢离子物质的量，如：氢氧根（OH^-），碳酸根（CO_3^{2-}）、重碳酸根（HCO_3^-）等一些弱酸盐类和氨等，都是水中常见的碱性物质。

水中的氢氧根碱度和重碳酸根碱度不能同时存在，因为二者相遇会发生中和反应，如下式

$$HCO_3^- + OH^- \rightarrow CO_3^{2-} + H_2O$$

很显然，水中的暂时硬度，即钙、镁的碳酸盐和重碳酸盐，也属于水中的碱度。当水中的碱度较高时，水中还会含有除"暂硬"以外的碱度，我们称之为钠盐碱度，当水中钠盐碱度存在时，它能使永久性硬度消失，其具体反应如下：

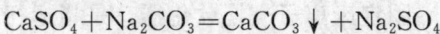

$$CaSO_4 + Na_2CO_3 = CaCO_3\downarrow + Na_2SO_4$$

可见水中的钠盐碱度和永久硬度不能同时存在，故又将钠盐碱度称为"负硬"。

由上所述，水中的硬度、碱度存在情况归结为三种，如表 24-10 所示。

e. 相对碱度。指锅水的碱度折算为游离的 NaOH 的量与溶解固形物的比值。相对碱度是为防止锅炉苛性脆化而规定的一项技术指标，我国规定相对碱度值必须小于 0.2。

硬度与碱度的相互关系　　　表 24-10

分析结果＼硬度	H_T	H_{FT}	"负硬度"
H＞A	A	H－A	0
H＝A	A	0	0
H＜A	H	0	A－H

f. pH 值。指水中酸碱性的指标，对锅水和锅炉给水的具体规定如表 24-11，表 24-12 和表 24-13。

锅内加药水处理蒸汽锅炉水质标准

表 24-11

项　目	给水	锅水	项　目	给水	锅水
悬浮物 mg/L	≤20		pH（25℃）	≥7	10～12
总硬度 mmOL/L[①]	≤4		溶解固形物 mg/L[③]		＜5000
总碱度 mmOL/L[②]	8～26				

注：① 硬度 mmOL/L 的基本单元为 C（1/2Ca^{2+}、1/2Mg^{2+}），表 24-12，表 24-13 如其相同；

② 碱度 mmOL/L 的基本单元为 C（OH^-、HCO_3^-、1/2CO_3^{2-}），表 24-12，表 24-13 如其同；

③ 如测定溶解固形物有困难时，可采用测定氯离子（Cl^-）的方法来间接控制，但溶解固形物与氯离子（Cl^-）的比值关系应根据实验确定，并应定期复测和修正此比值关系。

g. 溶解氧。是指溶解于水中的氧气含量，单位为 mg/L。由于其在碱性条件下，能对锅炉造成较严重的腐蚀，所以锅炉对给水含氧量应进行控制，具体规定如表 24-11，表 24-12 和表 24-13。

h. 另外，锅炉给水及锅水中，还应对含油量、磷酸根、亚硫酸根等水质指标进行控制其具体规定，如表 24-12 所示。

B. 水质指标常用单位。

水质指标的常用单位为 mg/L、mge/L。另外还有德国度（°G）、百万分单位（ppm）及毫摩尔/升（mmoL/L）。

锅外化学水处理蒸汽锅炉水质标准　　　表24-12

项　　目		给　　水			锅　　水		
		≤1.0	>1.0 ≤1.6	>1.6 ≤2.5	≤1.0	>1.0 ≤1.6	>1.6 ≤2.5
悬浮物（mg/L）		≤5	≤5	≤5			
总硬度（mmOL/L）		≤0.03	≤0.03	≤0.03			
总碱度（mmOL/L）	无过热器						
	有过热器				6~26	6~24	6~16
pH（25℃）		≥7	≥7	≥7	10~12	10~12	10~12
溶解氧（mg/L①）		≤0.1	≤0.1	≤0.05			
溶解固形物（mg/L）	无过热器				<4000	<3500	<3000
	有过热器					<3000	<2500
SO₃²⁻（mg/L）					10~30	10~30	
PO₄³⁻（mg/L）					10~30	10~30	
相对碱度 游离NaOH/溶解固形物					<0.2	<0.2	
含油量（mg/L）		≤2	≤2	≤2			

①当锅炉额定蒸发量大于等于6t/h时应除氧，额定蒸发量小于6t/h的锅炉，如发现局部腐蚀时，应采取除氧措施。对于供气轮机的锅炉给水含氧量应小于等于0.05mg/L。

C. 水质标准。

为了防止锅炉的结垢、腐蚀及锅水起沫，对锅炉给水及锅水均要求达到规定的水质标准（GB 1576—96）如表24-11，表24-12及表24-13。

热水锅炉水质标准　　表24-13

项　　目	锅内加药处理③		锅外化学处理	
	给水	锅水	给水	锅水
悬浮物（mg/L）	≤20		≤5	
总硬度（mmOL/L）	≤4		≤0.6	
pH（25℃）	≥7	10~12	≥7	10~12②
溶解氧（mg/L）①			≤0.1	≤0.1
含油量（mg/L）	≤2		≤2	

①锅炉额定热功率大于等于4.2MW时应除氧，额定热功率小于4.2MW的锅炉应尽量除氧。

②通过补加药剂使锅水pH值控制在10~12。

③锅炉额定热功率小于等于2.8MW的热水锅炉可以采用加药处理，但必须对锅炉的结垢、腐蚀和水质加强监督，认真做好加药工作。

该标准使用于额定出口压力≤2.5MPa的蒸汽锅炉和热水锅炉。

（2）离子交换软化设备的结构及运行

用于制取软化水的离子交换设备称为离子交换软化器。根据运行方式不同，离子交换软化器可分：固定床和运动床。其中固定床又根据离子交换剂的运行状态不同分为：顺流再生离子交换软化器、逆流再生离子交换软化器和浮动床离子交换软化器；运动床又可分为：移动床和流动床。

1）固定床离子交换软化器及其运行：

固定床离子交换软化器，是指运行过程中，软化器中的交换剂层是固定不动的，原水由上而下经过交换剂层，使水得到软化。

A. 顺流再生离子交换软化器及其运行。

顺流再生是指再生时再生液的流动方向和软化时水流向一致。图24-87为顺流再生离子交换软化器的结构示意。其由交换器本体、进水分配漏斗、再生液分配装置、底部排水装置和顶部排水管组成。

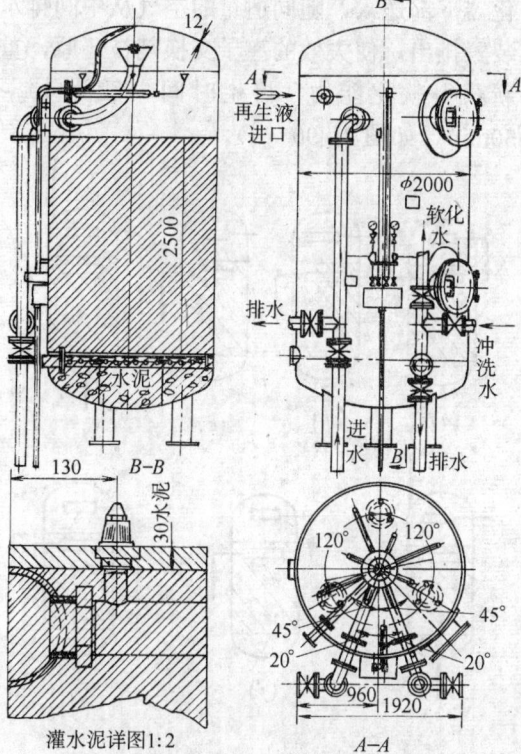

图 24-87　顺流再生离子交换器

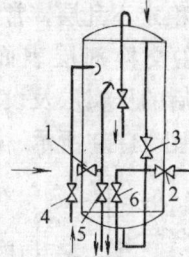

图 24-88　顺流再生离子交换器操作示意
1—进水阀；2—软水阀；3—反洗水进水阀；
4—再生液进口阀；5，6—排污阀

交换软化器常用的规格有：$\phi500$、$\phi700$、$\phi750$、$\phi1000$、$\phi1200$、$\phi1500$ 及 $\phi2000$ 等几种。

交换软化器中的交换剂，在新投入使用前，要先用 10% 的 NaCl 溶液浸泡 18～20h，以防交换剂在遇水急剧膨胀后破碎。

固定床顺流再生离子交换软化器运行程序为：软化→反洗→再生（还原）→正洗四个步骤。如图 24-88 所示。

a. 软化。打开阀门 1 和 2，水自上而下流过交换剂层，使水中硬度被截流在交换剂层中，从而使水得到软化，在运行时产生的软化水应每隔 2 小时化验一次，当残余硬度达到 50mg/L 以上时，则要每小时化验一次，当接近超标时，应每半小时或更短时间化验一次，当出水硬度达到规定值时，应立即停止软化，进行再生前的准备阶段——反洗。

b. 反洗。其目的是松动软化时被压实的交换剂层，为使还原液能充分地和交换剂接触创造条件。打开阀门 3 和 5，关闭其余的阀门，水自上而下以 $3～5L/m^2 \cdot s$ 的强度流经离子交换剂层，反洗应进行到出清水为止，反洗时间一般需 10～20min。

c. 还原（再生）。其目的是使失效的交换剂恢复软化的能力。开启阀门 4 和 6，关闭其他阀门，以 5%～8% 的食盐（NaCl）溶液由顶部的盐液分配装置喷出，流过失效的交换剂层，废盐液经底部集水装置汇集，由阀门 6 排走，再生流速为 3～5m/h。

d. 正洗。正洗的目的是清除交换剂中残余的再生液和再生产物。开启阀门 1 和 6，清洗水由顶部流下，清洗后的废水由阀 6 排走，正洗时间通常为 30min 左右，流速为 6～8m/h。当正洗的残留硬度<2.5mg/L 时结束正洗，进入下一个软化过程。

顺流再生离子交换软化器的优点是：结构简单、运行维修方便，对水质适应性强，但再生效果不理想，耗再生液数量较多。

B. 逆流再生离子交换软化器及其运行。

逆流再生就是再生时，再生液的流向和水软化运行时的流向相反通常是盐液从交换器下部进入，上部排出，这样新进入的再生液首先与软化器底部尚未完全失效的交换剂接触，使其得到很高的再生程度，随着再生液继续向上流动，上部失效的离子交换剂被逐渐地再生。

逆流再生离子交换软化器具有出水质量高，盐耗低，但在运行时，离子交换剂在软化器中应保持稳定不乱层，常采取设置中间排水装置及在交换剂层表面铺设一层厚 150～200mm 后的压实层及设水顶压、气顶压等方法。如图 24-89 所示。

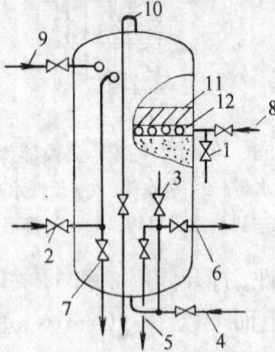

图 24-89　逆流再生离子交换器
1—废再生液出口；2—进水阀；3—反洗水阀；
4—再生液进口；5、7—排水；6—软化出水；
8—小反洗进水；9—进气管；10—排气管；
11—压实层；12—中间排水装置

在小型软化器中，也可采用小流速，即再生和反洗时流速在 1.6～2m/h 的范围内，这样可保证交换剂稳定不乱层。

逆流再生离子交换软化器的操作步骤如下：

a. 小反洗。开启阀门 8、7。在软化器失效并停止运行后，从中间排水装置 12 引进反洗水，并从交换器上部排出，以冲去运行时积聚在压实层表面及中间排水装置以上的污物，小反洗水流速度在 12m/h 以下，如图 24-90（a）。

b. 排水。小反洗结束后，待压实层的颗粒下落后，开启空气阀 10 和再生液出口阀 1，放掉中间排水装置上部的水，如图 24-90（b）。

c. 顶压。如采用压缩空气顶压时，可从软化器顶部送入压缩空气，（开启阀门 9）气压维持在 0.03～0.05MPa 的范围内，以防止交换剂乱层，如图 24-90（c）。

d. 再生（还原）。在顶压情况下，开启阀门 4、1。可将再生液以 4～6m/h 的流速从软化器下部送入，随同适量的空气从中间排水装置排出，使失效的离子交换剂被还原，重新获得软化能力，再生时间一般为 40～50min。如图 24-90（d）。

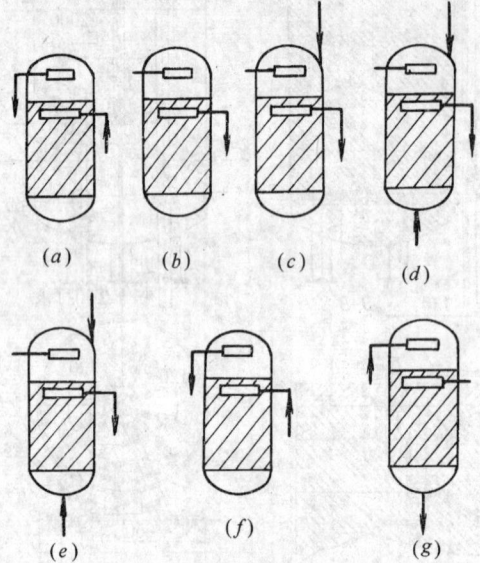

图 24-90　气顶压法逆流再生操作示意图
（a）小反洗；（b）排水；（c）顶压；（d）再生；
（e）逆流冲洗；（f）小反洗；（g）正洗

e. 逆流冲洗。当再生液进完后，在有顶压的情况下，开启阀门 3、1。将逆洗水从软化器下部送入，进行逆流冲洗，水从中间排水装置排出，如图 24-90（e）所示。逆流冲洗的时间为 30～40min。

f. 小反洗。停止逆流冲洗和顶压，放尽软化器内的剩余空气，然后如 A 的操作程序（开启阀门 7、8）进行小反洗，将压实层部分的剩余再生液洗尽，时间约为 3～5min，如图 24-90（f）所示。

g. 正洗。最后，开启阀门 2、5。用水由上而下进行正洗，直到出水水质符合要求为止，其流速为 15～20m/h，如图 24-90（g）所示。

h. 软化。当正洗完成后就可以进行下一个软化过程，开启阀门 2、6。生水进入软化器，经过离子交换后，使水得到软化，在软

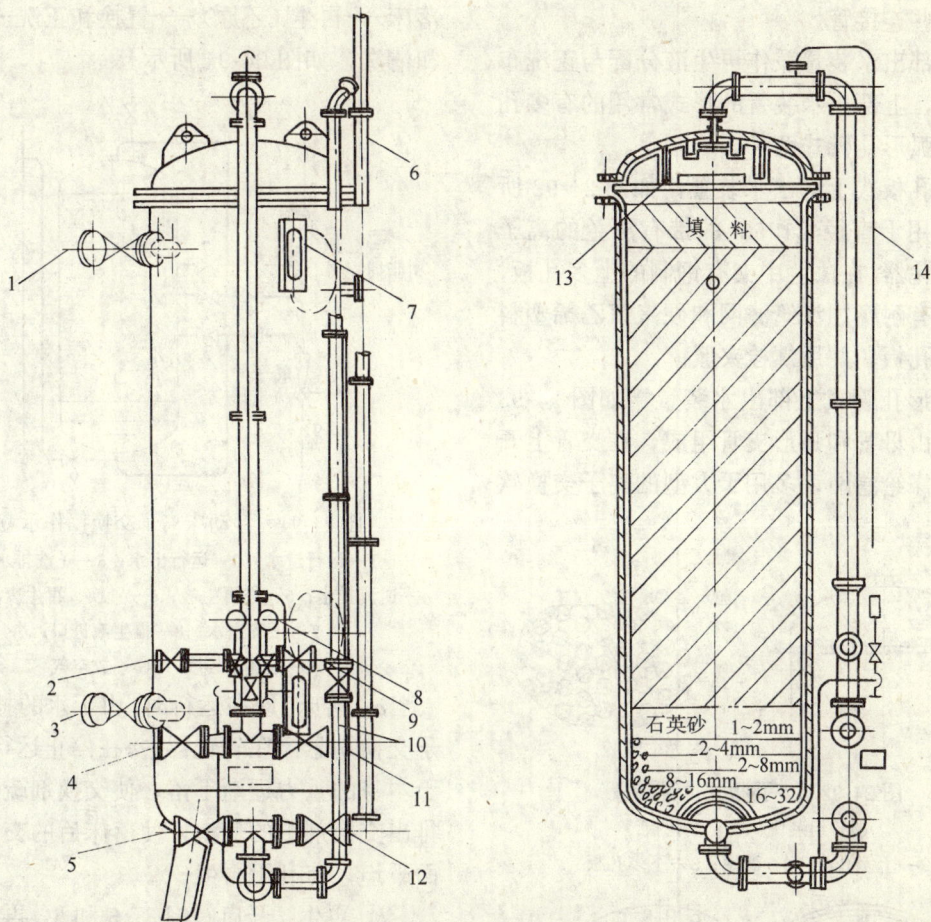

图 24-91　浮动床离子交换器结构形式图

1—树脂口；2—进再生液阀门；3—卸树脂口；4—逆流排水管口；5—运行进水管阀门；6—倒 U 型管；7—窥视
孔；8—压力表；9—正洗水管阀门；10—排再生废液阀门；11—运行出水管；12—正洗排水管阀门；13—孔板滤
网式顶部装置；14—放空气管

化过程中每 1h 就应进行水质化验,待到水质
变差时, 每 30min 化验一次,直到水质不符
和要求, 就进行下一个循环。

当离子交换软化器运行 20 个或更多的
周期后, 为除去交换剂中的污物和破碎的交
换剂颗粒应进行一次大反洗, 反洗速度为
18~20m/h, 约 15~20min。经大反洗后的操
作步骤为:大反洗→再生→正洗→软化。
基本上等同于顺流再生离子交换软化器的流
程, 再生液耗量也将增大一倍。

C. 浮动床离子交换软化器及运行

浮动床属于固定床逆流再生离子交换软
化的一种新工艺, 交换剂几乎装满交换软化
器, 运行时原水以一定的速度自下而上流过
软化器, 交换剂被水托起呈悬浮状态, 故称
为浮动床离子交换软化器,简称为浮动床。浮
动床离子交换软化器运行时, 原水与再生液
的流向相反, 因而具有逆流再生的优点, 即
水质质量好, 再生剂耗量低, 此外, 它还具
有运行流速高, 产水量大, 自耗水量低, 设
备简单, 交换剂利用率高等优点。

浮动床的结构如图 24-91 所示, 其主要

由上部出水装置、下部配水装置、体内取样管及一些连接管。

上部出水装置兼作再生液分配与正洗布水装置，上部出水装置的形式常用的有多孔板式和弧形孔管式两种。

多孔板式上部出水装置，如图 24-92 所示，多用于直径≤1.5m 的带有法兰的离子交换软化器，在法兰中夹有钢制的上多孔板，其下附有耐腐蚀涤纶滤网和硬聚氯乙烯塑料的下多孔板，并用螺栓夹紧。

弧形孔管式上部出水装置，如图 24-93 所示，由母管和弧形支管组成，在支管上开孔外包涤纶滤网，多用于大型的离子交换软化器上。

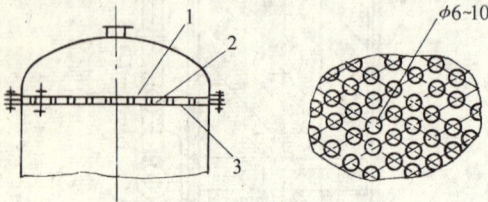

图 24-92　多孔板式上部装置

(a) 组装图；(b) 多孔板

1—上多孔板；2—滤网；3—下多孔板

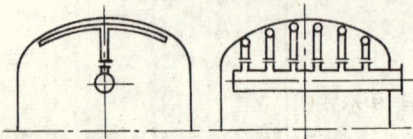

图 24-93　弧形孔板式上部装置

下部的配水装置采用弧形孔板上布石英砂垫层结构。弧形孔板下部装一圆形塑料挡板，用以防止进水处局部流速过高冲乱石英砂垫层。

浮动床最高点装有排气管，在本体上、中、下部各设一个窥视孔，以便观察软化器内离子交换剂的工作情况。

下部排出再生液出口管上应接有倒 U 形管，以防空气在再生和正洗时，侵入离子交换软化器，并使倒 U 形管高出离子交换软化器或其他管道 200mm 以上，并在顶部开孔，以防产生虹吸。

浮动床的离子交换软化流程为：软化→落床→再生（还原）→置换和正洗→起床和清洗，如图 24-94 所示。

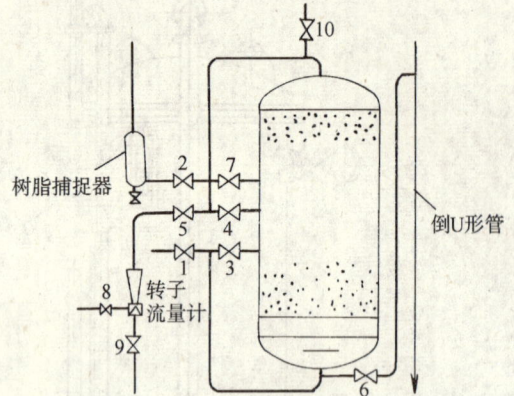

图 24-94　浮动床离子交换操作示意

1—运行进水；2—运行出水；3—正洗排水；

4—逆流排水；5—进再生液；6—置换、再生废液排水；

7—正洗进水；8—再生液进口；

9—工作水进口；10—放空气

a. 落床。即在运行时，由于水的托力，离子交换剂悬浮在软化器中，在停止运行后，由于本身的重力逐渐下落，使交换剂疏松，并排出交换剂中的气泡，使落床后的交换剂表面平坦，有利于再生。

b. 再生。开启阀门 8、5 和 6，再生液的浓度采用 2%～3%，再生流速为 5～7m/h，再生时间为 30～60min，由于再生液自上而下流经交换剂层，因此离子交换剂层保持自然稳定。溶解及稀释盐液的水应为软化水。

c. 置换。开启阀门 9、5 和 6，置换的目的是冲掉软化器中过剩还原液。其要求进水流速同再生流速，置换时间为 20～30min。

d. 正洗。开启阀门 7 和 3，用软化水自上而下冲洗交换剂层，使出水硬度符合锅炉给水标准，正洗流速为 10～15m/h，正洗时间为 15～30min。

e. 起床和清洗。起床即为正洗完成后，全开软化器上部排水阀，并迅速打开软化器底部进水阀 1，使整个的交换剂层被高速的水流平稳托起，为保证起床时交换剂层呈压实状态，所以要用高流速水，一般不低于

674

20m/h，起床时间一般为 2～3min。

交换剂起床后，应立即调整流速来进行清洗，清洗时间为 3～5min，直至出水合格，关闭阀门 4 开启阀门 2 进行下一流程。

2）流动床离子交换软化设备：

流动床是完全连续的工作系统，能满足连续供水的要求，流动床离子交换软化设备主要由软化、再生和清洗三个大的部分组成。其主要特点是交换剂在交换塔、再生塔和清洗塔内连续移动。图 24-95 所示为流动床流程示意图。

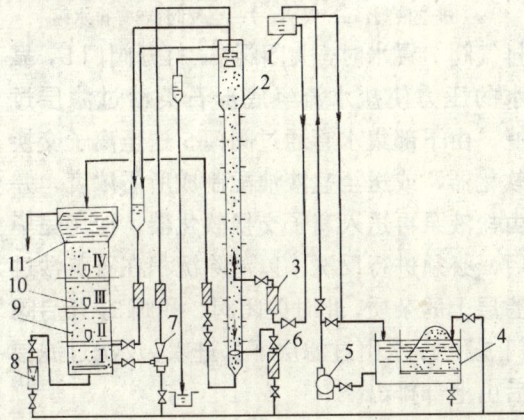

图 24-95　流动床离子交换水处理装置流程形式图
1—盐液高位槽；2—再生清洗塔；3—盐液流量计；
4—盐液制备槽；5—盐液泵；6—清洗水流量计；
7—树脂喷射器；8—原水流量计；9—过水单元；
10—浮球装置；11—交换塔

这种交换软化设备是敞开式，可用塑料制作，设备简单，加工容易，再生采用逆流再生，还原液耗量低，出水质量高，便于自动化管理；但其安装高度大（一般大于 7m），对水质、水量变化的适应性差，运行调整较麻烦。常用于流量变化小和操作水平高的中大型锅炉房。

3）自动切换组合式离子交换软水器及运行：

该类产品是近几年适用于中小型锅炉房及空调机房的新型产品，其组合了固定床和移动床的优点制作而成。

其结构特点如下：

A. 设备运行周期视原水硬度随意调整，交换剂用量少，盐耗低，出水水质好；

B. 连续产水，交换剂循环运行，不需设置专门的盐泵、盐池，安装、运行和维护的费用低；

C. 体积小，占地面积小，安装时不需专设混凝土基础；

D. 全自动控制，各操作过程自动定时切换；

E. 离子交换剂在运动时，可以得到清洗，不易破碎等。

如图 24-96 所示，为 XHR 型循环床离子交换软化器的结构简图。

其运行流程为：软化→松床→再生→清洗。

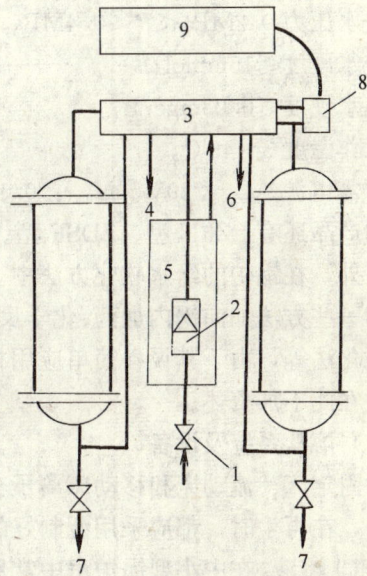

图 24-96　组合式离子交换软水器流程
1—进水阀；2—转子流量计；3—集成阀；
4—软水出口；5—贮盐罐；6—废液排除管；
7—排废水出口；8—电机；9—可编程控制箱

1）软化。原水经阀门 1 通过转子流量计到达集成切换阀 3，然后进入软化器底部，实现满罐浮动运行，自软化器的上部排出软化水；

2）松床。当出水超标时，自控设备 9 按编程时间要求，使驱动器动作，使软化器顶部未参入软化的交换剂移动到另一罐中（约占交换剂总量的20%），从而使软化后的罐中离子交换剂松动，为再生作好准备；

3）当交换剂移动结束后，集成切换阀3切换到再生过程，再生液由贮盐器经集成切换阀3并稀释后进入软化器，自上而下进行再生，还原废液再由集成切换阀3排出；

4）清洗。再生结束后，集成切换阀3自动切换到进水清洗，当出水硬度达到锅炉给水标准时，集成切换阀又自动切换到下一个流程。

如此同时，另一软化罐在连续不断地进行软化过程，这样保证了连续不断地软化出水。

产品的主要技术性能：

进水压力 $0.2MPa < P < 0.4MPa$；

进水硬度 $\leqslant 15mmol/L$；

出水硬度 $\leqslant 0.03mge/L$；

工作温度 $3\sim 49℃$；

所需电源 AC 220V N_{max}：0.12kW。类似的产品还有 LZFN 型、ZDSF 型。

另外，在锅炉的给水软化方法中，还有其他的一些方法如向锅内加药、化学反应法、物理磁化法等，由于其设备简单应用相对较少，故在此不加赘述。

（3）溶盐系统及设备

对固定床、流动床和移动床离子交换软化设备，在再生时，都应采用配制好的再生液—NaCl溶液，在中小型锅炉房中常用的盐液制备系统有溶盐器和盐液池配置盐液泵。

1）盐溶解器：

压力式盐溶解器为密闭钢制容器，内涂防腐层并装滤料（石英沙、大理石或无烟煤），有溶解食盐和对盐水过滤的双重作用，其构造如图24-97所示。

盐溶解器的操作如下，开启顶盖，加入一次还原用盐量，然后密闭顶盖。开启阀门1、2和7，水由溶解器内上部的喷头均匀的洒在食盐上，同时空气由排气阀7排出，当

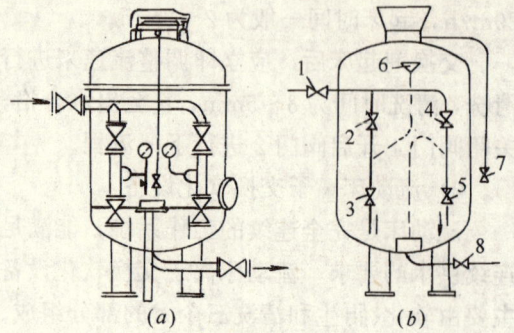

图 24-97 盐溶解器
（a）外形；（b）配管
1、2—进水阀；3—反洗排水阀；4—反洗进水阀；
5—进盐液阀；6—喷头；7—空气阀；8—排水阀

排气阀7冒水时，关闭阀7，打开阀门5，靠水的压力使盐水流经底部石英沙过滤层过滤，由下部集水管通过阀门5送至离子交换软化器，或送至盐液池配制成所需浓度，并由盐液泵再送入离子交换软化器。使用完毕后，必须进行反洗，以清除沉积在石英沙过滤层上的杂质，此时关闭阀2和阀5，开启阀门3和4，水由过滤层下部进入，反洗过滤层后由上部排出。

盐溶解器设备简单，但盐水浓度不易控制，开始时浓度高，以后逐渐降低。

2）盐溶液池系统：

盐溶液池的盐液制备系统是当前中小型锅炉房用的最多的系统。溶盐池包括浓盐池和稀盐池各一个。浓盐池是用湿法贮存并配制饱和浓度的盐溶液，其有效容积一般为贮存5～15天的食盐消耗量。稀盐池用来配制所需浓度的盐液，其有效容积至少应能满足最大一台离子交换软化器再生所用的盐液量。盐溶液池系统如图24-98所示。

盐溶液池一般用砖或混凝土制作，为了防止腐蚀应在池内壁贴瓷砖，或用玻璃钢、塑料板做内衬。

配制盐液时，先将食盐加入浓盐池溶解（最好用软化水），盐液经浓盐池底部的沙石过滤层过滤，经连通管流到稀盐液池，在稀盐液池中加水调节到所需浓度。然后用盐液

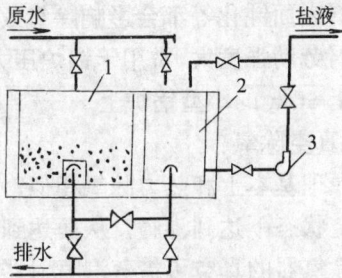

图 24-98 盐溶液池的盐液制备系统
1—浓盐液池；2—稀盐液池；3—盐液泵

泵送入离子交换软化器，盐液泵一般为耐腐蚀塑料泵，可不设备用泵。

（4）锅炉给水除氧形式及设备

如前所述，水中溶解氧对锅炉的金属壁面会产生腐蚀，因此必须采取除氧措施。目前在中小型锅炉房中常用的除氧方法有：热力除氧、真空除氧和化学除氧。

1）热力除氧：

水中的溶氧与水的温度及水表面的氧气分压力有关，当水的温度越高，氧在水中的溶解度越低；水表面的氧气的分压力越低，氧气在水中溶解度也越小。

热力除氧既可以除掉水中的氧，同时也可以除掉水中的其他气体。

在中小型锅炉房中常用的是喷雾式热力除氧器。喷雾式热力除氧器包括除氧头和水箱两部分，如图 24-99 所示。待需除氧的水由除氧头上部的进水管送入，进水管和几排互相平行的喷水管相连，喷头装在喷水管上，水由喷头成雾状喷出，由上而下雾状流动；而蒸汽由下部的进气管送入，通过蒸汽分配器向上流动，和向下流动的水逆向接触，析出的气体和部分蒸汽最后经顶部的圆锥形挡板折流，并最终由排气管排出。除氧头下部装有两层孔板，在孔板之间装有不锈钢填料（Ω 型原件），雾状水滴经填料后下落到水箱里。

这样，水在除氧头中先以雾状被蒸汽加热，后又在填料层内呈水膜状态被加热，所以水的加热和气体的析出条件较理想，除氧

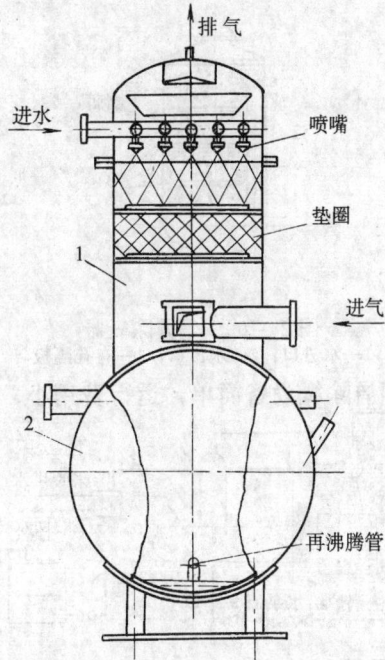

图 24-99 喷雾填圈式除氧器
1—除氧器；2—水箱

效果较好，且负荷和水温的适应性较好。

为了增强除氧效果，在除氧水箱中装有水蒸气加热喷嘴，使水箱内保持沸腾，将残余的氧气予以彻底分离。

在中小型锅炉中采用的一般为大气热力除氧器，即除氧器内的压力略大于大气压力（一般为 0.02MPa 表压力）下将气体排出，当压力增大过高时，容器的安全得不到保障，故应设水封式安全阀。

在除氧器运行时，为既能保证除氧效果，又能节约蒸汽，应适当控制排气阀的开度，还应设进水、进气自动调节装置。

其适用于蒸发量不小于 6t/h 或锅炉房总容量不小于 16t/h 的锅炉房。

2）钢屑除氧：

钢屑除氧是化学除氧的一种，就是使水经过钢屑过滤器，水中的氧氧化钢屑，从而将水中的溶解氧去除。由于氧和钢屑在水温高时的反应速度快，因此常将给水加热到不小于 70℃。在钢屑除氧器中的流速一般为 25～75m/h，其结构见图 24-100 所示。

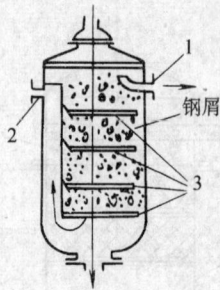

图 24-100 钢屑除氧器
1—水进口；2—水出口；3—有孔隔板

钢屑除氧设备简单，运行费用小，但水

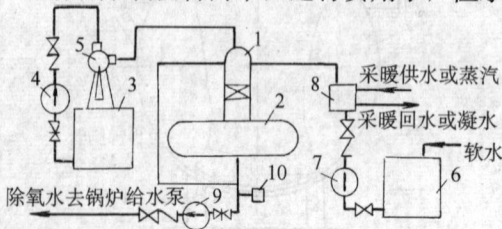

图 24-101 低位水喷射真空除氧系统
1—真空除氧器；2—除氧水箱；3—循环水箱；
4—循环水泵；5—水喷射器；6—软化水箱；
7—软化水泵；8—换热器；9—引水泵机组；
10—溶解氧测定仪

温及钢屑表面钝化等都会影响除氧效果，且更换钢屑劳动强度大，常用于锅炉压力低，蒸发量小于 6t/h 的小型锅炉上。

3）真空除氧：

其原理基本上和热力除氧相似，即低温水在真空状态下达到沸腾，从而达到除氧的目的。除氧器的真空可借蒸汽喷射器或水喷射泵来达到，如图 24-101 所示为水喷射泵真空除氧器。

为了保证除氧的效果，整个系统应保证有良好的密封性，并应控制除氧水箱水位的波动，以保持稳定。

真空除氧不用蒸汽，产水温度低，可实现低位安装，可用于蒸汽及热水锅炉房中。

另外在小型锅炉中，还可以采用向锅炉给水中加化学药品（如 Na_2SO_3）的方法，以达到给水除氧的目的。其具有装置简单、操作方便等优点。

小 结

在锅炉房使用的各种天然水中，存在着许多对锅炉有害的杂质，必须对其进行处理，本节就介绍水中杂质及其危害，锅炉的给水指标，中小型锅炉常用的除硬方法及各自的特点，除氧方法及各自的特点。

习 题

1. 中小型锅炉水处理的任务是什么？
2. 水中常见的杂质有哪些？它们对锅炉的危害有哪些？
3. 常用的水质指标有哪些？它们的意义及单位是什么？
4. 绘图说明：1）顺流再生离子交换软化器的流程；
　　　　　　2）逆流再生离子交换软化器的流程；
　　　　　　3）浮动床离子交换软化器的流程；
　　　　　　4）组合软化水装置的流程，并解释其优点。
5. 中小型锅炉常用的除氧方法有哪些？为什么对锅炉给水进行除氧？
6. 某单位某日水质化验如下：$H=2.75mge/L$，$A=6.84°G$ 试问该水的 H_T、H_{FT} 及负硬各是多少？

24.5.4 锅炉房气水系统

（1）锅炉房的给水系统

锅炉房的给水系统包括给水箱、给水泵、水处理设备、给水管道及阀门配件等。如图 24-102，图 24-103，图 24-104 所示，为锅炉房中常见的几种给水布置形式。给水系统中除给水处理设备在第五节中加以介绍外，其余在本节中介绍。

1）给水管道：

由锅炉给水箱到锅炉的管道，称为锅炉的给水管。其中从水箱到水泵的管道为吸水管；从水泵到锅炉的水管为压水管。

给水管道分为单母管，如图24-102，图24-103所示，和双母管，如图24-104所示，两种系统，一般中小型锅炉都采用单母管系统供水，但对常年不间断供气（水）的锅炉房应设双母管给水系统。

给水管道在设置时，在最高点应设放气装置，在最低点应设泄水装置，且应有0.002～0.005的坡度。坡向泄水点。

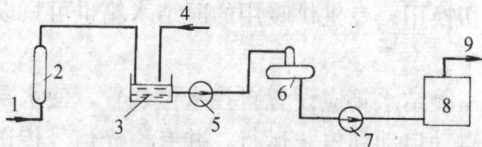

图24-102 自流回水的给水系统示意图

1—上水管道；2—软水器；3—给水箱；4—回水管；
5—除氧水泵；6—除氧器；7—给水泵；
8—锅炉；9—主蒸汽管

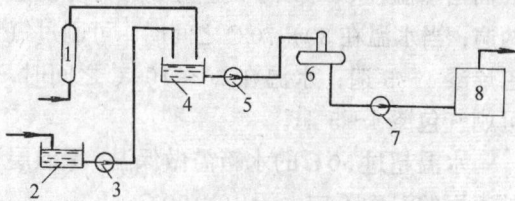

图24-103 压力回水的给水系统示意图

1—软水器；2—凝结水箱；3—凝结水泵；
4—给水箱；5—除氧水箱；6—除氧器；
7—给水泵；8—锅炉

在锅炉的每个进口、铸铁省煤器的进出口及钢管省煤器的进口处都应装截止阀和止回阀，止回阀与截止阀串联，并装于截止阀的前方（水先经止回阀）。省煤器的进口还应设安全阀，出口还应设放气阀，每条给水管上应设供调节用的阀门，离心泵的出口必须设止回阀，以便于水泵的启动。

对于非沸腾式省煤器应设省煤器水路旁

通管，同时为适应锅炉低负荷运行的要求，应在离心泵的出口管至止回阀之间装旁通管，如图24-104所示。

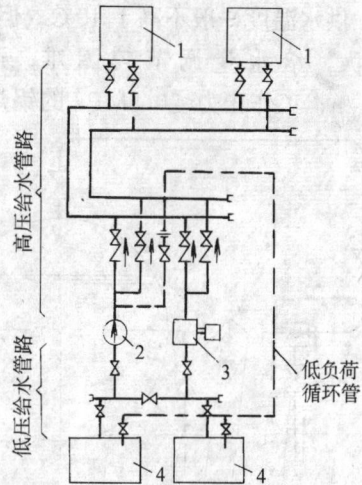

图24-104 双母管给水系统

1—锅炉；2—电动给水泵；
3—气动给水泵；4—给水箱

2）给水泵：

中小型锅炉房中常用水泵有气动（往复式）给水泵、电动（离心式）给水泵、蒸汽注水器等。

电动离心式水泵常用的有IS型单吸离心泵、XA型单级单吸离心泵、DG型和GC型锅炉给水泵，还有ISR型热水循环离心泵。对于流量小、扬程高的给水泵还可以采用W型旋涡泵来满足这个需要，但其效率较低，且易磨损。电动给水泵容量大，能连续均匀的供水，其结构尺寸及重量都较小，便于安装；但启动复杂，启动前应灌水、排气。

气动泵工作可靠，启动容易，操作简便，便于调节给水量，能适应较大的负荷变化；但体积大，结构笨重，出水量不均匀，且耗气量大，故一般只用作备用泵。

锅炉房的给水泵应设备用泵，当任何一台给水泵出现故障，其他水泵并联运行的出水量都应满足锅炉给水的要求。

蒸汽注水器是最简单的锅炉给水泵，其借锅炉本身的蒸汽做为动力，将给水压入锅炉，如图 24-105 所示。其特点是没有运动部件，结构简单，外形尺寸小，价格便宜，操作方便，所耗能量又被水所吸收，热能利用率高，供水温度一般不高于 40℃；但蒸汽消耗量大，给水量调节较困难，适用于 $D \leqslant 2t/h$，工作压力 $\leqslant 0.8MPa$ 的锅炉。

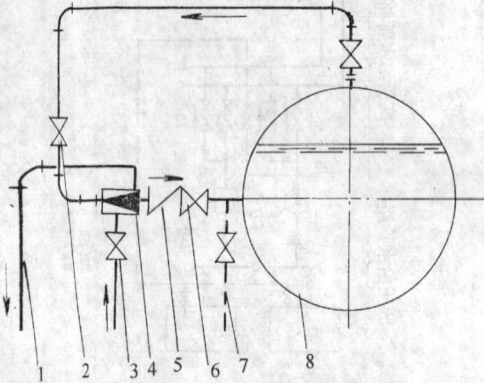

图 24-105　注水器安装示意图

1—排水、蒸汽管；2—蒸汽管截止阀；
3—给水管截止阀；4—注水器；5—止回阀；
6—闸阀；7—直接向锅炉进水的旁通管；8—锅筒

3）凝结水泵及软化水泵：

凝结水泵一般设两台，其中一台备用。当其仅输送凝结水时，任何一台泵停止运行时，其余凝结水泵的总流量不应小于每小时凝结水回收量的 1.2 倍；若凝结水和软化水混合后输送时，泵应有备用，当任何一台停止运行时，其余泵的总容量应能满足所有运行锅炉在额定蒸发量下所需给水量的 1.1 倍。

软化水泵应有一台备用。当锅炉房任何一台软化水泵停止运行时，其余水泵的总流量应满足锅炉房所需软化水量的要求。当备用的凝结水泵能满足要求时，可以兼作软化水泵的备用泵。

4）给水箱和凝结水箱：

锅炉房的给水箱是贮存锅炉给水的，同时还具有调节锅炉给水与软化水、凝结水之间的流量关系。锅炉运行时热负荷的变化将引起锅炉给水量的波动，因此锅炉给水箱还具有贮存一定水量的作用。若锅炉给水不进行除氧，锅炉给水可采用开口水箱；若经过

除氧，则应采用密封水箱。

锅炉房易设一个水箱或除氧水箱。对于常年不间断供热的锅炉房或容量大的锅炉房应设置两个水箱，两个水箱应用连通管连接起来。

给水箱有圆形和方形两种，容量在 $20m^3$ 以上的大型水箱宜采用圆形水箱，以节约钢材。当水箱布置不方便时，方可采用矩形水箱。

开式水箱上应设置水位计、温度计、水封溢流管、泄水管、进出水管、排气管以及人孔等附件，当水箱的高度超过 1.5m 时，还应设内外扶梯。

凝结水箱是贮存凝结水的设备。凝结水箱一般设两个，也可以用一个凝结水箱分隔为两个，两个水箱之间应设连通管，以备检修切换用。专供供暖用的凝结水箱也可只设一个。

凝结水箱应设置自控水位装置，使水泵能自动启动和停止运行，并有声光信号传送到水泵间。

水箱制作完毕后，应在内外表面进行防腐处理。外表面一般刷红丹防锈漆两遍；内表面当水温在 30℃ 以下时，可刷红丹防锈漆两遍；当水温在 30～70℃ 之间时，可刷过氯乙烯漆 4～5 遍；水温在 70～100℃ 之间时，可刷气包漆 4～5 遍。

水温超过 50℃ 的水箱需做保温，保温层外表面的温度不应大于 40～50℃。

（2）锅炉房的蒸汽系统

锅炉房的蒸汽系统主要由主蒸汽管、副蒸汽管、分气缸、阀门等附件所组成。如图 24-106 所示。

锅炉房的主蒸汽管是指由锅炉至分气缸的一段蒸汽管；副蒸汽管是指用于锅炉本身，如吹灰、带动气动泵或为注水器供气的蒸汽管。

为了安全，每台锅炉的主蒸汽管上均应装设两个阀门，以防某台锅炉停炉检修时有蒸汽从其他锅炉倒流而伤人。其中一个阀门

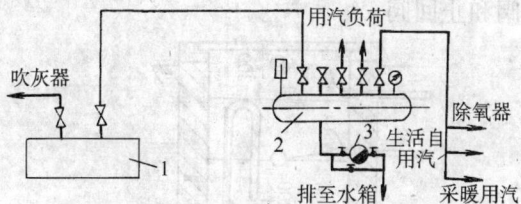

图 24-106 蒸汽系统示意图

1—蒸汽锅炉；2—分气缸；3—疏水器

紧靠锅炉出口，另一个则装在操作方便之处。工作压力不同的锅炉应单设蒸汽管路。

在蒸汽管路的最高点需装设放空气阀，便于管道水压试验时排除空气，蒸汽管道应设有不小于 0.002 的坡度，坡向疏水点，在最低点必须装设疏水器或放水阀，以便于排除沿途形成的凝结水。

锅炉房通往各热用户的蒸汽管及锅炉房自用气（除锅炉自用吹灰蒸汽管外）应尽量从分气缸接出，以便于管理和避免在蒸汽管上多开孔。

分气缸应有不小于 0.01 的坡度，并在最低处设疏水器，以排走低流速分离出来的凝结水。分气缸上还应设压力表和温度计。

分气缸的长度可根据筒体接管数确定，但不得大于 3m。筒体长度的确定，如图 24-107 所示，筒体接管中心距，根据管直径和保温层厚度确定，如下表。

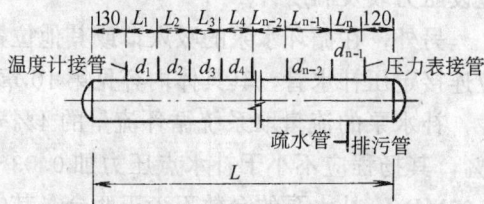

图 24-107 分气缸长度计算

若不保温则接管中心必须 $\geqslant$（（d_1 + d_2）/2）+ e，e 值查表 24-14。

分气缸一般安装在便于管理和操作的地方，常常靠墙布置，为便于检修。分气缸保温层外表面距墙面应不小于 150mm，分气缸前面应有足够的阀门操作空间，一般有

1.0～1.5m 的净空间。

L_1	d_1+120
L_2	d_1+d_2+120
L_3	d_2+d_3+120
……	…………
L_n	d_{n-1}+120

分气缸计算允许偏差 e　表 24-14

筒体直径（mm）	159	219	273	300	350	400	450
e（mm）	53	71	84	86	92	114	122

注：d_1、d_2……为任意两相邻接管的外径

（3）锅炉房排污系统

锅炉的排污方式分连续排污和定期排污。定期排污由于是周期性的，排污时间短，故利用余热的价值小，一般是将排污水引入排污降温池，与冷水混合后排入下水道。

连续排污水的热量，可按具体情况尽量加以利用。一般是将连续排污水引入连续排污扩容器降压（常用表压为 0.12～0.2MPa），形成二次蒸汽来加以利用。如图 24-108 所示为连续排污扩容器结构图，其管道系统如图 24-109 所示。

每台锅炉最好设独立的排污管道，以防互相影响排污的正常进行或影响排污管的检修。锅炉定期排污管上的阀门，应装置两只，一只为快速排污阀，而另一只则为截止阀，且快速排污阀在后（排污水先流经截止阀）。

排污水不管直接从锅炉排出，还是经扩容器后排出，其温度都超出了污水排放标准，故应设排污降温池。图 24-110 为虹吸式排污降温池结构示意。

为了安全，锅炉的排污管及排污阀均不能采用铸铁制造，也不能采用螺纹连接。

（4）热水锅炉水循环及补水系统

热水锅炉的水系统是由供热水管道、回水管道及其设备、附件组成，如图 24-111 所示。

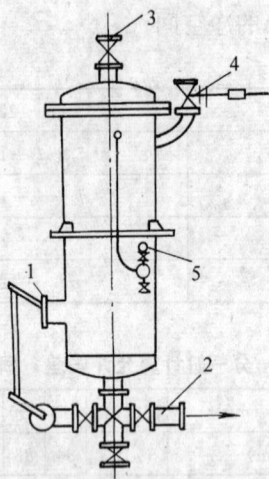

图 24-108 连续排污扩容器
1—排污水进口；2—废热水出口；
3—蒸汽出口；4—安全阀；5—压力表

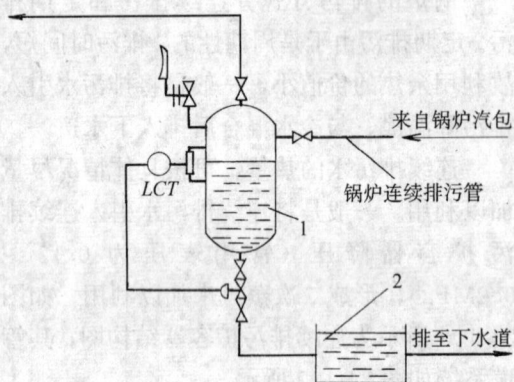

图 24-109 连续排污管道系统示意图
1—连续排污扩容器；2—排污降温池

阀和止回阀。

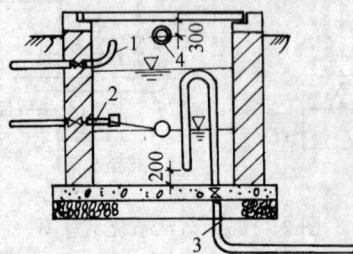

图 24-110 虹吸式降温池
1—锅炉排污水；2—冷却水；
3—排水；4—透气管

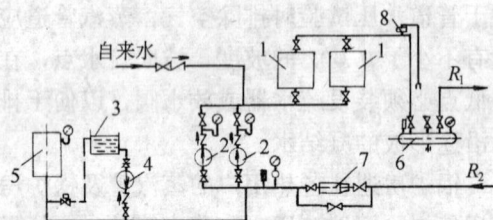

图 24-111 热水锅炉系统示意图
1—热水锅炉；2—循环水泵；3—补给水箱；
4—补给水泵；5—稳压罐；6—气水集配器；
7—除污器；8—集气罐

自锅炉出口至分集水器的管道称主供暖管道,供各用户的热水管道从分水器接出。几台锅炉并联运行时,为安全起见,每台锅炉的主供暖管道上都应装设两个阀门,其中一个阀门紧靠锅炉的出水口,另一个则装在操作方便之处。在锅炉的进水管上应装设切断

为了便于排除管道及锅炉内的气体,在供热水管道的最高点设排气装置。

热水循环泵进水侧的回水母管上应设除污器,以去除回水中的杂质。当供向用户的管道在两根以上时,应设分水器,分水器上应设压力表及温度计。

另外,在循环水泵的吸入口或其他位置应连接定压补水管,其具体内容见第 10 章。

补水泵的流量取系统循环流量的 $4\%\sim5\%$,其扬程应不小于补水点压力加 $0.03\sim0.05$ MPa,补水泵的台数不少于两台,其中一台备用。

小　　结

　　锅炉房的气、水系统包括给水、蒸汽、排污三大部分。锅炉的给水系统是由水泵、水箱、给水管道组成;锅炉的蒸汽系统是由蒸汽管道、分气缸等组成;排污系统是由连续排污膨胀器、排污降温池、排污管道、排污阀组成。

1. 给水系统有哪些设备?
2. 蒸汽锅炉房的汽水系统一般有哪几部分组成?
3. 热水锅炉房的水系统由哪几部分组成?
4. 锅炉房中常用的水泵有哪几种?蒸汽锅炉房中为什么设蒸汽泵?
5. 锅炉房给水箱的作用是什么?分气缸的作用是什么?
6. 锅炉的排污有几种?各自的作用是什么?并说明其设置要求。
7. 图示热水锅炉的水管道系统,并指出定压点的位置。

24.5.5　锅炉的控制装置

(1) 水位自动控制安全装置

锅炉给水自动调节的任务是使给水量适应锅炉蒸发量的变化,并维持锅筒水位在允许的范围内。

中小型锅炉水位控制常用的是 SXK 型锅炉自动控制安全装置,如图 24-112 所示。

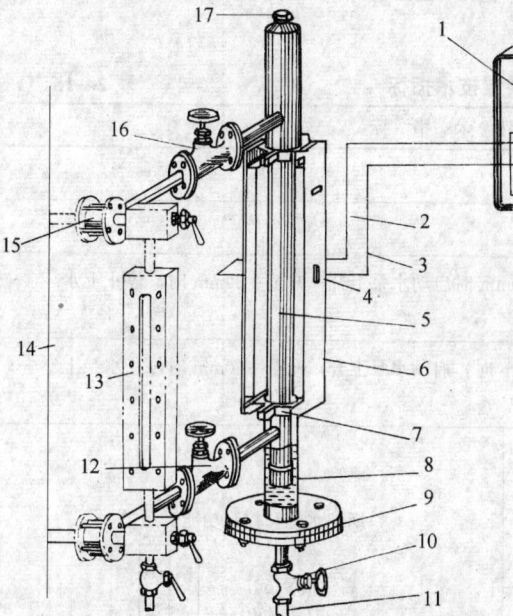

图 24-112　水位自动控制装置安装形式图

1—接控制箱;2—信号;3—电缆;4—插头;5—外套筒;6—传感器;7—卡箍;8—浮子;9—石棉垫;10—排污阀;11—排污管;12—水阀;13—玻璃水位计;14—锅筒;15—三通;16—气阀;17—维修螺塞

SXK 型锅炉水位自动控制安全装置是用一专用三通,安装在水位计与锅筒气、水连通管的结合处,将锅筒内的水、气引至传感器外套筒内,使磁钢浮子在筒内随锅炉水位同步升降,磁场力作用于筒外两组磁控开关阵,使升降的水位信号变为电信号,由控制电路传给显示控制器,从而实现水位显示和控制。

SXK 型锅炉水位自动控制安全装置具有功能齐全,性能稳定,质量可靠,结构简单,维修方便,灵敏、准确可靠及寿命长,并且有排污信号指示和控制送、引风机,进行紧急停炉等。

其控制器的各项技术指标如表 24-15。

(2) 超压、联锁保护装置

当锅炉的压力超过额定值时,需进行联锁保护,其方法就是停炉。即停止燃烧系统的进煤(油、气)、送风,不使锅炉压力继续上升,以防锅炉爆炸。

常用电接点压力表、压力控制器及压力变换器,将锅炉需要联锁保护的压力转换成开关电信号,通过控制系统实现停炉,但无报警功能。

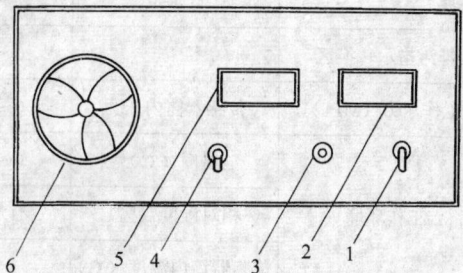

图 24-113　蒸汽锅炉上限缓刑报警控制装置图

1—工作开关;2—工作灯;3—实验开关;4—讯响消音开关;5—报警灯(红);6—讯响报警器

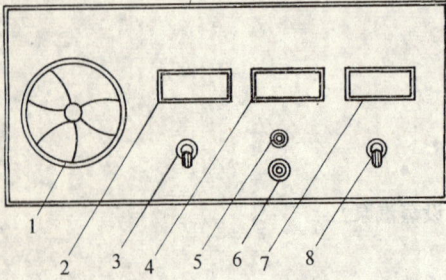

图 24-114　热水锅炉上、下限报警控制装置
1—讯响报警器；2—上限报警灯（红）；
3—讯响器消音开关；4—工作灯；5—上限实验开关；
6—下限实验开关；7—下限报警灯；8—工作开关

当被测压力达到额定值时，对于蒸汽锅炉输出控制信号，自动停止锅炉送风机的电源；对于热水锅炉自动启动或停止循环水泵，当压力恢复正常后，可恢复原控制状态，压力又逐渐回升。具有压力控制范围广，根据需要可任意调节控制点，结构简单、体积小，功能齐全，操作及维修简单，性能稳定，安全可靠等优点。如图 24-113 所示，为蒸汽锅炉连锁控制装置；如图 24-114 所示，为热水锅炉连锁控制装置。

（3）热水锅炉超温报警器

当热水锅炉的水温升高到额定值时，也应采取措施进行控制，以免发生汽化。热水锅炉超温报警器就是当温度达到额定值时，自动发出报警音响及信号指示灯闪亮，并发出信号使联锁投入运行，自动停止送、引风机或停止供给燃料。

热水锅炉超温报警器由电接点压力式温度计、继电器、指示灯及扬声器等组成。电接点温度计所测锅炉出水温度变化，将信号输送到控制箱内，使继电器动作，发出报警音响和信号指示，并同时完成联锁保护。对热水锅炉出口温度≥120℃或虽然锅炉出口温度＜120℃，但额定供热量≥4.2MW 的锅炉应设超温报警装置。

水位自动控制安全装置技术指标　　　　　　　表 24-15

名　称		技　术　指　标
水位控制精度（%）	基本误差	不大于 5
	重复误差	不大于 4
水位控制范围（以 200mm 水位计为例）	其中 运行状态±30mm	水位下降至−30mm 时启动水泵上升；升至+30mm 时，停止上水（或 0～+30mm）
	压火状态±50mm	水位下降−50mm 时，启动水泵上升；升至+50mm 时停止水泵上水。
报警状态	高水位	+60
	低水位	−60
排污指示转换区		0～±12
工作压力（MPa）	传感器筒内压力	0～1.27
工作环境	温度（℃）	0～+55
	相对湿度（%）	不大于 85
	传感器筒内温度（℃）	193
锅炉配用范围	锅炉吨位（t/h）	0.5～35
	汽水连管中心距(mm)	180～6000

锅炉水位和控制功能对照

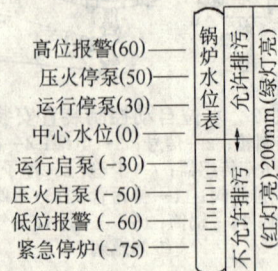

高位报警(60)——
压火停泵(50)——
运行停泵(30)——
中心水位(0)——
运行启泵(−30)——
压火启泵(−50)——
低位报警(−60)——
紧急停炉(−75)——

锅炉水位表

允许排污　200mm（绿灯亮）

不允许排污（红灯亮）

习　题

1. 水位自控装置的作用是什么？设在什么位置？
2. 超压报警装置的作用是什么？
3. 热水锅炉的超温报警装置具有什么作用？在什么情况下应用？

24.6　锅炉本体安装

　　锅炉安装质量直接影响锅炉运行的安全性、稳定性和经济性。为确保安装质量，锅炉安装工程应由经资质审查批准的，符合安装范围的专业施工单位进行安装。安装时应按设计要求，并参照锅炉制造厂有关技术文件施工。同时对工作压力不大于 0.8MPa，热水温度不超过150℃的供热锅炉，应遵照《采暖与卫生工程施工及验收规范》的规定；对于工作压力不大于 2.5MPa，蒸发量不大于 35t/h 的现场散装或组装的锅炉，应遵照《机械设备安装工程施工及验收规范》及《工业炉窑砌筑工程施工及验收规范》的有关规定进行施工。锅炉本体及其附属设备的管道安装，应遵照《工业管道安装工程施工及验收规范》进行。

　　锅炉安装工程的基本技术要求为：

　　1）准确性。将锅炉本体的各组成部件在产品校验、校正、组合、安装全过程中，就尺寸、形状、安装位置均反复检测、调整，使其偏差严格控制在规范规定的允许偏差范围。否则，部件将不会有正确的连接，并在热运行状态下产生热应力，造成设备及管路的意外变形，从而，埋下了锅炉运行事故的隐患。

　　2）严密性。为了确保锅炉安全、可靠的运行，必须使锅炉本体及其辅助设备在安装后保持严密，如对设备和安装用料进行严格的质量检验，确保焊接、法兰、螺纹连接的接口质量；确保燃烧室的砌筑质量；严格进行安装后的质量检验（如水压试验、机械设备的试运转等）。对安装全过程的检验、试验、校验均应做好记录，使之成为安装和工程验收的技术资料。

　　3）热补偿性。锅炉安装是在常温下进行的，投入运行后，锅炉本体及管道系统都将在高温下运行，必将产生热膨胀，出现相对位移，因此，在安装中应充分重视热膨胀性，如在设备安装、燃烧室砌筑等施工时，画出自由端、留够膨胀间隙等，从而避免因热胀性而出现的故障。

　　4）在工艺上要求设备性能好、强度高、安装稳固、横平竖直，美观端正，管路流程正确，检修方便，运行可靠、噪音小。

24.6.1　锅炉安装应具备的条件

　　锅炉在开工安装前，必须做好下列工作，具有如下资料方可施工。

　　（1）开工报告及资料的审查

　　1）安装资料的审批。锅炉在安装之前必须根据情况对下列资料进行审批：

　　A. 锅炉房平面布置图。锅炉房平面布置图必须符合"蒸汽锅炉安全技术监察规程"和"热水锅炉安全技术监察规程"的规定；能够满足锅炉安全运行和维修的要求;锅炉房的平面布置图应符合《工业锅炉安装工程施工及验收规范》(GB50273—98)的要求。

B. 锅炉安装备查资料。锅炉安装前应具备建筑单位与施工单位签定的工程施工合同书;施工组织设计或施工方案;锅炉专业安装单位相应级别的锅炉安装许可证;锅炉出厂的技术资料及核查会审记要。

2) 施工组织的编制。现场组装锅炉的安装是较复杂的,技术性要求很高的安装工程,因此应做好施工前的施工组织,以保证安装施工能连续与均衡的进行。

施工组织必须是在熟悉施工图纸、施工验收规范及有关技术资料、标准的前提下;并进行现场调查,在掌握现场场地、道路交通、电力、供水等施工条件下;同时还应了解施工进度,设备到场及建设单位的协作能力等多方面情况后编制而成。使之成为指导安装全过程的文件。

施工组织包括:

A. 工程概况。大致介绍锅炉安装资料,主要对锅炉制造厂随炉出厂的有关技术资料,如设备型号、生产厂家、出厂编号、日期及设计压力是否满足设计要求进行说明,建设单位和施工单位开竣工日期;锅炉的用途及适用介质等。

B. 施工劳动力、材料及设备、机具计划。

a. 劳动力组织安排。锅炉安装涉及的工种较多,且对各专业的操作水平要求高,因此,锅炉安装施工现场必须有技术较高和有一定安装施工经验的工程技术人员指导施工,同时各工种必须健全,技术熟练,并必须有相应数量的技术熟练的持证焊工,以达到施工现场技术、行政及管理人员分工明确、各负其责,确保工程质量,力求提高效率。

b. 材料及设备的准备。锅炉安装工程必须有足够的物质保证。安装主要材料,如钢材(管材、型钢、板材),砌筑材料及保温防腐材料达60%以上。对锅炉本体及其附属设备,应准备齐全,且其完好率在95%以上,并按施工组织计划分期分批运至施工现场。

c. 机具准备。锅炉安装施工机具必须按规格、型号及数量备齐,常用的机具有:吊装机具、胀管机具、量测工具及安全工具等。对临时调用的大型机具(如吊车、汽车等)应做好调配计划。

d. 施工现场准备。应根据施工现场合理地确定仓库位置;操作的钢平台、钢架、受热面管退火炉、磨管机和通球等场地的布置;以及临时水、电源,电闸箱、配电盘等的布置。

材料库房应修建在地势较高、交通方便处,库外应有宽敞的堆放场地,库内设货架,小型精密件应设小室单放,油漆等易燃品应单独设库存放,库内应设防火防腐措施。

施工设施应尽量按施工顺序布置,如受热面管子校正平台应设在管子堆放场附近,并应满足最长、最宽管子和钢架构件的需要,其高度以方便操作为宜。退火炉应设于管子和钢架堆放场地与锅炉房之间,以减少搬运距离。而搭设管子的管架和干石灰槽则应放在退火炉旁,以备退火时插入冷却用。打磨管子的机械和工作台可置于锅炉房内,以便随时打磨修正管端。

其它施工设施、生活设施也应根据方便工作、减少运距、安全防火等原则统筹规划,使主要道路畅通。

e. 其它方案准备。在锅炉安装前,对锅炉主要部件的吊装方案,焊接部件的施焊方案,受热面的胀接工艺方案,及其辅机安装方案等都应做好准备工作,这样可以加速和顺利地进行锅炉的安装。

3) 资料审查。在锅炉安装施工进行之前,应对锅炉的质量证明书、锅炉受压元件强度计算书、锅炉图样、受压元件更改通知书、阀类口径安全计算书、锅炉热力计算书、安装使用说明书、附件清单通知书等中的内容全面重点的审查。如自1980年7月11日以后的锅炉设计图纸，必须加盖有省级以上劳动部门审批的"批准"字样和图章；对于1989年以后出厂的锅炉，锅炉的特性单位应为国际单位，压力（MPa），供热量（MW）等。

（2）复查锅炉本体的质量技术要求

1）筒体检查的内容：

A. 锅炉的筒体（锅筒、集箱）表面有无因运输造成的伤损，内外表面不应有裂纹、重皮等缺陷，筒体和短管焊接处无裂缝；

B. 锅炉筒体的长度、直径、壁厚等主要尺寸符合图纸要求；

C. 锅炉筒体焊缝应符合相邻两节纵向焊缝及与封头拼接焊缝均应错开，两焊缝中心线外圆弧长不小于钢板厚度的3倍，并不小于100mm；

D. 锅筒椭圆度和弯曲度应符合表24-16的规定，其常用测外径的方法来测量，如图24-115所示，由两直尺垂直顶在锅筒上下面上，取尺长 $l_2=l_3$，用胶管水平仪量测 l_1 后，则垂直外径为 l_1-2l_2，用此法沿锅筒长度方向，每隔2m量测一次，当量测的垂直外径与图纸有差别时应记录下来，当安装时以提高或降低该数值的一半；

锅炉椭圆度的允许偏差　表24-16

锅筒内径（mm）D_B	允许偏差（mm）	
	壁厚≤38	壁厚>38
D_B≤1000	5	6
1500≥D_B>1000	6	8
1800≥D_B>1500	8	10

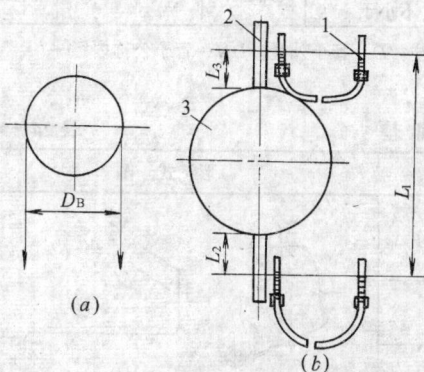

图24-115　锅筒外径的量测

（a）水平外径的量测；（b）垂直外径的量测

E. 检查锅筒上管座的数量、位置、直径等是否与图纸相符，管接头处有无伤损、变形及焊接质量等缺陷，管座管孔的中心距偏差应符合表24-17（JB 1623—81）的规定，其中 t、t_1、t_2、t_3、L、l 等如图24-116所示；

管座、管孔中心距偏差

表24-17

公称尺寸（mm）t、t_1、t_2、t_3、L、l	允许偏差（mm）
≤260	±1.5
261～500	±2.0
501～1000	±2.5
1001～3150	±3.0
3151～6300	±4.0
>6300	±5.0

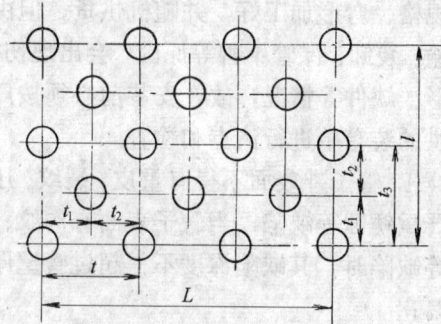

图24-116　管孔中心距形式图

F. 锅炉筒体两端面水平和垂直中心线标记是否正确，检查应以锅筒上部管座中心为基准，拉线或挂垂球检查，必要时经调整重新标记；

G. 胀接管、焊接管管孔检查　管孔应避免开在筒体的焊缝上，其管孔的直径、椭圆度、不柱度等允许的偏差见表24-18，管孔表面不应有凹痕，边缘毛刺和纵向沟纹，其环向或螺旋形沟纹的深度不应大于0.5mm，宽度不应大于1mm，沟纹至管孔边缘距离不应小于4mm。

管孔的直径和偏差值　表 24-18

管孔公称直径 (mm)	管孔直径 (mm)	直径偏差	椭圆度	不柱度
		不超过（mm）		
32	32.3			
38	38.3	+0.34	0.14	0.14
42	42.3			
51	51.3			
57	57.5			
60	60.5	+0.40	0.15	0.15
63.5	64			
70	70.5			
76	76.5			
83	83.6			
89	89.6			
102	102.7	+0.46	0.19	0.19
108	108.8			

注：管径 $\phi51$ 的管孔可按 $\phi51.5^{+0.4}$ 加工。

2）受热面管子检查：

作为锅炉辐射受热面的水冷壁及对流受热面的对流管束，都是在锅炉制造厂已按设计规格、弯形加工好，并随机供货，但由于运输、装卸、保管不善等原因，会出现伤损、变形、缺件等情况，故在安装前必须按厂家提供的装箱单进行清点和检查。

A. 管子外表面不得有重皮、裂纹、压扁和严重锈蚀等缺陷，当管子表面有沟纹、麻点等缺陷时，其缺陷深度不得超过管壁厚的 10%；

B. 管子胀接端的外径偏差，DN 在 32～40mm 的管子，不得超过 ±0.45mm，DN 在 50～100mm 的管子，不得超过外径的 1%，检查时用游标卡尺量测外径值；

C. 直管的弯曲度每米不应超过 1mm，全长不应大于 3mm，管子长度偏差不应超过 ±3mm；

D. 弯曲管的外形偏差检查常采用模板法，即在平台上按弯管的设计弯形及外形尺寸，画出 1:1 的样图，并在图形外轮廓上焊以短型钢，围成模板，然后把受检管子放入模板框槽内，凡较轻易放入的即为合格，否则就应矫正后再进行检查。其允许偏差见表 24-19。

E. 弯曲管的不平度如图 24-117，并符合表 24-20 的规定；

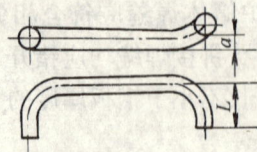

图 24-117　弯曲管的不平度

弯曲管的不平度偏差　表 24-20

长度 L	≤500	500～1000	1000～1500	>1500
不平度 α 不应超过	3	4	5	6

F. 受热面管子应做通球试验，以检查其整体椭圆度，通球采用钢球或硬质木球，其直径符合表 24-21 的规定，通球试验应在管子校正后进行；

通球直径　表 24-21

弯管的弯曲半径	≤2.5D	≥2.5D～3.5D	≥3.5D
通球直径 不小于	0.7DN	0.8DN	0.85DN

注：D—管子外径；DN—管子公称内径

弯曲管允许偏差　表 24-19

偏移　管子类别	端部偏移 Δa	管端长度偏移 Δl	管段中间偏移 Δc	形式图
受热面管子	≤3	≤3	≤5	
连接管	≤3	≤3	≤10	

3）管端切割应平直，其常用钢角尺沿管圆周各点检查最大偏斜度，并符合表 24-22 的规定。

管子端部切割、焊接允许倾斜偏差

表 24-22

	管子外径 D_w（mm）	端面倾斜度 Δf（mm）	
中低压 锅炉炉管	$D_w \leqslant 108$	手工焊	$\leqslant 0.8$
		机械焊	$\leqslant 0.5$
	$108 < D_w \leqslant 159$	$\leqslant 1.5$	
	$D_w > 159$	$\leqslant 2.0$	

（3）锅炉钢架的检查

锅炉钢架在出厂时，由于运输、装卸、保管不当等原因同样容易造成变形和丢失，因此必须按设备装箱单进行数量及质量的检查，以保证安装质量及施工进度，锅炉钢构件的允许偏差如表 24-23 所示。

立柱和横梁弯曲度的检查常用拉线法，如图 24-118 所示，量测 $f_a \cdots$ 即能判断其弯曲度。

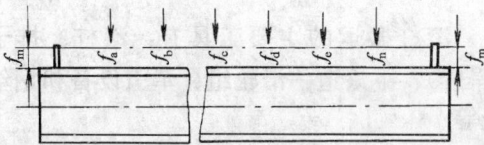

图 24-118　拉线法检查构件弯曲度

立柱和横梁的扭曲度的检查如图 24-119 所示，图中 L 即为其扭曲度。

锅炉钢构件组装前的偏差

表 24-23

序号	项　　目		偏差不超过 （mm）
1	柱的长度（m）	$\leqslant 8$	0 -4
		> 8	$+2$ -6
2	梁的长度（m）	$\leqslant 1$	0 -4
		$1 \sim 3$	0 -6
		$3 \sim 5$	0 -8
		> 5	0 -10
3	柱子梁的直线度		长度的 1/1000， 且不大于 10

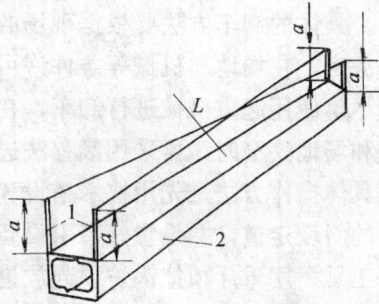

图 24-119　构件的扭曲度检查

另外，立柱上焊有的托架，应对其位置和方向进行检查，对不符合要求的应割掉，重新定位焊接；对螺孔也应进行位置、孔径及孔距的检查，同时对外观要求无严重锈蚀、重皮、裂纹、凹陷等缺陷。

小　　结

锅炉安装必须有充分的准备，全面的施工资料，并有严格的施工组织计划。当锅炉及主要设备供货到施工现场，材料供应达 60% 后，并对其质量进行严格的质量检查，达到合格后，方可进行锅炉安装。

习 题

1. 锅炉安装准备工作的主要内容有哪些?
2. 锅炉钢架安装前应检查哪些内容?其主要的检验方法是什么?
3. 锅筒安装前应进行那些检查,检查的方法是什么?
4. 受热面管子的质量检查有哪些方面?如何检查?主要的校正方法有几种?
5. 简述锅炉安装施工组织的内容。

24.6.2 快装锅炉的安装

快装锅炉也即整体出厂的锅炉,一般说来容量较小($D \leqslant 10t/h$),安装较容易,主要的工作在于锅炉的搬运上。

(1) 锅炉的卸车

当快装锅炉运到施工现场,首先进行卸车作业。具体的卸车方法要根据现场的具体情况来决定,在场地和机械等条件许可的情况下应尽量使用起重机械进行卸车,在无起重机械和场地狭窄时,可采用滚移法进行卸车。其具体操作方法是先用枕木搭设和车辆一样高的斜坡走道,并设置好牵引设备和滑轮组等工具,用千斤顶把锅炉顶起放进滚杠和下走道,在锅炉的前面用牵引滑轮组牵引,后面用溜放滑轮组拖住如图 24-120 所示。当锅炉进入斜坡道时,牵引滑轮组不再受力,而溜放滑轮组逐渐受力,此时设备靠自重向下移动,在下放时应保证溜放滑轮组缓慢均匀的放开,两侧应设专人摆放滚杠,并在斜坡道上撒些砂子,以防滚杠下滚。

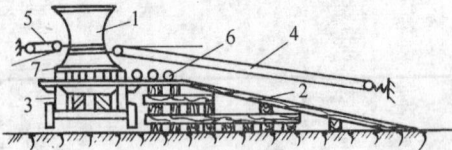

图 24-120 滚杠搬运卸车法
1—设备;2—枕木坡路;3—车辆;4—牵引滑轮组
5—溜放滑轮组;6—滚杠;7—排子

(2) 锅炉的水平搬运

将自拖车上卸下的锅炉外包装除去(保留底部的木船),并检查锅炉的型号、质量、生产厂家及生产日期等是否符合设计及订货要求后,向已满足锅炉安装要求的锅炉房搬运。由于施工现场场地一般都较狭窄,且搬运距离较短,常采用旱船滚移法搬运(又称滚杠搬运法),如图 24-121 所示。

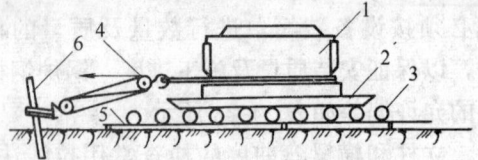

图 24-121 滚杠搬运
1—重物;2—排子;3—滚杠;
4—滑轮组;5—下滚道;6—锚桩

滚杠搬运的主要工具有:滚杠、排子(旱船)、下滚道、滑轮组、牵引设备和钢丝绳等。

利用滚杠法操作应注意:

A. 应有专人指挥,专人传递和放置滚杠及下滑道;

B. 滚杠应摆放整齐,间距均匀;

C. 下滚道放置时,应有 300~500mm 的搭接长度,且应处于同一水平面;

D. 摆放滚杠的人员,大拇指在外,其余四指放在滚杠筒内,以防压伤手指,并不得带手套操作;

E. 牵引绳索的位置不应过高,以保证锅炉平稳移动为好。

(3) 锅炉就位、找平、找正

锅炉在进行搬运之前,锅炉的基础必须经过验收合格,其具体验收要求见 24.6.3 部分。

当锅炉被搬运到锅炉基础上，应就锅炉水平度及垂直度进行调整，其具体做法可用胶管水准仪，测量锅炉左右、前后水平度，并利用楔形垫铁进行调整，至到水平为止；垂直度则用铅锤法进行校正。当找正、找平后，对锅炉进行二次灌浆、填灰，以使锅炉就位。然后进行锅炉房其他附属设备的安装。

小　　结

对于快装锅炉由于以一个整体出厂，因此安装的主要工作就是锅炉的卸车、水平搬运、就位、找平、找正。

习　题

1. 快装锅炉的卸车应注意什么？
2. 快装锅炉的水平搬运常用的方法是什么？在搬运过程中应注意什么？

24.6.3　锅炉设备基础验收及钢架平台安装

散装锅炉的安装较为复杂，其具体操作程序为：基础验收→钢结构安装→锅筒、集箱安装→受热面安装→辅助受热面安装→本体管路、附件安装→其他附件安装→水压试验→燃烧室砌筑（同时穿插进行锅炉房附属设备安装）→烘炉→煮炉→试运行。

（1）锅炉基础的验收、划线

锅炉基础一般由土建单位施工，锅炉安装单位验收，基础的验收与划线同时进行，即经验收检查和划线检查，来证明基础的施工质量符合设计要求。

1）基础的验收。锅炉基础验收应按照《混凝土结构工程施工及验收规范》（GB50204—92）的有关规定进行。首先检查混凝土配比资料，检查基础用混凝土强度等级是否符合设计要求；然后检查基础外观，要求无蜂窝、麻面、露石、露筋、裂纹等缺陷；其强度必须达到100%。用钢卷尺测量其外形尺寸，用水准仪检测其标高，在基础上划线，尺寸偏差应符合表24-24的规定。

2）基础的划线。基础划线是用红铅油等明显标记，将锅炉钢架立柱的具体安装位置弹划在基础上，作为锅炉安装的依据。

按土建施工后的基础纵向中心线 OO'，并复测使之满足设计要求的位置，然后弹划在锅炉的基础上。在炉前立柱预留浇注孔中心，确定锅炉横向基准线 NN'，并使之垂直于 OO'。其方法是自 NN' 和 OO' 相交点 D 向外取 A 和 B，并使 $AD=BD$，然后在 OO' 上任取 C，若 $AC=BC$ 则垂直，若不相等则调整到相等为止。最后以 NN' 和 OO' 为基准划出各钢柱的中心线和锅炉辅助设备的中心线，如图24-122所示。并调整使 $M_1=M_2$、$N_1=N_2$…以校核其位置正确，偏差不得大于5mm，L，b 的允许偏差为±2mm。

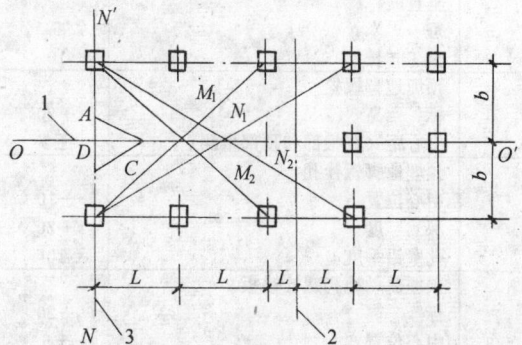

图 24-122　锅炉基础上划线
1—锅炉纵向安装中心线；2—横向中心线；
3—炉前横向基准线

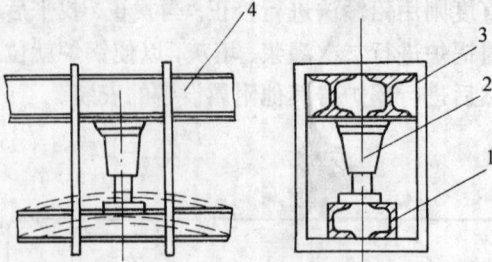

图 24-123　千斤顶校直钢构件
1—被校钢构件；2—千斤顶；
3—框架；4—上固定型钢

锅炉的安装标高由设计确定。基础划线时，是以土建设计地坪标高为基准，来检测锅炉基础面的施工标高，若满足设计标高要求则在基础侧壁的数处或锅炉房结构柱上，用红铅油标出数个基准点，作为安装时量测钢架、锅筒等安装标高基准。

经基础划线的检验，如基础的施工外形尺寸、标高符合表 24-24 的规定，且锅炉炉墙外边缘未超出基础，则可对基础验收。

混凝土设备基础的允许偏差

表 24-24

项次	项　目	允许偏差（mm）
1	坐标（纵、横轴线）	±20
2	不同平面的标高	−20
3	平面外形尺寸	±20
	凸台上平面外形尺寸	−20
	凹穴尺寸	+20
4	平面的不平度	
	每　米	5
	全　长	10
5	垂直度	
	每　米	5
	全　长	10
6	预埋地脚螺栓	
	标　高	+20
	中心距（在根部和顶部量测）	±2
7	预埋地脚螺栓孔	
	中心位置	±10
	深　度	+20
	孔壁铅垂度	10
8	预埋活动地脚螺栓锚板	
	标　高	+20
	中心位置	±5
	不平度（带槽的锚板）	5
	不水平度（带螺纹孔的锚板）	2

（2）钢架构件校正

锅炉钢架是锅炉的骨架，是用来支撑锅筒、受热面及平台等的重量及热应力。由于钢架的变形，可能影响锅炉的正常运行，故必须对发生变形的钢架进行校正。

型钢构件经严格检查后，确定出需要校正的构件数量及校正值，然后进行校正。

钢架校正有冷校正、热校正等多种方法，校正前应正确分析确定合理的校正方法，以确保达到理想的效果。

1）冷校正。冷校正是在常温下施加外力的校正方法，常用于变形不大，断面尺寸较小的构件，常用的工具有大锤、千斤顶。如图 24-124 所示校正受力点 C。

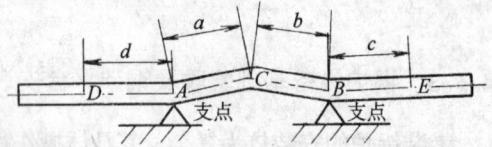

图 24-124　局部变形校正示意图

2）热校正。热校正通常有加热加力校正，即在钢架的弯曲段均匀加热后，再施加压力；加热自然冷却校正，即在钢架的弯曲段均匀加热到一定温度后，使其自行冷却的校正。

热校正加热的方法有乙炔加热法和加热炉加热法，用乙炔加热时，其加热长度为 0.5m 左右，用加热炉加热其加热长度控制在 1m 左右，但加热温度控制在 600～650℃ 左右，不可超过 700℃，以防材料蠕变。

3）扭曲校正。构件的扭曲校正难度较大，当立柱、横梁的扭曲超过其变形的规定值时，可用冷校或热校的方法。在校正架上用千斤顶施力校正，如图 24-125 所示，校正时，构件的一端固定，另一端用千斤顶施力，使其扭动，直至校正合格为止。

（3）钢架构件的安装

锅炉承重钢架安装在散装中型锅炉上多采用单个构件的安装，即在立柱安装完毕后，将横梁等构件逐个与之组合，最后连成整体

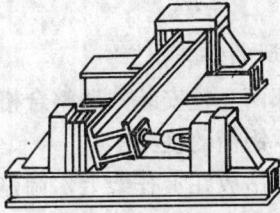

图 24-125　构件扭曲的校正

承重钢架，这样安装其构件吊装简单。

单个构件的安装工序为：立柱与横梁的划线，立柱的安装，横梁的安装，立柱底座和基础的固定（焊接或二次浇灌）。

1）立柱和横梁的划线：

对经检查、校正合格后的立柱、横梁，均应在基础上用油漆线弹画出其安装中心线，立柱底板也应画出其安装十字中心线，并与立柱面上的中心线相对应，划线时应注意不得用立柱底板中心线作为立柱中心线，而应用立柱四个面的中心线引下垂线，来确定其中心线。为了防止磨掉划线，应在上中下各部位打上冲印标记。

确定上托架的安装位置是依据立柱顶端与最上部支承锅筒的上托架设计标高，并焊好上托架，上托架面的标高可适当比设计标高低 20～40mm，以作为加垫铁调整用。按立柱上各托架的设计间距划线，使各托架定位并逐个焊牢，同时应注意焊接方向。

从上托架顶面的设计标高下测至设计标高 1m 处，在立柱上弹画出 1m 标高线，作为安装时控制和校正标高的基准线。如图 24-126 所示，并在锅炉房的柱子上、墙上做出若干个 1m 标高基准点，以作为安装时量测标高的基准。

2）立柱的安装：

在立柱划线和托架焊好后，将立柱用独立桅杆起吊，或用屋架下挂手动葫芦起吊，起吊时应缓慢平稳，轻轻放下，以免碰撞引起变形，放置时应保持立柱底板中心线和基础立柱中心线对齐，立柱顶端用揽风绳在侧墙上拉紧固定。立柱固定后，应对其安装位置、

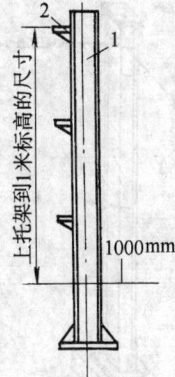

图 24-126　立柱 1m 标高线的画定
1—立柱；2—上托架

垂直度及标高进行调整，用撬棒拨调底板，使立柱底板十字线与基础十字线对准，用胶管水准仪或水准仪校正立柱安装标高，如图 24-127 所示。使立柱 1m 标高线与墙、柱上 1m 标高线持平，可采用立柱底部的斜垫铁调整，每根立柱底部的垫铁不得超过 3 块，并匀称摆放。

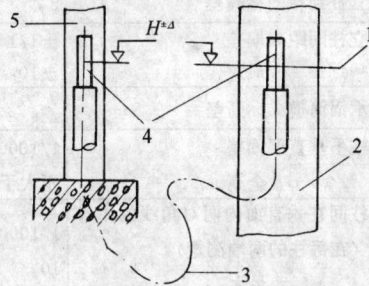

图 24-127　用胶管水准仪检测立柱安装标高
1—1m 基准线；2—锅炉房构造柱；
3—胶管；4—玻璃管；5—钢立柱

立柱垂直度的调整方法是，先在立柱顶端焊一直角形圆钢，在立柱相互垂直的两个面上各挂一铅锤，然后取立柱的顶部、中部、下部三处测量垂线与立柱面的距离，若间距相同则表明垂直，若间距不相同则应调整顶部拉紧螺栓直到符合要求为止。如图 24-128 所示。

立柱的安装位置、标高及垂直度的调整同时进行，不可偏废，直到调整至表 24-25 的要求为止。

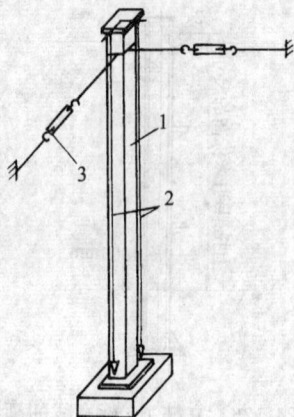

图 24-128 立柱垂直度的检测与调整

1—立柱；2—铅垂线；3—拉紧螺栓

钢柱安装允许偏差　表 24-25

项次	项　　目	允许偏差 (mm)
1	各立柱允许的偏差	±5
2	立柱标高与设计标高差	±2
3	柱脚中心与基础划线中心差	±5
4	各立柱互相间标高差	3
5	各立柱间距离偏差 最大	±1/1000 ±10
6	支承锅筒横梁标高差	0 −5
7	立柱不垂直度偏差 全高	1/1000 不大于10
8	两柱间在垂直面内两对角线的不等长度（在每柱的两端测量） 最大	1/1000 10
9	各立柱上水平面内或下水平面内相应两对角线的不等长度 最大	1.5/1000 不大于15
10	横梁不水平度 全长	1/1000 5
11	支持锅筒的横梁不水平度 全长	1/1000 3
12	护板框或桁架与立柱中心线的距离	+5 −0
13	顶板各横梁间距离	±3
14	顶板标高差	±5
15	大板梁的不垂直度（立板高度） 最大	1.5/1000 不大于5
16	平台标高差	±10
17	平台与立柱中心线相对位置	±10

3）横梁的安装：

在相邻两立柱安装并调整合格后，应立即安装支承锅筒的横梁。

将横梁吊放在上托架上，调整横梁中心线，使之对应立柱中心线，调整横梁水平度后，采用点焊或螺栓与立柱固定下来。以同样的方法，立即进行立柱侧面连接横梁的安装，使安装并调整合格后的立柱与横梁连成整体，以进一步加固稳定。

每组横梁安装后，应用对角线测量法复测其安装位置的准确性，并使之符合表24-25的规定，然后予以固定。

4）立柱的固定：

若钢架立柱与基础面上预埋钢板连接时，应将立柱底板四周牢固地焊接在预埋钢板上。

若钢架立柱立装于基础浇注孔内时，则用二次浇灌法固定，但应注意立柱底板和基础面有 20～60mm 的间隙，且保持干净，以保证浇灌后的强度。

（4）平台、扶梯和托架的安装

为方便施工，部分操作平台、扶梯可在承重钢架组装后安装，对妨碍安装操作的部分可留待以后安装，对中小型锅炉多采用组合安装以加快施工进度。

扶梯立柱应垂直安装，间距应符合设计规定，设计无明确规定时，取 1.0～1.2m 为宜，且应均匀分布，转角时应加一根立柱，栏杆的转角要圆滑美观，不得割焊成直角形，构件的切口棱角、焊口毛刺应打磨光滑。

支承平台的构件安装应牢固，水平端正、平齐，平台面上的构件不得随意切割，必须切割时，也应考虑补强措施，以保证平台的结构强度。平台及扶梯踏步应采用防滑钢板。平台、扶梯安装后，应认真涂刷防腐涂料及规定颜色的面漆。

习　题

1. 如何对锅炉钢架出现的过大偏差进行矫正?
2. 绘图说明锅炉基础的划线的方法和步骤。
3. 试述锅炉钢架的安装步骤，安装校正调整的内容及方法。

24.6.4　锅炉受热面安装

　　锅筒、集箱、对流管束及水冷壁是锅炉的主要受热面，其安装质量决定着锅炉运行的稳定性及安全性，锅炉受热面安装必须在锅炉承重钢架安装完毕，基础的二次浇灌强度达到 75% 以上方可进行。

　　(1) 锅筒与集箱的安装

　　1) 锅筒的划线:

　　锅筒与集箱检查合格后，即可进行锅筒的划线，划线是按锅筒上的中心线冲孔标记，在锅筒的两侧弹划出纵向中心线，在锅筒的前后两端面上弹划出水平与垂直的中心十字线，作为锅筒安装时检测位置、标高的基准。

　　为控制锅筒在横梁支座上的安装位置，还应在锅筒底部弹划出与支座接触的十字中心线，作为锅筒安装就位的基准线。其方法是，连锅筒前后端面上下冲孔点，弹划出锅筒底部纵向中心线，自锅筒长度的中点向前后端面各量支座间距的 1/2，即得到支座安装的中心点，但活动支座的一端应扣除锅筒受热伸长量。

　　2) 锅筒支座的安装:

　　中小型锅炉的锅筒一般有 1~2 个，上锅筒一般置于钢架上的活动支座上，下锅筒则由管束吊承，或吊装于承重横梁下，因此上锅筒支座的安装、下锅筒临时支撑架的准备

是锅筒安装前必须做的重要工作。

　　A. 锅筒支座的安装。锅筒支座有固定支座和双层滚柱活动支座。在安装前应对滚动支座进行解体清洗，并检查校正弯曲变形的滚柱。测量两支座的弯曲度，以便确定垫板的厚度，在垫板上划出纵横中心线，并与横梁中心线对准，将滚柱及弧形支座摆正，留有膨胀所需的间距，用垫铁在支座垫铁板底下调整，测好后与横梁焊牢，锅筒支座安装位置校正，如图 24-129 所示。

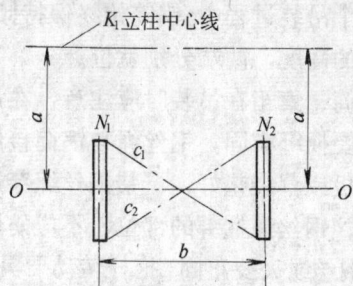

图 24-129　支架位置的确定

　　B. 临时支座的准备。下锅筒吊装前，应准备好临时支座，如图 24-130 所示，由型钢用螺栓固定于锅炉钢架上，当上下锅筒及其连接管束均已安装完毕，燃烧室开始砌筑时，方可拆除临时支座，在拆除时严禁敲打。

　　对于采用吊挂方式的锅筒可不设临时支座，但应对吊装的吊环、弹簧吊杆、紧固螺栓等进行认真的质量检查。支座的位置要正

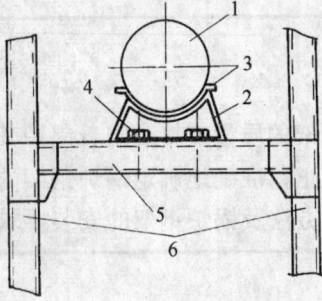

图 24-130　锅筒安装用临时支撑构件
1—锅筒；2—临时支撑座；3—石棉绳；
4—螺栓；5—横梁；6—立柱

确，支座上要加石棉板或石棉绳，以便调整
锅筒的正确性；两个支座中心必须保证一个
支座能在钢架上自由移动或使锅筒在支座上
自由活动，支座与锅筒接触应良好，局部间
隙不超过 2mm。

3）锅筒吊装及校正：

锅筒的吊装方法有水平吊装法和倾斜吊
装法。所谓水平吊装法就是在钢架侧墙上没
有妨碍锅筒水平通过的连接件时，把锅筒预
先布置在钢架对角线的位置，然后起吊，超
过支座后水平转动就位；而倾斜吊装法，则
是在整个吊装过程中，锅筒始终保持倾斜，达
到要求的高度，两端分别就位。

锅筒、集箱在吊装时应注意：在吊装时
钢丝绳要捆绑牢固，钢丝绳与锅筒接触部位
要用木板或草袋垫好，严禁钢丝绳穿过锅筒
的管孔；钢丝绳捆绑的部位，不应妨碍锅筒
就位，钢丝绳夹要牢固，抱杆转动要灵活；起
吊要有专人指挥，必须有持证的起重工人操
作；避免锅筒碰撞钢架；当起吊一定高度时，
要停止起吊，观察没有异常现象后再进行起
吊，当到达要求的高度后要缓缓下落，并准
确放在支座上。

锅筒、集箱的安装找正与调整，按先上
锅筒，后下锅筒，最后是集箱的顺序进行。找
正与调整后的安装偏差应符合表 24-26 的规
定，表中的尺寸如图 24-131 所示。找正与调
整应在设备单体找正及设备之间位置关系两

方面全面进行。

锅筒、集箱安装的偏差　表 24-26

项次	项　　　目	偏差不应超过 (mm)
1	锅筒纵向、横向中心线与主轴中心线水平方向距离偏差	±5
2	锅筒、集箱的标高偏差	±5
3	锅筒、集箱的不水平度，全长	2
4	锅筒间 (P、S)、集箱间 (b、d、e)、锅筒与相邻过热器间 (a、c、f)、上锅筒与上集箱间 (h)、主心线距离偏差	±3
5	水冷壁集箱与立柱间距离 (m、n) 偏差	±3
6	过热器集箱间对角线 (k_1、k_2) 的不等长度	3

A. 锅筒的纵横向位置及垂直度的找正。
在锅筒前后两端面上部冲孔吊垂线，如前后
垂球尖端均落于基础上划出的纵向中心线
上，则表明锅筒安装的横向位置正确。如垂
线同时与前后锅筒上画定的垂直中心线重
合，则表明锅筒安装的垂直度同时正确，如
出现偏差，则可用转动锅筒的方法调整使之
正确。

按如上挂线，尺量垂线与基础上画定的
横向基准线的距离，减去垂线与锅筒端面的
间隙后，与图纸要求的尺寸相比较，若相等，
则锅筒安装纵向位置正确。若出现偏差，可
采用前后窜动锅筒的方法调整纵向位置偏
差，用移动底板位置的方法调整横向位置的
偏差。

B. 锅筒安装水平度及标高的找正。以锅
炉房侧墙或立柱上 1m 标高基准点为准量
尺，将锅筒中心安装标高标注在侧墙上，将
胶管水准仪的一端玻璃管水平面对准墙上锅
筒安装标高点，另一端玻璃管分别在锅筒前、
后端面水平线上测量，若两测点都能和墙上
玻璃管水位保持平齐，则锅筒安装的水平度

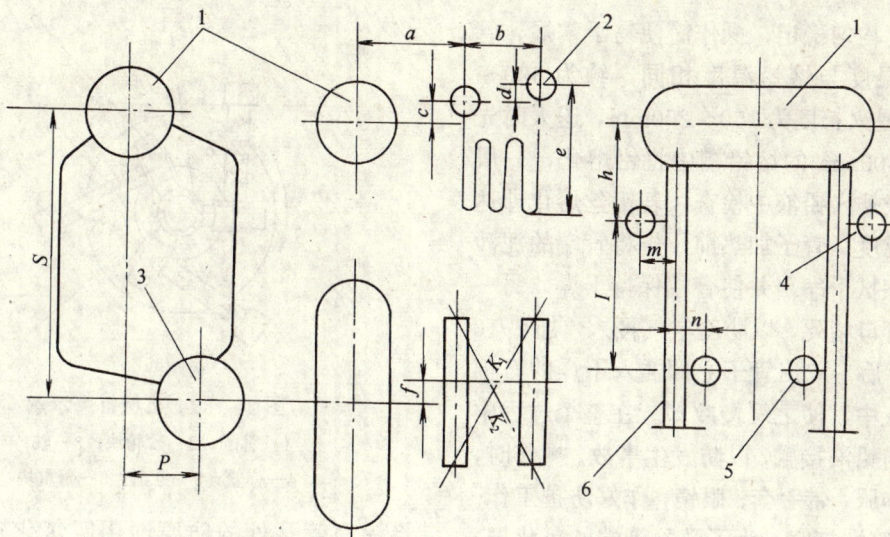

图 24-131　锅筒、集箱的安装距离

1—锅筒；2—过热器集箱；3—下锅筒；
4—水冷壁上集箱；5—水冷壁下集箱；6—立柱

和安装标高同时正确，若出现偏差使两玻璃管不能保持平齐，则可以用锅筒支座下的垫铁进行调整。

调整后的复测可用另一端玻璃管分别在锅筒一侧纵向中心线的前后端量测，如两测点玻璃管水面均能和墙上玻璃管水面保持平齐，则调整工作正确无误，否则应继续调整直至水平度和安装标高同时符合表 24-25 的规定，如图 24-131 所示。

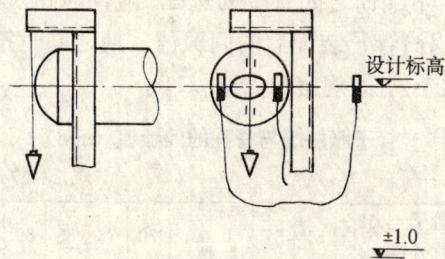

图 24-132　锅筒安装水平度及标高校正

锅筒找正时，应考虑锅筒在热运行下的热伸长量，而使锅筒在支座上就位时，向锅筒热伸长的相反方向偏移热伸长量的一半。锅筒热伸长量可按下式计算：

$$\Delta l = 0.012 L \cdot \Delta t + 5 \qquad (24\text{-}3)$$

式中　Δl——锅筒热伸长量（mm）；

L——锅筒长度（m）；

Δt——锅筒内工作介质温度与安装时环境温度之差（℃）。

C. 锅筒、集箱间相对位置的检测。在锅筒、集箱单体安装符合要求时，其相对位置（距离、中心距等）一般不再检测，若需检测，可用吊线法结合尺量检测水平相对位置偏差，用胶管水准仪或水准仪检测垂直相对位置偏差，使之符合表 24-25 的规定。

（2）受热面管子的安装

受热面管束是指多根或多排对流管或水冷壁管组成的对流或辐射受热面，是锅炉的主要受热面，其安装程序为胀接管端的退火与打磨，管束的选配与挂管，管子的胀接或焊接等工序组成。

1）胀接管端的退火与打磨：

为了防止胀接时管子产生塑性变形，以致产生管端裂纹，应对管子进行退火；管端打磨的目的是清除管子表面的氧化层，锈斑、沟纹等。

A. 管端退火。管端退火多用铅浴法，其

加热温度均匀稳定，操作简便易于掌握。管端退火温度与熔铅温度相同，约为 600～650℃，退火长度为 150～200mm，退火时先在深约 400mm 的熔铅槽中将铅熔化，一般用铝导线插入铅液中检查，若铝丝熔化即达到要求温度。管子加热前，先将管端的泥沙等污物擦拭干净，并使管端保持干燥。另一端应将管口堵死，以防冷空气侵入，加热 10～15min 后，取出管子立即插入干燥的石棉灰或石灰中，使之缓慢冷却。在整个过程中严防水与铅液接触，以防发生事故。操作时，应穿工作服，带手套、眼镜，作好防护工作。

B. 管端打磨。为了消除管端的氧化层、锈点、斑痕、纵向沟槽等，在管端退火后应进行打磨，其打磨长度为锅筒壁厚加 50mm，打磨后的管端应全部露出金属光泽，其壁厚应不小于公称厚度的 90%，表面应保持圆滑无微小棱角及纵向沟纹。

打磨方法分为人工打磨和机械打磨。人工打磨是将管子垫布夹在压力钳上，依次用中粗平锉、细平锉、细纱布打磨，操作时要注意操作走向，防止出现沿管轴方向的纵向沟纹，掌握打磨深度，防止过度。

机械打磨是将管子插入磨盘内，如图 24-133 所示，露出打磨长度后用夹具将管子固定，启动机械磨盘转动，即可开始打磨。机械打磨的程度由操作者控制，进一步的精磨可辅以人工打磨。

管端打磨的同时，应将管端内壁清理干净，用游标卡尺量测其外径及内径，标注于管端，以备选配时应用，最后在打磨过的管端涂以防腐油，并妥善保管。

C. 管子的选配与管束的挂装。水冷壁管束一般是由单列多根管组成，其上端与锅筒胀接。对流管束则是由数列多排管束组成，管子的上、下端分别与上、下锅筒胀接。管束的安装是通过每根管子的选配、挂装以及胀接（或焊接）完成安装的。

a. 管子与管孔的选配。管子挂装前，应

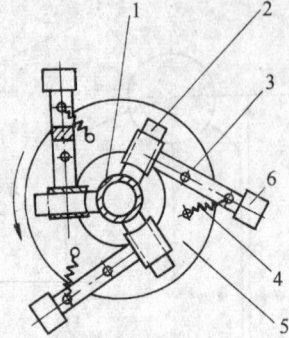

图 24-133　机械打磨示意
1—管子；2—砂轮块；3—轴；
4—弹簧；5—磨盘；6—陪重块

将锅筒管孔处的防腐油用四氯化碳清洗干净，用刮刀沿管孔圆周方向刮去毛刺，然后用细纱布沿管孔周围方向打磨，直至管孔露出金属光泽。量测管孔各孔孔径并记录于锅筒管孔展开图上。

将已打磨好的管子去掉纸封，按量测过的外径值与管孔进行选配，选配的原则是较大外径的管子装配在较大孔径的管孔上，使选配后各装配间隙尽可能均匀一致，间隙值控制在表 24-27 规定的范围内。这个选配过程是保证胀接质量的关键环节。

在管孔孔径、胀接管外径的量测后，管子选配和挂装实际上是同时进行的。胀接于上、下锅筒之间管子的选配，应同时顾及上、下锅筒管子装配后的间隙值，使之同时符合表 24-27 的规定。

管子胀接端与管孔的间隙值（mm）

表 24-27

管子公称外径	32～42	51	57	60	63.5	70	76	83	89	102
最大间隙值	1.29	1.41	1.47	1.5	1.53	1.60	1.66	1.89	1.95	2.18

b. 对流管束的挂装。对流管束的挂装指每根管子都经过选配，就位于上、下锅筒相应的管孔中，挂装的顺序为：每列对流管束由里向外挂装，对每列中各排对流管束，则先挂最前、最后及中间的一根，用此三根作

为基准，然后由中间分别向两端挂装。在挂装时每根管子都应轻松自由的插入上下管孔，切不可强行使力插入，避免影响胀接强度及严密度。

每挂装一根管子，均应将选配的数据（如管孔直径、管子外径、管子内径等实测数据），记录于管孔展开平面图相应的管孔处，以备计算胀接时应取的胀管率。

每挂装一根管子，在胀接前应检查伸出锅筒壁的长度 g，如图 24-134 所示，若 g 值超过表 24-28 的规定时，则应抽出管子，将多余的切掉，若伸出量不足，则应换管重新挂装。

管端伸出管孔的长度（mm）

表 24-28

管子外径		32～63.5	70～102
伸出长度	正常	9	10
	最大	11	12
	最小	7	8

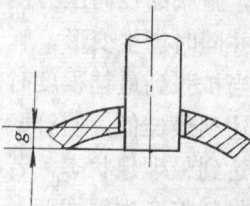

图 24-134　管端伸出管孔的长度

在每列基准管挂装后，均应立即检测和调整其挂装位置，以保证整体对流管束安装位置的正确。基准管位置的检测，如图 24-135 所示，在锅筒前后的中心点吊垂球，将锅筒底部的纵向中心线引至量测位置（图中的 oo' 线）以 oo' 线为基准量测基准管与锅筒中心的距离 a，使之等于设计间距，分别量测前后基准管中心与中间基准管中心的对角线距离，使之调整到 $13'=1'3$，$12'=1'2$ 则基准管位置正确，然后立即对基准管进行初胀固定。其他各排管子挂装时，应与基准管平齐处于同一安装平面上，为提高挂装速度，保证各管子挂装位置正确，可采用木制梳形槽板控制挂装位置，如图 24-136（b）所示，也可用长

角钢上的 U 型螺栓卡住，控制挂装位置，如图 24-136（a）所示。

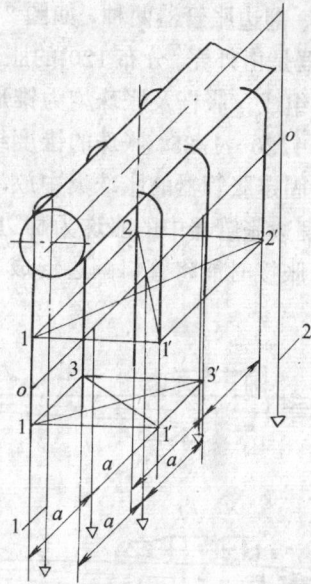

图 24-135　基准管安装位置的检测
1、2—锅筒前、后端面垂直中心线；
o-o′—锅筒底部纵向中心线的引出线

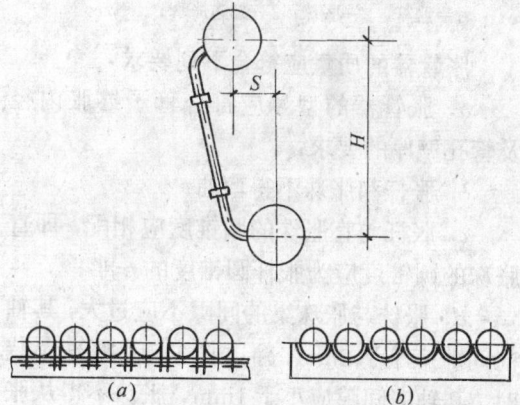

图 24-136　管束挂装的辅助工具
（a）—角钢及 u 形螺栓；（b）木制梳形槽板

2）管子的胀接

管子的胀接方法有一次胀接和两次胀接。一次胀接就是始终用翻边胀管器一次完成胀接；而两次胀接则是用固定胀管器进行初胀，当使管子胀到与管孔消除间隙后，再用翻边胀管器胀到符合规定胀管率。一般在受热面的安装中，除基准管采用两次胀接外，其他管子的胀接宜采用一次胀接。

A. 胀管器：

胀管器是管子的胀接工具，常用的有固定胀管器、翻边胀管器两种，如图24-137所示。胀管器是由外壳、分布120°的胀珠巢、胀杆及胀珠组成。胀杆及胀珠均为锥形，胀杆的锥度为1/20～1/25，胀珠的锥度约为胀杆的一半。固定胀管器的胀珠巢中放入的是直胀珠，而翻边胀管器中的胀珠为翻边胀珠，其锥度大，胀接时能将管口翻边形成12°～15°的倾角。

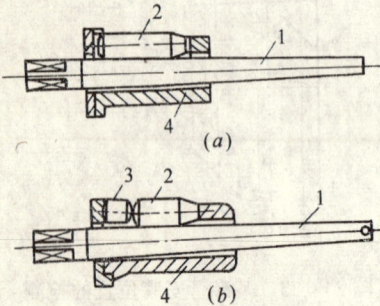

图 24-137　胀管器

(a) 固定胀管器；(b) 翻边胀管器

1—胀杆；2—胀珠；3—翻边胀珠；4—外壳

胀管器的质量应符合下列要求：

a. 胀管器的型号应符合管子终胀内径及管孔壁厚的要求；

b. 胀杆和胀珠不得弯曲；

c. 胀杆与直胀珠的圆锥度应相配，即直胀珠的圆锥度应为胀杆圆锥度的一半；

d. 胀珠与胀珠巢的间隙不应过大，其轴向间隙应小于2mm，翻边胀珠与直胀珠串装时，其轴向间隙应小于1mm，胀珠不得从胀珠巢内掉出，且胀杆放下最大限度时，胀珠能自由转动。

胀管器在使用时，胀杆及胀珠应抹适量黄油，胀完15～20个口后，应用煤油清洗，然后重新抹黄油。但是，黄油不得流入管子与管孔的间隙内。对质量不符合要求或损坏的胀管器不能使用。

B. 胀管原理：

将胀管器外壳端部对准胀接管口，用扳把扭动胀杆，胀珠即随胀杆的转动而转动，胀杆沿外壳的内径向里推进，胀珠则对管子外壁施压，以致使管壁扩大产生塑性变形，直至达到永久变形。管子在扩胀时对管孔周围产生很大的压力，当胀接终止时，管孔钢材会对其所受的压力产生反弹力，这个极大的反弹力使管孔紧紧的箍住管子，如图24-138所示。

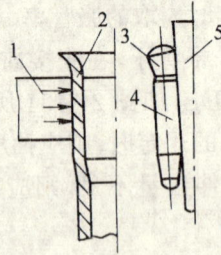

图 24-138　胀接原理示意

1—锅筒孔壁；2—胀接管子；3—翻边胀珠；

4—直胀珠；5—胀杆

C. 胀管率：

胀接时，施胀的径向压力使管子和管孔同时受压，并同时产生变形，管子管径扩大管壁减薄，当扩张到最佳程度时，管孔所产生的反弹力达到最佳值，使管壁和管孔的强度及严密度达到最理想状态，若超出最佳状态，则管孔材料将产生塑性变形，反弹力下降，严密度也将下降，反之，则反弹力不足，严密度也将达不到最佳值。

因此，对管子的胀接程度用胀管率表示，胀管率可用内径控制胀管率和外径控制胀管率两种方法计算。

a. 内径控制胀管率计算式：

$$H_n = \frac{d_1 - d_2 - \delta}{d_3} \times 100\% \qquad (24\text{-}4)$$

式中　H_n——内径控制胀管率（%）；

　　　d_1——施胀后的管子实测内径(mm)；

　　　d_2——未胀时管子实测内径(mm)；

　　　d_3——未胀时管孔实测直径(mm)；

　　　δ——未胀时管孔与管子实测外径之差（mm）。

最佳内径控制胀管率控制在1.3%～

2.1%时范围内。

　　b. 外径控制胀管率的计算式：

$$H_w = \frac{d_4 - d_3}{d_3} \times 100\% \quad (24\text{-}5)$$

式中　H_w——外径控制胀管率（%）；

　　　　d_3——未胀时管孔实测直径（mm）；

　　　　d_4——胀完后紧贴锅筒外壁处管子实测外径（mm）。

　　最佳外径控制胀管率应控制在 1.0%～1.8% 的范围内。

　　D. 试胀接：

　　为确保胀管质量，在正式胀管之前应进行试胀。试胀的目的在于使操作人员熟悉和掌握胀接材料（锅筒管孔和受热管子）的可塑性能、胀管器的使用性能，并熟练胀管操作。试胀使用的管板及胀接管子应与正式胀接时完全相同，并应由锅炉制造厂提供。试胀的操作方法及步骤应与正式胀接相同。

　　E. 管束的胀接：

　　将经过检查挂管后的管子进行胀管率的计算，使之符合要求，并反算出胀管后的实测内径，标注于管孔展开平面图上，在施胀时，用测内径的仪表控制使之不超过规定值。

　　为了避免施胀管口操作时产生的应力影响，从而引起胀接松弛，应采用如图 24-139 的反阶式胀管操作顺序，即管列为 Ⅰ、Ⅱ、Ⅲ ……的顺序，在管排方面为 1、2、3……的顺序进行。

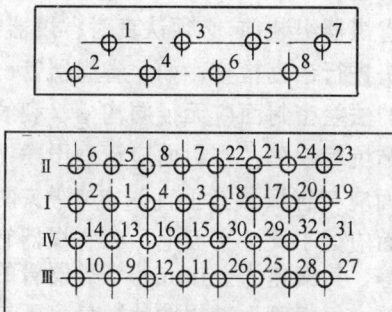

图 24-139　反阶式胀管顺序

　　当管束同时与上锅筒和下锅筒胀接时，应先胀接上锅筒，后胀接下锅筒。

　　在胀接过程中，室内温度不应低于 0℃。胀杆的转动应缓慢，随时检查胀接口内径，避免超胀和胀接不足。进入锅筒胀接应保证人孔完全开启状态，使气流畅通，同时应有良好的照明。

　　管束的胀接必须符合下列要求：

　　a. 管端伸出管孔的长度应严格控制不得超过表 24-27 的规定；

　　b. 管口翻边角度为 12～15°，并在伸入管孔 0～2mm 处开始翻边倾斜，如图 24-140 所示；

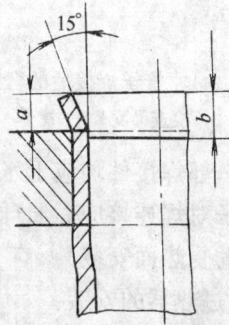

图 24-140　胀接管口的翻边

　　c. 胀口内壁过渡要均匀平滑，管子胀口不得有偏胀现象，翻边喇叭口的边缘上，不得有裂纹；

　　d. 胀管率当采用内径控制胀管率时最大不得超过 2.6%，当采用外径控制法时不得超过 2.5%；在同一锅筒上的超胀管口数量不得大于胀接总数的 4%，且不得超过 15 个。以保证有足够的强度和严密性。

　　3）管子的焊接

　　受热面管子及锅炉本体范围内的管道焊接，应按《锅炉受压元件焊接技术条件》和《锅炉受压元件焊接接头机械性能检验方法》的有关规定执行，操作的焊工必须经考试合格的持证焊工担任。

　　管子的对焊焊缝应在管子的直线部分，且焊缝到起弯点的距离不应小于 50mm，同一根管子上的焊缝间距不应小于300mm，且长度不大于2m的管子，焊缝不应多于1个；长度不大于4m的管子，焊缝不多于2个；长度不大于6m的管子，焊缝不多于3个；依次类推。

管子施焊焊缝附近必须打有低应力钢印，即打有钢印字样"U"型，不得用已淘汰的"V"型钢印，管子对接施焊后应平直，其不直度，用直尺在焊缝中心200mm处检查，其偏差值不大于1mm，如图24-141所示；

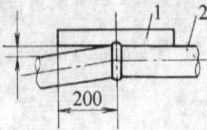

图24-141　管子焊接后的弯折度
1—检查尺度；2—管子

管道上全部焊接件均应于水压试验前焊接完成，管子对焊连接应做通球试验。

（3）辅助受热面安装

1）蒸汽过热器的安装：

蒸汽过热器的安装有组合安装法和单件安装法。组合安装法是将蒸汽过热器管子与集箱在地面组合架上组装成整体，然后整体吊装；单件安装法是在炉顶吊一根管子和集箱连接一处，逐根吊装组成蒸汽过热器整体。组合安装高空作业工作量小，安装进度快，质量易于保证，但应采用可靠的吊装方法，使整体吊装时，不会造成损伤及变形，对中小型锅炉多采用组合安装法。

经检查与校正后的蒸汽过热器蛇形管，在安装前首先应清理集箱及管孔中的污物，然后进行组装。在组装时，集箱应先牢固固定，再组装集箱前、中、后三根蛇形管，并以此三根蛇形管作为基准管，然后从中间向两端进行蛇形管组装，并点焊固定，经全面检查校正后，即可焊接成整体过热器，但焊接时应间隔施焊，以免热应力集中产生热变形。组装后的过热器如图24-142所示。

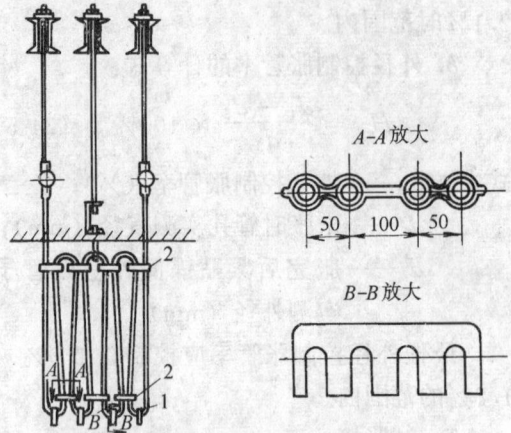

图24-142　过热器组装与固定
1—垂直梳形板；2—水平夹板

蒸汽过热器的安装应在水冷壁安装前进行或交叉进行，但不得在水冷壁安装完成后进行，以免因工作空间狭窄无法安装。

整体过热器的安装与稳固方法由设计确定，图24-142为一种安装方法，是采用三根吊杆的吊挂装，其中两端吊点在过热器集箱中部，中间吊点在过热器蛇形管排中间，三根吊杆上部固定于钢架承重横梁上。

2）省煤器的安装：

在中小型锅炉上，常用的省煤器为非沸腾式铸铁省煤器，其组装过程是，首先在基础上安装省煤器支承框架，然后在框架上将单根省煤器管通过法兰弯头组装省煤器整体。支承框架的安装质量应根据表24-29的规定进行认真的检查与校正后，方可进行省煤器的组装。

省煤器组装前，必须认真对省煤器管、法兰弯头进行认真检查，如：省煤器管、法兰弯头的法兰密封面应无径向沟槽、裂纹、歪斜、凸坑等缺陷，密封面应清理干净；法兰密封面应与省煤器管垂直，180°弯头两法兰密封面应处于同一平面上；各省煤器管长度应相等，其偏差为±1mm；省煤器管的肋片应完整，每根管上破损肋片数最多不应超过总数的15%，有缺损肋片的省煤器管占总数的量也不应超过10%。

组装省煤器的偏差　表 24-29

序　号		偏差不应超过
1	支承架水平方向位置偏差	±3mm
2	支承架的标高偏差	0 −5
3	支承架纵、横向不水平度	1/1000

省煤器组装的顺序是，先连接肋片管，使之成为省煤器管组，再用法兰弯头把上下、左右的管组连通，组装时，法兰密封面之间应衬以涂有石墨粉的石棉橡胶板垫片，并将螺栓自法兰里向外透过螺孔穿入，拧紧螺母前，应在肋片管方形法兰四周的槽内再充填石棉绳，来增加法兰连接的严密性，在管组组合后，应检查管组组合的质量，并符合如下要求：

A. 管子的水平度偏差不应大于±1mm；

B. 相邻两肋片管的中心距偏差不大于±1mm；

C. 每组肋片管各端法兰密封面应为同一垂直面，其偏差不应大于 5mm。

全部肋片管组装合格后，即可用法兰弯头将肋片管串通，其方法也是用法兰弯头连接，在连接后用 $\phi 10$ 的圆钢将螺栓点焊牢固以防打滑，如图 24-143 所示。

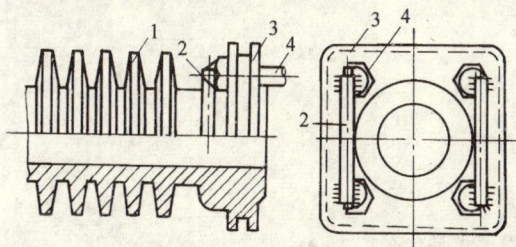

图 24-143　省煤器法兰连接
1—省煤器；2—圆钢；3—法兰；4—螺栓

省煤器组装完成后，应进行单独的水压试验，$P_s = 1.25P + 0.49\text{MPa}$。（$P$ 为锅炉的工作压力）。

3）空气预热器安装：

A. 管式空气预热器安装前的检查。

中小型锅炉上常用的是管式空气预热器，在安装前应对其外观进行认真检查，其外观尺寸应符合规范规定，必要时进行渗油试验，管孔内、外的灰尘、油污、铁屑等杂质必须清除干净。

渗油试验即是在管板上涂一层薄的石灰水，干燥后，在管板内部用喷雾器喷洒煤油，油液通过管子与管板间的缝隙到达焊缝里表面，若焊缝有缺陷，则干燥的石灰上即出现黑点。

B. 管式空气预热器的安装。

管式空气预热器安装在支承框架上，支承框架必须首先安装好，并使支承框架水平方向位置偏差不超过±3mm，标高偏差不超过−5mm，不垂直度不超过 1/1000。并在支承梁上画出各管箱的安装位置边缘线，在四角焊上限位短角钢，保证空气预热器就位准确迅速，在管箱与支承梁的接触面上垫上 10mm 厚的石棉带，并涂水玻璃以使接触密封。

管式空气预热器吊装时，钢丝绳不得拴在管束上，必须拴在吊装耳环上，吊装就位时，不得将管束碰弯，管束内不得落入杂物，使管箱安装位置与钢架中心线的距离偏差为±5mm，垂直度误差为±5mm，其检测方法是从管箱上部管中心处挂铅锤，量测锤与管子四壁的距离，以测得安装垂直度误差，若不符合要求可在管箱与支架梁间加垫铁。安装就位时，要保证膨胀间隙，若无膨胀节，其间隙应适当留出，如图 24-144 所示。吊装卧式管箱式空气预热器，必须注意管箱上下方向不得装反。防磨套管与管孔配合应紧密适当，以稍加用力推入为准，其露出高度应符合设计要求，如图 24-145，允许偏差为±5mm。

管式空气预热器安装完毕，应检查和清除安装杂物，避免运行时阻塞预热器管子，并进行风压试验，以检验其安装的严密性。

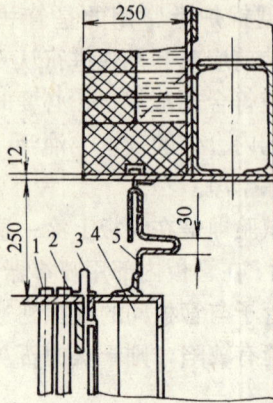

图 24-144 管箱外壳与锅炉钢架间的膨胀节
1—预热器管子；2—上管板；3—上管板与外壳间的膨
胀节；4—外壳；5—管箱外壳与锅炉钢架间的膨胀节

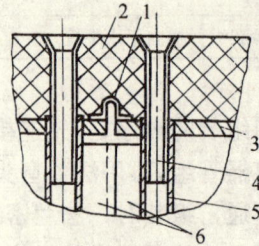

图 24-145 管式空气预热器的防磨套管
1—膨胀节；2—耐热塑料；3—上管板；4—防磨套管
5—预热器管子；6—挡板

小 结

锅炉受热面包括锅炉的主要受热面和附加受热面，它们是锅炉完成换热的主要部件。锅炉受热面的安装质量，直接决定着锅炉运行的安全性和可靠性，因此，对锅炉受热面安装的程序、质量及方法都应全面掌握。本节主要讲述锅炉受热面安装的方法、程序及质量要求。同时对受热面管子的胀接工具的应用也做了较详细的说明。

习 题

1. 试述锅筒吊装的方法及其适用条件？
2. 锅筒安装的校正和调整内容及方法是什么？
3. 试述受热面管束的安装步骤及方法。
4. 受热面管束选配的方法和注意事项是什么？
5. 常用的胀管器都有哪些，如何操作？
6. 试述胀管的程序及胀管原理。
7. 胀接管端为什么要退火，常用的退火方法是什么？
8. 如何保证管子胀接强度和严密度？管子胀接的质量要求是什么？
9. 试解释下列技术术语：胀管率；超胀和胀接不足；膨胀余量。
10. 锅炉附属受热面安装应注意哪些问题？

24.6.5 锅炉附件安装

（1）吹灰器安装

吹灰器在安装前应检查吹灰管是否弯曲，链轮传动装置的动作是否灵敏，在确定无缺陷后即可安装。

吹灰器在安装时，应使吹灰管水平，并与烟气流向相垂直，全长不水平度应调整到不超过3mm，吹灰管上的喷孔应处于管排空隙的中间，以确保喷孔喷出的蒸汽不直接喷射到管子上。砌入炉墙内的套管和管座应平整、牢固，周围与墙接触部位应用石棉绳密封。

蒸汽管应从吹灰器的下部接入，以利于凝结水的排除，使吹灰蒸汽处于干燥状态。吹灰管要用焊接于受热面管子上的管卡固定牢固。链轮传动装置对蒸汽的控制应严密，启、闭链轮则应灵活的开启和关闭蒸汽。

（2）安全阀的安装

安全阀应直接安装于锅筒相应的接管管座上。省煤器上的安全阀则应装于省煤器进出口的管路上。安全阀的安装和定压详见本书的有关部分。

（3）水位计的安装

锅筒上的水位计是锅炉运行重要的安全附件，其安装在技术上要求：

1）每台锅炉应安装两支彼此独立的水位计，蒸发量≤0.2t/h 的锅炉，可以安装一支水位计；

2）水位计应安装在便于观察的地方，要有良好的照明条件，并易于检修和冲洗。水位计上要有指示最高和最低安全水位的明显标志；

3）水位计的上、下两端分别采用钢管（内径不小于 18mm）与锅筒的汽水空间连通，在连通管上应装设旋塞阀，并应在锅炉运行时全部打开。在水位计下端应设放水阀，且放水阀的排水管应引至安全地方避免伤人；

4）玻璃管水位计应安装防护罩装置（保护罩、快关阀、自动闭锁珠等），但防护罩不得妨碍操作人员的观察；

5）旋塞阀的内径不得小于 8mm。安装时应考虑能够更换玻璃板（管）、云母片；

6）汽、水连接管应尽可能的短。汽连管的凝结水应能自动流向水位计，水连管的水应能自动流向锅筒，以防形成假水位。当连接管长度大于 500mm 或有弯曲时，内径应适当放大，以保证水位计的准确性；

7）在安装水位计时，为防玻璃管被损坏，在玻璃管安装之前，可用同玻璃管相同规格的钢筋或钢管插入水表座内进行检查，然后取出钢筋（或钢管）再放玻璃管，并使玻璃管上、下两端中心线垂直后，填好石棉绳拧紧压盖。

8）一台锅炉上安装的两支水位计，正常水位应相同，其偏差不超过±2mm。

（4）压力表、温度计的安装

压力表用于量测和指示锅炉及管道内介质压力，常用弹簧管式压力表。温度计用于量测和指示介质温度，常用玻璃管式温度计。

压力表必须经校验合格，或具有铅封时方可安装。表盘的直径不宜小于 100mm，以确保压力指示清晰可见，刻度极限应为工作压力的 1.5～2 倍，在刻度盘上应用红线表示出锅炉的最大工作压力。

压力表应安装于便于观察和吹洗的位置，且不受高温、冻结的影响。安装时应有表弯管，其内径不应小于 10mm，压力表和表弯管之间应装设旋塞阀，以便在吹洗管路和拆修压力表时能切断介质。压力表管不得保温。

温度计常用带套筒的水银温度计，应安装于便于检修、观察且不受机械损伤及外部介质的影响的位置。其通过焊接于锅筒或管道上的钢制管接头（管箍），螺纹连接。

（5）水位报警器的安装

当锅炉容量大于或等于 2t/h 时，锅炉应装设水位报警器及低水位连锁保护装置。

水位报警器应能满足锅炉工作压力和温度的要求。并应发出音响信号，据音响信号的变化分出高、低水位。在报警器和锅筒的连管上，应装截止阀，当锅炉运行时，把阀门全打开，并安装防拧动装置；报警器的浮球应保持垂直灵活，在安装时，调整到最佳状态，并与水位计进行对照，使两者保持统一；连接报警器和锅筒的管道直径不小于 $DN32mm$，其材质应为无缝钢管。

（6）热水锅炉超温报警器安装

热水锅炉超温报警器在安装电接点温度计时（如图24-146所示），毛细管应引直，每

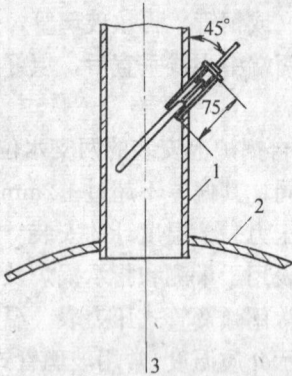

图 24-146　电接点温度计安装示意图
1—出水管；2—锅筒；3—出水方向

相隔不大于 500mm 的距离，就应用固定点将毛细管牢牢固定住，毛细管的弯曲半径不宜小于 50mm，不允许折成死弯；电接点温度计的温包，应全部装入锅筒出口管内，当管径较小时，焊接管和锅筒出口管的夹角为 40°～45°，直至温包全部插入被测介质中；控制箱应垂直挂于墙上，环境湿度不应大于 80%，额定电压偏差不应超过±10%，环境中应无易爆、易腐蚀金属和破坏绝缘的气体和尘埃，控制箱应做良好的接地或接零。

（7）超压连锁保护装置安装

将锅炉上的两块压力表的一块卸下来，换上装有磁助电接点的压力表，并将压力调到用户需要的工作压力值；按控制器后面的接线柱Ⅰ、Ⅲ接 220V 交流电，然后再与鼓、引风机电源系统相串联；电源接通后，工作灯亮呈绿色，然后将消音开关置于工作位置，用手按下试验开关，工作灯即灭，报警灯亮呈红色，同时讯响报警器发出报警声，鼓、引风机停止工作，则表明安装合格；放开试验开关，恢复正常工作状态。在热水锅炉上，除增加几路接线外，其他不变。

小　　结

锅炉运行的检测及安全在很大程度上取决于锅炉的安全附件，本节主要介绍锅炉运行安全附件的安装及各安全附件的作用，另外对锅炉安全附件安装的质量要求也作了较详细的介绍。

习　题

1. 吹灰器的安装有什么要求？
2. 安全阀的安装要求是什么？
3. 水位计的安装都有哪些注意事项？
4. 装在锅炉上的安全仪表都有哪些？它们的安装注意事项是什么？
5. 锅炉上的连锁保护装置都有哪些？其在锅炉上具有什么作用？

24.6.6　锅炉的水压试验

当锅炉本体、各辅助受热面及本体附件均已安装完毕后，即可对锅炉进行水压试验。

水压试验的目的是检验所有胀口焊口的质量以及人孔手孔的密封情况。

锅炉本体水压试验的环境温度应高于 5℃进行，当冬季环境温度难于保证 5℃时，应使用热水进行水压试验，热水温度宜在 60℃左右，环境温度应在 —5～5℃之间，并应采取防冻措施。

1）锅炉的水压试验应在做好各种准备工

作后进行，避免试验的遗漏及减少试验的差错，水压试验前应经多方面的全面考虑，明确试验范围及各项试验布置内容，并画出试验工作流程简图。

如图 24-147 所示为某锅炉本体水压试验工作流程简图。图上清楚的表示了水压试验的范围，对于施工现场施焊的焊接件都应进行水压试验，否则对锅炉运行产生不良的影响。图中所示的临时进水、临时排水、排气及试压泵、压力表等试压设置，另外需要密封的人孔、手孔等都要按规定安装及密封好，并全面检查。

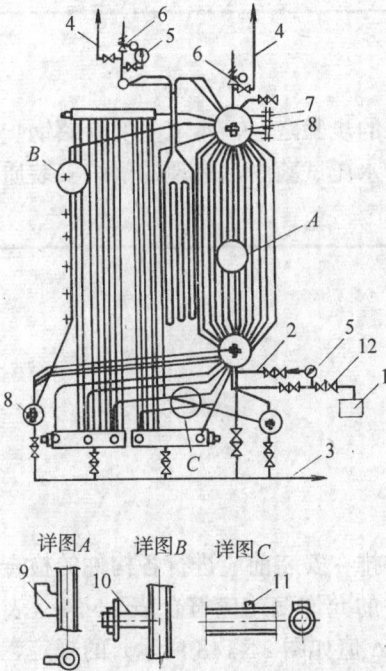

图 24-147 锅炉水压试验系统图
1—试验泵；2—临时进水管；3—临时放水管；4—放气管；5—压力表；6—隔绝的安全阀；7—盲板隔绝口；8—封闭的人孔和手孔；9—支铁；10—螺钉；11—连接板；12—阀门

锅筒及管道上的阀门应按规定全部安装整齐，并垫好垫片，拧紧螺栓，除排气阀外全部拧紧关闭；在锅炉胀接及焊接处，当其位置高度较大时，应设置脚手架以保证水压试验的正常检查和检查人员的安全；锅炉上的安全阀不应和锅炉一同试压，以免损坏安全阀；对于暂时不装仪表及安全阀或和其他

系统相连的法兰口，应采用法兰盲板临时封闭；同时应准备好安全照明设备，如手电筒或 12～24V 电压的照明灯。

对于锅炉安装的临时支架应在试验前全部清除，以保证锅炉的锅筒及受热面自由伸缩。

锅炉水压试验前，人员应配置全面，各负其责，无关人员应全部退出现场。

2) 锅炉水压试验的标准及工作程序。锅炉的水压试验，其标准应符合 JB 1612《锅炉水压试验技术条件》、《蒸汽锅炉安全技术监察规程》、《热水锅炉安全技术监察规程》及 GB 50273—98《工业锅炉安装工程施工及验收规范》的规定进行，其具体规定见表 24-30。

锅炉水压试验的试验压力（MPa）

表 24-30

序号	项　　目	锅筒工作压力 P	试验压力	备　　注
1	锅炉本体	≤0.59	$1.5P$	不小于 0.2
		0.59～1.18	$P+0.29$	
		>1.18	$1.25P$	
2	过热器	任何压力	与锅炉本体实验压力相同	
3	非沸腾式省煤器	任何压力	$1.25P+0.49$	

锅炉的水压试验首先向锅炉注水，注水时应缓慢进行，用进水阀开度控制进水速度，一般不少于 1～2h，注水过程中应勤于检查，若发现漏水应及时停止注水，进行修漏后再继续注水。当锅炉满水后应关闭排气阀（排气阀的排气管应排到排水口，避免影响锅炉试验检查），开始均匀升压，并应采取措施控制升压速度，使每分钟不超过 0.15MPa。

当升压到 0.29～0.39MPa 时，应停止升压，全面检查各连接点的严密情况，若发现法兰、人孔垫片有泄漏时，可进行紧固；然后继续升压至工作压力，停止升压检查各胀口、焊口的严密情况，若无漏水和异常现象则继续升压，到试验压力后，保持 20min。然后，降至工作压力检查，此时压力保持不变；各焊缝处无渗漏，胀口处无水滴和水雾，锅炉受压部件没有可见的残余变形，则认为水压试验合格。

3）水压试验产生的现象及处理方法。对试验泄漏点，应在泄漏处或管孔展开平面图上标出，排净试验水后，逐个给予处理。

对于焊口有水雾、水痕、漏水处，应将缺陷部位铲去重新施焊，不允许采用堆焊方法补焊；胀口漏水应根据具体情况，结合胀接记录进行补胀，补胀次数最多两次。若发现超胀现象漏水的，应换管重新胀接。

维修后，还应进行一次水压试验，程序如前相同，直达到合格为止。

4）省煤器的水压试验可单独进行，也可随锅炉本体试验同时进行。由于省煤器水压试验较锅炉本体水压试验压力高，故在和锅炉本体同时试验时，当锅炉本体试压后，使省煤器与锅炉本体隔断，继续升压至省煤器试验压力。

锅炉水压试验合格后，排净试验用水，对于设蒸汽过热器的锅炉，应采用压缩空气将水吹干，并及时办理水压试验的验收手续。

小 结

锅炉水压试验是检验锅炉安装质量的极为重要的步骤之一，本节主要介绍锅炉水压试验的程序、注意事项及试压要求，并对锅炉水压试验中，表现的锅炉安装质量问题的解决作了说明。

习 题

1. 锅炉水压试验的目的是什么？
2. 锅炉本体水压试验的压力是如何确定的？
3. 锅炉水压试验发现的安装质量问题如何解决？
4. 锅炉水压试验的范围是什么？

24.6.7 锅炉炉排的安装

锅炉炉排是燃用固定燃料锅炉的主要燃烧装置，目前在中小型锅炉上广泛使用的有往复推动炉排、链条炉排、抛煤机炉（常配倒转炉排）。各种形式的炉排安装工序和要求各不一样。

链条炉排通过基础上有关的预埋钢板、预埋地脚螺栓，安装在由型钢构件和墙板组成的钢骨架上。

链条炉排的一般安装顺序如下：基础放线→下导轨→墙板→前后轴→链条→滚轴→炉排片→挡渣器→上导轨→风室。

炉排在安装前应进行各构件的检查，炉排构件的允许偏差应符合表 24-31（表中的 a、b、Δ 值如图 24-148 所示）的规定，当不符合规定时应进行校正，其校正方法如前所述。

链条炉排组装前的偏差（mm）

表 24-31

序号	项 目	偏差不应超过
1	型钢构件的长度偏差	±5
2	型钢构件的弯曲度，每米	1
3	各链轮与轴线中点间的距离 (a) (b) 偏差	±2
4	同一轴上的链轮其齿间前后错位 (Δ)	3

炉排安装前应对基础上的预埋钢板、预

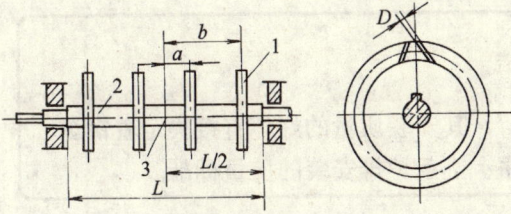

图 24-148　链轮与轴的安装尺寸
1—链轮；2—主动轴；3—轴中心点

链条炉排的安装质量要求

表 24-32

序号	项　目	不应超过（mm）
1	炉排中心线位置的偏差	2
2	墙板的标高偏差	±5
3	墙板的垂直度、全高	3
4	墙板间的距离偏差跨距≤2m/72m	3/5
5	墙板框的纵向位置偏移	±5
6	墙板间的两对角线的长度差	5
7	墙板的纵向平面度 全长	1/1000 5
8	两侧墙板的顶面应在同一平面上其不平度	1/1000
9	前轴、后轴的同轴度	1/1000
10	前轴、后轴的轴心线相对标高差	5

埋地脚螺栓及安装孔进行认真的检查，若存在缺陷应立即消除。

基础的划线是以锅炉安装的纵、横基准线，划出锅炉炉排安装的中心线、前轴及后轴中心线、两侧墙板位置中心线，划线后应采用前述方法进行校正，并使误差小于2mm，最后将位置线弹划在基础上。

炉排导轨及墙板安装时应使位置正确，导轨应处于同一平面上，并保持有相同的坡度，两侧墙板应保持有相同的标高和水平度；同时要求导轨、墙板在炉排安装后，在其长度和宽度上都应留有膨胀的余地；经检验合格后，对墙板支承座进行二次灌浆，使其与基础牢固固定。

两侧墙板安装后，应以炉排前后轴中心线为准，在墙板顶部打出检测冲眼，并量测对角线的长度，以确定墙板安装的位置正确程度。墙板与连接梁、隔板之间的结合应紧密，消除缝隙并焊接牢固，其安装的质量应符合表24-32的规定。

炉排前、后轴在安装前应进行拆洗，并填以润滑脂，以确保其转动灵活；另外还应解决其轴向、径向的热伸长问题。其安装的偏差不应超过表24-32的规定。

传动链条在安装前应进行链条检查，挑选节距公差大的和公差小的分开放置，以便安装时选配和调整，以防止炉排跑偏，炉排的长度在安装时应注意不要超出规范的规定，将所有链条装在链轮上后，应立即安装滚轴、套管和拉杆，并调整滚轴安装的松紧度使之处于最佳状态。

滚轴安装后，应拉紧炉排，启动传动装置以检查各链条的运行是否良好，若发现问题应及时处理。

当装有滚轴的链条炉排运行合格后，就可进行炉排片的安装，炉排片安装时，应平直，间隙均匀，不可过松和过紧。边部的炉排片与墙板之间应留有膨胀的间隙（10～12mm）；整个的炉排应处于同一平面上，每平方米内不应有大于5mm的凸凹不平现象。因此，炉排片在安装前应进行检查。

炉排的安装应严格按装配图进行，不得出现漏装销钉、垫圈及开口销子不开口的现象。

在装到适当情况下，就应安装进风管、挡渣器及加煤斗，安装时应注意进风管应严密不漏风，风管上调节阀调节灵活；挡渣器与各部件之间应留有间隙以保持其自由活动状态；煤闸门、煤门与其周围的部件也应留有间隙，以确保其移动和转动灵活。

链条炉排安装完毕后，应进行冷态试运行，冷态试运行的运转时间不应小于8h，运转速度至少应在二级以上，运转时应无杂音、卡死、碰撞、隆起、跑偏等现象，则为合格。

小　结

　　锅炉炉排是燃用固体燃料锅炉的燃烧场所，其安装质量的好坏直接决定着锅炉是否正常运行，本节主要介绍炉排的安装程序、链条炉排安装的质量标准。

习　题

　　1. 炉排安装的顺序是什么？

　　2. 锅炉炉排安装都有哪些质量要求？

24.6.8　锅炉安装竣工及验收

　　锅炉水压试验合格，炉排安装完毕、锅炉炉墙也砌筑完成后，即可进行烘炉、煮炉及锅炉试运行。

　　（1）烘炉

　　烘炉的目的是烘干炉墙水分，以提高炉墙的耐高温能力。对烘炉要小心地慢慢将炉墙烘干。炉墙温度要缓慢升高，避免加热太急，使炉墙内的水分迅速蒸发产生大量水蒸气，导致炉墙产生裂纹和变形。

　　1）烘炉前的准备。在锅炉进行点火烘炉前，必须详细检查锅炉各部件，是否具备烘炉条件，并做好各种准备工作，具体项目如下：

　　A. 锅炉本体及附件安装完好，试验合格；

　　B. 砌筑和保温工作结束，并经检验合格；

　　C. 热工仪表校验合格；

　　D. 锅炉辅助设备试运行合格；

　　E. 测温点已经选好，锅炉炉墙的测温点应设在炉膛侧墙中部，炉排上方 1.5～2m 处，此外在蒸汽过热器两侧炉墙的中部和省煤器后墙中部也应设测温点；

　　F. 烘炉所用物品已准备充足（如木柴、安全用品等），注意木柴上不得有铁钉，以防护排被卡住。

　　2）烘炉的方法。烘炉可按具体情况采用火焰烘炉、热风烘炉及蒸汽烘炉等方法，以火焰烘炉使用较多。

　　火焰烘炉，在烘炉前先向锅炉注水至正常水位，然后点火，使木柴在燃烧室中部燃烧，且和炉墙保持一定的距离，在开始时维持小火烘烤，自然通风，炉膛负压保持在 50～100Pa，并可逐渐加柴，使火逐渐增强，燃烧木柴烘烤一般不超过 3 昼夜；然后逐渐加煤燃烧。烘炉过程中，温升应平稳，并应按蒸汽过热器后烟气温度来控制温升，第一天不超过 50℃，以后每天温度不超过 20℃，后期的最高排烟温度不超过 200～220℃。

　　锅炉烘炉期间，锅炉处于不起压运行。如压力升高到 0.1MPa 时，应打开安全阀排汽；同时应保持正常水位，当水位低时，应向锅炉补水；如用生水烘炉，则每小时应排污两次；若用软化水烘炉，则每小时排污一次。烘炉时要定期转动炉排，以防炉排过热烧损；烘炉时应紧闭炉门、看火门以保持炉内负压及维持炉温。

　　烘炉时间的长短是根据锅炉的结构、容量、炉墙的结构及施工季节不同而定的。对于一般的小型锅炉为 3～7d，对于较大型的供热锅炉则为 7～14d。如炉墙特别湿时，则烘炉时间可适当加长。

　　烘炉达到下列情况之一，即为合格：

　　1）用炉墙灰浆试样法时，灰浆试样水分要降至 2.5% 以下；或挖出一些炉墙外层砖缝的灰浆，然后用手指碾成粉末后不能重新捏在一起。

2）用测温法时，当燃烧室侧墙中部炉排上的测温处温度达 50℃，并继续维持 48h 之后，烘炉也即可完成。

（2）煮炉

1）煮炉的目的及原理。煮炉的目的是清洗除去锅筒及受热面内壁的铁锈和油质物。

煮炉的原理是：在锅炉中加入碱水，使碱液与锅内油垢发生皂化作用生成沉渣，然后在沸腾的炉水作用下，离开锅炉金属壁，沉积在锅筒的最下部，最后经排污阀排除。

2）煮炉的方法。煮炉可在烘炉结束前 2～3d 进行，此期间为烘炉、煮炉同时进行。煮炉的时间据锅炉的大小、锈垢状况、炉水碱度变化情况确定，一般为 24～72h。

煮炉前按炉水容积及表 24-33 的规定，计算出加药量，并在水箱内配置成 20% 的溶液，搅拌均匀使药品充分溶解，除去杂质后注入锅筒内，所有药物一次投入。然后加热升温产生蒸汽，并维持 10～12h，此期间可通过安全阀排气，煮炉后期可维持锅炉额定压力的 75% 左右，以保证煮炉效果。

煮 炉 加 药 量 表 24-33

药品名称	加药量 kg/m³ 炉水	
	锈垢较厚	锈垢较薄
氢氧化钠（NaOH）	3～4	2～3
磷酸三钠（Na₃PO₄·12H₂O）	2～3	2～3

注：1. 药品按 100% 纯度计算；
2. 无磷酸三钠时可用碳酸钠代替，数量为磷酸三钠的 1.5 倍；
3. 可单独用碳酸钠煮炉，用量为 6kg/m³ 炉水。

在煮炉期间应从锅筒及下集箱底部取炉水水样，以检测炉水碱度及磷酸根变化情况，一般炉水碱度小于 45mol/L 时，应补充加药，取样应每小时一次。

煮炉完毕后，应立即清除锅筒、集箱内的沉积物，冲洗锅内部和曾与药液接触过的阀门等，检查排污阀有无堵塞。锅筒及集箱内壁无油垢，擦去表面附着物后，金属表面

应无锈斑，则认为煮炉合格。若依然存在锈斑，则还应重新进行煮炉直到合格为止。

（3）锅炉系统的试运行

锅炉试运行除应具备烘炉时的条件外，锅炉的运煤、除灰渣系统，供水、供电系统等都必须满足锅炉满负荷运行的需要；并且对于单体试车、烘炉、煮炉过程中发现的辅机、附件的问题及故障应全部清除、修复或更换，使设备均处于备用状态。

锅炉的试运行应由持有司炉工合格证的人员分班承担操作。并由建设单位有经验的司炉工参入，熟悉各系统的流程和操作方法。

锅炉达到试运行的条件时，就可以进行试运行，锅炉试运行首先向锅炉注软化水至正常水位，然后锅炉点火，在生火时应将过热器出口联箱上的疏水阀打开，以冷却过热器。生火后应注意锅炉水位，保持锅炉水位正常。对于新建锅炉生火时间不小于 4～6h，短期停止运行的锅炉也不应小于 2～4h。当锅炉燃烧稳定后，则可以稳定地缓慢地升压。

当锅炉的压力升高到 0.05～0.1MPa 时，应对水位计进行清洗，每班至少一次；当压力升高至 0.15～0.2MPa 时，要关闭锅筒及过热器集箱上的放空气阀，并检查、冲洗压力表；当压力升高到 0.3～0.4MPa 时，对锅炉上的阀门、法兰、人孔、手孔和其他连接部位的螺栓进行一次热状态下的紧固；随着压力的升高，应随时注意锅炉各连接部件的严密性及各部件热膨胀的情况；同时在此时向锅炉补水，补水应缓慢的进行，以保证锅炉的安全运行。

在锅炉试运行时应按锅炉机组设计参数调整输煤、炉排、送引风机、除渣设备工况；调试自动控制、信号系统及仪表工作状态应符合设计要求；同时应按操作规程做好试运行中的给水、排污和吹灰等项的试运行记录。

在锅炉试运行时应对锅炉上的安全阀进行调整，并对其按操作规程进行定压及试压。

锅炉试运行是锅炉在正常负荷下，对锅

炉严密性及锅炉安装质量的最终检查，在试运行过程中一定要认真对待，作好各项记录，发现问题应立即解决。

（4）锅炉的交工及验收

当锅炉在全负荷连续运行72h后，经检查和试验各部件及附属设备运行正常时，即可交工。

锅炉的验收必须技术文件齐全，交工时应具备的资料有：锅炉安装质量验收证明书、锅炉出厂技术资料审检记录、图纸会审记录、主要受压零部件检查记录、锅炉基础质量复查记录、钢架安装质量记录、受热面管子工程质量检验记录、胀管施工记录、胀管试胀记录、受热面管通球及封闭记录、无损探伤记录、各附加受热面安装记录、安全附件安装记录、锅炉水压试验记录、锅炉附属设备安装记录、锅炉的煮炉、烘炉及试运行记录。

锅炉安装的全面检查应由安装单位、建设单位、劳动部门及锅炉压力容器安全检查机构共同参加。经检查合格符合规范即可交付使用。

锅炉房中的附属设备安装见本教材的相关部分。

小　结

锅炉安装的质量是锅炉安全运行的保障，本节主要介绍锅炉安装完毕后，为保证锅炉安全运行所必须进行的烘炉、煮炉及锅炉试运行的条件、达到的要求及注意事项。并对锅炉安装交工所需的资料进行了说明。

习　题

1. 烘炉的目的是什么？如何进行火焰烘炉？烘炉合格的质量标准是什么？
2. 煮炉的目的是什么？煮炉的合格标准是什么？
3. 锅炉试运行检查的内容有哪些？
4. 锅炉交工验收应作哪些工作？

第 25 章　企业管理与环境保护

25.1　建筑施工企业管理

建筑业是指从事各种土木工程或建筑安装工程建造活动的产业。它以各类建筑安装企业为主体，它是国民经济体系中重要的物质生产部门，也是国民经济中的支柱产业。为了解社会主义市场经济条件下的建安企业及其管理，本章主要讲述企业管理的形成和发展；建安企业的特点、性质、分类、任务和组织机构；施工企业管理的性质、职能和内容；建安工程施工招投标等内容。

25.1.1　企业管理的形成和发展

（1）企业管理的形成

企业管理是指对企业的生产经营活动进行的预测、决策与计划、组织与指挥、控制与协调、教育与激励等工作的总称，从而保证企业生产经营活动的顺利进行，以获得最佳的经济效益，实现企业既定目标。它是随着商品生产的产生而形成和发展的。在原始社会中，管理工作已有所分工，管理机构也开始出现纵向的层次结构，如酋长管理整个部落的日常事务，出现重大情况时则通过部落联盟议事会和氏族公社等组织解决，这就是最原始的社会管理。历史上许多杰出的大型工程项目，如我国秦朝的万里长城和都江堰水利工程、古埃及的金字塔等，都说明了当时的出色管理。然而，这些工程项目，没有科学的管理手段，只是凭借经验和直觉进行管理。企业管理真正成为一门科学，是伴随着社会生产的发展和科学技术的进步，在本世纪 60 年代形成的。

（2）企业管理的发展

企业管理是管理科学中的一个重要分支，它的发展大体可分为传统管理理论、科学管理理论和现代管理理论三个阶段。

1）传统管理理论阶段：

早在 1771 年英国建立了世界上第一个工厂，采用了大生产方式，小手工业被大机器生产所排挤，社会的基本生产组织形式迅速从以家庭为单位转向以工厂为单位。随着生产规模的扩大，企业管理开始从社会管理中分化出来。它的最早的代表人物是亚当·斯密，他的劳动价值论，特别是关于分工的理论，对于资本主义的经济管理具有重大意义。但是，亚当·斯密的理论是建立在个人技能和经验的基础上的。那时，工人决定自己进行生产的方法，凭自己的技能和经验决定如何从事他们的工作。这一阶段的管理方法和手段因缺乏科学的根据，称之为传统管理或经验管理阶段。

2）科学管理理论阶段：

19 世纪末到 20 世纪初形成了"科学管理理论"，其代表人物是被西方尊称为"科学管理之父"的美国人泰勒（1856～1915），他于 1911 年发表的《科学管理原理》，是以工业生产的组织管理作为研究对象的书籍，研究出一种解决管理人员和工人之间的矛盾的有效方法，他提出用科学管理代替旧的传统管理，追求最高的工作效率。主要做法有三个方面：

A. 通过对工人操作动作和时间的研究，制定出标准的作业方法；

B. 用总结出来的一套合理的操作方法和工具培训工人，使绝大多数工人能达到或超过定额；

C. 实行刺激性的差别计件工资制度，凡达到定额的工人按高工资率计算工资，反之，则按较低的工资率支付工资。

3）现代管理理论阶段；

现代管理理论，是二战以后发展起来的，它以美国的西蒙为代表，综合了泰勒和梅奥的学说，吸收了行为科学、系统理论、运筹学和计算机等学科的内容，创造了一套较完整的现代管理理论。西蒙等人认为，决策贯彻管理的全过程，管理就是决策，组织是由作为决策者的个人所组成的系统。

随后，人们又把控制论、信息论及其他科学研究成果应用于企业管理，使企业管理成为一门比较完整的独立学科。

（3）现代化管理的特征

企业现代化管理的特征是相对于传统的管理而言的，它具有科学性、系统性和信息化等一些明显的特征。施工企业现代化管理首先体现在它的科学性。它是以现代科学理论为依据，而不是依靠管理者的主观经验和意愿进行的。施工企业现代化管理方法是系统论、信息论、控制论、数理统计、运筹学、系统工程、行为科学的理论和方法在施工生产经营管理活动中的实际使用，辅之以科学合理的管理规则和管理标准，从而使企业的经营活动能够最大限度地实现企业目标。其次是系统性。现代化管理是以企业管理作为一个整体系统来开展工作的，它要求管理人员全面、客观、系统地认识企业管理状况和企业目标的实现程度，同时又通过管理方法和手段协调大系统内的各子系统之间的相互关系。从而使企业中的各个管理层次、各项管理工作领域和具体的经营活动结合成为统一的整体，调动一切积极因素，最大限度地实现施工企业的管理目标，再次是信息化。为了适应现代化大生产的客观要求，企业对信息的要求也越来越高。企业管理的信息化，就是要求管理以信息为依据，以电子计算机为

手段，以现代化管理科学理论为指导，作出最优的决策，获得最佳的经济效果。

25.1.2 建筑安装产品及施工企业的特点

（1）建安产品的特点

建筑安装产品是指建安企业向社会提供的具有价值和使用价值的建筑物、构筑物、各种管道系统和机械设备。建安产品不同于其他产品，它具有以下特点：

1）产品的固定性。建安产品都在固定地点建造和使用，有固定的用途，固定的使用对象和固定的工艺技术，因而具有固定性。

2）产品的单件性（多样性）。建安产品都有特定的使用要求和功能，在建设规模、地点、内容上各不相同，因而不可能批量生产，必须一个一个单独建设，所以具有单件性，同时也导致了多样性的特点。

3）产品体积庞大、单位价值高、生产周期长。建筑产品比起其他产品，不仅体积庞大，而且高度和重量都比较大，建造时所耗用的资金、材料、劳动力就多，也决定了其单位价值高、生产周期长。

4）产品的特定性：建筑产品的施工具有特定的目的，无论是工业建筑还是民用建筑，不管建筑规模大还是小，都是根据使用单位的需要进行设计，并严格按设计图纸施工。

（2）施工企业的特点

施工企业主要是从事建筑安装产品生产的，它与一般的工业企业相比较，具有明显的特点，突出表现为以下五点：

1）建筑安装施工的科学技术综合性强。

由于建筑安装是一个技术密集型行业，因此每个工程项目的完成，都需要结合运用各种科学知识和施工技术，包括测量、气象、机械、数学、力学、电学、材料及结构等学科的理论知识。这就需要一大批具有实践经验又精通管理的专业技术人员和一支能熟练掌握多种操作技能的工人队伍，以适应建筑业发展的需要。

2）建筑安装施工的社会协作关系多。

由于建筑产品的生产是社会化大生产的一个组成部分，因此任何一个施工项目都依赖于社会大协作才能完成。在企业内部需要施工预制、机械加工制造以及各工种、各工序之间的密切配合；在企业外部涉及的协作部门就更多，如同勘察设计、财政金融、交通运输、水电环保、公安等部门和单位的协作配合，这就使建筑安装施工具有广泛的社会协作关系。

3）建筑安装施工队伍的构成庞大复杂。

建筑安装既是技术密集型行业，又是劳动密集型行业，它能容纳较多的劳动力，同时又造成建筑安装队伍构成庞大复杂。从构成看，有历史长久、设备精良、技术高超的部队和国营施工企业，也有组建不久、设备不全、技术水平参差不齐的中小集体企业施工单位。从人员素质看，既有组织性强、技术水平高的工程技术人员和固定工人，又有组织松散、技术水平差的临时工和民工。由于以上因素，这就给施工企业管理提出了一个新的课题。

4）建筑安装施工流动性大，工作、生活条件艰苦。

由于建安产品的固定性，使施工人员在一幢建筑物的不同部位流动，施工队伍在不同的地区和工地流动。由于施工的流动性，加上一般露天作业和高空作业较多，所以施工现场的工作条件差，生活条件艰苦。这就要求建筑安装工人必须具备良好的思想素质和吃苦耐劳的精神。

5）建筑安装企业自主性差，有一定依附性。

一般的工业企业都在自己的生产计划范围内进行生产，有一定的自主性。而建筑安装企业却不同，它往往是在先有用户的前提下才能进行施工。因此，其施工计划、形象进度、竣工时间都受用户的计划、进度、时间要求的制约。同时露天施工时还经常受风、

霜、雨、雪等气候条件的约束，从而在客观上造成施工的不平衡性。这就要求施工组织者加强科学的施工管理，使主观安排尽量与客观条件相适应，以避免施工的不均衡性。

25.1.3 施工企业

（1）施工企业的概念

企业是指从事生产、流通或服务性活动的，以盈利为目的具有法人资格的经济实体。按社会分工的不同，企业可分为工业企业、农业企业、交通运输企业、建筑企业、商业企业等。建筑企业又称施工企业，是从事建筑产品生产，实行独立经营、独立核算、自负盈亏，具有法人资格的经济实体。根据《中华人民共和国公司法和有关行政法规》规定，凡以从事建筑工程施工生产和经营活动为主，并提供建筑劳务等其他经营活动的企业，必须具备以下基本条件：

1）有独立组织生产和进行经营管理的组织机构；

2）有与承揽施工任务相适应的技术人员、管理人员和生产技术工人；

3）有与承担施工任务相适应的注册资本；

4）有健全的会计制度和经济核算办法，能独立进行经济核算；

5）有保证工程质量和施工工期的手段和设施。

具有上述条件即可向企业所在地工商行政管理部门申请注册登记，经登记机构依法核准登记，领取法人营业执照，取得法人资格后，向行政主管部门申报企业资质等级。

（2）施工企业的任务

在社会主义商品经济的条件下，施工企业的根本任务是：

1）深化企业改革，积极转换经营机制，以适应建筑市场对施工企业提出的更高要求。

2）在国家统一计划的协调、指导下，为

社会扩大再生产和改善人民群众物质文化生活提供经济实用、造型美观的建筑产品，并提供良好的技术服务。

3）增创盈利，为国家提供更多的积累，为企业提供发展基金，为改善职工生活创造物质条件。

（3）施工企业的分类

1）按财产组织形式和所承担的法律责任分。有公司企业（有限责任公司、股份有限公司）个人业主制企业、合伙制企业、股份合作制企业和国有独资企业等；

2）按所有制性质划分。有全民所有制、集体所有制、合资经营、外资经营以及个体经营建筑企业；

3）按承包业务性质划分。有综合建筑企业和专业建筑企业。

4）按规模大小程度来分。有大型、中型、小型建筑企业。如表 25-1 所示。

5）按企业等级分，安装企业可分为一级企业、二级企业、三级企业。

设备安装企业等级标准如表 25-2 所示。

（4）施工企业的组织机构

1）施工企业的组织形式：

建筑企业大中小型划分标准　　　　　　　　　　　　　　表 25-1

行业类型	指　标	单位	大　型	中　型	小　型
土木工程	建筑业总产值	万元	$a \geqslant 5500$	$1900 \leqslant a < 5500$	$a < 1900$
建筑企业	生产用固定资产总额	万元	$a \geqslant 1900$	$5100 \leqslant a < 1900$	$a < 1100$
线路、管道和	建筑业总产值	万元	$a \geqslant 4000$	$1500 \leqslant a < 4000$	$a < 1500$
设备安装企业	生产用固定资产总额	万元	$a \geqslant 1500$	$800 \leqslant a < 1500$	$a < 800$

施工企业等级标准　　　　　　　　　　　　　　表 25-2

企业类别及等级	项目	固定职工人数	施工经历	技术经济领导	具有技术经济职称占管理干部的百分数	全员平均技术装备率
从事设备安装、机械化施工的施工企业	一级企业	2000 人以上	15 年以上	设有高级工程师职称的总工程师和各主要专业工程师；设有会计师以上职称的总会计师	35%以上	有能适应专业施工需要的成套设备及检测手段
	二级企业	1000 人以上	10 年以上	设有工程师以上职称的总工程师；设有助理工程师以上职称的主要专业技术负责人；设有会计师	25%以上	有能适应专业施工需要的机械设备及检测手段
	三级企业	300 人以上	5 年以上	设有助理工程师以上职称的技术负责人；设有技术员或技师以上职称的主要专业技术负责人；设有助理会计师	15%以上	有适应专业施工需要的机械设备及必需的检测手段

施工企业的组织形式是指企业进行生产经营活动所采用的管理组织机构。企业管理组织形式取决于生产关系和生产力的发展及技术的进步。企业管理组织形式发展到今天，大致可分为直线制、职能制、直线—职能制、事业部制、矩阵制和系统工程制六种，以下简单介绍其中三种。

A. 直线制的组织形式。

直线制是指企业从最高管理层到最低管理层按直线关系建立的组织管理形式。见图25-1。

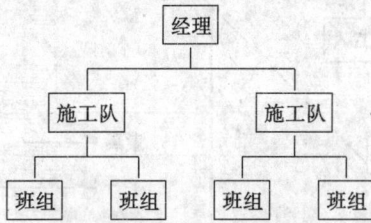

图 25-1　直线制组织形式

直线制不设职能部门，每层主管人直接指挥下属，每级人员只有一个主管人。要求各级主管人既负责专业技术，又负责业务管理。这种组织形式容易使领导人陷入日常事务中，而不利于专业分工，所以直线制只适用于技术单一的小型企业。

B. 直线职能制的组织形式。

直线职能制是在直线制的基础上，设职能部门而组成的一种组织管理形式，见图25-2。直线职能制将管理人员分为两大类：一类是直线主管人员，按直线制方法向下级发布命令，负责该单位的全部工作；另一类是职能人员，从事专业管理（制定计划、方案和措施），负责对下级部门业务指导，不能对下级发布命令。直线职能制是当前建筑安装企业普遍采用的组织形式，其优点是统一指挥、分级管理又能分工协作，发挥职能部门的作用。

C. 矩阵制的组织形式。

矩阵制是在直线职能制垂直领导的基础上，增加横向领导而形成的一种组织管理形式，见图25-3。

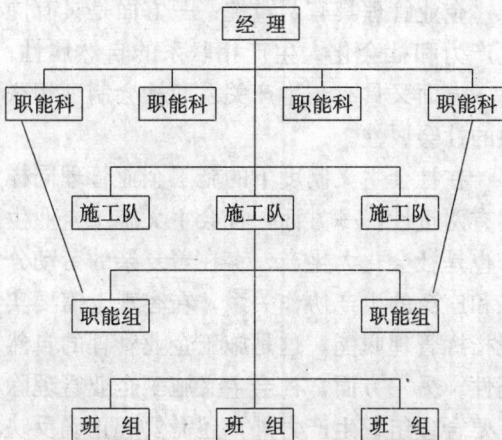

图 25-3　矩阵制组织形式

在矩阵制中，职能部门和基层管理人员直接受总经理的直线领导，各职能部门同时派出专业人员参与甲、乙、丙工程的经营和施工。专业人员在编制上是职能部门职工，业务上受职能部门领导；而在工作中则受该工程项目经理的指挥。其特点是集中各种专业人才参与工程建设，并加强了职能人员之间的配合，可提高组织管理的灵活性和适应性，但易出现多头领导。

2) 企业的组织机构：

建筑安装企业组织机构由管理部门、管理幅度和管理层次三个因素组成。常见的组织机构的模式见图25-4。

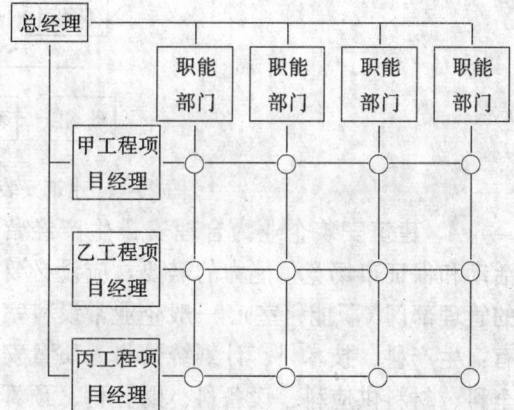

图 25-2　直线职能制组织形式

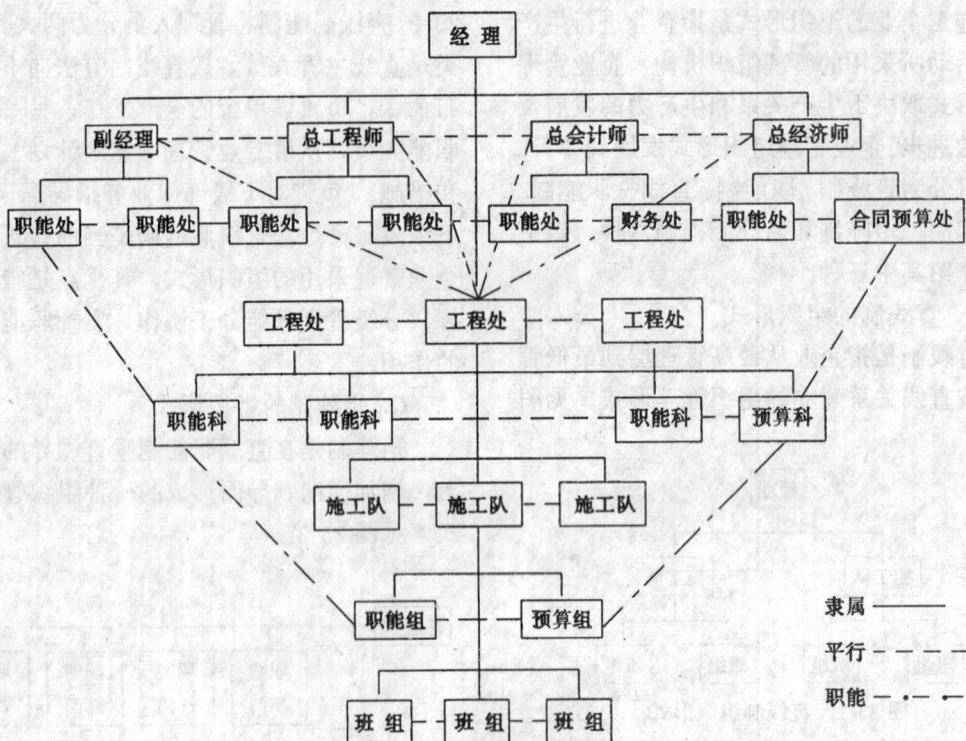

图 25-4　建筑安装企业常见组织管理机构

A. 建筑安装企业为合理安排生产经营活动和保证市场竞争能力的需要，应设必要的管理部门（职能科室）。一般企业常设科室有：生产科、技术科、计划统计科、质量安全科、材料供应科、设备科、财务科、预算合同科、人事科、劳资科及行政科等。随着市场经济发展，还应设经营科，企业的管理部门，应根据企业管理需要来设置。

B. 管理幅度是指一个上级能够直接、有效管理下级的可能人数。例如，经理配置2名副经理、1名总工程师、1名总会计师，其管理幅度数为4。管理幅度增加1名，相应工作按触关系会增加几倍，因此，主管的下属数量必须有一个限度。一般企业，上层管理幅度为3～6人，下层管理幅度为7～10人，班组管理幅度为10～15人。

C. 建筑安装企业根据经营范围大小，确定管理层次。如一个大型企业，其经营范围大，从经理到施工班组可分为：总公司→分公司→工程处→施工队→工长→施工班组等6级管理层次。反之，对小型企业，管理层次则可以减少。

建筑安装企业的管理部门、管理层次和管理幅度，应根据企业的类型和规模，按实际需要确定。

25.1.4　施工企业管理的性质、职能和内容

（1）施工企业管理的性质

企业管理具有两重性；一方面是具有同生产力和社会化大生产相联系的自然属性；另一方面又具有与生产关系和社会制度相联系的社会属性。

在社会主义制度下的施工企业管理同样具有两重性：一方面，社会主义施工企业生产也是社会化大生产，存在着复杂的劳动分工和广泛的生产协作关系，在客观上需要实现指挥管理职能，这是施工企业管理的自然属性。另一方面，社会主义施工企业管理除了要合理组织生产力外，还需要起正确反映和处理生产关系的作用。社会主义制度经济

体制改革就是为了调整目前不适应生产力发展的生产关系，对于施工企业来说，就面临着如何正确处理好企业与国家、企业与企业，企业与职工的关系。这就是社会主义施工企业鲜明的社会属性。

（2）施工企业管理的职能与内容

施工企业管理的基本职能有四个，其具体内容如下：

1）计划与决策：

计划是施工企业从事生产经营活动的行动纲领，它是衡量企业管理好与坏的重要标准；决策则是对企业生产经营的发展方向、战略目标以及由此而产生的一系列重大问题进行选择和决定。决策的成功与否，将对企业命运产生直接的影响。因此，决策是计划的先决条件，为计划提供最佳目标。计划则是决策目标的实施。

2）组织与指挥：

施工企业为了实现企业总目标和各项具体目标，需要建立各种组织和指挥系统，把生产诸要素——劳动者、劳动手段、劳动对象和生产经营活动的各个环节——供应、生产、销售等在时间上和空间上合理地组织起来，指导经营活动按统一的步调高效率地进行。

3）控制与协调：

控制是使企业生产经营在一定的轨道和范围运行；协调是使各项工作密切配合，以便有效地去实现企业的目标。控制与协调是不可分割的统一体，没有控制就不可能导致协调，没有协调，也就不能使生产经营活动产生最佳效果。

4）教育与激励：

教育是提高企业全体人员素质的主要手段，是激励的基础；激励则是为了充分调动企业职工的积极性，高度发挥人在生产中的作用，是办好社会主义施工企业的重要措施。

上述四个基本职能是相互联系、相互渗透缺一不可的，是一个有机的整体。

25.1.5 建安工程施工招投标

（1）招投标的概念

建设工程施工招标，是指招标单位就拟建的工程发布通告，以法定方式吸引建筑施工企业参加竞争，招标单位从中选择条件优越者完成工程建设任务的法律行为。

建设工程施工投标，是指经过招标单位审查获得投标资格的建筑施工企业按照招标文件的要求，在规定的时间内向招标单位报投标书并争取中标的法律行为。

（2）实行招标承包制的作用、原则

实行招标承包制具有以下作用：

1）有利于确保工程质量，缩短施工工期，提早地发挥了投资效益。

2）节约建设投资，简化了决算手段，减少了甲、乙双方的扯皮现象。

3）促进了企业之间的公平竞争，有利于施工企业自身素质的提高，增强了施工企业的责任感，有利于调动各方面的积极性。

实行建筑安装工程招标承包制时，还应遵循下列原则：

A. 凡是经国家和省、市批准的建筑安装工程，均可按照国家的有关规定，通过招标择优选定施工单位。

B. 凡经批准有效投标资格的建筑安装企业（国营、集体及农村民工建筑队）均可通过投标，承揽工程任务。

C. 国家保密工程或特殊工程，可由主管部门直接向施工单位下达建设任务，不受招标承包制的限制。

D. 施工招投标应坚持公平、有偿、讲求信用的原则，以技术水平、管理水平、社会信誉和合理报价等情况开展竞争，不受地区部门的限制。

（3）招投标的基本条件

1）招标工程应具备的基本条件：

A. 建设安装工程项目列入国家或地区

基本建设计划。

B. 具有国家批准的持证设计单位编制的施工图纸及有关文件。

C. 建设用地已经征用、障碍物已经全部拆除。

D. 施工现场的"三通一平"已经完成或一并列入施工招标范围。

E. 建设资金、主要材料、设备已经落实，或能够保证在施工期内连续施工的需要。

F. 有当地城乡建设部门颁发的建筑许可证。

2) 投标单位应具备的条件：

A. 持有工商行政部门核准发给的营业执照。

B. 持有当地建委（或主管机关）审查核定的技术等级证明书。

C. 持有经建委（招标地）登记注册，发给的施工承包许可证。

D. 施工单位的技术等级与招标工程的技术要求等级相符合。

E. 外省外地的县级以下建筑队伍，应持有当地县级主管部门的证明文件和担保文件。

（4）招投标的方式

1) 公开招标。由招标单位通过报刊、广播、电视等公开发表招标广告。

2) 邀请招标。由招标单位向有承包能力的若干企业发出招标通知，被邀请的投标单位一般不少于三家。

3) 议标。对不宜公平招标或邀请招标的特殊工程，应报县级以上地方人民政府、建设行政主管部门或其授权的招标投标办事机构，经批准后可以议标。参加议标的单位一般不少于两家。

（5）招投标的程序和标价的计算

1) 招标程序：

建筑安装工程的招标程序如图 25-5 所示。

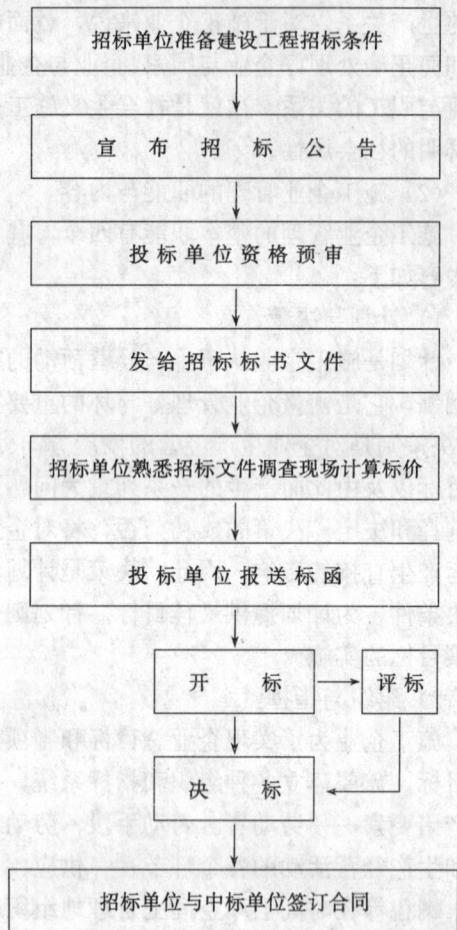

图 25-5　招标程序

2) 标价计算：

标价的计算必须以设计文件中实际包含的工程量为准，并以国家的有关法令、定额、规定为依据，全面包干，不留缺口。标价的形式有以下几种：

A. 按工程设计图纸及说明资料总造价包干。

B. 按建筑安装工程量（平方米、立方米、米、吨等）的单位造价包干。

C. 按施工图预算加一定系数的总造价包干。

D. 按包工内容、标准或包工又包部分材料的总造价包干。

习　题

1. 什么叫企业管理？有几个发展阶段？

2. 建安产品有哪些特点？

3. 施工企业有哪些特点？

4. 什么叫施工企业？怎样分类？

5. 施工企业的常用组织形式有几种？各自的特点是什么？

6. 什么是招标、投标？

7. 招投标的作用、原则是什么？

8. 投投标的程序是什么？招标方式有几种？

25.2　班组管理及建设

班组是施工企业内部从事生产和经营的最基层组织，是企业一切工作的落脚点。班组根据不同的施工生产任务和要求，由若干相同或不相同工种的工人组成，并配备一定数量的机械设备和工具，以完成上级部门下达的施工生产任务。而企业则通过对班组人员、设备的合理安排，有效地发挥管理系统的功能，使企业在保证工程质量和安全生产的前提下，提高劳动生产率，缩短工程工期，降低工程成本，从而使企业以最小的消耗获得最大的社会和经济效益。

25.2.1　班组管理

（1）班组管理的主要内容

1）施工管理：

班组施工管理是企业施工管理的重要基础，也是企业管理的基本组成部分。班组施工管理工作按施工过程分为施工准备、施工和交工验收三个阶段的管理。

A. 施工准备阶段。

熟悉图纸及有关技术资料；了解施工现场，配备施工机具；接受施工任务书和技术交底；编制班组施工进度计划和材料供应计划。

B. 施工阶段。

严格按照施工图纸，规程规范和技术标准施工；把好材料验收关；坚持班组上、下岗短会制度；认真做好施工日志和施工原始资料积累工作。

C. 交工验收阶段。

认真做好收尾工程；工程自检、互检；试车方案和交工资料等准备工作；交工、检验、工程交接。

2）安全、质量管理：

安全生产和劳动保护是党和国家的一项重要政策，是企业管理的一项重要内容，首先要在班组中牢固树立"安全第一""预防为主"的观点，开好班前安全会，搞好定期的安全活动；其次要建立安全生产责任制，加强检查落实安全技术和劳动保护措施；最后要监督并纠正施工生产中的违章作业，严格执行安全操作规程。

班组质量管理的经常性工作是加强"百年大计、质量第一"的教育，树立全面质量管理的观念，开展QC小组活动。为了搞好班组的质量管理，要求明确班组质量管理责任制，掌握质量检验的方法和标准，加强班组施工中的质量管理。

3）劳动管理：

班组的劳动管理，是班组在施工生产过程中对班组劳动力的配置、使用及与此有关工作项目进行的计划、组织、指挥、调节、控制和考核。具体工作有劳动定额管理、劳动纪律管理和工资管理等。

4）材料、机具管理：

主要内容包括严格执行本企业的各种材料、机械和设备管理制度；合理使用材料、多余材料的返库和加强现场材料保管；机械设备的使用和日常保养、定期检修等。

5）文明生产：

坚持文明生产是社会主义施工企业的重要标志，是指施工现场要保持良好的工作环境条件，使场地、设备、工具、材料、半成品等清洁、整齐，做到工完场清、活完料清。

6）经济核算：

班组经济核算是企业经济核算的基础，它通过对班组施工活动的记录进行分析、比较，及时发现施工管理中存在的问题，提出改进措施，进一步挖掘潜力，从而充分调动工人群众的积极性，达到降低成本、提高经济效益的目的。

（2）班组的主要工作

班组的主要工作应是坚持四项基本原则，以思想政治工作领先，以提高经济效益为中心，全面超额完成施工生产任务，促进班组的双文明建设。

1）施工准备、组织与均衡施工：

根据上级下达的生产任务，组织全班做好熟悉图纸、准备材料等施工准备工作，合理组织好人力、物力，落实各种承包责任制。在施工过程中严格按程序施工，注意施工连续性和均衡性，在保证整个施工项目的网络计划顺利实施的前提下，搞好综合平衡，按时完成施工任务。

2）产品质量、安全生产：

根据全面质量管理的要求，搞好质量控制，切实做好质量自检、互检、交接检和质量评定工作；严格执行安全技术操作规程和各项规章制度，落实安全防范措施，确保安全生产；加强思想政治工作，抓好班组的精神文明建设，把班组成员培养成有理想、有道德、有文化、有纪律的劳动者。

3）技术革新、劳动竞赛：

组织班组人员学习文化知识和技术，积极开展技术革新和劳动竞赛，激励班组成员立足本职岗位，提高技术操作水平，以适应施工现代化发展的要求。

4）思想政治工作：

班组的思想政治工作是班组双文明建设的基础，加强班组思想政治工作，并把思想政治工作贯穿于整个施工生产过程中，就能使班组成员胸怀全局，脚踏实地地生产和工作，把班组成员培养成有理想、有道德、有文化、有纪律的劳动者。

（3）班组管理的方法

班组管理要科学化，科学管理的核心是要建立管理工作的标准化。

班组标准化管理的内容一般包括定额标准、质量标准和工作标准。

班组在实行标准化管理的基础上，把定额标准、质量标准、工作标准分别落实到各个岗位和个人，建立健全各级责任制和岗位责任制，并与考核、奖惩相结合，形成较完整的班组内部经济责任制。

25.2.2 班组建设的方法与途径

（1）班组思想政治工作

班组是企业生存和发展的基础，也是企业思想政治工作的基础，班组的政治素质直接反映出企业的政治素质。

1）班组思想政治工作的任务：

班组思想政治工作的主要任务是教育培养一支胸怀全局、脚踏实地的"四有"职工队伍，保证生产任务的圆满完成。

2）班组思想政治工作的内容：

班组思想政治工作的内容有：形势和任务的教育、共产主义理想教育和道德教育、爱国主义教育、法制教育。

（2）民主管理

班组的民主管理是企业实行民主管理的基础，是由职工直接参加，在班组工会组长和职工代表的主持下开展的一项活动。

1）一长六大员，即班长以及学习宣传员、质量员、安全员、料具员、考勤员和生活福利员等。以上六大员的设置可视班组人员多少情况，采用"一人多职"。其职责如下：

班长：负责本班组的施工生产和日常管理工作，根据上级下达的任务，合理安排人力物力，团结班组成员保证各项工程的如期完成，贯彻执行企业的各项规章制度，检查督促班组成员做好各种原始记录和台账，不断提高班组管理水平；搞好班组的经济核算，正确执行按劳分配原则，处理好国家、集体和个人三者之间的利益关系；搞好劳动保护和环境保护，做到安全生产和文明施工；主持好班组会议，加深班组的思想政治工作。

学习宣传员：组织班组成员学习时事政治开展职工读书活动，办好"班组园地"，表扬好人好事，开展健康有益的文体活动，协助班长做好班组的思想政治工作。

质量员：宣传贯彻"质量第一"的方针，检查督促班组执行施工操作规程和质量标准。落实班组的自检、互检、交接检制度，协助班长制订防止质量事故的措施。

安全员：贯彻执行《劳动保护检查员工作条例》，宣传安全施工，督促班组成员自愿遵守安全操作规程、安全生产和文明施工的规章制度，协助班长开好班组安全会。

料具员：负责保管好班组的机械、设备、工具及各种材料，建立健全登记保管台帐，督促班组成员爱护机具设备，节约使用各种材料，协助班长做好料具消耗指标的核算和分析。

考勤员：严格执行考勤制度，及时填写考勤统计表，负责班组工资、奖金及劳防用品的领取和发放，协助班长搞好劳动力的管理。

2）工会小组：

工会小组是班组工人群众的自己组织，是企业工会组织的细胞。班组的工会组长一般由副班长兼任，是班组工作的骨干，应能代表工人的意志，热心为群众服务。

工会小组的任务是：在企业工会的领导下，开展劳动竞赛、技术革新等活动；协助班长做好职工的思想政治工作，监督行政搞好劳动保护、安全生产，关心群众生活，保障职工权益；健全班组民主生活，团结班组成员，完成和超额完成施工生产任务。

3）班组民主会：

班组民主会是发动班组群众参加管理的一种形式，由班长或工会组长定期召开。主要是发动班组成员对班组的工作提出批评意见和合理化建议，统一认识，齐心协力把班组的各项工作搞好。

（3）班组管理上等级

班组管理上等级是指班组管理水平不断提高，并上升到一定等级水平的标志，它是围绕企业升级目标所展开的一项班组建设活动。

施工企业的班组一般分为三个等级水平，即合格班组、信得过班组（或二级班组）和先进班组（或一级班组）。

班组管理上等级的基本要求

1）把班组上等级纳入企业升级的轨道，参照企业的升级标准，制定本企业创合格班组、信得过班组、先进班组的升级标准。

2）把班组竞赛作为班组上等级的推动力量。

3）班组上等级的工作重点是提高班组管理水平，以求质量逐年提高，消耗逐年下降，效益逐年增长。

4）班组上等级要强调"两个文明"建设一齐抓，强调搞好安全文明施工。

5）班组上等级要制定科学合理的检查、考核、验收、评选和命名的办法，企业一般一年集中进行一次。

6）班组上等级既是具体的企业管理工作，又有群众活动的内容，企业的行政要负责，党员要支持，工会要参与，团委要配合，各个职能科室要承担有关的业务工作。

小　结

1. 班组是施工企业内部从事生产和经营的最基层组织，是企业一切工作的落脚点，班组管理的任务是使企业以最小的消耗获得最大的效益。班组管理的主要内容有施工管理、安全和质量管理、人材机的管理，搞好文明生产和经济核算，管理的方法是建立标准化管理。

2. 班组建设要加强思想政治工作和民主管理，落实"一长六大员"责任制，开展班组民主会，发挥工会小组的作用，做好班组管理上等级等工作。

习　题

1. 班组管理的主要内容是什么？
2. 班组建设的方法是什么？
3. 你认为应如何做好班组管理上等级？

25.3 施工管理

建筑安装工程施工是一项复杂的生产活动，它既有质量、安全、计划成本等指标管理，又有劳动力、材料、机械调配和生产工艺技术等专业性管理。因此，施工管理是指为完成工程施工任务，所进行的全过程组织与管理的总称。它包括了从接受工程任务开始，到竣工验收交付使用为止，以施工生产为主进行的组织管理。施工管理一般分为三个阶段，即施工准备阶段、施工阶段和交工验收阶段。分别阐述于后。

25.3.1 施工管理的意义及任务

施工管理是指为完成工程施工任务，所进行的全过程的组织与管理。是从施工准备到竣工验收的时间范围内所从事的对所有建安生产活动的管理；也是施工企业生产经营管理的一个重要组成部分。施工管理的根本任务是遵循建筑安装施工的特点和规律，并根据施工管理的各项规章制度，把各个施工过程有机地组织起来，正确地处理好施工过程中的劳动力、劳动对象和劳动手段在空间布置和时间安排上的各类矛盾，调动一切积极因素，从而达到均衡施工，提高劳动生产率，降低工程成本，按期完成施工任务。

25.3.2 建筑安装施工管理各阶段的工作

（1）施工准备工作

1）概述

施工准备工作是指施工前，为保证施工正常进行，而事先必须做好的各项工作。施工准备工作是整个施工的基础，是保证工程顺利开工和连续、均衡施工的必要条件，可分为开工前和开工后准备工作以及冬雨季施工准备工作，认真做好准备工作，对加快施工速度，保证工程质量，合理使用材料，增加工程效益等方面起着重要作用。

2）施工准备工作的主要内容：

施工准备工作的内容大致可分为内业和外业两个方面。内业主要包括：熟悉和会审图纸；编制施工组织设计（或施工方案）和施工图预算；组织好施工队伍；做好材料和设备计划；签订承包合同；做好技术、质量及安全交底。外业主要包括："三通一平"，即搭建现场临时设施；组织材料及工具进场并进行检验；组织施工机械进场，并进行安装调试和试运转；组织构件、设备安装零配件和非标准设备的加工；进行工程测量、定位放线；还要根据具体情况作好冬、雨期和高温季节施工的相应准备工作。

3）班组施工准备工作：

A. 熟悉图纸及有关技术资料，接受技术交底、计划交底和工程任务书，做到领会设计意图，掌握工程内容、工程量、工程特点、工艺流程、质量标准及有关技术要求和安全施工要求。从而为科学组织施工，保证施工顺利进行打下良好的基础。

B. 查看现场。了解现场施工条件情况，包括水、电、路是否接通，场地是否平整并能否满足施工需要，现场临时设施是否搭建好并符合标准要求，土建基础、管墩、管架等是否具备安装条件，同时核对图纸与土建交接资料是否有出入。

C. 清除操作障碍，具体布置操作现场。

D. 对施工需用的材料和构配件进行质量检查，并供应到施工地点。

E. 对缺少的机具，要及时提出需用量计划并及时解决，对施工机械要进行保养和试运行。

F. 编制班组施工进度计划。根据上级下达的月旬施工计划，编制班组施工进度计划，把施工任务按天具体分工落实到班里每个作业小组乃至个人。

班组施工进度计划的编制程序如图25-6所示。

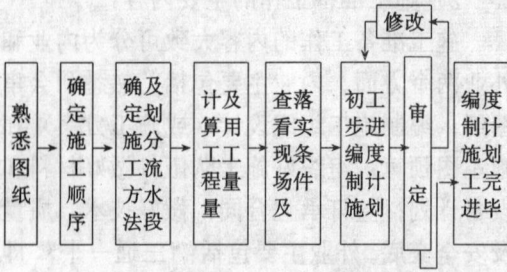

图 25-6　班组施工进度计划编制程序

班组施工进度计划如表 25-3 所示。

班组施工进度计划　　　表 25-3

单位：　　　　　　　　年　　月　　日

序号	工程名称	工程量		工作量	完成时间	施工负责人	备注
		单位	数量				
1							
2							
3							
4							
5							

施工负责人：　　　　审核：　　　　编制：

（2）施工阶段的工作

1）必须按设计图纸的要求施工，同时严格按照施工程序和质量标准施工，并注意教育每个工人在施工作业中不要违反操作规程，保质保量地完成施工生产任务。

2）严格按计划组织施工，计划是指导企业生产活动的依据，也是指导企业、全体职工在生产中协调行动的准则，必须严肃认真对待。否则将导致施工管理混乱，生产任务难以完成。

3）注意原始资料的积累。包括：施工日志、工程签证、领退料记录，计划统计报表，质量自检记录，罐及容器焊接记录，质量、安全及事故处理记录，成本核算台帐，QC 小组活动记录及有关隐蔽工程记录等。这些原始资料是进行业务分析、交工验收和结算的依据。

4）做好定期检查与业务分析。检查内容

包括质量、进度、安全、节约、消防、保卫、场容、卫生、季节施工等。施工活动的业务分析包括工程质量、进度情况、材料消耗情况、机械使用情况、统计和费用盈亏情况表。通过与计划指标进行比较，找出差距，采取措施，并督促执行。

5）做好施工调度工作。由于影响施工的因素很多，有些因素不可预见，使施工过程与施工计划之间可能出现偏差，为使施工生产能按计划进行，就需要做好施工调度工作，应做到及时性、准确性，确保如质按期完成施工任务。

6）加强施工平面布置管理、施工现场管理，确保文明施工。

（3）交工验收工作

工程交工验收是施工和施工管理的最后阶段，是施工单位向建设单位交付建设项目的法定手续，也是对设计、施工、生产准备工作进行检验评定的重要环节。只有交工和投产使用后，施工任务才算完成。

1）交工验收的依据和标准：

A. 交工验收的依据。

a. 建设单位和施工单位签订的工程合同。

b. 设计文件、施工图纸及设计变更资料和设备技术说明书。

c. 国家执行的施工技术验收规范及建筑安装统计规定。

d. 上级有关文件。

e. 对从外国引进的新技术或成套设备项目还应该按照签订的合同和外国提供的设计文件等资料进行验收。

B. 交工验收的标准。

a. 工程项目按照合同规定的任务和施工图纸要求全部施工完毕，并达到国家规定的质量标准（评定合格），能满足生产和使用要求。

b. 设备调试、试运转达到设计要求。

c. 技术档案资料齐全。

d. 施工现场按要求清理完毕。

2) 交工验收的准备工作

为顺利完成施工项目的交工验收任务，施工单位及施工班组应抓紧及时完成下面几项准备工作：

A. 完成收尾工程。施工项目进入竣工阶段，要有计划有重点地进行收尾工程的清理工作。虽然工程量小，但分布面广、零星分散，若不认真清理，就会有遗漏，否则影响整个工程项目的交工验收。

B. 交工验收资料和文件的准备。为了建设单位对工程的合理使用和维护管理，并为能顺利办理工程决算，承包施工的单位应准备好向建设单位提交有关全部文件和资料（具体内容见附件）。

附件：交工验收资料

1. 竣工工程项目一览表

2. 图纸会审及设计变更资料。

3. 开、竣工报告及工程交工验收证明书。

4. 隐蔽工程验收记录。

5. 施工组织设计或施工技术措施。

6. 施工记录。

7. 材料、构件和设备的质量检测资料。

8. 试压记录。

9. 罐及容器焊接记录。

10. 设备、管道安装和检测记录。

11. 单机试运转记录。

12. 无负荷联动试车记录。

13. 有负荷联动试车记录。

14. 工程合同与决算资料。

15. 其他有关资料。

3) 交工验收程序和工程交接手续

A. 工程完成后，施工单位先进行竣工验收，然后向建设单位发出交工验收通知单。

B. 建设单位组织施工单位、设计单位、当地质量监检部门对交工项目进行验收。验收项目主要有两个方面，一是全部交工实体的检查验收，二是交工资料验收。验收合格后，可办理工程交接手续。

C. 工程交接手续的主要内容是，建设单位、施工单位、设计单位在《交工验收书》上签字盖章，质检部门在竣工核验单上签字盖章。

D. 施工单位以签定的交接验收单和交工资料为依据，与建设单位办理固定资产移交手续和文件规定的保修事项及进行工程结算。

E. 按规定的保修制度，交工后一个月进行一次回访，做一次检修。保修期为一年，供暖工程为一个供暖期。

小　　结

1. 施工管理是指为完成施工任务所进行的全过程的组织与管理。通过管理将各施工过程有机地结合起来，正确处理施工生产中空间与时间的安排，以期达到施工生产高工效，高速度、高质量、低成本（三高一低）的目的。

2. 施工准备工作是指为保证施工生产的顺利进行，在开工前事先应做好的工作，包括内业与外业准备两个方面，施工阶段的管理工作是施工管理的关键，决定着工程的质量、成本与工期。交工验收是施工管理的最后阶段，是资产移交的法定手续，工程只有交工投产使用以后，才能体现投资的意义，施工任务才算完成，所以应及时完成收尾工作，准备好交工验收资料，并及时办理工程交接手续。

习　题

1. 施工管理的任务和意义是什么？
2. 建安工程各阶段的管理内容是什么？
3. 工程交工验收程序是什么？怎样办理交接手续？
4. 工程交工验收应具备哪些资料？

25.4　质量管理

25.4.1　质量管理概述

(1) 质量的含义

质量有狭义与广义两种含义，狭义的质量是指产品质量，是指产品满足用户某种使用要求所具有的特性，即使用价值，主要是指适用性与可靠性。广义的质量，是指全面质量，包括产品质量和工作质量。工作质量是指与产品有关的工作量，使用户满意的程度。因此，全面质量是满足用户需要和使用户满意，包括了产品的经济性。通常我们根据产品是否满足人们的需要以及满足程度来评价产品质量的好坏与高低。为了使建安产品的质量满足人们的一定需要，建安产品应具备适用美观、坚固耐用、经济等属性。

1) 适用美观方面。

各类设备及管路布局合理、舒适。使用时操作方便，便于检修，在人们的视觉范围内感觉良好，整齐、美观、样式新颖、色彩协调等。

2) 坚固耐用方面。

各类管道工艺合理，设备位置准确，结构严密，安全可靠，仪表安装精密度高，使用寿命长。

3) 经济方面。

造价低，使用效率高，维修费用少。

我们专业所涉及到工程的实际质量想要达到十全十美是很困难的。因为体现工程质量的适用美观、坚固耐用与经济性存在着矛盾，如果过分强调美观耐用，那么造价一定会高，就不经济。我们应从实际情况出发，在保证符合规范、规定的技术条件下，最经济、最合理的建安工程的质量即为最优的质量。

建设部于 1987 年组织全国有关建筑施工部门进一步修订了统一的工程质量标准，与本专业密切有关的有《建筑采暖卫生与煤气工程质量检验评定标准》和《通风与空调工程质量检验评定标准》。这两个质量标准是目前衡量、鉴别工程质量优劣的尺度。当然质量标准不可能一成不变，它随着施工技术的发展而发展。

(2) 质量管理的发展史

质量管理是指为保证和提高产品质量而进行的一系列管理工作。它是随着科学技术的发展而逐渐形成的。质量管理的发展过程可分为三个阶段，即传统质量管理阶段，统计质量管理阶段和全面质量管理阶段。

1) 传统质量管理阶段：

传统质量管理的主要手段是"把关"，是按照规定的技术要求，对已经生产出来的产品进行严格的质量检验，将不合格的成品挑出来，对不合格的工程进行修补、加固，以保证工程质量。这种方法是一种单纯的事后检验，而不能事先排除影响工程质量的各种不利因素，起不到"预防为主"的作用。

2) 统计质量管理阶段：

统计质量管理，则是在传统的质量管理的基础上，对产品质量从事后"把关"，发展到以"预防"为主，对生产过程的各个环节进行适当的抽样检验，采用数理统计方法进行分析研究，发现并消除影响质量的各个不利因素，进行质量控制。

3) 全面质量管理阶段：

50年代后期，随着科学技术的进步和工业生产的迅速发展，用户对产品质量要求日益提高，不仅要求控制产品的一般性能，而且要保证产品的使用寿命和安全可靠性。单纯依靠数理统计方法已不能满足这一要求，全面质量管理应运而生。

全面质量管理就是全方位的质量管理，有四个基本观点：

A. "为用户服务"的观点。

凡是接收和使用产品（建筑物）的单位与个人，都是用户。在企业内部，下道工序也是上道工序的用户。"为用户服务"和"下道工序也是用户"是全面质量管理的第一个基本观点。

B. 全面管理的观点。

所谓全面管理，就是企业实行"三全"管理。即"全面质量管理"、"全过程管理"和"全体人员管理。"

a. 全过程的管理，它是指施工企业从施工准备、交工验收到使用期维修服务，整个过程中，对生产和业务工作的质量进行控制和管理。

b. 全企业的管理，它是指企业中各部门各方面工作都组织起来，为提高产品质量作出保证，共同为保证产品质量尽职尽责的管理方法。

c. 全员的管理，它是指从企业到全体职工，调动一切人员的积极性，做到人人关心工程质量，人人管理质量，为工程质量负责的管理方法。

C. 预防为主的观点。

它是应用科学的管理手段，控制每道工序的质量，及时发现问题，及时消除隐患，达到保证和提高工程质量的目的。

D. 用数据说话的观点。

就是利用准确无误的数据资料进行质量管理。将实际数据经科学加工、分析及处理、提出问题，并结合专业技术和现场施工条件，对存在问题作出决策及措施，确保工程质量。

（3）质量管理的目的和任务

全面质量管理的目的就是以最低的成本，最短的工期，按照计划的数量完成用户最满意的建筑产品，使企业所承担的建设任务在达到优良的质量标准的同时，能获得良好的经济效益，这就是建筑施工企业全面质量管理的最终目的。

全面质量管理的基本任务，是组织全体职工认真分析工程质量和质量管理现状，明确树立奋斗目标，切实加强全面质量管理的基础工作，坚持按照实际情况确定工作方针和推行步骤，明确各部门质量管理的职能，建立严格的质量责任制，认真做好普及教育和专业培训工作，不断开拓前进，要力争在不远的将来，走出一条具有中国特色的社会主义全面质量管理的新路子。

25.4.2　保证工程质量的措施

（1）全面质量管理的基础工作

全面质量管理的基础工作主要有：质量教育工作，质量责任制，标准化工作，计量测试工作和质量信息工作等。

1）质量教育工作：

全面质量管理的目的是提高产品质量。而产品质量是靠工作质量来保证，工作质量又靠人来保证。所以，全员的质量意识是企业开展全面质量管理，改进人的工作质量的认识基础。通过质量教育，要达到从领导到每个职工，都明确提高工程质量和开展全面质量管理的意义和作用，并了解个人在全面质量管理中应担负的责任和义务，树立"质量第一"和"为用户服务"的思想。

2）质量责任制：

所谓质量责任制，就是企业的每个部门，每个岗位的各类人员，都明确规定其质量工作方面的具体任务、责任和权限，做到事事有人管，人人有专责，办事有标准，工作有检查，检查有考核，并把质量与职工的利益挂起钩来，建立一个完善的质量责任体系。

3）标准化工作：

标准化工作主要是产品技术标准化和业务工作标准化。产品技术标准化：是指产品的品种、规格、尺寸系列化、质量与性能统一化、零部件、构配件通用化、工艺流程、操作方法、检验技术的制度化等。业务工作标准化：是指管理业务、工作程序、工作内容等方面的标准化。标准化是衡量企业经营、质量管理工作的标准。

在建筑生产中，与质量有关的标准主要有设计标准、工程施工及验收规范、工程质量检验评定标准、施工操作规程、设备维护和检修规程等。

4）计量工作：

计量工作涉及到企业管理的各个方面。以建安施工为例：如生产时的投料计量，工作条件的控制计量，施工中对原料、半成品、构配件的测试、检验分析计量等等。因此，施工企业建立健全计量工作，才能提供准确、可靠的数据，才能实现质量管理的定量化。

5）质量信息工作：

质量信息是质量管理的耳目，是质量管理工作不可缺少的重要依据。收集质量信息有两种方式。一种是收集施工过程中有关工程质量、工作质量的各种原始状态资料，如原材料、构配件的出厂检验、验收记录、材料保管、图纸绘审、发放及成本记录、技术交流记录、隐蔽工程检查验收记录、质量安全事故记录，另一种是通过回访、调查，收集用户对工程质量提出意见的资料。

施工企业建立健全必要的质量信息机构，能迅速及时、准确无误的将各种数据提供给生产基层单位，为保证工程质量创造条件。

（2）质量控制

所谓质量控制，是指针对建安产品产生质量事故的原因采取措施，加以控制，起事先防患的作用。进行质量控制，应是对建安产品形成的全过程实行质量控制。包括设计、

施工准备、施工过程，使用过程的质量控制，其工作步骤可分为四个阶段八个步骤，具体内容如下：

第一阶段是计划阶段（也称 P 阶段）包括：

1）调查现状，提出质量方面存在的问题。

2）分析产生质量问题的各种影响因素，找原因。

3）找出主要影响因素、主要原因。

4）制定对策及措施。

第二阶段是实施阶段（也称 D 阶段）即：

5）执行措施。当措施确定后，在施工过程中，应贯彻执行措施，使措施落到实处。

第三阶段是检查阶段（也称 C 阶段）即：

6）检查工作效果，总结成绩，找出差距。

第四阶段是处理阶段（也称 A 阶段）即：

7）巩固措施，制定标准。通过总结经验，将有效措施巩固，并制定标准，形成规章制度。

8）将遗留问题转入下一循环。

质量管理工作，经过上述四个阶段，八个步骤，才能完成一个循环过程，而 PDCA 循环的特点是，周而复始不停顿的循环，即反复进行计划——实施——检查——处理工作，就能不断地解决问题，使企业的生产活动，质量管理及其他工作不断提高。

（3）工程质量的检查与评定

1）质量检查：

质量检查是指按国家标准、规程、采用一定测试手段，对工程质量进行全面检查、验收的工作。通过检查及时发现质量情况，采取补救或返工措施，防止质量事故的发生。

A. 质量检查的方式有：自检、互检、交接检和专职质量检查。

B. 质量检查的依据有：设计图纸、施工

说明书及有关的设计文件；建筑安装工程施工验收规范；建筑安装分项工程工艺标准和施工操作规程；工程质量检验评定标准；原材料、成品、半成品、构配件及设备的质量检验标准。

C. 工程质量检查的内容：

a. 外形检查。包括对分部分项工程外形检查和成品、半成品、构配件外形及规格检查。

b. 物理化学性能检查。对原材料、成品、半成品的承压、耐温、绝缘、防腐、化学成分等性能的检查。

c. 使用功能的检查。即满足用户使用方面的检查。如使用方便、功能齐全等。

d. 施工准备中的检查。主要是基础的标高、轴线的复核检验，机械设备开箱检查等。

e. 施工过程中的检查。主要是隐蔽工程的检查、分部分项工程的检查。

f. 交工验收的检验。工程验收先是施工单位自检；然后施工、建设单位竣工验收；最后质量检查站与施工、建设单位共同验收。验收中要有记录、验收单、质量评定等级的技术资料，这些资料都应列入工程技术资料存入档案。

D. 工程质量的检查方法：

目前，建筑工程可根据质量评定规定方法和实际经验方法进行检查，常用的方法有：

直观检法。是指凭检查人员的感官，借助简单工具，通过看、摸、敲、照、靠、吊、量、套等八种方法检查。

仪器测试方法。是指用一定的测试设备及仪器进行的检查，如原材料的机械强度试验，焊接件的透视拍照等方法检查。

2) 质量评定

质量评定是以国家技术标准为统一尺度，正确评定工程质量等级，促进工程质量的不断提高，防止不合格的工程交付使用。按国家质量检验评定标准规定，建筑安装工程质量划分为"合格"与"优良"两级。

合格：是指工程质量符合建筑安装工程质量检验评定标准规定。

优良：是指在合格的基础上，工程质量达到检验评定标准中的优良要求。

建筑安装工程中不列废品等级，即不合格不能验收，不能交工使用。

A. 工程质量评定程序。质量评定的程序是先分项工程、再分部工程、最后是单位工程，要求循序进行、不能漏项。

所谓分项工程，它是分部工程的组成部分，一般是按用途或输送不同介质与物料以及设备组别或建筑工程的主要工种工程划分的。如管道分部工程中的给水、排水、热力、压缩空气、煤气等的管道安装；通风分部工程中的风管及部件制作、安装等均各为一个分项工程。建筑工程的分项工程一般按工种划分为土方工程、砌砖工程、抹灰工程、防水工程等分项工程。

所谓分部工程，它是单位工程的组成部分，一般是按安装工程的种类或建筑工程的主要部分划分的。如安装工程中的管道工程、电气工程、通用设备安装工程、通风空调工程等均各为一个分部工程。建筑工程一般可划分为基础工程、主体工程、地面工程、装饰工程等分部工程。

所谓单位工程，它是单项工程的组成部分，一般是指不能独立发挥生产能力（或效益），但是具有独立施工条件的工程。在工业建筑中，如某车间是一个单项工程，则厂房建筑是一个单位工程，车间内的设备安装工程，也是一个单位工程，车间内的设备安装工程也是一个单位工程。民用建筑以一幢房屋作为一个单位工程（其中包括水、电、暖、卫、通风空调工程）。

B. 分项工程的质量评定。分项工程质量是从三个方面，即保证项目、基本项目、允许偏差项目进行综合评定。保证项目：是指合格、优良等级都必须达到的项目。基本项目：是指基本要求和规定的项目，基本项目中每项都规定"合格与优良"标准。允许偏差项目：是指《工程施工及验收规范》中规定允许有偏差值的项目。

C. 分项工程质量评定标准：

合格：满足下列三条：

a. 保证项目必须符合相应质量检验评定标准的规定；

b. 基本项目抽样检查处应符合质量检验标准合格的规定；

c. 允许偏差项目其抽查点中，安装工程应80％及以上的实测值在允许偏差范围内。

优良：满足下列三条：

a. 保证项目必须符合相应质量检验评定标准的规定；

b. 基本项目中每项抽检的点（处）应符合合格质量检验评定标准，其中有50％以上的点（处）符合优良规定，该项目为优良，优良项数占检验项数50％以上；该检验项目为优良。

c. 允许偏差项目抽检的点（处）数中有90％及其以上实测值在允许偏差范围内。

D. 分部工程的质量评定。

a. 合格：所含分项工程的质量全部合格。

b. 优良：所含分项工程的质量全部合格，其中有50％及其以上为优良。

E. 单位工程的质量评定：

合格：同时满足以下三条：

a. 所含分部工程的质量全部合格；

b. 质量保证资料应基本齐全；

c. 观感质量的评分率达70％及其以上。

优良：同时满足以下三条：

a. 所含分部工程的质量全部合格，其中有50％及其以上的优良；

b. 质量保证资料应基本齐全；

c. 观感质量评分率达85％及其以上。

分项、分部、单位工程质量评定表如表25-4、25-5、25-6所示。

分项工程质量检验评定表

单位工程名称　　部位　　工程量　　表 25-4

序　号	检 验 项 目		质 量 情 况								

序号	实测项目	允许偏差（毫米）	各检查点（处件）偏差值									
			1	2	3	4	5	6	7	8	9	10

合　计	共检查　点，其中合格　点，合格率　　％	
检　验评定意见		评定等级

施工负责人　　质量检查员　　队，组长　　制表人

分部工程质量评定表

单位工程名称　　　　　　　　　　表 25-5

序　　号	分项工程名称	评定等级	备　注

合　计	分项工程共　项，其中优良　项，优良率　　％		
评定意见		评定等级	

施工负责人　　　　质量检查员　　　　代表人

单位工程质量评定表

单位工程名称　　　　施工单位

建 筑 面 积　　开、竣工日期　　表 25-6

序号	分部工程名称	评定等级	分项工程个数	备　注

合　计	分部工程共　项，其中优良　项，优良率　　％			
评定意见		评定等级	建设单位	
			设计单位	
			施工单位	

制表人　　　年 月 日

1. 质量有狭义质量和广义质量，质量管理是指为保证和提高产品质量而进行的一系列管理工作。其发展分成三个阶段，全面质量管理就是全方位的管理有四个基本观点，即："为用户服务的观点、全面管理的观点、预防为主的观点和用数据说话的观点。"

2. 全面质量管理的目的就是以最低的成本最短的工期，按照计划的数量完成用户最满意的建安产品，施工企业要想达到其目的，实现其任务，就必须采取保证工程质量的措施。

3. 全面质量管理的基础工作主要有：质量教育工作，质量责任制，标准化工作，计量测试工作，和质量信息工作等。质量控制是针对建安产品产生的质量事故的原因，采取措施加以控制，起到事先防患的作用，质量控制是全过程控制，其工作步骤可分为四个阶段八个步骤（ＰＣＤＡ循环）。

4. 质量检验是指按国家标准、规程，采用一定测试手段对工程质量进行全面检查、验收的工作。起到把关督促的作用，质量评定是以国家统一技术标准为统一尺度正确评定工程质量等级。促进工程质量不断提高，防止不合格的工程交付使用。

习　题

1. 什么是质量管理？有哪几个发展阶段？
2. 什么是全面质量管理？其基本观点是什么？
3. 质量管理的目的和任务是什么？
4. 全面质量管理的基础工作有哪些？
5. 质量控制的工作步骤是什么？
6. 什么叫质量检验？质量检验的内容和方法各是什么？
7. 什么叫质量评定？评定的程序和方法是什么？

25.5　材料与机具管理

建筑安装行业既是技术密集型行业，又是劳动密集型行业。因此，建安工程施工所用到的材料和设备数量大种类规格繁多，材料与机械费在建安产品成本中占有极大的比重，一般占工程直接费的 85% 以上。为了提高劳动生产率，加快施工速度，提高工程质量减轻劳动强度，降低工程成本，建安企业必需做好材料与机具管理。本节主要讲述现场材料与机具管理。

25.5.1　现场材料管理

（1）现场材料管理的意义

施工现场的材料管理就是建筑安装企业在施工过程中，对各种材料的保管、发放、使用和回收所进行的一系列组织和管理工作。

建安材料管理在建安企业管理中占有十分重要的地位，它是搞好施工生产的一个重要环节，材料管理的意义有以下几点：

1）它是保证施工生产正常进行的必要条

件。建安材料品种繁多，常用的材料有 23 个大类，两千多个品种，二万多个规格。任何一种施工所需材料，如果不能按时供应就会影响正常施工生产甚至中断施工。

2）它是保证工程质量的先决条件。建安材料本身的优劣，将直接影响工程质量，如果材料本身严重不合格，要想生产出合格产品是很难想象的。

3）搞好材料管理，可以降低工程成本。材料费在工程成本中所占的比重大，一般可达 60%～70%，所以材料费的降低是降低成本的关键要素。

4）加强现场材料管理，可以减少流动资金的占用，加速流动资金的周转。建安企业的流动资金中，大部分用于材料的储备，所以在保证材料供应的前提下，要努力控制材料库存量，加速材料周转，可减少流动资金占用，改善企业的经营管理。

5）有助于提高劳动生产率。如果管理不善，造成材料的二次搬运，或材料的规格不符，引起材料的改换代用，就会造成人力与物力的浪费，从而降低劳动生产率。

（2）材料消耗定额

1）定义与作用：材料消耗定额是指在一定的生产管理和合理节约使用材料的条件下，完成单位合格产品所必需消耗一定品种、规格材料的数量标准。它是编制材料计划，确定材料供应量，签发限额领料单，进行成本核算的依据，它是促进企业增产节约，降低材料成本的重要工具。

2）种类：建安工程中使用的定额有概算定额（指标）、预算定额、施工定额三类，材料消耗定额一般不单独编制，而作为这三种定额的组成部分。

A. 概算定额。

在技术设计和施工图还没出来之前，用以估算或概略计算主要材料和设备需要数量。常用的概算定额有两种：

a. 万元定额。是指每万元建筑安装工作

量的材料消耗量。它不能表现材料的规格和型号，不能用来编制备料计划，可以用来编制材料申请计划。

b. 平方米定额。是指每平方米建筑面积所消耗的材料数量。它仍不能表现材料的规格和型号，但比万元定额要准确些，可以作为编制年度计划的依据，规划材料堆放场地。

B. 预算定额。

是按分项、分部工程编制的定额，它比概算定额项目细。预算定额是编制工程预算、施工计划、材料计划的依据，也是完工后办理材料结算的依据。

C. 施工定额。

施工定额是材料消耗定额中最细的定额，既反映材料消耗量，又反映材料的规格和型号。是用来编制施工作业计划、备料计划的依据，也是签发施工任务单和限额领料单的依据。施工定额一般不包括管理损耗，预算定额包括管理损耗。

材料消耗定额制定有技术计算法、统计分析法、经验估算法、实际测定法、实验法等。

（3）限额领料

限额领料（又称定额供料），是根据施工队安排给班组的工作量，按照施工预算材料消耗定额计算的材料需用量，以便控制发放数量，促进班组节约材料的一种管理制度。

实行限额领料关键是材料消耗定额的选用，预算员必须熟悉材料消耗定额，正确选用材料消耗定额、套用定额，编制施工预算，填写限额领料单，施工队长签发限额领料单，在下达施工任务书时，下达材料限额领料单，材料员审核限额领料单后，按限额数量发料，严禁超额。限额领料单是材料核算和成本核算的依据，是分析节约和超额原因的凭证。

（4）现场材料管理注意事项

1）建立建全岗位责任制、加强材料验收，坚持"四验"制度，（验品种、验规格、验质量、验数量）对管材、附件等还必须有出厂证明。

2）根据不同施工阶段，做好现场材料堆放管理，按规定依次就位，堆码整齐，避免二次搬运。

3）严格执行限额领料，节约预扣，余料退库制度。

4）根据防火、防水、防雨，防潮和管理的要求，搭设必要的临时仓库。

5）加强保管，防止丢失损坏，严禁乱拿串用。

6）认真做好收、发记录，工程收尾时材料的清点转移工作。

25.5.2　机具管理

（1）机具的领用方法

班组施工用的机具除个人工具外，一般是领取或租用，施工员根据施工计划向机具管理部门提出申请，经有关部门审批同意，由机具员办理领取和租用手续。

班组在领取或租用机具时，应对机具的种类、规格、随机附件或技术说明进行查对，并在管理部门的帐、卡上签字。签字后机具的管理权，使用权由领用的班组负责。

机具退回时，由管理部门签置退库手续，由机具仓库验收检查，机具的损坏和附件的丢失，班组应说明情况，并写出书面报告和检查，费用根据企业内部机具使用的有关规定执行。

（2）机具的保养和修理

1）机具的保养：

保养有例行保养和定期保养

例行保养又叫日常保养，由操作人员在机具使用前，使用中和使用后进行的保养，保养的内容是"清洁、润滑、紧固、调整、防腐"十字作业。

定期保养是机械运转到一定工时时，进行停机保养。一般可分一——四级保养。一二级保养可由操作人员在现场进行，三四级保养由专业机修工进行。

2）机具的修理：

根据修理工作量大小和修理后对设备性能恢复程度，机具修理可分为小修、中修和大修。

小修：一般对局部的故障和磨损采取的临时维修措施，工作量小。

中修：更换与修复机具的主要零件和数量较多的其他磨损零件，并校正机具的基准，以恢复和达到规定的精度、功率和其他技术要求。

大修：对机具设备进行全面解体、检查、修理或更换磨损零件，使机具达到或接近规定的技术标准和工作性能。

（3）机具管理的方法

1）施工机具的配置，应符合工艺流程。

2）人机固定，实行机具使用，保养责任制。

企业拥有的机具设备，应实行定机定人制度，使之对机具设备的使用和保养负责。个人使用的个人负责，多人使用的由班（机）长负责。实行责任制能调动职工的积极性，提高机具设备的使用效率，延长机具使用寿命。

3）实行操作证制度。

操作人员，必须经过培训和统一考试，确认合格后，发给操作证，才能上岗操作。

4）遵守磨合期的使用规定。

凡是新购或大修后的设备，使用时必须按规定执行磨合，这样可以使设备各部件磨合良好，防止机件早期磨损，延长机械设备的使用寿命。

5）建立设备档案制度。

将机具（机械）设备的原始技术文件、交接登记、运转记录、事故分析、技术改造资料，分门别类归档保存。

小　　结

1. 现场材料管理就是建安企业施工过程中,对各种材料的保管、发放、使用和回收所进行的一系列组织和管理工作,它是施工生产正常进行保证工期和工程质量的重要条件,有助于降低工程成本和提高劳动生产率。

2. 材料消耗定额是在一定生产管理和合理节约使用材料的条件下完成单位合格产品所必须消耗一定品种、规格材料的数量标准。一般不单独编制,而是作为概算定额、预算定额、施工定额的组成部分。

3. 限额领料,是根据施工预算材料消耗定额和建安工程量计算的材料需用量,以使控制发放数量,促进班组节约材料的一种管理制度。限额领料单是材料核算和成本核算的依据,也是分析节约和超额原因的凭证。

4. 施工机具的领取或租用应经有关部门同意并按规定办理相应手续。

5. 施工机具的保养分为例行保养和定期保养。机具的修理,根据修理工作量大小和修理后对设备性能的恢复程度可分为:小修、中修和大修。机具的使用应人机固定,制定机械使用、保养责任制、实行操作证制度、严格遵守磨合期使用规定,并建立设备档案制度。

习　题

1. 现场材料管理的意义是什么?
2. 什么是材料消耗定额?作用是什么?
3. 为什么要实行限额领料?
4. 机具的保养和修理分哪几类?

25.6　班组经济核算

经济核算是运用经济手段管理企业的重要方法,建筑安装企业的经济核算,是借用货币形式,对企业生产经营过程中的劳动消耗、物质消耗、资金占用和经济效果进行计算、对比和分析。其目的在于力求以最少的劳动消耗、物资消耗和资金占用,取得最大的经济效益,提高盈利水平。班组经济核算是企业经济核算的基础,是进一步落实企业内部经济责任制,提高经济效益的手段。本节主要讲解班组经济核算的条件、内容和方法以及班组经济活动分析。

25.6.1　班组经济核算的作用与条件

班组经济核算,是对班组各种经济活动中的生产消耗和生产成果,进行预测、记录、计算、比较、分析和控制,以求不断改善和提高生产技术和管理水平,以最小的消耗获得最大的经济效果。

(1) 经济核算的作用

搞好班组经济核算,对于加强企业经济核算,提高企业经济效益有着十分重要的作用:

1) 班组经济核算是企业经济核算的基础,搞好班组经济核算能提高企业经济效益。

2) 开展班组经济核算能进一步明确班组与个人的经济责任制,并把个人的劳动成果和班组的经济效益结合起来，调动工人的积极性，增强责任感。

3）经济核算能够促进班组不断提高管理水平。班组核算是围绕节约费用、降低成本、提高经济效益开展工作。通过核算，能够发现施工管理中存在的问题，及时提出改进措施，并组织实施，使班组经济效益逐步提高。

4）班组经济核算能把施工进度、质量、材料消耗，工时费用如实地反映出来，经过分析整理，能及时找出差距，总结经验，提高企业生产与管理水平。

（2）经济核算应具备的条件

在社会主义市场经济条件下，班组经济核算必须具备以下条件：

1）施工组织固定。组织中定员合理，人员保持基本稳定，以便于统计分析。

2）经济责任制要健全，保证经济核算全面有效。应有健全的统计制度，考核制度、奖惩制度等，建立岗位责任制，做到有责、有权、有利、有效地进行经济核算。

3）有各种经济定额，如劳动定额、材料消耗定额、工具折旧率（费）等。定额应保证合理性、先进性和相对稳定性，工人经过努力工作均能够达到定额要求。各班组之间，应保持平衡，防止差别悬殊。

4）原始记录清楚，包括工时记录、材料消耗记录、机具使用记录，这些都是企业经济核算的重要依据，应做到记录完整，数字准确。

5）要有健全的经济核算机构体系。要使每个部门，每个职工都讲求经济效益，必须建立完善的经济核算机构，使经济核算从组织上得到保证。

25.6.2 班组经济核算的内容与方法

班组经济核算的形式有：分项指标核算和价值综合核算。目前，建安企业中班组核算多采用分项指标核算形式。

（1）分项指标核算

1）产量指标：按施工任务单中各个工作项目的计划下达数量与实际完成的数量相比较，它可反映出完成工程量的程度。

$$\text{工程量施工计划完成率} = \frac{\text{施工实际完成数}}{\text{施工计划完成数}} \times 100\%$$

2）劳动生产率指标：核算单位工日中，每个生产工人所完成的工程量（工作量）。

$$\text{劳动生产率} = \frac{\text{项目的实际完成数量（或工作量）}}{\text{项目实际用工数}} \times 100\%$$

3）完成定额百分率：实际用工达到定额用工的百分率。

$$\text{完成定额百分率} = \frac{\text{项目的定额用工}}{\text{项目的实际用工}} \times 100\%$$

4）出勤率：核算班组出勤情况。

$$\text{出勤率} = \frac{\text{出勤工日数}}{\text{制度工日数}} \times 100\%$$

5）工时利用率：核算班组实际参加劳动的工日数占应出勤工日数的百分率。

$$\text{工时利用率} = \frac{\text{实际工作工日数}}{\text{制度工日数}} \times 100\%$$

6）工程质量指标：

$$\text{优良（合格）率} = \frac{\text{优良（合格）项目数}}{\text{施工项目总数}} \times 100\%$$

$$\text{返修率} = \frac{\text{返修数量}}{\text{全部检验品数量}} \times 100\%$$

7）安全生产指标：是计划期内工伤事故的控制指标。

$$\text{负伤事故频率} = \frac{\text{发生负伤事故人次数}}{\text{平均工人数}}$$

8）材料节约额：按限额领料卡与材料实耗数核算。

材料节约额=（项目中定额用料数—项目中实际用料数）×材料单价

9）超产节约（价值）额=（实际完成工程量—计划完成工程量）×单位工程量价格

（2）价值综合核算

单项指标核算只能看到每项指标完成情况的好坏，不能综合反映班组经济核算的成果。价值综合核算在单项指标的基础上，以货币金额为计算单位，算出计划数、实际完成数和盈亏数，然后把各项指标的金额数加在一起，求出班组增产与节约金额总的计划数、实际完成数和盈亏数。这样就能反映班组综合经济效益。

价值综合核算适用于管理能力强，核算制度齐全的班组。它的优点是经济概念明确，能综合说明问题，但计算较复杂。

（3）班组经济活动分析

班组经济活动分析，是班组经济核算的继续，是班组经济活动的又一个重要环节。根据班组经济核算资料，针对班组全部或部分的施工过程及其结果，进行分析研究，并与计划、同行业班组和上期经济核算情况进行对比，及时发现施工管理与材料消耗等方面存在的问题。查明原因，找出差距，制定改进措施，消除薄弱环节，总结经验，促使班组不断改进施工方法，提高班组的管理水平，力求更大的经济效益。

经济活动分析的形式有：日常分析、定期分析、专题分析。

（4）经济活动分析的内容

1）施工计划完成情况分析。通过对工程进度，建安工作量和竣工指标完成情况的分析，检查班组施工进度计划完成情况。

2）劳动计划完成情况分析。分析劳动力需要量及劳动力对施工计划的影响情况，劳动定额执行情况和劳动生产率的情况。

3）材料供应和消耗情况的分析。分析材料供应是否合理及材料耗用定额的执行情况。

4）班组机具使用情况分析。分析班组机具的状况、机具完好率、利用率及机具对施工计划的影响。

5）工程质量分析。分析工程质量和存在的问题，分析造成工程质量事故的原因和带来的损失等。

6）安全事故分析。分析死亡、事故的频率，找出事故频率的上升与下降的原因和事故造成的损失情况。

（5）经济活动的分析方法

经济活动技术分析方法很多，主要有以下四种：

1）比较法：比较法又称为对比法，是经济活动分析的基本方法，它是通过对技术经济指标的对比，发现问题，分析生产差异的原因，进一步研究改进措施，克服缺点，改善经营管理的方法。比较法主要是以实际完成情况与各种参考指标进行比较。

A. 本期实际完成指标与计划指标比较，用以说明计划的完成程度。

B. 本期实际完成指标与前期实际完成指标或与历史先进水平比较，可以说明企业的经营水平是提高发展还是降低衰退，进一步可考察变化发展的速度。

C. 本期实际完成指标与同行业先进水平比较，可以了解本企业与同行先进企业的差距。

2）因素分析法：因素分析法也称为连环代替法，可以分析多因素影响。在应用本法确定某一因素的影响程度时，假设其他因素都不变，计算时要确定各因素的正确排列顺序。因素分析法的计算法是：以计划指标为基础，按预定的顺序，依次将各因素的计划指标替换为实际指标，每次替换的计算结果与替换前数据比较，就可求得该因素对计划完成情况的影响程度，直到所有因素的计划指标都被替换为实际指标为止。

例如低压工艺管道安装，采用 $\phi108\times6$ 无缝钢管，计划工程量为 500m，按预算定额每安装 10 米需要 $\phi108\times6$ 无缝钢管 10.22m，$\phi108\times6$ 无缝钢管每米计划价格为 50 元；实际完成工程量 480 米，实际每安装 10 米需要 $\phi108\times6$ 无缝钢管 10.1 米，$\phi108\times6$ 无缝钢管每米实际价格为 55 元，试分析各因素的影响。

按表 25-7 排列各因素的计算顺序，计算各因素的差值。

序号	因 素	计划	实际	差值
1	工程量（10）m	50	48	-2
2	$\phi108\times6$ 无缝钢管单价（元/m）	50	55	+5
3	$\phi108\times6$ 无缝钢管单位用量（m/10m）	10.22	10.1	-0.12
	所需 $\phi108\times6$ 无缝钢管总费用（元）	25550	26664	+114

用连环代替法计算各因素对总费用的影响公式为：$\phi108\times6$ 无缝钢管安装总费用＝工程量（10m）×$\phi108\times6$ 无缝钢管单价（元/m）×单位用量（即为每安装 10 米用 $\phi108\times6$ 无缝钢管数量"m"）

计算过程见表 25-8。

计 算 过 程 表 25-8

项 目	计 算 公 式	差值（元）	原 因
计划总费用	$50\times50\times10.22$ ＝25550		
第一次替换	$48\times50\times10.22$ ＝24528	-1022	由于工程减小
第二次替换	$48\times55\times10.22$ ＝26980.8	+2452.8	由于无缝钢管单价提高
第三次替换	$48\times55\times10.1$ ＝26664	-316.8	由于单位工程量用无缝钢管减少
合计	26664	+1114	总费用超支

应当指出，当各因素排列顺序不同时，虽然总费用的差值是相同的，但各因素影响的差值可能不等。所以各因素的排列顺序，一经排定，不要轻易变动，使不同时期的分析结果有可比性。一般由施工单位造成的因素应排在最后，使它产生的影响更接近于实际情况。

3）差额计算法：差额计算法是因素分析法的一种简化形式，利用各因素的实际数和计划数之差额来计算各因素的影响程度。仍以上例数据计算如下：

A. 由于工程量减少的影响：

$(48-50)\times50\times10.22=-1022$ 元

B. 由于无缝钢管单价的提高：

$48\times(55-50)\times10.22=2452.8$ 元

C. 由于每安装 10m$\phi108\times6$ 无缝管用量减少：

$48\times55\times(10.1-10.22)=-316.8$ 元

$\phi108\times6$ 无缝钢管安装总费用的差值为：

$-1022+2452.8-316.8=1114$ 元（超支）

4）平衡法：平衡法是利用"四柱平衡"原理分析经济指标的一种方法。适用于有各种平衡关系的指标分析，方法简明适用。四柱平衡法的原理是：

期初余额＋本期增加＝本期减少＋期末余额

上述等式两边是平衡的，任何一个数变动都会影响其他三个数的变动，否则不能保持平衡。

例如某企业的流动资金平衡如表 25-9，试分析影响因素。

流动资金平衡表（单位：万元）

表 25-9

项 目	计划	实际	项 目	计划	实际
期初余额	1000	1000	本期减少	100	120
本期增加	150	200	期末余额	1050	1080
合 计	1150	1200	合 计	1150	1200

从上表可以看出，流动资金期末余额增加了 30 万元，是由于"本期增加"超过计划量 50 万元，又由于"本期减少"超过计划量

20万元,两项目相抵后净增30万元,这样可 进一步分析本期增加及减少的原因。

小 结

1. 班组经济核算是对班组各种经济活动中的生产消耗和生产成果进行预测、记录、计算、比较、分析和控制,以求不断改善和提高生产技术和管理水平,以最小的消耗获得最大的经济效果。通过班组经济核算,有助于提高企业的经济效益,促进班组与个人责任感。

2. 班组经济核算应具备一定的条件,如施工组织要固定、合理、经济责任制及经济核算机构要健全,各种原始记录要完整准确等。

3. 经济核算的指标有分项指标和综合价值指标。如有产量指标、质量指标,劳动生产率指标,安全指标、节约指标等。

4. 经济活动分析是以班组经济核算资料为依据,针对班组全部或部分施工过程及其结果进行分析研究,从中发现问题,查明原因,找出差距,制定改进措施,以改善经营管理,提高企业经济效益。

5. 经济活动分析的方法有比较法,因素分析法、差额计算法、平衡法等。

习 题

1. 经济核算的目的是什么?
2. 常用的经济核算指标有哪些?
3. 什么是经济活动分析?
4. 经济活动分析的方法有哪几个?

25.7 安全管理

我国自建国以来,党和政府一开始就把"安全生产"作为保护劳动人民的一项主要政策,作为社会主义企业管理的基本原则。因此,在建安工程施工中,努力做好安全管理工作,保障职工在生产建设中的安全与健康,不仅从经济效益观点来看应该如此,更重要的是应该把它看成一项社会主义企业的重要政治任务。

25.7.1 安全生产的意义

(1) 安全生产是建安企业的基本方针

安全生产方针,可以用"安全第一,预防为主"这句话来概括。是党和国家的一贯方针,也是建安企业的基本方针。如果对安装工人的安全、健康不重视,施工条件不安全,造成安全事故发生和人身伤亡,不仅给国家(企业)带来损失,给死者亲属带来痛苦,也会影响其他职工的情绪。所以在安装施工中必须重视劳动保护工作和安全管理,强调安全第一,把安全放在首位。

(2) 安全生产的经济意义

提高建安企业的经济效益,就是要以最低的消耗获得最大的价值。在生产中人是决定性的因素,只有改善施工条件,使工人能在安全卫生的环境中施工,才能激发人们的劳动热情和施工积极性,从而加快施工进度,提高工程质量,提前完工,降低成本,提高经济效益。

如果施工不注意安全，发生事故，不仅给企业造成直接的和间接的经济损失，也会给企业带来其他损失，如企业的声誉等，同时也会给建设单位增加不应有的负担。

生产必须安全，安全促进生产，搞好安全生产是提高经济效益的有效途径。因此，必须把发展企业生产和保障职工安全健康统一起来，把重视施工进度和关心职工安全统一起来。

25.7.2 安全管理

(1) 安全生产责任制

安全生产是一项群众性工作，要搞好安全生产必须从上到下逐级建立安全生产责任制，各个部门在各自的业务范围内，为实现安全生产负责，各级领导都应明确在安全方面的责任。

1) 公司经理：

公司经理是企业安全生产的总负责人，副经理是各分管部门的安全生产负责人。经理的责任是：贯彻执行安全生产，劳动保护的方针，传达国家或上级有关文件及指示；建立安全生产管理机构，监督各级部门贯彻安全生产责任制，安排好安全措施费用；定期组织安全生产大检查，消除不安全的隐患；主持重大伤亡事故、交通事故的调查、分析及作出处理意见；对不执行者，批评教育；违反者，追究责任。

2) 工程处（工区）主任、施工队长：

工程处主任、施工队长是本单位安全生产的具体负责人。其职责是：执行安全规章制度和公司有关决议，抓好安全生产、劳动保护工作；审查及组织编制单位工程安全生产、劳动保护措施计划并负责实施；协调职能人员与安全生产关系，支持专职、兼职安全检查人员履行职责；对违反作业者，有权制止及批评；发生安全事故，及时组织抢救，参考伤亡事故调查、分析、督促有关人员提

出事故报告。

3) 工长（施工员）：

工长、施工员对所领导的生产班组的安全生产负责。其职责是：组织、编制分部分项工程的安全措施计划并负责实施；做好安全技术措施交底；坚持安全生产检查制；教育职工遵守安全生产、劳动保护制度及安全技术操作规程；落实安全月活动；发生事故，立即上报，保护现场，参与伤亡事故的技术鉴定、分析与处理工作。

4) 施工班组长：

班组长是班组安全工作的负责人。其责任是：带领全班组人员，认真遵守安全生产、劳动保护制度及本岗位安全操作规程；开好班前安全会，进行安全交底及时查找不安全因素，增设防范措施；负责本组施工机具、设备、防护用具的检查；组织班组人员进行安全自检、互检，如有问题，及时采取措施；发生工伤事故，要详细记录，及时上报，保护好事故现场。

5) 安全部门：

安全部门是安全生产管理中的专职部门。它主要负责贯彻、执行国家安全生产、劳动保护的方针、政策和法规，使生产有安全的保障，指导其他职能部门做好安全技术工作。

6) 各职能部门：

施工企业内各职能部门，也应做好各本职工作中的安全生产工作。如计划部门，安排施工计划时，要考虑安全生产条件；技术部门，应提出相应的安全技术措施计划；施工部门应遵守安全生产的规程制度，解决好交叉作业多工种配合作业的安全生产问题；劳动部门，做好特殊工种职工考核；教育部门，做好安全技术培训；保卫部门，做好现场危害处的保护等。

(2) 安全教育制度

安全教育是贯彻落实"安全第一，预防为主"的重要环节。安全教育的内容包括两

个方面：一是安全思想教育。主要是进行有关安全方针、政策、法规、制度、纪律教育，并结合本单位典型事故的经验与教训进行教育；二是安全技术教育。主要是安全生产技术、操作规程、安全措施教育。

安全教育的方式有：

1）坚持三级教育。对新工人入队（厂）时，应由公司进行安全基本知识、法规、法制教育；工程处或施工队进行现场规章制度、遵章守纪教育；施工班组的工种岗位安全操作、安全制度、纪律教育。

2）对特殊工种培训。对电工、锅炉、压力容器、机械操作、爆破等特别作业与机动车辆驾驶作业的人员进行培训及应知应会考核，未经教育，没有合格证和岗位证，不能上岗工作。

3）经常性教育。通过开展安全月、安全日、班组的班前安全会、安全教育报告会、电影、录像、展览等多种方式，将劳动保护、安全生产规程及上级有关文件进行宣传，使职工重视安全，预防各种事故发生。

（3）安全检查制度

在施工过程中，为了及时发现事故隐患，堵塞事故漏洞，预防伤亡事故发生，应进行各种形式的安全检查，以便及时采取相应安全措施，有效防止事故的发生。

安全生产检查形式与内容

1）经常性安全检查。安全技术操作，安全防护装置、安全防护用品、安全纪律与安全隐患等检查，一般由工长、安全员、班组长在日常生产中检查。

2）季节性安全检查。春季防传染病检查，夏季防暑降温、防风、防汛检查，秋季防火检查，冬季防冻检查；通常由主管施工领导及有关职能部门进行检查。

3）专业性安全检查。压力容器、焊接工具、起重设备、车辆与高空、爆破作业等的

检查；主要由安全部门与各职能部门进行检查。

4）定期性安全检查。公司每半年一次（普通检查），工程处或施工队每季一次，节假日的必要检查；由各级主管施工负责人及有关职能部门进行检查。

5）安全管理检查：安全生产规划与措施，制度与责任制，施工原始记录、报表、总结、分析与档案等检查；由安全技术部门及有关职能部门进行检查。

（4）现场生产安全六大纪律

企业职工应自觉遵守安全生产规章制度，不违章作业，并严格遵守安全生产六大纪律。

1）进入现场，必须带好安全帽，并正确使用劳动保护用品。

2）3m 以上高处作业，必须带好安全带。

3）高处作业时，不准往下或往上乱抛材料和工具等物。

4）各种电气机械设备，必须有可靠有效的安全接地和防雷装置。

5）不懂电气与机械的人员，严禁使用和乱动机电设备。

6）爆破和吊装区域，非操作人员严禁入内。

（5）工伤事故处理报告制度

工伤事故处理报告制度是掌握事故发生情况，分析事故发生原因，找出事故发生规律、处理责任者，教育群众。制订防范措施、防止同类事故的发生，加强管理的重要措施。

发生事故要及时处理，处理一定要坚持"三不放过"的原则，即事故原因分析不清不放过；事故责任者和群众没有受到教育不放过；没有防范措施不放过。事故分析情况要通告全体职工，事故处理报告要上报有关部门审查、备案。

习　题

1. 安全生产的意义是什么?
2. 班组长安全生产的责任是什么?
3. 安全检查的形式与内容是什么?
4. 现场生产安全六大纪律是什么?
5. 为什么要制定工伤事故处理报告制度?

25.8　能源及材料的合理利用

能源是发展国民经济的重要物质基础,是提高和改善人民生活的必要条件。我国人口众多,资源相对不足,虽然近几年国家通过大力发展能源基础建设,缓解了能源供需矛盾,但从长远看,能源不足仍将是制约经济发展的重要因素。与发达国家相比,我国能源的利用水平低,浪费严重。我国每万元国民生产总值的耗能量比发达国家高四倍多,说明节能潜力巨大。

节约能源和原材料是提高企业经济效益的重要途径。目前,我国工业企业能源和原材料的消耗约占产品生产成本的70%,建筑业比这个比例稍大,若降低一个百分点,全国就可节约生产成本100多亿元。这充分显示了节约的效益巨大。节约降耗是转变经济增长方式,提高企业经济效益和实施可持续发展战略的正确途径和重要措施。1997年11月1日颁布的《中华人民共和国节约能源法》为我国的能源管理工作奠定了良好的基础,将为我国的经济发展发挥巨大的推动作用。

25.8.1　能源的合理利用

所谓能源,就是在一定条件下,能够提供某种形式能量的物质或物质的运动。

能源的种类很多,按其形式可以分为两大类。一类是自然界中已经存在,基本上没有经过人为加工或转换的能源,称为一次能源;人类在生产和生活过程中,根据需要将现成的能源加工、转换成符合要求的能源,称为二次能源。

一次能源主要有太阳能、地球本身的能量以及月亮、太阳等天体对地球引力产生的能量。地球上的各种植物、煤、石油、天然气等矿物燃烧,以及风能、水能、海洋热能、波浪能等,均是由太阳能转换形成的能源。地球本身的能量主要是地热和铀、钍等核燃料在进行原子核反应时释放出大量的能量。海水涨落形成的潮汐能则是由月球对地球引力引起的。

二次能源也是随着科学技术的发展和社会生产力的提高,人类利用能源的方式也在不断地更替和发展,从人类开始利用到目前为止,经历了三个发展阶段。第一阶段叫草木时期。这一时期从草木秸秆等生物能源作为炊事和采暖燃料;第二阶段称为煤炭时期,这一时期是以矿物燃料为主的能源利用时期;第三阶段为石油和天然气时期,内燃机的发明和利用,使石油和天然气得到广泛的使用。

由于地球上石油和天然气资源日趋匮乏,人们对能源的需要转向煤和原子核燃料。随着科学技术的发展,人类将逐步过渡到不虑匮乏的新能源上。如风能、生物能、海洋能、地热能、太阳能和核裂变能等。

建筑业为用能的大户,大约占全国商品能源消耗量的 11.7%。随着经济的发展和人民生活水平的不断提高,建筑用能还将进一步增加。既然建筑业用能量大,那么建筑节能对我国社会、经济的持续发展就有着重要的意义。

建筑业用能包括建筑施工用能和建筑物使用用能。本节主要讲建筑施工用能和节能。建筑施工节能是指建筑物在建造施工过程中,合理和有效地使用能源,达到在满足同等需要条件下尽可能地降低能耗。

管道工程施工的耗能量最多的是电能,此外也用到煤、焦炭、汽油、柴油、天然气等燃烧所产生的热能。

(1) 电能的合理利用

电是重要的基础能源,节约用电既可缓和电源短缺,也是提高本企业经济效益的措施之一。节约用电必须做到技术上可行,经济上合理,保证施工为前提。作法是坚持计划用电和加强施工现场用电管理。

坚持计划用电。

施工用电属于临时用电,需要向有关电管理部门申报临时用电指标。经批准后,方可按增加的电量使用。不给增加指标的,其超计划使用的电量加价收取费用,由建设单位和施工单位协商解决。单位或个人承包工程项目,由用户提出申请,经发包单位核实后,可按规定拨给正常用电费指标。在指标不够时,所用超指标的电量,应加价收费。对不申请或申请后不按计划用电的须按标准罚款。

加强施工现场用电管理。

施工现场照明用电要有专人管理,杜绝长明灯。各种施工用电设备,做到人离机停,不能带电空转。电焊机电焊间隙,时间稍长也应切断电源。有配电室的单位要有专人值班,按时抄表,不得擅自离岗。

施工现场不得使用电热烧水、取暖,特殊需要者,必须向用电管理部门申请,批准后方可使用。

严格控制装设电力空调机和热风机。确实需要安装的,应预先申请,批准后方可安装。

现场用电应分类装设电表,严格控制用电指标。

(2) 水的合理利用

水是非常宝贵的资源,地球上的水虽然很多,但淡水只占 2.7%。水尽管可以更新和循环补充而得到长期利用,但由于过度开采和不断遭受污染,水资源已日益枯竭,节约用水已成为一项极其重要而又艰巨的长期任务。尤其是我国,似乎大部分地区水资源都较丰富,但是就人均计算,年人均迳流量为 6850m³,而美国 1975 年人均用水量为 7500m³。也就是说,如果我们的用水量若达到美国 1975 年的水平,则一年还得进口淡水 7800 亿 m³,1998 年,联合国将我国列为 13 个严重缺水国之一,可见节约用水对于我国来说，尤为重要。

施工现场用水较多，管理分散，必须抓好以下两项工作：

1）严格按用水指标用水：

现场用水实行计划管理。根据用水量的大小划分管辖范围，并分别下达相应的年度用水指标，施工单位必须按计划指标用水，对超标准用水，实行加价收费。此项措施的目的，是为了杜绝长流水，避免浪费。

2）用水单位加强用水管理：

用水单位要加强对供水、用水设备和器具的维修、保养，防止跑、冒、滴、漏等现象的发生。不得使用国家和当地政府命令淘汰的用水器具，积极推广使用先进的节水器具。

现场应提高水的重复利用率，尽量减少直排现场。施工用水和生活用水应分别装表计量，按相应的收费标准收费。

（3）其他能源的合理利用

管道工程中所用的其他能源，主要有煤、焦炭、天然气、汽油、柴油等燃料。其中煤用于管道绝缘防腐工程加热沥青；焦炭和天然气用于管子煨弯加热管子；汽油用于运输；柴油用于运输或管道作严密性试验，吹扫时开动柴油发动机带动空压机生产压缩空气。可见对于管道安装所用的其他能源，其用途可分为两大类：一类是做燃料，利用其热能；另一类是作为机械设备的动力。

作为燃料加热沥青和钢管时，加热的间隙要注意停炉，工程告一段落后应将剩余燃料回收。作为汽车运输用油，应进行单车考核，建立耗油节约、浪费的奖惩制度。管道严密性试验和吹扫开动柴油机，一定要在试验前作好充分的准备，对管道系统严格检查，杜绝一切疏漏，尽量将质量问题在试验前排除，争取试验一次成功。所用油料按材料计划发料，不得超计划领料，施工中用燃料、油料同样实行奖惩制度。

加强燃料、油料的现场管理，严禁公料私用。否则，这方面出现漏洞，其浪费是无度的。

25.8.2 原材料的合理利用

管道工程是建筑工程的一个重要组成部分，尤其是工业建筑，管道安装的工程量在建筑工程造价中占的比例较大。而整个建筑业是社会存在与发展的基础，建筑业的发展规模反映了一定时期内一个社会的发展水平。随着整个人类社会的发展，建筑业的发展已成为社会进步技术、工艺、材料质量、管理水平的综合体现，建筑业是国民经济的支柱产业。

建筑材料约占工程造价的70%，建筑材料消耗量大，而且种类繁多。据统计，建筑工程每年耗用的钢材约占全社会钢材总销耗量的25%，管道工程耗用的主材，除少量的有色金属和合金钢外，其余几乎全为钢铁制成的材料。

（1）管道工程主材的合理利用

建筑材料在建筑施工企业的运转过程，包括材料的流通过程和材料的使用过程两部分。

建筑材料流通过程的管理，一般称为材料供应。它包括从材料采购开始，运输、入库保管，供应到施工现场的全过程。这一过程为施工生产和实现企业资金增值提供了物资条件和基本保证。

建筑材料使用过程的管理，一般称为消耗过程的管理。它从领料开始，经过工人的劳动，改变了材料的原有形态，创造了新的价值和使用价值。这一过程管理的主要任务是根据材料消耗定额，合理确定材料消耗，创造最佳的经济效益。

节约原材料可以节约资源，有效地降低工程成本，提高企业的经济效益。一般可以从加强管理，合理使用材料，以及采用新技术、新工艺等方法入手。

主材：在建筑施工过程中形成建筑实体

所耗用的材料称为主材。管道工程中所有的管材，加工各种法兰所用的钢板，加工支架所用的型钢均为主材。工程中的压力表、水表等均为仪表；各种阀门、水咀、金属或陶瓷卫生设备属于管道工程中的小型设备，各种阀件属于管道工程中的附件。

管道工程主材的节约，首先是加强现场材料管理。现场材料管理的内容有严格验收、合理存放、妥善保管、按计划发料。对于管材的验收包括质量验收，管材、型钢、钢板的质量验收有外观验收和化学成分、力学性能的验收；此外是质量验收，材料保管的数量验收可通过称重、点数、检尺换算等几种方式进行。管工的数量验收或领料，对管材、型钢以长度尺寸为准，对于钢板以面积为准进行。验收误差应在允许范围内，超出误差应找有关部门解决。现场数量验收有困难时，可到供料单位监磅发料，保证进场材料数量准确。

管材、型材、板材的现场保管，对于优质钢材、小规格钢材、镀锌管等应入库存放。若条件不允许只能露天存放时，存放地应干燥，地面不积水，清除污物，下面垫高让其悬空，顶部遮盖不被雨淋，周围有保护网并有现场保卫人员，保证材料不丢失。

不同品种、规格、材质的管材、钢材应分类堆放，不得混杂乱放。

贵重材料如铜管、紫铜丝、不锈钢管、不锈钢板等，必须入库保管，不得露天堆放。

管道工程主材的节约，从加强管理出发，发料应按材料计划，不得超计划发料。同时要注意材料和废料的回收。施工企业要制定材料的节约和浪费的奖惩制度，例如工人交回的材料和废料，经验收，根据价值提取一定经费按适当的比例奖给生产工人和材料员。在施工中若出现材料浪费，也应根据其价值按一定的比例赔偿。而且在执行奖惩时，一定要严格兑现，绝不能看到工人获奖量大一点就不执行，即将造成不良后果。

工人在施工中要以主人翁精神，要有高度的节约用材意识。节约主材最关键的是合理利用。划线下料要经过细致的思考才进行，譬如说在制作弯头时，假设原有余料中能下几块瓦，就应优先使用原有剩余短料。在制作法兰下料时，一是要注意平面上的摆法，尽量少产生余料或废料；二是当钢板厚度符合要求时，不同直径的法兰可采用"套裁"下料方法，以减少大面积钢板的耗用。在制作管道支架时，有的小件可以使用边角余料代替的，尽量使用边角余料，而不要在整块钢板或整根型钢上去下料。施工中出现的余料和废料，不要随手抛掷，应收集堆放好。在野外施工出现的余料和废料，每天下班时运回，以免丢失。实践证明，管道工程中使用的主料，只要注意合理使用，不浪费、丢失，材料绝对是有剩余的，回收起来，对企业，对工人都有好处。

(2) 管道工程副材的合理使用

副材又称辅助材料，它是建筑安装过程中，为了主材形成建筑实体而必须添加的材料。例如要将钢管连接成管道，必须进行适当的切割和焊接，则切割用的氧气、电石（或乙炔气），焊接用的焊条等是副材。管道工程常用的辅助材料除氧气、电石、电焊条外，还有管道零件（铸铁管件、丝扣连接件）、水泥、石棉、熟石膏、氯化钙、麻丝、生料带、橡胶板、石棉板、防腐材料、保温材料等。

管道工程中使用的副料，虽然价格不高，但仍需注意节约，不得浪费，能回收的废料尽量回收。副料的节约，还是首先做到合理使用材料。有的多种材料混合后要产生物理、化学变化的则应使用多少调合多少。例如，铸铁管道施工中的石棉水泥接口、膨胀水泥接口所用石棉、水泥加水后一定时间要凝固；熟石膏、水泥混合物加氯化钙溶液后5分钟后就将膨胀完毕；氨管道的丝扣连接中，有使用一氧化铅粉与甘油调和物作填充材料，调和后 10 分钟即可固化。这些情况都需要随用随调，用多少调多少，不要让较多的调料失效报废。电焊条在使用中，要注意保管，不要受潮，切忌抛撒浪费。

未用完的余料，下班时收回，第二天继续使用，日本工人在焊接时，每根焊条头都要回收，这反映出日本企业管理方面的严密，我们当然可以当作经验来学习。

小　结

　　首先要认识到节约能源和原材料的重要意义。对于拥有 13 亿人口的大国而言，节约能源和原材料是一项长期的战略任务。然后从技术上，从管理上落实节约能源、节约材料的措施。节约能源、节约原材料，不仅提高企业的经济效益，而且还有利环境保护减轻环境污染，还可为企业的持续发展提供动力。应该强调的是节约能源必须是建立在技术可靠、安全生产的基础之上的。那种依靠"偷工减料""掺杂使假"的手段来节能增效是万万使不得的。

习　题

1. 节约能源和原材料有何意义？
2. 什么是二次能源？
3. 管道工程施工中要消耗些什么能源？
4. 什么是主材？管道工程中的主材有哪些？
5. 管道安装施工中，工人节约主材的措施有哪些？
6. 什么是副材？
7. 管道工程中，节约副材的措施有哪些？

25.9　环境保护的基本知识

25.9.1　环境保护概述

　　保护环境是我国的一项基本国策，是一项功在当代、利在千秋、造福子孙的事业。环境科学是保护和改善环境的强有力武器，而环境教育是把环境科学的潜在威力转化为现实威力的桥梁，没有这种桥梁，就无法适应社会主义建设的需要，无法适应保护和改善环境的需要。开展环境教育是提高全民族的环境意识和文化素质的需要，是社会主义物质文明和精神文明建设的需要。

　　(1) 环境的组成和分类

　　所谓环境总是相对于某一中心事物而言的，总是作为某一中心事物的对立面而存在的。它因中心事物的不同而不同，随中心事物的变化而变化。与某一中心事物有关的周围事物，就是这个中心事物的环境。环境保护所理解的环境，它的中心事物是人类，以人类为主体的围绕人类的一切客观事物的总和，即人类赖以生存和发展的物质条件的总体，称为人类生存环境，简称人类环境。它包括自然环境和社会环境。人类和环境之间总是既相互对立，又相互制约；既相互依存，又相互转化。人类和环境之间存在着对立统一的辩证关系。

　　1) 环境的组成：

　　环境是自然环境和社会环境两个部分的统一体。自然环境是由岩石、矿物、土壤、水、空气、太阳辐射、动物、植物、微生物等自然要素有机结合而成的总体。社会环境是人类的生产、交换、流通和消费等经济活动以及居住、文化、教育、娱乐等社会活动的总体。自然环境是自然界发展的产物。社会环境是人类在自然环境的基础上，通过经济和社会发展而创建的人工环境。

A. 自然环境。在人类出现很久以前，自然环境已经历了漫长的发展过程。人类则是自然环境发展到一定阶段，具备了一定条件，才逐渐从动物中分化出来的。自从有了人类以后，自然环境就成为人类生存和发展的重要条件之一。人类不仅有目的地利用自然环境，还在利用过程中不断地影响和改造自然环境。因此，自然环境按人类对它的影响和改造的程度可分为原生自然环境（即天然环境）和次生自然环境。前者受人类影响和改造较少，它按照自己固有的自然规律发生和发展。例如，原始森林地区、人迹罕到的荒漠和冰川地区、大洋中心区等都是原生自然环境。随着人类经济和社会活动的范围和规模越来越大，原生自然环境就越来越少了。例如，南极大陆人类活动影响很小，但南极大陆的象征性动物——企鹅的机体中也发现有六六六和滴滴涕这两种有机氯农药，自然环境中是绝对没有的，完全是由于人类滥施农药远距离传输的结果。后者是指受人类活动影响和改造，环境面貌和功能上发生了重大变化的自然环境。例如次生森林区、天然牧场等等。次生自然环境的发展和变化，虽受人类活动的影响，但它仍然受自然规律的支配和制约，因此仍属于自然环境。

B. 社会环境。社会环境又称为技术环境、智能环境、社会生活环境等。它是人类在自然环境的基础上，为了不断提高自己的物质和精神生活水平，通过长期有计划、有目的、有规律的经济和社会发展活动，而逐渐创造和建立起来的一种人工环境。例如，城市环境、农村环境、学校环境、文物古迹环境、风景名胜环境等都是人工环境。社会环境是与自然环境相对的概念。社会环境一方面是人类物质文明和精神文明发展的标志，另一方面它又随着科学技术的发展而不断地变化。

2）环境的分类：

环境是一个非常复杂的体系，目前还没有形成一个统一的分类方法。环境具有多种层次和结构，可以作各种不同的划分。

按照环境的组成可作如下分类：

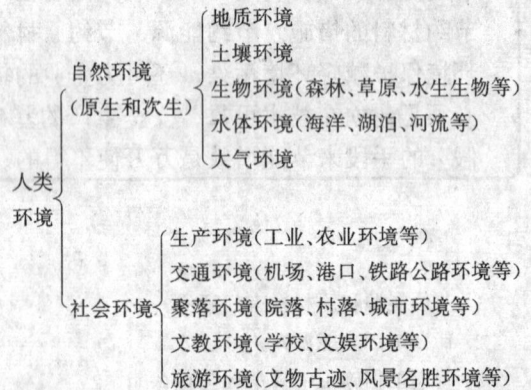

按照人类活动范围、环境可分为：车间、厂矿、院落、村落、城市、区域、流域、全球和宇宙等环境。

我国环境保护法中明确指出："本法所称环境是指影响人类生存和发展的各种天然的和经过人工改造的自然因素的总体，包括大气、水、海洋、土地、矿藏、森林、草原、野生生物、自然遗迹、人文遗迹、自然保护区、风景名胜区、城市和乡村等。"

（2）环境保护的内容、任务和意义

1）环境保护的内容。环境保护的内容在世界各国不完全相同，大体包括两个方面：一是防止整治环境污染，保护和改善环境状况，保护人群身体健康，防止污染对人群健康产生影响和危害；二是合理开发利用自然资源和自然环境，尽量减少和消除各种有害物质进入环境，保持可更新自然资源的永续利用和自然环境的恢复和改善，以利于人类的生产和生活活动。

2）环境保护的任务。现代社会的一大特

点是人类对物质的需求量不断增长，自然资源和自然环境开发利用不断扩大，返回到环境中去的废物也日益增加。于是人类发展和环境之间的相互作用不断加强。这样，环境保护的任务由传统的保护自然环境演变为保护人类生存环境。

环境保护的任务是采取各种措施，包括行政的、法律的、经济的、科学技术的等各方面措施，防止环境污染和环境破坏，合理地开发利用自然资源和自然环境，以求保护和改善自然环境，扩大可更新自然资源的再生产，保障人类社会的发展。我国环境保护法规定的环境保护的任务是："保证在社会主义现代化建设中，合理地利用自然环境，防止环境污染和环境破坏，为人民造成清洁适宜的生活和劳动环境，保护人民健康，促进经济发展。"

环境保护是一个十分复杂的问题，当前面临的实际问题和理论问题很多，当解决某些具体环境问题时，往往与整体环境产生矛盾。对环境保护和经济发展之间的对立统一规律还缺乏深刻认识；对某些自然灾害（如地震等）和自然环境在人为影响下对人类社会的影响还难以作出定量的可靠的预测等等。要解决环境问题，搞好环境工作，既要研究自然规律，又要研究经济规律和社会规律，使人类经济社会和环境协调发展。

3）环境保护的意义。环境是人类生存和发展的根本条件，是经济、社会发展的物质基础。保护环境就是保护当前和今后世世代代免受环境污染和环境破坏之害，为人民和子孙后代造福。保护环境的意义在于为了促进经济和社会持续、高速度的发展；协调发展和环境的关系；在经济和社会发展的同时，逐步改善和提高环境质量；满足广大人民群众日益增长的物质和文化生活的需要。

25.9.2 建筑安装对环境的影响

在建筑安装施工当中存在着烟尘、灰尘、有毒气体和物质、废气、废水、污水、固体废物、噪声，有时还有放射性物质等，这些物质会造成对环境的影响，而环境中大气和水体的污染、噪声对人们的生产和生活以及动植物、微生物都有不同程度的影响和危害。下面我们就大气污染、水体污染、噪声对环境的影响作简要的介绍。

（1）大气污染

大气污染对环境的影响和危害是多方面的，它既危害人群健康，又影响动植物的生长、发育，破坏了自然资源，甚至改变大气性质。

1）大气污染对人群健康的危害：

人类的生存离不开空气，成年人平均对空气的需要量比对食物和水的需要量多好几倍，因为我们时刻都需要洁净的空气。大气污染对人群健康的影响和危害，取决于大气中有害物质的种类、性质、浓度和持续时间，也取决于人体的敏感性和抵抗能力。但不管怎样，受到污染的大气进入人体以后总是程度不同地影响健康，甚至导致各种疾病。大气污染物按其性质可分为化学性物质、放射性物质和生物性物质三类，下面分别叙述其对人群健康的危害。

A. 化学性物质污染与人群健康　最常见的化学性污染物有：一是各种有害气体，如 SO_2、NO_2、CO、CO_2、碳氢化合物、氟、氯、硫化氢和氨等；二是颗粒悬浮物，如粉尘、石棉和金属飘浮尘等；三是光化学氧化剂、硝酸雾、硫酸雾等。

大气中有害化学物质通常是通过呼吸道进入人体的，也可以通过消化器官或皮肤进入人体。直接刺激呼吸道的有害化学物质（如二氧化硫、硫酸雾、氯气、臭氧、尘埃等）被人体吸入后，首先刺激上呼吸道粘膜，引起支气管发炎，出现咳嗽、喷嚏等症状。如果污染物继续被吸入，在毒物的慢性作用下，使呼吸道的抵抗能力逐渐减弱，可能诱发慢性呼吸道疾病，严重的可引起肺水肿和肺心病。城市大气污染是慢性支气管炎、肺气肿和支气管哮喘等疾病的直接原因或诱因。慢性支气管炎症状随大气污染程度的增加而加重。大气污染严重的地区，呼吸道疾病总死亡率和发病率都高于轻质污染区。

大气中的无刺激性有害气体，是在人体不知不觉的情况下进入体内的，所以其危害比刺激性气体还要大。例如，一氧化碳一旦进入人体内，就会同血液中的血红蛋白结合而成碳氧血红蛋白，影响人体输送氧的能力，造成低血氧症，使组织、机体缺氧，出现头晕、头痛、恶心、乏力等症状，严重时会昏迷致死。

大气中某些有害化学物质还有致癌作用。它们大部分是有机物，如多环芳烃及其衍生物。在烟尘和汽车废气中，可以检测出30多种多环芳烃组分，其中主要是苯并（a）芘，它的存在比较普遍，致癌性特强。城市大气中苯并（a）芘浓度或烟尘量与肺癌死亡率有明显的相关性。

此外，大气中的一些有害化学物质对眼睛、皮肤也有刺激作用。有的去臭味则可引起感官性状的不良反应。大气污染物还会降低能见度，减弱太阳辐射强度，破坏绿化，腐蚀建筑物，恶化环境，间接影响人群健康。

B. 放射性物质污染与人群健康。大气中的放射性物质主要是半衰期较长的放射性元素。放射性元素在体外对机体有外照射作用；通过呼吸道进入机体，则能产生持续的内照射作用，直到放射性元素完全蜕变成稳定性元素或全部被排出体外为止。就目前所知，人体内受某些微量的放射性元素污染并不影响健康，只是当照射达到一定剂量时，才能出现有害作用，如头痛、头晕、食欲下降、睡眠障碍等神经系统和消化系统的症状，继而出现白细胞和血小板减少等。更为严重的是它可以在人体内长期作用，产生长远效应，导致肿瘤、白血病等。

C. 生物性物质污染与人体健康。大气中的生物性物质污染主要有花粉和一些霉菌孢子。这些物质常可在大气中传播，使一些人身上引起过敏反应，还可诱发鼻炎、气喘、过敏性肺部病变等。

上面我们虽然将大气污染对人群健康的影响分为三种情况来谈，但实际上人群健康受到大气污染危害时，则很难分清是哪类污染物造成的，往往是各种因素结合在一起的"复合效应"。对人类生命威胁最大的癌症被认为是这种复合效应的结果之一。据统计，近50年来，全世界肺癌发病率，男性增加10～30倍，女性增加3～8倍。

2）大气污染对植物的影响：

当大气污染物浓度超过植物所能耐受的限值时，植物细胞和组织器官就会受到伤害，生理功能和生长发育受阻，产量下降，质量变坏，种群组成发生变化，甚至造成植物个体死亡，种群消失。大气污染物对植物的伤害可分为急性和慢性两种：受高浓度大气污染物袭击时，短期内即在叶片上出现坏死斑痕，称为急性伤害；植物长期与低浓度污染物接触，生长受到阻碍，发育不良，出现失绿、早衰等现象，称为慢性伤害。

对植物影响较大的大气污染物主要是二氧化硫、氟化物、氧化剂和乙烯。植物受二氧化硫伤害的典型症状是在叶脉间出现灰白色或黄褐色坏死区；有的植物叶片的坏死区出现在叶缘或叶前端；严重时整个叶脉褪成白色，叶片失水，逐渐枯萎死亡。受氟伤害的植物，叶尖和叶缘坏死，尤其容易受危害的部位是幼嫩叶子，因而常常出现枝梢顶端枯死现象；此外，氟伤害还常伴有失绿和过早落叶现象，生长受抑制，影响了结实过程。试验证明：氟化物对花粉粒发芽和花粉管伸长有抑制作用。氧化剂主要是指臭氧（O_3），受臭氧伤害的植物，在叶片上出现密集的细小斑点，而且中龄叶子最敏感，未伸展幼叶和老叶有抗性，这与二氧化硫的伤害症状相似。由于叶子的栅栏组织受到伤害，使组织机能衰退，生长受阻，发芽和开花也受到抑制，并发生早期落叶、落果等现象。乙烯对于植物的生长发育起着极为重要的调控作用，是植物体内产生的一种激素。大气受乙烯污染，就会干扰植物的正常调控，引起多方面异常反应。乙烯对植物的危害不象其他污染物那样首先造成叶组织的破坏，而是多方面受影响：其中一个特殊的效应是"偏上生长"，就是使叶柄上下两边生长速度不等，从而使叶片下垂；乙烯危害植物的另一个结果是引起叶片、花蕾、花和果实的脱落；有些植物受乙烯影响则反映为茎变粗，节间变短，顶端优势消失，侧枝丛生等畸形发育现象；有些植物的叶片和果实失绿也是乙烯危害的常见效应。

3）大气污染对大气臭氧层的破坏：

厚厚的大气层对于地球生物具有保护作用，即它可以吸收太阳紫外线，使地球上生物免遭伤害。而这一作用，主要是大气圈平流层中臭氧层的功劳。臭氧层犹如一个巨大的过滤网，滤除阳光中有害的紫外线。

但是，生命赖以生存的这层屏障目前却面临被破坏的危险。这主要是大气污染物三氯甲烷、四氯化碳、二氯二氟甲烷、氮氧化合物等与臭氧发生作用，消耗臭氧层中的臭氧。臭氧层中臭氧的减少，将对地球上的生物产生不良影响。有人估计，如果臭氧递减10％，地球上不同地区的紫外辐射量将增加19％～22％，由此引起的皮肤癌将增加15％～25％。由此可见，大气上层这一薄层臭氧的作用有多么重要。所以保护臭氧层，使其免于被污染是当前国际上广泛引起关注的问题。

4）大气污染对气候的影响：

近十几年来，世界性气候异常时有发生，干旱、洪水、风暴等自然灾害接连不断地发生，而且来势猛烈，已为人类所关注。许多科学家认为，气候异常在很大程度上是人类活动（包括建筑安装施工）的影响而造成的。

就目前所知，大气中二氧化碳含量的增加会影响气候变异。据预测，到2000年，大气中二氧化碳浓度将增加到379ppm（正常值约为316ppm）。二氧化碳含量的增加会增大大气的"温室效应"（地球有了大气层，如同花房的玻璃一样起保暖作用，故称为"温室效应"），使全球气温升高，从而改变地球的热量平衡，影响大气环流，使正常的天气过程发生变异。同时，由于平均气温升高，还可能使全球雪线上升，导致全球海平面上升，由此引起全球水量平衡发生变化，也会影响气候异常。

（2）水体污染

在建筑安装施工中，总是存在着废水、污水、粪便等的排放，这些污染物若不经过处理后进行乱排放，将对水体造成污染，水体受到污染后，对人群健康、农业、渔业、水生生物等都将造成不同程度的危害。

1）水体污染对人群健康的危害

水体污染对人群健康的危害一般分为两类，一类是由于水中含有某些病原微生物，引起疾病和传染病的蔓延；另一类是水中含有有害有毒物质对人群健康的危害。

A. 水中病原微生物对人群健康的危害

水中病原微生物绝大多数是天然寄生者，大部分来自土壤和空气，这些微生物一般对人类无致病作用。另一部分来自人类粪便、生活垃圾、建筑垃圾及建筑废物等。进入水体的微生物，一部分因不适应水中生活环境而死亡，另一部分则适应新的环境而生存下来。

水中病原微生物主要是沙雷氏杆菌、青紫色素杆菌、无色杆菌、水细球菌、冠状细球菌、假单孢杆菌等，此外还有克雷白氏杆菌属、肠杆菌属、放线菌、真菌、病毒等，这些病原微生物主要来自人畜粪便等。人们假如直接饮用含有这些病菌的水，即可造成诸如霍乱、伤寒、急性肠炎、痢疾和腹痛、腹泻等疾病。其次，人们接触被这些病原微生物污染的水体，譬如在被污染的河湖或池塘中沐浴、洗菜、洗衣、处理粪便等，某些寄生虫便有可能钻入人的皮肤或粘膜，使人得病。例如，钩端螺旋体可引起出血性钩端螺旋体病，钉螺可引起血吸虫病等。不同的病毒可以引起诸如肝炎、脊髓灰质炎、脑膜炎、出疹性热病等。世界上最严重的一次饮水污染所致的爆炸性肝炎事件，发生在 1955 年 11 月到 1956 年 1 月印度的德里，在这一段时间里患传染性肝炎的人多达 29300 人。

B. 水中有毒物质对人群健康的危害

含有有毒物质的污染水体，致害于人体，有直接与间接之分。在水中含量过高时，人饮用了这种水或食用含有毒物的鱼类、贝类，就会直接引起中毒事故。间接的危害是指人们长期摄取被污染的水、鱼类、农作物以及其他动植物而引起的各种慢性中毒病症。对于直接的危害，人们较容易发现，也比较注意，因为当有毒物质排入水体，就会使水生生物中毒死亡，人们可以很快采取措施。然而间接的危害，往往要经过较长时间才能显示出病状，一般不大为人们注意和重视，可是这类潜在的危害对人类的威胁更大。汞污染造成对人的危害是骇人听闻的，因而有人将汞称为水体污染的"元凶"。

另据研究，目前癌症病例的增加也与环境污染密切相关。已证实有 1100 种以上无机、有机化合物在动物实验中具有致癌作用，而由于化学物质引起癌症的因素占全部癌症发生率的比例很大。有资料表明，饮用地面水为水源的居民患癌症的死亡率较饮用地下水为自来水水源的为高，正是因为地面水受污染较地下水为重。此外，富营养化的水体中含有硝酸盐和亚硝酸盐，这些化合物若经过加氯消毒后，能形成致癌物质，而且亚硝酸盐的衍生物亚硝胺本身就是一种致癌物质，因此，长期饮用富营养化水体的水对健康是十分有害的。

2) 水体污染对农业的危害：

水体污染物随着灌溉水一起进入农田，除其中一部分流失以外，一部分被植物吸收，大部分在土壤中积累，当达到一定数量时，农作物就会出现受害症状，影响农作物的产量。更为严重的是使农产品含有有毒物质。据报道，用含有重金属镉的污水灌溉稻田以后，大米中含镉量明显增加。再如，当用含油类污染的水灌溉水稻田时，一方面油会附着在水稻植株上或渗透到植物体内，直接影响水稻的生长，另一方面，油类覆盖会隔绝氧气供给，促使土壤的还原作用增强，使水温、地温升高，危害农作物的生长发育。如黄瓜等菜类作物受油危害后，叶片卷曲，植物萎缩、生长迟缓。严重时，地上茎部表面腐烂，随后植株枯黄而死去。

为贯彻执行《中华人民共和国环境保护法》，防止土壤、地下水和农产品污染、保障人体健康，维护生态平衡，促进经济发展，我国特制定了农田灌溉水质标准（GB 5084—92），见表 25-10。

农田灌溉水质标准（mg/L）　表 25-10

序号	项目＼标准值＼作物分类	水作	旱作	蔬菜
1	生化需氧量（BOD₅） ≤	80	150	80
2	化学需氧量（COD_{cr}） ≤	200	300	150
3	悬浮物 ≤	150	200	100
4	阴离子表面活性剂（LAS） ≤	5.0	8.0	5.0
5	凯氏氮 ≤	12	30	30
6	总磷（以 P 计） ≤	5.0	10	10
7	水温,℃ ≤	35		
8	PH 值 ≤	5.5～8.5		
9	全盐量 ≤	1000（非盐碱土地区），2000（盐碱土地区），有条件的地区可以适当放宽		
10	氯化物 ≤	250		
11	硫化物 ≤	1.0		
12	总汞 ≤	0.001		
13	总镉 ≤	0.005		
14	总砷 ≤	0.05	0.1	0.05
15	铬（六价） ≤	0.1		
16	总铅 ≤	0.1		
17	总铜 ≤	1.0		

序号	标准值 项目 \ 作物分类		水作	旱作	蔬菜
18	总锌	≤	2.0		
19	总硒	≤	0.02		
20	氟化物	≤	2.0（高氟区） 3.0（一般地区）		
21	氰化物	≤	0.5		
22	石油类	≤	5.0	10	1.0
23	挥发酚	≤	1.0		
24	苯	≤	2.5		
25	三氯乙醛	≤	1.0	0.5	0.5
26	丙烯醛	≤	0.5		
27	硼	≤	1.0（对硼敏感作物，如：马铃薯、笋瓜、韭菜、洋葱、柑桔等） 2.0（对硼耐受性较强的作物，如：小麦、玉米、青椒、小白菜、葱等） 3.0（对硼耐受性强的作物，如：水稻、萝卜、油菜、甘兰等）		
28	粪大肠菌群数，个/L	≤	10000		
29	蛔虫卵数，个/L	≤	2		

注：根据农作物的需求状况，将灌溉水质按灌溉作物分为三类：

一类：水作，如水稻，灌水量800m³/亩·年；

二类：旱作，如小麦、玉米、棉花等，灌溉水量300m³/亩·年；

三类：蔬菜，如大白菜、韭菜、洋葱、卷心菜等。蔬菜品种不同，灌水量差异很大，一般为200～500m³/亩·茬。

3）水体污染对渔业的危害：

在严重污染的水体中，出现大量死鱼，或鱼的种类大量减少，甚至造成整个水域内鱼虾绝迹。引起这种现象的原因有两个：一是由于水中含剧毒物质或高浓度的有毒物质，使鱼类直接中毒死亡；一是由于大量污染物消耗水中的溶解氧；破坏了鱼类的生存条件，使鱼类缺氧窒息而死。

鱼类大都有一定的产卵场和回游路线。水体污染破坏了鱼类的产卵场或阻断鱼类的洄游路线，造成鱼类大幅度减产。有的海水鱼类在产卵期间游移到千里以外的江河中产卵，而生存在江河中的鱼又往往到河流与海洋交汇处产卵。水体污染还影响到鱼的质量，使有些鱼类带有浓厚的汽油味、酸臭味、农药味等，大大降低了鱼的质量；水体污染还可能导致鱼类的畸形变化，使鱼类的正常发育受到影响。

为贯彻执行《中华人民共和国环境保护法》、《中华人民共和国水污染防治法》和《中华人民共和国海洋环境保护法》、《中华人民共和国渔业法》，防止和控制渔业水域水质污染，保证鱼、虾、贝、藻类正常生长、繁殖和水产品的质量，我国特制定了渔业水质标准（GB 11607—89），见表25-11。

渔业水质标准（mg/L）　表25-11

项目序号	项目	标准值
1	色、臭、味	不得使鱼、虾、贝、藻类带有异色、异臭、异味
2	漂浮物质	水面不得出现明显油膜或浮沫
3	悬浮物质	人为增加的量不得超过10，而且悬浮物质沉积于底部后，不得对鱼、虾、贝类产生有害的影响
4	pH值	淡水6.5～8.5，海水7.0～8.5
5	溶解氧	连续24h中，16h以上必须大于5，其余任何时候不得低于3，对于鲑科鱼类栖息水域冰封期其余任何时候不得低于4
6	生化需氧量（5天、20℃）	不超过5，冰封期不超过3
7	总大肠菌群	不超过5000个/L（贝类养殖水质不超过500个/L）
8	汞	≤0.0005
9	镉	≤0.005
10	铅	≤0.05
11	铬	≤0.1
12	铜	≤0.01
13	锌	≤0.1

项目序号	项　目	标　准　值
14	镍	≤0.05
15	砷	≤0.05
16	氰化物	≤0.005
17	硫化物	≤0.2
18	氟化物（以 F^- 计）	≤1
19	非离子氨	≤0.02
20	凯氏氮	≤0.05
21	挥发性酚	≤0.005
22	黄磷	≤0.001
23	石油类	≤0.05
24	丙烯腈	≤0.5
25	丙烯醛	≤0.02
26	六六六（丙体）	≤0.002
27	滴滴涕	≤0.001
28	马拉硫磷	≤0.005
29	五氯酚钠	≤0.01
30	乐果	≤0.1
31	甲胺磷	≤1
32	甲基对硫磷	≤0.0005
33	呋喃丹	≤0.01

4）水体污染对水生生物的危害：

水体污染物的种类很多，而所有污染物对水生生物的危害是多方面的，常见且危害严重的污染物是重金属和水体富营养化。重金属对水生生物的危害，主要表现在水生生物种类的明显减少。通常重金属在水体内主要分布在底泥中，这就必然对栖居在底泥或泥表面的活动性小的底栖生物产生明显的影响，对重金属敏感的生物种类相继消失，而耐重金属污染的生物种类生存下来，这些生存下来的生物体内则常常积累一定量的重金属。重金属污染水体对水生生物的机理危害，目前资料尚难具体说明。但有实验表明，由于氯化镉的危害，可使总蛋白质含量降低，并同时干扰许多生理功能，在水体中产生金属粘液络合物而附着在水生动物体壁，阻碍了氧和二氧化碳的交换。另外，通过摄食，使重金属进入消化道，使水生生物产生急性或慢性中毒。

水体富营养化造成水生生物的危害是多方面的，主要是浮游藻类和蓝藻，造成藻类生物的腐败分解，出现水体缺氧，导致鱼类及其他水生生物窒息死亡。

（3）噪声

在建筑安装施工期间，推土机、装载机、挖掘机、各种打桩机、混凝土搅拌机、振捣棒、电锯、吊车、升降机、电焊机、型材切割机、砂轮磨光机、电钻等都能不同程度地发挥其"功能"——发出噪声。不管什么噪声，都是不受人类欢迎的，同样声级的噪声，晚上比白天对人的干扰程度大得多。噪声对人群的危害是多方面的。

一方面，噪声对人群健康的最显著影响和危害是使人听力减退和发生噪声性耳聋。在短暂的噪声环境下，人的听力就要迟钝，即听阈提高，有时还产生耳鸣。但离开强噪声环境或强噪声消失，几分钟后听力就可恢复，这种现象称为听觉适应；长期在强噪声环境中工作，离开后，听力恢复则需要延长至几小时或十几小时，但还是可以恢复，这种听力减退损害称为听觉疲劳。听觉疲劳是噪声性耳聋的前兆，随着听觉疲劳的加重，导致听觉机能恢复不全，就产生噪声性耳聋，并且是无法治疗的。

另一方面，噪声影响交谈和工作。建筑安装施工中，在相距1m交谈时，平均声级是65dB（dB是分贝的符号，是声级的单位），语言清晰度很好。但平均声级超过65dB，由于噪声对语言声的掩蔽作用，使语言清晰度降低，说话几乎全听不清。在室内交谈时，正常讲话的语言声压级是60dB，因此在室内所能容许的最高噪声声级是60dB，这是最高极限。理想噪声是40dB，对语言就毫无影响了。对从事脑力劳动的工作环境，最高容许噪声也是60dB，而理想值是40dB，而从事体力劳动的工作环境可比从事脑力劳动工作环境的噪声值高一点。噪声使人讨厌，精神不易集中，影响工作效率。安静的环境，可以提高工作效率，减少工作差错，但目前还没有定量的数据来说明彼此的关系。

再一方面，噪声影响休息和睡眠。人的睡眠一般分为五个阶段：I、I（REM）、Ⅱ、Ⅲ、Ⅳ。I阶段是朦胧，刚有些模糊；I（REM）阶段，REM是英文缩写，是朦胧的意思，但这阶段眼球迅速转动；Ⅱ阶段轻睡；Ⅲ阶段较熟；Ⅳ阶段熟睡，脑电波活动逐渐减少，人得到了休息。对一般年青人来说，大约是I阶段需5min；I（REM）阶段需20min；Ⅱ阶段需45min；Ⅲ和Ⅳ阶段20min。以后又回到I或I（REM）阶段，周而复始。每一个周期大约是90min。随着年龄增大，半睡状态增加，熟睡阶段（Ⅲ和Ⅳ）缩短。一般做梦总是在半睡状态I（REM）。噪声对睡眠的影响有两方面：一是连续稳定噪声缩短熟睡阶段，加快回转到I或I（REM），缩短周期，有时甚至还未达到Ⅳ就回到I或I（REM）。二是突发性不稳定噪声使人惊醒。研究资料表明，40dB的连续噪声使10%的人受到影响，70dB可影响50%的人；突发性噪声，在40dB时使10%的人惊醒，60dB时使70%的人惊醒。因此，对睡眠和休息来说，50dB是噪声的容许最高限值，而30dB是理想值，对睡眠就完全没有影响和妨碍了。

另外，噪声对人的生理机能的影响。噪声对人体系统的影响。除听觉外，对神经系统、循环系统、消化系统、呼吸系统的影响，如肌肉反应、惊恐、心跳不规律、瞳孔变化、眼球转动、微血管收缩等等，国内外研究报道很多。但是，这些研究报道出入很大，且和噪声以外的其他因素不易分清，所以很难作出定量结论。有些资料和教材，特别是一些科普读物，更是把噪声对人群健康的影响和危害说得天花乱坠。这个问题我们在此就不多谈深究了。

25.9.3 环境污染防治措施

在建筑安装施工过程中，各种污染物对大气、水体均造成污染，并伴有不同程度的噪声。我们必须采取防治措施对各种污染物进行合理处理后再排放、清除和利用，保护环境。

（1）大气污染防治

在建筑安装施工前，必须对建设项目可能产生的大气污染和对生态环境的影响作出评价，制定环境保护方案，规定防治措施，向进入施工现场的人员作技术交底。施工现场，混凝土搅拌机进料及干拌合，有粉尘产生；运输机械进场有废气及灰尘产生；食堂用燃料存在烟尘；金属材料进行除锈有金属锈尘；管道进行酸洗存在酸雾等等。这些各种各样的物质都将对大气造成污染。要保护环境，维护人类的身心健康、动植物的生长发育、微生物的生命，我们必须对大气造成污染的污染源采取合理措施，进行防治。例如，食堂以煤气代替煤等，减少氮氧化合物的排放量；施工机械及汽车在排气系统上安装净化装置等等。使污染物在空气中的排放量在国家规定的浓度限值以内。我国环境空气各项污染物的浓度限值标准见表25-12。

环境空气各项污染物的浓度限值（GB 3095—96）

表 25-12

污染物名称	取值时间	浓度限值			浓度单位
		一级标准	二级标准	三级标准	
二氧化硫 SO$_2$	年平均 日平均 1 小时平均	0.02 0.05 0.15	0.06 0.15 0.50	0.10 0.25 0.70	
总悬浮颗粒物 TSP	年平均 日平均	0.08 0.12	0.20 0.30	0.30 0.50	
可吸入颗粒物 PM$_{10}$	年平均 日平均	0.04 0.05	0.10 0.15	0.15 0.25	
氮氧化物 NO$_x$	年平均 日平均 1 小时平均	0.05 0.10 0.15	0.05 0.10 0.15	0.10 0.15 0.30	(mg/m^3 标准状态)
二氧化氮 NO$_2$	年平均 日平均 1 小时平均	0.04 0.08 0.12	0.04 0.08 0.12	0.08 0.12 0.24	
一氧化碳 CO	日平均 1 小时平均	4.00 10.00	4.00 10.00	6.00 20.00	
臭氧 O$_3$	1 小时平均	0.12	0.16	0.20	

污染物名称	取值时间	浓度限值			浓 度 单 位
		一级标准	二级标准	三级标准	
铅 Pb	季平均 年平均		1.50 1.00		μg/m³ (标准状态)
苯并[a]芘 B[a]P	日平均		0.01		
氟化物 F	日平均 1小时平均		7① 20①		μg/ cm²·d
	月平均 植物生长季平均	1.8② 1.2②	3.0③ 2.0③		

注: 1. 一级标准适用于一类地区(为自然保护区、风景名胜区和其他需要特殊保护的地区);二级标准适用于二类地区(为城镇规划中确定的居住区、商业交通居民混合区、文化区、一般工业区和农村地区);三级标准适用于三类地区(为特定工业区)。

2. 表中:①适用于城市地区;②适用于牧业区和以牧业为主的半农半牧区,蚕桑区;③适用于农业和林业区。

对于施工中大气的污染源,必须视其情况、场所,采取强有力的合理防治措施,得以控制污染源直接或间接的排放量,使大气中污染物的浓度在限值标准以下,保护空气的洁净。

(2)水体污染防治

地球上可供人类直接利用的淡水资源是十分有限的,而水体污染又进一步缩小了可用水资源,加剧了水资源不足的矛盾。我国不少地方存在着水源不足、供水紧张的问题,特别是西北一些地区,缺水尤其严重。因此,控制水体污染,保护水资源,是迫在眉睫的问题。根据我国国情和已有经验,解决我国水体污染严重、水资源紧张局面的基本对策,应该从节约用水,控制污染,合理利用水资源等多方面进行。

在建筑安装过程中,防止水体受到污染,首先我们要做到节约用水,减少废水、污水的排放;其次将施工中存在的污水,经沉淀池进行沉淀后,可利用的再用于施工中;最后将沉淀污物运至处理场进行进理,将不可利用的施工污水、废水及生活污水、粪便等必须经过集中处理达标后方准排放。这样可提高水的循环利用率和重复使用率,是解决水资源不足的一条重要途径,将污水作为"第三水源"来利用。防止对水体的污染,对人群健康、农作物、渔业、水生生物的影响和危害。

(3)噪声防治

凡是干扰人们休息、学习和工作的声音,即不需要的声音,统称为噪声。此外,振幅和频率杂乱、继续或统计上无规律的声振动也称为噪声。人们并不是要求周围环境没有一点声音,但是需要安静;要做到不使人心烦意乱,而不是要完全听不到声音。因此,在特定环境条件下,超过允许标准的声音就是噪声。

在建筑安装施工中,噪声源主要是各种建筑施工机械和设备、电动工具,如推土机、挖掘机、装载机、打桩机、打夯机、混凝土搅拌机、风钻、钻机、卷扬机、气锤、空气压缩机、电锤、冲击电钻等等。

任何一个噪声(包括振动)系统都是由噪声源——传播途径——受主所组成。在噪声系统里,噪声源是主要的,因为声源不发出噪声就没有噪声干扰了。因此对声源采取设计上和技术上措施加以控制是治本的方法;对传播途径的控制,主要是考虑隔声、吸声等;对受主主要是制定各种噪声标准进行保护。

声源控制主要就是对声源的机械装置采取某些技术控制措施,使其发出的声音很小。有关的技术控制措施见表25-13,必要时这些控制技术也可以联合使用。传播途径控制是防止声源发出的噪声向声源外环境接收点传播的方法,主要传播途径控制技术有增大距离(以降低噪声声级)、改变方向(使噪声接受点方向的声级变小)和设置屏障(在噪声源和接受点之间,可以防止噪声的传播,达到控制噪声的目的）。噪声控制的规划措施的根本目的是创造一个使人们能够接受的室内外声学环境，主要措施是编制城镇环境噪声分区图，制定噪声防护规范、确定防护距离（噪声源和受主之间保持适当距离是控制噪声的最有效措施之一），设置卫生防护林带（防止噪声干扰）。

声源控制技术 表 25-13

安装消声器	利用声的吸收、反射、干涉等达到消声目的的设备
吸声处理	利用各种吸声材料和结构达到吸收声的能量的目的
隔 声	利用各种隔声材料和结构达到反射声的能量的目的
减振处理	利用阻尼材料吸收振动能量
隔 振	利用隔振装置反射振动能量

噪声系统及其控制示意图见图 25-7 所示。

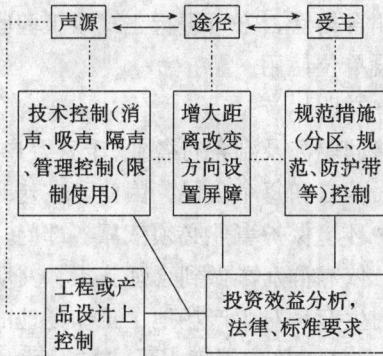

图 25-7　噪声系统及其控制示意图

为了贯彻《中华人民共和国环境保护法》和《中华人民共和国环境噪声污染防治条例》，保障城市居民的生活声环境质量，控制环境噪声污染。在城市区域、乡村生活区域制定了噪声标准，见表 25-14。在工厂及有可能造成噪声污染的企事业单位的边界的噪声，也制定了噪声标准，见表 25-15，本标准另外又规定：夜间频繁突发的噪声（如排气噪声），其峰值不准超过标准值 10dB（A）；夜间偶然突发的噪声（如短促鸣笛声），其峰值不准超过标准值 15dB（A）。对建筑施工期间

施工场地产生的噪声也规定了限值，见表25-16。

城市区域环境噪声标准（GB 3096—93）
等效声级 L_{eq} [dB（A）]　　表 25-14

类别	昼间	夜间	适 用 区 域
0	50	40	适用于疗养区、高级别墅区、高级宾馆区等特别需要安静的区域。位于城郊和乡村的这一类区域分别按严于此类标准 5dB 执行
1	55	45	适用于以居住、文教机关为主的区域。乡村居住环境可参考执行
2	60	50	适用于居住、商业、工业混杂区
3	65	55	适用于工业区
4	70	55	适用于城市中的道路交通干线道路两侧区域，穿越城区的内河航道两侧区域。穿越城区的铁路主、次干线两侧区域的背景噪声（指不通过列车时的噪声水平）

注：等效声级 L_{eq} 是某一段时间内的 A 声级的能量的平均值，又称等效连续 A 声级。

A 为 A 声级，记作分贝（A）或 dB（A）。

工业企业厂界噪声标准（GB 12348—90）
等效声级 L_{eq} [dB（A）]　　表 25-15

类　别	昼　间	夜　间
Ⅰ	55	45
Ⅱ	60	50
Ⅲ	65	55
Ⅳ	70	55

注：表中类别同表 25～13 中所列。

建筑施工场界噪声限值（GB 12523—90）
等效声级 L_{eq} [dB（A）]　　表 25-16

施工阶段	主要噪声源	噪声限值 昼间	夜间
土石方	推土机、挖掘机、装载机等	75	55
打桩	各种打桩机等	85	禁止施工
结构	混凝土搅拌机、振捣棒、电锯等	70	55
装修	吊车、升降机等	65	55

注：1. 表中所列噪声值是指与敏感区域相应的建筑施工场地边界线处的限值。

2. 如有几个施工阶段同时进行，以高噪声阶段的限值为准。

（4）施工环境管理

环境管理是运用行政、法律、经济、教育和科学技术等手段，通过规划使经济社会与环境保护之间协调发展，通过监督处理国民经济各部门、各社会集团和个人与环境保护之间的相互关系，从而使国民经济和社会发展既能满足人们日益增长的物质和文化生活的需要，又能防治环境污染，维护生态平衡，保护和改善环境质量。环境管理的核心问题是遵循生态规律与经济规律，妥善处理发展与环境的关系。环境管理的实质是影响人的行为，以保护和改善环境质量。

施工环境管理就是对施工期间施工场地的环境进行管理，以保护和改善施工环境质量。环境污染主要是由于人为的因素，由生产和生活活动的污染源向环境中排放有毒、有害物等因素引起的。因此，环境污染管理就是对污染源和污染物的管理。污染源和污染物种类繁多，在施工中，当前要管的主要是：A. 施工过程中所排放的废气、废水、废渣、放射性等有害有毒物质以及产生的噪声、振动、电磁辐射和热污染等污染因素；B. 交通运输过程中所排放的废气、废水和产生的噪声等；C. 人们生活所排放的废气、污水和垃圾。

我国于1989年12月26日发布了《中华人民共和国环境保护法》。紧接着从1989年～1996年，国家有关部（委）制定并颁布了一系列对环境污染管理方面的法规、规章、规范性文件及通知等。施工单位应认真贯彻"以防为主、防治结合，以管促治、全面管理"的环境管理基本方针，根据环境保护法、法律、法规、文件及通知制订施工环境保护规划和计划、制定环境保护方针和政策、编制施工环境影响报告并报环保部门审批、大力开展环境教育工作和环境宣传活动。利用行政手段、法律手段、经济手段、教育手段、技术手段对施工环境进行管理。

施工阶段的管理：施工单位会同建设单位做好环保工程设施的施工建设、资金使用情况等资料、文件的整理建档工作备查，以季报的形式将环保工程情况上报政府环境保护部门。环保部门检查环保报批手续是否完备，环保工程是否纳入施工计划及建设进度和资金落实情况，提出意见。同时，设专人进行施工环境管理和监督，将环境管理工作纳入每次的施工碰头等会议议程。施工单位会同建设单位负责落实环保部门对施工阶段的环保要求以及施工过程中的环保措施；主要是保护施工现场周围的环境，防止对自然环境造成的不应有的污染和破坏；防止和减轻粉尘、噪声、震动等对周围生活居住区的污染和危害。并随时接受环保部门的检查和监测。

建设项目竣工后，施工单位应当修整和恢复在建设过程中受到破坏的环境。施工单位协同建设单位向环保部门提交环保工程预验收申请报告并附监测报告；经环保部门预验收检测合格后，方可进行正式竣工验收并交付建设单位使用。

（5）文明生产

环境问题涉及到各行各业、千家万户，影响到四面八方和每个公民。因此，在建筑安装施工中环境保护事业必须依靠各部门，各行各业，依靠群众，做到合理施工、文明生产。文明生产是对生产场地、工作场地的科学管理；是施工单位管理水平、精神面貌、思想作风的综合反映，也是建设社会主义物质文明和精神文明的重要体现。搞好文明生产，创造一个良好的劳动环境，建立有条不紊的生产秩序，有利于加强劳动纪律，振奋施工人员劳动热情，保证人们身心健康，保证产品质量和提高劳动生产效率。

在施工中，要搞好文明生产，应做好以下方面的工作：一是搞好施工现场清洁卫生、美化绿化环境；二是改善劳动条件，实现安全生产；三是合理布置作业点，保持正常生产秩序；四是分工种设置工位器具，合理设置各种材料库和材料堆放场；五是严格按

《建筑安装工程安全技术操作规程》进行施工　　操作，保证施工安全和工程质量。

小　结

　　环境保护是我国的一项基本国策，是一项功在当代、利在千秋、造福子孙的事业。人类环境是地球上人类赖以生存和发展的物质条件的总和；人类环境主要是由自然环境和社会环境所组成；环境问题实质上是个经济和社会发展的问题；环境保护内容包括防治环境污染和环境破坏。

　　在建筑安装施工中，污染源和污染物主要是对大气的污染、对水体的污染和噪声。大气污染的污染物主要是烟尘、粉尘、有毒气体和物质、废气等；大气污染的影响和危害主要是危害人群健康、影响动植物的生长发育、破坏自然资源和改变大气性质。水体污染的污染物主要是施工废水、施工污水和生活污水、粪便等的排放；水体污染的影响和危害主要是危害人群健康、危害农业、渔业和水生生物。噪声污染主要是在施工中存在噪声源——各种施工机械、手动和电动工具发出噪声；噪声污染的影响和危害主要是使人听力减退和发生噪声性耳聋、影响交谈和工作、影响休息和睡眠和影响人的生理机能。

　　大气污染和水体污染的防治措施主要是使污染物的排放量在国家规定的排放标准范围内进行排放，尽可能减少和避免造成环境污染，对人群健康、动植物、微生物、水生生物的影响和危害。

　　任何一个噪声（包括振动）系统都是由噪声源——传播途径——受主所组成。对噪声污染的防治措施主要是控制噪声源，而声源控制主要就是对声源的机械装置采取某些技术控制措施；对传播途径的控制技术主要是增大距离、改变方向和设置屏障；噪声控制的主要规划措施是编制城镇环境噪声分区图，制定噪声防护规范，确定防护距离和设置卫生防护林带。从而可减少和避免对受主的危害影响。

　　施工环境管理故名思义就是对施工期间施工场地环境进行管理，以保护和改善施工环境质量。根据我国环境保护基本法和有关部（委）颁发的法规、规章、规范性文件及通知等，进行环境保护教育和环境保护宣传，认真贯彻"以防为主、防治结合、以管促治、全面管理"的环境管理基本方针，利用行政、法律、经济、教育和技术的手段对施工环境进行管理。

　　在建筑安装施工中，防治环境污染和保护环境的同时，要搞好文明生产。

习　题

1. 什么是环境？
2. 环境的组成和分类各是什么？
3. 我国环保法中所称环境是指哪些？
4. 环境保护的内容、任务和意义各是什么？
5. 大气污染的影响和危害主要有哪些？
6. 水体污染的影响和危害主要有哪些？

7. 在建筑安装施工中噪声源主要有哪些？

8. 噪声污染的影响和危害主要有哪些？

9. 人在交谈和工作环境的噪声限值是多少？

10. 施工中，对大气污染应采取怎样的防治措施？

11. 施工中，对水体污染应采取怎样的防治措施？

12. 对噪声污染应采取怎样的防治措施？

13. 什么是环境管理？什么是施工环境管理？

14. 在施工中，当前主要要管的污染源和污染物有哪些？

15. 环境管理的基本方针是什么？

16. 施工阶段的环境管理主要体现在哪些方面？

17. 文明生产的意义是什么？要搞好文明生产应做到哪几方面的工作？